新版

石油化学プロセス

公益社団法人 石油学会／編

講談社

編集委員一覧

委員長	松方　正彦	早稲田大学
幹　事	猪俣　　誠	日揮(株)
幹　事	清水　史彦	三菱ケミカル(株)
幹　事	鈴木　　賢	旭化成(株)
	窪田　好浩	横浜国立大学
	黒田　俊也	住友化学(株)
	小出隆太郎	JXTG エネルギー(株)
	鷹取　英夫	東洋エンジニアリング(株)
	常木　英昭	(株)日本触媒
	中條　哲夫	元 昭和電工(株)
	宮本　憲一	出光興産(株)
	山中　一郎	東京工業大学

執筆者一覧（執筆順，かっこ内の数字は担当章，節，項目を示す）

渡邉　俊明	(株)三菱ケミカルリサーチ	(1.1.1，1.1.5)
馬場　庸之	(株)三菱ケミカルリサーチ	(1.1.2〜1.1.4，1.2〜1.4)
勅使河原力	(株)三菱ケミカルリサーチ	(1.5，1.6)
花光　泰造	東洋エンジニアリング(株)	(2.1)
中條　路子	東洋エンジニアリング(株)	(2.2)
滝澤　正規	東洋エンジニアリング(株)	(2.3)
高崎　　乾	東洋エンジニアリング(株)	(2.4)
三浦　　剛	日揮(株)	(3)
中前　俊二	東洋エンジニアリング(株)	(4.1)
吉田　延弘	東洋エンジニアリング(株)	(4.2)
岡田　英二	三菱ガス化学(株)	(4.3)
末廣　能史	(独)石油天然ガス・金属鉱物資源機構	(4.4)
猪俣　　誠	日揮(株)	(4.5，14.3.5，16.1，巻末反応ルート)
蜂谷　敏徳	旭化成(株)	(4.6)
大竹　正之	(株)三菱ケミカルリサーチ	(5.1.1，7.1.3，9.8，9.9，15.1，15.2.1，15.2.2，15.2.10，15.2.11，15.3)
村松　達志	出光興産(株)	(5.1.2)
鹿島　　誠	出光興産(株)	(5.1.3)
志賀　大悟	旭化成(株)	(5.2)
谷村　英樹	出光興産(株)	(5.3.1)
小倉　圭裕	出光興産(株)	(5.3.1)
河合宏伊久	JXTG エネルギー(株)	(5.3.2)
清水　史彦	三菱ケミカル(株)	(6.1.1)
東島　道夫	三菱ケミカル(株)	(6.1.2)
佐藤　　新	三井化学(株)	(6.1.3)
田中　善幸	三菱ケミカル(株)	(6.1.4，6.1.5)
稲岡　　享	(株)日本触媒	(6.1.6)
井澤　雄輔	三菱ケミカル(株)	(6.1.7)
三浦　直輝	住友化学(株)	(6.1.8)
後藤　修一	昭和電工(株)	(6.1.9，6.3.2，6.4.1)
小室　友樹	三井化学(株)	(6.2.1)
小比類巻潤	出光興産(株)	(6.2.2)
鈴木　　保	三井化学(株)	(6.2.3)
高橋　哲也	旭化成(株)	(6.3.1)
梶谷　英伸	三菱ケミカル(株)	(6.3.3，6.3.5)
阿部　幸太	出光興産(株)	(6.3.4)
田代　信英	宇部興産(株)	(6.3.6，7.1.7)
伊藤　喜一	(株)三菱ケミカルリサーチ	(6.4.2)
山本　光一	(株)日本触媒	(6.4.3〜6.4.5)

内藤　啓幸　三菱ケミカル(株)　(6.4.6)
二宮　　航　三菱ケミカル(株)　(6.4.6)
佐藤　文彦　旭化成(株)　(6.4.7, 7.1.4, 7.2.2)
東條　正弘　旭化成(株)　(6.5)
野村　俊広　三菱ガス化学(株)　(7.1.1, 7.1.6)
松島　聡介　東ソー(株)　(7.1.2)
森　　康治　三菱ケミカル(株)　(7.1.5)
山本　知広　旭化成(株)　(7.2.1, 7.2.3)
山崎　　聡　三井化学(株)　(7.3.1, 10.1)
山口　貴史　三井化学(株)　(7.3.2, 7.3.3)
佐々木祐明　三井化学(株)　(7.3.4)
圓島　　宏　東ソー(株)　(8.1.1, 8.1.2)
出口　陵司　旭化成(株)　(8.1.3)
横山　　豊　元 鹿島ケミカル(株)　(8.1.4)
岡本　秀一　AGC(株)　(8.2)
中村　一心　日本ポリエチレン(株)　(9.1)
岩山　博暁　日本ポリエチレン(株)　(9.1)
柏木　泰弘　日本ポリエチレン(株)　(9.2)
津乗　良一　(株)プライムポリマー　(9.3)
木村　　智　塩ビ工業・環境協会　(9.4)
金山　明弘　PS ジャパン(株)　(9.5)
北田　房充　テクノ UMG(株)　(9.6)
坂本　征二　(株)三菱ケミカルリサーチ　(9.7)
渡辺　　昇　日本ゼオン(株)　(9.10)
藤田　照典　三井化学(株)　(9.11)
市川真一郎　三井化学(株)　(9.11)
松本　明博　(地独)大阪産業技術研究所　(10.2)
今田　知之　DIC(株)　(10.3)
細川　明美　三菱ケミカル(株)　(10.4)
平井　孝好　三菱ケミカル(株)　(10.4)
松本　　允　モメンティブ・パフォーマンス・マテリアルズ・ジャパン(合)　(10.5)
高橋　　隆　モメンティブ・パフォーマンス・マテリアルズ・ジャパン(合)　(10.5)
大谷　栄一　モメンティブ・パフォーマンス・マテリアルズ・ジャパン(合)　(10.5)
岩田　善郎　宇部興産(株)　(11.1.1)
山口　久哉　宇部興産(株)　(11.1.2～11.2.4)
安藤　和弘　三菱エンジニアリングプラスチックス(株)　(11.2.1)
山本　正規　三菱ケミカル(株)　(11.2.2)
三井　　昭　旭化成(株)　(11.3)
伊東　　顕　三菱ガス化学(株)　(11.4)
濱野　俊之　三菱ケミカル(株)　(11.5)
佐藤　浩幸　(株)クレハ　(11.6)
荒西　義高　東レ(株)　(12.1)
増田　正人　東レ(株)　(12.1)

船津　義嗣　　東レ(株)　(12.1)
福西　範樹　　東洋紡(株)　(12.2)
小寺　芳伸　　三菱ケミカル(株)　(12.4.1〜12.4.4)
加藤　一史　　旭化成(株)　(12.4.5)
竹野入正利　　(株)クラレ　(12.5.1)
山本　太郎　　旭化成(株)　(12.5.2)
川村　兼司　　帝人(株)　(12.6)
堤　　　理　　三菱ケミカル(株)　(12.7)
西川　　昭　　JSR(株)　(13.1〜13.6)
藤井　信彦　　デンカ(株)　(13.7)
稲田　禎一　　日立化成(株)　(14.1)
小島　　靖　　日立化成(株)　(14.1)
和田　克之　　(株)日本触媒　(14.2)
佐野　　浩　　三菱ケミカル(株)　(14.3.1〜14.3.4)
兵藤　伸二　　千代田化工建設(株)　(15.2.3〜15.2.6)
臼井　健敏　　旭化成(株)　(15.2.7)
堂免　一成　　東京大学　(15.2.8)
片山　正夫　　東京大学　(15.2.8)
堀川　愛子　　日揮(株)　(15.2.9)
岡田　佳巳　　千代田化工建設(株)　(15.4)
栗山　常吉　　昭和電工(株)　(16.2)
若林　敏祐　　東洋エンジニアリング(株)　(16.3.1，16.3.2)
中山　　喬　　日揮(株)　(16.3.3)
小山　武志　　日揮(株)　(16.4.1，16.4.2)
馬場　研一　　昭和電工(株)　(16.4.3)
春山　　豊　　(一社)日本化学工業協会　(16.5)
小坂田史雄　　(一社)日本化学工業協会　(16.5)
萩　　宏行　　元 (一社)日本化学工業協会　(16.5)
松方　正彦　　早稲田大学　(16.6)

本書に掲載されている製品，プログラム，プロセスは一般に各社の商標です．本書では TM，® 表示は省略しています．

刊行にあたって

石油学会編「石油化学プロセス」は，石油化学分野におけるバイブルとして，広く親しまれ，活用されてきました．この度，石油化学を取り巻く技術の進展や状況の変化にしたがって内容を一新し，「新版 石油化学プロセス」として出版する運びとなりました．松方正彦教授を委員長とする編集委員のご尽力により，石油化学やエンジニアリング業界の第一線で活躍する110名の研究者，技術者が執筆し，新反応や新触媒，新規プロセスなどの発見，開発に基づく改訂を行い，また図表を多用して，プロセスをわかりやすく解説しています．この結果，旧版に比べて240ページ増の大改訂，大補強を成し遂げ，石油化学プロセス全般にわたる最新技術を網羅した内容として世に送り出すこととなりました．

2001年の旧版の刊行から17年の間に，石油化学業界を取り巻く状況は大きく変化しました．本書では，石油化学原料，石油化学基礎製品としてのオレフィン，芳香族，石油化学誘導製品である炭化水素，含酸素，含窒素，含ハロゲン化合物，高分子製品としての樹脂類，合成繊維，ゴムなど，すべての石油化学プロセスを製品ごとに分類して，新技術を網羅するとともに，将来の石油化学原料とプロセス，環境保全と省エネルギーなど，石油化学品製造の将来展望についても述べられています．シェールガス（C_1化学），バイオマス，CO_2，石炭，H_2などを原料にした将来技術や省エネ技術も含めて，将来の石油化学プロセスをも俯瞰できる内容を盛り込んでいます．

最新技術を詳細に記述した本書が，石油化学関係の専門家のための必携書となるだけでなく，ビジネス，行政，技術，研究，教育など多方面にわたって従事する方々に利用される便利な書籍となることを期待しています．

2018年9月

公益社団法人 石油学会会長
江　口　浩　一

序　文

石油学会では「石油化学プロセス」の新版を世に送り出すこととなりました．21世紀初頭の2001年に旧版を発行して以来，17年の歳月がたち，石油学会創立60周年のタイミングに合わせて出版できる運びとなったことは，本書の編集に関わる者として大きな喜びです．本書の執筆者は，石油化学およびエンジニアリング業界の第一線で活躍する110名の研究者・技術者の皆様であり，それぞれのご専門の立場から，新触媒・プロセスの研究開発・実用化の動向に基づく改訂が行われています．

さて，21世紀に入ってから，石油化学を取り巻く環境と石油化学の産業自身は大きな変革の時を迎えています．2005年にメキシコ湾岸に襲来したハリケーン「リタ」と「カトリーナ」によって，洋上の天然ガス田の生産がストップしたことをきっかけとして，米国でのシェールガスとシェールオイルの生産が活発化し，2009年にはシェール資源革命が顕在化することとなりました．これよって米国は，本書の出版の翌年2019年には原油生産量第一位に躍り出ることが予測されており，旧版が出版された2001年においては，おそらく誰も予測しなかった状況となっています．シェール資源革命は，多くのエタンクラッカーの新設を呼び込み，石油化学産業そのものを大きく変えようとしています．一方で，化石資源から排出される二酸化炭素による地球環境問題のインパクトも年を追うごとに大きくなっており，パリ協定でいわれる2050年に向けての削減目標についても，石油化学は無視できない状況となりつつあります．

また，中国では自国の安価な石炭をガス化し，合成ガスを経由してエチレンやプロピレンなどの低級オレフィンを製造する石炭化学が発展するとともに，オレフィン原料の多様化が進んでいます．一方，我が国は石油化学の基盤を残しつつ，機能性化学の強化とともに，より地球環境に優しいバイオマスや二酸化炭素を原料とした化学品の開発に産官学が一体となって取り組んでいます．

この状況下にあって，今回の新版の企画では内容を大幅に改定し，各種石油化学プロセスにおける新触媒・プロセスの開発に基づく加筆・改訂はもちろんのこと，シェール資源革命と二酸化炭素削減の石油産業にもたらすインパクトを含め，最新の技術動向に加えて将来の実現が期待されるプロセスと技術体系についても十分にページ数を割いて記載することとしました．さらには，バイオマス利用技術，石炭利用技術，水素利用技術など最新の研究開発トレンドも含めています．以上の理由によって，本書は旧版と比べて240ページもの増ページとなりました．石油化学プロセス全般にわたる現在の技術動向と将来像を十分に網羅した内容となったと，自信をもって申し上げることができます．編集委員の皆様，執筆者の皆様に心からの感謝を表したいと思います．

最後に，本書が出版まで漕ぎつけることができましたのは，特に，編集委員の日揮(株)の猪俣誠氏の情熱と献身的なご尽力，(株)講談社サイエンティフィク大塚記央氏の膨大な取りまとめ作業へのご尽力によるところが大きく，深い謝意を表す次第です．本書が，石油化学に携わる研究者・技術者の皆さまにとって，将来にわたって座右の書であることを祈ります．

2018年9月

「新版 石油化学プロセス」編集委員長
松方　正彦

目　次

編集委員一覧　ii　／執筆者一覧　iii　／刊行にあたって　vi　／序文　vii　／目次　viii

第1章　炭化水素資源と利用　1

1.1　概論　1

1.1.1　石油化学工業の変遷と歴史的背景　1　／1.1.2　世界の石油化学原料の概況　3　／1.1.3　非在来型原料(シェールガス)　5　／1.1.4　石炭化学　6　／1.1.5　バイオマス　6

1.2　液体系原料　7

1.2.1　原油　7　／1.2.2　石油精製の状況　10　／1.2.3　ナフサ，軽油，およびコンデンセート　11

1.3　ガス系原料　12

1.3.1　天然ガス　12　／1.3.2　プロパン，ブタンとLPG　14

1.4　日本の原料事情　14

1.4.1　日本の石油化学産業原料に関わる産業政策と原料の選択　14　／1.4.2　日本の原油，ガソリン，およびナフサの需給変化　16　／1.4.3　日本のナフサ価格と国際ナフサ価格　18

1.5　石油化学コンビナートの動向　20

1.5.1　現状　20　／1.5.2　業界再編　24　／1.6　世界の潮流　25

第2章　オレフィン　29

2.1　エチレン　29

2.1.1　エチレン生産量　29　／2.1.2　オレフィン製造ルート　30　／2.1.3　管式熱分解オレフィン製造プロセス　32　／2.1.4　他のオレフィン製造プロセス　37

2.2　プロピレン　39

2.2.1　プロピレン生産量と消費量　39　／2.2.2　FCCプロセス　41　／2.2.3　プロパン脱水素プロセス　42　／2.2.4　メタセシス反応プロピレン製造プロセス　44　／2.2.5　メタノールを経るオレフィン製造プロセス　45　／2.2.6　低級オレフィンの接触分解によるプロピレンの製造　45

2.3　ブテン　47

2.3.1　概要　47　／2.3.2　ブテンの生産量と消費量　47　／2.3.3　ブテンの供給源と製法　48

2.4　ブタジエン　53

2.4.1　ブタジエンの生産量と消費量　53　／2.4.2　ブタジエン抽出　53　／2.4.3　その他の製法　56　／2.4.4　バイオブタジエンの開発動向　58

第3章　芳香族炭化水素　60

3.1　概論　60

3.1.1　芳香族炭化水素と石油化学　60　／3.1.2　BTXの需要動向　60　／3.1.3　BTXの用途　62　／3.1.4　BTX製造設備の構成　62

3.2 接触改質プロセス 67
3.2.1 概要 67 ／3.2.2 原料油および製品 68 ／3.2.3 反応 68 ／3.2.4 運転条件の影響 69 ／3.2.5 工程 70 ／3.2.6 主要接触改質プロセス 71 ／3.2.7 MaxEne プロセス (UOP) 76
3.3 芳香族炭化水素の製造プロセス 78
3.3.1 概要 78 ／3.3.2 軽質原料からの芳香族炭化水素製造の主要プロセス 78 ／3.3.3 その他の芳香族炭化水素製造プロセス 84
3.4 芳香族溶剤抽出プロセス 87
3.4.1 概論 87 ／3.4.2 液液抽出法 89 ／3.4.3 抽出蒸留法 90
3.5 パラキシレン製造プロセス 94
3.5.1 概要 94 ／3.5.2 パラキシレン分離プロセス 94 ／3.5.3 キシレン異性化プロセス 100
3.6 芳香族転換プロセス 103
3.6.1 概要 103 ／3.6.2 不均化およびトランスアルキル化 103 ／3.6.3 トルエンの選択的不均化プロセス 107 ／3.6.4 水素化脱アルキルプロセス 107 ／3.6.5 トルエンのメチル化によるキシレン製造プロセス 109

第 4 章 その他の石油化学原料 113
4.1 アンモニア 113
4.1.1 概要 113 ／4.1.2 生産量と消費量 113 ／4.1.3 プロセス 113 ／4.1.4 今後の技術動向 116
4.2 メタノール 117
4.2.1 概要 117 ／4.2.2 生産量と消費量 117 ／4.2.3 プロセス 118 ／4.2.4 今後の技術動向 121
4.3 DME 122
4.3.1 概要 122 ／4.3.2 反応(製造) 124 ／4.3.3 プロセス 125 ／4.3.4 今後の展望 127
4.4 GTL 128
4.4.1 概要 128 ／4.4.2 プロセスの特徴 128 ／4.4.3 プロセス 130 ／4.4.4 製品 133 ／4.4.5 今後の技術と市場展望 134
4.5 エチレングリコール 134
4.5.1 概要 134 ／4.5.2 プロセス 135
4.6 塩素 136
4.6.1 概要 136 ／4.6.2 各製法の原理比較 137 ／4.6.3 プロセス 137 ／4.6.4 原料 141

第 5 章 炭化水素類 142
5.1 オレフィン・ジエン類 142
5.1.1 イソプレン 142 ／5.1.2 α-オレフィン 146 ／5.1.3 シクロペンタジエン 150
5.2 芳香族炭化水素類 151
5.2.1 スチレンモノマー 151 ／5.2.2 アルキルベンゼン 154
5.3 飽和炭化水素 157
5.3.1 シクロヘキサン 157 ／5.3.2 n-パラフィン 160

第 6 章 含酸素化合物 164
6.1 アルコール，エーテル，ジオール 164
6.1.1 エタノール 164 ／6.1.2 エチレンオキサイドおよびエチレングリコール 167 ／6.1.3 イソプロピルアルコール 172 ／6.1.4 ブチルアルコール 175 ／6.1.5 オクチルアルコール 182 ／6.1.6 高級アルコール 186 ／6.1.7 1,4-ブタンジオールおよび関連製品

188　／6.1.8　プロピレンオキサイドおよびプロピレングリコール　／6.1.9　アリルアルコール　196
6.2　フェノール類　199
6.2.1　フェノール　199　／6.2.2　ビスフェノールA　202　／6.2.3　クレゾール類　204
6.3　アルデヒド，ケトン　206
6.3.1　ホルムアルデヒド　206　／6.3.2　アセトアルデヒド　209　／6.3.3　アセトン　211　／6.3.4　メチルエチルケトン　211　／6.3.5　メチルイソブチルケトン　213　／6.3.6　シクロヘキサノン，シクロヘキサノール　214
6.4　カルボン酸　218
6.4.1　酢酸，無水酢酸，酢酸ビニル　218　／6.4.2　テレフタル酸　226　／6.4.3　マレイン酸，無水マレイン酸　236　／6.4.4　フタル酸，無水フタル酸　241　／6.4.5　アクリル酸，アクリル酸エステル　245　／6.4.6　メタクリル酸，メタクリル酸エステル　249　／6.4.7　アジピン酸　255
6.5　カーボネート類　258
6.5.1　ジメチルカーボネート　258　／6.5.2　ジフェニルカーボネート　261

第7章　含窒素化合物　265
7.1　アミン，アミド，ラクタム　265
7.1.1　低級アルキルアミン　265　／7.1.2　エチレンアミン類　268　／7.1.3　アニリン　271　／7.1.4　ヘキサメチレンジアミン　276　／7.1.5　アクリルアミド　278　／7.1.6　ホルムアミド，ジメチルホルムアミド，ジメチルアセトアミド　284　／7.1.7　ε-カプロラクタム　287
7.2　ニトリル，シアノ化合物　293
7.2.1　アクリロニトリル　293　／7.2.2　アジポニトリル　297　／7.2.3　シアン化水素　301
7.3　イソシアネート　304
7.3.1　概要　304　／7.3.2　ジフェニルメタンジイソシアネート　305　／7.3.3　トリレンジイソシアネート　309　／7.3.4　ヘキサメチレンジイソシアネート　313

第8章　含ハロゲン化合物　316
8.1　塩素化合物　316
8.1.1　概要　316　／8.1.2　塩化ビニル，1,2-ジクロロエタン　316　／8.1.3　塩化ビニリデン　319　／8.1.4　エピクロルヒドリン　322
8.2　フッ素化合物　324
8.2.1　テトラフルオロエチレン　324　／8.2.3　低GWP冷媒　328

第9章　汎用樹脂　330
9.1　低密度ポリエチレン　330
9.1.1　概要　330　／9.1.2　重合と触媒　331　／9.1.3　プロセス　332　／9.1.4　各種プロセスと今後の展望　334
9.2　高密度ポリエチレン　335
9.2.1　概要　335　／9.2.2　プロセス　335　／9.2.3　今後の展望　339
9.3　ポリプロピレン　340
9.3.1　概要　340　／9.3.2　プロセスの変遷　342　／9.3.3　最近のプロセス開発状況　349
9.4　ポリ塩化ビニル　350
9.4.1　概要　350　／9.4.2　PVCの重合とPVC製品の成形　350　／9.4.3　プロセス　352　／9.4.4　今後の展望　354
9.5　ポリスチレン　354
9.5.1　概要　354　／9.5.2　反応　355　／9.5.3　プロセス　357　／9.5.4　今後の展望　358
9.6　ABS樹脂　359
9.6.1　概要　359　／9.6.2　重合反応　360　／9.6.3　プロセス　361　／9.6.4　現状の課題と

改良技術　364
9.7　ポリエチレンテレフタレート　364
9.7.1　概要　364　／9.7.2　反応とプロセス　365　／9.7.3　最近の技術動向と今後の展望　368
9.8　メタクリル樹脂　370
9.8.1　概要　370　／9.8.2　プロセス　370
9.9　酢酸ビニル樹脂　375
9.9.1　概要　375　／9.9.2　反応およびプロセス　377　／9.9.3　今後の展望　378
9.10　シクロオレフィンポリマー（COP）　381
9.10.1　概要　381　／9.10.2　合成方法と特徴　381　／9.10.3 プロセス　382
9.11　シクロオレフィンコポリマー（COC）　384
9.11.1　概要　384　／9.11.2　プロセス　386　／9.11.3　今後の展望　387

第10章　熱硬化性樹脂　389
10.1　ポリウレタン　389
10.1.1　概要　389　／10.1.2　原料，反応，およびモノマーの構造　390　／10.1.3　プロセス　393　／10.1.4　技術動向・今後の展望　396
10.2　ユリア樹脂，メラミン樹脂　397
10.2.1　概要　397　／10.2.2　プロセス　398
10.3　フェノール樹脂　400
10.3.1　概要　400　／10.3.2　反応　400　／10.3.3　プロセス　401　／10.3.4　今後の展望　402
10.4　エポキシ樹脂　402
10.4.1　概要　402　／10.4.2　プロセス　404
10.5　シリコーン　405
10.5.1　概要　405　／10.5.2　シリコーンの製造　406　／10.5.3　メチルポリシロキサンの製造　409　／10.5.4　シリコーン製品の製造　410　／10.5.5　世界のシリコーン市場および経済波及効果　413

第11章　エンジニアリングプラスチック　414
11.1　ナイロン樹脂　414
11.1.1　概要　414　／11.1.2　反応　416　／11.1.3　プロセス　416　／11.1.4　プロセス開発動向　417
11.2　ポリカーボネート樹脂　418
11.2.1　概要　418　／11.2.2　重合プロセス　421
11.3　変性ポリフェニレンエーテル　424
11.3.1　概要　424　／11.3.2　反応　426
11.4　ポリアセタール　430
11.4.1　概要　430　／11.4.2　プロセス　431
11.5　ポリブチレンテレフタレート　433
11.5.1　概要　433　／11.5.2　プロセス　434
11.6　スーパーエンジニアリングプラスチック　436
11.6.1　概要　436　／11.6.2　ポリフェニレンスルフィド　436　／11.6.3　ポリエーテルスルホン　440　／11.6.4　液晶ポリマー　442　／11.6.5　ポリエーテルエーテルケトン　444　／11.6.6　ポリアリレート　447　／11.6.7　ポリイミド　449

第12章　合成繊維　452
12.1　ポリエステル繊維　452
12.1.1　概要　452　／12.1.2　製造方法　452　／12.1.3　異形断面繊維および中空繊維の製造方法　453　／12.1.4　極細繊維の製造方法　454　／12.1.5　産業資材用ポリエステル繊維の製造

方法 454 ／12.1.6 ポリエステルの環境対応素材 454
12.2 ポリアミド繊維(ナイロン) 455
12.2.1 概要 455 ／12.2.2 製造方法 456
12.3 アクリル繊維 457
12.3.1 概要 457 ／12.3.2 製造方法 458 ／12.3.3 アクリル系繊維(モダクリル繊維) 459 ／12.3.4 アクリル長繊維 460
12.4 ポリプロピレン繊維 460
12.4.1 概要 460 ／12.4.2 製造方法 460 ／12.4.3 PP製造技術の進歩 461 ／12.4.4 衣料用途としてのPP繊維の特徴 461 ／12.4.5 PPスパンボンド 461
12.5 ビニロン繊維，ポリウレタン繊維 462
12.5.1 ビニロン繊維 462 ／12.5.2 ポリウレタン繊維 464
12.6 アラミド繊維 465
12.6.1 概要 465 ／12.6.2 反応と製造 466 ／12.6.3 プロセス 467 ／12.6.4 今後の展望と最新の技術動向 468
12.7 炭素繊維 469
12.7.1 概要 469 ／12.7.2 製造と生産 469 ／12.7.3 用途展開 470 ／12.7.4 環境対策・安全問題への対応 473 ／12.7.5 今後の展望 473

第13章 合成ゴム 474
13.1 ポリブタジエン 474
13.1.1 概要 474 ／13.1.2 重合，加工 474 ／13.1.3 プロセス 475
13.2 スチレン・ブタジエンゴム 476
13.2.1 概要 476 ／13.2.2 重合，加工 476 ／13.2.3 プロセス 477
13.3 アクリロニトリル・ブタジエンゴム 479
13.3.1 概要 479 ／13.3.2 重合 479 ／13.3.3 プロセス 480
13.4 ポリイソプレン 481
13.4.1 概要 481 ／13.4.2 重合，加工 481 ／13.4.3 プロセス 481
13.5 エチレン・プロピレンゴム 482
13.5.1 概要 482 ／13.5.2 重合 482 ／13.5.3 プロセス 483
13.6 ブチルゴム 484
13.6.1 概要 484 ／13.6.2 重合，加工 484 ／13.6.3 プロセス 485
13.7 ポリクロロプレン 486
13.7.1 概要 486 ／13.7.2 プロセス 486 ／13.7.3 今後の展望 488

第14章 機能性高分子 489
14.1 電気・電子用高分子 489
14.1.1 概要 489 ／14.1.2 実装用高分子材料の概要 489 ／14.1.3 エポキシ樹脂封止材 491 ／14.1.4 ダイボンディングフィルム 492 ／14.1.5 今後の展望 493
14.2 吸水性高分子 494
14.2.1 概要 494 ／14.2.2 重合，加工 497 ／14.2.3 プロセス 498 ／14.2.4 その他の用途展開 499
14.3 生分解性高分子 500
14.3.1 概要 500 ／14.3.2 生分解性高分子と市場 500 ／14.3.3 合成系生分解性高分子 501 ／14.3.4 生物関連高分子の貢献 505 ／14.3.5 廃プラスチックによる海洋汚染と防止対策 506

第15章 将来の石油化学原料とプロセス 508
15.1 概要 508
15.1.1 各種の石油化学原料と資源の変遷 508 ／15.1.2 相次ぐ超大型石化プラントの新設と

基幹原料　509　／15.1.3　原料と製品のロジスティックス　511　／15.1.4　地球環境問題への対応　511
15.2　原料の多様化　512
15.2.1　概要　512　／15.2.2　石炭化学の進展と間接液化　512　／15.2.3　ガス化（石炭，バイオマス，天然ガス）　513　／15.2.4　スチームリフォーミング　518　／15.2.5　オートサーマルリフォーマー・直接接触部分酸化（DCPOX）　523　／15.2.6　CO_2 ドライリフォーミング　525　／15.2.7　水電解（アルカリ水電解，PEM，SOEC）　528　／15.2.8　光触媒　532　／15.2.9　CO_2 の分離回収・精製　536　／15.2.10　天然ガス，シェールガス，オイルサンド，メタンハイドレート　541　／15.2.11　再生可能資源・エネルギーと水素資源　541
15.3　革新プロセス　544
15.3.1　概要　544　／15.3.2　低級アルカンおよびメタンの直接原料化，オレフィン製造 Siluria プロセス　544　／15.3.3　過酸化水素酸化　545　／15.3.4　バイオマス転換プロセス　547　／15.3.5　CO_2 の化学原料化　550
15.4　エネルギーキャリア　550
15.4.1　水素エネルギー　550　／15.4.2　エネルギーキャリア　551　／15.4.3　グローバル水素システム　551　／15.4.4　有機ケミカルハイドライド法　552　／15.4.5　SPERA 水素システム　553　／15.4.6　液体水素法　553　／15.4.7　液化アンモニア法　554

第 16 章　環境保全と省エネルギー　557
16.1　環境保全　557
16.1.1　概要　557　／16.1.2　大気汚染防止　557　／16.1.3　水質汚濁防止　560　／16.1.4　土壌汚染浄化　563　／16.1.5　産業廃棄物対策とリサイクル対策　564　／16.1.6　脱水銀　566　／16.1.7　生物多様性　567　／16.1.8　化学物質排出削減　568　／16.1.9　地球環境対策　570
16.2　廃プラスチックのアンモニア原料化　571
16.2.1　概要　571　／16.2.2　製造プロセスの概要　572　／16.2.3　アンモニア製造プロセス概要　573
16.3　分離技術　574
16.3.1　内部熱交換型蒸留塔（HIDiC）および SUPERHIDIC　574　／16.3.2　新型トレイ・充てん塔　577　／16.3.3　WINTRAY　579
16.4　省エネルギー　581
16.4.1　ピンチテクノロジー　581　／16.4.2　コプロダクションピンチ　585　／16.4.3　石油化学コンビナートの省エネルギー事業　586
16.5　ライフサイクル評価　589
16.5.1　LCA の歴史　589　／16.5.2　LCA の取り組み方　590　／16.5.3　cLCA（carbon life cycle analysis）とは　591　／16.5.4　cLCA の評価実例　592　／16.5.5　結び　594
16.6　膜分離　595
16.6.1　概要　595　／16.6.2　膜分離技術の省エネルギーと分離対象　595　／16.6.3　膜の種類と用途　596　／16.6.4　今後の展望　597

反応ルートのフローチャート　598

索引　633

第1章
炭化水素資源と利用

1.1 概論

1.1.1 石油化学工業の変遷と歴史的背景

石油化学工業の始まりをいつにするかということについては，ガソリン増産のために採用された石油重質留分の熱分解プロセスから副生物として生成する低分子量オレフィン類の利用が始まったころの，1910年代後半ないし1920年ごろとする説が有力である．そのころ，重質油熱分解プロセスから副生するエチレンが二塩化エチレンやエチレングリコールの原料として利用され，プロピレンはイソプロピルアルコール(2-プロパノール)の原料として利用され，それら製品はおもに溶剤として使用された．1921年には，米国のUnion Carbide社がプロパン/ブタン(LPG)を熱分解してエチレンを生産する設備を稼働させている．

石油化学工業はベークライト製造工業(1909年, Bakeland社)，アンモニア合成工業(1913年, BASF社)やメタノール合成工業(1913年, BASF社)などの後に出てきた化学工業であり，しばらくの間は大きな需要もなく生産規模も小さいものであった．

現在の大規模な石油化学工業に拡大・発展した背景に“高分子化学”の発展があったことを記憶しておかなければならない．

1922年，ドイツのH. Staudingerらは天然ゴムやイソプレンの研究を進め，天然ゴムの分子構造に対して新しい“高分子説”を提唱した．この“高分子説”は当時の主流学説“会合体説”を信ずる化学者達から反対されたが，地道なきめ細かい研究結果を示すことにより，1920年代後半にようやく学会に認められることになった．

“高分子説”に刺激されて，多くの高分子物質の合成が試みられ，有用なものから本格的な工業生産が始まった．たとえば，米国UCC社の塩化ビニル樹脂(1927年)，ドイツのI. G. Farbenindustrie社のポリスチレン(1929年)と“ブナ-S”(SBR, 1933年)，米国DuPont社の“ネオプレン”(ポリクロロプレン, 1931年)と“ナイロン”(ポリアミド繊維, 1939年)，ドイツRohm & Haas社のアクリル樹脂(PMMA, 1931年)などの工業生産が始まり，1932年に偶然発見された英国ICI社の高圧法低密度ポリエチレン(LDPE, 1939年)の工業生産が続いた．

1945年に第二次大戦が終了し，社会が安定し，経済が発展するとともに高分子材料を含む化学製品の需要が飛躍的に拡大した．すでに，米国Dow Chemical社の“サラン”(PVDC，ポリ塩化ビニリデン，1940年)，DuPont社の“テフロン”(PTFE，ポリ四フッ化エチレン，1941年)，米国Dow Corning社の不飽和ポリエステル樹脂(1942年)，スイスChiba社と米国Shell Chemical社のエポキシ樹脂(1943年)などが工業化されていた．

1953年には，低圧法高密度ポリエチレン(HDPE,

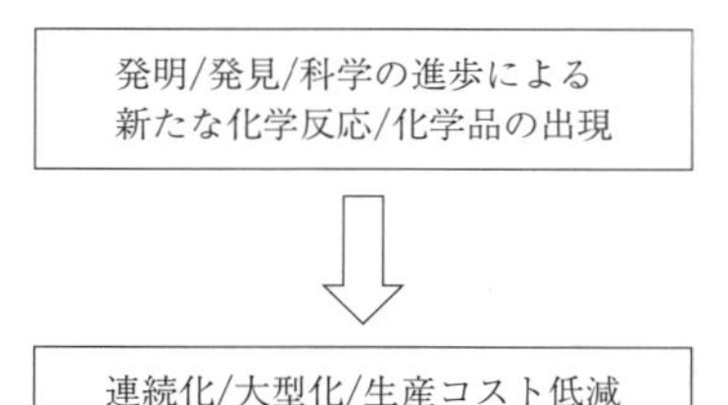

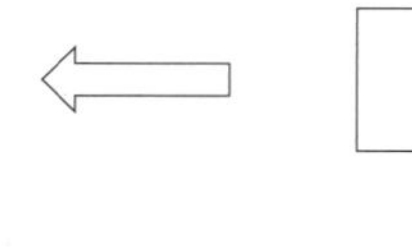

ドイツHoechst社およびイタリアMontecatini社），ポリアセタール樹脂（POM，DuPont社），ポリエステル繊維（DuPont社およびICI社）が工業化されるとともに，立体規則性ポリプロピレン（Montecatini社）やポリカーボネート樹脂（ドイツBayer社）が初めて合成されている．ポリプロピレンの工業生産は，1959年にMontecatini社によって始められた．

そして，高分子材料を合成するための原料である単量体（モノマー）を供給するために，石油化学工業が急速に拡大・発展することになった．エチレン，プロピレン，ブタジエンなどのオレフィン類/ジオレフィン類や，ベンゼン，トルエン，キシレンなどの芳香族類，ならびにそれらから合成される数多くの化学品が大量に生産されるが，その背景には合成化学と触媒化学の発展，化学工学の発展，経済発展に伴う需要の拡大と高度化ならびに原料の多様化とそれらの安価・大量供給の実現があった．

日本で“石油化学”という言葉が現れた最初の文献は，1939年旧海軍燃料廠が発行した“石油化学概論（秋田壌）”であろう．同燃料廠は1935年にイソブチレン（イソブテン）からイソオクタンを合成するなど，今日の石油化学の基礎研究を行っている．この文献は化学的側面から捉えた石油精製法に限られ，石油系炭化水素を原料として燃料以外の製品を目的とする今日の石油化学の概念とは異なっていた．日本で最初の石油化学事業も石油精製オフガスからの溶剤生産であった．1957年に丸善石油がブチルアルコールとメチルエチルケトン，日本石油化学はイソプロピルアルコールとアセトンを市場に出している．

本格的な石油化学事業に進出することを計画していた化学系企業も石油精製オフガスや接触分解ガスから得られるオレフィン類を利用することを考えていた．しかし，誘導品の需要見通しが年々拡大する過程で原料はナフサに変更され，1958年から住友化学，三井石油化学，三菱油化，日本石油化学においてナフサ熱分解によるエチレン生産が始まった．

約100年間にわたる石油化学工業の歴史を振り返ると，誕生してから今日に至るまで安価で大量に得られる原料を求めて反応プロセスを工夫し，経済発展に伴う需要の増大と高度化に応えつつ，先輩格である石炭化学工業，繊維工業，石鹸・洗剤工業，塗料工業などを巻き込む形で，大規模な化学工業の一分野に成長した．

このような現代の石油化学工業の状況を踏まえて，石油化学工業を「石油・天然ガスを原料として製品を生産する化学工業」と定義し，石油化学工業の製品を，石油化学基礎製品（基礎化学品），有機工業薬品（中間化学品），ならびに付加重合・開環重合・重縮合・重付加などによって合成される高分子材料の3つのグループに分けることができる．

有機工業薬品（中間化学品）の多くは高分子材料へ変換されるが，付加価値の高い低分子系最終化学品である医薬品，農薬，染料，食品添加物，合成洗剤，化粧品などの多方面にも使用されている．

高分子材料はプラスチックス成形加工製品，ゴム成形加工製品，化学繊維，塗料，接着剤，印刷インキなどの原材料として使われ，姿・形を変えて多方面に使用されている．

最近は，石炭由来のメタノールからエチレンやプロピレンを生産することが始められているので，石油化学工業の技術範囲/業務範囲を幅広く捉えなければならなくなったといえよう．

石油化学工業は経済の発展とともに発展・拡大するが，発展途上国においてはGDPの成長率よりかなり高い比率で拡大する．代表的な石油化学基礎製品であるエチレンの拡大推移を図1.1.1に示す．中国，サウジアラビアの急拡大が注目される．

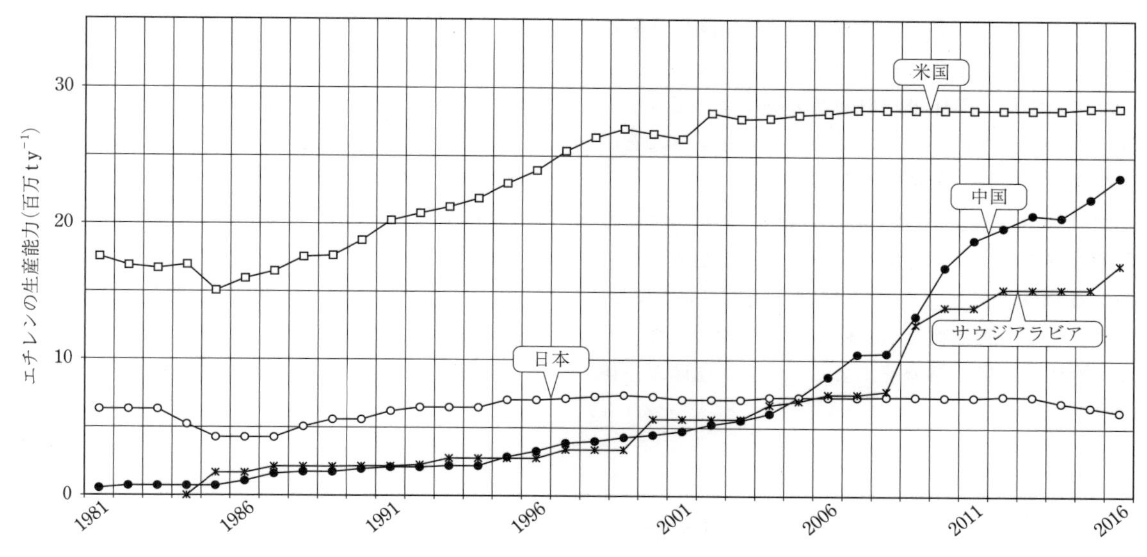

図 1.1.1 主要国のエチレン生産能力の推移

1.1.2 世界の石油化学原料の概況

今日の石油化学原料を，大別するとエタン，プロパン，ブタンを主体とするガス系原料と，ナフサ，灯軽油を中心とした液体系原料に分けられ，これらを原料として熱分解プロセスによってエチレンが生産され，プロピレンやブタジエン，芳香族も併産されている．一方，石油精製企業では接触分解プロセスで，プロピレンが副生し，接触改質プロセスではベンゼン，トルエン，キシレンが得られる．

図 1.1.2 に示すように，ガス系原料と液体系原料の，いずれもガス田や油田から得られる留分を種々のステップを通じて分離精製したものである[1]．ガス田や油田は 1800 年代後半から開発されているものを在来型とよび，2010 年以降，米国を中心に急速に開発が進んだシェールガス/シェールオイルを非在来型と称する．この他にも，近年では中国を中心に石炭をガス化し合成したメタノールなどを経由してオレフィンを製造する設備も稼働している．

世界の熱分解系エチレンの原料は，2005 年時点ではガス系が約 40%，液体系が約 60% であったが，2015 年ではガス系が 50% を超え，液体系が 50% 以下となっている．北米や中東でガス系エチレン生産量が大きく増えている．米国のガス系原料増加分の大部分がシェールガス，シェールオイル由来のエ

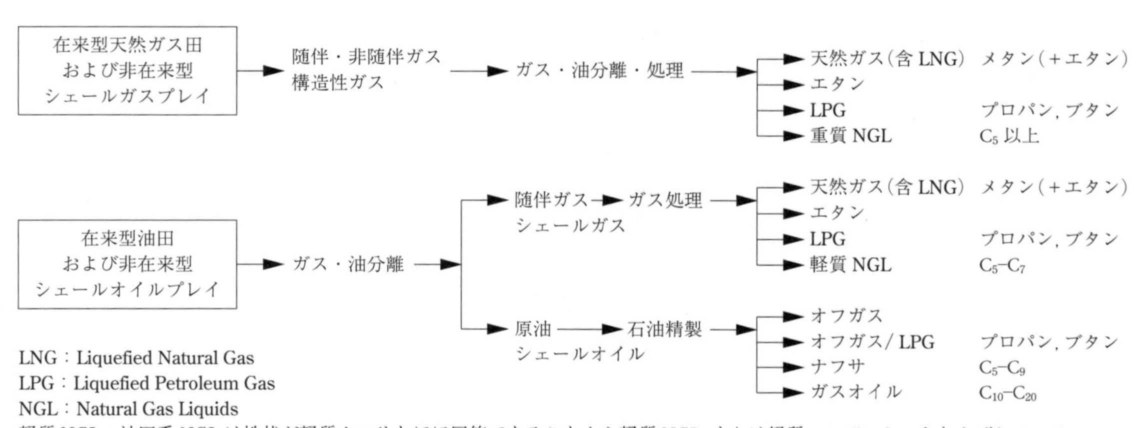

図 1.1.2 石油化学原料の由来

タンによるものであり，今後2018年に向けさらに増加していくと予測されている(表1.1.1).

ガス系原料や液体系原料の熱分解によってエチレンを生産する場合，原料によってプロピレンなどの副生される留分の収率が異なる(表1.1.2)[2].

プロピレンは，大別すると，LPGやナフサなどの熱分解でエチレンに併産するものと，石油精製における減圧ガスオイルの流動接触分解(FCCなど)でガソリンの副生物として得られるものが主体である．液体系原料の熱分解によるエチレン生産が主体となっている西欧やアジアでは，エチレンに副生するプロピレン生産比率が大きい．一方，米国ではエタンを原料とするエチレン生産の比率が高いためエチレン併産プロピレンが少ないが，大量のガソリン生産に伴う流動接触分解からの副生的プロピレンが多く得られる．中国，サウジアラビアでは，さらなるプロピレン増産を図るために，DCC(deep catalytic cracking)，HS-FCC(high severity FCC)のようなガソリン収率を下げてプロピレン収率を高めるような技術を織り込んだ接触分解設備が稼働し

表 1.1.1　世界および主要地域の原料種別エチレン生産量・比率(百万 t y^{-1})

	世界	北米	欧州	中東	アジア	他計
2005年　エチレン生産量	105	30	25	10	34	7
ガス系原料からの生産(C_2-C_4)	40	20	5	8	4	2
液系原料からの生産(ナフサ，ガスオイルなど)	65	10	20	2	30	5
ガス系原料比率	0.39	0.70	0.19	0.84	0.13	0.30
液系原料比率	0.61	0.30	0.81	0.16	0.87	0.70
2015年　エチレン生産量	145	32	21	29	52	10
ガス系原料からの生産(C_2-C_4)	74	30	5	26	8	4
液系原料からの生産(ナフサ，ガスオイルなど)	71	2	16	3	44	6
ガス系原料比率	0.51	0.94	0.24	0.90	0.16	0.39
液系原料比率	0.49	0.06	0.76	0.10	0.84	0.61

表 1.1.2　原料別熱分解物の収率例(分解収率：炉出口，Vol%)

分解収率 ＼ 分解原料	エタン	プロパン	*n*-ブタン	ナフサ	軽油	減圧軽油
水素	3.6	1.3	1.0	0.8	0.7	0.5
メタン	4.2	24.7	21.8	15.3	10.6	7.9
エタン	40.0	4.4	5.1	3.8	3.3	2.8
エチレン	48.2	34.5	35.8	29.8	24.0	19.5
プロパン	1.1	10.0	0.2	0.3	0.5	0.4
プロピレン	0.2	14.0	16.4	14.1	14.5	11.3
ブタン	0.3	0.1	5.0	0.3	0.1	0.1
ブテン	0.2	1.0	1.7	4.2	4.5	4.9
ブタジエン	1.1	2.7	3.4	4.9	4.7	5.5
C_5	0.3	1.8	1.7	2.3	3.3	5.0
C_6－C_8	0.5	2.7	4.1	13.9	10.9	8.4
C_{9+}			1.7	6.6	20.0	31.2

ている．

プロピレンは，プロパンの脱水素プロセスからも得られる．脱水素プロセスは米国や中国を中心に今後も増加すると予測される．エチレンとブテンからメタセシス技術（不均化反応プロセス）によってもプロピレンが生産されている．中国では石炭を出発原料としたCTO・MTO・MTPによる生産プラントが立ち上がっており，今後も設備能力は増えていく見込みである（表1.1.3）．

ベンゼンなどの基礎芳香族製品の原料は，石炭の乾留，ナフサなどの熱分解で副生する熱分解ガソリンと重質ナフサの接触改質によって得られるものがある．2015年ではベンゼンはナフサなどの熱分解，重質ナフサの接触改質と，トルエンの脱アルキルや不均化などによって得られるものが，それぞれ3分割するような生産比率となっており，石炭乾留によって得られるものは限られた量でしかない．重質ナフサの接触改質によって得られる芳香族はトルエン，キシレン分の確保に力点がおかれる．混合キシレンは重質ナフサの接触改質によって得られるものが6割で，残り3割がトルエンの不均化やトルエンとC_9のトランスアルキレーションなどによる変換によって得られる．トルエン自体のほとんどが接触改質から得られるため，キシレン全体が重質ナフサの接触改質に由来するといって過言ではない（表1.1.4）．

日本の石油化学工業発足当初は，通商産業省（現経済産業省）が策定した石油化学製品国内需要量が年間エチレン約6,300t相当しかなく精製オフガスでも対応できると考えられていたが，誘導品の需要見通しが拡大する過程で当初の政策対象はナフサに変更された．ナフサの熱分解では，プロピレン，ベンゼン，トルエン，キシレンといった基礎石化製品が併産される．一方で，天然ガスが国内でほとんど生産されないため，天然ガスに伴うエタン，LPGなど，ガス系原料が得られないというマイナス面があり，エチレンプラントの原料選択の自由度が低い．石油精製から得られるナフサもガソリン向け消費が優先となるため，エチレン生産用を中心に輸入ナフサに頼っている．

1.1.3 非在来型原料（シェールガス）

米国では石油化学勃興の早い段階から，米国内の原油生産に伴う随伴ガスからの分離や構造性ガス田から得られる非随伴天然ガスからの分離により，エタン，プロパン，ブタン，天然ガソリン（石油精製で得られる軽質ナフサに相当する性状）が潤沢に得

表1.1.3　世界および主要地域・国の原料種別プロピレン生産量，生産比率（2014年）

		世界計	米国	ヨーロッパ	中国	日本
合計生産量（含むガソリン基材向け）	百万$t\,y^{-1}$	140	21	17	21	6
ナフサなどの熱分解，エチレンと併産	(%)	na	41	67	43	67
石油精製の接触分解（FCCなど）からの副生	(%)	na	52	28	39	33
目的生産物（プロパン脱水素，MTPなど）	(%)	na	7	5	18	0

表1.1.4　世界および主要地域の原料種別ベンゼン，混合キシレンの生産量，生産比率

		ベンゼン				キシレン
		世界	北米	ヨーロッパ	アジア	世界
合計生産量（2015年）	百万$t\,y^{-1}$	50	7	8	28	50
石炭乾留系	(%)	6	0	4	9	2
熱分解系	(%)	35	18	54	35	5
重質ナフサの改質系	(%)	31	61	29	22	59
トルエンおよびキシレンの異性化	(%)	28	21	12	35	35

られ，これらを経済性などに基づき柔軟に選択しながら石油化学工業が発展してきた．これらはいわゆる在来型原料の範疇に入る．ところが 2000 年代に入りシェール層に含まれる天然ガス（シェールガス）や原油（シェールオイル，タイトオイル）が，水平坑井法と水圧破砕法の組み合わせによって低コストで商業生産が可能となった．そのため一気にシェールガス，シェールオイルの開発が進み，同時に副生するエタン，プロパン，ブタン，天然ガソリンといったエチレン向け熱分解用原料も増産され，特にガス系原料が余剰状態となり価格が急落したので，米国の石油化学の競争力が高まった．エチレン設備の原料選択の自由度が広がり，特にエタンの消費比率が高まったため，多くの米国のエチレンメーカーがエタンを主体とした設備を新増設し，2018 年前後に稼働するという計画が進んでいる．したがって，今後，米国でのエタン系エチレン生産比率がさらに高まっていくものと予測されている．

米国のシェールガス/シェールオイルに関する詳細な状況は，米国エネルギー省の広報機関（EIA, Energy Information Association）から公表されている．石油化学の原料としてのエタン，プロパン，ブタンと天然ガソリンは，シェールガスに伴う NGL（natural gas liquids，天然ガス液）から分離される[3),4),5)]．NGL 生産量は，2000 年代後半以降，急激に生産量が増えた天然ガス生産量にリンクしている．2000 年に入り，競合する原油などの価格上昇により競争力を得たシェールガス生産が急増したが，2014 年後半以降の原油価格下落に伴い，多くのシェール坑井が競争力を失い，新規坑井の掘削数（リグカウントと称される）が激減した．一時はこれにより，シェールガス生産が急減するのではないかという想定もあったが，最近の坑井掘削技術の向上により，坑井一本あたりのガス生産量がかなり増えているため，坑井数の減少にもかかわらず生産量はほとんど落ちていない[5)]．

今後も天然ガスの生産増が続くという環境下で，エタン，プロパン，ブタン，天然ガソリン（軽質ナフサ相当）の生産も増え続けていく．分離されたエタンは実質的にエチレン生産用の熱分解原料として消費される．2010 年以降エタン生産量が消費量を上回る状況が続き，価格が下落し，さらに焼却すら行われる状況に陥っていたが，2016 年からヨーロッパやインド向け輸出が始まり，2017 年から 2018 年にかけて稼働するエタン原料エチレンプラントへの供給が始まる．これら米国の新設エチレンプラントの生産能力は 1,000 万 $\mathrm{t\ y^{-1}}$ を超え，エタン消費は 1,200 万 $\mathrm{t\ y^{-1}}$ 以上となり，近々エタン余剰感が払拭されると予想されている．それにより，大幅に安いエタン価格は 2018 年以降は需給バランスを背景とした価格レベルに向かって上昇していくものと予想されている．

1.1.4　石炭化学

2000 年代に入り原油価格が高騰しナフサなど液体系原料も値上がりしたため，液体系原料によるエチレンなど石化製品のコスト競争力が失われた．中国では自国で生産される石炭の相対的価格が低くなり，かねて中国政府が開発目標としていた石炭ガス化とメタノール合成，さらに MTO/MTP（methanol to olefins, methanol to propylene）技術を組み合わせてエチレンやプロピレンを生産しようとする計画が多数公表された．一時，計画プロジェクト数は 20 を超え，エチレンの合計生産計画能力は 1,400 万 t に達し，そのうち 7 基，合計能力 300 万 t が 2014 年までに完成した．しかし計画を進めていた 2014 年後半に，世界の原油価格が 100 $ $\mathrm{bbl^{-1}}$ レベルから 50 $ $\mathrm{bbl^{-1}}$ レベルに急落した．同時に国際的な石炭価格や中国国内石炭価格も，おおむね 100 $ $\mathrm{t^{-1}}$ から 50 $ $\mathrm{t^{-1}}$ レベルに下落した．石炭のガス化からメタノールを合成し，さらに MTO/MTP を組み合わせるシステムの建設費が相対的にかなり高額に達し，石炭系オレフィンの製造コストは固定費主体となり，固定費負担による競争力低下になったことから，その後の計画の実現ペースが遅れた．そのために，2017 年時点，多くの計画が遅延または棚上げとなっている模様である．

1.1.5　バイオマス

バイオマスは，生物由来の資源であり，光，水，炭酸ガスがあれば再生可能な農林水産物のことである．人類がそれらを食糧やエネルギー源あるいは材料/道具として利用してきたことは改めて説明する必要はないが，石炭や石油あるいは天然ガスのような化石資源への過度な依存が地球環境の問題を引き起こすおそれがあることから，再生可能なバイオマスを今まで以上に利用することが検討され始めた．

現在，利用することが検討されているバイオマスは以下のように分類されるが，食糧確保が優先されることから，検討対象は非可食バイオマスに絞られてくるであろう．

(1) 可食バイオマス：発酵に適したでんぷん質や糖類を多く含むトウモロコシやサトウキビなど
(2) 非可食バイオマス：食糧にならないセルロースなどを多く含むもの
  (a) 農業廃棄物……サトウキビ搾りかす，稲わら，麦わら，トウモロコシの茎葉，ヤシ殻
  (b) 畜産廃棄物……家畜のし尿
  (c) 林業廃棄物……間伐材，剪定枝，製材端材，廃木材
  (d) 生活廃棄物……生ごみ，廃食品，廃食用油，下水汚泥
  (e) 原料用作物……海藻，藻類，油糧作物，早生草木類

バイオマスを化学品製造用の原料として利用するには，何らかの化学反応によって有用物質へ変換しなければならない．単純に燃焼させてエネルギーを取り出すこと以外に以下の方法が検討されている．

(1) 部分酸化し，合成ガスへ変換する
(2) 澱粉，糖類，農業廃棄物を発酵させてエタノールへ変換する
(3) セルロースなどを加水分解して糖類に変換した後，発酵させてエタノールへ変換する
(4) 畜産廃棄物を発酵させてメタンへ変換する
(5) 廃食用油や油糧作物を，エステル交換反応により，バイオディーゼル油へ変換する
(6) 発酵，改質，異性化などによって得られる個々の中間化学品を既存の石油化学品生産ルートに組み入れる
(7) セルロースミクロフィブリルを分離して，ナノファイバーとして利用するなど

バイオマス由来化学品の生産コスト低減や大量生産化，あるいは有用物質の探索と分離/精製のために，触媒探索やプロセス開発が進められているが，留意すべき経済的側面として以下の点があげられる．

(1) バイオマスは，地表に薄く広く存在しているため，収集/運搬/貯蔵コストがかかること
(2) 収穫時期が限定されていたり，収穫量に季節変動があること
(3) 物質変換反応が概して遅いこと
(4) 可食バイオマスを利用する場合には，原料となる食料品の価格変動の影響を受けるとともに，食料品価格へも大きな影響を与えること

1.2 液体系原料

1.2.1 原油

A 資源の状況

表 1.2.1 に，原油と天然ガスの埋蔵量(R)と生産量(P)，採掘寿命(R/P)を，世界主要地域と主要国ごとに示した[1),9)]．

原油埋蔵量(可採埋蔵量)は，約 2,400 億 t，天然ガス埋蔵量は約 1,700 億 t と見込まれる．原油も天然ガスも地域的に偏在しており，原油は 53％が中東・アフリカ地域，15％が北米地域，8％が旧ソ連邦に分布している．図 1.2.1 に原油埋蔵量の国別ランキングを示した[1),9)]．

国別ランキングの 1 位はベネズエラで，3 位にはカナダがランクされているが，両国はそれぞれオリノコタール(2008 年から計上)やタールサンド(1999 年から計上)と称される超重質油が加算されている．これら以外では，世界の 16％を占めるサウジアラビアの埋蔵量が最も大きく，以下，イラン，イラクと中東が続く．その次にロシアとなり，米国はベネズエラとカナダを除くと 7 位に位置する．ただし，まだ石油埋蔵量に世界的に統一された定義はなく，1980 年代後半にイラン，イラク，サウジアラビア，アブダビ，ベネズエラ，カナダなど主要産油国がそれぞれ独自の推計で自国の埋蔵量を大幅に上方修正するなど，埋蔵量の数字はきわめて政治的な一面をもっていることに，留意が必要である．

図 1.2.2 に世界全体と主要産油国の R/P の推移

表 1.2.1　世界の原油および天然ガス埋蔵量と生産量(2015 年)

	原油				天然ガス		
	埋蔵量*1	生産量*2		R/P*3	埋蔵量*1	生産量 y^{-1}	R/P*3
	百万 t	百万 t y^{-1}	1,000 bbl d^{-1}	年	百万 toe	百万 toe	R/P*3 年
米国	6,608	567	12,704	12	9,551	705	14
カナダ	27,755	215	4,385	108	1,788	147	12
メキシコ	1,496	128	2,588	11	292	48	6
北米国　計	35,858	910	19,676	33	11,631	900	13
アルゼンチン	328	30	637	10	299	33	9
ブラジル	1,890	132	2,527	14	360	21	17
ベネズエラ	46,971	135	2,626	314	5,055	29	173
その他	1,852	99	1,922	19	1,118	78	14
南米国　計	51,041	396	7,712	129	6,832	161	43
イラン	21,676	183	3,920	110	30,618	173	177
イラク	19,308	197	4,031	97	3,325	na	na
クウェート	13,981	149	3,096	90	1,606	13	119
カタール	2,694	79	1,898	37	22,075		135
サウジアラビア	36,618	568	12,014	61	7,493	96	78
アラブ首長国連邦	12,976	175	3,902	69	5,482	50	109
その他	1,483	60	1,237	25	1,439	223	6
中東　計	108,735	1,412	30,098	73	72,037	556	130
アルジェリア	1,537	68	1,586	21	4,054	75	54
エジプト	458	36	723	13	1,662	41	41
リビア	6,297	20	432	307	1,354	11	118
ナイジェリア	5,003	113	2,352	43	4,600	45	102
その他	3,805	161	3,283	24	988	18	54
アフリカ　計	17,099	398	8,375	42	12,658	191	66
オーストラリア	442	17	385	28	3,124	60	52
中国	2,521	215	4,309	12	3,457	124	28
インド	763	41	876	18	1,340	26	51
インドネシア	498	40	825	12	2,555	68	38
マレーシア	471	32	693	14	1,052	61	17
その他	961	54	1,258	18	2,555	161	16
アジア太平洋　計	5,657	399	8,346	14	14,083	501	28
ノルウェー	994	88	1,948	11	1,671	105	16
英国	374	45	965	8	185	36	5
その他	379	27	546	14	1,740	92	19
ヨーロッパ　計*4	1,748	160	3,459	11	3,597	233	15
アゼルバイジャン	959	42	841	23	1,034	16	63
カザフスタン	3,932	79	1,669	49	842	11	76
ロシア連邦	14,024	541	10,980	26	29,044	516	56
トルクメニスタン	102	13	261	8	15,731	65	241
その他	41	12	253	3	1,550	68	23
旧ソ連　計	19,059	687	14,004	27	48,201	676	71
世界　計	239,360	4,362	91,670	51	168,692	3,200	53

＊1　"埋蔵量"は確認埋蔵量を意味し，現在から近未来の経済的・技術的環境下で可採であると見込まれる量
＊2　原油，NGLs(天然ガス液，C5 プラス)，シェールオイル，オイルサンドを含む
＊3　R/P は，歴年末確認埋蔵量/当該歴年中の生産量
＊4　トルコはヨーロッパに含まれる

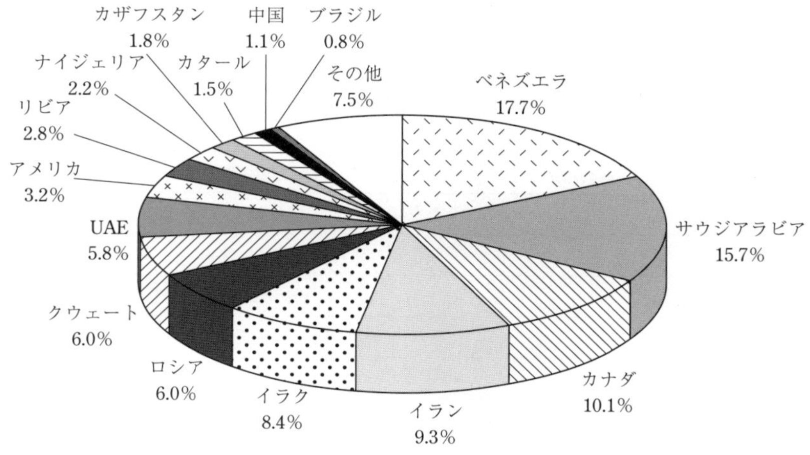

注）MENA：Middle Eastern and North African countries（中東および北アフリカ諸国）

図 1.2.1　原油埋蔵量の国別ランキング（2015年）

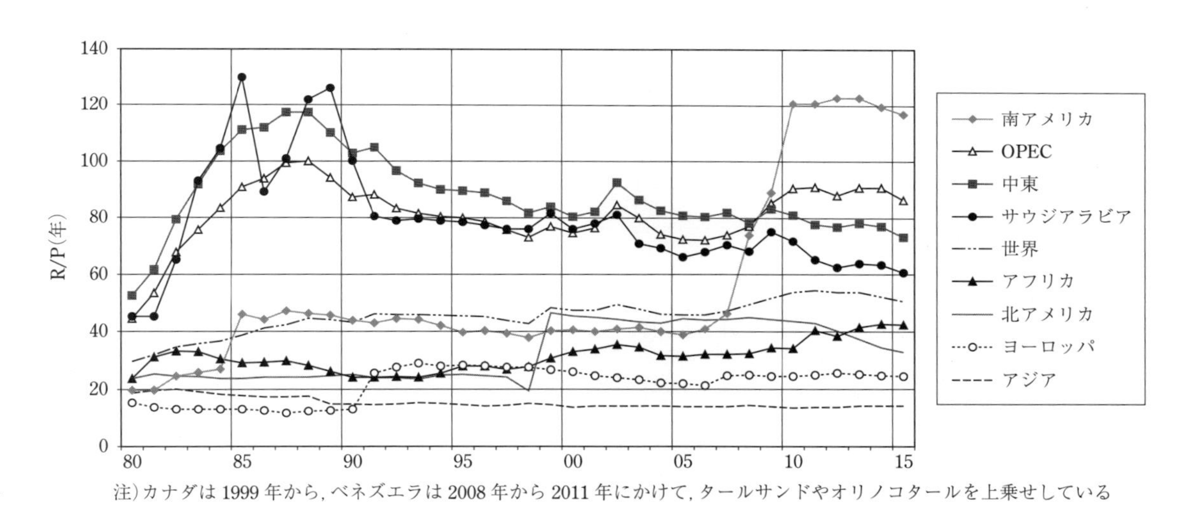

注）カナダは1999年から，ベネズエラは2008年から2011年にかけて，タールサンドやオリノコタールを上乗せしている

図 1.2.2　世界全体と主要産油国のR/Pの推移

を示す[1),9)]．RもPも可変数であり，世界経済の成長でPが増加する一方，原油回収技術の向上，開発技術の発展で新規油田の開発コストが大幅に低下しており，単純にR/Pが示す年数が資源量の限界を示すものではない．事実，1980年代以降，生産が拡大を続けている中でR/Pに大きな変化はない．

B　原油の分類と組成

原油の物理・化学的性質は，同じ油田でも油層によって異なり複雑であるが，原油取引における評価などに必要な最低限の分類は行われている．物理的性状は一般に比重で分類され，その際API比重[注1)]が使われている．表1.2.2に代表的な原油の性状を示した．表には石油精製での揮発油留分の収率の概数を示した[6)]．揮発油留分は，ガソリンやナフサとして得られる指標であるので，石油化学用原料として有効な指標である．製油所の設備には重質留分を

注1）API比重とは，米国石油協会（API）が設定する原油の比重指標．
API比重＝141.5/（比重60/60°F）－131.5で算定される．
数値が大きいほど，ガソリンなど，軽質留分を多く含む傾向がある．

表 1.2.2　主要原油の性状例

国名	原油名	一般性状			
		API	密度 ($g\ cm^{-3}$)	硫黄分 (wt%)	揮発性留分 (vol%)
米国	WTI(West Texas Intermediate)	39.8	0.826	0.45	23
英国	Brent Blend	38..2	0.833	0.26	25
ドバイ	Dubai	30.5	0.873	2.1	21
オマーン	Oman	31〜36	0.84〜0.87	1〜2	22
アラブ首長国連邦 (Abu Dhabi)	Murban	40〜41	0.82〜0.83	0.8	24
	Um Shaif	37	0.84	1.3〜1.4	28
	Upper Zakum	33〜37	0.84〜0.86	1.3〜1.9	24
	Lower Zakum	39〜41	0.82〜0.83	1.0〜1.1	24
カタール	Qatar Marine	33〜36	0.84〜0.86	1.6〜1.9	24
	CondensateNFC2	58	0.75	0.2	>70
サウジアラビア	Arab Light	32〜35	0.85〜0.87	1.8〜2.0	17
	Arab Heavy	27〜29	0.88〜0.89	2.8〜3.0	15
	Arab Extra Light	38〜41	0.82〜0.83	1.1〜1.2	26
	Arab Super Light	49〜51	0.78	0.1	35
中立地帯	Khafji	28〜29	0.88〜0.89	2.8〜2.9	15
クウェート	Kuwait	30〜31	0.87〜0.88	2.4〜2.8	20
イラク	Basrah Light	30〜34	0.85〜0.88	2〜3	22
イラン	Iranian Light	33〜34	0.85〜0.86	1.4〜1.5	25
	Iranian Heavy	29〜31	0.87〜0.88	1.7〜1.9	20
	South Pars Condensate	57〜58	0.75	0.3	>70
ロシア	Tyumen	34	0.85	1.0	25
ナイジェリア	Bonny Light	36.7	0.84	0.2	23
中国	大慶	32.1	0.86	0.1	11
インドネシア	Minas, Smatra Light	33.9	0.86	0.1	10
ベトナム	Bach Ho	34〜41	0.82〜0.85	0.03	15

注)数値データに幅があるものとないもの(平均値)があるが，出典の違いであって，自然物である原油性状はすべて変動幅がある

接触分解などで揮発油成分に変え，ガソリン収率を高める場合が多い，この表に示した揮発油収率はあくまで，二次設備によるガソリン分を含まない，常圧蒸留の一次収率である．総じてAPI度が高い，すなわち密度が低い原油ほど，揮発油収率が高い傾向がある．炭化水素以外の不純物のうち硫黄含有量も重要で，日本では硫黄分2wt%以上を高硫黄原油，1wt%以下を低硫黄原油，その中間を中硫黄原油としている．

1.2.2　石油精製の状況

2016年初頭時点，世界の製油所数は表1.2.3のとおり655，総原油処理能力は約9,000万bbl d^{-1}である[8]．地域別では，南北米国合計で32%に達する．南アジアを含めたアジア・太平洋地域で設備の新増設が活発で，製油所数は世界の25%，原油処理能力は北米を凌駕する29%に達している．この

表 1.2.3　世界主要地域と主要国の原油処理能力(2016 年初ベース)

	製油所数	原油処理能力 (万 bbl d^{-1})	世界計に対する処理能力比率 (%)	一製油所あたりの平均能力 (万 bbl d^{-1})
1. 北米・中南米	213	2,815	31.6	13
米国	121	1,810	20.3	15
カナダ	17	201	2.3	12
ブラジル	14	203	2.3	15
アルゼンチン	11	63	0.7	6
2. 欧州，旧ソ連邦	185	2,405	27.0	13
ロシア	39	545	6.1	14
ドイツ	15	219	2.5	15
イタリア	13	212	2.4	16
3. 中東	50	800	9.0	16
サウジアラビア	9	291	3.3	32
イラン	14	204	2.3	15
イラク	14	98	1.1	7
4. アフリカ	42	312	3.5	7
アルジェリア	5	52	0.6	10
エジプト	8	76	0.9	10
5. アジア，大洋州	165	2,564	28.8	16
中国	49	830	9.3	17
日本	23	392	4.4	17
インド	23	475	5.3	21
韓国	5	296	3.3	59
世界合計	655	8,896	100.0	14

他，処理能力ではヨーロッパ・旧ソ連邦合計が27%，中東・アフリカが合計で13%，中南米が8%を占めている[7]．

1.2.3　ナフサ，軽油，およびコンデンセート

石油化学の主要設備であるエチレン生産用熱分解プロセスに供給されるおもな液体系原料は，原油蒸留で得られるナフサであり，灯軽油や天然ガス由来のコンデンセートも用いられる．表 1.1.1 に示したように，産油国である中東・アフリカ地域では 2015 年実績で，エチレン生産の 90%がガス原料から，また，北米では LPG (liquefied petroleum gas) を含めたガス系原料から実にエチレンの約94%が生産されているが，ヨーロッパでは 76%，アジアでは 84%がナフサを中心とした液体系原料であり，世界全体では約 50%がナフサやガスオイルの液体系原料を消費している．また，芳香族製品はほとんど全量がナフサを原料としており，世界ベンゼン生産量の 59%が接触改質油とトルエンの脱アルキルや不均化などによって製造され，35%がオレフィン生産で副生する分解ガソリンから得られている．分解ガソリンのほとんどがナフサの熱分解により，トルエンやキシレンも重質ナフサの改質によるものであり，結局，芳香族の 94%以上がナフサ由来となる(表 1.1.4)．

ナフサの需給は原油処理量とガソリン需要に支配

される．ガソリン需要は，途上国の生活水準向上に伴い自動車台数が増加を続けている一方で，技術改善によるガソリン燃費の向上もあって全体として緩やかな伸びにとどまっている．このため，1990年代以降のナフサ需給は短期的な変動を除けば，比較的安定に推移してきた．しかし，石油製品の輸入地域であるアジア地域のナフサ価格は，北海など域内に大油田をもつヨーロッパ市場に比較して高い傾向がある．ただし，2010年以降，シェールガス生産に由来する天然ガソリン（性状は石油精製から得られる軽質ナフサに相当）が，拡張されたパナマ運河を経由してアジア向けに輸出されるようになっている．加えてロシアの太平洋側からナフサが供給されるようになったため，アジアのナフサ市場の状況が緩和される方向に向かい，中東からの海上運賃の差がアジア・ヨーロッパのナフサ価格差の支配的因子という現在の状況から変わっていく可能性が高い．日本ではほとんど使用されていないが，欧米では直留灯軽油，減圧軽油もオレフィン原料に消費されてきた．アジアでも重質原油の生産が多い中国では軽油も広く使用されてきており，現在，世界のエチレン生産の3～4%前後が軽油を原料としていると推定されている．

この他に原料の多様化を目的として，コンデンセートも使用される．コンデンセートは，通常，油田ガスから分離されたいわば軽質原油で，アルジェリア，北海，アジア・オセアニアなどで生産され，日本でも輸入品が一部で使用されている．コンデンセートのうち，米国で天然ガソリン，中東やヨーロッパではペンタンプラスともよばれる天然ガス由来留分は，蒸留によって十分精製されているものが中心で，そのまま原料として使用可能である。コンデンセートの油種によってはかなり重質で，場合によっては黒色油分を含む場合もあるため，分解炉に投入する前に，これらの不純物分を分離除去する必要がある．

シンガポールでは，原油の直接熱分解が行われていると報告されているが，分解炉の加熱部前で黒色重質油分を除いてから加熱管に投入するという意味では，重質コンデンセートの分解処理と同様の原理で原料化しているといえよう．

1.3 ガス系原料

1.3.1 天然ガス

A 資源の状況

天然ガスの世界，主要地域，主要国の埋蔵量と生産量は表1.3.1に示している．図1.3.1には天然ガス埋蔵量の国別ランキングを示す[1]．

天然ガスの世界の埋蔵量は，2015年統計で約1,690億tで，原油の2,400億tの70%程度である．原油よりさらに偏在傾向が強く，中東とアフリカに50%が集中している点は原油並みだが，次に旧ソ連邦が29%とかなり埋蔵量が多い．シェールガスで注目を浴びている北米国は7%程度で，ガス埋蔵量はそれほど大きくない．国別天然ガス埋蔵量の1位はイラン，2位がロシア，以下，カタール，トルクメニスタンで，米国は5位，サウジアラビアは6位である[9]．

B 製品天然ガス（メタンリッチガス）とNGLの分離

図1.1.2に示すように，天然ガスは，大きくは在来型油田系・原油随伴ガスと，在来型構造性ガス田ガスに加え，近年開発が進んでいる非在来型シェール層ガスに分けられる．石油化学原料に使用されるのはこれらの粗天然ガス（おもにメタンガス）中に含まれる天然ガス液（広義のNGL）をさらに，エタン，プロパン，ブタン，天然ガソリン（狭義のNGL）に分離して得られるものである．一般にメタン含有量が80～90%と最も多く，エタン，プロパンが10～15%，ブタン以上の成分は1～2%である．産地によって常温常圧下で分離されるペンタン以上の液体留分（天然ガソリン，ペンタンプラス，コンデンセート（狭義のNGL））を含むものもある．エタン以上の広義のNGLは在来型ガスでは随伴ガスに多く含まれておりウェットガスと称される．構造性ガスは

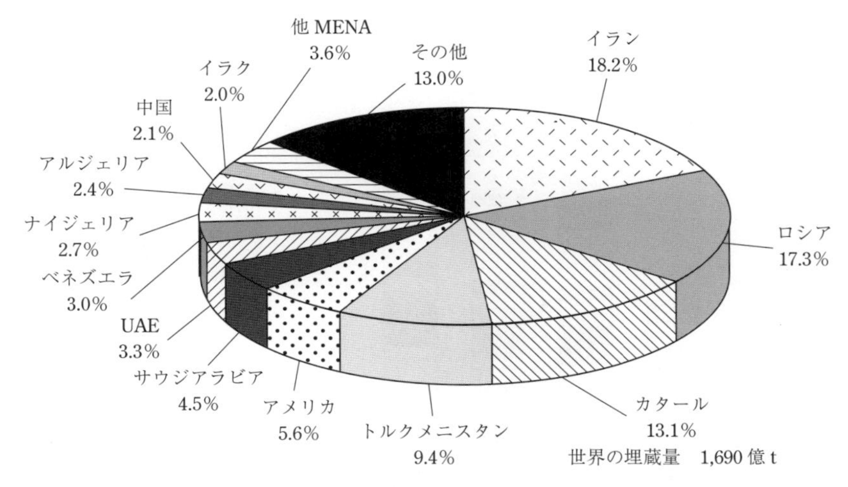

図 1.3.1　天然ガス埋蔵量の国別ランキング（2015 年）

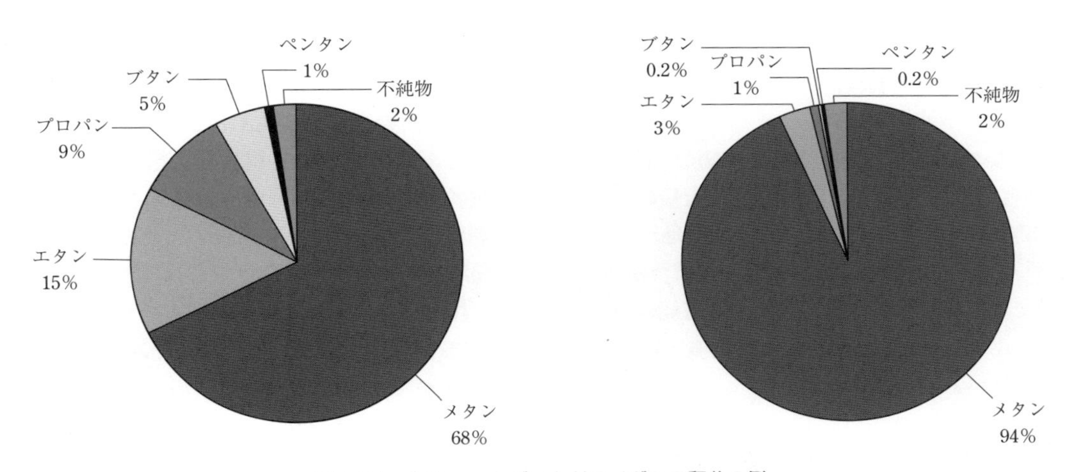

図 1.3.2　粗ウェットガスとドライガスの留分の例

NGL が少ないケースが多く，ドライガスと称される．シェールガス層は，狭い領域ごとにウェットガスとドライガスが，入り乱れてパッチワークのように存在する．米国のバッケンシェール層は多少異色で，層全体に原油の含有量が多く，シェールオイルとよばれ，脚光を浴びた．図 1.3.2 に，粗ウェットガスと粗ドライガスのメタンガスと他の（広義の）NGL の留分比率のイメージを示す[1)]．

通常，（広義の）NGL のうち，LPG や天然ガソリンは，パイプライン輸送に伴う圧縮により容易に液化してしまうため，製品天然ガス（メタンリッチ）から必ず分離されるが，エタンは製品天然ガス中に残留してもほとんど液化の問題がない．したがってエタンをあえて分離するのは，領域内にエタンの熱分解によるエチレンプラントで消費をする，という明確な目的と消費予定量がある場合に限って分離されるものである．エタンを多く分離している主要国は，米国，カナダ，イラン，サウジアラビア，クウェートなどである．

図 1.3.3 に世界のエタン系エチレン生産の主要国別推移を示した．米国のエタン系エチレンの生産量はもともと大きいが，2018 年に向け大幅に増える見込みである．2010 年前後に増えたサウジアラビアのエタン系エチレンは，国策による国産エタンの安価供給によるものである．しかし国産エタンの供給量が限界に近いため，今後はエタン系エチレン供給量はそれほど伸びない．イランはサウジアラビアより今後の伸び率は高いとみられる[1)]．

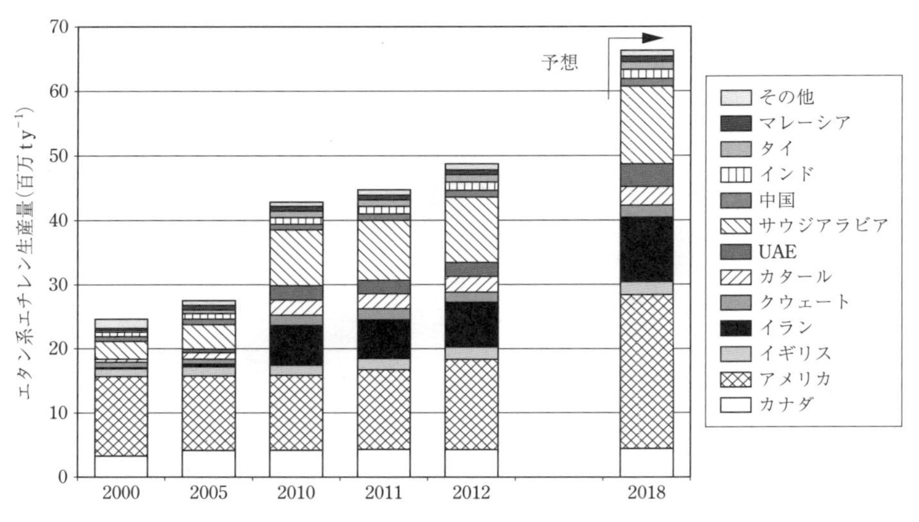

図 1.3.3　世界のエタン系エチレン生産の主要国別推移

C　液化天然ガス(LNG)

世界的なエネルギー需要の拡大と環境保護の要請からLNGとして液化された形態で，大量の天然ガスが国際的に流通している．LNGは産地によって重量ベースで5%前後のエタンを含む場合があり，消費地でエチレン原料として分離する可能性をもっている．しかし現在，LNG輸入基地側でのエタン分離の例は見あたらない．

1.3.2　プロパン，ブタンとLPG

プロパンやブタンをガス系原料とした世界のエチレン生産は，現状約2,000万 t y^{-1} と推定されている．地域的には随伴ガスから分離した形で直接供給される米国と英国が中心である．LPG源は，石油精製プラントで原油中に溶存しているガスを分離し，製油所の燃料や水素源として消費された残りがLPGとして外販される場合と，粗天然ガスのガス田近接の処理設備で分離される場合がある．LPGの需要のうち，エチレン生産のための熱分解プロセス用原料を含む化学品向け消費量はさほど大きくない．化学品向け消費比率が飛びぬけて大きい米国では35%強に達するが，世界全体でみれば，2015年で20%強である．石油化学品用の熱分解原料としては，エタンやナフサとの相対価格，要求されるエチレン収率，プロピレン収率などの状況で消費量は変化する．特に価格面での影響は決定的である．また，最近では米国や中東，中国でプロパンの脱水素技術でプロピレンを生産する例が増え，それに供給されるLPGの量も増えている．

1.4　日本の原料事情

1.4.1　日本の石油化学産業原料に関わる産業政策と原料の選択

A　日本の石油政策下におけるナフサの扱い

第二次大戦後，日本の石油精製は1950年に復活した．原油の輸入は1951年に行政権が日本政府に返還されたのち開始されたが，通商産業省(現経済産業省)が原油輸入外貨を割り当てる方式が，1962年に原油輸入自由化が実施されるまで続いた．原油外貨割り当て制度は石油化学の発足に伴い原料ナフサ供給企業に特別割り当てを行うなど，創生期の石油化学支援策としても利用された．

1962年に石油業法が施行された．この法律は国内石油精製を保護・育成・監督する日本の石油政策の基盤となったが，同時に輸入が増えた石油化学用

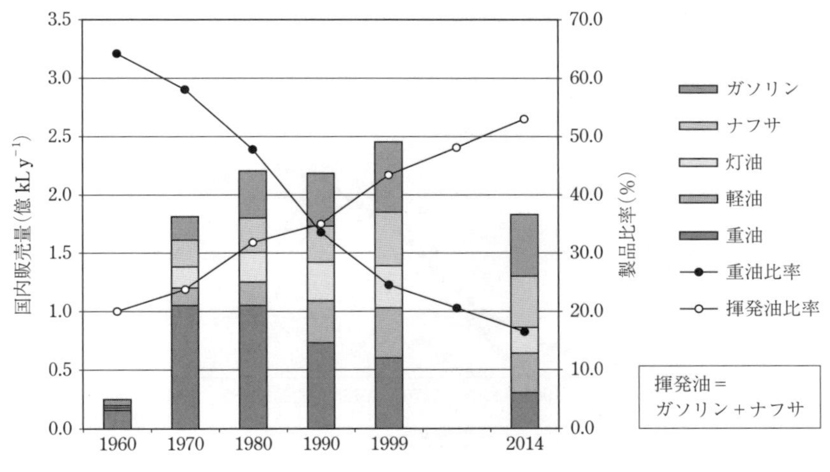

図 1.4.1　石油製品の内需推移

ナフサの生産，輸入，国内供給体制，供給価格を強い制約で縛るもととなった．

日本の石油化学工業は 1958 年にエチレン生産を開始した以後は，一貫してナフサ原料に依存している．しかし，図 1.4.1 に示すように，当時，国内の石油製品需要は少ないガソリン内需と急速に拡大する重油需要の不均衡が拡大しており，消費地精製主義のもとで重油主体に対応しようとすれば一定の比率で併産するガソリン留分が過剰となるため，石油化学原料としてのナフサ消費を支援した．この結果，日本のナフサ供給は潤沢となり，価格も低水準で安定したため，発足したばかりの石油化学工業の基盤は強化された[2),14)]．

しかし，ナフサと重油の量産は石油精製の不採算性を拡大し，石油化学用ナフサは次第にガソリン基材向け消費に押されたために，国内製油所からのナフサ供給が先細り，輸入の必要性が高まった．しかし当時の法制上，石油化学企業は自らナフサを輸入することができず，石油精製企業が輸入するナフサを供給されることになっており，石油化学業界と石油精製業界の間でナフサ供給を巡る問題を起こす原因となった．1980 年前後では，いわゆる「ナフサ戦争」とよばれる石油精製側と石油化学側で，供給量，輸入権，価格の面で厳しい軋轢が生まれた[2),11)]．

1982 年 4 月の通産省の省議決定「石油化学原料用ナフサ対策について」により，ナフサ輸入権，国産ナフサに係る石油税の撤廃と輸入ナフサ価格を基準とした四半期値が決められ，長年の念願であった原料問題が解決をみることになる．

ナフサ輸入権については，石油化学企業が必要とするナフサは石油化学企業が実質的に自由に輸入できる体制を確保することとし，形式的には 1978 年に石油化学業界が主体となって設立された石油精製企業の代理商である石化原料共同輸入株式会社を経由して輸入することとなった．

その後，1980 年代後半に石油審議会が石油市場規制自由化アクションプログラムを決定し，石油業法による各種規制を順次緩和し始め，業法を補完していた特別石油製品輸入暫定措置法（特石法）が 1996 年末に廃止された結果，石油需給は事実上自由化された．

さらに，重質 NGL（天然ガス由来のコンデンセート）や灯油・軽油（ガスオイル）の石油石炭税免税が実現し，「原料問題」はほぼ結着がつき，業界は原料多様化などハード面の対策に取り組んでいる．

B　石油業界の変化と石油精製–石油化学の連携へ

我が国の石油化学産業はナフサを原料とし，その原料が石油危機などの原料高騰で製造コストの 5 割以上を占めるようになっても前項に記した「ナフサ問題」があって，石油産業とは一線を画してきた．しかし，「石油業法」などの法制度によって長く消費地精製主義に守られ，護送船団政策の庇護の下にあった石油産業も自由化の波に洗われる時期を迎えた．1989 年のガソリン生産割り当て（PQ）廃止に始まり，96 年の石油製品輸入自由化（特石法廃止），2001 年の石油業法廃止と続く規制緩和にあたり，

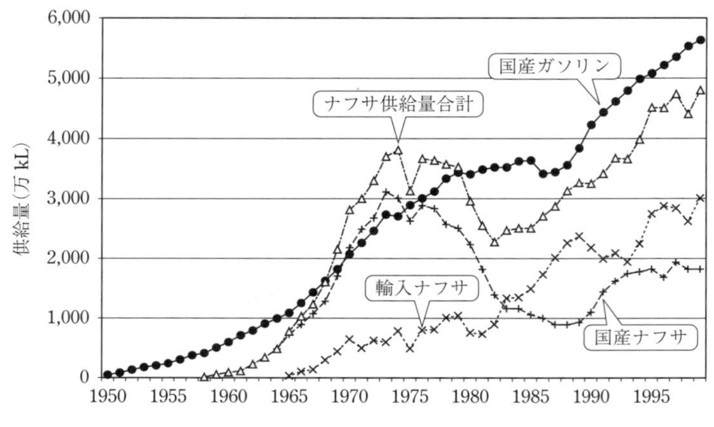

図 1.4.2　ナフサとガソリンの供給推移

政府は石油税(現石油石炭税)の一部を石油産業活性化に充てることとした.

石油産業の基盤を強化し，石油化学との連携・統合を促進するために設置されたのが石油コンビナート高度統合運営技術研究組合(RING)であり，同組合は政府からの補助金を受けて2000年度から事業をスタートさせている．第一次の2000～2002年度は5地区で18社が参加して製品などの最適融通など，2003～2005年度の第二次は5地区で22社が参加し環境負荷低減対策など，2006～2009年度の第三次は3地区で15社の参加でコンビナート内の生産性向上などのテーマで取り組んでいる.

1.4.2　日本の原油，ガソリン，およびナフサの需給変化

A　原油および石油製品の需給

戦後，国内石油精製が再開されたのち，輸入は戦前の製品主体から消費地精製主義に基づく原油主体に変わったが，国内政策はガソリンの国内消費に対応した原油処理を行い，不足製品は輸入することを基本としていた．しかし現実は，原油価格の下落と，重油・ナフサの需要の急増から，ガソリン内需量を無視した原油処理が行われていた．実際，1960～70年代における重油需要増は驚異的であったが，重油の輸入量は限られていたため，原油処理量を増大することで対応した．国内生産に必要な原油輸入量 は1950年150万kL，1960年3,100万kL，1970年約2億kL，1979年には3億kL近くまで増加した．その後，第二次石油危機による価格暴騰の影響から1987年には1.8億kLまで減少したが，1990年代半ばには2.7億kLまで回復している.

図1.4.2に示すように，1978年ごろからのガソリン生産増加と，これによる国産ナフサ生産量の減少が読み取れる．このため，石油化学原料用としてナフサ輸入が急増した[2]．なお，図1.4.3に示すように，2000年以降の国産ナフサ生産と輸入量についてはほとんど変化はない.

B　ナフサの需給変化

通産省統計によると，最初にエチレンが生産された1958年のナフサ生産量は21万kLであった．1960年前後まではナフサの内需量が全ガソリン留分の10～20%にとどまっていたため，国産製品でナフサ全量の供給が可能であった．しかしエチレン生産は1960年の8万tから1999年には約770万tと急速に増加した．ナフサ消費量も芳香族製品原料と合わせて，1960年の76万kLから1965年には600万kLに達して，国内製品では供給不足となった．このため，図1.4.2のとおり，1965年からナフサの輸入が開始された．輸入が始まった1965年のナフサ輸入量は43万kLと少なかったが，瞬く間に増加して1970年代中に500万kLから1,000万kL水準に達し，1980年代後半には2,000万kLを超して，1999年には3,000万kLに達した．特に芳香族製品向けの消費が大きく，1999年における石油化学用ナフサ消費量の比率は，エチレン用68%，芳香族用32%となった.

日本は2000年以降，2,500～3,000万kL y^{-1} 程度の輸入を継続しているが，ナフサが余剰で輸出を

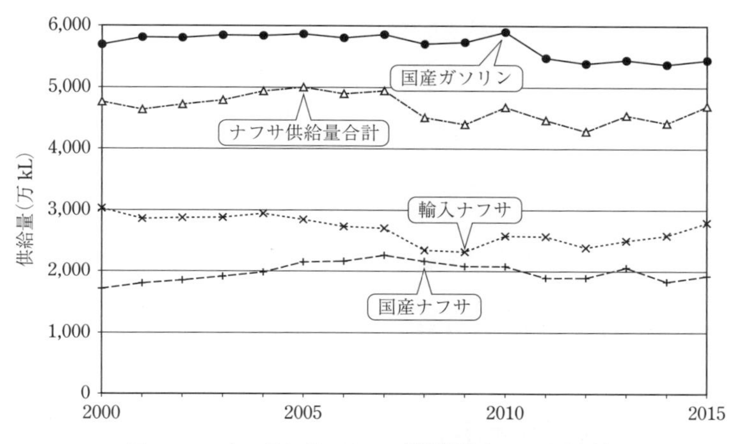

図 1.4.3　ナフサとガソリンの供給推移(2000 年以降)

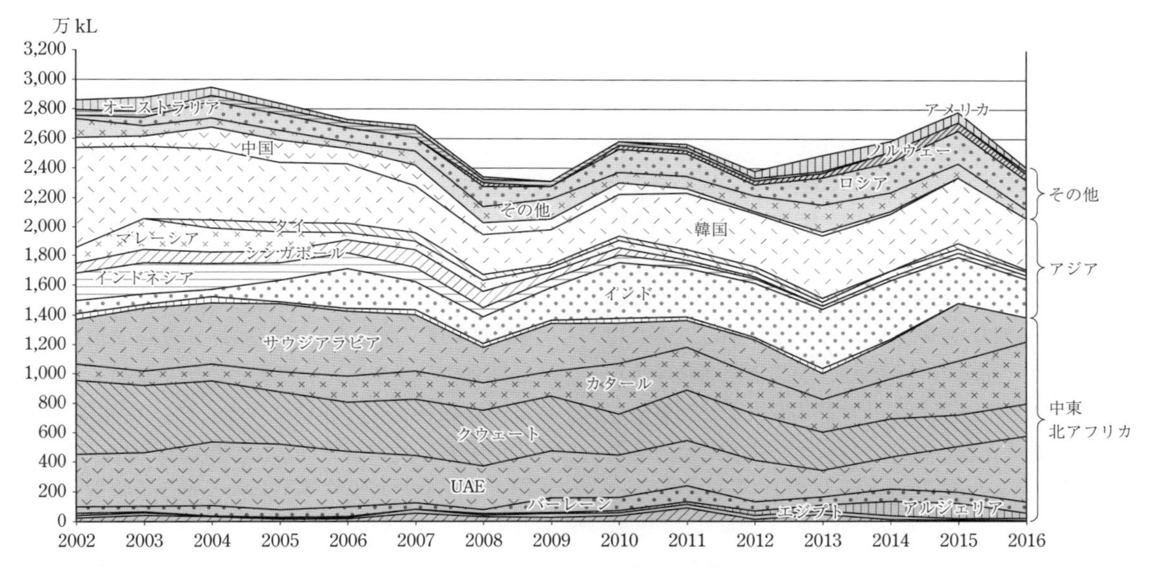

図 1.4.4　日本の輸入ナフサ相手国の推移(2002 年以降)

している多くの国から集めて全体としての輸入量をまかなっている．それぞれの国は，自動車普及に伴うガソリン消費の伸び状況次第で，比較的短期にナフサ余剰・輸出からナフサ逼迫，不足という環境に陥る可能性がある．

日本の輸入先は 1990 年前後にはサウジアラビアだけで 40％を超し，中東製品が 70％以上を占めていたが，1990 年代後半ではアジア製品が 40％近くに増加し，中東品は 50％台前半まで低下した．シンガポールにおける大型石油化学工業の発展によるナフサ輸出の減少もあったが，一方で韓国における石油精製自由化がもたらした同国の大幅な能力増によるナフサ輸出の増大があった．

総じて輸入量合計が減少傾向にある 2000 年以降の日本のナフサ輸入相手国の変化を図 1.4.4 に示した[9]．2002 年以降の輸入相手国に変化が現れている．国内のガソリン市場の拡大とエチレンプラントにナフサ供給を始めたサウジアラビアやクウェートからのナフサがかなり減少し，UAE やノースフィールドガス田の開発が進んだカタールからの天然ガソリンの輸入が増えている．アルジェリアやエジプトといった，スエズ以西の北アフリカからの輸入がみられるようになった．

アジアでは，シンガポール，インドネシア，マレーシア，タイ，中国のいずれも，ナフサ輸出が先細り，日本の輸入相手国から姿を消している．韓国からの輸入量は横ばいであるが，石油精製規模が拡大しているインドからは，2000年代初期から輸入量が増加し始め，現時点でもかなりの量を輸入している．

2010年以降，米国からのナフサ輸入が始まっていることが興味深い．これはシェールガス開発に伴う天然ガソリンの増産と，エチレンプラントでの液体系原料消費の減少がナフサ輸出増の背景にある．

1.4.3　日本のナフサ価格と国際ナフサ価格

A　政府の管理下にあった日本の石化業界に供給されるナフサ価格(2000年以前)

1970年代後半に行政指導で設定された国内ナフサ供給価格が割高となり，対策として1982年に国産ナフサと輸入ナフサを石油精製から石油化学に供給する価格のフォーミュラが決定された．

1982年以降，国産のナフサ価格は，四半期ごとに輸入ナフサの全国平均CIF価格に，金融費用・備蓄費・税負担などの諸掛りを加えたものを基準とすることが適当とされ，諸掛り額は，1982年度はナフサkLあたり2,900円，83年度以降は2,000円と提示され，国産ナフサ価格の国際価格連動を実現した．ナフサの備蓄義務，原料非課税など制度上の問題は引き続き残ったが，石油化学企業にとって標準額制度からの脱却に成功した意義は大きかった[11),14)]．

歴史的にみれば日本の石油化学は，国産化開始当初から石油化学製品の貿易面で一切の保護策が行われずに国際競争の場におかれたが，一方で原料ナフサに関して揮発油税が免除され，さらに1.4.1項で述べた原油特別割り当てなどに優遇政策がとられ，原油関税も原料用ナフサには関税相当分の還付が行われた．原油特別割り当て時代のナフサ価格は，世界的な原油価格の低位安定に加えて，原油タンカーの大型化が輸入原油価格を引き下げ，1950年代後半のkLあたり8,000円水準から値下がりし続けた．1962年に至って原油輸入自由化に伴う特別割り当ての廃止，石油業法施行による生産調整の実施から，石油精製業界と石油化学業界は供給・価格の両面で対立し，最終的に植村石油審議会会長(当時)の調停でkLあたり6,000円の基準価格(固定価格)が成立した．しかし，ナフサの輸入比率が上昇していく中で，海外市況と無関係に国産価格が石油業法による行政指導で決定される状況は変わらないまま，この価格水準は1973年のオイルショック以降の本格的な国際原油価格の上昇が起きるまで続いた．

1973～74年の第一次石油危機では，石油業法に基づく“石油製品標準額”が発動され，民生優先の観点から灯油の値上がりが抑制され，ナフサ価格はすべての製品の中で最大の値上げ幅となり，1976～77年はkLあたり29,000円水準が続いた．第二次石油危機は国内経済が好転した時期に起きたこともあって，供給不安感が増大して大幅な値上がりを記録した．価格の上昇は海外が先行し，1980年第一四半期には64,000円に，国産価格は遅れて同年第二四半期に60,000円と，1年前に比べて2倍となった．

当時，国産価格は石油精製–石油化学企業間の交渉で決められる方式となっていたため，決着まで長時間を要し，常に海外市況と格差を生じていた．第二次石油危機ののち海外市況が下落した中でも国内市況は逆に高水準を続けた結果，石油化学業界は1981～82年に大幅な赤字を計上した．このため，1982年4月，通産省(現経産省)は省議で輸入ナフサ通関価格を基準に石油精製の取扱手数料を加えた新しい国産価格フォーミュラを決め，石油精製–石油化学業界に提示し，以後この方式が定着している．省議で決定された方式は下記のとおりである[10),13)]．

(1) 国産ナフサ価格は四半期ごとに決定する．

(2) 当該四半期の石油化学用ナフサ輸入通関価格を加重平均したものに，国内経費，kLあたり2,000円を加算したものを基準価格とする．

国内経費2,000円の内容は公表されなかったが，1kLあたり金利800円，備蓄費用340円，関税560円，洋上輸送ロス300円と想定された．

1978年の第二次石油危機以降高騰を続けていた原油・輸入ナフサ価格は，1982年以降構造改善着手に前後して下落に転じた．1986年にはナフサはkLあたり2万円を割り込み，第四四半期は1万5,100円まで下落した．これは，原油価格がOPECの「シェア奪回宣言」で低下したことに加え円高が進んだため，「逆オイルショック」ともよばれる状況となり，これに先行して石油化学製品の価格が下落するという新たな局面を迎えた．日本の1960年代から1999年の期間でのナフサの輸入価格と国産価格，

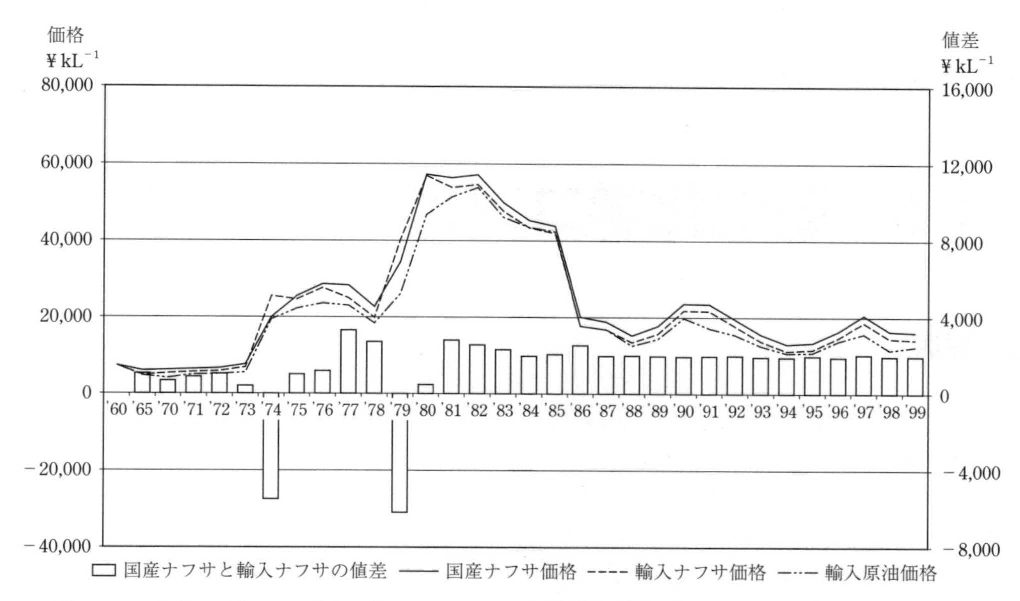

図 1.4.5　日本の国産ナフサ価格と輸入ナフサ価格，輸入原油価格，およびナフサ値差(1999 年まで)

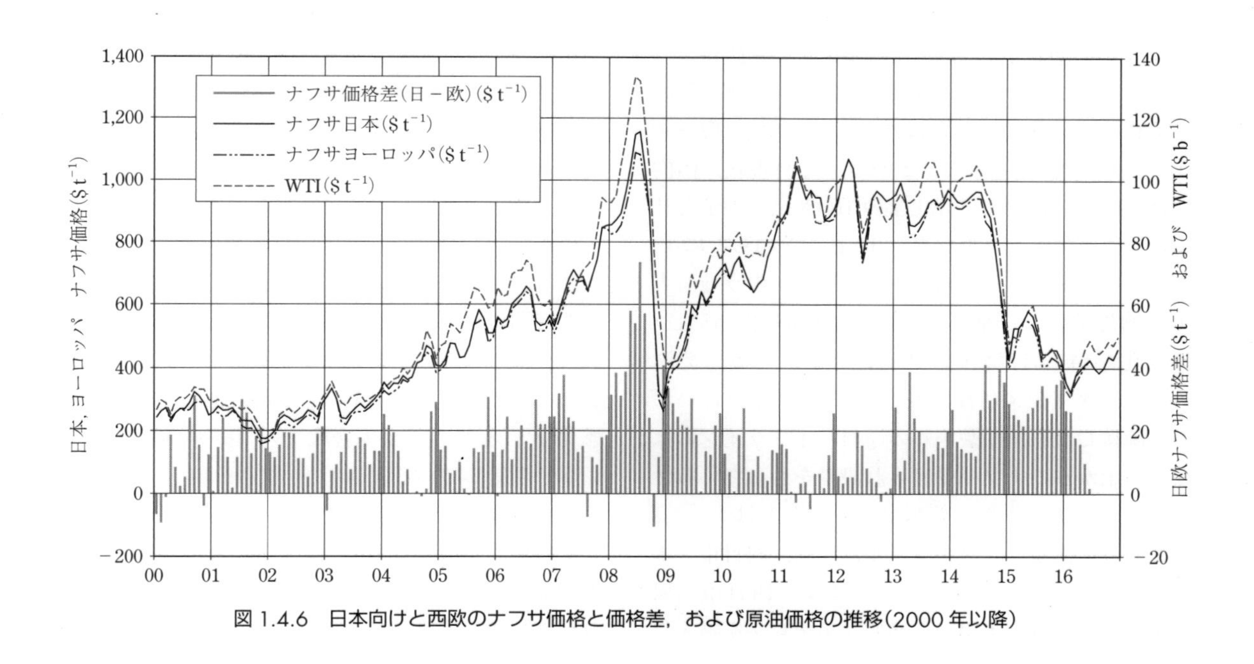

図 1.4.6　日本向けと西欧のナフサ価格と価格差，および原油価格の推移(2000 年以降)

輸入原油価格，さらにナフサ戦争で議論の対象となった国産ナフサ価格と輸入ナフサ価格の差を図 1.4.5 に示した．

B　アジアのナフサ市場における日本向けナフサ価格(2000 年以降)

日本の国産ナフサの供給価格(¥ kL^{-1})は前述のとおり 1982 年以降，基本的に輸入価格リンクとなった．日本が輸入しているナフサ価格($ t^{-1})は国際的にみるとアジアのナフサ市場価格に近い価格であるが，図 1.4.6 に示すように西欧に比べて高い水準となっているといわれる．これはヨーロッパでは域内に北海油田があり，さらに地中海には中東・アフリカ原油を処理する多くの中小製油所が存在しているためであるとされる．アジアはもともと石油製品の輸入地域であり，しかもナフサの有力な精製供給基地であったシンガポールが自ら大型石油化学事業を展開し，ナフサを消費し始めたこともアジアのナフサ市況を堅調にする要因の1つとなった．ただし，今後，米国やロシアからのナフサがアジアに流入する量が増えれば，状況も変わってくる可能性がある．

1.5 石油化学コンビナートの動向

1.5.1 現状

日本の石油化学事業は，通産省（現経産省）が“石油化学工業の育成対策（1955年7月）”をもとに需要規模を想定して，企業から出された計画を選別，認可することで始まった．この結果，第一期のエチレンコンビナートは4社（三井石油化学，住友化学，三菱油化，日本石油化学）が1958～59年に操業を始め，その後1962～64年に東燃石油化学など5社，さらに1970～72年に大阪石油化学など3社と先行センターの増設が加わって，12センター会社，15エチレンコンビナート体制が成立した．1994年の三菱化成と三菱油化の合併による三菱化学（現三菱ケミカル）の誕生を経て，2016年12月現在，国内には大阪石油化学が三井化学の100％出資の子会社のため実質エチレンセンター10社，そのもとに15コンビナートがある．エチレンメーカーのうち，大阪石油化学および京葉エチレン（丸善石化（55％）/住友化学（45％））はオレフィン専業メーカーである．センター企業各社は表1.5.1に示すようにいずれも隣接した石油精製からの原料パイプラインのほか，海上からのナフサ受け入れ設備をもっている．

各コンビナートの主要製品と生産企業は表1.5.2のとおりである．三菱ケミカルは鹿島，四日市，水島の3コンビナートをもっているが，四日市工場は東ソーの四日市工場から必要なエチレンを購入している．鹿島工場は，生産される誘導品のほとんどを同社系列で消化している．

三井化学は，旧三井東圧系の大阪石油化学を完全子会社とし，市原，岩国大竹，大阪にコンビナートを運営している．岩国大竹工場は日本で最初のエチレン設備をすでに廃棄して，必要なエチレンは市原，大阪から海上輸送で受け入れてポリエチレンを生産している．市原コンビナートは原料オレフィンを自社生産し，大部分を自社および系列企業で消化している．大阪コンビナートは旧大阪石油化学の堺コンビナートであり，旧関西石油化学関連企業が加わっている．

住友化学は，石油化学事業を事業発祥の地である大江工場から，千葉コンビナートへ集約した．オレフィン類は京葉エチレンの取得分が供給されている．

丸善石油化学は関連企業で一部誘導品を生産しているが，基本的にオレフィン供給メーカーの色彩が濃く，同コンビナートは系列の異なる企業で構成されている．

出光興産は，同社製油所と一体運営しているのが特徴である．周南コンビナートは化成品中心で，スチレンモノマー以外はすべて同社系列外の企業で構成されている．千葉コンビナートはポリオレフィンをはじめ，ほとんどすべて同社系列生産品で構成している．

JXエネルギー注2)の川崎コンビナートは，誘導品部門は昭和電工他との合弁企業によるポリオレフィン，日本触媒のエチレンオキサイドとアクリル酸などのほか，自社系列企業の化成品がある．また，東燃化学注2)とともに日本合成アルコール向けにエチレンを供給している．

同じ川崎地区にある東燃化学は，1971年に建設しその後改修増強したエチレン3号機を中心に，主力製品のポリオレフィンは子会社のNUC，化成品分野は昭和電工のアクリロニトリルへ原料を供給している．自社製品はブタジエン，イソブテン，ノルマルブテンなどC_4系列誘導品がある．

東ソー四日市コンビナートは，当初大協和石油化学（1961年）として発足し，1990年に東ソーが吸収合併した．エチレン設備は1972年完成の2号機を増強している．誘導品は自社のポリエチレン，塩化

注2）2017年4月1日にJXエネルギーと東燃ゼネラル石油が統合しJXTGホールディングスが発足．

表 1.5.1　センター企業各社

センター企業			コンビナート	関連石油精製			備考
エチレン企業	所在地	エチレン能力(万 t)		企業名	所在地	原油処理能力(万 BPSD)	
出光興産	千葉	37.4	出光興産(千葉)	出光興産	千葉	20.0	
	徳山	62.3	出光興産(周南)		–		
三井化学	市原	55.3	三井化学(市原)	東燃ゼネラル石油*3	千葉	15.2	
大阪石油化学	大阪	45.5	三井化学(大阪)	コスモ石油	堺	10.0	三井化学 100%
				東燃ゼネラル石油*3	堺	15.6	
				大阪国際石油精製	大阪	11.5	
	岩国大竹	-	三井化学(岩国大竹)		–		
丸善石油化学	千葉	48.0	丸善石油化学(千葉)	コスモ石油	千葉	24.0	
京葉エチレン	千葉	69.0					丸善石油化学 55%，住友化学 45%
	千葉	-	住友化学(千葉)		–		
JX エネルギー*3	川崎	40.4	J X エネルギー(川崎)	J X エネルギー*3	根岸	27.0	
東燃化学*3	川崎	49.1	東燃化学(川崎)	東燃ゼネラル石油*3	川崎	25.8	
昭和電工	大分	61.5	昭和電工(大分)	J X エネルギー*3	大分	13.6	
東ソー	四日市	49.3	東ソー(四日市)	コスモ石油	四日市	8.5	
三菱ケミカル	鹿島	47.1	三菱ケミカル(鹿島)	鹿島石油	鹿島	25.3	
	四日市	-	三菱ケミカル(四日市)		–		
三菱ケミカル旭化成エチレン	水島	49.6	三菱ケミカル(水島) 旭化成(水島)	J X エネルギー*3	水島	38.0	
合計		614.5 *1				234.5	*2

＊1　2016 年 7 月現在のエチレン生産能力(定修実施年ベース)
＊2　2016 年 11 月末現在
＊3　2017 年 4 月 1 日に 2 社(JX エネルギー，東燃ゼネラル石油)が統合し JXTG ホールディングスが発足

表 1.5.2　各コンビナートの主要製品と生産企業/石油化学コンビナートの主要製品と生産企業

コンビナート		エチレン	LD/HDPE	PP	SM	PS	ABS	VCM
三菱ケミカル*[1]	鹿島	自社	日本ポリエチレン	日本ポリプロ	–	カネカ JSP	–	鹿島塩ビモノマー
	四日市	–	–	–	–	JSP	テクノポリマー	–
	水島	三菱化学 旭化成エチレン	日本ポリエチレン	日本ポリプロ	–	–	–	–
三井化学	市原	自社	プライムポリマー 日本エボリュー 三井・デュポン・ポリケミカル	プライムポリマー	–	–	–	–
	岩国大竹	–	自社 三井・デュポン・ポリケミカル	–	–	–	–	–
	大阪	大阪石油化学	–	プライムポリマー	太陽石油	–	日本エイアンドエル	カネカ
住友化学	千葉	京葉エチレン	自社	自社	–	–	–	–
丸善石油化学	千葉	自社 京葉エチレン	自社 宇部丸善ポリエチレン JNC 石油化学	日本ポリプロ	デンカ	東洋スチレン	デンカ UMG ABS	京葉モノマー
出光興産	千葉	自社	–	プライムポリマー	自社	PS ジャパン	–	–
	周南	自社	東ソー	徳山ポリプロ	自社	–	–	東ソー トクヤマ
J X エネルギー*[2]	川崎	自社	日本ポリエチレン	サンアロマー	–	–	–	–
東燃化学*[2]	川崎	自社	NUC	–	–	–	–	–
東ソー	四日市	自社	自社	日本ポリプロ	–	DIC	–	自社
旭化成	水島	三菱化学 旭化成エチレン	自社	–	自社	PS ジャパン	–	–
昭和電工	大分	自社	日本ポリエチレン	サンアロマー	NS スチレンモノマー	–	–	–

＊1　2017 年 4 月 1 日に 3 社(三菱ケミカル，三菱レイヨン，三菱樹脂)が統合し三菱ケミカルが発足
＊2　2017 年 4 月 1 日に 2 社(JX エネルギー，東燃ゼネラル石油)が統合し JXTG ホールディングスが発足

2016年7月現在

PVC	EO/EG	酢ビ	AN	PO	フェノール	ブタジエン	エラストマー	熱可塑性エラストマー
信越化学 カネカ	自社	–	–	旭硝子	自社	JSR	JSR	ジェイエスアールクレイトンエラストマー クラレ
–	–	–	–	–	–	JSR	JSP JSR	–
–	–	クラレ 日本合成化学	三菱レイヨン*1	–	–	岡山ブタジエン	日本ゼオン	–
–	–	–	–	–	自社	日本ゼオン JSR	日本ゼオン JSR	ジェイエスアールクレイトンエラストマー
–	–	–	–	–	–	–	–	–
カネカ	自社	日本酢ビ・ポバール	旭化成	–	自社	–	日本ゼオン	–
–	–	–	自社(愛媛工場)	自社	–	千葉ブタジエン	自社	ジェイエスアールクレイトンエラストマー
–	自社	–	–	–	–	千葉ブタジエン	宇部興産	ジェイエスアールクレイトンエラストマー
–	–	–	–	–	三井化学	日本ゼオン	日本ゼオン	–
東ソー 大洋塩ビ 徳山積水工業 新第一塩ビ		–	三菱レイヨン*1	トクヤマ	–	日本ゼオン	日本ゼオン	–
–	日本触媒	–	–	–	–	自社	日本ゼオン 旭化成	–
–	–	–	昭和電工	–	–	自社	日本ゼオン 旭化成 昭和電工 日本ブチル	–
大洋塩ビ	丸善石油化学	–	–	–	–	–	自社 日本ゼオン	–
–	–	–	自社	–	–	岡山ブタジエン	日本ゼオン	–
–	–	自社	–	–	–	–	日本エラストマー 日本ゼオン	–

表 1.5.3　国内主要製品生産能力(万 t y^{-1})

	2011 年 12 月	2012 年 12 月	2013 年 12 月	2014 年 12 月	2015 年 12 月
エチレン	721.0	721.0	721.0	690.3	658.8
LDPE(低密度ポリエチレン)	231.0	237.0	237.0	231.0	221.8
(うち LL(リニアポリエチレン))	104.6	110.6	110.6	104.6	95.4
HDPE(高密度ポリエチレン)	132.2	132.2	119.3	114.3	114.2
PP(ポリプロピレン)	307.0	307.0	297.2	288.3	287.4
EO(エチレンオキシド)	90.7	90.7	92.1	92.1	92.1
SM(スチレンモノマー)	290.7	266.7	266.7	266.7	225.5
PS(GPHI，ポリスチレン)	86.1	86.1	81.8	81.6	81.6
VCM(塩化ビニルモノマー)	257.4	257.4	257.4	277.4	277.4
PVC(ポリ塩化ビニル)	200.5	199.7	199.7	200.9	192.9
A.ALD(アセトアルデヒド)	28.9	28.9	28.9	28.9	28.9
AN(アクリロニトリル)	72.3	72.4	72.4	49.6	49.6
SBR(スチレンブタジエンゴム)	60.5	63.3	63.4	60.8	61.1
BR(ブタジエンゴム)	26.9	28.5	28.4	29.6	29.6
IR(イソプレンゴム)	7.8	7.8	7.8	7.2	7.4

注)定期修理を含む生産能力(経産省)

ビニル，クメンなどで大部分を自己消費，他に KH ネオケム(旧大協和油化)のオキソ製品などがある．

旭化成の水島コンビナートは，旭化成 60％・日本鉱業(当時)40％の山陽石油化学をエチレンセンターとして出発したが，現在は三菱ケミカル旭化成エチレンからエチレンの供給を受けている．同コンビナートは，大阪ソーダ(アリルクロライド)，日本ゼオン(合成ゴム，イソプレンなど)を除いて，すべて旭化成と系列企業で誘導品化されている．

昭和電工の大分コンビナートは 1969 年完成のエチレン 1 号機を 2000 年に廃棄，1977 年稼働の 2 号機を増強している．コンビナートはポリオレフィン(合弁)，アセチル製品(自社)，スチレンモノマー(NS スチレンモノマー)，アクリル酸(大分ケミカル)などで構成されている．

なお，2015 年 12 月現在の国内主要製品生産能力は表 1.5.3 のとおりである．

1.5.2　業界再編

1990 年代後半から世界的な合併–買収による巨大企業の成立，アジア諸国における石油化学事業の発展など，国際的競争の激化に対応して，国内企業の事業統合・提携による再編が進んだ．企業合併は三菱化成・三菱油化による三菱化学(1994 年)，三井石油化学・三井東圧の三井化学(1997 年)，出光石油化学・出光興産合併(存続会社は出光興産)(2004 年)，新日本石油化学・新日本石油精製合併(存続会社は新日本石油精製)(2008 年)，さらに新日本石油・新日本石油精製・ジャパンエナジーの 3 社合併による JX 日鉱日石エネルギーの設立(2010 年)がある(2016 年 1 月に JX エネルギーに商号を変更)．さらに JX エネルギーは 2017 年 4 月に東燃ゼネラル石油と合併し，JXTG エネルギーが誕生した．誘導品事業では急速に事業統合が進んでいる．2003 年 3 月と 2016 年 3 月時点とを比較すると，ポリエチレンが 10 社から 8 社，ポリプロピレンは 7 社から 4 社，塩化ビニル樹脂は 10 社から 6 社，ポリスチレンは 5 社が実質 3 社に減少した．

しかし，それでも世界水準に比べるとまだ規模小さく，乱立気味であり，今後もさらに再編が進むと予想される．

1.6　世界の潮流

世界の石油化学製品需要は，世界全体の経済成長に伴って1990年代後半から中東産油国から安価なポリエチレンなどの石油化学製品が生産され輸出が急増するとともに，成長を続けた．中国，韓国，台湾，アセアンの新興国の経済発展とともに2010年代には，世界の石油化学の需要の中心は，アジアに移った．図1.6.1にエチレン誘導品（エチレン換算）の需要推移を示した．特に1990年代に高分子材料革命が起こった中国では，急激な経済成長による旺盛な需要により世界の石油化学製品の大消費地となった．

中東産油国では，石油に随伴して大量に採掘される天然ガスより分離されるエタンをベースとする安価な原料により自国の国営企業による大型石化事業を展開してきた．中東産油国の本格的なエチレン生産は，1985年にサウジアラビアのジュベールとヤンブーで始まった．石油が高騰を始めた2004年以降，大型石化プラントの新増設計画が相次ぎ，2014年末時点で，中東全体でエチレンの生産能力は年2,882万t（世界の18%）に達している．中東産油国での内需は多くないため，その石化製品の多くが輸出されている．汎用石化製品を拡大してきた中東の石油化学産業であるが，石油随伴ガス由来のエタンには限りがみられる．今後，中東産油国においても，エタンとプロパン，ブタン，ナフサなど原料との併用も増えることが予想されている．また，石油化学と石油精製との統合計画によるプロピレン系および芳香族系石化製品も強化され，高付加価値製品の展開も実施されつつあり，エチレン系製品のみから徐々に日本やヨーロッパ型の全オレフィン系製品，芳香族製品に広がってきている．

中東産油国では政策として石油に過度に依存する体質からの脱却を目指し産業の多角化に取り組んでおり，石油化学産業は最重要な産業として位置付けられている．一時期の大型規模のプロジェクトは減速したが，国営企業の民営化とともに海外からの投資を促し多くのプロジェクトが計画されると考えられる．

中国では2000年代，石油化学製品輸入量増大に対応するため，欧米石油会社や石油化学会社からの

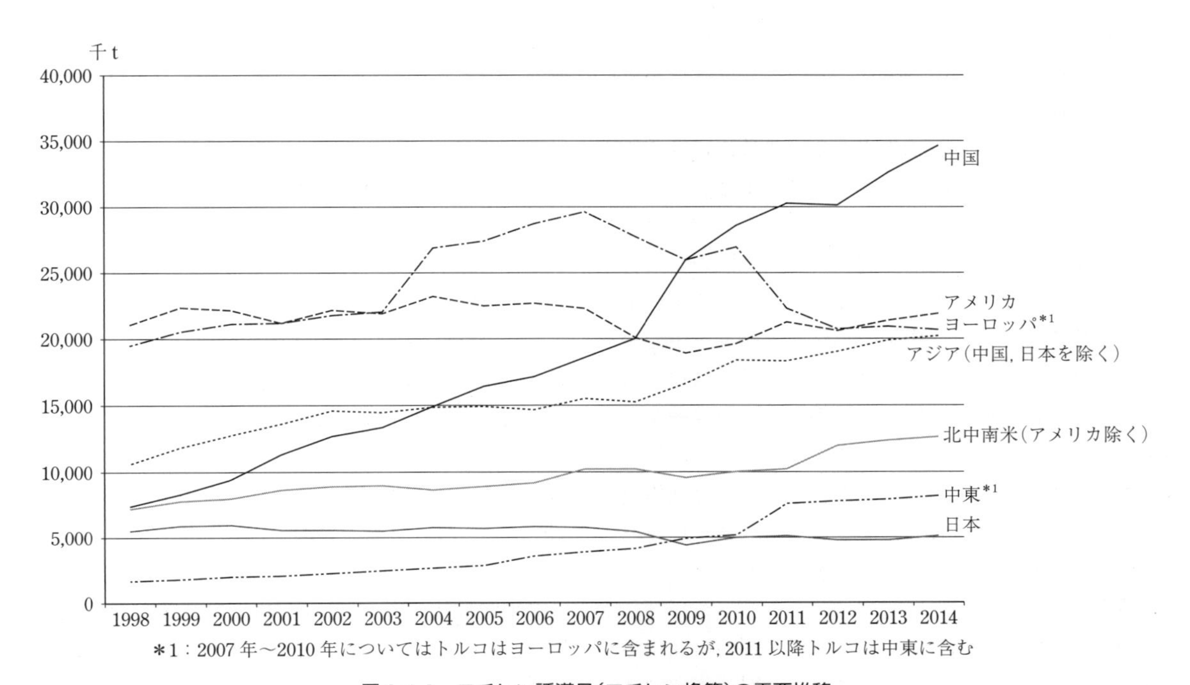

＊1：2007年～2010年についてはトルコはヨーロッパに含まれるが，2011以降トルコは中東に含む

図1.6.1　エチレン誘導品（エチレン換算）の需要推移

表 1.6.1　世界の化学品売上高 Top 5 企業(百万ドル)

	2005 年		売上高	2015 年		売上高
1	Dow Chemical	米	46,307	BASF	独	63,749
2	BASF	独	43,682	Dow Chemical	米	48,778
3	Shell	蘭	34,996	Sinopec	中	43,799
4	ExxonMobil	米	31,186	SABIC	サウジ	34,349
5	Total	仏	27,794	Formosa Plastics	台	29,209

注)売上高は化学品部門

技術導入により，ナフサの熱分解を中心とした大規模な石油化学コンビナートが建設された．その後も中国では新増設が続いたが，生産を上回る需要の伸びにより，輸入ポジションであることは変わらなかった．2010 年代半ばには従来のナフサクラッカーの増強に加えて，豊富に採掘される石炭をガス化してメタノールを作り，そのメタノールからエチレンやプロピレンなどの石油化学製品を生産する石炭化学産業のプロジェクト(CTO/MTO)が立ち上がった．今や，中国，韓国，台湾，アセアンを含めたアジアと中東は，石油化学製品の需要量においても，生産量においても世界の中心になりつつある．

これに対して，2010 年代にシェールガス革命が起こった米国では，随伴して大量に採掘されるエタンやプロパンなどを原料にしてエタンクラッカーの建設計画が策定され，着々と実行に移されており，2010 年代末のエチレン能力が 2010 年の 1.4 倍にもなる．米国の内需の成長はそれほど期待できないので，世界の石油化学需給の大きな波乱要因になると懸念される．2015 年時点では中国の旺盛な需要を満たすため，中東を中心とする生産品が供給されバランスがとられているが，将来的には米国のシェールガス革命による石油化学製品の増産により余剰生産品は増える．一方，中国の石炭化学産業を中心とする石油化学製品の増産および経済成長の減速による需要の伸びの低下に伴い，結果として自給率が向上し，世界全体の需給バランスは余剰サイトに振れる予測となる．中国で消費しきれない製品は価格競争力に劣る日本をはじめとするアジア，ヨーロッパの市場へ流れその地域の生産企業に影響を与えるであろう．

中東産油国や中国を中心とする新興国の石油化学産業が台頭し国営石油化学会社が，世界の化学会社トップ 5 に入るほどに巨大化した(表 1.6.1[12])．中国の国営石油化学会社である Sinopec 社(中国石油化工集団)は，巨大な石油精製会社であり，幅広い石油化学事業を展開・拡大しているとともに，自社でも MTO プロセスや CTG プロセスなど石炭化学分野の技術を開発し領域を広げている．中国では 2015 年に「中国製造 2025」が発表され，製造業の持続的発展とグレードアップを目指している．そのロードマップには製造業の高度化や第三次産業の伸長に伴い，中国の機能性化学品市場は，約 7% y^{-1} の高い成長率が予想されており，2020 年には世界最大の市場となる見込みである．Sinopec 社をはじめとする中国企業も，需要成長の成熟化と競争激化によって低収益化する石油化学事業から，機能性化学事業へのシフトを鮮明化しつつある．今後，政策当局による資金支援を得て，再編や M&A が迅速に進展する可能性が高いといわれ，機能性化学事業においても一気にグローバルトップに踊り出る可能性がある．2016 年 2 月に発表された国有企業の ChemChina 社(中国化工集団)によるスイスの Syngenta 社(農薬世界 1 位)の買収は世界を驚かせた．中国化学企業はドラスティックな構造転換を迅速に進める方向にあると考えられ，国有企業改革の先には，Sinopec 社，CNPC 社(中国石油集団)あるいは ChemChina 社の合併すら可能性は否定できず，規模と収益性を兼ね備えたメガ化学企業が誕生することも想定される状況である．中東においても石油化学事業を急速に拡大している世界最大の石油会社 Saudi Aramco 社と SABIC 社との化学事業統合も現実味を帯びてきている．

中東産油国や新興国の石油化学産業の台頭により，日米欧先進国の石油化学工業は長期間にわたって不況に苦しむ状況に陥った．先進国の石油化学会社の中には脱石油化学を目指す企業が現れた．Bayer社は，石油化学事業を売却し，医農薬事業専業へ転身した．DuPont社は，総合化学企業の位置付けを維持するものの石油化学事業の比率はほとんどなく，幅広く機能性化学事業を展開している．一方で，石油化学の基盤を残しつつ，機能化学への転身を図る企業も多い．BASF社，Dow Chemical社が代表例である．BASF社は石油化学事業から幅広い機能性化学事業を展開しており，2006年以降，2015年まで世界第一位の座(C&ENランキング)を維持している．BASF社は，基礎製品(エチレンなど)から中間体(エチレンオキサイドなど)，樹脂(ポリエチレンなど)に至るまで石化コンビナートで手掛ける製品を自社で一貫生産することによる石油化学事業の収益性の向上を図る強みをもっている[注3]．

Dow Chemical社も石油化学事業から機能性化学事業まで幅広く事業を展開している．Dow Chemical社は，世界第3位のエチレン生産能力(2014年，表1.6.2[13])を有し，安価な原料確保が可能である北米・中東で大規模生産を行うことにより石油化学事業の高い競争力を誇っている．安価なエタンの調達が可能な米国に本拠地を有し，中東企業とも合弁事業を進めてきた背景がある．2015年12月にはDupont社との合併を発表し米国上位2社の合併に注目が集まっているが，欧米の大手化学企業は，M&Aによる合従連衡を繰り返すことで，経営資源の選択と集中を進め，経営規模を追求している．石油事業の川下事業として石油化学事業に積極的に乗り出していた巨大石油会社も，石油化学事業の収益性悪化に伴って，石油化学事業を大幅に整理する動きを強めた．その一方で，かつてグローバル大手の地位にあったICI社，Hoechst社などが姿を消した．ICI社は，1993年に医薬農薬事業をZeneca社(AstraZeeneca・Syngenta社の前身)として分離し，その後基礎化学を中心とする事業売却を進め，2007年にAkzoNobel社に買収された．Hoechst社は，1997年に医薬を除く事業を分離した後，Rhone-Poulenc社と1999年に合併してAventis社(現Sanofi社)となった．

日本の多くの石油化学会社は，石油化学の基盤を残しつつ，機能化学への転身を図る道を選択した．その流れの中で，日本においても事業領域の重なる会社は統合が進み規模拡大と利益率改善の両方を達成する道を歩んでいるといえよう．実際に1.5節で述べたように各企業は国内事業所の統廃合，不採算事業の整理・撤退などを積極的に進めてきている．経済産業省は産業競争力強化法第50条に基づく石油化学産業の市場構造に関する調査を行い，調査報告書を公表した[15]．報告書ではコンビナート内における事業の集約・統合については，撤退する事業者と残留する事業者との間などで設備の最適配置や費用負担などにおいて調整が難航するケースがあることに言及し，これらの利害調整について，迅速かつ円滑に協議が行える枠組みの検討が期待されるとの方向性を提示した．これを踏まえ，コンビナート内において事業の集約統合などを図る事業者と残留事業者との間で調整が必要となる事項などを明確化し，事例集としてまとめ公表した[16]．

表1.6.2 世界のエチレン生産能力Top10企業(2014年)

	企業名	生産能力(万 t y^{-1})
1	ExxonMobil	1,512
2	SABIC	1,339
3	Dow Chemical	1,304
4	Shell	936
5	Sinopec	790
6	Total	593
7	Chevron	561
8	LyondellBasell	520
9	NPC-Iran	473
10	Ineos.	466

エチレンプラントの稼働率は円安，原油安が追い風となり2016年時点で95%以上を維持している．化学企業各社の構造改革や成長戦略の進展も好業績の原動力になっており，2,3年は好調を維持すると予想される．

しかし非資源国であり，人口は減り内需は縮小に向かう日本における事業環境下では，北米・中東といった原料立地において汎用製品の大規模生産(Dow Chemical社)，垂直統合型のコンビナート(BASF社のVerbund)の新設は困難であり，基礎

注3) Verbund(BASFが展開する大規模生産拠点)とよばれ，ヨーロッパ2拠点(Ludwighshafen(ドイツ)，Antwerp(ベルギー))，米国2拠点(Geismar, Freeport)，アジア2拠点(Kuantan(マレーシア)，南京(中国))の計6ヵ所に存在している．

化学で高い競争力を得ることは難しい．今後も機能性化学を中心に強化を図っていく方向性は不変と考えられるが，グローバル展開に対応するためには現地ユーザーのニーズを踏まえた製品開発は必須である．世界各地に研究開発拠点をもつ欧米メジャーと違い，もたない日本企業は現地ユーザーとの共同開発拠点を設けることも求められよう．

文献

1) 中東の石油化学産業 2017，三菱ケミカルリサーチ
2) 石油学会編，石油化学プロセス，講談社(2001)
3) EIA, Annual Energy Outlook (2017)
4) EIA, Short Term Outlook for Hydrocarbon Gas Liquid
5) EIA, Today in Energy
6) Oil & Gas Journal, Worldwide Refineries-Capacities
7) U.S. Energy Information Administration HP (2013)
8) JXTG エネルギー，石油便覧(http://www.noe.jxtg-group.co.jp/binran/index.html)
9) BP, Statistical review of world energy (2016)
10) 財務省，貿易統計
11) 徳久芳郎，ナフサ戦争(1984)，役所と喧嘩する方法教えます(1995)
12) 化学経済，3月増刊号(2017)
13) Oil & Gas Journal, Jul. 7 (2014)
14) 石油化学工業協会，石油化学の 50 年(2012)
15) 経済産業省，石油化学産業の市場構造に関する調査報告(2014)
http://www.meti.go.jp/press/2014/11/20141107001/20141107001a.pdf
16) 経済産業省，石油化学コンビナート内における事業の集約・統合の合意形成に関する事例集(2017)
http://www.meti.go.jp/press/2017/07/20170710004/20170710004-2.pdf

第2章
オレフィン

2.1 エチレン

2.1.1 エチレン生産量

石油化学の基礎原料としてはエチレンの需要が一番多く，エチレン系誘導品の需要量は2015年に世界で13,580万t(エチレン換算)であり(図2.1.1[1])，その半分以上はポリエチレンに消費されている(図2.1.2，2.1.3[1])．2015年におけるエチレン系誘導品の需要の伸びは，原油や石油製品価格が大きく変動している状況の中で前年比3.4％と堅調に推移している．今後の需要の伸びについても，2015～2021年にアジアで4.1％の伸びが予想されており，引き続き世界の需要の伸びを牽引する見通しである．

一方，エチレンプラントの生産能力(図2.1.4[1])については，2021年には20,500万tに達する見込みで，北米のシェールガスや中国の石炭化学由来のプラント生産能力増加がおもな牽引役となる．

米国では，従来困難とされていたシェール層から天然ガス(シェールガス)や石油(シェールオイル)を生産するシェール革命が2013年に起こり，2017年にはシェールガス由来のエタンを利用する大型クラッカーが稼働を開始する(表2.1.1)．今後，新設および既存の能力の増加を含めると，2020年ごろまでにエチレン生産能力増加は年産1,000万t[4]に達する見込みである．

また，中国のエチレン生産能力は2015年の約2,180万tが2021年には約3,650万tになると予想されている[1]．中国では世界第3位の埋蔵量を誇る石炭を原料とするCTO(coal to olefins)，MTO

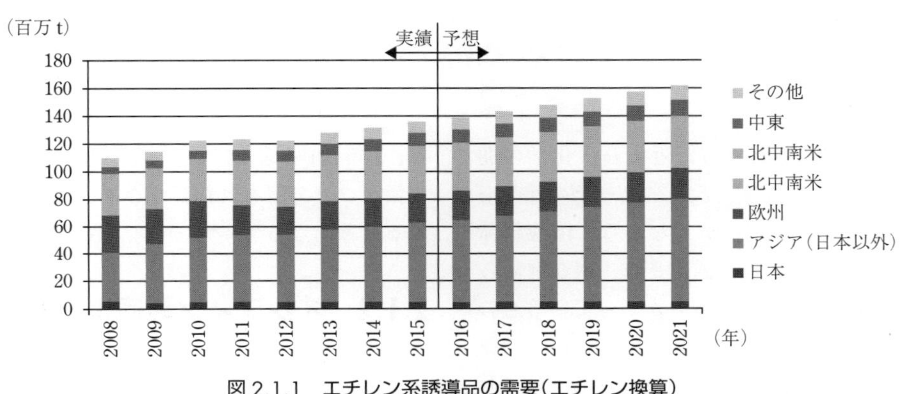

図2.1.1　エチレン系誘導品の需要(エチレン換算)

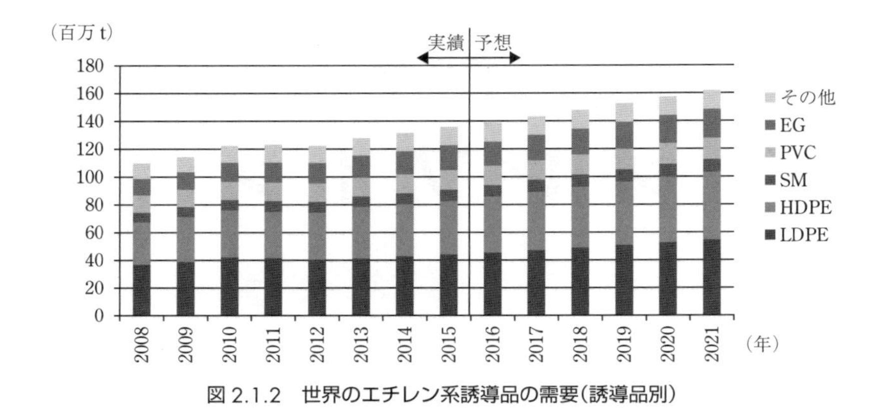

図 2.1.2　世界のエチレン系誘導品の需要(誘導品別)

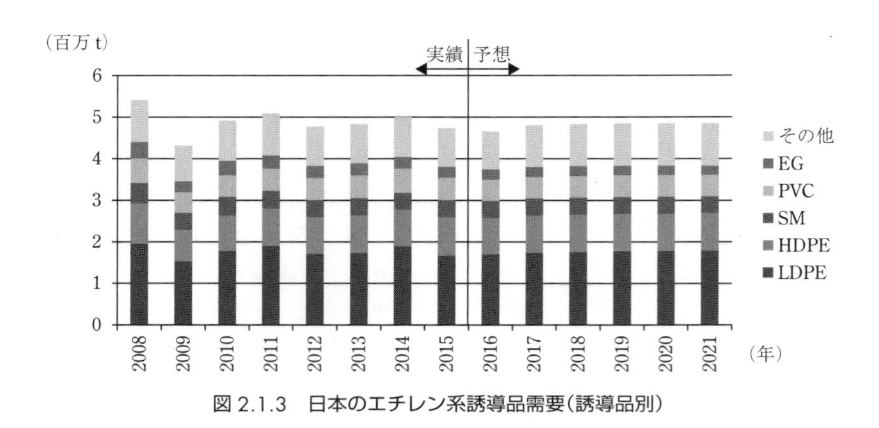

図 2.1.3　日本のエチレン系誘導品需要(誘導品別)

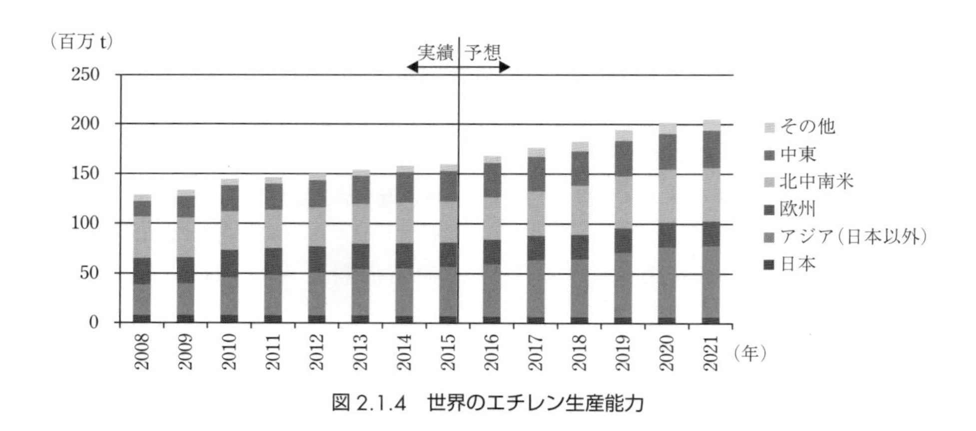

図 2.1.4　世界のエチレン生産能力

(methanol to olefins)といった近代石炭化学の開発に重点がおかれ，一時期，政府によりその建設を推奨された(表 2.1.2 [2])．しかしながら，環境負荷の問題から 2011 年に規制が強化され，現在進められている計画はすでに建設に取りかかっているものが中心である(表 2.1.3 [2])．また，2014 年以降の原油の値下がりにより石炭化学の競争力は低下しており，135 計画(第 13 次 5 ヶ年計画，2016～2020 年)ではナフサ分解を含む新たなプロジェクトが推進されることになる[3]．

2.1.2　オレフィン製造ルート

現在，商業化もしくはその直前の段階にあるオレ

表 2.1.1　米国のおもなエチレン新設備計画(千 t y^{-1})

社名	生産能力	誘導品	稼働時期
Dow Chemical	1,500	L-LDPE 400 LDPE 350 EPDM 200	17 年央
ExxonMobil Chemical	1,500	L-LDPE 650×2	17 年末
Chevron Phillips Chemical	1,500	HDPE 500 LDPE 500	17 年 4Q
台湾プラスチック	1,250	L-LDPE 525 LDPE 625.5 MEG 1,000	18 年後半
Sasol	1,500	LDPE 450 L-LDPE 450 EO/EG 300	18 年後半

表 2.1.2　中国の CTO/MTO 稼働プラント(千 t y^{-1})

社名	立地	能力
CTO		
包頭神華石炭科学	内蒙古	300
寧夏宝豊能源集団	寧夏回族自治区	300
青海塩湖工業集団	青海省	300
中国大唐集団	内蒙古	117
陝西延長石油(集団)	陝西省	160
蒲城清潔能源化工	陝西省	300
MTO		
陝西延長石油	陝西省	200
陝西神木化学工業	陝西省	135
寿光市申达化学工業	山東省	300
合計		2,112

表 2.1.3　中国の CTO/MTO プロジェクト(千 t y^{-1})

社名	立地	プロセス	能力	誘導品	稼働開始予定
中国中煤能源	内蒙古	MTO	600	PE(300)，PP(300)	2016 年
Huating Zhongxu	甘粛省	MTP	200	PP(200)	2016 年
Fund Changxu	江蘇省	MTO	300	PP(250)	2016 年
神華煤制油化	新疆ウイグル自治区	MTO	600	PE(300)，PP(300)	2016 年
青海塩業	青海省	CTO	330	PVC(300)，PP(160)	2016 年
中天合創能源	内蒙古	CTO	1,330	PE(600)，PP(700)	2016 年
久泰能源	内蒙古	MTO	600	PE(250)，PP(350)	2017 年
Jingsu Sailboat	江蘇省	MTO	800	EO(180)，PE(300)，AN(260)，MMA(90)	2017 年
Liaocheng Meiwu	山東省	MTO	300	–	2017 年
神華包頭煤化	内蒙古	CTO	680	PE(300)，PP(380)	2017 年
Zhong'an United coal	安徽省	CTO	600	PE(300)，PP(380)	2017 年
Qinghai Mining	青海省	CTO	680	PE(260)，PP(420)	2017 年
陝西延長石油	陝西省	CTO	600	PE(300)，PP(300)	2017 年
Shanxi Qiyi Energy	陝西省	CTP	300	PE(300)，PP(300)	2017 年

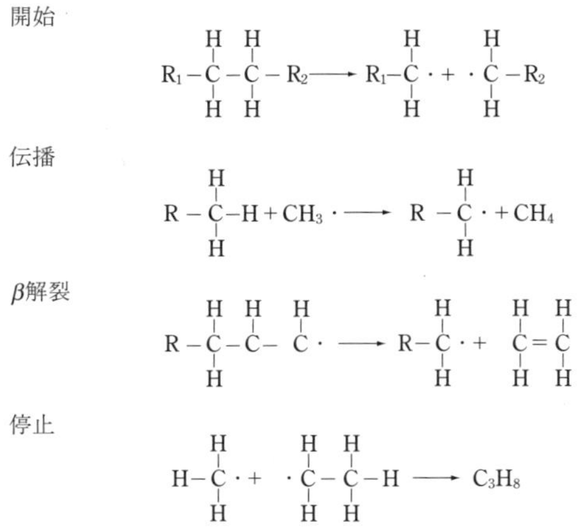

開始

$$R_1-\overset{H}{\underset{H}{C}}-\overset{H}{\underset{H}{C}}-R_2 \longrightarrow R_1-\overset{H}{\underset{H}{C}}\cdot+\cdot\overset{H}{\underset{H}{C}}-R_2$$

伝播

$$R-\overset{H}{\underset{H}{C}}-H+CH_3\cdot \longrightarrow R-\overset{H}{\underset{H}{C}}\cdot+CH_4$$

β解裂

$$R-\overset{H}{\underset{H}{C}}-\overset{H}{C}-\overset{H}{C}\cdot \longrightarrow R-\overset{H}{\underset{H}{C}}\cdot+\overset{H}{\underset{H}{C}}=\overset{H}{\underset{H}{C}}$$

停止

$$H-\overset{H}{\underset{H}{C}}\cdot+\cdot\overset{H}{\underset{H}{C}}-\overset{H}{\underset{H}{C}}-H \longrightarrow C_3H_8$$

図 2.1.5　フリーラジカル反応機構

フィン製造ルートは以下のとおりである.

- 炭化水素(ナフサ，エタンなど)の熱分解
- CTO(coal to olefins) / MTO(methanol to olefins)
- エタノールの脱水
- 原油の熱分解
- メタン酸化カップリング
- ナフサ接触分解

現在のオレフィン製造の主流である熱分解の反応機構は，図 2.1.5 に示すようにフリーラジカル反応であるが，原料の炭化水素の熱分解は数百種類の反応が同時に進行するきわめて複雑な反応である.

これらの反応は高温下で行われるほど速く，また短時間かつ低炭化水素分圧下で行われるほど二次反応が抑制される. したがって，高オレフィン収率を得るためには，低炭化水素分圧にて短滞留時間での高温加熱を行い，かつ急速に冷却してオレフィンが消滅する重合反応を抑えることが重要である.

2.1.3　管式熱分解オレフィン製造プロセス

A　管式熱分解オレフィン製造プロセスの変遷

管式熱分解オレフィン製造プロセスが確立される以前のエチレン生産は，発酵法で生成したエタノールの脱水プロセス(1950 年代にアジア，南米国でいくつかのプラントが建設された[5])や，また石油精製や石炭ガス化からの FT(Fischer−Tropsch)法による液化燃料合成の際の副生オレフィンの回収によっていた.

現在のオレフィン製造の主流である熱分解プロセスのキーとなる石油留分，天然ガスの管式熱分解炉は，石油精製初期のナフサの熱分解，重質油の熱分解に使われていた管式加熱炉をもとに発展していった. そのオレフィンプロセスの変遷を日本の時代状況とともに表 2.1.4[6] に示す.

オレフィンプロセスは，分解工程と分離工程に大きく分けられる. 各工程ごとに変遷を簡単に振り返る.

a　分解工程

ここ 60 年にわたるオレフィン製造プロセスの主流は，原料の炭化水素(ナフサ，エタン，LPG，NGL，ガスオイル)の熱分解技術だが，原理は同じでも個々の要素技術という点では著しい進歩があった. すなわち 1960 年代にはエチレン製品あたりのエネルギー原単位は約 59,000 kJ (kg−ethylene)$^{-1}$ だったのが，最新技術のプラントでは約 21,000〜19,000 kJ (kg−ethylene)$^{-1}$ と約 1/3 に減少している.

1960 年代前半まではコイルが横型に配列された Selas 炉が代表的で，滞留時間は 1 秒くらい，エチレン収率は 11〜18％と低かった. しかし，横型炉ではサポート金具の耐熱限度やコイルの湾曲によりコイル数が制約され，大型化や高シビアリティーの運転条件には物理的に限界があった. 1964 年に Lummus 社が，コイルを縦に配列し上方より吊り下げる構造の SRT(short residence time) を開発し，大型化への先鞭をつけた(図 2.1.6[6]).

これを契機として，(1) 高温化，(2) 低炭化水素分圧，(3) 低滞留時間の 3 条件により高オレフィン収率・選択性・デコーキングサイクルを最適化するコイル形状が，以下の 4 社によって開発されていった.

- McDermott 社 Lummus Technology(旧 CB&I 社): SRT(short residence time)
- Technip 社(旧 Kinetics Technology International(KTI) 社. Stone & Webster(S&W) 社を吸収): USC(ultra selective conversion, 旧 S&W 社保有)，SD(small diameter, 旧 KTI 社保有)，GK(gradient kinetics, 旧 KTI 社保有)
- KBR 社(旧 M.W.Kellogg 社): SC
- Linde 社 : PYROCRACK

表 2.1.4　オレフィンプロセスの変遷

年		1950	1960	1970	1980	1990	2000	2010
日本の時代状況	戦後復興	産業の近代化 合理化 石油化学工業化	高度成長 プロセスの 大型化	オイルショック 省エネ，省力 公害対策 石油化学プラント での事故多発 コンピュータ化	構造不況 過剰設備処理	円高 国際化 リサイクル問題		デフレ経済 東日本大震災 企業の海外進出
ポリエチレン プロセス開発				気相重合プロセス (HDPE)	気相共重合プロセス(LLDPE)	メタセロン触媒 気相重合プロセス		
	高圧法 塊状重合プロセス (LDPE)	中低圧法 溶液重合プロセス (HDPE)	スラリー重合 プロセス (HDPE)	溶液共重合 プロセス (LLDPE)				
グローバルな エチレンプロセス の変遷								
プラント能力 (万 t y^{-1})		2〜10	20	30〜40	60	100		150
エネルギー消費量 (kJ(kg-ethylene)$^{-1}$		58,800	46,200	37,800	29,400　25,200	21,000	21,000〜18,900	
分解炉								
分解炉能力 (万 t y^{-1})		0.5〜1.5	2.5〜3.5	4〜6	8〜12			17.5
コイル配列		横型	縦型					
エチレン収率 (wt%) (FRN ベース)		16〜38		23〜28	28〜32	30〜34		
滞留時間(s)		1〜2	0.6〜1	0.1〜0.4				
分解炉効率(%)		70	80〜85	90 内蔵 SSH	ガスタービン インテグ	94〜96		
輻射部コイル 材質		SS 304	SS 310	HK 40 Alloy 800	HPM	XTM		
分解炉タイプ		Selas	SRT-I USC-16 W	USC-32 W SD/GK Millisecond	SRT-V USC-U	GK-V	SRT-VI	SRT-VII GK-VI SC-1
原料の多様化		ナフサ，エタン，LPG	AGO	水添 VGO	H-NGL			シェールガス
クエンチ系								
急冷装置		横型多管式 ダウサム 中圧蒸気回収	縦型二重多管式 高圧蒸気回収					
回収系								
圧縮機　型式		往復式	遠心式					
効率			70%以下	75%	80%以上	85〜87%		
所要動力 (kW(kg-ethylene)$^{-1}$)		1.5	1.0	0.55				
回収系		高圧脱メタン塔 配列	脱エタン塔配列 脱プロパン塔配列	低圧脱メタン塔	Dephlegmator	ARS		混合冷媒
アセチレン水添触媒		Ni 系	Pd 系			Ag 担持系		
他のオレフィンプロセス 開発変遷								
熱分解プロセス：		エタン/ナフサ/GO 熱分解						原油熱分解　(膜分離)
接触分解プロセス：				オレフィン増産型 FCC		DCC(VGO-FCC)	HS-FCC	ナフサ接触分解
合成ガス経由 プロセス：		高温 FT		メタセシス　プロパン脱水素			MTO　MTP　CTO	GTL ナフサ熱分解
その他：		エタノール脱水				インターコンバージョン	(ETP*)　(OCM*)	

(ETP*)：Ethylene (Ethanol) to Propylene(開発中)
(OCM*)：Oxidative Coupling of Methane(開発中)

図 2.1.7 に各社の最新の分解炉コイルを示すが，KBR 社を除いて基本的にナフサ分解においては各社 2 パスコイルを採用している．また，高温化のためにはコイルの材料の開発も不可欠であり，耐熱性・耐浸炭性の優れたより高 Ni のものになってきている．その結果，コイル表面温度も 1,125℃に上がっている．近年は耐浸炭性を上げるため Al 入りの材料も開発されている．また，コイル管内面の伝熱性能を上げることで管壁温度を下げ，その結果として耐浸炭性の向上を図る技術も開発されてきており，管内面に突起を溶接するタイプ，管内部に伝熱促進のための挿入物を設置するタイプ，管自体に伝熱促進を図る形状を与えるタイプなどがある．

また，ガスタービンの残留酸素濃度の高い高温排熱ガスを，分解炉バーナーの燃焼用空気として使用する分解炉と，ガスタービンをインテグレートするシステムが多く採用されてきており，表 2.1.5 に示すように省エネルギーを可能としている．

分解炉を出たガスは 800℃以上あり，二次反応が進みオレフィン収率が低下するために，急冷装置にて分解ガスを急冷し，かつ熱回収を図っている．初期にはダウサムなどの熱媒体を使った横型多管式熱交換器が使われ，中圧スチームの回収が行われていたが，1960年代初めに高圧水を用いた縦型熱交換器が開発され，広く用いられてきた．この回収された高圧スチームは，圧縮機のスチームタービンの動力源として利用される．

分解炉の低滞留時間，低炭化水素分圧のためには急冷装置は低圧損化が望ましく，大きくは，Shell & Tube式と二重管式の2種類に分類されるが，コイルと組み合せて種々の急冷装置が開発されている．

表2.1.6に各種原料に対する代表的な収率を示す．

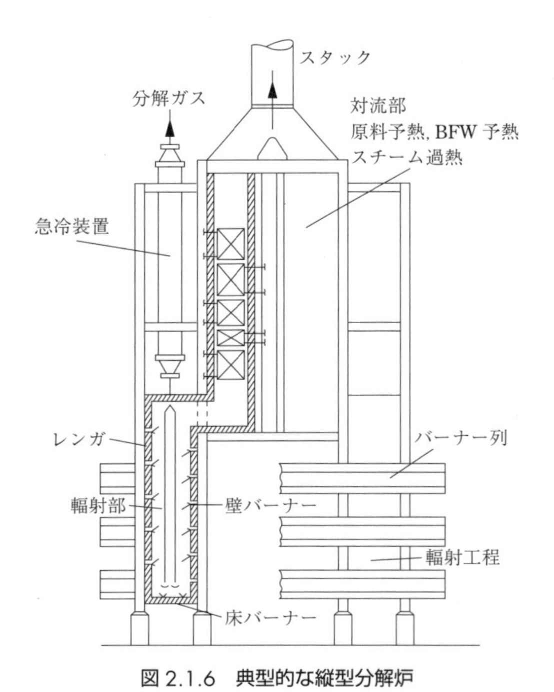

図2.1.6　典型的な縦型分解炉

b　分離・精製工程

分離・精製工程も基本的な要素技術は60年前と同じで，高圧・極低温における深冷分離であるが，省エネルギーは進んでおり，エチレン製品あたりの圧縮機動力は1.0 kW (kg−ethylene)$^{-1}$以上から0.58 kW (kg−ethylene)$^{-1}$と約40％も減少している．

圧縮系では分解ガス圧縮機が往復動式から遠心式になり，プラントの大型化に大きく寄与した．深冷分離では，Joule−Thomson効果を利用して極低温を作り出し，さらにMcDermott社のLummusプロセスでは従来の3 MPaGの高圧脱メタン塔から0.5 MPaGの低圧脱メタン塔の採用，Technip（旧S & W）プロセスではDephlegmator（自己還流型アルミ熱交換器）を組み合わせたARS（advanced recovery system）により，省エネルギーが一段と進んだ．また，分解ガスの深冷分離を効率よくかつ少ない機器数で行うために，2成分もしくは3成分の混

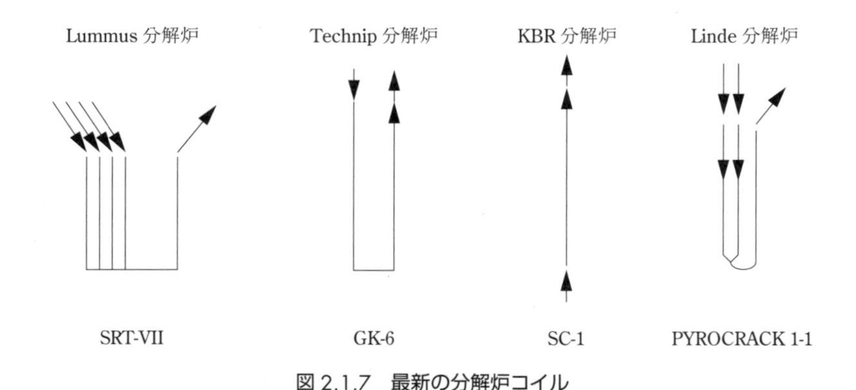

図2.1.7　最新の分解炉コイル

表2.1.5　エネルギー消費量，kJ(kg−ethylene)$^{-1}$

原料	分解炉単独	ガスタービンとの組み合わせ
エタン	13,800	11,700
プロパン	15,900	13,400
ナフサ	20,900	17,600
ガスオイル	24,300	21,000

表 2.1.6　石油化学原料の代表的収率

原料 運転条件 (シビアリティー)	エタン	プロパン	*n*-ブタン	フルレンジナフサ			ラフィネート	常圧ガスオイル	減圧ガスオイル
				高	中間	低			
収率(wt%)									
H_2	4.07	1.48	1.2	0.94	0.86	0.76	0.92	0.66	0.57
CH_4	2.92	25	19.57	16.5	14.6	12.51	16.54	11.49	10.1
C_2H_2	0.35	0.54	0.79	1.05	0.68	0.43	0.37	0.39	0.35
C_2H_4	54.07	37.41	39.8	32.8	30	26.73	28.82	26.4	25.5
C_2H_6	35	4.11	3.95	3.25	3.9	4.03	4.28	3.43	2.9
C_3H_4	0.06	0.47	1.07	1.08	0.87	0.63	0.73	0.7	0.75
C_3H_6	0.8	12.46	15.53	13.8	16.7	17.15	17.43	13.23	14
C_3H_8	0.16	6.34	0.2	0.29	0.35	0.45	0.43	0.26	0.25
C_4H_6	1.11	4.04	4	4.63	4.7	4.46	4.9	4.94	5.09
C_4H_8	0.18	0.87	1.84	3.49	4.95	6.54	6.72	3.89	3.5
C_4H_{10}	0.2	0.08	5	0.15	0.4	0.84	0.47	0.1	0.11
C_5 留分	0.26	1.65	1.39	2.58	3.65	5.16	3.32	2.78	3
C_6〜C_8 非芳香族	0.38	0.27	1.11	0.55	2.2	5.75	3.41	1.28	1.25
ベンゼン	0.27	2.68	1.94	7.1	5.3	4.06	4.84	7.34	6.6
トルエン	0.08	0.59	0.46	2.35	4.4	4.3	1.17	3.06	2.75
C_8 芳香族	—	0.57	0.38	0.73	1.73	2.03	1.22	1.93	2
C_9〜200℃	—	0.91	0.87	0.74	1.55	1.93	1.21	2.96	2.8
分解燃料油	0.09	0.53	0.9	4.38	3.11	2.23	2.92	15.16	18.48
計	100	100	100	100	100	100	100	100	100

合冷媒を用いた冷凍システムが採用されてきている．

初期のころのエチレン製品純度は低く，それに伴いアセチレン濃度も 20 ppm くらいだったが，1960 年代にポリエチレン製品からの原料エチレンの高純度化の要求が出てきて，製品純度は 99.95% 以上，アセチレン濃度も 1 ppm 以下と厳しいものになってきた．初期の水添触媒は活性が低く SV(空間速度)が小さいので選択性は低く(エチレンは 1〜3% ロス)，グリーンオイルの生成も多く運転も不安定だったが，1960 年代初めに Ni 系に代わり Pd 系の高性能触媒の出現により，SV 値も大きく活性・選択性も向上し，プラントの安定運転が可能になった．最近のポリエチレンプロセスでは，エチレン製品中の CO 濃度レベルがより厳しくなり，CO 注入をしなくてもよい銀担持の触媒が開発され，使われている．

また，メチルアセチレンプロパジエン(MAPD)水素化触媒も反応がガス相から液相に変わり，選択性，再生サイクルの面で著しく向上した．

B　最新プロセス

オレフィン製造プロセスについては，ライセンサーにより多少の違いはあるものの，基本的なスキームは同様である．以下，McDermott 社の Lummus 法オレフィンプロセスを，図 2.1.8 に紹介する．Lummus プロセスは SRT 型分解炉と低圧脱メタン塔の塔配列の精製系を特徴とする．

原料ナフサ(エタン，LPG，NGL，AGO，HVGO なども可能)は，予熱後 SRT 分解炉に希釈スチームとともに供給され熱分解反応により分解されて，水素，メタン，エチレン，プロピレン，ブタジエンなどの C_4 留分とベンゼン，トルエン，キシレン(BTX)などのガソリン留分，分解燃料油が生成する．

分解ガスは，TLE(transfer line exchanger)にて高圧スチームを発生させることにより急冷され，さらにクエンチ油の直接冷却により 190〜220℃ 程度まで冷却されて，ガソリン分留塔に送られクエンチ油および分解燃料油が分離される．次に急冷塔に送られ，クエンチ水の直接冷却により分解ガソリンおよび希釈スチームが液化・凝縮分離され，分解ガス

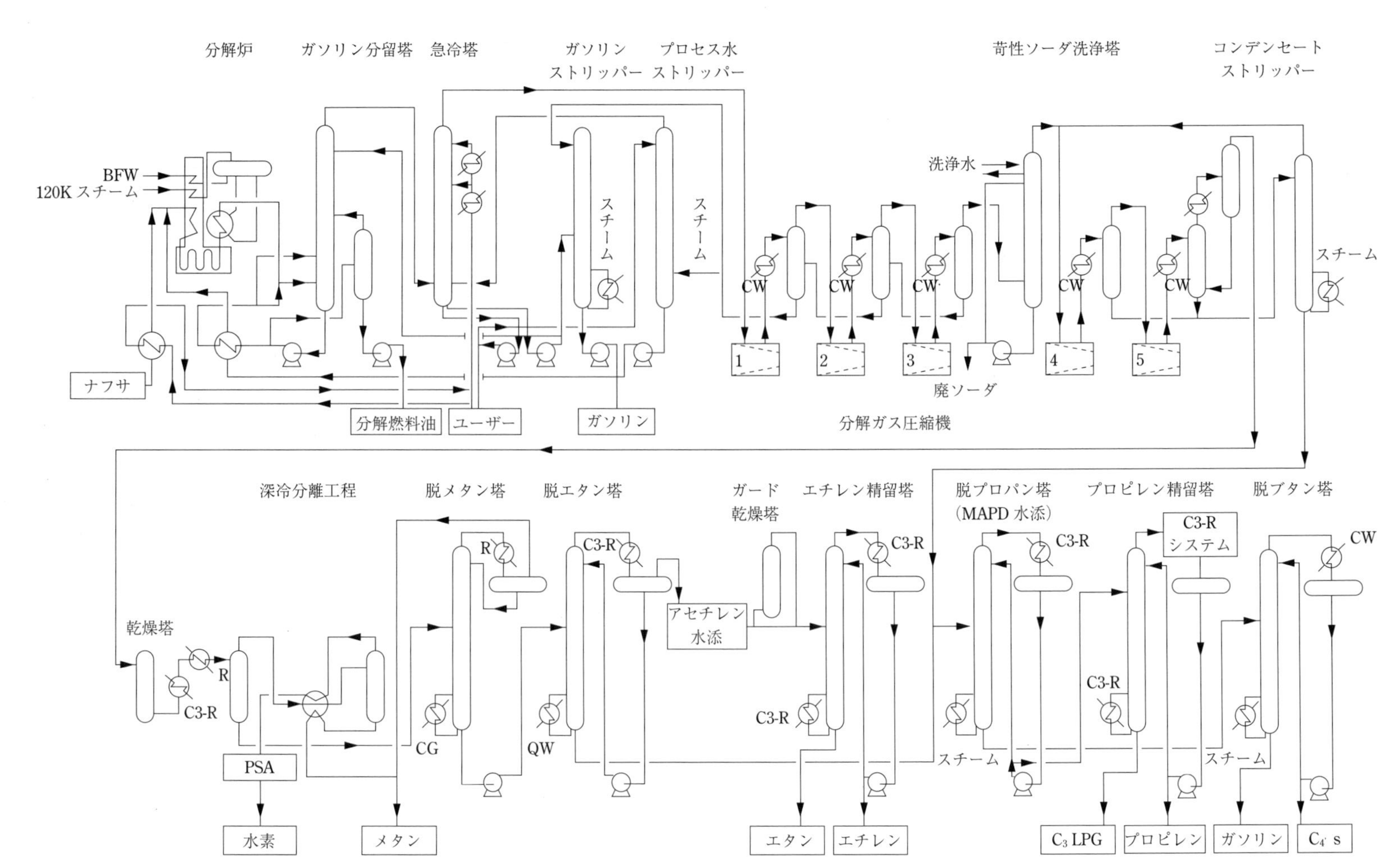

図 2.1.8 Lummus 法オレフィンプロセスフロー．BFW：ボイラーフィードウォーター，CW：冷却水，QW：クエンチウォーター，C3-R：プロピレン冷媒，R：バイナリー冷媒

は分解ガス圧縮工程に送られる．またこの両塔での多量の放出熱量は，ガソリン分留塔ではクエンチ油，急冷塔ではクエンチ水として熱エネルギーの回収を行い，希釈スチームの発生および蒸留塔のリボイラーの熱源などに最大限利用し，エネルギー効率を高めている．

圧縮・精製系の基本工程は，分解ガスの圧縮および冷却によるガスの液化，深冷分離，蒸留などによる各製品への分離から成り立っている．分解ガスは約 3.5 MPaG 以上までに圧縮機にて昇圧されるが，各段出口での高温度によるジエンなどの重合による汚れを抑えるために，通常５段圧縮とされており，分解ガス中の酸性ガス除去塔が三段吐出に設置されている．酸性ガス除去塔は通常は苛性ソーダ洗浄塔が用いられ，分解ガス中の CO_2 と H_2S が除去される．圧縮された分解ガスは，モレキュラーシーブにて脱水後深冷分離工程に送られ，約 －160℃まで冷却されて水素が分離される．水素ガスと分離された液化凝縮液は脱メタン塔へ順次送られ，成分ごとに分離される．水素ガスは，含まれている CO，CH_4 除去のために PSA（pressure swing adsorption）装置を通し，水添用水素や製品として精製される．

脱メタン塔は低圧にして，分離効率の向上と，リボイラー熱源をすべて分解ガス系統によって供給することによる大幅な熱回収システムの改善がなされている．脱メタン塔ではメタンと C_2，C_3，C_4 留分が分離され，C_2，C_3，C_4 留分は脱エタン塔へ送られる．脱エタン塔では，塔頂留分はエチレン，エタンとともにアセチレンを含むため，アセチレン水設備で選択的にエチレンに転化ののちエチレン精留塔に送られ．ポリマーグレードのエチレン製品となる．

塔底からは，分離されたエタンが熱回収後分解炉にリサイクルされる．この深冷分離での冷却は，プロピレンおよびバイナリー冷凍が必要となるが，これら低温冷凍に要する動力は大きいため，多流体プレートコア熱交換器による各流体からの冷熱回収，低温蒸留塔のリボイラーでの熱回収などを最大限に行い，高効率の精製システムにすべく工夫されている．脱エタン塔の塔底物は脱プロパン塔に送られる．脱プロパン塔は MAPD 水添の触媒を充てんして，従来の脱プロパン塔と MAPD 水添反応器を一体化しているケースもある．この場合，反応熱を 100％利用でき，触媒も自浄効果により再生サイクルを長くできる特徴をもつ．

粗製プロピレンは，プロピレン冷凍機と一体化した低圧式のプロピレン精留塔に送られ，ポリマーグレードのプロピレン製品となる．塔底からは C_3LPG のプロパンが分離される．脱プロパン塔塔底物は脱ブタン塔に送られ，塔頂からは C_4 留分が，塔底からはガソリン留分が分離される．

2.1.4　他のオレフィン製造プロセス

現在の管式熱分解と深冷分離を組み合わせたオレフィン製造プロセスは，今後も本流として続くと思われるが，その他のオレフィン製造技術についてのプロセス概要および状況を以下に述べる．

(1) CTO/MTO

一般的に，中国における近代石炭化学は CTO または MTO に代表されているが，石炭を出発原料としている場合は CTO といい，メタノールを出発原料としている場合に MTO とよんでいる．図 2.1.9[3] が CTO/MTO のフローを示したものである．

CTO プロセスでは，石炭ガス化により製造した合成ガスよりメタノールを製造し，それを原料として MTO プロセスにてエチレンおよびプロピレンが生産される．

CTO/MTO プロセスの詳細については，2.2 プロピレンの節で述べる．

(2) エタノールの脱水素

エタノールを触媒存在下で脱水し，エチレンを製造する技術である．本プロセス自体は古いプロセスであるが，2011 年よりブラジルの Braskem 社によって，バイオマスベースで作られたバイオエタノールを原料としてバイオエチレン合成プラントの商業運転を開始している[8]．

(3) 原油の熱分解

管式熱分解プロセスの原料として，常圧蒸留などを経由せずに直接原油を使用するプロセスである．本技術は，米国の ExxonMobil 社，サウジアラビアの ARAMCO 社，SABIC 社が保有しており，そのうち ExxonMobile 社の技術については，2014 年１月にシンガポールで商業運転を開始している．本プロセスでは，分解炉をシリーズで配置し，原油を二段階に分けて熱分解している（図 2.1.10[9]）．

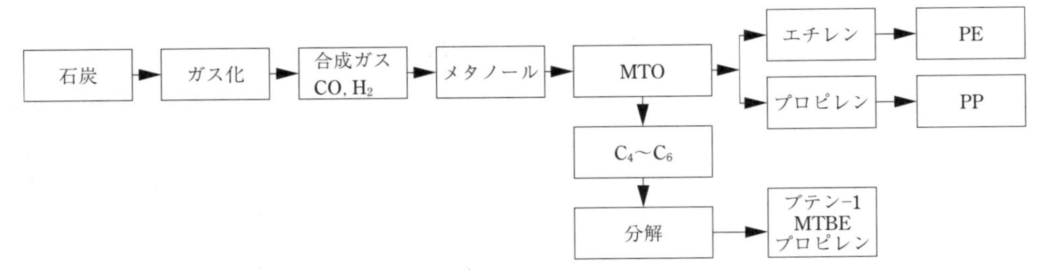

図 2.1.9　石炭化学のフロー

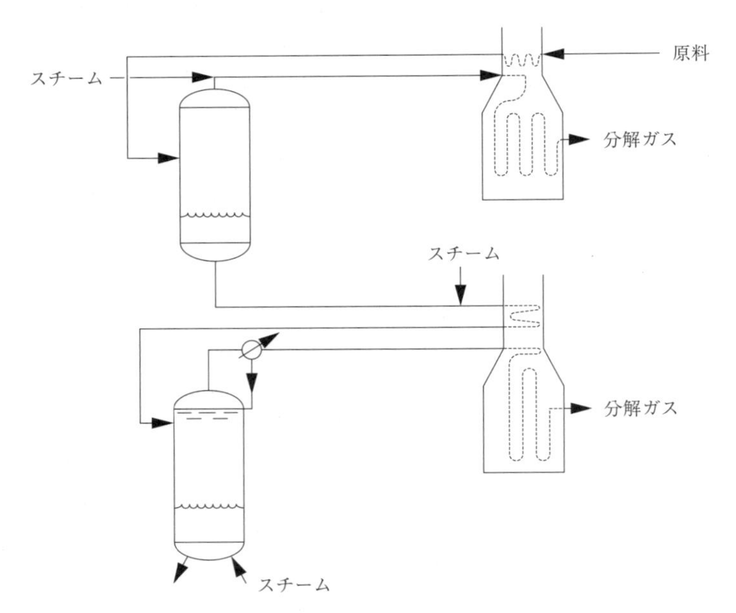

図 2.10　原油の熱分解フロー

(4) メタン酸化カップリング

メタンの酸化カップリングは，メタンと酸素を原料としてエチレンを中心とした炭化水素を製造する技術である．

$$2CH_4+O_2 \rightarrow C_2H_4+2H_2O$$

メタンより直接エチレンを生産することができるため，メタノール経由でのオレフィン生産技術であるMTOと比べると，装置建設コスト・運転コストの低減メリットは大きい[10]．

メタン酸化カップリングプロセスは，米国のベンチャー企業であるSiluria社がパイロットプラント(エチレン生産1 t d^{-1})をBraskem社の米国サイトに建設し2015～2016年の1年間の連続生産を達成しており，商業運転化を待つ段階となっている．

(5) ナフサ接触分解

ナフサ接触分解は，FCC(流動接触分解)にZSM-5のようなゼオライト触媒を用いることで，エチレン，プロピレン，ブテン，といった低級オレフィン類を生成する技術である．

日本においては，2009年より独立行政法人新エネルギー・産業技術総合開発機構(NEDO)において，「高性能ゼオライト触媒を用いる革新的ナフサ分解プロセスの開発」プロジェクトが開始され[11]，セミベンチスケール装置によるテストが実施された．

また，エチレンライセンサーの1つであるKBR社が同技術を保有しているが，2016年時点で本技術を使用したプラントの商業運転には至っていない．

文献

1) 経済産業省製造産業局素材産業課，世界の石油化学製品の今後の需給動向(2017)，http://www.knak.jp/METI-world/meti-2017/index.html
2) 化学経済，2016年版アジア化学工業白書，6月増刊号，34(2016)
3) 化学経済, 2017年版世界化学工業白書, 3月増刊号, 47(2017)
4) 化学経済，2017年版化学工業白書，8月増刊号，7-9(2017)
5) 佐伯康治，化学経済，15，170(1997)
6) 畠秀幸，ペトロテック，21，429(1998)
7) K.Stork，Ethylene，Marcel Dekker(1980)
8) 辰巳敬，ペトロテック，39，284(2016)
9) US Patent, 3,617,493
10) 本田一規，触媒，57(5)，303(2015)
11) 横井俊之ら，ペトロテック，37，290(2014)

2.2 プロピレン

2.2.1 プロピレン生産量と消費量

A 世界のプロピレン消費量[1)]

世界の経済成長に応じて，近年に引き続き，アジアがプロピレン需要の伸びを牽引する見通しである．

2017年時点の将来予測では，地域別の需要の伸びは，アジア・中東が4％超えで需要を牽引する見込みである．需要の伸びの絶対量では中国が他国を引き離して大きく，成長率では中国，インドの伸び率が高くなると予測されている．地域別で消費量が最も大きなところは，中国，インドが含まれるアジア地域であり，2012年に世界の消費量の半分以上をアジアが占めるようになり，今後ますますその割合が高まると予測されている. アジアの次には, ヨーロッパ，北米が続く．近年，需要の伸び率が高い中国は今後ますます世界のプロピレン消費量の比率を高めると見込まれている．

B 世界のプロピレン生産量[1)]

世界のプロピレン供給は，プロピレン系誘導品の需要に対応し年々拡大している(図2.2.1)．

2017年時点での将来のプロピレンの生産能力は年平均伸び率2.7％と予想されており，中国，インド，ASEANにおいて高い能力増加率が見込める(図2.2.2)．

原油価格低迷の中，おもに需要の伸び率が高いアジアにてプロピレン生産設備が今後数年も引き続き強化される見込みである．

C 世界のプロピレン需給バランス[1)]

2017年時点の見通しにおいて，プロピレンの地域別需給バランスは，図2.2.4のとおりとなる．

近年，消費量および供給量ともに伸びている中国では，恒常的に他国からの輸入が必要になっているが, 石炭化学によるプロピレン生産に加えて, シェール開発の進展により価格が低下した輸入プロパンからプロパン脱水素(PDH)によりプロピレン生産を進めている．これにより，今後輸入超過の幅が縮小するものと見込まれている．アジアの主要輸出国は韓国および日本である．

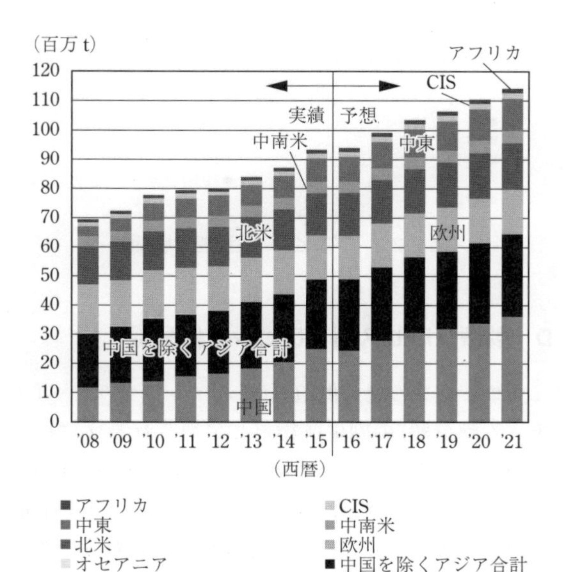

図2.2.1 プロピレン系誘導品の需要(プロピレン換算)

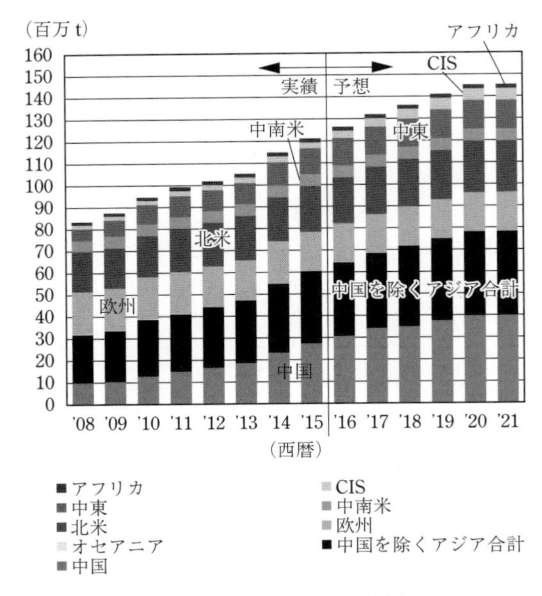

図 2.2.2　プロピレン生産能力

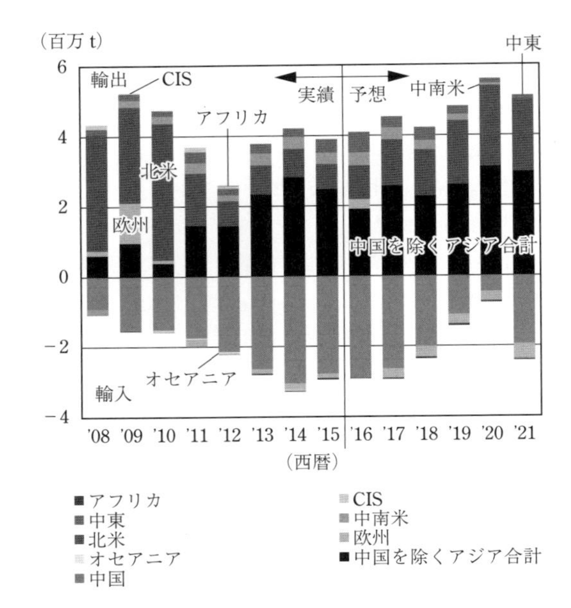

図 2.2.4　プロピレン需給バランス

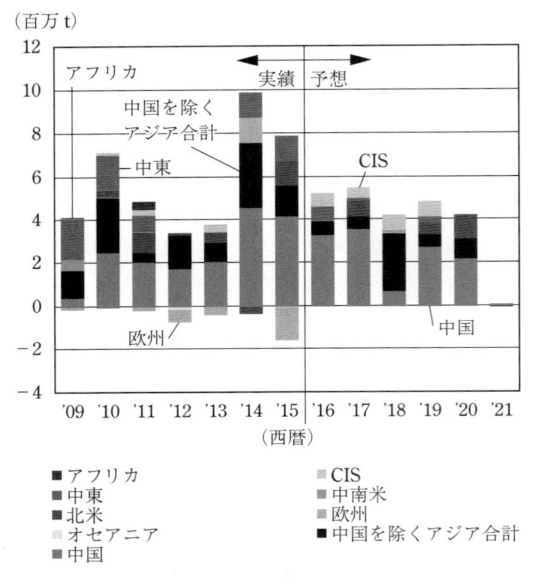

図 2.2.3　プロピレン生産能力増加量

D　製造プロセス別プロピレン生産量

プロピレンの最大供給源は，エチレンプラント（スチーム熱分解）の副生成物として得られるプロピレンである．これに次ぐ供給源は流動接触分解（FCC）である．2016 年時点で，世界のプロピレン生産量の約 8 割がこの 2 つの供給源から生産されている．

a　エチレンプラントの副生プロピレン

ナフサを原料として用いるエチレンプラントからは，原料に対して 15％前後の収率でプロピレンが生産される．一方で，エタンを原料として用いるエチレンプラントからはプロピレンはほとんど生産されない．中近東，カナダ，南米の大型エタン原料エチレンプラントに加え，2010 年ごろから飛躍的に生産が拡大された北米のシェールガスを原料とするエチレンプラントが増加したことにより，近年エチレンプラントから生成されるプロピレン生産量の伸び率が低くなっている．

b　流動接触分解からのプロピレン回収

流動接触分解（FCC）装置は，一般的に減圧軽油（VGO）などの重質原料油をゼオライトなどの固体酸触媒を用い，ガソリンなどの軽質留分を産出していた．その後，運転条件を変更し，FCC 触媒に ZSM−5 などゼオライト触媒を添加するなどして，ガソリン留分の過分解を促進させたプロピレン増産型 FCC の開発が進み，実用化された．

c　その他プロピレン生産プロセス

2000 年初頭においては，プロピレン生産量の約 70％がスチーム熱分解の副生成物であり，リファイナリーオフガスが 30％弱，その他プロピレンを主生成物とするプロセスからの生産が 2％程度であった．

上述のとおり，エチレンプラントから副生成物として生産されるプロピレン生産量の伸び率が低下する一方で，需要は順調に伸びているため，近年プロピレンを主生成物とする生産プロセスの開発および実用化が促進された．

プロピレンを主生成物とするプロセスの中で最も生産量が多く，かつ近年生産量増加率の高かったものはプロパン脱水素プロセスである．

生産量がその次に多いプロセスは，メタセシス反応によりプロピレンを生成するものである．

加えて，プロピレンを主生産物とするプロセスとして注目されているものとして合成ガスを経由してプロピレンを生産するCTOおよびMTOがある．中国で20基を超えるプラントが建設され運転が開始されているが，今後も引き続き建設が進む予定であり，中国とその周辺国のプロピレン市場において存在感を示している．

エチレンプラントについては別章で述べられているため，ここではそれ以外のプロピレン製造プロセスについて述べる．

2.2.2 FCCプロセス

FCCプロセスは，ライザー(反応塔)，再生塔，蒸留セクションから構成されている．

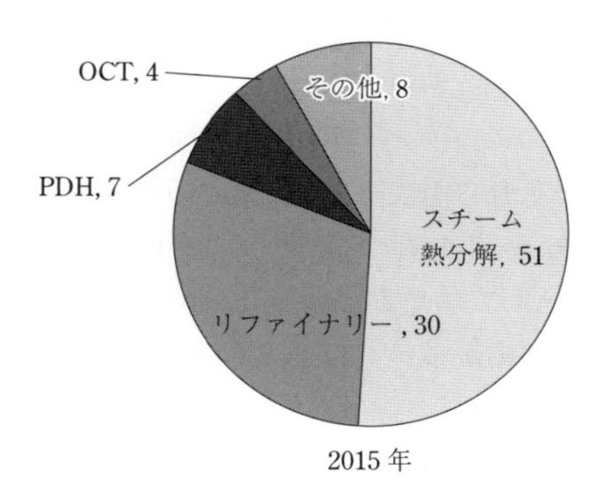

図2.2.5 プロピレン製造設備などの生産割合

FCC装置に用いられる触媒は原料油と接触し，ライザー内で分解反応が進行する．表2.2.1に，おもなFCCプロセスを示す．

A プロピレン増産型FCCプロセス

プロピレン増産型FCCは大きく分けて，装置面および触媒面の改善に特徴がある．

a 装置面

(1) フィードインジェクション

原料重質油を高効率で噴霧化するフィードノズルの採用により，原料の蒸発を促進して触媒との接触時間を最小とする．また，これにより過分解とコーキングが抑制される．

(2) コンタクトタイム

ライザー内におけるFCC触媒とFCC原料油の接触時間を短くし，非選択的な熱分解反応を抑制しつつ，接触分解反応を促進するようなライザーおよびライザー出口のサイクロンを採用する．

(3) FCC装置内における原料油分圧

FCC装置内における原料油炭化水素の分圧が低いほど，副反応が抑制され，オレフィン収率が増す．FCC装置建設時や，従来のFCCの増強の段階で，最適化した原料油炭化水素分圧を設定して装置を設計する．

b 触媒

触媒は従来のFCC触媒とともに，形状選択性をもつZSM−5の使用がオレフィン生産の鍵となる．

近年商業化され注目されている2プロセスについて下記に述べる．

B DCCプロセス[3)]

DCC(deep catalytic cracking)は中国のSinopec Research Institute of Petroleum Processing

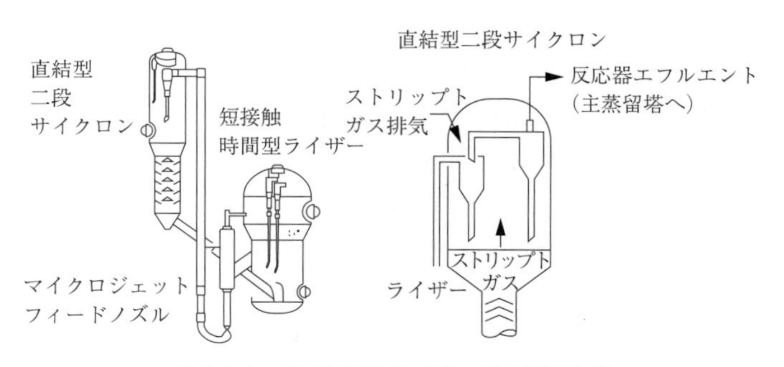

図2.2.6 CB&I SCCライザーおよび再生塔

表 2.2.1　FCC プロセス比較表

プロセス名	プロセス名（略称）	ライセンサー名	原料	プロピレン収率（wt%）	商業運転実績
SUPERFLEX	SUPERFLEX	KBR	C_4-C_8 Olefins	35-40	あり
MAXOFIN	MAXOFIN	KBR, ExxonMobil	Heavy Oil	18	
Advanced Catalytic Olefins	ACO	KBR, SK Innovation	Paraffinic naphtha, Light distillates	30-35	あり
PetroFCC	PetroFCC	UOP	Heavy Oil	＞20	
Selected Component Cracking	SCC	CB&I	Heavy Oil	24	
IndmaxSM	I-FCC	Indian Oil Company, CB&I	Resid and Light Olefins	17-25	あり
Resid to Propylene	R2P	Axens/Technip	Heavy Oil and Resid		
Deep Catalytic Cracking	DCC	Sinopec, Stone&Webster	Heavy Oil	14.6-28.8	10 件以上
Catalytic Pyrolysis Process	CPP	Sinopec, Stone&Webster	Heavy Oil	24.6	実証運転
High-Severity FCC	HS-FCC	Saudi Aramco, JX Nippon Oil & Energy, King Fahd University of Petrochemical and Minerals	Heavy Oil and Resid	17-25	実証運転（2018 年に商業運転開始予定）

(RIPP) 社が開発した重質油を原料として分解し，ライトオレフィンを得る高選択性 FCC プロセスである．2 つの運転モードがあり，DCC-I がプロピレンを主目的に生産し，DCC-II が Iso-Olefin を主生成物とする．なお，DCC-I はライザーに加え流動床反応器を用い，DCC-II はライザーのみを用いる．触媒はゼオライトを用いている．

C　HS-FCC プロセス[4)]

HS-FCC (high serverity-FCC) は，国際石油交流センター主導の下，JXTG エネルギー，Saudi Aramco 社，キングファハド石油鉱物資源大学で共同開発されたプロセスである．

重質油を原料として分解し，プロピレン，ブテンなどのライトオレフィン類を生産する．2011 年 4 月から，JXTG 社水島製油所にて重質油処理量 3,000 bbl d^{-1}（プロピレン生産量 14 万 t y^{-1}）の実証化運転が実施され，2018 年に初の商業プラントが運転開始予定である．従来型 FCC に用いられるライザー型ではなく，ダウンフロー型反応器が採用されている．

2.2.3　プロパン脱水素プロセス

現在 5 つのプロパン脱水素プロセスが実証されており，それらを表 2.2.2 にまとめる[2,5)]．この中で商業運転実績をもつものは，OLEFLEX，CATOFIN，STAR プロセスである．2016 年時点で，最も商業運転実績が多い OLEFLEX のプロセスフローを図 2.2.7 に示す．

プロパン脱水素プロセスの装置，触媒，および運転条件などは，各プロセスでそれぞれ異なっている．また，プロパン脱水素反応は吸熱反応であり，この反応熱の与え方にそれぞれ特徴があるため，それらを以下に述べる．

a　原料

原料について，希釈して反応させるプロセスと，プロパンのみで反応させるものとがある．OLEFLEX では水素で原料を希釈し，STAR ではスチームで原料を希釈する．

b　反応器

反応器は固定床，移動床，流動床とプロセスによ

表 2.2.2　プロパン脱水素プロセス比較表

ライセンサー		UOP	CB&I	Uhde	Linde/BASF	Snam/Yarsintez
プロセス		OLEFLEX	CATOFIN	STAR	PDH	FBD
反応器		移動床 直列配置	固定床 直列配置	リフォーマー（＋固定床（オプション）） 並列配置	固定床 並列配置	流動床 単独反応器
運転圧力	(kPaA)	110-160	30-65	500-600	120	120
転化率	(%)	35	65	40-60	30-40	40-50
スチーム/炭化水素	(モル比)	-	-	2-10	-	-
水素/炭化水素比	(モル比)	0.4-0.8	0	-	0.4-0.8	-
選択率	(wt%)	80-85	80-85	75-85	80-90	90
反応熱供与方法		加熱炉	加熱炉	加熱炉	加熱炉	触媒加熱
触媒		Pt 系	Cr 系	Pt 系	Cr 系	Cr 系
触媒再生方法		CCR での連続再生	周期切り替え	周期切り替え	周期切り替え	連続再生
触媒サイクル時間		2-7 日	10-30 分	8 時間	8 時間	不明
商業運転稼働実績		あり	あり	あり	なし	なし
商業運転稼働基数		15	8	1	なし	なし

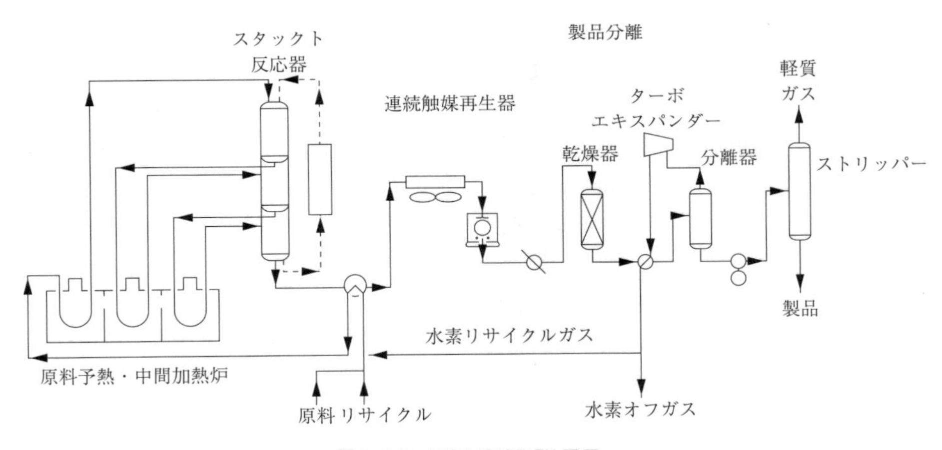

図 2.2.7　UOP OLEFLEX フロー

りさまざまである．固定床の場合は，周期切り替えによるデコーキングが必要であり，移動床，流動床は連続触媒再生となっている．

c　運転条件

運転圧力は，分子数が増大する反応であるため低圧が有利である．そのため，CATOFIN は大気圧以下，その他プロセスでも大気圧よりやや高い程度の運転圧力が採用されている．

反応温度は，550〜680℃とスチーム熱分解の 800〜850℃に比べてかなり低くなるが，この温度領域でもプロパンの熱分解は一部生じ，選択率の低下や反応器内のコーキングが発生する．

反応熱は，4 つのプロセスで別途設置の加熱炉で熱を与えているが，Snam/Yarsintez のプロセスは触媒を加熱するという方法が採用されている．

d　触媒

使用されている触媒は，Cr 系 (Cr_2O_3/Al_2O_3)，Pt 系の 2 種に大別される．

e　収率・転化率

プロパン脱水素プロセスの収率は 80〜85 wt% である．プロパンのスチーム熱分解ではプロピレンが最大で 27 wt% 程度 (この場合のエチレン収率が

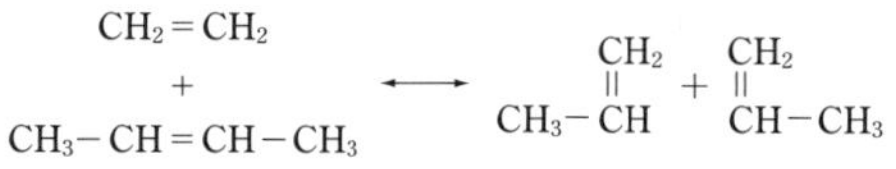

$$CH_2=CH_2 + CH_3-CH=CH-CH_3 \longleftrightarrow CH_3-CH=CH_2 + CH_2=CH-CH_3$$

図 2.2.8　オレフィンの不均化反応(メタセシス反応)の例

43 wt%，オレフィン合計で約 70 wt%)であるのに対し，プロパン脱水素は高選択性のプロセスである．

転化率は5つの実証プロセスのうち，最も高いCATOFINで65%，その他は40%前後と低い．

f　蒸留系

反応選択性が高いことから，反応器出口ガスからのプロピレン分離装置の構成は，スチーム熱分解と比較すると簡素である．しかしながら，上述のとおり転化率が低いため，プロパンリサイクル量が多く，装置およびユーティリティー消費は小さくない．

2.2.4　メタセシス反応プロピレン製造プロセス

A　オレフィン不均化反応

オレフィン不均化反応とは，図 2.2.8 に示すように，見かけ上，隣り合った2つのオレフィン分子の二重結合部が切断され，切断されたオレフィン分子どうしで新たに二重結合が形成されて新しい2つのオレフィン分子ができる，いわゆるメタセシス反応である．

この反応は可逆反応であるため，条件の設定によりどちらの方向にも反応を進められる．

エチレンプラントでの応用として興味深いのは，プロピレンなどの非対称型オレフィンの自己不均化反応であり，プロピレンから2-ブテンとエチレンが作られる．

オレフィンの不均化反応を使うと，エチレンとプロピレンの需要変動に対応し，容易にこの生産比率をさらに大きく調整できる．またラフィネート-2といった低価格のブテンをエチレンと反応させ，プロピレンに転換することで，プロピレンの経済的生産が期待できる．さらに，エチレンの二量化プロセスを組み込むことも可能で，エチレンが余剰，あるいは国際価格を大きく下回る地域では，経済性がでることもある．

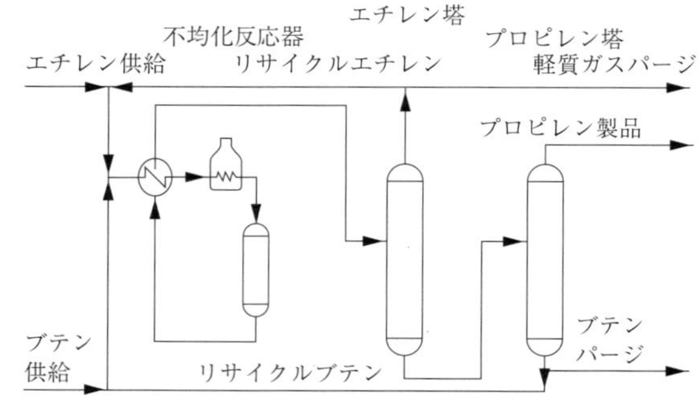

図 2.2.9　OCT プロセスフロー

B　OCT(olefin conversion technology)プロセス[6)]

オレフィンの不均化反応は，Phillips 社において実用化され，現在 CB&I 社がライセンサーである．

プロセスフローを図 2.2.9 に示す．ブテンおよびエチレン原料はそれぞれのリサイクル流と合流させ，不均化反応器に供給される．反応器供給前には触媒毒(重金属など)除去用のガードベッドが設置される．

このプロセスの反応は気相で行われ，触媒は固定床である．前述のとおり，本不均化反応は可逆平衡反応であるため，原料中に1-ブテンも含まれている場合では，2-ブテンの消費につれ化学平衡がずれる．不均化反応の他に，異性化触媒を添加することで，1-ブテンは異性化反応により2-ブテンとなりプロピレン生成に寄与する．実用プラントでは不均化反応器に1-ブテンから2-ブテンへの異性化触媒を組み入れることにより，プロピレンへの生成を促進することができる．触媒は，30日前後で定期的にデコーキングによる再生を行う．

反応生成物は蒸留により，プロピレンが未反応エチレンおよびブテンから分離回収され，副生される少量のオフガスとブタンや C_5＋も分離排出される．

このプロセスのプロピレンへの選択率は96%以上であり，反応性の尺度としてのブテンの転化率は60〜70%にある．なおエチレンの二量化を組み合わせてブテン原料を生成する場合，エチレンからの収率は約92%となり，二量化での重質物副生が総合選択性を若干下げる．

C　Meta-4 プロセス[7)]

IFP 社（フランス国営石油研究所）は 1985 年より不均化反応の研究を行っており，1988～1990 年には台湾中油（CPC）社に 15 kgh^{-1} のデモプラントを建設，運転している．現在は Axens 社がライセンサーである．このプロセスは液相反応器であり，CCR を設置し触媒の連続再生を行う．OCT との違いはこの反応器と触媒であり，プロセススキームは似通っている．

2.2.5　メタノールを経るオレフィン製造プロセス

メタノールは天然ガスまたは石炭を豊富に埋蔵している地域で安価に生産されている．そのメタノールを原料とし，ライトオレフィンを製造するプロセスとして，CTO/MTO および CTP（coal to propylene）/MTP（methanol to propylene）がある．

近年中国にて CTO/MTO プロセスの商業運転プラントが 30 基ほど建設され稼働し，プロピレンの需要と供給のギャップを埋める一助となっている．

A　MTO 反応機構

合成ガスからライトオレフィンを生成するプロセスは，石炭のガス化，シフト反応，メタノール合成，メタノール脱水によりエチレンとプロピレンの合成反応から構成される．

メタノールからプロピレンの生成機構は，メタノールの脱水縮合で DME が生成し，次に DME が脱水されカルベニウムイオンが三量化しプロピレンが生成すると考えられている．

ガス化：

$$Coal + O_2 \rightarrow CO + H_2$$

シフト反応：

$$CO + H_2O \rightarrow CO_2 + H_2$$

メタノール合成：

$$CO + 3H_2 \rightarrow CH_3OH + H_2O$$

エチレンの生成：

$$2CH_3OH \rightarrow CH_2{=}CH_2 + 2H_2O$$

プロピレンの生成：

$$3CH_3OH \rightarrow CH_3CH{=}CH_2 + 3H_2O$$

B　CTO/MTO プロセス[2),8)]

現在商業運転されている CTP/MTP プロセスの中で著名なものとして，表 2.2.3 に DMTO（daian MTO），S-MTO（SINOPEC MTO），HYDRO MTO の 3 プロセスを記載したがすべて流動床反応器であり，運転温度は 400～500℃程度である．触媒はプロセスによって異なり，ZSM-5 もしくは SAPO-34 である．

C　CTP/MTP プロセス[2),9)]

CTP/MTP プロセスで商業運転がなされているものとして MTP プロセスがある．Lurgi 社の技術であったが，Air Liquide 社が Lurgi 社を買収しライセンサーとなった．固定床の反応器であり，反応温度は 450～500℃，触媒は ZSM-5 である．

その他，現在開発中であり注目されているプロセスとして，DTP（dominant technology for propylene production）と FMTP（fluidized bed methanol to propylene）がある．DTP は 2010 年から 2012 年にかけて実証運転が実施され，商業化が望まれている．MTP と同様に固定床反応器であり，触媒はゼオライト系である．

FMTP は工業化試験を実施中である．流動床反応器であり，触媒は SAPO-18/34 である．

主要な MTO，MTP プロセスを表 2.2.3 に示す．

2.2.6　低級オレフィンの接触分解によるプロピレンの製造

低級オレフィンを原料とした接触分解プロセスが開発されている．商業運転が開始しているものについて，下記に述べる．

A　オレフィンクラッキング FCC によるプロピレン生産

C_4-C_9 オレフィンを含むライトエンドを原料とし，FCC にて高付加価値となるライトオレフィンを製造する設備である．商業運転されているプロセスとして 2 プロセスを下記にあげる．

a　SUPERFLEX[9)]

KBR 社がライセンサーである SUPERFLEX は，C_3-C_9 オレフィンを原料として，プロピレン

表 2.2.3　MTO，MTP プロセス比較表[2, 8, 9]

プロセス名	ライセンサー名	選択率 wt%	反応器	触媒	商業運転
DMTO	DCIP		流動床	ZSM−5	あり
S-MTO	Sinopec, SRIPT		流動床	SAPO-34	あり
HYDRO MTO	UOP	30-45	流動床	SAPO-34	あり
MTP	Air Liquide-Lurgi	70	固定床	ZSM−5	あり
DTP	Mitsubishi-JGC	70	固定床	ゼオライト	実証運転
FMTP	CNCEC, Qinghua University, Anhui Huaihua Group Co. Ltd.	67	流動床	SAPO-18/34	パイロット

DCIP：Dalian Institute of Chemical Physics
SRIPT：Shanghai Research Institute of Petrochemical Technology

40 wt%，エチレン 20 wt% という高選択率でライトオレフィンを生成するプロセスである．2006 年に南アフリカ共和国で初めての商業プラントが稼働した．

b　FlexEne[10]

Axens 社がライセンサーである FlexEne は，VGO を主原料とするが，C_3-C_9 オレフィンフィードが許容できるため，リサイクル原料としてこれをフィードしプロピレン選択率を高めることができる．

触媒や運転条件を調整することにより，ガソリン最大モード，中間留分最大モード，プロピレン最大モードの 3 種類の運転が可能である運転フレキシビリティの高いプロセスである．プロピレン最大化モードでは，プロピレンが回収され，C_4-C_9 オレフィンおよび多量体化によるポリナフサはリサイクルされて再分解される．触媒は ZSM−5 である．

B　オレフィンインターコンバージョンによるプロピレン生産[11]

旭化成のオメガプロセスは，C_4・C_5 ラフィネートを原料とし，プロピレンをはじめとするオレフィンを生成するプロセスである．

プロピレンの生成経路はブテンの二量化と分解により生じていると解説されている．

触媒は Ag−Na−ZSM−5 で断熱型固定床反応器を用いている．反応条件は 530～600℃，0.1～0.5 MPa，コーキングによる触媒再生はスウィング方式を用いている．プロピレン収率は 47 wt%，エチレン収率が 13 wt% である．

2006 年に商業運転を開始した．

文献

1) 経済産業省製造産業局素材産業課，世界の石油化学製品の今後の需給動向，商品別集計データ表 (2017)
2) 室井高城監修，新しいプロピレン製造プロセス—シェールガス・天然ガス革命への対応技術，p.72, 82, 111, 133 (2013)
3) SINOPEC TECH 社カタログ (2009)
4) JXTG エネルギー社，ニュースリリース (2011)
5) Uhde 社カタログ (2011)
6) 幾島賢治／八木宏監修，富永賢一，シェールガスの開発と化学プロセス，p.206，シーエムシー出版 (2013)
7) Jean Cosyns et al., Maximize Propylene from Ethylene and 2-Butene: The META-4 Process Chemm System's Annual European Seminor, London, February (1997)
8) JPEC REPOR，中国で進む石炭由来オレフィン生産事業，第 39 回 (2012)
9) UOP 社カタログ (2016)
10) Axens 社カタログ (2016)
11) 角田隆，高松義和，川瀬正嗣，田川克志，石油学会年会・秋季大会講演要旨集，Vol.2012，30 (2012)

2.3　ブテン

2.3.1　概要

ブテン(ブチレンともよぶが本書ではブテン，イソブテンを使う)とは，C_4 モノオレフィンの総称である．一般に C_4 留分と称されるものは，パラフィン，ジエン，アセチレン類を含めると 10 以上の成分からなっており，化学原料として多様な用途に用いられている．表 2.3.1 に，C_4 の異性体の一覧を典型的な C_4 留分組成とともに示す．日本のように原油を輸入し，ナフサ分解をベースとした石化学工業においては，この C_4 留分の最適な利用は避けては通れない道であり，エタン/LPG を原料としエチレン，プロピレン誘導品を主体とする中東，北米エリアの石化産業との差別化のためにますます重要性を増している．本節ではブテンの分離プロセス，製造プロセス，またブテンを原料とする誘導品のプロセスに焦点をあてて概説する．

2.3.2　ブテンの生産量と消費量

図 2.3.1，図 2.3.2 に，世界的なブテンの供給源と消費量の推移を示す．古くからブテンの主要な消費先は，アルキレートや MTBE(methyl *tert*-butyl ether)といったオクタン価向上剤となっている．一方で，2000 年代初めから水に溶けやすい MTBE が地下水に溶けこむことで環境汚染を引き起こす可能性が懸念され，代わりに水に溶解しない ETBE (ethyl *tert*-butyl ether) が注目され始めた．また，2000 年代初めにはみられなかった消費先として，2007 年ごろからプロピレン価格の上昇に伴いブテンとエチレンを原料とするメタセシス反応によるプロピレン製造が急速に消費を伸ばした．供給量も消費量に伴い増加してきているが，米国のシェールガス革命によって増設されたガスクラッカーからはブテンの生産はほとんどなく，エチレンプラントからのブテンの増産は限定的となっている．

A　イソブテン

MTBE，ETBE，および TBA(*tert*-butyl alcohol)の合成のように，イソブテンの選択的な反応を利用した誘導品が非常に多く製造されるようになってきた．日本では，政府によるガソリンへの混合の規制から MTBE の生産が長い間行われなかったため，化学原料としての利用が図られ，主としてブチルゴム，ポリブチレン，イソプレン，および MTBE や TBA を経由して MMA(methyl methacrylate)の原料として活用されてきた[1~4]．2007 年からは，政府主導で温室効果ガス排出量削減策の 1 つとして，自動車用の燃料に ETBE を配合したバイオ燃料の導

表 2.3.1　代表的な C_4 留分組成

化合物名	化学式	沸点(℃)	C_4 留分組成(wt%)	
			ナフサ熱分解	VGOFCC 接触分解
n-ブタン	C_4H_{10}	− 0.5	0.40	22.07
イソブタン	C_4H_{10}	− 11.7	0.75	27.18
イソブテン	C_4H_8	− 6.9	22.83	11.82
1-ブテン	C_4H_8	− 6.3	15.40	12.56
cis-2-ブテン	C_4H_8	3.7	3.41	7.29
trans-2-ブテン	C_4H_8	0.9	4.93	11.48
1,3-ブタジエン	C_4H_6	− 4.4	50.54	0.9
1,2-ブタジエン	C_4H_6	11	0.13	
ビニルアセチレン	C_4H_4	5	1.27	≦0.02
エチルアセチレン	C_4H_6	8	0.18	4.07（エチルアセチレン〜C_3−）
C_3−			0.16	
C_5＋			—	2.65

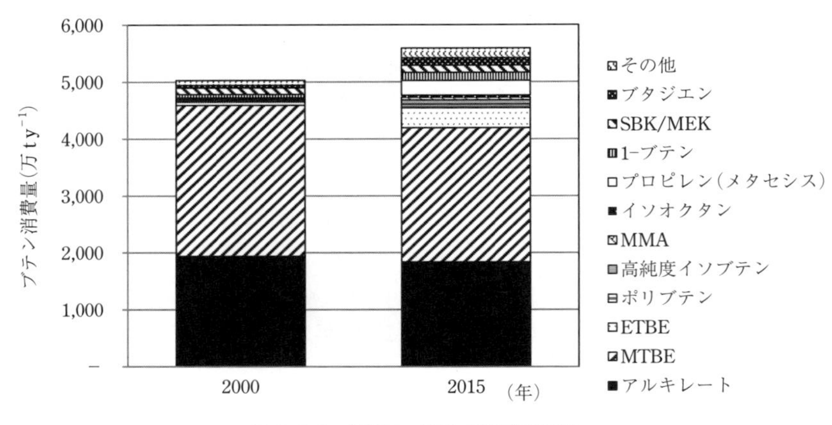

図 2.3.1　世界のブテン消費先の変化

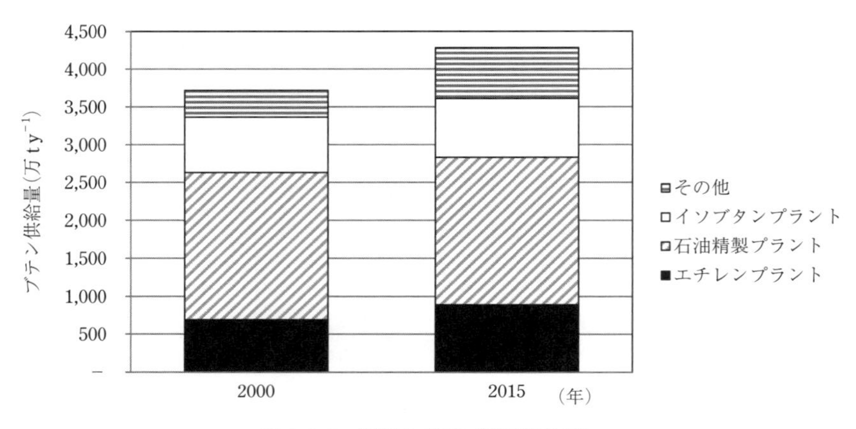

図 2.3.2　世界のブテン供給源の変化

入が推進され，販売が開始された[5)]．2010 年には政府要請の原油換算 21 万 kL のバイオ燃料導入目標が達成され，2017 年度にはエネルギー供給構造高度化法で示された原油換算 50 万 kL の目標が達成された．

B　1-ブテン

1-ブテンは，C_4 留分からの分離法のほか，エチレンの二量化により製造され，低圧法ポリエチレンのコモノマーとしての需要が大きく伸びている．その他の消費先としては，重合によるポリ(1-ブテン)やアミルアルコールなどがあげられる．

C　2-ブテン

2-ブテンは，エチレンとのメタセシス反応により廉価にプロピレンを製造する OCT(olefin conversion technology) プロセスの原料として利用される．詳細は 2.2 節を参照．その他には，2-ブチルアルコールを経由しての MEK(methyl ethyl ketone) の原料や無水マレイン酸の原料としても利用される．また二量化してオクテンとしてガソリンにブレンドされたり，イソノニルとしてプラスチックの可塑剤である DINP(diisononyl phthalate) の原料としても利用されたりしている[6~8)]．C_4，C_5 オレフィンの環化による芳香族の増産技術にも利用されている[9)]．

2.3.3　ブテンの供給源と製法

原料面からみると，ナフサの熱分解や減圧軽油の接触分解(FCC)からの副生 C_4 留分が一般的であったが，生産量がエチレン，プロピレンや分解ガソリンの需要に連動するというデメリットがある．そのため，1990 年代に入り需要が飛躍的に伸びた MTBE の製造を目的として，フィールドブタン(天然ガス，原油の井戸元からのガスを分離精製して得

られる C_4 留分)の脱水素によるブテンの製造も行われるようになった．LPG が安価に手に入る立地条件では，ブタンの脱水素によりブテン類を得る製法が有利であるが，日本のように原油の輸入国にあっては，ブテン類はほとんどナフサの熱分解や FCC から副生する C_4 留分の分離に依存している．

以下ブテン類の製法をまとめる．

A　C_4 留分の分離によるブテン類の製法[10)]

a　精密蒸留

C_4 留分からブタジエン，アセチレン類，イソブテンを分離したラフィネート-2 とよばれる留分は，高段数の蒸留塔によってイソブタン，1-ブテン，*n*-ブタン，2-ブテンの分離が可能である．実際にこの方法により 1-ブテンの分離に使用されている例として，Sulzer 社は，高性能パッキング，ヒートポンプを用いたプロセスを商品化している．ラフィネート-2 はいったんジエン，アセチレン類を選択水添し完全に除去したのち，第一塔にてイソブタンを塔底に，第二塔にて製品の 1-ブテンを塔底に得る．低圧損パッキングの使用により，第二塔の塔底圧力を抑えることができ，ヒートポンプによる熱回収を可能としている．

b　抽出蒸留分離

ブタジエンの抽出蒸留の技術に代表される分離法である(抽出蒸留法は 2.4 節参照)．ラフィネート-1 から一挙にイソブテンとイソブタンを分離することができるため，MEK の製造のように，1-ブテン，2-ブテンの混合物として *n*-ブテンを得ればよい場合に向いていると考えられる．

c　抽出分離

イソブテンの硫酸に対する吸収速度が *n*-ブテンに比べて数百倍大きいことを利用して，ラフィネート-1 からのイソブテンの分離が可能である．古くから利用されてきた古典的な製法である．

d　吸着分離

ゼオライトを吸着剤として用い，ブタン類とブテン類の分離が可能である．UOP 社の Sorbutene はさらに 1-ブテンを他のブテン類から分離する技術として開発された．

e　反応分離

イソブテンの酸触媒反応の反応性が他のブテン類に比べて高いことを利用し，ラフィネート-1 中のイソブテンを選択的に反応させることにより，目的とする化合物を得て分離することができる．さらにこの製品を分解して，高純度のイソブテンを得ることもできる．ガソリンのオクタン価向上剤として利用されている MTBE，ETBE や MMA の原料としてイソブテンを分離するために利用される TBA の合成プロセスは，この分離法の代表例である．

MTBE，ETBE は，イオン交換樹脂触媒上でイソブテンとエタノールのエーテル化反応によって合成される．この反応は発熱を伴う平衡反応であり，固定床型反応塔を用いた場合ではその反応温度での平衡状態により転化率の進行度が制限される．転化率を向上させるためにはイソブテンの転化反応を多段階に分けて反応塔温度を抑える必要がある．そのため反応塔出口から反応塔流出物の一部を反応塔入り口にリサイクルする方法が用いられる[11)]．

$$CH_3-\overset{\overset{\displaystyle CH_3}{|}}{C}=CH_2 + CH_3CH_2OH \rightleftarrows CH_3-\underset{\underset{\displaystyle CH_3}{|}}{\overset{\overset{\displaystyle CH_3}{|}}{C}}-O-CH_2CH_3 \tag{2.3.1}$$

ETBE 製造プロセスの例として反応蒸留を利用した Lummus Technology (McDermott 社)のプロセスを紹介する．図 2.3.3 にプロセスフローを示す．イソブテンを含む C_4 留分とエタノールは，まずイオン交換樹脂触媒の固定床反応器に供給される．反応が平衡まで進んだ状態で，混合液は反応蒸留などへ送られる．反応蒸留塔では塔底に製品 ETBE を抜き出しながら，一方で塔の中心部の反応部では ETBE が薄くなった状態でイソブテンとエタノールの反応が進行するため，イソブテンの転化率を 99% まで上げることが可能である．塔頂に留出するラフィネートと未反応エタノールを水と向流接触することにより，エタノールを分離回収する．このプロセスは原料をイソアミレンに換えることにより，TAME (*tert*-amyl methyl ether) を製造することも可能であるし，エタノールの代わりにメタノールを供給することにより MTBE の製造も可能である．

上記プロセスで製造した MTBE，ETBE は，再分解することで高純度のイソブテンを製造することも可能となる．図 2.3.4 に Lummus Technology (McDermott 社)の CDIB による MTBE 分解反応プロセスフローを示す．MTBE 原料は，蒸留ユニッ

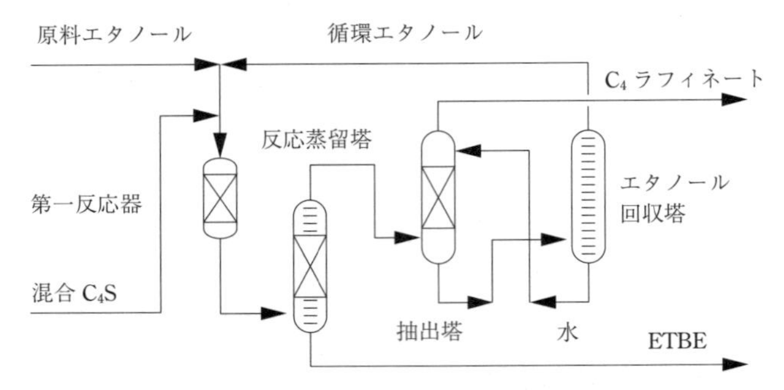

図 2.3.3　ETBE プロセスフロー(McDermott 社 Lummus Technology プロセス)

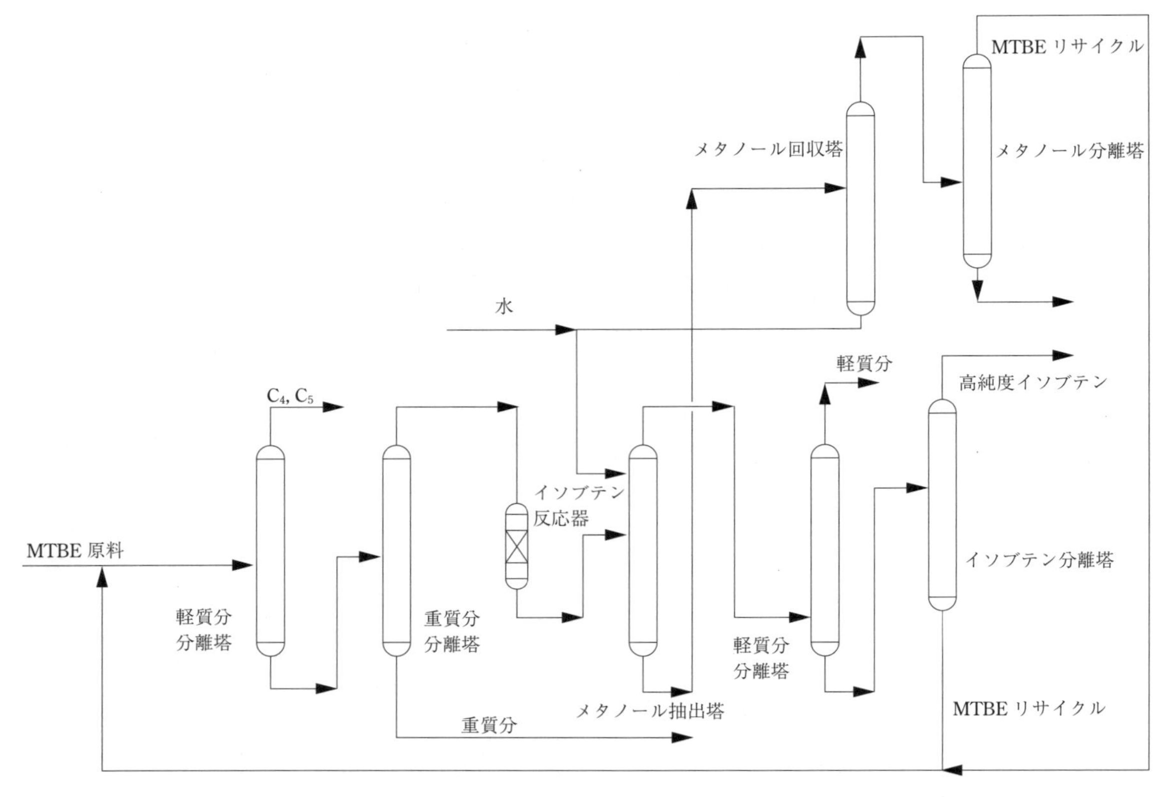

図 2.3.4　MTBE 分解プロセス(McDermott 社 Lummus Technology CDIB プロセス)

トで軽質分と重質分を分離した後，分解反応器にてイソブテンとメタノールに分解する．その後，未反応 MTBE およびメタノールを水によって抽出分離することで 99.9％以上の高純度イソブテン製品を得る．抽出されたメタノールと未反応 MTBE は，メタノール回収ユニットで分離し，メタノールは製品として回収され，MTBE はリサイクルされる．

B　異性化による転換反応

MTBE の増産を目的として，C_4 留分中の n-ブテンをイソブテンに骨格異性化するプロセスは 1990 年代から商業化されており，BP 社・ExxonMobil 社(ISOFIN プロセス)，Axens 社(Meta-4)，Lyondellbasell 社・McDermott 社 Lummus Technology (ISOMPLUS) などが代表的なプロセスである．一方，2007 年以降にプロピレン製造を目的とした 2-ブテンの需要が高まり，異性化技術として 1-ブテンの 2-ブテンへの転換や，イソブテンから n-ブタンへの転換プロセスが新たに利用されてきている．

表 2.3.2　脱水素プロセスの比較

ライセンサー，プロセス名称	Lummus Technology (McDermott 社)，CATOFIN		UOP, OLEFLEX		Uhde, STAR	Snamprogeti-Yarsintez, FBD		Linde, AG
原料/製品	$C_3/C_3^=$，$iC_4/iC_4^=$，$C_5/C_5^=$		$C_3/C_3^=$，$iC_4/iC_4^=$，$C_5/C_5^=$		$C_3/C_3^=$，$iC_4/iC_4^=$，$C_5/C_5^=$，C_6+/BTX	$C_3/C_3^=$，$iC_4/iC_4^=$，$C_5/C_5^=$		$C_3/C_3^=$，$iC_4/iC_4^=$
反応器および加熱方式	横置槽型固定床：熱空気および析出炭素の燃焼により加熱された触媒層の顕熱		直列サイドバイサイド 4 または 3 基のラジアルフロー型移動床，中間加熱炉により加熱された原料および希釈 H_2 の顕熱		多管式固定床ダウンフロー：トップファイアード加熱炉方式により反応管を外熱	流動床：再生用流動床における補助燃料および析出炭素の燃焼により加熱された触媒粒子の顕熱		多管式固定床ダウンフロー：トップファイアード加熱炉方式により反応管を外熱
反応条件								
温度(℃)	620～675	590～650			510～620	550～600		
圧力(kPa A^{-1})	49	32～49	わずかに加圧		わずかに加圧	118～147		わずかに加圧
希釈，対 HC 比	無希釈		H_2 による希釈		スチームによる希釈 2～10 mol	無希釈		無希釈
LHSV(h^{-1})					0.5～10			
反応成績	$C_3^=$	$iC_4^=$	$C_3^=$	$iC_4^=$		$C_3^=$	$iC_4^=$	$iC_4^=$
選択率(mol%)		90～93	89～91	91～93	94.5～98	89	91	94
転化率(mol%)		60			50～55	40	50	45
触　媒	アルミナ担体上に酸化クロム		球状アルミナ担体上に白金		ZnO を担持したアルミナに貴金属を添加	酸化クロムを担持したアルミナにプロモーターを添加，微粒子状		アルミナ担体上に酸化クロム
触媒再生方式	切り替え式，空気燃焼 15～30 min サイクル		連続抜き出し再生		切り替え式，空気燃焼 8 h サイクル(反応 7 h，再生 1 h)	連続的に抜き出し流動床にて空気燃焼		切り替え式，空気燃焼 9 h サイクル(反応 6 h，再生 3 h)
再生条件								
圧力(kPa A^{-1})						118～137		
温度(℃)						640～670		

* $C^=$は二重結合をもつことを示す

C　ブタンの脱水素によるブテンへの転換

ブタンの脱水素によるブテンの製造技術を表 2.3.2 に示す．脱水素反応に対して低圧，高温下の条件をいかに達成するか，また析出する炭素による活性劣化を防ぐための触媒再生方式にそれぞれ工夫が凝らされている[12]．その中の代表例として図 2.3.5 に Lummus Technology(McDermott 社) の CATOFIN のプロセスフローを示す．イソブタンなどのパラフィン原料は，加熱炉で反応温度まで加熱された後に横置槽型固定床の反応器に導入される．反応には炭素析出が伴うため定期的な再生操作が必要となる．反応器は複数器で構成され，パージ，加熱，反応などの操作を自動的に切り替えることで連続運転を可能としている．反応後の流体は，製品圧縮機にて加圧され，冷却，乾燥を経て低温回収部にて水素をはじめとした軽質分が分離される．低温回収部およびフラッシュドラムからの液流体は，蒸留セクションへ導入されオレフィン製品の回収が行われる．イソブタンからイソブテンを生成する場合，選択率は 90～93 mol％となる．

D　エチレンの二量化[13]

線形低密度ポリエチレンや高密度ポリエチレンの製造で，高い純度の 1-ブテンが必要とされる．ポリエチレンの原料であるエチレンを二量化して得る製法が有利であるとされており，Axens 社の AlphaButol プロセスがよく知られている．

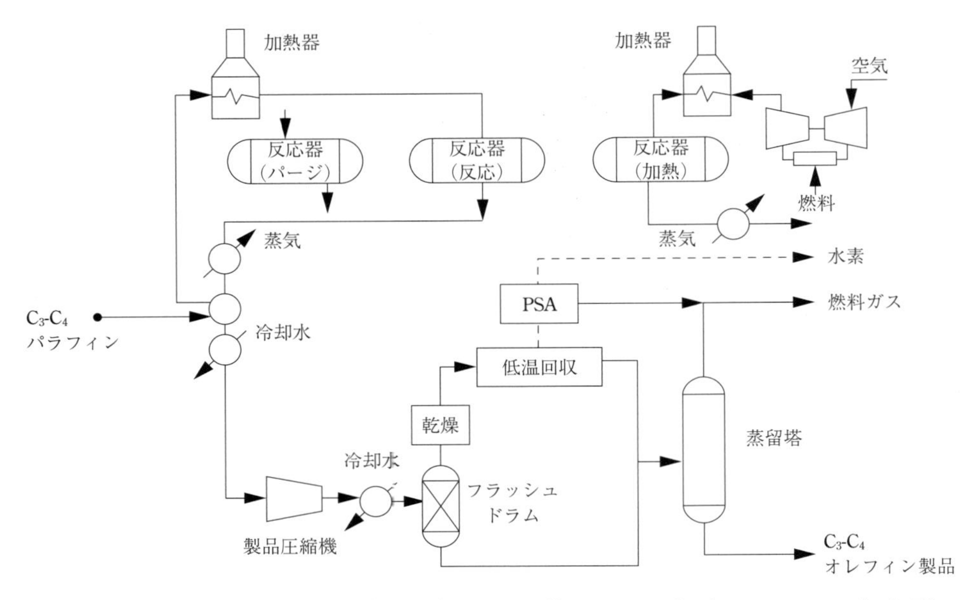

図 2.3.5　C_3-C_5 パラフィン脱水素プロセス(McDermott 社 Lummus Technology CATOFIN プロセス)

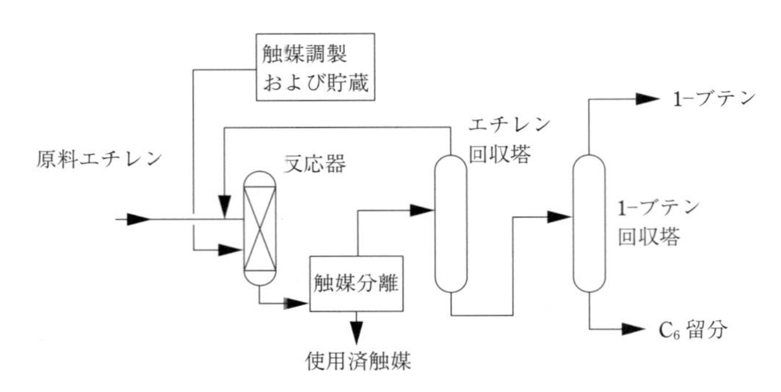

図 2.3.6　エチレン二量化プロセス (Axens 社 AlphaButol プロセス)

図 2.3.6 に AlphaButol のプロセスフローを示す．ポリオレフィンの重合に使用される Ziegler 触媒を利用し，選択性よく 1-ブテンを製造することができる．2～3 MPaG，45～50℃の反応条件で，液相反応によりオリゴメリゼーションが行われる．触媒の分離，未反応エチレンの分離を経て，1-ブテンと副生 C_6 留分を分離して製品を得る．

一方，Lummus Technology(McDermott 社)の Dimer プロセスではエチレンの二量化で 2-ブテンを選択的に合成することが可能で，メタセシス反応設備と組み合わせることでエチレン原料のみからプロピレンを合成するプロセスを提案している．

文献

1) 出口隆，ペトロテック，15(9)，68(1992)
2) 櫛田浩一，姜砂男，山田修，ペトロテック，15(7)，57(1992)
3) 大橋宏行，ペトロテック，15(3)，56(1992)
4) 化学経済，5，50(1996)
5) 三上剛，ペトロテック，35(1)，29(2012)
6) 林利夫，ペトロテック，10(8)，39(1987)
7) 永岡建紀，ペトロテック，10(8)，52(1987)
8) 武藤恒久，ペトロテック，15(11)，72(1992)
9) 木山和義，石油学会精製講演会，石油精製産業の新時代とその対策，p.113(1995)
10) 出口隆，荒木正志，ペトロテック，11(11)，41(1988)
11) 霜島正浩，ペトロテック，29(11)，27(2006)
12) 斎間迪夫，ペトロテック，15(10)，66(1992)
13) H.O.Bourbigou，J.-A.Chodorge，P.Traveyers，Hydrocarbon Asia，Jul/Aug，39(1999)

2.4 ブタジエン

2.4.1 ブタジエンの生産量と消費量

ブタジエンは非常に反応性豊かな中間化学品として，おもにポリブタジエン(BR)，スチレンブタジエンゴム(SBR)に代表される合成ゴム，およびアクリロニトリル–スチレン–ブタジエン樹脂(ABS樹脂)などの合成樹脂のモノマーとして古くから使われてきた．表2.4.1にブタジエンの生産能力と消費量の推移見通し[1]を，図2.4.1にブタジエンの誘導品ごとの消費量割合[1]を示す．日本では，年間約90万tのブタジエンが生産されており，ほとんどが合成ゴムの原料として使用されている．日本におけるブタジエンの製造技術は，合成ゴムメーカーにより確立されてきたともいえる．欧米では合成ゴム，合成樹脂エラストマー以外にアジポニトリル，さらにその誘導品としてのヘキサメチレンジアミンなどの原料として供給されている．

一般的なナフサクラッキングベースのエチレンプラントでは，エチレンの生産量に対しておおむね14〜15％のブタジエンが得られるとされている．2000年代前半までは，エチレンの生産量の伸びに比べ，ブタジエンの消費すなわち合成ゴムの生産の伸びが小さかったことから，ブタジエン価格は低く抑えられていた．しかしながら2000年代中ごろから新興国経済の成長による需要の拡大および中東・米国でエタンクラッキングベースのエチレンプラントの増設が続いたことなど[2]から，ブタジエン不足懸念が高まり2010年代前半にかけて価格が急上昇し，トン単価3,000ドル超の高値をつけた．2013年ごろになると，中国経済の減速懸念からブタジエン価格の高騰は落ち着いてきたが，急激なブタジエン価格の変動に対応するため，各社でエチレンプラントの稼働状況にブタジエン生産量が左右されるブタジエン抽出法を補完することができるブタジエン直接製造法の開発が進められている．

表2.4.1　ブタジエンの生産能力と消費量(万t)

国，地域		2014年	2015年	2020年
北米	生産能力	251	251	251
	消費	183	182	188
西欧	生産能力	249	265	273
	消費	174	179	175
中国	生産能力	346	360	451
	消費	240	250	320
日本	生産能力	104	104	104
	消費	88	89	92
韓国	生産能力	132	132	132
	消費	135	136	147
台湾	生産能力	71	70	63
	消費	49	49	55
中東	生産能力	38	38	53
	消費	7	7	22
ASEAN	生産能力	75	80	87
	消費	44	51	73
その他	生産能力	170	180	195
	消費	123	133	172
合計	生産能力	1436	1480	1608
	消費	1043	1078	1242

2.4.2 ブタジエン抽出

ブタジエンは，古くはアセチレンの二量化，天然ガスからのC_4留分の脱水素などによって得られていたが，石油化学が全盛の今日にあっては，ナフサクラッキングの副生C_4留分からの分離精製が主流となっている．C_4留分は，沸点がきわめて狭い範囲にあり(表2.3.1)，また共沸混合物を生成するので，揮発度の差を利用した一般的な蒸留法では分離できず，抽出溶剤を用い，抽出溶剤との親和力の大小の差を利用した抽出蒸留により分離精製される．抽出溶剤の選定により，中間ストリームの昇圧の要否，分離塔の組み合わせ，抽出溶剤による熱回収などに種々工夫が凝らされている．おもなプロセスを表2.4.2に列挙する．

A　BASFプロセス

代表的な抽出蒸留プロセスとしてBASFのNMPプロセスを紹介する．図2.4.2にプロセスフローを示す．原料のC_4留分は気相で，第一抽出塔に供給される．抽出溶剤である*N*–メチルピロリドン

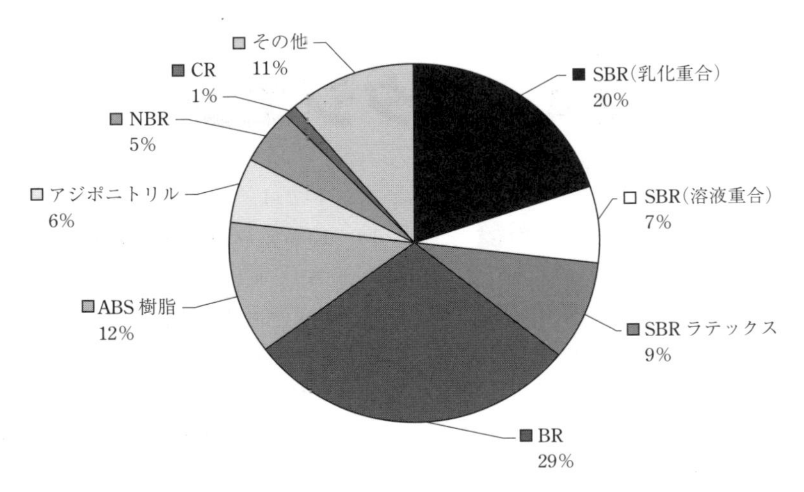

図 2.4.1　ブタジエンゴムの用途(2015 年)

(NMP)の存在下で(圧力は通常 350 kPaG)蒸留され，相対揮発度の高い 1-ブテン，イソブテン，ブタンなどが塔頂に分離され，ブタジエン，ビニルアセチレンなどの相対揮発度の低い成分が塔底に分離され，脱ガス/第二抽出塔へ送られる．同塔は省エネルギー・省コスト化のため，脱ガス塔と第二抽出塔を 1 本に集約した垂直分割蒸留塔(divided wall column)が用いられる．塔底からビニルアセチレンが分離され，粗ブタジエンが塔頂から得られる．粗ブタジエンは第一・第二精留塔へ送られ，製品ブタジエンは第二精留塔の塔頂から得られる．第二抽出塔の塔底溶媒はビニルアセチレンを多く含むためストリッパーに送られる．ストリッパー塔頂からはブ

表 2.4.2　ブタジエン抽出プロセス

ライセンサー	抽出溶剤
BASF	*N*-メチルピロリドン(NMP)
日本ゼオン	ジメチルホルムアミド(DMF)
JSR-Shell	アセトニトリル(ACN)
ConocoPhillips	フルフラール(Furfural)
Dow	ジメチルアセトアミド(DMA)
Solutia	β-メトキシプロピオニトリル(BMOPN)

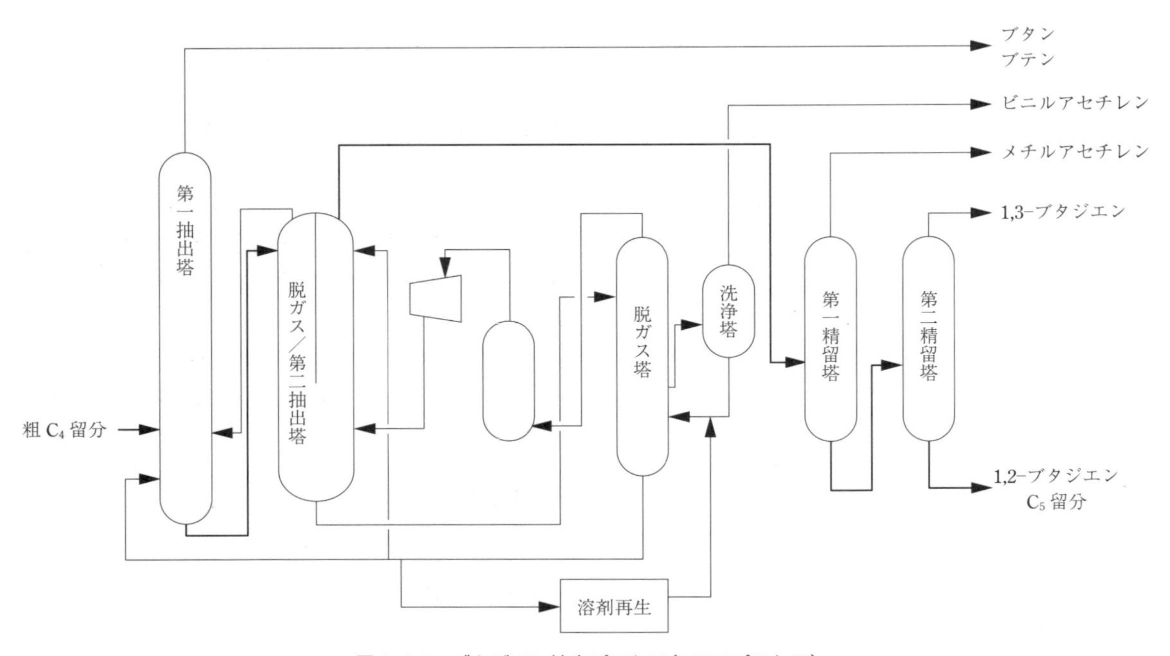

図 2.4.2　ブタジエン抽出プロセス(BASF プロセス)

タジエンを回収し，中間部からビニルアセチレンを分離する．塔頂のブタジエンは昇圧されて脱ガス/第二抽出塔に回収される．ストリッパー塔底から回収された抽出溶剤は，第一抽出塔および第二抽出塔へと循環される．NMP プロセスは世界で約 50 ライセンスの実績がある．

経済性データ：
ブタジエン回収率：>98%
製品純度：99.7 wt% min.
用役使用量：電力 155 kWh t^{-1}，スチーム 1.52 t t^{-1}，冷却水 200 m^3 t^{-1}

B　日本ゼオン GPB プロセス

日本ゼオン GPB プロセスは，ジメチルホルムアミド（DMF）を抽出溶剤として用い，同じく 2 塔の抽出蒸留塔を中心としたプロセスである．図 2.4.3 にプロセスフローを示す．第一抽出塔でブタン，1–ブテン，2–ブテンなどラフィネートを塔頂から分離し，塔底分を第一ストリッパーに送り，いったん塔頂からブタジエン分を蒸気として回収・圧縮したのち，第二抽出塔に送る．第二抽出塔ではビニルアセチレンを塔底から分離し，塔頂から粗ブタジエンを回収し，第一・第二精留塔へ送りブタジエンの精製を行う．製品ブタジエンは第二精留塔の塔頂から得られる．GBP プロセスも世界で 50 ライセンスの実績がある．

経済性データ：
ブタジエン回収率：98.2%
製品純度：99.7 wt% min.
用益消費量：電力 100 kWh t^{-1}，スチーム 2.0 t t^{-1}，冷却水 250 m^3 t^{-1}

C　JSR プロセス

JSR プロセスは，沸点の低いアセトニトリル（ACN）に他の溶剤を混合することにより溶剤の沸点をさらに下げ，運転温度を下げることから，大幅な省エネルギーを可能としている．その他のプロセスにみられる回収ブタジエンの昇圧が不要であることから，電力消費量を低減できることが特徴とされている．

D　アセチレンの選択水素化との組み合わせ

ここで取り上げたブタジエン抽出プロセスは，いずれも第二抽出塔で原料の C_4 留分中に含まれるアセチレン類（ビニルアセチレン，エチルアセチレン）が分離される．原料 C_4 留分中のアセチレン類を，水素添加によりブタジエンを含む他の C_4 異性体に選択的に転換することにより，第二抽出塔を省略したプロセスも提案されている．UOP 社の KLP プロセスは触媒の再生を考慮した 2 基の反応器からな

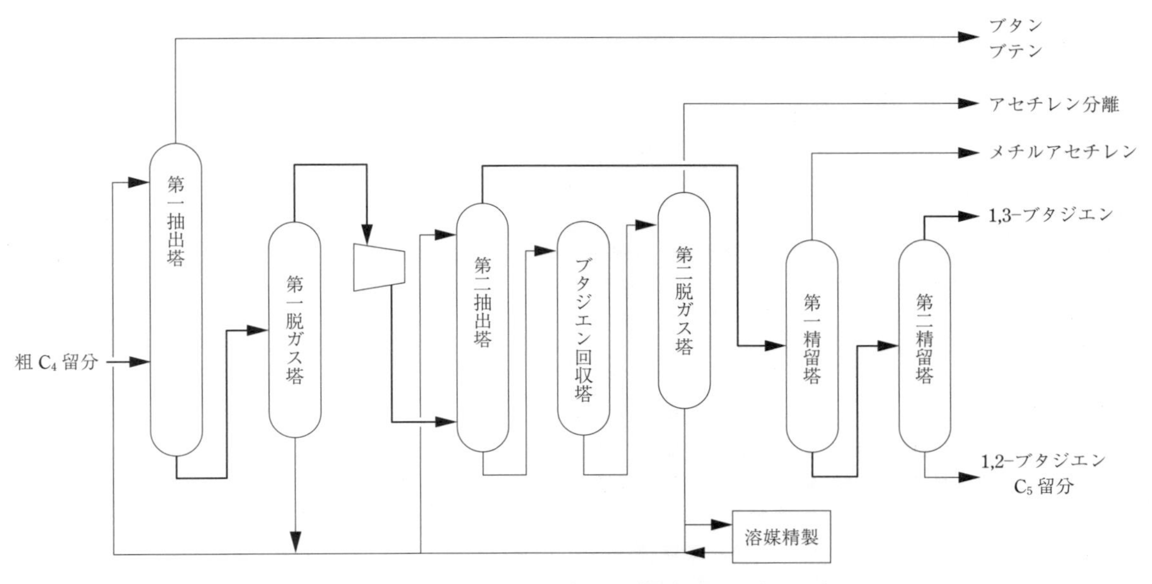

図 2.4.3　ブタジエン抽出プロセス（日本ゼオンプロセス）

るプロセスで，ビニルアセチレンをほぼ完全にブタジエンに転換できる．このプロセスを適用することにより，ブタジエン収率が向上するほか，アセチレンを除去する第二抽出塔が不要となり，ブタジエンを抽出する第一抽出塔への転用が可能となることから，既存のプラントの能力増強の 1 つのアプローチとして注目されている．

2.4.3　その他の製法

2.4.1 に記載のようにブタジエン抽出によるブタジエンの供給体制への将来的な懸念および急激なブタジエン価格変動への対応から，今後重要となると考えられる既存および新規のブタジエン直接製造法について表 2.4.3 に示す．なお，これらブタジエン直接製造技術で製造される粗ブタジエンは濃度が低いため，ブタジエン抽出技術との組み合わせにより利用されている．図 2.4.4 に C_4 事業でのスキームを示す．

A　ブタン，ブテンの脱水素

Houdry プロセスが代表で，*n*-ブタンの脱水素により *n*-ブテンを得，さらに脱水素しブタジエンを選択的に得るプロセスである．McDermott 社 (Lummus Technology) の CATADIENE プロセス[4] としてライセンスされ，1990 年代には 20 基を数えた．現在では多くが運転コスト高のため閉鎖されたが，ロシアなど，安価な LPG が得られる地域では操業を続けている．反応温度が約 600℃と高温なため，触媒に堆積するコークス量が多く，その除去のため数分ごとに触媒再生が必要で，運転コスト高の要因となっている．図 2.4.5 に CATADIENE プロセスのフローを示す．

B　ブテンの酸化脱水素

酸素の共存下で，ブテンの酸化脱水素反応により，ブタジエンを得るプロセスである．酸素は脱水素反応により生じる水素を消費しブタジエン生成の平衡反応を促進するほか，触媒の再生にも寄与する．米国では TPC Group 社が商業プラントの実績をもち 2014 年に UOP 社よりライセンス供与することを発表している．欧米では BASF-Linde 社がパイロットプラントでのテストを実施している．国内では，三菱ケミカルがパイロットプラントでのテストを終えているほか，三井化学，旭化成，日本ゼオンも独自技術の開発を行っている．中国では SINOPEC 社，

表 2.4.3　ブタジエン直接製造プロセスの比較

ライセンサー	McDermott (Lummus Technology)	TPC Group/UOP	三菱ケミカル	旭化成	昭和電工	中国独自技術
プロセス名称	CATADIENE	OXO-D	BTcB	BB-FLEX		
原料	*n*-ブタン	1-ブテン 2-ブテン	1-ブテン	1-ブテン	アセトアルデヒド エタノール	1-ブテン
反応形式	脱水素	酸化脱水素	酸化脱水素	酸化脱水素	アセトアルデヒド法	酸化脱水素
反応温度(℃)	575-625	330-650	300-400	360	300-450	300-600
反応圧力(kPa)	14-34	低圧	大気圧	低圧	減圧-常圧	低圧
反応器タイプ	触媒再生切替式 横型固定床反応器	縦型固定床反応器	多管式反応器 (触媒再生不要)	触媒再生塔付 流動床反応器	固定床反応器	固定床反応器
触媒/寿命	Cr 系/2 年	6 ヶ月	1 年			
転化率(%)	>38	~65	> 84			
選択率(%)	>65	~90	84~91			
商業運転実績	1990 年代前半は 19 基稼働，現在は 3 基運転，2 基待機	1965~2004 年まで商業運転(年産 350 t 含む 5 基が稼動)，2014 年から UOP と提携	年産 200 t デモ設備稼働 2017 年から Air Liquid 社と協業	年産 1 万 t デモ設備計画	年産 10 万 t 商業基計画	4 基運転中，5 基建設中

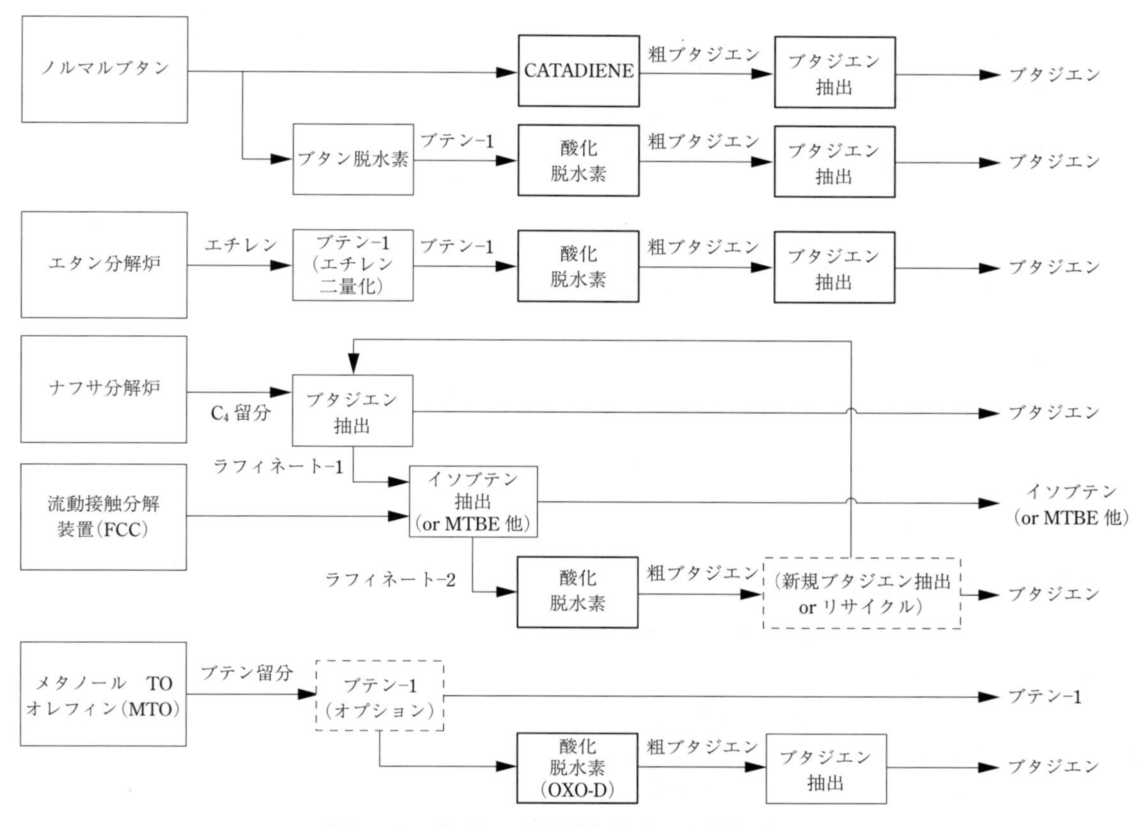

図 2.4.4　ブタジエン直接製造プロセスの事業スキーム

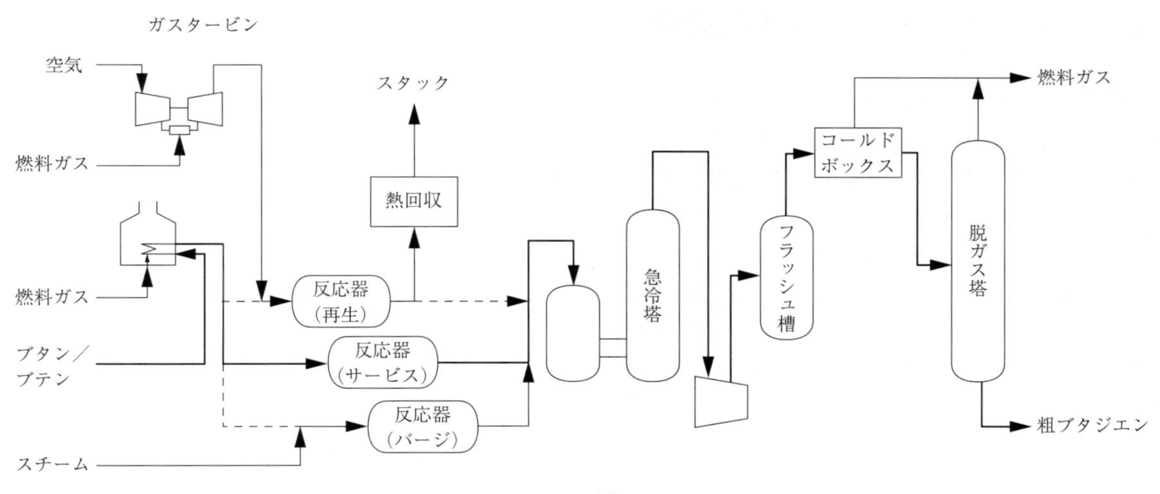

図 2.4.5　ブタジエン直接製造法（CATADIENE プロセス）

WISON 社などがすでに独自プロセスを開発済みで，5 基が商業運転を行っている．さらに 5 件のプロジェクトが進行しているが，運転コスト高に対して現状のブタジエン価格は未だ低く，既設プラントでは稼働率の低下，新規プロジェクトでは延期などが起きている[3]．

図 2.4.6 に商業運転実績のある TPC/UOP OXO-D プロセスのフローを示す．

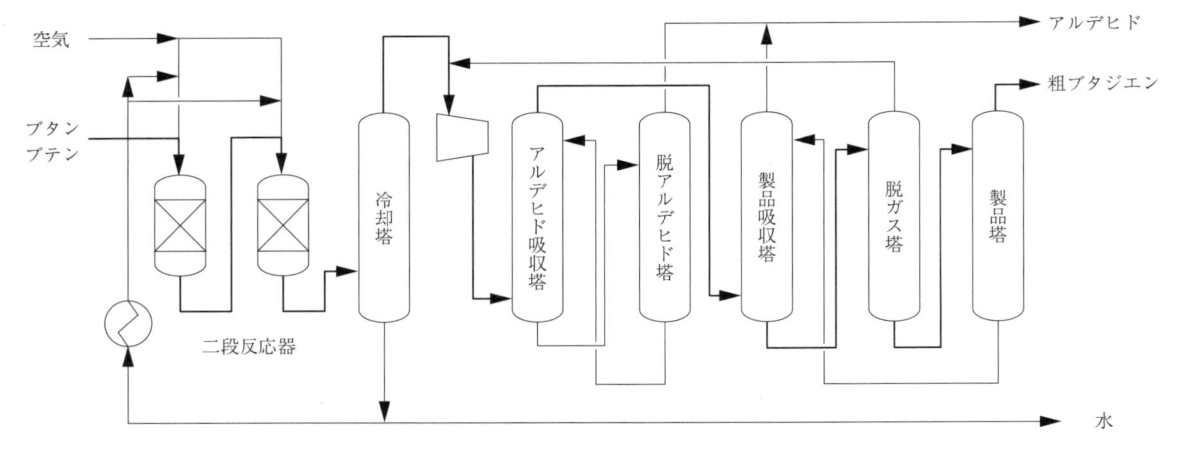

図 2.4.6　ブタジエン直接製造プロセス（TPC / UOP OXO-D プロセス）

C　アルコールからの製法

わずかであるがインドや中国の一部で，発酵エタノールを脱水素して得られるアセトアルデヒドと，エタノールの脱水反応によるブタジエンの製造も行われている．国内では昭和電工が余剰アセトアルデヒドを使用したブタジエン製造プロセスを開発している．

2.4.4　バイオブタジエンの開発動向

環境への配慮，原料の多角化の観点から，ベンチャー企業と既存の化学会社・タイヤ会社などが共同で，バイオマス由来の発酵プロセスを用いたバイオブタジエンの開発を行っている．バイオブタジエンプロセスには，発酵により直接 1 ステップでブタジエンを製造するプロセスと，発酵により 2,3-ブタンジオール，n-ブチルアルコールなどの中間体を製造したのち，触媒脱水反応を組み合わせた 2 ステップでブタジエンを製造するプロセスがある．図 2.4.7 にバイオブタジエン製造ルート，表 2.4.4 に各社の開発状況を示す[5~8]．

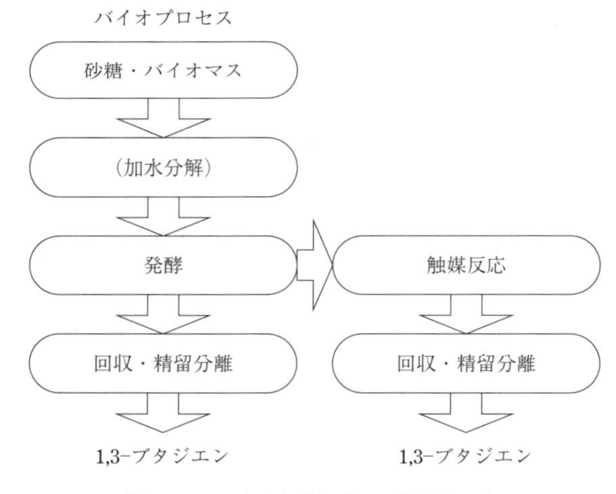

図 2.4.7　バイオブタジエン製造ルート

表 2.4.4　バイオブタジエン製造プロセス

会社名	国名	プロセス技術	開発状況
Genomatica / Braskem	米/ブラジル	発酵（1 ステップ）	開発中，ラボ設備
Genomatica / Versalis	米/伊	発酵	開発中，パイロット設備
Cobalt Technologies	米	n-ブチルアルコールの脱水	開発中
Axens / IFP / Michelin	仏	発酵＋触媒反応	開発中
Global Bioenergies / Synthos	仏/ポーランド	発酵（1 ステップ）	開発中
Invista / Lanza Tech	米	ガス発酵（2 ステップ）	開発中

文献

1) Chemical Economics Handbook - Butadiene, IHS Chemical, Feb. (2016)
2) 資源エネルギー庁資源・燃料部，石油産業の現状と課題(2014)
3) Bernard Bekaert, China's Butadiene Supply and Demand, Jun. (2014)
4) Sunil Panditrao, On-purpose Olefins through CATOFIN-CATADIENE Technologies, Global Propylene & Derivatives Summit (2013)
5) Mary Page Bailey, The future of butadiene, Cheical Engineering, Sep. (2014)
6) New butadienes synthesis processes, Industrial Catalyst News, Sep. (2013)
7) Michael Kopke & Alice Havill, LanzaTech's Route to Bio-Butadiene, The Catalyst Review, Jun. (2014)
8) Mary J.Biddy, Christopher Scarlata and Christopher Kinchin, Chemicals from Biomass : A Market Assessment of Bioproducts with Near-Term Potential, NREL, Mar. (2016)

第3章
芳香族炭化水素

3.1 概論

3.1.1 芳香族炭化水素と石油化学

ベンゼン，トルエン，キシレン（BTX）などの芳香族製品は，スチレン，フェノール，カプロラクタム，テレフタル酸などの石油化学工業の主要な基礎原料として，広範囲に使用されている．これらの原料からの誘導品は，繊維，樹脂，洗剤，および各種有機薬品類など多岐かつ広範にわたり，今日では工業分野から日常生活分野まで広く大量に利用されており，必要不可欠なものである．

初期の芳香族炭化水素製造は，石炭乾留の際に副生する粗軽油を原料として，染料，火薬，医薬品などを製造していたが，今日，石油化学工業の発展とともにオレフィン化学分野に匹敵する主要産業にまで発展した．現在のBTXの主要供給源は，製油所の接触改質装置で製造される改質ガソリン（リフォーメート）であるが，需要はリフォーメート中のBTX構成比と異なり，キシレンとベンゼンに偏っているため，BTX間の転換技術により需給バランスを調整している．さらに，軽質原料から芳香族を生成する新プロセスの開発も継続して行われている．

本章では，BTXの需要動向を概観するとともに，各技術の最新状況について述べる．

3.1.2 BTXの需要動向[1),2)]

図3.1.1にBTXの2007～2020年需要実績，予測を，表3.1.1に需要，供給バランスの2014年実績と2020年予測を示す．BTX需要は，近年継続して増加傾向にあったが2014年には鈍化し横ばい状態であった．2014年以降2020年にかけては，中国，北中南米を中心に，世界的にさらなる需要増加が見込まれている．

ベンゼンに関しては，特に中国において需要増加幅が大きく輸入量はさらに拡大すると予測されている．また，北米においては，シェール開発の進展により芳香族製造装置原料の軽質化が進み，生産の伸びが停滞することから，輸入超過の傾向がさらに強くなると予測されている．日本国内においては，ベンゼンの需要，供給ともに減少傾向にあるが，2015年時点で我が国は世界第4位のベンゼン輸出国となっている．

図3.1.2，図3.1.3に，パラキシレンの地域別需要および生産の実績と予測を示す．中国におけるパラキシレン需要は，2007年ごろは世界全体の23%程度であったが，2014年時点では世界の半分強を占めるまで増加しており，大幅な輸入超過が続いている．これは，同国のポリエステル生産量が世界の60%以上を占め，その原料でありかつパラキシレンの主要な用途である高純度テレフタル酸（PTA,

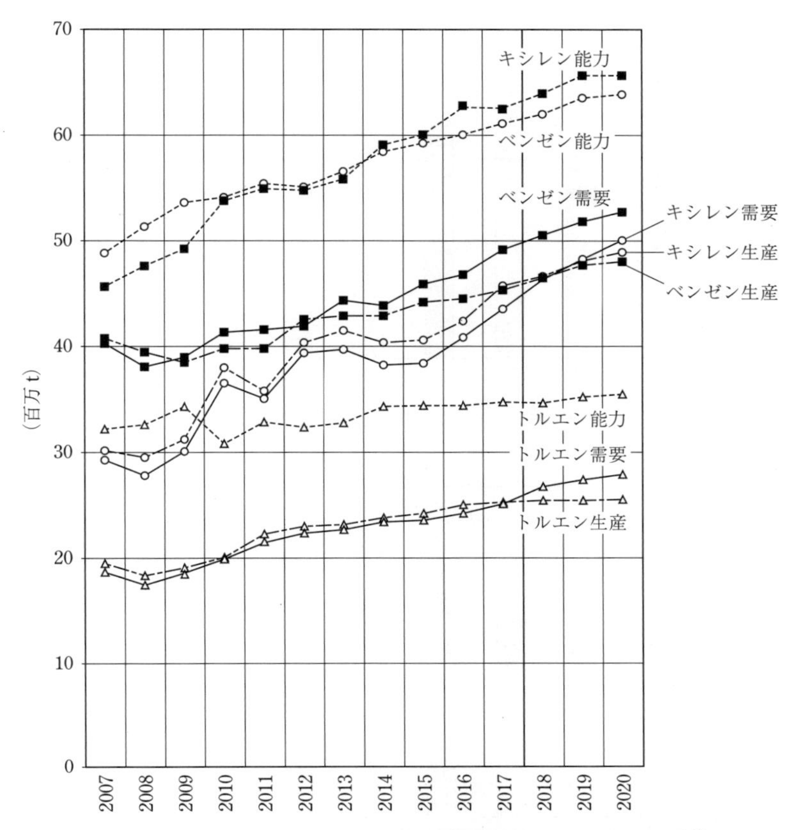

図 3.1.1　世界の BTX 需要と生産能力の推移(2015 年以降は予測)[1)]

表 3.1.1　BTX の需要と生産動向(2014 年実績と 2020 年予測)

		ベンゼン		トルエン		キシレン	
		世界計	日本	世界計	日本	世界計	日本
需要	2014 年実績(百万 t)	43.9	3.7	23.5	1.2	38.3	4.3
	2020 年予測(百万 t)	52.8	3.6	27.9	1.3	50.1	5.9
	伸び率(14〜20)	3.1%	−0.7%	2.9%	0.4%	4.6%	5.4%
生産能力	2014 年実績(百万 t)	58.5	6.0	34.4	2.7	59.2	8.5
	2020 年予測(百万 t)	64.0	6.0	35.4	2.7	65.8	8.5
	伸び率(14〜20)	1.5%	0%	0.5%	0.0%	1.8%	0.0%
生産量	2014 年実績(百万 t)	42.8	4.3	23.8	1.8	40.3	5.9
	2020 年予測(百万 t)	48.0	4.0	25.5	2.0	48.9	7.9
	伸び率(14〜20)	1.9%	−1.1%	1.1%	1.9%	3.3%	5.0%
需給バランス	2014 年実績(百万 t)	−1.1	0.6	0.3	0.6	2.0	1.7
	2020 年予測(百万 t)	−4.8	0.5	−2.4	0.7	−1.1	2.1

purified terephthalic acid)においても，同国が，世界の生産量・需要ともに半分強を占める状況にあるためである．この増大するパラキシレン需要に応えるため，近年，中東，韓国などで相次いで大型のパラキシレン生産設備が建設されている．日本国内においては，パラキシレン需要は減少しているが，生産量は増加傾向にあり，我が国は，中国にとって主要なパラキシレン輸入国の 1 つとなっている．

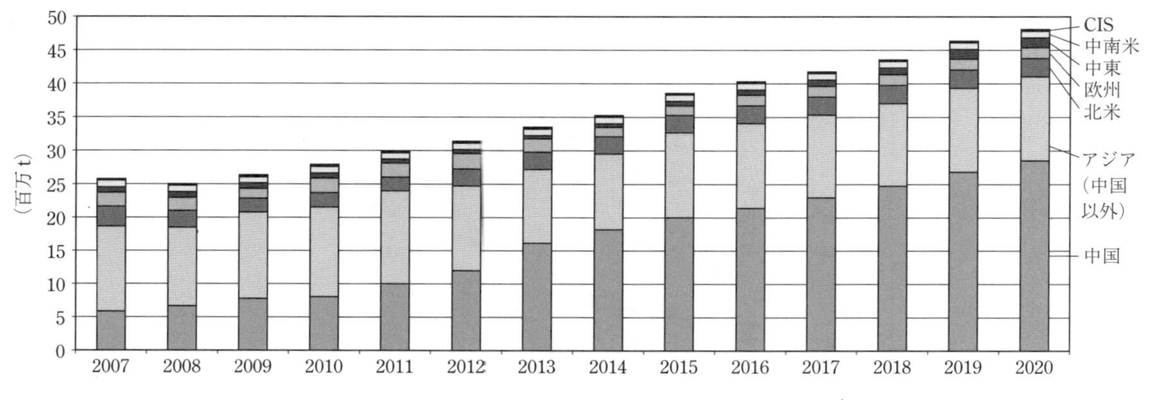

図 3.1.2　パラキシレンの地域別需要(2015 年以降は予測)[1)]

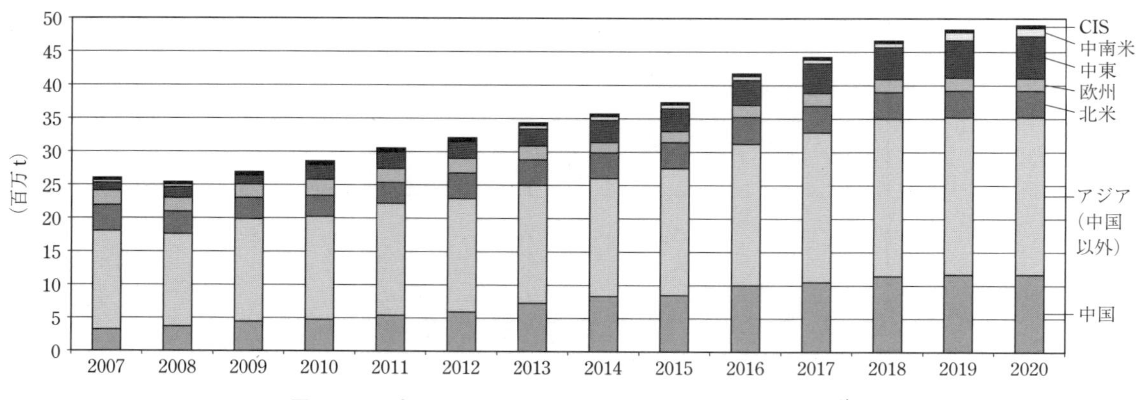

図 3.1.3　パラキシレンの地域別生産量(2015 年以降は予測)[1)]

3.1.3　BTX の用途

燃料用以外の BTX のおもな用途を図 3.1.4，図 3.1.5 に示し，その用途別割合を図 3.1.6 に示す．

(1) ベンゼン

多くの有機合成誘導品の基礎原料であるが，約 50％がエチルベンゼン，スチレンモノマー誘導体を経由し，ポリスチレンや ABS 樹脂生産に使用されている．約 20％は，クメンを経由しフェノールに転換され，ビスフェノール A 経由で CD(コンパクトディスク)などの原料となるポリカーボネート樹脂の製造などに使用されている．約 12％は，シクロヘキサン，カプロラクタムを経由しナイロンの原料となる．その他の用途としては，ニトロベンゼン，アニリンを経由し，合成染料の原料など，アルキルベンゼンを経由し合成洗剤の原料などがある．

(2) トルエン

溶剤，トルエン法フェノールの原料となるが，トルエンは脱メチル反応や不均化反応により容易にベンゼンおよびキシレンに変換ができるので，芳香族 3 製品(BTX)の需給バランスを適正に調整するための原料に供することが多くなってきた．

(3) キシレン

80％以上は，ポリエステルの原料である PTA 向けで，パラキシレンに転換される．その他，可塑剤の原料などに使用する無水フタル酸用に約 10％のオルソキシレン，イソフタル酸用にメタキシレンが生産されている．

3.1.4　BTX 製造設備の構成

A　概要

図 3.1.8 に BTX 製造の設備構成例を示す．各プロセスの組み合わせは，原料油性状，目的により異なるが，大きく以下の工程に分類される．

(1) 芳香族炭化水素の生成

芳香族を生成する工程で，おもな製造プロセスと

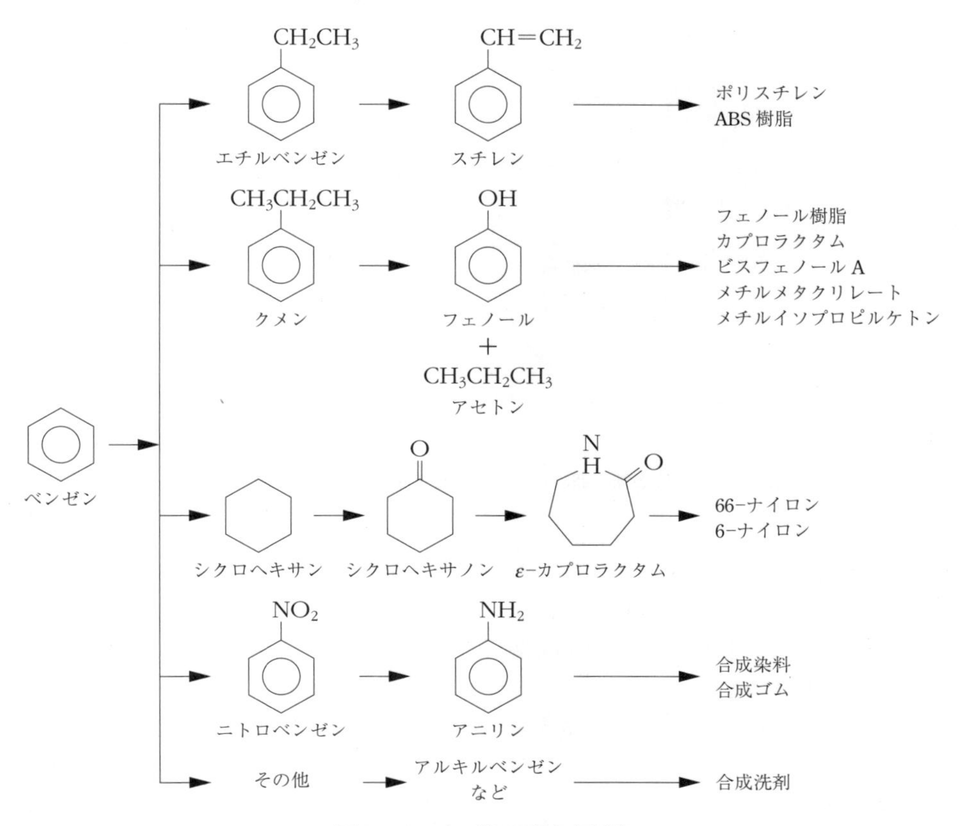

図 3.1.4　ベンゼンのおもな用途

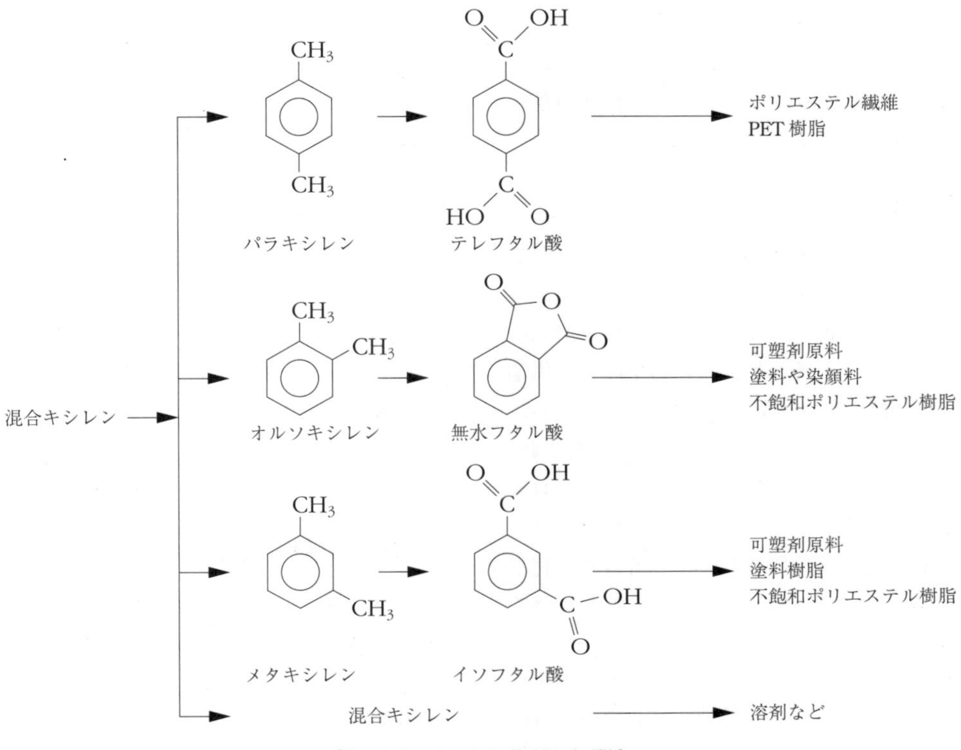

図 3.1.5　キシレンのおもな用途

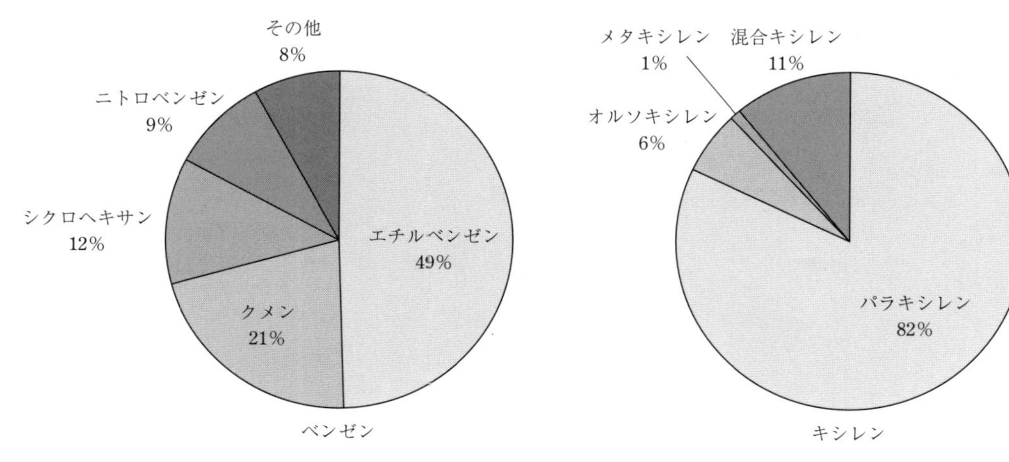

図 3.1.6 世界全体におけるベンゼンおよびキシレンの用途別割合[2)]

して以下があげられる.

・重質ナフサの接触改質による芳香族製造
・エチレン製造プラントより生成するナフサ熱分解残油を原料として利用するもの
・LPG・軽質ナフサなどの軽質原料から芳香族を製造するもの

(2) 芳香族炭化水素の分離

沸点の近い多成分の芳香族混合物から, ベンゼン, トルエン, キシレンなどの目的製品を高純度で分離, 回収する工程.

(3) 芳香族炭化水素の異性化, 転換

ベンゼン環に結合したアルキル基の脱離・付加を行い, 目的とする芳香族製品を得る工程.

B　BTX の生成

BTX の原料は, 石炭系の粗軽油, エチレン製造時の副生分解油, 石油精製の接触改質ガソリン(リフォーメート)に大別される. 粗軽油は製鉄用石炭の乾留工程で副生されるため, 鉄鋼の生産量で供給量が決まり, 現在ではその比率は低くなっている. 分解油もエチレンの生産量でその供給が左右され, 部分的な供給源にとどまっている. 接触改質プロセスにより製造されたリフォーメートは, 高オクタンガソリン基材としても使用されるが, 芳香族炭化水素を多く含み, 現在 BTX の主要な供給源となっている.

接触改質プロセスによるリフォーメートとエチレン製造プロセスによるナフサ熱分解残油中の芳香族炭化水素成分構成にはそれぞれ特徴がある. 表 3.1.2 に, それらの成分の比較例を示す. 組成上の特徴は, 前者についてはキシレン分が多く, 後者はベンゼン分が多いところにある. ナフサ熱分解残油にベンゼン分が多い理由は, 原料ナフサ中のパラフィンは容易に分解するが, 芳香族炭化水素はその側鎖が切れるもののベンゼン環の開環までには至らないからである. ナフサ熱分解残油には, 熱分解反応による多量の不飽和炭化水素を含有しているため, 芳香族炭化水素を分離する際には前工程として水素化精製処理をする必要がある.

従来の芳香族生成プロセスの他に, 軽質原料などから芳香族を生成するプロセスも開発, 商業化されている. 近年, 中東における天然ガスや, 米国におけるシェールガスなどの安価な原料による大規模なエチレン製造設備が相次いで計画, 稼働しており, これらのエチレン製造設備からは, ナフサ分解によるものと比べて, 生成する BTX 収率が低い. さらに米国においては, シェール開発の影響により, 接触改質装置のナフサ原料も軽質化しており, BTX の生成量が減少している. これらの状況下で, LPG や軽質ナフサなど, 従来と異なる軽質原料を用いた芳香族製造プロセスも再び注目されている.

C　BTX の分離・転換

リフォーメートやナフサ分解油は, 多くの芳香族成分を含んでいるが, 目的製品である BTX と同沸点領域での, 非芳香族成分も含まれている. 類似の沸点をもつ芳香族含有化合物は, 単純な蒸留塔による分離は現実的ではなく, 抽出, 吸着分離などと組

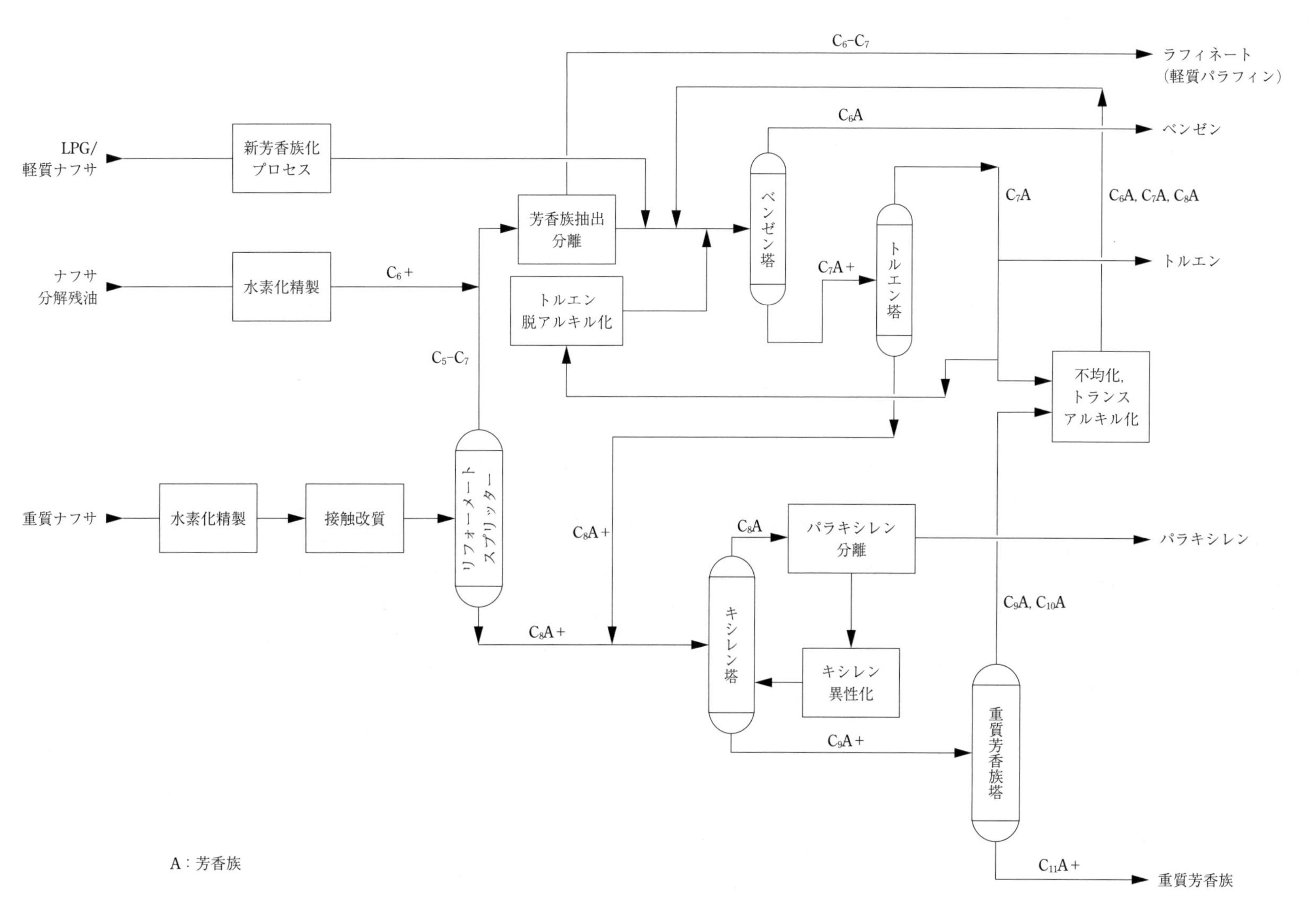

図 3.1.7　BTX 製造の設備構成例

表 3.1.2　リフォーメートとナフサ熱分解残油の芳香族炭化水素組成分析例[3)]

油種		リフォーメート	ナフサ熱分解残油
沸点範囲(℃) (ASTM D86 10〜90%)		65〜154	52〜167
芳香族含有率(wt%)	ベンゼン	5	28.7
	トルエン	19.7	9.8
	C_8 芳香族	28.6	2.5
	C_8 芳香族内訳		
	オルソキシレン	7.5(26)	0.5(20)
	メタキシレン	11.2(39)	0.7(28)
	パラキシレン	4.9(17)	0.3(12)
	エチルベンゼン	5.0(18)	1.0(40)
	スチレン	0	3.6
	C_9＋芳香族	17.4	13.6
	非芳香族炭化水素	29.3	41.8

表 3.1.3　おもな BTX 製造，分離，転換プロセス

工程	目的	詳細参照節
接触改質	重質ナフサから BTX を生成	3.2
新規芳香族生成プロセス	軽質原料，LCO，メタノールから BTX を生成	3.3
芳香族抽出分離	分解ガソリンやリフォーメート中の芳香族分を抽出分離	3.4
パラキシレン分離	混合キシレンから高純度パラキシレンを分離	3.5.2
キシレン異性化	オルソ，メタキシレン，エチルベンゼンの混合物から，異性化反応によりパラキシレンを生成	3.5.3
トルエンの不均化	トルエンをキシレンとベンゼンに転換	3.6.1，3.6.2
トランスアルキル化	トルエンと C_9 芳香族化合物をキシレンに転換	3.6.1
トルエンの脱アルキル化	トルエンをベンゼンに転換	3.6.3
トルエンのメチル化	トルエンをキシレンに転換	3.6.4

み合わせて目的製品を得る工夫がされている．さらに，より需要の高いベンゼン，パラキシレンに転換するなど，さまざまなプロセスが開発されてきた．

BTX の分離，変換プロセスは，原料，目的製品により組み合わせが異なる．トルエン，C_9＋芳香族は，高オクタン価のガソリン基材としても有用であるが，不均化，トランスアルキル化装置などを導入することで，パラキシレン生産量を飛躍的に増加させることができる．一方，パラキシレン分離，異性化プロセスの負荷を増大させるので，設備・運転コストも大きくなる．したがって，採用するプロセスの組み合わせは，その目的に応じ経済性を考慮して最適な構成が選定される．

表 3.1.3 に，本章で記述した芳香族製造プロセスの一覧とその参照項を示す．

3.2 接触改質プロセス

3.2.1 概要[4)]

接触改質プロセスは，おもに直留ナフサ留分を原料とし，パラフィン，ナフテン分を芳香族炭化水素に改質することにより，高オクタン価ガソリンまたはBTXをはじめとする芳香族製品を生産するプロセスであり，現在，最も広く採用されている芳香族製造プロセスである．

接触改質反応は高温・低圧ほど有利であるが，水素分圧が低いとコーク生成が促進され，触媒は活性を失う．したがって，固定床触媒の反応器では，触媒活性を保つために，水素分圧(圧力)を下げることができなかったが，高性能の触媒，さらには連続再生式プロセスの開発商業化により，より低圧での運転が可能となり，飛躍的な発展を遂げた．以下に接触改質触媒，プロセスの発展の経緯を示す．

1940年に酸化モリブデン-アルミナ触媒を用いたハイドロフォーミングプロセスが工業化された．反応条件は，450～550℃，1.0～2.0 MPaGであったが，触媒上へのコーク析出による失活のために，触媒の再生操作が煩雑で，順次操業が停止された．

1949年には塩素添加白金-アルミナ触媒を用いたプラットフォーミングプロセスが開発され，より長期間再生することなく運転を継続することができ，性状の優れたリフォーメートを得ることに成功した．

1960年代にサイクリック式装置が開発され，装置への通油を継続しながら，反応塔を順次切り替えて触媒再生を行うことが可能となった．1967年には白金-レニウム・アルミナの二元触媒が開発され，より低圧での運転が可能になり，芳香族収率が大幅に向上した．

1971年には，連続再生式(CCR, continuous catalyst regeneration)接触改質プロセスが開発商業化され，さらに高温低圧運転が可能になった．CCRでは，連続的に触媒が再生されるので，コークの析出はもはや問題ではなくなった．触媒としては，白金を使用しているが，それまでと比べて白金担持量は大幅に減少し，収率や選択性を高めるため，スズに代表される金属が使用されている．

一例として，プラットフォーミングプロセスの運転条件と収率の推移を表3.2.1に示す．芳香族含有量が増えるとオクタン価は上昇するが，芳香族の密度が大きいために，液収率は理論的には減少する．しかし，表に示すように生成物のオクタン価が著しく向上したにもかかわらず，液収率をほぼ一定を保っている．これは，反応圧力を低くして水素化分

表3.2.1　プラットフォーミングプロセスの運転条件の推移[5)]

年代	1950	1960	1970	1990	2010
運転条件					
圧力(MPaG)	2.5	2.1	0.88	0.34	0.34
能力(BPSD)	10,000	15,000	20,000	40,000	80,000
LHSV(h^{-1})	0.9	1.7	2.0	2.0	2.0
H_2/炭化水素(mol mol^{-1})	7.0	6.0	2.5	2.5	2.5
リサーチオクタン価	90	94	98	102	102～108
収率					
液収率(vol%)	80.8	81.9	83.1	82.9	—*
H_2(Nm^3 m^{-3})	65.2	114.5	198.1	274.1	—*
全芳香族(vol%)	38	45	53.7	61.6	—*
触媒寿命(月)	12.9	12.5	—	—	—
触媒再生量(kg h^{-1})	—	—	318	2,041	～2,700

＊ 1990年の値をベースに，オクタン価に応じて変化

解を抑え，軽質ガスの生成を減少させることにより，液収率と芳香族への選択率を高めていることによる．

3.2.2　原料油および製品

おもに直留ナフサ留分（重質ナフサ）原料としては，ナフテンに富むナフサ（rich feed）のほうが，パラフィンに富むナフサ（lean feed）より容易に芳香族化合物が得られるので好ましい．BTX 製造を目的とする場合，原料ナフサの沸点範囲は，80～150℃程度であるが，下流にトランスアルキル化プロセスを装備する場合は，ナフサ原料の終点を 182℃程度まで高くすることで，C_9 芳香族収率を高めて，パラキシレンを増産することが可能となる[6]．

硫黄，窒素，酸素化合物などの不純物は触媒毒となるため，前処理として水素化精製処理により除去する必要がある．一般に，バイメタリック白金触媒を使用する場合，硫黄分は 1 wt ppm 以下が推奨される．また，窒素化合物は，塩基性窒素化合物を生成してアルミナのもつ酸点を中和し，異性化，分解活性を損なうので，0.5 wt ppm 以下とする必要がある．その他に，永久被毒を起こすものとして，ヒ素，水銀，鉛，銅などがある．

表 3.2.2　接触改質の収率の例

装置目的	ガソリン	BTX 製造
原料ナフサ沸点範囲（℃）	80～190	80～150
BTX 収率（wt%/原料）		
ベンゼン	2.4	8.5
トルエン	9.1	26.3
キシレン	16.8	26.1

リフォーメートの性状は運転条件に左右されるが，密度が 0.78～0.81 g cm^{-3}，リサーチオクタン価（RON）が 96～104 程度，芳香族分を 50～70 vol%，飽和分を 30～50 vol% 含有する．また，副産物として水素を発生するので，製油所内の重要な水素供給源にもなる．表 3.2.2 に接触改質プロセスの BTX 収率の一例を示す．

3.2.3　反応[7), 8)]

接触改質反応は，ナフテンの脱水素，ナフテンとパラフィンの異性化，パラフィンの環化脱水素，水素化分解など，複数の反応が逐次かつ並列に進む．接触改質反応で使用する触媒は，アルミナ担体上に，白金の他レニウム，イリジウム，スズなどの金属を分散させたものである．アルミナは異性化・環化反応を行う機能があり，白金は脱水素機能がある．また，白金の分散性を高めるほか，異性化・環化反応を促進するため，塩素が添加される．一般的な反応機構を図 3.2.1 に示し，各反応について以下に解説する．

(1) ナフテン脱水素：本反応は芳香族生成に最も寄与が大きく重要である．本反応は，白金の脱水素能により促進され，反応速度は他反応と比べてきわめて速く，大きな吸熱を伴う．高温，低圧ほど有利であり，また，炭素数が多いほうが有利に進む．

$$\text{シクロヘキサン} \longrightarrow \text{ベンゼン} + 3\,H_2$$

$$\Delta H = +221\ \mathrm{kJ\ mol^{-1}}\ (500℃)$$

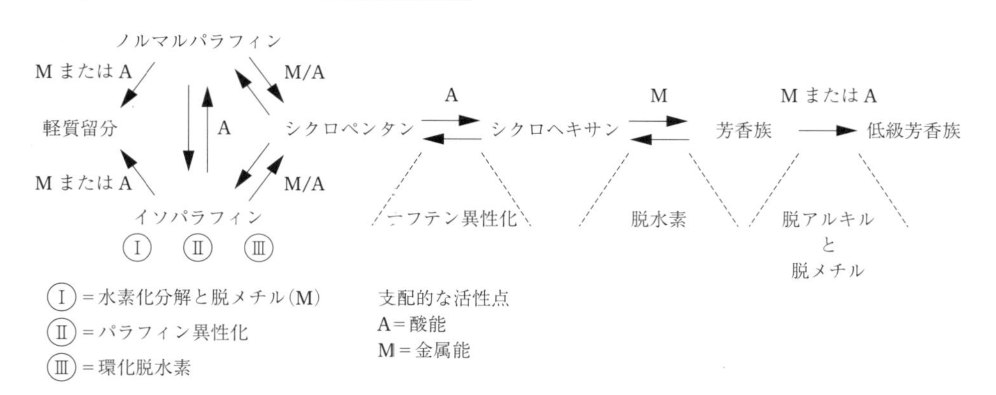

図 3.2.1　接触改質反応経路[7)]

(2) パラフィン環化脱水素反応：直鎖のパラフィンを脱水素した後，環化しナフテンに転化し，再び脱水素して芳香族を生成する反応である．芳香族生成にとって最も重要であるが，促進するのが難しい反応でもある．本反応は，担体の異性化能と白金の脱水素能の両方を必要とし，低圧，高温のほうが反応は有利に進むが，ナフテン脱水素と比べると反応速度は遅い．パラフィンの炭素数が増えるほど有利に進むが，パラフィンの水素化分解反応も促進されるので，部分的に相殺される．

$$-C-C-C-C-C-C- \longrightarrow \text{(benzene)} + 4\,H_2$$

$$\Delta H = +267\ \mathrm{kJ\ mol^{-1}}\ (500℃)$$

(3) パラフィンの異性化：担体の酸点による異性化能により，直鎖パラフィンをイソパラフィンに転化する反応で，リフォーメートのオクタン価は改善するが，芳香族収率の向上には寄与しない．反応は速く，若干の発熱を伴う．熱平衡反応で圧力には依存しない．

n-C_6 ⟶ メチルペンタン，ジメチルブタン
（C_6 パラフィン異性体の平衡組成混合物）

$$\Delta H = -6.7\ \mathrm{kJ\ mol^{-1}}\ (500℃)$$

(4) 五員環ナフテンの異性化：担体の酸点によりアルキルシクロペンタンからアルキルシクロヘキサンに異性化反応された後，白金で脱水素され芳香族を生成する反応で，吸熱を伴う．炭素数か多いほど有利に進むが，開環後，パラフィンになる場合もある．

$$\text{(methylcyclopentane)} \longrightarrow \text{(benzene)} + 3\,H_2$$

$$\Delta H = +206\ \mathrm{kJ\ mol^{-1}}\ (500℃)$$

(5) パラフィン，ナフテンの水素化分解反応：パラフィンの脱水素により生成したオレフィンを水素化分解する反応で，高温，高圧ほど進行する比較的速度の遅い反応である．リフォーメート中のパラフィン分が減少し，リフォーメートのオクタン価は上がるが，芳香族収率は下がるので，好ましくない反応といえる．副生水素生成量は下がり，LPG 収率は増える．

$$nC_6 + H_2 \longrightarrow C_1 + nC_5,\ iC_5,\ neo\text{-}C_5$$

$$\Delta H = -67.4\ \mathrm{kJ\ mol^{-1}}\ (500℃)$$

(6) 水素化脱アルキル：芳香族の側鎖アルキル基を分解・分離する反応で，高温，高圧であるほど進行しやすい．水素を消費し，メタンなど軽質ガスの収率を増加させる．

$$\text{(Ph)}-R-C + H_2 \longrightarrow \text{(Ph)}-RH + CH_4$$

(7) コーキング：コークは，反応の中間体である不飽和炭化水素が重縮合して生成するものと考えられ，高温，低圧，低い水素循環比において析出が著しい．このため，接触改質プロセスは，主反応である脱水素にとって不利にもかかわらず水素加圧下で行われる．耐久性に優れた二元白金触媒および連続再生技術により，コークが析出しても運転に支障がなくなったため，運転圧力を大幅に低下させることが可能となった．

3.2.4 運転条件の影響[9)]

各種運転条件の反応に与える影響を以下に述べる．

(1) 水素分圧

圧力を下げると，ナフテンの脱水素反応やパラフィンの環化脱水素反応を促進し，水素化分解反応を抑制する．一方，コーク生成も増加するので，触媒再生頻度が増加する．

(2) 反応温度

反応温度を上げると，生成物のオクタン価は上がる．しかし，水素化分解が起こりやすくなって液収率が低下し，コークの析出量も多くなるため触媒寿命が短くなる．半再生式では，徐々に入り口温度を470～540℃の範囲で上昇させながら活性低下分を補って運転する．一方，連続再生式では，ある程度のコーク生成を許容できるので，より高温の510～540℃程度に保って運転を行う．

(3) 反応圧力

圧力を下げるとナフテンの脱水素反応やパラフィンの環化脱水素反応を促進し水素化分解反応を抑制する．しかし，コーク生成を加速するので触媒再生

の頻度が高くなる．運転性を考慮して，半再生式では 1.0〜3.5 MPaG，連続再生式では 0.34〜1.0 MPaG で行われている．

(4) 空間速度

ナフテンの脱水素は反応速度が速いので，空間速度の影響は少ないが，他の反応は影響を大きく受ける．空間速度は，触媒寿命やその他の運転条件に合わせて決められるが，通常用いられる液空間速度は 1〜4 h^{-1} 程度である．

(5) 水素/炭化水素比

反応により生成した水素をリサイクルして，触媒上へのコーク析出を抑制している．水素を多量にリサイクルすればコークの蓄積が減少でき，寿命が延びるが，リサイクルするための運転費が増大する．水素/炭化水素比（モル比）は通常，半再生式で 3〜10，連続再生式で 0.9〜3.5 が用いられている．

以下に，各反応が運転条件から受ける影響，リフォーメート性状に及ぼす影響をまとめて表 3.2.3 に示す．

3.2.5 工程

A 接触改質反応プロセス

通常 3〜4 塔の反応塔が用いられる．反応が進むに従い，吸熱反応により温度が低下するので，各反応塔の間には中間加熱炉を設けて，反応物を所定の反応温度まで再加熱して反応速度を維持する．コーク生成を抑えるため，反応は水素雰囲気下で行われる．そのため，接触改質反応で生成した水素は，セパレータで生成油と分離した後，リサイクルガスコンプレッサーで昇圧し，原料と混合され循環される．改質反応を優位に進めるため，圧力を低く抑えることが重要であり，そのため，反応器，熱交換器，火熱炉などの圧力損失を低減する工夫がなされている．

B 再生方式

前述のとおり，再生方式は，固定床半再生式（semi-regenerative，以下，固定床式），サイクリック式，連続再生式（CCR，continuous catalyst regeneration）と発展してきた．固定床式では，6ヶ月〜1年ごとに運転を停止して再生を行う．サイクリック式は，ある反応塔だけをバルブ操作により切り離して再生できるようにしたものであり，数日〜数週ごとに反応塔の切り替えを行いながら半連続的に運転できる．連続再生式は，移動床反応器を用いて触媒を連続的に反応塔から取り出し，再生塔に循環して再生できるようにしたものである．このようにサイクリック式や連続再生式では一定の条件で運転を継続しながら再生を行うことができる．一方，サイクリック式の場合，再生のための反応塔が1基余分に必要であり，また連続再生式の場合には再生塔が必要であるため，固定床式に比べていくぶん初期投資は高くなる．しかし，触媒が常時高活性な状態で運転が可能なため，運転期間中リフォーメートが高い収率で得られることによる経済的メリットは，初期投資というデメリットを打ち消し，近年の新設装置は，連続再生式が主流となっている．

過去には多くのライセンサーが固定床式，サイクリック式の接触改質プロセスをライセンスしており，我が国の製油所では，ほとんどの代表的なライセンサーのプロセスが稼働しているが，現在一部の

表 3.2.3　改質反応およびリフォーメート性状に対する運転条件の影響

反応	反応速度	反応熱	運転条件の及ぼす影響			水素	改質ガソリンの性状に及ぼす影響			
			高圧	高温	高 LHSV		蒸気圧	比重	液収率	オクタン価
ナフテンの脱水素	きわめて速い	著しい吸熱	↘	↗	↘ 著しい影響なし	発生	↘	↗	↘	↗
ナフテンの異性化	速い	わずかに発熱	→	↗	↘	授受なし	↘	⇢↗（わずかに）	⇢↘（わずかに）	⇢↘（わずかに）
パラフィンの環化	遅い	わずかに発熱	↘	↗	↘	発生	↘	↗	↘	↗
パラフィンの異性化	速い	わずかに発熱	→	↗	↘	授受なし	↗	⇢↘（わずかに）	⇢↗（わずかに）	↗
水素化分解	最も遅い	著しい発熱	↗	↗	↘	消費	↗	↘	↘	↗

↗：助長または増大，↘：抑制または減少，→：影響なし，⇢：わずかに

ライセンサーはすでにライセンス活動を中止している．また，固定床接触改質プロセスの既存設備をほとんど残して，連続再生式反応塔を追加することによって，装置の連続運転時間の延長，オクタン価や製品収率の向上を目指すケースもでてきている．

C　ガス回収プロセス

接触改質反応は，多量の水素が発生するが，発生ガスはコンプレッサーにより昇圧された後，反応液と再混合，冷却して，LPG などの軽質分を反応生成液に吸収させて LPG 分を回収すると同時に水素リッチガスの純度を高める．水素リッチガスは，PSA 装置やメンブレン装置などで，さらに純度を高め，製油所内の水素化精製・分解装置などで使用される．また，反応生成物には，微量の塩化水素などの塩素化合物が含まれる．塩化水素は，塩化アンモニウムを生成して下流蒸留塔で閉塞を引き起こしたり，また腐食の原因にもなるので，吸着塔を設けて除去される．

3.2.6　主要接触改質プロセス

連続再生式プロセスとしては，UOP 社の CCR Platforming プロセス，Axens 社の Octanizing および Aromizing がある．両プロセスともに，基本的な工程は前述したとおりであるが，随所に独自の技術を開発・採用し，継続して発展している．以下に各プロセスの概要を示す．

A　UOP CCR Platforming プロセス[10)]

a　概要

反応塔は各段反応塔を一体化したスタック式で，反応塔間の触媒の移動は自重落下により行われる．これにより触媒移動距離を最小化し，触媒の摩耗による劣化を低減している．最終段反応塔から抜き出された触媒は，触媒再生設備(CycleMax CCR regenerator)に送られ，再生された後，第一反応塔に戻される．連続式触媒再生設備は反応系から独立しており，コーク燃焼，クロリネーション，乾燥，還元という 4 つの工程から構成され，自動制御により行われる．図 3.2.2 に UOP CCR Platforming の

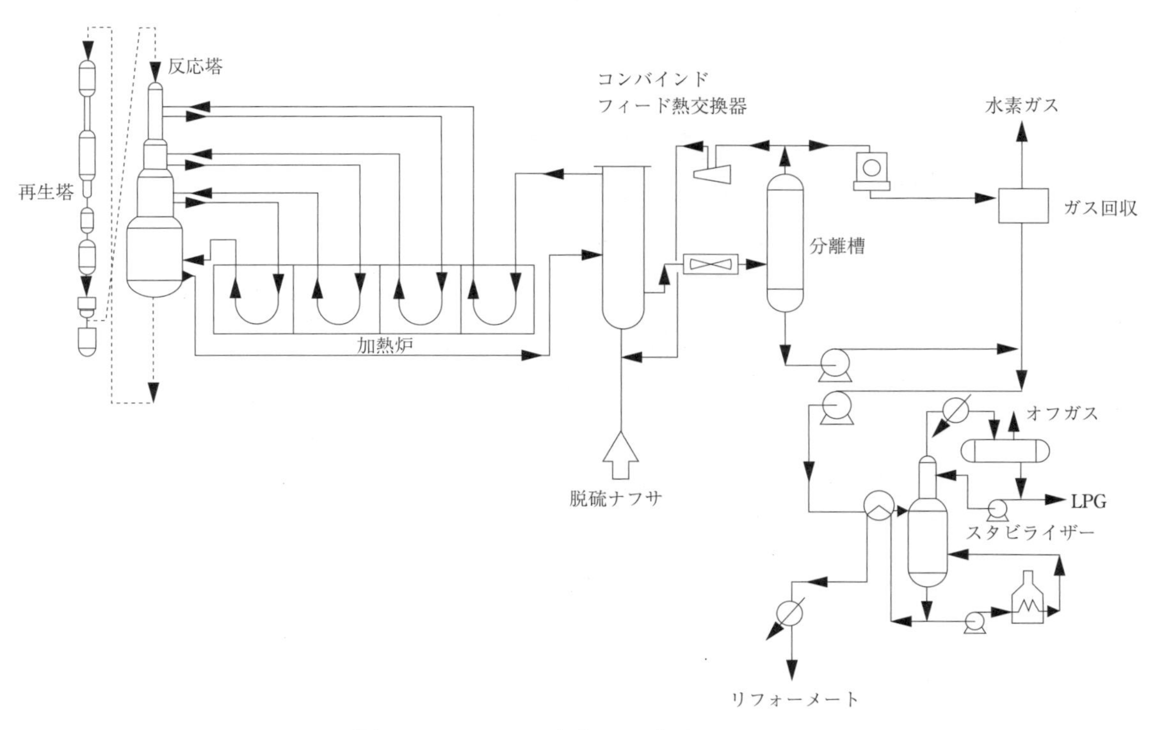

図 3.2.2　UOP CCR Platformer プロセスのフロー

プロセスフローを，表3.2.4に製品収率とユーティリティー使用量の一例を示す．

表3.2.4 Platformingプロセスの製品収率およびユーティリティー消費量

原料性状	
ASTM蒸留(℃)	83〜160
PNA(LV%)	70.7/20.0/9.3
密度($g\ cm^{-3}$)	0.735
収率	
H_2($Nm^3\ m^{-3}$)	316.8
C_1+C_2(wt%)	2.75
C_3+C_4(vol%)	9.99
C_5+(vol%)	76.21
ベンゼン(vol%)	4.04
トルエン(vol%)	14.16
A_8(vol%)	22.3
A_9+(vol%)	19.55
C_5+RON	105
ユーティリティー消費量(原料1,000 BPSDあたり)	
電力(kW)	120
高圧水蒸気($kg\ h^{-1}$)	217(発生)
中圧水蒸気($kg\ h^{-1}$)	6
ボイラー用水($kg\ h^{-1}$)	1,202
コンデンセート($kg\ h^{-1}$)	929(発生)
冷却水($m^3\ h^{-1}$)	1.6
燃料($10^6\ kJ\ h^{-1}$)	10.96

b 触媒[11)]

CCR用触媒は，固定床用触媒と異なり常時再生されるため，コークに対する配慮よりも，高活性，高選択性が重要となる．さらに，触媒は頻繁に移送，再生されるため，再生による性能の回復性や比表面積の安定性が高いこと，さらに移送に適した形状や機械的強度なども重視される．表3.2.5に，CCR Platforming触媒の一覧を示す．

UOP社では，触媒の選択性を向上させるため，白金以外に添加するプロモーターの使用に関して詳細な研究を行っており，数々の触媒を商業化してきた．プロモーターは選択性を最大化できる利点をもつが，一方，通油年数を重ねると，活性を低下させることがあるので，そのバランスをとることが重要である．R-254，R274は，選択性を高めるため独自のプロモーターを使用しており，従来型と比べて，それぞれ芳香族収率の増加を実現している．近年UOP社により開発されたR-334触媒は，プロモーターを使用せず，活性金属の最適化と独自の製造方法によりパラフィンの分解反応を抑えることに成功し，従来触媒よりも選択性が高く，コーク生成量も少ない．また，触媒密度は標準的であるため，触媒充てんコストが高密度触媒よりも安価に抑えることができる．

表3.2.5 UOP触媒の一覧

触媒名	導入年	触媒密度	プロモーター	特徴
R-234	2000年	標準	なし	実績多数 低コスト
R-254	2010年	標準	あり	高選択性 高活性
R-262	2007年	高い	なし	高い耐被毒性能 非UOP装置向け
R-264	2004年	高い	なし	最も優れた活性 高選択性
R-274	2002年	標準	あり	高選択性
R-284	2010年	高い	あり	最も高い選択性 高い活性
R-334	2013	標準	なし	高選択性 長寿命 コーク生成少 低コスト

高稼働率または高苛酷度で運転している装置は，反応塔の機械的な温度制約または火熱炉の温度制約近辺で運転する傾向にある．その場合，通油量と目標苛酷度を達成するために，高活性触媒で運転することが重要となる．BTX製造を目的とする装置では，高苛酷度での運転を必要としており，新設や火熱炉制約のない場合はR-334が採用されるが，既設装置で火熱炉制約がある場合は，UOP社では高活性のR-264触媒を推奨している．

c　Chlorsorbシステム[12)]

近年，再生塔ベントガス中の塩化水素，塩素の低減，クロリネーション用塩素注入量の低減を目的としChlorsorbシステムが採用されている．図3.2.3に示すように，燃焼ガス中の塩化水素をChlorsorbシステムを介して触媒に吸収させることにより回収し，同時にベントガス中の塩化水素を99.9%まで除去できる．また，触媒の還元工程で脱離する塩化水素を本システムで吸収剤に吸収させる場合もある．

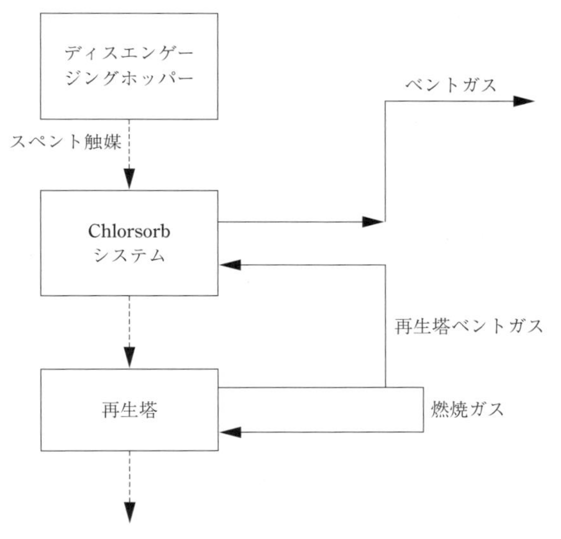

図3.2.3　Chlorsorbシステムによる塩化水素回収

d　反応器構成の最適化および省スペース化[13)]

近年，Platformingプロセスでは，装置最適化，省スペース化による設備コスト低減にさまざまな工夫がなされている．

(1) Platformingプロセスでは，反応塔は各段反応塔を一体化したスタック式の採用が通常である．一方，近年装置の大型化に伴い，コスト的に有利であれば，サイドバイサイドでの反応器構成が採用される場合もある．状況に応じて，2スタック反応器2系列(2×2)，3×1，2×1，4×1などのあらゆるパターンの反応器構成の最適設計が可能である．
(2) リフォーマー火熱炉の対流部の余剰熱は廃熱回収ボイラーなどで熱回収されるが，これをチャージヒーターとして使用することで，輻射管を減らし，火熱炉の所要面積を従来と比べて4〜5%低減することを可能としている(図3.2.4)．
(3) 最新の反応器インターナルCatMaxの採用により従来型の反応器と比べて，約8%反応器高さの削減が可能である(図3.2.5)．

e　実績

UOP社のCCR Platformingプロセスは，2017年時点で265基以上が稼働している．

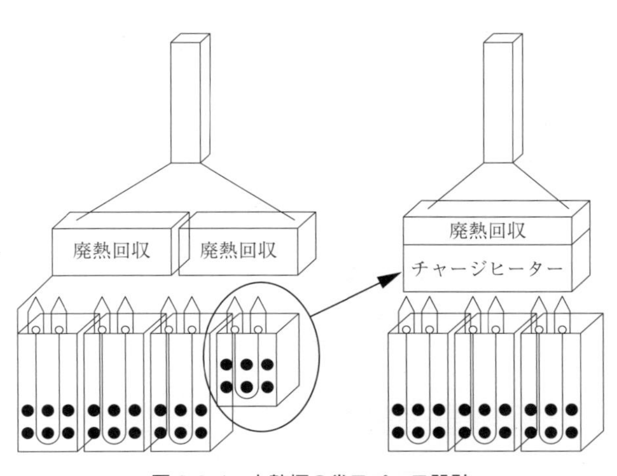

図3.2.4　火熱炉の省スペース設計

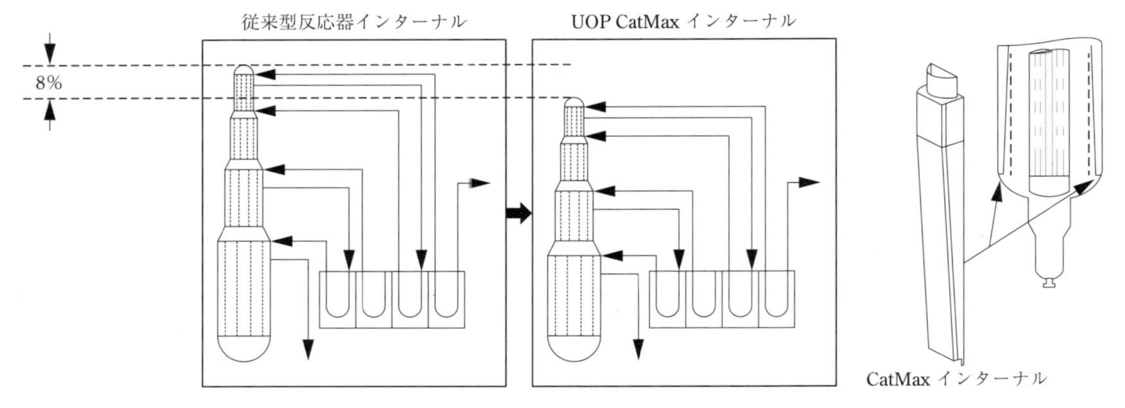

図 3.2.5　CatMax インターナル採用による反応器高さ低減効果

B　Octanizing, Aromizing(Axens)プロセス[14)]

a　概要

Axens 社の接触改質プロセスは，ガソリン製造向けのプロセスを Octanizing，芳香族製造向けのプロセスを Aromizing とよぶが，触媒タイプ，運転条件が違う点を除けば両プロセスともほぼ同じ構成である．図 3.2.6 にプロセスフローを示す．

サイドバイサイドに配列された反応塔(3～4 基)と 1 塔式の再生塔から構成される．隣接して反応塔を配列することで，メンテナンス性の向上，反応器設計における制約の解消，建設の容易性などのメリットが得られる．触媒は，第一反応塔から最終反応塔へは水素ガスリフトにより，また，最終反応塔から再生塔を経て第一反応塔上部ホッパーまでは窒素ガスリフトにより移送される．

本プロセスの特徴の 1 つとして再生方式の違いがあげられる．図 3.2.7[15)] に Axens 社が採用している再生工程のブロックフローを示す．コーク燃焼を二段階で行い，ドライバーンループ(dry-burn loop)方式により，コーク燃焼で発生するガス中の水分を除去することで，固体酸触媒の活性点と表面

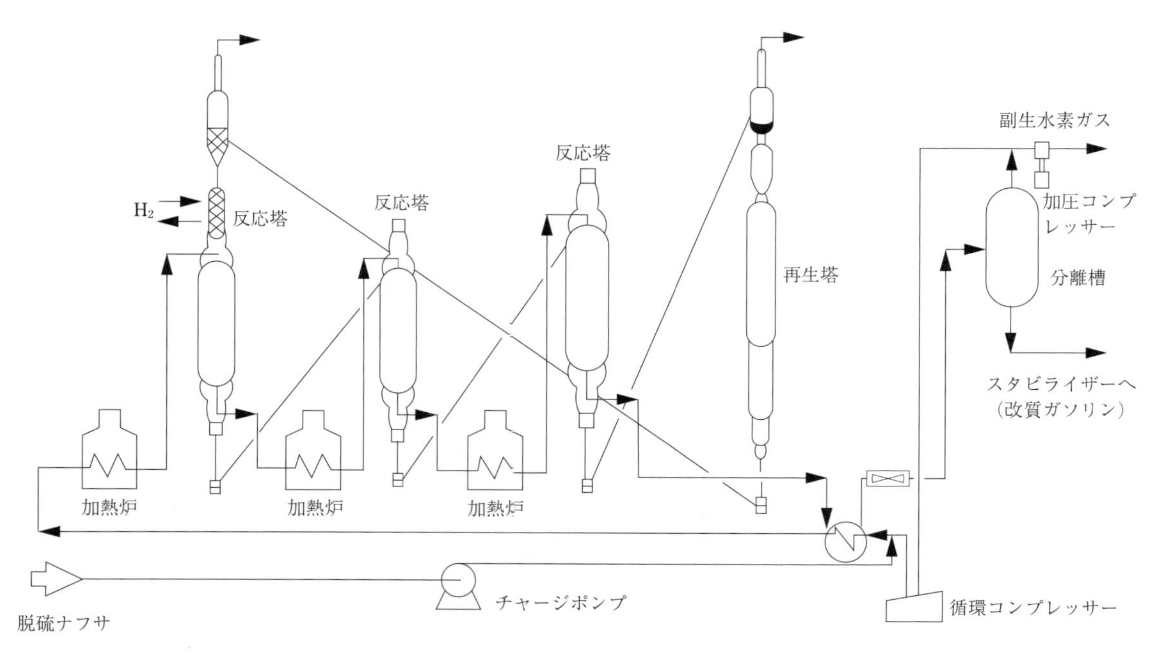

図 3.2.6　Axens Octanizing / Aromizing プロセスフロー

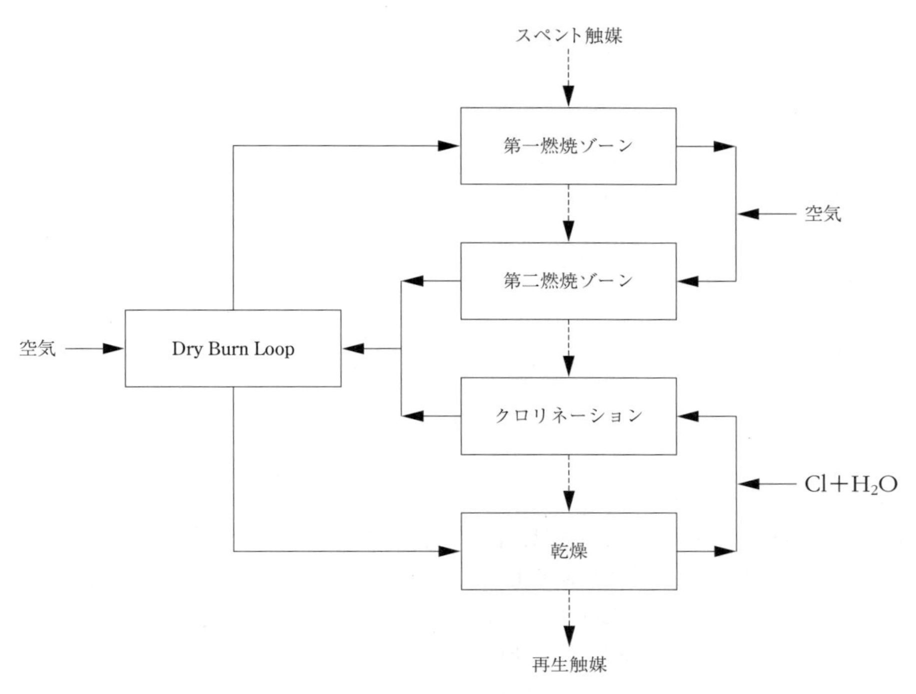

図 3.2.7　Axens Aromizing 再生方式ブロックフロー

表 3.2.6　Octanizing および Aromizing プロセスの製品収率とユーティリティー消費量

	Octanizing プロセス	Aromizing プロセス
原料油		
処理能力(BPSD)	25,000	25,000
ASTM 蒸留(℃)	90〜170	80〜150
P/N/A(vol%)	65/26/9	57/37/6
製品		
C_5+収率(wt%)	88	87
水素収率(wt%)	3.8	4.1
B/T/X(wt%)		8.5/26.3/26.1
芳香族収率(wt%)		74.3
RON	102	
MON	90.5	
ユーティリティー消費量		
燃料(百万 kJ h^{-1})	286	319
高圧蒸気(t h^{-1})	13	18
電力(kW)	1,000	1,100
ボイラー給水(t h^{-1})	32	36
窒素(Nm^3 h^{-1})	100	100

積の減少を抑制し，触媒寿命を延ばすことができる．さらに，水分除去により塩化水素による腐食環境も改善される．

表 3.2.6 に，Octanizing および Aromizing プロセスの製品収率とユーティリティー消費量の一例を示す．

b　触媒[16)]

CCR 用触媒は，高純度アルミナ担体に白金とスズ，プロモーターを添加したマルチメタル型触媒が採用されており，ガソリン製造用に CR シリーズ，芳香族製造用に AR シリーズがある．反応圧力レベルに応じて触媒タイプは異なっており，その一覧を

表 3.2.7　Axens 社の CCR 触媒

		CR617 CR712	CR601	CR607	AR701	AR707
圧力レベル	MPaG	0.3〜1.2	0.3〜0.6	0.6〜1.2	0.3〜0.6	0.6〜1.2
運転モード		ガソリン	ガソリン		芳香族	
Pt 含有量	wt%	0.29	0.25		0.30	
摩耗性	wt%	<0.0	<0.01		<0.01	
密度						
移動床	kg L^{-1}	0.54	0.65		0.65	
固定床	kg L^{-1}	0.56	0.67		0.67	

表 3.2.7 に示す．

芳香族製造用 CCR 触媒の AR701，AR707 は，白金をより多く含む高密度触媒であり，中圧から低圧における高苛酷度運転で良好な性能を発揮する．同社の従来型触媒（AR501，AR505）と比べて，以下の改善がみられる．

(1) 液収率，水素収率，芳香族収率が増加する．芳香族収率では，従来型と比べて AR701 で約 0.5 wt%，AR707 では約 1.0 wt% の向上を達成している．
(2) C_7-C_9 芳香族への選択性が高い．脱アルキル化や分解などの副反応を抑制して，特に C_8 芳香族への選択性を高めている．
(3) 安定性がより改善して，コーク生成量が大幅に低減できる．

3.2.7　MaxEne プロセス（UOP）[17]

A　概要

本プロセスは芳香族を直接製造するプロセスではないが，ナフサ分解装置と接触改質装置の運転を同時に最適化する技術として UOP 社により開発されたプロセスである．

ナフサ原料はパラフィン，ナフテン，芳香族を含む炭化水素の混合物であり，その組成は，下流装置の製品収率に大きく影響する．MaxEne プロセスは擬似移動床の技術を用いて，原料ナフサを直鎖パラフィンに富む留分とそうでない留分に分離することで，ナフサ分解と接触改質の両装置にとって，望ましい原料成分とするものである．

直鎖パラフィンは，接触改質装置では他成分と比べて芳香族生成への選択性が低い一方，ナフサ分解装置では，エチレン，プロピレン生成にとって良質な原料であり，収率増加が期待できる．

図 3.2.8 に MaxEne プロセスを導入したケースのブロックフローを示す．水素化精製装置で処理したナフサを MaxEne プロセスにて直鎖パラフィンを吸着分離する．

直鎖パラフィンに富むエクストラクトは，ナフサ分解装置の原料とする．原料性状にもよるが，エチレン＋プロピレン収率が最大で 30% 増加するとともにコーク生成が最大で 50% 減少する．さらに，デコーキング頻度の低下，処理量の増加，1 サイクルの運転期間の長期化が可能となる．

ラフィネートは，直鎖パラフィン以外の成分を含んでおり，接触改質装置で処理することで，芳香族製品への選択性向上，軽質ガスとコーク生成の減少，加熱炉負荷の減少など，が可能となる．UOP 社によれば，芳香族収率が約 12%，液収率としては約 9% 増加するといわれている．表 3.2.8 に，MaxEne の導入による収率の改善の一例を示す．

B　工程

図 3.2.9 に示すように，MaxEne プロセスは擬似移動床による吸着分離プロセスを用いて，ナフサ中の側鎖パラフィン，ナフテン，芳香族の留分と直鎖パラフィンを連続的に分離するプロセスである．原料は複数段の吸着層を有する吸着塔で分離される．各吸着層には UOP 社が独自に開発した吸着剤が充てんされており，吸着塔には擬似移動床により向流吸着分離を行うロータリーバルブが備えられている．ロータリーバルブによって，主要な 4 つのス

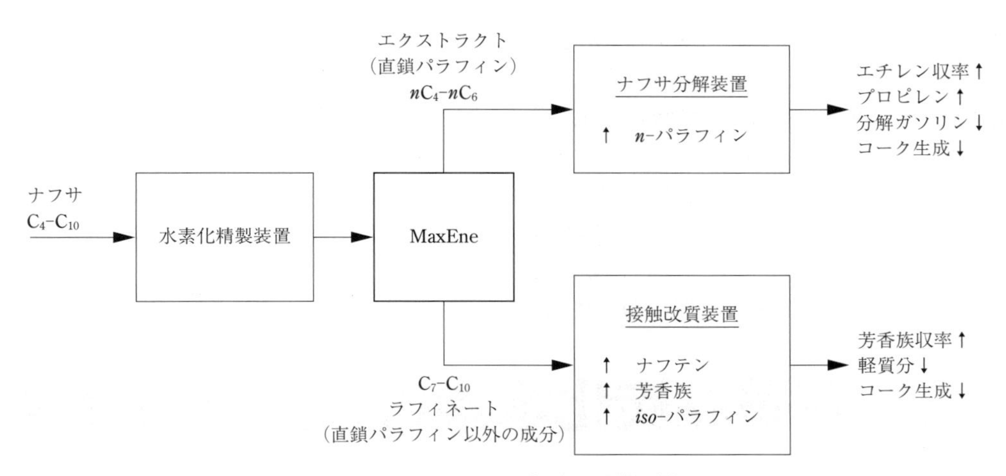

図 3.2.8　MaxEne プロセスの導入例

表 3.2.8　MaxEne 導入による収率の改善例（KTA）

	製品	ベースケース	MaxEne 導入ケース
ナフサ分解装置	エチレン	316	374
	プロピレン	162	190
	ブテン	95	96
芳香族製造装置	*p*-キシレン	457	520
	ベンゼン	131	139
	LPG	44	38

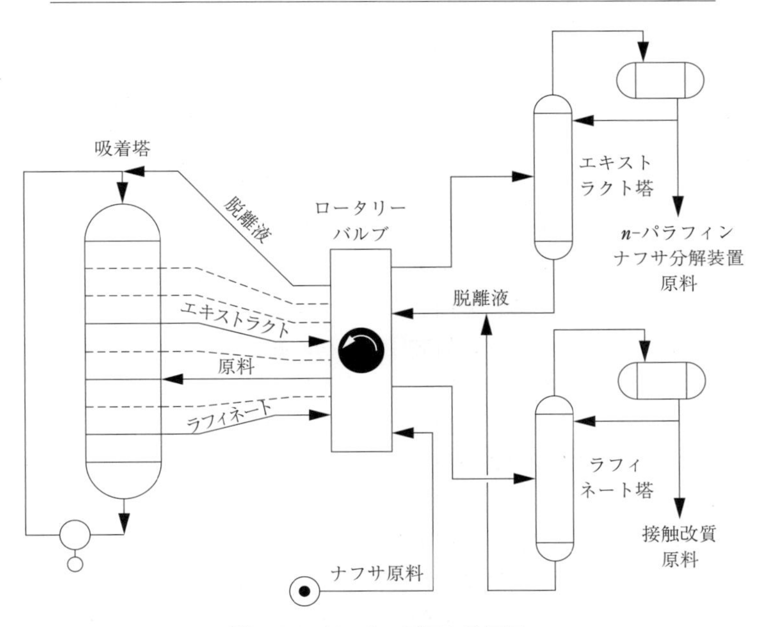

図 3.2.9　MaxEne プロセスフロー

トリームは吸着層に供給され，吸着塔で向流分離後，また吸着層から戻される．主要な 4 つのストリームは以下のとおりである．

(1) 原料：ナフサ留分の炭化水素混合物．

(2) エクストラクト（抽出液）：直鎖パラフィンと脱離液を含む．直鎖パラフィンに富んだナフサはこのストリームから分留によって回収され，ナフサ分解装置に供給される．

(3) ラフィネート(抽残液)：直鎖パラフィンが抽出された留分と脱離液を含む．直鎖パラフィンが抽出されたナフサは分留によって回収され，接触改質プロセスの良質な原料となる．

(4) 脱離液：分留後，吸着塔へリサイクルされる．

ロータリーバルブは吸着塔への原料投入位置と吸着塔からの各ストリームの抜き出し位置を一定の時間で切り換える(擬似移動床の原理に関しては，3.5.2 項を参照)．

C 実績

中国 Sinopec 社にて，2013 年第一号装置の運転が開始されている．MaxEne 技術を含む各種 Sorbex 技術は，これまで 100 基以上の実績がある．

MaxEne プロセスは UOP 社にてライセンス供与され，日本代理店は日揮ユニバーサルとなっている．

3.3 芳香族炭化水素の製造プロセス

3.3.1 概要

接触改質油は，主要な BTX 源であるとともにガソリンの高オクタン価基材としても重要である．接触改質プロセスの原料は重質ナフサであるが，需要が増大している BTX とガソリン基材の双方に必要な原料重質ナフサを確保することは次第に困難になると予想され，新たな原料として LPG，軽質ナフサ，およびオレフィンが着目された．1980 年代の後半から世界的に技術開発が行われ，1990 年代に入り，商業装置が稼働するようになった．

近年，中東における天然ガスや，米国におけるシェールガスなどの安価な原料による大規模なエチレン製造計画が相次いでいる．これら軽質ガスからのエチレン製造設備では，ナフサ分解によるものと比べて，生成する BTX 収率が低い．さらに米国においては，シェール開発の影響により，接触改質装置のナフサ原料も軽質化しており，BTX の生成量が減少している．これらの状況下で，LPG や軽質ナフサなど，従来と異なる軽質原料を用いた芳香族製造プロセスが注目されている．

新芳香族製造プロセスは，軽質ナフサから高収率でベンゼンを生産するプロセスと，LPG などの軽質成分を原料としてベンゼンからキシレンまでの BTX 留分を生産するプロセスに大別される．

LPG から BTX を製造するプロセスは，LPG を脱水素した後，生成したオレフィンの重合と環化により BTX に転化する．これらの反応の過程で触媒上にコークが析出し，触媒の性能低下を引き起こす．そのため，いずれのプロセスも，コーク量の生成を抑制した触媒開発と，析出したコークを効率よく除去(燃焼)する技術の開発に注力されてきた．現在まで開発されたプロセスとしては，Cyclar プロセス，Z-Former プロセス，α プロセス，GT-Aromatization プロセスなどがある(表 3.3.1)．

さらに近年，石油精製の接触分解(FCC)装置から生産される LCO を分解することにより芳香族製品を得るプロセスも開発されており，併せて本節で述べる．

3.3.2 軽質原料からの芳香族炭化水素製造の主要プロセス[18), 19)]

A AROMAX プロセス

a 概要

Chevron 社が開発した AROMAX プロセスは，パラフィニックな軽質ナフサを芳香族化する分野で最初の商業化プロセスであり，L 型ゼオライトに白金を担持した触媒を用いている．

この触媒は酸特性をもたない一元機能触媒であり，すべての反応(脱水素，環化)が白金上で進行する．従来の接触改質に用いられる二元機能触媒と比べて，一元機能触媒では C_6-C_8 パラフィンに対してより高い芳香族化活性と選択性をもっている．

従来の接触改質触媒を用いたライトナフサの芳香族化反応においては，多量の軽質ガスが生成し低液収率が問題であったが，これを解決するために開発されたのが一元機能触媒を用いる AROMAX プロセスである．

b 原料および製品

AROMAX 触媒は，C_6 パラフィンに富んだライトナフサ，C_6-C_8 炭化水素，あるいは芳香族抽出装置からのラフィネートなどを原料とすることができ，接触改質触媒に比べ芳香族の生成に優れた性能を発揮する．AROMAX 触媒と従来型接触改質触媒での製品収率の比較を表 3.3.2 に示す．

出光興産は Pt/KL ゼオライトをハロゲンで処理することによって，C_6，C_7 の脱水素環化反応において活性，選択性を向上するとともに炭素析出を抑制して大幅に触媒の長寿命化に成功し，Pt/FKL ゼオライトは AROMAX II 触媒としてサウジアラビア，米国，スペインのプロセスに採用された[21), 22)]．

表 3.3.1　軽質原料からの芳香族化プロセス[18)]

プロセス	AROMAX	RZ Platforming	Cyclar	Z-Former	α プロセス	GT-Aromatization
ライセンサー	Chevron	UOP	UOP	JXTG エネルギー 千代田化工建設	旭化成	GTC Technology
原料	軽質ナフサ	軽質ナフサ	LPG	LPG，軽質ナフサ	C_4，C_5 （おもにオレフィン）	C_4-C_8 オレフィン
触媒	Pt-Ba-L type 一元機能型	Pt/L	Ga/MFI 二元機能型	メタロシリケート MFI 二元機能型	Zn-MFI 二元機能型	
反応器形式	固定床	固定床	移動床	固定床	固定床	固定床
反応条件						
温度(℃)			—	500〜600	500〜550	460〜540℃
圧力(MPaG)			〜0.7	0.3〜0.7	0.3〜0.7	0.1〜0.4
WHSV(h^{-1})			—	0.5〜2	2〜4	—
触媒再生方式	各種方式	固定床	CCR	スイング式	スイング式	スイング式
開発状況	3 基の商業プラント稼働中	商業プラントデモ運転	46 MBD 1998 年商業プラント稼働	200 BPSD 1991 年デモプラント稼働	3,500 BPSD 1993 年商業プラント稼働	

表 3.3.2　AROMAX プロセスと接触改質プロセスとの収率比較

		AROMAX 触媒	従来接触改質触媒
原料性状			
ASTM D86 蒸留(℃)		77〜138	
組成 P/N/A*(vol%)		66.9/28.7/4.4	
液体収率(対原料 vol%)		AROMAX 触媒	従来接触改質触媒
芳香族留分	ベンゼン	12.5	7.9
	トルエン	26.2	22.3
	エチルベンゼン	2.3	1.4
	オルソキシレン	2.9	2.9
	メタキシレン	3.9	4.9
	パラキシレン	1.1	2.3
	C_9+アロマ	0.8	0.9
	合　計	49.7	42.6
C_5+		80.6	69.1
C_4		1.5	10.2
ガス収率(Nm^3 kL^{-1})			
H_2		335	196
C_1		31	32
C_2		5	25
C_3		3	23

* P：パラフィン，N：ナフテン，A：芳香族

c　工程

プロセスフローは従来の接触改質装置とほぼ同様であり，複数の固定床反応器で構成されている．ただし，触媒が接触改質触媒に比べて硫黄被毒に敏感であることから，原料中の硫黄濃度を 0.05 wtppm 以下とする必要があり，脱硫反応塔と硫黄吸着塔が備えられている．触媒再生サイクルについては公表されていないが，予備反応塔が設置されていないことから，他の同種プロセスより長期運転が可能であると推定されている．

d　プロセス所有会社

プロセス所有会社は Chevron Phillips Chemical 社であるが，非常に選別したライセンス戦略をとっている．国内で 1 基，海外で 3 基の商業プラント実績がある．

B　BP-UOP CYCLAR プロセス[23)]

a　概要

BP 社は，1975 年から C_3，C_4 の LPG を原料とした芳香族製造を目的として触媒開発に着手した．この触媒技術に UOP 社が CCR プラットフォーマーで培った連続触媒再生技術（CCR）を組み合わせて工業化したのが Cyclar プロセスである．1990 年に BP Grange-mouth 製油所（スコットランド）に 1,000 BPSD のデモンストレーションプラントが建設され，実証化運転が行われた．

b　原料および製品

LPG 単独原料の場合，芳香族沸点範囲の非芳香族炭化水素含有量は 1,500 wtppm 以下ときわめて低く，蒸留操作のみで石油化学規格のベンゼン，トルエン，キシレンを得ることが可能である．

C_3/C_4（50/50 wt％）を原料として，95％純度の水素を得るための水素回収設備を設置した場合の製品収率を表 3.3.3 に示す．

c　工程

触媒は，ZSM−5（MFI）型ゼオライトに卑金属プロモーターを含有した球状触媒で，コーク生成抑制および高活性化が図られている．さらに，Cyclar プロセスの特徴である CCR 系における循環触媒の摩耗ロス低減を目的として，機械強度向上のための触媒設計がなされている．

プロセスフローは図 3.3.1 に示すように，UOP CCR プラットフォーマーに類似している．反応は大きな吸熱を伴うことから，4 基の多段反応塔（Stacked-reactor）と加熱炉，連続触媒再生系（CCR），および生成物の分離部門から構成されている．

原料は LPG を基本としている．オレフィンおよび C_5＋パラフィンの混合も可能であるが，これらはコーク生成が多くその混合比率は制限される．オレフィン比率は 10％以下に制限され，それ以上の場合は水素化前処理が必要である．LPG 用に設計されたプラントでは C_5，C_6 パラフィンの比率は，それぞれ 20 wt％，2 wt％以下に制約されている．反応生成物は気液分離槽で分離される．ここで分離されるガスは大量の水素を含むので，深冷分離あるいは PSA（pressure swing adsorption）などの水素回収システムに送られ 95〜99％純度の水素が得られる．ストリッパーで分離されたオフガスと軽質留分は反応系へ循環される．余剰のオフガスは燃料ガスとして系外に抜き出される．

d　プロセス所有会社

プロセスは BP 社，UOP 社が所有しており，日本代理店は日揮ユニバーサルとなっている．

表 3.3.3　Cyclar プロセスの製品収率

		$t\,y^{-1}$	wt%
LPG 原料（C_3 50 wt%，C_4 50 wt%）		430,000	100.0
製　品	ベンゼン	64,800	15.1
	トルエン	103,000	24.0
	混合キシレン	62,200	14.5
	C_9＋芳香族	32,100	7.5
	水素（95%）	28,700	6.7
	燃料ガス	137,900	32.1
	合　計	428,700	99.7

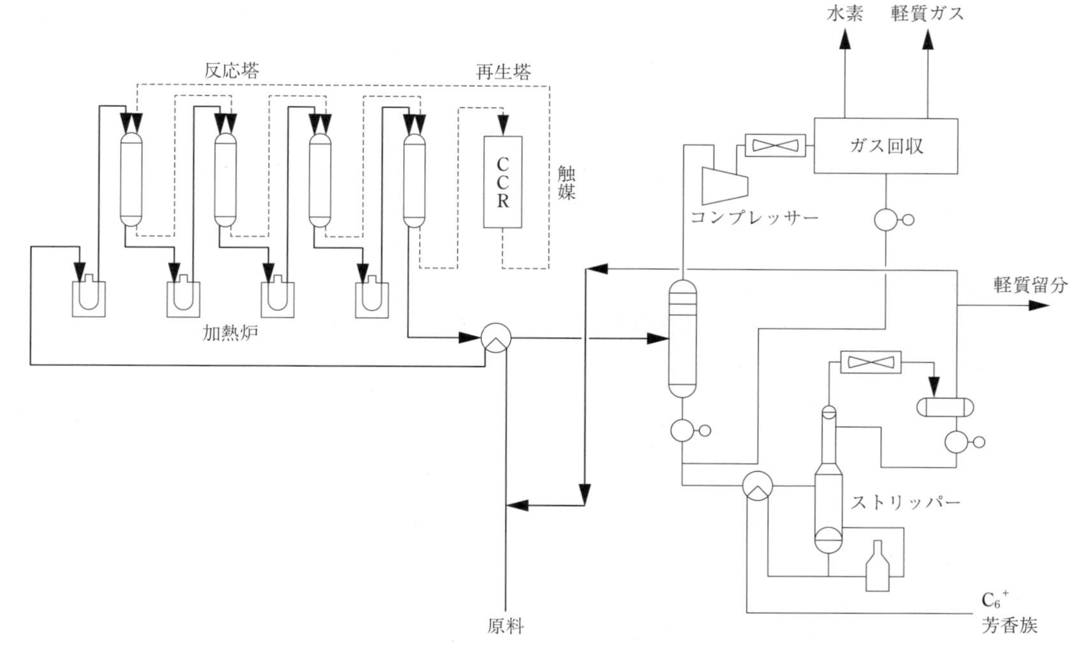

図 3.3.1　BP-UOP Cyclar プロセスフロー

e　建設実績

1999年サウジアラビアにおいて，LPG原料ベース46,000 BPSD能力(LPG原料年間130万t)のプラントが操業開始した．これが大規模商業装置としてはCyclarプロセスの1号機であり，UOP TATORAY，PAREX，ISOMARの組み合わせでベンゼン，パラキシレン，オルソキシレンの設計能力はそれぞれ年間35万t，30万t，8万tとなっている．

C　α プロセス(旭化成ケミカルズ)[24), 25)]

a　概要

ナフサクラッカーで副生するC_4，C_5留分はブタジエン，イソブテン，イソプレンなどの有効成分を回収した後も30～80%のオレフィンを含んでいる(以下，軽質オレフィンとよぶ)．従来，この軽質オレフィンは利用価値が低く，自家燃料あるいは分解原料に供していた．これらの軽質オレフィンからの芳香族製造を目的として山陽石油化学と旭化成が共同開発したのがαプロセスである．高濃度オレフィンを原料とすることから，同種のプロセスに比べ脱水素オレフィン化反応工程が軽減され，結果として反応塔は一段のみのシンプルなプロセスとなっている．

b　原料および製品

原料性状，生成物収率を表3.3.4，3.3.5に示す．

表 3.3.4　αプロセスの原料組成と製品収率

原料組成(wt%)	C_4パラフィン	10
	C_4オレフィン	30
	C_5パラフィン	45
	C_5オレフィン	15
生成物収率(wt%)	オフガス	37.3
	軽質パラフィン	20
	ベンゼン	6
	トルエン	18.8
	エチルベンゼン	1.3
	キシレン	11.1
	C_9芳香族	3.8
	C_{10}+芳香族	1.7

表 3.3.5　αプロセスの副生成物組成

	オフガス	軽質パラフィン
水素	4	
C_1	13	
C_2	20	1
C_3	35	14
C_4	24	38
C_5	4	47

c　工程

プロセスの特徴としては，以下があげられる．

(1) 高オレフィン含有原料油への高いフレキシビリティー
(2) 簡単なプロセス機器構成
(3) 低エネルギー消費
(4) 高収率
(5) 安定性に優れた触媒性能

触媒は，ZSM−5 ゼオライトを金属酸化物で修飾したものである．オレフィンは反応性に富む一方，LPG 原料などに比べコークが生成しやすく，これに対処するためにゼオライトの酸性度調整などの特殊な前処理が施されている．

プロセスフローを図 3.3.2 に示す．軽質オレフィン（オレフィン濃度 45 wt%）がスイング式の固定床断熱一段反応塔に送られる．

反応条件は 500〜550℃，0.29〜0.69 MPaG，WHSV 2〜4 h^{-1} であるが，これらの条件に原料性状により最適化が図られる．反応に必要な熱は外部加熱炉から供給されるが，吸熱反応の割合が小さいのでその負荷は小さい．

また，反応塔サイズ，触媒充てん量ともに小さく，きわめてシンプルな構成となっている．反応は断熱反応条件下でほぼ等温反応である．触媒上へのコーク堆積により触媒活性が徐々に低下するので，数日間隔で 2 基の反応塔を交互に切り替えて触媒再生を行う．触媒再生はほぼ大気圧下で窒素ガス中の酸素濃度を 0.5〜2% に調整し，450〜550℃ で行う．

コーク燃焼の際に発生する水分は触媒劣化の原因となるので，窒素ガスの補給により水分濃度を調整する．反応系切り替えのための反応塔出入り口バルブの開閉は，全自動で行われる．反応生成物は気液分離槽でオフガスを分離された後，蒸留塔に送られ，ライトパラフィンと高純度芳香族に分留される．

オフガスおよびライトパラフィンは経済性の観点から反応系への循環は行わず，ライトパラフィンはスチームクラッキング用原料として，またオフガスは燃料ガスとして系外へ抜き出される．

d　プロセス所有会社

プロセス所有会社は旭化成である．なお，山陽石油化学は，三菱化学との水島地区エチレンセンターの統合を機に 2011 年旭化成ケミカルズ（現旭化成）に吸収合併されている．

e　建設実績

山陽石油化学水島工場で 1993 年 7 月から 3,500 BPSD の商業プラントが稼働中である．

D　GT-Aromatization プロセス[26)]

a　概要

本プロセスは，C_4-C_8 軽質オレフィンを芳香族に転換するプロセスである．原料は，ナフサクラッカーからの副生 C_4，C_5 オレフィンのほか，石油精製の FCC 装置，コーカー装置から生産される軽質ガソリン（C_4-C_8 オレフィン成分）なども使用される．芳香族製造以外の用途として，後述の GT-BTX PluS プロセスと組み合わせて，低硫黄，高オクタンガソリンの生産にも適用できる．

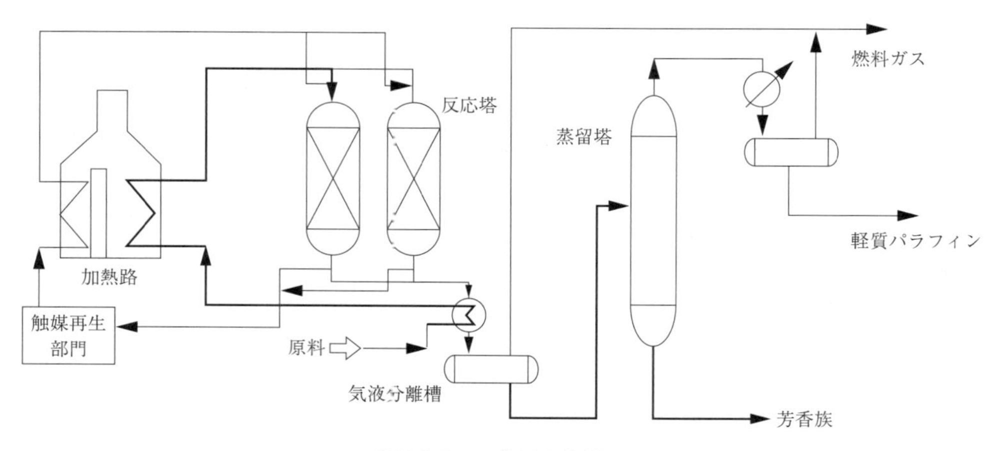

図 3.3.2　α プロセスフロー

b　原料および製品

原料および製品収率の一例を表 3.3.6 に示す.

c　工程

図 3.3.3 に GT-Aromatization のプロセスフローを示す. 本プロセスは, サイクリック式の固定床反応塔にてバルブ操作により, 反応と再生を切り替えて運転される. 反応器は, 460～540℃, 0.1～0.4 MPaG 程度で運転される. 反応生成物は, 副生したドライガスと LPG を分離した後, 下流の蒸留塔により BTX に分けられる.

さらに, GTC Technology 社では, 後述の GT-BTX PluS と組み合わせて, FCC ガソリンから芳香族あるいは低硫黄ガソリンを生産するスキームを提案しており, その一例を後述の 3.4.3 c 項にて紹介する.

d　プロセス所有会社

本プロセスは GTC Technology 社により提供されている.

E　Z-Forming プロセス[27)]

a　概要

Z-Forming プロセスは, 三菱石油(現 JXTG エネルギー)と千代田化工建設により開発された LPG から芳香族を生成するプロセスである. 1990 年 JXTG エネルギーの川崎製油所に 200 BPSD 実証プラントを建設し, 1 年間稼働している. 表 3.3.7 に本プロセスで得られる BTX 収率を示す.

b　工程

Z-Forming プロセスのフローを図 3.3.4 に示す. 反応は吸熱反応なので, 反応塔を 4 塔に分け, 中間に再加熱用の加熱炉を設置している. 反応の過程で触媒にコークが析出するので, 予備反応塔を設置し, 反応と触媒再生を交互に行い, 触媒活性の維持を図っている. 反応生成物は, 芳香族油のほか, 水

表 3.3.6　原料および製品収率

原料	C_4-C_8 オレフィン(ナフサクラッカー副生ガス, FCC/コーカー軽質ガソリンなど)
製品収率, wt%	
芳香族	47～55
ドライガス	15～20
LPG	30～36

表 3.3.7　Z-Forming プロセスの BTX 収率

原料	プロパン	ブタン
製品収率, wt%		
ベンゼン	15.2	17.0
トルエン	21.7	24.3
キシレン	11.2	12.5

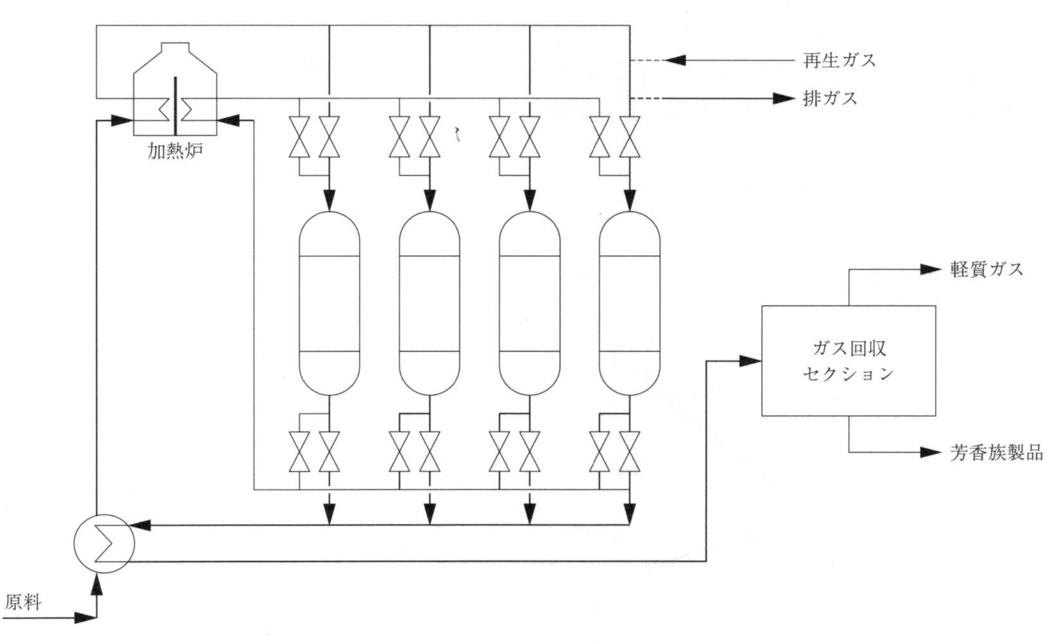

図 3.3.3　GT-Aromatization プロセスフロー

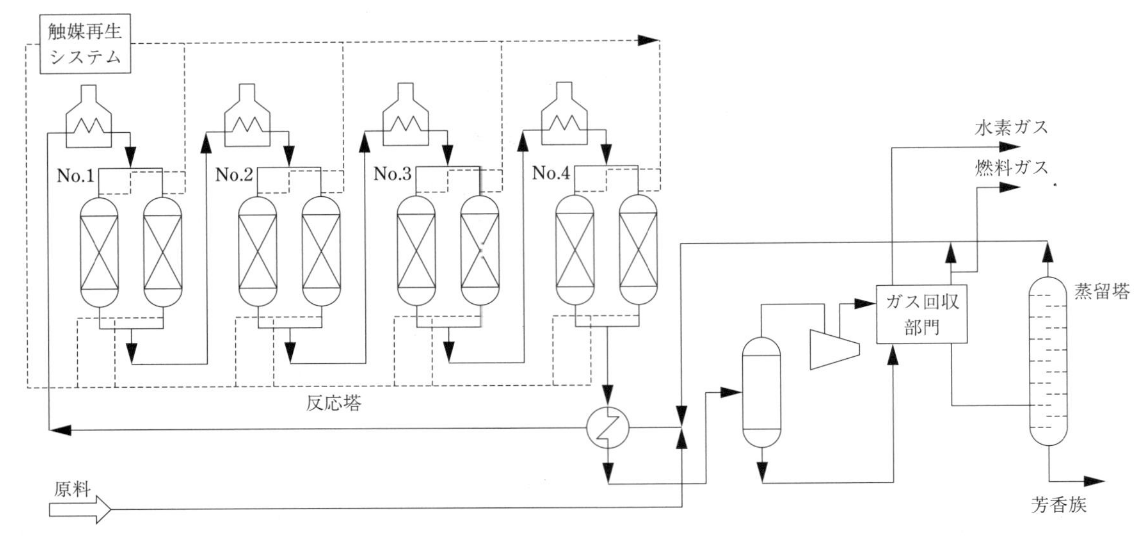

図 3.3.4　Z-Forming プロセスフロー

素と燃料ガスが副生する．芳香族油中には非芳香族含有量が少ないので，蒸留だけで BTX 製品を得ることができる．

3.3.3　その他の芳香族炭化水素製造プロセス

A　LCO-X プロセス（UOP）[28]

a　概要

石油精製における流動接触分解装置（FCC）で生成される LCO（light cycle oil）は，蒸留性状としては灯軽油と同程度であるが，芳香族成分を多く含み，軽油としての品質が低いので，重油と混合して燃料油として使用する場合が多い．UOP 社により開発された LCO-X プロセスは，LCO を水素化分解することにより，より付加価値の高い BTX を製造するプロセスである．

図 3.3.5 に，本プロセスで行われる BTX 生成に寄与する反応を示す．反応は二段階で行われ，まず，LCO を水素化分解することで，二環縮合芳香族から芳香族およびナフテンを生成し，その後，ナフテンを脱水素することにより，芳香族に転換する．得られる製品性状を表 3.3.8 に示す．

b　工程

図 3.3.6 に，本プロセスの概略プロセスフローを示す．

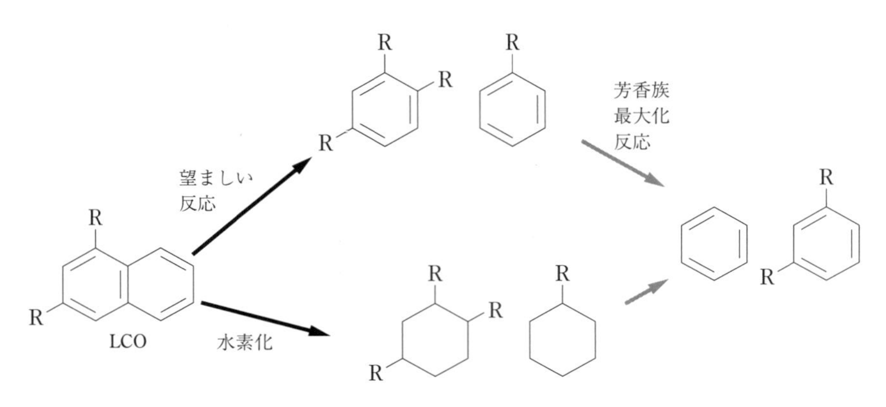

図 3.3.5　LCO-X プロセスの反応

表 3.3.8　LCO-X により生成する製品性状

製品	性状
混合キシレン	エチルベンゼン＜1% パラキシレン製造装置原料として適している. パラキシレン分離装置原料として使用可能.
ベンゼン	純度 99.9%
軽質ナフサ	80〜90% C_5-C_7 パラフィン 10〜20%ナフテン イソパラフィン分が多く RON は 76〜82 程度
LPG	オレフィン＜0.5%
軽油	硫黄分＜10 wt ppm 原料 LCO と比べて 10〜15 のセタン価向上

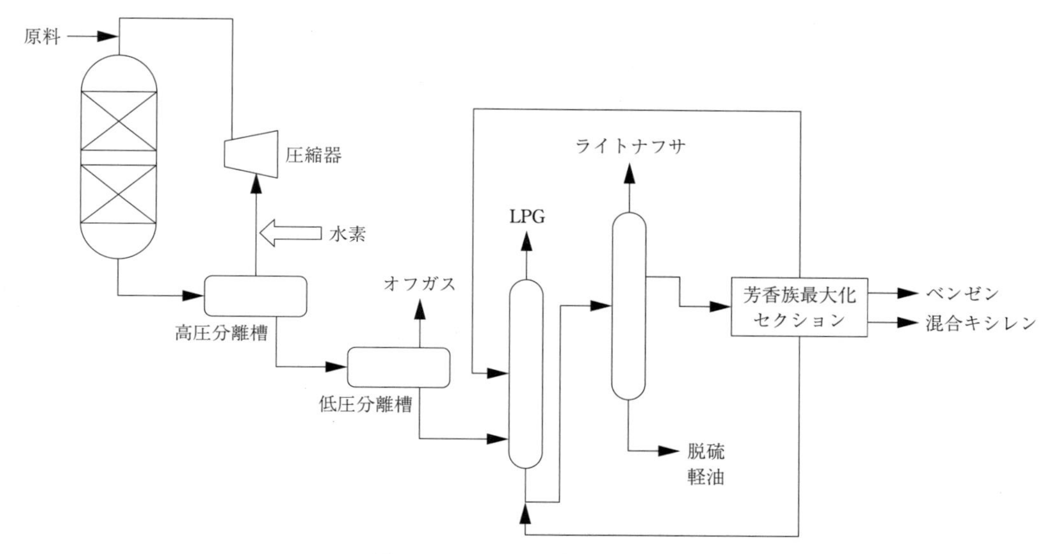

図 3.3.6　LCO-X のプロセスフロー

原料 LCO は，固定床反応塔にてまず脱硫および水素化分解され，縮合芳香族は，単環芳香族あるいはナフテンに分解される．軽質分を分離した後，芳香族最大化セクションにて，ナフテン分を脱水素化することで芳香族に転換し，ベンゼンおよび混合キシレンを生成する．

c　ライセンス所有会社

UOP 社によりライセンスおよび技術提供される．日本代理店は日揮ユニバーサルである．

B　FCA（流動接触芳香族）プロセス[29)]

a　概要

流動接触芳香族製造（FCA, fluid catalytic aromaforming）プロセスは，JXTG エネルギーと千代田化工建設が共同開発した LCO から効率的に BTX を生成するプロセスである．本プロセスでは，LCO 中のアルキルベンゼン類の脱アルキル反応，ナフテノベンゼン類の開環反応，飽和炭化水素やオレフィン分などの非芳香族（パラフィンやナフテン）の脱水素・環化反応などにより，それぞれの化合物から効率的に BTX に転換させ，さらに，副生する LPG，軽質ナフサからも脱水素・環化反応により BTX に転換することを目指している．芳香族と飽和炭化水素との間で進行する水素移行反応を積極的に活用して，二環芳香族からも BTX に転換することを目指している．

触媒はゼオライトを主成分とし，各種反応は，水素を導入せずに反応させることから，コークが生成しやすい．したがって，固定床反応器ではなく，連続的に再生を行う流動床反応器を採用している．表3.3.9に本プロセスの想定収率を示す．

b 工程

図3.3.7にFCAプロセスの反応塔，再生塔から構成される概略フローを示す．反応塔では気化した原料油によって触媒を流動させると同時に原料油と触媒が接触し反応が進行する．触媒は反応塔上部からストリッパーに移送され，触媒上に残存する生成油をスチームストリッピングにより取り除いた後，再生塔に移送される．再生塔では空気により触媒を流動化させつつ触媒上のコークを燃焼し，再生された触媒は反応塔に戻る．

c 実績

現在，JXTGエネルギーと千代田化工建設は，ベンチスケールの評価装置を用い，各種評価試験を経て，商業化の段階である．

表3.3.9　FCAプロセスの想定収率

生成物	収率(wt%)
軽質ガス	5～20
LPG	5～20
BTX	30～35
灯軽油留分	30～45
コーク	3～ 7

C MTAプロセス

a 概要

MTA(methanol to aromatics)は，もともと1960年代にMobil社により研究が始められたが，ExxonMobil社は後にMTG(methanol to gasoline)に開発を移行し，MTAの商業化へと進むことはなかった．中国においては，豊富な石炭資源を背景に，石炭由来のメタノールから芳香族へ転換するMTAの開発が，清華大学，中国科学院山西煤炭化学研究所，上海石油化工研究院，北京化工大学などで行われている[30]．

b 工程

華電集団と清華大学が共同開発した流動床MTAプロセス(FMTA)は，ZSM-5型ゼオライト触媒を使用して，メタノールから芳香族に転換するプロセスである．反応の過程でコークが生成し触媒活性を低下させるため，連続再生式プロセスが採用されている[31]．

c 実績

華電集団と清華大学が共同開発した流動床・芳香族炭化水素製造プラントは2012年1月に完成し，2013年1月の試運転を経て，商業化の段階に入ったとみられる[30]．上海石油化工研究院とSinopec社のグループは，ZSM-5型ゼオライトに金属(ZnO)

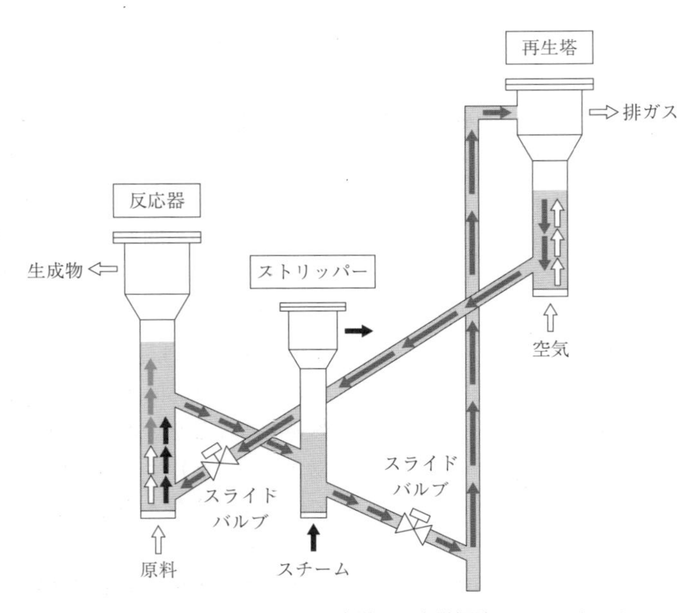

図3.3.7　FCAプロセスの反応塔，再生塔概略フロースキーム

を添加することで水熱安定性を高め，流動床パイロットプラントにおいて高い芳香族収率を達成したと報告している[32].

3.4　芳香族溶剤抽出プロセス

3.4.1　概論

A　概要

芳香族炭化水素を含む原料としてのリフォーメートやナフサ熱分解残油中には，非芳香族成分としてパラフィン，ナフテン，オレフィンなどが含まれ，これらの中には芳香族成分と同じ沸点範囲にある成分がある．その上，芳香族成分はパラフィン，ナフテン類と共沸混合物を形成するために，通常の蒸留操作では分離することが困難である．表3.4.1に，ベンゼンと沸点差が小さく共沸混合物を形成する例を示す．

芳香族抽出プロセスは，多数の成分からなる混合液体に溶剤を混合し，それら成分の溶剤に対する溶解度の差を利用して分別するものであり，一般に蒸留では分離困難な原料に対して，高純度の目的製品を得る場合に適用する方法である．

石油系芳香族の抽出技術の歴史は，1952年にUOP社とDow Chemical社が共同開発したUdexプロセスに始まる．これによって，高純度な芳香族を大量かつ経済的に生産できる技術が確立した．その後，Shell社のSulfolaneをはじめとして多くのプロセスが開発されたが，現在実用化されているプロセスはすべて液液抽出法と抽出蒸留法である．

表3.4.1　ベンゼンの共沸化合物形成例

	沸点(℃)	共沸温度(℃)
ベンゼン	80.1	
シクロヘキサン	81.4	77.8
シクロヘキセン	82.1	78.9
ヘプタン	98.4	80.1
ヘプテン	69	68.5
2,2-ジメチルペンタン	79.1	75.8
2,4-ジメチルペンタン	80.8	75.2

B　抽出溶剤[33)]

抽出溶剤に求められる機能，基本性能としては，以下があげられる．

・芳香族炭化水素に対する溶解度が大きいこと．これにより，循環する溶剤の量が少なくてすみ，装置規模の縮小，ユーティリティー消費量の低減が可能となる．
・選択性が優れていること．非芳香族成分との蒸留分離が容易となる．
・密度が高いこと．液液抽出における相分離の容易さ，すなわち抽出塔設計に大きく影響する．
・エマルジョン生成およびフォーミング(発泡性)が低いこと．
・沸点が高いこと．これは，溶剤の回収工程で運転が容易となる．
・蒸気圧が低いこと．これは，溶剤の損失が少なくなる．
・比熱が小さいこと．これは，ユーティリティー消費量が少なくなる．
・熱的，化学的に安定なこと．
・毒性がないこと．

表3.4.2に，抽出プロセスで使用する代表的な溶剤の物性を示す．

C　液液抽出塔インターナル[34)]

抽出装置は竪型抽出塔が使用され，機械的な駆動部がないものとあるものに分類される．前者の代表が多孔板抽出塔，後者の代表がRDC(rotating disc contactor)であるが，近年，工業化された機械的な駆動部を有しないWINTRAY抽出塔は両者より高処理量かつ高効率である．WINTRAYの詳細は16.3.3項にて解説する．

図3.4.1に各タイプの代表的な構造を，表3.4.3にその特徴をまとめる．

表 3.4.2　抽出溶剤の物性

抽出用剤	Sulfolane スルホラン	Diethylene glycol (DEG) ジエチレングリコール	Triethylene glycol トリエチレングリコール	N-methylpyrrolidone (NMP) N-メチル-2-ピロリドン	Dimethyl sulfoxide (DMSO) ジメチルスルホキシド	N-formylmorpholine (NFM) N-ホルミルモルホリン	Diglycolamine (DGA) ジグリコールアミン
分子量	120	106	150	99	78	115	105
密度(g cm^{-3})	1.261 (30℃)	1.125 (20℃)	1.033 (20℃)	1.1	1.153 (20℃)	1.06 (25℃)	
沸点(℃)	285	245	287	204	189(分解)	243	221
融点(℃)	28 5(5 wt% H_2O)	−6.5	−7	−24	18 −1(10 wt% H_2O)	23	−12
比熱 (J(g・℃)$^{-1}$)	1.46 (25℃)	2.31 (20℃)	2.22 (25℃)	1.76 (30℃)	2.05 (20℃)	1.76 (20℃)	2.85 (150℃)
屈折率	1.481 (30℃)	1.446 (25℃)	1.45 (15℃)	1.47 (20℃)	1.419 (20℃)	1.484 (20℃)	
蒸気圧 (Pa)	1.9 kPa (150℃) 11.3 kPa (200℃)	101 Pa (25℃)		3.2 kPa (100℃)	102 Pa (25℃)	0.03 hPa (20℃) 0.39 hPa (50℃)	<0.01 (20℃)
蒸発潜熱 (kJ kg^{-1})	517 (200℃)			76 (206℃)	554 (189℃)	445 (243℃)	
引火点(℃)	177	124	177	93	95	125	124

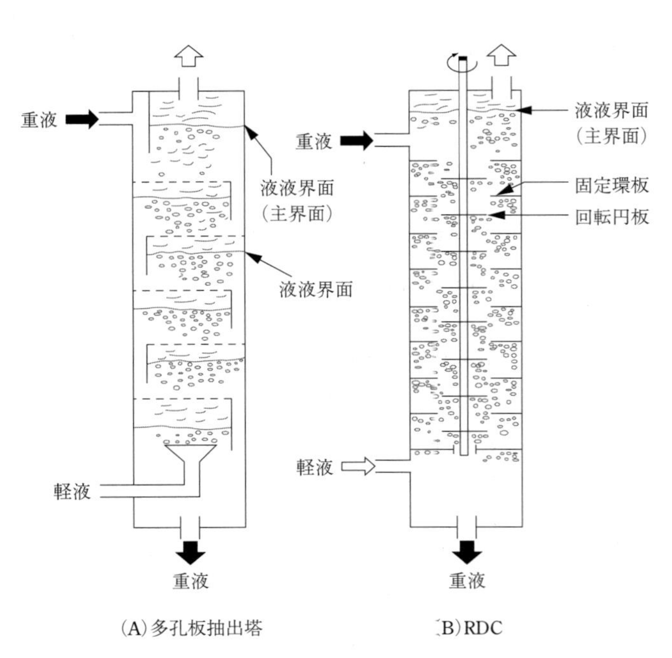

(A) 多孔板抽出塔　(B) RDC

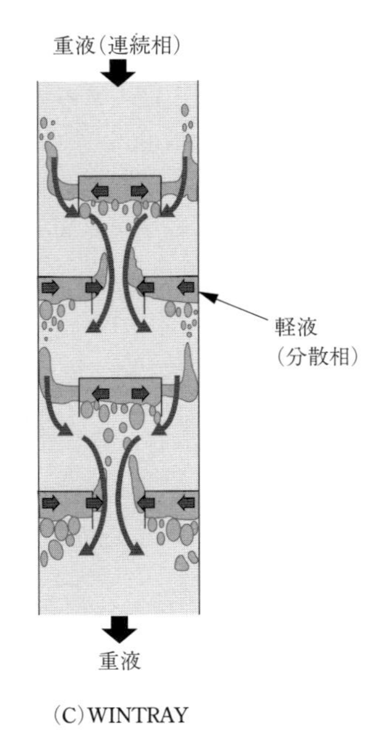

(C) WINTRAY

図 3.4.1　抽出装置構造例

表 3.4.3　代表的な抽出装置の特徴比較

	多孔板抽出塔	RDC	WINTRAY
単位段面積あたり処理量	中	中	高
塔径	中	中	小
接触効率	中	中	高
塔高	中	中	小
設備費	中	大	小
運転費	中	中	小
設備管理・メンテナンス	易	難	易
耐スカム性	無	有	有

3.4.2　液液抽出法

A　概要

極性溶剤に対する炭化水素の溶解度は，同一炭素数の場合，多環芳香族＞単環芳香族＞多環ナフテン，単環ナフテン＞オレフィン＞パラフィンの順に減少する．液液抽出法とは，芳香族と非芳香族の極性溶剤に対する溶解力(親和力)の差を利用して芳香族を選択的に抽出する方法である．

B　工程

液液抽出法は，大きく分けて，原料油と溶剤の混合接触，抽出液を含んだ溶剤と油残液の分離，両者からの溶剤回収の3つの工程から成り立っている．

工程の詳細は，次項で UOP Solfolane プロセスについて述べる．一般に，溶剤に抽出された成分を抽出液またはエキストラクト(extract)，抽出されなかった成分を抽残液またはラフィネート(raffinate)とよぶ．

C　代表的液液抽出プロセス (Sulfolane プロセス)[35]

a　概要

液液抽出法の代表的なプロセスである Sulfolane プロセスは，1959年，第5回世界石油会議で Shell グループにより発表された新溶剤スルホランの独占的実施権を得た UOP 社が Udex 技術に応用したものである．炭化水素混合物からきわめて高純度の芳香族を経済的に高収率で得ることができるプロセスとして，現在の液液抽出の主流となっている．スルホランは，以下の特徴を有する優れた溶剤である．

・芳香族に対する溶解度が大きく，選択性も優れているので溶剤循環量が少なく芳香族の回収率が高い．
・重質芳香族に対しても選択性の低下が少ない．
・酸化に対してきわめて安定であるため溶剤の損失が少ない．
・比熱が小さく溶液使用量が少ない．
・溶剤の沸点が高いので芳香族の分離が容易である．

液液抽出法の Sulfolane プロセスにおける，BTX の典型的な回収率と品質を表 3.4.4 に示す．

b　工程

図 3.4.2 に，代表プロセスとして UOP Sulfolane プロセスのフローを示す．

原料は抽出塔下部に送入され，塔項からの溶剤と抽出塔内で向流接触し，芳香族成分が選択的に抽出され，塔項からはラフィネート，塔底からはリッチソルベントが抜き出される．一般に，芳香族抽出溶剤は選択的に芳香族を抽出するが非芳香族も若干溶解し，同族炭化水素では沸点の低いほうが溶解されやすい．したがって，抽出塔からのリッチソルベントには，芳香族の他に軽質パラフィンがわずかに同伴されてくるので，これをまずストリッパー(抽出蒸留塔)で蒸留して分離する．この分離された軽質パラフィンは抽出塔底部に戻すことにより，抽出液相で重質パラフィンと置換させ，ストリッパーで分離しにくい重質パラフィンの同伴を排除する．スト

表 3.4.4　Sulfolane プロセスの BTX 回収率と品質

	ベンゼン	トルエン	キシレン
回収率，%	>99.9	99.8	98〜99
純度，%	99.99	99	95〜99
非芳香族，wt%	<0.01	<0.03	<0.05

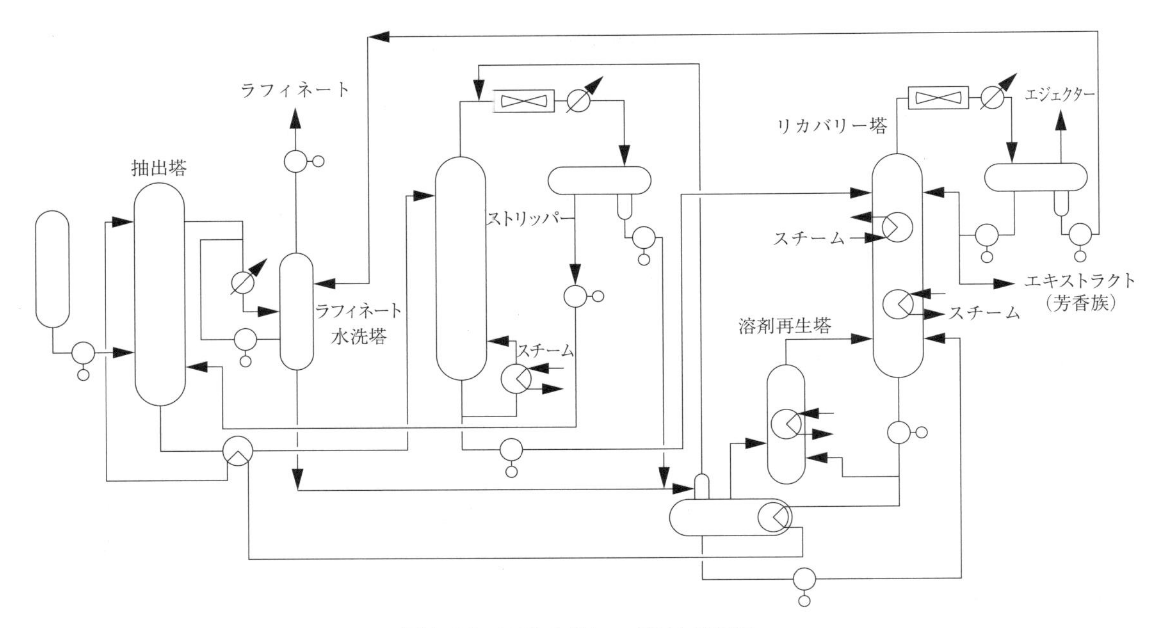

図 3.4.2　UOP Sulfolane プロセスフロー

リッパーからの抽出液は，後続の回収塔で蒸留により芳香族と溶剤とを分け，塔底からのエキストラクトを含まない溶剤（リーンソルベント），塔頂から目的の芳香族をそれぞれ回収し，前者は抽出塔に再循環する．また，溶剤損失を抑えるため，ラフィネート側に同伴される少量の溶剤は水洗塔で水に溶解させて回収した後，ウォーターストリッパーで溶剤と水を分離する．抽出された芳香族は，通常含有する微量のオレフィン分および溶剤を加温させた白土層で吸着除去後，精密蒸留によりベンゼン，トルエン，および混合キシレンなどに分留する．この蒸留工程の蒸留塔構成は，原料組成，目的製品の芳香族の種類により変わってくる．

c　プロセス所有会社

本プロセスのライセンスおよびエンジニアリングは，UOP 社（日本代理店は日揮ユニバーサル），Axens 社（日本代理店は Axens Far East）にて提供される．

UOP 社では，近年，原料や目的により，後述の抽出蒸留プロセスを採用した ED Sulfolane プロセスも選択可能となっている．

d　建設実績

UOP プロセスは，2013 年時点で世界で 160 基以上の建設実績がある．Axens プロセスの建設実績は 20 基以上となっている．

3.4.3　抽出蒸留法

A　概要

抽出蒸留法とは，沸点の近い混合液体に高沸点の溶剤を加え，各成分の親和力の差異を利用して揮発度に差を生じさせることで見かけの沸点を変え，蒸留分離するプロセスである．抽出蒸留法では，液液抽出法と比べて装置構成を簡素化できる．

接触改質プロセスの進歩で，運転苛酷度が高まるに伴い，重質リフォーメート中の芳香族濃度が高くなり，C_8＋芳香族成分を溶剤抽出により処理する必要がなくなってきた[31]．また，環境問題によるガソリン品質規制に対応するために，ガソリン基材からベンゼンのみを除去するという動きがでてきた．

これらの状況下で，より簡略化されたプロセスである抽出蒸留を用いて，軽質リフォーメートからベンゼン，トルエンのみを抽出するケースが多くなってきている．

B　工程

抽出蒸留は，装置構成としては従来の液－液抽出塔を省略した形となる．抽出蒸留塔で原料と溶剤が接触し，芳香族は溶剤に抽出されて塔底留分となり，同時に非芳香族分は蒸留により塔頂留分として分離される．抽出塔とストリッパーが1本ですみ，また非芳香族分の水洗塔が不要になるなど，設備が大幅に簡略化されるのが最大の特徴である．

C　代表的プロセス

a　ED Sulfolane プロセス(UOP)[36]

i)概要

前述の Sulfolane プロセスは，原料や目的次第で抽出蒸留プロセス ED Sulfolane の採用も選択可能となっている．液液抽出の Sulfolane プロセスでは，C_6-C_9 芳香族の抽出が可能であるのに対し，目的製品がベンゼン，トルエンの場合は，よりシンプルな ED Sulfolane プロセスが採用される．

ii)工程

図 3.4.3 に ED Sulfolane プロセスのフローを示す．原料である軽質リフォーメートは，まず抽出蒸留塔に送られる．抽出蒸留塔では，上部からリーンソルベントを送入して芳香族成分を溶剤に溶解させることで，非芳香族成分と容易に蒸留分離することができる．芳香族成分が溶解した溶剤は塔底から，非芳香族成分(ラフィネート)は塔頂から抜き出される．塔底液はリカバリー塔に送入し芳香族成分(エキストラクト)を塔頂から回収する．リカバリー塔の塔底からは，溶剤を抜き出し，リーンソルベントとして抽出蒸留塔に送られる．

iii)プロセス所有会社

本プロセスのライセンスおよびエンジニアリングは，UOP 社で日本代理店は日揮ユニバーサルである．

iv)建設実績

本プロセスの建設実績は 2013 年時点で世界 12 基の運転実績がある．さらに 12 基は設計および建設中である．

b　Morphylane プロセス(Uhde-Axens)[37]

i)概要

ドイツの Krupp Koppers 社(現 Thyssen Krupp Uhde)により 1960 年に同社の液−液型の Morphylex とともに開発され，1 号機は 1969 年に稼働している．溶剤としては，*N*-formylmorpholine (NFM)を使用し，ベンゼン，トルエンの抽出を目的とした抽出蒸留プロセスである．

表 3.4.5 に，原料をリフォーメートとした場合とナフサ分解残油とした場合の実運転に基づくベンゼン，トルエンの回収率，品質の例を示す．

ii)工程

全体のプロセスフローは，水洗浄が不要であることを除けば，前述のものと大きな違いはないので，ここでは記述を省略する．

本プロセスで使用する溶剤である NFM は窒素系化合物であるため，エキストラクト中に微量の窒素

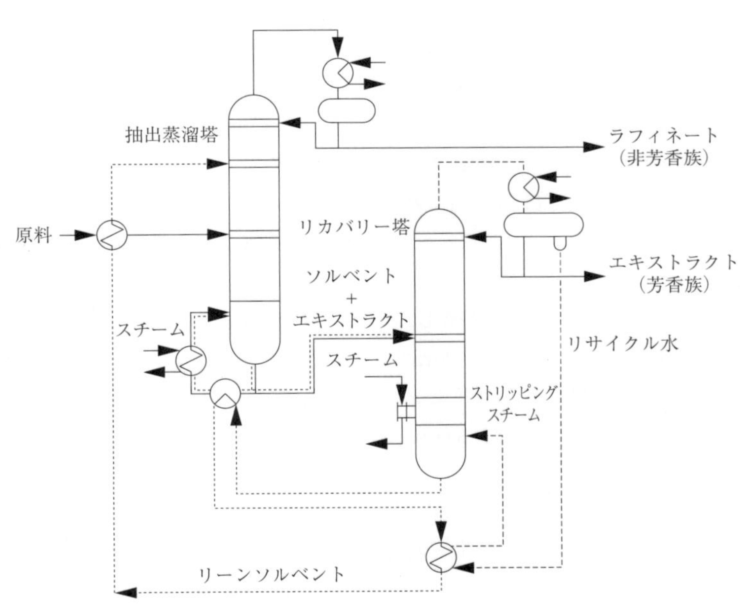

図 3.4.3　UOP ED Sulfolane プロセスのフロー

表 3.4.5　Morphylane プロセスのベンゼン回収率と品質の例

	リフォーメート	ナフサ分解残油
原料		
ベンゼン，%	30	33
トルエン，%	49	41
製品純度		
ベンゼン	400 wtppm 非芳香族	70 wtppm 非芳香族
トルエン	99.0 wt%	470 wtppm 非芳香族
溶剤ロス	0.007 kg(t-芳香族)$^{-1}$	0.006
スチーム消費量，kg(t-芳香族)$^{-}$	480	540
ベンゼン回収率，%	99.92	99.9

化合物を含む．製品ベンゼンをアルキル化プロセスにて使用する場合，ベンゼン中に塩基性窒素化合物が含まれると触媒を被毒するため，ガードベッドを設置して残存する塩基性窒素化合物が除去される．

従来型の構成に加えて，近年，Divided Wall Column(DWC)技術を利用して，抽出蒸留塔と溶剤回収塔の機能を1つの塔にまとめた改良プロセスが開発され，投資コスト低減，省エネルギー，省スペースなどが図られている．このプロセスはトルエン回収を目的として2004年に1号機が完成している．図3.4.4に，そのプロセスフローを示す．

原料油はPacking Bed-2とBed-3の間に供給され，気化した原料中の芳香族分はBed-2にて溶剤により分離される．溶剤に同伴した非芳香族分はBed-3にて芳香族分のベーパーによりストリッピングされる．塔項の微量の溶剤はBed-1にて非芳香族分のリフラックスにて洗浄される．一方，芳香族分のベーパー中の微量溶剤はBed-4にて芳香族分のリフラックスにより洗浄される．なお，Bed-3とBed-4は壁で仕切られ，Bed-4の上部は閉め切られている．

iii)プロセス所有会社

Axens社はThyssenKrupp Uhde社と提携し，Axens社で提供している芳香族製造プロセスPara-maX Suiteの一装置として，本プロセスのライセンスおよび技術供与している．日本代理店はAxens Far Eastである．

iv)実績

Morphylaneプロセスは，国内外で広く採用されており，商業運転実績は65基となっている．

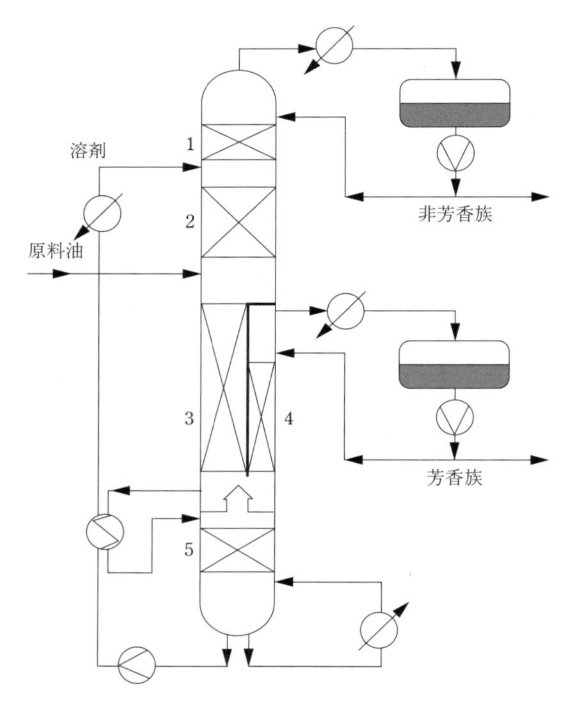

図 3.4.4　Single Column Morphylane プロセスフロー

c　GT-BTXプロセス(GTC Technology)[38]

i)概要

GT-BTXプロセスは，GTC Technology社により提供されているプロセスで，選択性をより高めたTechtiv-100という独自にブレンドした溶剤を使用している．Techtiv-100は，非芳香族の相対揮発度を従来の溶剤より高めることで，より効率的に蒸留分離が可能となる．

GT-BTXの特徴の1つは，従来の抽出蒸留と比べて，より広い沸点範囲をカバーできることにあり，従来は抽出蒸留では不向きとされていたキシレンの

表 3.4.6　GT-BTX プロセスの BTX 回収率と品質（リフォーメート原料）

原料	リフォーメート
回収率，%	
ベンゼン	99.9
トルエン	99.99
キシレン	100
純度，wt%	
ベンゼン	99.995
トルエン	99.99
キシレン	
エネルギー消費，kJ(kg−原料)$^{-1}$	798

表 3.4.7　GT-BTX プロセスの BTX 回収率と品質（ナフサ分解残油）

原料	ナフサ分解残油
原料性状，vol%	
ベンゼン	11.94
トルエン	41.09
キシレン	7.02
C_9＋芳香族	1.41
C_6〜C_7 非芳香族	35.63
C_8〜C_9 非芳香族	2.91
芳香族回収率，%	99.9
キシレン純度，wt%	99.9
エネルギー消費，kJ(kg−原料)$^{-1}$	819

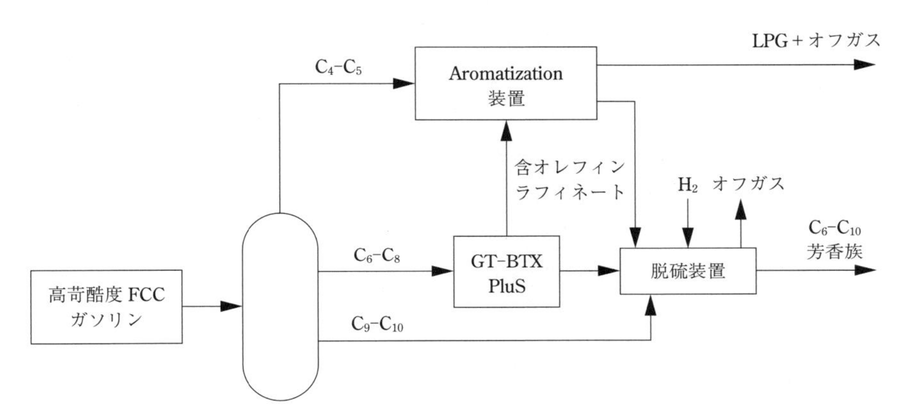

図 3.4.5　GT-BTX PluS と Aromatization プロセスを組み合わせたブロックフロー例

回収も可能となっている．表 3.4.6，3.4.7 に，原料をリフォーメートとした場合とナフサ分解残油とした場合の実運転に基づく BTX 回収率，品質の例を示す．

さらに，GTC Technology 社では，石油精製の FCC 装置から生成されるガソリン留分から芳香族成分を直接抽出する GT-BTX PluS プロセスを提案している．

近年，ガソリンの需要低下とともに，FCC 装置の苛酷度は上がりプロピレン生産型に移行してきており，生成するガソリン留分中の芳香族含有量も高くなっている．FCC ガソリンには，多数の類似沸点成分が含まれるため，蒸留により BTX を分離することは困難である．また，多量のオレフィンと硫黄化合物が含まれており，従来の溶剤では抽出できなかった．GT-BTX PluS プロセスでは，抽出蒸留により，FCC ガソリンから直接芳香族成分を分離することができる．

ii)工程

プロセスフローは，前述のものと大きな違いはないので，ここでは記述を省略し，FCC ガソリンからの芳香族回収を目的とした GT-BTX PluS の例を紹介する．

FCC ガソリンを原料として，抽出蒸留により，芳香族成分をエキストラクトとして抽出する．エキストラクトには硫黄化合物も含まれており，脱硫装置により処理した後，蒸留により BTX を分離する．オレフィン成分が取り除かれているので，脱硫装置における水素消費量も少なくてすみ，また水素化によるオクタン価ロスも抑えることができる．パラフィンとオレフィン成分はラフィネートとして分離され，メルカプタン除去後にガソリン基材として使用できる．さらに，図 3.4.5 に示すように，3.3.2 D 項で述べた GT Aromatization プロセスを導入することにより，ラフィネートから芳香族成分の生産も可能となる．

iii)プロセス所有会社

本プロセスのライセンスおよびエンジニアリングは，GTC Technology 社にて提供されている．

iv)建設実績

2015 年時点までに国内で 1 基，海外で 46 基の実績がある．

3.5 パラキシレン製造プロセス

3.5.1 概要

混合キシレンを原料とするパラキシレン製造プロセスは，パラキシレンの分離およびキシレン異性化の工程からなる．原料キシレンは，主として重質ナフサ由来のリフォーメートから得られるが，パラキシレン含有量は 20 wt% 程度しかない．したがって，図 3.5.1 に示すように，パラキシレンを分離した C_8 芳香族は，異性化プロセスで平衡組成までパラキシレンに転換後，上流のキシレン塔に再循環され，最終的にはすべてパラキシレンに転換される．すなわち，パラキシレンの分離と異性化は不可分のプロセスとなっている．

原料キシレンはエチルベンゼン，パラキシレン，メタキシレン，オルソキシレンの 4 異性体から構成される．これら異性体の構成比の例を原料キシレン製造プロセス別に比較したものと各キシレン異性体の性状を表 3.5.1 に，キシレンの異性化反応の到達目標となる熱力学的平衡組成を図 3.5.2 に示す．

3.5.2 パラキシレン分離プロセス

A 概要

キシレン異性体から目的成分を分離するには，沸点が近いので精密蒸留のみによる分離では，多くのトレイ段数が必要でかつ大量のエネルギーを必要とする．したがって，蒸留以外の方法で，より効率よ

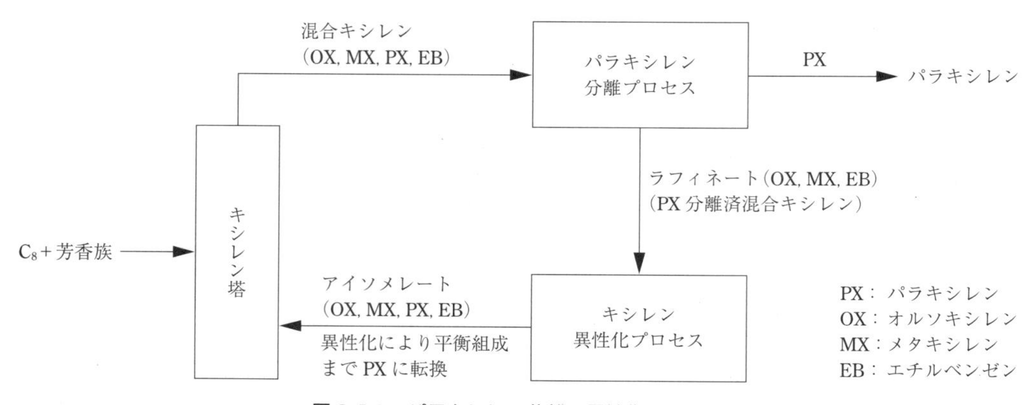

図 3.5.1 パラキシレン分離・異性化スキーム

表 3.5.1 キシレン異性体の組成例と主要物性[39]

原料油	リフォーメート (%)	熱分解油 (%)	不均化油 (%)	沸点 (℃)	凝固点 (℃)
パラキシレン	18	15	24	138.35	13.26
メタキシレン	41	40	53	139.10	−47.87
オルソキシレン	24	15	22	144.41	−25.17
エチルベンゼン	17	30	1	136.17	−94.98

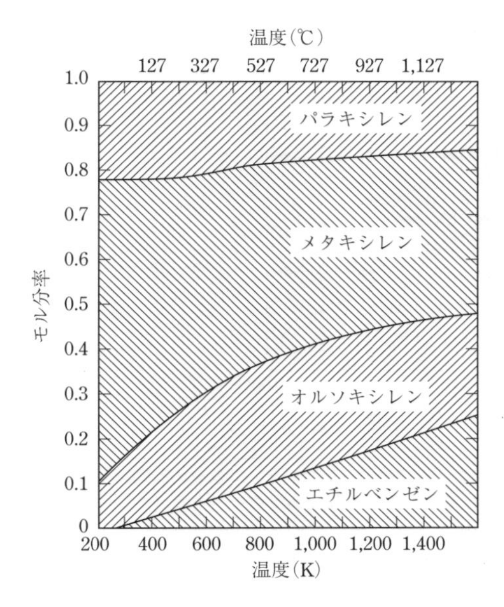

図 3.5.2 キシレン異性体の熱力学的平衡組成[39]

く分離するためのプロセスが開発されてきた.

工業的に確立しているプロセスとしては，パラキシレンの凝固点が他の異性体に比較して高いことを利用した結晶化分離プロセス，塩基度の高いメタキシレンが Friedel−Crafts 触媒の $HF\text{-}BF_3$ と錯体を形成しやすい性質を利用してメタキシレンを分離し，残りを蒸留および結晶化分離によりパラキシレンを得るプロセス，さらに液体クロマトグラフの手法を用いた吸着分離プロセスがあるが，近年新設される装置では，吸着分離プロセスが主流となっている.

B プロセスの原理

a 擬似移動床吸着分離プロセス

吸着分離プロセスは溶出クロマトグラフの原理に基づいたプロセスで，吸着剤(モレキュラーシーブ)および脱離液(パラジエチルベンゼン，PDEB)を用い，疑似移動床(simulated moving bed，SMB)の吸着塔(adsorbent tower)により，混合キシレンから高純度のパラキシレンを連続的に分離するプロセスである.

原料キシレンが吸着層を移動していく間に，吸着剤に対し親和性の高いパラキシレンが吸着し，他の異性体と分離される．次いで，吸着したパラキシレンは脱離液により吸着剤から脱離され，系外に抜き出される.

擬似移動床による連続吸脱着操作について，図 3.5.3 のフローをもとに説明する．吸着剤は密に充てんされた状態で，塔頂から塔底に循環されており，塔内では吸着剤が下から上に移動していると仮定する．脱離液を含む溶液は，吸着剤と向流で吸着塔内を上から下に流れていく．原料は吸着力の強いパラキシレン(PX)と，吸着力の弱い B 成分(他の異性体)の 2 成分系とする．脱離液 D は PX，B とも可逆的に置換でき，D も吸着剤に吸着する.

吸着剤と脱離液が向流接触する中に混合キシレンを送入すると，吸着力の強いパラキシレンは原料送入位置より上方の吸着剤進行方向にて濃度が最大となり，一方，吸着力の弱いその他成分は原料送入位置より下方の脱離液進行方向にて濃度が最大となる．各々の濃度が高くなる位置より，一部液を PX リッチなエキストラクトおよび B 成分リッチなラフィネートとして抜き出し，連続的な分離を行う．吸着塔から抜き出されたエキストラクト，ラフィネートは，それぞれ下流蒸留塔にて脱離液と分離され，脱離液は再度吸着塔に循環される.

実装置では，固体である吸着剤を，均一に移動させるのは化学工学的に実現が難しいので，カラムを細分化して原料供給位置およびエキストラクト・ラフィネート抜き出し位置をバルブ操作により移動させることで，あたかも吸着剤が移動しているかのように疑似的に移動床を再現し，同様の効果を実現している.

擬似移動床のためカラム出入り口を移動させる手段として，Parex プロセス(UOP 社)ではロータリーバルブという特殊な流路切り替え回転弁を用い，Eluxyl プロセス(Axens 社)と Aromax プロセス(東レ)では多数の自動弁によるシーケンス制御が採用されている.

この方法でパラキシレンを増産するためには原料投入量および吸着剤移動速度の増加で対応できるが，製品パラキシレンの純度維持などに限界があり，また原料中のパラキシレンの濃度を高くするのも限界がある．したがって，吸着分離プロセスでは吸着剤および脱離液選定が重要となる.

吸着剤は，パラキシレンを選択的に吸着し，吸着力が強く吸着容量が大きいものが要求される．これらの要求を満たすため，バリウムとカリウムをイオン交換した X 型ゼオライトが吸着剤として使われ

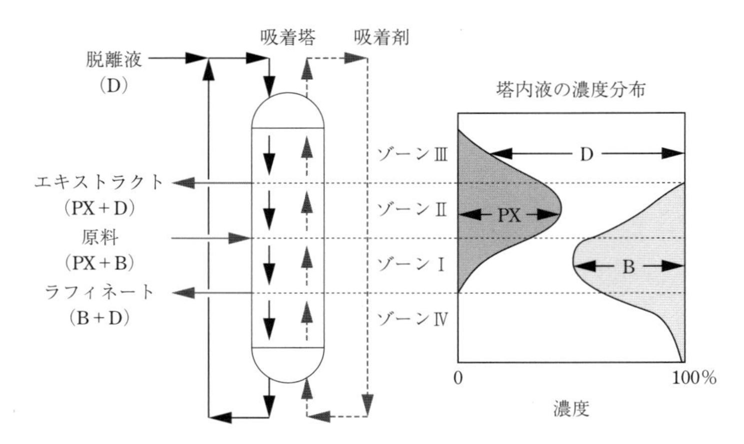

ゾーンⅢ (吸着ゾーン)	吸着塔最上部(ゾーンⅡの上部)に位置し,上部から脱着液が供給される.このゾーンで吸着剤と向流接触することにより,吸着剤に含まれているPXを脱離する.PXとD成分との混合物であるエキストラクトがこのゾーンの下部から抜き出される.
ゾーンⅡ (精製ゾーン)	原料供給段の上部に位置し,吸着力の強いPXによって吸着力の弱いB成分を脱着するゾーンである. このゾーンの最上部ではB成分はほぼゼロとなる.
ゾーンⅠ (吸着ゾーン)	原料供給段の下部に位置し,原料中の最も吸着されやすいPXがこのゾーン最下部に達するまでに,ほとんど全て吸着剤に吸着される.このゾーンの出口液はB成分(エチルベンゼン,メタキシレン,オルソキシレン)とD成分(脱離液)の混合物なっており,一部の液はラフィネートとして抜き出される.
ゾーンⅣ (バッファーゾーン)	吸着塔最下部(ゾーンⅠの下部)に位置し,脱離液中のB成分はこのゾーンで吸着剤に吸着されれば濃度ゼロになる.D成分は到底より抜き出された塔頂にリサイクルされて再び脱離液として利用される.

図 3.5.3　擬似移動床吸着分離プロセスの連続吸脱着操作[40)]

ている.

脱離液は，蒸留によりエキストラクトから分離されて再循環されるため，パラキシレンと蒸留分離しやすい適度の沸点差と，キシレンと置換が容易な吸着性能が求められる．この要求を満たす溶剤としてトルエンやパラジエチルベンゼンがあげられるが，エキストラクト中の脱離液は，パラキシレンよりも多量であるため，パラキシレンよりも沸点の高いパラジエチルベンゼンのほうが運転コストの面で有利とされている.

b　結晶化分離プロセス[39)]

結晶化分離プロセスは，分子の対称性が高いパラキシレンの凝固点が他の異性体よりも高いことを利用し，原料キシレンを－60～－80℃に冷却してパラキシレンを析出させ，結晶を遠心分離などによって分離するプロセスである．パラキシレンの理論回収率は結晶化温度での溶解度で決まるが，実際の回収率は，析出した結晶をろ過する際に微小結晶が通過するため，理論回収率より数%低下する．ろ過分離した1次結晶は母液を完全に分離しきれないので，パラキシレン純度は80～90%にとどまる．このため，結晶を溶解後再結晶化により精製し，純度97～99%の製品を得る.

この原理に基づいていくつかの工業プロセスが開発され，冷媒，冷却方法，結晶ろ過方法,，および結晶精製方法でそれぞれ特徴をもたせている．冷媒は，第一段目の結晶化工程ではエチレンが，第二段目の結晶化工程ではプロピレンが用いられることが多いが，二酸化炭素も用いられる．冷却方法は，冷媒と熱交換する間接冷却と直接原料キシレンに冷媒を吹き込む直接冷却がある．結晶ろ過には，回転式ろ過器や遠心分離器を用いる方法がある.

工業プロセスには，1950年最初にパラキシレン分離を行ったStandard Oilプロセスのほか，BP社の技術をライセンスしているCB&Iプロセス，Chevronプロセス，Cryst-PXプロセス(GTC/Lyondell社)，Badger/Niroプロセスなどがある.

c　メタキシレン錯化合物形成プロセス[39)]

Friedel–Crafts触媒($HF-BF_3$)と塩基度の高いメタキシレンの錯体形成の反応速度は速く，副反応はほとんど無視できるので，メタキシレンの分離が容易である．三菱ガス化学抽出プロセスは，99%純度のメタキシレンを製造することが可能なプロセスである.

抽出分離されたメタキシレン錯体は，異性化プロセスでパラキシレンとオルソキシレンに異性化される．この異性化プロセスは，他の異性化プロセスに比べ低温で反応が進む．なお，この異性化プロセスでは，オルソキシレンを異性化できないためパラキシレンの収率は低い．

d　精密蒸留[34)]

エチルベンゼンおよびオルソキシレンの分離には精密蒸留が用いられる．蒸留塔の必要段数は，エチルベンゼン分離の場合350段（還流比80～100），オルソキシレンの分離では100～150段（還流比4～10）程度である．

C　主要パラキシレン分離プロセス

a　Parexプロセス（UOP）[41)]

i）概要

図3.5.4にParexプロセスのフロースキームを示す．

Parexプロセスは吸着分離と精留から構成されており，吸着セクションは吸着剤を充てんした12段の吸着ベッドをもつ吸着塔を2塔直列に接続し（計24段），吸着脱離操作を自動的に順次切り替える独自設計のロータリーバルブで構成されている．ロータリーバルブは原料流量，原料組成，吸着剤充てん量などによって一定時間ごとに切り替えられる．液循環ポンプは，各ゾーンでの必要流量が異なるため，回転弁の切り替えごとに流量が変化するように運転される．回転弁は，吸着塔の各吸着ベッドと配管で接続されている．

吸着塔から抜き出されるパラキシレンを含むエキストラクトと，他の異性体を含むラフィネートは，ともに脱離液を多量に含むため，下流のエキストラクト塔およびラフィネート塔に送られ蒸留で分離し，脱離液を吸着塔に循環する．エキストラクト塔の塔頂液は，フィニッシング塔でトルエンを分離して製品パラキシレンとする．一方，ラフィネート塔の塔頂液は次の異性化プロセスに送られる．Parexプロセスでの製品パラキシレンの純度は99.9％，回収率は97％以上が得られる．

Parexプロセスでは，エキストラクト塔，ラフィネート塔などによる蒸留で多量のエネルギーを消費するため，キシレン塔の塔頂ベーパーを，リボイラ熱源として利用するなど省エネルギーを考慮した設計がなされる．

近年，吸着剤の開発・発展に伴い，脱離液の循環量を少なくすることが可能となり，UOP社は，軽質で安価なトルエンを脱離液として用いたプロセスLD Parexも提案している[42)]．LD Parexにおいても，基本的なプロセスフローは同じであるが，脱離液が軽質なトルエンであるため，エキストラクト塔，ラフィネート塔の塔頂から脱離液を回収し，吸着塔に循環される．

ii）吸着剤

Parexプロセスの吸着剤は吸着力，吸着容量が大きいものへと順次開発され，最新のADS-47は，従来のADS-37よりも約20％パラキシレン生産量が向上するとされている．図3.5.5に各世代の同一の原料を使用した場合に必要な吸着剤，脱離液の量の変遷を示す．

iii）ライセンス所有会社

本プロセスは，UOP社によりライセンスおよび技術提供される．日本代理店は日揮ユニバーサルである．また，同社では類似のプロセスとして，メタキシレン分離を目的としたMX Sorbexプロセスの提供も可能である．

iv）建設実績

Parexプロセスは，1971年の1号基以来，2013年時点で98装置のライセンス実績があり，そのうち84基が稼働している．さらに，Sorbexプロセスとしては，Parexを含めて150基以上のライセンス実績がある．

b　Eluxylプロセス（Axens）[44)]

i）概要

Eluxylプロセスのプロセスフローは，前述のものと同様，吸着塔と精密蒸留の組み合わせであり，大きな違いはないので，ここでは記述を省略するが，吸着塔の操作方法が前述のプロセスと異なる．

吸着，脱離操作は，多数のOn-offバルブを自動制御することにより行われる．各バルブの開閉時間は塔内の各成分濃度分布を，ラマン分光計によりモニタリングし適正に制御される．また，各バルブの異常は自動制御システムにより検知され，運転中のバルブのメンテナンスも可能となっている．

ii）吸着剤

Eluxylプロセスの吸着剤は，CESA社により提供されており，SPX-3000および改良型のSPX-3003，

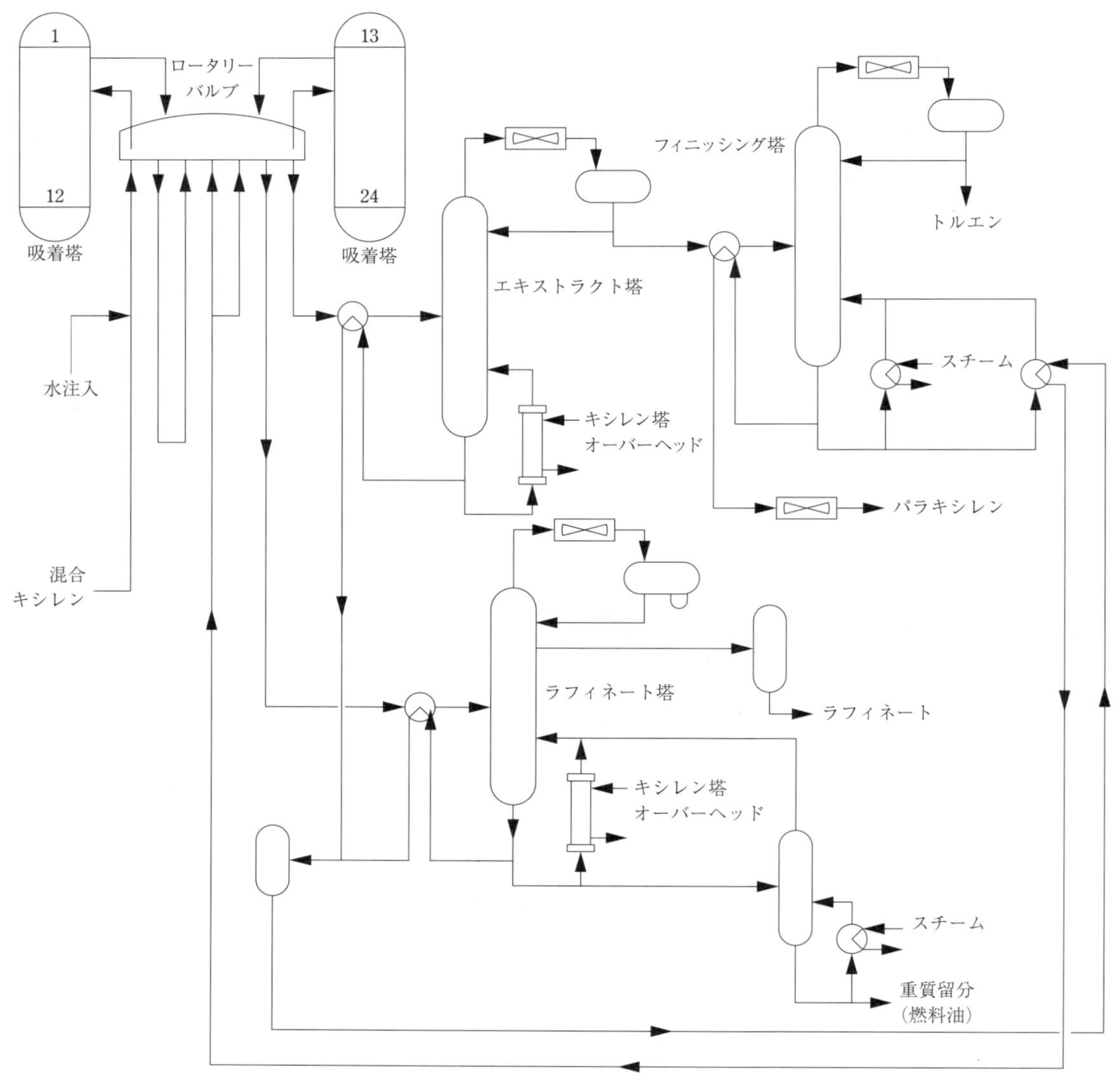

図 3.5.4　UOP Parex プロセスフロースキーム

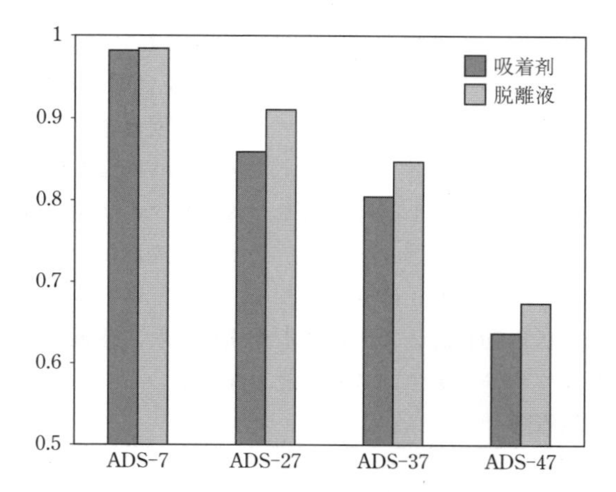

図 3.5.5　同一原料における吸着剤と脱離液の必要量の変遷[43]

5003 がある．最新の SPX-5003 は SPX-3003 と比べて約 25％能力が向上するとされている．

iii)Eluxyl 1.15 プロセス[45]

近年，吸着剤能力の向上により，吸着塔 1 塔のみを装備する Eluxyl 1.15 が実用化され，設備コストの低減が図られている．

図 3.5.6 に従来型プロセスと Eluxyl 1.15 の吸着塔構成を示す．従来型プロセスでは，12 段の吸着塔を 2 塔直列に配列する構成であったが，Eluxy 1.15 では，15 段の吸着塔 1 塔となっている．吸着塔，循環ポンプ，フィード，および各種抜出しバルブ・配管の簡素化など，全体的にシンプルな構成となる

が，同様の性能を発揮できる．

c　Aromax プロセス（東レ）[46]

本プロセスのプロセスフローは，前述のプロセスと大きな違いはないが，吸着分離の方法に特徴をもつ．吸着塔は横型で多数のセクションに分離され，各セクションに吸着剤が充てんされている．

原料は吸着塔の各セクションに，おのおのに連結されている自動弁で順次切り替えられて通され，パラキシレンを選択的に吸着しラフィネート側へのパラキシレン損失は12％に抑えられる．次いで，主としてパラキシレンからなる還流を行って純度を上げた後，脱離液を通してパラキシレンと脱離液の混合物であるエキストラクトを得る．なお，このエキストラクトとラフィネートから，おのおの蒸留塔で脱離液を分離して脱離液は再循環される．

d　パラキシレン結晶化分離プロセス（BP/CB&I）[47]

i）概要

CB&I 社は BP 社による結晶化分離プロセスをライセンスしており，長年の運転実績より蓄積した経験をもとに，より回収率を向上させたスキームを提案している．

ii）工程

本プロセスでは，結晶化工程は一段で，結晶化の後，再スラリー化工程を経て，純度 99.8％以上のパラキシレンを製造する．これにより，従来の二段結晶化プロセスと比べて，50％の省エネルギーが達成可能である．

CB&I 社は，結晶化分離プロセス，異性化，キシレン塔を併せて，図 3.5.7 に示したスキームを提案し，より高効率なパラキシレン製造が可能としている．以下に，本スキームの特徴，利点をあげる．

・異性化プロセスの反応生成物はリサイクルガスを分離した後，直接キシレン塔に送られる．よって，通常異性化プロセスで設置される脱ヘプタン塔が不要となる．

・キシレン塔は，塔頂からベンゼンなどの軽質芳香族，異性化プロセスにより生成する軽質ガスを分離する．キシレンは中間段から抜き出され，パラキシレン結晶化分離プロセスに送られる．塔頂から抜き出される軽質芳香族からは，溶剤抽出プロセスなしに高純度ベンゼンの蒸留分離が可能である．

・キシレン塔の圧力を低くできる．これは，パラキシレン分離装置で精留塔が不要なので，熱回収目的でキシレン塔の運転圧を上げる必要がないことによる．

・吸着分離プロセスと比べて，結晶化分離プロセスでは，原料中の C_9＋芳香族含有量を許容できるため，キシレン塔で要する段数，環流比を小さくできる．

iii）ライセンス所有会社

本プロセスは，CB&I 社によりライセンス，技術提供されている．

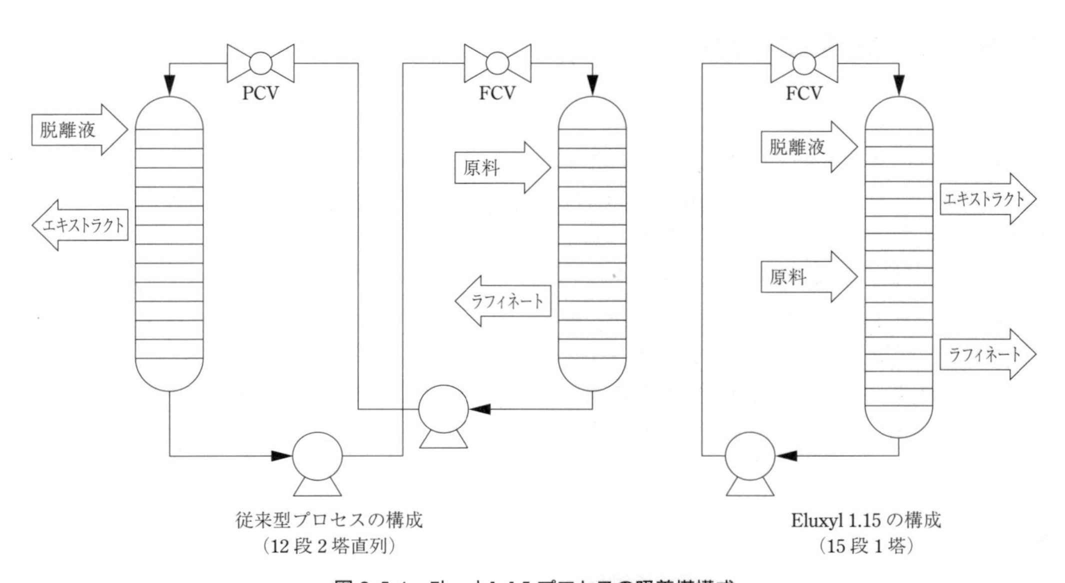

図 3.5.6　Eluxyl 1.15 プロセスの吸着塔構成

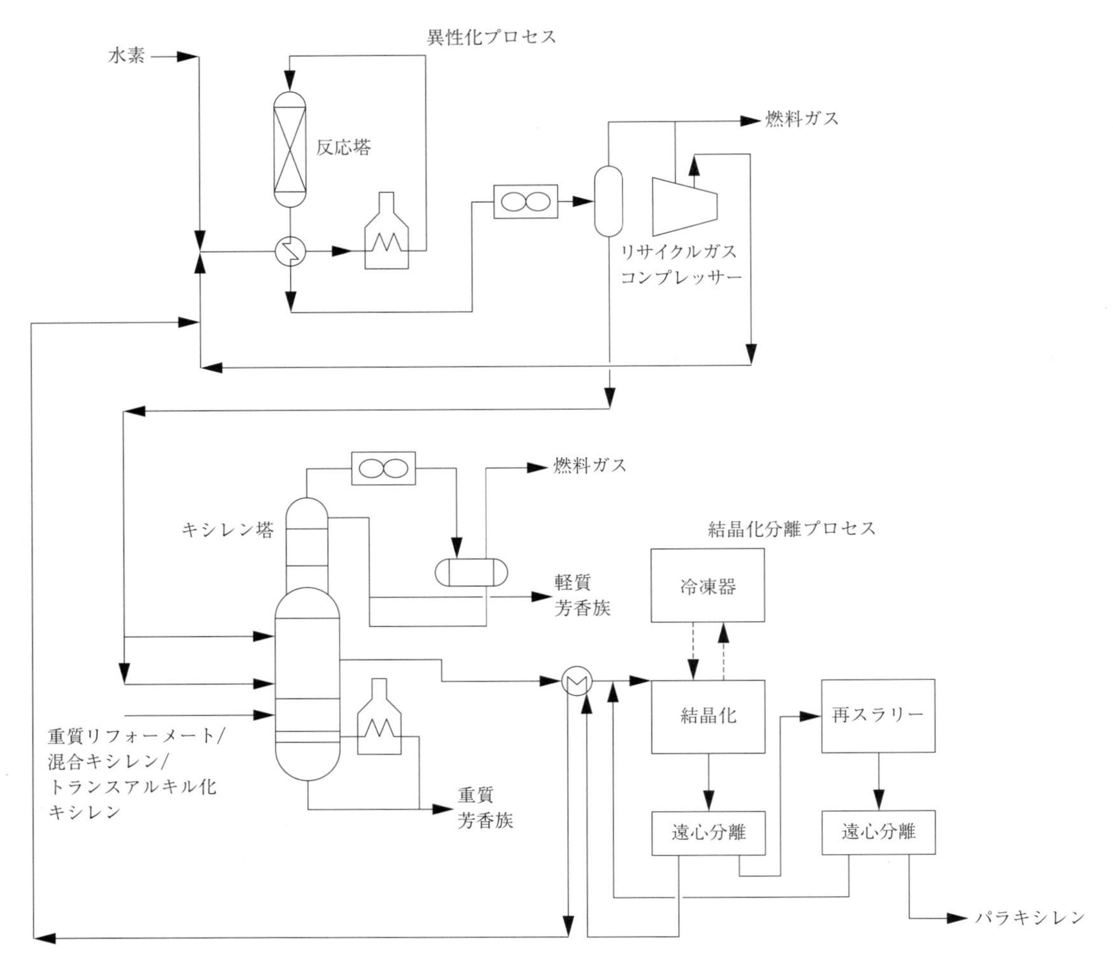

図 3.5.7　BP/CB&I パラキシレン製造フロースキーム

3.5.3　キシレン異性化プロセス

A　概要

キシレンの異性体は，オルソ，メタ，パラの各キシレンとエチルベンゼンであるが，需要の大部分はパラキシレンに偏在するので，他の異性体をパラキシレンに変える異性化技術が開発され，発展を遂げている．異性化プロセスは平衡反応であり，先に述べたパラキシレン分離プロセスと組み合わせ，キシレン塔を介して循環することにより，すべてのキシレン異性体をパラキシレンに転換することが可能となる．

B　反応[48)]

異性化プロセスで工業的に使用されている触媒は次の 3 種類に大別され，以下に述べるようにエチルベンゼンの処理方法に違いがみられる．

(1) ゼオライトやシリカアルミナなどの固体酸触媒
(2) 金属(白金)担持固体酸触媒(二元機能触媒)
(3) Friedel−Crafts 触媒

キシレン異性化プロセスにおいては，図 3.5.8 に示すように，キシレンとエチルベンゼンの反応メカニズムが異なる．エチルベンゼンを除くキシレンの異性化は，いずれの触媒でもプロトン供与性のブレンステッド酸の触媒作用で促進される．一方，エチルベンゼンの処理は，ナフテンを経由し異性化反応によりパラキシレンを得る方法と，脱アルキル化してベンゼンに転換する方法の 2 つに分類できる．

エチルベンゼンの異性化では，まずベンゼン環を二元機能触媒上で水素化してナフテン環を生成した後，ついで，酸点上でのナフテン環の骨格異性化により生成する五員環ナフテンを経由して進むと推定されている．エチルベンゼン脱アルキル化は，固体酸触媒により，エチルベンゼンを脱アルキル化しベンゼンに転換する方法である．

エチルベンゼンの異性化は，パラキシレンの収率を増加させることができるが，一方，転化率が30％程度に制限されるため，分離プロセスと異性化プロセス間の循環量が相対的に増加し設備および運転コストが高くなる．エチルベンゼンの脱アルキル反応は，転化率が90％程度と高く，パラキシレン収率は，異性化と比べて若干低くなるものの，ベンゼンを合わせた芳香族製品の収率としては，99％以上を確保できる．

パラキシレン分離プロセスの能力が一定の場合は，脱アルキル化を用いる方法が，原料キシレンを多く必要とするがパラキシレンの生産量は高くなる．異性化では，分解，不均化，トランスアルキル化，および脱アルキル化などの副反応が起こるが，これらを抑制して転化率を高め，異性化を効率よく進めることがプロセスの課題となっている．

表3.5.2に代表的なキシレン異性化プロセスを示す．エチルベンゼンの異性化，脱アルキル化は，ともに反応条件は近く，相互に入れ替えが可能であるので，原料キシレンの入手の難易，パラキシレンの必要生産量，装置能力などを勘案して触媒を選定できる．HF/BF_3などのFriedel-Crafts触媒の特徴は，酸性度が高いのでかなり低い温度で反応が進み，副生成物が少ない点にあるが，エチルベンゼンの異性化は固体酸触媒と同様ほとんど起こらない．

C　主要キシレン異性化プロセス

a　Isomarプロセス（UOP）[49]

i）概要

Isomarプロセスは，前述のParex装置のラフィネート塔にて分離された，ラフィネートを原料とする異性化プロセスである．

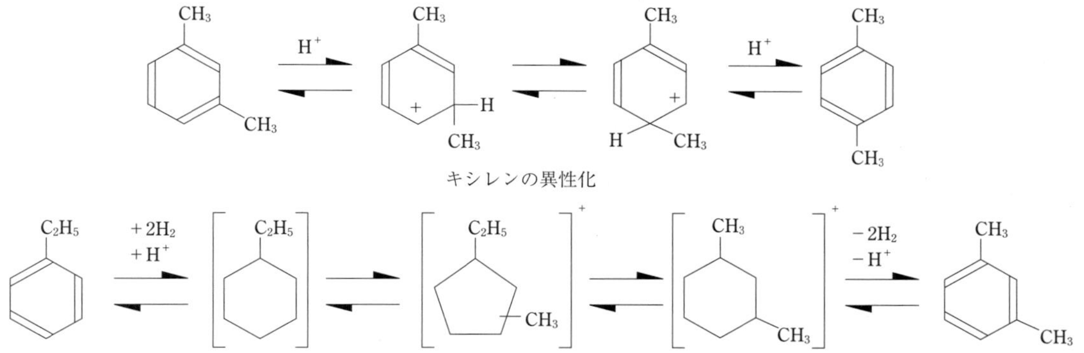

キシレンの異性化

エチルベンゼンの異性化

図3.5.8　C_8芳香族の異性化反応機構

表3.5.2　キシレン異性化プロセス

プロセス	ライセンサー	エチルベンゼン処理	触媒タイプ	反応温度（℃）	反応圧力（MPa）	共存ガス
Isolene-I	東レ	脱アルキル化	固体酸触媒	350～550	1.0～3.0	水素
MHAI/MHTI	ExxonMobil	脱アルキル化	固体酸触媒			水素
XyMax	ExxonMobil/Axens	脱アルキル化	金属担持固体酸触媒			水素
Isomar	UOP	異性化 脱アルキル化	金属担持固体酸触媒	250～540	1.0～3.5	水素
Isolene-II	東レ	異性化	金属担持固体酸触媒	370～540	1.4～3.5	水素
Oparis	Axens	異性化	金属担持固体酸触媒			水素
MGC	三菱ガス化学	脱アルキル化	$HF-BF_3$	＜100	1	なし

ii)工程

プロセスフローの例を図 3.5.9 に示す．原料に循環水素ガスと補給水素ガスとを混合して，反応温度まで加熱炉で昇温して反応塔に送る．反応生成物は気液分離槽で水素リッチガスを分離する．水素リッチガスは圧縮機で昇圧して循環使用する．気液分離槽からの液は，脱ヘプタン塔で軽質留分を分離除去し，吸着プロセスの上流のキシレン塔に送り，新原料とともに C_9＋留分を分離後，吸着セクションの原料とする．

iii)触媒

Isomar プロセスの触媒は，エチルベンゼンの脱エチル型の触媒(固体酸触媒)として I-350，エチルベンゼンの異性化型(二元機能触媒)として I-400 触媒を選択できる．Parex-Isomar プロセスにおける，各触媒のパラキシレンの収率を表 3.5.3 に示す．さらに，最近，新たに脱アルキル型触媒として I-500，異性化触媒として I-600 が開発され実用化されている．

iv)プロセス所有会社

本プロセスは，UOP 社により，ライセンスおよび技術提供される．日本代理店は日揮ユニバーサルである．

v)建設実績

1967 年の 1 号機以来，Isomar プロセスは全世界で 75 基ライセンスされている．

b　XyMax，Oparis プロセス(Axens)[50), 51)]

i)概要

本プロセスは，前述の Eluxyl 装置のラフィネート塔にて分離された，ラフィネートを原料とする異性化プロセスである．エチルベンゼンの処理方法の違いにより，異なる触媒を用い，XyMax，Oparis とプロセス名称を使い分けている．

ii)工程

全体のプロセスフローは，前述のものと大きな違いはないので，ここでは記述を省略する．

iii)触媒

Oparis プロセスは，Axens 社が開発したエチルベンゼンの異性化能をもつ二元機能触媒を使用し，パラキシレン収率 93％が得られる．

Axens 社は ExxonMobil 社と提携して脱エチル型のゼオライト触媒を使用する MHTI，MHAI さらに最新の EM-4500 触媒を使用しキシレンのロスを

表 3.5.3　Parex-Isomar 混合キシレン原料に対するパラキシレン収率

	I-350	I-400
エチルベンゼン処理	脱アルキル	異性化
パラキシレン(PX)収率，wt％	86.3	87.6
ベンゼン(Bz)収率，wt％	6.4	0.2
合計(PX＋Bz)，wt％	92.7	87.8

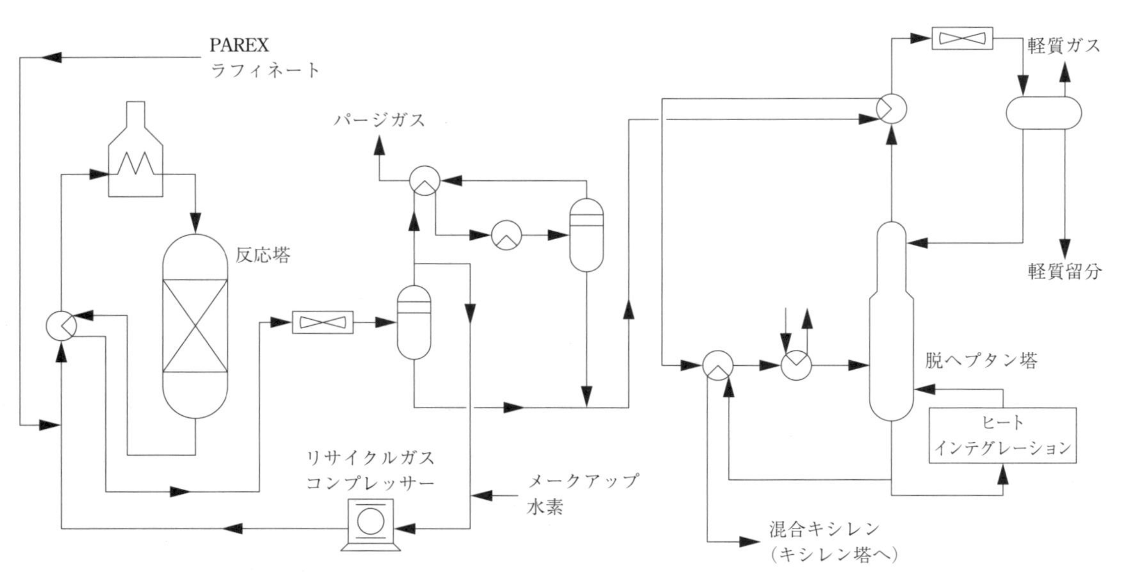

図 3.5.9　UOP Isomar プロセスフロー

低減したXyMaxプロセスとの組み合わせもライセンスしている．XyMaxプロセスでは，エチルベンゼンの転化率は70〜80％程度とされている．

iv)プロセス所有会社

本プロセスは，Axens社により，ライセンスおよび技術提供される．日本代理店はAxens Far Eastである．

v)実績

2012年時点で，Eluxylプロセスは20基以上，Oparisプロセスは16基，ExxonMobil社の異性化プロセスは世界の処理能力の1/3以上となっている．

3.6　芳香族転換プロセス

3.6.1　概要

前述のとおりBTXの主要供給源は，製油所の接触改質装置で製造されるリフォーメートであるが，需要はリフォーメート中のBTX構成比と異なり，キシレンとベンゼンに偏っている．トルエンやC_9＋芳香族は，高オクタン価ガソリン基材としても使用されるが，より需要のあるベンゼンやキシレンへの転換プロセスが開発されてきた．本節では，芳香族転換プロセスとして，トルエンの不均化，トルエン/C_9＋芳香族のトランスアルキル化，トルエンの水素化脱アルキル化，トルエンのアルキル化について述べる．

3.6.2　不均化およびトランスアルキル化

A　概要

不均化およびトランスアルキル化は，トルエン，C_9-C_{10}芳香族をキシレンに転換させることにより，パラキシレンの生産量を飛躍的に増加させるプロセスである．不均化(disproportionation)とは，トルエンからキシレンとベンゼンを，トランスアルキル化(transalkylation)とは，トルエンとC_9＋芳香族を原料として，おもにパラキシレンを得るプロセスを指す．

製品中のパラキシレン濃度は平衡反応により決まるので，反応生成物を上流の精留塔に循環させることにより，最終的にすべてのトルエン，C_9＋芳香族をキシレンに転化することが可能である．さらに，先に述べたパラキシレン分離・異性化プロセスと組み合わせてキシレン異性体をすべてパラキシレンに転換することにより，同一芳香族原料からおよそ2倍量のパラキシレンを生成することが可能となる．また，近年は，トルエンの選択的不均化により製品混合キシレン中のパラキシレンの濃度を平衡濃度から90％程度まで高めた触媒・プロセスが開発されている．

実用化されているおもなプロセスを表3.6.1に，トランスアルキル化プロセスを導入した場合の装置構成の一例を図3.6.1に示す．

B　反応

本プロセスの主反応は，不均化とトランスアルキレーションの2種類である．これら反応は熱力学的平衡により，トルエン不均化の場合には300〜500℃において，平衡組成でその平衡転化率は60％程度である．平衡組成におけるメチル基の分布を図3.6.2に示す．また，ベンゼン環の縮合などにより触媒にコークが析出し，この触媒へのコーク析出を抑制するために反応は水素雰囲気下で行う．

a　不均化プロセス

不均化プロセスでは，図3.6.3に示すように，トルエン2分子をベンゼンとキシレンに転換する不均化反応とその副反応としてトルエンの脱アルキル化ならびにキシレンの不均化反応が起こる．反応は，固体酸上，水素雰囲気下気相で行われ若干の発熱を伴う．トルエンの不均化反応による転化率は，およそ50％程度である．

b　トランスアルキル化プロセス

主反応はトルエンとトリメチルベンゼンからキシレンへのトランスアルキル化反応であるが，副反応としてメチル基より長いアルキル基(エチル基，プロピル基など)をもつ芳香族の脱アルキル化反応も比較的容易に起こる(図3.6.4)．メチル基とフェニル基の基数比が2に近いとき，キシレン収率が最

表 3.6.1　主要不均化，トランスアルキル化プロセス52）

プロセス	ライセンサー	原料	特徴	実績
Tatoray	東レ/UOP	トルエンと C_9-C_{10} 芳香族	原料として C_9＋芳香族100%も可能	48基(2006年)，内42基稼働中，6基が設計または建設中
TAC9	東レ/UOP	トルエン，C_9＋芳香族	原料として C_9＋芳香族100%も可能	国内外に複数基のコマーシャルプラントが稼働中
MTDP-3	ExxonMobil/Axens	トルエン，C_9 芳香族		3基稼働中(1997年時点)
TransPlus	ExxonMobil/Axens	トルエン，C_9-C_{11} 芳香族		1997年1号機，13基
MSTDP	ExxonMobil/Axens	トルエン	生成キシレン中のPX濃度80%以上	1996年1号機，2005年時点7基
PxMax	ExxonMobil/Axens	トルエン	生成キシレン中のPX濃度90%以上	1996年1号機，2005年時点4基
PX-Plus	UOP	トルエン	生成キシレン中のPX濃度90%以上	2005年2基稼働中，他は設計，建設中

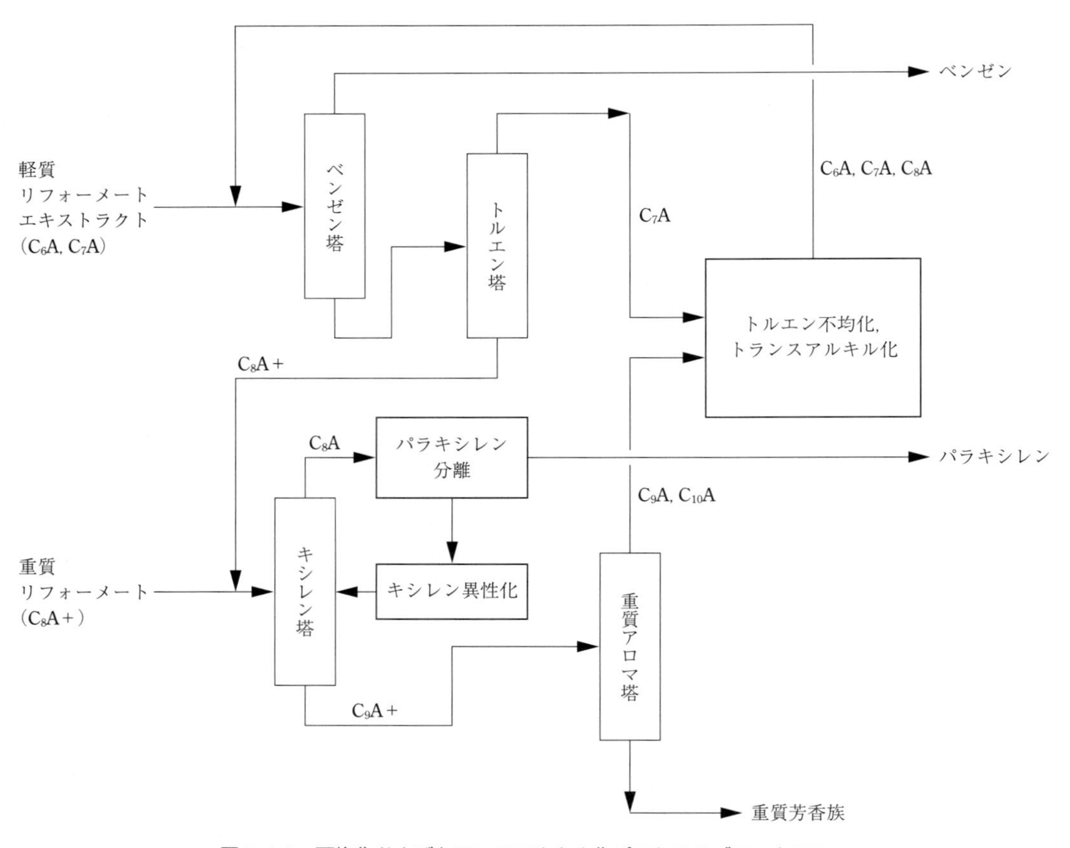

図 3.6.1　不均化およびトランスアルキル化プロセスのブロックフロー

大となる．また，原料となる芳香族のアルキル基が長い場合，軽質ガスの発生が増加し液収率は低下する．

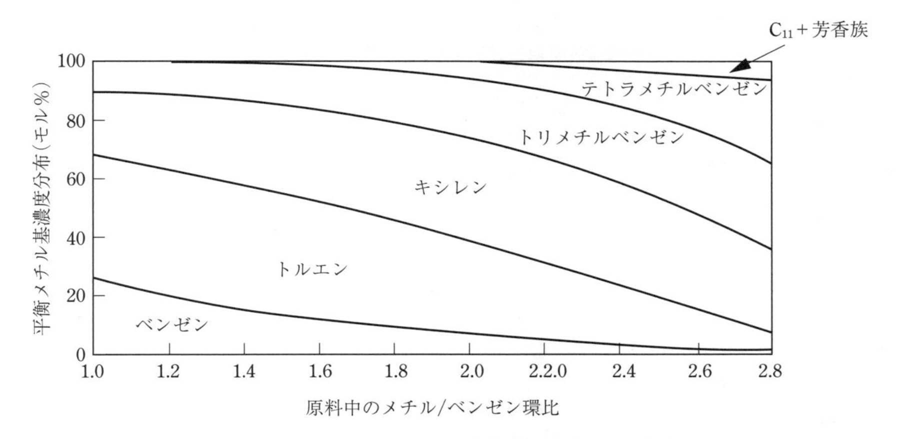

図 3.6.2　メチル基の平衡濃度分布(温度：700℃)

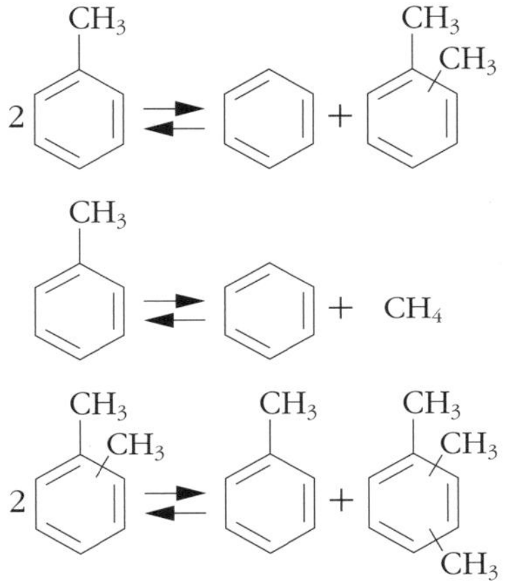

図 3.6.3　不均化プロセスでの反応

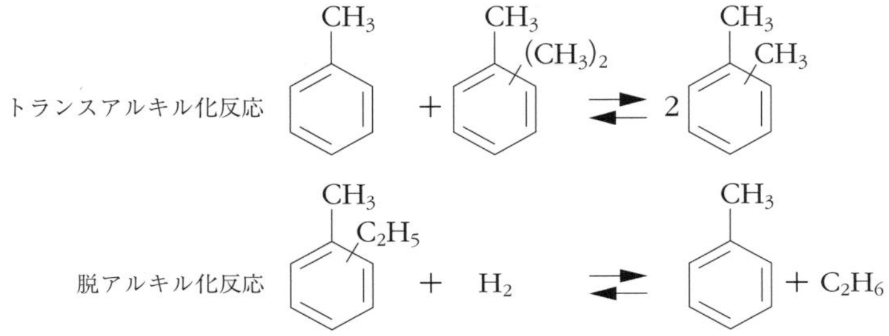

トランスアルキル化反応

脱アルキル化反応

図 3.6.4　トランスアルキル化プロセスでの反応

C　主要不均化およびトランスアルキル化プロセス

a　Tatoray プロセス(東レ・UOP)[53), 54)]

i)概要

東レと UOP 社が共同開発した Tatoray プロセス(transalkylation of alkylaromatics by Toray)は，高活性でかつ安定性の高い(触媒活性の経時変化の少ない)モルデナイト系ゼオライト触媒 TA-20 を採用し工業化されている．近年はより活性を高めた触媒として TA-30，TA-32 が商業化されている．

原料は，100％トルエンから，100％ C_9＋芳香族まで対応可能である．生成するキシレンは，エチルベンゼンの含有量が少なく，パラキシレン分離，異性化装置にとっても良質な原料である．

最近，トルエン 20％，C_9-C_{10} 芳香族 80％の重質な原料に対して高いキシレン収率と 2 年近い寿命を達成できる TA-30 触媒が商業化されている．

前述のとおり，トランスアルキル化プロセスを導入した場合，接触改質原料ナフサの終点をより高くして C_9-C_{10} 芳香族を生成し，キシレンに転換することで，パラキシレン収率は飛躍的にに増加する．表 3.6.2 に，Tatoray 装置の有無，接触改質原料ナフサ終点の違いによる，パラキシレン収率を示す．

ii)工程

図 3.6.5 にプロセスフローを示す．原料(トルエンのみ，または C_9-C_{10} 芳香族混合トルエン)は水素ガスと混合され，反応温度まで加熱されて反応塔に供給される．反応器は触媒の再生が通常の条件では 1 年以上不要であることから，単一の固定床反応器を採用している．反応器を出た生成物は冷却後，分離槽で気液分離され，水素ガスは反応器へリサイク

表 3.6.2　Tatoray プロセス導入によるパラキシレン収率の一例
（接触改質原料ナフサ 25,000 BPSD に基づく）

	Tatoray 無	Totaory 導入ケース	
Tatoray 原料	—	トルエン	トルエン＋C_9 芳香族
接触改質原料ナフサ終点，℃	150℃	150℃	170℃
パラキシレン生産量，万 t y^{-1}	20 万 t	28 万 t	42 万 t

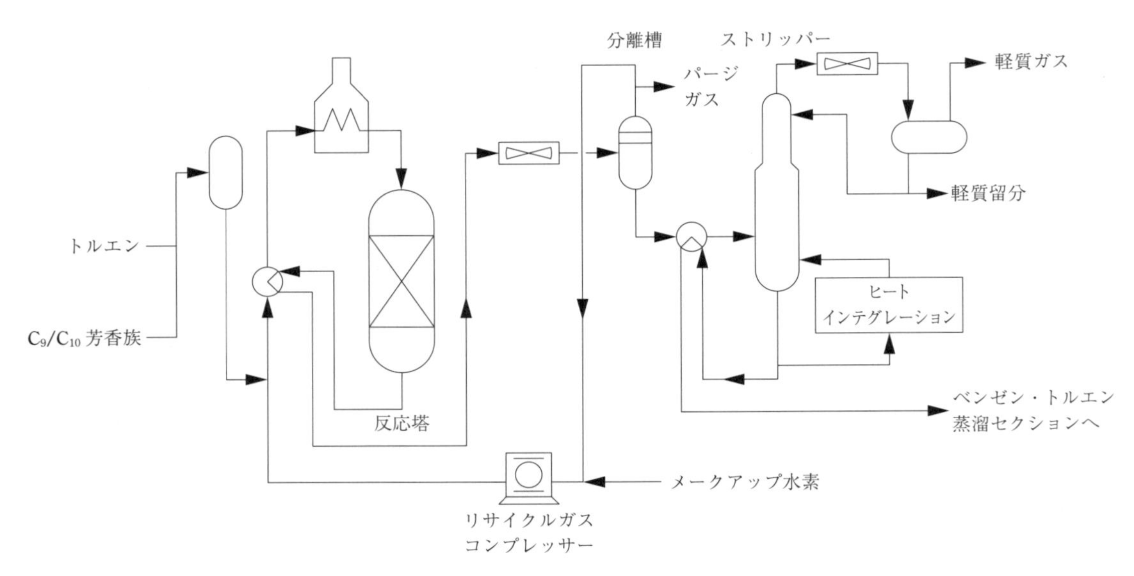

図 3.6.5　Tatoray プロセスフロー

ルされ，発生ガス相当分は水素回収設備に送られる．反応生成物はストリッパーで軽質留分を分離される．

ストリッパー塔底液は白土処理後，ベンゼン塔，トルエン塔，キシレン塔などの蒸留塔で順次分離され，トルエンおよび C_9 芳香族は原料に再びリサイクルされる．適切な運転条件は状況により異なるが，通常次の範囲である．

・運転圧力：0.98～4.9 MPa
・運転温度：350～530℃
・リサイクル水素/原料モル比：1～5
・メークアップ水素濃度：70 vol％以上

iii）プロセス所有会社

プロセス保有会社は UOP 社であり，日本代理店は日揮ユニバーサルとなっている．

iv）運転実績

2013 年時点で，計 60 装置のライセンス実績があり，47 装置が稼働している．

b　TransPlus プロセス（ExxonMobil，Axens）[55]

i）概要

TransPlus プロセスは，ExxonMobil 社が開発した触媒を用いたプロセスであり，トルエン，C_9 および C_{11} 芳香族まで処理可能である．両プロセスで使用される触媒はともに選択性が高いため，重質芳香族などの副生成物は少なく，キシレンおよび純度の高い製品ベンゼンが得られるとともに，触媒の劣化速度も遅く，長期連続運転が可能である．

ii）工程

全体のプロセスフローは，前述のものと大きな違いはないので，ここでは記述を省略する．

iii）プロセス所有会社

本プロセスは Axens 社によりライセンスおよび技術提供され，日本代理店は Axens Far East となっている．

iv）運転実績

TransPlus プロセスは，1997 年に台湾にて稼働以来，計 13 装置のライセンス実績がある．

3.6.3 トルエンの選択的不均化プロセス[56]

A 概要

トルエンを原料とし，選択的不均化により製品キシレン中のパラキシレン濃度を平衡濃度以上に高めたプロセスとして，ExxonMobil/Axens 社の MSTDP，PxMax，UOP 社の PX-Plus プロセスなどがある．両プロセスともに，トルエンの転化率は 30％程度と従来の不均化と比べると低いが，製品キシレン中のパラキシレン濃度が高いため，パラキシレン分離装置での回収率を向上することができる．

B 主要プロセス

a MSTDP，PxMax プロセス（ExxonMobil/Axens）

ExxonMobil/Axens 社の MSTDP プロセスは ZSM-5 触媒を使用し，ゼオライトの形状選択性を利用して製品キシレン中のパラキシレン濃度を 80％以上とし，さらに改良された PxMax プロセスは製品キシレン中のパラキシレン濃度を 90％以上に高めている．ゼオライトの形状選択性による選択的不均化の原理は，ゼオライト外表面の細孔径を調整（狭める）することにより，トルエンの不均化により生成したパラキシレンとベンゼンが選択的に細孔を通過して細孔径よりわずかに大きい分子である他のキシレン異性体が残るため，さらに平衡に達するまで異性化が起こりパラキシレンが生成するというものである．

b PX-Plus プロセス（UOP）[57]

PX-Plus プロセスは，生成物中のパラキシレン濃度を一般的な平衡濃度 24％から 90％まで高めたプロセスであり，UOP 社により開発された形状選択性を高めた触媒を使用している．反応条件は従来の不均化プロセスと類似しており，既設機器が利用できる．

選択的不均化プロセスは，パラキシレン分離プロセスの回収率向上に寄与する．特に，パキシレン結晶化分離プロセスにおいて有効であり，従来のキシレン原料でのパラキシレン回収率 65％程度であったものを，選択的不均化プロセスの導入により，90％以上の回収率が達成可能となる．UOP PX-Plus プロセスでは，Badger/Niro の結晶化パラキシレン分離プロセスと組み合わせた PX-Plus XP プロセスが商業化されている．一例として収率を表 3.6.3 に示す．

表 3.6.3 PX-Plus XP プロセスの収率

トルエン転化率/パス	%	30
パラキシレン収率	wt%	36
ベンゼン収率	wt%	43
軽質ガス	wt%	<8
パラキシレン回収率	%	93.5
パラキシレン純度	%	99.9

3.6.4 水素化脱アルキルプロセス[58),59]

A 概要

水素化脱アルキルプロセスは，トルエンを選択的にベンゼンに変換することを目的に，古くから開発されてきたプロセスである．工業化されたプロセスには触媒を使用しない非接触（thermal）プロセスと触媒を使用する接触プロセスがある．UOP 社が 1970 年代に接触プロセスの Hydeal プロセスから非接触プロセスの THDA プロセスに転換したことにみられるように，高温の水素の存在下で脱アルキルする非接触プロセスが，触媒の再生が不要のうえ，機器のメンテナンスが容易なことから主流となっている．

非接触プロセスとしては，三菱ケミカルの MHC プロセス，UOP 社の THDA プロセス，Axens 社の HDA プロセスなどが工業化されている．いずれも基本的には類似のプロセスであり，代表的プロセスについて記載する．

また，ベンゼンを目的生成物とするプロセスとしては，水素化脱アルキルプロセスは優れた方法であり，その特徴は次のとおりである．

- 製品ベンゼンの収率が高い（トルエンが原料の場合は 99％以上である）．
- 反応生成物の高い選択性から，生成したベンゼンの純度が 99.99％以上であり，抽出工程を必要とせず，簡単な白土処理および蒸留のみで製品が得られる．
- 低純度水素が使用可能であり，触媒を使用しないので，水素中に含まれる微量の不純物の除去を必要としない．

B　反応

本プロセスはトルエンを原料とし，ベンゼン環の側鎖アルキル基を脱アルキル化することで製品ベンゼンを得るものである（図3.6.6）．本反応は，水素化反応で発熱を伴う．主反応は脱アルキル反応であるが，副反応としてパラフィン/ナフテンの水素化分解ならびに芳香族炭化水素のカップリング反応および縮合反応などが起こる．

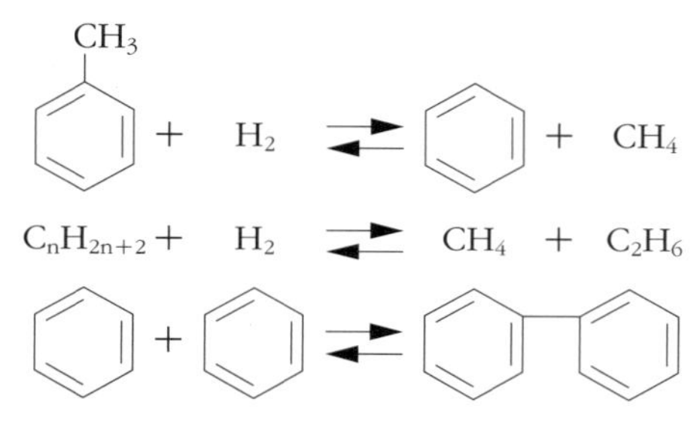

図3.6.6　脱アルキルプロセスでの反応

C　工程

後述するAxens社の脱アルキルプロセスのスキームを図3.6.7に示す．原料油は未反応アルキル芳香族，循環ビフェニル芳香族，メークアップ水素，および循環水素と混合され，反応塔へ供給される．反応生成油は，高圧分離器で気液分離された後，活性白土塔で微量混在するオレフィン類を除去し，ベンゼン塔へ送られ，製品ベンゼンを得る．ベンゼン塔の塔底からはリサイクル塔に送られ，その塔頂から得られるトルエンおよびビフェニルは再度原料に循環混合し反応器に送られる．

D　主要脱アルキルプロセス

a　MHCプロセス（三菱ケミカル）[60),61)]

i）概要

MHCプロセス（Mitsubishi hydrocracking and dealkylation process）は，旧三菱油化（現三菱ケミカル）が1957年に基礎研究に着手し，その後，千代田化工建設との共同による研究開発を経て，1967年第一号商業プラントが現三菱化学四日市工場に完成した．プロセスの所有は三菱ケミカル，ライセンスの窓口は千代田化工建設となっている．

このプロセスでは，アルキルベンゼンを含有する炭化水素油を，高温水素の存在下で脱アルキル化することによりベンゼンを生成し共存する非芳香族炭化水素はメタン，エタンなどの軽質炭化水素に水素化分解される．非芳香族炭化水素の水素化分解は，反応熱が大きく反応温度の制御に工夫を要する．

MHCプロセスはこれを容易にかつ安定的に行え

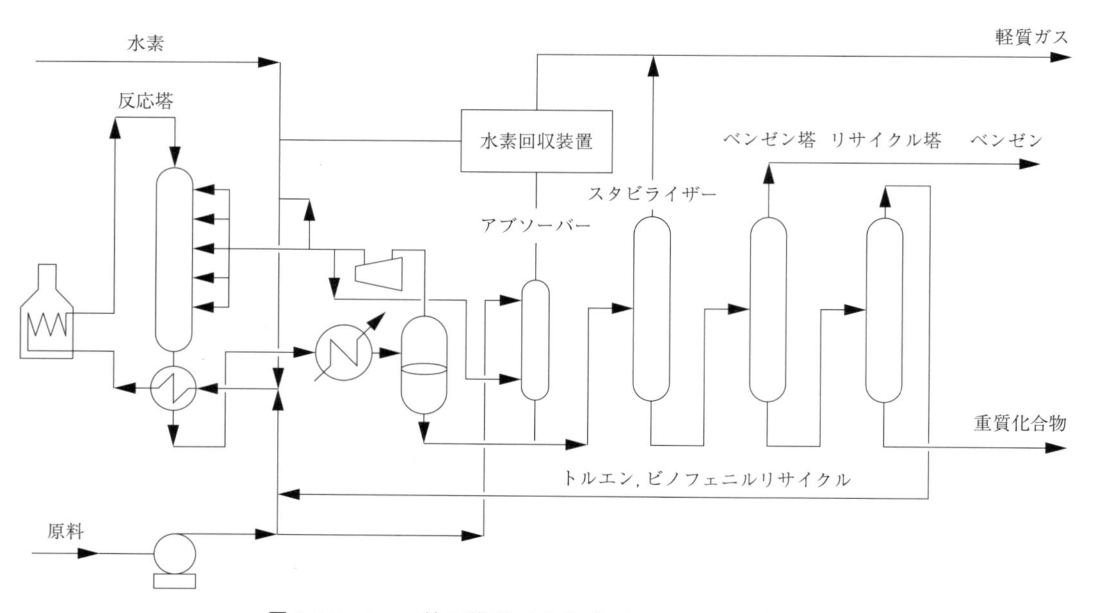

図3.6.7　Axens社の脱アルキル化プロセスのフロースキーム

るプロセスであり，通常必要とされる非芳香族炭化水素の分離除去といった原料油の予備処理を必要としないことを特徴としている．

ii)原料

原料は，石油精製における重質ナフサの接触改質で生産されるリフォーメート，エチレン生産時に副生する熱分解残油，コークス製造時に副生する粗軽油などである．

iii)反応

反応条件は対象とする原料油の性状により異なるが，一般に圧力 0.98 MPa 以上，温度 500～800℃，原料油に対する水素のモル比 1～10 である．脱アルキル反応に必要とされる反応温度域において，原料油に対する水素のモル比を十分大きくとれば，平衡転化率をほとんど 100％にすることが可能であり，熱力学的平衡の制約を受けることはない．

b THDA プロセス(UOP)[62),63)]

i)概要

UOP 社の脱アルキルプロセス(thermal hydro-dealkylation process)は，1979 年に接触プロセスによる第一号機の運転が開始されたが，1970 年代に入ると，現在の THDA プロセスへ転換している

ii)工程

プロセスの工程は，基本的に MHC プロセスと同じであるが，ヘビーリフォーメト，FCC の LCO，コールタールなどからのナフタレン製造も可能である．また，このプロセスは後述の UOP Tatoray プロセスへ低コストで改造できるため，ベンゼンの需要が低い場合には，Tatoray プロセスへの改造により，ベンゼンに加え混合キシレンの生産も可能である．

iii)プロセス所有会社

本プロセスの所有会社は UOP 社であり，日本代理店は日揮ユニバーサルである．

c HDA プロセス(Axens)[64)]

i)概要

1960 年に HRI(Hydrocarbon Research Inc.)社によってライセンスされたプロセスである．現在は，Axens 社にライセンスが譲渡されている．

ii)工程

プロセスの工程は基本的に MHC プロセスとほぼ同様であるが，反応塔に多数のクエンチを備え，処理量およびフィード組成(C_7-C_{11})に応じて最適な反応温度調整により高いベンゼン収率を維持できる．

表3.6.4 HDA プロセスのベンゼン収率とユーティリティー消費量

トルエン原料，$t\,y^{-1}$	120,700
ベンゼン製品，$t\,y^{-1}$	100,000
電力，kW	650
冷却水流量，$m^3\,h^{-1}$	208
燃料ガス，$MMkJ\,h^{-1}$	34.9
高圧スチーム発生量，$kg\,h^{-1}$	3859

本プロセスで得られる収率およびユーティリティー消費量の一例を表 3.6.4 に示す．

iii)プロセス所有会社

プロセス保有は Axens，日本代理店は Axens Far East となっている．

iv)実績

実績としては，2005 年時点で海外で 35 基となっている．

3.6.5 トルエンのメチル化によるキシレン製造プロセス

A 概要

本プロセスは，トルエンに安価なメタノールを付加することにより，キシレンに転換するプロセスである．本プロセスをトランスアルキル化と組み合わせることで，リフォーメート由来の芳香族をすべてパラキシレンに転換することも可能とされている．

B 主要プロセス

a GT-TolAlk(GTC Technology)プロセス[65)]

i)概要

本プロセスは，ZSM-5 をベースとする触媒を用い，メタノールによるトルエンのメチル化により，キシレンを生産するプロセスである．生成したキシレンは，リフォーメートと比較してパラキシレンに富んでおり，エチルベンゼン含有量はきわめて少ないので，パラキシレン分離，異性化装置への負担を低くできる．

ii)工程

図 3.6.8 にフロースキームを示す．反応温度は 450～550℃，圧力は 0.3 MPaG 程度で，トルエンのワンパス転化率は，20～35％程度である．固定床反応器で，水素消費もなく比較的シンプルなス

キームである．反応生成物は，オフガス，軽質分を除去した後，未反応トルエンは再度反応器に送られる，混合キシレンと C_9＋芳香族はそれぞれパラキシレン分離装置，トランスアルキル化装置に送られる．

iii)プロセス所有会社

本プロセスは，GTC Technology 社により提供が可能である．

b　EMTAM プロセス(ExxonMobil, Axens)[66]

i)概要

EMTAM(ExxonMobil toluene alkylation with methanol)は，ExxonMobil 社により開発された触媒を使用した，トルエンのメチル化によるキシレン製造プロセスである．生成したキシレンは，リフォーメートと比較して，パラキシレンに富んでおり，パラキシレン分離，異性化装置への負担を低くできる．

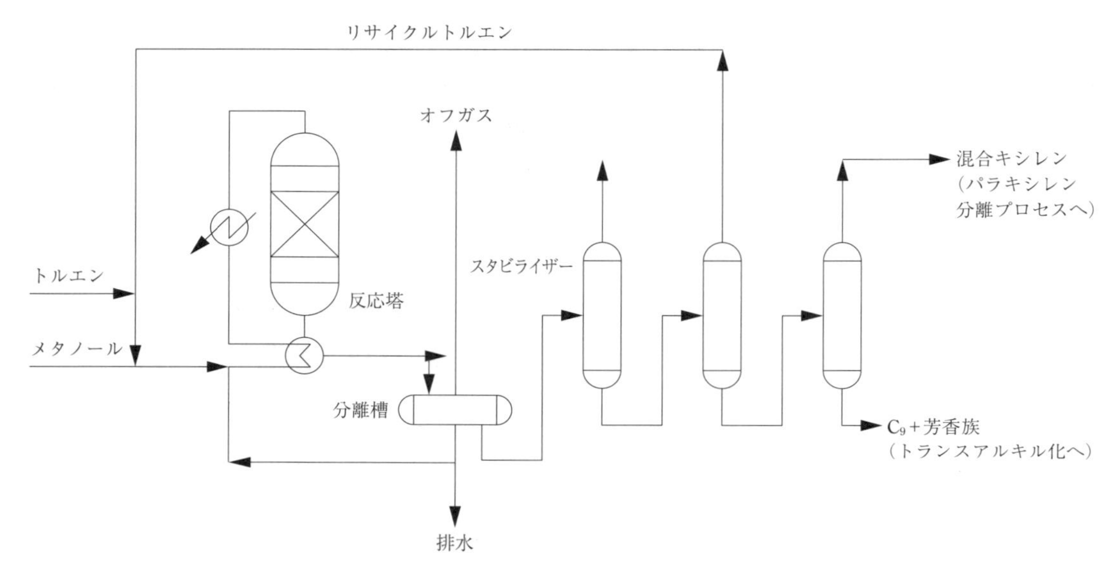

図 3.6.8　GT-TolAlk のフロースキーム

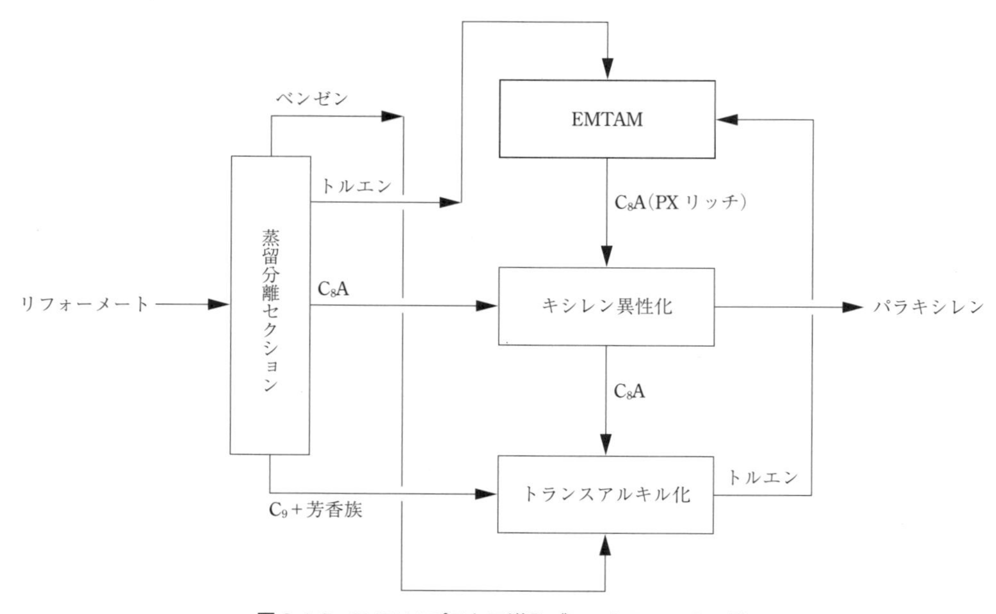

図 3.6.9　EMTAM プロセス導入ブロックフローの一例

ii)工程

トルエンのメチル化反応では，コークの析出が他の芳香族転換プロセスと比べて大きい．本プロセスでは，流動床反応器を用いて，連続的にコークを燃焼・再生することで，触媒活性を維持できる．

Axens社はトランスアルキル化プロセスTransPlusと組み合わせて，パラキシレン収率を効率的に向上させるスキームを提案しており，図3.6.9にその導入例を示す．リフォーメート由来のトルエンに加えて，ベンゼンとC_9＋芳香族をトランスアルキル化プロセスにより，生成したトルエンをメチル化してキシレンに転換し，パラキシレンを増産することができる．

ナフサに対するパラキシレンの収率は，従来型のスキームでは59％程度であったが，EMTAMを導入することにより，73％程度まで向上させることができる．さらに本プロセスで得られるキシレン中のパラキシレンの濃度が高いため，パラキシレン分離・異性化装置の負担を削減できるので，約15％の設備コスト削減が可能である．

iii)プロセス所有会社

本プロセスは，Axens社によりライセンス，エンジニアリング提供されている．日本代理店はAxens Far Eastである．

文献

1) 経済産業省，世界の石油化学製品の今後の需要動向(2016)
2) IHS World Petrochemical Conference(WPC) 2016
3) 石油学会編，新版　石油精製プロセス，p.284，講談社(2014)
4) 林田，中村，触媒，57(2) (2015)
5) UOP Processing Guide Brochure, 12(2011)
6) UOP Process Brochure
7) 中村，ペトロテック，35(12)，67(2012)
8) 石油学会編，新版　石油精製プロセス，p.110–112，講談社(2014)
9) 石油学会編，新版　石油精製プロセス，p.114–115，講談社(2014)
10) UOP Process Brochure
11) 林田，中村，触媒，57(2) (2015)
12) Patrick O. Sajbel et al., NPRA Annual Meeting AM-01-48(2001)
13) UOP Process Brochure
14) Axens, Aromizing Process Licensing Brochure (2011)
15) Bruno Domergue et al., PTQ Q1(2006)p.67 Octanizing Reformer Options
16) Axens, AR & CR Catalyst Brochure(2009)
17) UOP, Maximize Profitability with the UOP MaxEne Proces, Dec 2016
18) ペトロテック，27，12(2004)
19) 石油学会編，新版　石油精製プロセス，p.287，288，講談社(2014)
20) 石油学会編，新版　石油精製プロセス，p.289，290，講談社(2014)
21) 勝野尚，ペトロテック，21(9)，651(2008)
22) Fukunaga T. and Katusno H., Catal, Surv. Asia, 14, 99(2010)
23) UOP Process Brochure(Cyclar)
24) 石油学会編，プロセスハンドブック(坂本隆，BTX-LURGI 75/1B)
25) 石油学会編，プロセスハンドブック(坂本隆，BTX-LURGI(DISTAPEX) 75/1B)
26) GT-Aromatization GTC Technology Brochure
27) S. Saito et al., Z-Forming Process, NPRA Annual Meeting, New Orleans, March 22–24(1992)
28) LCO Unicracking and LCO-X Technology UOP Process Brochure(2016)
29) 柳川真一郎，ペトロテック，37(9)，22(2014)
30) JPECレポート第一回(2015)
31) Zou Hu et al., ACTA PETROLEI SINICA, 29(3) (2013)
32) Jiawei Teng, 亚洲石化科技大会(2014)
33) 石油学会編，新版　石油精製プロセス，p.296，298，講談社(2014)
34) 石油学会編，新版　石油精製プロセス，p.297，講談社(2014)
35) Sulfolane UOP Process Brochure
36) ED Sulfolane UOP Process Brochure
37) ThyssenKrupp Uhde Process Brochure
38) GT-BTX GTC Technology Brochure
39) 石油学会編，新版　石油精製プロセス，p.307，講談社(2014)
40) ペトロテック，28(1) (2005)
41) Parex UOP Brochure
42) UOP, JPI Refining Conference(2016)

43) UOP, JPI Refining Conference (2016)
44) ParamaX Axens Process Brochure
45) Eluxyl 1.15 JPI Refining Conference (2014)
46) 石油学会編，新版　石油精製プロセス，p.312，講談社 (2014)
47) CB&I Paraxylene Crystallization Technology
48) 石油学会編，新版　石油精製プロセス，p.309，講談社 (2014)
49) Isomar UOP Process Brochure
50) Oparis Axens Brochure
51) XyMax Axens Brochure
52) 石油学会編，新版　石油精製プロセス，p.303，講談社 (2014)
53) Tatory UOP Brochure
54) 石油学会編，新版　石油精製プロセス，p.304，講談社 (2014)
55) TransPlus Axens Process Brochure
56) 上田靖彦，ペトロテック，27 (3), 58 (2004)
57) 石油学会編，新版　石油精製プロセス，p.303, 304，講談社 (2014)
58) 石油学会編，新版　石油精製プロセス，p.300, 301，講談社 (2014)
59) 上田靖彦，ペトロテック，27 (3), 57 (2004)
60) 石油学会編，プロセスハンドブック，(75/1) B
61) H.Wada et al., Petrochemical & Refining, 1, 64 (1990)
62) W. L. Liggin, Handbook of Petrochemical & Refining Processes, 2nd Ed, p.223, McGraw-Hill (1996)
63) 石油学会編，プロセスハンドブック，(86/2) B
64) MHC プロセス Axens Process Brochure
65) GTC Technology Brochure
66) Axens, JPI Refining Conference (2016)

第4章
その他の石油化学原料

4.1 アンモニア

4.1.1 概要

アンモニアは主として炭化水素を原料として得られる水素と空気中の窒素から合成される基礎化学工業製品である．アンモニア製造プロセスは，1913年F. HabarとC. Boschにより近代肥料工業の基礎として確立され，ドイツのBASF社により初めて商業化されている．一方日本では，1923年に水電解法により得られる水素を原料としたアンモニア製造プラントが操業を開始して以来，多くのプラントが建設されてきた．しかし1970年代の石油危機を契機に，アンモニアの用途の大半を占めてきていた肥料は輸出競争力を失い，一転して大幅な設備整理を迫られるとともに，生産能力も縮小してきた．

アンモニアの用途は世界的にはほとんどが肥料用である．工業用アンモニアのおもな用途は，カプロラクタム，アクリロニトリルなどの有機窒素化学品，尿素ならびに硝酸である．肥料用以外の尿素の用途は，メラミン，接着剤などの工業用であり，硝酸の用途は，イソシアネート，アジピン酸，ニトロベンゼンなどの有機化学品製造用である．

アンモニア製造プロセスは，省エネルギーもかなりの程度まで推進されており，最近のプラントのエネルギー原単位は，27.2 GJ $(t\text{-}NH_3)^{-1}$ 程度にまで低減されている．すでに成熟したプロセスと思われているが，地球温暖化防止のための二酸化炭素排出抑制策のためにも，より斬新なプロセスの改良による省エネルギー化が期待される．

4.1.2 生産量と消費量

世界のアンモニアの製造能力は，IFA (International Fertilizer Industry Association) の2016年の調査結果によると，2015年で1億960万tである．世界の地域別アンモニア生産能力を図4.1.1に示す[1]．地域的には，西欧5.5％，中欧3.8％，東欧・中央アジア13.8％，北米8.2％，南米5.7％，アフリカ4.8％，西アジア8.3％，南アジア10.0％，東アジア38.9％，オセアニア1.0％となっている．2015年から2020年にかけ，年平均成長率で1.7％ y^{-1} の生産量の増加が見込まれるとされている．地域別のアンモニア輸出入量を図4.1.2に示す[1]．2014年の世界の貿易量は1,842万t y^{-1} であり，主として中欧・中央アジア，南米，西アジアから，西欧，北米，東アジアに向け輸出されている．

4.1.3 プロセス

アンモニア製造プロセスは，BASF社が商業化して以来，鉄系合成触媒を使用して改良・開発が進められてきた．1960年代初めには，Kellogg社が遠心式圧縮機の利点を取り入れ，現在のアンモニア製造プロセスの主流となっている炭化水素原料の水蒸

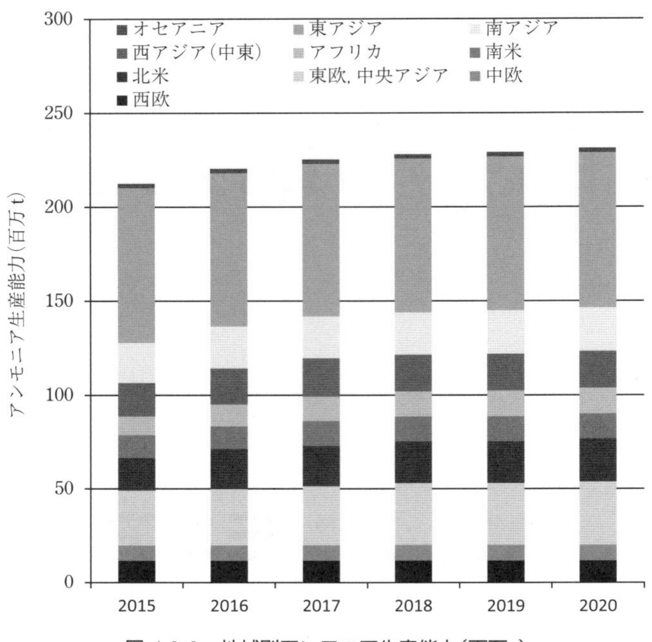

図 4.1.1　地域別アンモニア生産能力(百万 t)

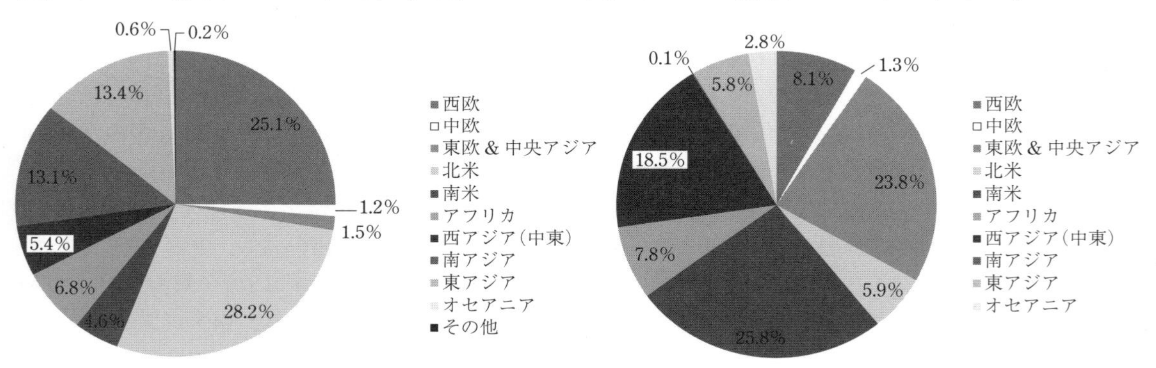

図 4.1.2　世界の地域別アンモニア輸出入量

気改質プロセスを確立，商業化し，一系列での大型化も進められてきた．そして 1973 年のエネルギー危機を契機に，多くのアンモニア製造技術の改良・開発はエネルギー効率の改善，あるいは製造コストの低減に注がれ，成熟したプロセスとなっている．

現在の世界の主要アンモニアのライセンサーとしては，KBR 社，ThyssenKrupp 社(旧 Uhde 社)，Haldor Topsøe 社があげられる．最近の標準的な生産量であった 2,200 t d^{-1} クラスの設計から，各社ともさらなる大型化と独自性を指向し取り組んでいる．

A　ThyssenKrupp 社

アンモニア合成セクションの設計として，中圧(11.0 MPa) の One Through Converter と 高 圧(20.0 MPa)の合成ループを組み合わせた独自の Dual Pressure Process を採用し，世界最大の 3,300 t d^{-1} の実績を有する．近年の技術会議にて，既存技術の延長で 4,700 t d^{-1} まで一系列で設計可能であるとの発表を行っている[2]．

B　Haldor Topsøe 社

合成ガス関連の触媒のサプライヤーでもある

Haldor Topsøe 社は，合成ガス製造技術に特徴をもち，大型プラントの設計に対しては，断熱予備改質器(Pre-reformer)，低スチーム・カーボン比(S/C=2.2〜2.3)を実現した自己熱改質器(auto thermal reformer, ATR)，熱交換器型改質器(Haldor Topsøe exchange reformer, HTER-p)などのオプションをもつ．5,000 t d^{-1} 規模の設備では ATR を採用したプロセスが優位となると評価している[3]．

アンモニア合成セクションは大型化に対応し三段ラジアルフロー反応器(S-300)と一段ラジアルフロー反応器(S-50)をシリーズで配置した合成ループ設計を採用している．

C　KBR 社

現在の標準プロセスは深冷分離を適用したガス精製装置である Purifier Unit を組み込んだ構成としている．高圧改質技術との組み合わせにより 1 系列の機器構成で 3,000 t d^{-1} 以上の生産量を達成できる[4]．

KBR 社は合成ガス製造セクションには，熱交換器型改質器(Kellogg reforming exchanger system, KRES)をオプションとしてもち，アンモニア合成セクションには通常のマグネタイト触媒の代わりに高活性のルテニウム触媒を適用した KAAP (Kellogg advanced ammonia process) をオプションとしてもつ．

現状の標準プロセスとなる Purifier Process のプロセスフローを図 4.1.3 に示す．

原料ガスは，脱硫処理され改質工程へ導かれる．二次改質器には過剰空気が供給され，改質された粗合成ガスは熱回収後，高温/低温 CO シフト反応工程へ送られる．合成ガスは，脱二酸化炭素およびメタネーションの精製工程ののち，さらに残留の水分および二酸化炭素を除去するためにモレキュラーシーブドライヤーで処理される．さらに深冷分離装置である Purifier Unit にて余剰窒素およびメタン，アルゴンを除去した後，合成圧縮機で圧縮され合成系へ送られる．

水素と窒素を原料とするアンモニア合成は，化学量論的，熱化学的に(4.1.1)式で示される．

$$3H_2 + N_2 \rightleftharpoons 2NH_3 \qquad \Delta H_{25℃} = -46.2\ \mathrm{kJ\,(mol\text{-}NH_3)^{-1}} \qquad (4.1.1)$$

反応は発熱反応であり，反応により分子数は減少する．すなわち，反応温度が低いほど，また反応圧力が高いほど，平衡アンモニア濃度が増大する．一

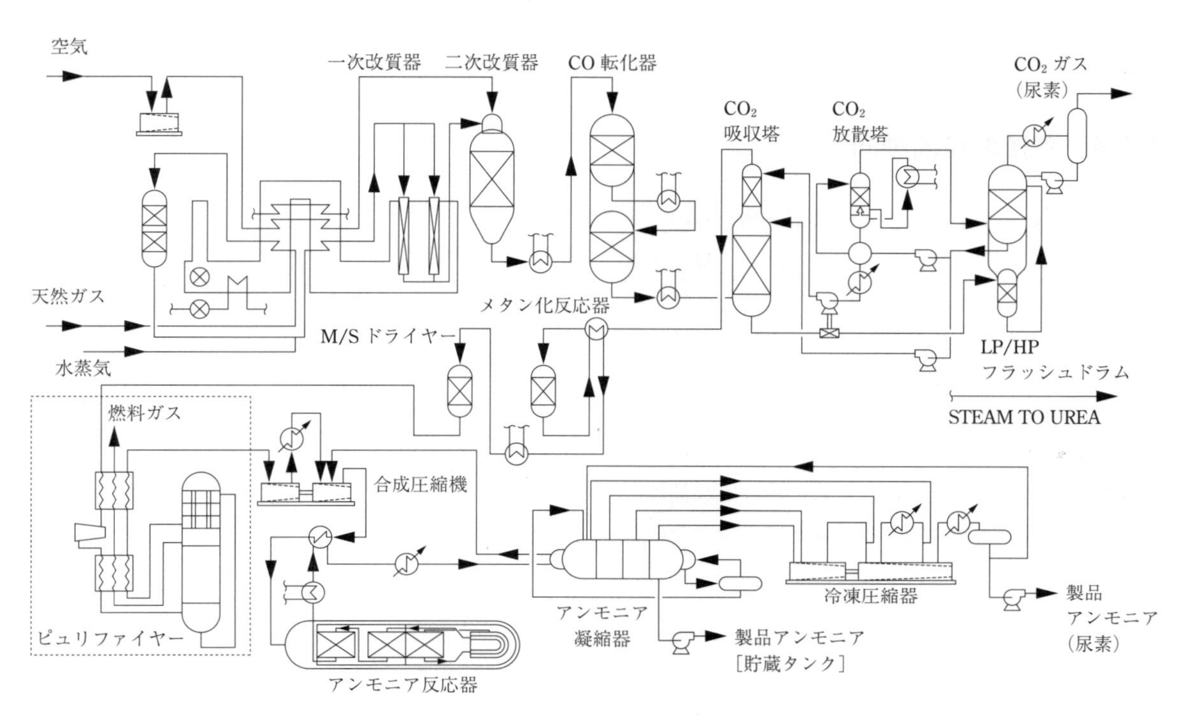

図 4.1.3　Purifier プロセスフロー

表 4.1.1　エネルギー・キャリアの例と物性

	水素含有率（重量%）	水素密度（kg-H_2 m^{-3}）	沸点（℃）	水素放出エンタルピー（kJ($mol\text{-}H_2$)$^{-1}$）	その他の特性
アンモニア	17.8	121	−33.4	30.6	急性毒性，腐食性
メチルシクロヘキサン	6.16	47.3	101	67.5	引火性，刺激性
メタノール	12.5	99.5	64.7	43.6	CO_2 発生，引火性，刺激性，神経毒性
ジメチルエーテル	12.1	98.6	−25.1	45.6	CO_2 発生，引火性，強可燃性

方反応速度は反応温度が高いほうが速いため，マグネタイト(Fe_3O_4)を原料とする鉄系触媒は，その触媒活性から合成圧力として 14.0〜17.0 MPa，最適温度として 430〜500℃の範囲で使用されている．一方 KAAP プロセスでは，高活性のルテニウム触媒の特徴を生かし，低温・低圧にて最適設計されている．合成圧力は 9.0 MPa 程度に低減されるため，合成セクションの圧縮動力の低減が可能であり，より省エネルギーが達成可能となる．ただし，KAAP 触媒に使用される貴金属であるルテニウムの市場価格に触媒コストが影響され，経済性を確保できないことも多いため，オプションとなっている．

合成管出口ガスは熱回収されたのち冷却され，アンモニアが回収される．未反応ガスの循環ガスの一部は，合成系内に蓄積された不活性ガス（メタン，アルゴン）を除去するとともに，随伴された水素および窒素を回収するために Purifier Unit に送られ，回収される．

4.1.4　今後の技術動向

将来の水素エネルギーシステムを展望した際，水素キャリアとして，含有水素密度が高く，輸送・貯蔵方法が確立しており，燃焼に伴い CO_2 を発生しないアンモニアが 1 つの候補としてあげられる．エネルギーキャリアの候補とその物性の例を表 4.1.1 に示す[5]．

近年もより高活性，低圧化を指向したアンモニア合成触媒に関する研究は続けられており，高活性による低圧合成の開発に関する発表がいくつかみられる．そのうちいくつかを紹介する．

大分大学の永岡勝俊准教授らの研究グループは，反応圧力 0.9 MPa，反応温度 310〜390℃で従来型触媒の 2 倍以上のアンモニア合成活性を示すルテニウム系触媒を開発した．

また，東京工業大学の細野秀雄教授らの研究グループは，反応圧力 0.8 MPa，反応温度 300℃で従来のルテニウム触媒の 10 倍の反応効率を示す触媒の開発に成功した．

触媒の高活性化は合成反応に必要な触媒量や合成圧力の低減といったメリットがあるが，低圧化による周辺機器の大型化などの影響も予測される．小規模・分散型の用途での適用など，適切な用途の開発も合わせて期待される．

文献

1) World Ammonia Capacities 2016, International Fertilizer Industry Association
2) Klaus Noelker, Christoph Meissner, AIChE Annual Safety in Ammonia Plants & Related Facilities Symposium, Denver, Colorado, September (2016)
3) Ib Dybkjaer, AIChE Annual Safety in Ammonia Plants & Related Facilities Symposium, Toronto, September (2005)
4) Avinash Malhotra, Umesh Jain, AIChE Annual Safety in Ammonia Plants & Related Facilities Symposium, Vancouver, September (2014)
5) 塩沢文朗，化学経済，5 月号 (2014)

4.2 メタノール

4.2.1 概要

工業的にメタノールが製造される以前は，メタノールは木精ともいわれるように，木材の乾留中に木炭やタールとともに得られるのが唯一であった．メタノールは1661年R. Boyleによって発見されたといわれるが，1834年にJ. B. A. DumasとE. M. Peligotによって分離確認された．1913年BASF社はH_2とCOの混合ガス(水性ガス)を高温高圧下，各種金属酸化物上へ通じてメタノールを含む混合アルコール類の生成を認め，1923年には工業化に成功した．一方日本では，1924年東京工業試験所においてメタノール合成研究が始められた．1932年には合成工業が設立されて，彦島に5 t d^{-1}の規模でメタノールプラントが建設され工業化に成功した．1952年日本瓦斯化学工業(現三菱ガス化学)は，新潟で産出される天然ガスを原料として日本初の天然ガスによるメタノール合成の工業化を完成した．1966年までのメタノール合成が15〜20 MPaの高圧であったのに対して，ICI社はCu系の触媒を使用し低圧合成の工業化に成功した．以後は低圧合成法である5〜10 MPaが主流となっている[1]．

4.2.2 生産量と消費量[2]

メタノールは，接着剤や農薬，医薬品，塗料などの原料であるホルマリンや酢酸，合成樹脂の原料のメタクリル酸メチル(MMA)，ガソリン添加剤のMTBEなどで使われる基礎化学品である．また最近では，エチレン，プロピレンといったオレフィン製造(MTO，MTP)の原料として用いられ，LPG代替や自動車・発電向けディーゼル燃料代替で注目されるジメチルエーテル(DME)の原料にもなっている．

図4.2.1に示すようにメタノールの2015年の世界需要は約7,000万tあり，規模感のある基礎化学品である．メタノールは，石炭，その他のオフガスを使用している一部の地域を除き，原料としては天然ガスが主となるため，メタノールプラントの立地はコスト競争力の高い天然ガスを確保できる地域が主となる．つまり，近年でいえば，サウジアラビアをはじめとした中東諸国，ベネズエラ，トリニダードトバゴといった南米諸国となっている．また直近では北米でのシェールガス革命に伴い，北米でのメタノールプロジェクトが数件進んでいる．したがってメタノール製造事業は基本的には原料立地型の産業である．一方で，平均的な需要側のメタノール必要量は年間数万tであるため，需要家が需要地立地で自製するには小規模工場とせざるを得ず，その小規模工場が競争力を確保するためには輸送コストがまったく見合わない需要地に限られる．

メタノールの世界需要は，今後年率4〜5%の安定した成長が見込まれ，2020年には，約9,000万t

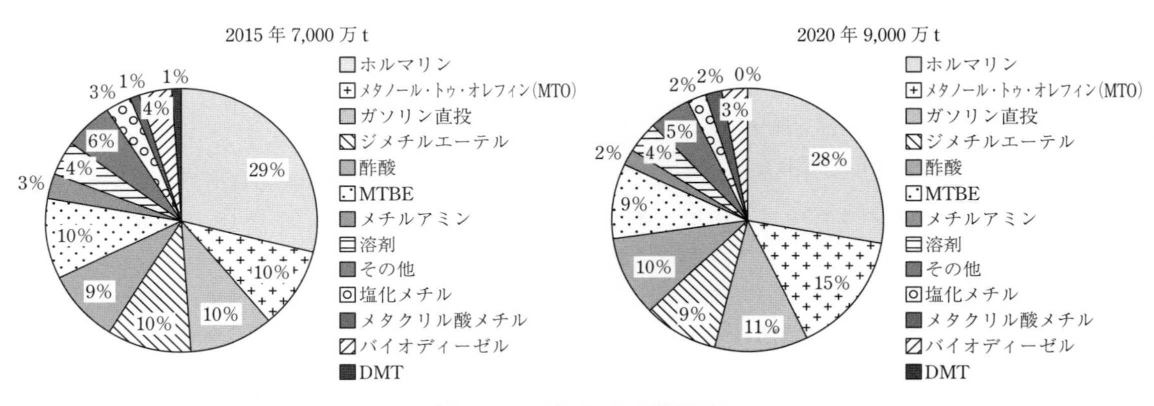

図4.2.1　メタノールの世界需要

表 4.2.1　5,000 t d^{-1} 規模の稼働中主要メタノールプラントのリスト

プロジェクト名	場所	製造能力	稼働時期	プロセス
Atlas	トリニダードトバゴ	5,000	2004	Air Liquide(旧 Lurgi)法
MHTL M5000	トリニダードトバゴ	5,400	2005	Johnson Matthey(旧 ICI)法
Zagros Iran No.4	イラン	5,000	2007	Air Liquide(旧 Lurgi)法
Zagros Iran No.5	イラン	5,000	2009	Air Liquide(旧 Lurgi)法
Ar-Razi 5	サウジアラビア	5,000	2008	三菱(MGC/MHI)法
Petronas	マレーシア	5,000	2008	Air Liquide(旧 Lurgi)法

まで増加すると予想されている．これは5年間で2,000万tの増産が必要となり，年産100万t(日産3,000 t)クラスのメタノールプラントが5年間で20基，つまり年間4基建設される計算となる．需要増加の牽引役としては，ガソリン混合やDME，バイオディーゼル向けなどのエネルギー用途が予想される．また，中国政府がメタノールのガソリンへの混合を推奨しており，メタノール需要の大幅伸長が見込まれ，さらに同国で多数建設計画されているMTOプロジェクトの進展次第ではメタノールのさらなる需要拡大につながってくる．

今後のメタノールプラントの立地を考えてみても，原料立地型の大規模工場が主となる状況は変わらず，輸送コストが見合わない需要地，つまり中国の内陸部のような場所でのみ，需要地立地の小規模工場が建設され，これ以外はすべて原料立地型の大規模工場からの輸出ということになる．

4.2.3　プロセス

A　プロセスの基礎

天然ガスからのメタノール製造では，通常，以下に示す反応のいずれかの組み合わせによって，まず合成ガスを製造する．

$$CH_4+H_2O \rightleftarrows 3H_2+CO \text{(水蒸気改質)} \quad (4.2.1)$$

$$CO+H_2O \rightleftarrows H_2+CO_2 \text{(CO シフト反応)} \quad (4.2.2)$$

$$CH_4+1/2O_2 \rightleftarrows 2H_2+CO \text{(部分酸化反応)} \quad (4.2.3)$$

$$CH_4+2O_2 \rightleftarrows 2H_2O+CO_2 \text{(燃焼反応)} \quad (4.2.4)$$

したがって，メタノール合成用のガスはH_2，CO，CO_2，H_2Oそして未反応のCH_4から構成される．部分酸化反応の場合，酸素中に不純物として存在するN_2とArが合成ループの不活性成分としてCH_4に加わる．また現在のメタノール合成は銅亜鉛系の触媒を使用し，5〜10 MPa，220〜300℃の運転領域で下記の発熱反応を行わせる．

$$CO+2H_2 \rightleftarrows CH_3OH \quad (4.2.5)$$

$$CO_2+3H_2 \rightleftarrows CH_3OH+H_2O \quad (4.2.6)$$

すなわち，(4.2.5)，(4.2.6)式において$R=(H_2-CO_2)/(CO+CO_2)$と定義すれば，$R=2.0$はメタノール合成の化学量論量である．Rはメタノールプロセス設計上重要なパラメーターであり，上述の合成触媒の運転範囲では平衡上メタノールへの転化率がきわめて低く，未反応ガスを反応器に再循環させる必要があり，循環圧縮機を含む合成ループが構築される．このとき，合成ループから不活性ガスを収支相当分パージする．合成ループ設計にあたり，転化率，循環比，パージ量を総合的に判断することが不可欠となる．

表 4.2.2　メタノールプロセスの分類

プロセス	触媒メーカー
Topsøe 法	Haldor Topsøe
Air Liquide(旧 Lurgi)法	Clariant
Johnson Matthey(旧 ICI)法	Johnson Matthey
Casale 法	指定なし
三菱(MGC/MHI)法	三菱ガス化学
東洋エンジニアリング法	指定触媒メーカー

B　プロセスの概要

1990年代までメタノールプラントの規模は2,500〜3,000 t d^{-1}が主流であったが，上述のように原料立地型の大規模工場からの輸出が主体となり，その工場規模も大型化した．2000年以降は3,000〜5,000 t d^{-1}が標準規模となっており，5,000 t d^{-1}規模の工場もすでに数基建設され，稼働している．表4.2.1は現在稼働中の主要5,000 t d^{-1}規模のメタノールプラントのリストである．

メタノールプロセスは使用される合成触媒の供給

表 4.2.3　メタノールプロセス反応器の形式

プロセス	反応器名称	反応器形式
Topsøe 法	BWR	Steam Raising type(触媒管内充てん)
Air Liquide(旧 Lurgi)法	BWR	Steam Raising type(触媒管内充てん)
Johnson Matthey(旧 ICI)法	R-SRC	Steam Raising Radial Flow type(触媒シェル側充てん)
Casale 法	IMC	Steam Raising Radial Flow type(触媒シェル側充てん)
三菱(MGC/MHI)法	Super-Converter	Steam Raising Double Tube type(触媒管内側充てん)[11]
東洋エンジニアリング法	MRF-Z	Steam Raising Radial Flow type(触媒シェル側充てん)

元により，表 4.2.2 のように大別することができる．メタノールプロセスは原料処理系，合成ガス製造系，熱回収系，メタノール合成系，メタノール蒸留系に概略分けることができるが，その中で各プロセスの大きな違いがあるのは，合成ガス製造系とメタノール合成系である．

合成ガス製造系では各社 3,000 t d^{-1} 程度規模までは箱型の水蒸気改質炉を一般的に採用するが，5,000 t d^{-1} 規模となると，水蒸気改質炉が大型化するため，水蒸気改質炉に加えて酸素による部分酸化法を採用した二次改質炉を設置し，水蒸気改質炉の小型化を行っている．これは複合改質法(combined reforming)とよばれる．Air Liquide 社(旧 Lurgi)は規模の大小に関わらず，複合改質法を採用しているが，本方法は水蒸気改質炉を小さく設計できるメリットを享受できる反面，酸素を製造するための空気分離装置が必要となり運転操作も複雑となる．

一方，メタノール合成系は各社ともプロセスフローに大差ないがそれぞれが独自の合成反応器を有しており[3]，反応器の形式に伴い熱回収システムも独自性を有し，特徴となっている．表 4.2.3 に各社が採用する反応器の形式をまとめて示す．

C　各社メタノール製造プロセス

主要メタノール製造技術ライセンサーとしては，Topsøe 社，Air Liquide 社(旧 Lurgi)，Johnson Matthey 社(旧 ICI)，Casale 社，三菱ガス化学/三菱重工業，東洋エンジニアリングがあり，メタノール製造技術の特徴は下記のとおりである．

a　Topsøe社[4]

Topsøe 社は合成ガス製造技術として，断熱予備改質器(Pre-reformer)，水蒸気改質炉および酸素部分酸化による二次改質炉の組み合わせた二段階改質法(two step reforming)，断熱予備改質器(pre-reformer)と酸素部分酸化による二次改質炉を組み合わせた ATR 法の技術を提供している．ATR は低スチーム・カーボン比(S/C=0.6)にて運転される．5,000 t d^{-1} 規模のメタノールプラントであれば，ATR 法を採用することで 10％程度初期投資額(CAPEX)を削減できるとしている．

メタノール合成技術に関してはシェル側ボイラー構造の熱交換器型反応器(BWR)を採用しているが，その機器製作上の理由から 1 基あたりの規模が 1,500 t d^{-1} から 2,200 t d^{-1} となり，大型メタノールでは並列に反応器を組み合わせる必要がある．

b　Air Liquide(旧 Lurgi)社[5]

Air Liquide 社は 3,500 t d^{-1} 規模までは Low Pressure (LP) Methanol プロセスと称した従来型，これ以上(5,000 t d^{-1} から 10,000 t d^{-1})の規模は Lurgi MegaMethanol と称したプロセスを提供している．合成ガス製造技術としては，実績のある複合改質法である Combined Reforming 法と 10,000 t d^{-1} 規模の大規模プラントを対象とする断熱予備改質器(Pre-reformer)と酸素部分酸化による二次改質炉を組み合わせた酸素吹き ATR 法がある[6]．また合成反応器は Steam raising type(触媒管内充てん)単体もしくは 5,000 t d^{-1} 以上を対象として断熱反応器＋Steam raising type(触媒管内充てん)の直列二段合成を採用している．

c　Johnson Matthey(旧 ICI)社[7), 8)]

Johnson Matthey 社(旧 ICI)はこれまで LPM Process をライセンシー各社に供給していたが，2004 年以降にライセンシーであった Davy Process Technology (DPT) 社との関係を深め，2006 年に DPT 社を買収，同技術を直接提供している．

Johnson Matthey 社も他社同様，水蒸気改質炉(SMR)，二次改質炉(ATR)およびそれらを組み合わ

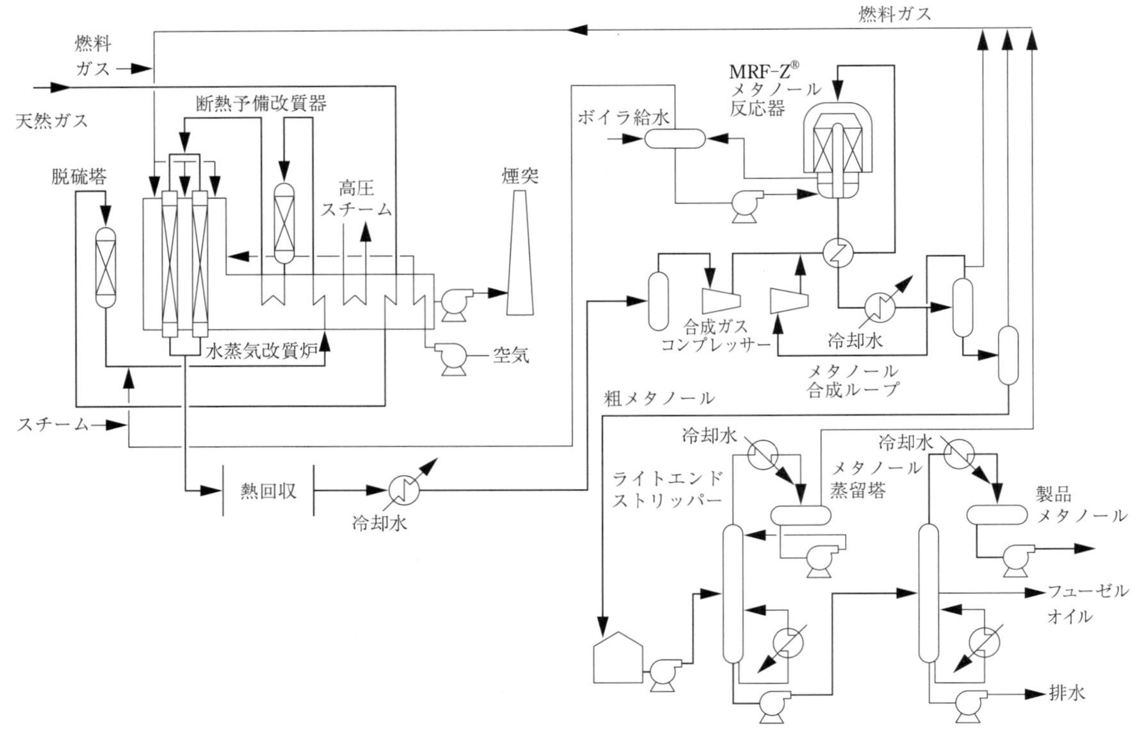

図 4.2.2 東洋エンジニアリング法プロセスフロー図

せた複合改質法を提供しているが，同社が 2005 年に稼働させたトリニダードトバゴにおける 5,400 t d^{-1} プラントは大型の水蒸気改質炉からのみ合成ガスを供給するものである．

同社はメタノール合成反応器として Radial Steam-Raising Converter（R-SRC）と称する，反応器内のガス流れに半径方向流れ（radial flow）を採用している．合成ガスは反応器底部から導入され，中心に設置されている分散管を通して触媒層の半径方向に外側に向かって流れる．反応熱の除去は触媒層に配列された冷却管により行っており，チューブシート構造ではなく，大型化に向いた構造ではあるが，トリニダードトバゴにおける 5,400 t d^{-1} プラントでは 2,500 t d^{-1} 規模の反応器を 2 基並列した配置にとどまっている．

d Casale社[9)]

Casale 社も他社同様，合成ガス製造技術として断熱予備改質器（Pre-reformer），水蒸気改質炉および酸素部分酸化による二次改質炉を組み合わせた改質技術を提供している．特徴としては，断熱予備改質器（Pre-reformer）に自社技術である axial-radial technology を適用し，ガス流れの主体を半径方向に外側から内側にすることで，低圧力損失，改質器の小型化を実現している点にある．

メタノール合成技術としては，等温メタノール反応器（IMC, isothermal methanol converter）を提供している．IMC は反応器内部に除熱用のボイラー水を通すプレート型冷却器を配列し，反応熱を 2.5〜3.5 MPa の中圧スチームを発生させることで除熱する．プレート型冷却器を導入することで従来のチューブシートによる反応器サイズの制約がなくなり，容易に大型化が可能な点が特徴である．

e 三菱ガス化学/三菱重工業[10)]

三菱ガス化学と三菱重工業は共同で三菱（MGC/MHI）メタノールプロセスを提供しており，反応塔（スーパーコンバーター），高性能触媒，MAC（三菱コンプレッサー）を採用している点が特徴である．合成ガス製造はプラント規模により採用技術は異なるが，近年の大規模メタノールプラントでは Topsøe 社の二段階改質法（two step reforming）を採用している．

メタノール合成技術としては，スーパーコンバーター(SPC)を採用し，外管と内管との環状部に触媒を充てんして，外管の周囲をボイラー水で冷却しながらメタノール合成反応を進行させるものである[11].

f　東洋エンジニアリング[12]

東洋エンジニアリングは合成ガス製造技術として，ダウンファイアリングタイプの水蒸気改質炉の技術を保有し，断熱予備改質器(Pre-reformer)や，酸素改質器を組み合わせた改質プロセスの提供が可能である．オマーンにおける3,000 t d^{-1}のメタノールプラントでは断熱改質器と水蒸気改質炉の組み合わせで合成ガスを製造している．同社が標準で提供している断熱予備改質器(Pre-reformer)と水蒸気改質炉の組み合わせたプロセスフローを図4.2.2に示す．

メタノール合成技術としては自社開発のMRF-Z反応器を採用することにより，5,000 t d^{-1}までは1基の反応器，1系列で対応可能である．MRF-Z反応器(Multi-stage indirect cooling Radial Flow type reactor)とはシェル・チューブ型反応器で，シェル側に触媒を充てんし，触媒層内に多数の冷却管を配列して反応熱をスチーム発生により除去するスチーム発生型反応器(steam raising type)である．特徴として，合成ガスを半径方向に外側から内側に流すことにより，低圧力損失を実現した大型化を目的としている．

4.2.4　今後の技術動向

近年CO_2回収，利用に関する技術開発として，CO_2を原料とする新しい化学プロセスの開発が行われている．三井化学は工場などから排出されるCO_2と水の光分解などから得られる水素からメタノールを合成し，その得られたメタノールから石化製品(オレフィン類，アロマ類など)を製造するプロセスの開発を進めている[13),14)].

同社は，CO_2を原料としてメタノールを合成する実証プラントを2009年に稼働し，排ガス中に含まれるCO_2を濃縮精製，独自に開発した高活性触媒を用いて水素と反応させてメタノールを合成した．

課題は，商用規模でも天然ガスから作るのに比べ，生産コストが高く，商業化にはさらに水素製造のコストダウンなど技術のブレークスルーが必要である．

文献

1) 野沢伸吉，橋本佳法，化学工学，46(9)，507(1982)
2) 星野達也，化学経済，2月号，26(2016)
3) 廣谷邦雄，中村仁，庄司一夫，Catalyst Surveys from Japan，2(1)，99(1998)
4) P. J. Dahl，T. S. Christensen，S. Winter-Madsen and S. M. King，Proven autothermal reforming technology for modern large-scale methanol plants，2014 Nitrogen + Syngas，Paris，France (2014)
5) Air Liquide社HP
6) 宇野和則，ペトロテック，28(6),(2005)
7) Johnson Matthey Process Technologies社HP
8) JM Methanol Brochure，Delivering world class methanol plant performance，Johnson Matthey Process Technologies(2014)
9) Raffaele Ostuni，La Chimica & L'Industria，Anno 2011, Numero 6(2011)
10) 三菱重工業HP
11) MGC/MHI技術カタログ(1993)
12) 東洋エンジニアリング，メタノール技術カタログ(2016)
13) 三井化学，ニュースリリース，2008年8月25日
14) 触媒学会工業触媒研究会，Industrial Catalyst News，No.41(2009)

4.3 DME

4.3.1 概要

A 製品

ジメチルエーテル(DME)は最も炭素数の少ないエーテル類に属する化合物で，化学式 CH_3OCH_3 で表せる．DME は天然品ではなく，主としてメタノールの脱水縮合反応によって得られる合成品である．常温常圧下では無色の気体であり，かすかな甘味臭がある．沸点は約 248 K であり，298 K において約 0.6 MPa の圧力をかけると液化する[1)~3)]．

DME は化学的に安定な物質で，673 K でも不活性雰囲気下では分解しない．ただし，大気中に拡散した DME は光化学反応により，大気中の OH ラジカルと反応して CO_2 と H_2O に分解される[1),3)]．この物性から DME は化学原料のほか，スプレー缶用の噴射剤として利用されている．

DME は沸点が液化石油ガス(LPG)と同程度であり，セタン価が軽油よりも高いという特徴を有することから，近年新たな 2 次エネルギーとして注目されている．DME と他の代表的なエネルギーとの物性比較を表 4.3.1 に示す[4)]．

B 製造の変遷

DME の製造は主としてメタノールの脱水反応によるプロセス(メタノール脱水法)で製造されている．このプロセスは古くから用いられており，三菱ガス化学は 1966 年から同プロセスによる製造を行っている．図 4.3.1 に三菱ガス化学のメタノール脱水法プロセスフローを示す．1990 年代から国内外で燃料利用を視野に入れた大型製造装置とそのプロセス開発が行われ，天然ガスや石炭を原料として得られる合成ガスから DME を製造するプロセス(直接法)や，合成ガスからメタノールを製造するプロセスの後段に脱水工程を加えて DME を製造するプロセス(間接法)などが開発された．この DME 大型プラントは中国で建設および運転がなされているが，その他の地域では，化学品としての利用が中心であるため，現在でもメタノール脱水法が広く採用されている．

C 製品の規格

化学品として利用される DME はその用途によって製品規格が変わってくるが，一般的に 99.9% 以上の純度が求められる．

DME を燃料として利用する場合，市場を形成す

表 4.3.1　DME と他燃料との物性比較

		DME	プロパン	*n*-ブタン	メタン	メタノール	ディーゼル油
化学式		CH_3OCH_3	C_3H_8	n-C_4H_{10}	CH_4	CH_3OH	—
分子量		46.07	44.09	58.12	16.04	32.04	170～200
沸点	[K]	248.1	231.2	272.7	111.7	337.8	453～643
液密度	[kg m^{-3}(293 K)]	670	490	570	—	790	840
ガス比重	[—(対空気比)]	1.59	1.52	2.00	0.55	—	—
蒸発潜熱	[kJ kg^{-1}]	467	426	385	510	1100	251
飽和蒸気圧	[MPa(298 K)]	0.62	0.94	0.24	—	—	—
発火温度	[K]	508	730	703	813	737	589
爆発限界	[vol%]	3.4～18.6	2.1～9.5	1.9～8.4	5.0～15.0	7.3～36.0	1.0～6.0
セタン価		55～60	5	10	0	5	40～55
低位発熱量	[MJ kg^{-1}]	28.8	46.5	45.7	50.2	20.1	41.8

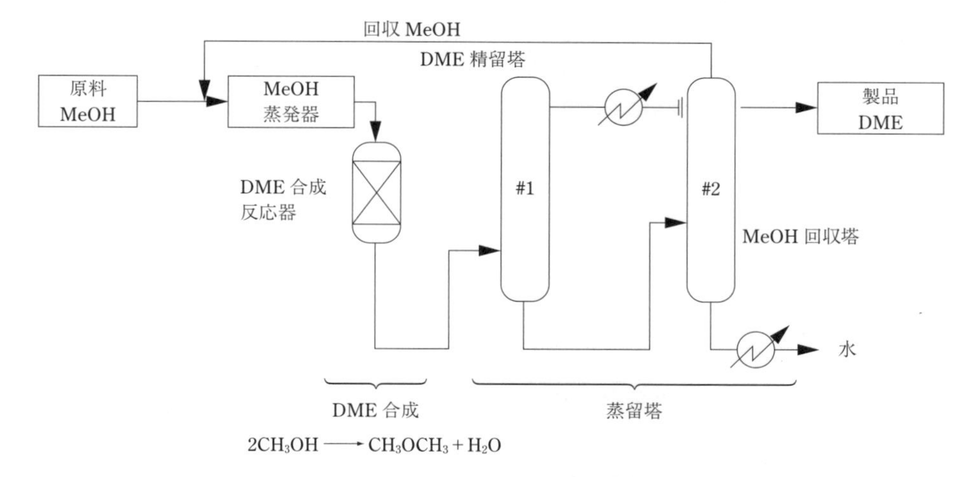

図 4.3.1　メタノール脱水法 DME 製造プロセス

表 4.3.2　燃料用 DME の規格一覧

	No.	内容
JIS 規格	JIS K 2180-1	燃料用ジメチルエーテル(DME)―第 1 部：品質
	JIS K 2180-2	第 2 部：不純物の求め方―ガスクロマトグラフ法
	JIS K 2180-3	第 3 部：水分の求め方―カールフィッシャー滴定法
	JIS K 2180-4	第 4 部：蒸発残渣の求め方―重量分析法
	JIS K 2180-5	第 5 部：全硫黄分の求め方―紫外蛍光法
	JIS K 2180-6	第 6 部：全硫黄分の求め方―微量電量滴定式酸化法
ISO 規格	ISO 16861	燃料用ジメチルエーテルの仕様
	ISO 17196	不純物の測定法―ガスクロマトグラフ法
	ISO 17197	水分の測定法―カールフィッシャー法
	ISO 17198	全硫黄分の測定法
	ISO 17786	蒸発残渣の測定法
	ISO 29945	陸上ターミナルでのサンプリング法

るために品質や計量法の標準化が必要であり，輸送や利用機器類の法整備も重要となる．日本では 2013 年に日本工業規格(JIS)が告示された[3]．海外でも燃料 DME の規格作成が行われ，国際標準化機構(ISO)における規格策定では日本から選出された委員が中心的な役割を担っていた．この他にも，中国や米国でも規格策定が進んでいる．JIS および ISO における規格の一覧を表 4.3.2 に示す．

D　製品の用途と生産量

日本国内における DME の用途は主として噴射剤であり，年間 1～2 万 t と推定されている．世界的にみると中国における燃料利用が大きな割合を占めており世界の DME 需要は年間約 400～500 万 t と見込まれている．中国以外の地域では噴射剤や化学品としての利用が中心であり，年間 10～15 万 t 程度と見込まれる．

E　製造会社

日本国内における DME 製造は三菱ガス化学と住友精化の 2 社が行っている．欧米では DuPont 社，AkzoNovel 社，Shell 社，Grillo 社などがメタノール脱水法で製造している．なお，AkzoNovel 社と Grillo 社は三菱ガス化学の技術を採用している．さらに，トリニダード・トバゴにおいて三菱ガス化学の技術によるメタノール脱水法 DME プラントの建設がなされており，2019 年に稼動を予定している．

燃料として利用されている中国では，数多くの会社が DME 製造装置を有している．中国における大規模な DME 製造装置には石炭を原料とした製造プ

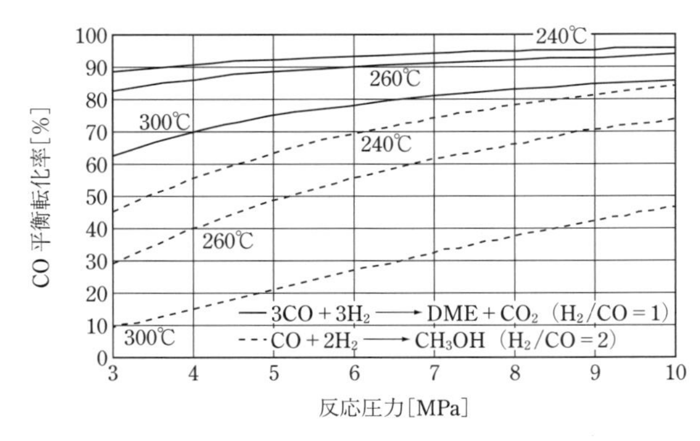

図 4.3.2 メタノール合成と DME 合成の CO 平衡転化率比較

ロセスもある．

4.3.2 反応(製造)

A 反応(メタノールの脱水)

化学品として製造されている DME に広く採用されているメタノール脱水法は以下の反応式となる．

$$2CH_3OH \rightleftarrows CH_3OCH_3 + H_2O \quad \Delta H = -23.4\ \mathrm{kJ\,(mol\text{-}DME)^{-1}} \tag{4.3.1}$$

このように，本反応は発熱反応であるため，反応温度が高いほど平衡的に不利になる．なお，γ- アルミナなどの固体酸触媒を用いた気相反応におけるおもな副反応には以下に示すメタノールの分解反応がある．

$$CH_3OH \rightleftarrows CO + 2H_2 \quad \Delta H = +90.4\ \mathrm{kJ\,(mol\text{-}MeOH)^{-1}} \tag{4.3.2}$$

この他に, DME の分子内脱水反応によるオレフィンの生成，CO と H_2 によるメタネーション反応による CH_4 の生成などがあり，副反応を抑えて，高い転化率と選択率が得られる触媒と反応条件の選定が重要となる．

また，液体のメタノールを硫酸などの液体酸触媒と反応させて DME を製造することが可能である．メタノールを気化させる必要がないため，熱効率や設備投資の点で固体触媒を用いたプロセスに比べ有利となると報告されている[5]．

B 反応(天然ガスからの製造)

燃料用 DME の場合，天然ガスや石炭から合成ガスを製造した後に，直接法または間接法により製造される．合成ガスからの DME 生成に関係する反応式は以下のものがある[1), 3)]．

$$3CO + 3H_2 \rightleftarrows CH_3OCH_3 + CO_2 \quad \Delta H = -246\ \mathrm{kJ\,(mol\text{-}DME)^{-1}} \tag{4.3.3}$$

$$2CO + 4H_2 \rightleftarrows CH_3OCH_3 + H_2O \quad \Delta H = -205\ \mathrm{kJ\,(mol\text{-}DME)^{-1}} \tag{4.3.4}$$

$$CO + 2H_2 \rightleftarrows CH_3OH \quad \Delta H = -90.4\ \mathrm{kJ\,(mol\text{-}MeOH)^{-1}} \tag{4.3.5}$$

$$2CH_3OH \rightleftarrows CH_3OCH_3 + H_2O \quad \Delta H = -23.4\ \mathrm{kJ\,(mol\text{-}DME)^{-1}} \tag{4.3.6}$$

$$CO + H_2O \rightleftarrows CO_2 + H_2 \quad \Delta H = -41.0\ \mathrm{kJ\,(mol\text{-}CO)^{-1}} \tag{4.3.7}$$

(4.3.3) 式は，(4.3.5)，(4.3.6)，(4.3.7) 式を組み合わせた式になっている．また，(4.3.4) 式は，(4.3.5)，(4.3.6) 式を組み合わせた式になっている．これらの反応は発熱反応であり，メタノール合成に伴う発熱量が最も大きくなっている．

(4.3.3) 式と (4.3.5) 式における CO 平衡転化率の温度と圧力依存性は図 4.3.2 のようになると報告されている[1]．このように，(4.3.3) 式は (4.3.5) 式より CO 平衡転化率が高い．

図 4.3.3 には (4.3.3)，(4.3.4)，(4.3.5) 式における (H_2+CO) 平衡転化率と原料ガス中の水素と一酸化炭素の比 (H_2/CO) を示す[1]．(4.3.3) 式は H_2/CO 比が 1 のとき，(4.3.4)，(4.3.5) 式は H_2/CO 比が 2 のときに最大となる．ただし，メタノール合成反応を単独で行う場合, 以下の反応式も寄与するため，最適な H_2/CO 比は変わってくる．

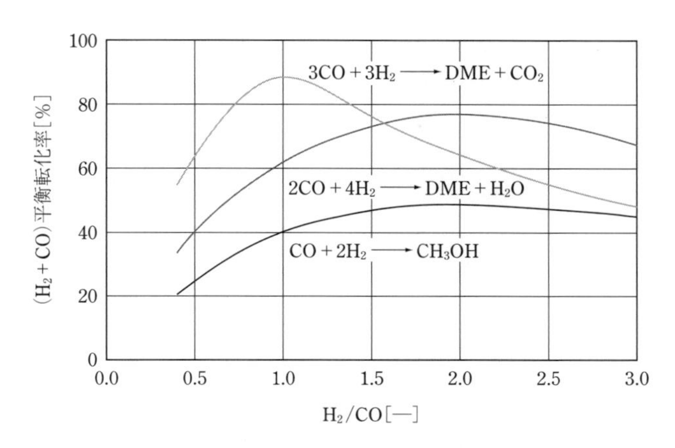

図 4.3.3　合成ガスの H_2/CO 比と平衡転化率(260℃, 5 MPa)

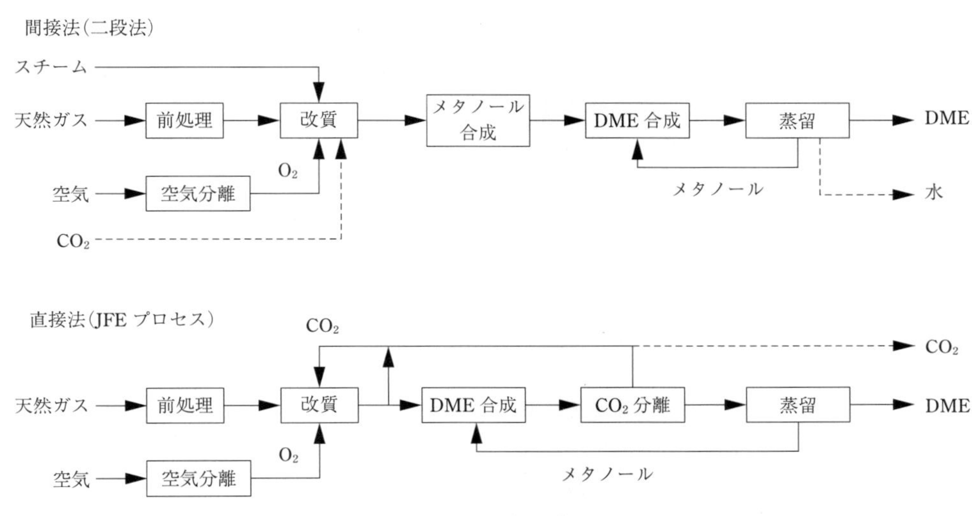

図 4.3.4　DME 合成プロセス

$$CO_2+3H_2 \rightleftarrows CH_3OH+H_2O$$
$$\Delta H=-49.4\ \mathrm{kJ\,(mol\text{-}MeOH)^{-1}} \qquad (4.3.8)$$

4.3.3　プロセス

A　工程

DME の製造プロセスは間接法と直接法に大別される．天然ガスを原料としたそれぞれのブロックフローを図 4.3.4 に示す．

間接法はメタノール合成と DME 合成を独立に行い，DME 蒸留工程で分離された未反応メタノールを DME 合成反応工程にリサイクルするプロセスが一般的である．

直接法は改質工程で得られた合成ガスを CO_2 除去した後に DME 合成反応器へ供給する．DME 合成反応器の内部ではメタノール合成と DME 合成の両者が進行する．得られた反応ガスから CO_2 を回収し改質工程に供給することで収率の向上を図る．蒸留工程で得られる副生メタノールは DME 合成反応工程に供給される．

間接法と直接法では適する H_2/CO 比が異なる．間接法では，(4.3.5)，(4.3.7)，(4.3.8)式がメタノール合成反応に関与するため[7),10)]，$(H_2-CO_2)/(CO+CO_2)=2$ となるガス組成が化学量論的に適しており，H_2/CO としては 2.5〜4.0 程度が採用される．直接法では $H_2/CO=1$ が最適となる．

原料が石炭やバイオマスである場合，ガス化プロセスの後段に窒素分や硫黄分を除去するガス精製工程が追加される．なお，天然ガス中の硫黄分は改質工程の前に除去される．

表 4.3.3　天然ガス原料 DME 製造における冷ガス効率

工程	間接法	直接法
メタンの改質	$2CH_4+O_2+H_2O \rightarrow 2CO+4H_2+H_2O$ 理論効率　95.3% 実績効率　84.4%	$2CH_4+O_2+CO_2 \rightarrow 3CO+3H_2+H_2O$ 理論効率　98.3% 実績効率　87.0%
DME 製造	（メタノール合成） $2CO+4H_2 \rightarrow 2CH_3OH$ 理論効率　88.2% 実績効率　78.2% （脱水） $2CH_3OH \rightarrow CH_3OCH_3+H_2O$ 理論効率　98.2% 実績効率　87.0%	（DME 合成） $3CO+3H_2 \rightarrow CH_3OCH_3+CO_2$ 理論効率　84.4% 実績効率　80.7%

B　触媒

メタノール脱水法による DME 製造プロセスは図 4.3.1 のとおりであり，触媒に γ-アルミナが用いられる．この触媒はアルミナの形状や細孔分布，触媒中の不純物が活性や選択性に影響を与える[6]．

大型の DME 製造装置のように，その原料を天然ガスや石炭などから得られる合成ガスとする間接法や直接法の場合，必要な工程も使用する触媒も複数となる．

天然ガスを原料とした間接法の場合，前処理の脱硫工程では Co-Mo などの有機硫黄を水素化する触媒と酸化亜鉛による H_2S 吸着分離の組み合わせが一般的に用いられる．脱硫された天然ガスは Ni を活性種とした Ni/Al_2O_3 などを触媒とする水蒸気改質や自己熱改質（ATR）により合成ガスに変換される．合成ガスは所定の圧力に圧縮され $Cu/ZnO/Al_2O_3$ 触媒を用いたメタノール合成反応工程へ供給される[7]．得られたメタノールは前述した γ-アルミナ触媒により脱水縮合され DME に転化される．原料に石炭やバイオマスを用いて合成ガスを得る場合，ガス化反応では触媒を用いないが，合成ガスの水素濃度を上げるためシフト反応器を導入すると Cu-Zn 系もしくは Cr-Fe 系などのシフト触媒を使用する．

天然ガスを原料とした直接法の場合，合成ガス製造までは前述の間接法と同様である．得られた合成ガスから DME を直接合成する触媒の基本的な構成はメタノール合成触媒と固体酸触媒との組み合わせとなる[1]．組み合わせ方法，メタノール合成触媒の改良，固体酸触媒の種類によってさまざまなバリエーションがある．組み合わせ方法としては，固体を混合したものが多いが，共沈法により調製した触媒や，ゾルゲル法により調製した触媒の検討報告などもある[1),4)]．

日本国内で直接法 100 t d^{-1} 実証プラントを建設・運転した JFE ホールディングら（JFE）は，高沸点媒体油の中に微粉末の DME 合成触媒を懸濁させたスラリー床反応器を採用した[1),5),8)]．これにより触媒の過度な加熱が避けられ，銅系触媒の活性劣化を抑制した．併せて，メタノール脱水触媒に CO シフト活性を有する成分を添加して生成水を速やかに CO_2 と水素に転化させることにより，DME 合成活性の劣化を抑制した．

また，直接法による DME 合成を固定床反応器で行う場合の触媒最適化を検討した例もある[9]．上段にメタノール合成触媒，下段にメタノール合成触媒と DME 合成触媒の混合触媒を配置すると，下段に DME 合成触媒のみを配置する場合に比べて DME 収率が高くなると報告された．

C　製品収率

γ-アルミナ触媒を用いたメタノール脱水法による DME 合成において，反応器ワンパス転化率は 70～80% であり，DME 選択率は 99% 以上の高い値を示す．通常，未反応メタノールはリサイクルされるため，プロセスとしての DME の製品収率は副反応と未反応メタノール回収時に消費される量となる．

大型装置を視野に入れた間接法および直接法では，その収率を天然ガスからの冷ガス効率として推算した報告がある[1),3)]．推算値を表4.3.3に示す．直接法の冷ガス効率は，理論値で83.0％，実績値で70.2％と推算された．間接法の冷ガス効率は，DME合成をメタノール合成と同一系列で行うか，別の場所で行うかで変わってくる．DME合成を独立で行った場合，冷ガス効率は理論値で83.0％，実績値で57.0％と推算された[1)]．しかし，同一系列で行う場合，DME合成に必要なエネルギーはメタノール合成からの熱回収でまかなえる程度であり，総合的な冷ガス効率は理論値が84.2％，実績値が66.0％と推算できる[3)]．

D　ユーティリティー消費量

メタノール脱水法によるDME製造では，特別なユーティリティーを必要としない．熱源，電力，冷却水，オフガスや排水の処理施設，窒素や圧縮空気など一般的なプロセスプラントに必要なものが求められる．

また，天然ガスや石炭などを原料とした間接法および直接法のユーティリティーは，合成ガス製造およびメタノール合成のそれと同様である．

E　プロセス所有会社

日本国内で間接法のプロセスを保有しているのは，東洋エンジニアリング[6),10)]と三菱ガス化学である．海外ではAir Liquide社(旧Lurgi社)とHaldar Topsøe社が技術を所有している．間接法の技術を保有している会社はメタノール脱水法によるDME製造設備として技術供与できる．

直接法のプロセスはJFEやAir Products社，Topsøe社，KOGAS社などが開発および試験運転を行った．

F　建設実績

日本国内における近年のDMEプラント建設は，JFEらによる100 t d^{-1}実証プラントと三菱ガス化学らによる年産8万tのDME普及促進プラントの2例である．

海外では，中国で多数のDMEプラント建設がなされた．当初は東洋エンジニアリングや旧Lurgi社の技術供与を受けたプラントであったが，近年は中国国内企業が建設をする例もある．

米国およびヨーロッパでは噴射剤や化学品用途のDMEプラント新設および増設と併せて，DMEのエネルギー利用促進を目指したプラントも建設された．BioDMEプロジェクトでは，スウェーデンで木材から得られる黒液を原料としたDMEを生産するプラントが建設および運転された[1),3),5)]．米国ではOberon Fuels社が天然ガスやバイオ由来ガスを原料としたDMEプラントを建設してDMEの燃料利用促進を図っている．Oberon社のプラントは原料ガスを水蒸気改質した後，メタノール合成反応を経てイオン交換樹脂を触媒とした反応蒸留によりDMEを製造する[11)]．

4.3.4　今後の展望

DMEは新たな2次エネルギーへの期待から，近年さまざまな技術開発がなされてきた．しかし，商業生産に用いられている技術は，古くから知られたメタノール脱水法が広く採用され，中国以外の国では噴射剤や化学原料として利用するにとどまっている．

DMEの特徴を生かした利用機器の開発とコストの低減がDME市場の拡大における鍵を握っている．マルチソースな燃料であり，クリーンな排気ガス特性を有するDMEが地球環境改善の一翼を担えることを期待する．

文献

1) 日本DMEフォーラム編，DMEハンドブック，オーム社(2006)
2) 田村昌三ら監修，DMEデータ集，高圧ガス保安協会(2006)
3) 中村健一ら，これからの新エネルギージメチルエーテル，日本規格協会(2013)
4) 朝見賢二，化学工学，73(3)，115(2009)
5) 日本DMEフォーラム編，DMEハンドブック追補，オーム社(2011)
6) 三井敏之，ペトロテック，30(7)，480(2007)
7) 吉原純，ペトロテック，36(12)，940(2013)
8) 井上紀夫ら，ペトロテック，24(4)，319(2001)
9) 安武聡信ら，触媒，48(4)，247(2006)
10) 内田正之，化学工学，72(8)，427(2008)
11) Thomas McKone et al., California Dimethyl Ether Multimedia Evaluation(2015)

4.4 GTL

4.4.1 概要

GTL(gas to liquids)は「天然ガスから液体燃料を製造する技術」のことをいい，本節では天然ガスから灯油・軽油・ワックスといった炭化水素を製造するGTL技術を中心に解説する．広義にはメタノール合成やDME(dimethyl ether)合成もGTL技術に含まれる．さらには，原料としてバイオマス(biomass)や石炭(coal)を利用した液体燃料化技術を総称して「XTL」とよばれている．南アフリカでは石炭をガス化して，Fischer-Tropsch合成によってオレフィンや含酸素化合物などの石油化学原料を製造しており，中国では南アフリカと同様に石炭からのオレフィン合成技術の開発やCTL(coal to liquids)で製造されたナフサの熱分解によるオレフィン製造の工業化が進められている[1]．

GTLは原料がガスで，製品が油であることから，本質的には原料ガス価格と製品油価の差の「ギャップビジネス」である．このギャップが大きいほどGTLプロジェクト創成の機運が高まる．1 bbl＝6 mmbtu(百万英国熱量単位)というおおよその換算を用いると，たとえば，原料の天然ガス価格を3 \$ $mmbtu^{-1}$とすると原料コストは18 \$ bbl^{-1}となり，原油価格とほぼ連動している製品価格(＝原油価格＋精製価格＋税金など)とのギャップによってGTLプロジェクトの採算性が決まってくる．プロジェクトの採算性以外に，以下のような国情が影響する．

(1) 天然ガス埋蔵量が豊富(カタール，北米)．

パイプラインやLNGに加えてGTLをガス資源開発のオプションの1つとして検討．

(2) 天然ガス(石炭)埋蔵量が豊富だが，自国において原油生産が少なく石油製品を輸入(天然ガス：オーストラリア，ウズベキスタン，トルクメニスタン，モザンビーク，石炭：南アフリカ，中国)．

自国の天然ガスからGTLで，国内に石油製品供給，輸出による外貨獲得を検討．

(3) ガス田はあるが，近くにパイプラインなどのインフラがない(内陸，海洋，東シベリアなど)．

液体炭化水素はガスよりも輸送が容易であることからGTLを検討．

(4) CO_2を含むなどガスソースが低品位の利用(タイ，ベトナムなど)．

(独)石油天然ガス・金属鉱物資源機構(JOGMEC)と民間6社が共同研究開発したスチームリフォーミング/CO_2リフォーミングを組み込んだJAPAN-GTLプロセス適用を検討．

(5) 油田随伴ガス(フレア)を削減・有効利用(ブラジル，西アフリカ，西シベリア，カザフスタン)．

フレアから液体炭化水素を製造し，同時にフレアを削減．

表4.4.1に2017年時点で稼動しているGTLプラントとCTLプラントを計画中のプロジェクトも含めて示した[2~6]．上記ケースに基づくものは，(1)マレーシアとカタールのGTL，(2)南アフリカと中国のCTL，(5)ナイジェリアのGTLとなる．GTLは5プロジェクトで合計約24.4万BPD，CTLは中国で建設中のプラントを含めと合計25万BPD以上の規模となる．

日本発のGTL技術は，CO_2を含む天然ガスからサルファーフリー・アロマフリーの液体燃料を得ることができ，燃料資源の多様化と環境の観点から我が国にとってはエネルギーセキュリティと環境対応型燃料に貢献する技術として期待されている．

4.4.2 プロセスの特徴

現在，天然ガス原料で商業化されているプロセスは表4.4.2に示されるようにShell社のSMDSプロセス，Sasol社のSSPDプロセスの2つがあり，合成ガス製造技術とFT合成技術にそれぞれ特徴がある．ExxonMobil，Syntroleum，JAPAN-GTLの各社がパイロット試験を経て現在商業化段階にある．石炭原料は最終製品をオレフィンやガソリンのように軽質炭化水素にするか，あるいは灯軽油にするかによって操作条件や触媒が異なるために，それに対応したプロセスが開発されている．Sasol社は灯軽

表 4.4.1　GTL プラントと CTL プラント(2017 年)

国	プロジェクト名	会社	原料	FT 合成タイプ	生産量		備考
カタール	Oryx GTL	Sasol	天然ガス	LTFT	34,000	BPD	
	Pearl GTL	Shell	天然ガス	LTFT	70,000 × 2 基	BPD	
マレーシア		Shell	天然ガス	LTFT	14,700	BPD	
ナイジェリア	EGTL	Chevron，Sasol	随伴ガス	LTFT	34,000	BPD	
南アフリカ		PetroSA	天然ガス	LTFT	22,500	BPD	
日本	JAPAN-GTL	JOGMEC 他 7 社	天然ガス	LTFT	500	BPD	実証試験
米国		Syntroleum	天然ガス	LTFT	70	BPD	パイロット
ブラジル	Compact GTL	CompactGTL	天然ガス	LTFT	20	BPD	パイロット
		Velocys (TEC/MODEC)	天然ガス	LTFT	50	BPD	パイロット(マイクロチャンネルリアクター)
米国		Sasol	シェールガス	LTFT	96,000	BPD	計画
モザンビーク		Shell	天然ガス	LTFT	38,000	BPD	計画
ウズベキスタン	Oltin Yol GTL	UNG/Sasol	天然ガス	LTFT	34,000	BPD	計画
南アフリカ		Sasol	石炭	LTFT/HTFT	105,000	BPD	
中国		兗鉱集団	石炭	LTFT	5,000	$t\,y^{-1}$	パイロット
			石炭	HTFT	4,500	$t\,y^{-1}$	パイロット
			石炭	LTFT	1,000,000	$t\,y^{-1}$	2016 年稼働
			石炭	LTFT/HTFT	10,000,000	$t\,y^{-1}$	最終生産計画
		神華寧夏煤集団	石炭	LTFT	10,000	$t\,y^{-1}$	パイロット(中国科学院開発技術)
			石炭	LTFT	4,050,000	$t\,y^{-1}$	2016 年稼働．ナフサクラッカーによりオレフィン製造 ポリエチレン：40 万 t，ポリプロピレン：45 万 t
			石炭	LTFT	12,000,000	$t\,y^{-1}$	最終生産計画
		内蒙古伊泰煤制油	石炭	LTFT	160,000	$t\,y^{-1}$	2009 年稼働(中国科学院開発技術)
			石炭	LTFT	900,000	$t\,y^{-1}$	建設中
			石炭	LTFT	5,400,000	$t\,y^{-1}$	最終生産計画
		山西潞安集団	石炭	LTFT	180,000	$t\,y^{-1}$	2009 年稼働(中国科学院開発技術)
			石炭	LTFT	1,800,000	$t\,y^{-1}$	建設中
			石炭	LTFT	5,200,000	$t\,y^{-1}$	最終生産計画
			石炭	LTFT	900,000	$t\,y^{-1}$	建設中
			石炭	LTFT	5,400,000	$t\,y^{-1}$	最終生産計画
		神華集団	石炭	LTFT	180,000	$t\,y^{-1}$	2009 年稼働(中国科学院開発技術)
			石炭	LTFT	1,000,000	$t\,y^{-1}$	最終生産計画

油を製造する ARGE プロセス，オレフィン・ガソリンを製造する Synthol CFD プロセス，Synthol SAS プロセスを商業化している．中国科学院山西石炭化学研究所は石炭を原料にして灯軽油を製造するプロセスを開発し，兗鉱集団は灯軽油を製造するプロセスとオレフィン・ガソリンを製造するプロセスを開発し，商業化している．各プロセスの合成ガス製造技術と FT 合成技術の特徴は次のプロセスフローのところで解説する．Shell 社と Sasol 社は自己実施あるいは合弁事業を事業戦略としており，第三者には技術を提供しない．

表 4.4.2　商業化されている GTL プロセス

原料	プロセス	開発・技術保有会社	プロセスの特徴		
			合成ガス製造	FT 合成反応器	FT 合成触媒
天然ガス	SMDS	Shell	POX	多管式固定床	Co 系触媒
	SSPD	Sasol	ATR	スラリー床	Co 系触媒
	JAPN-GTL	JOGMEC 他 6 社	スチーム/CO_2 リフォーミング	スラリー床	Co 系触媒
	AGC-21	ExxonMobil	ATR	スラリー床	Co 系触媒
		Syntroluem	ATR(空気)	スラリー床	Co 系触媒
石炭	ARGE	Sasol	POX	多管式固定床	沈殿 Fe 系触媒
	Synthol CFD	Sasol	POX	循環流動床	溶融 Fe 系触媒
	Synthol SAS	Sasol	POX	静止流動床	溶融 Fe 系触媒
		中国科学院	POX	スラリー床	
		兗鉱集団	POX	静止流動床	沈殿 Fe 系触媒
		兗鉱集団	POX	スラリー床	沈殿 Fe 系触媒

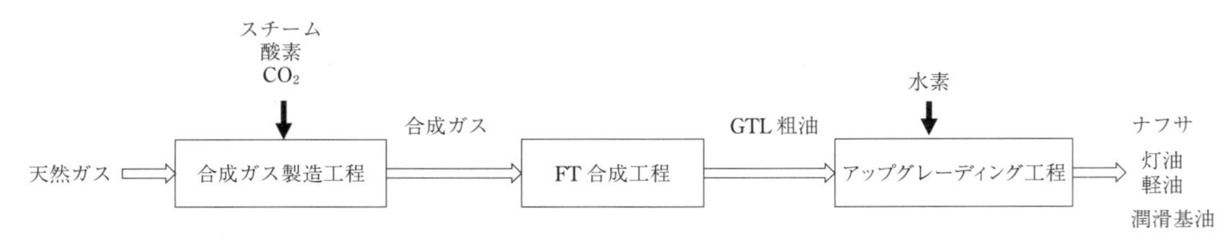

図 4.4.1　GTL プロセスのブロックフロー

4.4.3　プロセス

図 4.4.1 に GTL プロセスのブロックフローを示す．天然ガスを原料として，合成ガス製造工程，FT 合成工程，アップグレーディング工程を経て，ナフサ・灯油・軽油が製造される．3 工程とも触媒を用いた化学反応である．

合成ガス製造工程では，原料の天然ガス中に含まれる硫化水素などの不純物を除去した後，スチームや酸素によってリフォーミングして一酸化炭素と水素からなる合成ガスを製造する．この工程においては，Shell 社のカタール・Pearl GTL プラントでは POX(partial oxidation) 法の SGP(Shell gasification process) が採用され，Sasol 社のカタール・OryxGTL プラントでは ATR(autothermal reformer) 法が採用されている．一方，JAPAN-GTL プロセスは酸素を用いずに，天然ガスに含まれる二酸化炭素を用いたスチーム/CO_2 リフォーミング法を組み合わせた新技術を採用している[10]．ここでは開発中の技術も含めて反応式と特徴を表 4.4.3 に示す．POX は反応の特徴から H_2/CO モル比が 1.8 前後のため，POX の後段に水素製造装置などで製造した H_2 を供給し，H_2/CO モル比を 2 に調整している．ATR 法やスチーム/CO_2 リフォーミング法は原料組成比を制御することによって H_2/CO モル比を調整することができる．

FT 合成工程は，H_2/CO 比 2 の合成ガスから FT 合成反応により直鎖状の炭化水素主体の合成油と水を製造する工程で，以下の反応式で示される．

$$2H_2 + CO \longrightarrow -(CH_2)_n- + H_2O \quad \Delta H_{298} = -167\ \mathrm{kJ\,(mol\text{-}CO)^{-1}} \qquad (4.4.1)$$

触媒上で($-CH_2-$)が順次成長して直鎖状の炭化水素となるが，この反応して炭素鎖の伸長となるものの割合を連鎖成長確率(chain growth probability, α)とよび，生成炭化水素の割合は Anderson–Shultz–Flory(ASF)則から導かれる α 値に従う．図

表 4.4.3　合成ガスの製造技術の反応式と特徴

名称	チューブラーリフォーマー	POX	ATR	AATG	D-CPOX
代表的ライセンサー	JAPAN-GTL(千代田化工建設)	Shell	Topsøe	日揮/大阪ガス	千代田化工
GTL 商業プロジェクト	(500BPD)	Pearl GTL(140,000BPD)	Olyx GTL(34,000BPD)	(65BPD)	(0.3BPD)
熱供給方法	外部供給 加熱炉中に触媒管を設置し，触媒管外部から熱供給	内部供給 反応系に酸素を導入し原料天然ガスの一部を酸化することにより，反応に必要熱を供給			
反応様式	Steam / CO_2 リフォーミング法	無触媒部分酸化法	完全酸化＋リフォーミング法	触媒層状で酸化リフォーミング法	直接的接触部分酸化法
反応器イメージ	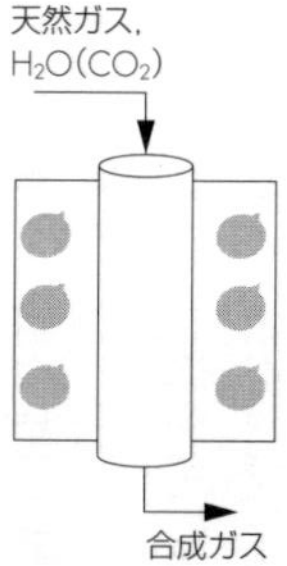 天然ガス，$H_2O(CO_2)$ 合成ガス	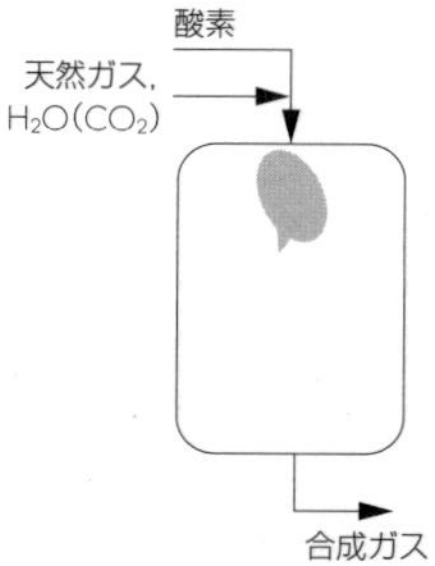 酸素 天然ガス，$H_2O(CO_2)$ 合成ガス	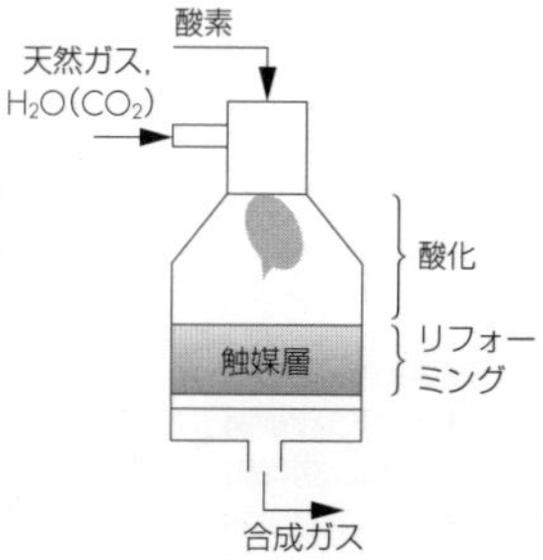 酸素 天然ガス，$H_2O(CO_2)$ 触媒層 酸化 リフォーミング 合成ガス	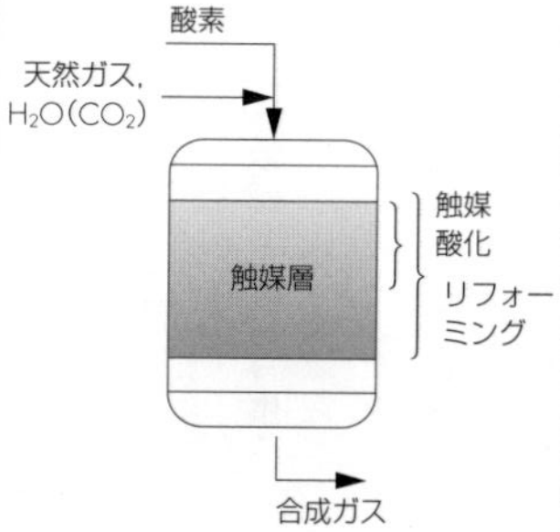 酸素 天然ガス，$H_2O(CO_2)$ 触媒層 触媒酸化 リフォーミング 合成ガス	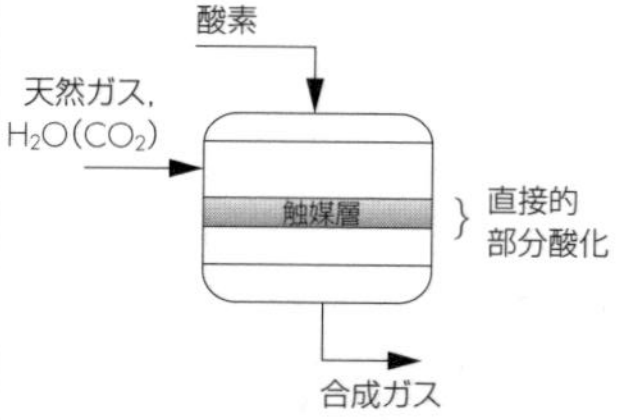 酸素 天然ガス，$H_2O(CO_2)$ 触媒層 直接的部分酸化 合成ガス
反応式	$CH_4+H_2O \longleftrightarrow 3H_2+CO$ $CH_4+CO_2 \longleftrightarrow 2H_2+2CO$	$CH_4+0.5O_2 \longrightarrow 2H_2+CO$ 副反応 $CO+1/2O_2 \longrightarrow CO_2$ $H_2+1/2O_2 \longrightarrow H_2O$	$CH_4+2O_2 \longrightarrow CO_2+2H_2O$ $CH_4+H_2O \longleftrightarrow 3H_2+CO$ $CH_4+CO_2 \longleftrightarrow 2H_2+2CO$	$CH_4+2O_2 \longrightarrow CO_2+2H_2O$ $CH_4+H_2O \longleftrightarrow 3H_2+CO$ $CH_4+CO_2 \longleftrightarrow 2H_2+2CO$	$CH_4+1/2O_2 \longrightarrow 2H_2+CO$ 副反応 $CO+1/2O_2 \longrightarrow CO_2$ $H_2+1/2O_2 \longrightarrow H_2O$
反応器出口温度 圧力 生成ガスの H_2/CO 比 GHSV	750〜950℃ 1.0〜4.0 MPa 0.5〜4.8 〜5,000 h^{-1}	1200〜1500℃ 3.0〜7.0 MPa 1.7〜2.0 —	900〜1100℃ 2.0〜6.0 MPa 1.0〜3.8 〜50,000 h^{-1}	900〜1100℃ 2.0〜4.0 MPa 1.0〜3.8 〜50,000 h^{-1}	700〜900℃ 〜2.0 MPa 1.8〜2.1 〜5,000,000 h^{-1}

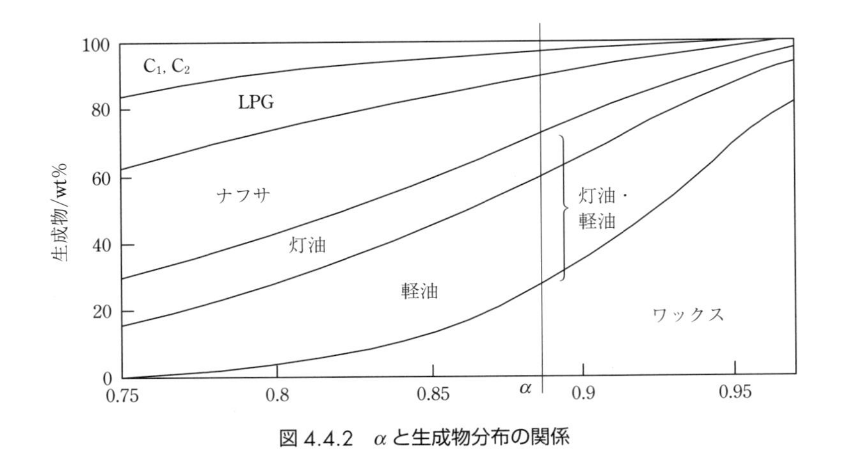

図 4.4.2　α と生成物分布の関係

表 4.4.4　反応器の特徴

リアクター形式	多管式固定床	スラリー床
代表的ライセンサー	Shell	Sasol
反応器イメージ	合成ガス スチーム 触媒層 水 FT 合成油	FT 合成油(軽質分) 触媒＋流動媒体 蒸気 水 触媒分離装置 触媒 合成ガス FT 合成油(重質分)
長所	実績が豊富	大型化が容易(15,000 BPD〜/基) 除熱が容易
短所	10,000 BPD/基程度が上限 除熱に難	実績が少ない 触媒分離装置ノウハウ必要

4.4.2 の α と生成物分布の関係図に示されるように，α が 0.85〜0.9 で灯・軽油の割合が最大となるが，実際には 0.9 以上を達成できる触媒や反応システムを採用し，さらに重質のワックス留分を合成した後に分解することによって灯軽油収率の最大化を図っている．

Ni，Fe，Co，Ru といった VIII 系金属が FT 合成活性を示すことが古くから知られている．CO シフト活性の高い Fe 系触媒は石炭や石油コークスの部分酸化によって得られる CO リッチな合成ガスに適しており，水素化能の高い Co 系触媒は天然ガスから得られる H_2 リッチの合成ガスに適している．また，生成水による反応阻害を受けない Co 系触媒は阻害を受けやすい Fe 系触媒よりも高い転化率を達成できる反面，Fe 系触媒の温度 200〜350℃，H_2/CO 比 0.7〜3，圧力 0.5〜4 MPa のように幅広い操作条件に比べて，温度 150〜270℃，H_2/CO 比 2 前後，圧力 0.5〜3 MPa であり操作条件はやや狭い[7]．南アフリカの Sasol 社では石炭から灯軽油を製造する LTFT(low temperature FT，低温 FT)合成には沈澱鉄，石炭からオレフィンやガソリンを製造する HTFT(high temperature FT，高温 FT)合成には溶融鉄が触媒として用いられている．一方，カタールの OryxGTL や PearlGTL では天然ガスからの灯軽油を製造する LTFT 合成にそれぞれ Co–Pt/Al_2O_3，Co/ZrO_2/SiO_2 触媒が用いられているといわれている[7〜9]．

また，(4.4.1)式が示すように FT 合成は非常に大

表 4.4.5　各 GTL 製品の性状

		ナフサ	灯油	軽油	標準軽油(JIS #2)
密度@ 15℃	$g\,cm^{-3}$	0.6836	0.7492	0.7698	≦0.86*
粘度@ 30℃	mm^2s	—	—	2.544	≧2.50*
引火点	℃	—	48	58	≧50*
セタン価		—	—	72.8	≧45*
流動点	℃	—	—	−27.5	
目詰まり点	℃	—	—	−19	
蒸留　IBP/90%/95%/EP	℃		163/−/232/−	172/304/−/321	(90%≦350℃)
成分	wt%				
パラフィン		100	100	99.6	
オレフィン		<0.1	<0.1	<0.1	
ナフテン		<0.1	<0.1	<0.1	
芳香族		<0.1	<0.1	0.4	
窒素分	wtppm	<1	<1	<1	—
硫黄分	wtppm	0	0	0	≦10

* JIS Specification for JIS#2 Diesel

きな発熱反応であり，その反応熱の除去も反応器の構造上に重要な要素となっている．LTFT 合成は200〜250℃で，炭化水素が液相を形成する SBCR (slurry bubble column reactor，スラリー床）や Trickled Bed（多管式固定床）が用いられる．OryxGTL はスラリー床，PearlGTL は多管式固定床を採用している．スラリー床は反応器 1 基あたりの生産量が大きく，装置コストが安価であることから JAPAN-GTL 他多くのプロセスで用いられている．合成ガスはワックスの中に触媒が分散しているスラリー床のボトムから供給され，気泡がスラリー床を上昇しながら炭化水素に転化される．軽質留分は未反応ガスとともに反応塔トップから排出され，製品ワックスは触媒と分離された後に，下流の水素化分解装置に送られる．表 4.4.4 に反応器の特徴を示す．これらの反応器以外に，マイクロチャネルリアクターを用いた GTL プロセスが近年提唱されており，実証試験が実施されている．また，HTFT 合成は 300℃以上の気相で，除熱が容易な循環流動床や静止流動床が用いられている．

LTFT 合成で生成した液状炭化水素は *n*-パラフィンが主体であるが，オレフィン類やアルコール類が少量含まれている．アップグレーディング工程では，これら成分の水素化精製(hydrotreating)に加え，*n*-パラフィンのイソパラフィンへの異性化(isomerization)および重質成分の水素化分解(hydrocracking)を行い，最終製品のナフサ，灯油，軽油を得る．SMDS プロセスは灯油モード（ナフサ:灯油:軽油=25:50:25）から軽油モード（ナフサ：灯油：軽油=15:25:60）までの製品収率の調整が可能である．反応器は石油精製業界の水素化精製・水素化分解装置で用いられているものと同様の固定床である．水素化分解を例にとると，Pt 系触媒を用いて，温度 300〜350℃，圧力 3〜5 MPa で反応が行われる．

4.4.4　製品

原料の天然ガスに含まれる硫化水素はリフォーミング触媒や FT 合成触媒の触媒毒になるため前段において除去される．したがって，不純物を除去された天然ガスから得られる GTL 製品はサルファーフリーとなる．また，FT 合成反応による *n*-パラフィン主体の油であり，高セタン価，アロマフリーの合成燃料油となる．各 GTL 製品の性状の一例として JAPAN-GTL の実証結果（LTFT ベース）を参考例として表 4.4.5 に示す[2)]．

ナフサはパラフィン分に富み，易分解性であることから，エチレン製造用原料や燃料電池用燃料として適している．石油系ナフサよりもエチレンの収率が10％高くなる．一方，直鎖のパラフィン分に富むことからオクタン価が低く，ガソリン基材として直接使用は容易ではない．灯油は，燃焼性がよく，家庭用灯油，ジェット燃料（50：50＝GTL灯油：既存石油系ジェット燃料）として販売，使用されている．軽油はセタン価が非常に高いことから，環境に優しい良質なディーゼル燃料となる．

国内においてはJOGMECと民間6社は約3ケ月にわたり，東京都環境局および東京都交通局の協力を得て，JAPAN-GTL軽油100％を用いた路線バスによる実証走行を行っており，問題なく実用可能であることを確認し走行試験を終了している[2]．

重質成分のワックス分は，高粘度係数，低温流動性，熱安定性を有し，硫黄，窒素を含まないことから，たとえば，Shell社は潤滑油基油として利用している．また，ワックス分はコーティング剤，ホットメルト接着剤，インク，ロウソク，化粧品，コピー機のトナーなどの高付加価値製品としての用途がある．

4.4.5　今後の技術と市場展望

GTL反応の炭素効率と熱効率は，それぞれ77％，60％となっている[12]．同じ液体燃料を製造する石油精製やLNG液化装置の熱効率93〜97％に比べると，さらなる熱効率向上と再生可能エネルギーと組み合わせるなど，より地球環境対策を意識しかつプロジェクト成立を可能とする新規技術の開発が望まれる．

中国ではLTFT合成で生成したナフサの熱分解によるオレフィン製造やHTFT合成による直接オレフィン合成など石油化学原料製造を目的として，その下流にはポリエチレンやポリプロピレンの製造と組み合わせた新石炭化学を積極的に展開している．

文献

1) 林石英，原田道昭，化学経済，12月号，44（2014）
2) JPECレポート，No.21（2011）
3) East&West Report, No.11331（2014）
4) Luis Dancuart, NPRA 2000 Anuual Meeting, AM-00-51
5) Andre P. Steynberg, Wessel U. Nel, Mieke A. Desmet, Proceedings of the 7th Natural Gas Conversion Symposium（2004）
6) A. Hock, L. B. J. M. Kersten, Proceedings of the 7th Natural Gas Conversion Symposium（2004）
7) B. Jager, Proceedings of the 4th Natural Gas Conversion, Studies in Surface Science and Catalysis, 107, 219（1997）
8) H. Courty, Gas&Oil Science and Technology, 54, 357（1999）; D.Schanke, Studies in Surface and Catalysis, 147, 43（2004）
9) 室井高城，ペトロテック，36（1），70（2013）
10) 千代田化工建設HP，https://www.chiyoda-corp.com/csr/kankyo/low_carbon.html
11) 末廣能史，中村新，石油技術協会誌，78（2），125（2013）
12) Carmine L. Iandoli, Signe Kjelstrup, Exergy Analysis of a GTL Process Based on Low-Temperature Slurry F-T Reactor Technology with a Cobalt CatalystEnergy Fuels, 21（4），（2007）

4.5　エチレングリコール

4.5.1　概要

合成ガスからのエチレングリコール（MEG）合成には，Rh触媒を用いて200℃以上の温度，130〜700 MPaの高圧下で直接合成する直接法[1),2)]，ホルムアルデヒドのヒドロホルミル化反応[3),4)]，ホルムアルデヒドのカルボニル化反応[5)〜7)]，亜硝酸メチルによるCOのカップリング反応[8)〜10)]などを経由する間接法がある．直接法は反応環境が厳しい上に，製品の収率が低く，工業化には至っていない．間接法はホルムアルデヒドのカルボニル化をDuPont社[5),6)]，亜硝酸メチルによるCOのカップリング反応によってシュウ酸ジメチル（DMO）を経由する方法を宇部興産とハイケムが工業化した[9),10)]．また，Eastman社とJM Davy社はシュウ酸エステルを経

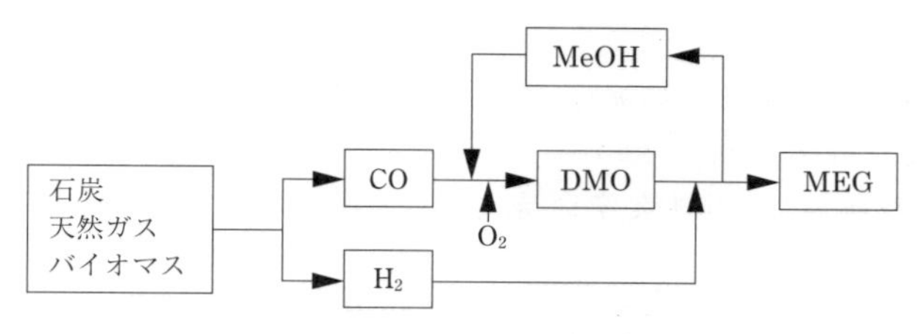

図 4.5.1　DMO-MEG プロセスのブロックフロー

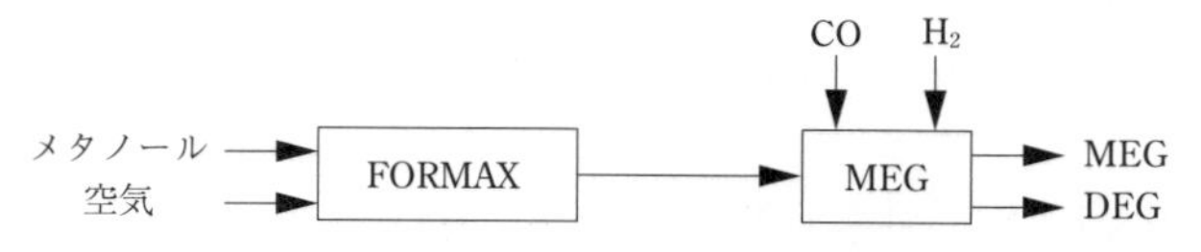

図 4.5.2　FORMAX-MEG プロセスのブロックフロー

由しない新合成法を開発した[11]．

現行の MEG の製法はエチレン酸化法であるが，エチレンオキサイドを製造するときにエチレンの約 20％は完全酸化により CO_2 に転化し，エチレンオキサイドを水和して MEG を製造するときに二量体，三量体が副生するとともに，水との分離に多量のエネルギーを消費する．そのために，モノエチレングリコールだけを選択に製造する省エネルギープロセスが求められていた．ここでは，石炭ガス化で得られる合成ガスを原料に DMO を製造するプロセスと DMO を水素化して MEG を製造するプロセスの組合せで，環境負荷を低減した CO カップリングプロセスを中心に解説する．

4.5.2　プロセス

DMO プロセスは宇部興産が開発した Pd 触媒を用いた CO のカップリング反応によるもので，以下の(4.5.1)式で進行する．DMO プロセスでは宇部興産が開発したナイトライト技術によって選択的に C-C 結合が形成されるために，高い生産性を達成している．MEG プロセスでは，DMO の水素化により MEG とメタノールが生成し，副生したメタノールは DMO プロセスにリサイクルされる．プロセス全体では，(4.5.3) 総括反応式で示されるように合成ガスから MEG と水が生成する高効率な製造プロセスである．

DMO プロセス：$2CO + 1/2O_2 + 2CH_3OH$
$$\rightarrow DMO + H_2O \tag{4.5.1}$$
MEG プロセス：$DMO + 4H_2$
$$\rightarrow MEG + 2CH_3OH \tag{4.5.2}$$
総括反応式：$2CO + 4H_2 + 1/2O_2$
$$\rightarrow MEG + H_2O \tag{4.5.3}$$

プロセスのブロックフローを図 4.5.1 に示す．2012 年に中国の新疆天業集団で 1 号機が稼働して以来，2018 年までに 15 件のライセンス契約をし，すべて稼働した場合の合計年産能力は 430～440 万 t に達する．

MEG は，3,000 万 t y^{-1} の世界需要があり，年間成長率で約 3.3％，約 100 万 t y^{-1} の生産量の増加が見込まれている．これに対して供給は，石炭や天然ガスを原料として合成ガスを経由する方法，シェールガスや随伴ガスに含まれるエタンを原料とする方法，ナフサを原料とする方法があるが，CO カップリング法は規模の大型化，MEG の高品質化や廃液の削減などの環境対応が進んでいることから競争力は高いといわれている．

Eastman 社と JM Davy 社は，ホルムアルデヒドのヒドロホルミル化によって MEG と副産物としてジエチレングリコール(DEG) を併産するプロセスを開発し，実証プラントを経て商業化段階である．ホルムアルデヒド製造の FORMAX プロセスと MEG プロセスのブロックフローを図 4.5.2 に示す．高い転化率と選択率で，排水量が少ない環境に優しいプロセスを特徴としている．

文献

1) D.R.Fahey, J.Am.Chem.Soc., 103, 136(1981)
2) 大竃祐二，石油学会誌，131(4)，263(1988)
3) 鈴木利英，工藤清，杉岡信之，日本化学会誌，1982(8)，1367(1982)
4) S.E.Jacobson, J.Mol.Catal., 41, 163(1987)
5) S.Y.Lee, J.C.Kim, J.S.Lee, Y.G.Kim, Ind Eng. Chem.Res., 32, 253(1993)
6) D.J.Lodar, US Patent, 2,152,852(1993)
7) F.E.Celik, H.Lawrence, A.T.Bell, J.Mol.Catal., 288, 87(2008)
8) A.M.Gaffney, J.J.Leonard, J.A.Sofranko, H.N.Sun, J.Catal., 90, 261(1984)
9) 宇部興産，DME ライセンス及び高純度 DMC 合弁会社設立について，2016 年 3 月 16 日
10) 宇部興産，石炭からポリエステル原料を製造する技術を中国企業に供与，ニュースリリース，2011 年 2 月 17 日；石油化学新報第 5221 号，2018 年 7 月 18 日発行，p.2
11) http://www.eastman.com/Products/Pages/ProductHome, http://davyprotech.com/what-we-do/licensed-processes-and-core-technologies/licensed-processes/monoethylene-glycol-meg/specification/

4.6 塩素

4.6.1 概要

塩素は空気より重く，黄緑色で刺激臭のある気体である．強い反応性，酸化作用を有しており，塩化ビニル樹脂，ウレタン樹脂，エポキシ樹脂，合成ゴムの原材料となる製品の製造，各種溶剤の製造，殺菌用など，基礎化学原料として幅広い分野で使用されている．おもな用途としては，塩化ビニル向けが 30～40％，ウレタン樹脂原料となるトルエンジイソシアネート(TDI)・ジフェニルメタンジイソシアネート(MDI)用が 8～10％，プロピレンオキサイド(PO)用が約 6％である．

塩素の製造方法は，塩水電解，塩酸電解，塩酸酸化(MT クロル法, Kel-Chlor 法, Shell 法)があるが，世界の塩素生産量のほとんどが塩水電解法によるので，これを主題とする．塩水電解法には，イオン交換膜法，隔膜法，水銀法がある．日本は水銀法，隔膜法, イオン交換膜法の順に製法転換を進めてきて，1999 年にすべてイオン交換膜法になった．

表 4.6.1 に，国別の製法の割合推移を示す．米国は隔膜法がまだ残っているが，欧州では 2000 年以降，水銀法からイオン交換膜法への転換が大きく進んだ．2010 年の製法の割合は，イオン交換膜法が 68％，隔膜法が 24％，水銀法が 8％となっている．最近の新設はすべてイオン交換膜法である．

イオン交換膜法は，1975 年に旭化成が世界で初めて商業化に成功し，ほぼ同時期に旭硝子，トクヤマも開発に成功した日本で生まれた技術である．現在, イオン交換膜法のプロセスの供給者は, 旭化成, TKUCE 社(ThyssenKrupp Uhde Chlorine Engineers)，Ineos 社, Bluestar 社(藍星北京化工機械)，イオン交換膜の供給者は，旭化成，旭硝子(現 AGC)，Chemours 社(旧 DuPont)の各社である．

塩水電解法では，苛性ソーダ，塩素，水素が常に一定の比率(質量比で，1 : 0.886 : 0.025)で生成する．需要分野の違う苛性ソーダと塩素の両製品の需給バランスを常に考慮しながら操業することから，

表 4.6.1　国別の製法の割合推移(%)

	イオン交換膜法			隔膜法			水銀法		
	1990 年	1997 年	2010 年	1990 年	1997 年	2010 年	1990 年	1997 年	2010 年
日本	80	88	100	20	12	0	0	0	0
米国	6	13	34	76	77	62	18	10	4
欧州	6	15	50	29	26	21	65	59	29
世界	16	29	68	45	41	24	39	30	8

別名「バランス産業」ともいわれる．

日本の塩素製造会社は，2015年で21社31工場があり，2015年の年間生産能力は，苛性ソーダ380万t(塩素換算すると塩素336万t)，生産量は苛性ソーダ373万t，塩素334万tであった[1]．

2015年の世界の生産能力は，塩素8,675万tと推定されており，主要製造会社のシェアは，Dow社8％，Oxychem社4％，Formosa社3％，Axiall社3%，Solvay社2%，Olin社2%，Bayer社2%である．

2015年の世界の塩素生産量は6,700万tであり，地域別生産割合は，中国41％，北米19％，西欧13％，日本6％，その他アジア5％，インド4％，中東3%，南米3%と推定されている．2000年以降，中国でイオン交換膜法が急激に伸び，1998年の12%から41%へと大幅に生産量を増やしている[2]．

4.6.2　各製法の原理比較

イオン交換膜法，隔膜法，水銀法の電気分解(以下，電解)工程の原理比較を図4.6.1に示す．いずれの製法も陽極と陰極の間に直流を印加した電解室に$NaCl$溶液を導入し，陽極で塩素イオンが酸化されて塩素ガスを生成し，陰極で水が還元されて水素ガスと苛性ソーダを生成する[3]．

4.6.3　プロセス

A　イオン交換膜法

図4.6.2にイオン交換膜法のフローシートを示す[4]．主要プロセスは，塩水精製工程，電解工程，および製品精製工程からなる．

塩水精製工程は，まず一次精製工程で，原料塩を水および電解工程から循環されてきた淡塩水を用いて溶解，飽和させ，原料塩などから持ち込まれる不純物，特にMg^{2+}，Ca^{2+}，SO_4^{2-}などを$NaOH$，Na_2CO_3およびバリウム塩($BaCl_2$あるいは$BaCO_3$)などと反応させて，それぞれ$Mg(OH)_2$，$CaCO_3$，$BaSO_4$として沈殿させ，沈降分離除去する．さらに，

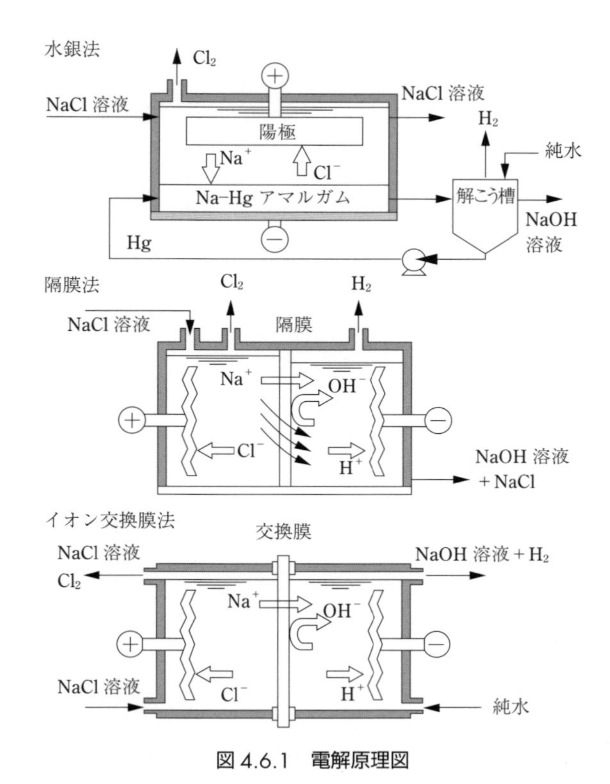

図4.6.1　電解原理図

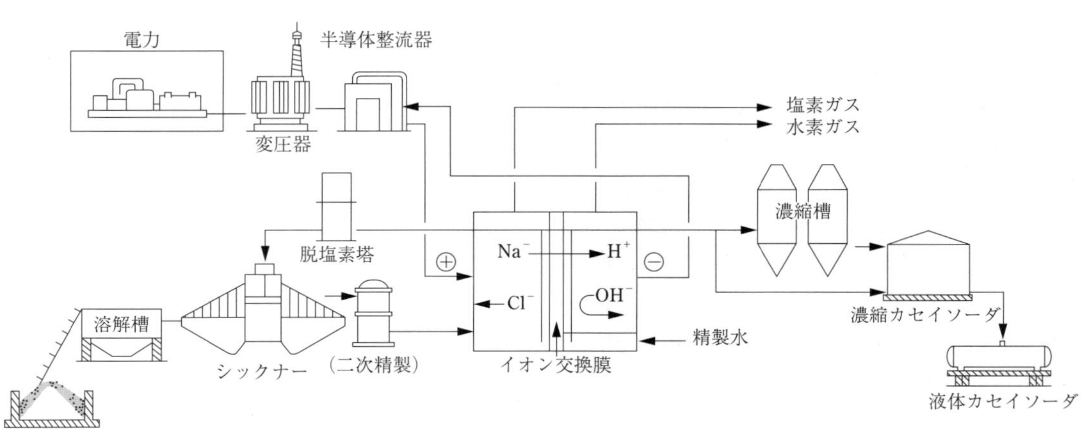

図4.6.2　イオン交換膜法食塩電解のフローシート

表 4.6.2　塩水中不純物の電解性能に及ぼす影響

不純物(Specs)	膜中析出物	膜への影響		電極への影響		備考
		電流効率	セル電圧	陽極	陰極	
Ca(Ca+Mg≦20 ppb)	$Ca(OH)_2$	×	○	○	○	影響大，SiO_2 との複合作用でさらに悪化する。
Mg	$Mg(OH)_2$	△	×	○	○	セル電圧が大きく上昇，多少，電流効率に影響あり.
Sr(<100 ppb)	$Sr(OH)_2 \cdot 8\,H_2O$	×	○	○	○	SiO_2 との複合効果でさらに悪化する.
Ba(<100 ppb)	$Ba(OH)_2 \cdot 8\,H_2O$	○	○	×	○	Ba は多少の影響あり．ヨウ素との複合効果で大きく影響を受ける.
Al(<100 ppb)	$Al(OH)_3$	△	○	×	○	単体での影響はなし．SiO_2 との複合効果で影響を受ける.
Fe(<1 ppm*)	$Fe(OH)_3$	○	×	×	×	膜の陽極面に沈殿物が生じる.
Ni(<10 ppb)	Ni_3O_4，NiO_2，NiO(OH)	○	×	○	○	膜の陽極面に沈殿物が生じる．膜と Ni 系活陰との接触で汚染する場合もある.
Hg(<15 ppm)		○	○	×	×	陰極の過電圧が上昇し，一般的に可逆的である.
F(<1 ppm)		○	○	×	○	膜に影響はしない.
I(<0.1 ppm)	$Na_3H_2IO_4$	×	×	○	○	Ba が共存する場合は複合効果で悪影響が大きくなる.
SiO_2(<5 ppm)		×	○	○	○	Ca，Sr，Al と複合作用があり，その場合は悪影響が大きくなる.
SO_4(<7 g L^{-1})	Na_2SO_4	×	○	×	○	高レベルの SO_4 は，電流効率を下げる.
ClO_3(<20 g L^{-1})		○	○	○	○	膜を通って拡張し，苛性ソーダ品質に影響する.
Ca+SiO_2	$Na_2Ca_2SiO_2 \cdot H_2O$	×	○	○	○	電流効率に影響大.
$Ba^{2+}+I^-$	$Ba_3H_4(IO_4)_2$	×	○	×	○	電流効率に影響(微小な結晶粒子が膜中に沈殿する).
Al+SiO_2	$Na_2Al_2Si_2O_{10} \cdot 7H_2O$	×	○	○	○	複合化合物が膜中に沈殿する.
C+Al+SiO_2		×	○	○	○	膜中ゼオライト様の沈殿物を形成する.
SS(<1 ppm)		×	×	○	○	電解槽中で分解し，Ca，Mg やその他の不純物を放出する.

注)×　悪影響　　△　多少の影響あり　　○　影響なし

*　塩酸添加の場合は，Fe<50 ppb

二次精製工程で，塩水はプレコートフィルターなどのろ過器を通し，キレート樹脂塔で不純物をさらに吸着除去した後，pH 調整して電解槽に送られる．

塩水中不純物は，表 4.6.2 に示すように，イオン交換膜および電極の性能と寿命に大きな影響を及ぼす．電流効率および槽電圧の低下を防止し，長期にわたって安定で高い生産効率と，製品品質を維持するためには，塩水中不純物の厳密な管理が必須である．

電解工程での反応を以下に示す．

陽極反応	NaCl	→	$Na^+ + Cl^-$
	$2Cl^-$	→	$Cl_2 + 2e^-$
陰極反応	$2H_2O + 2e^-$	→	$H_2 + 2OH^-$
	$Na^+ + OH^-$	→	NaOH
総括反応	$2NaCl + 2H_2O$	→	$2NaOH + Cl_2 + H_2$

電解槽は，陽極室はチタン，陰極室はニッケルやステンレス，鉄を構造体として作られている．陽極および陰極は，多孔性であり，エキスパンドメタルや金網などの基材の上に，塩素発生反応および水素発生反応の活性が高い触媒層を，塗布焼成，メッキなどにより形成させて用いられる．陽極触媒は，酸

表 4.6.3　イオン交換膜法の電圧収支

	ギャップ槽		ゼロギャップ槽	
	電圧(V)	割合(%)	電圧(V)	割合(%)
分解電圧	2.26	73.6	2.26	78.2
膜電位	(0.043)		(0.043)	
陽極過電圧	0.06	2.0	0.06	2.1
陰極過電圧	0.09	2.9	0.09	3.1
膜抵抗 drop	0.38	12.4	0.38	13.1
極間抵抗 drop*	0.28	9.1	0.10	3.5
槽電圧	3.07	100.0	2.89	100.0

注)5 kA m^{-2}，活性陰極
　＊：溶液抵抗，気泡抵抗，構造抵抗を含む

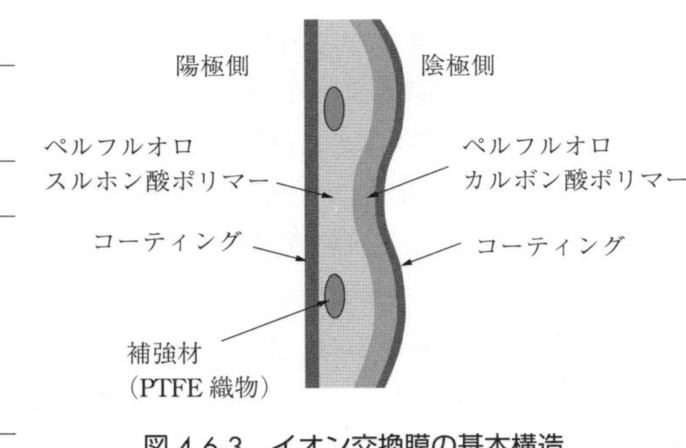

図 4.6.3　イオン交換膜の基本構造

化ルテニウム，酸化イリジウム，酸化チタンを主成分とし，スズ，白金などを加えることがある．陰極触媒には，NiO，Ni−Sn 合金，Pt−Ni 合金，Pt−Ce や Ru−Ce などの白金またはルテニウムと希土類との混合物などが用いられている．

イオン交換膜の基本構造を図 4.6.3 に示す．Na^+ が陽極室からイオン交換膜を透過して，陰極室に移動することで，陽陰極間に電流が流れるが，イオン交換膜は，Na^+ を選択的に透過させ，Cl^- や OH^- の透過を阻止する機能を有する．陽極室側にペルフルオロスルホン酸ポリマー，陰極側にペルフルオロカルボン酸ポリマーを配置した多層構造の膜が主流となっている．イオン交換容量(＝Na イオン伝導度)が大きいペルフルオロスルホン酸ポリマーに，OH^- の逆拡散を防止するペルフルオロカルボン酸ポリマーのバリアー層を配置して，低抵抗かつ高電流効率化を達成している．膜の内部には，寸法安定性と機械強度を付与するために，PTFE(ポリテトラフルオロエチレン)の織物が補強材として埋め込まれている．膜の表面には，塩素および水素のガス付着による電圧上昇を防止するために，酸化ジルコニウムなどの酸化物微粒子コーティングによる親水化処理が施される．

食塩電解では，塩素，苛性ソーダ，水素が製品として得られるが，陽極での塩素ガス発生時に副生する酸素ガスや次亜塩素酸の生成，陰極室から陽極室への OH^- の逆拡散などがロスとなり，実際の生成量は，通常，理論生成量よりも少ない．理論生成量に対する実際の生成量を電流効率(単位：%)とよぶ．塩素ガス組成や苛性ソーダ生産量から，電流効率は算出されるが，イオン交換膜の性能向上などにより，現在のイオン交換膜法の電流効率は 95% 以上に達している．

槽電圧(単位：V)は，陽極と陰極間の実際の電圧であり，表 4.6.3 に示されるように，総括反応の理論分解電圧に加えて，膜電位，陽極および陰極の過電圧，膜抵抗，極間抵抗が含まれる．槽電圧低減のために，陽極および陰極の高性能化，イオン交換膜の改良などが進められている．従来は，膜と陰極の間隔を約 2 mm とするギャップ槽が用いられてきたが，2000 年以降は，陰極室にニッケル製のマットレスやバネなどの弾性体を搭載して，陽極および陰極とイオン交換膜を直接接触させるゼロギャップ槽が普及して，槽電圧が大幅に低減している．

電力原単位は，電解反応に用いた電気量のエネルギー(電力)利用効率を示す指標であり，1 t の苛性ソーダを製造するのに必要な電力量として表される．電力は，電圧と電流の積で示されるので，電力原単位は，槽電圧と電流効率を用いて，以下の式で算出される．

電力原単位(DC-kWh $(\text{t-NaOH})^{-1}$)
＝670×槽電圧/(電流効率/100)

最新のイオン交換膜とゼロギャップ電解槽の組合せでは，電流密度 6 kA m^{-2} で，槽電圧 2.97 V 以下，電流効率 97% が達成されており，電力原単位は，670×2.97 / (97 / 100) ＝2,051 kWh $(\text{t−NaOH})^{-1}$ となっている．陽極および陰極，イオン交換膜，電解槽の技術開発が進み，将来は，2,000 kWh $(\text{t−NaOH})^{-1}$ を下回ることが予想される．

電力原単位を大幅に削減する技術としては，酸素陰極法の開発が進められている．陽極室とイオン交

換膜は現行法と同様だが，陰極をガス拡散電極として酸素を供給し，陰極反応を水素発生反応から酸素還元反応に転換することで，理論分解電圧を 1.23 V 低減する．実用寿命をもつガス拡散電極が開発され，日本やドイツなどで実証槽が運転されており，電流密度 4 kA m^{-2} で，槽電圧 2.3 V 以下，電流効率 96％であり，電力原単位は，1,600 kWh(t-NaOH)$^{-1}$ 以下が得られている[5)]．しかしながら，製品として水素ガスが得られないこと，酸素ガスの供給コスト，電極および電解槽のコストアップを勘案した経済性の評価では，現行の水素陰極法を凌駕するには至っていない．理論分解電圧の差を経済性に反映できない理由は，酸素還元反応が水素発生反応に比べて過電圧が高いためであり，普及に向けては，高活性な酸素陰極用触媒などによるさらなる低電圧化が必要である．

製品精製工程では，塩素ガス，苛性ソーダ，水素ガスの精製を行う．電解槽で発生した塩素ガスは，水分の他に食塩ミストその他の不純物を含んでおり，液体塩素や有機塩素化合物の製造にあたり，これら不純物除去のため，高温ガスの冷却と脱水乾燥を行う．乾燥は，一般的に 98～50％濃度範囲の硫酸によって脱水する方法がとられている．製品の乾燥塩素ガスは液化工程などに送られる．陰極室で生成した苛性ソーダは，イオン交換膜の種類や条件にもよるが，通常 30 wt％の濃度のため，48 wt％以上まで蒸発濃縮して市販する．製品の苛性ソーダ中の NaCl 濃度は数十 ppm である．苛性ソーダから分離した水素ガスは，冷却やアルカリミスト除去などを行ったのち，市販または水素利用プラントなどに送られる．

B　隔膜法

隔膜法では，陽極室と陰極室を仕切る隔膜に堆積石綿が使用されている．石綿繊維とフッ素樹脂(PTFE)粉末をアルカリ溶液に分散させたスラリーを，陰極網上に減圧，堆積させて乾燥し，加熱して硬化させて製膜する．陽極室から供給される塩水は隔膜を通って全量が陰極室に入る．隔膜は陽極室で発生した塩素ガスと，陰極室で発生した水素ガスとの混合を防ぐとともに，アルカリ性の陰極液を陽極室に逆流させない作用をもつ．近年，石綿は代替技術(合成石綿)に置き換わり，市場で採用されている．総括反応はイオン交換膜法と同じであるが，電解で得られる陰極液は NaOH 濃度が 9～13％と薄く，かつ NaCl が 13～17％含まれているため，多重効用缶で濃縮し，NaCl を晶析分離する．製品の苛性ソーダは NaOH 濃度約 50％，NaCl 濃度約 1％である．塩水精製工程は，イオン交換膜法の一次精製とほぼ同様である[6)]．

C　水銀法

水銀法では，わずかに傾斜させた鉄製底板面に水銀を流して陰極とし，耐食性金属または黒鉛を水銀面から数 mm の間隔に取り付けて陽極とした，幅の広い長方形の樋状の室(こう和槽)に，塩水を流して電解する．水銀上では Na の析出過電圧が非常に小さく，水素発生過電圧が非常に高いため，以下の反応が進行する．Na-Hg はナトリウムアマルガムを示す．水銀法の場合の電流密度は 10～13 kA m^{-2} であり，イオン交換膜法の 3～6 kA m^{-2} よりも高くなっている．

陽極反応	$2Cl^-$	→	$Cl_2 + 2e^-$
陰極反応	$2Na^+ + (Hg) + 2e^-$	→	$2Na\text{-}Hg$
総括反応	$2NaCl + (Hg)$	→	$Cl_2 + 2Na\text{-}Hg$

生成した Na-Hg は黒鉛を充てんした解こう塔に送られ，塔内を流下する間に純水と反応し，苛性ソーダと水素ガスを発生する．分離された水銀はこう和槽に戻して再び循環する．解こう反応は，Na-Hg と H_2 からなるガルバニ電池反応である．解こう反応を以下に示す．

陽極反応	$2Na\text{-}Hg$	→	$2Na^+ + (Hg) + 2e^-$
陰極反応	$2H_2O + 2e^-$	→	$H_2 + 2OH^-$
総括反応	$2Na\text{-}Hg + 2H_2O$	→	$2NaOH + H_2 + (Hg)$

電解槽と解こう塔は分離されており，塩水が混入しないため，高純度の NaOH を製造でき，50％のみならず，70％の NaOH も直接製造できる．

プロセス全体としてはイオン交換膜法に類似する．異なる点は，二次精製工程がないことと，水素および苛性ソーダ排水系に脱水銀設備が付加されている点である．不純物によって水銀陰極が汚染されると，水素過電圧が低下して水素発生が促進され，爆発の危険がある[6)]．

世界的には，水銀法は完全撤廃の方向で，欧州では自主規制で2017年末に完全終了といわれている．

4.6.4 原料

電解工場の主原料は，塩と電力である．製造コストに占める電力コストの割合は40%を超えており，電力コストの削減が大きな課題である．日本における電力原単位の実績は，水銀法では約3,500 kWh t^{-1}，隔膜法では約2,800 kWh t^{-1}であったが，イオン交換膜法では現在2,370 kWh t^{-1}程度となり，水銀法と比較して30%以上向上している．電力料金単価が低い夜間時間帯への負荷移行に努めるとともに，積極的に自家発電を導入するなど，効率的な電気使用に努力している．2015年度の自家発電比率は70%であった[1]．

2015年度の国内の塩の供給量は778万t，内訳は輸入塩が684万t，国内塩が94万tであった．需要量は773万tで，内訳は電解用が584万t，業務用が173万t，家庭用などが16万tであった．国内塩は，海水をイオン交換膜で濃縮，蒸発させて結晶化したもので，業務用と家庭用などに使われている．電解用はすべてが輸入塩であり，そのほとんどがメキシコ(45%)，オーストラリア(41%)，インド(14%)の天日塩である．中国塩は，かつては年間100万t以上が輸入されていたが，中国国内での電解工業の発展から，塩の国内需要が急増し，現在はごく少量となっている[1]．

2014年の世界の塩の生産量は，2億7,300万tであり，主要生産国は中国7,000万t，米国4,800万t，インド1,700万t，ドイツ1,250万t，カナダ1,250万t，オーストラリア1,100万t，メキシコ1,050万tなどである[2]．

文献

1) ソーダ工業ガイドブック2016，日本ソーダ工業会(2015)
2) IHS Chemical Chlor-Alkali Edition : 2017，IHS (2016)
3) 山本活也，化学史学会夏期討論会—環境と科学技術—，1995年9月
4) ソーダ技術ハンドブック2009，日本ソーダ工業会(2009)
5) 刑部次功，杉山幹人，電解ソーダ業界の現状及び関連シンポジウム—日本ソーダ工業会—，2016年11月
6) ソーダハンドブック1998，日本ソーダ工業会(1998)

第5章
炭化水素類

5.1 オレフィン・ジエン類

5.1.1 イソプレン

A 概要

イソプレン(2-メチル-1,3-ブタジエン)は，石油化学プロセスでは，ナフサクラッカーの C_5 留分に含まれるジエン留分から分離して得られる．しかしゴム，エラストマーを中心とする需要の増大で，C_5 留分に依存しない合成法への関心は高く，1990年代まで種々の製法が検討された．現在，合成法ではイソブテン，HCHOを原料とする一段法プロセス(IFP法)のみが採用され，石油化学での副生量をはるかに超える大量の高純度イソプレンが生産されている．イソプレンの生産量ではロシア，中国の合計で世界の約70%と多い．一方タイヤメーカーを中心にバイオ法製造プロセスの開発，天然ゴム資源の多様化への挑戦が続いている．

B ナフサクラッカー C_5 留分の組成とイソプレンの分離法

ナフサクラッカーでは，エチレンに対して C_5 留分が2〜6 wt%の収率で得られる．表5.1.1に示すように，イソプレンは C_5 留分の13.5 wt%程度であるから，イソプレンの収率はエチレンの1 wt%レベルである．国内の50万 t y^{-1} 規模のエチレンプラントでは，イソプレンは5千 t y^{-1} 程度が限界となる．そのため国内では，複数のエチレンプラントの C_5 留分をパイプラインなどで輸送し，日本ゼオン，JSRがまとめて高純度イソプレンを分離している．

C_5 留分からのジエン成分の抽出は，始めにシクロペンタジエン(CPD)の熱二量化とジシクロペンタジエン(DCPD)の蒸留分離から始まる．それ以降のプロセスは C_4 留分からのブタジエン抽出と類似しており，NMP(BASF社)，DMF(日本ゼオン，Caribe Isoprene社)，アセトニトリル(JSR，米国Shell社)などの極性溶媒を用いるプロセスが採用される．図5.1.2に最近の特許に提案された抽出プロセス(抽出溶媒，含水NMP)を示した．

C イソプレンの合成法

ナフサクラッカーでのイソプレン収率は低く，ゴムなどの需要を満たすのは困難であるため，化学合成法が古くから検討されてきた．これらを表5.1.2に整理したが，現在採用されているのは，イソブテン一段法のみである．一方，再生可能性原料を用いたバイオ法への関心が高まっている．

イソブテン法では，HCHOの酸触媒縮合法を採用している．一段法では，イソブテン，HCHOを1/2のモル比で反応，直接イソプレンに転換する．

$$\text{イソブテン} + 2\text{HCHO} \rightarrow \text{イソプレン} + H_2O + CO \quad (5.1.1)$$

クラレは1960年代にイソブテンとHCHOを1/2のモル比で反応，生成する4,4-ジメチル-1,3-ジ

表 5.1.1　C_5 留分の概略組成と沸点

成分	組成（水蒸気分解）	組成（接触分解）	沸点（℃）
C_4 類	1.0	2.0	
n−ペンタン	26.0	5.5	36.070
イソペンタン	24.0	31.5	27.852
1−ペンテン/*cis*/*trans*−2−ペンテン	4.5	22.5	29.968/36.942/36.35
メチルブテン	12.0	37.5	2−メチル−1−ブテン 31.163 2−メチル−2−ブテン 38.563 3−メチル−1−ブテン 20.06
シクロペンテン	1.5	Trace	44〜44.2
シクロペンタン	Trace	Trace	49.260
イソプレン	13.5	Trace	34.070
1,3−ペンタジエン(ピペリエン)	9.0	Trace	*cis* 44.068 *trans* 42.032
シクロペンタジエン	7.5	Trace	38〜39
ジシクロペンタジエン	Trace	Trace	170
2−ブチン	Trace	Trace	2−ブチン 26.99 1−ブチン 8.07
C_6+	1.0	1.0	
計	100.0	100.0	

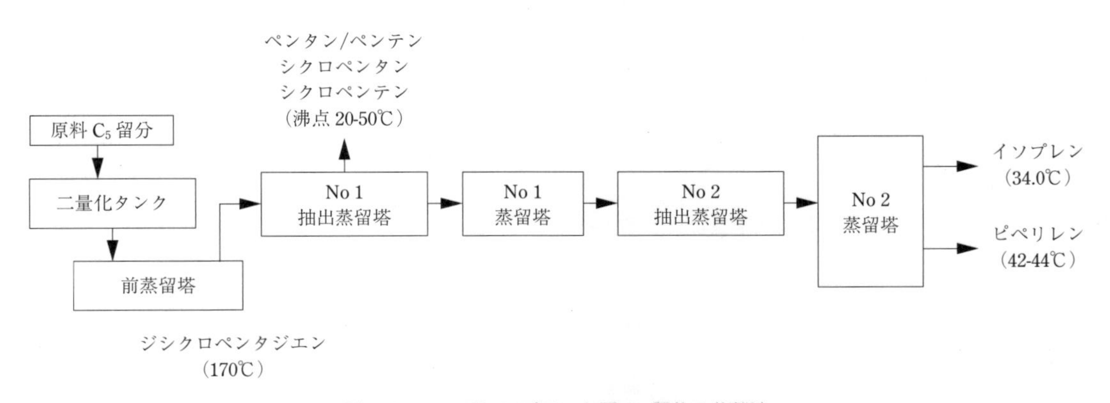

図 5.1.1　エチレンプラント系 C_5 留分の分離法

オキサンを酸触媒で気相分解する二段法を開発[2]したが，工業化ではサンオイルの一段法(図 5.1.3)を採用した．

イソブテン＋HCHO (or methylal)

　→ 4,4−ジメチル−1,3−ジオキサン　　(5.1.2)

4,4−ジメチル−1,3−ジオキサン

　→イソプレン＋HCHO＋H_2O　　(5.1.3)

バイオマス資源からのイソプレン合成では，グルコース，グリセリンからの一段転換の開発が進んでいる．イソブチルアルコールの発酵生産が開始されているので，バイオイソブテンを原料とする上記イソブテン法も可能性がある．

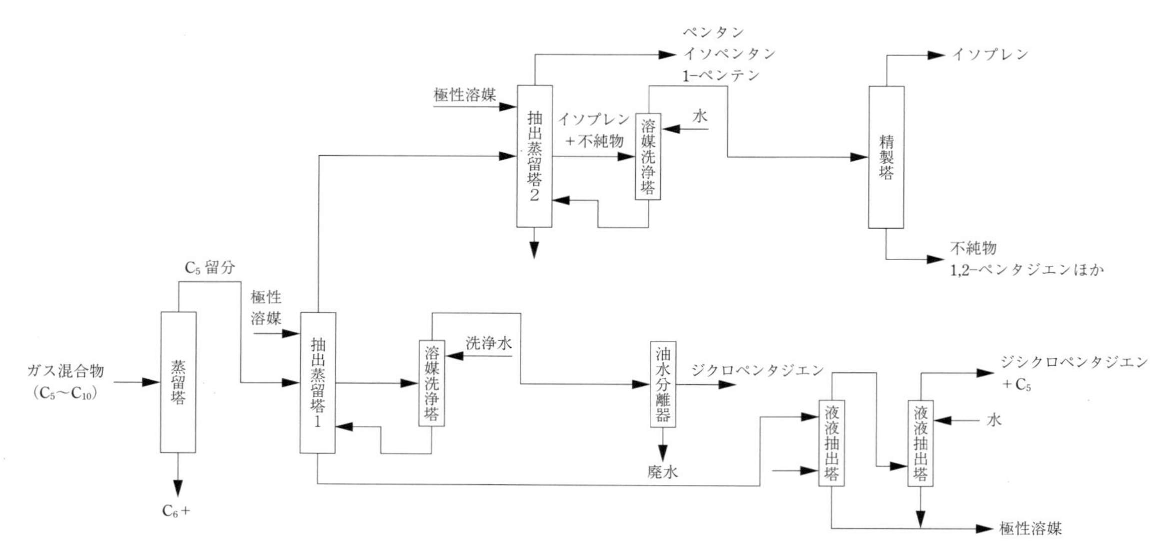

図 5.1.2　イソプレン抽出プロセス(WO2016/097999 : SABIC)

表 5.1.2　イソプレンの合成法

原料	転換反応	工業化実績
化学合成		
C_5 留分(イソペンテン)	酸化脱水素	蘭・米 Shell 社，米 Goodrich 社(1970 年代に中止)
C_5 留分(イソペンタン)	脱水素，酸化脱水素	露で工業化，1970 年代に中止
イソブテン	HCHO 一段法	仏 IFP法[1]，旧ソ連(400 万 t y^{-1})，中国(365 万 t y^{-1}，新設計画多数)，クラレ(1.8 万 t y^{-1})[2]
	HCHO 二段法	クラレ開発，事業化なし
プロピレン	二量化	米 Goodyear 社が工業化，1970 年代に中止
アセチレン，アセトン	メチルブチノール経由	第一次大戦時，独が開発，伊 ANIC 社，南アで工業化，現在は中止
バイオマス転換		
グルコース[3), 4)]	イソプレンに直接転換	GM 酵母，米 Amyris 社，仏 Michelin 社，ブラジル Braskem 社が提携，開発中
		GM 大腸菌，米 DuPont 社が開発，Goodyear 社が提携，開発中
		味の素，ブリヂストンが提携，開発中
糖，澱粉，セルロース	イソプレンに直接転換	Z-Microbe(海洋性細菌)，米 Aemetis 社開発中(実験室段階)
グリセリン[5)]	イソプレンに直接転換	発酵法，米 Glycos Biotechnologies 社が開発，2016〜2017 年工業化を予定，ブリヂストン，理化学研究所などが研究中

世界の需要構造を図 5.1.4 に示した．米国，日本では，IR，SIS，IIR(ブチルゴム)のほか，ファインケミカル関連の用途開発が進んでいる．西欧は IR の生産はなく，SIS の製造に使用され，ロシアは IR が中心である．中国は米国へのモノマー輸出が多い．

D　天然ゴム生産技術の進展

自動車タイヤ用では，天然ゴム(パラゴムノキ)と合成ゴム(SBR，IIR)の需給がかなり拮抗し，それぞれ 45％と 55％程度である．2014 年の合成ゴム生産量は 1,650 万 t y^{-1}，天然ゴム生産量は 1,220 万 t y^{-1} で，この生産量の比はこの 10 年以上動い

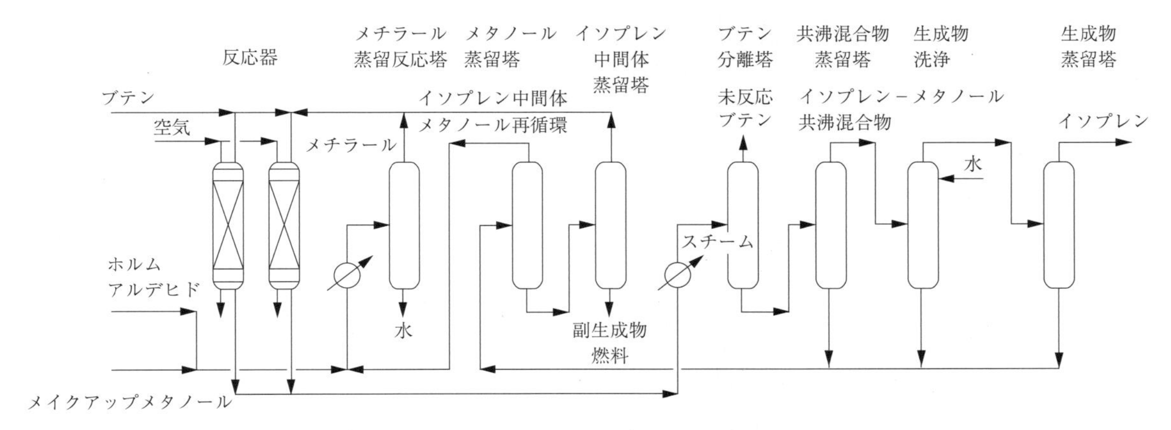

図 5.1.3　イソプレン製造プロセス(サンオイル法)

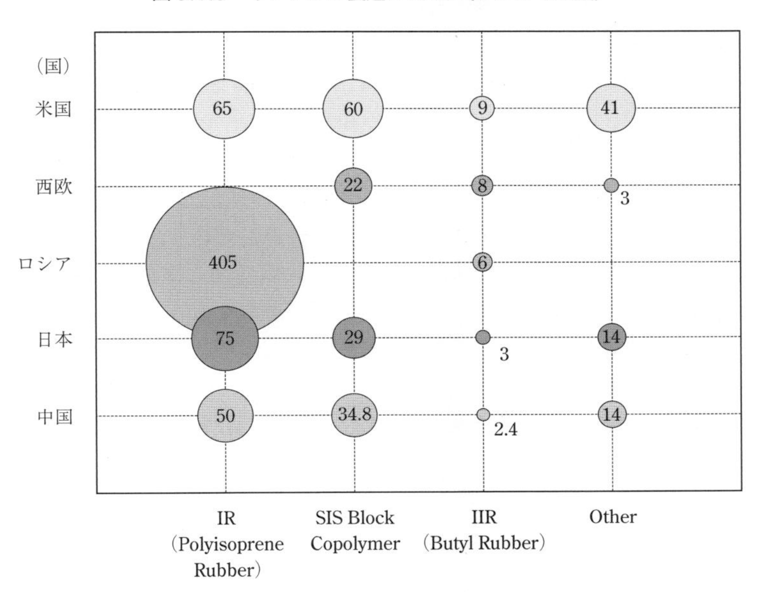

図 5.1.4　イソプレンの世界の需要構造(千 t y^{-1})

ていない．天然ゴムの生産量は，原油価格(合成ゴムとの価格差)，気候，病害(根白腐病菌)への不安を抱えつつも，現在も増加傾向にある．合成ゴムよりも価格，性能とも天然ゴムのほうが優れていることから，天然ゴム増産への期待は高まる傾向にある．

天然ゴムについて，生合成機構が 2016 年に住友ゴム工業，ドラフト・ゲノム解析が理化学研究所から発表され，高生産性の育種可能性がでてきた．ブリヂストンが根白腐病菌の早期検出法，日立システムズがドローンを用いた生育状況管理法を発表し，天然ゴム産業に貢献すると考えられる．またロシアタンポポ，グアユールなど，パラゴムノキに替わる植物の研究も盛んに行われている．

E　ポリイソプレン重合技術の進展

ポリイソプレン(IR)は日本では 75,000 t y^{-1} 程度(2016 年)生産されているが，これは国内の合成ゴム生産量(141 万 t，同年)のごく一部にすぎない．イソプレンはブチルゴム(IIR)，SIS などの共重合成分として利用されている．表 5.1.3 にイソプレンの国・地域別，用途別の使用量を示した．国・地域では中国で高い需要増加が見込まれ，内容ではブチルゴム(IIR)の高い伸びが予想されている．

天然ゴムは，シス−1,4−ポリイソプレンが 100％で，合成ゴムに対する物性優位の原因となっている．イソプレンの重合(IR 製造)では，トランス−1,4−ビ

表 5.1.3　イソプレンの用途(千 t y^{-1}，2013 年)

	IR(ポリイソプレンゴム)	SIS ブロックコポリマー	IIR(ブチルゴム)	その他	計
米国	65	60	9	41	175
西欧	0	22	8	3	33
ロシア・東欧	405	0	6	0	411
日本	75	29	3	14	121
中国	50	34.8	2.4	14	101
合計	600	160	33	77	870

ニルなどの重合が可能で，シス体は95％程度に止まっていたが，ブリヂストン[6]は2016年にGd錯体触媒を用いて，99.9％シスと天然ゴムと遜色ないレベルの重合法を開発し，また分子分布をはるかに狭く(M_w/M_n=1.8〜2.0)制御することに成功した．

F　SIS などの熱可塑性エラストマー

国内でクラレ，日本ゼオン，JSR のほか，米クレイトンポリマーズ，台湾・中国企業が SIS トリブロックコポリマーを生産している．日本ゼオンは非対称 SIS 型を 2011 年に上市，強度と柔軟性を併せもつエラストマーとして需要を拡大している．プラスチック改質用途，粘・接着剤，履物などに使用され，特に需要の大きい粘・接着剤関連では，分子設計を含めた改良が進んでいる．

文献

1) 高尾進，有機合成化学，38(6)，610(1980)
2) 浜本義人，満谷昭夫，工業化学雑誌，67(8)，1222，1227(1964)
3) WO2009/076676(Genencor)
4) 特表 2010-539902(アミリス)
5) WO2013/179722(ブリヂストン，味の素)
6) 特開 2016-210940(ブリヂストン)

5.1.2　α-オレフィン

A　概要

α-オレフィン(アルファオレフィン)は末端に二重結合を有するオレフィン系炭化水素の総称であるが，ここでは，エチレンの二量化やラフィネート・FCC 留分からの抽出により得られる 1-ブテンなどを除いた炭素数 4 以上の直鎖状 α-オレフィン化合物を取り上げる．α-オレフィンが初めて工業化されたのは 1960 年代であり，可塑剤や洗剤用途向けにパラフィンワックスのクラッキング法により生産されていた．その後，Gulf 社(現 Chevron Phillips Chemical 社)がエチレンの低重合法(オリゴマー化)による生産を開始すると，Ethyl 社(現 Ineos 社)，Shell 社，出光興産が次々と独自のエチレン低重合法プロセスで工業生産を開始し，生産量も大幅に増大した．その一方で，パラフィン類のクラッキング法は衰退していった．やがて，ポリエチレンのコモノマー用途として炭素数 6〜8 の α-オレフィンの需要が急増すると，フルレンジとよばれる炭素数 4〜20 以上の広い製品分布が得られる従来のエチレン低重合法に代わり，これらのグレードを選択的に生産する新技術の開発に注目が集まった．1990 年代に入ると，Sasol 社は石炭を原料に Fischer-Tropsch 反応を用いて生産していたガソリンやオレフィン類の混合物の中から，炭素数 5〜8 の α-オレフィンのみを分離する装置を建設し生産を開始した．さらに，2000 年代に入ると，炭素数 6 の 1-ヘキセンを，エチレンの三量化により選択的に生産する新プロセスが Chevron Phillips Chemical 社によって初めて工業化された．最近では，Sasol 社がエチレンの三量化および四量化により，1-ヘキセンと 1-オクテンを選択的に生産する新プロセスを開発し，工業生産を開始している．一方で，従来のエチレン低重合法を用いた 30 万 t y^{-1} を超える規模の大型装置も次々と建設されている．現在，エチレンを原料とした α-オレフィンの生産能力は 370 万 t y^{-1} に達しており(表 5.1.4)，これにエチレン以外の原料を用いる製造装置も加えると，その生産能力は 400 万 t y^{-1} を超える．

α-オレフィンは炭素数ごとにグレードが分けられており，用途もそれぞれ異なる．たとえば，炭素数 4〜8 のグレードは，ポリエチレンのコモノマー

表 5.1.4　エチレンを原料とした α-オレフィン生産能力

製品	会社	立地	製造能力(万 t y^{-1})	プロセス
フルレンジ	Chevron Phillips Chemical	米国	80.5	Gulf プロセス(低重合法)
	Q-Chem II	カタール	34.5	Gulf プロセス(低重合法)
	Ineos	カナダ	27.5	Ethyl プロセス(低重合法)
	Ineos	ベルギー	30.0	Ethyl プロセス(低重合法)
	Shell	米国	92.0	Shell プロセス(低重合法)
	Shell	英国	33.0	Shell プロセス(低重合法)
	出光興産	日本	5.8	出光プロセス(低重合法)
	Sabic	サウジアラビア	15.0	Sabic-Linde プロセス(低重合法)
C_6	Chevron Phillips Chemical	米国	25.0	Phillips プロセス(三量化法)
	S-Chem	サウジアラビア	10.0	Phillips プロセス(三量化法)
	Q-Chem I	カタール	4.7	Phillips プロセス(三量化法)
	三井化学	日本	3.0	三井化学プロセス(三量化法)
	Sinopec	中国	5.0	Sinopec プロセス(三量化法)
C_6+C_8	Sasol	米国	10.0	Sasol プロセス(三および四量化法)
合計			376.0	

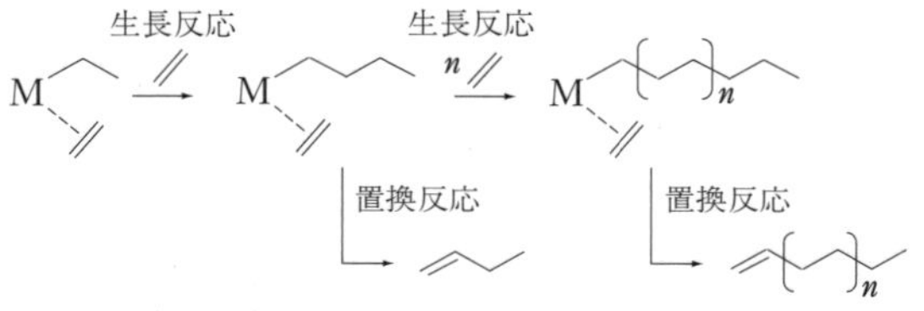

生長反応　生長反応　置換反応　置換反応

生長反応

$$M\text{-}R + CH_2 = CH_2 \rightarrow M\text{-}CH_2\text{-}CH_2\text{-}R$$

置換反応

$$M\text{-}CH_2\text{-}CH_2\text{-}R \rightarrow M\text{-}H + CH_2 = CH\text{-}R$$

M＝触媒金属(Al, Ni, Zr など)

図 5.1.5　エチレン低重合法の触媒反応機構

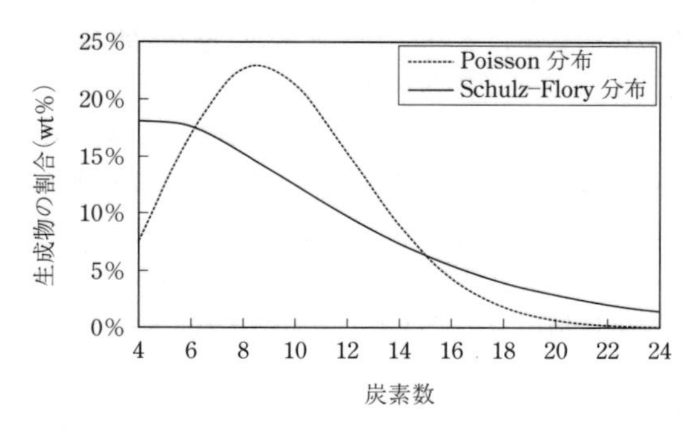

図 5.1.6　エチレン低重合法による理論的な生成物分布

として用いられる．また，炭素数 10 以上のグレードは，合成潤滑油原料や洗剤，可塑剤用高級アルコールの原料に用いられ，炭素数 20 以上の重質なグレードは，各種ブレンド用のワックスや潤滑油添加剤用スルホネートなどに用いられる．なお，炭素数 20 の α-オレフィンの融点は約 28℃であり，これ以上のグレードの製品は常温では固体となる．

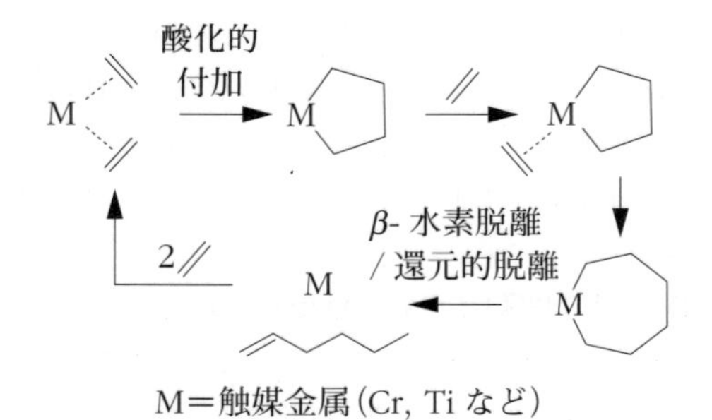

図 5.1.7　エチレンの選択的三量化の触媒反応機構

B　反応

エチレン低重合法は 1960～1980 年代に開発された技術であるが，現在でもその生産量は全体の 70％近くを占め，α-オレフィン生産の中心となっている．使用される触媒や得られる製品分布は各社さまざまであるが，基本的な反応機構は生長反応と置換反応からなり(図 5.1.5)，いずれも特定の分布をもつ幅広い製品が得られる(図 5.1.6)．

エチレンの三量化については，1977 年に UCC 社によりクロム(Cr)触媒で反応が進行することが報告され[1]，従来のエチレン低重合法の反応機構とは異なり，メタラサイクル機構(図 5.1.7)で進行すると推察されている．まず，エチレン 2 分子が触

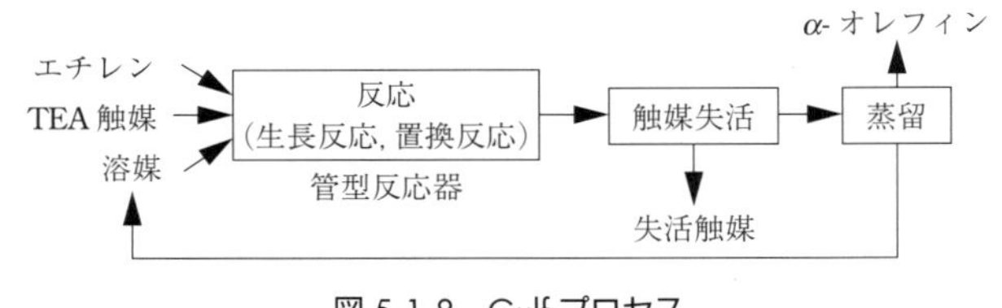

図 5.1.8　Gulf プロセス

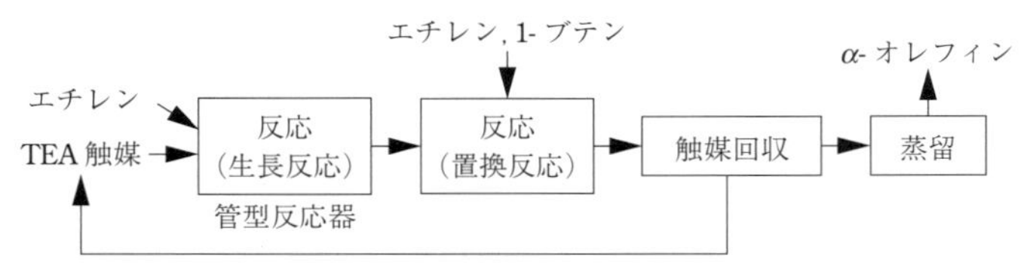

図 5.1.9　Ethyl プロセス

媒金属上に同時に酸化的に付加し，5 員環メタラサイクルを形成する．次いで，もう 1 分子のエチレンが配位，挿入し環の拡大が起こる．この 7 員環の立体的歪みにより，β−水素脱離/還元的脱離が起こり 1−ヘキセンが生成する．

エチレンの三量化および四量化については，2004 年に Sasol 社により高活性・高選択性の Cr 触媒が報告されており[2]，三量化反応と同様にメタラサイクル機構により進行すると推察されているが，詳細な反応機構については十分に解明されていない[3]．

C　プロセス

α−オレフィンの基本的な製造プロセスは，反応工程，触媒失活工程もしくは触媒回収工程，蒸留工程の 3 工程からなる．工業化されているおもなプロセスとしては，エチレン低重合法の a〜d のプロセス，エチレン三量化法の e〜f のプロセス，エチレン三量化および四量化法として g のプロセスがある．

a　Gulf プロセス(エチレン低重合法)

Gulf 社によって開発された技術で，触媒としてトリエチルアルミニウム(TEA)を使用する(図 5.1.8)．管型反応器を使用し，1 つの反応器内で生長反応と置換反応を次々と行う一段法を採用しており，触媒はその後段で失活して廃棄される．なお，製品分布は，Schulz−Flory 分布に従う．

b　Ethyl プロセス(エチレン低重合法)

Ethyl 社によって開発された技術で，触媒として Gulf プロセスと同じく TEA を使用するが，生長反応と置換反応を別々の反応器で行う二段法を採用している(図 5.1.9)．まず，一段目では比較的低温で運転し，生長反応のみを行わせ，二段目で過剰のエチレン存在下，高温で置換反応を行わせる．このように 2 つの反応を分離することで，製品分布は生長反応だけで決まる．そのため，Schulz−Flory 分布よりも狭い分布となる Poisson 分布の製品が得られる．また，1−ブテンを置換反応器にリサイクルすることにより，エチレン原料の代わりとし，他の留分に転換する技術が開発されている．一方で，生長反応は化学量論的反応のため大量の触媒を必要とし，触媒の回収・リサイクル工程が必要となるため装置は複雑となる．また，炭素数の大きいグレードの製品純度が極端に低くなる欠点がある．

c　Shell プロセス(エチレン低重合法)

Shell プロセスは，α−オレフィンの製造プロセスと α−オレフィンを内部オレフィンに転換する異性化・不均化プロセスを組み合わせた複雑なプロセスである(図 5.1.10)．触媒にはニッケル(Ni)錯体触媒を用いており，触媒回収プロセスを有する．反応器は，連続槽型反応器で一段法により反応が行われ，反応器出口での組成分布は Schulz−Flory 分布となるが，炭素数 4 や 20 以上の留分を異性化・不均化工程に供給することで，内部異性化反応・メタセシス反応により炭素数の異なる内部オレフィンに転換することができる．ここで得られる内部オレフィンのうち，炭素数 11〜15 の留分はさらにアルコールプラントに送られ，オキソ反応に供され，洗剤用アルコールに転換される．

d　出光プロセス(エチレン低重合法)

出光興産は，独自に開発した触媒を用い，触媒回

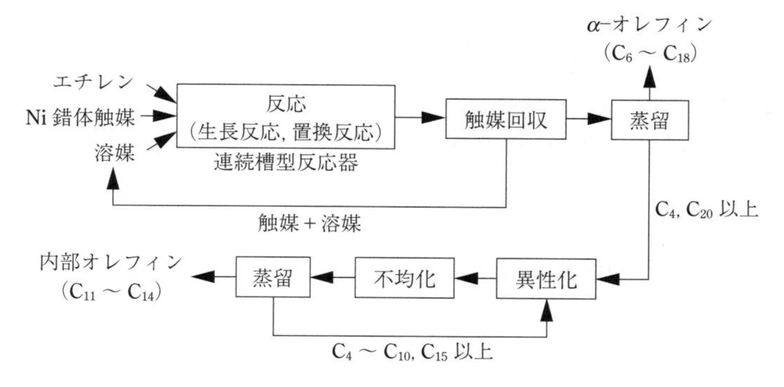

図 5.1.10　Shell プロセス

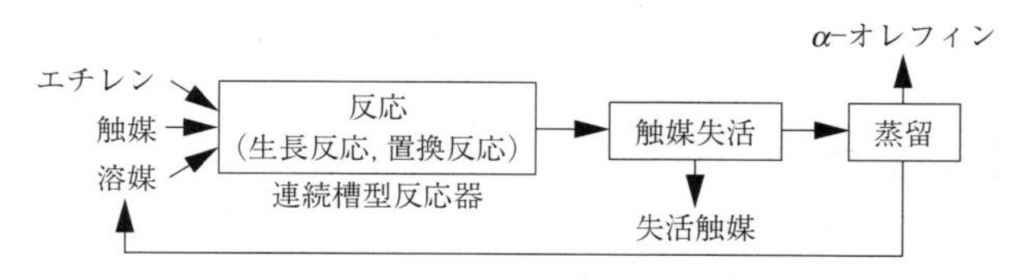

図 5.1.11　出光プロセス

収工程などがなく非常にシンプルなプロセスの工業化に成功している(図 5.1.11)[4]．反応器には，連続槽型反応器が用いられ，一段法で反応が進行する．得られる製品分布は Schulz−Flory 分布となるが，複数の触媒成分の調合比率を調整することにより，製品分布を比較的容易に変えることができる利点を有する．また，生産された一部の α−オレフィンは，独自のメタロセン触媒により分子構造を制御した高機能ポリアルファオレフィン(PAO)に転換し，付加価値を高める技術を開発している．

e　Phillips プロセス(エチレン三量化法)

エチレンの三量化触媒には，大量のポリマーが副生し，選択率が低いという問題があったが，Phillips 社(現 Chevron Phillips Chemical 社)は Cr 錯体にピロール化合物，TEA 助触媒などを組み合わせた触媒系を開発，ポリマー副生を低減したほか，選択率・触媒活性を大幅に向上させ，工業化に結びつけた．

f　三井化学プロセス(エチレン三量化法)

エチレンの三量化触媒は Cr 触媒が中心であったが，三井化学は，フェノキシイミン錯体触媒に着目し，これをエチレンの三量化反応技術に展開した[5]．この触媒は，チタン(Ti)を中心金属として，これにフレキシブルな電子授受能力をもつフェノキシイミン配位子と三量化に必要な 3 つの反応場として塩素原子 3 つが与えられた構造をしている．なお，この反応では，1−ヘキセンとエチレン 2 分子の共三量化により炭素数 10 の分岐オレフィンが数％副生する．

g　Sasol プロセス(エチレン三量化および四量化法)

Sasol 社は，Cr 錯体にジホスフィノアミン(PNP)配位子，メチルアルミノキサン(MAO)助触媒などを組み合わせた触媒系を開発し，60％を超える高い選択率で 1−オクテンを生成することに成功した[2]．この反応では，1−ヘキセンも数十％生成するほか，メチルシクロペンタンやメチレンシクロペンタン，デセン類も各々数％副生する．

h　その他

エチレン以外の原料から α−オレフィンを生産する技術も開発されている[6]．Sasol 社は，石炭を原料とした Fischer−Tropsch 反応により，ガソリンやオレフィン類を生産し，その中に含まれる炭素数 5〜8 の α−オレフィンを分離する技術を開発している．また，Dow Chemical 社は，ブタジエンを原料に，テロメリゼーション反応などを用いて，1−オクテンを選択的に生産することに成功している．

文献

1）R. M. Manyik, W. E. Walker, T. P. Wilson, J Catal., 47, 197(1977)

2) A. Bollmann, K. Blann, J. T. Dixon, F. M. Hess, E. Killian, H. Maumela, D. S. McGuinness, D. H. Morgan, A. Neveling, S. Otto, M. Overett, A. M. Z. Slawin, P. Wasserscheid, S. Kuhlmann, J. Am. Chem. Soc., 126, 14712 (2004)
3) 真島和志，劒隼人，高分子，60, 469 (2011)
4) 山田侃，白木安司，竹内邦夫，田村隆生，ペトロテック，37 (4)，337 (1994)
5) 木下晋介，三谷誠，藤田照典，ファインケミカル，39 (12)，12 (2010)
6) P. W. N. M. van Leeuwen, N. D. Clément, M. J. L. Tschan, Coodin. Chem. Rev., 255, 1499 (2011)

5.1.3 シクロペンタジエン

シクロペンタジエン (CPD) は共役二重結合を有する環状ジオレフィンである.

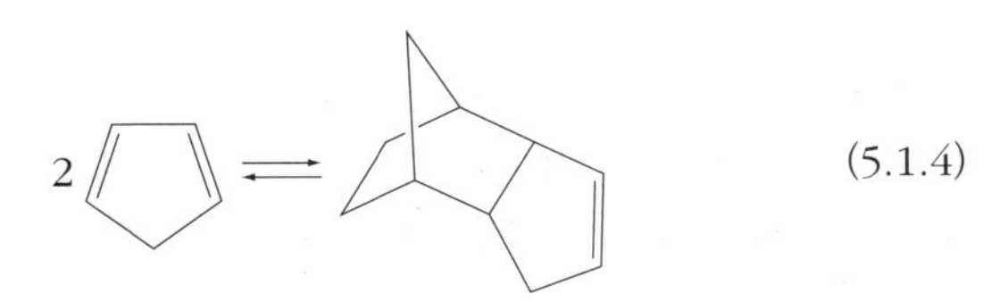

(5.1.4)

(5.1.4) 式に示すように，2 分子の CPD が Diels–Alder 反応により，室温付近では容易に二量化して，安定なジシクロペンタジエン (DCPD) として存在する.

DCPD の異性体としては endo 体，exo 体があるが，熱反応の場合ほとんど endo 体が生成する.

おもな用途は石油樹脂や不飽和ポリエステル，エチレン–プロピレン–ジエンエラストマー，エチリデンノルボルネン，香料などのファインケミカル原料などが中心であったが[1]，近年メタロセン触媒のめざましい発展に伴う各種環状オレフィンをコモノマーとするエラスティックポリオレフィン用モノマー原料としての伸びが著しい[2), 3)].

工業的には，ナフサの熱分解にて生成する熱分解油中の C_5 留分から製造される．ナフサからの C_5 留分収率は，エチレン生産量 100 に対して約 25〜30 であり，その中に 15〜20 % の CPD および DCPD が含まれるが，CPD の二量化，分解反応の容易さを利用した分離精製プロセスが開発されている．代表的な DCPD 製造フローを図 5.1.12 に示す[3].

原料 C_5 留分は，まず始めに二量化反応器に供給

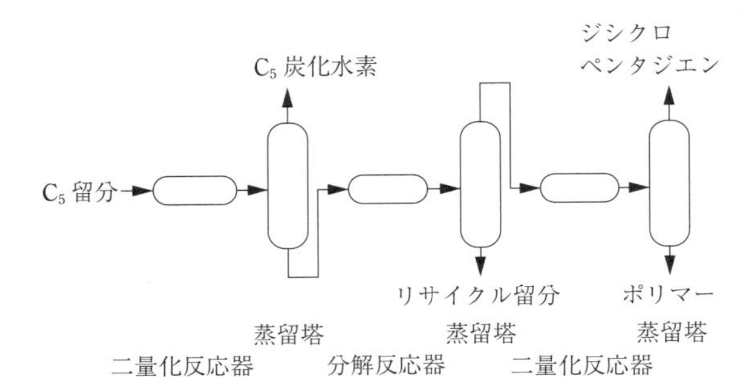

図 5.1.12 ジシクロペンタジエン製造プロセスフロー

され，DCPD に変換する．二量化反応は DCPD の分解反応が起こりにくい 130℃ 以下で行われ，次いで軽質の C_5 留分を蒸留除去したのち分解反応器に供され，CPD に分解される．この際，原料中に含まれる不純物のブタジエン，イソプレンまたはピペリレンと CPD が反応して生成した環状共二量体 (ビニルノルボルネンまたはイソプロペニルノルボルネン，プロペニルノルボルネンなど) の分解を抑制し，選択的に DCPD の分解が進行する 200℃ 以下の温度で行われる．反応形態は液相，気相いずれでも可能であるが，CPD の重合を抑制するために不活性液体や気体で希釈して行われるケースもある．得られた CPD は蒸留塔で分留される．この二量化–分解–精製工程の繰り返しにより得られる CPD，DCPD の純度は 70〜95 % 程度であるが，さらに環状オレフィンモノマー原料として高純度品が求められるようになり，二量化工程原料組成の工夫[4] や分解反応工程の改善[5] もなされている．また，高純度品は endo 体が多いため，凝固点が高く室温でも固体となる．そこで endo 体を exo 体に異性化し，高純度品を常温で液体として取り扱うことができる技術も開発されている[6].

文献

1) S. P. Chernykh, New Organic Synthesis Processes, p.37 (1991)
2) M. Morgan, Chemistry & Industry, p.645 (1996)
3) M. Morgan, Int. J. Hydrocarbon Eng., 4 (1), 35 (1999)
4) 日本合成ゴム，日特開平 8–193038 (1996)
5) 丸善石油化学，日特開平 5–078263 (1993)
6) 丸善石油化学，特許 3929536 (2007)

5.2　芳香族炭化水素類

5.2.1　スチレンモノマー

A　概要

スチレンモノマー(SM)は1930年代にDow社により工業化されたエチルベンゼン(EB)の脱水素によるスチレンモノマー(SM)製造プロセスをもとに，その取扱いのよさ，多様な用途から，近年では，全世界で2,700万 t y^{-1} を超える一大産業として発展してきた(表5.2.1[1)]，表5.2.2[1)])．その用途は，ポリスチレン(PS)やアクリロニトリル–ブタジエン–スチレン(ABS)樹脂，スチレン–ブタジエンゴム(SBR)，スチレン–ブタジエン(SB)ラテックスなどの原料として，家電，自動車内装，住宅資材，食品トレー，緩衝材など，日常生活になくてはならない素材として利用されている．

1930年代に工業化されたSMは未だ世界的には需要増加が継続しており，中国を中心とした需要増加に牽引され，今後も世界全体としては年率2%以上の成長率が見込まれている(表5.2.1)．一方で，SMの供給は今後も増設計画が予定されており，需給バランスについては楽観視できない状況にあると思われる．SMをはじめとする石化製品の将来の需給予想を背景に，国内SMメーカーは生産能力を縮小する方向で動いている．2011年3月に三菱化学(現三菱ケミカル)鹿島事業所の設備停止(生産能力，37.1万 t y^{-1})を皮切りに，2012年4月にデンカ千葉工場の設備停止(生産能力，24万 t y^{-1})，2015

表5.2.1　世界のSM需要(千 t)

	実績 2007年	実績 2008年	実績 2009年	実績 2010年	実績 2011年	実績 2012年	実績 2013年	実績 2014年	予想 2015年	予想 2016年	年平均成長率(% y^{-1}) 07～14	 15～20
韓国	2,329	2,016	2,222	2,307	2,229	2,300	2,406	2,393	2,200	2,300	0.4	0.0
台湾	1,991	1,534	1,777	1,994	1,791	1,822	1,924	1,794	1,900	1,900	−1.5	1.0
シンガポール	181	104	283	257	252	228	225	257	257	257	5.1	0.0
中国(香港含む)	5,706	5,796	7,085	7,720	8,687	8,510	8,197	8,734	9,305	9,732	6.3	4.3
日本	1,914	1,717	1,406	1,540	1,464	1,389	1,427	1,398	1,413	1,380	−4.4	−0.6
アジア圏その他	1,498	1,479	1,534	1,691	1,622	1,698	1,614	2,080	1,732	2,013	—	—
アジア合計	13,619	12,646	14,307	15,509	16,045	15,947	15,793	16,656	16,807	17,582	2.9	2.7
オセアニア	77	65	57	29	27	20	20	20	21	21	−17.5	0.8
欧州	6,150	5,705	5,260	5,784	5,510	5,261	5,165	4,880	4,885	4,804	−3.3	−0.2
中東	485	519	333	346	489	533	581	610	641	673	3.3	4.1
アフリカ	60	63	33	38	35	40	40	46	160	180	−3.6	27.6
CIS	326	313	310	311	388	420	491	563	548	552	8.1	1.3
北米	4,329	4,014	3,341	3,393	3,456	3,510	3,479	3,556	3,667	3,768	−2.8	2.6
中南米	1,405	1,430	1,298	1,342	1,480	1,504	1,532	1,547	1,534	1,573	1.4	2.1
総計	26,451	24,756	24,939	26,752	27,430	27,236	27,101	27,878	28,272	29,153	0.8	2.2

表5.2.2　日本国内のSM需給バランス推移(千 t)

	実績 2007年	実績 2008年	実績 2009年	実績 2010年	実績 2011年	実績 2012年	実績 2013年	実績 2014年	予想 2015年	予想 2016年
生産能力	3,278	3,278	3,278	3,278	2,907	2,667	2,667	2,667	2,255	1,988
生産量	3,534	2,847	2,997	2,939	2,739	2,392	2,592	2,458	2,415	1,860
国内需要	1,914	1,717	1,406	1,540	1,464	1,389	1,427	1,398	1,413	1,380

年5月に日本オキシランの設備停止(生産能力, 42.5万t y^{-1}), 2016年3月に旭化成の系列停止(生産能力, 32万t y^{-1})と各社の規模縮小により, 2010年に300万t y^{-1}を超えた生産能力は, 2016年には2010年の3分の2の水準になる(表5.2.2). 今後も, 国内需要を踏まえ, エチレンセンターを含めた国内石油化学事業の基盤強化の一環として, SM生産能力の最適化が進んでいくものと考えられる.

B　反応

EBの脱水素によるSM製造について, 主反応および副反応[2), 3)]を示す(図5.2.1). EBの脱水素は鉄-カリウム系の触媒を用い, 蒸気存在下で高温, 減圧下で行う. EBの脱水素反応は吸熱を伴う平衡反応であることから, より高温, より減圧とすることで主反応が進行する. 一方で, 副反応としてはEBの熱分解によるベンゼンの生成, SMと水素の反応によるトルエンの生成が主要な副反応としてあげられる. 一般的に蒸気を同伴させる役割としては, (1)反応熱の供給, (2)分圧を下げてSM生成の平衡反応を有利にする, (3)触媒表面に析出するコークを水性ガス反応で除去し, 触媒活性を維持する, (4)脱水素触媒の過剰還元による失活を避けること, があげられる. 脱水素反応器に供給する蒸気量は(供給蒸気量)/(EB供給量)で表現されるスチームオイル比(S/O)で管理されており, S/Oが低いほど, 脱水素プロセスで使用する蒸気量が少なくなるため, 経済的である.

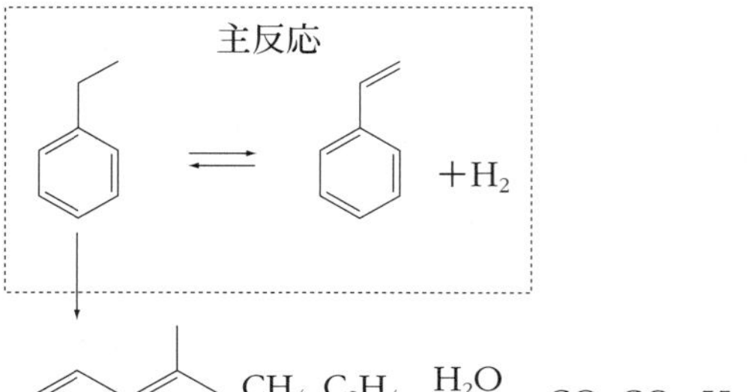

主反応

$+H_2$

CH_4, C_2H_4　$\xrightarrow{H_2O}$　CO, CO_2, H_2

コーク

図5.2.1　脱水素反応式

SMの製造方法はEBの脱水素以外に, プロピレンオキサイド(PO)との併産法であるハルコン法(PO/SM法)[2), 4)]がある. ハルコン法での主反応を示す(図5.2.2). PO/SM法ではエチルベンゼンを空気酸化, エチルベンゼンハイドロパーオキシドを生成, さらにプロピレンと反応させることでα-フェニルエチルアルコールを得る. その後, α-フェニルエチルアルコールを脱水することでSMを製造することができる.

各プロセスについては次項Cで述べるが, 現在の主流である断熱型反応器を用いたプロセスをもとにして概説する. 反応は一般的に550〜640℃の範囲で, 減圧下で行われる. また, 反応器はラジアルフロー型の断熱反応器2基を連結し, 一段目反応器で主反応の吸熱反応により低下した反応温度を, 再度所定の温度まで昇温するため, 二段目反応器との間で加熱するプロセスとなっている. EBの脱水素プロセスが大きく発展したのは, 反応器の改善と高性能触媒の開発の賜物である. プロセス開発の方向性としては, 圧力損失をいかに小さくするか, 温度分布をいかに均一にするか, 高温状態での滞留時間をいかに短くするか, S/Oをいかに下げるかが目標として検討され, 現在のかたちに進化・淘汰されてきた.

触媒については同じくプロセスの鍵となる部分で, 難燃性酸化物をボーキサイトなどに分散させた非常に寿命の短い初期の触媒から, 1940年代中期以降にStandard 1707, Shell 105の自己再生型のFe-K系が相次いで開発され, 現在の触媒の基礎となった[5)〜7)]. この触媒は触媒表面に析出したカーボンを蒸気との反応で除去する機能をもち合わせてい

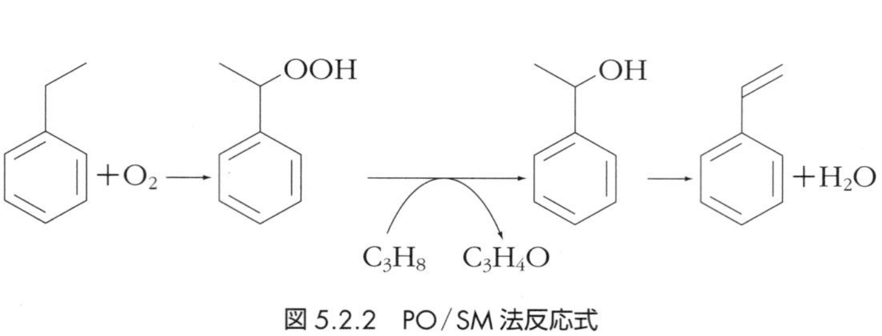

OOH　OH

$+O_2$　$+H_2O$

C_3H_8　C_3H_4O

図5.2.2　PO/SM法反応式

る．一方で，脱水素触媒の劣化原因としてはおもに，活性種形成の上で重要となるカリウムの飛散（マイグレーション），炭素分の析出（コーキング），被毒，酸化鉄の過剰還元（シンタリング）があげられ，運転コストや SM 生産量の面から，脱水素触媒の使用期間は 2 年連続使用が標準となっている．今もなお，触媒メーカー各社での技術競争は続いており，低 S/O 運転を可能とする触媒，より高活性，高選択性を指向した触媒の開発が続けられている[3), 8)]．

C プロセス

EB を脱水素して SM を生産する方法はすべて固定床反応器であり，反応器への熱の供給方法によって a. 等温型反応プロセス[9)]，b. 断熱型反応プロセス（図 5.2.3）[10)]，c. 内部熱供給型プロセス（SMART）（図 5.2.4）[11)] に大別できる．また，前項にて述べたとおり，d. PO/SM 法による SM 生産プロセス（図 5.2.5）もあり，以下でこれらについて説明する．現在は b. 断熱反応プロセスが主流であり，EB 製造プロセスを含め，Badger 社や Lummus 社といったライセンサーからの技術導入によりプラント建設が可能である．

a 等温型反応プロセス

脱水素反応器はマルチチューブラー型の反応器であり，チューブ内側に脱水素触媒を充てんし，プロセスガスを通気して反応を進行させる．脱水素反応は吸熱反応のため，チューブ外面から均一に加熱することで，脱水素反応に必要な熱を供給し，触媒層内の温度は入り口から出口にかけてほぼ一定温度下で反応することになる．また，反応に必要な熱をチューブ外部から供給することが可能なため，断熱型に比較すると低 S/O での運転による経済的なメリットがある一方で，反応器の構造が複雑で，大型化しにくく，反応器本体の設備費も高くなる傾向にある．昨今のスケールメリット追求の流れの中では大型断熱プロセスに対して優位性はないと考えられている．

b 断熱型反応プロセス

脱水素反応器はラジアルフロー型の反応器であり，通常，2 基ないし 3 基の反応器が直列に設置されている．断熱型反応プロセスでは反応過程での加熱を行わないため，各反応器の入り口にて反応温度まで昇温する必要がある．反応器に熱を供給する蒸気は 800℃以上の過熱蒸気であり，蒸気過熱炉とよばれる設備で蒸気を過熱する．プロセスとしては一段目反応器の入り口で EB と過熱蒸気との混合により反応温度まで昇温し，一段目反応器に供給することで，脱水素反応を進行させる．脱水素反応は吸熱反応であり，出口ガスの温度は低下するため，二段目反応器の前に設置した熱交換器で，過熱蒸気により再加熱した上で二段目の反応器に供給される．反

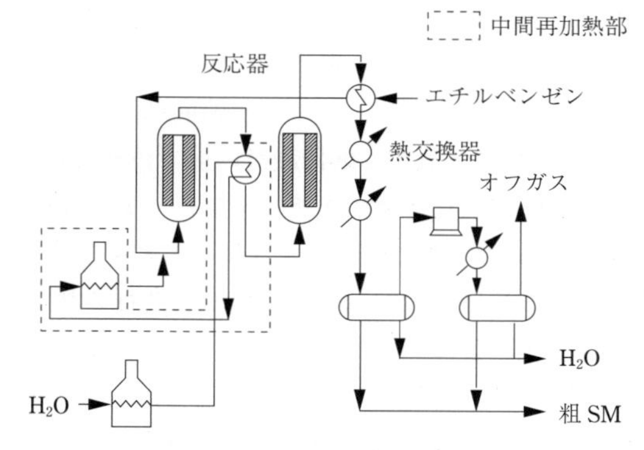

図 5.2.3 断熱型反応プロセス

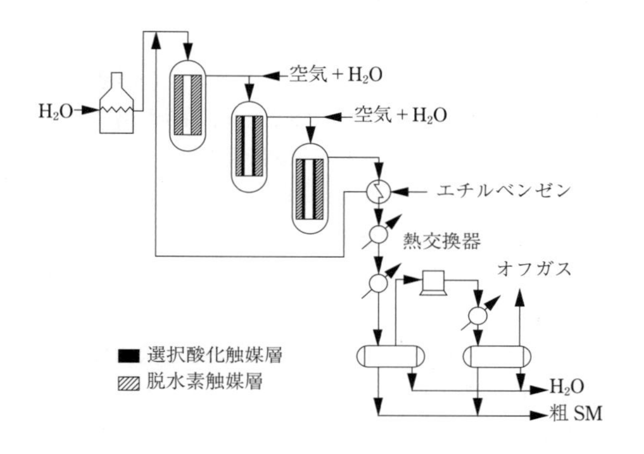

図 5.2.4 内部熱供給型プロセスフロー

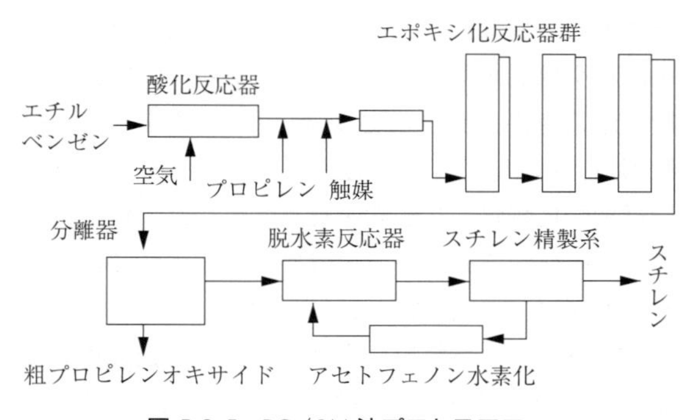

図 5.2.5 PO/SM 法プロセスフロー

応器はラジアルフロー型であり，ガスの流路面積を大きくとることができ，触媒層の圧力損失を低減することが可能である．一方で，流路面積が大きいため，ガスの均一分散が反応器設計の上で重要である．また，反応器構造がマルチチューブラー型の反応器と比較すると簡便なため，大型化にも対応できる．ただし，もち込みの熱量だけで反応を進行させなければならず，等温型反応プロセスに比較すると高いS/Oでの運転が必要となり，エネルギーの消費量が多い．エネルギー消費量削減にはS/Oの低減が有効であるが，蒸気過熱炉で作る過熱蒸気のさらなる温度上昇を伴うため，設備の設計温度が制約になることがある．現在では，プロセスおよび触媒の開発が進み，S/O＝1.0での商業運転実績も出てきている[8]．今後もさらなるS/O低減に向けた触媒およびプロセス開発が進んでいくものと考えられる．

c　内部熱供給型プロセス

内部熱供給型の断熱プロセスは，SMART（styrene monomer advanced reheat technology）法ともよばれ，脱水素反応にて生成する水素を選択的に燃焼させ，反応器内部にて熱を供給するとともに，水素消費を伴ってSM精製側に平衡反応を有利にしてさらに反応を進めることができる．また，水素の燃焼熱で脱水素に必要な熱を供給するため，断熱型反応プロセスと異なり，2基目以降の入り口に設置する中間熱交換器が不要になる特徴もある．実際には一段反応器を出たガスに必要量の空気（望ましくは純酸素）を導入し，二段反応器に二層充てんされた前段選択酸化触媒にて酸素を選択燃焼させ，反応熱でプロセスガスを昇温し，後段に充てんされている脱水素触媒層で再度，脱水素反応を進行させる．また，このプロセスは断熱型反応プロセスに選択酸化触媒層を含む反応器を1基追加することで，簡易に能力増強が可能なプロセスとしても評価されている．供給する酸素源としては空気でも可能だが，相当量の窒素ガスがプロセスに流入するため，下流の機器での圧力損失の上昇や，反応系の真空を維持するオフガス圧縮機負荷を上げる要因となるため，純酸素での供給が望ましい．

d　PO/SM法

上記プロセス以外に工業化されているSM製造プロセスに，PO/SM法がある．このプロセスは，EBの脱水素反応（吸熱反応）とプロピレンの酸化反応（発熱反応）を組み合わせたSMとPOを併産するプロセスである．EBの酸化によりエチルベンゼンハイドロパーオキシドを製造し，これとプロピレンを反応させ，POとα-フェニルエチルアルコールにする．さらにα-フェニルエチルアルコールを脱水し，SMとする．EBの脱水素プロセスのように大量の蒸気を必要としないため，エネルギーコストは大幅に削減できる．しかし，反応系が多段かつ複雑であり，建設費などが高くなる．また，併産法がゆえに，SMとPOの需要バランスによって稼働が制約される可能性についても考慮が必要である．エポキシ化工程の触媒はShell社のチタニア-シリカ系の固体触媒とARCO社のモリブデン系均一触媒がある．

5.2.2　アルキルベンゼン

A　エチルベンゼン

a　概要

1930年代にエチルベンゼン（EB）はスチレンモノマー（SM）製造とともに工業生産が開始され，SM生産の伸びとともに，世界各地で生産されるようになった．その用途はほぼすべてSM生産用であり，5.2.1項のSM生産量の約1.1〜1.2倍程度のEBが生産されている．

b　反応

一部C_8留分からの蒸留・抽出・精製を除き，すべてベンゼンにエチレンを付加することにより生産されている．ベンゼンへのエチレン付加反応，およびその主たる副反応を示す（図5.2.6）[2]．主反応はベンゼンにエチレンを1つだけ付加したエチルベンゼンの生成であるが，同時にジエチルベンゼン，あるいはトリエチルベンゼンといったエチレンが2つ以上付加した副生成物（ポリエチルベンゼン）を生成する．これら付加反応は発熱反応である．ポリエチルベンゼンはエチルベンゼンと蒸留分離後，再度，

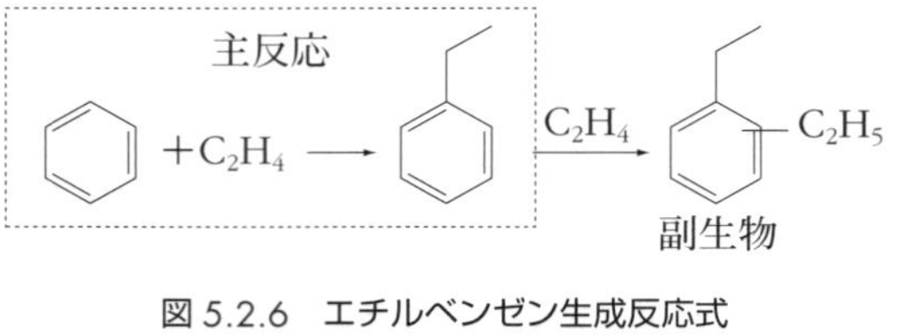

主反応

$+C_2H_4 \longrightarrow$　　$\xrightarrow{C_2H_4}$　C_2H_5

副生物

図5.2.6　エチルベンゼン生成反応式

ベンゼンと混合し，トランスアルキル化反応によりエチルベンゼンを生成している．このトランスアルキル化反応は平衡反応であり，ポリエチルベンゼンとベンゼンの混合比によって平衡転化率が変わる．また，トランスアルキル化反応はアルキル化反応と異なり，反応に伴う熱の出入りはほとんどない．

ベンゼンのアルキル化反応に使用する触媒系は大きく2種に大別され，いずれも酸触媒である．1つは1930年代より用いられ，多くの改良がなされてきた塩化アルミニウム[13),14)]などのFriedel−Crafts触媒を用いた製法であるが，現在は主流ではない．もう1つは1980年代より使用が開始されたゼオライト触媒を用いる製法である．ゼオライト触媒は細孔構造をもち，形状選択性が得られるため，ポリエチルベンゼンの生成を抑制し，エチルベンゼン選択率を高くすることが可能である．ゼオライト触媒は一般的に長寿命だが，原料であるエチレンやベンゼン中に含まれる塩基性化合物による被毒，炭素分の付着(コーキング)などがおもな失活の要因としてあげられる．この他にも高温下での使用によるシンタリング，遊離水による結晶構造の破壊，金属成分吸着なども失活原因としてあげられる．失活したゼオライト触媒は一般的には焼成再生し，再使用することが可能であり，塩基性窒素化合物の吸着やコーキングに対しては有効である．一方で，シンタリング，結晶構造の破壊，金属成分吸着などが失活原因の場合，焼成再生の効果は期待できない．

ゼオライト触媒を用いたEB製造プロセスは，高温・高圧のプロセスであり，また，大過剰のベンゼン存在下でエチレンと反応させる必要がある．プロセス内でのベンゼン循環量が多くなるためエネルギー消費量が多く，またベンゼン回収を担う蒸留塔が大きくなる特徴がある．そのため，触媒改良の方向性は，エネルギー消費を改善するため，より低いベンゼン/エチレン比で，エチルベンゼン選択率が高くかつコーキング劣化耐性の優れる触媒設計に向けて進んでいくと思われる．

c　プロセス

EB製造プロセスは大きく，Mobil-Badger法[15)~18)]とLummus-UOP法[19)]がある．前者は従来の気相法から液相法が主流に変わっている．以下で，現在の主流となっている液相法のプロセスについて説明する(図5.2.7)．

EB製造プロセスでは，高温・高圧下で化学量論的に大過剰のベンゼン中にエチレンを溶解させ，液相状態で多段からなるゼオライト触媒層に供給し，アルキル化反応を行う．アルキル化反応は発熱反応であり，反応進行に伴って反応液温度が上昇する．このため，機器・触媒の損傷防止，ならびに反応選択率の最適化を目的に，触媒層出口液を中間冷却器に通液し，冷却と反応を繰り返しながら，反応を進行させていく．反応器出口液はベンゼン回収塔でベンゼンを除去し，回収したベンゼンは再度，反応器にリサイクルされる．一方で，ポリエチルベンゼンはEBと分離精製後，トランスアルキル化反応器にベンゼンとともに供給し，エチルベンゼンに転化している．

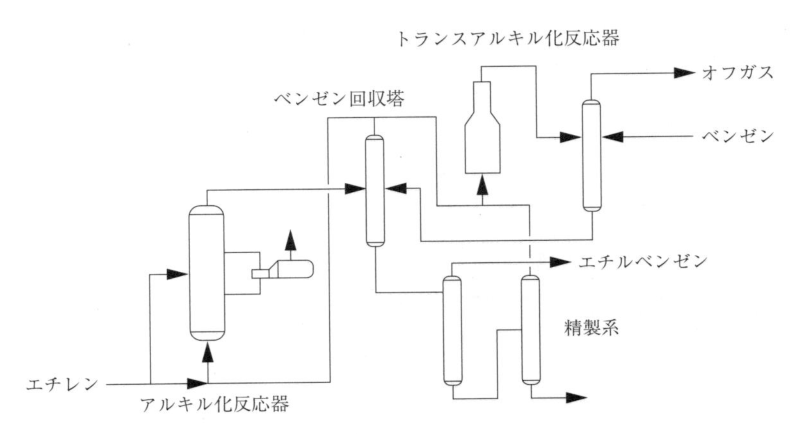

図5.2.7　EB製造プロセスフローの一例

B　イソプロピルベンゼン(クメン)

a　概要

古くは第二次世界大戦中に，航空燃料のオクタン価向上剤として大量に製造，消費されていたが，戦争終了とともにその用途を失った．その後，1953年に世界最初のクメン法フェノール製造プロセスがカナダで操業を開始し，以降はフェノール誘導品の需要拡大とともにイソプロピルベンゼン(クメン)の生産量も増加してきた．その用途はほぼすべてがフェノール製造原料用に向けられているため，フェノール生産能力および需要推移を示す(表5.2.3)[20]．フェノールの需要は中国を中心とした需要拡大に牽引され，世界的には3% y^{-1}(2013〜2016年平均値)程度の需要拡大がみられている．

b　反応

イソプロピルベンゼン製造の反応式を示す(図5.2.8)．ベンゼンとプロピレンを原料とし，酸触媒の存在下で反応を進行させる．エチルベンゼンの製造の進化と同様に，塩化アルミニウム法(Dow, Kellogg, Monsanto-Kellogg)，固体リン酸法[21](UOP)から廃酸の出ないゼオライト法(Dow-Kellog法[22]，CDTECH法[23]，Mobil-Raytheon法[24), 25]，UOP法[26]，EniChem法[27])へと移行しつつある．1996年から1998年の2年の間に，7つの固体リン酸(SPA)プロセスがゼオライトプロセスに改造された．以下，主流となっているゼオライトプロセスに関して述べる．ゼオライト法の触媒は，Dow法が高度に脱アルミした3DDモルデナイト，Unocal法がUSY型，反応蒸留法がUSY，β，ω型，Mobil-Raytheon法がMCM-22型を提案している．触媒の重要な因子としてはSi/Al比，脱アルミニウム法，結晶径，細孔分布などで，活性や選択性を大きく左右する．また反応は通常120〜180℃，20〜40 MPa，ベンゼン/プロピレン比3〜5，WHSV 0.5〜50 h^{-1}で運転される．

表5.2.3　フェノールの地域別需要(千t)

	2012年	2013年	2014年	2015年	2016年
米国	1,817	1,762	1,749	1,757	1,750
欧州	1,828	1,772	1,784	1,827	1,806
中国	1,480	1,600	1,727	1,867	2,164
アジア	2,992	3,154	3,360	3,412	3,455
その他	660	668	687	707	717
需要合計	8,777	8,956	9,307	9,570	9,892
生産能力	10,689	11,272	11,407	11,728	12,002

c　プロセス

UOP(Q Max)プロセスフローを示す(図5.2.9)．SPA法に比べ，ゼオライト法の長所は，(1)小さな改造で生産能力を50〜100%向上させられる，(2)収率の向上，(3)製品純度の向上，(4)触媒が再生可能で廃酸がない，(5)触媒寿命が長い，(6)全体で小さな固定費で生産量，収率，純度が上がり，廃酸処理費もないので生産コストが下がるとされている．

文献

1) 経済産業省製造産業局素材産業課，世界の石油化学製品の今後の需要動向(2016)
2) 内田善久，触媒，7, 516(2006)

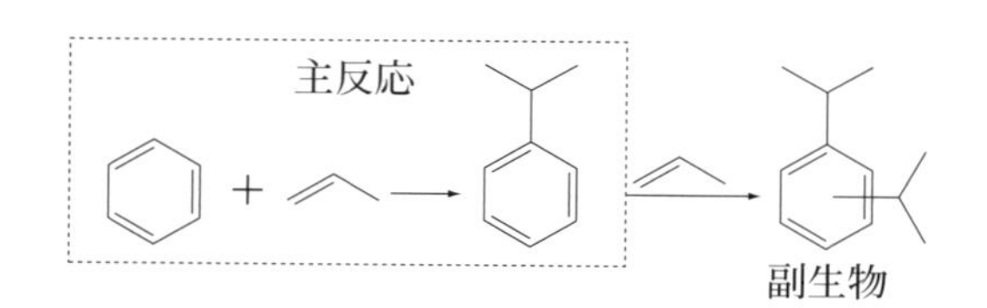

図5.2.8　ベンゼンとプロピレンからのイソプロピルベンゼン生成反応

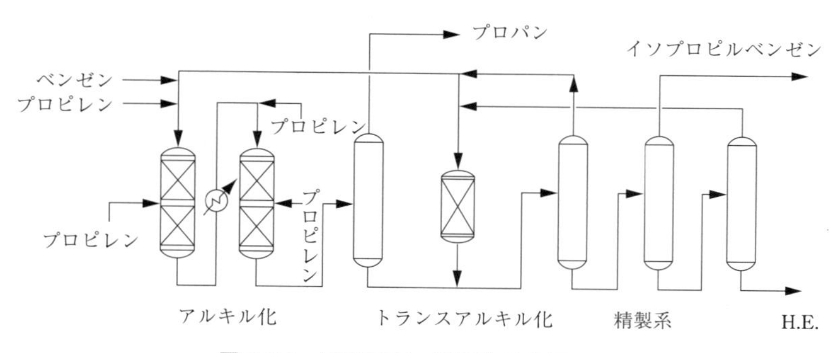

図5.2.9　UOP(QMax)法プロセスフロー

3) 新山一彦，三島雄二，小鷹狩暢明，化学工学，5, 26 (2005)
4) 特開昭 46-308 (1971)
5) W. H. Wood, R. G. Copell, Ind. Eng. Chem., 37, 1148 (1945)
6) US Patent, 2,370,797 (1945)
7) US Patent, 2,414,585 (1947)
8) 戸室輝之，ペトロテック，11, 53 (2013)
9) 通産省化学工業局プロセスフローシート研究会編，訂製造工程図全集，vol.2, p.134, 化学工業社 (1977)
10) US Patent, 3,475,508 (1969)
11) US Patent, 4,435,607 (1984)
12) 特開平 9-87213 (1997)
13) US Patent, 3,848,012 (1974)
14) T. Wett, Oil Gas J., July 20, 76 (1981)
15) F. G. Dwyer, Chem. Eng., Jan. 5, 90 (1979)
16) 特公昭 56-44049 (1981)；特公昭 56-44050 (1981)
17) C. R. Hagopian, Hydocarbon Processing, Feb., 45 (1983)
18) F. A. Smith, MCCJ Technical Symposium, May 22 (1995)
19) US Patent, 5,962,758 (1999)；US Patent, 5,962,759 (1999)
20) 石油化学新報第 5012 号，2，重化学工業通信社 (2016)
21) P. R. Phjado, J. R. Salazar, C. V. Berger, Hydrocarbon Processing, May, 91 (1979)
22) US Patent, 5,198,595 (1993)；US Patent, 5,243,116 (1993)
23) US Patent, 5,055,627 (1991)；US Patent, 4,950,834 (1990)
24) US Patent, 4,992,606 (1991)
25) J. R. Green，触媒，40 (5)，280 (1998)
26) US Patent, 5,522,984 (1996)；US Patent, 5,723,710 (1998)
27) EP 847802

5.3 飽和炭化水素

5.3.1 シクロヘキサン

A 概要[1)~4)]

シクロヘキサンは，1800 年代の終わりに Bayer や Perkin によって合成された．またこのころ，原油からの分離やベンゼンの気相水素化 (P. Sabatier) による合成から得られることもわかった．さらに 1900 年代になって液相での水素化合成も開発され，主たる合成方法はこの時代までにほぼ発見されている．1950 年以降，光ニトロソ化法あるいは酸化によって，ナイロンの原料である ε-カプロラクタムやアジピン酸の原料になりうることがわかってから高純度の製品が必要となり，現在のようなベンゼンの水素化による工業的な製造法が開発され，工業的にたくさん製造されるようになった．日本の生産量を表 5.3.1 に示す[5)]．日本では年間約 30 万 t が生産されており，このうち 95% 以上はナイロンの原料であるカプロラクタムの原料として，残りはアジピン酸や有機溶剤として用いられている．近年はカプロラクタムの国内生産体制縮小に伴い，シクロヘキサンの内需も減少傾向にある．日本のおもな製造メーカー一覧を表 5.3.2 に示す[5)]．

B 反応

シクロヘキサンを得るためのベンゼンの水素化反応は発熱反応で，ベンゼンの 3 つの二重結合が水素化されるため大きな発熱を伴う (5.3.1 式)．反応の平衡定数は表 5.3.3 のようになっている[6)]．副反応により，メチルシクロペンタン，n-ヘキサン，n-ペンタン，メチルシクロヘキサンなどが生成する．これらはシクロヘキサンに容易に溶解し，簡単な蒸留では分離できないため，製品純度を低下させる原因になる．また，原料ベンゼンおよび補給水素中のパラフィン類にも配慮が必要である．これら不純物の生成は図 5.3.1 に示すように反応温度に大きな影響を与える[7)]．そのため，製品純度を低下させないように触媒表面も含めて触媒層の温度を調整する必要がある．この反応の気相での速度は Hougen-Watson 型で整理でき，境膜抵抗が無視できる条件で (5.3.2) 式で表される[7)]．ここでの k_e は見かけの反応速度定数，K は吸着平衡定数，P は分圧，添え

表 5.3.1　シクロヘキサンの生産および輸出入推移(t(D=B－C，E=A+C－B))

		2012 年	2013 年	2014 年	2015 年	前年比[%]
国内生産	(A)	383,867	379,012	322,514	291,206	90.3
輸出	(B)	20,186	15,214	7,359	16,733	227.4
輸入	(C)	48,720	18,387	36,107	35,889	99.4
輸出入バランス	(D)	▲ 28,534	▲ 3,173	▲ 28,748	▲ 19,156	—
内需	(E)	412,401	382,185	351,262	310,362	88.4

表 5.3.2　シクロヘキサンの生産能力(t y^{-1})

会社名	工場	生産能力	備考
出光興産	徳山	125,000	宇部興産技術
	千葉	115,000	
JXTG エネルギー	川崎	(70,000)	東レ技術，2008/8 で停止
(旧ジャパンエナジー)	知多	220,000	IFP 技術，2004/7 に 10 万 t 増設
新日鉄住金化学	広畑	36,000	IFP 技術
関東電化工業	水島	18,000	IFP 技術
宇部興産	宇部	(90,000)	自社技術，現在は停止中
	堺	(100,000)	自社技術，2014/3 で停止
三菱化学	水島	(120,000)	自社技術，2010/3 で停止
合計		514,000	(　)の休止設備を除く

表 5.3.3　ベンゼンの水素化反応の平衡定数

温度(℃)	25	127	227	327	427
$\log K_p$	17.1538	7.8410	2.2589	－1.5278	－4.2584

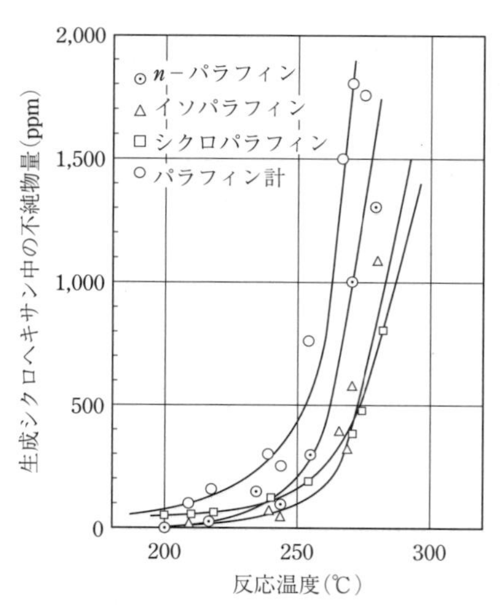

図 5.3.1　気相法水素化における副生成物量

字の B，C，H，N はそれぞれベンゼン，シクロヘキサン，水素，窒素を示す．

$$C_6H_6 + 3H_2 \rightarrow C_6H_{12} \quad \Delta H = -206 \text{ kJ mol}^{-1} \tag{5.3.1}$$

$$r = \frac{k_e K_H{}^3 \cdot K_B \cdot P_H{}^3 P_B}{(1 + K_B P_B + K_H P_H + K_N P_N + K_C P_C)^4} \tag{5.3.2}$$

C　プロセス

シクロヘキサンのプロセス設計上のポイントには以下のようなものがある[1]．

(1) 多量に発生する熱の除去：温度が上がることにより副反応が増加し製品純度が低下したり，触媒寿命が短くなる．そのため，効率的に除熱しこれらを防ぐ必要がある．また経済性の面から，この発生する熱をいかに再利用するかも考える必要がある．

(2) 転化率をいかに 100%に近づけるか：沸点差の小さいベンゼンとシクロヘキサンは分離困難なため，反応系で処理する必要がある．

(1) に対応するために，以下のような対応策を講じたプロセスが設計されている．

・未反応の水素ガスを反応器に循環したり，生成したシクロヘキサンの一部を反応器に循環して顕熱により除熱する方法

・外部熱交換型多管式充てん層反応器を用いたり，充てん層の内部に冷却コイルを設けたり，液相で反応させ反応液を外部の熱交換器に強制循環したり，断熱反応器として熱除去を顕熱移動のみとしたりする，反応器に工夫をする方法

(2) に関しては，二段の反応器を用いて二段目の反応器の反応条件を調整する方法がある．

以上のそれぞれの対策をプロセス上でどう実現しようとしているのかを，気相，液相それぞれのプロセスについて以下に説明する．

a 気相プロセス

UOP プロセスは，4 基の反応器に原料を循環シクロヘキサンとともに分割して入れ，熱の発生の分散を図るとともに，シクロヘキサンの潜熱と顕熱を利用して温度上昇を防いでいる．また NSC プロセスは，二段の多管式充てん層反応器にそれぞれ低温特性および高温特性を有する触媒を充てんし，反応条件を変えることで副反応を抑制している．宇部プロセスや HYTORAY プロセスは，一段の外部熱交換型多管式充てん層反応器を用いている（図 5.3.2 参照）[1]．このプロセスでは，まず原料のベンゼンは水素とともに予熱され反応器に供給し，副反応を極力抑制するような条件範囲内でニッケル触媒を用いて水素化反応させ，凝縮したのちに軽質ガスと分離してシクロヘキサンを得る．セパレーターで分離された軽質ガス中にはシクロヘキサンも含まれるため，深冷熱交換器を設置してシクロヘキサンを回収している装置もある．反応器で発生した熱は，スチームあるいは温水として有効利用している．

HYTORAY プロセスの触媒寿命は (5.3.3) 式で表される[8]．

$$r = r_0 \exp(-\alpha F_{Bz}),\quad \alpha = 0.0654\,(\mathrm{kg\ m^{-3}})\quad (30\ \mathrm{atm},\ 200℃)\qquad (5.3.3)$$

ここで r_0 はスタート時の反応速度，α は劣化速度定数 (3 MPa，200℃)，F_{Bz} ($\mathrm{m^3(kg\text{-}cat)^{-1}}$) は触媒あたりのベンゼン通油量である．原料中の硫黄化合物を十分除去して運転しているので，劣化原因は触媒のシンタリングと推定されている[9]．

b 液相プロセス（IFP 法）[1), 3), 10)]

液相法（IFP）プロセスを図 5.3.3 に示す[5]．最初に触媒を槽型反応器 R_1 に送り，原料とともに反応させる．触媒として，当初はラネーニッケルを用い懸濁液としていたが，最近は均一系ニッケル触媒を用いている．反応熱は反応系内のシクロヘキサンを気化させ，外部熱交換器で冷却し循環させることにより除熱し，反応温度を 180〜200℃に保つ．ここで大部分の反応は終了する．次に仕上げの固定床反応器 R_2 に送り気相水素化反応を完全に行ったのち，余分な水素を回収し，最後に精製してシクロヘキサ

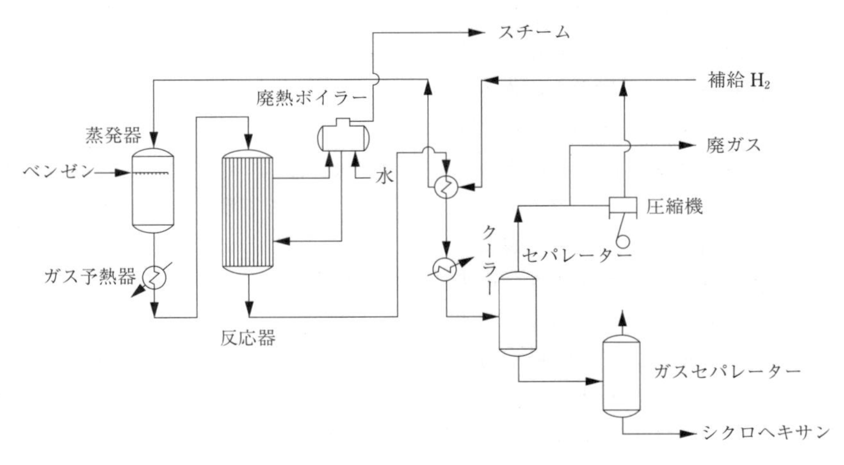

図 5.3.2　気相法（宇部法）プロセス

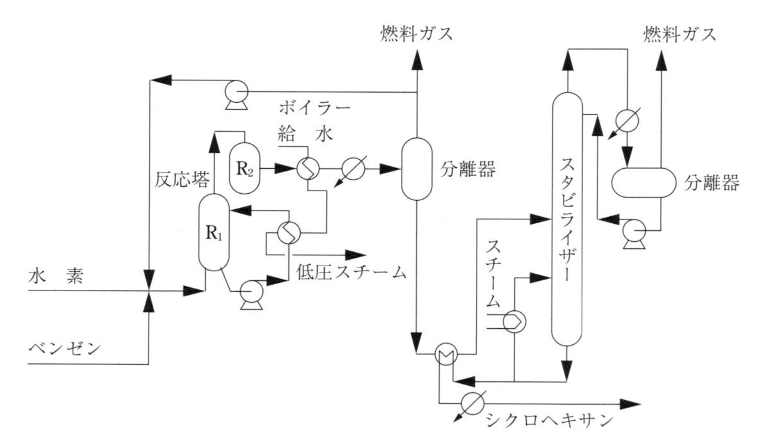

図 5.3.3　IFP 法シクロヘキサン製造プロセス系統図[5)]

ンを得る．発生する熱は生成シクロヘキサンの気化および低温スチームの発生に利用される．

液相反応は気相反応に比べ複雑だが，加圧の反応器が必要ないため設備費が安く，運転自体も柔軟性が高いといわれている．触媒のコストは 1.8 $ t^{-1} との報告がある[10)]．

5.3.2　*n*–パラフィン

A　概要[11)〜13)]

n–パラフィンは C_{10}〜C_{20} 程度の直鎖状炭化水素の総称で，軽油や灯油に 20％ほど含まれている．1940 年にドイツの F. Bengen によって，*n*–パラフィンが尿素と付加物を作ることが発見され，これを利用した工業的な製造方法の研究が米国の Shell 社などで開始された．さらに 1963 年ごろから世界中で合成洗剤のソフト化の気運が高まり，各地で工業的に生産されるようになった．また，近年では天然ガス価格と原油価格の価格差から競争力のある天然ガスを原料とし，GTL(gas to liquids) プロセスを利用した *n*–パラフィンの製造に関心が高まっている[17),18)]．

n–パラフィンは現在世界で約 250 万 t が製造されており，日本および海外のおもなメーカーを表 5.3.4 に示す．日本では 1 社が製造しており，おもな用途はソフト型のアルキルベンゼン原料や可塑剤，洗浄剤などである．表 5.3.5 に日本での需要実績の推移を示す．最も多いのはアルキルベンゼン(LAB) 原料であり，ほぼ横ばいで推移している．一方, 合成アルコールの需要もわずかに増加しており，全体としての需要はほぼ横ばいになっている．

表 5.3.4　世界および日本のおもな *n*–パラフィンメーカー

地域	国	メーカー	能力(千 t y^{-1})
北米	米国	Sasol	175
欧州	スペイン	CEPSA	390
	イタリア	Sasol	380
アジア	日本	JXTG エネルギー	200
	韓国	梨樹	220
	台湾	CPC	130
	中国	撫順石化	200
		金陵石化	300
	インド	RELIANCE	120
		INDIAN OIL	100
中東	カタール	SHELL	260
合計	—	—	2,475

表 5.3.5　日本の需要実績推移(千 t)

年度	2010 年	2013 年	2015 年
需要合計	81	73	80

B　分離と合成

n–パラフィンの製造に利用される分離プロセスは，灯軽油を原料としたゼオライトの分子ふるい作用である．一方, 近年では分離による製造とは別に，Shell 社などによって GTL プロセスによる天然ガスからの *n*–パラフィンの合成が大型商業設備で達成

されている．表 5.3.6 に世界のおもな GTL メーカーを示す[17), 19)]．ここではそれぞれの原理や特徴について簡単に述べる．

a　ゼオライトの分子ふるい作用[11), 15)]

n−パラフィンの分離に用いられる A 型ゼオライトは代表的な合成ゼオライトの 1 つで，Si/Al 比が 1 で最もアルミニウムを多く含み，8 員環をもった網目構造をしている．この 8 員環が分子ふるいのもとになり，構造中のカチオンがすべてナトリウムであれば細孔径は 0.4 nm で，そのカチオンをカルシウムイオンで 65 % 以上置換すると細孔径は 0.5 nm となる．その結果，約 0.49 nm の分子径の *n*−パラフィンは進入できるが，約 0.56 nm のイソパラフィンは進入できないという，分子ふるい効果が発現される．

b　GTL 合成[19), 20)]

特徴としては，原料となる天然ガスの価格と中長期的な原料確保が非常に重要となる．現在，商業規模での GTL プラントはカタール，マレーシアなど天然ガスの生産が盛んな地域に存在する．カタールの Pearl GTL プロジェクトのプロセス全体像は図 5.3.4 に示すが[20)]，投資額は 180〜190 億 $ と推定されている．

C　プロセス

n−パラフィンの製造プロセスは石油各留分から *n*−パラフィンを分離するプロセスで，その収率は当然のことながら原料の組成に依存する．これに対して GTL プロセスは灯軽油などの合成燃料油や潤滑油とともに *n*−パラフィンが併産される．

a　ゼオライト法プロセス

ゼオライト法プロセス[11)]には，吸着と脱着を気相で行うものと液相で行うものがある．気相法は滞留時間が短く純度，回収率がともに高いという特徴を有している．一方，液相法はユーティリティー消費が少なく，吸着剤の寿命が長く，高沸点原料が使用しやすいという特徴をもっている．おもなプロセスの特徴を表 5.3.7 に示す[16)]．このうち UOP 社が開発した液相プロセスの Molex 装置を図 5.3.5，5.3.6 に示す[11)]．このプロセスでは，最初の吸着塔で原料，脱着液を連続的に吸着剤の固定床に供給し，向流で接触させることにより擬似的な移動床を作っている．そしてこれをロータリーバルブで切り替えることにより連続的に吸着・脱着操作を行い，効率的に吸着分離を行っている．ロータリーバルブの性能がこのプロセスの処理能力となる．その後脱着剤と分離し精製して製品を得ている．分離された脱着剤は循環再使用する．

表 5.3.6　世界のおもな GTL/CTL プロジェクト

国	プロジェクトオーナー	GTL 生産量(B/D)	稼動開始年
南アフリカ	Petro SA	47,000	生産中
南アフリカ	Sasol	15,600	生産中
マレーシア	Shell	14,700	生産中
カタール	Sasol Chevron	34,000	生産中
カタール	Sasol Chevron	66,000	2011 年
カタール	Shell	140,000	2011 年
ナイジェリア	Shell	34,000	2011 年

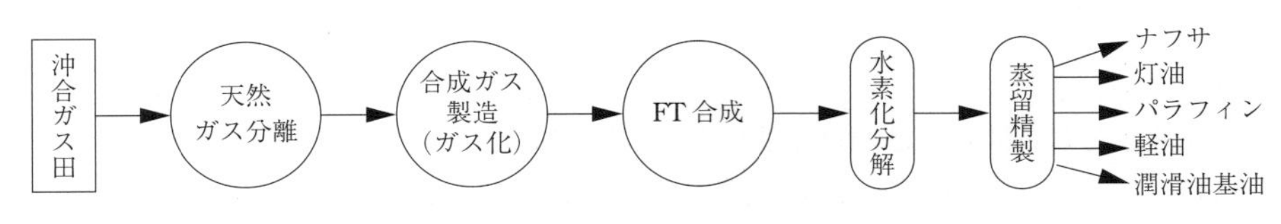

図 5.3.4　GTL ブロックフロー

表 5.3.7　ゼオライトによる *n*-パラフィン分離プロセス

プロセス	Iso-Sieve		Molex		TSF	BP	Ensorb
プロセスオーナー	UCC		UOP		Texaco	BP	Exxon
吸着剤	5A		5A		5A	5A	5A
原料	N	K & G	N	K & G	K & G	K & G	K & G
相	G	G	L	L	G	G	G
脱着剤	真空	n-C_6	n-C_4	n-C_8	*n*-パラフィン	n-C_5	NH_3

N：ナフサ，K：ケロシン，G：ガス相，L：液相

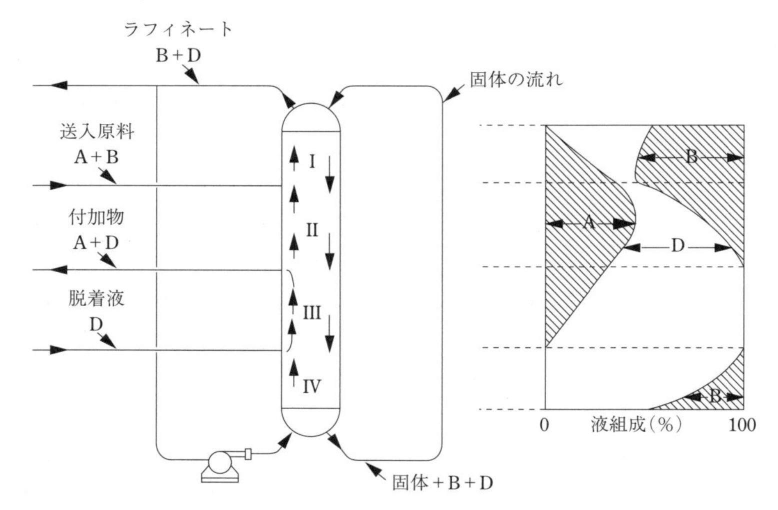

図 5.3.5　連続式吸着・脱着操作図

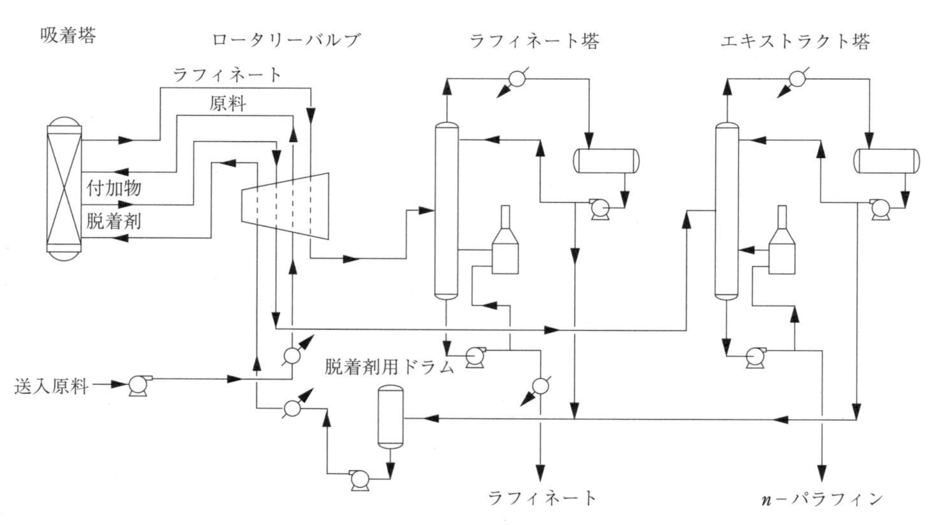

図 5.3.6　Molex プロセスフロー

b　GTL プロセス

ガソリン，灯軽油などの石油製品は通常原油から製造するが，GTL は天然ガスを原料として製造するため，硫黄分や芳香族分をほとんど含まない特徴がある．メタンと酸素から合成ガスを作り，次に Fischer−Tropsch 合成により直鎖パラフィンができる．この長い直鎖パラフィンから水素化分解と蒸留操作により灯軽油などの製品が製造される．その

製品の一部として n-パラフィンも製造される.

文献

1）石油学会編，プロセスハンドブック（1973）
2）石油学会編，新石油化学プロセス（1986）
3）L.F. ハッチ，S. マタール，原伸宣監訳，最新石油化学—現状と将来，p.158，講談社（1982）
4）日本の石油化学工業 2017，p.593，重化学工業通信社（2016）
5）化学品ハンドブック 2016，p.124，p.327，重化学工業通信社（2016）
6）岩崎隆久，石油誌，10（2），101（1967）
7）大谷精弥，岩村孝雄，石油誌，13（4），286（1970）
8）山崎徹ほか，化学工学，34，402（1970）
9）村上雄一監修，触媒劣化メカニズムと防止対策，p.88，技術情報協会（1995）
10）Hydrocarbon Processing, March, 106（1999）
11）Hydrocarbon Processing, 1979 Petrochemical Handbook, 58（11），149（1979）
12）石油化学新報，第 3363 号，7（1999）：第 3368 号，6（1999）
13）設楽慎一，油脂，51（2），85（1998）
14）B.T.Brooks et al.，斯波忠夫監修，石油炭化水素，1 巻，p.260，共立出版（1956）
15）触媒学会編，触媒各論（触媒講座，10 巻），p.84，講談社（1986）
16）冨永博夫編，ゼオライトの科学と応用，p.173，講談社（1987）
17）昭和シェル石油 HP，ビジネスソリューション GTL とは
18）日揮 HP，IR 情報　JGC レポート「プロジェクト紹介　カタールで世界最大級の GTL プロジェクトを完成」（2012）
19）JPEC 石油エネルギー技術センター HP, JPEC レポート「世界の GTL プロジェクトの最新状況」（2013）
20）The Wall Street Journal HP, Business, Clean-Fuels Refinery Rises in Desert（2010）

第6章
含酸素化合物

6.1 アルコール，エーテル，ジオール

6.1.1 エタノール

A 概要[1)]

世界のエタノール生産量は，2000年代初頭から2011年にかけて顕著に増加し，2014年の生産量は，約1億800万kL y^{-1}となっている．全生産量の約50％は米国で，また23％がブラジルで生産されている．原料でみると，97％以上が炭水化物の発酵によって生産され，エチレンなどを原料とする合成エタノールは3％以下である．2000年代以降におけるエタノール生産量の増加は，主として自動車の燃料用途が伸びたためであり，現在ではエタノールの85％以上が燃料として使用されている，特に，地球環境問題，なかでもCO_2排出問題が国際的な問題となって以来，カーボン・ニュートラルである発酵法エタノールの使用を義務付ける政策が，米国，ブラジル，EU，中国，カナダ，タイ，インド，コロンビア，アルゼンチン，オーストラリア，フィリピンなどの各国で広まりつつある．

エタノールの工業的な用途としては，溶剤としての用途（約50～60％）と，原料としての用途（約40～50％）がある．エタノールを原料として用いる主要な化学製品としては，エチル-*tert*-ブチルエーテル（ETBE），アクリル酸エチル，エチルアミン，酢酸エチル，グリコールエーテル，アセトアルデヒドがあげられる．また，食品向けに，食用酢の生産にも用いられている．溶剤としては，トイレタリーおよび化粧品，洗剤および殺菌剤，インクおよびコーティング剤，プロセス向け溶剤などがおもな用途である．

エタノールの用途に関する近年の新しい動きとして，ブラジルのバイオ・エチレンがあげられる．これは，サトウキビを原料にして，発酵法で生産したエタノールを脱水することによって，エチレンを生産するものである．このエチレンを原料にして製造されたポリエチレンは，バイオ・ポリエチレンとして，Braskem社によって製造販売されている．このポリエチレンプラントは2010年に稼働を開始し，生産能力は20万t y^{-1}である．

合成エタノールは，おもにエチレンを原料として約250万kL y^{-1}生産されている．発酵法の圧倒的な伸びとは対照的に，合成エタノールの生産は近年減少している．ただし，中東，南アフリカ，中国のように，原料となるエチレンや石炭が安価に入手できるという理由や，製薬や化粧品のように，高純度エタノールを必要とする用途があるという理由により，合成エタノールの生産は現在でも続いている．主要な生産者は，Saudi Petrochemical Company（SADAF）社（サウジアラビア，39万kL y^{-1}），Sasol社，およびPetroSA社（南アフリカ，それぞれ34万kL y^{-1}および14万kL y^{-1}），Neftechimia社およびUfa社（ロシア，それぞれ13万kL y^{-1}および38万kL y^{-1}），Equisar社（米国，19万kL y^{-1}），

表 6.1.1 国内生産量(万 kL y^{-1})

	2000 年	2005 年	2010 年	2011 年	2012 年	2013 年	2014 年
発酵法	7	4	3	16	15	15	15
合成法	116	118	126	141	134	124	125
計	123	122	129	157	149	139	140

表 6.1.2 エタノールの用途(国内, 2015 年度)

用途名	主要製品名	割合(%)
化学工業	化学製品, 化粧品, 洗剤, 香料, 溶剤など	37.1
飲食料品工業	食品防腐用, 食酢, 飲料, 製造たばこなど	55.5
薬局方試薬	医薬品, 消毒用, 試薬	5.3
その他	写真用品, 機械洗浄用, その他	2.1

Ineos 社(英国およびドイツ, 32 万 kL y^{-1}), PetroChina 社および Celanese 社(中国, それぞれ 14 万 kL y^{-1} および 35 万 kL y^{-1})が主要な生産者である. 国内では三菱ケミカルおよび日本合成アルコールが生産している(それぞれ 7 万 5,000 kL y^{-1}). 国内での発酵法を含めた製造実績および用途を表 6.1.1[1], 表 6.1.2[2]に示す.

B 反応[1]

エチレンの水和によるエタノール合成には, 濃硫酸をエチレンに付加して硫酸エステルとし, これを加水分解する間接水和法が, 過去には採用されていた. 米国 Exxon 社の Baton Rouge 工場が 1975 年に, フランス Société d'Ethanol de Synthèse S.A. 社(SODES)が 1980 年代に操業を停止して以来, 現在では間接水和法によるエタノールの生産はない. この技術では, 硫酸を再使用するために濃縮する必要があり, 装置の腐食と廃硫酸の処理に問題があった. このため, 触媒を用いる直接水和法が早くから工業化されてきた.

直接水和法は, Shell グループで初めて開発され, 他に Veba 法, Eastman 法などがあるが, いずれもリン酸を触媒とするプロセスであり, 基本的に大きな差はない. 国内で合成法エタノールを生産している上記 2 社は, いずれも Shell 法を採用している.

南アフリカでは, 安価な石炭を原料として, Fischer-Tropsch プロセスによってエタノールが生産されている. これは, 水と石炭から得られる CO を鉄またはコバルト触媒上で反応させて, 種々の炭素数のアルコールの混合物を得るプロセスである. 混合物から, 蒸留によってエタノールが得られる.

新しい動きとして, 中国の安価な石炭から誘導される合成ガスを原料としたプロセスがあげられる. Celanese 社は, メタノールのカルボニル化で得られる酢酸を, 気相固定床反応器で水素化することによってエタノールを生産するプラントを, 2013 年に中国で新設した(TCX Technology). シリカに担持された白金・スズ触媒が, 水素化触媒として使用されている.

以下, 合成エタノールの主要プロセスである Shell 法について詳細に説明する.

エチレンの水和反応は, 酸触媒の作用で進行する. おもな副反応として, 生成したエタノールの脱水や脱水素, およびエチレンの重合があり, これらの副反応によって, ジエチルエーテル, アセトアルデヒド, 炭化水素などが副生する. 主反応は発熱反応であるが, エントロピーの減少が大きいため, 平衡は著しく原系に偏っており, エタノールの生成には, 低温・加圧条件が有利である[3]. オレフィンの水和における平衡定数の経験式を表 6.1.3 に示す[4].

(主反応) $C_2H_4 + H_2O \longrightarrow C_2H_5OH$

(副反応) $2\ C_2H_5OH \longrightarrow (C_2H_5)_2O$

$C_2H_5OH \longrightarrow CH_3CHO + H_2$

$n(C_2H_4) \longrightarrow -(C_2H_4)_n-$

酸触媒として, 均一系, 不均一系とも多くの触媒

表 6.1.3　オレフィン水和の平衡定数

反応	経験式	文献
$C_2H_4(g)+H_2O(g) \rightleftarrows C_2H_5OH(g)$	$\log Kp = 2100/T-6.915$	4a
$C_3H_6(g)+H_2O(g) \rightleftarrows i\text{-}C_3H_7OH(g)$	$\log Kp = 1950/T-6.060$	4a
$C_3H_6(g)+H_2O(l) \rightleftarrows i\text{-}C_3H_7OH(g)$	$\log Kc = 2040/T-5.08$	4b
$n\text{-}C_4H_8(g)+H_2O(g) \rightleftarrows sec\text{-}C_4H_9OH(g)$	$\log Kp = 1845/T-6.395$	4a

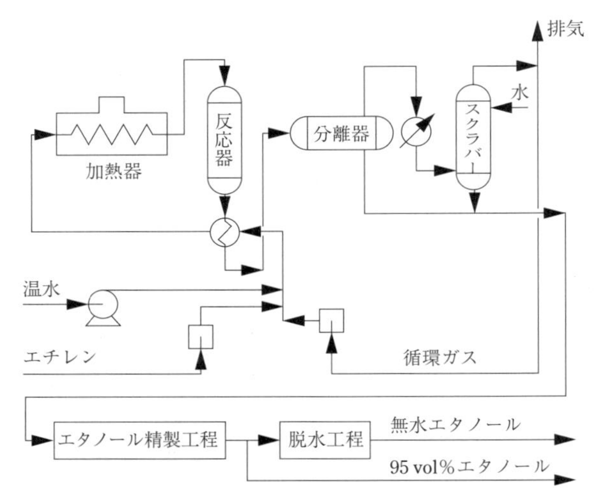

図 6.1.1　エチレンの直接水和プロセス（Shell 法）フロー

が提案されている[3]．気相水和触媒としては，重合などの副反応が少ない担持リン酸触媒が優れており，工業的に使用されている．水蒸気の存在する条件では，リン酸は担体の細孔内で液膜として存在し，担体の物性が触媒性能に大きく影響する．担体としては，細孔容積が大きく，リン酸の保持性に優れるケイソウ土やシリカが適している．担持リン酸触媒におけるリン酸担持量は 40〜60 wt％であるが，反応中に流出するため，リン酸は常時補給する必要がある．リン酸の流出による反応器の腐食を抑制するため，酸成分の流出のない触媒の開発が期待されている．担持ヘテロポリ酸触媒も高活性であるが，エーテルの副生が多く，ヘテロポリ酸が溶出するため，実用化されていない．

C　プロセス

直接水和法の代表例として，Shell 法のプロセスフローを図 6.1.1 に示す[5]．7 MPa に圧縮した原料エチレンに純水を加え，加熱器で反応温度（250〜280℃）まで昇温し，銅ライニングを施した反応器に供給する（水 / エチレン ＝ 0.4〜0.6）．反応器でのエチレン転化率は 4〜6％で，主生成物であるエタノールの他に，主要な副反応生成物としてジエチルエーテルが生成する．反応生成物を冷却した後，同伴するリン酸を中和し，続いて高圧分離器でガスと液体に分離する．ガスは，冷却後，エタノールを捕集するために洗浄塔で水洗し，未反応エチレンを反応器にリサイクルする．不活性ガスが系内に蓄積するのを防ぐため，循環ガスの一部を系外に放出する．液体生成物と洗浄液に含まれるエーテルなどの低沸点物を低圧分離機で回収した後，濃縮して 95％エタノールとする．不純物として含まれているアセトアルデヒドは，水素化塔でエタノールに水素化される．プロセス全体として，エタノール収率は 98％以上に達する．

文献

1）IHS Chemical, Chemical Economics Handbook, Ethanol, January 1（2015）
2）アルコール協会，統計資料（www.alcohol.jp/other/

demand/list.html)
3) 触媒学会編，泉有亮，触媒講座 8巻，p. 295，講談社(1985)
4) a) H. M. Stanley, J. E. Youell, J. B. Dymock, J. Soc. Chem. Ind., 53, 205(1934); b) F. M. Majewski, L. F. Marek, Ind. Eng. Chem., 30, 203(1938)
5) Hydrocarbon Processing, Nov., 173(1969); Nov., 168(1967)

6.1.2 エチレンオキサイドおよびエチレングリコール

A 概要

エチレンオキサイド(EO)は，生産量の半数以上が水和され，エチレングリコール(EG)として消費されている．一方，EGの製造はEO経由が主たる製造ルートであるため，EO，EGの製造プロセスを一括して概説することとする．

EGには，単量体(モノエチレングリコール，MEG)ばかりでなく二量体(ジエチレングリコール，DEG)，三量体(トリエチレングリコール，TEG)といった多量体も知られているが，ここでは，特に断らない限りMEGとする．

B 生産量と用途

EOは，2015年時点で，世界全体で2,641万t y^{-1}が生産され，日本における生産量は，その約4%相当量の96.7万t y^{-1}である．最近のEO生産量を，EGと併せて表6.1.4に示す[1,2]．世界および国内におけるEOの用途を表6.1.5にまとめる[1]．EOは，世界および国内ともに，過半数がEGとして消費され，それに次ぐ用途は界面活性剤である．

一方，EGは，表6.1.4に示したように，2015年時点で，世界全体で2,524万t y^{-1}が生産され，国内の75.2万t y^{-1}はその約3%にあたる．EGの用途を表6.1.6にまとめる[2]．EGの用途は，世界全体では，ポリエステル原料(繊維，ボトル，フィルム)が大部分の84%を占めることがわかる．そのため，EG，さらにはその中間体となるEOの市場は，ポリエステル産業の影響を強く受けることとなる．一方，国内においても，世界市場と同様，EGの用途は，ポリエステル原料が主である．国内市場で特徴的な

表6.1.4 エチレンオキサイドおよびエチレングリコールの生産量推移[1),2)]

		生産量(万t y^{-1})		
		2013	2014	2015
エチレンオキサイド	世界	2,489	2,558	2,641
	国内(%)	90.9(3.7)	88.8(3.5)	96.7(3.7)
エチレングリコール	世界	2,359	2,435	2,524
	国内(%)	70.0(3.0)	66.6(2.7)	75.2(3.0)

表6.1.5 世界および国内におけるエチレンオキサイドの用途

内訳	世界での用途(2015)(%)	国内での用途(2015)(%)
モノエチレングリコール(MEG)	67	56
ジエチレングリコール(DEG)	7	7
トリエチレングリコール(TEG)	1	1
ポリエチレングリコール(PEG)	3	3
界面活性剤(エトキシレート)	11	20
ポリエーテルポリオール	2	1
エタノールアミン	5	6
グリコールエーテル	2	5
その他	2	1
合計	100.0	100.0

表 6.1.6　世界および国内におけるエチレングリコールの用途内訳

内訳	世界での用途(2015)(%)	国内での用途(2015)(%)
ポリエステル原料	84	65
不凍液	8	26
その他(樹脂塗料など)	8	9
合計	100.0	100.0

表 6.1.7　主要なエチレンオキサイドメーカー(2016 年)

国内外	メーカー	能力(万 t y^{-1})
国外*1	SABIC	28.8
	SINOPEC	23.1
	SHELL Chemicals	20.2
	Dow Chemical	20.2
	Formosa Plastics	14.4
	BASF	11.5
	INEOS	8.6
	SPDC	8.6
	PetroChina	8.6
	PIC(Kuwait)	5.8
	Othes	138.4
国内*2	三菱ケミカル	29.0
	日本触媒	32.4
	三井化学	10.4
	丸善石油化学	19.7
	合計	91.5

*1　文献1)，*2　文献4)

のは，エチレングルコール生産量の約 40％が輸出されている点である[3]．輸出された EG は，おもにアジア市場で，その大部分がポリエステル原料として消費されているものと思われる．なお，EO は毒性が高く，しかも爆発などの危険性が非常に高いことから，取り扱いが困難なため，輸出入はされていない．

ポリエステルは現在，世界で 6,000 万 t y^{-1} 規模で生産されているが，その約 7 割が繊維向けであり，ポリエステル繊維は今後もアジアを中心に堅調な伸びが予想されることから，原料となる EG においても，今後継続的な需要増が見込まれる．2015〜2020 年の平均成長率は 4.1％ y^{-1} という試算がなされている[3]．2015 年時点での主要な EO メーカーとその生産量を表 6.1.7 にまとめる[1, 4]．表 6.1.7 より，代表的メーカーは海外メーカーであることがわかる．この理由は，EO の原料費に占めるエチレンの割合は，90％以上と高く[4]，安価なエチレンの入手が EO や EG の製造コストの削減に重要なためである．国内メーカーは，海外の主要メーカーに比較して規模が小さいこともあり，製造コストの面で課題があるようであるが，近年，中国の需要に支えられ，輸出は増えている[3]．国内需要については，ポリエステル繊維メーカーの能力縮小，PET ボトル用輸入レジンが増えているものの，今後も需要に見合った稼働率(80％以上)が維持されると予測されている[3]．

C　反応

EO は，工業的には，1925 年に Union Carbide 社(UCC)によってその製造が開始された[5]．当時の製造方法は，エチレンのクロルヒドリンを中間生成物として経由する製造法である(6.1.1，6.1.2 式)．

$$CH_2{=}CH_2 + Cl_2 + H_2O \longrightarrow ClCH_2CH_2OH + HCl \quad (6.1.1)$$

表 6.1.8　水/エチレンオキサイドからのエチレングリコール合成における水濃度低下の試み

反応	触媒	会社	文献
$EO+CO_2 \longrightarrow EC$	$[(C_4H_9)_4N]Br$ or KI	Texaco	13
	[R4P]X	昭和電工，三菱ケミカル	14
$EC+H_2O \rightarrow EG+CO_2$	K_2CO_3	UCC（現 Dow）	15
$EO+H_2O \rightarrow EG$	MoO_4^{2-}/陰イオン交換樹脂	UCC（現 Dow）	16

$$2\,ClCH_2CH_2OH+Ca(OH)_2 \longrightarrow 2\,\underset{O}{CH_2-CH_2}+CaCl_2+2\,H_2O \qquad (6.2.2)$$

この方法は，EOへのエチレン選択性が約80％と比較的高かったが，電解法で生産した塩素を$CaCl_2$として廃棄しなければならないという欠点を有していた．そのため，UCC社は，1937年に銀触媒を開発し，エチレンの酸素酸化法を工業化した(6.1.3式)．副反応は，(6.1.4)式で表される完全酸化である．

$$CH_2{=}CH_2+\frac{1}{2}O_2 \longrightarrow \underset{O}{CH_2-CH_2} \quad \Delta H=107\ \mathrm{kJ\ mol^{-1}}\,(250℃) \qquad (6.1.3)$$

$$CH_2{=}CH_2+3\,O_2 \longrightarrow 2\,CO_2+2\,H_2O \quad \Delta H=1{,}326\ \mathrm{kJ\ mol^{-1}}\,(250℃) \qquad (6.1.4)$$

工業化当時のエチレン選択性は，初期値で50％未満と低いものであったが，その後のプロセス改良，担体および添加金属の開発などの触媒改良によって，現在は80～90％まで向上している．反応条件は，ガス組成が15～30％のエチレン，5～8％の酸素，数ppmの二塩化エチレンなどの有機塩素，0～8％の二酸化炭素，残りがメタンなどの希釈ガスであり，反応温度は200～300℃，圧力は約2 MPaである．

エチレン酸化触媒の基本成分は，主成分がα-アルミナである担体に，銀(Ag)と修飾剤としてアルカリ金属を担持したものである[6]．この触媒の選択性は，初期値で80～82％を示す．それに対してShell社は，触媒にレニウム(Re)を添加することで，初期選択性が85～90％まで向上することを見いだし，Ag-Re触媒系が現在の工業触媒の主力である[7]．

一方，EGの製造は，EOの水和反応であり，反応は通常150～200℃，1.5～2 MPa，無触媒で行われる(6.1.5式)．

$$\underset{O}{CH_2-CH_2}+H_2O \longrightarrow \underset{(MEG)}{HOCH_2CH_2OH} \qquad (6.1.5)$$

$$\underset{O}{CH_2-CH_2}+MEG \longrightarrow \underset{(DEG)}{HO(CH_2CH_2O)_2H} \qquad (6.1.6)$$

$$\underset{O}{CH_2-CH_2}+DEG \longrightarrow \underset{(TEG)}{HO(CH_2CH_2O)_3H} \qquad (6.1.7)$$

このとき，目的物であるMEGが生成するばかりでなく，DEGやTEGが副成する(6.1.6，6.1.7式)．これらの生成割合は，水/EO比に依存し，MEGを90％程度の選択性で得るためには，水/EO比はモル比で20程度が必要とされている．このため，EGの精製工程では，多量の水を留去することが必要となり，ここで多量の熱エネルギーが消費される．

このため，水/EO比を下げる検討が報告されている．研究例を表6.1.8にまとめる．方法は，大きく2つに分類できる．1つは，反応を二段とし，中間体をエチレンカーボネート(EC)とする方法(6.1.8，6.1.9式)[8～10]，もう1つは，低水/EO比におけるEG生成(6.1.5式)を一段で行おうとするものである[11～14]．前者で水/EO比の低下が可能なのは，中間体であるECが理論的に1当量の水で完全に加水分解されること(6.1.9式)に起因している．

$$\underset{O}{CH_2-CH_2}+CO_2 \longrightarrow \underset{(EC)}{\text{CH}_2\text{-CH}_2\text{-O-C(=O)-O (環状)}} \qquad (6.1.8)$$

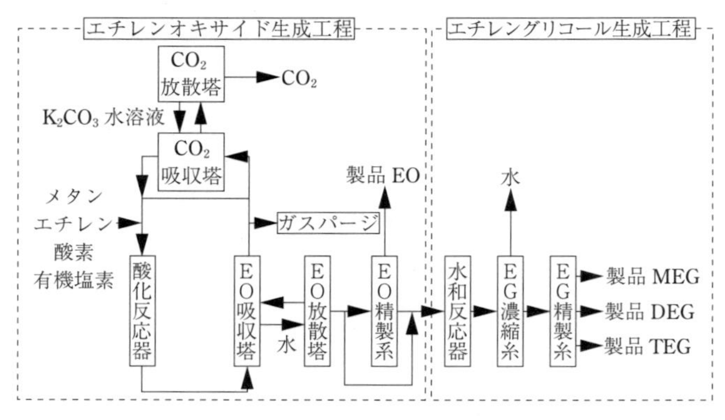

図 6.1.2 エチレンオキサイド，エチレングリコール製造の概略プロセスフロー

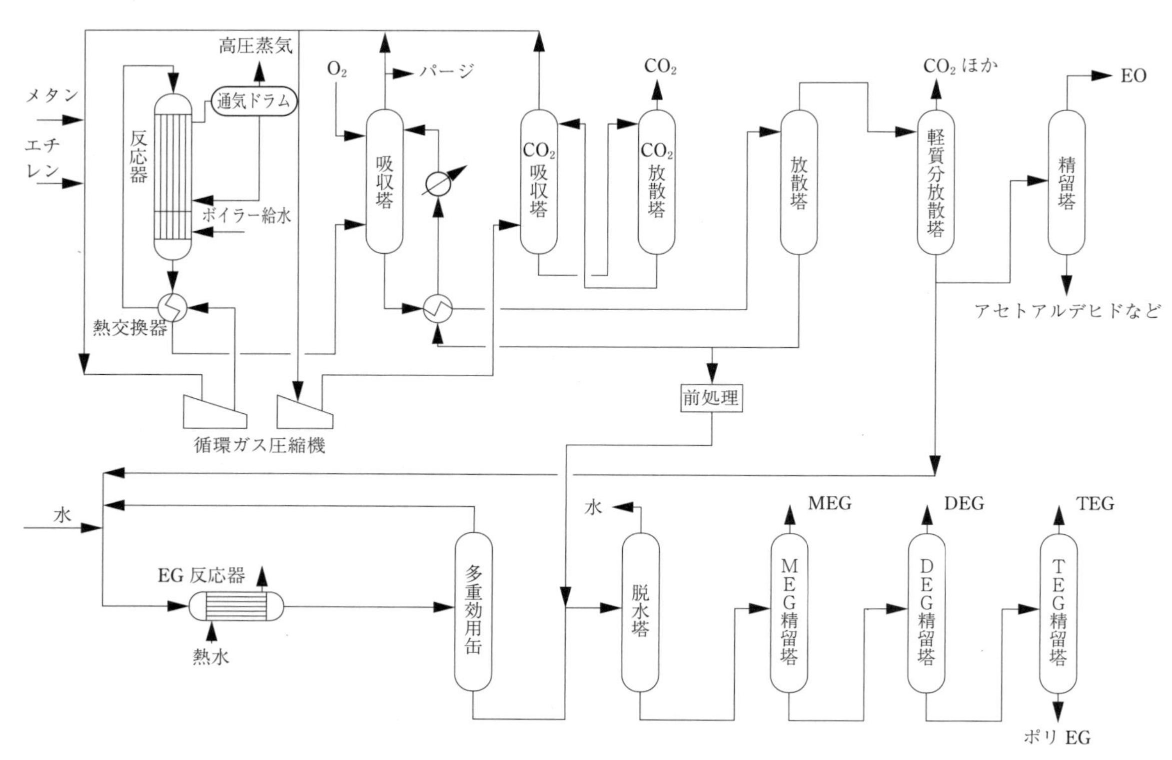

図 6.1.3 エチレンオキサイド，エチレングリコール製造のプロセスフロー

$$\begin{array}{c}CH_2-CH_2\\ O\quad\quad O\\ C\\ \| \\ O\end{array} + H_2O \longrightarrow HOCH_2CH_2OH + CO_2 \qquad (6.1.9)$$

D プロセス

EO/EG プロセスフローの概略図を図 6.1.2 に，プロセスフローを図 6.1.3 に示す[16]．本プロセスの特徴を，反応系および合理化の観点から述べる．

反応系としてみると，反応器に多管式を使用している点，未反応エチレンを循環させている点，それに伴って二酸化炭素の除去設備が付設し，酸素源が空気分離によって製造した高純度酸素(99.5％以上)となっている点(酸素法)である．工業化当初は，空気をそのまま使用し大量の窒素を同伴していた(空気法)が，現在は，経済性からほとんどが酸素法によっている[15, 16]．

一方，合理化の観点からみると，本プロセスの特徴は，EO，EG のプロセスを統合したことであり，

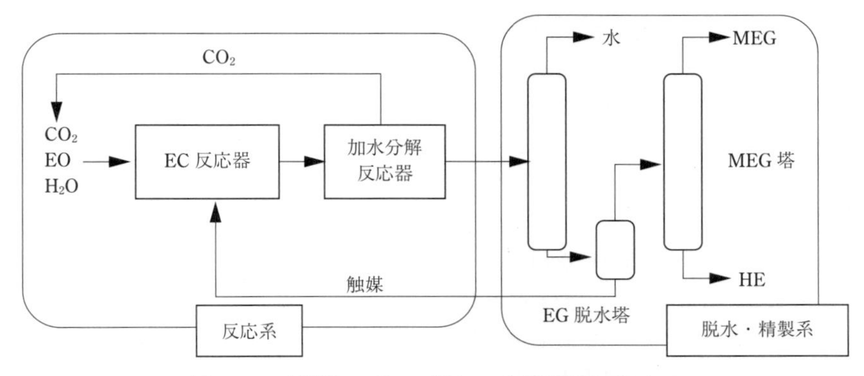

図 6.1.4　触媒法エチレングリコール製造概略プロセス

具体的には以下のようなメリットが生ずる．

(1) EO 反応器で発生したスチームを EG 精製系で使用し，さらに EO 回収系で再使用するというスチームの多段有効利用
(2) EO 吸収系で副生する EG の EG 精製系での回収
(3) EG の原料に EO 反応器出口の含水 EO を使用することによる EO 精製コストの削減

EO 製造用反応器が多管式であるのは，EO 生成が発熱反応(6.1.3 式)であり，しかも副反応が完全酸化のため発熱量がさらに大きいからである(6.1.4 式)．反応器には，1 基あたり，内径 20〜40 mm の反応管が数千本設置され，反応熱はシェル側の冷媒によって除去される．触媒の粒径は，数 mm 程度である．反応器の冷媒には，安全面，コスト面から，ケロシンのような炭化水素から水に転換し，スチームを直接発生させる方式のプロセスが主流である．

図 6.1.2, 図 6.1.3 に従って，エチレン，酸素から，EO を経て EG までの生成工程を説明する．エチレンと酸素を含んだ循環ガスは，まず，EO 反応器に供給され，目的物である EO と二酸化炭素，および水が生成する．その際の反応熱は，炭化水素や水などの冷媒によって除去され，EG の濃縮および精製で必要なスチーム源となる．EO 反応器出口の循環ガスは，水を吸収剤とする EO 吸収塔に送られ，EO と水が除去され，さらに，酸素に混入したアルゴンが蓄積しないように一部がパージされる．副生した二酸化炭素は，その後，循環ガスの一部を分岐し，二酸化炭素吸収塔で除去される．最後に，循環ガスは，反応で消費したエチレンおよび酸素，有機塩素，さらに循環工程で減少したメタンが補充され，EO 反応器に再供給される．EO 吸収塔で取り出された EO 水溶液は，EO 精製系に送られるか，あるいは含水 EO として直接 EG 反応器に送られる．製品である EO は，EO 精製系より取り出される．

EG 生成工程では，断熱式あるいは多管式の EG 反応器によって，含水 EO から，MEG，DEG，TEG を含む水溶液を得る．水溶液はその後，EO 反応器で発生させたスチームによって，複数の蒸発器で水を段階的に留去し濃縮される．その後，精製系で，製品として MEG，DEG，TEG が得られる．上記の EO/EG プロセスにおいては，20 数倍モルという大過剰の水を用いており，それでもなお MEG の選択率は 89％にとどまる．精製工程においてこの蒸発潜熱の大きい水を蒸発，除去しなければならず，図 6.1.3 に示すように複数蒸留システムを用いて熱回収を図ったとしても，用役および設備コスト上の負担が課題である．

この課題を解決すべく，第四級ホスホニウム塩を主体とする均一系触媒を使用したプロセス(触媒法 EG プロセス)が工業化されている[18, 19]．

無触媒の EO 水和反応と比較して，本触媒による EO の EC および MEG への反応速度は数百倍以上の速度を有し，MEG への高選択性(99. 3〜99.4％)が実現されている．

プロセスの構成を図 6.1.4 に示す．原料は酸化エチレンプラントより供給される 40％程度の水を含む酸化エチレン($H_2O/EO = 1.2〜1.5\ mol\ mol^{-1}$)と炭酸ガスである．工程は大別して EC 化工程(6.1.8 式)，加水分解工程(6.1.9 式)，精製工程よりなっている．EC 化工程で，EO は EC および EG となり，水分解工程で EC は完全に EG へと転化される．炭酸ガスおよび触媒はそれぞれリサイクルされる．その結果，現行 EO/EG プロセスと比較して，建設

費では少なくとも10%以上，変動費も5〜10%(地域による単価により異なる)のコスト削減が可能とされている．MEGを主目的とするEG製造プロセスとして有力なプロセスと考えられる．

E　最近の技術動向

石油化学ルートとは異なる，植物原料を用いたバイオエタノール，およびバイオエチレン誘導品としてのEO，EG製造プロセスについても工業化が報告されている[20]．まだ，石化原料由来のEGの一部の置き換えに過ぎず，生産量，経済性面では十分ではないが，環境負荷への関心が高まる中，非枯渇資源を使うEO/EGプロセスの発展は長期的な課題である．

また，宇部興産により開発され，中国企業にライセンスされた石炭を原料としたEG製造プロセスについても，安価なEG製造プロセスとして今後の動向が注目される[21]．これについては4.5節を参照されたい．

文献

1) IHS Chemical, Ethylene Oxide Chemical Economics Handbook, September 30(2016)
2) IHS Chemical, Ethylene Glycols Chemical Economics Handbook, October 14(2016)
3) 経済産業省，世界の石油化学製品の今後の需給動向，30(2016)
4) 内部化学品資料C, p.168, シーエムシー出版(2016)
5) K.laus Weissermel, Hans-Jurgen Arpe, 向山光昭監訳，工業有機化学第5版，東京化学同人(2004)
6) Heterogeneous Catalytic Oxidation: Fundamental and Technological Aspects of the Selective and Total Oxidation of Organic Compounds, B.K. Hodnett, 6, 160(2000), Wiley
7) 特開昭63-126552(1988)：特開平5-84440(1993)
8) US Patent, 2,773,070(1956)；2,873,282(1956)
9) 特開平9-208509(1997)
10) GB Patent, 2,011,401(1979)： 特開昭55-2670(1980)
11) 特表昭61-501630(1986)：特表昭61-501707(1986)
12) 特開昭62-116528(1987)：特開昭59-82325(1984)
13) 特開平1-165535(1989)：特開平5-200299(1993)
14) 特開平3-120270(1991)：特表平9-508136(1997)
15) 化学経済，3月臨時増刊号，71(1998)
16) 柿本行彦，ケミカルエンジニアリング，4月号，41(1999)
17) 忠末逸男，ペトロテック，20(3)，251(1997)
18) 古屋俊之，ペトロテック，26(5)，395(2003)
19) 西山貴人，ペトロテック，34(8)，522(2011)
20) Sun J., Liu H., Green Chem., 13, 135–142(2011)；Pang J., Zheng M., Wang A., Zhang T., Ind. Eng. Chem. Res., 50, 6601–6608(2011)
21) X. Gao et al., Chem. Eng. Sci., 66, 3513–3522(2012)；Chao Wen et al., Catalysis Today, 233, 117–126(2014)

6.1.3　イソプロピルアルコール

A　生産量と用途

イソプロピルアルコールはイソプロパノール(2-プロパノール)ともよばれる．世界のイソプロピルアルコールの生産能力は約180万t y^{-1}(表6.1.9)で，Shell社(47万t y^{-1})，Exxon社(38万t y^{-1})，INEOS社(24万t y^{-1})が主要なメーカーである．国内ではJXTGエネルギー，トクヤマ，三井化学の3社が製造し(表6.1.10)，2012〜2014年の生産実績は15.2, 18.0, 19.7万t y^{-1}となっている．表6.11に示すように，おもに塗料，インキ，医農薬，合成原料，界面活性剤の分野で使用され，最近は高純度品の半導体，液晶フォトマスクなどの製造工程での洗浄用の用途が伸びている[1]．

B　反応

プロピレンの水和反応で製造されるが，硫酸でエステル化後加水分解する間接水和法と，触媒の存在下に水蒸気を用いて直接水和する直接水和法がある．日本では直接法が多く採用されているが，世界的には間接法が主流である．昨今は比較的安価なアセトンを原料とすることで，より付加価値の高い

表6.1.9　世界のイソプロピルアルコールの生産能力(万t y^{-1})

地　域	
欧　州	64
北　米	67
南　米	7
アジア	103
日　本	22

表 6.1.10　イソプロピルアルコールの国内メーカーの設備能力(万 t y^{-1})

会社名	工場	プロセス技術	能力
JXTG エネルギー	川崎	直接法(Huels)	8.5
トクヤマ	徳山	直接法(自社)	7.4
三井化学	大阪	アセトン法(自社)	6.0

表 6.1.11　イソプロピルアルコールの用途(万 t y^{-1})

	塗料	インキ	医農薬	界面活性剤	洗浄剤	その他	計
2013 年	2.2	3.6	0.9	0.6	2.0	1.9	11.2
2014 年	2.4	3.9	1.0	0.6	2.2	2.0	12.1

表 6.1.12　イソプロピルアルコール製造プロセス

プロセス	間接法	直接法			アセトン法
	硫酸法	Huels	トクヤマ	Texaco	
反応方式	液相均一	気相固定床	液相均一	気液固定床	気液固定床
触　媒	硫酸	担持リン酸	HPA	IER	Ni 系
		リン酸 / ベントナイト	W 系ポリアニオン水溶液	スルホン酸系陽 IER	
圧　力(MPa)	2.1〜2.8	1	15〜20	6.5〜10	1〜2
反応温度(℃)	60〜70	180	240〜270	130〜150	100〜130
H_2O/C_3H_6 比	—	1.0	水大過剰	12.5〜15.0	—
転化率(1 パス)(%)	95	5.7	60〜70	75	97
選択率(%)	98	97	99	96.5	99

IPA を得るアセトン法プロセスを採用するプラントがアジアを中心に出現し始め，市場競争力をもつようになっている．

a　間接水和法

1920 年，Standard Oil 社は，製油所ガス中のプロピレンからイソプロピルアルコールの製造を開始し，石油化学の草分けとなった．間接水和法の利点は，エステル化反応が比較的低温で進行することと，反応の平衡が有利なため低濃度のオレフィンが使用できる点にある．しかし工程が複雑で加水分解と硫酸濃縮工程に多量のスチームを使い，エーテルやオレフィン重合物の副生も多い．硫酸による装置の腐食も激しく，廃硫酸処理に費用がかかる．しかし，イソプロピルアルコールの合成では低濃度の硫酸が使用でき，プロセスの改良で経済性も向上したため，間接水和法が工業的に実施されている．

(エステル化) $C_3H_6+H_2SO_4 \longrightarrow C_3H_7SO_4$

$2\ C_3H_6+H_2SO_4 \longrightarrow (C_3H_7)_2SO_4$　(6.1.10)

(加水分解) $C_3H_7HSO_4+H_2O \longrightarrow (CH_3)_2CHOH+H_2SO_4$

$(C_3H_7)SO_4+H_2O \longrightarrow 2\ (CH_3)_2CHOH+H_2SO_4$　(6.1.11)

b　直接水和法

プロピレンの直接水和は，エチレンの水和と同様の気相固定床のほか，液相均一系の反応が工業的に採用されている(表 6.1.12)．

(主反応) $C_3H_6+H_2O \longrightarrow (CH_3)_2CHOH$

(副反応) $2\ (CH_3)_2CHOH \longrightarrow (CH_3)_2CHOCH(CH_3)_2$　(6.1.12)

(1) Huels 法：エチレンの水和反応と同様に担持リン酸触媒が使われるが，プロピレンはエチレンに比較して反応性が高いことから，比較的低圧，低温条件下で高い触媒収量を得ている[2]．

(2) トクヤマ法：液相中の低濃度(0.001 mol L^{-1})触媒($X_mH_n[Si(W_3O_{10})_4]$)が選択的にプロピレンからイソプロピルアルコールを生成し，高い選択率が特徴である．低 pH ではプロピレンの重合が起きるため，触媒は pH を 2〜4.5 に調整して

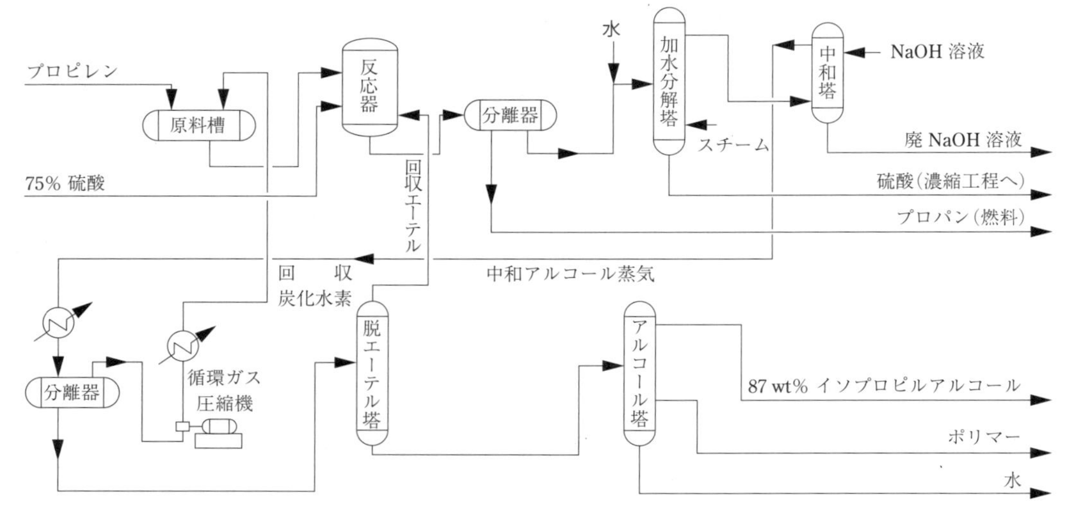

図 6.1.5　プロピレンの間接水和プロセス（S & W 法）フロー

使用する．反応後に液を再使用するときには pH を再調整する[3]．

(3) Texaco 法：平衡的に有利な中温（130〜150℃），中圧（6〜10 MPa）の気液混相でイオン交換樹脂を使用する．選択性が高く，微量の重合物とジイソプロピルエーテルのみが副生する[4]．

c　アセトン法

アセトンと水素の反応により，イソプロピルアルコールを製造するプロセスである．

(還元)　$CH_3COCH_3 + H_2 \longrightarrow (CH_3)_2CHOH$　(6.1.13)

アセトン法は高い転化率・選択率を実現できるほか，水和法と比較し硫酸やヘテロポリ酸が不要となるため腐食性が低いプロセスである．また，水和法特有の分離困難な不純物である *n*-プロピルアルコール，*tert*-ブチルアルコールなどが生成しない利点がある．国内では三井化学が間接水和法からアセトン法への転換を図っている．

C　プロセス

間接法である Stone&Webster (S&W) 法の製造プロセスを図 6.1.5 に示す[5]．液化プロピレンと循環ガスを，75％硫酸に吸収させて硫酸エステルとしたのち加水分解する．生成アルコールと副生エーテル，および重合物をスチームストリッピングによりガス状で回収し，苛性ソーダで中和して 45〜55％の粗アルコールを得る．エーテルはエステル化工程に戻す．加水分解工程で出る約 40％の硫酸を減圧濃縮して再使用する．

図 6.1.6 にトクヤマ法のプロセスフローを示す[6]．液化プロピレンは予備加熱して反応器に送られる．未反応プロピレンは分離後リサイクルする．生成液を蒸留で濃縮，精製し製品イソプロピルアルコールを得る[6]．

図 6.1.7 にアセトン法のプロセスを示す．原料であるアセトンと水素を反応器に供給し，イソプロピルアルコールを得る．反応圧力は 1〜2 Mpa，反応温度は 100〜130℃である．反応にて副生する高沸成分や未反応のアセトンなどは後段の蒸留にて除去を行い，製品イソプロピルアルコールを得る．

文献

1) Elvira Greiner with Hossein Janshekar, Takashi Kumamoto, Eve Zhang, Chemical Economics Handbook Isopropyl Alcohol (IPA) 6, 40, 41, 42 (2015)
2) Hydrocarbon Processing, 56, Nov., 176 (1977)
3) 特公昭 49-36203 (1974)；49-36204 (1974)；50-35051 (1975)；50-35052 (1975)；50-35053 (1975)；US Patent, 3,758,615 (1973)
4) W. Neier, J. Woellner, Chemtech., 3, 95 (1975)；Hydrocarbon Processing, 51, 113 (1972)；54, 155 (1975)
5) Hydrocarbon Processing, 52, Nov., 142 (1973)
6) a) Hydrocarbon Processing, 52, Nov., 143 (1973)；b) Y. Onoue et al., Chemtech., 8, 432

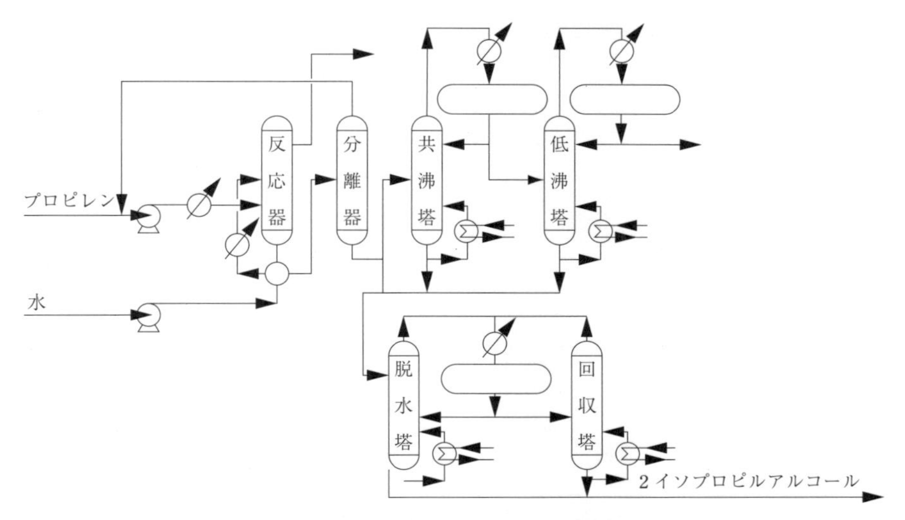

図 6.1.6　プロピレンの間接水和プロセス（徳山曹達法）フロー

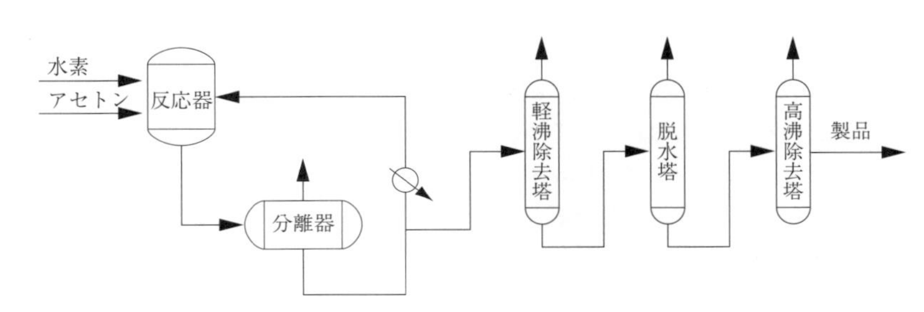

図 6.1.7　アセトン法プロセス

(1978)

6.1.4　ブチルアルコール

A　概要

ブチルアルコールはブタノールともよばれ，炭素数が 4 の 1 価アルコールの総称である．図 6.1.8 に示すように，4 つの構造異性体が存在し，それぞれ *n*-ブチルアルコール(NBA)，イソブチルアルコール(IBA)，*sec*-ブチルアルコール(SBA)，および *tert*-ブチルアルコール(TBA)とよばれる．

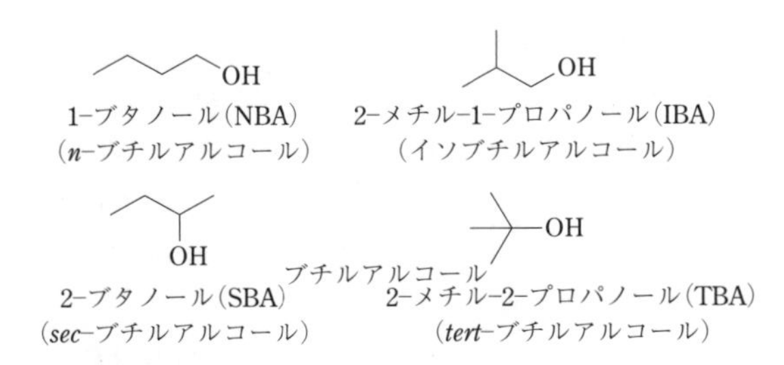

図 6.1.8　ブチルアルコールの構造異性体とその名称

これらの中で特に重要なアルコールは NBA であり，アクリル酸ブチル，メタクリル酸ブチルなどのポリマー原料に約 40%，塗料の溶剤などに使用される酢酸ブチルに約 30%，グリコールエーテルに約 10%，可塑剤の 1 つであるジブチルフタレート(DBP)に約 5% 使用されている．IBA は，それ自体溶剤として約 30%，酢酸エステルやアクリル酸エステルとして約 30%，可塑剤のジイソブチルフタレート(DIBP)に約 10%，エンジンオイル添加剤のジアルキルジチオリン酸亜鉛(ZDDP)に約 10% 使用されている．また，SBA は，おもにメチルエチルケトン(MEK)の製造原料に用いられ，TBA は，メチルメタクリレート(MMA)の製造原料に用いられるほか，それ自体溶剤として用いられている．

2016 年時点での，世界における NBA の生産能力としては約 630 万 t y^{-1} あり，実生産量としては約 400 万 t y^{-1} 製造されている．そのうち，日本国内の生産能力は約 28 万 t y^{-1} である．

表 6.1.13　NBA の主要製造業者と地域別生産量

会社名	生産能力(万 t y^{-1})
BASF	88
Dow	53
OXEA	46
SABUCO	33
Luxi Chemical	26
FPC	25
Yantai Wanhua	24
その他	335
計	630
地域名	
北米・南米	134
欧州およびロシア	96
アジア	370
(内中国)	(251)

NBA の生産能力に関して製造業者別および地域別にまとめたものを表 6.1.13 に示しているが，BASF 社が世界第一位の製造業者であり，Dow 社，OXEA 社，SABUCO 社，Luxi Chemical 社と続く．2000 年ごろまでは世界における NBA 生産量の大半が BASF 社などの主要オキソアルコールメーカーによって製造される構図であったが，現在では中国などにおけるさまざまなオキソアルコールメーカーの占める割合が増加してきている．また，地域別では，約 60％の NBA がアジアで製造されており，そのうち，約 70％は中国での製造である．一方，国内では，KH ネオケム，JNC，三菱ケミカルの各社が，それぞれ約 13 万 t y^{-1}，約 5 万 t y^{-1}，約 10 万 t y^{-1} の生産能力を保有している．

IBA に関しては，世界における生産能力は約 90 万 t y^{-1} であり，実生産量としては約 60 万 t y^{-1} である(2016 年予測値)．そのうち，日本国内の生産能力は約 7 万 t y^{-1} である．SBA の国内生産能力は約 30 万 t y^{-1} であり，実生産量としては約 22 万 t y^{-1} である(2015 年予測値)．丸善石油化学，東燃化学，出光興産の 3 社によって製造されている．また，TBA の国内生産能力は数千 t y^{-1} 規模と小さく，丸善石油化学，クラレ，三井化学で製造されている．

B　製法

4 つのブチルアルコールの製造方法について以下に概説するが，最も重要な NBA の製法を中心に説明する．

NBA は，プロピレンのオキソ反応[1~5]（ヒドロホルミル化反応ともよばれる）により *n*-ブチルアルデヒド(NBAL)を得て，それを水素化反応することで得られる(6.1.14 式)．(6.1.14) 式に示すように，NBAL が生成する過程において，イソブチルアルデヒド(IBAL)も副生するため，その水素化反応によりイソブチルアルコール(IBA)も得られる．オキソ反応は，1938 年 Ruhr Chemie 社の Roelen により見いだされた反応[6),7)]であるが，触媒の存在下，オレフィンを水性ガス(合成ガスともよばれ，水素と一酸化炭素から構成されるガス)と反応させ，炭素数が 1 つ多いアルデヒドを製造する反応である．通常，均一系触媒が用いられ，工業的に行われている均一系触媒反応の中では最大級の規模である．

$\xrightarrow[\text{触媒}]{H_2/CO}$ CHO（*n*-ブチルアルデヒド (NBAL)） ＋ CHO（イソブチルアルデヒド (IBAL)）

$\xrightarrow[\text{触媒}]{H_2}$ OH（*n*-ブチルアルコール (NBA)） ＋ OH（イソブチルアルコール (IBA)）

(6.1.14)

(6.1.14) 式に示すように，プロピレンの二重結合炭素のどちらの炭素にホルミル基が付加するかによって，NBAL(直鎖体)と IBAL(分岐体)の生成比(*n*/*i* 比)が決まるが，この *n*/*i* 比は反応条件などにより制御することができる．特に重要な制御因子としては触媒であり，後述するように触媒の配位子の種類を変えることで *n*/*i* 比を大きく変化させることができる．

触媒の中心金属としては，さまざまな金属カルボニルが活性を示すことが知られており，活性の序列としては以下のような相関がある[8)]．

$$\mathrm{Rh} \gg \mathrm{Co} \gg \mathrm{Ir,\ Ru,\ Pt} > \mathrm{Os,\ Pd,\ Fe,\ Ni}$$

これらの金属のうち，工業的に用いられているのはコバルト(Co)とロジウム(Rh)である．表 6.1.14 に Co 触媒系と Rh 触媒系の一般的な性能比較をまとめたものを示している[9)]が，Co 触媒系と比較して Rh 触媒系のほうが活性が高いため，低い触媒濃

表 6.1.14　オキソ反応触媒の一般的特徴

触媒系	主生成物	活性	アルデヒド選択性	n/i	反応条件	
					温度(℃)	圧力(MPa)
Co	R-CHO	中	中	〜4	100〜200	>20
Co−PR_3	R−CHO, R−CH_2−OH	低	低	〜7	160〜200	〜10
Rh	R-CHO	非常に高い	非常に高い	1	100〜130	20
Rh−PAr_3	R-CHO	高	非常に高い	〜15	90〜120	<2.5

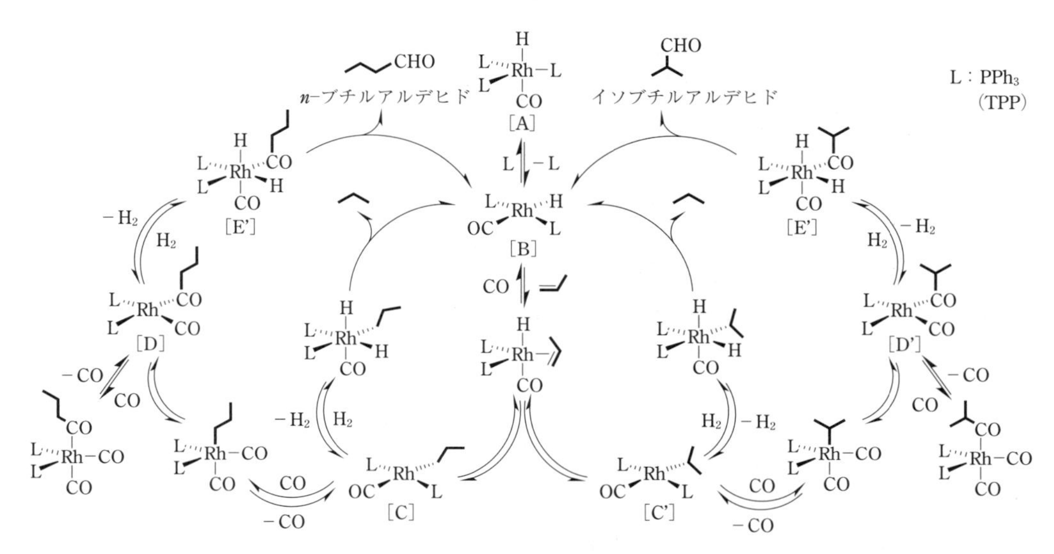

図 6.1.9　TPP 修飾 Rh 触媒によるオキソ反応の反応機構

度で反応を実施することができる．また，Co 触媒系は高温，高圧で反応を実施する関係上，原料プロピレンの水素化反応の進行に伴うプロパン化が Rh 触媒系より多く進行し，原料原単位は Rh 触媒系のほうが小さい値となる．一方，ホスフィン修飾 Co 触媒系においては，生成物のアルデヒドの一部が水添されてアルコールが生成する[10]．また，ホスフィンで修飾された Co 触媒は反応圧力を下げることができる点も特徴である．

歴史的には初期のプロセスにおいて Co カルボニル触媒が主役を演じていたが，その後，Shell 社によりトリアルキルホスフィン修飾 Co 触媒系が開発され，反応の低圧化，触媒の蒸留分離リサイクルが可能となった．その後，トリフェニルホスフィン(TPP)修飾 Rh 触媒系[11),12)]が UCC 社(現 Dow 社)[13]，三菱化学[14]などにより開発され，プロピレンのオキソ反応に適用された．1980 年代に入り，水溶性トリアリールホスフィンを配位子としてもつ Rh 触媒系が Ruhr Chemie 社で工業化された[15〜17]．

次に，オキソ反応の反応機構[8]について説明する．図 6.1.9 にトリフェニルホスフィン(TPP)修飾 Rh 触媒を用いた反応機構を示す．基本的に非修飾 Co 触媒系の反応機構も同様であるため，ここでは TPP 修飾 Rh 触媒系について詳細に述べる．

一般的によく知られた出発錯体はヒドリドロジウム錯体(H−Rh 錯体[A]，ヒドリドカルボニルトリス(トリフェニルホスフィン)ロジウム)であるが，CO 加圧条件下では 1 つの TPP が CO に置き換わった錯体も生成していると考えられている．錯体[A]から 1 つの TPP が解離し，配位不飽和な錯体[B]が生成し，そこにプロピレンが配位するところから反応が開始される．配位したプロピレンは H-Rh 結合に挿入し，n-プロピル−Rh 錯体[C]またはイソプロピル−Rh 錯体[C′]が生成するが，プロピレンの挿入反応のときに Rh が末端の炭素と結合するか内部炭素と結合するかにより，ノルマル(直鎖)体かイソ(分岐)体かが決定される．続いてプロピル−Rh 錯体に対して CO の挿入反応が進行し，それぞれ対応するアシル錯体[D]および[D′]が生成する．さらにアシル錯体と水素が反応してジヒドリドアシル錯体[E]および[E′]となり，還元的脱離反応によってアルデヒドが生成し，併せて配位不飽和なヒドリド錯体[B]が再生して触媒反応のサイクルが完成する．

表 6.1.14 に示したように，非修飾 Rh 触媒では *n*/*i* の選択性が発現しないことから，配位子の存在が反応の位置選択性の制御に重要な役割を演じているといえる．一方, Co 触媒では, 非修飾触媒であってもある程度の直鎖選択性が観察される．つまり，金属自身の直鎖選択性は Co 触媒のほうが優れているといえる．しかしながら，*n*/*i* は 4 程度と低く，また，副生する IBAL の用途が限られたものしかない(おもにネオペンチルグリコール製造原料として利用)ことから，1990 年代以降の触媒開発は直鎖選択性がより高い修飾 Rh 触媒によるものが主流となっている(具体的な触媒形態に関しては，次項において説明する)．

オキソ反応で得られた NBAL および IBAL は，蒸留により分離された後，水素化反応によってそれぞれ対応する NBA および IBA に変換される．水素化反応用の触媒[18]としては，Ni または Cu 触媒系の固体触媒が一般的に用いられており，気相または液相の両方の反応形式で実施されている．Ni 触媒を用いる気相水素化反応は，0.2〜0.3 MPa の水素圧下，115℃程度の反応温度で実施される．液相条件ではより高圧の水素圧(8 MPa)が要求される．一方, Cu 触媒を用いる気相水素化反応では，Ni 触媒と比較して高圧(3〜5 MPa)，高温(130〜160℃)の条件が採用される．これらの条件に比べて，さらに厳しい条件(たとえば 200℃，28 MPa など)で反応を行うと，ギ酸ブチルの生成やブチルアルデヒドジブチルアセタールの生成といった副反応が同時に進行するため好ましくない．

以上述べてきたように，NBA および IBA はプロピレンのオキソ反応および水素化反応の二段反応により製造されるが，SBA や TBA は，C_4 留分である *n*–ブテン(1–ブテンおよび 2–ブテンの混合物)やイソブテンの水和反応により製造される(6.1.15 式)．水和反応は，通常，硫酸のような酸触媒の存在下に行われる．マルコニコフ型の付加反応が進行するため，*n*–ブテンからは SBA が，イソブテンからは TBA が，それぞれ選択的に生成する[18]．

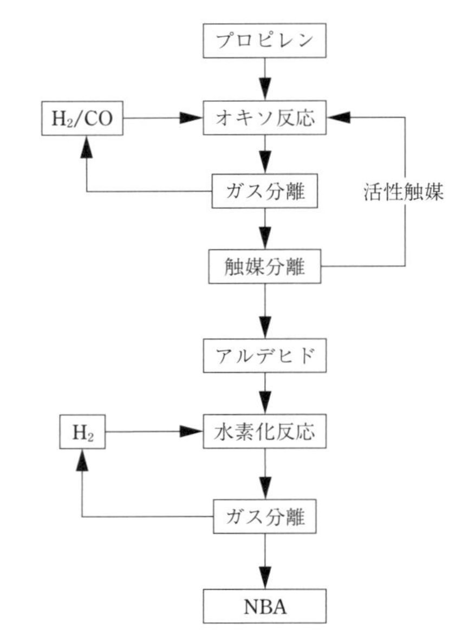

図 6.1.10 NBA 製造ブロックフロー

$$\xrightarrow[\text{酸触媒}]{H_2O}$$ OH *sec*–ブチルアルコール(SBA)

$$\xrightarrow[\text{酸触媒}]{H_2O}$$ OH *tert*–ブチルアルコール(TBA)

(6.1.15)

硫酸法以外の水和反応としては，出光興産によってヘテロポリ酸水溶液を触媒とする *n*–ブテンの直接水和による SBA 製造法が開発されている．水/超臨界ブテンの二相系における特異的な気液平衡関係を利用した SBA の効率的な分離方法を確立することで，設備の簡略化，硫酸による腐食問題の回避，排水処理問題の回避を達成している[19〜21]．

C プロセス

オキソ反応を利用したプロピレンを原料とする NBA の製造プロセスのブロックフローを図 6.1.10

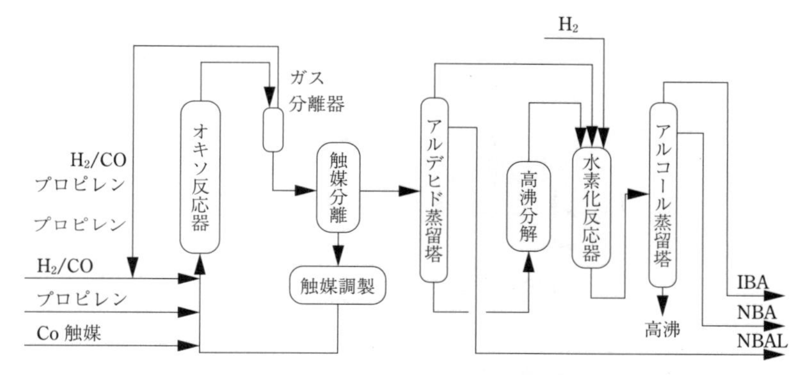

図 6.1.11　Ruhr Chemie 社の非修飾 Co 触媒系プロセス

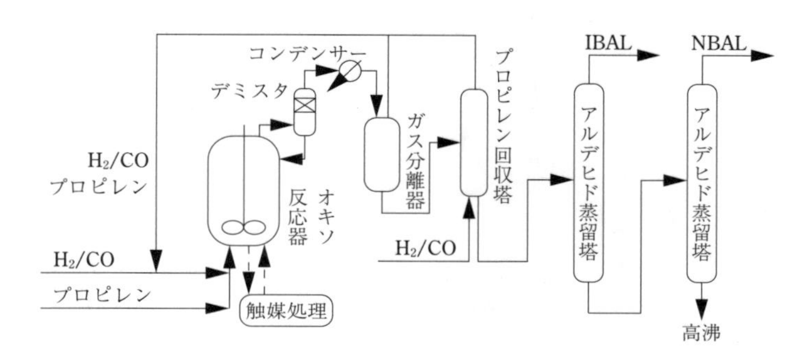

図 6.1.12　UCC のガスストリッピングプロセス（修飾 Rh 触媒系）

に示す．基本的な構成としては，オキソ反応器，アルデヒド回収設備，水素化反応器，アルコール精製蒸留設備ならびに触媒回収設備より成り立つ．ここでは，非修飾 Co 触媒系および修飾 Rh 触媒系に注目し，プロセスの代表例をいくつか示す．

a　非修飾 Co 触媒プロセス

1960 年代に開発された非修飾 Co 触媒法は多数の工業化技術があり，反応条件の選択，触媒回収法などそれぞれ特徴を有している．図 6.1.11 に Ruhr Chemie 社のプロセスを示しているが，反応温度を高くして反応速度を上げ，反応器を小さくする反面，副生する高沸点物を逆アルドール縮合により低沸点成分に熱分解する工程を設けている[10]．三菱化学の旧プロセス[22]では，低温で反応させ，かつ所定の空時収率を確保するために触媒濃度を高くすることにより高選択性と高 *n*/*i* を達成している．反応後の Co の回収には，有機または無機の酸で分解し，水溶性の Co 塩として抽出するのが一般的であるが，Kuhlmann プロセスでは，炭酸ソーダからなる塩基水溶液を用いて Co カルボニル水素化物 ($HCo(CO)_4$) をアルカリ塩の形 ($NaCo(CO)_4$) で水相に回収し，酸で中和して再び Co カルボニル水素化物を得てオキソ反応に再利用する方法を採用している．

b　修飾 Rh プロセス

1965 年の Wilkinson 触媒の発見後，TPP に代表されるトリアリールホスフィン配位子をもつ Rh 触媒が非常に高活性であり，穏和な条件でもオキソ反応が進行することが見いだされた[23]．プロセスは，UCC 社（現 Dow 社）と三菱化学（現三菱ケミカル）の両社によってそれぞれ独立に開発されたが，配位子として Rh1 原子あたり数百等量の TPP を使用する．アルデヒドの選択率が高く維持され，かつ，*n*/*i* 比も大きく向上（>10）するので，原料原単位は修飾 Co 法に比べて有利である．UCC 社が 1975 年，三菱化学が 1977 年にそれぞれ運転を開始した．初期の UCC 社のプロセスを図 6.1.12 に示す．初期の UCC プロセスの特徴は，高価な金属である Rh のロスを極力抑える点に主眼があり，Rh−TPP 触媒に熱的な負荷がかからないように設計されたプロセスである．具体的には，アルデヒドの三量体などの高沸点溶媒に，比較的高い Rh 濃度を維持した状態で Rh−TPP 触媒を溶解させ，反応器内に触媒液を

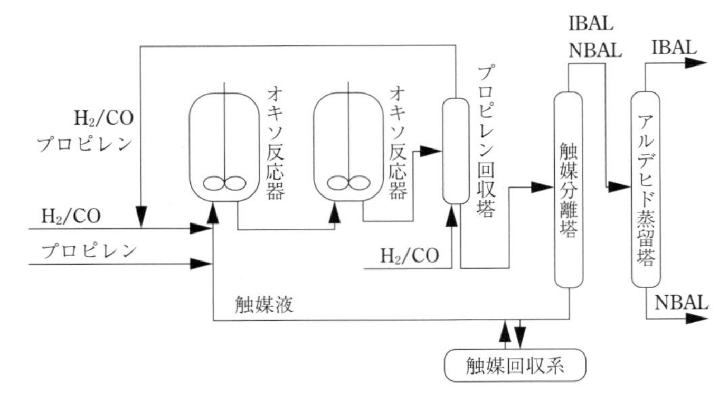

図 6.1.13　液循環型プロセス（修飾 Rh 触媒系）

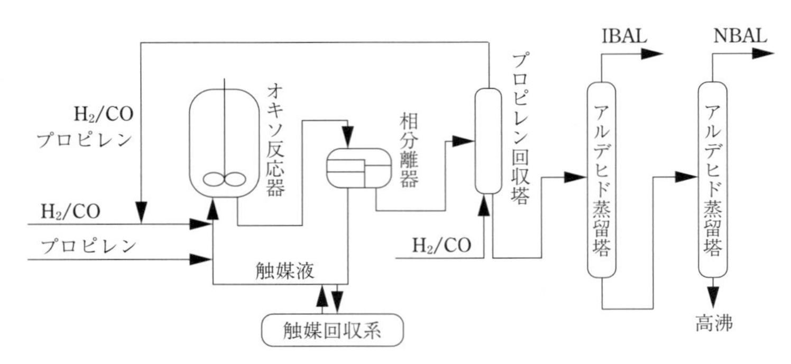

図 6.1.15　Ruhr Chemie の油水二相系プロセス（Rh−TPPTS 触媒系）

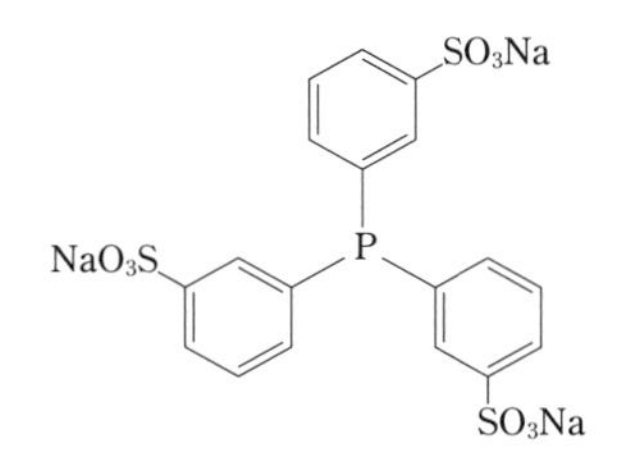

図 6.1.14　TPPTS の構造

保持し，生成アルデヒドを水性ガスにより気相で連続的に抜き出す（ガスストリッピング法）方法である．すなわち，反応蒸留方式である．

その後，ガスストリッピングのエネルギーコストを削減するために，液循環型のプロセスが UCC 社および三菱化学によって開発された．図 6.1.13 に液循環型プロセスを示す．プロセスの特徴としては，生成物のブチルアルデヒドと触媒液の分離に蒸留を用いる点である．蒸留塔の熱負荷により，アルデヒドの縮合物などの高沸点生成物が反応液中に蓄積してくるため，循環触媒液の一部を抜き出し，有効な Rh 触媒を回収する設備が必要となる．

また，Ruhr Chemie 社では，図 6.1.14 に示すような TPP の 3 つのフェニル基のメタ位にスルホン酸塩が結合した水溶性ホスフィン配位子（TPPTS，トリフェニルホスフィントリスルホネート）を利用した油水二相系のプロセスを開発している．

図 6.1.15 に Ruhr Chemie 社の油水二相系プロセスを示しているが，TPPTS が水溶性であるため Rh−TPPTS 触媒自身も水溶性となり，オキソ反応は水溶液中で進行する．生成したブチルアルデヒドは非水溶性であるため油相を形成し，触媒を含む水相と容易に分離される．基本的に触媒には，液循環型プロセスのように蒸留塔での熱負荷がかからないため，触媒の熱劣化防止という観点でも有利なプロセスとなっている．また，本触媒系で達成される n/i 比は 15 程度と，Rh−TPP 系よりも若干高い特徴も有している[15〜17]．

上述してきた単座ホスフィンを配位子としてもつ修飾 Rh 触媒プロセスは 1970 年代から 1980 年代にかけて開発されたプロセスであるが，副生する IBAL の用途が限られていることから高い n/i 比が

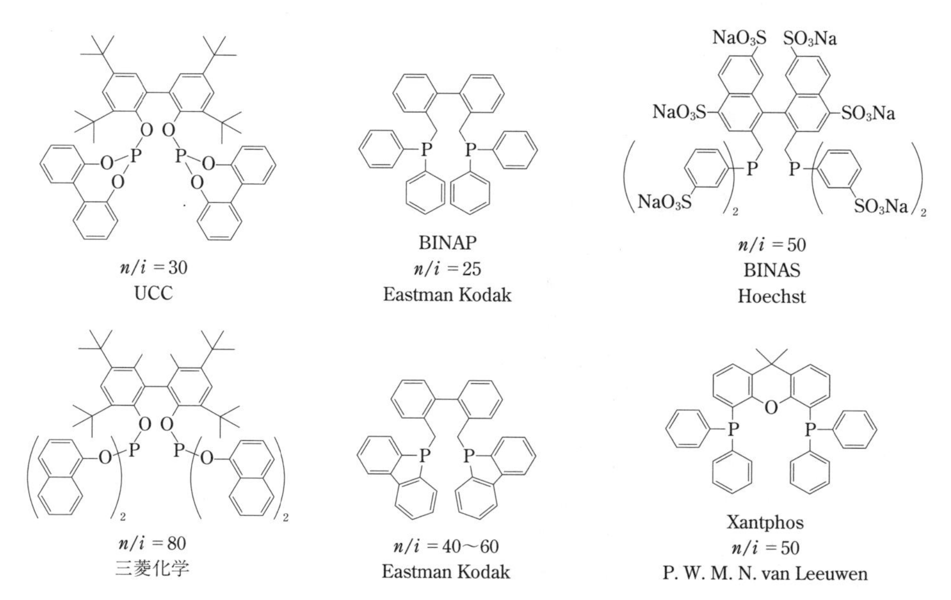

図 6.1.16　高 *n/i* 比を発現する各社の配位子の構造

要求されるようになった．1980年代後半から1990年代にかけて，各社において二座のリン配位子からなる高い *n/i* 比を発現する修飾 Rh 触媒系が開発された．代表的な配位子の構造を図 6.1.16 に示す．

UCC社[24]ならびに三菱化学[25]では，ホスファイト配位子に注目した検討が実施され，UCC 社においては *n/i* 比として 30，三菱化学においては *n/i* 比として 80 の二座ホスファイト配位子が開発された．本触媒系は同条件の Rh−TPP 触媒系と比較して反応活性も高いが，ホスファイト配位子の電子吸引性が Rh の電子密度低下に寄与し，反応速度の向上につながっているものと推察される．ホスファイト配位子を利用することの懸念点としてホスファイト化合物自体の化学的に安定性の低さがあげられるが，UCC 社では，ホスファイトが分解した際に生成するリン系酸性化合物（反応阻害およびホスファイトの分解促進に寄与）の捕捉剤（エポキシ化合物など）を添加する方法を取り入れたプロセス開発を実施している[26]．

また，Eastman Kodak社[27]では，二座ホスフィン配位子を開発している．二座ホスフィンの構造において末端のジフェニルホスフィノ基の代わりにホスホール基を有する化合物に変えると，さらに *n/i* 比が向上する．

また，Hoechst社[28]では，水溶性ホスフィンの思想を発展させ，水溶性の二座ホスフィンを開発した．この水溶性二座ホスフィン配位子では，活性で TPPTS の約 6 倍，*n/i* 比で約 3 倍（*n/i*=50）の性能を発現する．一方，Xantphos とよばれている二座ホスフィン配位子のように，大学の研究者[29〜32]においても配位子の設計が行われており，*n/i*=50 の高 *n/i* 型配位子が開発されている．

c　ブテン水和反応プロセス

ここでは，おもに出光興産の *n*-ブテン直接水和法について紹介する[19〜21]．図 6.1.17 にプロセスの概略を示しているが，反応条件として，高温，高圧条件を採用している（反応温度：200±30℃，反応圧力：20±5 MPa）．これは，原料の *n*-ブテンを超臨界状態に維持するためである．触媒はヘテロポリ酸であるが，超臨界ブテン相に生成物の SBA が効率的に抽出されることを利用して触媒分離を行うとともに酸触媒共存下で進行する脱水反応（逆反応）を抑制できる利点を有している．

これに対し，硫酸法においては硫酸エステル化工程と加水分解工程の 2 つの反応工程が必要である．さらに加水分解工程後の水溶液を濃縮して硫酸触媒をエステル化工程に戻す必要があり，プロセスとしては複雑なものとなっている．

D　最近の技術動向

プロピレンのオキソ反応における *n/i* 比を直鎖選択率に変換すると，Rh−TPP 触媒系で達成される

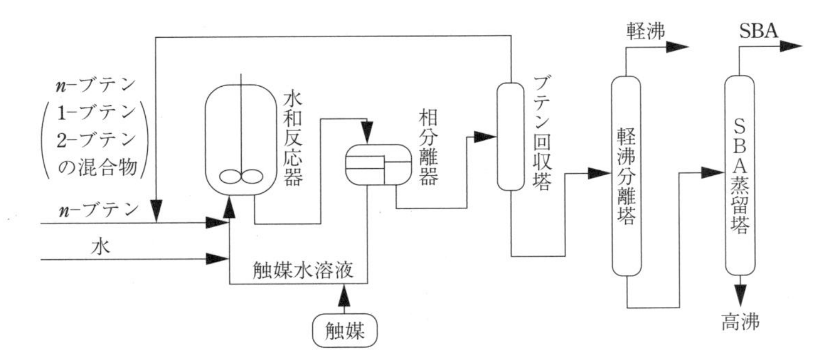

図 6.1.17　出光興産の n-ブテン水和法プロセス

n/i=10 では 91%であり，高直鎖選択性の市場要求に対してはまだまだ不十分なところがあったが，二座配位子系で達成される n/i 比では直鎖選択性という観点では十分な値(たとえば，n/i=50 の直鎖選択率は 98%)であり，n/i 比の向上を目指した触媒開発という観点ではもはや改善されつくされた感がある．その後の各社の開発動向をみてもまったく新しいコンセプトの配位子は開発されておらず，むしろ，配位子に不斉点を導入して不斉オキソ反応に利用するような，ファインケミカルズへの展開がなされている．

一方，プロセスの簡略化(建設費の削減)という観点での触媒改良の試みはいくつか報告されている．たとえば,従来の方法ではプロピレンのオキソ反応,水素化反応の二段の反応で n-ブチルアルコールを得ているが，1つの反応器内でオキソ反応-水添反応を実施して一気にアルコールを得ようとする試みである[33]．反応系が1つになる分，建設費が大きく削減できるが，触媒性能，特に高い n/i 比の維持，原料プロピレンの水素化ロスの抑制という観点でまだ不十分であり，工業化には至っていない．他の事例として，高 n/i 比を発現する高性能 Rh 触媒の分離を簡略化する観点で，SILP (supported ionic liquid phase) を利用した触媒の固定化の試みもなされている[34]．これは，シリカのような固体担体の表面にイオン液体膜を形成させ，そのイオン液体相中に Rh 錯体触媒を溶解保持させた触媒を用いた気相オキソ反応である．ミクロ的にはイオン液体に溶解した均一系の錯体触媒による反応であるため，高 n/i を発現する高性能錯体触媒の性能がそのまま発揮する利点があり，マクロ的には固体触媒であるため生成物との分離工程が不要となる利点がある．しかしながら，錯体触媒の劣化が徐々に進む点やイオン液体相への高沸点生成物の蓄積による反応性低下という問題を抱えている．

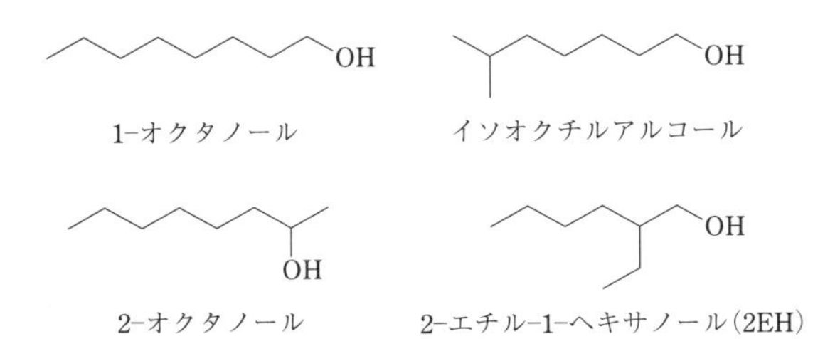

図 6.1.18　おもなオクタノールの構造異性体とその名称

6.1.5　オクチルアルコール

A　概要

オクチルアルコールは,オクタノールともよばれ,炭素数が8の1価アルコールの総称である.図6.1.18 に示すように，1-オクタノール，イソオクチルアルコール, 2-オクタノール, 2-エチル-1-ヘキサノール (2EH) などの構造異性体が存在する．石油化学の分野では，オクチルアルコールは，2EH のことを表すことが多く，ここでは 2EH を中心に説明する．

2EH は，おもにフタル酸ジオクチル(DOP, (6.1.16)式)，テレフタル酸ジオクチル(DOTP)やアジピン酸ジオクチル(DOA)に変換され，塩化ビニル樹脂の可塑剤として用いられる．その他，接着剤や塗料の原料として用いられるアクリル酸 2-エチルヘキシルに利用されるほか，合成潤滑剤や界面活性剤などの中間原料としても利用されている．

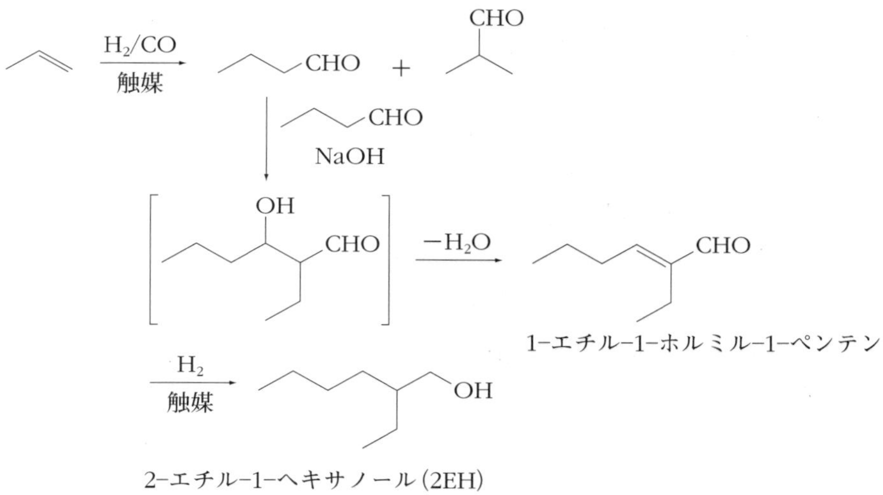

1−エチル−1−ホルミル−1−ペンテン

2−エチル−1−ヘキサノール(2EH)

(6.1.17)

表 6.1.15　2EH の主要製造業者と地域別生産量(万 t y^{-1})

会社名	生産能力
Lixi Chemical	44
OXEA	30
LG	30
天津ソーダ	28
Eastman	27
BASF	26
斉魯石化	25
その他	348
計	558
地域名	
北米・南米	52
欧州およびロシア	89
アジア	417
(内中国)	(283)

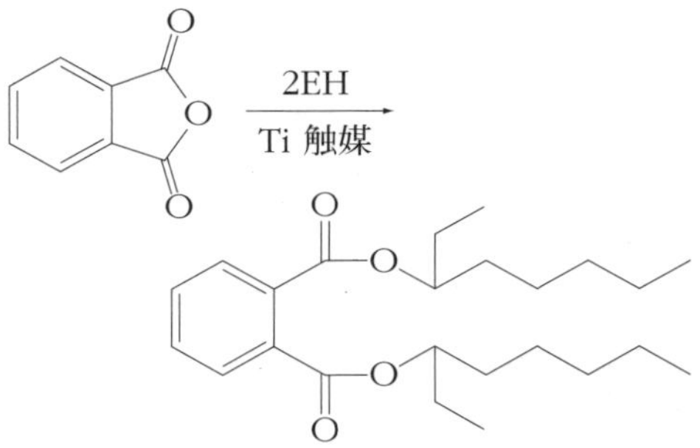

フタル酸ジオクチル　DOP

(6.1.16)

現在，世界における 2EH の生産能力としては約 550 万 t y^{-1} あり，実生産量としては約 370 万 t y^{-1} 製造されている(2016 年予測値)．そのうち，日本国内の生産能力は約 34 万 t y^{-1} である．

2EH の生産能力に関して製造業者別および地域別にまとめたものを表 6.1.15 に示しているが，Luxi Chemical 社が世界第一位の製造業者であり，OXEA 社，LG 社，天津ソーダ社，Eastman 社，BASF 社と続く．また，地域別では，約 75％の 2EH がアジアで製造されており，そのうち，約 70％は中国での製造である．一方，国内では，KH ネオケム，JNC，三菱ケミカルの各社がそれぞれ，約 12 万 t y^{-1}，約 7.5 万 t y^{-1}，約 14.5 万 t y^{-1} の生産能力を保有している．

B　製法

2EH は，プロピレンのオキソ反応によって生ずる *n*−ブチルアルデヒド(NBAL)のアルドール縮合により，1−エチル−1−ホルミル−1−ペンテンを得て，さらに水素化反応を行うことで製造される(6.1.17 式)．

プロピレンのオキソ反応に関しては 6.1.4 項ですでに詳細に述べたので，ここではアルドール縮合以降の反応について述べる．アルドール縮合は，水酸化ナトリウム水溶液中または塩基性イオン交換樹脂の存在下，80～100℃の条件で実施される．反応はほぼ定量的に進行し，対応する 1−エチル−1−ホルミル−1−ペンテンが生ずる．油水分離後，反応液は蒸留により塩基性物質の残渣を除去し，次いで水素化反応器に導入される．

水素化反応は，気相[35]または液相下で行われる．

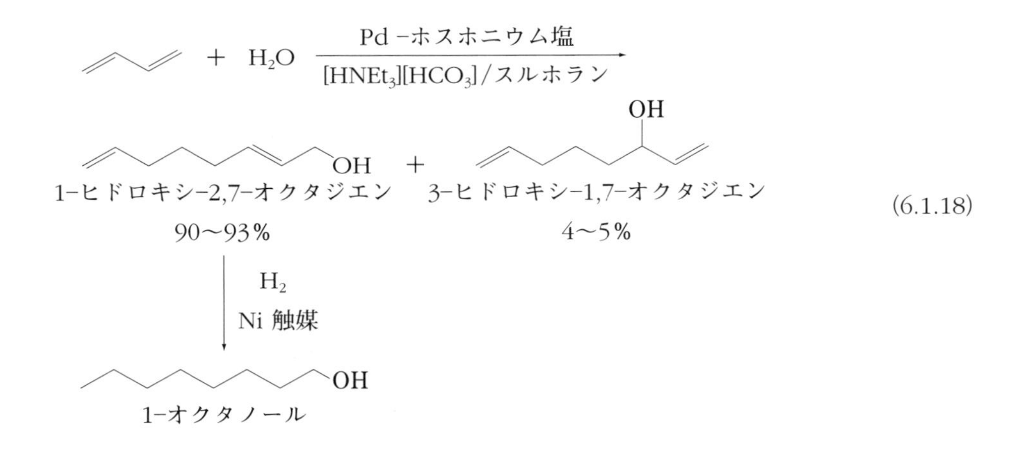

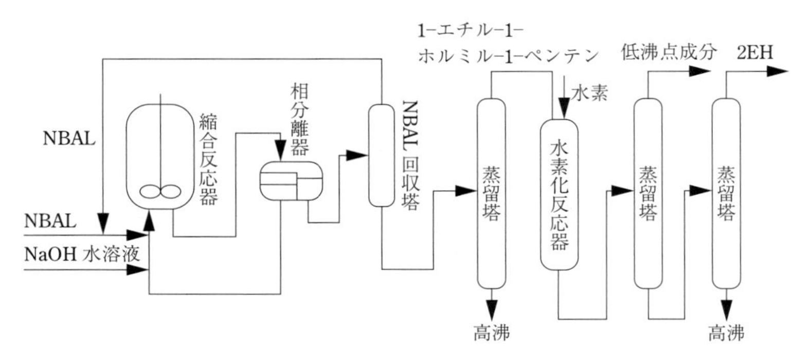

図 6.1.19　一般的なアルドール縮合/水素化反応プロセス

気相下での水素化反応の場合，触媒としてはおもにCu 系の化合物が用いられ，通常，水素化圧力は0.5 MPa 程度までの微加圧条件であり，反応温度は135〜170℃の比較的高い温度範囲が設定される．一方，液相下での水素化反応の場合，触媒としてはおもに Ni 系の化合物が用いられ，通常，水素化圧力は 4〜6 MPa と高く，反応温度は逆に 90〜130℃程度と比較的低い温度が設定される．どちらの反応形式であっても高い選択率で 2EH が得られる．プロセス的には，高い反応温度で実施する気相水素化反応のほうが，発生する反応熱を蒸気として回収し他の加熱源に利用できるため，熱エネルギー的に有利なプロセスとなる．

また，1−オクタノール(*n*−オクチルアルコール)は，(6.1.18)式に示すように，ブタジエンを原料とする二量化水和反応により製造される方法がクラレにより報告されている[36]．Pd 錯体および大過剰のホスホニウム塩からなる触媒の存在下，60〜80℃，1〜2 MPa の反応条件下において，スルホラン水溶液中でブタジエンは高い反応速度で二量化されるとともに水和され，1−ヒドロキシ−2,7−オクタジエンに変換される．反応の選択率は 90〜93％であり，一部，副生生成物として 3−ヒドロキシ−1,7−オクタジエンが 4〜5％程度副生する．また，水の反応性を高めるために二酸化炭素の加圧条件に注目し，炭酸水素トリエチルアンモニウムを含むスルホラン水溶液を用いたプロセス開発を実施した点も興味深い．

反応生成物はヘキサンで抽出分離され，触媒および炭酸水素トリエチルアンモニウムを含むスルホラン水溶液は，反応工程に循環されて再使用される．ヘキサン抽出によって得られた混合液は，蒸留により分離され，安定化 Ni 触媒の存在下，3〜8 MPa，130〜180℃の条件下で水素化され，1−オクタノールが製造されている．

C　プロセス

プロピレンのオキソ反応を利用した 2EH 製造プロセスとして，NBAL 以降の一般的なプロセスを図6.1.19 に示す[37]．水酸化ナトリウムなどのアルカリ触媒によってアルドール縮合反応を実施し，油水分離によって水相のアルカリ触媒液と生成物（1−エチル−1−ホルミル−1−ペンテン）に分ける．1−エチル−1−ホルミル−1−ペンテンは，蒸留によって縮合反応時に副生した高沸物を除去した後，水素化反応器で水素化され，得られた粗 2EH を蒸留によって精製するプロセスである．1−エチル−1−ホルミル−1−ペンテンの水素化反応も NBAL の水素化と同様に高い選択率で進行する．

また，オキソ反応とアルドール縮合反応を 1 つの反応器内で行う Aldox プロセス[35]が知られているが，オキソ反応の際に Co−PBu_3 触媒系が用いられ，これに加えて Zn, Sn, Ti, Al, Cu または KOH といったアルカリ触媒を共存させることにより，オキソ反応とアルドール縮合を同じ反応器内で実施するものである．Aldox プロセスは，工程が短縮され建設費が安くなるという利点を有しているが，生成物が 2EH に限られるというデメリットもあり，現状，このプロセスは，Shell 社のみが採用している．

D 今後の展望

塩化ビニル樹脂は，絶縁性，難燃性，耐候性，加工性，コスト面の観点で優れた樹脂であるため，壁紙，農業用ビニルフィルム，ラップフィルム，電線被膜など，これまではさまざまな分野で利用されてきた．塩化ビニル樹脂に使用される可塑剤の中でフタル酸系が占める割合は 80％弱であり，その中における DOP の割合は約 60％である．DOP をはじめとするフタル酸エステル類が生殖毒性や内分泌攪乱物質の疑いがもたれて以降，各国でさまざまな規制が行われるようになり，フタル酸エステル類の販売量は減少傾向にある（2011 年の時点で 1999 年の販売量に対して約半減）．このような事情から，フタル酸の代わりにテレフタル酸を用いた 2EH のエステル（DOTP）やイソノニルアルコールの可塑剤などへの注目も高まりつつある．しかしながら，可塑剤の性能面，コスト面で DOP を凌駕することは難しく，かつての需要の伸びは期待できないまでも，塩化ビニル樹脂が使用され続ける間は，2EH は可塑剤アルコールとしての役割を果たし続けるものと予想される．

文献

1) G. Wilkinson, F. G. A. Stone, E. W. Abel, Comprehensive Organometallic Chemistry, vol. 8, p. 101, Pergamon (1981)
2) L. H. Pignolet, Homogeneous Catalysis with Metal Phosphine Complexes, p. 81, Plenum Press (1983)
3) 触媒学会編，触媒講座　7 巻，p. 86，講談社 (1985)
4) M. Beller, B. Cornils, C. D. Frohning, C. W. Christian, J. Mol. Catal., A: Chemical, 104, 17 (1995)
5) P. W. N. M. van Leeuwen, C. Claver, Rhodium Catalyzed Hydroformylation (Catalysis by Metal Complexes), Springer (2002)
6) O. Roelen, DE Patent, 849,548 (1938)
7) O. Roelen, US Patent, 2,327,066 (1943)
8) B. Cornils, W. A. Herrmann, Applied Homogeneous Catalysis with Organometallic Compounds, vol. 1, p. 29, VCH (1996)
9) T. Onoda, Chemtech., Sep., 34 (1993)
10) B. Cornils, R. Payer, K. C. Traenckner, Hydrocarbon Processing, 54, Jun., 83 (1975)
11) D. Evans, J. A. Osborn, G. Wilkinson, J. Chem. Soc. A., 3133 (1968)
12) C. K. Brown, G. Wilkinson, J. Chem. Soc. A, 2753 (1970)
13) 特公昭 45-10730 (1970)
14) 特公昭 40-10765 (1965)；44-2683 (1969)
15) B. Cornils, E. Wiebus, Chemtech., Jan., 33 (1995)
16) B. Cornils, E. G. Kuntz, J. Organomet. Chem., 502, 177 (1995)
17) E. Wiebus, B. Cornils, Hydrocarbon Processing, March, 63 (1996)
18) K. Weissermel, H.-J. Arpe, Industrial Organic Chemistry, 2nd ed., p. 123, 196, VCH (1993)
19) 山田侃，ペテロテック，13，627 (1990)
20) 武藤恒久，ペトロテック，15，1074 (1992)
21) 武藤恒久，化学工学，61，54 (1997)
22) 皆川進，高圧ガス，9，575 (1972)
23) J. F. Young, J. A. Osborn, F. A. Jardine, G. Wilkinson, J. Chem. Soc., Chem. Comm., 131 (1965), D. Evans, J. A. Osborn, G. Wilkinson, J. Chem. Soc. A, 3133 (1968), D. Evans, G. Yagupsky, G. Wilkinson, J. Chem. Soc. A, 2660 (1968)

24) 特表昭 61-501268(1986); 特開昭 62-116535(1987); 特開昭 62-116587(1987); 特開平 6-166694(1994); 特開平 6-199728(1994); 特開平 6-199729(1994)
25) 特開平 10-45775(1998); 特開平 10-45776(1998)
26) Process Economic Program, No. 21D(Oxo Alcohols), SRI Consulting(1997)
27) US Patent, 4,851,581(1987); 5, 344, 988(1994)
28) H. Bahrmann et al., J. Mol. Catal., A Chemical, 116, 49(1997)
29) C. P. Casey et al., J. Am. Chem. Soc., 114, 5535(1992)
30) M. E. Broussard et al., Science, 260, 1784(1993)
31) J. R. Johnson, G. D. Cuny, S. L. Buchwald, Angew. Chem. Int. Ed. Engl., 34, 1760(1995)
32) M. Kranenburg et al., Organometallics, 14, 3081(1995)
33) G. M. Torres, R. Frauenlob, R. Franke, A. Borner, Catal. Sci. Technol., 5, 34(2015)
34) R. Fehrmann, A. Riisager, M. Haumann, Supported Ionic Liquids, 307,(2014)
35) K. Weissermel, H.-J. Arpe, Industrial Organic Chemistry, 2nd ed., p. 123, 196, VCH(1993)
36) 吉村典昭ほか, 日化誌, 119(1993)
37) Process Economic Program, No. 21C(Oxo Alcohols), SRI Consulting(1984)

6.1.6 高級アルコール

A 概要

高級アルコール(HA)は, その炭素数の違いにより可塑剤用(C_7〜C_{12})および洗剤用(C_{12}〜C_{18})に, また原料の違いにより合成系(ペトロケミカル)と天然系(オレオケミカル)にそれぞれ大別される.

洗剤用HAの生産能力は, 2000年は160万t(合成系100万t, 天然系60万t)であったのが, 2014年には420万t(合成系70万t, 天然系350万t)と大幅に増えているが, 平均稼働率は約60%と推定されている.

世界の主要メーカーは, Shell社, Sasol社(各約60万t), Ecogreen社とBASF社(各約40万t), 花王(33万t)などがあげられ, 国内の主要メーカーは新日本理化(約2万t), 日本触媒(約2万t)である. 三菱化学(現三菱ケミカル)は, 2009年に生産を停止し, 海外へ技術供与を行っている.

HAは, 出発原料や製法が異なり, それぞれ特徴をもつが, 大幅な需要増と天然系HAの能力増により, 厳しい競争が行われている.

洗剤用HAは, 酸化エチレン(EO)付加や硫酸化により界面活性剤に加工される. その代表例としてアルコールエトキシレート(AE), アルコール硫酸塩(AS), アルコールエトキシ硫酸塩(AES)があり, HAの約半分がAEとして利用されている.

それらの界面活性剤の関連商品としては, 衣料用液体洗剤, 衣料用粉体洗剤, 台所用洗剤, シャンプーなどがある.

ここからは, 洗剤用合成系について述べる.

B 製法

表6.1.16に, 代表的洗剤用合成高級アルコール製法一覧を示す[4]. 表からわかるように, 製法には原料(n-パラフィン(NP), 内部オレフィン, α-オレフィン)や反応形式(オキソ法, Ziegler法, 酸化法)に, またオキソ法の中でも触媒(Co系, Rh系), 製品構造(一級, 二級, 直鎖率, 炭素数)などに違いがみられる.

a 改良オキソ法

オキソ法の詳細は, 6.1.4項を参照されたい. Shell社により開発された方法で, n-パラフィンの脱水素やエチレンのオリゴメリゼーション・異性化・不均化反応を組み合わせたいわゆるSHOP(Shell higher olefin process)法[2]により得られるn-オレフィン(内部オレフィンとα-オレフィンの混合物)と, オキソガスを有機リン配位子に修飾されたCo触媒を用い, 一段で直鎖のアルコールの割合が高いHAを製造する技術である[3].

b Ziegler法[1]

エチレンをトリアルキルアルミニウムによりオリゴメリゼーションさせ, 次いで空気酸化により長鎖のアルミニウムアルコキシドとし, さらに加水分解により長鎖第一級アルコールを得る. この製法によるHAは直鎖率が非常に高く, 天然系に最も近い.

その反面, 製造されるHAの炭素数分布が広く, 製造販売均衡に経済性が左右されやすい.

c 酸化法[1]

n-パラフィン(NP)を原料とし, 液相自動酸化により製造される. 得られるHAの構造は二級であり

表 6.1.16　洗剤用合成高級アルコール製法一覧表

製法	会社	Location	生産能力（アルコール換算千 y^{-1}）	原料	直鎖率(%)	炭素数ほか
改良オキソ法（SHOP）	Shell	Geismar, LA	390	オレフィン	75〜85	C_9〜C_{15} 連続一級
オキソ法	Shell	Stanlow, UK	150			
	Sasol/Wilmar	Secunda, South Africa	120		0, 5, 50, 95	C_{12}〜$_{13}$，C_9〜C_{17} 連続一級
	BASF	Ludwigshafen, Germany	40		NA	C_{10}〜C_{15} 連続一級
Ziegler 法（Alfol）	Sasol	Lake Charles, LA	68	α-オレフィン	100	C_6〜C_{26} 偶数一級
	Sasol	Brunsbüttel, Germany	35			C_6〜C_{28} 偶数一致
空気酸化法	日本触媒	川崎	18	*n*-パラフィン	100	C_{12}〜C_{14} エトキシレート連続二級

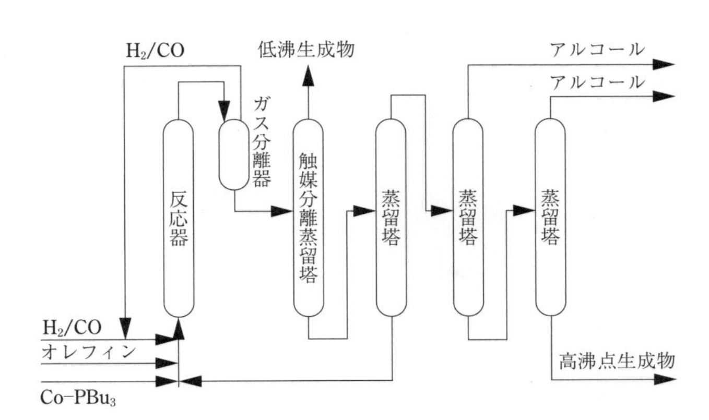

図 6.1.20　Shell 修飾 Co 法 HA プロセス

ランダムな付加位置分布をもつ．

現在，日本触媒が世界唯一のメーカーであり，EO 付加物の形態で販売されている．液性に優れていることから，液体洗剤，産業用界面活性剤用途に用いられている．

C　プロセス

ここでは，Shell 社の修飾 Co 触媒[5]ならびに日本触媒の酸化法）による HA 製造プロセスを示す（図 6.1.20，図 6.1.21）．日本触媒のプロセスでは，NP の酸化反応で生成したアルキルハイドロパーオキサイドを分解するとアルコールとケトンが生じるが，ホウ酸触媒を用いることにより優先的にアルコールを生成させ，さらにホウ酸エステル化することにより水酸基の逐次酸化を防止している．

また副生したケトンは水添してアルコール化される．得られたアルコールは，酸触媒で EO が付加され EO 付加物が得られる．

文献

1) K. Weissermel, H.-J. Arpe, Industrial Organic Chemistry, 2nd ed., p. 123, 196, VCH (1993)
2) B. Cornils, W. A. Herrmann, Applied Homogeneous Catalysis with Organometallic Compounds, p. 251, VCH (1996)
3) B. Cornils, R. Payer, K. C. Traenckner, Hydrocarbon Processing, 54, Jun., 83 (1975)
4) 久野賢二郎，日化協月報，27，353 (1974)
5) 触媒学会編，触媒講座　7 巻，p. 86，講談社 (1985)

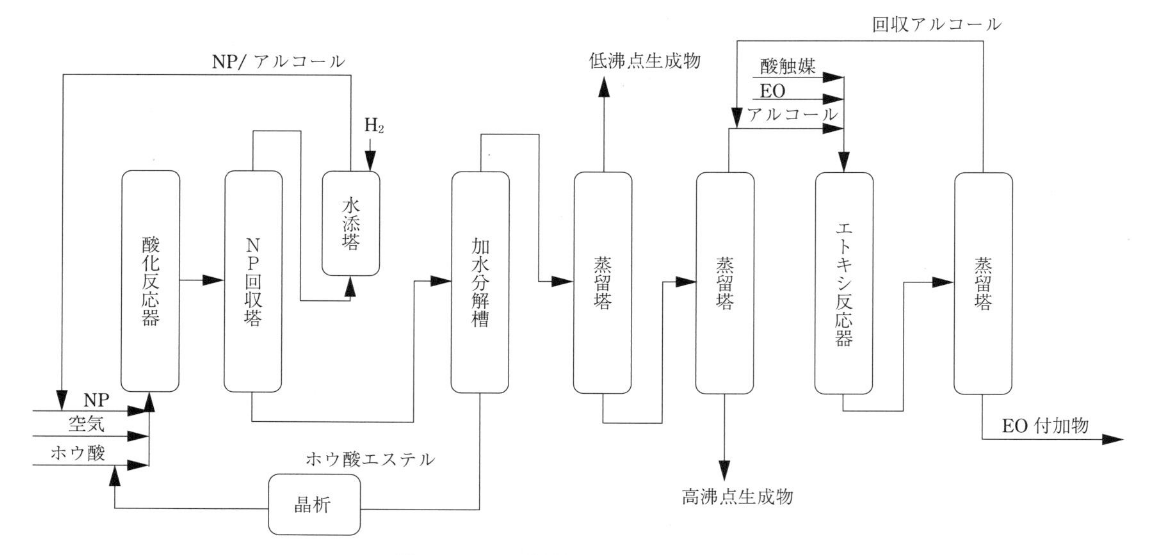

図 6.1.21　日本触媒酸化法 HA プロセス

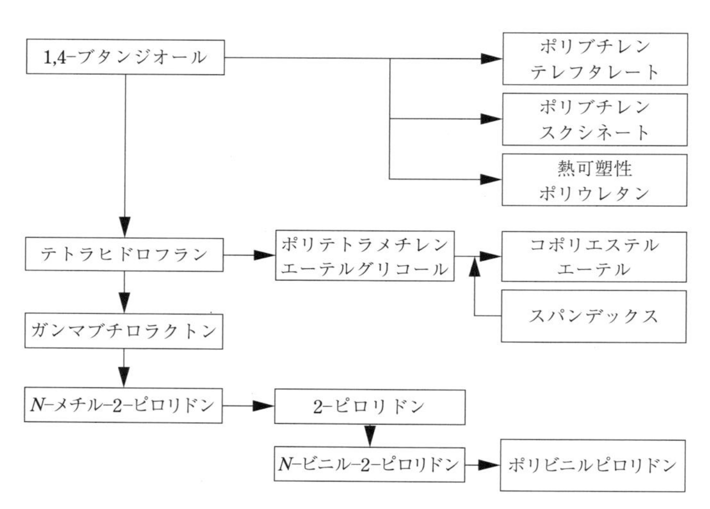

図 6.1.22　1,4-ブタンジオールの主要誘導品

6.1.7　1,4-ブタンジオールおよび関連製品

A　概要

1,4-ブタンジオール(14BDO)は，その電気特性と均衡のとれた物性からエンジニアリングプラスチックであるポリブチレンテレフタレートや各種ウレタン原料として重要であり，堅調な需要の伸びが期待されている．また，14BDO の誘導品であるテトラヒドロフラン(THF)はそれ自体が高性能溶剤として大きな需要をもつほか，弾性繊維や人工皮革に用いられるポリテトラメチレンエーテルグリコール(PTMG)の原料として利用されている．また，生分解性樹脂であるポリブチレンスクシネート(PBS)としても用いられる．同様に 14BDO の誘導品である γ-ブチロラクトン(GBL)は，感光性樹脂溶剤としての用途の他に，情報電子分野向けの溶剤として需要のある *N*-メチルピロリドン(NMP)に誘導されている．このように 14BDO から多くの誘導品が展開されており，その主要誘導品を図 6.1.22 にまとめる．

生産される 14BDO の約 42% が THF に，14% が GBL にそれぞれ変換される．さらに THF の 80%

以上がPTMGに変換され，スパンデックスとして消費されている．スパンデックスは，水着やスポーツウェア，下着などに使われるが，世界需要は10％以上の伸長を見せており，特に一大市場となっている中国では生産能力が拡大している．しかし，中国ではスパンデックスなどの需要増加を先取りする形で行われた14BDO生産能力の急増が，14BDOの供給過剰状態を招いている．2016年の14BDO生産能力はアジアで約310万tとなり，5年間で100万t以上増加した．さらに50万t以上の増産計画が発表されているが，市況は大幅に軟化しているため，今後，競争力の無い製造プロセスは淘汰され，誘導品を含めた生産比率の柔軟性や高付加価値製品の開発・販売が事業の成否につながるものと思われる．表6.1.7にアジアの国別の14BDO生産量を示す[1)]．

B　反応

14BDOは，大別して4つの製造法で商業生産されている．Reppe法，酸化的アセトシキ化法，オキソ法，水素化法（クバナー法）が現在稼働している．使用する原料が各製法で異なっており，アセチレン，ブタジエン，プロピレン（アリルアルコール），ブタン（無水マレイン酸）が使用される．図6.1.23に各製造法の主要化学反応式を示す．

Reppe法は1940年代に完成された技術であり，14BDO全生産量の半分はこの方法で製造されている．代表的メーカーはBASF社，Invista社であり，中国企業の大半はこれらメーカーから技術ライセンスを受けている．反応は，通常シリカに担持した銅–ビスマス触媒を使用し，14 MPa，250℃の条件でアセチレンとホルムアルデヒドを反応させて1,4–ブチンジオールを製造し，さらにこの化合物をラネーニッケル触媒で水素化して14BDOに導く．14BDOの収率は，アセチレン基準で91％程度である．爆発性の高いアセチレンを使用するため，操

表6.1.7　アジアの国別1,4–ブタンジオール製造能力

国名	設備能力（万 t y^{-1}）	
	2016	年増強計画
日本	8.5	
韓国	7.0	
台湾	51.0	3.0
中国	243.6	51.4
マレーシア	10.0	
計	320.1	54.4

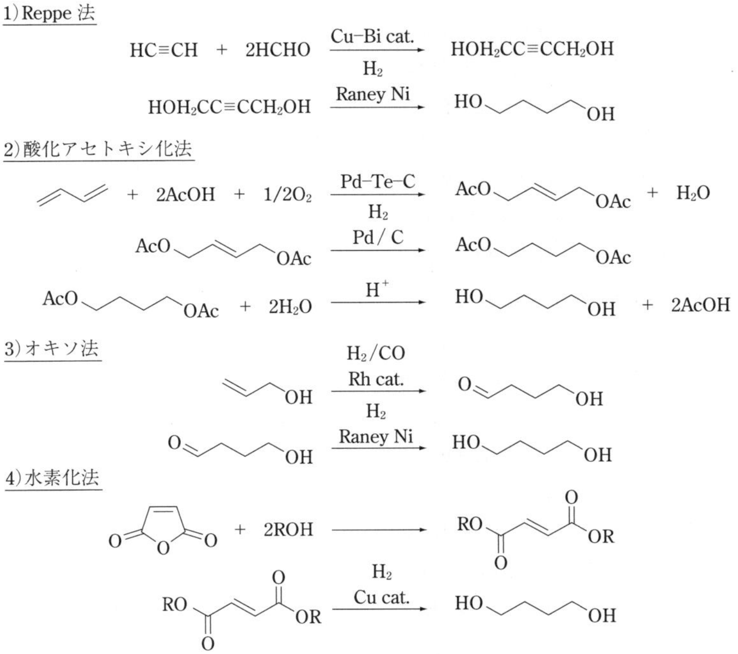

1) Reppe法

$$HC{\equiv}CH + 2HCHO \xrightarrow[H_2]{\text{Cu–Bi cat.}} HOH_2CC{\equiv}CCH_2OH$$

$$HOH_2CC{\equiv}CCH_2OH \xrightarrow{\text{Raney Ni}} HO(CH_2)_4OH$$

2) 酸化アセトキシ化法

$$CH_2{=}CHCH{=}CH_2 + 2AcOH + 1/2O_2 \xrightarrow[H_2]{\text{Pd–Te–C}} AcOCH_2CH{=}CHCH_2OAc + H_2O$$

$$AcOCH_2CH{=}CHCH_2OAc \xrightarrow{Pd/C} AcO(CH_2)_4OAc$$

$$AcO(CH_2)_4OAc + 2H_2O \xrightarrow{H^+} HO(CH_2)_4OH + 2AcOH$$

3) オキソ法

$$CH_2{=}CHCH_2OH \xrightarrow[H_2]{H_2/CO,\ \text{Rh cat.}} OHC(CH_2)_3OH$$

$$OHC(CH_2)_3OH \xrightarrow{\text{Raney Ni}} HO(CH_2)_4OH$$

4) 水素化法

$$\text{無水マレイン酸} + 2ROH \longrightarrow ROOCCH{=}CHCOOR$$

$$ROOCCH{=}CHCOOR \xrightarrow[\text{Cu cat.}]{H_2} HO(CH_2)_4OH$$

図6.1.23　1,4–ブタンジオールの製造法

作上の問題があるものの，中国国内ではアセチレンの原料となる天然ガスや石炭が安価に大量入手できるため，競争力のある製造法となっている．

酸化アセトキシ化法は，酸素存在下，ブタジエンと酢酸を反応させ，ジアセトキシ化体である1,4-ジアセトキシブテンを中間体として製造し，水素化，加水分解を経て14BDOを製造する方法である．本法は，三菱化学(現三菱ケミカル)が独自技術として確立したものであり，ジアセトキシ化工程で使用するPd-Te系触媒の開発が工業化の鍵であった．アセチレンと比較してハンドリングが容易であり，多くの利点を有する方法として1982年に本格的に商業生産を開始した[2]．この酸化アセトキシ化法の登場は，約半世紀にわたるReppe法の独占に終止符を打ち，石油由来原料からの14BDO生産を可能にした．

オキソ法は，プロピレンから得られるプロピレンオキサイドをLi_3PO_4で異性化してアリルアルコールとし，これをオキソ反応により4-ヒドロキシブチルアルデヒドに誘導し，ラネーニッケル触媒を用いて水素化して14BDOを製造する．本法は，LyondellBasell社が採用している製造法であり，アリルアルコールのオキソ反応はクラレが開発したRh-二座配位子触媒を使用する技術をライセンス導入している．官能基をもつオレフィンに対して低圧で高い活性をもち，かつ高い直鎖選択性を与える触媒である．一貫収率は93%といわれている[3]．近年は，大連化学が本法による14BDO生産量を増加させている．

水素化法は，ブタンをリン酸バナジウム触媒で気相酸化し，得られる無水マレイン酸を水素化して14BDOを生産する．無水マレイン酸の供給形態，反応方式などにより種々の方法が提案されている．ここでは代表例としてクバナー法を詳しく説明する．無水マレイン酸をエタノールのような低級アルコールでエステル化してマレイン酸ジエステルに変換し，水素化反応を行うものである．水素化反応は，銅酸化物触媒を充てんした固定床反応器にジエステルと水素を供給し，気相水素化反応により14BDOを製造する[4]．典型的な反応はマレイン酸ジエステル/水素=300(モル比)，SV=0.45 h^{-1}，反応圧4.5 MPa，170℃の条件で，転化率100%，選択率は14BDOが76%，GBL15%，THF4%と報告されている．GBLは14BDOの反応中間体であり，反応条件の選定によりGBLと14BDOの生成比を制御することができる[5]．なお，水素化反応で副生するアルコールはリサイクルされる．国内では，クバナーの技術を用いて1993年に東燃化学が商業生産を開始したが，数年で撤退した．アジアでは，BASF社などが現在も商業生産をしている．また，マレイン酸ジエステル生成，精製工程を簡略化した改良クバナー法が種々提案されている．一方，水素化触媒技術の進歩により，エステル原料を用いなくともカルボン酸を直接水素化できる触媒が見いだされており，マレイン酸水溶液を直接水素化してTHFや14BDOを製造する方法も実施されている．それは，ブタンを流動床気相酸化して生成する無水マレイン酸を水で捕集してそのまま水素化工程に導入する方法であり，エステル中間体を経由しなくてよいところに利点がある．Invista社は，水素化触媒としてPd-Re触媒を用いて，この方法でTHFを製造するプラントを1997年に稼働させた．14BDOとTHFの生成比は熱力学平衡に大きく支配され，低温かつ高い圧力ほど14BDOの選択率を高くとることができる．

14BDOの誘導品であるTHF, GBLは(6.1.19)式，(6.1.20)式に示す反応で製造される．

$$\mathrm{HO{\sim}{\sim}OH} \xrightarrow{H^+} \mathrm{THF} + H_2O \quad (6.1.19)$$

$$\mathrm{HO{\sim}{\sim}OH} \xrightarrow{cat.} \mathrm{GBL}(=O) + 2H_2 \quad (6.1.20)$$

THFは，酸触媒の存在下，14BDOを脱水環化して生成する．一方，GBLは脱水素反応によって得られる．両者の反応ともほぼ定量的に反応が進行する[6),7)]．PTMGはTHFの開環重合により製造する．触媒としては，発煙硫酸やフルオロ硫酸，ヘテロポリ酸のような均一溶解可能な強酸触媒が知られているほか，固定床型反応器に固体酸触媒を用いた反応も広く行われている．フルオロ硫酸を用いる場合，反応温度35℃付近でTHFを重合し，両末端に結合しているフルオロスルホン酸基を60℃程度の温度で加水分解して両末端をOH基に変換してPTMGが得られる．

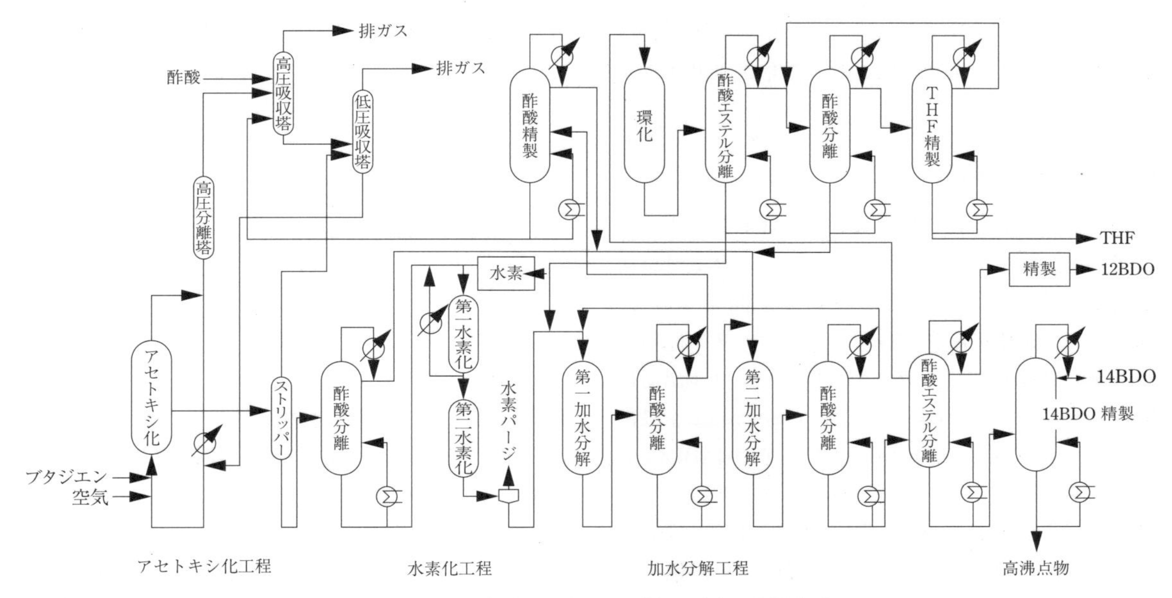

図 6.1.24　酸化アセトキシ化法による 1,4-ブタンジオール製造プロセスフロー

C　プロセス

14BDO 製造法のうち，国内生産の大部分を占める酸化アセトキシ化法について，その製造プロセスを紹介する[2,8]．図 6.1.24 に製造フローを示す．製造工程は大きく，アセトキシ化工程，水素化工程，加水分解工程の 3 つの反応工程で構成されている．このプロセスの心臓部ともいうべきアセトキシ化工程は，ブタジエン，酢酸および空気を反応させ，1,4-ジアセトキシ-2-ブテンを得る．触媒は Pd-Te からなる高活性触媒を用い，60℃付近の温和な条件下で反応は実施される．この反応工程は，従来，ブタジエン，酢酸，空気を固定床反応器の上部から供給するトリクルベッド方式の反応形式を採用していた．この方法では，反応器の入り口部で酸素とブタジエンが爆発組成になることを回避するために，酸素濃度の低い反応出口ガスをリサイクルし，空気と混合することで酸素濃度を爆発下限界以下に制御していた．したがって，反応に必要な酸素分圧を確保するために 9 MPa の高圧で反応させる必要があった．この問題を解決するために，ブタジエン，酢酸をあらかじめ混合した液相に空気を微細化混合し，これらを固定床反応器の下部から供給する固定床アップフロー形式の反応形式が新プロセスに採用され，2002 年 9 月から 5 万 t y^{-1} の生産能力で営業運転が開始された．この方式により，反応圧力を 6 MPa まで下げることができ，ガス循環に使用していたコンプレッサーも不要となるため，建設費と電気代を大幅に削減することが可能となった[2]．ブタジエン転化率は 80％以上，1,4-ジアセトキシ-2-ブテンの選択率は 85％程度である．副生物として約 10％の 3,4-ジアセトキシ-1-ブテンが生成する．反応生成物は，酢酸や反応で生成した水を分離したのち，次の水素化工程に供される．水素化工程では，アセトキシ化反応で得られた 1,4-ジアセトキシ-2-ブテンの二重結合を水素化して 1,4-ジアセトキシブタンを得る．貴金属を担体に担持した触媒を用い，気液固接触反応をさせる．反応は 40～60℃付近の温和な条件で行われ，高選択的に 1,4-ジアセトキシブタンが得られる．加水分解工程では，水素化工程から導かれた 1,4-ジアセトキシブタンに過剰の水を加え，イオン交換樹脂と接触させ，14BDO と 1-アセトキシ-4-ヒドロキシブタンを得る．両者は分離されたのち，前者は蒸留により精製され 14BDO として製品となる．後者はさらにイオン交換樹脂と接触させて THF へと変換され，同じく蒸留により精製されて製品となる．加水分解条件の選択により，14BDO と THF の生成比を広範に変えることが可能である．なお，ジアセトキシ化工程で副生する 3,4-ジアセトキシ-1-ブテンは 1,4 体と同じく水素化，加水分解を経て 1,2-ブタンジオールとなり，蒸留分離される．また，アセトキシ化工程および加水分解工程で分離される酢酸と水の混合液は酢酸精製工程で蒸留精製され，酢酸はリサイクル使用される．

D 最近の技術動向

14BDOの最大手であるBASF社は事業変化に対応できる原料多様化を進めている．その1つが再生可能な原料をベースとした新製法開発である．Genomatica社が特許を有するグルコースを原料とした発酵プロセスを採用しており，サンプル出荷に取り組んでいる．欧州ではこのGenomatica技術を用い，2016年にNovamont社がbio-14BDOの商業生産を開始した．また，三菱ケミカルはブタジエン価格に影響を受けない収益体質の構築に向け，植物原料からTHFを生産する中規模試験設備を立ち上げている[1]．

文献

1) 化学経済，8月増刊号，46(2016)
2) Y. Tanabe, Hydrocarbon Processing, September, 187(1981)
3) M. Matsumoto, M. Tamura, J. Mol. Cat., 16, 195(1982)
4) T. N. Harris, N. W. Tuch, Hydrocarbon Processing, May, 79(1990)
5) WO86/03189(1986)
6) 特開平 2-167274(1990)
7) 特開平 10-152485(1998)
8) 岩阪洋司，ペトロテック，29，92(2006)

6.1.8 プロピレンオキサイドおよびプロピレングリコール

A 概要

プロピレンオキサイドは1861年にOserによって初めて合成され，1931年にUCC社により工業化された．表6.1.18に世界の地域別のプロピレンオキサイドの生産能力の推移を示す．2015年の世界のプロピレンオキサイドの生産能力は約1,000万tに達している[1]．最大のメーカーは，米国のARCO社(現LyondellBasell Industries)とDow社である．日本における主要メーカーは住友化学，旭硝子(現AGC)，トクヤマの3社であり，合計生産能力は約40万tとみられている[2]．プロピレンオキサイドの用途としては，需要全体の約70%がポリプロピレングリコール，その他はプロピレングリコール(約20%)である．プロピレングリコールはプロピレンオキサイドの水和反応で容易に製造できるので，以下プロピレンオキサイドの製法について説明する．

表6.1.18 世界の地域別プロピレンオキサイド生産能力(万$t\,y^{-1}$)

地域	2015年	2020年(予想)
北米	238	225
中南米	24	22
欧州	263	271
中東	20	57
ロシア	13	12
アジア	453	570
計	1,011	1,157

プロピレングリコールはバイオマスを原料にした製造プロセスが開発され，海外ではすでに工業化されている．工業化の動向は今後の展望のところで紹介する．

B 製造

プロピレンオキサイドの工業的製法としては，クロロヒドリン法と，過酸化物を酸化剤とする間接酸化法があり，いずれもプロピレンを出発原料としている．エチレンオキサイドの場合と同様な空気または酸素によるプロピレンの直接酸化については，多年の努力にもかかわらず，工業的には実現されていない[3]．クロロヒドリン法は，1960年代にすでに競争力を失ったクロロヒドリン法エチレンオキサイド製造プラントを転用することによって，多くの企業が現在も実施している(6.1.21式)．

$$Cl_2 + H_2O \longrightarrow HOCl + HCl$$
$$CH_3CH{=}CH_2 + HOCl \longrightarrow CH_3\underset{\displaystyle OH}{\underset{|}{C}}HCH_2Cl$$
$$\xrightarrow{1/2Ca(OH)_2} CH_3CH\underset{\diagdown\,O\,\diagup}{—}CH_2 + 1/2\,CaCl_2 + H_2O \qquad (6.1.21)$$

一方間接酸化法は，Halcon社とAtlantic Richfield社によって開発されたハイドロパーオキサイド法(Halcon法ともいう)の工業化が1969年米国で成功して以来，1973年ごろから日本も含めて世界数ヵ国でこの方法が工業化された．現在実施されている技術のうち，PO/SM法(6.1.22式)やPO/TBA法(6.1.23式)はそれぞれ併産品としてスチレンモノマー(SM)と*tert*–ブチルアルコール(TBA)を生成する，いわゆる併産法プロセスである．

$$
\begin{aligned}
&C_6H_5CH_2CH_3 + O_2 \longrightarrow C_6H_5CH(OOH)CH_3 \\
&CH_3CH{=}CH_2 + C_6H_5CH(OOH)CH_3 \longrightarrow CH_3CH(O)CH_2 + C_6H_5CH(OH)CH_3 \\
&C_6H_5CH(OH)CH_3 \longrightarrow C_6H_5CH{=}CH_2 + H_2O
\end{aligned} \tag{6.1.22}
$$

$$
\begin{aligned}
&(CH_3)_3CH + O_2 \longrightarrow (CH_3)_3COOH \\
&CH_3CH{=}CH_2 + (CH_3)_3COOH \longrightarrow CH_3CH(O)CH_2 + (CH_3)_3COH
\end{aligned} \tag{6.1.23}
$$

2003年になると住友化学はエチルベンゼンの代わりにイソプロピルベンゼン(クメン)を用いる新方式の単産法プロセスを工業化した(6.1.24式)[4]．

$$
\begin{aligned}
&C_6H_5CH(CH_3)_2 + O_2 \longrightarrow C_6H_5C(OOH)(CH_3)_2 \\
&CH_3CH{=}CH_2 + C_6H_5C(OOH)(CH_3)_2 \longrightarrow CH_3CH(O)CH_2 + C_6H_5C(OH)(CH_3)_2 \\
&C_6H_5C(OH)(CH_3)_2 \longrightarrow C_6H_5CH(CH_3)_2 + H_2O
\end{aligned} \tag{6.1.24}
$$

その後2008年になると，BASF-Dow社は過酸化水素酸化によるプロピレンのエポキシ化(hydrogen peroxide to propylene oxide法，HPPO法，6.1.25式)の年産30万t規模のプラントの運転をベルギーで開始した[5]．また，韓国のSKC社はEvonik社よりHPPO法の技術ライセンスを受け，年産10万t規模のプラントを立ち上げた[6]．さらに，中国のSinopec社は2015年にHPPO法で年産10万t規模のプラントを稼働している[7]．

$$
CH_3CH{=}CH_2 + H_2O_2 \longrightarrow CH_3CH(O)CH_2 + H_2O \tag{6.1.25}
$$

C　プロセス

a　クロロヒドリン法

塩素法(クロロヒドリン法ともいう)はもともとエチレンオキサイドの製造法として使用されていた技術であるが，1960年代のエチレンオキサイドの直接酸化法への製法転換とともに，遊休プラント活用によりプロピレンオキサイドの製造法として使用されるようになった．

図6.1.25にプロセスフローの概要を示す[8,9]．

プロピレンと塩素と水を反応させ，α–，β–クロルヒドリン混合物(9:1)を生成させ，次いでアルカリ(たとえば水酸化カルシウム)と反応させることによりプロピレンオキサイドを合成する．製品はプロピレンオキサイドのみであるが，副産物としてプロピレンオキサイドと化学量論量のアルカリ塩が生成する．本製造法は水溶液中の温和な反応であるが，プロピレンオキサイド1tあたり塩素約1.4tと消石灰約1tもの大量の副原料が必要であり，塩化カルシウムが約2.0t副生する．また，本反応では，大過剰の水を存在させてクロルヒドリン濃度を3〜6%に保つことで塩素付加体の副生を抑える必要がある．このためアルカリ塩を含んだ排水が大量に発生し(プロピレンオキサイドに対して数十倍容量)，排水負荷が非常に大きいプロセスとなっている．

b　ハイドロパーオキサイド法

i)併産法

本法にはPO/SM法とPO/TBA法の2つがある．この方法は，エチルベンゼンハイドロパーオキサイドあるいは*tert*–ブチルハイドロパーオキサイドを酸化剤として，モリブデンなどの触媒を用いてプロピレンをエポキシ化することに基づいており，対応するアルコールが併産されることが特徴である．PO/SM法は，エチルベンゼンの自動酸化によるハイドロパーオキサイド合成，プロピレンのエポキシ化によるプロピレンオキサイド合成，および副生したα–メチルベンジルアルコールの脱水によるスチレン合成の3つの工程からなる．図6.1.26にPO/SM法のプロセスフローを示す[10]．

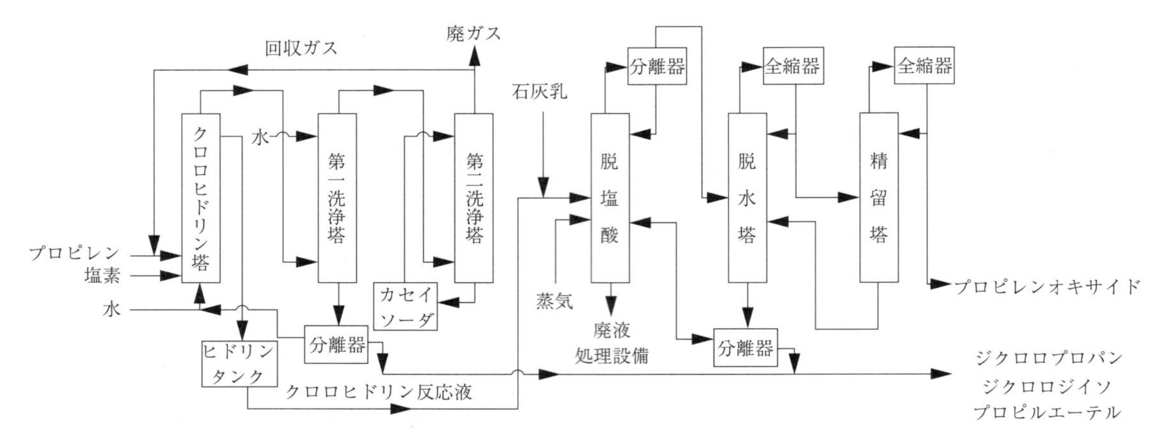

図 6.1.25　クロロヒドリン法によるプロピレンオキサイドの製造工程

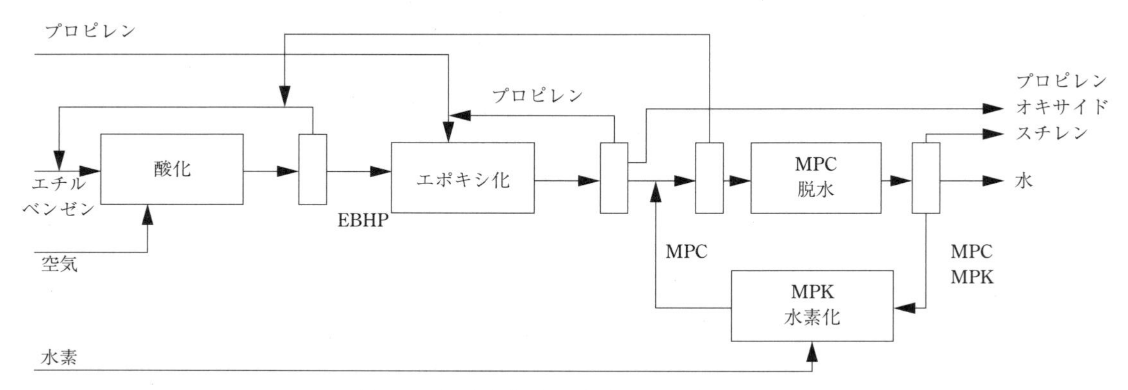

図 6.1.26　PO/SM 法プロセスの概略フロー
EBHP：エチルベンゼンハイドロパーオキサイド，MPC：α–メチルベンジルアルコール，MPK：アセトフェノン

PO/TBA 法も PO/SM 法と同様に酸化，エポキシ化からなり，原料としてイソブタンを用いる．PO/TBA 法の場合には TBA が併産される．TBA は脱水すればイソブテンとなり，さらにメタノールと反応させればメチル *tert*–ブチルエーテル(MTBE)が合成できる．これらの有機過酸化物法はハイドロパーオキサイドの酸化力を上手に利用しており，塩素のような副原料を必要としないという優れた特徴を有する．しかしながら，PO/SM 法では PO 1 t あたり約 2.5 t のスチレンが併産されるし，PO/TBA 法では PO 1 t あたり約 2.1 t の TBA が併産される．したがって，併産プロセスはこれら併産物の市況の影響を強く受けるという側面を有している．

ii)単産法

現在工業化されている単産法は，住友化学が 2003 年に工業化したクメン法 PO プロセス(図 6.1.27)と BASF-Dow 社が 2008 年に工業化した HPPO 法 PO プロセス(図 6.1.29)があげられる[11]．

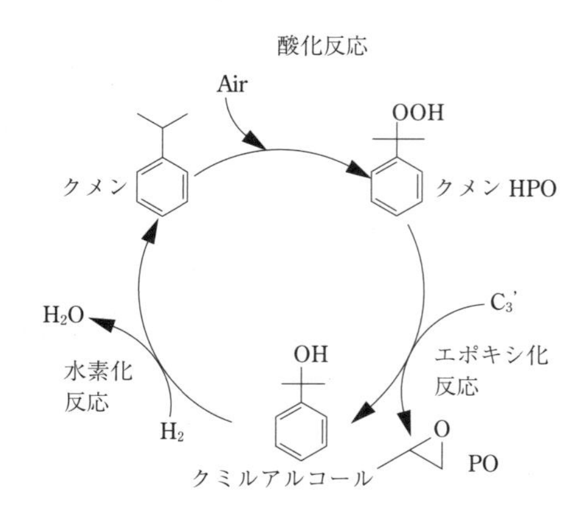

図 6.1.27　「クメン法 PO 単産」の反応スキーム

住友化学は 2003 年にクメンハイドロパーオキサイド(CMHP)を用いる PO 単産法を開発した．図 6.1.28 にプロセスフローを示す[12]．クメンを空気酸化して CMHP を製造し，CMHP とプロピレンから

高性能なTi系エポキシ化触媒を用いてPOとα,α'-ジメチルベンジルアルコール(α-クミルアルコール，CMA)とを得て，CMAを水素化し，クメンとし，クメンを循環して用いる生産方法である[4]．

クメンの空気酸化は90〜130℃，常圧〜1.0 MPaの条件下で行う．クメンからCMHPへの選択率は，クメンとして回収可能であると考えられるCMAを加えた有効成分として95%以上である．

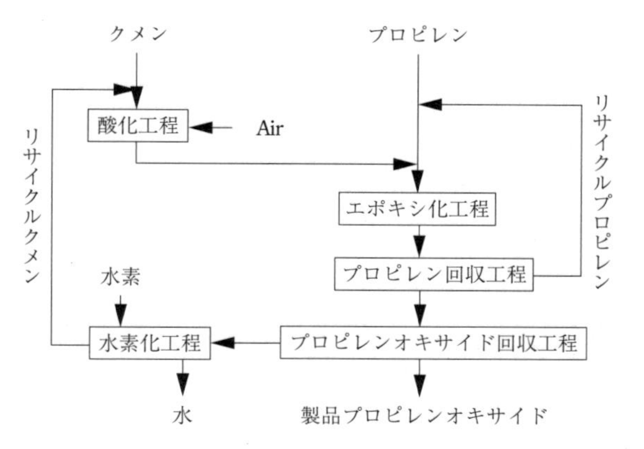

図6.1.28 「クメン法PO単産」の概略フロー

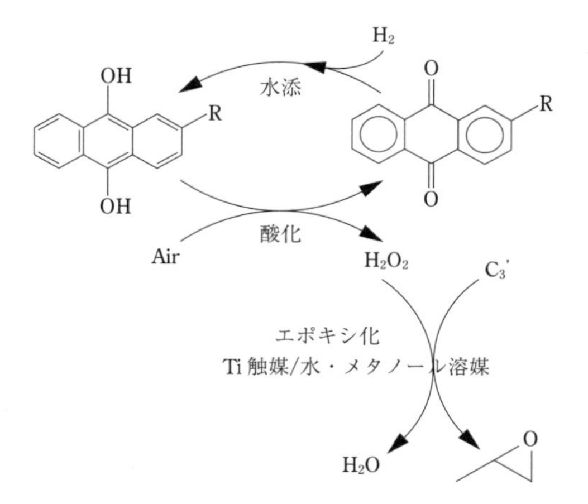

図6.1.29 HPPO法PO合成プロセス

プロピレンのエポキシ化反応は，メソポーラスな構造を有するTi含有ケイ素酸化物触媒の存在下，25〜200℃の反応温度およびプロピレンを液相に維持するのに十分な圧力下で行われる．PO選択率は95%以上である．

エポキシ化反応後にCMHPから生成したCMAは，金属触媒の存在下，30〜400℃，0.1〜10 MPaの条件下で水素を用いて水素化されクメンへと変換される．得られたクメンは生成水を分離し，回収されたクメンは酸化反応の原料としてリサイクルされる[11,13]．

過酸化水素によるプロピレンのエポキシ化反応の触媒はチタノシリケート(TS-1)が使用される．プロセスフローを図6.1.30に示す[14]．過酸化水素をプロピレンとともに触媒が充てんされた固定床反応器へ供給し，40〜50℃，約2 MPaで反応させる．POの選択率は95%程度である[15]．

原料の過酸化水素はいわゆるアントラキノン法で水素と酸素から合成される．HPPO法では大量に使用する過酸化水素をいかに安く作るかが最大の課題と思われる．

D 今後の展望

他の基礎化学品製造でもみられるように，PO製造方法も時代の要請に応じて大きく変化してきた．また，各種新法の開発も精力的に行われている．究極的には，エチレンオキサイドと同様のプロピレンの直接酸化法が理想であるが，プロピレンの燃焼反

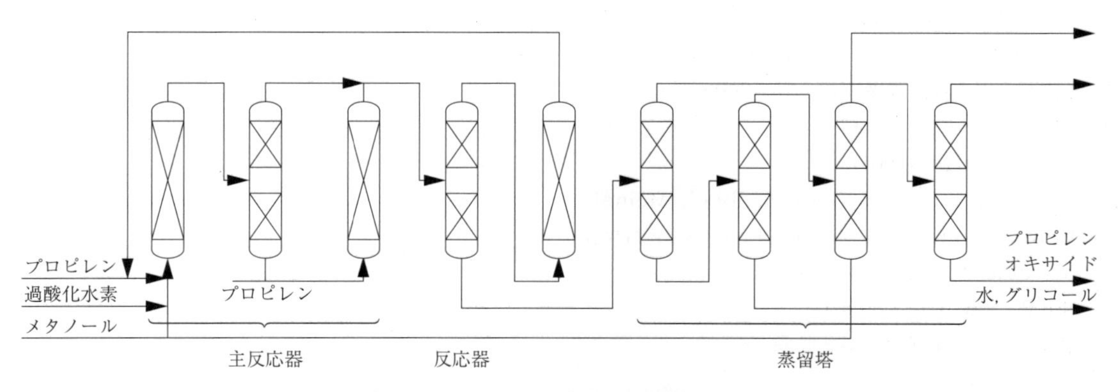

図6.1.30 HPPO法プロセスの概略フロー

応が起こりやすく実現できていない．活性酸素種や触媒表面のキャラクタリゼーションに基づく反応メカニズムの深化・解明により新たな革新プロセスが創出されることが期待される．

プロピレングリコールはグリセリンの脱水水素化により合成することができ，米国の Cargill 社は 65,000 t y^{-1} のプロピレングリコールプラントを 2007 年に稼働させている．また，ソルビトールの水素化分解による一段合成や乳酸の水素化脱水素による合成法が開発され，前者は中国で 1 万 t y^{-1} の実証プラントが 2004 年から稼働し，工業化段階にある[16]．

文献

1) ICIS Supply-Demand Database, Polyurethane Chain Conference, 18 October 2016
2) 化学経済，8 月増刊号，39(2016)
3) 村田和久，触媒，47，226(2005)
4) 辻純平，山本純，石野勝，奥憲章，住友化学，2006－I，4(2006)
5) http://www.dow.com/propyleneoxide/news/20090305a.htm
6) https://www.skc.kr/english/help/news_view.jsp?brdID=1316
7) PU world(2015-01-16)，http://en.puworld.com/html/20150116/394717779.html
8) 石油学会編，石油化学プロセス，p.125，講談社(2001)
9) 日本化学会編，化学便覧，応用化学編 I プロセス編，p.520，丸善(1986)
10) J. K. F. Buijink, Jean-Paul Lange, A. N. R. Bos, A. D. Horton, F. G. M. Niele, Propylene Epoxidation via Shell's SMPO Process: 30 Years of Research and Operation, Mech. Homogeneous Heterog. Epoxidation Catal. P.355, (2008)
11) 石野勝，山本純，触媒，48，511(2006)
12) 特開 2008-266304(2008)
13) 特開 2005-97207(2005)
14) Peter Bassler, Hans-Georg-Göbbel, Meinolf Weidenbach, CHEMICAL ENGINEERING TRANSACTIONS, 21,571(2010)
15) PEP Review No. 2009-4
16) 室井高城，工業触媒の最新動向，p.182，シーエムシー出版(2013)

6.1.9 アリルアルコール

A 概要

世界のアリルアルコールの生産能力は約 120 万 t y^{-1}(表 6.1.19)で，大連化学社(99 万 t y^{-1})が主要なメーカーである[1]．

含水品は 1,4-ブタンジオールやエピクロルヒドリンの中間原料，高純度品はセメント減水剤，香料，医薬中間体，アリルエステル樹脂原料として使用され，最近は高純度品の用途が伸びている．

B 反応

工業的にアリルアルコールを得る方法としては，古くはアリルクロライドを加水分解する方法で行われ[2]，アクロレインの選択水添も検討されていた時期があるが，現在ではプロピレンオキサイドの異性化による方法とプロピレンを酸化して得られる酢酸アリルを加水分解する方法で実施されている．

以下の反応式で進行するプロピレンオキサイドの異性化は一般には長鎖アルキルベンゼンのような高沸点溶媒中での懸濁(スラリー)相で反応が行われており，触媒として用いるリン酸リチウムは微細な粉末状にして用いられている[3]．

$$\mathrm{CH_3CH(O)CH_2} \xrightarrow{\mathrm{Li_3PO_4}} \mathrm{CH_2{=}CH{-}CH_2{-}OH} \qquad (6.1.26)$$

高温にすると反応速度は速くなるもののアリルアルコールへの選択率が低くなるため，300℃前後の反応温度で実施され，転化率は 40％，選択率は 90％程度である．活性と選択性を向上させるためにリチウムに対してホウ素を 0.7～2.0 mol％，ナトリウムを 0.3～1.0 mol％用いる触媒が開発され，活性が 2 割から 3 割向上し選択率も数％改善されることが報告されている[4]．副生物としてはプロピレンオキサイドの異性体であるアセトンやプロピオ

表 6.1.19 世界のアリルアルコールの生産能力(万 t y^{-1})

欧州	11
北米	5
アジア	101
日本	7

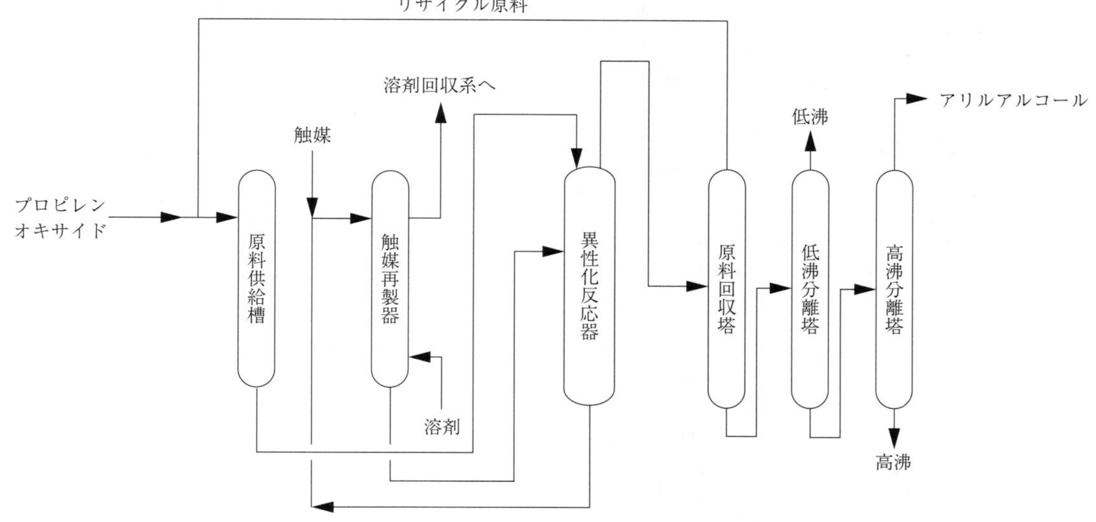

図 6.1.31　プロピレンオキサイド異性化法フロー

ンアルデヒドが主であるが，蒸留により分離しにくい *n*-プロピルアルコールが 0.6％程度含有しており，高純度の製品を得ることが難しい．

酢酸アリルを加水分解してアリルアルコールを得る方法は，以下のように反応は二段に分かれるが，酢酸アリルがアリルアルコール以外に用途が少ないことから，世界で初めて企業化した昭和電工のように，プロピレンを酸化する工程と一体にして装置化されるケースが多く，この場合には反応ガスを冷却して得た凝縮液を直接加水分解している[5]．

$$CH_2{=}CH{-}CH_3 + CH_3COOH + 1/2\ O_2 \xrightarrow{Pd} CH_2{=}CH{-}CH_2{-}O{-}C({=}O){-}CH_3 + H_2O \tag{6.1.27}$$

$$CH_2{=}CH{-}CH_2{-}O{-}C({=}O){-}CH_3 + H_2O \rightleftharpoons CH_2{=}CH{-}CH_2{-}OH \tag{6.1.28}$$

最初の反応の Pd 触媒によるプロピレンのオキシアセトキシル化はビニル位とアリル位の違いはあるが基本的には酢酸ビニルと同じ触媒系で反応は進行する[6]．

反応は気相で行われ工業的に使用される触媒も酢酸ビニルと同様に，固定床用に 5 mmϕ 前後の球形シリカやアルミナ担体に触媒成分を担持し，主触媒である Pd 金属を担体に対して 0.1～2 wt％担持し，助触媒として 0.5～5 wt％の酢酸カリウムのようなアルカリ金属の酢酸塩が用いられている．一方，助触媒については酢酸ビニルの場合には Au を用いることが多いが，酢酸アリルの場合には Cu，Pb，Ru，Re などを用いたほうが，反応活性が高くなるとともに，特に燃焼反応を抑え酢酸アリルへの選択性を改善することができる[7]．反応ガス組成は，モル比として，酢酸：プロピレン：酸素＝1：1～12：0.5～2 の範囲から選択され，活性を維持するために水蒸気を共存することが多い．反応温度は 120～250℃であり，反応圧力は 0.1～1.5 MPaG の間より選択され，反応器に供給するガスは，標準状態において SV＝300～8,000 h^{-1} の範囲で実施されている[8]．また，反応中にアルカリ金属の酢酸塩が少しずつ脱離して反応系外に流出するために，触媒中のアルカリ金属の酢酸塩の担持量を維持するために，それらを水溶液または酢酸の溶液として供給ガスに添加することが行われている[7]．

ここで得られる反応ガスには微量ではあるが副生物として加水分解するとアクロレインになるアリリデンダイアセテートなどの高沸点化合物やアクロレインそのものも含まれている．酸触媒との分離を考えた場合には，加水分解触媒として固体触媒を用いることが好ましいが，アクロレインのような易重合

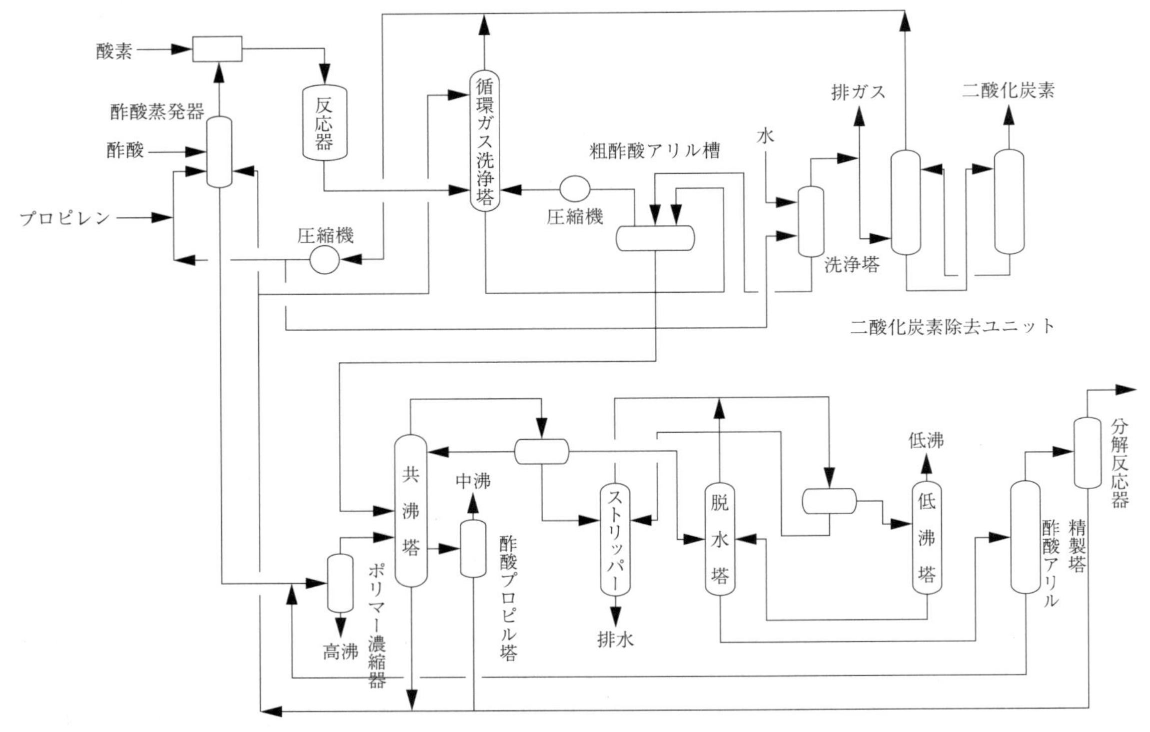

図 6.1.32　酢酸アリル分解法フロー

性低沸点成分が入ってくると，酸点が容易に失活してしまう．これを回避するためには触媒として陽イオン交換樹脂を用い，その中でも含水率 55% 以上，架橋度 6% 以下のものを用いたほうが長期間の安定運転に適しているようである[9]．

今後のアリルアルコールの製造方法としては，プロピレンから一段でアリルアルコールを製造する方法が望まれており，Mo-Bi-Ni-Co-Fe からなる複合酸化物を触媒に用いる方法も報告されているが，選択率は 50% 前後とまだ満足できるレベルに達していない[10]．

一方で，グリセリンのようなバイオ原料を用いて，ジオールのデオキシデハイドレーション活性の高い Re 触媒と Au 金属を組み合わせて，還元剤として水素を用いて反応を行うことにより，91% の収率でアリルアルコールを得ている．分離しにくい *n*-プロピルアルコールが 5% 副生しており，反応時間も長くかかるようであるが，今後の製造技術として期待されている[11]．

$$\mathrm{HOCH_2CH(OH)CH_2OH} \xrightarrow[\text{Re-Au}]{\mathrm{H_2}\ \ \mathrm{2H_2O}} \mathrm{CH_2{=}CHCH_2OH} \tag{6.1.29}$$

C　プロセス

プロピレンオキサイド異性化法の製造プロセスを図 6.1.31 に示す[12]．

原料プロピレンオキサイドはリサイクルされた未反応分と混合され，高沸点溶媒中に分散された触媒とともに撹拌機付きの反応器に供給され，約 300℃ の温度で異性化される．反応液中の未反応プロピレンオキサイドは下流の回収塔でアリルアルコールと分離され，低沸不純物，高沸不純物を順に蒸留分離し，高純度のアリルアルコールが得られる．

酢酸アリル加水分解法の製造プロセスを図 6.1.32 に示す[13]．プロピレンガスと酸素，酢酸を反応させて酢酸アリルを得る．反応液中の未反応プロピレン，酸素は分離後循環ガスとして，酢酸は生成液を蒸留分離してリサイクルされる．循環ガスの一部は二酸化炭素除去系に供給され，副生した二酸化炭素が除去される．酢酸アリルは共沸塔にて酢酸と分離された後，水分と不純物を蒸留分離し，加水分解反応器に供給されてアリルアルコールが得られる．

文献

1）東アジアの石油産業と石油化学工業，p.173, 235, 264，東西貿易通信社（2015）
2）A. W. Fairbain, and H. A. Cheney, Chem. Eng. Prog., 43（6），280（1947）
3）K. Yamagishi, Chem. Econ. Eng. Rev., 6（7），40（1974）
4）特許 4890258（2011）
5）特公昭 48-23408（1973）
6）特公昭 49-30809（1974）
7）特公平 7-29980（1995）
8）特許 4969501（2012）
9）特許 2632954（1997）
10）特開 2002-97164（2002）
11）S. Tazawa, N. Ota, M. Tamura, Y. Nakagawa, K. Okumura, and Keiichi Tomishige, ACS Catal., 6（10），6393（2016）
12）Chem Systems, 1,4-Butanediol/THF, p. 45, Nexant Inc.（2008）
13）Chem Systems, 1,4-Butanediol/THF, p. 54, Nexant Inc.（2008）

6.2　フェノール類

6.2.1　フェノール

A　概要

第二次世界大戦中，合成ゴム製造のための製造触媒として，クメンの酸化反応によるクメンハイドロパーオキサイド（CHP）の製造が始められた．1944年Hockら[1]がCHPに酸を作用させるとフェノールとアセトンとに開裂することを見いだして以来，この反応はフェノール製造法として工業的に重要な意味をもつようになった．原料となるクメンは第二次世界大戦中，航空機用高オクタン価ガソリンを得るために大量に生産されており，おもに固体リン酸を触媒とする固定床プロセスや，一部では$AlCl_3$を触媒とする液相法プロセスによるものであった．90年代初頭に，固体リン酸プロセスよりも，収率および純度に勝るゼオライト触媒を用いたプロセスが工業化され，現在のクメン製造法の主流となっている．

クメンの酸化–酸開裂反応によるフェノールの製造法は，当時のDistillers社（現BP Chemicals）とHercules社との共同技術開発を経て，1953年カナダで最初の製造プラントが操業を開始した．それ以後，経済的な優位性から従来の他のフェノール製造法を駆逐し，現在では世界のフェノール製造能力（1207万$t\ y^{-1}$，2016年）の実に90％以上がこのクメン酸化法によって占められるに至っている．さらに，クメン酸化法によるフェノール製造法は，他のイソプロピルベンゼン類の酸化へと展開が図られ，現在では，シメンを原料とする*m*–，*p*–クレゾール，*p*–ジイソプロピルベンゼンを原料とするヒドロキノン，*m*–ジイソプロピルベンゼンを原料とするレゾルシンの工業的製造も行われるに至っている．

一方，アセトンを併産しないフェノール製造プロセスで実用化されているものとしては，ベンゼンに比べて安価なトルエンを原料とし，安息香酸を経由した二段酸化法（6.2.1，6.2.2）式によるものがあげられるが，触媒コストに改良の余地が残されている．

$$C_6H_5\text{–}CH_3 + O_2 \longrightarrow C_6H_5\text{–}C(=O)\text{–}OH + H_2O \tag{6.2.1}$$

$$C_6H_5\text{–}C(=O)\text{–}OH + 1/2\ O_2 \longrightarrow C_6H_5\text{–}OH(g) + CO_2 \tag{6.2.2}$$

その他，アセトンを併産しないフェノール製造プロセスとして，N_2Oを酸化剤として製造法がMonsant社により発表されている（6.2.3式）．この方法は特殊なゼオライトを触媒として用いており，99％以上と高いフェノール選択率が達成されているが，プロセス工業化の課題として安価なN_2Oの安定確保があげられる．なお，ここでは最も生産量の多いプロセスであるクメン法について解説する．

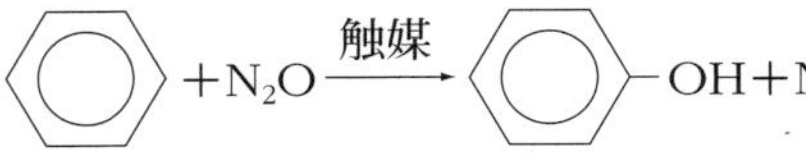

$$C_6H_6 + N_2O \xrightarrow{触媒} C_6H_5\text{-}OH + N_2 \quad (6.2.3)$$

B　反応

クメンの酸化は，酵素または空気を酸化剤として進行する典型的なラジカル連鎖反応である．実験室においては，各種のラジカル開始剤が用いられるが，工業的製造条件下では生産物のCHP自体が反応開始剤となり，おもに(6.2.4)式～(6.2.8)式に従って反応が進行する．

連鎖開始反応

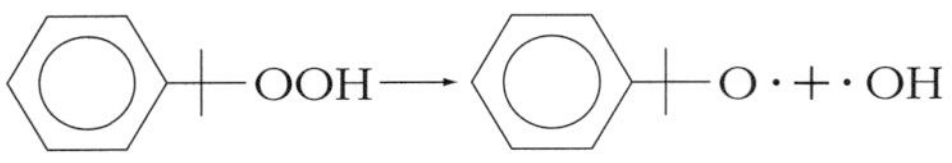

$$C_6H_5C(CH_3)_2\text{-}OOH \longrightarrow C_6H_5C(CH_3)_2\text{-}O\cdot + \cdot OH \quad (6.2.4)$$

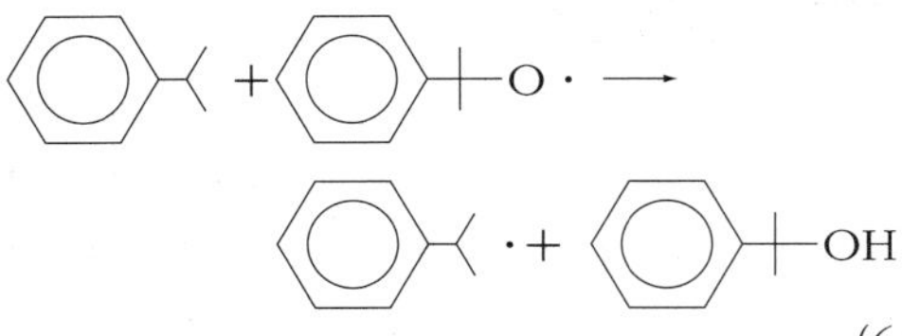

$$C_6H_5CH(CH_3)_2 + C_6H_5C(CH_3)_2\text{-}O\cdot \longrightarrow C_6H_5C(CH_3)_2\cdot + C_6H_5C(CH_3)_2\text{-}OH \quad (6.2.5)$$

連鎖生長反応

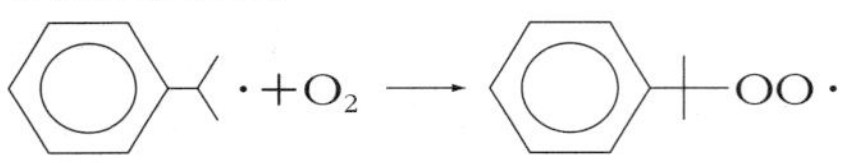

$$C_6H_5C(CH_3)_2\cdot + O_2 \longrightarrow C_6H_5C(CH_3)_2\text{-}OO\cdot \quad (6.2.6)$$

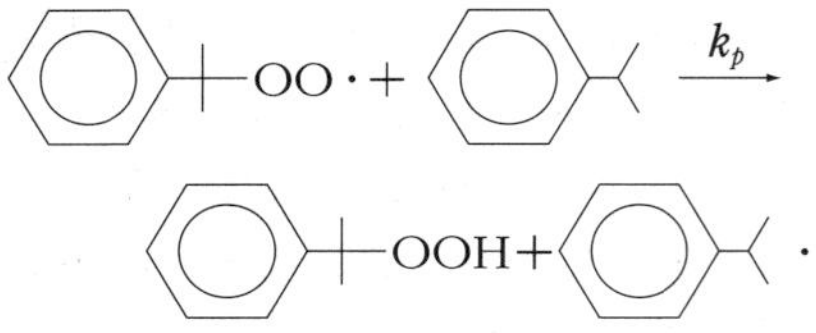

$$C_6H_5C(CH_3)_2\text{-}OO\cdot + C_6H_5CH(CH_3)_2 \xrightarrow{k_p} C_6H_5C(CH_3)_2\text{-}OOH + C_6H_5C(CH_3)_2\cdot \quad (6.2.7)$$

連鎖停止反応

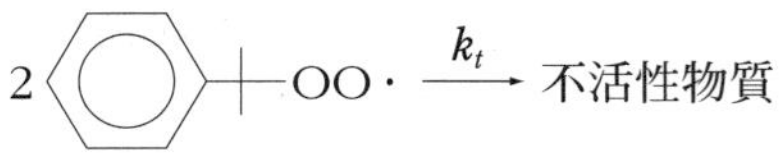

$$2\,C_6H_5C(CH_3)_2\text{-}OO\cdot \xrightarrow{k_t} 不活性物質 \quad (6.2.8)$$

上式のうち，クミルパーオキシラジカルによるクメンからの水素引き抜きが律速となることから，酸化反応速度$(-d[O_2]/dt)$は(6.2.9)式で与えられる．

$$-d[O_2]/dt = (R_i)^{1/2} \cdot k_p \cdot [クメン]/(2\,k_t)^{1/2} \quad (6.2.9)$$

ここでR_iは開始反応速度を示すが，$R_i = k_i[CHP]$とし，反応は定常状態で進行すると仮定すると，CHPの選択率Yは(6.2.10)式で表される．

$$Y = 1 - 2k_t \cdot (-d[O_2]/dt)/k_p^2 \cdot [クメン]^2 \quad (6.2.10)$$

(6.2.10)式から明らかなように，クメンの転化率を高くすると，あるいは酸化反応速度を上げると，CHPの選択率は低下する[5]．そのため，実際のプラントでは後述するように収率向上に工夫を凝らしている．クメンの酸化によるCHPの生成反応は116.3 kJ mol^{-1}の発熱反応[6]であるが，実際にはこれにさらにCHPの分解反応による発熱が加わるため，生成CHP 1 molあたりの発熱量はこの値より大きくなる．

この反応における副生成物はジメチルベンジルアルコールとアセトフェノンであるが，他に微量のα-メチルスチレン，有機酸などが生成する．この副生有機酸を中和すると同時に酸化反応速度を向上させるため，アルカリ水溶液が添加されていたが，昨今はCHP選択率がよく，工程を短縮できるアルカリ水溶液をまったく用いないプロセスが主流となっている．アルカリ水溶液以外の添加剤や触媒もいくつか提案されている[8]が，工業的に実施されているものはないようである．また，原料に同伴，あるいは反応で微量副生する酸化停止剤として，フェノール類が知られている．微量であるため分離操作が必須というわけではないが，CHP選択率の低下を招く原因であるため，その増減が運転指標としての役割を果たしている．

C　プロセス

クメン酸化法によるフェノール製造プロセスの一例を図6.2.1に示す[9]．フェノール製造プロセスは，(1)クメンの酸化によるCHPの生成，(2)CHPの濃縮，(3)CHPの酸開裂によるフェノールとアセトンの生成，および(4)フェノール，アセトンの分離・精製と，おもに4つの工程より成り立っている．以下に各工程ごとにその概要を説明する．

a　酸化工程

ベンゼンとプロピレンとから製造されたクメンは，蒸留により99.5％以上の純度に精製されたのち，CHP濃縮工程から回収されるクメン，また後述する副生成物であるα-メチルスチレンを水素化して得られるクメンと混合して酸化反応工程に供給される．クメンの酸化反応は，通常は温度90～130℃，常圧～1.0 MPaで，空気を吹き込みながら連続方式で行われる．酸化反応速度を大きくし，高いCHP選択率を得るために，通常反応槽を2～4槽直列につないで実施し，各槽ごとに温度などの反

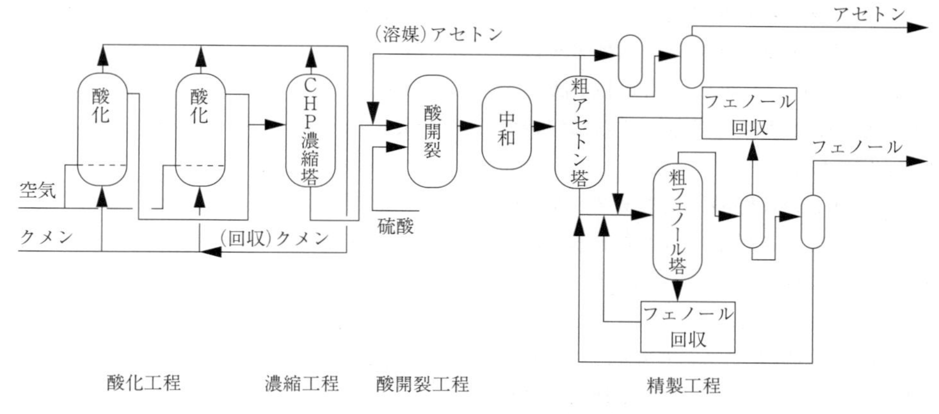

図 6.2.1　クメン酸化法フェノール製造プロセスフロー

応条件がわずかずつ異なっている．クメンの転化率は，生成するCHPの選択率と，次工程のCHP濃縮工程での蒸留に要するエネルギーなどの経済的観点から最適値が求められるが，通常は15〜35 wt%に抑えられている[10]．反応で発生する熱は，外部に設置した水冷式冷却器や，内部に設置したコイル中に水を循環させる方法により除去される．

酸化工程におけるCHPの選択率は，前述のとおり酸化反応速度との間にトレードオフの関係が成立していることが知られている．より高いCHP選択率を得ようとすれば，反応器大容量化などの設備投資によって低い酸化反応速度を具現化すればよい．通常CHP選択率は90 mol%以上で運転されているが，設備投資に際しては，初期投資を含む経済的効果をあわせて考慮する必要がある．

b　濃縮工程

酸化反応工程で得られる酸化生成物は15〜20 wt%のCHPを含むクメン溶液であり，必要に応じてアルカリ性の水相を分離したのち，CHP濃度が65〜85 wt%となるまで減圧濃縮される．この濃縮の際に，熱に対し不安定なCHPの分解を防ぐために，濃縮塔の塔底での滞留時間を短くするなど，装置上の工夫が凝らされている．塔頂に留出するクメンは，酸化反応工程に循環し再使用する．塔底から出た濃縮CHPはアセトンで希釈され，次の酸開裂反応工程へ送られる．

c　酸開裂工程

CHPの酸開裂反応は，硫酸などを触媒としてアセトン溶媒中，反応温度60〜90℃で行われる．この酸開裂反応はおもに連続方式で実施されているが，CHP 1 molあたり約252 kJもの発熱を伴うため，除熱が運転管理上の重要な点となっている．アセトンの蒸発還流による除熱を行う設備を設置するのが通例である．CHPはほぼ100%分解し，フェノールとアセトンがそれぞれ90 mol%以上の収率で得られる．先の酸化工程で副生したジメチルベンジルアルコールがこの工程で脱水反応を起こし，α-メチルスチレンを与え，同時にその二量体あるいはフェノールと反応したクミルフェノールなどが副生物として得られる．α-メチルスチレン二量体，クミルフェノールなどの重質化副生物は熱分解に供せられ，一部を有価物として回収するところもある．酸開裂反応生成物は反応器から連続的に抜き出され，硫酸をアルカリで中和したのち，フェノール，アセトンの分離・精製工程へ送られる．

d　分離・精製工程

分離・精製工程に送られてくる酸開裂反応生成物中には，上述したように主成分であるアセトン，フェノールのほか，α-メチルスチレンとその二量体，アセトフェノン，クミルフェノールなどが含まれている．そこでまず粗アセトン分離塔で，沸点が最も低いアセトンを塔頂に留出させる．これをアセトン精製塔で精製し，一部は溶媒として酸開裂工程へ戻し，残りは製品として出荷する．粗アセトン塔の留出液には，アセトンと物性が近似しているアルデヒド類が不純物として同伴するため，アセトン精製塔におけるアセトンとの分離が困難である．触媒によってアルデヒドを変質させ，蒸留効果を高めるなどの工夫が行われているが，アセトン品質には常に注意を払う必要がある．副生成物として得られるアセトンであるが，本フェノール製造プロセスによるものが世界におけるアセトン生産量の大部分を占めている．一部，アルデヒドからのWacker法によるアセトン合成法が行われているが，これについては6.3.2項を参照されたい．

粗アセトンを分離した反応液は粗フェノール分離塔に入り，粗フェノールを塔頂に留出させる．この粗フェノールから，水との共沸蒸留によってクメン，α-メチルスチレンなどを除いたのち，フェノール精製塔で精製蒸留し製品フェノールを得る．一方，粗フェノール塔の塔底から出る高沸生成物は，プロセス廃油としてプラント外部の加熱炉燃料などの用途に供されるが，熱分解処理を施すことで一部をフェノール，α-メチルスチレンなどの有効成分に転化し，プロセス内部に回収している例もある．α-メチルスチレンは精製して製品とするか，あるいは水素還元してクメンに戻し原料として再使用する．

D　今後の展望

世界におけるフェノール供給能力は2016年において年間1,207万t，うち日本においては三井化学39万t(クメン法)，三菱化学25万t(クメン法)である．フェノールの用途としては，フェノール樹脂原料，ビスフェノール原料の2つが主であり，2016年で世界のフェノール用途の8割を占める．

近年では光学・OA・電機機器の普及にあと押しされ，ポリカーボネート樹脂の需要が特に伸びているため，それに伴うビスフェノールの原料としての用途が増加しつつある．ビスフェノールは，原料としてフェノールとアセトンを2：1のモル比率で使用するため，アセトンが等モル副生するクメン法フェノール製造プロセスは，原料供給という観点において経済的であるといえる．しかし生産するフェノールとアセトンが等モル比率なのに対して，使用比率が2:1である以上，アセトン余剰は必然となる．

副生成物の需要変動によってフェノール製造コストが左右されないプロセスは，経済的に安定であるため，前述のトルエン法，N_2O酸化剤法に加えて，副生成物を伴わない新フェノール製造プロセスの開発が近年盛んに行われつつある．いずれはフェノール製造プロセスの主流となっていくことが予想されるが，それは同時に既存のアセトンシェアを失うことも意味しており，各社の経済的判断が問われるところである．

近年，フェノールの主用途として注目されているのが，カプロラクタムの原料である。従来，カプロラクタムの原料はシクロヘキサンであったが，工程を短縮でき収率も高いことからフェノールを原料とした製法へ転換されつつある．

6.2.2　ビスフェノールA

A　概要

ビスフェノールA(BPA)は，アセトンとフェノールを酸触媒下で反応させて得られる白色の固体であり，通常，製品は造粒して粒状(プリル)あるいはフレーク状の粉末である．

BPAの用途は，ポリカーボネート(PC)樹脂の原料が60～70％と大半を占めており，次いでエポキシ樹脂の原料が20～30％である[1)]．

2015年の世界総需要は約500万tであり，アジア地域だけでその65％の約330万tとなっている(表6.2.1)．一方，世界の供給量は2015年末で約680万tである．全体の半数を超える350万tがアジア地区の供給量であり，経済成長の著しい中国の新増設によるところが大きい[1)]．

2015年の国内需要は，約29万tである．一方，供給能力は，47万tとなっており，国内だけでは消費できない構図となっている．おもな用途であるポリカーボネート樹脂やエポキシ樹脂の国内製造拠点が縮小し，一方，中国を中心としたアジア地域で稼動したこともあり，輸出にシフトしている[2)]．

BPA製造技術を有しているおもな会社は，SABIC社(旧GE)，Dow社，HEXION社(旧Shell)，Covestro社(旧Bayer)，三井化学，三菱ケミカル，出光興産の6社である(表6.2.2)[3)]．なお，HEXION技術をベースとしたBPA製造プロセスのライセンス業務は，BADGER社が行っている．

B　反応

ビスフェノールAは，アセトンとフェノールを酸の存在下で反応させて製造する方法が一般的である．酸触媒としては，塩酸またはカチオン型のイオン交換樹脂が使われており，チオールを助触媒として添加することもある．

表 6.2.1　ビスフェノール A 需要実績と見込み

	2014 年（万 t）	（伸び率）（%）	2015 年（万 t）	（伸び率）（%）	2016 年（万 t）	（伸び率）（%）
PC 樹脂	24.6	△3.9	22.4	△9.1	21.4	△4.4
エポキシ樹脂	4.2	2.4	4.2	0.0	4.2	0.0
その他	2.3	0.0	2.3	0.0	2.3	0.0
内需計	31.1	△2.8	28.9	△7.7	28.0	△3.4
うち輸入	3.4	△10.5	3.5	1.1	3.5	0.0
輸　出	11.4	△5.0	12.5	9.2	12.5	0.0
合　計	42.6	△3.4	41.4	△2.8	40.4	△2.4

フェノール + アセトン（$H_3C-C(=O)-CH_3$） → ビスフェノール A（p, p'体または 4,4′体） + H_2O

→ ビスフェノール A 異性体（o, p 異性体または2,4′体） + H_2O　　(6.2.11)

(6.2.12)

表 6.2.2　国内ビスフェノール A の設備能力（万 t y^{-1}）

社名	立地	能力
三井化学	大阪	6.5
新日鉄住金化学	戸畑	10.0
出光興産	千葉	8.1
三菱ケミカル	鹿島	10.0
	黒崎	12.0
合計		46.6

製品は p, p' 体（4,4′ 体）である．おもな副生物としては，o, p 異性体（2.4′ 体）の他にトリスフェノールがある．主要副生物である o, p 異性体は，異性化反応により p, p' 体として回収できる．また．熱分解と再結合により p, p' 体として回収できる（6.2.11，6.2.12 式）．

C　プロセス

製造プロセスとしては，酸触媒の種類により，塩酸を触媒とするプロセスと，おもにカチオン型イオン交換樹脂を固体酸触媒とするプロセスに分けることができる．全世界で稼動中の製造設備は，塩酸法が 18%，イオン交換樹脂法が 82% となっている[4]．そのいずれのプロセスも 4 つの主要な工程に分けることができる（図 6.2.2）[5]．

反応は，選択率の点から比較的低温の 40～90℃ で行われる．

塩酸触媒では，反応後に塩酸と生成水を分離し，塩酸を回収してリサイクルする．装置内で塩酸を取り扱うことから，耐食材料が必須となり，加えて運転中の防食管理も重要である．

イオン交換樹脂による反応は，助触媒のチオールを原料のフェノール，アセトンに添加して反応させる方法と，チオールをあらかじめイオン交換樹脂に固定化された条件で反応させる方法がある．いずれの反応も塩酸法に比較して反応時間が長く必要であり，反応器容量が大きいと推定される．そのためアセトンは100％転化されず，反応後に回収してリサイクルされるプロセスもある．

反応後，生成水および未反応アセトンを分離したのち精製する．BPAとフェノールが等モルの付加物結晶を作る性質を利用した晶析により精製される．晶析後に得られた付加物結晶からフェノールを分離するため脱フェノールを行い，得られた溶融状のBPAを造粒して，粒状またはフレーク状の製品を得る．

精製で分離された晶析母液中には，製品のp, p'体(4,4′体)のほか，o, p異性体(2.4′体)，および製品の不純物となる副生物が含まれる．晶析母液は，

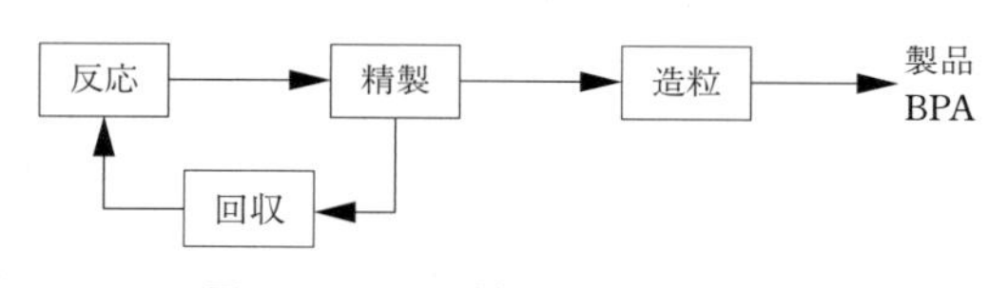

図 6.2.2　BPA製造プロセスフロー

回収工程にて，晶析や異性化反応などにより，p, p'体を回収する．製品の不純物となる副生物は，晶析母液から晶析分離し，反応系あるいは濃縮系にリサイクルする．また，異性化反応や熱分解・再結合反応により，o, p異性体をp, p'体に転換した後，リサイクルして回収する．

6.2.3　クレゾール類

A　概要

クレゾール類には，石炭タールの分留で得られる天然品と工業的に製造される合成品とがある．クレゾールは消毒剤，合成樹脂，ワニス，可塑剤，積層板などに使用されている．

B　反応

クレゾール製造反応式を図6.2.3に示す．まず，トルエンのプロピレンによるアルキル化によりシメンを製造し，次いでこれを加圧下，空気酸化してシメンハイドロパーオキサイドとし，さらに酸触媒によって開裂してクレゾールとアセトンを得る．酸化で生成するシメンハイドロパーオキサイドには，イソプロピル基の酸化された三級シメンハイドロパーオキサイドと，メチル基の酸化された一級シメンハイドロパーオキサイドの2種類(イソプロピル基とメチル基の酸化割合は4：1[18]といわれている)が存

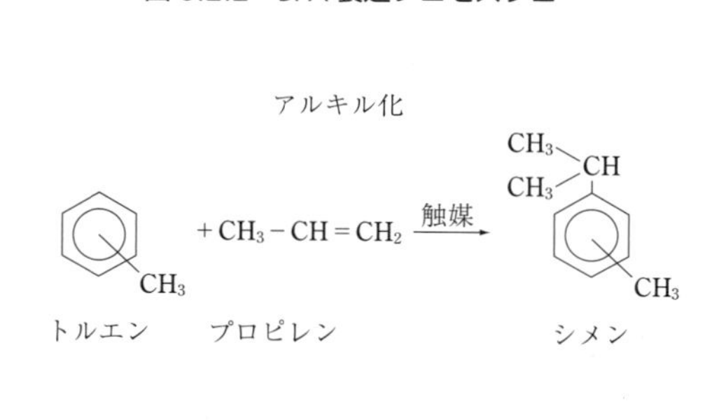

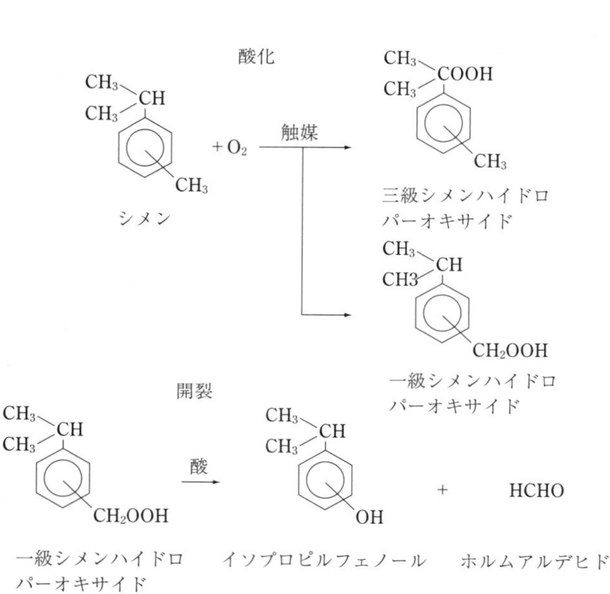

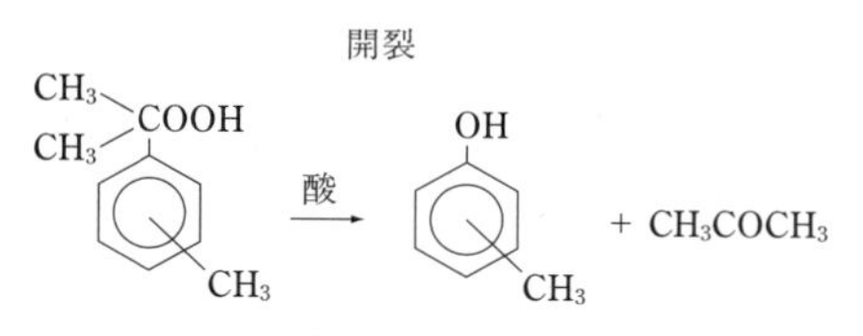

図 6.2.3　クレゾール製造反応式

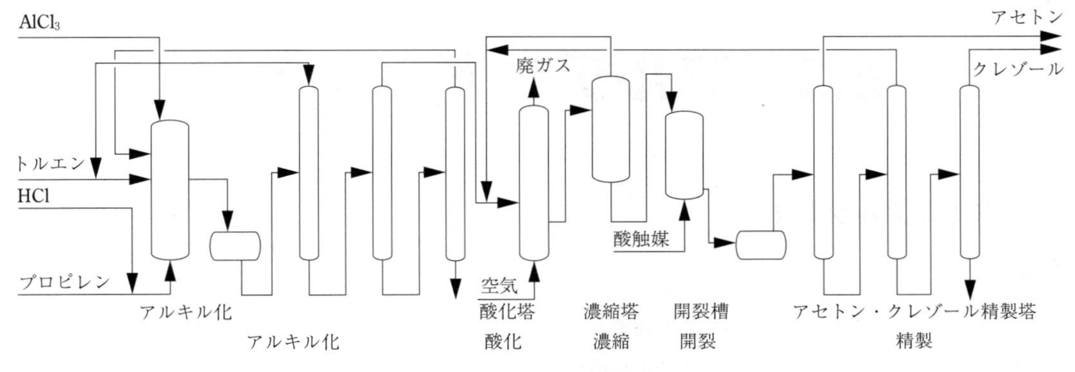

図 6.2.4　シメン法クレゾール製造プロセスフロー

在し，目的のクレゾールは三級シメンハイドロパーオキサイドの開裂によって生成する．

C　プロセス

シメン法クレゾール製造プロセスの概略フローを図 6.2.4 に示す．基本的にはクメン法フェノールの製造法とほとんど変わらない．すなわちフェノールがベンゼンを原料にしているのに対し，クレゾールはトルエンを出発原料としている．プロセスは，アルキル化，酸化，濃縮，開裂，および精製の各工程に大別される．

アルキル化工程では，トルエンとプロピレンの Friedel-Crafts 反応によりシメンを得るが，クメンの合成と異なり，異性体の生成が避けられない（o：m：p≒3：64：33）[19]．酸化工程では，シメンを空気酸化してシメンハイドロパーオキサイドを得るが，副生物としてケトン類，アルデヒド類，カルビノール類などが生成される．濃縮工程では，酸化反応生成物中の未反応シメンを減圧蒸留して留出させ，シメンハイドロパーオキサイドを濃縮する．開裂工程では，硫酸を触媒にアセトン溶媒中でシメンハイドロパーオキサイドの開裂を行い，アセトンとクレゾールを得る．開裂生成物は，アセトン，クレゾールをはじめとした多成分混合物としてアルカリ中和後，精製工程へ送られる．精製工程では，各蒸留塔によりアセトンとクレゾールの精製を行う．クレゾールの異性体比は，アルキル化工程で生成したシメン異性体比によってほぼ決まる．

文献

1) H. Hock, S. Lang, Chem. Bcr., 77, 257 (1944)
2) US Patent, 4,992,606 (1991)
3) E. F. Bentham et al., Erdoel Erdgas Khole, 113, 84 (1997)
4) CMR, 15 Jan. (1996)
5) 神谷佳男，有機酸化反応，p. 200，技報堂 (1973)
6) J. P. Fortuin, Chem. Eng. Sci., 2, 182 (1953)
7) Phenolchemie, Ger. p. 1, 131, 674 (1962)
8) Belg. Patent, 662,388 (1965)；Ger. Patent, 2,027,995 (1970)；Brit. Patent, 1,205,835 (1970)；特公昭 46－6568 (1971)；US Patent, 3,845,140 (1974)；US Patent, 3,836,588 (1974)
9) B.P. Chemicals, Hercules, Hydrocarbon Processing, 54 (11), 170 (1975)
10) 篠原好幸，有機合成化学，35，138 (1977)
11) Chemical Week, October 20 (1999)
12) 化学経済，8 月臨時増刊号，35 (1999)
13) 特公平 5－58611 (1993)
14) 特公平 5－58612 (1993)
15) 特開平 5－345737 (1993)
16) 特開平 6－107582 (1994)
17) Hydrocarbon Processing, 78 (3), March, 98 (1999)
18) YEN-CHEN, SRI, 135 (1969)
19) 上仲博，銅金巌，有機合成化学，57，429 (1999)

6.3 アルデヒド，ケトン

6.3.1 ホルムアルデヒド

A 概要

ホルムアルデヒド(CH_2O)は一般に水溶液または固体状重合体の形で水和物，水和重合物，または重合体として取り扱われ，ホルムアルデヒド単量体の形で取り扱われることはきわめてまれである．日本で市販されている工業用ホルムアルデヒド製品としては，ホルムアルデヒド水溶液(ホルマリン)，アルコール溶液および固形重合物のパラホルムアルデヒドがある．このうちアルコール溶液とパラホルムアルデヒドは量的にきわめてわずかしか取り扱われておらず，工業的に大量に扱われているのはホルマリンである[1]．

近年のホルマリンは，おもにポリアセタール樹脂が最大用途となっており，伝統的な用途であったユリア・メラミン樹脂接着剤用途は大幅に落ち込んでいる．ホルマリン(約37%水溶液)の需要は，日本で約100万tであり，縮小が続いている．ホルマリンの最大用途であるポリアセタール樹脂向けは，約30万tである．ポリアセタール樹脂は自動車，電気・電子機器向けのエンジニアリングプラスチックであり，内需はここ数年8～9万t y^{-1}で推移しており伸長はみられない．今後は，世界需要の約3分の1を占める中国を中心とするアジア圏で自動車用途を中心に需要の拡大が予想されている[2,3]．

一方，ホルムアルデヒドの製造プロセスは現在もメタノール法であり，技術はほぼ飽和に達し平準化されているが，ユーティリティーの消費量の削減による製造コスト削減の努力が進められている．

B 合成法の変遷

特許，文献に提案されてきたホルムアルデヒドの合成法を表6.3.1[4]に示す．原料としてメタノール，炭化水素，ジメチルエーテル，メチラールが使用されているが，このうちメタノール，メチラールを原料としたプロセスが工業化されている．

メタノールの酸化によるホルムアルデヒド合成の歴史は古く，1868年Hofmannによって白金触媒によるメタノールの空気酸化反応が研究され，これが今日のホルムアルデヒド合成法の端緒となった．その後，工業プロセスへの発展の基礎となったのは1910年Blankによる銀触媒の発明であり，これが今日のメタノール過剰法の発端となった．一方，1912年以降，従来の金属触媒に代わって，各種金属酸化物触媒の研究が行われたが，1913年Adkinsが開発した鉄–モリブデン系触媒が，今日の空気過剰法の発展に大きく寄与したといわれている[5~7]．かつては大部分のプラントがメタノール過剰法を採用していたが，ポリアセタール樹脂用途などの50%近い高濃度ホルマリンの需要が増加したため，

表6.3.1 ホルムアルデヒドの合成方法

合成方法	反応式	概　要
メタノール法		
メタノール過剰法	$CH_3OH \longrightarrow CH_2O+H_2$ $CH_3OH+1/2\ O_2 \longrightarrow CH_2O+H_2O$	Ag触媒，反応温度600～750℃，CH_3OH含量>36.5 vol%，H_2O添加
空気過剰法	$CH_3OH+1/2\ O_2 \longrightarrow CH_2O+H_2O$	$MoO_3-Fe_2O_3$触媒，反応温度300～400℃，CH_3OH含量<6.7 vol%
単純脱水素法	$CH_3OH \longrightarrow CH_2O+H_2$	Cu–Zn系触媒，反応温度400～700℃
メチラール法	$2\ CH_3OH+CH_2O \longrightarrow CH_3OCH_2OCH_3+H_2O$ $CH_3OCH_2OCH_3+O_2 \longrightarrow 3\ CH_2O+H_2O$	固体酸触媒，反応温度60～90℃，Fe–Mo触媒，反応温度300～400℃
炭化水素法 (C_1～C_4のアルカン)	$C_nH_{2n+2}+n/2\ O_2 \longrightarrow nCH_2O+nH_2O$	CH_4の場合，酸化窒素–酸化物触媒，反応温度600℃以上
ジメチルエーテル法	$CH_3OCH_3+O_2 \longrightarrow 2\ CH_2O+H_2O$	W，Mo，Vの酸化物触媒，反応温度400～550℃

表 6.3.2　ホルマリンの製造プロセス

項　目	メタノール法[7]		メチラール[6]経由法
	メタノール過剰法	空気過剰法	
反応器型式	固定床マット式	固定床多管式	固定床多管式
触　媒	Ag	Fe_2O_3-MoO_3 系	Fe_2O_3-MoO_3 系
空気/メタノール(モル比)	1.5～2.0	＞16	＞16
温　度(℃)	600～720	280～380	280～350
圧　力	常圧	常圧	常圧
メタノール転化率(%)	80～90	95～99	
メチラール転化率(%)			95～99
ホルムアルデヒド選択率(%)	88～90	90～95	90～95
ホルマリン濃度(wt%)	45～55	50～55	65～70

近年の新設プラントではその製造に適している空気過剰法が主流となっている[8]．

C　工業化プロセス

現在，メタノールの酸化によるホルマリンの製造プロセスには，メタノールと空気の混合ガスの爆発限界を避けることで，その混合比率によって爆発限界の上限以上で反応させるメタノール過剰法(銀法)と下限以下で反応させる空気過剰法(鉄法)があり，この 2 つのプロセスが工業化されている．銀法は，メタノール濃度 36.5 vol%以上とし，理論量より少ない空気と混合して反応させる．一方，鉄法はメタノール濃度 6.7vol%以下とし，過剰の空気と混合して反応させる．したがって，銀法は(6.3.1)式と(6.3.2)式が併発して進行するのに対し，鉄法は実質的に(6.3.2)式だけが進行する．

$$CH_3OH \longrightarrow CH_2O + H_2 \qquad (6.3.1)$$

$$CH_3OH + 1/2\ O_2 \longrightarrow CH_2O + H_2O \qquad (6.3.2)$$

メタノール法以外の工業化プロセスとしてはメチラール経由法がある．このプロセスは，ホルマリン最大の用途であるポリアセタール製造に適応したプロセスとして，開発工業化されたものである．本プロセスは，まずメタノールとホルマリンからメチラールを製造し(6.3.3 式)，得られたメチラールの酸化によりホルマリンを製造する(6.3.4 式)．

$$2CH_3OH + CH_2O \longrightarrow CH_2(OCH_3)_2 + H_2O \qquad (6.3.3)$$

$$CH_2(OCH_3)_2 + O_2 \longrightarrow 3CH_2O + H_2O \qquad (6.3.4)$$

本プロセスの特徴は，(6.3.4)式によって得られるホルムアルデヒドが 3 mol に対し，水が 1 mol であるため，製造されるホルマリン濃度を 70 wt%以上にすることが可能となること，(6.3.3)式のメチラール合成工程ではメタノールを含んだ希薄ホルマリンがそのまま原料として使用できるため，これらの回収工程が不要となることから，高純度ホルムアルデヒド製造に必要な脱水・回収エネルギーを削減できることである[9]．各プロセスの概要を表 6.3.2 に示す[10]．

D　プロセスの概要

a　メタノール過剰法

図 6.3.1 に銀法(WGR 法)の代表的なプロセスフローを示す[11,12]．メタノール，水は気化後，空気とともに反応器に送られる．この水蒸気は，銀触媒の高活性維持および爆発範囲を狭めるために使用される．得られた反応ガスは反応器下部の冷却器で急冷されたのち，ホルムアルデヒドガス吸収塔に送られ，塔頂からの吸収水に吸収されることで，塔底から製造ホルマリンが得られる．銀法の改良プロセスである WGR 法(waste gas recycle 法)は，反応熱をスチーム回収し，エネルギー源としていること，発生したオフガスをリサイクルしてブロワー電力の低減化を図っていることに特徴がある．

b　空気過剰法

図 6.3.2 に鉄法の代表的なプロセスフローを示す[13,14]．原料メタノールは気化されたのち，空気およびリサイクルされた反応ガスとともに反応器に送られる．反応器は多管式の固定床で，反応温度は反応熱と熱媒体でコントロールする．得られた反応ガスはガス冷却器で冷却されたのち，ホルムアルデヒドガス吸収塔に送られ，塔頂からの吸収水に吸収さ

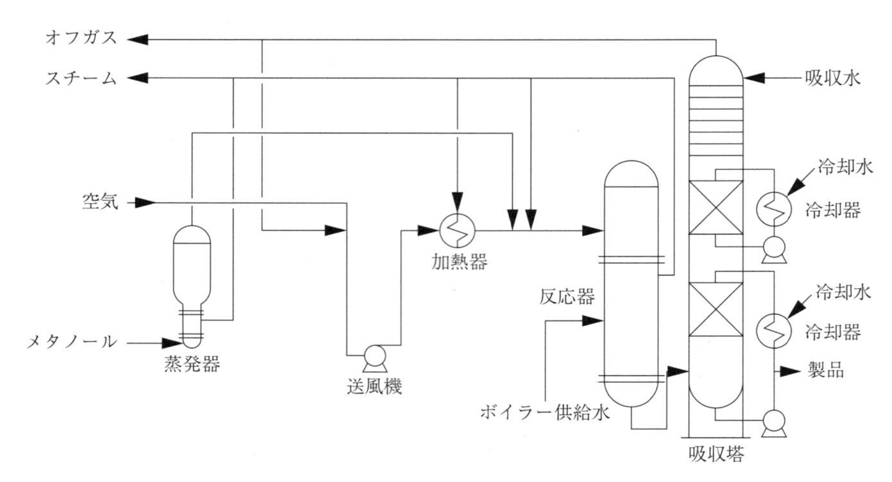

図 6.3.1　銀法ホルマリン製造プロセス（廃ガスリサイクル法）系統図

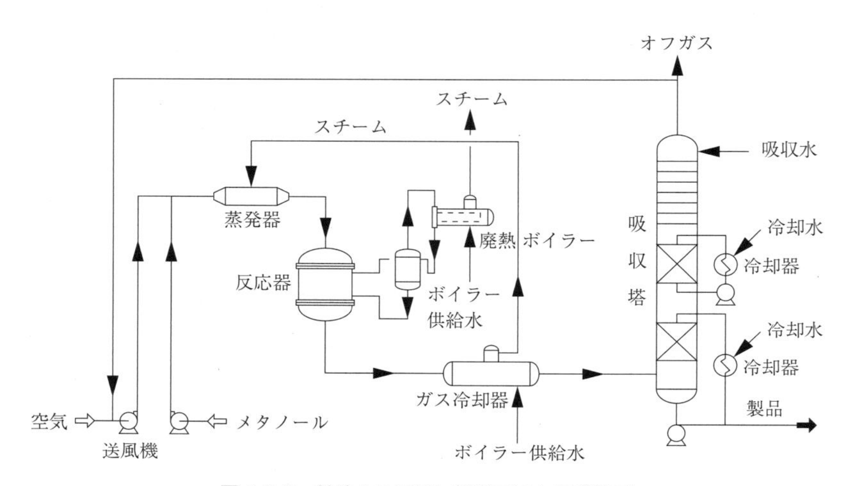

図 6.3.2　鉄法ホルマリン製造プロセス系統図

れることで，塔底から製造ホルマリンが得られる．鉄法は，爆発範囲を避けるため反応オフガスを一部リサイクルして反応器入り口ガス中の酸素濃度を下げている．なお，メチラール経由法のプロセスフローについては文献[9]を参照されたい．

E 経済性

各プロセスの経済性については過去いくつかの報告[11,12,15,16,17]があるが，各プロセスの技術は平準化されてきており，また下記の理由もあってその優劣は簡単には評価できない．プロセスの経済性を左右する要因として次の事項があげられる．

(1) メタノール原単位（ホルムアルデヒド収率）は，各プロセスとも 1.1～1.2 で平準化されている．

(2) ユーティリティーのスチーム原単位は，鉄法が有利であるが，銀法も反応熱の回収により余剰スチームを得ており，その差は小さくなっている．

(3) 比例費はユーティリティー（スチーム，電力）の単価，触媒性能（特に寿命），さらには余剰スチームの用途の有無などによって評価が変わってくる．

(4) 建設費は一般に鉄法のほうが取り扱うガス量が銀法の数倍となるため，機器が大きくなること，熱媒体の循環と熱交換関係の機器が必要となることから，鉄法のほうが大きくなる．

(5) 用途によってはホルマリン濃度，残存メタノール，ギ酸など不純物の許容量など製品規格が変わってくる．

以上，ホルマリン製造プロセスの評価は，その用途の多様化，品質の高度化あるいは工場立地条件などによって，その優劣が決まってくると考えられる．

文献

1) ホルムアルデヒド，p.4，36，朝倉書店(1965)
2) 化学経済，8月増刊号，24(2016)
3) 化学経済，3月増刊号，133(2015)
4) 丁野昌純，山本忠嗣，触媒，23(1)，3(1981)
5) 磯貝宣雄，C1化学工業技術集成，p.212，サイエンスフォーラム(1981)
6) O. Blank, Ger. Patent, 228,697(1910)
7) H. Adkins, J. Am. Chem. Soc., 53, 1512(1931)
8) NEDO技術開発機構　産総研化学物質リスク管理研究センター編，ホルムアルデヒド，p.11，丸善出版(2009)
9) 丁野昌純，ペトロテック，13(6)，463(1990)
10) 触媒学会編，C1ケミストリー，p.65，講談社(1984)
11) 倉石靖夫，吉川久五，化学経済，29(4)，74(1982)
12) H. Diem, Chem. Eng., 27, Feb., 83(1978)
13) 化学経済，8，39(1999)
14) Perestorp Formax Co., Formax Process カタログ資料(1955)
15) 今野力，化学経済，28(9)，25(1981)
16) B. Danielsson，化学経済，29(6)，73(1982)
17) ホルムアルデヒド，p.466，朝倉書店(1965)

6.3.2 アセトアルデヒド

A 概要

アセトアルデヒドは，古くは硫酸水銀(II)を触媒とするアセチレンの水和法や，エタノールを脱水素する方法により製造されていたが，エチレンの直接酸化によるHoechst-Wacker法の開発により全面的に置き換えられた．もう1つのアセトアルデヒド合成法としてはC_3/C_4-アルカン酸化法が開発され，特に米国では工業的に実施されたが，選択性が低いため今日では重要ではない．1956年Wacker Chemie社のJ. Smidtらは，$PdCl_2$と$CuCl_2$を含む塩酸水溶液中でエチレンと酸素を反応させ，高収率でアセトアルデヒドを合成する方法を発見した[1]．この画期的な酸化技術は直ちにHoechst社とWacker Chemie社によって工業化され，Hoechst-Wacker法または単にWacker法とよばれるアセトアルデヒドの主要な製造法となり，1966年には世界生産の半分を占めるに至った．1970年代の中ごろ，この製法による生産能力は最大となり，世界で年間約260万tに達した．当時，酢酸がアセトアルデヒドから導かれる最も重要な製品であった．しかし，その後に酢酸がメタノールのカルボニル化(Monsanto法)によって製造されるようになってきたため，Wacker法によるアセトアルデヒドの生産は2009年には世界で約130万tまで減少した[2]．日本における主要メーカーは昭和電工，住友化学，KHネオケムの各社であり，2015年の生産量は約9万tである[3]．現在でもアセトアルデヒドは多くの有機工業薬品製造のための重要な中間体であり，その誘導体には過酢酸，無水酢酸，ケテン/ジケテン，ペンタエリスリトール，ピリジン，1,3-ブタンジオール，酢酸など多くのものが含まれる．

B 反応

Wacker法によるアセトアルデヒド合成反応は，全体としては$PdCl_2$-$CuCl_2$二元系触媒による液相直接酸化として示される[4,5]．この反応は通常

$$H_2C{=}CH_2 + 1/2\ O_2 \xrightarrow{PdCl_2,\ CuCl_2} CH_3CHO \tag{6.3.5}$$

の触媒酸化と異なり，以下のような3つの基本反応($PdCl_2$によるオレフィンの酸化，$CuCl_2$によるPd^0の酸化，O_2による$CuCl$の酸化)から成り立っている．

$$H_2C{=}CH_2 + PdCl_2 + H_2O \longrightarrow CH_3CHO + Pd + 2\ HCl \tag{6.3.6}$$

$$Pd + 2\ CuCl_2 \longrightarrow PdCl_2 + 2\ CuCl \tag{6.3.7}$$

$$2\ CuCl + 1/2\ O_2 + 2\ HCl \longrightarrow 2\ CuCl_2 + H_2O \tag{6.3.8}$$

まず，水溶液中$PdCl_2$触媒により，エチレンはアセトアルデヒドにきわめて選択的に酸化される．この反応は，水溶液中で形成されたπ錯体$(PdCl_2(OH)(H_2C{=}CH_2))^-$のOH配位子の分子内移動により，$\sigma$錯体$(PdCl_2(CH_2CH_2OH))^-$へ転位したのちに最終生成物に分解することで進行する．したがって，カルボニル酸素は溶媒の水分子から供給される．ここで還元された0価のPdを2価に再酸化するために，$CuCl_2$が用いられる．この際Cl^-の存在がPdの再酸化を容易にする．生成した$CuCl$はO_2で2価に

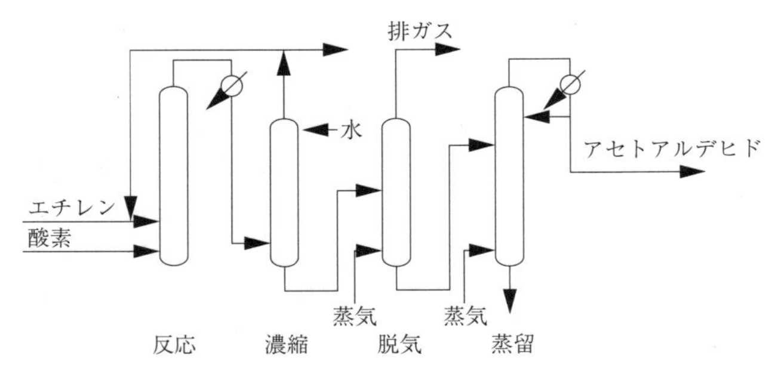

図 6.3.3　アセトアルデヒド一段法(酸素酸化法)

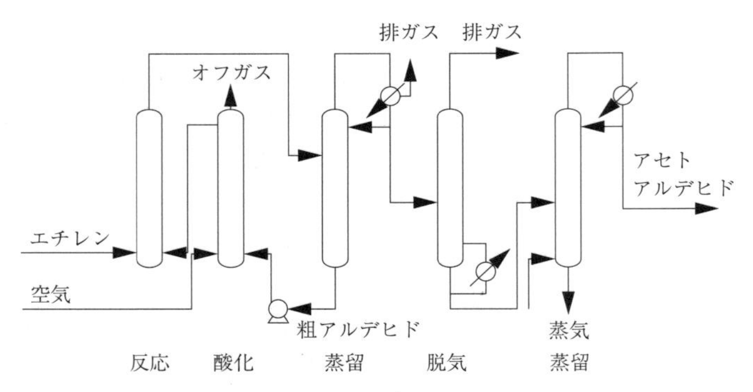

図 6.3.4　アセトアルデヒド二段法(空気酸化法)

再酸化される．Pd の再酸化に使用される $CuCl_2$ を，酸化剤またはレドックス剤という．他に多くの酸化剤が Pd の再酸化に有効であるが，O_2 により酸化剤の再生が容易なことから，$CuCl_2$ が工業的に用いられている．Pd の再酸化剤として，Mo または V を含むヘテロポリ酸を用いる新規触媒系が開発され[18]，この触媒系は Cl^- が不要であり，塩素を含有する副生物を生成しないため，より高い選択率が達成できている．これ以外にも，Pd 塩，Cu 塩を活性炭やゼオライトなどに担持させた不均一触媒も含めて多くの触媒系が提案されているが，まだ工業的には実現していない．

C　プロセス

アセトアルデヒドの工業的製造は，Ti 製またはライニングした気泡塔型反応器中で，エチレンと空気または O_2 ガスを塩酸酸性の触媒水溶液を気液接触させることで行われる．工業的には一段法と二段法の 2 つの実施形態があり，それぞれの概略フローを図 6.3.3，6.3.4 に示す[7,8]．

一段法：1 つの反応器中でエチレンの酸化と触媒の再酸化を同時に行う方法．酸化剤として純酸素が用いられる．

二段法：2 つの反応器を用い，エチレンの酸化と触媒の再酸化を別々に行う方法．この場合には酸化に空気を用いることができる．

一段法では，エチレンと O_2 が 0.3 MPa，120～130℃で縦型反応塔中の触媒水溶液へ吹き込まれる．エチレンの単流転化率は 35～45 % である．反応中にアセトアルデヒド 1 mol あたり 243 kJ の反応熱が発生する．この反応熱は触媒水溶液からのアセトアルデヒドと水の蒸発によって除去され，留出した水は反応器へ戻される．生成したアセトアルデヒドは未反応ガス(エチレンおよび O_2)と分離され，濃縮，水洗される．未反応ガスはリサイクル使用されるので，原料のエチレンと O_2 ともに高純度が必要とされる．不活性ガスが含まれると，その蓄積を避けるため系外へ排出する必要があり，その際にエチレンの損失を招いてしまう．

二段法では，エチレンと触媒水溶液が 1 MPa，105～110℃の条件下，流通反応器に供給される．エチレンは反応器内を通過する間にほとんど完全にアセトアルデヒドに転化する．反応器から出た触媒水溶液(生成物を含む)は減圧して，アセトアルデヒド/水混合物を留去したのち触媒酸化塔に送られ，1 MPa，100℃で空気によって再生され，再び反応器に循環される．酸化に使われた空気中のO_2はほとんど完全に消費されるので，N_2含有率の高い残りのガスは，不活性ガスとしての用途がある．エチレンは必ずしも純度の高いものでなくてもよい．

2つの製法ではともに，粗アセトアルデヒド水溶液は濃縮後二段の蒸留により，酢酸，クロトンアルデヒド，および含塩素化合物のような副生物を除去して精製される．用いる触媒水溶液中の$PdCl_2$濃度は2〜4 g L^{-1}, $CuCl_2$濃度は100〜200 g L^{-1}である．アセトアルデヒドの選択率は両プロセスとも同じであり約95%である．

D 今後の展望

バイオマス原料への転換という観点から，エタノールを原料にしてアセトアルデヒドを合成しようという検討が行われている[9]．エタノールとアセトアルデヒドの反応性の差を考えるとエタノールの転化率を上げて，アセトアルデヒドの選択性を維持することは難しい課題であると思われる．一方で，かつては酢酸の原料として大量に生産されてきたアセトアルデヒドであるが，現在はファインケミルカル分野で使用されている誘導体原料としてのウェイトが大きくなってきている．このような背景の中，エタノールを原料としてアセトアルデヒドを経由して，酢酸エチル[10]やブタジエン[11]のような誘導体を一段で合成しようという試みも行われている．

文献

1) J. Smidt et al., Angew. Chem., 71, 176 (1959)
2) World Supply / Demand for Aetaldehyde-2009, IHS (2013)
3) 日本の石油化学工業　50年データ集，p. 34, 35, 202-205，重化学工業通信社(2011)
4) K. Weissermel, H.-J. Arpe，向山光昭監訳，工業有機化学，第4版，p. 182，東京化学同人(1996)
5) 触媒学会編, 触媒講座　7巻, p. 229, 講談社(1985)
6) a) ト部和夫, 木村文彦, 泉有亮, 触媒, 22, 10 (1980), b) A. Lambert, E. G. Derouane, I. V. Kozhevnikov, J. Catal., 211, 445 (2002)
7) 石油学会編，プロセスハンドブック，Acetaldehide / Acetone — WACKER (75/1) B (1975)
8) R. Jira, W. Blau, D. Grimm, Hydrocarbon Processing, 55, March, p. 97 (1976)
9) P. Liu, E. J. M. Hensen, J. Am. Chem. Soc., 135, 14032 (2013)
10) a) H. Chen, et al., Green Chemistry, 18, 3048 (2016), b) G. Carotenuto, et al., Biomass Conversion and Biorefinery, 3, 55 (2013)
11) T. De Baerdemaeker, et al., ACS Catalysis, 5, 3393 (2015)

6.3.3 アセトン

アセトンはクメン酸化法フェノールの副生物が生産の大部分を占める．詳細は6.2.1項を参照されたい．その他ベンゼンフリーのイソプロピルアルコール脱水素法，プロピレン原料でのWacker法が存在する．クメン酸化法アセトン製造プロセスの一例を図6.3.5に示す[1]．

文献

1) BP Chemicals, Hercules, Hydrocarbon Processing, 54 (11), 170 (1975)

6.3.4 メチルエチルケトン

A 概要

メチルエチルケトン(MEK)は塗料などの溶剤，印刷用インキ，樹脂加工向けを中心とした接着剤として幅広い用途をもっている．2015年の世界需要は約120万tであり，今後も3%の伸長率が見込まれている[1]．各社の生産能力を表6.3.3に示す[2]．

原料としては，おもにエチレンプラントから副生するブタン/ブテン(BB)留分より，ブタジエンとイソブテンを分離した後の*n*-ブテン留分を使用しており，通常自家燃料として利用される例が多い*n*-ブテン留分の付加価値向上に貢献している．

B プロセス[3,4]

MEKは一般的にBB留分から*n*-ブテンを抽出し，水和することで*sec*-ブチルアルコール(SBA)を製造し，脱水素することで製造されている．水和工程は直接水和法と間接水和法の2種類(表6.3.4)，脱水素工程は気相法と液相法の2種類がある．各プロ

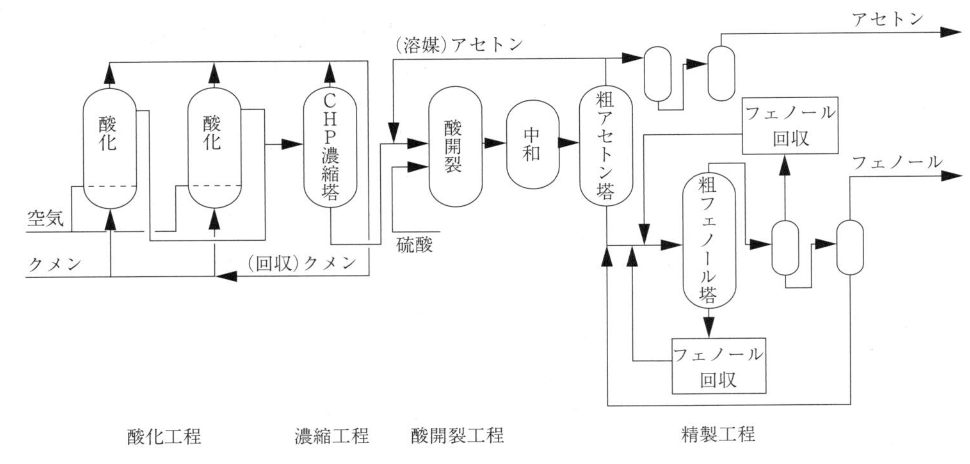

図 6.3.5　クメン酸化法アセトン製造プロセスフロー

表 6.3.3　国内メーカーの生産能力($t\,y^{-1}$)

	工場	生産能力
丸善石油化学	千葉	170,000
東燃化学	川崎	93,000
出光興産	徳山	40,000

表 6.3.4　間接水和と直接水和法の条件比較

	間接水和法	直接水和法
触媒	80% H_2SO_4	ヘテロポリ酸水溶液
反応温度	15℃	180-300℃
反応圧力	0.7 MPa	15-25 MPa

セスについて紹介する.

a　SBA 製造工程

(i)間接水和法

まず, n-ブテン濃度が 70～90％の原料と 70～80％の濃度の硫酸を反応させ, 得られた反応液のエマルジョンを静置分離することで, 下層にブチルサルフェートとしてブテンを抽出し(硫酸相), 上層に未反応ブテンおよびブタンとに分離する.

その後, 得られたブチルサルフェートと水を混合し, 反応蒸留塔で加水分解, および SBA のストリッピングを行い, 硫酸を分離し, 中和再蒸留塔にて, 粗 SBA を得る. 粗 SBA は飽和水分を含んでいるため, 第 3 成分を添加し, 共沸蒸留にて精製される.

分離された硫酸は, SBA 反応蒸留塔で混合した加水分解水とストリッピングスチームにより希釈されているため, 循環型蒸発槽にて加熱, 所定の濃度まで濃縮され再利用する.

$$CH_2{=}CH-CH_2-CH_3+H_2SO_4 \longrightarrow CH_3-\underset{\underset{OSO_3H}{|}}{CH}-CH_2-CH_3 \qquad (6.3.9)$$

$$2\,CH_2{=}CH-CH_2-CH_3+H_2SO_4 \longrightarrow \begin{array}{l} CH_3-CH-CH_2-CH_3 \\ \quad\;\; | \\ \quad\; OSO_2 \\ \quad\;\; | \\ CH_3-CH-CH_2-CH_3 \end{array} \qquad (6.3.10)$$

$$CH_3-\underset{\underset{OSO_3H}{|}}{CH}-CH_2-CH_3+H_2O \longrightarrow CH_3-\underset{\underset{OH}{|}}{CH}-CH_2-CH_3+H_2SO_4 \qquad (6.3.11)$$

$$\begin{array}{l} CH_3-CH-CH_2-CH_3 \\ \quad\;\; | \\ \quad\; OSO_2 \\ \quad\;\; | \\ CH_3-CH-CH_2-CH_3 \end{array} +H_2O \longrightarrow 2\,CH_3-\underset{\underset{OH}{|}}{CH}-CH_2-CH_3+H_2SO_4 \qquad (6.3.12)$$

(ii)直接水和法

まず n-ブテン濃度が 40～60％程度の原料から第 3 成分を添加し, 抽出蒸留によりブテンを精製する.

精製されたブテンは超臨界条件(200℃, 20 MPa)でヘテロポリ酸を溶かした水と混合され, 水和される. 通常の気液平衡条件では水を多量に使用するため, 精製した SBA が水相側に希薄濃度で存在してしまい, SBA の回収工程が複雑となる. しかし, 超臨界条件では SBA はブテン相に溶解しているた

表 6.3.5 気相法と液相の条件比較

	気相法	液相法
触媒	Cu 系触媒	ラネー系触媒
反応温度	300-400℃	150-200℃
反応圧力	常圧	常圧
SBA 転化率	80%(1 パス)	25-30%(1 パス)
MEK 選択率	99%	99.5%以上

め，SBA の分離プロセスがシンプルとなる．SBA は未反応ブテン留分とともに，反応器より抜き出され SBA とブテンに分離される．

$$CH_2{=}CH-CH_2-CH_3+H_2O \longrightarrow CH_3-\underset{\displaystyle OH}{\underset{|}{C}H}-CH_2-CH_3 \quad (6.3.13)$$

b SBA 脱水素工程

本反応は吸熱反応であるため，反応温度が高いほうが熱力学上有利である．気相法の場合，触媒は酸化銅触媒が用いられており，反応温度は 300～400℃である(表 6.3.5)．そのため，加熱炉にて所定の温度まで昇温させている．液相法の場合，ラネー系触媒または酸化銅触媒が用いられ，反応温度は 150～200℃程度である．そのため，熱源にはスチームが用いられる．

$$CH_3-\underset{\displaystyle OH}{\underset{|}{C}H}-CH_2-CH_3 \longrightarrow CH_3-\underset{\displaystyle O}{\underset{\|}{C}}-CH_2-CH_3+H_2 \quad (6.3.14)$$

c MEK 精製工程

脱水素され生成した MEK には，副生物として，メタンなどの軽質炭化水素，水，未反応 SBA が含まれているため，これらの成分を蒸留塔で除去することで高純度の MEK が得られる．

文献

1) 富士経済，2015 年溶剤市場の全貌，163(2015)
2) 2015 年版日本の石油化学工業，p.576，重化学通信社(2015)
3) 化学工学，50(8)，565(1986)
4) 化学工学，61(1)，54(1997)

6.3.5 メチルイソブチルケトン

A 生産量と用途

メチルイソブチルケトン(MIBK)は，内需として約 5 割が塗料の中沸点溶剤として使用されているほか，インキ，医薬品抽出剤，磁気テープコーティング剤など広い分野で使用されている．輸出はほぼ 100% アジア諸国向けである．2000 年当初に比較すると中国，東南アジアへの輸出の拡大がみられる(表 6.3.6，6.3.7，6.3.8)．

B 反応

MIBK は工業的には，以下の三段反応によりアセトンと水素から製造されている．

一段目の縮合反応は平衡反応で，塩基触媒存在下 0～20℃の低温で行われるが，転化率が 10 数%程度と低い．二段目は酸性触媒を用いた脱水工程で，100℃付近で行われる．三段目はカルボニル基を残したまま C=C 二重結合のみを選択的に水素化する工程で，なかでも Pd 触媒の選択性はきわめて高く，ほぼ定量的に MIBK が得られる．

$$2\,CH_3COCH_3 \rightleftharpoons (CH_3)_2C(OH)CH_2COCH_3 \;\text{(DAA)} \quad (6.3.15)$$

$$DAA \longrightarrow (CH_3)_2C{=}CHCOCH_3 + H_2O \;\text{(MSO)} \quad (6.3.16)$$

$$MSO + H_2 \longrightarrow (CH_3)_2CHCH_2COCH_3 \;\text{(MIBK)} \quad (6.3.17)$$

表 6.3.6 MIBK の生産および輸出入推移(t)

	2000 年	2011 年	2012 年	2013 年	2014 年	2015 年	前年比(%)
国内生産	60,995	57,442	54,565	57,323	55,593	57,601	104
輸出	20,972	22,933	26,535	27,835	28,794	27,346	95
輸入	1,492	853	847	250	472	269	57
輸出入収支	19,480	22,080	25,688	27,585	28,322	27,077	96
内需	41,515	35,362	28,877	29,738	27,271	30,524	112
内需割合	68	62	53	52	49	53	108

表 6.3.7　MIBK 地域別輸出実績(t)

地域	2000 年	2011 年	2012 年	2013 年	2014 年	2015 年	2015 年金額(億円)
中国	8,381	9,552	13,402	12,094	15,360	12,291	12.52
インド	0	802	64	3,821	3,203	3,664	3.86
東アジア	5,503	4,873	3,439	1,993	1,182	1,916	2.29
東南アジア	3,527	7,653	9,548	9,747	8,875	9,003	10.24
世界合計	20,972	22,933	26,535	27,835	28,794	27,346	29.53

表 6.3.8　2014 年世界の MIBK 需要と伸び率予想(kt)

	生産	輸入	輸出	消費	消費予想(2019 年)	伸び率(%)
北米	61.5	11.2	14.7	58	61.6	1.2
中南米	51.4	2.3	0.6	17.1	19.1	2.2
欧州	34.5	32.9	5.7	61.7	61.4	−0.1
中東	0	5.6	0.1	5.5	5.3	−0.7
アフリカ	53.7	0.5	50.3	3.9	4.5	2.9
アジア	205	91	66	230	273.6	3.5

C　プロセス

一段目の縮合反応(6.3.14)式で得られるジアセトンアルコール(DAA)，二段目の脱水(6.3.15)式で生成するメシチルオキサイド(MSO)は，溶剤などへの用途がある重要な中間生成物である．未反応のアセトンは，DAA 脱水濃縮塔の塔頂より回収リサイクルされる．脱水触媒に硫酸のような酸を用いた場合，廃水処理が問題となる．この問題を回避するために，固体酸触媒を用いた脱水，あるいはアセトンから一段で縮合脱水による MSO 製造の検討がされている．一般的な三段法プロセスでは中間体(DAA，MSO)の利用が可能であり，MIBK 収率約 97.5％強と高い反面，アセトン転化率が低い，プロセスが長く複雑であるなどの欠点がある．このような問題を解決するために，古くからアセトンと水素とから一段で MIBK を製造する触媒の検討がされており，近年中国にて一段法のプラントが立ち上がっている[1)]．中国から出願されている特許をみると触媒開発の方向はこれまで同様にアセトンの縮合・脱水反応に活性を示す酸塩基触媒と，MSO 水素化用触媒である Pd を組み合わせたものとなっている[2〜6)]．

世界需要[7)]をみてもアジアの消費量，伸び率が大きいことがわかる．中国，インドを含めたアジア諸国でのプラント新設が今後加速されると予想されるため，今後日本からの輸出量が減る可能性も考えられる．

文献

1) Chemical Weekly, September 13, 201 (2011)
2) CN1566059A (2005)
3) CN102557904A (2012)
4) CN10381338A (2014)
5) CN104592804A (2015)
6) CN105439840A (2016)
7) IHS Chemical, Chemical Economics Handbook, Methyl Isobutyl Ketone (MIBK) and Methyl Isobutyl Carbinol (MIBC) (2015)

6.3.6　シクロヘキサノン，シクロヘキサノール

A　概要

シクロヘキサノンおよびシクロヘキサノールは，ナイロン製造の中間原料としてすでに 75 年の歴史をもち，今なおその約 85％が図 6.3.6 に示すナイロン製造工程に沿って消費されている．両者が混合物として取り扱われる場合は，KA オイル(K はケトン, A はアルコールの頭文字)，あるいはオロン(シクロヘキサノール(-ol)とシクロヘキサノン(-one)の語尾を合わせた造語)と略称されることもある．

KA オイルは硝酸酸化され 66−ナイロン原料であるアジピン酸に転化される．一方，KA オイルは，

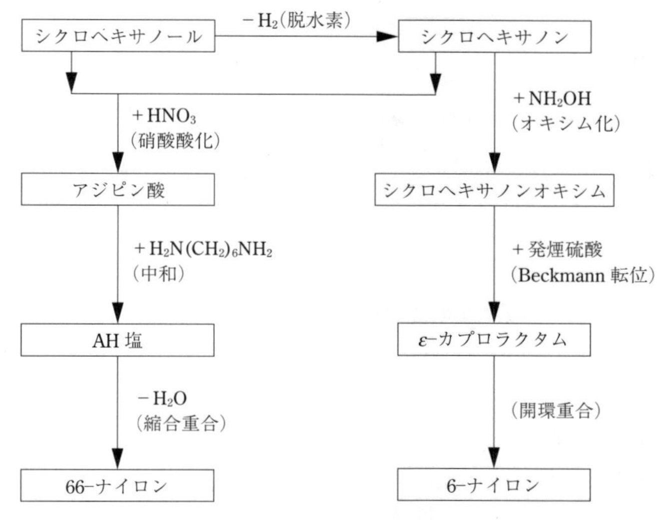

図 6.3.6　ナイロン原料製造ルート

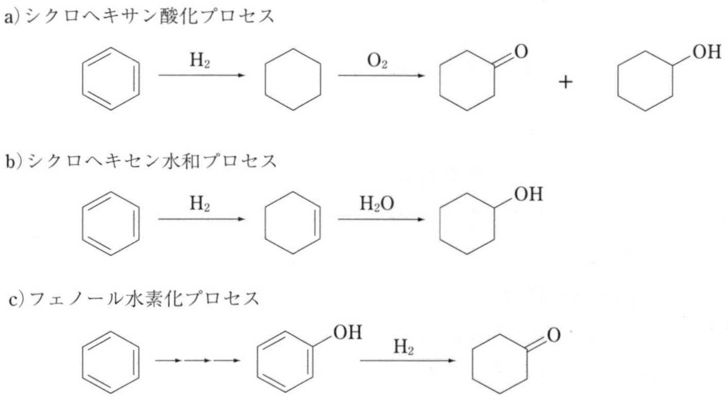

a) シクロヘキサン酸化プロセス

H_2　O_2　O　+　OH

b) シクロヘキセン水和プロセス

H_2　H_2O　OH

c) フェノール水素化プロセス

OH　H_2　O

図 6.3.7　KA オイル製造プロセス

シクロヘキサノールを脱水素してシクロヘキサノンへ変換した後，6-ナイロン原料であるε-カプロラクタムの製造に用いられる．アジピン酸およびε-カプロラクタムの生産量は世界でそれぞれ年 280 万 t，520 万 t にのぼり[1]，これに費やされる KA オイルの量は年約 700 万 t にのぼる．

B　製造プロセス

ベンゼンを出発原料とした KA オイルの製造プロセスとしては，図 6.3.7 に示すとおり，シクロヘキサン酸化プロセス，シクロヘキセン水和プロセス，フェノール水素化プロセスの 3 プロセスがあげられる．

a　シクロヘキサン酸化プロセス

シクロヘキサン酸化プロセスは，前述の 3 プロセスで最も汎用的に用いられている方法であり，世界のメーカーでの占有率は約 50% に達している．ベンゼンを完全核水素化してシクロヘキサンを製造する方法はきわめて汎用的な反応であり，おもに Ni 系の触媒を用い気相固定床反応にて行われる．平衡関係から低温-高圧ほど有利な反応であるが，一般的には 200℃ 前後，0.3～3 MPa 程度の反応条件が選択される[2]．

このシクロヘキサンを空気酸化する方法は，1960 年 BASF 社で最初の工業プラントとして採用され，その後 Inventa 社，DSM 社でも技術確立され，ライセンスによって世界に広がった[3]．その反応条件は各社で多少異なるが，通常シクロヘキサンを Co などの金属塩触媒共存下，160～180℃，圧力 0.8～1.2 MPa の条件[4]で液相酸化することにより，KA

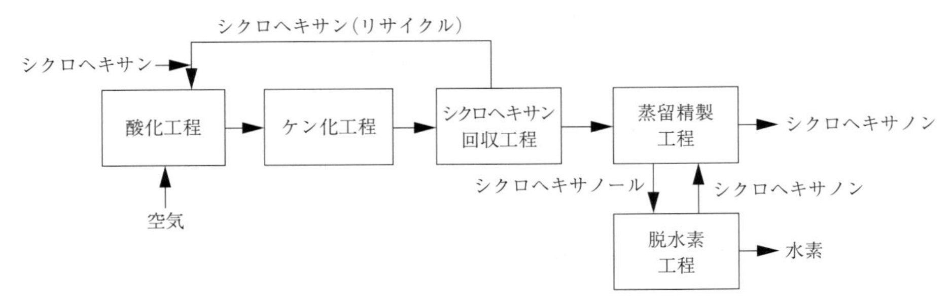

図 6.3.8　シクロヘキサン酸化プロセス

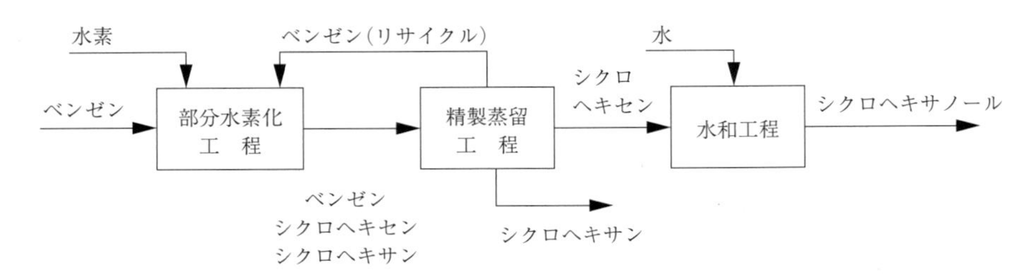

図 6.3.9　シクロヘキセン水和プロセス

オイルを得ている．本プロセスのワンパス転化率は高次酸化による収率低下と未反応シクロヘキサンのリサイクルにかかわるコスト低減のバランスから決定され，一般に 10％以下の条件が選択されている．高次酸化を抑制する目的でメタホウ酸存在下，シクロヘキサン酸化を行うホウ酸法とよばれるプロセスを採用し，高転化率化が図られたこともあった．現在では中間生成物であるシクロヘキシルハイドロパーオキサイドの分解を抑制し酸化工程の選択率を向上させ，次工程で強アルカリによりシクロヘキシルハイドロパーオキサイドを高選択率で分解することで総合収率を向上させる方法がとられている．本法における総合収率は 80〜90％程度であり，10％程度の高次酸化物が副生する．これら副生物は燃料として熱回収にあてられる一方で，C_5〜C_6 成分に関しては分離・精製し有効利用する方法もとられている[5]．副生物の低減あるいは副生物の有効利用は製造コスト低減と環境負荷低減の両面において重要である．本法の概略フローを図 6.3.8 に示す[6]．

なお，本プロセスで製造された KA オイル中のシクロヘキサノールとシクロヘキサノンの比率は 1〜2.6 対 1 であり，ε-カプロラクタムの製造原料に用いる場合，シクロヘキサノールをシクロヘキサノンに脱水素しなければならない．脱水素反応は，Zn-Ca 系の触媒を用いた高温法(反応温度 400〜450℃)，Cu-Mg 系，Cu-Zn 系の触媒を用いた低温法(反応温度 200〜250℃)があり，いずれも気相固定床の反応である．反応成績は，高温法では転化率は 70％程度，選択率は 99％程度である[7]．低温法では転化率は 60％程度，選択率は 99％以上で，フェノールが 0.1％程度副生する[8]．

b　シクロヘキセン水和プロセス

シクロヘキセン水和プロセスは，1990 年に旭化成により商業化された．本法ではベンゼンを出発原料とし，Ru 触媒，水，Zn 化合物に代表される金属塩の共存下，反応温度 100〜180℃，圧力 3〜10 MPa で部分水素化を行い，シクロヘキセンを生成する．反応の転化率は 40〜50％，選択率は約 80％である[9]．副生物はシクロヘキサンである．シクロヘキセンを，極性溶媒を用いた抽出蒸留法にて単離後，微粒の高シリカゼオライト触媒を用い水和する．反応温度は 100〜130℃，1 工程あたりのシクロヘキセン転化率は 10〜15％程度，シクロヘキサノール選択率は 99％以上である[10]．シクロヘキセン水和プロセスの概略フローを図 6.3.9 に示す．なお，本法ではシクロヘキサノールが製造されるため，ε-カプロラクタムの製造原料に用いる場合には脱水素工程が必要である．

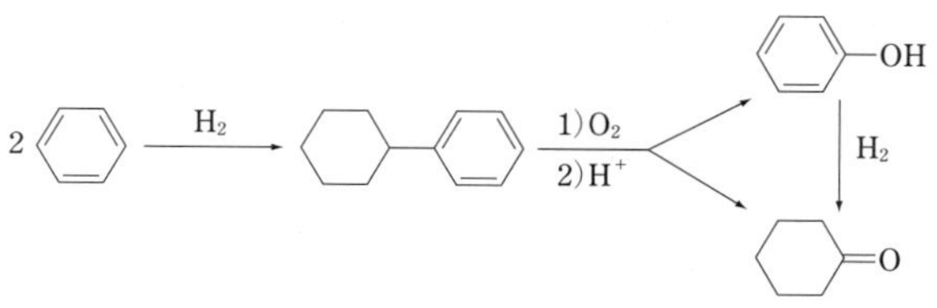

$$2\,C_6H_6 \xrightarrow{H_2} \text{シクロヘキシルベンゼン} \xrightarrow[\text{2) } H^+]{\text{1) } O_2} \text{フェノール (—OH)} + \text{シクロヘキサノン (=O)}$$

$$\text{フェノール} \xrightarrow{H_2} \text{シクロヘキサノン}$$

図 6.3.10　シクロヘキシルベンゼン経由フェノール水素化プロセス

c　フェノール水素化プロセス

フェノール水素化プロセスは3プロセスで最も歴史が古く，1943年I.G.Farben社における最初の6-ナイロン生産に用いられたKAオイルは，フェノール水素化プロセスによるものであった．その後のシクロヘキサン酸化プロセスの実用化に伴い，シクロヘキサンとフェノールの市場価格差から主導権を奪われた形になった．また，生成物がシクロヘキサノールであったことも，ε-カプロラクタムの製造原料に用いる場合には不利であった．しかし，この方法はPd担持触媒を用いるシクロヘキサノンへの選択的水素化により簡略化された[11]．本法の反応条件は気相，130〜180℃，0.1〜0.2 MPaであり，反応成績はフェノール転化率としてほぼ100%，シクロヘキサノン選択率は約97%である[12]．本法は脱水素工程を必要としないシクロヘキサノンの製造プロセスであり，その特徴はベンゼンからのフェノール生成，フェノールの選択的水素化によるシクロヘキサノンの生成ともにほぼ定量的に反応が進行する点にある．フェノールの市況に左右される面もあるが，占有比率を高めつつある．また別に液相法で，転化率99%以上，選択率99%以上で得られる方法の検討もされている[13]．

フェノールは，ベンゼンとプロピレンからクメンを製造し，クメンの自動酸化後，酸触媒により分解転位して製造される．各工程とも定量的に反応が進行するが，アセトンが併産される．アセトンは脱水しプロピレンとしてリサイクルされる場合もあるが，シクロヘキサノンの製造を目的とした場合，アセトンの併産は不要である．そこで，ベンゼンを水添二量化してシクロヘキシルベンゼンを製造し，クメンと同様に酸化，酸分解してフェノールとシクロヘキサノンを併産する方法が検討されてきた．フェノールはシクロヘキサノンに選択的に水素化されるため，ベンゼンからシクロヘキサノンを製造する無駄の無いプロセスである．図6.3.10に反応式を示す．ベンゼンの水添二量化の際に，少量ではあるがシクロヘキサンや三量体が副生することが本プロセスの問題点であったが，Exxon-Mobil社などは選択率の改善された水添二量化触媒や副生物の再利用プロセスを開発しており実用化が期待される[14]．本法ではベンゼンからシクロヘキシルベンゼンまでは，ベンゼン転化率43.9%，シクロヘキシルベンゼン選択率71.4%[15]であり，シクロヘキシルベンゼンからフェノール・アノンまでは，フェノール収率91.2%，シクロヘキサノン収率81.6%が得られている[16]．

C　今後の展望

ナイロン需要は年率約2%で伸びてきたが，おもにアジアに牽引されてきた．これに呼応する形で原料需要もアジアを中心に伸び，中国を中心にKAオイルプラントが新設された．その結果，老朽化した既存プラントは淘汰され，世界の勢力図は大きく変りつつある．現在，中国など新興国の経済成長率の鈍化に伴い，KAオイルの生産も調整局面を迎えている．新興国経済の急速な発展に伴う歪みや環境悪化も指摘される中にあって，持続的な経済成長を支え，環境へも配慮した技術革新が期待される．

文献

1) Worlds PA6 & PA66 Supply / Demand Report 2016, pci Wood Mackenzie
2) 玉置喜平次，ペトロケミカルエンジニアリング，2(2)，13(1970)
3) 山根英人，真崎光夫，有機合成化学，35(11)，926(1977)
4) 谷藤稔，妙中信之，触媒，33(5)，341(1991)
5) 中東素男，化学工業，1975，359
6) 石油学会編，プロセスハンドブック，2巻(Caprolactam-STAMICARBON(78／2)B(1976)
7) W097/33853(1997)
8) Hydrocarbon Processing, March, p.67(1992)

9) 岩崎峰征，ペトロテック，19(5)，74(1996)
10) 永原肇，触媒懇談会ニュース，No.70(2014)
11) K. Weissermel, H.-J. Arpe，向山光昭監訳，工業有機化学 第5版，p.273，東京化学同人(2004)
12) I. Dodgson et al., Chem. Indust., 1989, 830
13) Y. Wang, J. Yao, H. Li, D. Su, A. Antonietti, J.Am.Chem.Soc., 133, 2362-2365(2011)
14) US Patent, 0,094,494A1(2015)
15) US Patent, 6,730,625B1(2004)
16) WO2012/036823(2012)

6.4 カルボン酸

6.4.1 酢酸，無水酢酸，酢酸ビニル

A 酢酸

酢酸は有機基幹製品として重要な役割を担っており，合成樹脂原料の酢酸ビニルや酢酸エチル，酢酸ブチルなどの溶剤や酢酸繊維素といった化学品原料だけでなく，高純度テレフタル酸(PTA)の反応溶媒としての需要も大きい．食用酢として利用されている発酵法は別として，合成酢酸は大きく分けて，メタノールをカルボニル化する方法とアセトアルデヒドを酸化する方法の2つの製造方法がある．

メタノールのカルボニル化については，Reppe法をもとにして1960年にBASF社がコバルトーカルボニルとヨウ素を組み合わせた触媒で工業化を行ったが，これを改良したいわゆるMonsanto法が，オイルショックと前後する1970年代に出てから酢酸の製造法に大きな影響を与えた．

一方，アセトアルデヒドの酸化法は古くはアセチレンから製造したものを用いていたが，石油化学工業の勃興とともに，エチレンに原料転換を行った．さらにそれから派生して，1997年に昭和電工によりエチレンを一段で直接酸化して酢酸を製造する方法が実用化された．

これ以外には，低級炭化水素の有効利用という経済的な必要性から，おもに欧米で軽沸パラフィンの酸化法やC_4–オレフィンの酸化法により，酢酸が製造されている．

2013年の時点で稼働している代表的な酢酸の製造プラントを表6.4.1に示す[1]．これらの製造法の中から，メタノール法，アセトアルデヒド酸化法，エチレン直酸法，炭化水素酸化法のプロセスについて解説する．

a メタノール法

メタノールのカルボニル化は，(6.4.1)式の反応により進行する．

表6.4.1 酢酸の生産能力上位10社(千t，2013年)

生産者	国	生産能力	世界シェア
Celanese	中国，シンガポール，米国	3,175	17.5
Jiangsu Sopo	中国	1,200	6.6
Shanghai Wujing Chemical Co., Ltd.	中国	800	4.4
Yankuang Cathay(Lunan)	中国	750	4.1
Eastman Chemical	米国	705	3.9
BP	英国	620	3.4
Samsung-BP	韓国	600	3.3
BP-Petronas	マレーシア	550	3.0
LyondellBasell	米国	550	3.0
BP YPC Acetyls Company(Nanjing)Ltd.	中国	500	2.8
Hebei Chungshun Chemical	中国	500	2.8
Shangdong Hualu Hengsheng	中国	500	2.8
Shanghai Wujing	中国	500	2.8
トップ10の生産能力		10,950	60.4
世界全体の生産能力		18,126	

$$CH_3OH + CO \longrightarrow CH_3COOH \qquad (6.4.1)$$

実際の触媒サイクルを図 6.4.1 に示す[2]が，促進剤としてヨウ化メチル/ヨウ化水素が必要である．この方法も，副反応が少ないことが特徴であり，(6.4.2) 式の水性ガス反応が若干起こる程度である．

$$CO + H_2O \longrightarrow CO_2 + H_2 \qquad (6.4.2)$$

この水性ガス反応の抑制と，酢酸の回収費用低減のために，水濃度を減少する検討が行われている．Celanese 社の開発した方法[3]は，LiI のような無機ヨウ素化合物を高濃度でヨウ化メチルとともに添加する方法である．製品にヨウ素が微量混入することを防ぐ工夫が必要であるが，水濃度を通常の系の 14〜15％から 4〜5％にまで落とせる．また BP Chemicals 社の開発した方法[4]は，主触媒として Rh の代わりに Ir を使う系であり，水濃度が 8％以下にまで低減可能といわれている．主反応も速く，水濃度の低減以外にも，反応圧，反応温度をより温和な条件で実施できる．この系もヨウ化メチルを使用するが，促進剤としては Li とともに Ru や Re を用いることが特許で開示されている[5]．

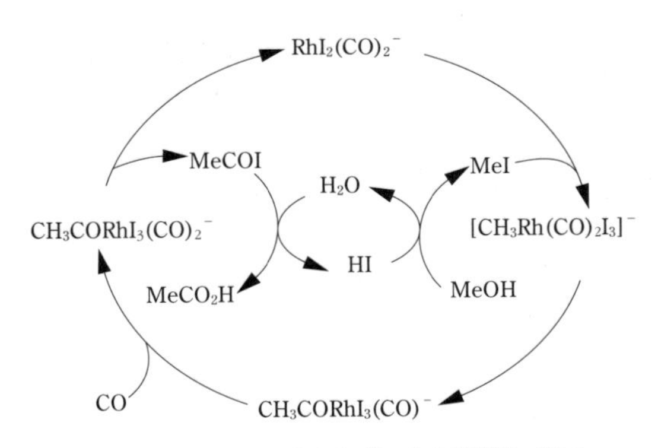

図 6.4.1　メタノールカルボニル化触媒サイクル

これらのメタノール法は助触媒としてヨウ素化合物を用いており，耐食性の高価な設備材料が必要である．また，主触媒の Rh が高価であることや，さらに一酸化炭素設備が必要であることなどにより設備投資額が大きくなり，大規模プラントでないと成り立たないという欠点がある．この方法によるプロセスフローを図 6.4.2 に示す[6]．反応器の材質はハステロイであり，反応生成物は若干のプロピオン酸を含むが選択率は非常に高く，メタノール基準で 99％，CO 基準でも 90％程度である．メタノール法に関しては，高価な Rh 触媒をイオン交換樹脂に固定化する方法が開発されている[7]．

また，原料としてメタノールを使用せずに合成ガスを用いて気相法でメタノールを合成し，反応ガス中のメタノールや副生するジメチルエーテルなどをそのまま液化して，CO を加えさらに反応させることにより酢酸を得る方法が開発された[8]．既存のプロセスの組み合わせともいえるが，メタノールを別途調達する必要がなく，コスト競争力にも優れているといわれている[9]．

b　アセトアルデヒド酸化法

アセトアルデヒド酸化法は，酢酸マンガンやコバルトを主触媒として，非常に温和な条件で反応を行い，高収率で酢酸を得ている．この反応は (6.4.3) 式のように，最初に 2 価のマンガンを系内で生成する過酢酸により 3 価に活性化し，それを触媒とし過酢酸が生成する．

（活性化反応）

$$CH_3CHO + O_2 \longrightarrow CH_3COOOH$$
$$CH_3COOOH + Mn^{2+} \longrightarrow$$
$$CH_3COO\cdot + Mn^{3+} + OH^- \qquad (6.4.3)$$

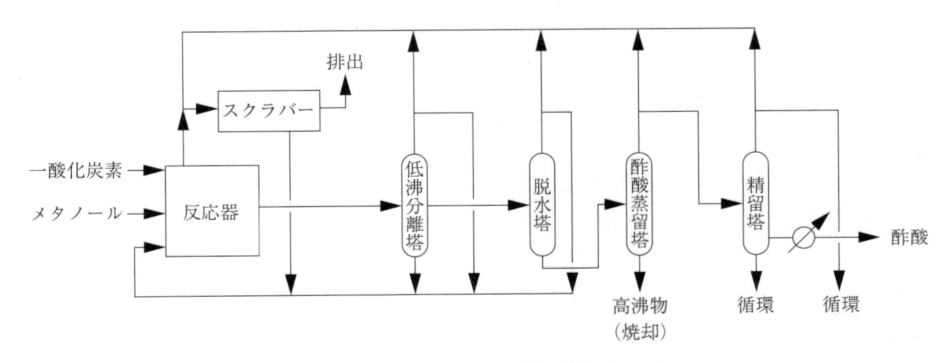

図 6.4.2　Monsanto 法による酢酸の製造プロセスフロー

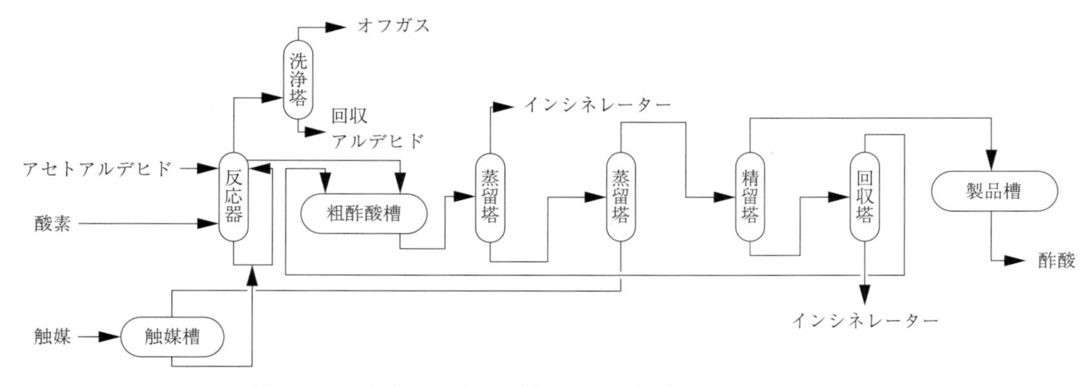

図 6.4.3　アセトアルデヒド酸化による酢酸の製造プロセスフロー

（伝播反応）

$$CH_3CHO + Mn^{3+} \longrightarrow CH_3CO\cdot + H^+ + Mn^{2+}$$
$$CH_3CO\cdot + O_2 \longrightarrow CH_3COOO\cdot$$
$$CH_3COOO\cdot + CH_3CHO \longrightarrow CH_3COOOH + CH_3CO\cdot$$
$$CH_3COO\cdot + CH_3CHO \longrightarrow CH_3COOH + CH_3CO\cdot \qquad (6.4.4)$$

（停止反応）

$$CH_3CO\cdot + CH_3CO\cdot \longrightarrow CH_3COCOCH_3 \qquad (6.4.5)$$

ここで生成する過酢酸はアセトアルデヒドに付加し，定量的に酢酸に分解する．

$$CH_3COOOH + CH_3CHO \rightleftharpoons CH_3C\langle\text{O–O–(H)–O–O ring}\rangle CH-CH_3 \longrightarrow 2\,CH_3COOOH \qquad (6.4.6)$$

通常は過酢酸の蓄積を抑えるために助触媒を加えており，反応温度が低いので反応熱の回収ができないということはあるものの，プロセスとしては完成されている．この方法によるプロセスフローを図 6.4.3 に示す[10]．反応器の塔頂付近にアセトアルデヒドを供給し，酸素ガスを塔底から吹き込み，反応熱の除去は，ジャケットまたは外部冷却器に反応液を循環させることにより行われる．反応温度は 50～70℃，常圧という非常に温和な条件で，アセトアルデヒドの 95％が酢酸に転化され選択率も高い．反応液（粗酢酸）は反応塔より抜き出されるが，原料のアセトアルデヒドの他に副生物として，ギ酸，酢酸メチル，エチリデンジアセテートなどが含まれる．精製工程で低沸除去と触媒を回収し，精留塔で高沸物を除去し製品酢酸を得ている．

アセトアルデヒドを酸化するだけなら非常に優れたプロセスであるが，この方法の欠点は，前段のアセトアルデヒドの製造のところにある．Hoechst-Wacker 法として有名なエチレンからアセトアルデヒドへの部分酸化は，酸化還元サイクルを円滑に進行させ，Pd の析出を防ぐために，大過剰の塩化銅を用いる．さらに反応系に塩酸を加えていて，反応器の腐食性が大きく，設備の保守費用，廃水処理費用が大きい．

c　エチレン直酸法

エチレンを直接酸化して酢酸を得る反応の触媒は，金属状態の Pd とヘテロポリ酸を組み合わせ，シリカなどの担体に担持した固体触媒である．この反応の反応機構としては，Wacker 反応によりエチレンがアセトアルデヒドに変換され，さらに酢酸に酸化される経路が有力なようである[11]．

この経路ではエチレンからアセトアルデヒドが生成し，さらに酢酸までの酸化が進行すると考えられる．この方法によるプロセスフローを図 6.4.4 に示す[12]．反応器にエチレンと酸素と水を供給するために，生成酢酸中に水が含まれている．水から酢酸を分離する費用を低減するために，抽出と共沸を組み合わせた工夫を精製系で行っている．エチレンからの選択率が高く副生物の少ないことが特徴である．

d　炭化水素酸化法

ナフサやブタンを酸化して酢酸を得る反応は，典型的ラジカル連鎖機構で進み，反応は (6.4.7) 式のように示される．Co などの酢酸塩を触媒に用い，

$$CH_3CH_2CH_2CH_3 + O_2 \rightarrow CH_3COOH + \text{副生物} \qquad (6.4.7)$$

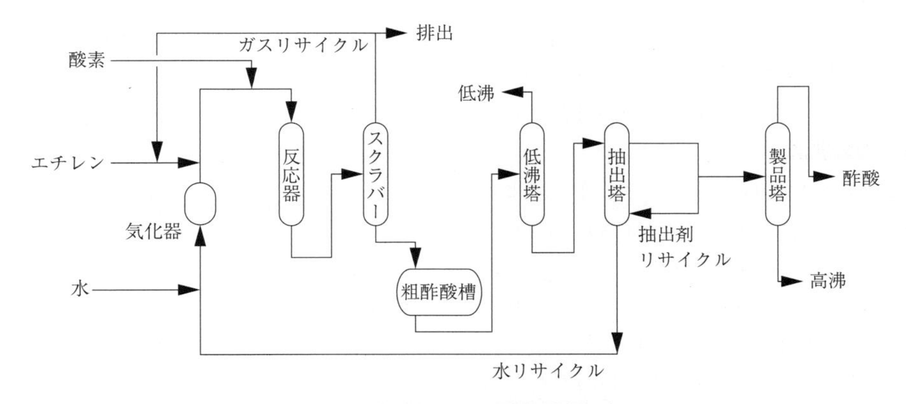

図 6.4.4　エチレン直接酸化による酢酸の製造プロセスフロー

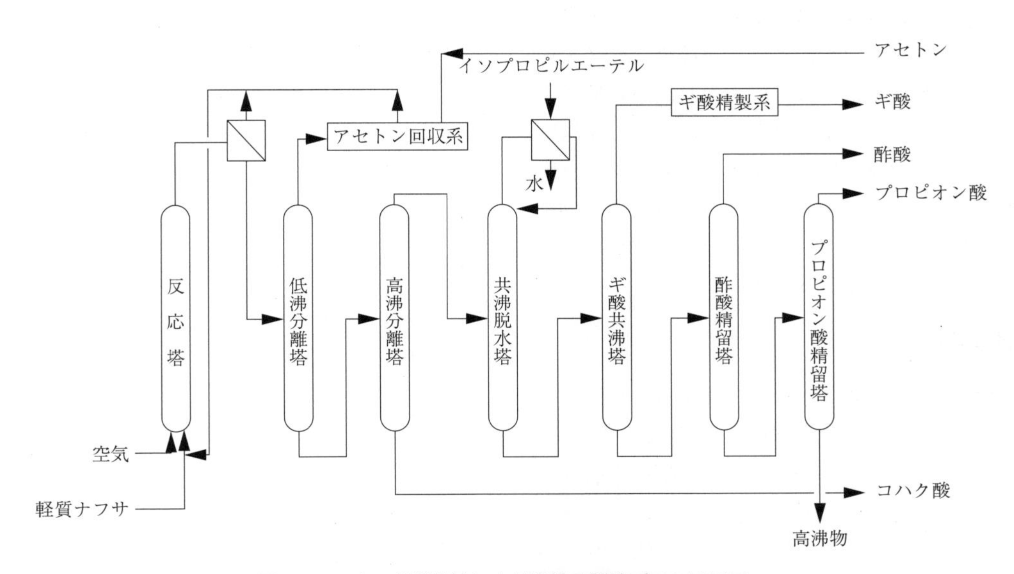

図 6.4.5　ナフサ酸化法による酢酸の製造プロセスフロー

選択率は低いものの副生物のギ酸やプロピオン酸を回収して製品化しており，反応熱回収まで考慮すると，費用的には前二者に十分対抗できるようである．

改良研究は少ないが，精製分離のための設備投資が大きいだけに選択率が向上すれば，もっと安価に製造できる可能性もある．この方法によるプロセスフローとして，ナフサ原料法を図 6.4.5 に示す[13)]．反応液は油層と有機酸層に二層分離するので，油層は反応器に戻し，有機酸層が精製系に送られる．有機酸層からは低沸分としてアセトンのみを回収し，他は反応器に戻される．高沸分離塔でコハク酸を回収したのち，共沸脱水塔で水を分離し，ギ酸，酢酸，プロピオン酸を精製し，それぞれを製品としている．

e　経費優位性の比較

過去，メタノールのカルボニル化が経済的に最も有利であるといわれていた．ただし，酢酸のような汎用化成品の場合，製造費に占める原料費の割合は非常に大きく，製造費は原料によるところが大である．ナフサ(エチレンの価格はナフサの価格に比例する)の価格が相対的にメタノールに比較して安価なときもあり，一概にメタノール法が有利とはいえない．ただし，メタノールの価格変動がより大きく酢酸の価格に影響を与えている．これは，前述のようにメタノール法が酢酸の生産能力に占める比率が圧倒的に大きいためで，国内では1980年にメタノール法による協同酢酸の操業を境に，アセトアルデヒド法のシェアが大幅に減少しているし，世界でもメタノール法は酢酸の製造法の80％以上を占めるまでになっている．このため，今後も酢酸の価格はメタノールの原料費に左右されていくと考えてよく，他の製法はそれに対抗できるかどうかが鍵となる．

f 今後の酢酸の製造法

酢酸の製造法については，ここにきてさらにより安価な原料を用いる製造法の研究が行われている．たとえば，メタノールを原料に使用せずにメタンだけを原料にしようとする検討[14]や，エタン[15]やクラッカーから得られる C_4 留分の抽残物であるラフィネート[16]を原料に用いようとする検討が行われている．エチレンのみならずメタノールの価格も今後高騰しないという保証はないので，これらの製造法はいずれも画期的な製法となる可能性を秘めている．ただし，製法転換を行うにあたり，単に原料が安価に入手できるということだけではなく，主反応選択性以外にも分離しにくい副生物の有無や，反応熱の回収などプロセス全体にわたるエネルギー効率も十分に考慮してプロセスを構築する必要があり，前記技術も乗り越えるべき課題は多い．

B 無水酢酸

無水酢酸の国内需要は，ほとんどが液晶光学フィルム，タバコフィルターの原料となる酢酸繊維素（アセチルセルロース）用のアセチル化剤として消費されている．これ以外の用途としては，医薬，染料，可塑剤などの分野でアセチル化剤として使われている．工業的製法としては，国内ではケテンを原料として作られている．これ以外に，アセトアルデヒドを原料とする製法があったが，酢酸メチルを原料とする方法が Eastmann Chemical 社により工業化された[17]．

a ケテン法

ケテンは(6.4.8)式のようにトリエチルフォスフェートを触媒として，高温で酢酸を脱水することにより，得ることができる．

$$CH_3COOH \longrightarrow CH_2{=}C{=}O + H_2O \qquad (6.4.8)$$

この反応は700℃以上の高温を必要とし，減圧下に気相中で脱水反応が行われる．Ni はコーキングの触媒になるので，Ni を含まない材料で反応器を作る必要がある．熱分解炉の出口でアンモニアと接触させ触媒を分解し，生成したケテンが酢酸に戻るのを防ぐ．また，このときにアンモニアを若干過剰に使用し，ケテンの重合禁止剤となるアセトアミドを生成させる．

ケテン蒸気は酢酸水溶液と分離後，減圧下にケテン吸収塔で酢酸と反応させて無水酢酸に変換する．

$$CH_2{=}C{=}O + CH_3COOH \longrightarrow (CH_3CO)_2O \qquad (6.4.9)$$

選択率はケテンへの脱水反応は90～95％であるが，後段の無水酢酸を生成する反応はほぼ定量的である．このプロセスのプロセスフローを図6.4.6に示す[18]．

b 酢酸メチルのカルボニル化法

酢酸メチルをカルボニル化して無水酢酸にする方法は，Eastmann，Halcon 両社によって開発され，BP Chemicals 社や Celanese 社も同様なプロセスで酢酸との併産プラントを工業化した．

$$CH_3COOH + CH_3OH \longrightarrow CH_3COOCH_3 + H_2O$$
$$CH_3COOCH_3 + CO \longrightarrow (CH_3CO)_2O \qquad (6.4.10)$$

3価の Rh 錯体を水素により還元して，カルボニル化触媒として活性な1価の錯体に変換している．

$$[Rh(CO)_2I_4]^- + H_2 \longrightarrow [Rh(CO)_2I_2]^- + 2HI \qquad (6.4.11)$$

反応は液相中，リチウムやホスフィン，ピコリンのような配位子を共存させて実施されている．提案されている反応機構を図6.4.7に示す[17]．

この BP Chemicals 社の酢酸との併産プラントのプロセスフローを図6.4.8に示す[19]．このプロセスでは酢酸メチルとともにメタノールを供給し，過剰に酢酸を副生させ酢酸メチルの原料として使用するとともに，余分な酢酸を製品としている．

C 酢酸ビニル

酢酸ビニルの最も大きな用途はポリビニルアルコール（ポバール）向けで，自己消費も含めて国内需要の7割強を占める．ポリビニルアルコールの用途では，かつてはビニロン繊維向けが大きな割合を占めていたが，織布産業の海外移転が進み，繊維加工業が空洞化してきたために繊維向けは減少し，自動車の合わせガラスの接着剤に使われるポリビニルブチラール用途や，紙加工材などが伸びている．ポリビニルアルコール以外の酢酸ビニルモノマーの用

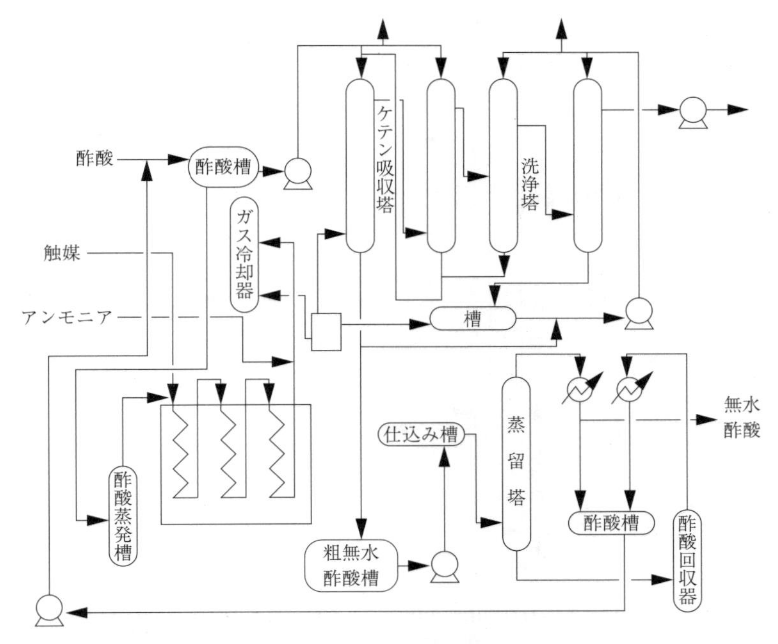

図 6.4.6　ケテン法による無水酢酸の製造プロセスフロー

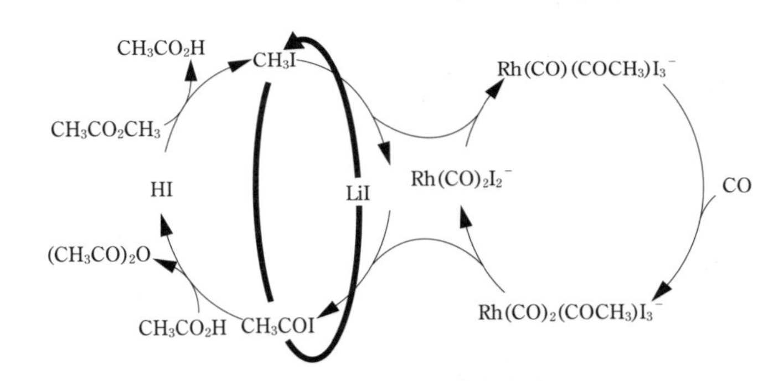

図 6.4.7　ロジウム触媒による無水酢酸の生成機構

途としては，エチレンとの共重合体であるEVA（エチレン酢酸ビニル共重合体）や食品包装材に使われるEVOH（エチレンビニルアルコール共重合体）などの用途も伸びている．

酢酸ビニルモノマーの製造法としては，かつてはアセチレンを原料とするカーバイド法が主流であった．現在，国内ではすべてエチレン法になっており，海外でもカーバイド法は中国，ヨーロッパの一部のプラントで稼働を継続しているのみである．エチレン法は，I. I. Moiseevに見いだされたPdを主触媒として，エチレンと酢酸と酸素を反応させる．

$$CH_2{=}CH_2 + CH_3COOH + 1/2\ O_2 \longrightarrow CH_2{=}CHOAc + H_2O \quad (6.4.12)$$

副反応としては(6.4.13)式に示すものがある．

$$CH_2{=}CH_2 + 3\ O_2 \longrightarrow 2\ CO_2 + 2\ H_2O$$
$$CH_2{=}CH_2 + 1/2\ O_2 \longrightarrow CH_3CHO$$
$$CH_2{=}CH_2 + CH_3COOH \longrightarrow CH_3CH_2OAc$$
$$CH_2{=}CH_2 + 2\ CH_3COOH + 1/2\ O_2 \longrightarrow (AcO)_2CHCH_3 + H_2O \quad (6.4.13)$$

エチレン法で工業化が行われたものは，ICI法（液相），Bayer法（気相），National Distillers（現Millennium）法（気相），BP Chemicals社が開発したLeap法（気相）がある．ICI社の液相法は日本で最初に企業化されたものの，反応液の腐食性が非常に激しく，現在では実施されていない．気相法の主流はBayer法であり，National Distillers法は一部のメーカーで採用されているにすぎず，Leapプロセスは BP Chemicals社から INEOS Group Limited

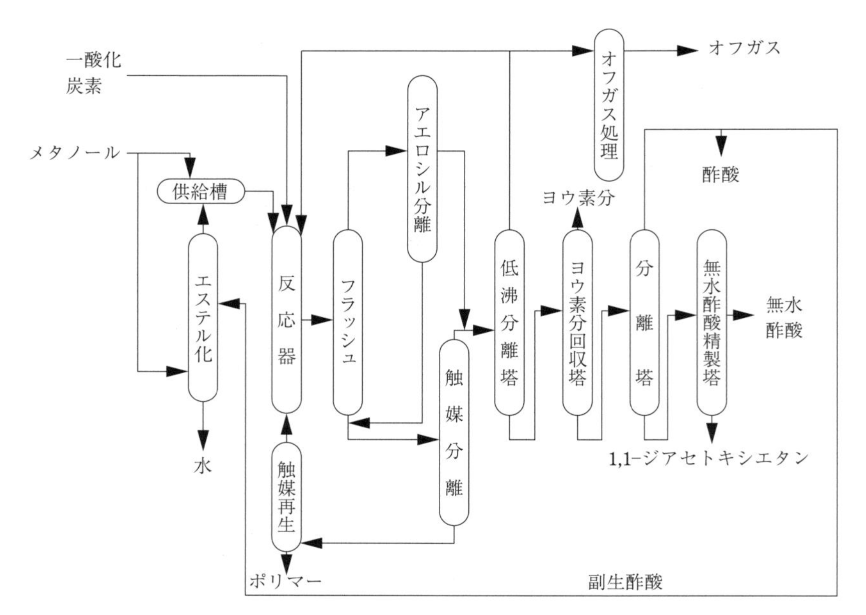

図 6.4.8　酢酸メチルのカルボニル化法による無水酢酸の製造プロセスフロー

表 6.4.2　酢酸ビニルの生産能力上位 10 社(千 t，2013 年)

生産者	国	生産能力	世界シェア
Celanese	China, Germany, Singapore, Spain, USA	1,605	19.1%
Sinopec	China	736	8.7%
Dow Chemical	South Korea, USA	434	5.2%
LyondellBasell	USA	410	4.9%
Chang Chun Petrochemical	Taiwan	390	4.6%
DuPont	USA	336	4.0%
Anhui Vinylon Works	China	315	3.7%
Ineos	HK	300	3.6%
Shangxi Yanchang Group	China	300	3.6%
Nan Pao Resins Chemical	Taiwan	260	3.1%
Total Capacity: TOP 10 Producers		5,086	60.4%
Total Capacity: World		8,417	

社に引き継がれたが，2013 年にプラントを中止している[20]．2013 年の時点で稼働している代表的な酢酸ビニルの製造プラントを表 6.4.2 に示す[21]．

a　エチレン法(Bayer 法)

工業的には，気相中でエチレンと酢酸と酸素を反応させるのに際して，除熱の点で有利な多管式反応管が採用されている．触媒も反応時の圧損を考慮し，5mmϕ 前後の球形シリカやアルミナ担体に触媒成分を担持している．触媒成分としては，主触媒である Pd 金属を担体に対して 0.1〜2 wt％担持し，助触媒として 0.5〜5 wt％の酢酸カリウム(または他のアルカリ金属塩)を担持する．必要に応じて，他の貴金属を Pd に対して 10〜70 wt％加えることが多いようである．酢酸カリウムは反応中に徐々に触媒から離散し，担体中での濃度が下がってしまうために，連続的に酢酸カリウムを酢酸に溶解して触媒層に添加していく必要がある．触媒活性は触媒の調製法や形状の違いによっても大きく影響を受け，今でも改良研究が行われている．特に担持法の重要な因子としては，主触媒の Pd をいかに担体表面に高濃度に担持するか[22]である．

酢酸ビニルの空時収率については，反応器が多管式の固定床であるとはいえ，反応熱が主反応と副反応とを合わせて約 250 kJ(mol- 酢酸ビニル)$^{-1}$ にな

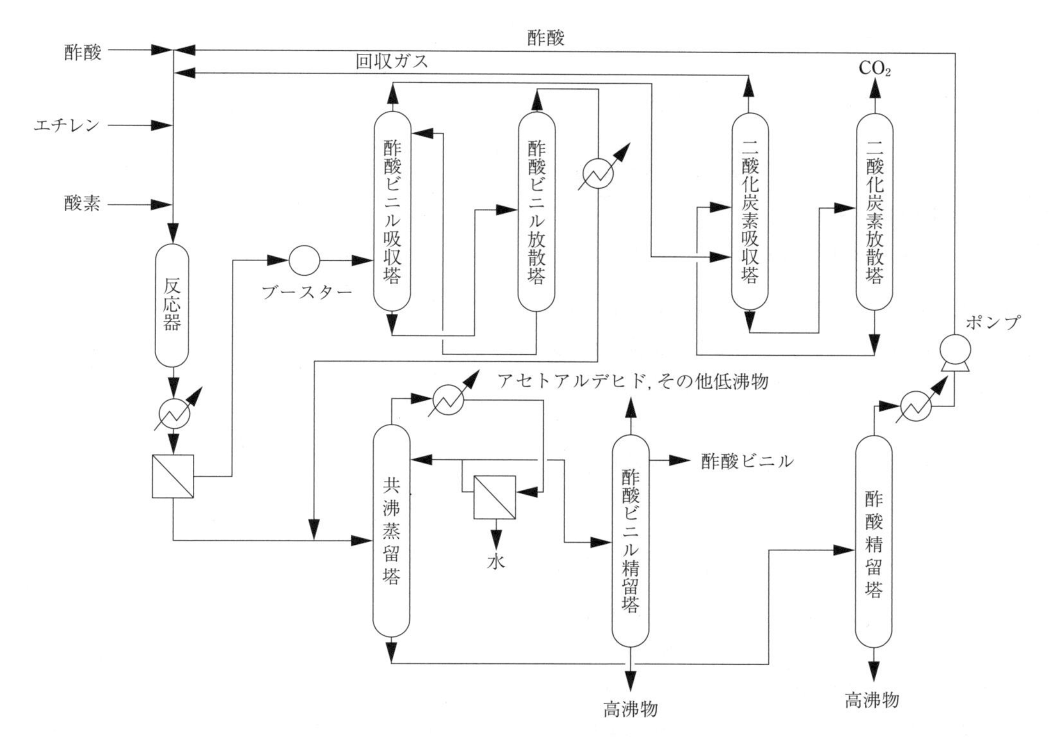

図 6.4.9　エチレン法による酢酸ビニルの製造プロセスフロー

るために除熱などの課題があり，実際の反応器で 500 g(L-cat・h)$^{-1}$ 以上をだすことは難しい．そのために，触媒の改良研究は触媒寿命を伸ばす方向で行われてきている．この場合時間とともに触媒活性が低下するので，生産量を維持するために反応温度を上げていく必要がある．エチレンの初期選択率は 90％以上と高いが，触媒寿命の終期にはエチレン基準の選択率が下がってしまう．これをいかに抑制するかが今後とも重要である．この方法でのプロセスフローを図 6.4.9 に示す[23]．

反応器は縦型の多管式の固定床反応器であり，反応管の長さは通常は 5～15 m，内径は 20～50 mm であり，反応熱の除熱と圧損などを考慮して決定される．反応器を出た混合ガス中の酢酸ビニルは，冷却操作や適当な吸収剤を用いて凝縮する．二酸化炭素を含んだ未反応エチレンは，熱炭酸カリウム法で二酸化炭素を除去したのち，反応器にリサイクルされる．

凝縮液は，最初に水と酢酸ビニルを共沸させて軽沸として回収し，未反応酢酸と分離する．共沸混合物は水層と酢酸ビニル層の 2 層に分離するので，デカンターにより分離する．得られた酢酸ビニルからアセトアルデヒド，酢酸メチルなどの低沸点不純物と，酢酸エチルなどの高沸点不純物を分離し，酢酸ビニルの製品を得る．

b　流動床酢酸ビニル製造プロセス

前項のように，固定床の反応器では酢酸ビニルの空時収率の向上に限界がある．1998 年に BP Chemicals 社は，流動床の反応器を用いて酢酸ビニルを製造するプロセスを開発した[24]．Leap プロセスとよばれるこのプロセスは，触媒は主触媒として Pd を，助触媒として酢酸カリウムを用いることは同じであるが，流動床用に 300 μm 以下の微細な担体が用いられている[25]．装置自体が小型に収まり，固定床触媒と違って，触媒劣化を気にする必要がなく，効率的に反応を行うことができる．

c　今後の展望

エチレン法の酢酸ビニルの製造プロセスは選択率も比較的高く，素反応レベルで開発すべき課題は少ない．したがって，固定床では触媒寿命をより長くもたせる検討や，Leap プロセスにみられるように，プロセス自体をより効率的に実施する検討が進んでいくであろう．また Eastmann Chemical 社から，(6.4.14)式のように，酢酸のみを原料とするプロセスが提案されている[26].

$$
\begin{aligned}
&2\ CH_3COOH \longrightarrow 2\ CH_2{=}C{=}O + 2\ H_2O \\
&CH_2{=}C{=}O + H_2 \longrightarrow CH_3CHO \\
&CH_3CHO + CH_2{=}C{=}O \longrightarrow CH_2{=}CHOCOCH_3 \\
\hline
&2\ CH_3COOH + H_2 \longrightarrow \\
&\quad CH_2{=}CHOCOCH_3 + 2\ H_2O \qquad (6.4.14)
\end{aligned}
$$

ケテンの水素化とその後の縮合を分離して行う必要があるが，縮合反応自体は95 mol％前後で酢酸ビニルを得ることができる．ケテンを得るところの収率は90〜95％であるので，エチレンとメタノールの価格差によっては，工業的に成立できる可能性を秘めているかもしれない．

文献

1) S/Db-CHEM, A COMPREHENSIVE WORLD DATABASE, FORECAST & ANALYSIS, Section XV, Technon OrbiChem Ltd.(2013)
2) T. W. Dekleva, D. Forster, Adv. Catal., 34, 81(1986)
3) M. Gauss et al., Appl. Homogen. Catal. Organ. Compd., 1, 104(1996)
4) D. J. Watson, Chem. Ind., 75, 369(1998)
5) 特開平10-310550(1998)；特開平10-310548(1998)；特開平10-273470(1998)；特開平10-310549(1998)
6) H. D. Grove, Hydrocarbon Processing, 51(11), 76(1972)
7) Asian Chemical News, 23 November 16(1998)
8) 特開平10-53544(1998.2.24)
9) Chem & Eng News, 91(47), 20(Nov.25, 2013)
10) 石油学会編，プロセスハンドブック，(75/1)B(1975)
11) T. Kawakami, Y. Ooka, H. Hattori, W. Chu, Y. Kamiya, T. Okuhara, Applied Catalysis A: General, 350, 103–110(2008)
12) 佐野健一，内田博，触媒，41(4)，290(1999)
13) 酢酸工業会編，日本酢酸業界史，p.703，酢酸工業会(1978)
14) 特開平10-279516(1998)
15) a) 特表2000-510856(2000)；特表2000-515158(2000)；特表2001-524089(2001)；特表2001-523237(2001)，b) 特開平10-17523(1998)，c) 特開平4-257528(1992)
16) a) European Chemical News(1836), 31(1998), b) 特表2000-505723(2000)；特開2000-26363(2000)；特開2000-26364(2000)
17) S. L. Cook, Chem. Ind., 49, 145(1993)
18) 改訂製造工程図全集，第2巻，p.292，化学工業社(1978)
19) M. J. Howard et al., Catal. Today, 18, 325(1993)
20) Chem.Week, 2013/10/19, p.19
21) S/Db-CHEM, A COMPREHENSIVE WORLD DATABASE, FORECAST & ANALYSIS, Section XVI, Technon OrbiChem Ltd.(2013)
22) a) 特公昭45-40523(1970)；特公昭60-9864(1985), b) 特公昭59-46668(1984)
23) 改訂製造工程図全集，第2巻，p.348，化学工業社(1978)
24) European Chemical News, 37, November 23, 1838(1998)
25) a) 特許4933047(2012.2.24)，b) 特許5187996(2013.2.1)
26) a) European Chemical News(1838), 29(1998), b) 特表2001-506625(2001),；特表2001-505909(2001)

6.4.2 テレフタル酸

A 概要

a 製造技術の変遷

テレフタル酸(TPA)製造技術開発は，ポリエステル(PET)の商業生産が牽引力となって進められてきた[1]．TPAの商業生産の代表的な製造技術の方法については，たとえば桜井[2]らが詳細に報告しているのでそれらを参照されたい．TPAの商業生産は，米国のDuPont社，ICI社によるパラキシレンを加圧下で液相酸化する硝酸酸化法から始まり，1951年に発明されたジメチルテレフタル酸(DMT)を合成する(Witten法)技術[3]が1960年代まではPET製造原料の主流となった．一方，エステル化を経由せずPXから直接TPAを高純度・低コストにて合成する基本技術が1955年米国のMidcentury社により見いだされ[4](MC法)，その後Scientific Design社によって技術開発された(SD法)．Amoco社はMC法基本技術を導入して工業化開発を行ったが，ICI社も同じ方法の特許を同じ出願日に出している．ICI社はSD法を技術導入し1959年から商業生産を開始したが，Amoco社はさらにMC法で得られた粗製TPAを，水溶媒下250〜300℃にて水素を用いて不純物を還元処理する精製工程を備えた高純度TPA製造工程を開発し[5]，1965年にこの精製工程を合わせた高純度TPAの商業生産を開始した(Amoco法)．その後，次第にAmoco法がWritten法にとって代わりTPA製造法の主流となった．そして現在は，種々の企業が同法による技術開発に取り組み，独自の技術開発を進めるに至った．開発当初年産10〜30万tであったが，現在では最大130万t弱の規模にもなっている．

b　製品の用途

世界のTPAの消費のほぼ90％以上はPETであり，残りはポリトリメチレンテレフタレート(PTT)，ポリブチレンテレフタレート(PBT)，その他機能性ポリエステルである．PET樹脂は，主用途として繊維，シートやフィルム，ボトルの形状で使われている．世界のポリエステル需要は，2013年時点で約4,700万t，成長率は約7％であった．その内訳は，約68％が繊維用途，約27％がボトル用途，約5％がフィルム用途となっている．世界の中でも特に中国は，大生産国であり最大需要国でもある．需要は2013年時点でほぼ3,100万tで世界の約66％を占めている．その内訳は，約80％が繊維向け，15％がボトル向け，5％がフィルム向けとなっている．

c　生産量，需給バランス，および市況動向

表6.4.3，表6.4.4には，世界およびアジアのTPAの需給バランスをそれぞれ示す[6]．TPAの消費はおおむね繊維向けPET需要に後押しされた形で伸び，特に2010年代以降インドを含めたアジアでTPAの新増設が目白押しとなった．PETと同様に設備能力が需要を大きく上回る状況が続き，特に中国における設備の新増設による供給過多は，TPA市場を大きく混乱させた．今後世界で2016年〜2018年にて約1,550万tの増設計画が発表されているが，稼働率の低下による収益の悪化，プラント事故や環境問題などにより，この間に約1,100万tの既設プラントの統廃合，稼働停止あるいは撤退することが報じられている[7]．

2016年ごろに至りようやくTPAの需給バランスがとれてきた[8]．中国ではすでに一部輸出が始まっており，PET繊維の成長が著しいインドもTPAの増産計画はほぼ終了し，輸出に転じることになる．今後成長率は鈍化するものの一定の需要を満たすものと思われるが，中国における設備の新増設以来，PX-TPAのスプレッドが依然回復せず低迷した状態が続いている．2016年もTPA業界は大変厳しい事業環境が続くものと思われ，今後いっそうの事業再編などが進むものと思われる．

d　TPA製造メーカー，プラント建設実績，およびプロセスオーナー(ライセンサー)

表6.4.5に，世界におけるTPA製造メーカーとその製造能力(2013年および2018年予測)およびライセンサーの一覧を示す[6]．TPAの製造で世界的展開を行っているのはBP社や三菱化学(現三菱ケミカル)であるが，最近タイを拠点とするIndorama社がPET事業の強化と合わせて頭角を示してきた．参入メーカーの数や設備規模からみても中国企業が圧倒的な強さを示している．しかし中国企業を中心とする設備過剰の煽りを受けて，2018年には増設計画はあるもののプラント停止や事業の統廃合および撤退などが進んでいる．

主要ライセンサーは，BP社，INVISTA社，三菱ケミカル，三井化学，日立，Dow社，Samsung社などがあるが，この中でもINVISTA社，BP社および三菱ケミカルが中心である．INVISTA社は，ICI → DuPont → DTI → Kochを経て2004年に設立された．TPAのライセンス活動に特化しており，技術改良を重ねて多くのライセンス実績を積み，特に中国やインドを含めたアジアでは強力な存在となっている．BP社は，1998年にAmoco社を合併してBP Amoco社となり，さらに2000年Arco社の一部を吸収してBP社となった．当初BP社はライセンスには積極的ではなかったが，最近はインドのJBF社をはじめIndorama社，オマーンや中国(新疆)への積極的なライセンスの展開を行っている．なお，同じ年度における製造能力の総計において表6.4.3と少し異っているのは，メーカーによって参入と統廃合についての情報にバラツキがあるためと思われる．

B　製造法

a　反応

TPAの工業的製造法は，2017年4月時点での製造能力のほぼ98％がPXの液相空気酸化法が用いられているので，本書では当該技術について述べる

表 6.4.3 世界の TPA の需給バランス

(単位：千 t)

地域	能力／生産／需要	実績 2007	2008	2009	2010	2011	2012	2013	2014	予測 2015	2016	2017	2018	2019	2020	年平均成長率(% y^{-1}) 07～14	15～20
アジア	能力	32,171	34,951	36,101	40,981	41,731	52,931	62,381	71,561	70,041	70,041	70,441	70,441	70,441	70,441	12.1	-0.3
	生産	26,018	26,130	28,548	31,303	31,992	31,715	38,401	42,640	45,534	48,023	50,004	52,613	55,532	57,946	7.3	5.2
	需要	24,815	25,298	27,867	30,438	31,302	31,481	37,872	40,882	42,640	45,363	48,027	50,878	53,668	56,294	7.4	5.5
北米	能力	4,280	3,605	2,989	3,099	3,110	3,820	3,820	3,820	3,820	3,820	3,820	3,820	3,820	3,820	−1.7	0.0
	生産	4,280	3,605	2,989	3,099	3,110	3,820	3,820	3,820	3,820	3,820	3,820	3,820	3,820	3,820	−1.6	0.0
	需要	3,720	3,205	3,219	3,492	3,506	4,120	4,131	4,143	4,156	4,170	4,184	4,197	4,197	4,197	1.5	0.2
ヨーロッパ	能力	2,965	3,307	2,772	3,254	3,500	4,445	4,130	3,655	3,905	3,905	3,905	3,905	3,905	3,905	3.0	1.1
	生産	2,722	2,254	2,122	2,593	2,745	3,123	2,855	2,563	2,777	3,342	3,563	3,601	3,627	4,352	−1.6	0.0
	需要	3,172	2,713	2,389	2,649	2,150	2,551	2,478	2,969	3,281	3,412	3,684	3,885	4,066	4,417	−0.9	6.8
CIS	能力	230	230	230	240	240	240	250	250	250	460	460	960	960	960	1.2	25.1
	生産	180	207	236	240	238	252	260	252	245	247	253	259	266	273	4.9	1.3
	需要	96	197	237	299	341	390	394	342	333	335	343	352	361	370	19.9	1.3
中東*	能力	1,050	1,050	1,050	1,100	1,180	1,180	1,510	1,510	1,510	1,510	1,510	1,510	2,610	2,610	5.3	9.5
	生産	865	765	741	696	673	624	474	524	709	892	1,065	1,142	1,217	1,952	4.9	1.3
	需要	497	814	1,048	1,136	1,466	1,445	1,773	1,923	1,979	2,256	2,582	2,677	2,823	3,007	21.3	7.7
アフリカ	能力	0	0	0	0	0	0	0	0	0	0	0	0	0	0	−	−
	生産	0	0	0	0	0	0	0	0	0	0	0	0	0	0	−	−
	需要	155	129	90	107	98	113	118	213	154	229	271	309	343	450	4.6	13.3
中南米	能力	2,172	2,172	2,282	1,780	2,170	2,170	2,170	2,170	2,170	2,170	2,170	2,170	2,670	2,670	0.0	3.5
	生産	1,499	1,155	1,361	1,301	1,786	1,960	1,960	1,960	1,960	1,960	1,960	1,960	2,410	2,410	3.9	3.5
	需要	1,438	1,520	1,190	1,315	1,273	1,109	1,139	1,169	1,159	1,166	1,180	934	938	943	−2.9	-3.5
世界計	能力	43,382	46,504	47,179	51,595	53,061	65,206	74,681	83,386	82,116	82,326	82,726	83,226	84,826	84,826	9.8	0.3
	生産	35,564	34,116	35,996	39,232	40,545	41,494	47,769	51,759	55,045	58,284	60,665	63,395	66,872	70,753	5.5	5.3
	需要	33,945	33,931	36,097	39,491	40,191	41,208	47,905	51,641	53,702	56,931	60,271	63,232	66,396	69,678	6.2	5.1

* 2007 年～2010 年についてはトルコはヨーロッパに含まれるが，2011 年以降トルコは中東に含む．

表 6.4.4　アジアの TPA の需給バランス

（単位：千 t）

地域	年 / 能力／生産／需要	実績 2007	2008	2009	2010	2011	2012	2013	2014	予測 2015	2016	2017	2018	2019	2020	年平均成長率(% y^{-1}) 07〜14	15〜20
韓　国	能力	5,800	6,380	6,380	6,380	6,680	6,680	6,680	6,160	6,160	6,160	6,160	6,160	6,160	6,160	0.9	0.0
	生産	5,617	6,050	6,325	6,535	6,629	6,219	5,874	5,335	5,000	5,000	4,700	4,700	4,700	4,700	−0.7	−2.1
	需要	2,607	2,537	2,708	2,884	3,010	2,947	2,915	2,708	2,700	2,700	2,700	2,700	2,600	2,600	0.5	−0.7
台　湾	能力	5,320	5,720	5,720	5,570	5,570	5,670	5,720	5,320	3,400	3,400	3,400	3,400	3,400	3,400	0.0	−7.2
	生産	4,437	4,040	4,406	5,163	5,303	4,388	2,930	2,596	2,550	2,500	2,450	2,400	2,350	2,300	−7.4	−2.0
	需要	2,310	2,054	2,234	2,496	2,342	2,452	2,432	2,390	2,400	2,350	2,300	2,250	2,200	2,150	0.5	−1.7
タイ	能力	2,660	2,660	2,660	2,660	2,660	2,660	2,660	2,660	2,660	2,660	2,660	2,660	2,660	2,660	0.0	0.0
	生産	2,562	2,184	2,499	2,723	2,726	2,502	2,067	2,075	2,075	2,075	2,075	2,075	2,075	2,075	−3.0	0.0
	需要	1,090	980	1,160	1,286	1,210	1,073	1,111	1,182	1,175	1,175	1,175	1,175	1,175	1,175	1.2	−0.1
インドネシア	能力	1,840	1,840	1,440	1,440	1,440	1,840	1,840	1,840	1,840	1,840	2,240	2,240	2,240	2,240	0.0	3.3
	生産	1,851	1,545	1,299	1,292	1,319	1,356	1,314	1,404	1,557	1,680	1,800	2,000	2,000	2,000	−3.9	6.1
	需要	1,341	1,310	1,284	1,321	1,340	1,316	1,390	1,432	1,432	1,432	1,500	1,600	1,600	1,600	0.9	1.9
インド	能力	2,580	3,050	3,050	3,850	3,850	3,850	3,850	5,250	5,250	5,250	5,250	5,250	5,250	5,250	10.7	0.0
	生産	2,359	2,660	2,965	3,570	3,497	3,736	3,450	3,800	5,053	5,250	5,250	5,250	5,250	5,250	7.0	5.5
	需要	2,396	2,773	3,265	3,909	4,153	4,485	4,389	4,650	5,053	5,682	6,063	6,469	6,902	6,902	9.9	6.8
中　国（含香港）	能力	12,061	13,391	15,101	19,331	20,031	30,731	40,131	48,831	49,481	49,481	49,481	49,481	49,481	49,481	22.1	0.2
	生産	7,398	8,156	9,644	10,345	11,075	12,279	21,432	26,203	28,198	30,431	32,657	35,132	38,100	40,574	19.8	7.6
	需要	13,414	14,073	15,898	16,983	17,575	17,640	24,048	26,903	28,326	30,445	32,689	35,062	37,569	40,255	10.5	6.9
アジア計	能力	32,171	34,951	36,101	40,981	41,731	52,931	62,381	71,561	70,041	70,041	70,441	70,441	70,441	70,441	12.1	−0.3
	生産	26,018	26,130	28,548	31,303	31,992	31,715	38,401	42,640	45,534	48,023	50,004	52,613	55,532	57,946	7.3	5.2
	需要	24,815	25,298	27,867	30,438	31,302	31,481	37,872	40,882	42,640	45,363	48,027	50,878	53,668	56,294	7.4	5.5

表 6.4.5　TPA 製造メーカーおよびライセンサー

	会社または グループ	操業国	能力(千 t y^{-1})		技術 (ライセンサー)
			2013 年	2018 年(予測)	
1	逸盛グループ	中国	11,040	14,340	日立，INVISTA，BP
2	BP グループ	米国，ベルギー，中国，マレーシア，インドネシア	6,050	6,720	BP
3	中国石化(Sinopec)	中国	5,579	6,629	INVISTA，BP，三井化学，日立
4	恒力石化	中国	4,400	6,600	INVISTA
5	三菱化学グループ	韓国，インドネシア，中国，インド	4,220	1,540	三菱化学，他
6	FCFC	台湾，中国	4,225	5,800	日立，他
7	遠東集団	中国	2,600	0(4,100)	INVISTA，CTIEI, 他
8	Reliance	インド	2,330	4,430	INVISTA
9	三井化学	日本，タイ，	2,310	1,840	BP，三井化学
10	翔鷺騰龍集団	中国	2,150	0(6,150)	日立 , 他
11	サムソン	韓国	2,000	2,000	BP, 他
12	CAPCO	台湾	1,870	700	BP
13	Indorama グループ	タイ，オランダ，スペイン，イタリア	1,790	3,690	BP，Eastman，他
14	嘉興石化	中国	1,500	3,700	INVISTA
15	海倫化工	中国	1,200	2,700	崑崙(旧中紡院)
16	泰光産業	韓国	1,050	1,050	
17	中国石油(CNPC)	中国	1,030	1,030	INVISTA
18	東方石化台湾(遠東紡)	台湾	1,000	2,500	INVISTA
19	KP Chemical	韓国	950	950	
20	Petrocel	メキシコ	900	900	BP
21	重慶蓬威石油化工	中国	900	900	崑崙(旧中紡院)
22	Shahid Tondguyan	イラン	700	700	三菱ケミカル，他
23	Artlant	ポルトガル	700	700	INVISTA
24	TPT Petrochemicals	タイ	650	650	
25	漢邦石化	中国	640	3,000	INVISTA
26	佳龍石化纖維	中国	640	640	INVISTA
27	Temex	メキシコ	630	630	BP
28	Dak Americas	米国	600	1,200	
29	PKN オーレン	ポーランド	600	600	三菱ケミカル，他
30	Ibn Rushd	サウジアラビア	550	550	INVISTA，他
31	Indian Oil	インド	520	520	Eastman
32	SK ケミカル	韓国	500	500	INVISTA
33	Lotte Pakistan PTA	パキスタン	500	500	
34	Tuntex PC	台湾	480	640	
35	Petroquimica Suape	ブラジル	595	770	
36	暁星	韓国	420	420	
37	東レ	日本	250	250	自社
38	Polief	ロシア	250	250	BP，Eastman，他
39	水島アロマ	日本	245	0	Hercules
40	Eastman	米国	240	240	Eastman
41	Petkim	トルコ	87	105	Eastman
42	盛虹石化	中国		1,500	
43	JBF	インド		1,200	BP
44	新疆政府系	中国		1,200	崑崙(旧中紡院)
45	OmanOil/LG Intl JV	オマーン		1,100	BP
46	河南煤化集団	中国		1,000	
47	Tafneft-NPZ	ロシア		200	BP
総計			68,891	87,084	

注)2018 年の能力で 2013 年より小さくなっているグループ(企業)があるが，これは 2012 年～2013 年の増設ラッシュの煽りをうけてプラント停止や事業の統廃合および撤退などが行われた結果である。

こととする[9].

TPA の合成は，PX を空気と Co/Mn/Br 系均一触媒を用い，酢酸溶媒下 170～240℃，1～2 MPa にて行われる．反応に必要な時間は通常平均で 0.5～1 時間程度で通常 PX の 98％以上が反応し，TPA 収率は 95 モル％以上が得られる．

$$\underset{\substack{106.16\\0.639}}{C_6H_4(CH_3)_2\ (PX)} + \underset{\substack{96\\0.578}}{3O_2} \longrightarrow \underset{\substack{166.13\\1.00}}{C_6H_4(COOH)_2\ (TPA)} + \underset{\substack{36\\0.217}}{2H_2O} \quad \varDelta H = -1377\ \mathrm{kJ\,(mol\text{-}PX)^{-1}}\ \ (298\ \mathrm{K})$$

分子量：kg (kg–TPA)$^{-1}$ (6.4.15)

反応は大きな発熱反応であり，反応熱は溶媒の酢酸および生成水によって除去される．TPA の生成に伴って水，少量の TPA 不純物や軽質成分として未反応 PX や未反応酸素，窒素，および酢酸の燃焼による $CO \cdot CO_2$, 臭化メチル, 酢酸メチル，メタノールなどの副生が起こる．TPA の合成ルートは，PX → パラトルアルデヒド (P-TALD) → パラトルイル酸 (PT) → 4–カルボキシベンズアルデヒド (4–CBA) → TPA (TA) からなる中間体を経た逐次反応によって生成されることがほぼ定説である[10].

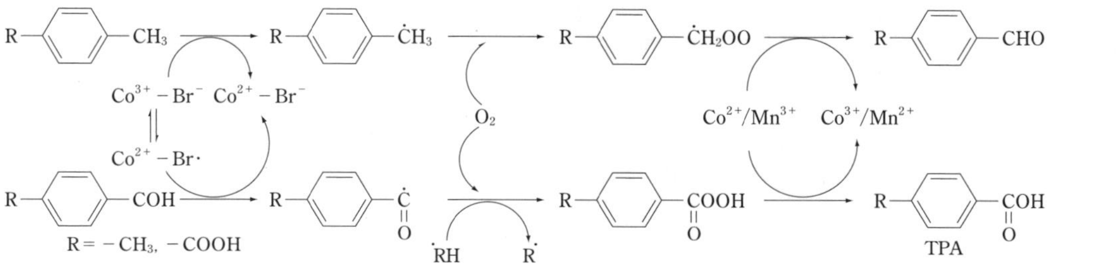

図 6.4.10　ラジカル連鎖機構

本反応の鍵は触媒と溶媒の選定にあり，触媒は Co および Mn の二元系に Br が促進剤として用いられ，溶媒は酢酸が必須である．これらは発明以来ほぼ半世紀を経た現在も使用されているが，なおも触媒反応機構や最適使用条件の探索が行われている．反応の重要な最初のステップは PX のメチル基からの水素引き抜きにあり，Co および Mn の金属イオンによる臭素イオン (Br^-) の酸化によって生成した臭素ラジカル (Br・) により行われる．この Br・は，Co, Mn および酢酸と錯体を形成し，その構造が神屋ら[11]が提案する Co(Ⅲ)$(OAc)_2$Br ラジカル種と仮定するならば，図 6.4.10 に示されるラジカル連鎖機構によって示される[12].

Br・によって生成したメチレンラジカル (–CH_2・) は容易に酸素と反応して過酸化物となる．Co と Mn 金属の混合作用により，Br^- は Mn^{3+} や Co^{3+} によって酸化されて Mn^{3+} は Mn^{2+} に，Mn^{2+} は Co^{3+} によって酸化され Mn^{3+} となる．同時に Co^{3+} は Co^{2+} となるが，これらは過酸化物の分解によりアルデヒド基やカルボキシル基が生成すると同時に Co^{3+} が再生される．PX から TPA への逐次酸化反応において，PX から PT への酸化は比較的容易に起こるが，PT から 4–CBA への反応速度が約一桁小さいこと[10]，さらに生成した 4–CBA の系内での溶解度がきわめて小さく TPA と共晶する性質を有していること，などから 4–CBA から TPA への反応を加速する最適条件が非常に重要である．

b　不純物

反応がラジカル機構で進むために，4–CBA のような中間体以外にもフルオレノン類のようなカルボニル基を含む多環化合物のほか，原料 PX 不純物由来のイソフタル酸，安息香酸，その他重質物など，および溶媒の酢酸反応物（酢酸メチル，コハク酸など），酢酸（燃焼）分解物 (CO, CO_2, メタノールなど)，および酢酸分解反応物（メタン，臭化メチルなど）などが生成する．この他にも数十種類の微量環状化合物が確認されているが，これについては Rogerio[9] らの報告を参照されたい．この中でも品質上や製造上で特に悪影響を及ぼす物質および現象は，4–CBA やフルオレノンのような着色原因物質，酢酸の燃焼・分解によるロス，臭化メチルによる腐食性や分解によるダイオキシン生成の問題などがある．

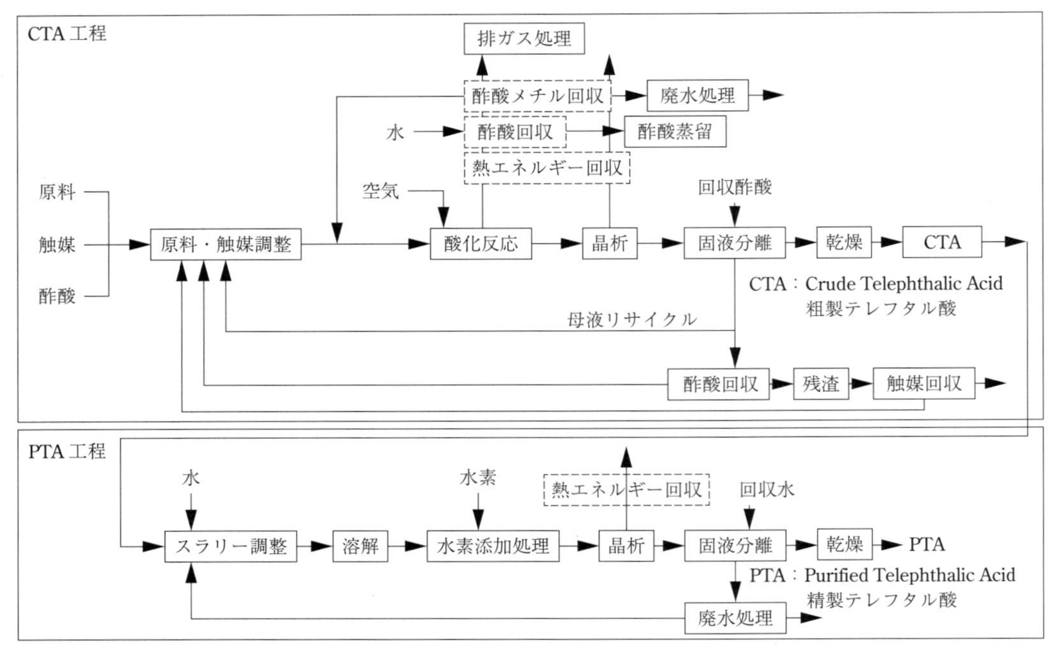

図 6.4.11　高純度 TPA(PTA)製造プロセスブロックフローの一例

c　プロセス

a　高純度 TPA(PTA グレード)製造プロセスフローと技術ポイント

図 6.4.11 にブロックフローの一例を示す．PTA 製造メーカーやプロセスライセンサーは，どの企業も基本的には図 6.4.11 に示されるフロー例をベースとしてプロセス改良を行い，それぞれ特徴ある手法を提案している．そのねらいは，品質改良よるコスト低減に主眼がおかれた検討が中心である．

品質確保の面からは，不純物として副生する特に 4-CBA やフルオレノンなどが重要であり，これらは PET 製造での着色問題や重合抑制剤となる．これら化合物の製品中の最大含有率はたとえば 4-CBA では 25 ppm 未満といわれている．このレベルに低減化するためには，たとえば CTA 工程での酸化反応温度を高くすれば数百 ppm レベルまでは低減化できるが，酢酸の燃焼や他の副反応が増大するためにどうしても数百～数千 ppm 残ってしまう．このためには次の PTA 工程で担持貴金属触媒(通常 Pd/カーボン系)にて水溶媒中加圧下，280～300℃にて(6.4.16)式により 4-CBA やフルオレンを水素化して，着色のない PT やフルオレンおよび軽質物に変換される．PT やフルオレンはきわめて水溶性が高く，その大部分が CTA 酸化反応工程にリサイクルされ容易に再酸化処理され，効率よく目的の PTA 品質を得ることができる．

$$\text{4-CBA}\ (\text{HOOC-C}_6\text{H}_4\text{-CHO}) + 2\text{H}_2 \longrightarrow \text{PT}\ (\text{HOOC-C}_6\text{H}_4\text{-CH}_3) + \text{H}_2\text{O}$$

$$\text{フルオレノン}\ (\text{HO}_2\text{C-},\ \text{-CO}_2\text{H}) + \text{H}_2 \longrightarrow \text{フルオレン}\ (\text{HO}_2\text{C-},\ \text{-CO}_2\text{H}) + \text{H}_2\text{O} \quad (6.4.16)$$

コスト面からは各工程および各ユニットにおいて数多くの技術開発がなされている．重要なポイントは，大型化をねらいとする反応器・反応方式・撹拌翼など，洗浄・固液分離方法および分離器，反応や晶析での熱回収システム，酢酸や水の分離・回収とリサイクル使用，廃水処理，排ガス処理，触媒回収，および有価物処理と回収などがある．これらの各種ポイントは単独あるいは効率的な組み合わせを図ることにより各社は特徴をだしている．

b　工程

i)CTA 工程

PX，触媒，酢酸のフレッシュフィードおよびこれらと水，副生物を含有するリサイクルの流れは，酸化反応器にコンプレッサーにて昇圧された空気とともに導入され，170〜240℃，1〜2 MPa にて液相酸化反応が起こる．酸素と PX の反応はきわめて速いために，酸素の効率的な分散による PX との接触が重要である．生成した TPA は溶媒への溶解度が小さいので容易に沈殿する．このためにもスラリーを取り出す方法や位置も重要な点である．反応後のスラリーは，プロセスによって追酸化を行うこともあるが，通常，晶析工程に導かれる．晶析操作は通常一〜四段用いられ，逐次温度および圧力を下げることによって溶液中に溶解している不純物を効率よく分離される．温度および圧力を下げることによって得られる蒸発潜熱を熱回収してスチームを発生させ，プロセス内での種々加熱源として使用される．他方，晶析ユニットを設置せず，高温・高圧状態で固液分離工程に導入し温度・圧力変化を伴わず効率的に分離効率を高める方法もある．晶析操作後のスラリーは，固液分離工程に導入され，TPA 粒子表面に残る酢酸，不純物，触媒などを効率よく除去するために，固液分離と同時に酢酸あるいは水，またはこれらの混合液により洗浄操作を行いつつ分離操作が行う方法，スラリー中の母液を分離し，水などの PTA 工程で使用する溶媒と置換する母液置換法などがある．固液分離操作には，各社のプロセスにより異なった方法や機器を用いるが，加圧下あるいは常圧下デカンター方式を用いる方法，加圧下あるいは減圧下ベルト式や回転式フィルターなどが例示される．分離されたケーキは通常含水酢酸でウエット状態となっており，さらに乾燥器にて乾燥される．水などで母液置換する方法や分離された高圧下の湿潤ケーキを減圧下でフラッシュ操作を行いそのときの蒸発熱を使用することによって TPA の乾燥を行う．このようにして得られた CTA は PTA 工程にて処理される．固液分離工程にて分離された母液の大部分は酸化反応器にリサイクル使用され，一部はブリードされて酢酸と水の混合物から酢酸の分離回収，触媒回収および副反応重質物処理が施される．

酸化反応器から排出されるガス状物資は，熱交換器によって冷却されて(高圧)蒸気を発生し，プラント内の蒸気タービンや各種加熱源としての熱エネルギーとして利用される．大部分の酢酸や未反応 PX は冷却されて酸化反応器にリサイクルされるが，一部の酢酸・水混合物は，脱水処理ユニットに送られる．未凝縮の酢酸，水，酢酸メチルや CO，CO_2，N_2，臭素メチルなどは，さらに高圧ガス吸収塔で水にて吸収処理され，吸収された水，酢酸，酢酸メチルなどは前記脱水処理ユニットに送られる。一方，未吸収軽質ガスは，アルカリ，酢酸あるいは吸着剤などで微量に残る Br 化合物を回収後，触媒燃焼により無害化するとともに排ガスをエキスパンダーに導入して排ガスタービンとして利用し，酸化反応器に必要な空気のコンプレッサーに使用される．触媒燃焼の代わりに蓄熱燃焼の技術があるが，本方法ではダイオキシンまで分解することができる．脱水処理ユニットでは酢酸と水の分離，さらには水と酢酸メチルの分離が行われるが，酢酸と水の分離には共沸蒸留が行われることが多い．分離された水中には酢酸メチルを含むためにさらに分離後酸化反応系にリサイクルされ，水は通常廃水処理に処せられる．

ii)PTA 工程

CTA 工程で得られた粗製 TPA には PET の色相や重合反応に悪影響を及ぼす有害物質(4-CBA やフルオレノンなど)が存在する．これらを除去するには，ほとんどの企業が，水溶媒を使用し有害物質を Pd/C を触媒とする固定床反応器にて，高温高圧下にて粗製 TPA を完全溶解せしめ，水素を導入して 4-CBA を PT に，フルオレノンをフルオレン，その他重質不純物を分解して無害化するプロセスを採用している．使用される水素量は通常有害物質に対して 2〜3 倍 mol が使用されるが，いかに効率よく水素を均一分散させて触媒上で接触させるかである．水素化触媒としては Pd 以外にも Rh や Ru などを併用したりする方法が特許に提案されているが，Pd が主流である．また担体はカーボン以外に TiO_2 や TiO_2/C などが提案されているが実用化はされていない．水素処理工程後，溶解した TPA は，晶析操作によって TPA の析出が行われる．晶析操作は通常，逐次温度および圧力を下げることによっ

表 6.4.6　PTA 品質の仕様例

項目	単位	PTA	備考
純度	%	99.95	実績は 99.99%程度
4-CBA	ppm	<25	実績は数 ppm 程度
p-トルイル酸	ppm	<150	実績は 50〜120 ppm 程度
APHA 色	HU	<10	ほぼ白色
ΔY		<10	
b 値		<2.5	
灰分	ppm	<10	
水分	%	<0.1	
総金属濃度	ppm	<10	実績は 1 ppm 以下
平均粒径	μm		50〜150，顧客により変動

て，溶液中に溶解している TPA 粒子を徐々に析出させる．この晶析工程は通常三〜四段で CTA 工程より多段階にて行われ，変換した不純物の分離と特に TPA の粒径および粒径分布を要求性能とするに重要な操作となる．同時に本工程で圧力と温度を下げることによって得られる蒸発潜熱を熱回収してスチームを発生させ，プロセス内での熱源として使用される．晶析ユニットにて得られた TPA スラリーは，CTA 工程と同様に固液分離操作が行われるが，TPA 粒子表面や水中に残る微量の酢酸，水素化反応不純物，触媒などを効率よく除去するために，固液分離と同時に水により洗浄操作を行いつつ分離操作が行う方法，スラリー中の母液を分離し，水溶媒による母液置換法などが行われている．固液分離操作には，各社のプロセスにより異なった方法や機器を用いるが，基本的には CTA 工程で使用される方式や方法が使用される．分離されたケーキは通常含水でウエット状態となっており，さらに乾燥器にて乾燥されて製品 TPA となるが，分離された高圧下の湿潤ケーキを低圧下でフラッシュ操作を行いそのときの蒸発熱で乾燥する方法も用いられている．

D　製品収率と品質

表 6.4.6 には，PTA 品質仕様例と実績を示した．PTA 品質上特に重要な項目は，不純物濃度と色相である[13]．不純物の 4-CBA は現在通常数 ppm 程度，色相は白色で各社とも顕著な差はない．平均粒径も重要な項目であるが，顧客によって異なるので概略の幅で示した．製品収率は，製造会社やライセンサーによって多少異なるが，ほぼ 95％〜98％となっている．

E　経済性

製造設備の大型化(現状 125 万 t(train)$^{-1}$)と設備過剰の中で，製造各社やライセンサーは，し烈なプロセスの合理化や改良を行っている．表 6.4.7 には PTA プロセスの中で代表的な 2 つの技術(A,B)についての建設費および製造コスト試算を行った結果を示した．建設費や製造コスト試算は，立地や常に変動する原油や原料，用役単価などによって大きく変わってくるので絶対値としての評価は難しいが，ここでは同一前提条件下での試算を行った結果を示した．技術開発が進む中で生き残りをかけた特徴ある技術を見いだし切磋琢磨しているのが現状の姿であり，市場がある程度落ち着くまでの当面は，このような状況が続くものと考えられる．

F　最近の技術開発動向と今後の展望

最近の技術開発動向の 1 つに特に廃固体，廃水，および排ガスなどの環境面での負荷を最小限とした既存技術のブラッシュアップを行い，設備費や変動費でのコスト競争力のある技術開発が行われる一方，将来技術として持続可能な環境面を重視したバイオ技術開発や既存の技術を使用しつつまったく新しい発想に基づく製造技術のプロセス開発が並行して提案されている．プロセス面のブラッシュアップの例として BP 社から提案されている最新鋭のプロセス例(反応蒸留方式，SOX プロセスともよばれている)がある[14]．本プロセスは，酸化反応を行いつつ同時に蒸留分離を行う反応蒸留方式を採用し，リ

表 6.4.7　代表的な PTA ライセンサー建設費および製造コスト

プロセス			A	B	前提
建設費	ISBL	mm $	496.7	476.2	・生産能力：1,250 kt y^{-1}
	OSBL	mm $	115.4	86.1	・建設年：2016 年
	Total	mm $	612.1	562.3	・立地：USGC ベース
製造コスト	変動費	$(t-TPA)$^{-1}$	569.0	589.4	・PX：$841.3 t^{-1}
	固定費	$(t-TPA)$^{-1}$	27.9	26.9	・酢酸：$392 t^{-1}
	償却費	$(t-TPA)$^{-1}$	32.6	30.0	・H_2：$398.8 t^{-1}
	一般管理費および利子	$(t-TPA)$^{-1}$	19.9	20.3	・WTI：$50 bbl^{-1}
	製造コスト(ROI 不含)	$(t-TPA)$^{-1}$	649.5	666.6	・償却：15 年
	ROI	$(t-TPA)$^{-1}$	49.0	45.0	・ROI：建設費の 10%
	製造コスト(ROI 込)	$(t-TPA)$^{-1}$	698.4	711.6	

サイクル物(触媒や有価物など)の回収と分離精製(酢酸と水, 酢酸とガス, 酸化不純物と水の分離など)を同時に行い，かつ排ガスからの電気や蒸気へのエネルギー回収を効率よく行っている[14]．さらに BP 社は最近，SOX の技術をベースにさらにコスト低減した究極的な BP PTA＋と称する実証技術を公表している[15]．INVISTA 社は，E2R ユニット(有価物の回収)[16]，CTA 溶剤交換ユニット，および R2R ユニット(残渣回収)[17] などの独自の新しいユニットを備えた最新鋭の競争力のあるプロセスの技術開発に成功しプラント実証も終えた．今後も色々な技術開発課題が残るが，その中でも特に，(1)既存酸化系触媒の改良で，特に高価でしかも酢酸燃焼促進の原因となる Co を低濃度とし，さらに Zr を添加して活性/選択性の向上する方法[18]，(2)臭素化合物を使用しない不均一系酸化触媒の開発(Br フリー触媒)で，Pd/Sb/Mo-TiO_2 などを使用する方法[19] や *N*-hydroxyphthalimide を用いる方法[20]，(3)酢酸の燃焼によるロス回避のために無溶媒系，水溶媒系などの適応や CO_2 を添加する方法があるが，特に水の亜臨界あるいは超臨界条件(T_c=374.2℃，P_c=22.12 MPa)での製造が興味深い[21]．これらの研究開発は，すでに 2000 年前後から延々と継続されてきており着実に成果は認められつつあるが工業化には至っていない．

一方，将来技術としてデンプンやセルロースを原料として独自の酵素により PX の原料となるイソブチルアルコールを製造する方法が Butamax 社(BP 社と DuPont 社の合弁会社)や Gevo 社から提案されている．この両社には特許問題があるものの，すでに工業化段階に入っている．また，BP 社より 2,5-フランジカルボキシレートおよびエチレンから bicyclic ether 経由脱水することによってバイオベース TPA を製造する方法[22]，Dow 社からはバイオベースコハク酸ジエステルから TPA ジエステル経由で得る方法[23]，などが提案されている．しかしながら実用化には，まだまだコスト面でかなり厳しい．また最近，Greener Spray Process とよばれている新しい製造方法が紹介されている．本方法は，PX，触媒(Co/Mn/Br)，および酢酸を混合後所定の温度・圧力(たとえば，200℃，1.5 MPa)にて，この混合物をスプレー装置を備えた気相反応装置内でスプレーして微粉化し，酸素/CO_2 の混合ガスを反応装置底部に送り込み微粒子と接触後反応を生起させる．本方法によれば，従来必要であった PTA 工程が省略できる可能性があることを報じている[24]．その結果，従来の Amoco/MC 法に比し，同じ製造規模で投資額が 55%，製造コストも 15% それぞれ低下するとしている[25]．バイオ法による原料 PX 法はすでに工業化されているが，直接的に TPA を工業的なレベルに製造技術を確立するまでにはまだまだ時間を要するものと考えられ，またコスト的にもハードルは高い．一方，Greener Spray Process は新しい発想に基づく抜本プロセスとして興味ある方法であり，バイオ法含めて今後の技術開発動向を注視すべきものと考える．

文献

1) Mcintrye J.E., The Historical Development of-polyester. In Modern Polyester: Chemistry and Technology of Polyesters and Copolymer; Scheries, J.,Long T.E., Eds., John Wiley & Sons, Ltd., Chichester (2003)
2) たとえば，Ryoichi Sakurai, Yataro Ichikawa, Gentaro Yamashita, 有機合成化学, 33 (10), 761 (1975)
3) Imhausen and Company (Katzschmann, E.), Ger.Patent, 949,563 (1956)
Katzschmann, E., Chem.Ingr. Technik, 38, 1 (1966)
4) US Patent, 2,833,816 (1958), GB Patent, 807,091 (1959), US Patent 3,089,906 (1963), Landau, R; Saffer, A Chem. Eng.Prog, 1968, 64 (10), 20
5) Standard Oil Company, Br. Patent, 994,769 (1965)
6) 経済産業省製造産業局素材産業課，世界の石油化学製品の今後の需給動向 (2016)
7) 竹内誠一，化学経済，3 月増刊号 (2015)
8) 竹内誠一，化学経済，3 月増刊号 (2016)
9) Rogerio A. F., Tomas, Joao C. M. Bordado, and Jaao F. P. Gome, Chem. Rev., 113, 7421 (2013); Nor Aqilah Mohd Fadzil et al., Chinese Journal of Catalysis, 35, 164 (2014)
10) Qinbo Wang et al., Ind. Eng. Chem. Res., 46 (26), 8980 (2007); Qinbo Wang et al., Ind. Eng. Chem. Res., 44 (2), 261 (2005)
11) Y. Kamiya, J.Catal., 33, 480 (1974)
12) 東島道夫，沼田元幹，触媒，45 (5)，348 (2003)
13) WO2006085134 (Saudi Basic Ind. Corp. 2004 年 12 月 15 日優先日)
14) WO2006102459 (BP Corporation North America Inc. 2005 年 3 月 21 日優先日)
15) IOCL Conclave 2016, Mumbai Feb. 2016
16) たとえば，WO2011119395A (2010 年 3 月 26 日優先日) など
17) たとえば，WO2014070766A (2012 年 10 月 31 日優先日)，WO2014932482A (2012 年 12 月 13 日優先日)，WO2014189786A (2013 年 5 月 20 日優先日) など
18) Partenheimer W. J., Mol. Catal. A: Chem., 206 (1-2), 105 (2003)
19) WO2007133973A224，WO2007133976A2，WO2007133978A2，WO2008137491A1，IOCL Conclave 2016, Mumbai Feb. 2016
20) Ishi Y., Sakaguchi S., Iwahama T., Adv. Synth. Catal., 343 (5), 393 (2001); Tashiro Y., Iwahama T., Satoshi S., Ishi Y., Adv. Synth. Catal., 343 (2), 220 (2001); Saha B., Koshino N., Esperson, J. H., J. Phys. Chem. A, 108 (3), 425 (2004); Ishii Y., Sakaguchi S., Catal. Today, 117 (1-3), 105 (2006)
21) Garcia-Verdugo E., Venardou E., Thomas W, B., Whiston K., Partenheimer W., Hamley, P. A., Poliakof M., Adv. Synth. Catal., 346 (2-3), 307 (2004); Garcia-Verdugo E., Fraga-Dubreuil H., Hamley P. A., Thomas, W. B., Whiston K. Poliakof M., Green Chem., 7 (5), 294 (2005)
22) US8299278 (BP Corp North America), WO200964515 など
23) WO201215218A (Dow, 2011 年 3 月 14 日優先日)
24) Meng Li, Fenghui Niu, Xiaobin Zuo, Peter D. Metelski, Daryle H. Busch, Bala Subramaniam, Chemical Enginnering Science, 104, 92 (2013)
25) Meng Li, Tomas Ruddy, Darry Fahey, Daryle H. Busch, and Bala Subramaniam, Ameirican Chemical Society, Sustainable Chem. Eng., 2, 823 (2014)

6.4.3 マレイン酸，無水マレイン酸

A 概要

無水マレイン酸 (MAN) は，総生産量の 60％が不飽和ポリエステル樹脂の原料として用いられ，さらには，1,4-ブタンジオール (BDO)，テトラヒドロフラン，ガンマブチロラクトンの原料としても用いられている．他にも可塑剤，表面コーティング剤，農薬，潤滑剤，食品添加剤 (フマル酸，コハク酸，リンゴ酸) などさまざまな分野で用いられている．

2015 年の日本国内での生産量は 8.5 万 t y^{-1} で，国内の MAN 需要は安定している (表 6.4.8)[1]．近年世界では，北米国とヨーロッパで緩やかに，中東と東南アジアではより活発な伸びを見せた．特に中国では急速にプラント数が増加したが，最近の稼働状況は不明である．

MAN は，ベンゼンまたは *n*-ブタンを接触気相酸化して製造される．歴史的にはベンゼン法が古いが，1972 年 Chevron Research 社が発表した結晶性リン酸バナジウム触媒[5]により，ブタン法プロセスの

表 6.4.8　無水マレイン酸の需給推移($t\ y^{-1}$，%)

	2014 年	2015 年	伸び率
生産	86,420	85,397	△ 1.2
消費	33,230	34,954	5.2
販売	52,437	50,789	△ 3.1
在庫	4,936	4,547	△ 7.9
輸入	815	292	△ 64.2
輸出	4,901	4,641	△ 5.3

開発が一気に進められた．ブタン法は，当初米国において，環境規制の問題からベンゼン法プロセスの置き換えが進められたが，その後の触媒とプロセス改良により，価格競争力の面からもブタン法が優位といわれ，現在ではブタン法プロセスが主流である．しかし各社における原料事情の違いから，ベンゼン法は，ナフサクラッキングを石油化学の中心におく日本を含むアジアおよび旧東欧を中心になお稼働しており，競争力向上のため，ベンゼンの高濃度反応が一般化している．一方ブタン法は，天然ガス資源の豊富な西欧，米国を中心に広がっており，スケールメリットによる競争力向上のため，1 系列 6 万 $t\ y^{-1}$ 規模の大型プラントが建設されている(表 6.4.9)[2,3,4]．

B　反応

ベンゼンの接触酸化反応は，主反応として(6.4.17)式，副反応として(6.4.18)，(6.4.19)式に従って進行するが，反応中間体の p-ベンゾキノンも微少量副生する．

$$C_6H_6 + 4.5\ O_2 \longrightarrow \text{(無水マレイン酸)} + 2\ CO_2 + 2\ H_2O$$

$$\Delta H = -1{,}757\ \mathrm{kJ\,(mol)^{-1}} \qquad (6.4.17)$$

$$C_6H_6 + 7.5\ O_2 \longrightarrow 6CO_2 + 3H_2O$$

$$\Delta H = -3{,}263\ \mathrm{kJ\,(mol)^{-1}} \qquad (6.4.18)$$

$$C_6H_6 + 4.5\ O_2 \longrightarrow 6CO + 3H_2O$$

$$\Delta H = -1{,}548\ \mathrm{kJ\,(mol)^{-1}} \qquad (6.4.19)$$

反応は多管式熱交換器型固定床反応器で行われ，酸化用触媒は V，Mo，P を主成分とする複合酸化物を不活性担体に担持した担持型触媒が一般的であるが，最近では技術的進展はみられない[6,7]．

一方 n-ブタンの接触酸化は，主反応は(6.4.20)式，副反応は(6.4.21)，(6.4.22)式に従って進行し，この他に低級脂肪酸および低級不飽和酸が微少量副生する．

$$C_4H_{10} + 3.5\ O_2 \longrightarrow \text{(無水マレイン酸)} + 4\ H_2O$$

$$\Delta H = -1{,}267\ \mathrm{kJ\,(mol)^{-1}} \qquad (6.4.20)$$

$$C_4H_{10} + 6.5\ O_2 \longrightarrow 4\ CO_2 + 5\ H_2O$$

$$\Delta H = -2{,}878\ \mathrm{kJ\,(mol)^{-1}} \qquad 6.4.21)$$

$$C_4H_{10} + 4.5\ O_2 \longrightarrow 4\ CO + 5\ H_2O$$

$$\Delta H = -1{,}740\ \mathrm{kJ\,(mol)^{-1}} \qquad (6.4.22)$$

反応は固定床または流動床で行われるが，いずれの場合も使用される触媒は，Chevron 社の物質特許であるピロリン酸ジバナジル($(VO)_2P_2O_7$)を主成分とするものである．Chevron 社の特許以後，触媒の製造に関する改良特許[8,9]が数多く出願されているが，基本的にはピロリン酸ジバナジルを活性成分とする触媒と考えられる．ピロリン酸ジバナジルは開発の初期から活性物質として特定され，その結晶構造の解析，触媒作用，反応機構について多くの研究が発表されている[10,11]．

C　プロセス

MAN プロセスは，原料と反応器の形式，さらに生成 MAN の捕集方法(固体捕集，水洗捕集，有機溶媒捕集)の組み合わせにより，各社多様なプロセスが存在する．ここではプロセス例として，ベンゼン法固定床–固体捕集法とブタン法流動床–有機溶剤捕集法を例にとり説明する．

ベンゼン法固定床プロセスのフローを図 6.4.12 に示す[12]．反応条件は，反応温度 350～400℃，空間速度 1,500～3,000 h^{-1} である．ガス濃度はベンゼン/空気比 30～40 g Nm^{-3} が一般的であった．近年では生産性の追求および安全対策の進歩から，あえて爆発範囲内で反応することが一般化しつつあり，70 g Nm^{-3} という高濃度での反応が商業的に行われるようになった．

100～200℃に予熱されたベンゼン/空気比 30～70 g Nm^{-3} の混合ガスは，所定の温度に保持され

表 6.4.9　世界の MAN 主要設備能力（千 t y^{-1}）

地域	国名	社名	設備能力
北米	米	Huntsman, Florida	110
		LANXESS	73
		Ashland Chemical Co.	55
		Flint Hills Resources	50
		Huntsman, Louisiana	45
	カナダ	Bartech	36
		小計	369
欧州	独	Sasol-Huntsman	105
	伊	Polynt,Ravenna	65
		Polynt,Bergamo	36
	オーストリア	DSM Fine Chemicals	36
	ハンガリー	MOL	16
	スペイン	CEPSA	10
	ボスニア	Global Ispat Koksna Industrija doo Lukavac	10
	ポーランド	ZAK	8
	スロベニア	Kemiplas	3
		小計	289
アジア*1	日本	日本触媒	36
		扶桑化学工業（三井化学）	32
		三菱ケミカル	32
		三菱ガス化学*2	4
	中国	Tianjin Bohai	160
		Jiangsu Yabang	125
		Sinopec Yizheng Chemical	120
		Shanxi Qiaoyou	110
		Zhongchao Chemical	70
		Tangshan Baotie	60
		Shandong Hongxin	60
		Yunnan Yunwei	50
		Shanxi Hengyu	50
		Shanxi Haoxin	50
		Shandong Huifeng Shihua	50
		Henan Puyang Sheng Yuan	50
		Shanxi Taiming	40
		Shanxi Hengqiang	46
		Jiangyin Shunfei	40
		Zhongteng Chemical	40
		Huachen Energy	40
		Kelamayi Jinyuan	40
	台湾	Nan Ya Plastics	60
		Taiwan Prosperity Chemical	40
		小計	1,405
		合計	2,063

*1　日本を除く上位 20 社，*2　無水フタル酸の副生

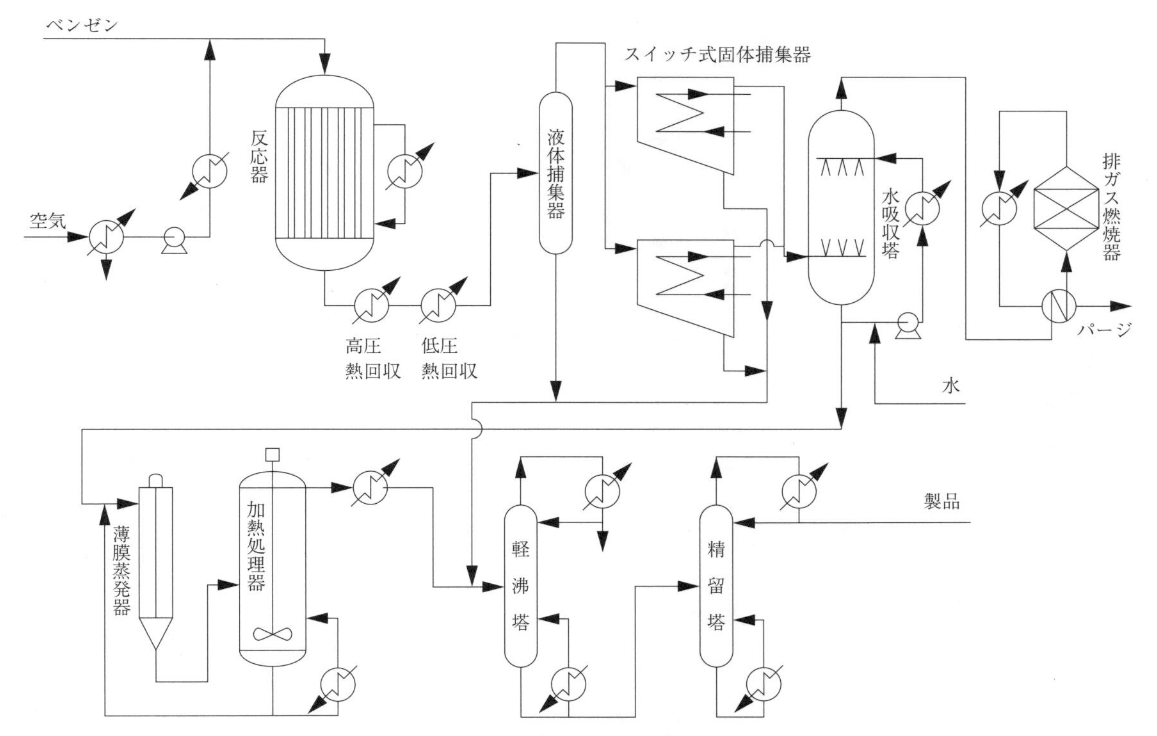

図 6.4.12　ベンゼン法固定床プロセスフロー

た反応器に導入され，ベンゼン転化率 95〜98%で MAN 収率 70〜80 mol%(88〜100 wt%)が得られている. 反応器を出た反応生成ガスは, 廃熱ボイラーによって 100〜200℃まで冷却される. 反応器で発生した反応熱は反応器のシェル側を流れる熱媒体によって除去され，高圧スチームとして回収されるほか，反応器出口の廃熱ボイラーで高圧および低圧スチームとして回収される. このようにして回収されたスチームは，空気圧縮機の動力源，蒸留塔などの加熱源として系内で効率的に利用される. 生成ガスは，液体捕集器でさらに 60〜80℃まで冷却されたのち，スイッチ式固体捕集器に導かれる. 液体捕集器と固体捕集器により生成 MAN の約 80%が捕集され，粗製 MAN として蒸留，精製塔に送られる. 生成ガスはさらに水洗浄塔(スクラバー)に送られ, 残りの約 20%の MAN がマレイン酸として捕集される. 洗浄塔を出た未反応ベンゼンを含む排ガスは, 触媒方式ないし直接燃焼方式の燃焼器で無害化されたのち，系外に排出される.

マレイン酸水溶液を脱水して MAN を回収する工程では，フマル酸への異性化を抑制するために薄膜蒸発器が使用される. このようにして得られた粗製 MAN は軽沸塔に送られ，軽沸分を除いたのち精留塔に送り製品 MAN が得られる.

次に，ブタン法流動床プロセスのフローを図 6.4.13 に示す[13]. 流動床プロセスは反応熱の除熱に優れ, 特に爆発危険性を回避できる点で有利である. その半面，触媒には目的生成物の選択率を低下させることなしに機械的強度，耐摩耗性を高めることが要求される. このため，V，P を含む活性物質にシリカゾルなどのバインダーを加えた触媒が用いられる[14,15].

反応条件は, 350〜420℃の温度で, 空間速度 1,500〜3,000 h^{-1}，n-ブタン濃度は 3.5〜4.5%(固定床では 1.5〜3.0%)が一般的である. n-ブタンは，イソブタンの燃焼反応を避けるため，通常 95%以上の純度のものが用いられる. 100〜200℃に予熱された n-ブタンと空気の混合ガスは，400〜420℃に保持された反応器に導入される. MAN 収率は，n-ブタン転化率 80〜90 % で 55〜60 mol %(93〜100 wt%)が得られている. 反応器の冷却部で 200〜300℃まで冷却された反応生成ガスは，サイクロンと焼結金属製バッグフィルターを通り，同伴する触媒微粉が分離される. 反応生成ガスは，廃熱ボイ

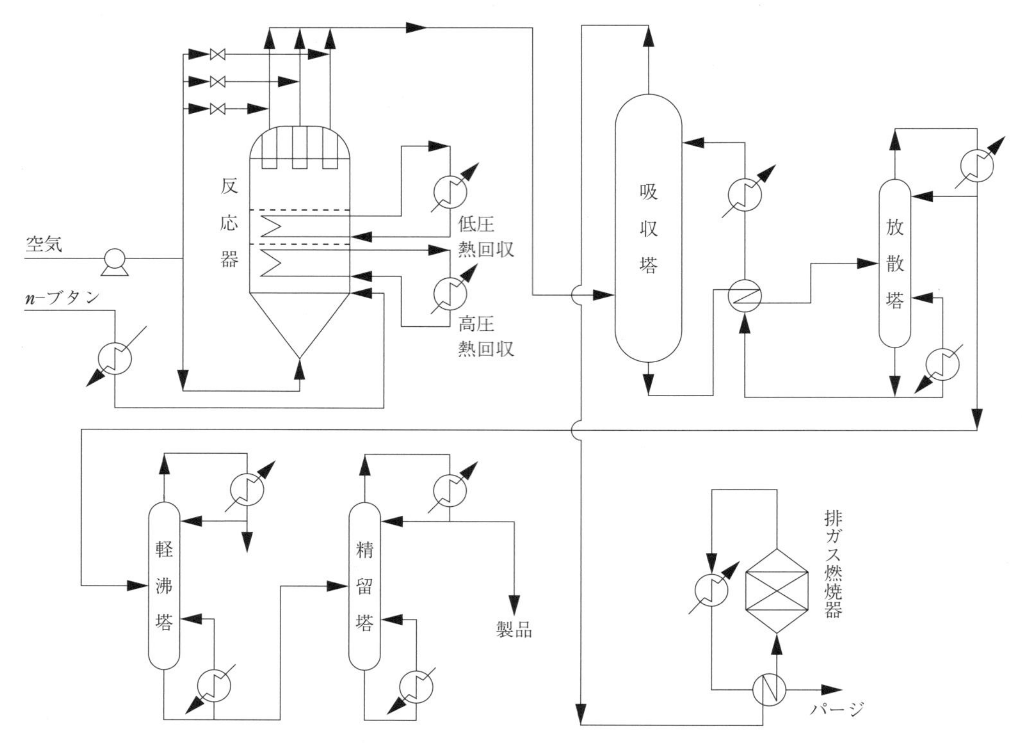

図 6.4.13　n-ブタン法流動床プロセスフロー

ラーによってさらに100～200℃まで冷却され，吸収塔に導かれる．発生した反応熱は，ベンゼン酸化プロセスと同様，スチームとして回収され，系内で有効利用される．吸収塔では，生成ガス中の水の凝縮を避けてMANを吸収するために，高沸点系の有機溶剤が用いられる．MANが吸収除去された非凝縮性ガスに含まれる未反応ブタンは，排ガス燃焼器で処理されスチームとして回収されるか，反応器へリサイクルされる．MAN溶液は放散塔で粗製MANと溶剤に分離され，有機溶剤は吸収塔にリサイクルされる．粗製MANは軽沸塔に送られ，軽沸分を除いたのち精留塔に送り製品MANが得られる．反応に用いられる触媒中のリンの飛散による活性変化を抑制するため，反応器への供給ガスに揮発性リン化合物を同伴させ，活性の安定化を図る例もある[16]．

それぞれのMAN製造プロセスにおける代表的な製造原単位を表6.4.10に示す[12,13]．MANは引き続き，誘導品の需要は安定的に推移するとみられ，1,4-BDOなどの誘導品では原料多様化の検討などもなされている。また，現行プロセスにおける触媒性能の改良やプロセスの合理化による生産性向上の検討は，引き続き進められると思われる．

表 6.4.10　無水マレイン酸の製造原単位

	ベンゼン法	n-ブタン法
原　料(kg)	1.05	1.16(96%)
スチーム(kg)	− 10	− 10.59
電　力(kWh)	1	0.655
冷却水(kg)	200	107

文献

1) 化学経済，8月増刊号，50(2016)
2) ICIS Chemical Business, 28 Mar.-3 Apr.(2016)
3) ICIS Chemical Business,18 Aug.(2016)
4) ICIS Chemical Business,1 Jun.(2015)
5) 特公昭53-039037(1978)
6) 特公昭55-005379(1980)
7) 特公平2-048299(1990)
8) 特許3754074(2006)
9) 特許4242842(2009)
10) 奥原敏夫，御園生誠，表面科学，11(2), 90(1990)
11) K. Aït-Lachgar, A. Tuel, M. Brun, J. M. Herrmann, J. M. Krafft, J. R. Martin, J. C. Volta, M.

Abon, Journal of Catalysis, 177(2), 224(1998)
12) 石油学会編，プロセスハンドブック，3，B2(1986)
13) Hydrocarbon Processing, 74(3), 126(1995)
14) 特公平 3-063429(1991)
15) 特公平 7-068179(1995)
16) 特公平 5-042436(1993)

6.4.4 フタル酸，無水フタル酸

A 概要

無水フタル酸(PAN)は，可塑剤，染料，塗料，不飽和ポリエステル樹脂などの原料となる基礎化学品である．国内においては，2005年までは約30万 t y^{-1} の設備能力を有していたが，設備の老朽化などによりプラントの停止が相次ぎ，現在の設備能力は18.5万 t y^{-1} まで縮小し，2015年の生産量は約16万 t y^{-1} であった(表6.4.11, 6.4.12)[1]．表6.4.13に2005年当時の世界のPAN主要設備能力を示した[2]．2005年以降，先進工業国では設備能力が減少傾向にある一方，アジア，特に中国においては経済発展に伴う急速な需要拡大に対応して，活発なプラントの新増設が行われ，需要・生産の中心はアジ

表 6.4.11 無水フタル酸の国内設備能力(t y^{-1})

社名	立地	設備能力
三菱ガス化学	水島	40,000
川崎化成	川崎	50,000
シーケム	北九州	45,000
JFE ケミカル	千葉	50,000
合計		185,000

表 6.4.12 無水フタル酸国内需要(t y^{-1})

	2014年	2015年
可塑剤	78,239	79,247
塗料	8,458	8,700
ポリエステル樹脂	10,196	9,679
染顔料	216	251
その他	9,341	8,180
内需計	106,450	106,057
輸出	45,657	49,608
合計	152,107	155,665

表 6.4.13 世界の PAN 主要設備能力(万 t y^{-1}，2005年)

地域	国名	社名*1	設備能力
北米	米	ExxonMobil	13.6
		BASF	13.0
		Stepan	10.8
		Sterling	10.4
		Koppers	10.0
	メキシコ		6.6
		小計	64.4
南米	アルゼンチン		1.7
	ブラジル		15.7
	チリ		1.0
	コロンビア		2.3
	ベネズエラ		7.6
		小計	28.3
西欧	オーストリア	Atomosa	4.5
	ベルギー	Proviron	10.0
		VFT	2.0
	仏	Arkema*2	9.0
	独	BASF	11.0
		Lanxess	8.5
	伊	Polynt SpA	11.2
	オランダ	ExxonMobil	7.0
	スペイン		3.5
	スウェーデン		3.5
		小計	70.2
東欧			38.0
中東			10.0
アフリカ	南アフリカ		2.4
アジア	中国		82.9
	インド		29.0
	インドネシア		14.0
	日本	三菱ガス化学	10.0
		川崎化成	9.2
		シーケム	4.7
		新日鉄化学*3	3.5
		JFE ケミカル	3.0
	韓国	Aekyung	17.0
		OCI Company	8.0
		LG Chem	6.0
		KP Chemical	7.5
	マレーシア	BASF-Petronas	4.0
	パキスタン		1.2
	シンガポール		3.3
	台湾	Nan Ya	20.0
		Union PC	8.8
	タイ		5.0
		小計	237.1
合計			450.4

*1 社名は現在の社名で表記，*2 2014年停止，*3 2005年停止

ア地域へ移行した．2005年当時約350万t y^{-1}であった世界の生産量は現在400～450万t y^{-1}まで増加している．

PANの製造方法は，*o*–キシレンまたはナフタレンの気相酸化によるものであり，その工業的製法は1872年BASF社がナフタレンの液相酸化法を工業化して以降，ナフタレンの気相酸化技術が米国で開発され，ナフタレン供給量の制約とPAN需要の伸びに合わせて*o*–キシレンの気相酸化技術が開発された．その後，原料入手の安定性の面から，*o*–キシレン原料の製造法による生産が急増し，現在では*o*–キシレンベースの生産量が全生産量の約90％を占めている．また原料価格の変動に対し柔軟に対応可能なナフタレンと*o*–キシレンとの混合酸化に対応したプロセス[3)]も実用化されている．生産技術面を歴史的にみてみると，PAN工業の発展期は酸化反応に伴う災害の克服が課題であった．その後今日まで，生産性の向上と安全性の確立に主眼をおいた改良が進められてきた．

B　反応

o–キシレンおよびナフタレン酸化反応の主反応，およびおもな副反応を図6.4.14，図6.4.15に示す．

o–キシレン，ナフタレンの酸化反応は激しい発熱を伴い，副反応を抑制する選択性の高い触媒と，反応温度の制御性の高い反応器が用いられる．反応器の形式は，通常は多管式固定床が用いられるが，ナフタレン酸化においては一部流動床式も用いられている．

o–キシレン酸化の反応条件は，反応温度340～380℃，供給ガスには空気を使用し，*o*–キシレン/空気比60～100 g Nm^{-3}，空間速度2,000～4,000 h^{-1}である．収率は80～82 mol％(111～114 wt％)であり，副生成物として無水マレイン酸が3～

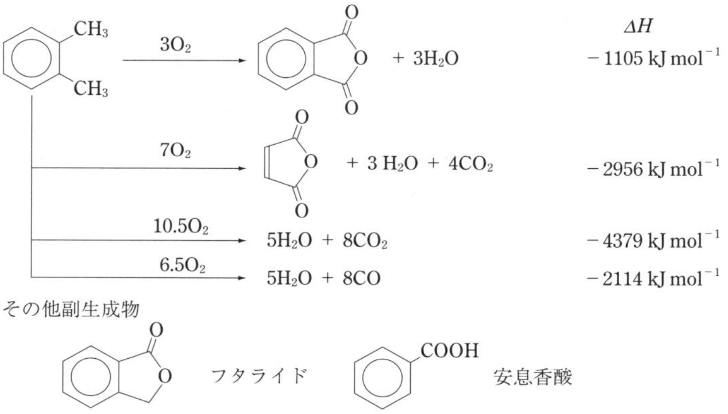

ΔH
$3O_2$ → + $3H_2O$　-1105 kJ mol^{-1}
$7O_2$ → + $3H_2O$ + $4CO_2$　-2956 kJ mol^{-1}
$10.5O_2$ → $5H_2O$ + $8CO_2$　-4379 kJ mol^{-1}
$6.5O_2$ → $5H_2O$ + $8CO$　-2114 kJ mol^{-1}
その他副生成物
フタライド　安息香酸

図6.4.14　*o*–キシレン酸化反応

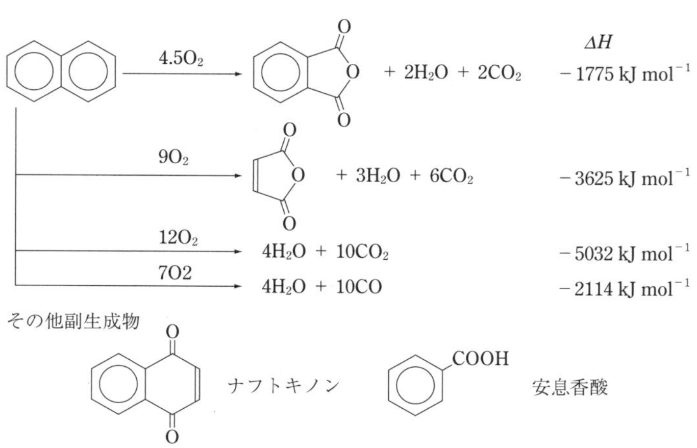

ΔH
$4.5O_2$ → + $2H_2O$ + $2CO_2$　-1775 kJ mol^{-1}
$9O_2$ → + $3H_2O$ + $6CO_2$　-3625 kJ mol^{-1}
$12O_2$ → $4H_2O$ + $10CO_2$　-5032 kJ mol^{-1}
7O2 → $4H_2O$ + $10CO$　-2114 kJ mol^{-1}
その他副生成物
ナフトキノン　安息香酸

図6.4.15　ナフタレン酸化反応

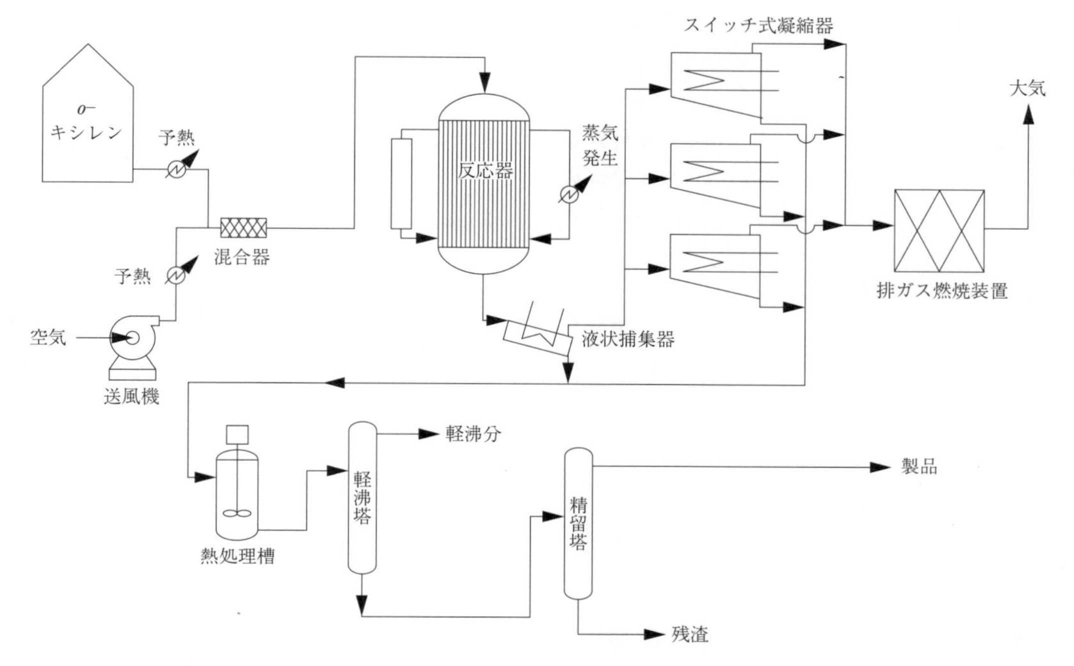

図 6.4.16　フタル酸製造プロセスフロー

5 mol%，その他の副生成物が 1〜2 mol%程度生成する他は，ほとんどが COx となる．

ナフタレン酸化の反応条件もほぼ同等であり，収率は 87〜91 mol%（101〜105 wt%）である．反応選択性は *o*-キシレン酸化に比べ高いが，炭素を 2 個失う反応のため重量収率は逆に低下する．副生成物としては無水マレイン酸が 4〜6 mol%，その他が 1 mol%程度生成する他は，ほとんどが COx となる．ナフタレンと *o*-キシレンとの混合原料を用いる場合は，それぞれの供給割合に応じた算術平均に近い収率が得られる．

C　触媒

一般的に固定床反応には，V_2O_5，TiO_2 を主成分とし，アルカリ金属，アルカリ土類金属，P，B，Mo，W，Nb，Sb などの元素を助触媒として添加した活性成分を，炭化ケイ素などの不活性担体に担持した触媒が用いられる[4]．反応時の発熱を分散させるため，活性の異なる触媒を 1 つの反応管に 2 層に積層充てんすることが一般的であるが，高反応ガス濃度条件では，3 層以上に積層充てんする場合もある[5]．さらに，従来の反応器の下流側に断熱反応器を設置して未反応中間体を処理し，主反応器の触媒負荷を軽減する方法もある[6]．

ナフタレン酸化の流動床に用いられる触媒は，耐磨耗性を向上させるため，V_2O_5–K_2SO_4 からなる活性成分を数十〜数百 μm の微小粒径のシリカ担体に担持したものが用いられている．また，シリカゾル，チタニアゾルなどの無機バインダーを活性成分に加えて成形した触媒が用いられることもある．

D　プロセス

現在，世界で稼動している PAN 製造プロセスのほとんどは，触媒層に原料と空気との混合ガスを単流で導入し反応させる固定床単流プロセスである．その他にナフタレン酸化の一部で用いられている流動床式気相酸化法もあるが，ここでは *o*-キシレン酸化用固定床式単流プロセスについて解説する．図 6.4.16 にフローを示す．

固定床プロセスの操業は，1975 年ごろまで爆発下限以下の反応ガス濃度（40〜44 g Nm^{-3}）で操業されていたため，反応自体は大きな発熱反応であるにもかかわらず，エネルギー消費型のプロセスであった．その後触媒の改良と安全対策の進歩から，爆発範囲内（50〜70 g Nm^{-3}）での操業が行われるようになり，エネルギー発生型へと改良された[7]．現在では，一般的に行われる爆発範囲内での運転においては，原料と空気との均一混合，ガス線速の確保，デッドスペースの縮小，さらには爆発時の設備の損傷を最小にとどめるための破裂板の設置など十分な安全対策が講じられている．このような爆発範囲内での操業を可能にしたのが，流量・温度などの制御機器の精度向上である．この後も触媒の改良および機器の能力向上により，現在では約 100 g Nm^{-3} の高ガス濃度プロセスが実用化されている．

a　*o*-キシレンの酸化プロセス

原料 *o*-キシレンは，予熱器で加熱された空気と気化混合されたのち，約 130～180℃の温度で多管式熱交換器型の反応器に導入される．*o*-キシレンと空気との混合には，気化された *o*-キシレンと空気とを混合する方法と，*o*-キシレンを空気中に噴霧して気化混合する方法がある．

o-キシレンは，反応器に充てんされた触媒上で酸化され，PAN，COx，および微量の副生物が生成する．反応器はシェル側を循環する熱媒（通常溶融塩）によって最適反応温度に保持されており，発生する反応熱は熱媒の一部をボイラーに送りスチームとして回収される．生成した PAN を含む 350～380℃の反応器出口ガスは熱交換され，PAN の露点より数十℃高い温度まで冷却されたのち捕集系に導入される．

b　ナフタレンの酸化プロセス

ナフタレン酸化プロセスも同様の流れであるが，一般に用いられる原料純度は *o*-キシレンに比べて低く，硫黄含有化合物や窒素含有化合物を含むこと，また副生成物であるナフトキノンの製品品質に与える影響が強いことから，粗製 PAN の熱処理条件および蒸留条件は *o*-キシレンからの粗製 PAN より厳しいものとなる．酸化系においても，これら原料中の不純物の量により最適反応温度，副生成物量，触媒寿命などに差が現れる．

c　捕集

反応器を出た生成ガスは予備冷却された後，通常スイッチコンデンサーとよばれる複数の熱交換器を順次切り替えて使用する方法により，粗製 PAN が固体で捕集される．各スイッチコンデンサーは，ガスを冷却して PAN を捕集する工程と，捕集された PAN を加熱融解して液状で取り出す工程を繰り返し，この 2 つの工程を各熱交換器間で時間差を設けて行うことにより連続的に捕集することができる．高ガス濃度プロセスにおいては，スイッチコンデンサーの前に PAN の融点以上の温度において液状で捕集する液状捕集器（liquid condenser）を設置する場合もある．液状捕集器では，液状の粗製 PAN を連続的に捕集し，直接熱処理槽に送られる．

表 6.4.14　無水フタル酸の製造原単位

	1984 年	2003 年
o-キシレン（kg）	0.925	0.89～0.91
スチーム（kg）	−4,210	n.a.
電力（kWh）	144	n.a.
純水（kg）	5,084	n.a.
冷却水（m^3）	71	n.a.

d　精製

捕集系で得られた液状の粗製 PAN は，加熱処理により一部不純物を分解した後，精製される．粗製 PAN の精製には軽沸塔と精留塔との 2 基の蒸留塔を用い，軽沸塔において安息香酸などの軽沸点不純物を除いた後，精留塔で高純度の精製 PAN を得る．精留塔からは重質分が残渣として排出され，焼却処理される．

e　排ガス処理

スイッチコンデンサーを出たガスには PAN，無水マレイン酸などの有機酸やその他の副生成物などが含まれているため，ガスをスクラバーで洗浄するか，触媒燃焼などの排ガス燃焼装置を用いて無害化処理した後，大気に排出される．

f　原単位

表 6.4.14 に製品原単位を示す[8,9]．1984 年当時と比較すると，触媒の収率向上やプロセス改良により，原料原単位は著しく向上している．また，ユーティリティー原単位についても，データは公表されていないが，大幅に改善されていると考えられる．

E　今後の展望

PAN は成熟製品といわれて久しいが，今後もアジア地域，特に中国を中心に新増設が進み，世界の生産量は年間 2% 程度の成長が予想されている．技術的には，安全性や経済性の向上，環境負荷低減を目指した触媒およびプロセスの改良が引き続き行われている．

文献

1) 化学経済，8 月増刊号，49(2016)
2) Chemical Week, November 23, p.29(2005)
3) 原忠則，ペテロテック，19(7)，594(1996)
4) C. R. Dias et al., Catal. Rev. Sci. Eng., 39(3), 169 (1997)
5) 特開 2001-064274(2001)
6) 特表 2009-537594(2009)
7) J. C. Zimmer, Chem. Eng., 81(5), 82(1974)
8) Hydrocarbon Processing, 63(11), 83(1984)
9) Hydrocarbon Processing, 82(3), 114(2003)

6.4.5 アクリル酸，アクリル酸エステル

A 概要

アクリル酸は，プロピレンを直接酸化することによって製造され，エステル類はこのアクリル酸のエステル化で製造されている．この直接酸化法は工業化以来 45 年以上が経過し，世界では年 650 万 t 以上のアクリル酸が生産されている(表 6.4.15)[1]．アクリル酸の生産量の拡大は，土壌改質剤，洗剤ビルダーなどに用いられるアクリル酸ポリマーおよびエステル類の需要増加，さらに紙おむつなどに用いられる高吸収性樹脂の消費規模，特に所得水準の向上によるアジアなどでの紙おむつの需要の爆発的な増大の影響である．

主要なアクリル酸エステル類は，メチル，エチル，ブチル，2−エチルヘキシルの 4 種類である．表 6.4.16[2] に示すようにアクリル酸エステルの生産量は年率 3〜4％の成長率を示している．アクリル酸エステルは，塗料や粘・接着剤用のエマルジョン，樹脂改質剤，アクリル繊維など幅広い用途に使われる．特にブチルと 2−エチルヘキシルは水溶性塗料および粘着剤向けとして住宅関連需要の伸びに伴い

表 6.4.15 アクリル酸生産能力の世界ランキング(千 t y^{-1}，2015 年末)

	会社名	米州	欧州	アジア	合計	備考
1	BASF	395	640	480	1,515	2014/4 中国，南京で 160 増設，2014/末伯カマサリで 160 新設
2	Dow Chemical*1	770	80	40	890	サウジ JV の SAMCO(ダウ 25%出資)が 13/7 に 160 新設(ダウ分40)
3	日本触媒*2	60		720	780	2013/夏インドネシアで 80 増，2014/春姫路で 80 増，2018/春ベルギーで 100 新設
4	Arkema*2, *3, *4	335	275		610	2006 欧州で 30 増，2013/央米国で設備更新
	Taxing Sunke Chemicals*4			480	480	2011/11 中国・泰興で 160 新設，2013/初中国・泰興で 160 増設，2015/1Q 中国・泰興で 160 増設，
5	江蘇裕廊化工*4			205	205	中国・塩城の 205
6	LG 化学			513	513	2012/6 韓で 160 新設，2015/9 に麗水で 160 増設
7	台湾プラスチック			480	480	2015/6 中国で 160 増設
8	StoHaas*5	165	265		430	
9	浙江衛生			320	320	2014/春新設
10	上海華誼			210	210	2009 中国で 60 新設
	上位 10 社計	1,725	1,260	3,448	6,433	
	世界合計	1,725	1,300	4,500	7,525	

*1 Dow Chemical は 2004 年に Celanese の，2009 年に R&H の AA 事業を買収．
*2 日本触媒(NAII)と Arkema(旧 Atofina)は米で AmericanAcryl を運営し半分ずつ引き取り．
*3 Arkema は 2010/3，Dow Chemical の北米 280 千 t 設備(その後更新し 270 千 t に)を譲受．
*4 Arkema と江蘇裕廊化工は JV「Taxing Sunke Chemicals」(Arkema55%出資)を 2014 年設立，3 系列 48 万 t 中 Arkema1 系列，江蘇裕廊加工 2 系列引き取り．
*5 旧 R&H と独 Stockhausen(現 Evonik Industries)は 2000/末に折半出資会社 StoHaas Monomer を設立。R&H は StoHaas に生産設備の一部を移管．

表 6.4.16　アクリル酸エステルの生産と輸出入($t\,y^{-1}$, %)

	2013年	2014年	2015年	伸び率
生産	139,691	216,980	224,807	3.6
販売	135,022	187,791	191,378	1.9
輸出	13,169	23,254	24,005	3.2
輸入	115,279	54,097	52,174	Δ3.6

生産量を拡大している．また，水溶性型アクリル塗料は大気中に放出される有機溶剤の削減という社会的要請に応えて従来型の有機溶剤希釈塗料に代わり，今後も高い需要の伸びが期待される．

今日唯一のアクリル酸製造方法といえるプロピレン直接酸化法(二段酸化法)プロセスが登場するまでは各種の工業的なアクリル酸製造プロセスが存在した．たとえばエチレンクロルヒドリンとシアン化ナトリウムを原料としてエチレンシアンヒドリンを経てアクリル酸エステルを製造するエチレンクロルヒドリン法である[3]．これは1938年にRohm&Haas社が世界で初めて工業化した製法であった．次いでエチレンクロルヒドリン法から発展したエチレンシアンヒドリン法がある．エチレンシアンヒドリンはエチレンオキサイドとシアン酸から合成した．

また，1958年にCelanese社がGoodrich Chemical社からライセンスを得て企業化したケテン法は，ケテンとホルマリンをホウ酸系触媒の存在下に反応させてプロピオラクトンとし，硫酸触媒でアルコールと反応させてアクリル酸エステルにするものである[4,5]．

次に登場したのが改良Reppe法である．ニッケルカルボニルを触媒としてアセチレンに一酸化炭素を付加する方法であり，Rohm&Haas社によって開発された[6]．

さらにプロピレンから量産されるようになったアクリロニトリルを硫酸の存在下に加水分解してアルコールを加え，エステル化するアクリロニトリル加水分解法がある[7,8]．Ugin-Kuhlman社によって開発され，改良Reppe法と並ぶ代表的なアクリル酸エステルの製法であった．

しかし，改良Reppe法は触媒のニッケルカルボニルがきわめて有毒であること，アセチレン原料であるため費用的に不利となった．また，アクリロニトリル加水分解法はプロピレン直接酸化法の生産性の向上に伴い，原料価格的に不利であることおよび多量の廃硫酸処理が問題化したことなどから，いずれも競争力を失っていった．

次いでプロピレンの一段酸化によるアクリル酸の製造が，1969年に米国のUCC社(現Dow)，1970年に日本触媒により開始された．この酸化反応がアクロレインを経由することからプロピレンを酸化しておもにアクロレインを製造する工程とアクロレインを酸化してアクリル酸を製造する工程からなる二段酸化法が開発され，現在に至っている．

B　反応と触媒

a　触媒

プロピレン酸化の主反応は(6.4.23)，(6.4.24)式に示す二段階で進行する．前段のプロピレン酸化に用いられる触媒は，1957年にSohio社から発表されたモリブデン酸ビスマス触媒をもとに多くの改良を施された多成分系複合酸化物触媒である．1960年代に触媒の基本成分が確立されて以降，最近の研究は触媒の調製方法が主流であることが特許からうかがえる[9]．一方，後段反応であるアクロレイン酸化に用いられる触媒は，Distillers社によるモリブデン(Mo)−バナジウム(V)系触媒の発見および1966年の東洋曹達(現東ソー)によるモリブデン高含有触媒の開発をきっかけに，1975年ごろまでに現在のMo-V系の多成分系複合酸化物触媒が確立された．最近の研究はプロピレン酸化用触媒同様に触媒の調製方法が主流である[10]．

$$CH_2{=}CHCH_3 + O_2 \longrightarrow CH_2{=}CHCHO + H_2O \qquad \Delta H = -340.5\ \mathrm{kJ\ mol^{-1}} \quad (6.4.23)$$

$$CH_2{=}CHCHO + 1/2O_2 \longrightarrow CH_2{=}CHCOOH \qquad \Delta H = -254.2\ \mathrm{kJ\ mol^{-1}} \quad (6.4.24)$$

b　反応機構

Bi−Mo系触媒によるプロピレン酸化の反応機構はR. K. Grasselliらによって詳細に研究され[11]，アリル中間体を経由するアリル型酸化反応であり，触媒結晶中の格子酸素が反応に関与するレドックス機構によって反応が進行すると考えられている．さらに松浦やWolfsらによる触媒モデル[12,13]，諸岡らによる水槽モデルおよび酸素逓伝説[14]は触媒開発に大きな影響を与えるものであった．

一方，アクロレイン酸化の反応機構は，不明な点も多く，十分解明されているとはいいがたい．反応に水蒸気が必須であることから直接反応に関与する水和酸化機構[15]，触媒中の酸素が関与するレドックス機構[16]が提案されているが，Breiter らが提案するスピルオーバー酸素の関与を支持する研究[17]も報告されている．

C　プロセス

プロセスはプロピレンの酸化工程，生成アクリル酸の回収工程，アクリル酸を精製する工程，さらに回収粗製アクリル酸を原料とするエステル化工程からなる．図 6.4.17，図 6.4.18[18]にアクリル酸製造法の代表的プロセスとして日本触媒，三菱化学(現三菱ケミカル)のプロセスを示す．

a　酸化系

反応条件は通常プロピレン濃度 5〜10％，酸素とプロピレンの比率 1.2〜2.0，水蒸気濃度 5〜40％，接触時間 2〜5 秒の範囲で選択される．酸素濃度はプロピレンの爆発範囲を避けるように設定され，水蒸気などの希釈剤でさらに爆発範囲を遠ざけるよう原料ガス条件が設定される．

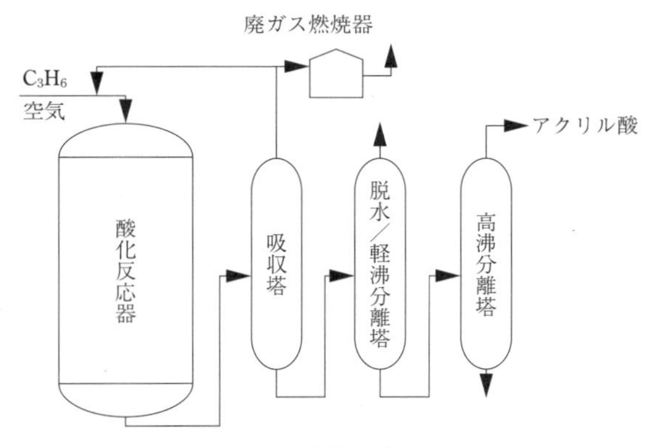

図 6.4.17　日本触媒のプロセスフロー

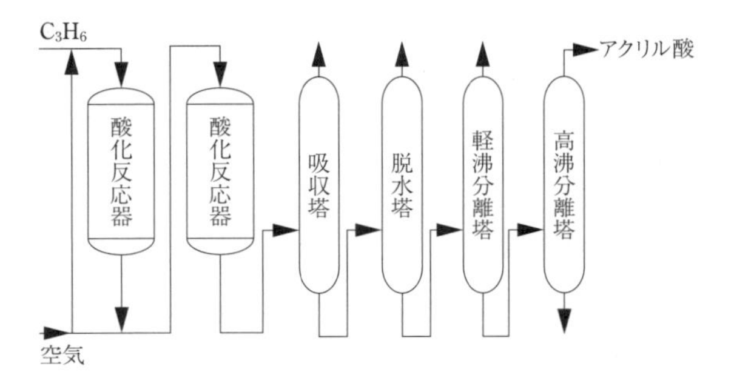

図 6.4.18　三菱化学のプロセスフロー

反応器は固定床多管式が用いられ，反応熱は胴側を循環する溶融塩により除去され，廃熱ボイラーでスチームとして回収される．反応温度は前段 280〜350℃，後段 250〜300℃程度である．予熱された原料を含む混合ガスは，前段反応器に導入され，生成するアクロレインを含む反応ガスは急冷された後，直接後段反応器に導入される．前段の主生成物であるアクロレインは，高温で酸素と共存すると自動酸化されてしまうため，前段出口ガスを急冷する，あるいは，ガス滞留部を縮小するなどの対策が必要である．図 6.4.17 に示した日本触媒プロセスでは，前後段の反応帯域が上下に接続され，反応後ガスの滞留時間が極端に少ないため，アクロレインの自動酸化防止に有効である．前段のプロピレン転化率は 95〜99 mol％，後段のアクロレイン転化率は 98〜100 mol％で運転され，前段および後段を通したアクリル酸収率は 90％以上に達していると考えられる．副生成物の主要なものは，COx，酢酸などの低級酸化生成物である．

b　回収，精製系

後段反応器を出たアクリル酸を含むガスは，冷却吸収塔に導かれ水に吸収される．この際，水ではなく，高沸点溶剤で吸収する方法もある[19]．吸収塔の塔底部からは 30〜80 wt％のアクリル酸水溶液が得られる一方，塔頂を出るガスは，触媒燃焼あるいはボイラーでの直接燃焼などにより無害化される．日本触媒法ではこの塔頂ガスの一部を前段反応器に希釈ガスとしてリサイクルしているため，反応ガスへの新たなスチームの添加が不要で，かつ，高濃度のアクリル酸水溶液が得られる．また未反応プロピレンの再利用による資源の有効利用もなされている．回収されたアクリル酸水溶液から水分を分離する工程では，水溶液が低濃度であった本製造法の工業化初期には，抽出溶剤としてエステル類，ケトン類，エーテル類などを用いた溶剤抽出法が用いられた．溶剤は抽出性能，回収性，水との共沸組成および共沸温度などを基準に選定されたが，すべての条件を満足することはできなかった．しかし，最近ではエネルギー消費量の少なさ，アクリル酸回収率の高さなどから有機溶剤を用いた直接共沸蒸留による脱水法が主流となっている[20]．

水分を除去されたアクリル酸は，さらに蒸留により酢酸などの低沸点不純物とマレイン酸などの高沸点不純物が取り除かれ，粗製アクリル酸となる．得られた粗製アクリル酸は，通常このままエステル用原料として用いられるが，高吸収性樹脂や高分子凝集剤などアクリル酸ポリマー用途では，アクリル酸の重合特性が重視されるため，さらに高純度化したアクリル酸が要求される．たとえば，粗製アクリル酸に含まれるアクロレイン，フルフラールなどのアルデヒド類およびプロトアネモニンなどの不純物は，重合遅延物質として作用することが知られているが，微量不純物であるこれらを蒸留によって除去することは困難である．このため薬剤処理法[21]，晶析法[22]による処理により，高純度アクリル酸が得られる．特に晶析法は，薬剤の添加が不要，重合物の生成が抑制できるなどの特徴のほか，蒸留では分離困難な水分，プロピオン酸などの分離・除去が可能であり，高純度アクリル酸を製造する方法として欧米を中心にすでに実用化されている．今後日本でも，市場需要の高まりとともに精製技術の主流となりうると考えられる．

c エステル化

エステル化触媒としては，硫酸，メタンスルホン酸などの鉱酸やカチオン交換樹脂などが用いられる．メチル・エチルの低級エステルは，古くからカチオン交換樹脂を触媒とする連続エステル化法が採用されていたが，ブチル，2-エチルヘキシルなどの高級エステルは，低級エステルからのエステル交換法や硫酸を用いた直接エステル化法が主流であった．しかし強酸を除去するための後処理が必要であるとともに，高濃度の有機酸塩を含んだ廃水が多量に発生するという問題があり，イオン交換樹脂や有機スルホン酸を用いる連続エステル化法に転換されてきている．この有機スルホン酸を用いる製法でも反応後液に残留する酸分の中和が必要であり，また，カチオン交換樹脂を用いる場合にも，廃棄樹脂の処理方法および有効利用法が課題となっている．

最近，ジルコニウム含有固体超強酸，ヘテロポリ酸酸性塩をエステル化用触媒として用いる方法が開示されている[23,24]．これらの方法によれば，(1)不飽和カルボン酸エステルの選択率が高く高生産性，(2)目的物と触媒との分離が容易であり，アルカリ水溶液による洗浄が不要となり排水処理が不要，といった特徴があり，従来技術の問題点を解決する方法として期待される．このようにして得られた粗アクリル酸エステルは，軽沸分離，高沸分離の工程を経て精製アクリル酸エステルが得られる．

d 重合防止剤

アクリル酸は非常に重合性が高く，精製工程で最も多いトラブルが工程内での重合である．重合防止技術なしでは装置の安定した稼動が不可能なため，各社とも開発の初期から重合防止技術の開発に注力してきた．プロピレン酸化法の必須条件ともいえるこの技術の基本は，アクリル酸の重合を防止する安定剤（重合防止剤）である．重合防止剤は，メタル系（銅，マンガン）とノンメタル系（キノン類，アミン類など）に大別できる．後者は一般的にヒドロキノン，フェノチアジンなどが用いられるが，それぞれの防止剤の複合効果を期待して，複数の組み合わせで用いられる．特にメタル系とノンメタル系の組み合わせが有効であったが，最近は廃液処理，残渣処理が容易なノンメタル系の重合防止剤が主流と考えられる．

e 廃水処理

プロセスから排出される廃水の処理方法としては，活性汚泥による生物化学的処理が一般的であるが，プロセス内で使用する水を循環使用し排水量を削減するクローズ化法や，廃水中の有機物濃度を高くして燃焼処理する方法，さらには触媒による湿式廃水処理法も実用化されている[25]．この処理法では，COD成分・窒素化合物の同時除去，装置が小型，補助燃料が不要，排ガス量が少ないなどの特徴があり，環境への影響を配慮した処理方法といえる．

f 原単位

最近では原単位が公表されていないため，表6.4.17に示す原単位の数値は現状を示していないと考えられる[18,26]．工業化当時と比較して，酸化系では触媒の収率向上と寿命改善により，単位触媒量あたりの生産性は2倍以上に向上しているといわれている．また精製系でも，プロセス改良によるエネルギー原単位の飛躍的向上，収率向上がみられており，表中の原料，ユーティリティー原単位は大幅に改善されていると考えられる．

D 今後の展望

アクリル酸は，今後も世界的な需要の伸びや装置の老朽化に伴う大型設備へのスクラップアンドビルドが予想され，プロピレン直接酸化法の重要性はま

表 6.4.17　アクリル酸の原単位

会社名	日本触媒	三菱油化
公表年	1979	1989
原単位(アクリル酸 1 kg あたり)		
プロピレン(kg)	0.68	0.676
スチーム(kg)	−2.2	−0.4
電　力(kWh)	0.09	0.024
冷却水(kg)	30	—

すます高まると考えられる．したがって，酸化触媒および反応条件の改良，プロセス収率の向上など，直接酸化法技術の向上が期待されている．たとえば，固定床多管式反応器ではなく，プレート式反応器を用い，反応選択性の最適化や触媒寿命の改善を図る方法が発表され[27]，新たなプロセス開発が進められていることがうかがわれる．しかし一方では，究極的に高められてきたプロピレン直接酸化法技術に飛躍的な経費低減が期待できないことから，原料転換の試みとしてプロパンの直接部分酸化用触媒の開発研究も行われている．

また，近年，地球温暖化や石油枯渇の観点から，化石資源に依存せず，バイオ資源から燃料や有機製品を製造する方法が検討されており，その１つとして，バイオエタノールと油脂の転換によるバイオディーゼルがあるが，その副生成物として発生するグリセリンから脱水反応によって中間生成物アクロレイン，次いで，気相酸化反応によりアクリル酸を製造する研究が活発に行われている[28]．

文献

1）化学品ハンドブック 2016，296，重化学工業通信社(2016)
2）化学経済，8 月増刊号，33(2016)
3）US Patent, 1,829,208(1931)
4）US Patent, 3,002,017(1961)
5）US Patent, 3,069,433(1962)
6）W.Reppe, Ann, 582,1(1953)
7）US Patent, 2,890,101(1959)
8）Hydrocarbon Processing, 44(11),169(1965)
9）特開 2003-205240，特開 2007-175600，特開 2009-274034
10）特開 2005-205401，特開 2008-207068，特開 2015-166088
11）R. K. Grasselli et al., Applied Catal., 15, 127(1985)
12）I. Matsuura et al., Polyhedron, 5(12), 111(1986)
13）M.W.J.Wolfs et al., J. Catal., 32, 25(1974)
14）諸岡良彦，化学，46(9), 605(1992)
15）J. Novakova, Z. Delejsek, K. Harbesberger, React. Kinet. Catal. Lett., 4, 389(1976)
16）T. V. Andrushkevuch, Catal. Rev. Sci. Eng., 35(2), 213(1993)
17）S. Breiter et al, Appl. Catal. A, 134, 81(1989)
18）Hydrocarbon Processing, 68(11), 91(1989)
19）特公昭 52-38010(1977)
20）特開平 5-246941(1993)，特開平 8-34757(1996)，特開平 8-59543(1996)
21）特公昭 48-31087(1973)，特開昭 60-6635(1985)
22）特開平 7-163802(1995)，特開平 9-227446(1997)
23）特開平 11-152249(1999)
24）特開平 11-152248(1996)
25）特許 2,624,572(1997)，石井徹，産業と環境，1, 88(1988)
26）Hydrocarbon Processing, 58(11), 123(1979)
27）特許 4212888(2009)
28）特許 5801803(2015)

6.4.6　メタクリル酸，メタクリル酸エステル

A　メタクリル酸メチル

メタクリル酸エステルは，メタクリル酸メチル(MMA)モノマーに代表されるアクリル系合成樹脂の原料である．MMA モノマーのホモポリマーであるポリメタクリル酸メチル(PMMA)は，合成樹脂中最高の透明性と抜群の耐候性を生かして，看板，ディスプレイ，自動車部品，照明材料，建築関連材料，弱電部品などに使用されてきた．近年では，これらの従来型分野からプラスチック光ファイバー，LED 搭載液晶テレビ用の導光板といった IT 関連などの新規分野へと急速な広がりを見せている．さらに，物性上，低毒性かつリサイクル可能であるため，環境に優しい素材としても注目を集めている．また，MMA モノマーと他の機能性モノマーとによるコポリマーは，塗料，人工大理石，紙力増強剤，樹脂改質剤などの原料となる．

現在，MMA モノマーは全世界で年産約 460 万 t の生産能力があり，地域別，製造会社別の設備能力は表 6.4.18 に示すとおりである．

MMA モノマーは図 6.4.19 に示すとおり，さまざまな原料から種々のルートで製造することが可能である．現在稼働中の MMA モノマーの工業プロセスは 6 製造法にのぼり，これは，さまざまな原料が利用可能であるため，単純な触媒反応の収率による比較だけにとどまらず，原料入手条件や既存設備・既存技術の利用といった各社の置かれた状況により製法ごとのコスト差が容易に逆転するためと考えられる．

商業プロセス工業化の歴史は，1937 年にさかのぼる．英国 ICI 社（現 Lucite International）によりアセトンシアンヒドリン（ACH）法が工業化され，1982 年に C_4 直接酸化法（C_4 直酸法）が工業化されるまで，ACH 法が唯一の MMA モノマー製造プロセスであった．C_4 直酸法は，ACH 法における原料（青酸）入手の特殊性，設備の腐食性，廃酸の処理などの問題を解決できる製造プロセスとして，1982 年に三菱レイヨン（現三菱ケミカル）および日本メタクリルモノマー（日本触媒と住友化学の合弁）によって，それぞれ工業化された．以後，国内メーカー各社は，従来の ACH 法に代わる製法の工業化と生産拠点の拡大を図っていき，1998 年には三菱ガス化学が廃酸を生成しない新 ACH 法，1999 年には旭化成が直接酸化エステル化法の工業生産を始めた．海外メーカーでは，1989 年に，BASF 社がエチレンを原料とする製法を工業化した．一方，2008 年には，Lucite 社がエチレンを原料とする新エチレン法の商業プラントをシンガポールで稼働させた．

上記の工業史や各製法の概要については，すでに多くの総説，解説が出されているので，参照されたい[1〜7]．

ここでは，MMA モノマー製造法として，最も近年工業化された新エチレン法を中心に解説する．

B　新エチレン法（Alpha 法）

a　概要

Alpha 法は，(1) 均一系 Pd 錯体触媒を用いるエチレン（C_2H_4），一酸化炭素（CO），およびメタノール（CH_3OH）の液相メトキシカルボニル化反応によるプロピオン酸メチル（MeP）合成，(2) Cs/SiO_2 系固体塩基触媒を用いる MeP とホルムアルデヒド（HCHO）との気相アルドール縮合反応による MMA 合成の二段階の触媒反応から構成される（図 6.4.20）．

b　MeP 製造工程（前段工程）

本工程は，70〜120℃，0.5〜5.0 MPaG 程度の温和な条件で Pd 錯体触媒を用いて行われ，99.9% 以上の選択率，250,000 以上のターンオーバー数（TON）で MeP が得られる非常に優れた液相メトキシカルボニル化反応である．Pd 触媒の配位子としては，立体障害を導入したビスホスフィン系二座配位子が種々検討され，*tert*-ブチル基を導入した配位子が好適であった（表 6.4.19）[8]．さらに，反応基質の組成や濃度，触媒の安定性，気液物質移動速度などを最適化し，反応効率を高めている[9]．本工程では，99.9% 以上の選択率で MeP が得られるため，複雑な精製工程は不要である．

c　MMA 製造工程（後段工程）

本工程では，250〜400℃における Cs/SiO_2 系固体塩基触媒上での MeP と HCHO との気相アルドール縮合によって，95% 程度の選択率で MMA が合成される[10]．この反応は，Cs 塩基点とごく弱い酸点が協奏的に作用することで効率よく進行すると推察される（図 6.4.21）．また，アルドール縮合の反応機構上，MMA の生成に伴い等モルの H_2O が生成するため，エステル類の加水分解や SiO_2 担体のシンタリングを主因とする触媒表面積減少が促進されることがわかっている．特に後者は，高温で水蒸気にさらされても劣化しにくい SiO_2 担持固体塩基触媒の設計の観点から非常に重要な要素であり，工業触媒では触媒担体の耐シンタリング性が要求される[11]．

本工程における MMA 選択率も 95% 程度と高いものの，副生成物として，エステル類の加水分解により生じるカルボン酸類およびアルドール縮合反応の逐次縮合生成物などが生成する．

d　プロセスの概略および特徴

本プロセスの概略フローを図 6.4.22 に示す．前述の MeP 製造工程および MMA 製造工程については，前述のとおりである．MMA 製造工程の基質である HCHO は，MeOH 酸化によって製造され，55 wt% HCHO 水溶液（ホルマリン）が得られる．このホルマリン中の HCHO は MMA 製造工程で利

表 6.4.18　世界の MMA モノマー設備能力[*1]（2018 年，千 $t\,y^{-1}$）

地域	会社名	国	製造法[*2]	設備能力
北米	Dow Chemical	米国	(1)	475
	MCC Lucite	米国	(1)	332
	Evonik	米国	(1)	156
	小計			963
中南米	Proquigel	メキシコ	(1)	18
	Proquigel	ブラジル	(1)	70
	小計			88
欧州	MCC Lucite	英国	(1)	211
	Arkema	イタリア	(1)	90
	Evonik	ドイツ	(1)	300
	BASF	ドイツ	(4)	36
	小計			637
中東	The Saudi Methacylates Company	KSA	(7)	250
	Petro Rabigh	KSA	(2)	90
	小計			340
日本	三菱ケミカル	日本	(1), (2)	217
	旭化成	日本	(6)	100
	住友化学	日本	(2)	72
	クラレ	日本	(1)	67
	三菱ガス化学	日本	(5)	51
	三井化学	日本	(2)	40
	小計			547
アジア	Thai MMA	タイ	(2)	180
	PTT-Asahi	タイ	(1)	70
	SCS	シンガポール	(2)	223
	MCC Lucite	シンガポール	(7)	120
	Kaohsiung Monomer	台湾	(1)	104
	Formosa Plastic	台湾	(1)	98
	Huizhou MMA	中国	(2)	90
	Evonik	中国	(2)	100
	Huayi	中国	(2)	50
	Yidari	中国	(2)	50
	吉林化学	中国	(1)	200
	盛虹集団	中国	(1)	85
	MCC Lucite	中国	(1)	183
	Longxin Chemical	中国	(1)	75
	Wanda	中国	(1)	50
	Lotte MCC	韓国	(2)	188
	LG MMA	韓国	(2)	176
	Lotte Chemical	韓国	(2)	50
	小計			2,092
総合計				4,667

＊1　各社公称能力をもとにした三菱ケミカル推定値

＊2　図 6.4.19 に記載の製造ルート

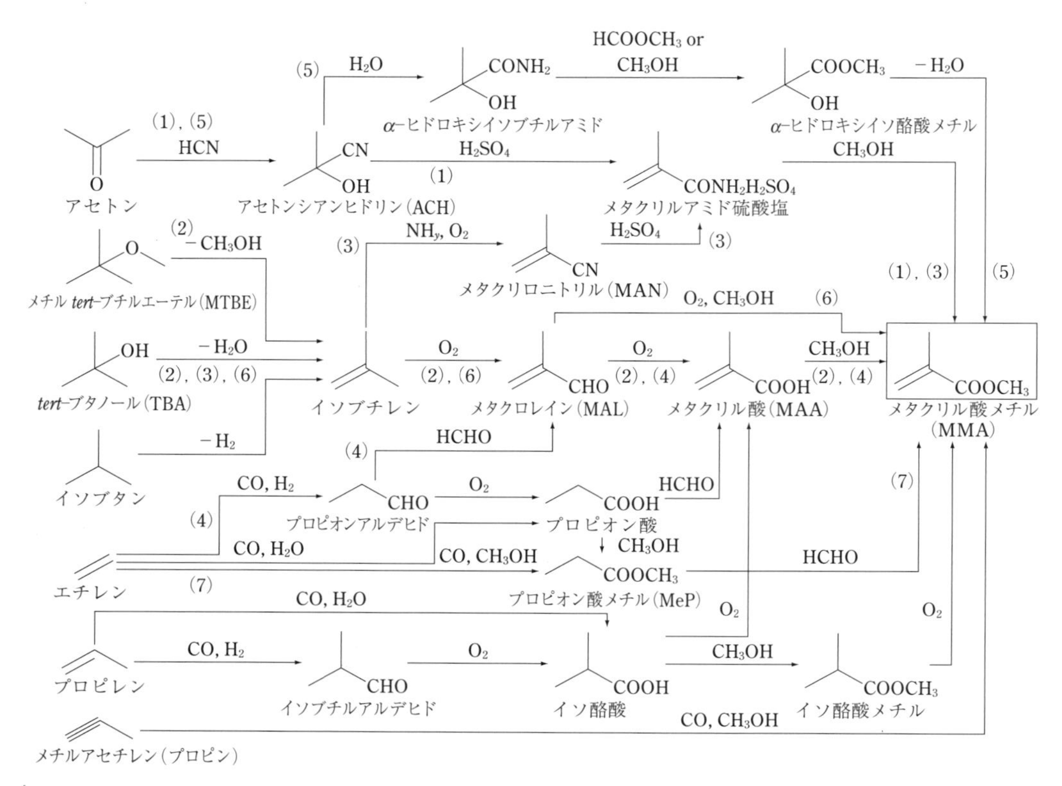

図 6.4.19 種々の原料からの MMA 合成ルート：(1)ACH 法，(2)C_4 直接酸化法(TBA or MTBE)，(3)MAN 法，(4)エチレン法，(5)新 ACH 法，(6)C_4 酸化エステル化法，(7)新エチレン法(Alpha 法)

エチレン —(CO, CH_3OH / Pd^{2+} 錯体)→ プロピオン酸メチル (MeP) —(HCHO / Cs/SiO_2)→ メタクリル酸メチル (MMA)

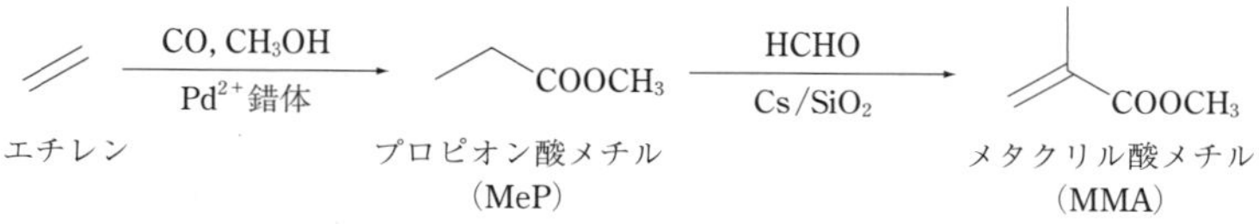

図 6.4.20 新エチレン法(Alpha 法)の反応スキーム

表 6.4.19 前段反応でのリガンドの構造と触媒性能との関係

Entry	1	2	3
Bidentate Phosphine Ligand	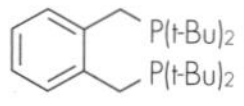 $P(t\text{-}Bu)_2$ / $P(t\text{-}Bu)_2$	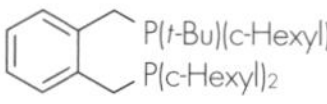 $P(t\text{-}Bu)(c\text{-}Hexyl)$ / $P(c\text{-}Hexyl)_2$	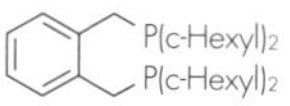 $P(c\text{-}Hexyl)_2$ / $P(c\text{-}Hexyl)_2$
MeP 選択率(%)	99.95	30	25
TON(mol-MeP(mol-Pd)$^{-1}$)	＞250,000	＞1,500	＞600

反応条件：CH_3OH(300 cm^3)，Pd(0.1 mmol)，Ligand(0.3 mmol)，Methanesulfonic acid(MSA)(0.24 mmol)，C_2H_4 and CO(C_2H_4:CO＝1/1)，80℃，1.5 MPaG

用されるが，高い MMA 選択率の実現と触媒の過度のシンタリング抑制のためには，ホルマリンの脱水処理が不可欠である．蒸留によるホルマリン脱水においては，HCHO，水，MeOH，および MeP との間での平衡関係や共沸関係，ならびにそれらの間での化学反応を利用することで，無水化された HCHO が得られる．得られた HCHO は，後段反応器へ供給される．

MMA 製造工程において生成する副生成物は，分離精製工程において，蒸留などにより MMA と分離

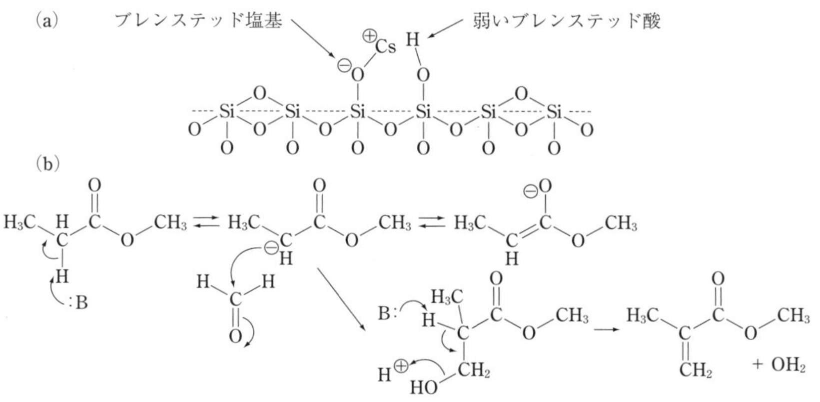

図 6.4.21　後段反応における(a)触媒の活性点構造と(b)反応機構

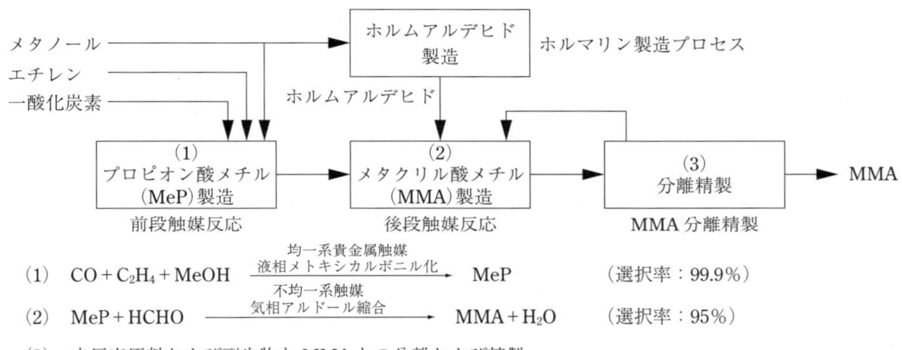

図 6.4.22　概略プロセスフロー

される．この精製を経て，高い透明性への要求を満たす MMA が得られる．

本プロセスは，原料入手の自由度が高くプラント立地の制約が少ない，原料利用効率が高いなどの特徴がある．また，生産能力 25 万 t y^{-1} 規模のプラントスケールにおいてもエンジニアリング上の大きな制約がないことも特徴である．

e　まとめ

世界初の Alpha 法商業プラントは，2008 年にシンガポールで稼働して以来，現在も順調な稼働を続けている．2018 年にはサウジアラビアで新プラントが商業生産を開始したほか，今後は北米での新たなプラントの建設が計画されている．

近年の石油化学原料の軽質化，シェールガスの台頭，および再生可能資源の発展などの影響で，MMA 製造用原料を取り巻く状況が変化し，製造プロセス間でのコスト競争力差の拡大が予想される．その点において，Alpha 法は，安価なエチレンを利用できる場合には原料価格差を武器としたコスト競争力の向上が期待でき，今後大きな発展が見込まれる MMA 製造プロセスである．

C　その他のメタクリル酸エステル

a　概要

メタクリル酸エステルを分類すると，エステル基の機能性により，非官能性モノマーと官能性モノマーに大別される．また，ビニル重合性部位であるメタクリル基が 1 個であるか複数個あるかにより，それぞれ俗称として，単官能性モノマーか多官能性モノマーかに分類されることがある．

i) 非官能性メタクリル酸エステル

一般的には，エステルのアルコール残基が非反応性の直鎖状アルキル基だけからなるメタクリル酸エステルモノマーをいう．種々のアクリル樹脂製品の主成分として使用され，アルコール残基の種類により種々の異なった性能を示す．代表的な非官能性メ

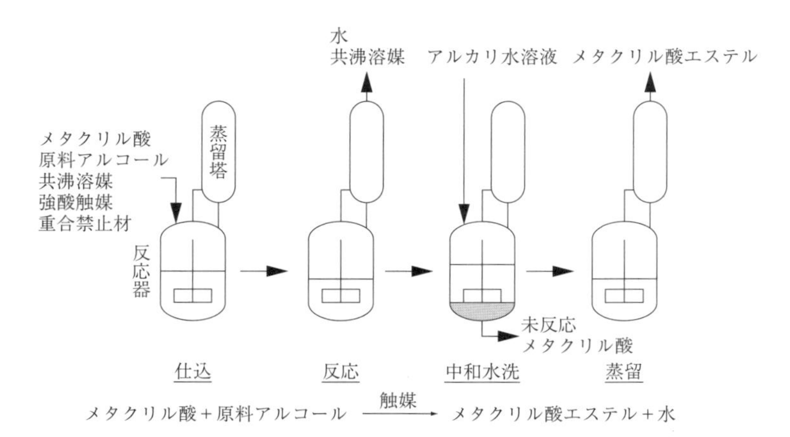

図 6.4.23　エステル化法プロセス

タクリル酸エステルとしては，MMA，メタクリル酸エチル，メタクリル酸ブチルなどがある．

ii)官能性メタクリル酸エステル

エステルのアルコール残基部分が単なるアルキル基ではなく，ヒドロキシル基やカルボキシル基，エポキシ基，アミノ基などのように官能性の部位を有するものをいう．これらの官能性メタクリル酸エステルを共重合することにより，接着性や反応性に優れたポリマーが得られる．

代表的な官能性メタクリル酸エステルとしては，ヒドロキシル基を有するメタクリル酸ヒドロキシエチル，エポキシ基を有するメタクリル酸グリシジル，アミノ基を有するメタクリル酸ジメチルアミノエチルなどがある．

iii)単官能性モノマーと多官能性モノマー

単官能性モノマーが直鎖ポリマーの特性に支配的な要素となるのに対して，多官能性モノマーは，重合段階で重合成長している直鎖どうしをつなげる(架橋)役割を果たし，ポリマー骨格を 2，3 次元的に複雑にし，得られるポリマーを強靭なものにする．

メタクリル酸エステルの代表的な多官能性モノマーとしては，ジメタクリル酸ジエチレングリコール(2 官能)，トリメタクリル酸トリメチロールプロパン(3 官能)などがある．

b　製造法

メタクリル酸エステルは，その構造的な違いから種々の合成法が工業化されているが，いずれも，メタクリル酸あるいは MMA モノマーを原料として，化学変換により誘導されている．その代表的ないくつかの合成例を以下に紹介する．また，原料であるメタクリル酸自体も，熱硬化性塗料，接着剤，ラテックス改質剤，共重合による樹脂改質などに広く使用されている．

i)エステル化法

メタクリル酸に対し，目的とするメタクリル酸エステルのアルコールを強酸触媒下，沸騰状態で脱水エステル化反応を行って合成する．本反応は平衡反応であるため，通常は反応進行を早める目的で，水との共沸溶媒を共存させて反応系から水を取り除きながら反応を行う(図 6.4.23)．ほぼ 100％反応を完結させたのち，残った強酸触媒と未反応メタクリル酸などを中和，水洗除去したのち，必要に応じて蒸留などを行って目的物を得る．一般的な一級，二級のアルキルアルコール類のメタクリル酸エステルは，通常，この方法で合成できる．

ii)エステル交換法

MMA モノマーに対し，目的とするメタクリル酸エステルのアルコールを種々の触媒下，沸騰状態でエステル交換反応を行って合成する．本反応は平衡反応であるため，通常は反応進行を早める目的で，副生するメタノールとの共沸溶媒を共存させて反応系からメタノールを取り除きながら反応を行う．この際，共沸溶媒として原料の MMA モノマー自体を利用することができる．反応が終了したら，蒸留などにより未反応物などを分離して目的物を得る．エステル化同様，一般的な一級，二級のアルキルアルコール類のメタクリル酸エステルは，通常，この方法で合成できる．

iii)付加反応法

第三級アルキルアルコールのメタクリル酸エステ

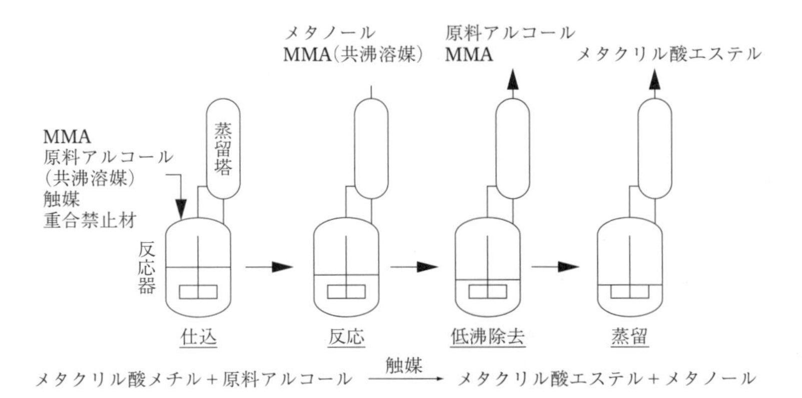

図 6.4.24　エステル交換法プロセス

ルは，通常，エステル化やエステル交換法では合成困難であり，相当するアルケン類とメタクリル酸との付加反応で合成できる．最も一般的なのがメタクリル酸 *tert*-ブチルであり，イソブテンとメタクリル酸とを強酸触媒の存在下，低温にて付加反応させて合成する．反応後は未反応のイソブテンを脱気した後に蒸留などにより目的物を分離する[12]．

iv）開環付加反応法

エポキサイドは反応性に富み，メタクリル酸との反応により開環して末端にヒドロキシアルキル基を含有するメタクリル酸エステルが得られる．たとえば，エチレンオキサイドからはメタクリル酸ヒドロキシエチルが得られる．反応後は蒸留などにより未反応物などを分離して目的物を得る[13]．

v）脱塩反応法

メタクリル酸のアルカリ金属塩とハロゲン化物は脱塩反応を起こしてメタクリル酸エステルとなる．ハロゲン化物としてエピクロルヒドリンを用いてメタクリル酸グリシジルが合成される．反応後は中和水洗した後，蒸留などにより未反応物などを分離して目的物を得る．

メタクリル酸エステルを合成するにあたっては，反応や蒸留操作において加熱を行うことが多く，その条件次第ではモノマーの重合反応を加速させることになる．そこで，重合反応を抑制し，目的のモノマーを効率よく得るためには，反応や蒸留操作時に，重合禁止剤を投入したり，重合禁止効果のある酸素を微量共存させたり，無用なラジカル発生を防止するために紫外線を遮断するなどの対策を講じて合成を行う．

文献

1）日本メタアクリル樹脂協会編，日本メタアクリル樹脂協会 25 年史（1990）
2）井上和孝，触媒，36（3），193（1994）
3）黒田徹，大北求，ファインケミカル，23（17），5（1994）
4）永井功一，触媒技術の動向と展望 1995，触媒学会（1996）
5）黒田徹，触媒，45（5），366（2003）
6）二宮航，触媒，56（6），360（2014）
7）内藤啓幸，JETI，63（5），56（2015）
8）WO96/19434
9）WO98/41495
10）D. W. Johnson et al., The Proceedings of TOCAT6/APCAT5, IO-A02（2010）
11）WO99/52628
12）WO2006/082965
13）特開平 11-240853

6.4.7　アジピン酸

A　概要

アジピン酸（ADA）は，ポリアミド 66，ポリウレタン，樹脂の可塑剤などの原料として使用される脂肪族ジカルボン酸である．ADA の世界での生産量は，2016 年においてナイロン用途が 144 万 t，非ナイロン用途が 146 万 t のおよそ 290 万 t と推定されている[1]．2011～2016 年の間では，ナイロン用途が年率 1.7％，非ナイロン用途が 3.4％，合わせて年率 2.5％の割合で伸びており，今後の数年間も同程度の成長が予想されている（表 6.4.20）．一方，世界の ADA 生産能力は，2016 年において 418 万 t と推定されている（表 6.4.21）[1]．中国企業の新規参

表 6.4.20 生産量(万 t y^{-1}, 2016 年推定)

年	2006	2011	2016	2021
米	100	89	89	83
欧州	100	71	65	72
中国	15	64	115	147
アジア	33	31	21	23
世界	247	255	289	325

表 6.4.21 生産能力(万 t y^{-1}, 2016 年推定)

	2006	2011	2016	2021
米	117	110	92	92
欧州	114	95	73	82
中国	21	82	224	224
アジア	38	40	29	29
世界	291	326	418	426

入と急激な新増設により，需要供給バランスは大きくくずれ，欧米企業はいくつかのプラントを停止したが，なお供給能力過剰である．表 6.4.22 に 2016 年における ADA 製造企業の生産能力(推定量)を示す[1)]．

ADA の工業的な製造方法は，KA オイル(シクロヘキサノールとシクロヘキサノンの混合物，ketone/alcohol)またはシクロヘキサノールの硝酸酸化である．以下 ADA 製造プロセスの概要を述べる．

B KA オイルおよびシクロヘキサノールの製法

ADA の工業的な製造方法を KA オイル製造方法で分類すると，世界の ADA の約 77% はシクロヘキサンを出発物質としており，約 16% がベンゼンを出発物質とし，約 7% がフェノールを出発物質としている[1)]．

シクロヘキサンは，ナフテン酸コバルトまたはホウ酸を触媒に用いるかあるいは無触媒で液相空気酸化により，KA オイルに誘導される[2)]．ベンゼンは，Ru を触媒として部分水素添加によりシクロヘキセンとし，次いで水和により，シクロヘキサノールに誘導される．この方法は旭化成で商業化実施され，シクロヘキサンの空気酸化法と比較して炭素収率，エネルギー使用量などで優れていることが特徴である[3)]．フェノールは，水素添加により KA オイルに誘導される．この反応は Pd 触媒を用い，150℃，1.0 MPa で行われる[2)]．

表 6.4.22 ADA の製造企業の生産能力(万 t y^{-1}, 2016 年)

製造企業	地域	原料ソース	生産能力
Ascend	米	CHX	46
Invista		CHX	36
Solvay	ブラジル，仏，韓	PHL，CHX	50
BASF	独	CHX	22
Lanxess		CHX	10
Radici	独，伊	PHL	18
Shenma	中	BZ	27
Liaoyang		CHX	16
Bohui		CHX，BZ	53
Hongye		CHX	30
Hualu		CHX	16
Yangmei		CHX	8
Chongqing		CHX	32
Dushanzi		CHX	15
Shuyang		CHX	8
Tongshan		CHX	15
Asahi	日	BZ	12
Others	−		6
計			418

C 硝酸酸化による ADA の製法

a 硝酸酸化反応

硝酸酸化により ADA を合成する技術の歴史は古く，1927 年の DuPont 社の特許出願にバナジウムを触媒にしたシクロヘキサノールの硝酸酸化の例が報告されている[4,5)]．シクロヘキサノール，シクロヘキサノンの硝酸酸化反応は多くの素反応から成り立っているが，主要な反応は(6.4.25)式であり，(6.4.26)式の亜酸化窒素(N_2O)生成を伴う．

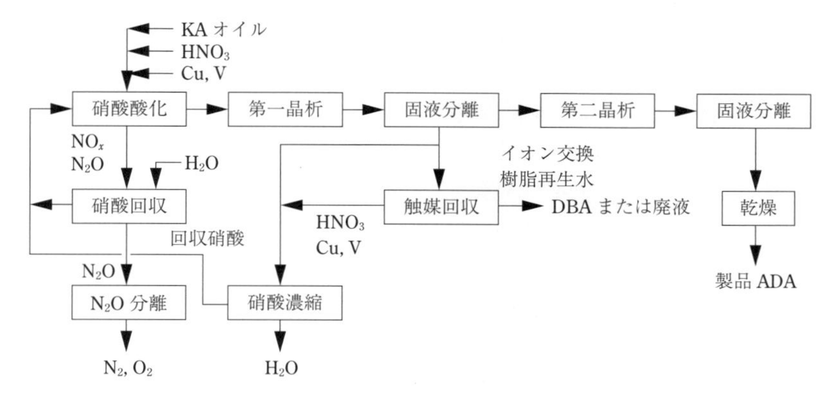

図 6.4.25　ADA ブロックフロー

$$\xrightarrow[(HNO_2,\ H_2O)]{HN_2O}\quad\xrightarrow[(H_2O)]{HN_2O}\quad\xrightarrow[(HNO_2,\ H_2O)]{HN_2O}\quad\xrightarrow[(H_2O)]{HN_2O}\quad\xrightarrow{H_2O}\quad\xrightarrow[(HNO_2,\ NH_2OH)]{2H_2O}\tag{6.4.25}$$

$$HNO_2+NH_2OH \longrightarrow N_2O+H_2O \tag{6.4.26}$$

反応は50〜60％の硝酸水溶液を用い，約0.5％の銅と約0.1％のバナジウムを触媒として，温度70℃以上で行われる．KA オイルまたはシクロヘキサノールの転化率は100％であり，ADA の選択率は95％前後である[6]．副生成物は，ADA よりも炭素数の少ないグルタル酸とコハク酸が主である．反応で発生する NOx は空気と混合して水に吸収させることにより硝酸となり回収再使用されるため，およそ N_2O の発生分の硝酸が最終的に消費されることになる．

b　ADA 製造プロセス

図 6.4.25 にアジピン酸製造プロセスのブロックフローを示す．硝酸酸化反応は発熱反応であり，硝酸酸化反応器が完全混合槽型流通反応器（CSTR）の場合は冷却が必要である．断熱反応器を用いることもでき，この場合は，生成水は反応熱を利用して蒸留除去することができる[7]．

硝酸酸化工程を経て得られた ADA 水溶液は第一晶析工程に送られ，ここで冷却されて ADA スラリーになる．この ADA スラリーは固液分離器で晶析母液と ADA ケーキに分離され，さらに ADA ケーキは洗浄されて粗 ADA となる．粗 ADA は熱水に溶かされて第二晶析工程に送られ，ここで冷却されて ADA スラリーになる．これを固液分離し，得られた ADA ケーキを乾燥させると製品 ADA となる．

最初の固液分離工程で分離される晶析母液は，おもには硝酸濃縮工程に送られ水が除去されるが，この量は，結晶洗浄水，結晶溶解水，NOx 吸収水，反応生成水などのプロセスに加わる水の量とバランスしている．他方，反応工程にて生成されたグルタル酸やコハク酸といった副生物を除去するため晶析母液の一部がここで処理されることになる．ここでは晶析母液と混合している触媒や硝酸，また飽和溶解分のアジピン酸を回収する必要がある．触媒回収工程では，母液中の銅とバナジウムはイオン交換樹脂に吸着される．このイオン交換樹脂はプロセス内からの硝酸水溶液で再生され，銅とバナジウムが回収再使用される．触媒，硝酸，一部アジピン酸を回収された液は，焼却処理されるか二塩基酸（アジピン酸・グルタル酸・コハク酸からなる混合物，

DBA)を取り出すための原料となる．

硝酸酸化工程で発生するオフガス中にはNOx, N_2O, 二酸化炭素などを含む．NOxは，硝酸吸収工程で空気とともに混合されながら水で吸収され硝酸となって再使用される．硝酸酸化反応により発生するN_2Oガスは，地球温暖化ガスの1つでありアジピン酸製造企業各社は，接触分解法，熱分解法，還元炎処理法[8]，N_2Oの酸化剤としての利用[9]などにより処理している．旭化成では触媒分解と熱分解について研究・開発を行い，エネルギーコストが低く，かつ，一部硝酸として回収できる熱分解技術を採用している[6,10]．

D　新規プロセスを目指した研究開発

硝酸酸化の代わりに空気(酸素)酸化でADAが製造できれば，硝酸にかかわる費用が不要になり，ADAの製造原価を低減できる可能性がある．シクロヘキサンやシクロヘキサノンのO_2酸化，シクロヘキセンのH_2O_2酸化，ブタジエンのヒドロホルミル化に続いてO_2酸化を行う方法[11]など現在も多くの研究が行われている[12]．

近年，再生可能な植物由来原料を使用した製法や，微生物の発酵を用いた製法の研究開発が盛んである[13]．グルコースから発酵で生産したムコン酸を触媒を用いて水素化する方法[14,15]，グルコースを触媒を用いて酸化しグルカル酸を作り，触媒を用いて水素化する方法[16,17]．発酵法で糖からADAを合成する方法[18,19,20]などがあり，商業ベースの製造プラントが近い将来には現れてくると推測される．一方で，現行の硝酸酸化法は製造コストと製品品質の面で優れており，主要なADA製造プロセスとして継続していくと予想される．

文献

1) PCI Research World Nylon 6 and 66 Supply / Demand Report Yellow Book 2016, p. 111 (2016)
2) 向山光昭，工業有機化学第5版，p. 259-260，東京化学同人(2004)
3) 永原肇，触媒，45(1)，20(2003)
4) US Patent, 1,921,101(1933)
5) B. A. Elliis, Organic Syntheses, 1, 18(1941)
6) 室園康弘，触媒，45(5)，327(2003)
7) 特許4004407, 旭化成
8) International Journal of Greenhouse Gas Control, 5, 167-176(2011)
9) 特表2008-513344
10) 特許4212234
11) US Patent, 5,710,325(1998)
12) Jan C. J. Bart and Stefano Cavallaro, Ind. Eng. Chem, Res., 2015(54), 1-46(2015)
13) Jan C. J. Bart and Stefano Cavallaro, Ind. Eng. Chem. Res., 2015(54), 567-576(2015)
14) W. Niu, K. M. Drath, and J. W. Frost, Biotechnol. Prog., 18(2), 201-202(2002)
15) Catalysis Communications, 84, 98-102(2016)
16) Speciality Chemicals, 30(10), oct.(2010)
17) 特表2013/533798
18) 特表2012/531903
19) 特表2013/530935/531656/531657
20) 特許5951990

6.5　カーボネート類

6.5.1　ジメチルカーボネート

A　概要

ジメチルカーボネート($(CH_3O)_2CO$, DMC)は医農薬中間体原料や溶剤として使用されている．毒性が低いため，近年，環境に配慮した化学品の1つとして注目されている．たとえば，ポリカーボネート樹脂の原料となるジフェニルカーボネートの合成原料として使用されている．また，ウレタン原料であるポリカーボネートジオール(PCD)としても用いられている．さらに，リチウムイオン二次電池電解液の溶剤の原料としても需要が伸びている．DMCを外販している国内主要メーカーは宇部興産である．同社は山口に生産能力15,000 t y^{-1}の製造設備を有しており，さらに中国企業との合弁で2017年に生産能力10万t y^{-1}の製造設備が中国安徽省で稼働予定である[1]．また海外メーカーは伊・

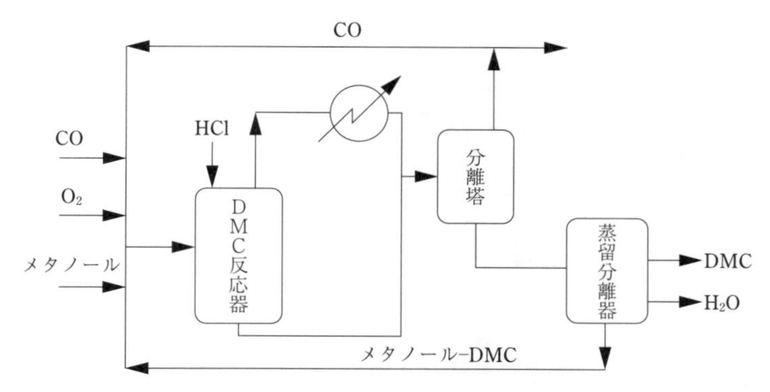

図 6.5.1　DMC 製造 Enichem プロセス

Versalis 社（旧 Enichem 社），仏・SNPE 社などのほか，製造法は明確ではないものの中国の複数のメーカーが生産している模様である．上記以外に，中間体として自家消費するために大量に製造している企業も複数存在する．これら各社で行われている DMC 製造法について以下に述べる．

B　製造法

a　ホスゲン法

炭酸エステルの製法としては従来，ホスゲン法が知られ，その方法での DMC 製造は現在 SNPE 社で行われている．これは，ホスゲンとメタノールを液相反応で DMC を合成する方法である．ホスゲン法 DMC プロセスでは，通常(6.5.1)，(6.5.2)式に示す二段反応で DMC が製造されている[2]．

$$COCl_2 + CH_3OH \longrightarrow ClCOOCH_3 + HCl \qquad (6.5.1)$$

$$ClCOOCH_3 + CH_3OH + NaOH \longrightarrow (CH_3O)_2CO + NaCl + H_2O \qquad (6.5.2)$$

これらの反応は熱力学的にはきわめて有利な反応であり，室温以下で進行する．二段目のクロロギ酸メチルから DMC への反応が遅いため，塩基を触媒として存在させる．

ホスゲン法では原料に毒性の高いホスゲンを用いるため，環境・安全の面での問題もある．ホスゲンは搬送，移動が困難な物質であるので，本法での DMC 製造設備は，通常原料ホスゲンを製造する設備に併設される．ホスゲン製造工程で塩素を使用し，DMC 製造工程で塩素化合物を発生する．このため反応面での有利性はあるものの，環境保全，安全確保にかかわる費用も少なからず要する製法である．

b　メタノール-CO 液相酸化法

ホスゲンを用いない DMC 製造法として，Enichem Synthesis 社（現 Versalis 社）で開発された一酸化炭素と MeOH を酸化する方法がある（Enichem プロセス）[3]．この方法では汎用的な原料を用いて，(6.5.3)式に示す単純な反応で DMC が合成される．

$$CO + 2CH_3OH + 1/2\ O_2 \longrightarrow (CH_3O)_2CO + H_2O \qquad (6.5.3)$$

すなわち触媒の存在下，一酸化炭素，MeOH を酸素（空気）により液相接触酸化し DMC を合成する方法である．Enichem Synthesis 社は，この反応で触媒として塩化第一銅を用いるプロセスを開発し[4]，1980 年代に工業化した．同社より開示されているプロセスの概略図を図 6.5.1 に示す[4]．このプロセスは，塩化第一銅触媒の存在下，CO と MeOH を液相で酸素酸化し DMC を製造するものである．

この反応の機構は，CuCl 触媒が(6.5.4)，(6.5.5)式に示す酸化－還元のサイクルを繰り返すとされている[3]．反応条件は，塩化銅触媒が MeOH 中 10～26 wt%（50～300 g(L-CH_3OH)$^{-1}$）の濃度で加えられ，反応圧 1.5～4.0 MPa，反応温度 120～150℃としている．

$$2CuCl + 2CH_3OH + 1/2O_2 \longrightarrow 2Cu(OCH_3)Cl + H_2O \qquad (6.5.4)$$

$$2Cu(OCH_3)Cl + CO \longrightarrow (CH_3O)_2CO + 2CuCl \qquad (6.5.5)$$

このように，本プロセスでは反応液が高濃度 CuCl 触媒でスラリー状態になっている．またこの

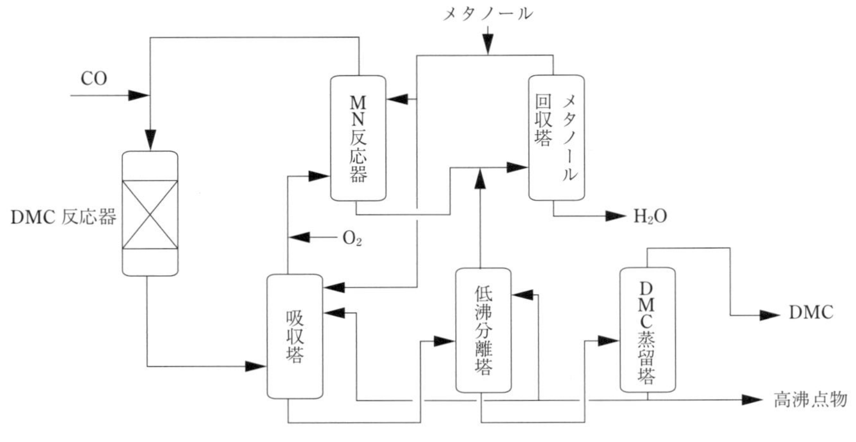

図 6.5.2　DMC 製造宇部プロセス

Enichem プロセスでは，HCl が反応液に添加されている．この反応においては，HCl 添加は触媒の活性低下抑制に有効であると考えられる．反応成績は，特許情報によると DMC 空時収量 40〜135 kg m^{-3} h^{-1}，DMC 選択率は CO 基準 65〜70%，MeOH 基準>95% となっている．なお副生成物として CO_2 が生成（CO_2 選択率約 30%）する[4]．

c　アルキルナイトライト法

メチルナイトライト（CH_3ONO，MN）を用いる DMC 製造法が宇部興産で開発された（宇部プロセス）[5]．この方法は，広義には MeOH の CO 酸化法であるが，酸素が触媒に接触することなく酸化的に DMC が合成される．すなわち，以下に述べるように MeOH が MN に変換され，それと CO より DMC が気相接触合成されることを特徴としている．

宇部プロセス[6]での DMC 製造法は，MN を原料とする DMC 合成反応と，MN 合成反応の 2 つの反応からなっている．前者（6.5.6）式は固定床担持 Pd 触媒上で CO，MN から DMC を合成する反応であり，後者（6.5.7）式は MN を MeOH，NO，O_2 から合成する反応である．

$$CO + 2CH_3ONO \longrightarrow CO(OCH_3)_2 + 2NO \quad (6.5.6)$$

$$2CH_3OH + 2NO + 1/2O_2 \longrightarrow 2CH_3ONO + H_2O \quad (6.5.7)$$

図 6.5.2 に本プロセスのフローを示す[5]．（6.5.6）式の DMC 生成反応では NO が発生する．この NO は回収し（6.5.7）式の MN 合成に再利用される．すなわち 2 つの反応は NO で介しているため，全体では（6.5.8）式のように，一酸化炭素と MeOH，酸素より DMC が製造される．安価な汎用原料から DMC を製造するプロセスである．

$$CO + 2CH_3OH + 1/2\ O_2 \longrightarrow CO(OCH_3)_2 + H_2O \quad (6.5.8)$$

DMC 合成反応の条件は反応温度 100〜140℃，反応圧 0.1〜0.5 MPa となっている．DMC の空時収率は 400〜600 kg（cat-m^3 h）$^{-1}$ であり，DMC 選択率は 97% 以上，触媒寿命は 1 年以上となっている．触媒上に酸素が存在しないため CO_2 の副生はほとんどなく，触媒毒である H_2O もないため触媒劣化はほとんど起こらない．MN 合成反応は気液接触反応となっている．MN 生成に伴って生成する H_2O は，その反応器から排出される．気相法プロセスであり触媒寿命も長いため，運転上も有利なプロセスといえる．

d　エステル交換法

以上述べた a，b，c の方法では，DMC のカルボニル部位はいずれも CO にその源を発している．これらとはまったく異なり，CO_2 を原料とする DMC 製造法（EC 法）が旭化成によって工業化された[7]．

$$EO + CO_2 \longrightarrow EC \quad (6.5.9)$$

$$EC + 2CH_3OH \longrightarrow DMC + EG \quad (6.5.10)$$

まず（6.5.9）式に示すようにエチレンオキサイド（EO）と CO_2 を反応させてエチレンカーボネート（EC）を製造する．四級アンモニウム塩やアルカリ金属ハロゲン化物などの触媒存在下，加圧下に液相または超臨界相でEOとCO_2を加熱することによって反応は発熱的に進行し，ECが99％を超える収率で得られる．次に(6.5.10)式に示すようにECをメタノール(MeOH)とエステル交換反応させてDMCとエチレングリコール(EG)を得る．DMCと同様にEGも有用な化学品である．触媒として金属塩，金属水酸化物，アルコキシド，アミンなどが用いられる．この反応は平衡反応であり平衡は原系に偏っているので，生成するDMCまたはEGを系外へ抜出すことによって反応が進行する．たとえば連続多段蒸留塔を用いてDMCおよびEGを高収率で製造する方法が提案されており，99％を超える収率でDMCとEGが得られる[8]．

EO製造プロセスではエチレンの燃焼によってCO_2が副生し，その多くは大気に放出されているが，EC法ではこのCO_2を原料として有効利用している．

また，EC法はDMCのみならずEGの製法としても特徴がある．すなわち，通常EGは(6.5.11)式に示すEOの水和反応によって製造されているが，原料であるEOの反応性がきわめて高く，生成物であるEGとも反応してジエチレングリコール(DEG)やトリエチレングリコール(TEG)などのEG縮合体を副生する．副反応を抑制するため大過剰の水存在下で反応させるがEG収率は90％を超えず，副生物との分離工程が必要であるとともに大量の水を分離するために相応のエネルギーが必要である．一方EC法では上記のEG縮合体が生成せずEGの収率も高い[8]．

$$EO + H_2O \longrightarrow EG \qquad (6.5.11)$$

文献

1) 宇部興産，プレスリリース :http://www.ube-ind.co.jp/japanese/news/2015/20160316_01.htm
2) Kirk & Othmer, Encyclopedia of Chemical Technology, 3rd. ed., vol. 4, p. 758 (1978)
3) U. Romano et al., Ind. Eng. Prod. Res Dev., 19, 396 (1980) ; Kirk–Othmer Encyclopedia of Chemical Technology, 5th ed., vol. 6, p. 311 (2004)
4) Eur. Patent, 534,545 (1993) ; 365,083 (1990) ; US Patent, 4,218,391 (1980) ; 4,318,862 (1982)
5) 松崎徳雄ほか，日化誌，1999 (1), 15 (1999)
6) US Patent, 5,214,185 (1993) ; 5,292,917 (1994)
7) S. Lee ed., Encyclopedia of Chemical Processing, vol. 2, p. 723 (2006)
8) S. Fukuoka et al., Green Chemistry, 5, 497 (2003); S. Fukuoka et al., Polym. J., 39, 94 (2007); S. Fukuoka et al., Catal. Surv. Asia, 14, 146 (2010)

6.5.2 ジフェニルカーボネート

A 概要

ジフェニルカーボネート($(PhO)_2CO$，DPC)は，ビスフェノールAとのエステル交換反応による芳香族ポリカーボネート(PC)の製造原料として用いられる．近年，主要な芳香族ポリカーボネート製造法として用いられてきたホスゲン法に代わり，新設プラントではエステル交換法(溶融法)が用いられる傾向にあり[1]，そのため自家消費用のDPC生産能力は大きく伸びている(別項にて解説されている溶融法PCの生産能力からDPC生産能力を推算可能である)．

メルト法PC原料であるDPCはホスゲン法で製造されてきたが，ホスゲン法の課題を解決すべく，種々の非ホスゲン法DPC製造法が開発されている．以下，工業的に実施されているDPC製造法について述べる．

B 製造法

a ホスゲン法

ホスゲン法DPCプロセスでは，ホスゲン法DMCプロセスと同様に(6.5.12)，(6.5.13)式に示す二つの逐次反応で目的物が製造されている[2,3]．

$$COCl_2 + PhOH \longrightarrow ClCOOPh + HCl \qquad (6.5.12)$$

$$ClCOOPh + PhOH + NaOH \longrightarrow (PhO)_2CO + NaCl + H_2O \qquad (6.5.13)$$

すなわち，アルカリ水溶液の存在下，フェノール(PhOH)をホスゲンと反応させる．この際，発熱が大きいため，反応液の冷却が必要である．得られた有機–水二層液から水層を分離し，有機層を洗浄した後に蒸留しDPCを製造する．エステル交換法PC製造プロセスにおける，ホスゲン法DPC製造工程の例を図6.5.3[3]の点線内に示す．

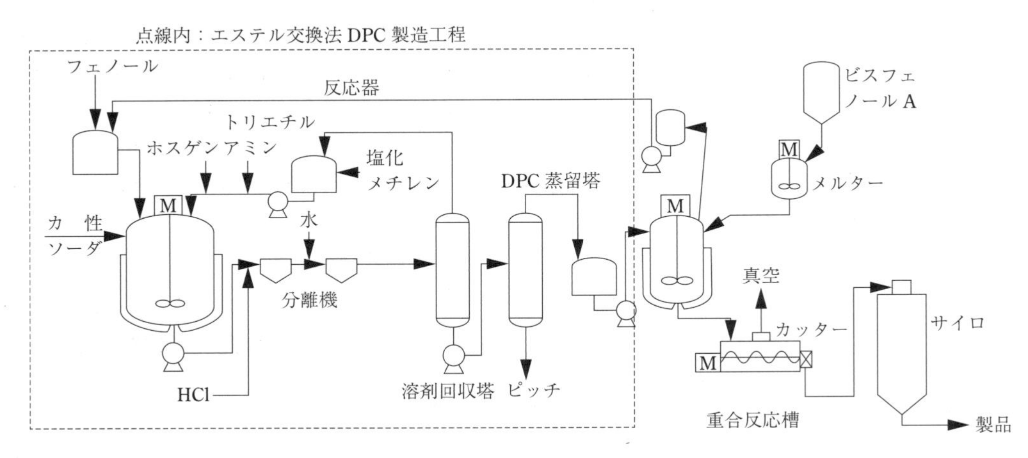

図 6.5.3　エステル交換法 PC プロセスにおける DPC 製造工程

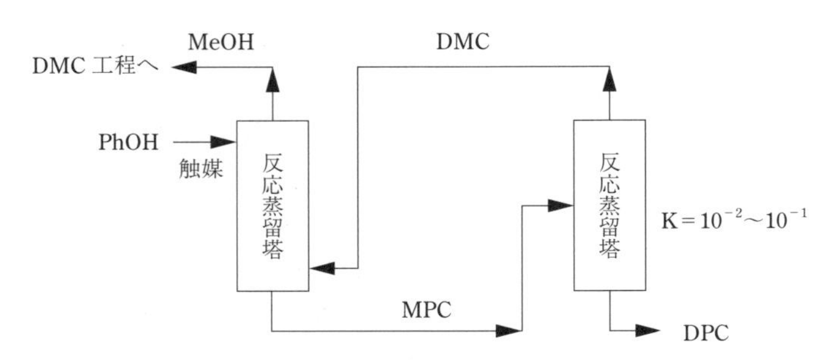

図 6.5.4　MPC 合成反応蒸留塔＋DPC 合成反応蒸留塔[3)]

また，ホスゲン法では不純物として塩素が製品 DPC に混入しやすいので，塩素を除去するための工程が必要である．ホスゲンを使用することの課題に関しては，6.5.1 項を参照されたい．

b　エステル交換法（DMC 法）[4,5)]

カーボネート源としてホスゲンを用いず，DMC を用いる DPC 製造法である．

DMC＋PhOH ⟶ MPC＋MeOH　　(6.5.14)

MPC＋PhOH ⟶ DPC＋MeOH　　(6.5.15)

2MPC ⟶ DPC＋DMC　　(6.5.16)

まず（6.5.14）式に示すように，DMC と PhOH を金属フェノキシドなどの触媒存在下にエステル交換反応させて中間体としてメチルフェニルカーボネート（MPC）を製造する．この反応は平衡反応（K＝10$^{-3\sim-4}$）であり平衡は原系に偏っているので，生成する MPC または MeOH を系外へ抜出さなければ反応は実質的に進行しない．したがって通常，連続多段蒸留塔からなる反応蒸留形式の反応装置が用いられる．生成した MPC は触媒存在下（6.5.15）式により PhOH とさらにエステル交換反応させて DPC を製造する反応経路もあるが，この反応は（6.5.14）式よりもさらに平衡が原系に偏っており進行させるのは困難である．そのため平衡定数が相対的に大きい（6.5.16）式に示す MPC の不均化反応（K＝10$^{-2\sim-1}$）が触媒存在下に実施される．この反応も（6.5.14）式による MPC 合成と同様の反応装置が用いられる．不均化反応で副生する DMC は，（6.5.14）式で再使用される．つまり図 6.5.4 に示すように，MPC 合成と DPC 合成の各工程は連結して運用される．沸点と反応温度の必要から，MPC 合成は加圧下で行われ，DPC 合成は減圧下で行われる．DPC の収率は 99％を超えると記載されている[4)]．

副反応として，（6.5.17）式に示す脱炭酸反応によるアニソール（$PhOCH_3$）生成が進行するので，反応温度や触媒などの反応条件は，DPC 生産性を高めることとともに，アニソール低減に関しても考慮される．

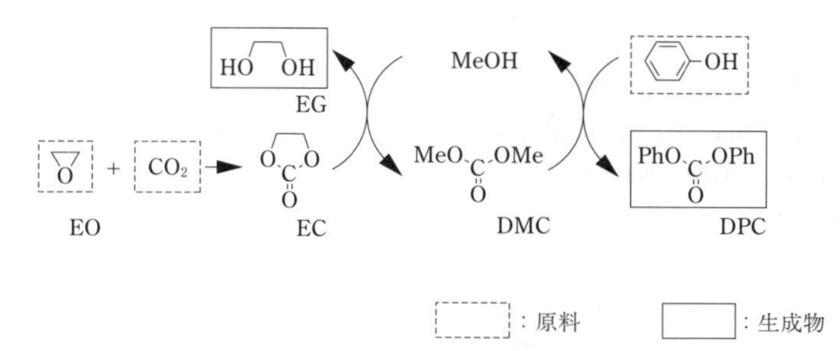

図 6.5.5　旭化成 DPC 製造プロセス（EC 法）

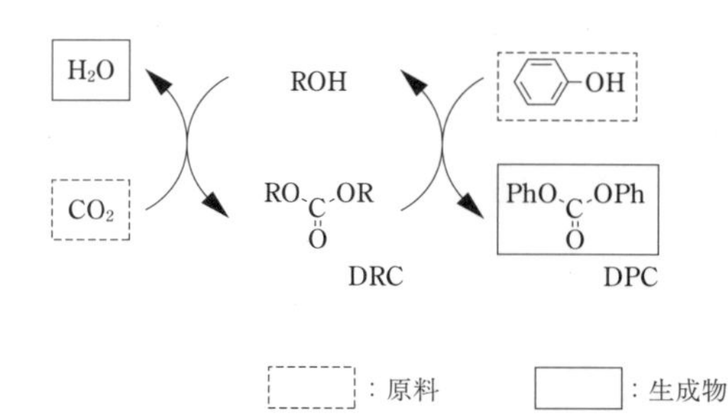

図 6.5.6　旭化成 DPC 製造プロセス（DRC 法）

$$\text{MPC} \longrightarrow \text{PhOCH}_3+\text{CO}_2 \qquad (6.5.17)$$

反応副生物として生成する MeOH は，DMC 製造原料として再使用される．したがって，通常，DMC 製造プロセスと DPC 製造プロセスは隣接立地で一体運用される．たとえば，SABIC 社（旧 GE 社）DPC プロセスは，旧 Enichem 社の開発した DMC 製造プロセスおよび DPC 製造プロセスの組み合わせであり，旭化成 DPC プロセスは，図 6.5.5 に示すように，旭化成が開発した EC 法 DMC 製造プロセスと DPC 製造プロセスの組み合わせからなる．

さらに，PC 重合工程で副生する PhOH は，通常，DPC 製造原料として再使用されるため，DPC 製造プロセスは重合工程と一体運用される[4]．

c　その他の方法

旭化成は上記現行法（EC 法）とは別の新たな DPC プロセス（DRC 法）の開発に成功した（図 6.5.6）[6]．本法では，特定の触媒を用いてアルコール（ROH）と CO_2 から直接製造したジアルキルカーボネート（DRC）を用いてモノマーである DPC を製造する．EO を必要としないので工場立地の選択肢が広いという利点がある．既存プロセスと比較してコスト面で優位にあると期待されている．脱水剤を用いる方法と異なり，生成水は水として系外へ排出される．

$$2\text{PhOH}+\text{CO}_2 \longrightarrow \text{DPC}+\text{H}_2\text{O} \qquad (6.5.18)$$

宇部興産によりナイトライト法 DPC プロセスが開発されている[7]．すなわちメチルナイトライト（MeONO）を CO と反応させてシュウ酸ジメチル（DMO）を合成し，次に触媒の存在下に PhOH とのエステル交換反応および不均化反応によりシュウ酸メチルフェニル（MPO）を経てシュウ酸ジフェニル（DPO）を得，DPO の脱 CO により DPC を製造する．

$$2\text{MeONO}+2\text{CO} \longrightarrow \text{DMO}+2\text{NO} \qquad (6.5.19)$$

$$2\text{CH}_3\text{OH}+2\text{NO}+1/2\text{O}_2 \longrightarrow 2\text{CH}_3\text{ONO}+\text{H}_2\text{O} \qquad (6.5.20)$$

$$\text{DMO}+\text{PhOH} \longrightarrow \text{MPO}+\text{MeOH} \qquad (6.5.21)$$

$$\text{MPO}+\text{PhOH} \longrightarrow \text{DPO}+\text{MeOH} \qquad (6.5.22)$$

$$\text{DPO} \longrightarrow \text{DPC}+\text{CO} \qquad (6.5.23)$$

PhOH の直接酸化的カルボニル化による DPC 合成は製造設備が簡単になる可能性があり長年にわたって検討されてきたが，高い選択率を得ることは容易ではない[8]．

$$2\text{PhOH}+\text{CO}+1/2\text{O}_2 \longrightarrow \text{DPC}+\text{H}_2\text{O} \qquad (6.5.24)$$

文献

1) 柴田篤，化学経済，3 月増刊号，137 (2016)
2) Kirk-Othmer Encyclopedia of Chemical Technology, 5th ed., vol. 6, p. 310 (2004)
3) 本間精一編，ポリカーボネート樹脂ハンドブック，日刊工業新聞 (1992)
4) S. Fukuoka et al., Green Chemistry, 5, 497 (2003); S. Fukuoka et al., Polym. J., 39, 94 (2007); S. Fukuoka et al., Catal. Surv. Asia, 14, 146 (2010)
5) Kirk-Othmer Encyclopedia of Chemical Technology, 5th ed., vol. 19, p. 815 (2006)
6) 旭化成，プレスリリース :https://www.asahi-kasei.co.jp/asahi/jp/news/2014/ch150119.html
7) Ube Industries, World Patent WO 1997,021,660 (1997); Ube Industries, Eur. Patent, 1,013,633 (2000)
8) 坂倉俊康，ペトロテック，24 (12), 1017 (2002)

第7章
含窒素化合物

7.1 アミン，アミド，ラクタム

7.1.1 低級アルキルアミン

A 概要

低級アルキルアミン化合物は溶剤，医薬品，農薬，飼料添加剤，水処理剤，ゴム薬など，多岐にわたる用途に使用される基礎化学品であり，生産量の70％以上をメチルアミン類が占める．おもな低級アルキルアミン化合物およびその用途を表7.1.1[1]，需要比率，用途比率の概略を図7.1.1，図7.1.2に示す．製品によって異なるが，国内の主要メーカーは三菱ガス化学，広栄化学工業，ダイセル，三菱ケミカルとなる．製法もアルコールとアンモニアからの脱水，ケトン・アルデヒドとアンモニアからの還元アミノ化，オレフィンへのアンモニアの直接付加，ニトリル化合物の還元[2]，アミド化合物の還元[3]，Ritter反応と多岐にわたり，原料の入手可能性に応じた製法が選択されている．ここでは，メチルアミン類，エチルアミン類，*tert*-ブチルアミンの製法について述べる．

B メチルアミン類

a 概要

1920年ごろより工業的な生産が開始されており，

表7.1.1 おもなアミン類と用途

名称	製品	おもな用途
メチルアミン類	メチルアミン ジメチルアミン トリメチルアミン	農薬，医薬，染料，NMP DMF，DMAc，ガス吸収剤，水処理剤 塩化コリン，第四級塩
エチルアミン類	エチルアミン ジエチルアミン トリエチルアミン	医薬，農薬，脱酸素剤 農薬，ゴム薬，染料 医薬，農薬，ゴム薬
プロピルアミン類	モノ，ジ，トリプロピルアミン	医薬，農薬，ゴム薬，染料
イソプロピルアミン類	モノ，ジイソプロピルアミン	医薬，ゴム薬，染料
ブチルアミン類	モノ，ジ，トリブチルアミン	医薬，農薬，ゴム薬
sec-ブチルアミン類	モノ，ジ *sec*-ブチルアミン	農薬，医薬
tert-ブチルアミン	*tert*-ブチルアミン	ゴム薬，殺虫剤
アリルアミン類	モノ，ジ，トリアリルアミン	染色助剤，樹脂改質剤

製品にはメチルアミン，ジメチルアミン，トリメチルアミンがある．その中でもジメチルアミンの割合が最も多く生産量の約70%を占め，その50〜70%がジメチルホルムアミド(DMF)原料として使用される．各地域の推定生産能力，主要メーカーを表7.1.2に示す．DMFの需要が多い中国での生産が最も多い．国内法規ではメチルアミン類は高圧ガスに該当し，輸出時にはジメチルアミンは外国為替および外国貿易法，輸出貿易管理令の規制を受ける．国内では1955年に日東化学(現三菱ケミカル)，1966年に日本瓦斯化学(現三菱ガス化学)，1996年に三井化学が工業化したが，現在では三菱ガス化学が唯一のメーカーとなっている．

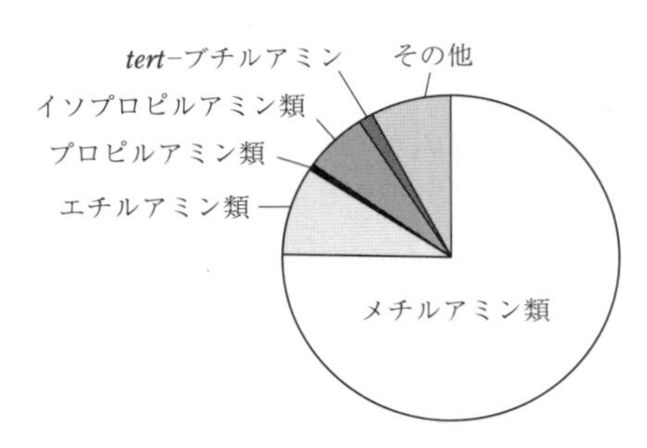

図7.1.1　低級アルキルアミン類の需要比率

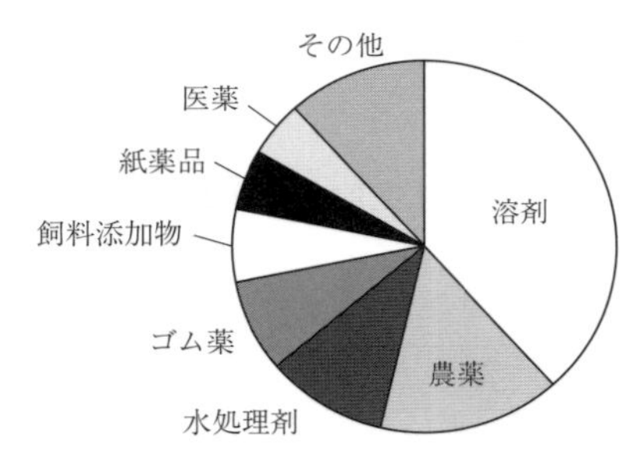

図7.1.2　低級アルキルアミンの用途比率

b　合成反応

シリカアルミナ系触媒の存在下，メタノールとアンモニアを380〜450℃，1〜2 MPaG以上，アンモニア過剰の条件で脱水反応させる．この反応は平衡反応であり，400℃，アンモニアとメタノールのモル比1.4(アンモニア過剰)の反応条件ではモノ体，ジ体，トリ体がそれぞれ25：25：50 wt%の比率で得られる．反応式は以下になる．

$$CH_3OH + NH_3 \xrightarrow[-H_2O]{} CH_3NH_2 + (CH_3)_2NH + (CH_3)_3N$$

c　プロセス

本法の標準的な蒸留精製方式では，合成液からアンモニア除去後，水添加によりトリメチルアミンを抽出蒸留し，水，残存メタノールを除去したのち，モノメチルアミン，ジメチルアミンを得る．必要なアミン以外を原料系へリサイクルする循環プロセスであり，さまざまな熱回収が織り込まれる．また最も需要の多いジメチルアミンを選択的に合成するゼオライト系触媒を使用したプロセスも開発されており，モルデナイト系触媒により1984年に日東化学(現三菱ケミカル)，1996年に三井化学，チャバサイト系触媒により2003年に三菱ガス化学が工業化した[4]．ゼオライト系触媒による反応系では反応温度300℃，アンモニアとメタノールモル比2.0(アンモニア過剰)で選択率はモノ体30%，ジ体60%，トリ体10%となる．ゼオライト系触媒を使用したプロセスフローの一例を図7.1.3に示す[5]．本触媒系の使用は廃水中の残存メタノール回収時に反応系へ同伴される副生ホルムアルデヒドによる触媒失活の抑制および反応温度制御が重要となり，ホルムアルデヒドの処理など，さまざまな検討がなされている[6]．

表7.1.2　世界のメチルアミン類の推定生産能力(万 t y^{-1}，2015年)

地域	生産能力	主要メーカー
北米	28	Dupont，Taminco，BASF
欧州	30	BASF，Taminco，Balchem Italia，CEPSA Quimica SA
中国	78	山東華魯恒昇化工，魯西化工，安陽化工，江山化工，安徽准化　他
その他アジア	22	Methanol Chemical Company(サウジアラビア)，三菱ガス化学(日本)，Alkyl Amines chemicals(インド)，Balaji Amines(インド)
その他	2	
計	160	

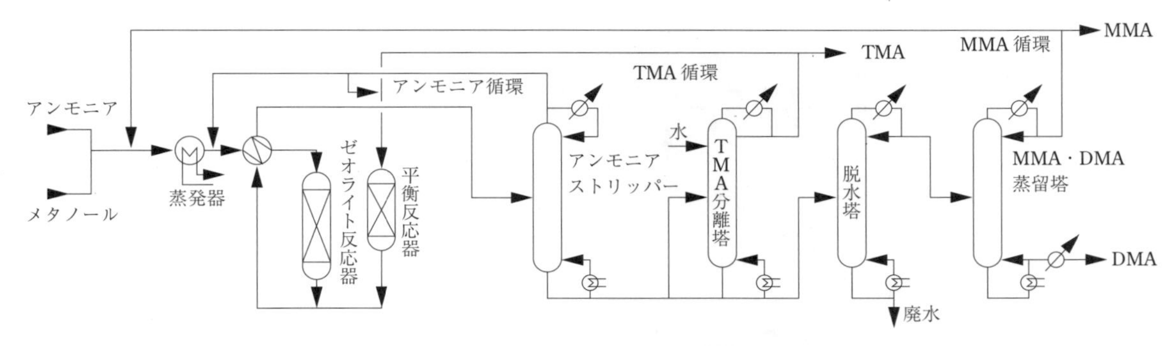

図 7.1.3　ゼオライト触媒法メチルアミン製造プロセスフロー

C　エチルアミン類

a　概要

エチルアミン類の世界市場は約 12 万 t，国内は約7,000 t であり，モノ，ジ，トリ体の需要比率も 5%，40%，55% と，ここ 10 年以上安定している．海外での主要メーカーは Taminco 社，BASF 社，US Amines 社，国内では三菱ガス化学が 2004 年に停止後，ダイセルが唯一のメーカーである．ダイセルでは 2007 年から原料にバイオエタノールを使用している．

b　合成反応

酸化物触媒を使用してエタノールとアンモニアから合成する脱水法，エタノールもしくはアセトアルデヒドを水素下でアンモニアと気相反応させる還元アミノ化法があり，後者が一般的である．還元アミノ化法はエタノール（アセトアルデヒド）と水素，アンモニアを気相，常圧〜1 MPa，90〜220℃でシリカアルミナに Ni または Co を担持した触媒の存在で反応させる．反応式を以下に示す．

$$CH_3CH_2OH \longrightarrow CH_3CHO + H_2$$

$$CH_3CHO + NH_3 \longrightarrow CH_3CH{=}NH + H_2O$$

$$CH_3CH{=}NH + H_2 \longrightarrow CH_3CH_2NH_2$$

$$CH_3CH_2NH_2 + CH_3CH_2OH \longrightarrow (CH_3CH_2)_2NH + H_2O$$

$$(CH_3CH_2)_2NH + CH_3CH_2OH \longrightarrow (CH_3CH_2)_3N + H_2O$$

c　プロセス

前述のメチルアミンと同様に本反応も平衡反応であり，未反応原料，余剰分の水素，および製品はリサイクルされる．精製工程では，水素，アンモニアを分離し，続いてモノエチルアミン，ジエチルアミンを回収する．その後，水相として残存エタノールを分離後，トリエチルアミンを精製回収する．プロセスフローを図 7.1.4 に示す[7]．

D　*tert*-ブチルアミン

a　概要

tert-ブチルアミンの世界市場は約 2 万 t，国内は約 2,000 t とみられる．おもな用途はゴム加硫剤であり，発がん性物質であるニトロソアミンが発生するモルホリンの代替として使用される．現在の主要メーカーは海外では BASF 社，国内では三菱ケミカルである．

b　合成反応

代表的な製造方法としてアミドを経由する方法と直接法がある．アミド化法はイソブテンもしくは *tert*-ブチルアルコールを硫酸などの強酸存在下 Ritter 反応によりアミド化し，生成したアミドを加水分解，もしくはアミドエステル交換することによりアミンとする[8]．それぞれ反応式を以下に示す．

$$(CH_3)_3COH + HCN \longrightarrow (CH_3)_3CNHCHO$$

$$(CH_3)_3CNHCHO + H_2O \longrightarrow (CH_3)_3CNH_2 + HCOOH$$

$$(CH_3)_3CNHCHO + CH_3OH \longrightarrow (CH_3)_3CNH_2 + HCOOCH_3$$

$$(CH_3)_3COH + NH_3 \longrightarrow (CH_3)_3CNH_2 + H_2O$$

$$(CH_3)_2C{=}CH_2 + NH_3 \longrightarrow (CH_3)_3CNH_2$$

直接法はアンモニアと *tert*-ブチルアルコールもしくはイソブテンとの反応により製造する方法であり，ゼオライトを触媒として，アンモニア過剰の条

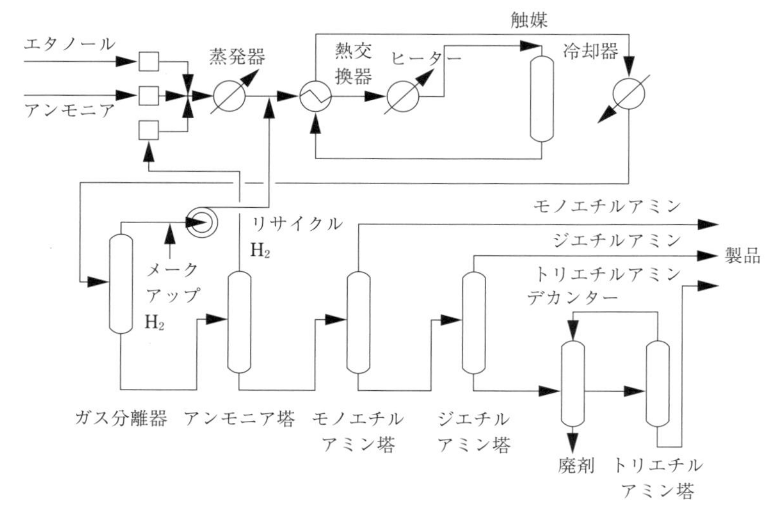

図7.1.4　エチルアミン製造プロセスフロー

表7.1.3　*tert*-ブチルアミンの生産

メーカー	生産開始年	生産能力(t y^{-1})	製造方法
Flexsys America		9,500	イソブテン原料アミド経由法
三菱ケミカル	1983	2,500	*tert*-ブチルアルコール原料アミド経由法
住友化学	1983	1,000	イソブテン原料アミド経由法
BASF(ベルギー)	1986	9,000	イソブテン原料直接法
BASF(US)	1999	3,000	イソブテン原料直接法
計		25,000	

件下，250〜300℃，2〜30 MPa で反応を行う[9]．

文献

1) 日本化学会編，化学便覧応用化学編 第7版，p.886，丸善(1995)
2) 特許5264824(2013)；特許5294368(2013)；特許3529091(2004)
3) 特許4778047(2011)；特許5720256(2015)；特開2012-121843(2012)
4) 藤田武之，触媒，29，322(1987)；清浦忠光，触媒，40，287(1998)；特許4596116(2010)；David R.Corbin et al, Catal. Today, 37, 71(1997)
5) 日本化学会編，化学便覧応用化学編 第5版，II-79，丸善(1995)；ULLMAN'S ENCYCLOPEDIA OF INDUSTRIAL CHEMISTRY, 5th ed. ,A16, p.535, VCH(1989)；Hydrocarbon Processing, Jul., 113(1981)；Hydrocarbon Processing, Mar., 112(2001)
6) 特表 2008-524286(2008)；特開 2003-146945(2003)；特許 3630381 (2004)
7) 石油学会編，石油化学プロセス，p.187，講談社(2001)；特許 3803771(2006)
8) 日本化学会編，化学便覧応用化学編 第5版，II-80，丸善(1995)
9) 特開平 01-75453(1989)；特許5791711(2015)；特許5355779(2013)；特許 4922525(2012)

7.1.2　エチレンアミン類

A　概要

エチレンアミン類には，エチレンジアミン，ジエチレントリアミン，トリエチレンテトラミン，テトラエチレンペンタミン，ペンタエチレンヘキサミン，アミノエチルピペラジン，ピペラジンなど各種の製品がある(表7.1.4)．

エチレンアミン類の用途を表7.1.5に示す．農薬，キレート剤，紙力増強剤，エポキシ樹脂硬化剤，医薬用中間体用など，多岐にわたっている．

表 7.1.4　エチレンアミン類の略号と分子式

名　称	略号	分子式
エチレンジアミン	EDA	$H_2NC_2H_4NH_2$
ジエチレントリアミン	DETA	$H_2N(C_2H_4NH)_2H$
トリエチレンテトラミン	TETA	$H_2N(C_2H_4NH)_3H$
テトラエチレンペンタミン	TEPA	$H_2N(C_2H_4NH)_4H$
ペンタエチレンヘキサミン	PEHA	$H_2N(C_2H_4NH)_5H$
アミノエチルピペラジン	AEP	$HN<^{C_2H_4}_{C_2H_4}>NC_2H_4NH_2$
ピペラジン	PIP	$HN<^{C_2H_4}_{C_2H_4}>NH$
ポリエチレンポリアミン		$H_2N(C_2H_4NH)_n$ ($n \geqq 6$)

表 7.1.5　エチレンアミン類の用途

おもな用途	EDA	DETA	TETA	TEPA	PEHA	AEP	PIP	ポリエチレンポリアミン
農薬	○							
紙力増強剤		○	○					
キレート剤	○	○						
エポキシ樹脂硬化剤	○	○	○	○	○	○		
柔軟剤		○						
EBS(ABS 添加剤)	○							
ウレタン用触媒	○	○				○	○	
潤滑油添加剤			○	○	○			○
医薬中間体	○						○	
界面活性剤	○	○	○					
金属表面処理剤	○	○	○					
アスファルト添加剤								○
油田採掘用添加剤		○	○	○				

B　製法

現在，工業化されているエチレンアミン類の製法は，二塩化エチレン(EDC)を原料とする EDC 法と，モノエタノールアミン(MEA)を原料とする EO 法(MEA 法ともよぶ)の 2 種類がある．

EDC 法では，一段の反応で，EDA の他に DETA，TETA，TEPA，PEHA，AEP，PIP のポリアミン(PA)が生成される．また EDA と PA の生成比率は，EDC とアンモニアの比を変えること，または EDA をリサイクルする(生成した EDA を再度反応系に戻す)ことにより，変化させることができる[1]．EO 法ではおもに EDA が生成され，PA としては DETA，AEP，PIP などが生成される．表 7.1.6 に製法による製品比率，表 7.1.7 に世界の生産能力(2016 年推定)を示す．

C　プロセス

a　プロセスの概況

EDC 法は，無触媒で EDC とアンモニア水を 6～15 MPa，80～170℃ で反応させ，生成したエチレンアミンの塩酸塩を苛性ソーダで中和したのち，脱塩，脱水しエチレンアミンを製造する方法である[2]．反応式を(7.1.1)式に示す．

表 7.1.6　製法による製品比率

製品	製法(%)	
	EDC 法	EO 法(MEA 法)
EDA	20～60	60～80
DETA	20～30	10～20
TETA	10～20	—
TEPA, PEHA	5～15	—
AEP, PIP など	2～15	10～30

表 7.1.7　世界のメーカーと生産能力(万 t y^{-1})

地域	メーカー名	EDC 法	EO 法	計
米国	Dow	—	7.0	7.0
	Huntsman	7.3	—	7.3
欧州	Dow	2.0	—	2.0
	Huntsman	1.4	—	1.4
	Akzo	—	7.5	7.5
	BASF	—	4.5	4.5
	Delamine	5.5	—	5.5
アジア	東ソー	7.1	—	7.1
	Huntsman	2.7	—	2.7
	Akzo	—	3.5	3.5
	BASF	—	3.5	3.5
	山東連盟	—	5.0	5.0
合計		26.0	31.0	57.0

$$\underset{\text{EDC}}{ClCH_2CH_2Cl} + NH_3 + NaOH \longrightarrow \underset{\text{エチレンアミン}}{H_2N(CH_2CH_2NH)_nH}(n \geqq 1) + NaCl + H_2O \quad (7.1.1)$$

EO 法は，水素，Ni 系触媒存在下，MEA とアンモニアを 15～25 MPa，170～230℃で反応させエチレンジアミンを製造する EDA 製造工程[3] (7.1.3 式) と，EDA と MEA を酸触媒存在下，大気圧～10 MPa，250～350℃で反応させポリエチレンポリアミン(PA)を製造するポリアミン化工程[4] (7.1.4 式)からなっている．EDA 製造工程の Ni 系触媒は，Ni を主成分に Cu，Cr，Co などの金属を担体に担持したものであり，ポリアミン化工程の触媒はリン酸塩などの固体酸である．いずれの工程においても，MEA の転化率は 50％ 程度であり，MEA は生成物から分離回収される．

MEA 製造工程

$$NH_3 + \underset{\text{EO}}{CH_2{-}CH_2 \text{ (O bridged)}} \longrightarrow \underset{\text{MEA}}{NH_2CH_2CH_2OH} \quad (7.1.2)$$

EDA 製造工程

$$\underset{\text{MEA}}{H_2NCH_2CH_2OH} + NH_3 \xrightarrow{Ni/H_2} \underset{\text{EDA}}{H_2NCH_2CH_2NH_2} + H_2O \quad (7.1.3)$$

ポリアミン化工程

$$\underset{\text{MEA}}{H_2NCH_2CH_2OH} + EDA \xrightarrow{\text{酸触媒}} \underset{\text{エチレンアミン}}{H_2N(CH_2CH_2NH)_nH}(n \geqq 2) + H_2O \quad (7.1.4)$$

EDC 法ではエチレンアミン類の他に多量の塩(NaCl)が副生する．そのためエチレンアミン類を精製するには，塩とエチレンアミンを分離する必要がある．EO 法では，おもな副生成物は水であり，蒸留により簡単に分離することができる．ただし EO 法では，EDC 法にはない水酸基を含有したアミン(たとえばアミノエチルエタノールアミン)が副生するため，蒸留は EDC 法より複雑になる．

反応装置については，EDC 法では EDC とアンモニア水を流通させ反応させている．また EO 法では腐食の問題が小さいので，ステンレス製の反応器に固体触媒(EDA 製造工程では Ni 系，ポリアミン化工程ではリン酸塩)を充てんし，これに原料を流通し反応させている．

b　プロセスフロー

図 7.1.5 にプロセスフローを示す．

i) EDC 法

大過剰のアンモニア水(NH_3)のもと，EDC を高圧の無触媒管型反応器で反応させる．この際エチレンアミン塩酸塩が副生するため，水酸化ナトリウムを用いて中和し，塩酸塩を NH_3 と塩(NaCl)に分解する．これらの操作は反応蒸留により行われることが多く，蒸留塔より回収された NH_3 は水に吸収され再び反応系にリサイクルされる．なお，反応工程は厳しい腐食環境であるため，チタンなどの高級材質が使用される．エチレンアミンを含んだ反応液には大量の水と塩が含まれるため，次工程で塩を濃縮晶析し，遠心分離させ系外に排出する．一方，晶析

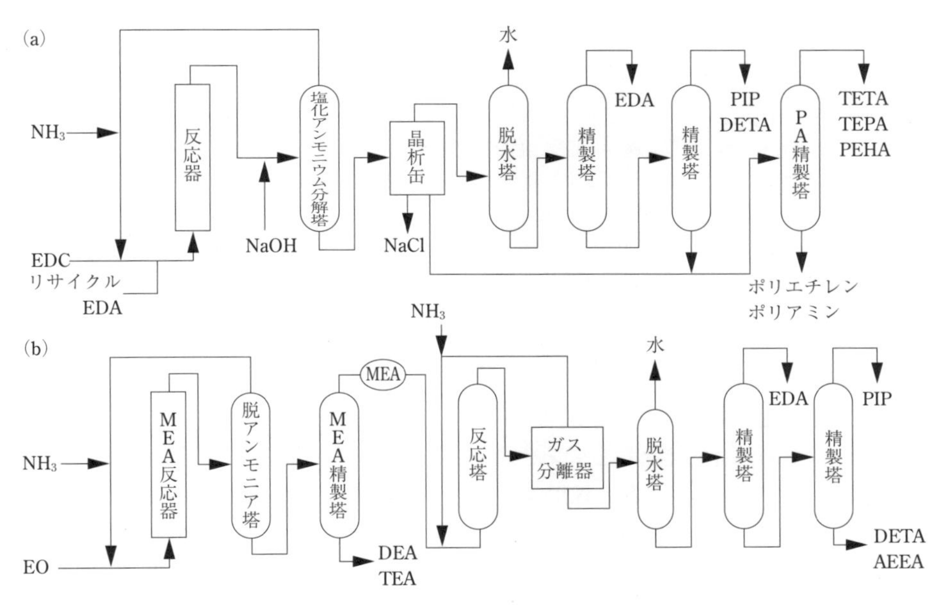

図 7.1.5　エチレンアミン製造プロセスフロー．(a)EDC 法，(b)EO 法

缶の蒸気であるエチレンアミンと水は脱水塔にて脱水し，エチレンアミン溶液を得ることができる．なおエチレンジアミンと水は共沸点が存在するため，操作圧力の異なる複数の脱水塔が必要である．以後，常圧蒸留や真空蒸留などを用いて製品ごとに蒸留分離し，各製品を得ることができる．

ii)EO 法

第一反応で過剰の NH_3 のもとでエチレンオキサイドを反応させ，アルコール系アミン(モノエタノールアミン，ジエタノールアミンなど)を生成させる．過剰の NH_3 は脱アンモニア塔で回収され反応系にリサイクルさせる．生成したアルコール系アミンは蒸留精製され，モノエタノールアミンをはじめとするアルコール系アミンとして製品となる．二段目の反応として，モノエタノールアミン(MEA)を水素，Ni 触媒下で大過剰の NH_3 で再反応させ，おもにエチレンジアミンを生成させる．一段目と同様，過剰のアンモニアは分離回収され反応系にリサイクルされる．以後，製品ごとに蒸留分離し，製品を得ることができる．

文献

1) 特公昭 59-20322(1984)；特公昭 46-2965(1971)
2) US Patent, 1,832,534(1931)；3,484,488(1969)
3) US Patent, 3,270,059(1966)；特公昭 52-85991(1977)；特公昭 56-46847(1981)
4) 特公昭 51-147600(1976)：特公昭 61-130260(1986)

7.1.3　アニリン

A　概要

2016 年の世界のアニリン生産量は 610 万 t y^{-1}，国内生産量は 37 万 t y^{-1} と推定され，世界では生産量の 76％程度が，日本では 90％がポリウレタン原料のジフェニルメタンジイソシアネート(MDI)の製造に使用される(図 7.1.6)．この 10 年でほぼ倍増しており，MDI 向けは今後も緩やかな増産傾向が続くとみられている．

B　反応およびプロセス

アニリンの大部分はベンゼンのニトロ化で得られ

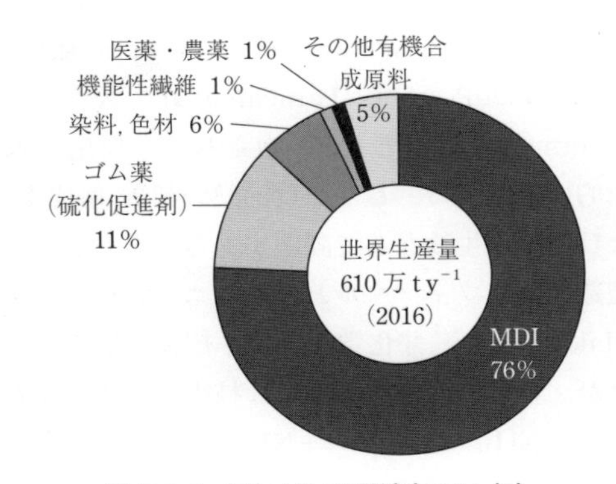

図 7.1.6　アニリンの用途(2016 年)

表 7.1.8　アニリンの製造法比較

主要製造法	ニトロベンゼン法	フェノール法(Halcon 法)
化学反応	1)ベンゼンニトロ化 (HNO_3＋H_2SO_4，反応条件，混酸，温度，反応成績) 2)ニトロベンゼン水素化(Cu, Ni, Pt/Pd 触媒，液相または気相)(反応成績は 99%以上の収率)	フェノール＋NH_3 (Al_2O_3 触媒，99%収率) 反応条件　380℃　1.5 MPa　気相
主要メーカー	BASF，Bayer，Huntsman，DowDuPont，住友化学(自社)，東ソー(TEC)，新日本理化(自社)	三井化学(市原 2009，大牟田 2016，いずれも停止)
生産量・能力	369,300 t y^{-1}(2015)，436,000 t y^{-1}(2016 能力)	

るニトロベンゼンを水素化して製造されるが，ニトロ化工程では硝酸，硫酸の混合物(混酸)とベンゼンの反応[1]をベースにしたプロセスが現在も採用されている(表 7.1.8)．しかしプラント規模が巨大化してきたことから，ニトロ化工程でも，反応熱の制御，副生物(ジニトロ・トリニトロ体，ニトロフェノール類)の制御，排水と廃棄物，排ガス(NOx)処理，危険な原料取り扱いの安全管理など，環境負荷が大きく，多くの工業的課題を抱えているため，BASF 社，Bayer 社(現 Covestro)など，有力企業が触媒，プロセス両面で改良を進めた．

米 Olin 社，Monsanto 社，日本では住友化学，帝人などが硫酸触媒の回避を目指して固体酸触媒による気相ニトロ化を検討したが，いずれも工業化には至らなかった．米 Olin 社は 100％硝酸を使用すると液相でニトロベンゼンが生成することを見いだしているが，工業的な実施は困難である．トルエンの形状選択的ニトロ化で，ゼオライト触媒を用いて，アセチルナイトレートをニトロ化剤とする液相反応の報告例があるが，ベンゼンでの報告はない．

ニトロベンゼンの水素化工程では，銅，ニッケル，貴金属系の担持触媒が有効で，気相(独 BASF 社，Covestro社(Bayer)，Wanhua Group(Borsod-Chem 社，Yantai Wanhua 社)，Sinopec 社)または液相(米 DuPont 社，Huntsman 社，スウェーデン Chemature 社など)で実施される．反応はほぼ定量的に進行する．しかし反応熱の制御，触媒寿命，および微量副生物などで課題がある．なおアニリンの製造では，フェノールとアンモニアの反応を用いる Halcon 法も三井化学などで小規模に採用されてきたが，世界的にはマイナーな技術である．またベンゼン＋NH_3，ベンゼン＋NH_3＋O_2 からの直接合成なども検討されているが，工業化には遠い．

C　ニトロベンゼンの製造

ベンゼンのニトロ化反応は，次のように水を副生する発熱反応であり，除熱と硫酸の濃度調節，希釈を抑制するための水分離工程が必要である．

$$C_6H_6 + HNO_3 \longrightarrow C_6H_5NO_2 + H_2O \qquad \Delta H = -299.9\ \mathrm{kJ\ mol^{-1}}$$

現在も断熱反応制御，副生物制御，連続プロセス化，排ガス処理や廃水処理などを中心に技術開発が進められている．早くから検討された課題は水で希釈された硫酸の再生で，気液平衡の関係からたとえば 70％程度が濃縮の限界となり，濃硫酸までの濃縮はできない．DuPont 社は脱水併用ニトロ化を提案した[2]．

また，ジニトロ体，ニトロフェノール類(難分解性の有害物質)の副生については，混酸組成，ベンゼンの導入法，モル比や濃度，反応温度などが影響する．こうした問題については，1970 年代以降かなり改善が進んだが，その対策についてはたとえば文献3)～5)などが参考になる．American Cyanamide 社は断熱反応法を提案したが，現在の副生物量と比べるとかなり多かった．ニトロフェノール類の低減を目的に，ニトロ化反応液組成，ニトロ化に関与する NO_2^+ 濃度を詳細に検討したのはカナダ Noram 社で，分光学的測定で好適な液組成範囲を決定した(図 7.1.7)[6]．目標条件を達成する Jet Impingement Nitrator(JINIT)とよぶ特殊な反応器を開発，硫酸はフラッシュ蒸発器(SAFE)で濃縮，循環する．この技術は米 First Chemical 社，独 Bayer AG 社の大型プラントに採用され，好成績を得ている．原料，用役原単位を表 7.1.9 に示した．

副反応の抑制では混酸の組成[7]，ベンゼンと硝酸

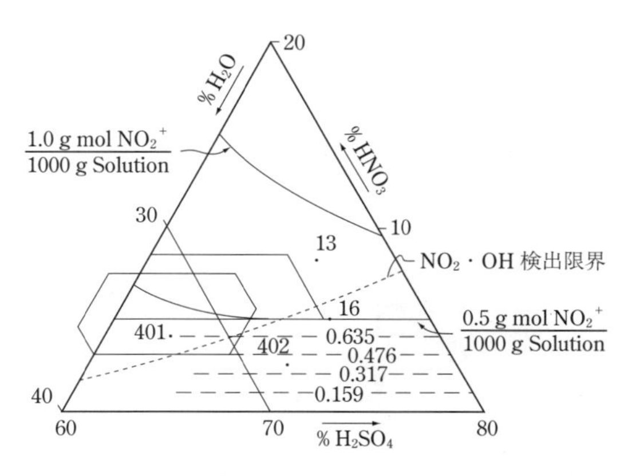

図 7.1.7　硫酸水蒸気圧の濃度依存性，Noram 特許による好適な組成領域

表 7.1.9　Noram プロセスにおけるニトロベンゼン製造の原料，用役原単位

		原単位，t-MNB 基準	原単位%，対理論値
原料	ベンゼン	635 kg	99.8
	100%硝酸	515 kg	99.1
	100%硫酸	1.5 kg	
	NaOH　100%	7.0 kg	
用役	冷却水，30℃	40 t	
	スチーム	0.2〜0.4 t	
	電力	1 kW	
	プロセス水	not required	

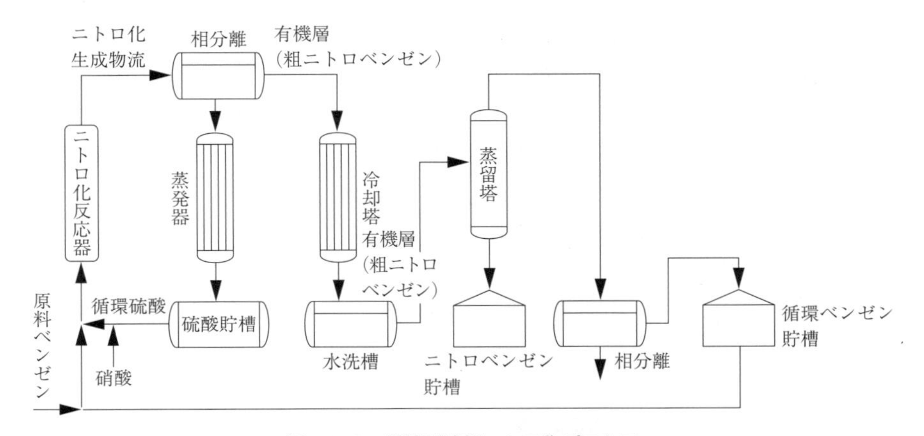

図 7.1.8　断熱型液相ニトロ化プロセス

のモル比管理・混合法[8]，そして反応温度[9]の制御が必要である．現在のニトロベンゼン製造技術は，生産能力の飛躍的な拡大（たとえば 5 t m^{-3} h^{-1} 以上[10]）をねらっており，反応成績の確保とともに，シンプルな構造で建設費の安価な反応器を求めている．こうした目標で現在も技術開発を進めているのは，MDI，TDI などのトップメーカーである独 BASF 社，Covestro 社などで，今後の大型プラントでの採用に有利になるとみられる．断熱型反応器を用いた Bayer 社の提案するプロセスを図 7.1.8[11] に示した．H_2SO_4 濃度 67.2 %，HNO_3 濃度 2.3 %，供給温度 101.4℃の断熱条件では，出口温度は入り口近傍の 116.8℃から 132.3℃に上昇し，ニトロフェノールが合計 2,100 ppm 生成する．ベンゼンの供給ノズルを増加し，硝酸とのモル比をベンゼン小過剰（1〜7 %）で使用する．有機層中のジニトロベン

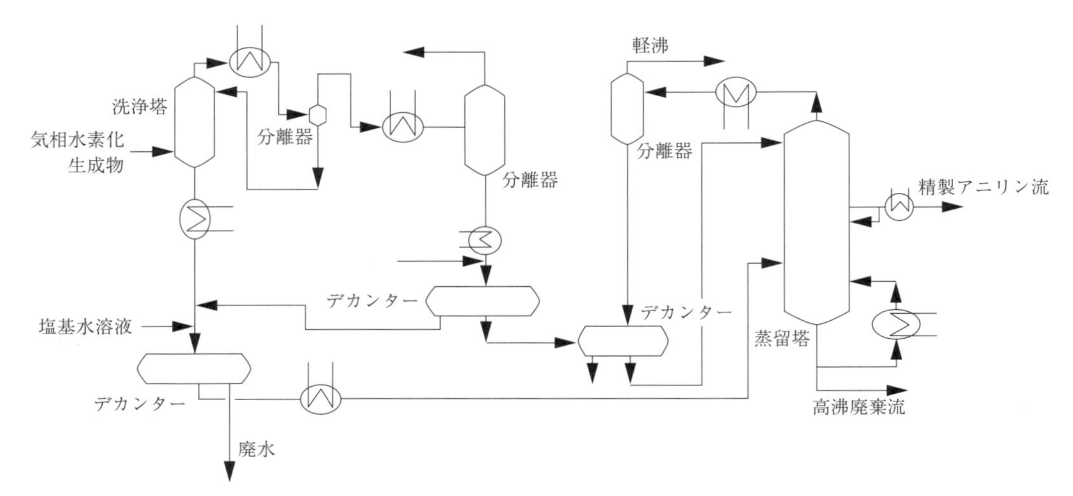

図 7.1.9　ニトロベンゼンの気相水素化生成物の精製

ゼン濃度は 187 ppm，ピクリン酸（トリニトロフェノール）濃度は 127 ppm に制御できた．

D　ニトロベンゼンの水素化によるアニリンの製造

ニトロベンゼン（NB）の水素化は，液相，気相の水素化で実施されているが，強い発熱反応であり，熱回収，熱制御法の最適化，捕集，分離，精製を含めた省エネルギー，また核水添を含めて副反応が進行しやすいため，触媒の選択性を改良する努力が続けられてきた．NB 1.2％アニリン溶液と 0.3％ Pd/Al_2O_3 触媒を用いた最近の固定床によるモデル実験[12]で，反応温度が上がると，高沸副生物量が増加することが確認されている．

$$\mathrm{NB} + 3\,\mathrm{H_2} \longrightarrow \text{アニリン} + 2\mathrm{H_2O} \qquad \Delta H = -553.06\ \mathrm{kJ\ mol^{-1}}$$

反応方式では，気相水素化で断熱反応方式，多管反応器を用いた等温反応方式，流動床反応方式，液相では懸濁床，トリクルベッド水素化方式が提案されているが，それぞれ問題がある．固定床気相水素化では触媒層内のピーク温度を上限内で抑えるため，不活性粒子による触媒の希釈，大量の水素希釈による反応器大型化，動力負荷の上昇，反応熱や炭素質析出による触媒劣化対策，液相では循環水素へのニトロベンゼン同伴の抑制（高圧化）などがある．

いずれの水素化反応も 100％近い高転化率で実施され，アニリンと水の混合物を分縮，または一段階全縮で有機相と水相を相分離し，有機相を蒸留精製して製品を得る．等温反応プロセスの例を図 7.1.9[13]に示した．等温反応とはいっても，触媒層のピーク温度は 350〜400℃程度に達する．

BASF 社は流動床水素化法を提案[14]しており，工業プロセスに採用している．水素化触媒では，銅，ニッケル，パラジウム担持触媒が市販されている．銅系の CuCr（Adkins 触媒）は優れた触媒であるが，環境負荷の点で Cr 含有触媒の転換が必要となっている．ニッケル系触媒は，液相水素化への採用が多い．パラジウム系，貴金属合金系触媒を用いた気相水素化では副生物が多い．

典型的な水素化反応の成績を表 7.1.10 に示す．その他，液相水素化を中心に改良触媒の研究報告が続いている[15,16]（表 7.1.11，表 7.1.12）．

E　今後の展望

ニトロベンゼンを経由するアニリンの製造は，複数の工業原料を使用する．硝酸製造，水素製造，ニトロ化，水素化の設備は通常専用に備えることになり，設備投資が大きくなる．大部分はポリウレタン原料の MDI の原料となるが，この工程でも CO，塩素（電解），ホスゲン製造設備，またはジフェニルカーボネート設備が必須で，大型の設備投資が必要となる．各要素技術の完成度は高く，活発な需要に支えられてはいるが，新規技術による参入は困難になりつつある．また多額の設備投資に耐えられる企業は世界でも限られる．

表7.1.10　ニトロベンゼンの気相水素化用固定床触媒の性能例

活性成分	触媒，反応条件	反応成績	副生成物	出典
Cu	Cu 51.0 wt%，$CaO/SiO_2/Na_2O$ 担体，気相固定床，175 ℃，0.14 MPa，GHSV 1,500 h^{-1}	Aniline 99.6% S，触媒寿命 13,000 h	記載なし	特開 2011-147935（東ソー）
Cu	Cu 51.0 wt%担持触媒，グラファイトなど稀釈剤併用，気相固定床，175℃，0.14 MPa，GHSV 1,500 h^{-1}	Aniline 99.9% S，99.9% Yield	フェニルシクロヘキシルアミン 2,300 ppm	特開 2014-50802（東ソー）
Cu/Zn	$Cu/Zn/SiO_2$，噴霧乾燥触媒，流動床，290℃，0.6 MPa	NB 100% C，Aniline＞99.5% S	記載なし	WO2010/130604 WO2011/048134 (BASF SE)
Ni	Ni 50 wt%，15% ZrO_2-25% TiO_2 担体，液相，n-BuOH 溶媒，2.5 MPa	100% Conv，Aniline 9.48% Yield	記載なし	WO2002/094434 (BASF SE)
Pd	液相懸濁水素化(R1)＋気相固定床水素化(R2)，(R1)5% Pd/C 担持触媒，(R2)銅クロム触媒	(R1)150-250℃，(R2)150-250℃，Aniline 99.6% Yield	シクロヘキシルアミン 30 ppm，シクロヘキサノン 400 ppm，*N*-シクロヘキシルアニリン 130 ppm	特開 2008-169205（住友化学）
Pd	トリクルベッド反応，Pd/α-Al_2O_3 触媒，250℃，2 MPa，NB/Aniline/H_2O/H_2＝1/8/23/3.8 モル比	大量の H_2O 希釈で副生物を抑制，H_2O 無添加では合計で 1～2%の副生物あり	ベンゼン 68 ppm，シクロヘキシルアミン 0 ppm，シクロヘキサノール 40 ppm，シクロヘキサノン 610 ppm，*N*-シクロヘキシルアニリン 19 ppm，ジフェニルアミン 124 ppm	特表 2013-522247 (Huntsman)

表7.1.12　アニリンの要求品質例[12)]

純度	＞99.91%
シクロヘキシルアミン	＜50 ppm
シクロヘキサノール	＜300 ppm
シクロヘキサノン＋シクロヘキシリデンアニリン	＜230 ppm
ジシクロヘキシルアミン	＜50 ppm
N-シクロヘキシルアニリン	＜50 ppm

表7.1.11　ニトロベンゼン接触還元の原料原単位

	原料原単位 t, Nm^3(t-Aniline)$^{-1}$
ニトロベンゼン	1.34
水素	780

文献

1) US2256999(E I DuPont, 1939 年出願)
2) 特開昭 56-167642(E I DuPont, 1981 年出願)
3) US4091042(American Cyanamide Co., 1977 年出願)
4) US5313009(NRM International, 1993 年出願)
5) US5763697(Josef Meissner GmbH, 1996 年出願)
6) EP436443(NRM International, 1990 年出願)
7) EP0373966(Chemetics Inc., 1989 年出願), EP0436443(NRM Int., 1990 年出願)
8) EP0771783(Weissner GmbH, 1996 年出願)
9) WO2010/051616(Noram Int Ltd., 2008 年出願)
10) US2010/0076230(Covestro, 2009 年出願)
11) US2015/0166460(Covestro, 2013 年出願)

12) Ind. Eng. Chem. Res., 56, 3231 (2017)
13) 特表 2013-543517 (Covestro, 2009 年出願)
14) WO2008/034770 (BASF SE, 2007 年出願)
15) Chem. Eng., March, 48 (2016)
16) Angew. Chem. Int. Ed., 55, 8319, 8979 (2016)

7.1.4 ヘキサメチレンジアミン

A 概要

ヘキサメチレンジアミン (HMDA) は，ポリアミド 66 や無黄変ポリウレタンのモノマーであるヘキサメチレンジイソシアナートなどの原料として使用される脂肪族ジアミンである．HMDA の世界での生産量は，2016 年においておよそ 140 万 $t\ y^{-1}$ と推定されている．表 7.1.13 に示すとおり 2011～2016 年の間では年率約 2％の割合で伸びてきており，今後の数年間も同程度の割合の需要成長が予想されている．これに対し，各製造企業の生産能力は表 7.1.14 のとおりである[1]．現在工業的に行われている HMDA の製造方法は，アジポニトリル (ADN) の水素化である．以下製造プロセスの概要を述べる．

表 7.1.13 生産量 (万 $t\ y^{-1}$，2016 年)

年	2011	2016	2021
米国	71.6	73.8	75.0
欧州	38.4	41.7	41.2
中国	13.7	19.4	38.6
アジア	3.9	3.5	4.1
世界	127.6	138.4	158.9

表 7.1.14 製造企業の生産能力 (万 $t\ y^{-1}$)

製造企業	地域	生産能力
Ascend	米	45.0
Invista	米，中	75.5
Solvay	ブラジル，仏	19.2
Butachimie*	仏	18.0
Radici	伊	4.5
BASF	英	12.5
Liaoyang	中	4.0
Shenma	中	16.5
Shandong	中	20.0
Asahi	日	4.3
Others	−	
計		219.5

* Invista と Solvay の合弁

B 反応

a アジポニトリルの水素化反応

ADN の水素添加反応は，大きく分類して 2 通りである．第一の方法は，Cu–Co や Fe の固定床触媒を用い，液体アンモニア中で水素添加反応を行わせる方法である．Cu–Co 触媒の場合は 60～65 MPa，100～135℃，Fe 触媒の場合は 30～35 MPa，100～180℃の条件で行われる．アンモニアを使用することにより，ポリアミンやヘキサメチレンイミンの発生を抑えることができる[2]．特許明細書上にこの方法を記載している企業は，BASF, Bayer (現 Lanxess)，DuPont (現 Invista)，ICI などの各社である[3]．第二の方法は，R–Ni を触媒として用い，液体アンモニアを使用しない方法である．特許上では，Monsanto 社 (現 Ascend)[3a～d]，Rhone-Poulenc 社 (現 Solvay)[3e～g] が R–Ni について記載している．反応は流動床触媒で行われ，水酸化ナトリウムを溶解したエタノールと水の混合溶媒を用いた場合は，80℃，2～3 MPa で行われている[3e～g]．，両方式ともに HMDA の選択率は 95％以上である．その他 Mn，Rh，Ru などの触媒も ADN の水素化触媒として使用できることが報告されている[4,5]．水素化反応は数分で完了する非常に速い反応であり，ラネー Ni 触媒を使用した場合の速度データが詳細に報告されている[6,7,8]．副反応の生成も含めた反応式を (7.1.5)～(7.1.7) 式に示す[9,10]．

ADN を水素化して HMDA を合成する反応は，(7.1.5) 式に示すように多くの段階からなる反応である．ADN に水素が二段階で反応すると，アミノカプロニトリル (ACN) が得られる．この ACN が水素化されて得られる化合物 3 がさらに水素化されると HMDA になるが，同時に化合物 3 は副生成物の前駆体と考えられている．副生成物の生成経路を (7.1.6)，(7.1.7) 式に示す．

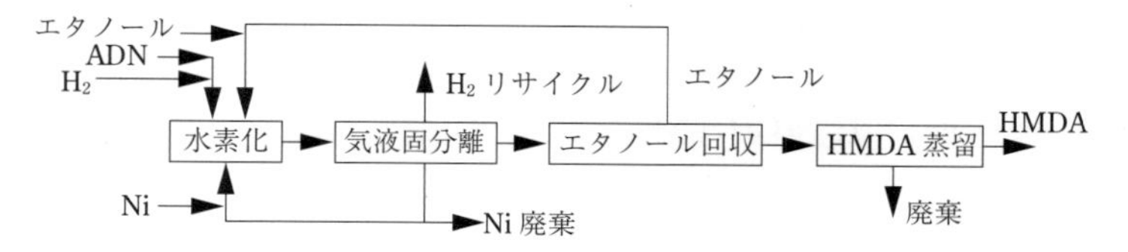

図 7.1.10　HMDA 製造プロセスブロックフロー

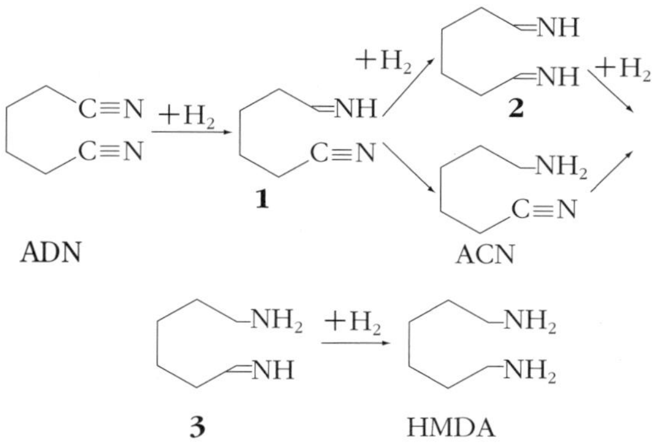

(7.1.5)

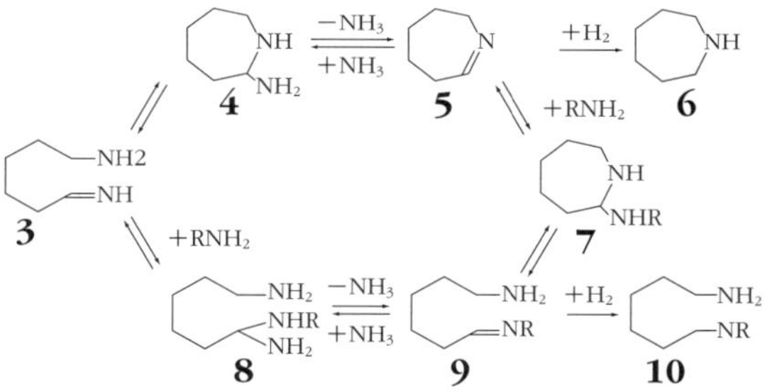

(7.1.6)

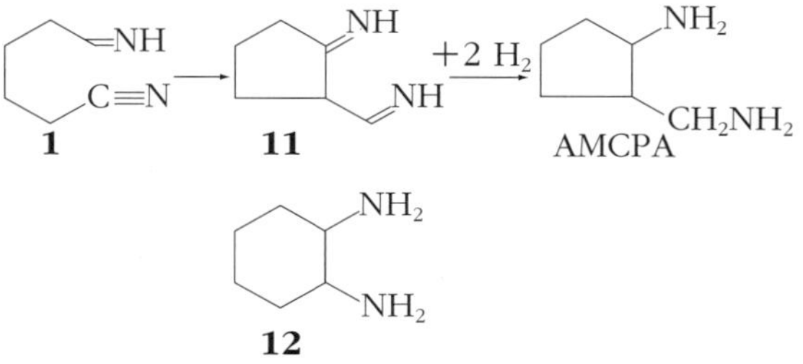

(7.1.7)

化合物 3 の分子内縮合により化合物 4 が生成し，この化合物から脱アンモニアが起こると 1–アザ–1–シクロヘプテン 5 が得られる．5 は水素化によりアザシクロヘプタン 6 になる．化合物 5 はアンモニアが付加すると化合物 4 に戻り，アミノ化合物が付加すると化合物 7 になる．化合物 7 は開環してアミノイミン 9 になり水素化してビスアミノアルキルアミン 10 になる．アミノイミン 9 は，アミノイミン 3 にアミンが付加した化合物 8 を経由して生成する経路も考えられる．化合物 1 は分子内縮合反応により化合物 11 になり，これが水素化されるとアミノメチルシクロペンチルアミン (AMCPA) となる．分子内縮合反応は ADN でも起こると考えられる．AMCPA には *cis* 体と *trans* 体があり，化合物 1 からは *cis* 体の生成が優勢であり，ADN からは *trans* 体の生成が優勢であると報告されている．ラネー Ni 触媒を用いた反応では，*cis* 体と *trans* 体は同等の割合で生成する．ジアミノシクロヘキサン 12 も分子内縮合反応により生成する[11]．化合物 12 も *cis* 体と *trans* 体がある．以上に述べた副生成物は，66–ナイロンの物性に悪影響を及ぼすので，極力除去されるべきである．

C　プロセス

a　概要

図 7.1.10 に Ni 触媒を用いた HMDA の製造プロセスの一例を示す．ラネー Ni 触媒の場合は水素化は流動床で行われる．水素化反応器から出た反応液は，気液固分離工程で水素と触媒が溶液から分離され，これらは反応器に戻される．気液固分離工程を出たジアミン溶液は溶媒のエタノールが蒸留により除去され，粗 HMDA となる．粗 HMDA は精製工程で蒸留されて高沸，低沸をカットし製品 HMDA となる．Ni 触媒は，水素化反応器の反応速度が一定になるように活性が低下した触媒の一部が連続的に抜き出され，これに見合う分新触媒が供給される．

b　ε–カプロラクタムとの併産プロセス

90 年代後半 DuPont (現 Invista)，BASF，DSM，Rhodia (現 Solvay) の各社[12]により，相次いで ADN からアミノカプロニトリル (ACN) と HMDA を併産する方法が開発された．反応式を (7.1.8) 式に示す．

$$NC(CH_2)_4CN \xrightarrow{\text{水素化}} NC(CH_2)_5NH_2 + H_2N(CH_2)_6NH_2$$

ADN　　ACN　　HMDA

$$ACN \xrightarrow{H_2O\ -NH_3} (CH_2)_5\langle C{=}O,\ NH\rangle \xrightarrow{\text{重合}} \text{6-ナイロン}$$

ε-カプロラクタム

(7.1.8)

ACNを加水分解環化すると，6-ナイロンの原料であるε-カプロラクタムとなる．ACNを出発原料にすると硫酸アンモニウムの副生がないことから，硫安非排出プロセスの一方法として注目されたが[12]，現在まで商業化したとの情報はない．

D　最近の技術動向

近年，再生可能な植物由来原料の使用や微生物の発酵を用いた製法の研究開発が盛んである．Renovia社は，フルフラール類をPt触媒で水素化して1,6-ヘキサンジオールを中間体とし，アンモニアを用いたアミノ化によるHMD製造方法を提案している[13]．グルコースなどの発酵法によるHMD製造については，Bioamber社[14]，Genomatica社[15]などから多数の特許が出ている．今後の進展が注目される．

文献

1) PCI Research World Nylon 6 and 66 Supply / Demand Report 2016, p. 111 (2016)
2) 内山光昭，工業有機化学第5版，p.268，東京化学同人(2004)
3) a) US Patent, 4,491,673 (1985); b) US Patent, 4,359,585 (1982); c) US Patent, 4,395,573 (1983); d) US Patent, 4,429,159 (1984); e)　特　表 2005-515250 Rhodia ; f) 特表 2010-540594 Rhodia ; g) 特表 2012-502077 Rhodia
4) F. Media et al., J. Molecular Catalysys, 81, 363 (1993)
5) F.Media et al., J.Molecular Catalysys, 68, L17 (1991)
6) C.Mathieu et al., Chemical Engineering Science, 47 (9–11), 2289 (1992)
7) C. Joly-Vuillemin et al., Chemical Engineering Science, 49 (24A), 4839 (1994)
8) Mikami, Zhengzhou Daxue Xuebao, Gongxueban, 33 (4), 103-107 (2012)
9) P. Marion et al., Heterogeneous Catalysis and Fine Chemical, 2, 329 (1991)
10) V.B.Fell, G.Gurke, Chemiker-Zeitung, 115, 85 (1991)
11) M. Joucla et al., Chem. Ind., 53, 127 (1994)
12) a) 特表 2000-515862 BASF ; b) 特表 1998-511598 BASF ; c) 特表 1998-511372 BASF ; d) 特表 2001-510476 BASF ; e) 特表 2001-517650 BASF ; f) 特表 1998-502671 R.P ; g) 特表 2001-524464 Rhodia ; h) 特表 2002-512605 Dupont ; i) 特表 1996-510234 DSM ; j) 特表 2000-502660; BASF ; k) 特表 2009-511622; Rhodia
13) 特表 2015-506943
14) 特表 2013-533863
15) 特開 2015-146810

7.1.5　アクリルアミド

A　概要

アクリルアミドは，1950年代に硫酸水和法による商業生産が始まった．その後1970年代には副反応，副生物の少ない銅触媒法(接触水和法)が開発され，硫酸水和法は衰退した．さらに1980年代にはバイオ法(酵素法)が実用化され，以来，徐々に置き換えられ，現状ではバイオ法が主流になっている．アクリルアミドの世界の生産量はおよそ年間100万t，国内需要は年間約5～6万tとみられる．

アクリルアミドの(共)重合で得られる水溶性高分子は，製紙用薬剤，水処理用凝集剤，石油回収用ポリマーなどの用途に広く用いられている．世界的な環境問題への関心，リサイクル問題，エネルギー需要の増大などから今後も需要の伸長が見込まれる．

これまで工業化された硫酸水和法，銅触媒法，バイオ法の3つのアクリルアミド製造技術は，いずれもアクリロニトリルを原料とするものである．α, β-不飽和脂肪族ニトリルであるアクリロニトリルの液相水和の場合には，図7.1.11に示すように，酸塩基性雰囲気中ではアクリロニトリルのもつシアノ基，ビニル基の両方の水和が容易に進む．したがってアクリルアミドを得るためにはアクリロニトリルのシアノ基だけを選択的に水和し，かつ生成したア

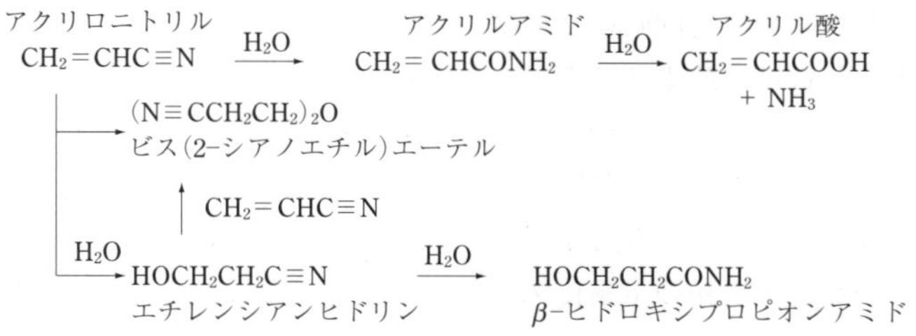

アクリロニトリル $CH_2=CHC\equiv N$ $\xrightarrow{H_2O}$ アクリルアミド $CH_2=CHCONH_2$ $\xrightarrow{H_2O}$ アクリル酸 $CH_2=CHCOOH$ + NH_3

→ $(N\equiv CCH_2CH_2)_2O$ ビス(2-シアノエチル)エーテル

↑ $CH_2=CHC\equiv N$

$\xrightarrow{H_2O}$ $HOCH_2CH_2C\equiv N$ エチレンシアンヒドリン $\xrightarrow{H_2O}$ $HOCH_2CH_2CONH_2$ β-ヒドロキシプロピオンアミド

図 7.1.11　液相系におけるアクリロニトリルの反応性

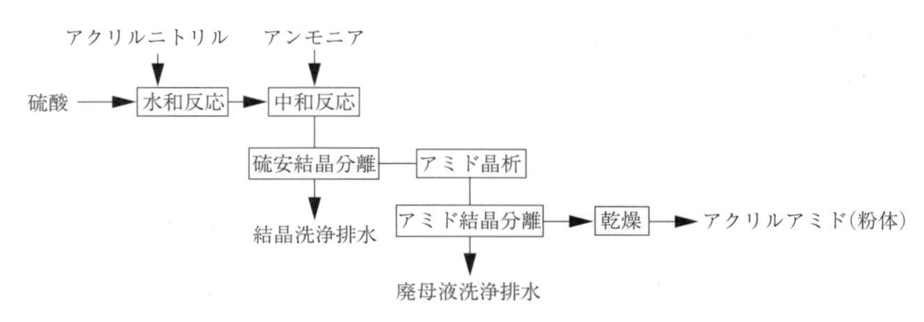

図 7.1.12　硫酸水和法の製造プロセスフロー

クリルアミドの加水分解が生じない反応条件を選択する必要がある．

アクリルアミドの工業的生産は，1954 年米国の American Cyanamid 社(現 Cytec 社)により開始された．その方法は前述のように硫酸水和法である．反応を(7.1.9)式に示す．

$$CH_2=CHCN+H_2O+H_2SO_4 \longrightarrow CH_2=CHCONH_2\cdot H_2SO_4$$
$$CH_2=CHCONH_2\cdot H_2SO_4+2\ NH_3 \longrightarrow CH_2=CHCONH_2+(NH_4)_2SO_4 \quad (7.1.9)$$

アクリロニトリルを硫酸によって水和し，生じたアクリルアミド硫酸塩をアンモニアなどで中和して，アクリル酸への逐次反応を抑制しながらアクリルアミドを得ていた．その後晶析により硫安，アクリルアミドを分離精製する．しかしながら，高濃度の硫酸存在下 100℃付近と過酷な条件での反応であるため，異常反応や暴走反応のおそれがあること，アクリルアミドからアクリル酸への逐次反応やビニル基への Michael 付加反応が完全には避けられないこと，重合反応を防止するために多量の重合禁止剤が必要なこと，中和により硫酸アンモニウムなどの中和塩が生成するため多量の廃棄物が発生すること，さらに副生成物，不純物との分離操作は煩雑であり，高品質なアクリルアミドは晶析によって得なければならず，その際結晶洗浄排水などの汚染水が発生することなど，安全性，環境影響，廃棄物処理上多くの問題を抱えていた(図 7.1.12)．

1969 年に，日米ほとんど同時にかつ独立にこれらの問題を解決する銅系触媒による直接水和法が発見開発され，国内では三井東圧化学(現三井化学)が 1972 年に 5 千 t y^{-1}, 1974 年に 1.5 万 t y^{-1} の規模[1]で，さらに三菱化成(現三菱ケミカル)も 1974 年に 2 万 t y^{-1} の規模で工業生産を開始した．銅触媒による直接水和法は，高い選択性と廃棄物の少なさなどの点で優れており，それまでの硫酸法を駆逐する劇的なプロセス変換をなし遂げた．現在でも製造法の一角を占めるアクリルアミド製法である．

一方で，日本およびフランスで，酵素を触媒とするアクリルアミドの製造法が研究されていた[2]．最初に工業化をなし遂げたのは日東化学工業(現三菱ケミカル)である．日東化学は，国内で初めて硫酸法によりアクリルアミドを工業生産したメーカーであるが銅触媒法の出現により 1974 年に生産中止を余儀なくされた．しかし，その後もアクリルアミド製造研究を続け，1976 年に不純物生成のない合理的な合成技術として酵素反応に着目し，高純度アクリルアミドを得る究極の方法として実用化研究に着手した．その結果，優良菌株の発見と同時に，大量培養技術，菌体の包括固定化技術，酵素法製造プロセス開発，アクリルアミド製品品質評価技術などの要素技術を確立し，1985 年に 4 千 $t\ y^{-1}$ 規模で工業生産を開始した．アクリルアミドのみならず，汎用化学品生産に酵素法を用いた世界初の工業化例とされている．アクリルアミドは水溶液の形態で市販されるので酵素反応を用いるのには好適である．酵素法はきわめて高い選択性，温和な反応条件，高生産性などの点で銅触媒法より優れており，新設されるアクリルアミド製造プラントはほぼバイオ法になっている．

B　反応

a　反応

銅触媒法では(7.1.10)式の反応が起こる．

$$CH_2{=}CHC{\equiv}N + H_2O \xrightarrow[Cu]{} CH_2{=}CHCONH_2 \quad \Delta H = 62\ \mathrm{kJ\,mol^{-1}} \tag{7.1.10}$$

この反応は触媒表面の 0 価の金属銅を活性サイトとし，反応速度は表面に露出する銅原子数に比例する反応であるとされ，アクリロニトリルと水の反応次数は一次である．銅触媒表面での反応メカニズムは，両分子が固体表面に化学吸着しその間で新たな分子を生成する Langmuir-Hinshelwood 機構ではなく，一方が物理もしくは化学吸着し他方が液相から反応する Rideal-Eley 機構で反応が進行すると報告されている[3]．室温以上では銅触媒表面に水は吸着せず，アクリロニトリルのみが吸着し，水は液相から直接反応する．アクリロニトリルは，シアノ基側で銅触媒表面に二重結合性をもって吸着することでシアノ基が活性化され，ただちに水分子が攻撃し，アクリルアミドが合成されるとしている．

これ以外の副反応はほとんど起きないが，Michael 付加反応により微量のエチレンシアンヒドリン，β-ヒドロキシプロピオンアミド，および加水分解による微量のアクリル酸が検出される．銅触媒は酸素に触れると急激に酸化されるので，原料の水とアクリロニトリルは触媒劣化およびエチレンシアンヒドリンなどの副生物増加を抑えるために，反応槽に供給される前に脱酸素処理され，反応槽も窒素などの不活性ガスによりシールされる．反応温度は 60℃～150℃，中性付近で行われる[1,4]．反応の系内に存在する多量の銅が重合禁止剤として働くため，酸素のない還元雰囲気下であるが，他の重合禁止剤を用いなくても重合を抑制できる．転化率を 70～90％に抑えれば選択率は 100％に近いため，濃縮などにより未反応原料を回収し，触媒を除去，さらにイオン交換樹脂や活性炭により精製するだけで，50％水溶液のアクリルアミドを直接得られるとともに，プロセス全体をクローズド化できるなど硫酸法に比較し，多くの利点を有する．

続いて酵素法の反応について述べる．

一般にバイオ技術を用いた化学品の製造といっても発酵法と酵素法の 2 種類の方法に大きく分けられる．発酵法は，生きた菌体を用いて生物が作り出す代謝産物を培養により生産させる方法で，アルコールやアミノ酸の製造などに使われる．安価な炭素源，窒素源などから生体内で多段の酵素反応を経て目的の代謝物に変換され，抗生物質などの複雑な化合物の製造にも使えるが，一般に生成物の単離が大変で生産性も低い．それに対し酵素法は生物が作り出す酵素を触媒に用いて物質変換する方法であり，アクリルアミド製造には酵素法が用いられる．一般に発酵法に比べ高濃度で反応でき，かつ生成物の単離も容易であり天然物，非天然物両方の生産に使用できる可能性がある．ただし，酵素 1 種類あたり 1 つの反応を行うので，多段の反応を行うにはその数だけ酵素が必要である．

実際の酵素法によるアクリルアミドの生産は微生物が産生するニトリルヒドラターゼという酵素を触媒にアクリロニトリルの水和反応を行うもので，銅触媒を酵素触媒に置き換えたものだといえる．

酵素は基質特異性が高いため副反応生成物が少なく，しかも触媒活性が高い．ただし，タンパク質であるため，使用に伴い変性を受け消耗するため触媒の補給が必要である．

$$CH_2{=}CHC{\equiv}N + H_2O \xrightarrow[\text{ニトリルヒドラターゼ}]{} CH_2{=}CHCONH_2 \quad \Delta H = 62\ \mathrm{kJ\ mol^{-1}} \tag{7.1.11}$$

種々の菌種から異なるニトリルヒドラターゼが確認されているが，現在構造が判明しているものは，その活性中心は Fe，Co などの金属にシステイン残基のSH基が配位した構造になっている．(7.1.12)式のようにアクリロニトリルとニトリルヒドラターゼ活性中心近傍のSH基により，シアノ基が二重結合を形成しシアノ基が活性化され，ただちに水分子が攻撃しアクリロニトリル－酵素中間体を経てアミド基が形成されてアクリルアミドが合成されると考えられる[5,6]．すなわち触媒は異なるものの，銅触媒と同様にニトリル基が活性化されて水と反応する機構で進行すると思われる．

$$
\begin{array}{l}
CH_2{=}CHC{\equiv}N + ESH \longrightarrow CH_2{=}CHC{=}NH \ \ (\text{C–SE}) \\
\text{ESH：ニトリルヒドラターゼ} \\
\qquad \rightleftarrows H_2O \\
CH_2{=}CHCONH_2 + ESH \longleftarrow CH_2{=}CHC(OH)(SE){-}NH_2
\end{array}
\qquad (7.1.12)
$$

酵素反応は基質特異性が高いため，銅触媒と異なりビニル基側の反応は進行せず，Michael付加反応によるエチレンシアンヒドリン，β-ヒドロキシプロピオンアミドなどの副生物はいっさい生成しない．生体を維持するために創製された酵素がいかに厳密に作られているかがうかがえる．反応温度は数度～室温付近，中性付近，常圧下で反応が進行する．硫酸法，銅触媒法に比べ温和な条件であるため，副反応，重合などのおそれは大幅に低減する．また未反応アクリロニトリルは100 ppm以下になるまで反応させることができるため，原料回収工程が不要となる．ただし当然ながら反応熱の除熱は必要であり，かつ銅触媒法より反応温度が低いため，低温の冷媒による除熱が必要となる．アクリルアミドの蓄積濃度は，工業生産開始当初は20 w v% $^{-1}$ 程度であったが，その後の触媒探索，触媒改良により，50 w v% $^{-1}$ まで蓄積可能になっている．濃縮や原料回収せずにそのまま製品化が可能なため，きわめて簡略かつユーティリティーコストの低いプロセスとなっている．

b　触媒

まず，銅触媒について述べる．報告されている銅触媒は気相還元銅(Dow chemical社)，液相還元銅(三井化学，Dow chemical社，三菱ケミカル，ACC社など)，ラネー銅(三井化学)，ギ酸銅分解物(三菱ケミカル，三井化学，住友化学)，水素化銅分解物(三菱ケミカル，Stockhausen社)など作り方は異なるものの，文献[3,4]に示されているように基本的に「表面積の大きな0価の銅」である．ニッケル，クロム，ジルコニウム，ケイ素，バナジウム，タングステンなどを含有させることにより活性が向上するとの報告がある．文献[3]によればニッケル－銅の合金は優れた触媒であり，ニッケルは触媒表面からの生成物アクリルアミドの脱離を促していると報告されている．

ラネー銅触媒は，アルカリないしは酸に可溶なアルミニウムなどの金属と銅の合金を作り，次いでアルミニウムなどを溶かしだして得られる金属触媒である[7]．他成分を含有させた改良例としては[8]高温で共融して得たアルミニウム-銅-パラジウム三元系ラネー合金もしくはアルミニウム-銅-銀三元系ラネー合金を水酸化ナトリウム溶液で展開し二元ラネー触媒とし，それを用いた回分反応で，銅-パラジウム触媒はアクリロニトリル転化率85%，銅-銀触媒はアクリロニトリル転化率93%で，他にほとんど副生物は認められないと報告されている．

水素化銅分解物は硫酸銅に次亜リン酸ソーダを反応させ，水素化銅としたのち，分解して0価の銅とする方法[9]である．少量のクロムを含有した水素化銅分解物で，転化率76.4%，収率76.2%と高い選択率でアクリルアミドを得ている．液相還元法の例としては塩化銅を水溶液中でホルマリンで還元する方法[10]，水素化ホウ素ナトリウムで還元する方法[11]などが報告されている．

優れた選択性を有する銅触媒であるが，実際の連続反応形式の商業プロセスではアクリルアミドの高転化率領域で副反応と触媒劣化の増加傾向があることから，アクリロニトリルの単流反応率は70～90%程度に抑えている模様である．長期間にわたり使用された触媒は活性低下が起きる．触媒劣化の原因は，混入酸素あるいは原料による銅表面の部分酸化，アクリロニトリル，アクリルアミドに由来するポリマー類の触媒表面への蓄積による．そこで劣化した触媒は，再生使用される[12]．

酵素触媒は，1985年に酵素法アクリルアミドの工業生産が開始されて以来，次世代触媒として産・官・学が競ってニトリルヒドラターゼ産生菌のスクリーニングを開始し，各種の菌株からニトリルヒドラターゼが取得された．実際に酵素を触媒として使用するには，(1)酵素を有する菌体をゲルなどに固

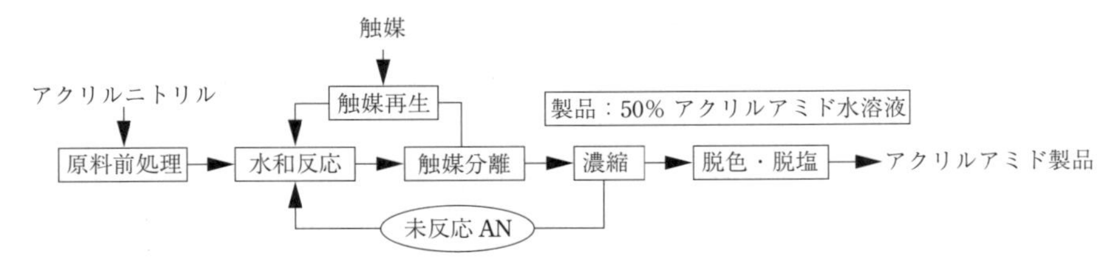

図 7.1.13　銅触媒法の製造プロセスフロー

定化する，(2) 酵素の活性を失わないよう処理した増殖しない静止菌体を用いる，(3) 酵素を取り出して，安定化処理して用いる，などの方法を用いる．ニトリル化合物に関与する酵素には，ニトリルヒドラターゼの他にも，生成したアミドを酸に加水分解するアミダーゼ，ニトリルをアミドを経由せずに酸に水和するニトリラーゼが知られており，(1)，(2) の方法ではこれらの酵素が活性を有していると，アクリル酸の副生が起こる可能性がある．酵素法による高純度アクリルアミドの生産を考えた場合，ニトリルヒドラターゼが高活性であると同時に，ニトリラーゼあるいはアミダーゼを産生しない微生物をスクリーニングするか，何らかの方法で不要な酵素の活性を失わせることが必要となる．

ニトリルヒドラターゼを産出する菌としては *Rhodococcus* sp.N-774，*Rhodococcus rhodochrous* J-1[13,14]，*Rhodococcus rhodochrous* M33[15]，*Pseudonocardia thermophile* JCM3095[16] などが報告されている．

触媒として用いる酵素は反応速度が高いことはもちろん，最終的なアクリルアミド到達濃度を高くするための高アミド耐性，反応液中での安定性などが必要である．天然からの酵素探索に加え，近年では遺伝子工学技術を生かした酵素改良も報告されており，アクリルアミド生産性(触媒単位重量あたりのアクリルアミド生産量)は，アクリルアミド濃度 50％と過酷な反応条件であっても工業化当初よりはるかに改良されており，反応はほぼ定量的に進行する．特許によれば，アクリロニトリル転化率は 99.97％以上，アクリルアミド選択率は 99.98％以上の成績が得られている．このように酵素反応の特性から温和な条件で高転化率，かつ高選択率の反応が行え，高純度アクリルアミドの生産を可能にした．触媒の活性を銅触媒と比較すると触媒(金属)1 分子あたり生産されるアクリルアミドの量は銅触媒では 10^{-4} AAM-molecule (sec・atom-metal)$^{-1}$ 程度であるのに対し酵素の活性中心金属でみると 10^2 AAM-molecule (sec・atom-metal)$^{-1}$ と酵素はきわめて高い活性を有している．

特許の実施例などによれば，同一条件ではないので直接比較はできないものの銅触媒法の流動床方式で触媒濃度は前記の特許例では数％の濃度で反応しているのに対し酵素法では乾燥菌体ベースで 1,000 ppm 以下の濃度で反応できる[17]．

C　プロセス

銅触媒法のプロセスフローを図 7.1.13 に示す．触媒が還元銅であることから触媒の寿命を長くするために酸素による触媒劣化を抑制しなければならず，そのために系内を不活性ガス雰囲気にする必要がある．また前述のように触媒を有効に用い選択率を上げるため，単流のアクリルアミド生成濃度は 35〜45％程度に抑え，その後濃度 50％まで蒸発濃縮する．未反応アクリロニトリルは濃縮操作において水とともに回収される．反応液中から触媒は分離され酸素に触れないようリサイクルされるが，一部は再生処理される．濃縮された粗アクリルアミド水溶液は，イオン交換樹脂あるいは活性炭で反応液中の銅や不純物を除去するだけで，高品質なアクリルアミド水溶液製品になる．硫酸法で必須であった晶析精製が不要で，プロセスの煩雑さと副生排出物をなくした効果は大きい．アクリルアミドは 50％水溶液のまま流通販売される．アクリルアミドは特定化学物質であり，粉体よりも水溶液のほうが安全上も好ましい．

まとめると銅触媒法は硫酸法と比較し，(1) 収率，選択率が高くほぼ定量的にアクリルアミドが得られる．(2) 硫安のような価値の低い副生成物がない．(3) プロセスがシンプルでクローズド化が可能．といった点で優れている．

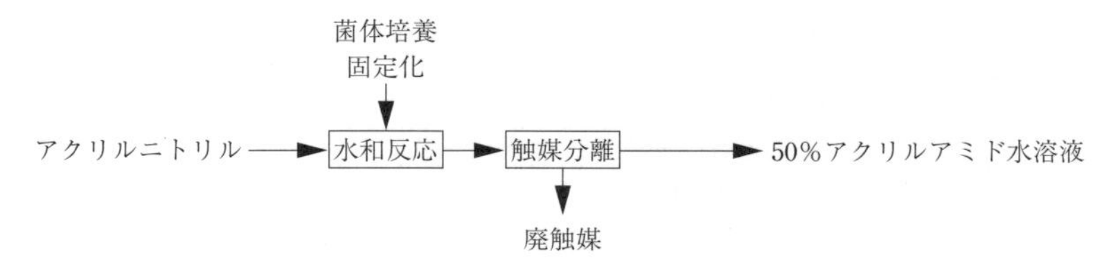

図 7.1.14　酵素法の製造プロセスフロー

酵素法のプロセスフローを図 7.1.14 に示す．前述のように触媒は，固定化菌体，静止菌体スラリー，安定化された酵素などの形で反応に供される．装置は多段反応槽，管状リアクターなどが提案されている．当初は反応温度の制約や，アクリルアミドの蓄積濃度を上げられないなどの制約があったが，酵素の探索や改良が進み，比較的高い温度での反応が可能になるとともに，アクリルアミド 50%まで蓄積濃度を上げられるようになり，飛躍的にプロセスが簡略化された．銅触媒法と対比して，酵素法には次のような特徴がある．

(1) 酵素反応であり，還元雰囲気が必須な銅触媒のように原料を脱酸素する必要はない．
(2) 低温常圧での反応であり，高温加圧や不活性雰囲気を必要としない．したがって装置の構造設計が容易であり，運転操作の安全性も高い．
(3) 酵素反応の特異性によりアクリルアミドの選択率はきわめて高く，有機系不純物は極微量のアクリル酸のみであるため精製が簡略化できる．
(4) 単流の反応転化率がきわめて高く，未反応アクリロニトリルの分離回収は不要である．
(5) 二重結合への Michael 付加反応は起こらず選択性がきわめて高いためモノマー品質が高い．得られるモノマーは重合性が高く，高分子量ポリマーを得やすい．
(6) 脱銅工程は不要で，基本的に酵素触媒の分離のみでアクリルアミド製品ができる．
(7) 反応プロセスが軽装備であり，小規模生産にも適応性がある．濃縮，精製工程が不要な酵素法プロセスは簡便であり，年産 3,000～5,000 t 規模のポリマー製造プラントにアクリルアミド製造設備を並置して，モノマーとポリマーの一貫製造体制を構築することもできる．
(8) 触媒は低温保存，輸送が可能である．そのため (7) のような小規模プラントの運営も可能となる．これに対し銅触媒は空気に触れると変質するためアクリルアミド製造プラントに併設して触媒の製造/再生装置が必要になる．

一方欠点としては，触媒はタンパク質であり，使用とともに変性し補充が必要なことであるが，触媒原単位が小さいことや触媒の輸送保管が可能なことから実用上問題は小さい．

現在，酵素合成法によるアクリルアミド製造の二酸化炭素排出原単位およびエネルギー原単位は，銅触媒による製造の約 2/3 であると報告されている[18]．地球温暖化の原因である化石燃料の燃焼によって排出される二酸化炭素規制が各国によって提唱されている昨今では，次世代プロセスとして，合理性のみならず地球環境に配慮した製法の開発への要請がますます強まっている．

文献

1) 松田藤夫，有機合成化学協会誌，35 (3)，212 (1977)
2) 特公昭 62-21519，特公昭 56-17918 ほか
3) 杉山和夫，三浦弘，松田常雄，表面，11，666 (1987)
4) 浅野志郎，現代化学，5，40 (1984)
5) 谷吉樹，浅野泰久，山田秀明，発酵と工業，41，382 (1983)
6) 山田秀明，浅野泰久，谷吉樹，化学と工業，36，101 (1983)
7) 特公昭 49-30810
8) 特公昭 52-31848，特公昭 52-31849
9) 特公昭 61-35171
10) 特公昭 55-46387
11) 特公昭 55-44063
12) 特公昭 59-12342
13) 龍野孝一郎，中村哲二，有機合成化学協会誌，61 (5)，517 (2003)
14) Toru Nagasawa, Hitoshi Shimizu, Hideaki Yamada, Appl.Microbiol, Biotechnol, 40, 189 (1993)
15) V.G. Debabov, A.S.Yanenko, Review Journal of Chemistry, 1 (4), 385 (2011)

16) T. Yamaki, T. Oikawa, K. Ito, T. Nakamura, J. Ferment. Bioeng., 83, 474(1997)
17) 特許4709186
18) 坂元勇輝，廣渡紀之，柳沢幸雄，環境情報科学, 25(3), 61(1996)

7.1.6 ホルムアミド，ジメチルホルムアミド，ジメチルアセトアミド

A 概要

アミド系溶剤は極性が高いため溶解力が強く，医薬品などの合成反応溶剤や樹脂溶剤，洗浄剤，ガス吸収剤として広く用いられる．なかでもジメチルホルムアミド(DMF)の需要が圧倒的に多く，世界市場は約100万t，次いでジメチルアセトアミド(DMAc)が約20万t，ホルムアミド(FA)は数千～数万tとみられる．一方で，これらアミド系溶剤は欧州REACH規制のSVHC(高懸念物質)リストに掲載されており，安全性への懸念からユーザーによっては使用を控えようとする動きもある．

B ホルムアミド

a 概要

ホルムアミド(FA)は誘電率が高く無機塩を溶かす非水系溶剤として知られる．反応性が高く，溶剤用途だけでなく農薬・医薬用原料としても使用される．また熱分解によりHCNが生成するため，HCN原料としても利用される．現在の国内主要メーカーは三菱ガス化学である．

b 合成反応

一般的な製造法としてはギ酸メチル法，一酸化炭素法が知られ，その他，MMA製造プロセス中間体としての副生法が工業化されている．

ギ酸メチル法はギ酸メチルとアンモニアを無触媒もしくは塩基性触媒存在下，常圧～0.1 MPa，30～50℃で反応させる．反応式は以下となる．

$$HCOOCH_3 + NH_3 \longrightarrow HCONH_2 + CH_3OH$$

一酸化炭素法は，一酸化炭素とアンモニアをナトリウムメトキシドなどのアルカリ触媒の存在下，4～12 MPa，100～120℃で反応させる[1]．反応式は以下となる．

$$CO + NH_3 \longrightarrow HCONH_2$$

MMA製造プロセス副生法は，三菱ガス化学の新ACH法とよばれ，プロセス中間体であるα-ヒドロキシイソラク酸アミドとギ酸メチルとのアミドエステル交換反応により生成する．本法ではFAはHCN原料としてリサイクル使用される[2]．反応式は以下となる．

$$(CH_3)_2C(OH)CONH_2 + HCOOCH_3 \longrightarrow HCONH_2 + (CH_3)_2C(OH)COOCH_3$$

c プロセス

ギ酸メチル法のプロセスフローを図7.1.15に示す．合成液から常圧で低沸点物を除去した後，続く2塔でメタノール回収およびFA精製を行う．FAは160℃を超えると分解が始まるため，精製は減圧下で行う．高沸点不純物としてジホルムアミドが副生するが，アンモニアやメタノールとの反応による除去回収プロセスが考案されている[3]．

C ジメチルホルムアミド

a 概要

ジメチルホルムアミド(DMF)は高沸点極性溶剤として広く知られ，発がん性への懸念が指摘されることがあるものの，溶剤としての有用性からいまだ広く使用されている．おもな用途はウレタン樹脂溶媒，人工皮革用溶媒，ポリイミド溶媒，抽出溶剤，医薬用溶剤である．また世界地域別の推定生産能力(2015年)を表7.1.15に示す．中国での生産が最も多く，韓国での生産が終了した一方でサウジアラビアなどでの生産が開始されている．なお国内市場は輸入品も含め年間約2.5万tとなっており，需要は横ばいである．国内では1959年に日東化学(現三菱ケミカル)，1967年日本瓦斯化学(現三菱ガス化学)がそれぞれ一酸化炭素法で工業化し，現在は三菱ガス化学(現在はギ酸メチル法)が唯一のメーカーとなっている．

b 合成反応

製造法はFA同様，ギ酸メチル法，一酸化炭素法が工業化されているが，プロセスの選定は原料の入手容易性に依存するところが大きい．その他三級アミンを酸化する方法[4]，二酸化炭素からの合成など[5]も検討されている．原料にモノメチルアミンを使用することでほぼ同一プロセスで*N*-メチルホルムア

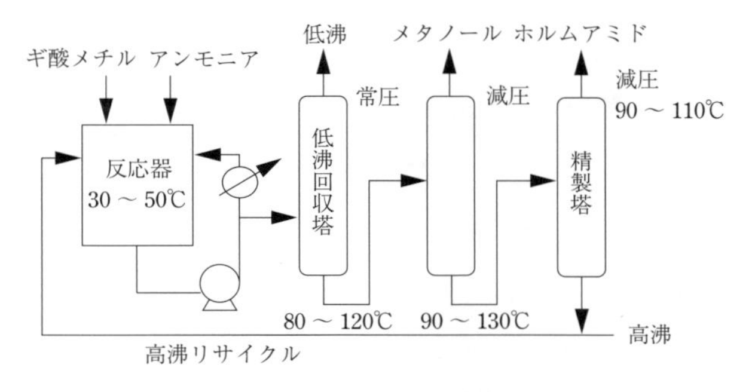

図 7.1.15　ギ酸メチル法ホルムアミド製造プロセスフロー

表 7.1.15　世界の DMF 推定生産能力(2015 年)

地域	生産能力(万 t y^{-1})	主要メーカー
北米	2	DuPont
欧州	12	BASF，Taminco，CEPSA Quimica SA
中国	107	山東華魯恒昇化工，魯西化工，安陽化工，江山化工，他
その他アジア	11	Chemanol(サウジアラビア)，三菱ガス化学(日本)，他
合計	132	

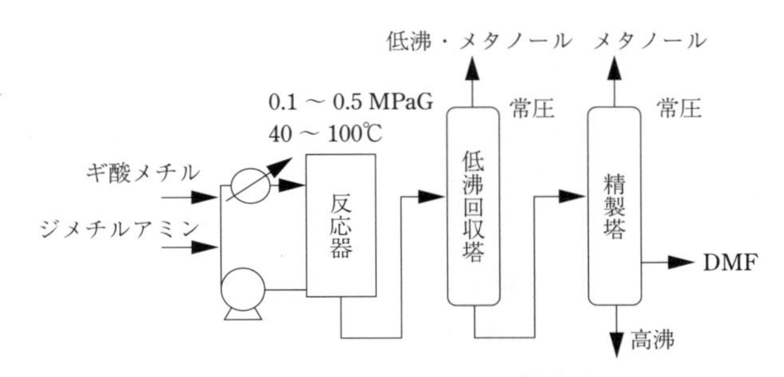

図 7.1.16　ギ酸メチル法 DMF 製造プロセスフロー

ミド(NMF)も生産可能となる．

ギ酸メチル法はギ酸メチルとジメチルアミンを無触媒で 0.1～0.5 MPaG，40～100℃で反応させる．一方，一酸化炭素法はジメチルアミンと一酸化炭素をナトリウムメトキシドなどの塩基性触媒存在下で，気泡塔反応器で 50～120℃，1～2 MPa で直接反応させる．それぞれ反応式を以下に示す．

$$HCOOCH_3+(CH_3)_2NH \longrightarrow HCON(CH_3)_2+CH_3OH$$

$$CO+(CH_3)_2NH \longrightarrow HCON(CH_3)_2$$

c　プロセス

ギ酸メチル法のプロセスフローを図 7.1.16 に示す[6]．発熱反応であり，反応液を冷却しながら原料を供給する．常圧で副生メタノールおよび低沸点物を回収した後，DMF を精製回収する．本プロセスでは水分が存在すると DMF・ギ酸メチルの加水分解によるギ酸が製品品質に影響を及ぼすため，原料中の水分量管理，もしくは追加プロセスによる処理が必要になる．

なお，回収したメタノールは原料であるジメチルアミンもしくはギ酸メチルの原料としてリサイクルされる．

ギ酸メチルの製法についてはメタノールのカルボニレーション法とメタノールの脱水素法がある．反応式を以下に示す．

$$CO+MeOH \longrightarrow HCOOCH_3$$

$$2MeOH \longrightarrow HCOOCH_3+H_2$$

一酸化炭素法のプロセスフローを図 7.1.17 に示す[7]．DMF 回収の際，触媒の存在は逆反応を引き起こすため除去し，その後蒸留精製し製品とする．

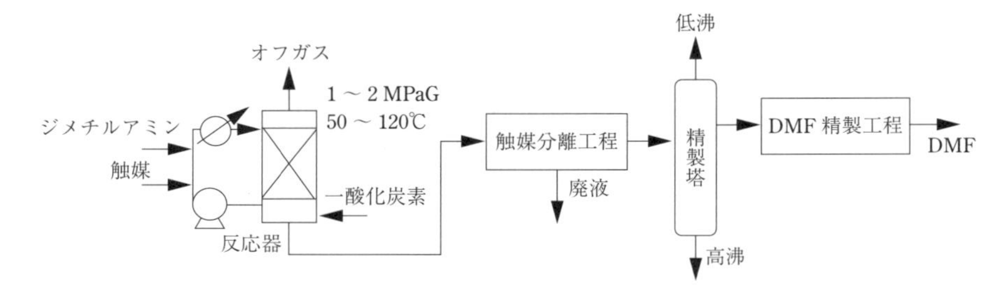

図 7.1.17　一酸化炭素法 DMF 製造プロセスフロー

表 7.1.16　世界の DMAc 推定生産能力(2015 年)

地域	生産能力(万 t y^{-1})	主要メーカー
北米	2.5	DuPont　他
欧州	4	BASF，Taminco，CEPSA Quimica SA
中国	15	江山化工，安陽化工，章丘日月加工　他
その他アジア	2	三菱ガス化学(日本)　他
合計	23.5	

なお DMF の分解で生成したジメチルアミンが製品を汚染する可能性もあり，エアレーションなどの処理を行うケースもある．

D　ジメチルアセトアミド

a　概要

ジメチルアセトアミド(DMAc)はアクリル繊維紡糸溶媒，ポリイミド溶剤，スパンデックス溶剤，有機反応溶剤などに使用される高沸点極性溶剤として広く知られ，主用途はスパンデックス溶剤である．世界地域別の推定生産能力(2015 年)を表 7.1.16 に示す．市場は DMF の 1/5 ほどであり，DMF 同様に需要の多い中国での生産が最も多い．国内市場は年間約 1 万 t と横ばいである．DMF 同様，現在では三菱ガス化学が唯一の国内メーカーとなっている．

b　合成反応

工業的には酢酸とジメチルアミンによる酢酸法が一般的であるが，酢酸メチルとジメチルアミンによる製造法も提案されている．それぞれ反応式を以下に示す．

$$CH_3COOH + (CH_3)_2NH \longrightarrow CH_3CON(CH_3)_2 + H_2O$$

$$CH_3COOCH_3 + (CH_3)_2NH \longrightarrow CH_3CON(CH_3)_2 + CH_3OH$$

酢酸法は常圧もしくは加圧下，酢酸とアミンで生じたアセテートの脱水反応により DMAc とするもので，無触媒もしくは酸化金属触媒を用いる．常圧法の場合，反応温度 130～140℃，脱水反応時にアセテートの熱分解で生じるアミン，酢酸を回収しながら行う[8]．加圧法は 150～300℃，2～6 MPaG で反応を行う．

酢酸メチル法は，加圧下で酢酸メチルとアミンをナトリウムメトキシドなどの塩基性触媒存在下，約 100℃で反応させる．

c　プロセス

酢酸法は，反応後，低沸として残アミン・水を除去したのち，DMAc，酢酸，高沸点不純物を分離する．DMAc(沸点 166℃)は酢酸と最高共沸組成を形成するため(共沸組成 DMAc：酢酸＝79：21 wt%，沸点 171℃)，反応液中の残酢酸濃度を下げるべく反応はアミン過剰で行う．残酢酸は共沸組成としてプロセスへリサイクル，もしくは塩基により中和除去される．加圧法のプロセスフローの一例を図 7.1.18 に示す[9]．

酢酸メチル法では反応後，触媒を除去し，残アミン，副生メタノール，残酢酸メチル回収後，DMAc を精製する．回収したメタノールは原料系へリサイクルし，残アミン，残酢酸メチルは反応系へリサイクルされる[10]．

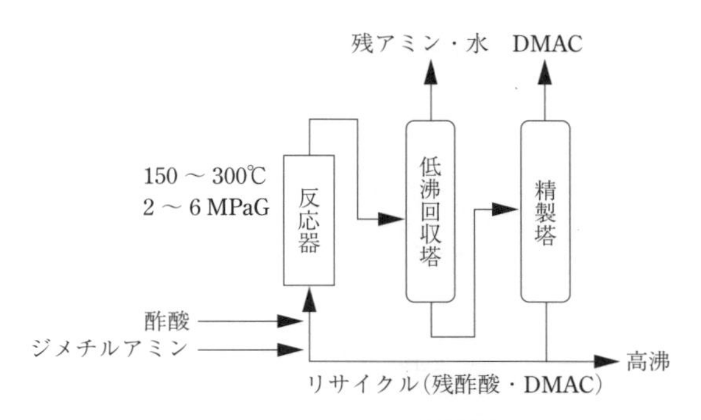

図 7.1.18　酢酸法(加圧)DMAc 製造プロセスフロー

文献

1) 特許 4465119(2010)
2) 高見澤雄次，山崎慶重ほか，化学工学，60(12)，919(1996)
3) 特開平 11-124359(1999)；特開 2002-3458(2002)
4) 特表 2003-522742(2003)；特開平 10-158227(1998)
5) 特表 2014-517815(2014)；特表 2014-523448(2014)
6) US Patent, 3,072,725(1963)
7) Hydrocarbon Processing, Mar., 93(2001); Hydrocarbon Processing, Nov., 128(1985)
8) 石油学会編，石油化学プロセス，p.204，講談社(2001)；特公昭 49-168(1974); US Patent, 2,667,511(1954); 特開 2000-7629(2000)
9) US Patent, 3,300,531(1967); US Patent, 3,006,956(1961)
10) 特表 2016-505583(2016); 特許 5080268(2012); 特許 5150261(2012)

7.1.7　ε-カプロラクタム

A　概要

ε-カプロラクタム(以下ラクタム)は 6-ナイロンのモノマーとして世界で 520 万 t y^{-1} 以上生産され，今後もアジアを中心に世界全体で年率 2～4%の伸びが予測されている．一方，生産能力は近年中国での新増設が続いたため，表 7.1.17 に示すように 650 万 t y^{-1} 程度で，供給過多の状況である．中国では依然として新増設計画があり，すべてではないものの実現されるものが出てくるため，今後しばらくは中国以外の地域を中心にコスト競争力に劣るプラントの淘汰も並行して進むものと予想される．表 7.1.18 に世界の地域別需要を示す[1]．

ラクタム製造法は，おもにシクロヘキサノン製造，ヒドロキシルアミン製造，シクロヘキサノンとヒドロキシルアミンによるシクロヘキサノンオキシム(以下オキシム)製造および Beckmann 転位によるラクタム製造の四工程からなり，シクロヘキサノンを経由する製法とそれ以外の製法に大別される．図 7.1.19 に，ラクタム製造法をまとめた[2]．このうち現在工業化されているのは，(1) フェノール法，(2) シクロヘキセン法(シクロヘキサノンを経由する方法)，(3) シクロヘキサン酸化法，(4) 光ニトロソ化法で，主流はシクロヘキサノンを経由する方法である．プロセス面では近年，中国を中心にアンモニアと過酸化水素によるオキシム製造法である (5) アンモオキシム化法も注目されている．

B　反応とプロセス

それぞれの製造法について，反応・プロセスの概要を紹介する．シクロヘキサノンを経由する製法とそれ以外の製法に大別される．また，ヒドロキシルアミン製法についてはいくつかの製法があり，シクロヘキサノン製法との組合せによりラクタム製法プロセスが成り立っている．

a　シクロヘキサノンを経由する製法

シクロヘキサノンとヒドロキシルアミンからオキシムを合成し，これを Beckmann 転位させてラクタムを製造する．シクロヘキサノンおよびヒドロキシルアミンの製法を中心に，種々の改良がなされている．図 7.1.20 に合成工程フローを示す．

i) シクロヘキサノンの製法

シクロヘキサノンは安価で大量に入手可能なベンゼンを原料にして製造される．その製造方法は，シクロヘキサン酸化プロセス，シクロヘキセン水和プロセス，フェノール水素化プロセスの 3 プロセス

表 7.1.17　世界の主要カプロラクタムメーカーの生産能力(万 t y^{-1}，2016 年 10 月末時点)

地域	社名	能力	地域	社名	能力
日本	宇部興産	9	アジア	CAPRO CORP.(韓国)	21
	住友化学	9		CPDC(台湾)	40
	東レ	10		UCHA(タイ)	13
	合計	28		GSFC(インド)	7
西欧	BASF	48		FACT(インド)	5
	LANXESS	22		小計	86
	FIBRANT	28		巴陵石化(中国)	30
	UCE	10		巴陵恒逸(中国)	20
	DOMO CAPROLEUNA	16		石家荘(中国)	20
	合計	123		巨化(中国)	15
東欧	ロシア 3 社	37		海力(中国)	40
	GRADNO(ベラルーシ)	14		山東魯西(中国)	10
	CHERKASSY(ウクライナ)	6		山東方明(中国)	20
	SPOLANA(チェコ)	5		湖北三寧(中国)	14
	AZOTY(ポーランド)	17		天辰耀隆(中国)	28
	合計	79		南京 DSM(中国)	40
北米	ADVANSIX	35		旭陽(中国)	10
	BASF	32		神馬(中国)	10
	合計	67		小計	257
中南米	UNIVEX	9		合計	343
	合計	9		総合計	647

表 7.1.18　世界の地域別需要(万 t y^{-1}，2016 年)

	2012 年	2013 年	2014 年	2015 年	2016 年
日本	16.5	15.6	14.4	12.5	12.0
中国	139.8	161.3	179.3	205.5	219.1
その他アジア	125.5	125.0	116.1	109.3	109.3
欧州	107.1	117.3	116.6	120.8	122.9
米国	76.7	79.8	79.5	73.5	75.0
世界	465.6	499.0	505.9	521.6	538.2

に大別される．

代表的プロセスであるシクロヘキサン酸化法および後述の Raschig 法，液相 Beckmann 転位法を組み合わせたカプロラクタムの製造工程を図 7.1.20 に示す．

ii)オキシムの製法

(1) Raschig 法

アンモニアを白金系触媒で空気酸化してニトローゼガスにし，炭酸アンモニウム水溶液または亜硫安水溶液に吸収させて亜硝酸アンモニウムを合成する．これを二酸化硫黄で還元後，加水分解すると，ヒドロキシルアミンの硫酸塩が得られる．これをアンモニアで中和してシクロヘキサノンと反応させ，オキシムを合成する．

$$2\ NH_3+3\ O_2 \longrightarrow N_2O_3+3\ H_2O$$
$$N_2O_3+(NH_4)_2CO_3 \longrightarrow 2\ NH_4NO_2+CO_2$$
または $N_2O_3+2(NH_4)_2SO_3 \longrightarrow$
$$NH_4NO_2+(NH_4SO_3)_2NOH$$
$$NH_4NO_2+2\ SO_2+NH_3+H_2O \longrightarrow$$

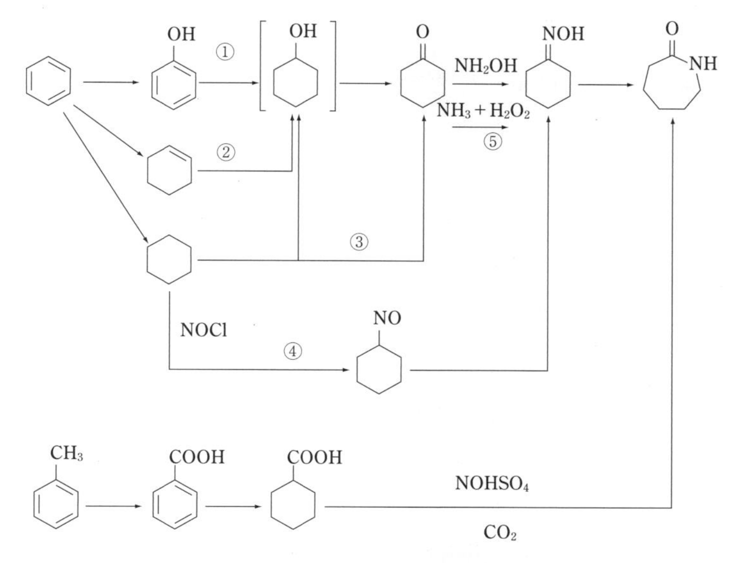

図 7.1.19　ラクタム製造法

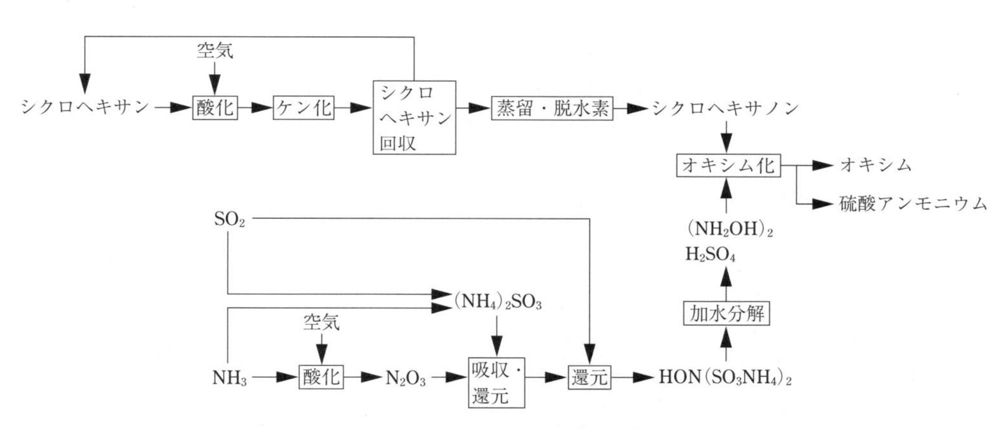

図 7.1.20　シクロヘキサン酸化法の合成工程フロー

$$(NH_4SO_3)_2NOH$$

$$2(NH_4SO_3)_2NOH + 4\ H_2O \longrightarrow (NH_2OH)_2 \cdot H_2SO_4 + 2\ NH_4HSO_4 + (NH_4)_2SO_4$$

生成したヒドロキシルアミン硫酸塩は，シクロヘキサノンと反応させるとほぼ定量的にオキシムを与える．この方法では，シクロヘキサノンオキシム 1 mol に対して硫安が 2 mol 副生する．

(2) NO 還元法

アンモニアを白金系触媒で一酸化窒素に酸化し，これを希硫酸中で白金系触媒を用いて水素還元し，ヒドロキシルアミンの硫酸塩を製造する方法である．

$$4\ NH_3 + 5\ O_2 \longrightarrow 4\ NO + 6\ H_2O$$

$$2\ NO + 3\ H_2 + H_2SO_4 \longrightarrow (NH_2OH)_2 \cdot H_2SO_4$$

他のヒドロキシルアミン製法に比べ，低酸化状態の窒素酸化物を還元するという点で，効率的な方法である．本方法は高酸化状態の窒素酸化物の生成を防ぐため，化学量論量の酸素を使用する．そのため，アンモニアの爆発範囲を避けるために，水蒸気希釈して反応させるので，硝酸の副生が若干ある．シクロヘキサノンオキシム 1 mol に対して硫安が 0.5 mol 生成する．

(3) NO_3 還元法(hydroxylamine phosphate oxime, HPO)

リン酸アンモニウムとリン酸の混合液中に亜硫酸ガスを空気とともに吹き込んで，硝酸アンモニウムとリン酸の混合液を合成し，次いで Pd 系触媒存在

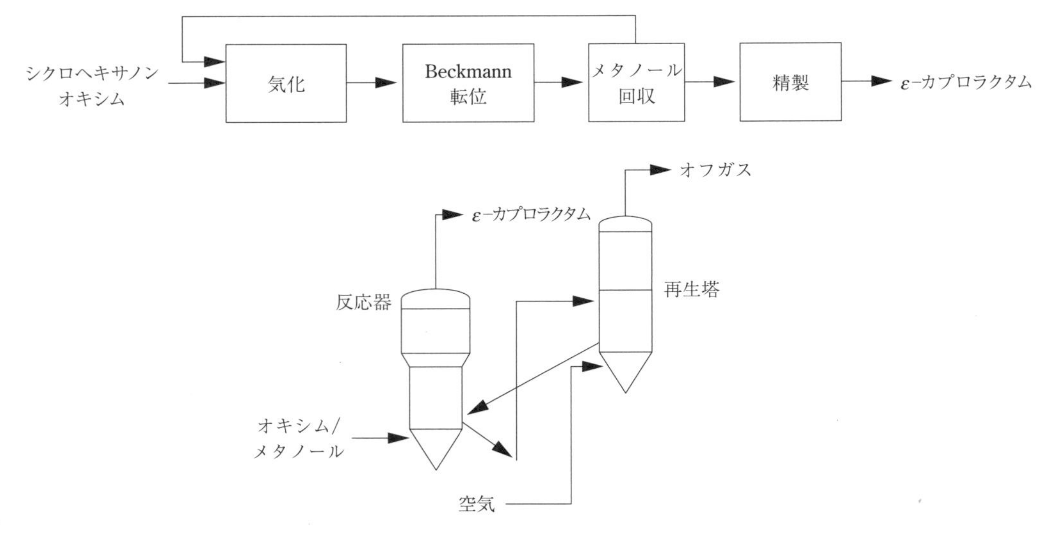

図 7.1.21　流動床反応による気相 Beckmann 転位プロセス[E)]

下で水素還元してヒドロキシルアミンのリン酸塩とリン酸アンモニウムの緩衝液を作り，それらをシクロヘキサノンのトルエン溶液と接触させてオキシムを合成する方法が開発されている．生成オキシムはトルエンで抽出され，リン酸アンモニウム緩衝液は繰り返し使用される．

$$2\ NH_3 + 3\ O_2 \longrightarrow N_2O_3 + 3\ H_2O$$

$$NH_4 \cdot H_2PO_4 + H_3PO_4 + 1/2(N_2O_3 + O_2 + H_2O) \longrightarrow NH_4NO_3 + 2\ H_3PO_4$$

$$NH_4NO_3 + 2\ H_3PO_4 + 3\ H_2 \longrightarrow NH_2OH \cdot H_3PO_4 + NH_4 \cdot H_2PO_4 + 2\ H_2O$$

(4) アンモオキシム化法[3)]

チタンを含有するチタノシリケート触媒を用い，過酸化水素で酸化する方法が開発された．*tert*-ブチルアルコール，水溶媒中でチタノシリケート触媒を用いて，アンモニア存在下で過酸化水素により酸化すると，シクロヘキサノンから 98％以上の収率でオキシムを得る．後述の気相 Beckmann 転位と組み合わせて，硫安を副生しないプロセスとして実用化されている[4)]．アンモニアが Ti 活性点上で過酸化水素と反応してヒドロキシルアミンを与え，その後シクロヘキサノンと反応してオキシムを与えると推定される．

iii)オキシムからラクタムの製法

(1) Beckmann 転位(液相)

オキシムを硫酸中で 80～110℃に加熱すると Beckmann 転位し，ラクタムが得られる．よく知られた定量的な反応で，反応速度もきわめて速い．オキシムは一般的に含水状態で供給されるので発煙硫酸が使用され，収率は 98～99％である．硫酸は，理論的にはオキシムと等モルでよいが，副反応を抑制するために実際には 1.2～1.5 倍モル使用する．ラクタムを分離するため，生成したラクタム硫酸塩をアンモニアで中和するので，使用した硫酸分に相当する硫酸アンモニウムが副生する．

このようにして得た粗ラクタムは蒸留，晶析など，物理的あるいは化学的処理の組み合わせによって精製し，高純度ラクタムを得る．精製工程については他法もほぼ同様であり，以降省略する．

(2) 気相 Beckmann 転位[5)]

固体触媒を用いて 300～400℃でオキシムを気相転位させる方法で，硫酸を使用せずに中和時の硫酸アンモニウム副生なしにラクタムが得られることが特徴である．ゼオライト系触媒を中心に開発が進み，住友化学により高シリカ MFI ゼオライト触媒にて実用化されている．オキシム転化率は 99％以上，ラクタム選択率は 95％以上である．図 7.1.21 のように流動床反応システムを用いたプロセスである．

b　その他の製法

i)光ニトロソ化法

光ニトロソ化法(photo nitrosation of cyclohexane，PNC)は，東レが開発した可視光を用いたシクロヘキサンのニトロソ化反応である．これは大規

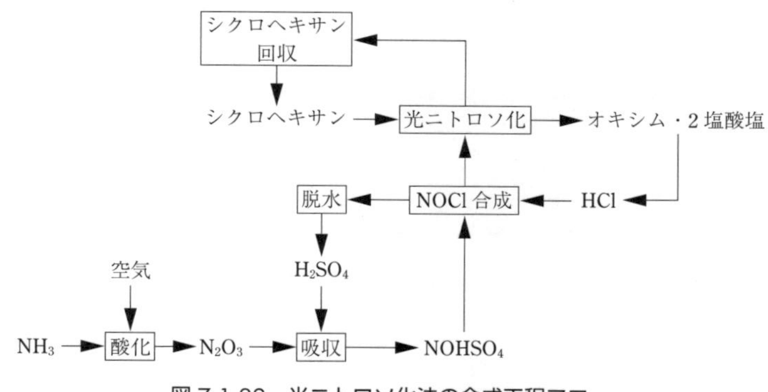

図 7.1.22　光ニトロソ化法の合成工程フロー

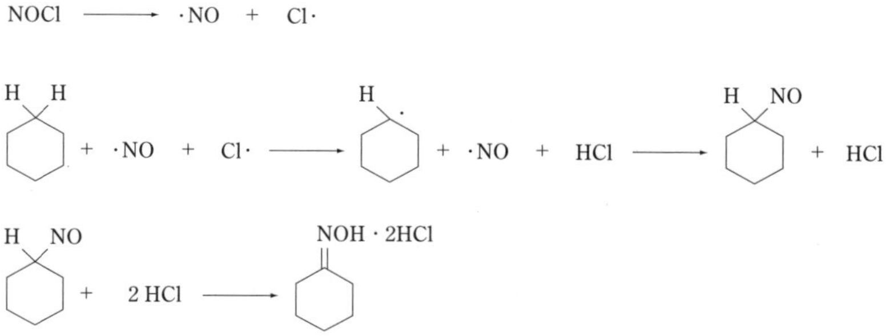

$$NOCl \longrightarrow \cdot NO + Cl\cdot$$

H H（シクロヘキサン） + ·NO + Cl· ⟶ H ·（シクロヘキシルラジカル） + ·NO + HCl ⟶ H NO（ニトロソシクロヘキサン） + HCl

H NO（ニトロソシクロヘキサン） + 2 HCl ⟶ NOH · 2HCl（シクロヘキサノンオキシム塩酸塩）

図 7.1.23　光ニトロソ化法の反応スキーム

模に工業化した世界最初の光反応プロセスでもある．図 7.1.22 に合成工程フローを示す．プロセスが簡素で，硫酸による Beckmann 転位工程で遊離する塩化水素は回収して塩化ニトロシル合成にリサイクルされるため，副生硫酸アンモニウムが少ないことが特徴である．

(1) 塩化ニトロシル合成

空気と混合したアンモニアを，白金ネット触媒で酸化させてニトローゼガスを合成し，充てん塔で硫酸に吸収させてニトロシル硫酸とする．次にニトロシル硫酸を塩化水素と反応させ，塩化ニトロシルと塩化水素の混合ガスを得る．反応で発生する水は減圧加熱で除き，硫酸を再使用する．塩化水素も光ニトロソ化工程と転位工程から回収して，循環再使用する．この合成過程では硫酸アンモニウム副生がない．

$$2\ NH_3+3\ O_2 \longrightarrow N_2O_3+3\ H_2O$$
$$2\ H_2SO_4+N_2O_3 \longrightarrow 2(NO)HSO_4+H_2O$$
$$(NO)HSO_4+HCl \longrightarrow H_2SO_4+NOCl$$

(2) 光ニトロソ化反応

シクロヘキサンの光ニトロソ化機構は次のようになる (図 7.1.23)．

光量子収率は，波長によらず 0.8 前後とされている．反応は常圧下の 10〜20℃で進行する．結合エネルギーから，理論上の有効波長の上限は 760 nm だが，波長が 600 nm を超えると吸光係数が急激に低下すること，400 nm 以下の紫外の光は透光部ガラスの汚れを早く生じさせることから，400〜600 nm の波長が有効である．550〜700 nm の発光ダイオードを用いた光源により，使用電力量を 30％削減する方法が開発されている[6]．

副反応抑制に，塩化ニトロシルを過剰の塩化水素とともに供給し，生成するオキシムは比較的安定なオキシム二塩酸塩としてシクロヘキサンから沈降分離する．また，反応温度が高いと副反応が進むことから，反応温度は常温以下でかつ圧力も常圧に近いので，安全・防災上でも好ましい．本反応ではオキシム塩酸塩が 90％程度の選択率で得られる．

(3) 転位反応

発煙硫酸による Beckmann 転位でラクタム硫酸塩となる．PNC 法の特徴は，反応過程で塩化水素が放散され，他法 (199 kJ mol^{-1}) よりも反応熱が小さく (107 kJ mol^{-1})，反応温度の制御が容易なこと

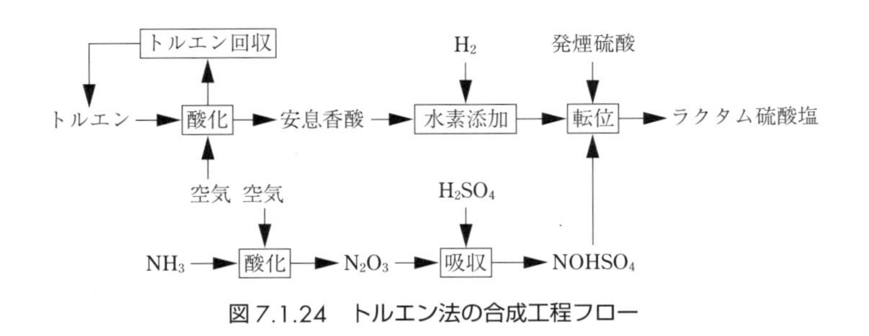

図 7.1.24　トルエン法の合成工程フロー

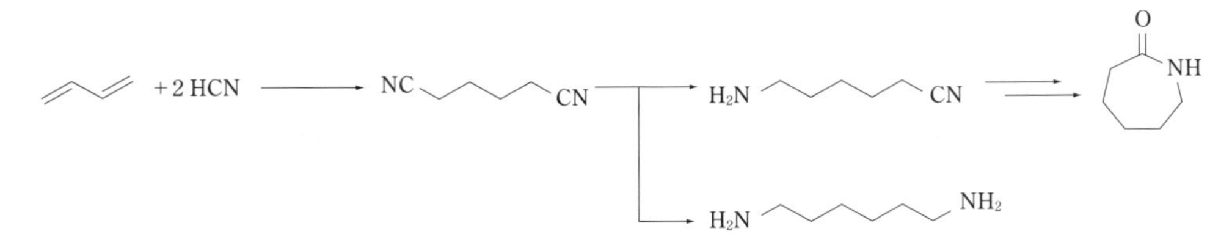

図 7.1.25　ブタジエン(BD)原料からのラクタム製法

である．放散された塩化水素は塩化ニトロシルの再生に利用する．

ii) トルエン法

トルエンから酸化により安息香酸を得，次いで水素添加により合成したシクロヘキサンカルボン酸をニトロソ化して，一段でラクタムとする．工程フローを図 7.1.24 に示す．

(1) ニトロシル硫酸の合成

空気と混合したアンモニアを白金ネット触媒で酸化させてニトローゼガスを生成し，充てん塔で硫酸に吸収させてニトロシル硫酸を得る．

(2) シクロヘキサンカルボン酸の合成

トルエンを Co 系触媒の存在下，空気酸化して安息香酸とし，これを Pd 系触媒で水素添加してシクロヘキサンカルボン酸を得る．

(3) ラクタムの合成

発煙硫酸中で，シクロヘキサンカルボン酸にニトロシル硫酸を作用させると，二酸化炭素の発生を伴って Beckmann 転位し，ラクタム硫酸塩が得られる．転位後の中和で，ラクタム 1 t あたり 4.2 t の硫酸アンモニウムが副生する．副生硫酸アンモニウム量を削減するには，ニトロシル硫酸との反応前に，シクロヘキサンカルボン酸を熱的に脱水して，ペンタメチレンケテンとする方法がある．これにより，副生量は半減できるとされる．

iii) ブタジエンを原料とする製法[7〜10]

ブタジエンを原料とする検討が行われている．たとえば，ブタジエンに青酸を付加して得られるアジポニトリルから，水素添加の度合いにより，アミノカプロニトリルとヘキサメチレンジアミンを得て，アミノカプロニトリルのほうを含水アルコール溶媒下で水和，環化させてラクタムを合成するという，ヘキサメチレンジアミンとの併産プロセスがある(図 7.1.25)．

この他に，ブタジエンのカルボニル化，ヒドロホルミル化，還元アミノ化，および環化によるラクタム製法も開発されている．いずれの製法も原料であるブタジエンコストの影響から工業化は中断されている．

C　今後の展望

ラクタム製法は，シクロヘキサノンをヒドロキシルアミンでオキシムとした後，酸により Beckmann 転位させる方法が主流であり，各工程の収率向上や副生硫酸アンモニウムの削減を中心に改良が試みられている．原料ソース，立地条件，および CO_2 削減・省エネルギーの観点から，最適プロセス開発が異なってくると思われる．

文献

1) Worlds PA6 & PA66 Supply / Demand Report 2016, pci Wood Mackenzie
2) 掛谷登，触媒，45，574(2003)
3) M. G. Clerici and O. A. Kholdeeva, Liquid Phase

Oxidation via Heterogeneous Catalysis:Organic Synthesis and Industrial Applications, p.462, Wiley (2013)
4) 市橋宏，触媒，47，190 (2005)
5) 市橋宏，触媒，43，555 (2001)
6) 特開平 24-149055 (2012)
7) US Patent, 5,296,628 (1994)
8) 特開平 4-312556 (1992)
9) WO 9,514,664 (1995)
10) US Patent, 5,496,941 (1996)

7.2 ニトリル，シアノ化合物

7.2.1 アクリロニトリル

A 概要

a 需給[1)]

アクリロニトリル(AN)は，1893年にアクリルアミドとエチレングリコールから初めて合成されて以来，アクリル繊維や樹脂原料などの基礎化学品として幅広く使用されている．世界のAN需要は，過去最高を記録した2007年の524万tから，2008年には世界経済不振の影響により446万tにまで落ち込んだが，中国を中心とした新興国需要の成長および，北米需要の回復の影響によって，2015年時点では，556万tまで増加(対前年比2.0%増)し，堅調な成長を続けている．世界のAN需給の推移を表7.2.1に示す．

ANの2015年における用途別の需要は，おもにアクリル繊維向けが171万t(全体の31%)，ABS(アクリロニトリル・ブタジエン・スチレン)樹脂向けが201万t(同36%)，その他用途(アクリルアマイド，ニトリルゴム，アジポニトリル)が184万t(同33%)と推定される．

需給バランスについては，世界需要は増加傾向にあるものの，近年相次いだ中国国内での新増設プラント立ち上げによる供給能力拡大により，定期修理，不稼働プラント分を除いても供給余剰が継続するものと見込まれる．世界における地域別のAN生産能力，需要の推移を表7.2.2に示す．

b 反応の変遷

i)エチレンシアンヒドリン脱水法[2)]

酸化エチレンとシアン化水素(HCN)からエチレンシアンヒドリンを合成，炭酸マグネシウムを触媒として200〜280℃で脱水し，ANを製造する方法である．第二次世界大戦中にドイツで実施されていた方法で，米国ではこの方法の改良がしばらく続けられた．

$$\text{環状エーテル} + HCN \longrightarrow HO(CH_2)_2CN \longrightarrow CH_2{=}CH-CN \qquad (7.2.1)$$

ii)アセチレン法[2)]

アセチレンとHCNを出発原料とし，塩化第一銅を触媒として約80℃の液相反応でANを製造する方法である．iii)のプロピレンアンモ酸化法が発明されるまでの約10年間，世界の主流となった技術である．日本でもこのプロセスが採用され，1966年まで稼働していた．

$$CH{\equiv}CH + HCN \longrightarrow CH_2{=}CH-CN \qquad (7.2.2)$$

iii)プロピレンアンモ酸化法

第二次世界大戦以降，安価な原料のプロピレンを

表7.2.1 世界のANの需要

	2014年		2015年			2016年		
	需要(kt)	構成比(%)	需要(kt)	伸び率(%)	構成比(kt)	需要(kt)	伸び率(%)	構成比(%)
アクリル繊維	1,739	32	1,710	▲1.7	31	1,717	0.4	30
ABS樹脂	1,924	35	2,013	4.6	36	2,067	2.7	36
その他	1,789	33	1,837	2.7	33	1,890	2.8	33
世界計	5,452	100	5,560	2.0	100	5,674	2.0	100

表 7.2.2　世界の AN 生産能力，需要の推移

	2012 年	2013 年		2014 年		2015 年		2016 年	
	数量(kt)	数量(kt)	伸び率(%)	数量(kt)	伸び率(%)	数量(kt)	伸び率(%)	数量(kt)	伸び率(%)
生産能力	6,424	6,800	5.9	6,635	▲2.4	7,025	5.9	7,020	▲0.1
北米	1,534	1,535	0.1	1,535	0.0	1,535	0.0	1,535	0.0
欧州	1,185	1,185	0.0	1,140	▲3.8	1,140	0.0	1,140	0.0
日本	790	790	0.0	540	▲31.6	540	0.0	545	0.9
アジア	2,665	3,040	14.1	3,170	4.3	3,560	12.3	3,550	▲0.3
中南米	160	160	0.0	160	0.0	160	0.0	160	0.0
アフリカ・中東	90	90	0.0	90	0.0	90	0.0	90	0.0
需要	5,196	5,336	2.7	5,452	2.2	5,560	2.0	5,673	2.0
北米	646	676	4.6	699	3.4	721	3.1	724	0.4
欧州	799	751	▲6.0	730	▲2.8	740	1.4	746	0.8
日本	425	426	0.2	426	0.0	438	2.8	426	▲2.7
アジア	2,834	2,984	5.3	3,114	4.4	3,182	2.2	3,289	3.4
中南米	165	148	▲10.3	138	▲6.8	126	▲8.7	128	1.6
アフリカ・中東	327	351	7.3	345	▲1.7	353	2.3	360	2.0

出発原料とする方法について米国と英国で研究が開始された．

$$CH_2{=}CH-CH_3+NH_3+3/2O_2 \longrightarrow CH_2{=}CH-CN+3H_2O \qquad (7.2.3)$$

初期は，(7.2.4) 式に示されるように，プロピレンを酸化してアクロレインを合成した後に，アンモ酸化を行う二段階で AN を製造する方法が中心であった．

$$CH_2{=}CH-CH_3+O_2 \longrightarrow CH_2{=}CH-CHO+H_2O$$
$$CH_2{=}CH-CHO+NH_3+1/2O_2 \longrightarrow CH_2{=}CH-CN+2H_2O \qquad (7.2.4)$$

しかし，1957 年に Sohio 社(現 INEOS Nitriles 社)は，プロピレンを一段反応でアンモ酸化する Sohio プロセスを開発し，1960 年に年産 2 万 t のプラントが米国で稼働した[3]．その後，このプロセスは世界を席巻し，現在の AN 製造プロセスの主流を占めている．日本でも 1962 年に旭化成によって年産 5 千 t のプラントが初めて稼働して以来，現在，すべてのプラントで Sohio 法が採用されている．

B　反応

Sohio プロセスは，プロピレンとアンモニアと空気を原料とした一段気相反応であり，AN が生成する (7.2.5) 式に示す主反応のほか，(7.2.6)～(7.2.10) 式に示す副反応が進行する．この副生物のうち，アセトニトリルは溶剤などに，HCN はアセトンシアンヒドリンを経由した MMA モノマーや，苛性ソーダとの反応生成物である青化ソーダなどの誘導体として有効利用されている．

$$CH_2{=}CH-CH_3+NH_3+3/2O_2 \longrightarrow CH_2{=}CH-CN+3H_2O \qquad (7.2.5)$$
$$CH_2{=}CH-CH_3+3/2NH_3+3/2O_2 \longrightarrow 3/2CH_3-CN+3H_2O \qquad (7.2.6)$$
$$CH_2{=}CH-CH_3+3NH_3+3O_2 \longrightarrow 3HCN+6H_2O \qquad (7.2.7)$$
$$CH_2{=}CH-CH_3+O_2 \longrightarrow CH_2{=}CH-CHO+H_2O \qquad (7.2.8)$$
$$CH_2{=}CH-CH_3+3O_2 \longrightarrow 3CO+3H_2O \qquad (7.2.9)$$
$$CH_2{=}CH-CH_3+9/2O_2 \longrightarrow 3CO_2+3H_2O \qquad (7.2.10)$$

反応条件は，使用触媒，反応器構造などによって異なるが，おおよそ 400～500℃，0.05～0.2 MPa，接触時間 2～8 秒，の範囲にある[4]．

原料ガスモル比はプロピレン：アンモニア：空気＝1：1.0～1.2：9～11 の範囲が一般的である．

触媒はシリカ担体に金属酸化物を担持させた粉体

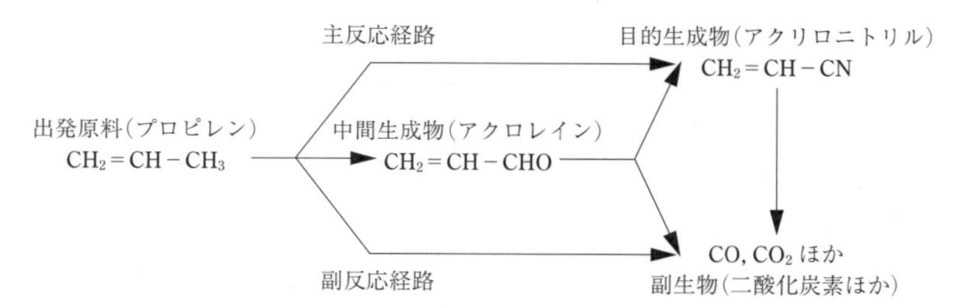

図 7.2.1　プロピレンのアンモ酸化の反応経路模式図

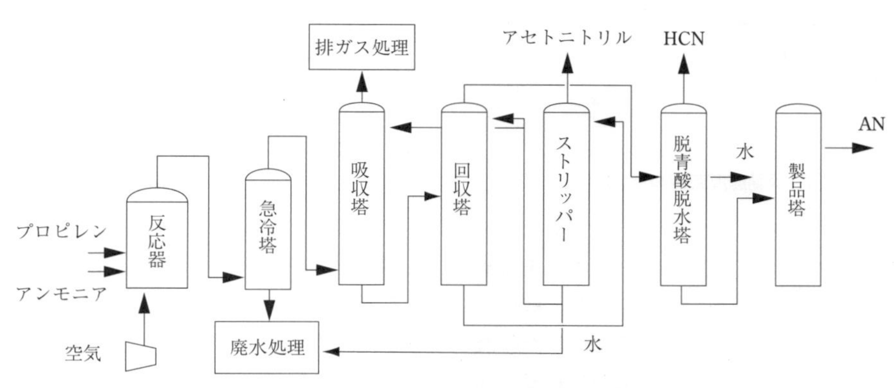

図 7.2.2　アクリロニトリル製造プロセスの概略フロー

である．金属酸化物はおもに Mo–Bi–Fe 系や Fe–Sb–Te 系が用いられており，AN 収率は 80％に達している．反応方式は微粉流動床であり，使用される触媒の物性は，平均粒子径は 50 μm 程度，細孔分布は 2〜30 nm，細孔容積は 0.1〜0.3 mL g^{-1}，嵩密度は 0.8〜1.2 g mL^{-1} 程度であり，Geldart の粉体分類[5]では，A 粒子に属する球状の粉体である．

プロピレンのアンモ酸化の反応経路を図 7.2.1 に示す．オレフィンのアンモ酸化反応に関しては，Sohio プロセスの出現以来よく研究されており，多くの総説にまとめられている[6,7]．反応は併発逐次的に進行し，Mo–Bi–Fe 系触媒に関しては，プロピレンから直接 AN への経路が主反応であり，アクロレインを経由して AN が生成する経路も存在する．プロピレンのアンモ酸化反応は π–アリルを中間体として経由する．したがって，触媒にはプロピレンのアリル水素を引き抜く脱水素活性点と，π–アリル中間体に酸素を付加する活性点が同時に必要である．Mo–Bi–Fe 系触媒に関して，触媒に添加されている Co・Ni・Mg などが適度の格子欠陥を有するモリブデートを形成しており，これらの微量成分は，Fe との複合効果により比表面積や活性の増大に寄与している．反応に必要な酸素は，結晶格子中の格子酸素イオンが反応中間体に優先的に取り込まれ，この格子酸素の易動性が触媒の酸化 - 還元機構の安定性に大きく関与している．

C　プロセス

a　プロセスの概要[8,9,10]

AN 製造プロセスのフローを図 7.2.2 に示す．反応形式は Sohio 法の流動床方式と BP-Ugine 社，SNAM 社，OSW 社が開発した固定床方式があったが，現在は，すべて Sohio 法の流動床方式が採用されている．図 7.2.3 に流動床反応器の概略を示す．反応器は，一般的にガス分散器，冷却コイル，サイクロン，ディップレッグから構成されている．また，触媒とガスの接触を向上させるため，気泡を細分化させる内挿物の工夫が報告されている．

反応器からの生成ガスは，急冷塔において反応温度から一気に 40℃ 程度にまで水を用いて急冷される．AN は，溶液中で未反応のアンモニアと容易に反応し，アミンを生成するため，急冷塔に硫酸を添

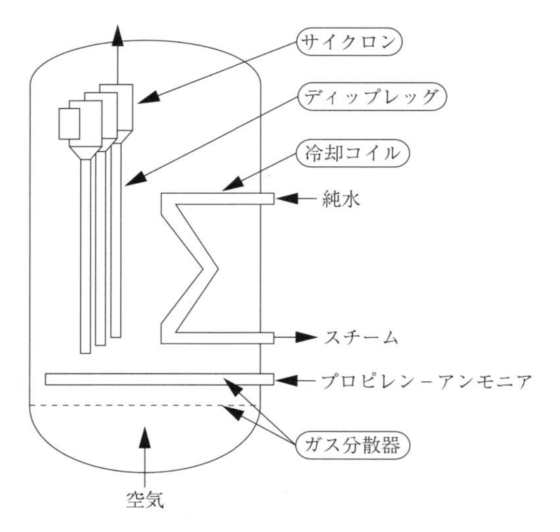

図 7.2.3　流動床反応器概略図

加し，すみやかに中和し，未反応アンモニアを硫酸アンモニウムに固定することで，AN ロスを最小限に抑制している．このように急冷塔で副生した硫酸アンモニウムは，精製され，肥料の原料として一部有効利用されている．

急冷塔で冷却された反応ガスは,吸収塔において,水を吸収液として，AN，HCN，アセトニトリルなどの易溶解性成分と，窒素などの難溶解性成分に吸収分離される．AN とアセトニトリルの標準沸点はそれぞれ 77.3℃，81.6℃と近接しており，通常の蒸留操作では分離が困難である．そこで，反応で生成する水を抽出剤として用い，回収塔において，AN とアセトニトリルの相対揮発度を大きくして分離を容易にした抽出蒸留を行っている.このように,反応により生成した水は，吸収塔や回収塔で吸収液や抽剤として循環利用されたのち，急冷塔あるいは放散塔より抜き出され，廃水処理系に送られ排出される．一方，AN，HCN，および水は脱青酸脱水塔に送られ，濃縮部で HCN を分離したのち，中間段より水を AN とともに共沸組成で抜き出すことによって，AN を脱水する．さらに，次工程の製品塔にて,微量の低沸点成分および高沸点成分を分離し,高純度のアクリロニトリルが得られる．

b　Sohio プロセスの特徴

Sohio 法のプロピレンアンモ酸化プロセスの特徴は，おもに 3 つあげられる．

i)流動床を用いたプロセス

流動床は，反応温度が均一，反応熱の除去が容易，爆発範囲での安定操業が可能の三大特徴がある．AN 反応における発熱量は副反応も含めて約 700 kJ $(mol\text{-}Py)^{-1}$ と大きいため，温度の均一性や熱除去の容易性の観点から流動床反応が適している.また,空気中のプロピレンの爆発下限界は約 2％であるが，前出の原料ガスモル比における原料ガス中のプロピレン濃度は約 8～10％と爆発範囲内である．このような爆発範囲内での安定運転により，高空時収量と高生産性を達成している．一般的に,流動床は,ガスと触媒の接触効率が重要であり，そのためこれまでは，内挿物の工夫に代表される気泡の細分化に重点をおいた検討が行われてきた．最近では，AN 反応ではないが，粉体の物性により気泡の状態や接触効率が異なるという報告[11]や，スプラッシュゾーンでの高接触効率(ダイレクトコンタクト)に着目した報告[12]，超微粉添加により紛体構造破壊強度を変化させ，希薄層に存在する粒子濃度をコントロールする可能性についての報告[13]もあり，内挿物のみならず，粉体物性や運転状態に着目した接触効率の向上の検討が期待される．

ii)廃水処理システム

AN 反応時において，AN に対して 3 倍モルの水が生成すると同時に，アンモニア過剰下での反応であるため，発生水の処理のみならず未反応アンモニアの処理が不可欠である．米国では，廃水を未処理のまま地下 2,000 m 以上深く圧入する方式(deep well 方式)が採用されているが，一般的には，前出の未反応アンモニアを硫酸で固定し硫酸アンモニウムとして回収する方式や，硫酸アンモニウムをアルカリで固定し遊離したアンモニアを回収再利用する方式などが採用されている．

しかしながら，硫酸アンモニウムとして回収する方法では，高品質の硫酸アンモニウムを回収するために，硫酸での中和工程の前に反応ガスから高沸物と触媒を約 70～100℃の熱水で洗浄分離する工程が必要である．その際，アルカリ性溶液状態が存在するために生成した AN に対して損失が約 1～3％と大きく，廃水処理コストを悪化させる原因の 1 つとなっているため，種々の改良法が報告されている[14]．

最近では，未反応アンモニアが存在しない状態でも安定した AN 収率が得られる触媒の開発やプロセスの改良とあいまって，廃水負荷をさらに低減する

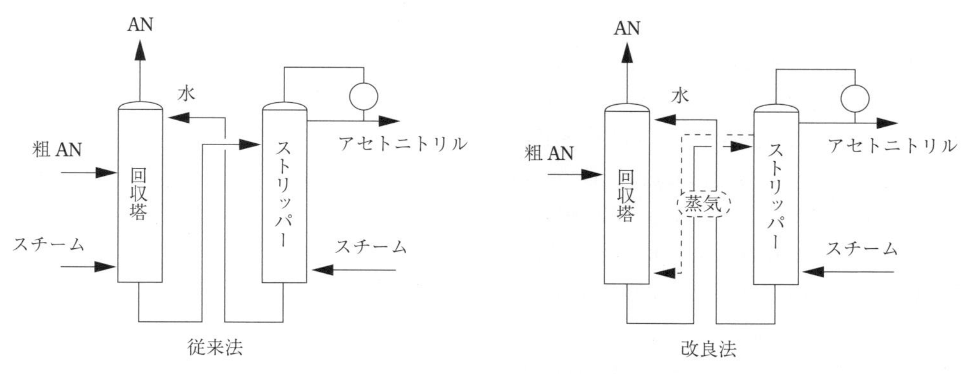

図 7.2.4　回収系のスチーム削減例

技術が開発されており，廃水処理費の大幅な低減が期待される[15].

iii)省エネルギープロセス

Sohio プロセスは，吸収塔の吸収液および回収塔の抽出剤に大量の水を循環使用しているため，水の精製に多量のエネルギーを消費する欠点を有していた．このため，回収系に使用しているスチームを削減する目的で，図7.2.4に示す回収塔熱源にストリッパー蒸気を直接導入する方式[8]や，ストリッパーからの吸収液や抽剤の顕熱を精製系熱源に利用する方法[3]などを導入し，省エネルギーに努めている．その結果，Sohio プロセス工業化当初は，スチームが不足した状態であったが，最近の各社プロセスはいずれもスチームが過剰な状態となり，省エネルギー化が進んだプロセスとなっている．

D　今後の展望

長年にわたり，次世代の AN の新製法として，プロピレンの代替として安価なプロパンを主原料とするプロパンのアンモ酸化法が注目を集めていた．この反応の開発は 1970 年代には開始されていたが，十分な AN 収率を得ることができず，工業化が達成されていなかった．しかしながら，2007 年，旭化成が韓国において，世界で初めてのプロパン原料による AN プラントの実証運転に成功した．さらに，旭化成はタイにおいて，現地企業との合弁で年産 20 万 t のプロパン法 AN プラントを建設し，2013 年に稼働を開始した[16].

Sohio 法 AN 製造プロセスが世に出て約 60 年が経過し，その間，絶えざる触媒とプロセスの開発が行われてきた．今後も，原料の需要構造などは時代とともに大きく変化するものと考えられるため，継続的な触媒技術や製造方法の開発が期待される．

文献

1) 三輪剛，化学経済，3 月増刊号，92(2016)
2) 神原周，アクリロニトリル　第 3 版，技報堂(1966)
3) 佐々木富，斉藤茂，有合化，33，978(1975)
4) 井谷圭仁，化学工学，63(10)，572(1999)
5) Powder Tech., 17, 285(1973)
6) 諸岡良彦，上田渉，触媒，25(4)，271(1992)
7) 渡辺聖午，触媒，45(7), 568(2003)
8) 田中鉄男，日化協月報，24，551(1971)
9) 橋本健治，工業反応装置，培風館(1984)
10) 八幡浩幸，ペトロテック，35(2)，111(2012)
11) 井谷圭仁，第 4 回流動層シンポジウム，札幌，p.258 (1998)
12) 筒井俊雄, 第 5 回流動層シンポジウム, つくば, p.440 (1999)
13) 井谷圭仁，化学工学論文集，33(1)，22(2007)
14) 清宮豊，中村敏雄，化学工学，48(11)，873(1984)
15) WO 9,623,766(1996)
16) H. A. Wittcoff, B. G. Reuben, J. S. Plotkin，田島慶三，府川伊三郎訳，工業有機化学，p.152，東京化学同人(2015)

7.2.2　アジポニトリル

A　概要

アジポニトリル(ADN)は，ヘキサメチレンジアミン(HMDA)を製造するための原料として使用される中間体製品である．ADN の世界の生産量は，2016 年においておよそ 130 万 t と推定されており，

2000年代で年率2％の割合で伸びてきた．今後の数年間も同程度の割合の成長が予想されている（表7.2.3）[1]．ADNから誘導されるHMDAは，ポリアミド66やポリウレタンのモノマーであるヘキサメチレンジイソシアナート（HMDI）の原料として使用される．工業的な製造方法は，ブタジエン（BD）のヒドロシアン化法，アクリロニトリル（AN）の電解還元二量化（EHD, electro−hydrodimerization）法，アジピン酸（ADA）法，の3種類である．表7.2.4に各製造企業の生産能力を示す[1]．現在ではADA法による製造は行われなくなった．

B　プロセス

a　ブタジエン法

ブタジエンとシアン化水素からADNを製造するプロセスは，DuPont社（現Invista）により1971年に工業化された[2]．この反応は均一触媒反応であり，(7.2.11)～(7.2.17)式に示すとおり，ブタジエンBD）にシアン化水素（HCN）を0価Ni触媒の存在下で二段階に付加させる反応である．

表7.2.3　生産量（万 t y^{-1}，2016年）

年	2011	2016	2021
米国	78.0	78.1	92.4
欧州	39.5	50.0	54.1
中国	0.0	0.0	0.5
アジア	3.7	3.3	3.9
世界計	121.2	131.4	150.9

表7.2.4　製造企業の生産能力（万 t y^{-1}，2016年）

製造企業	地域	2016	プロセス
Ascend	米	45.5	EHD
Invista	米	77.3	BD
Butachimie*	仏	52	BD
Asahi	日	4.5	EHD
Others		—	
計		179.3	

* InvistaとSolvayの合弁

HCN付加

$$\underset{\text{BD}}{CH_2{=}CHCH{=}CH_2} + HCN \longrightarrow \underset{\text{3PN}}{CH_3CH{=}CHCH_2CN} + \underset{\text{4PN}}{CH_2{=}CHCH_2CH_2CN} + \underset{\text{2M3BN}}{CH_2{=}C(CN)CHCH_3} \quad (7.2.11)$$

異性化

$$\underset{\text{2M3BN}}{CH_2{=}C(CN)CHCH_3} \longrightarrow \underset{\text{3PN}}{CH_3CH{=}CHCH_2CN} \quad (7.2.12)$$

$$\underset{\text{3PN}}{CH_3CH{=}CHCH_2CN} \rightleftharpoons \underset{\text{4PN}}{CH_2{=}CHCH_2CH_2CN} \quad (7.2.13)$$

HCN付加

$$\underset{\text{4PN}}{CH_2{=}CHCH_2CH_2CN} + HCN \longrightarrow \underset{\text{ADN}}{NC(CH_2)_4CN} \quad (7.2.14)$$

副反応（HCN付加）

$$\text{3PN} \xrightarrow{HCN} \underset{\text{ESN}}{CH_3CH_2CH(CN)CH_2CN} \quad (7.2.15)$$

$$\text{3PN} \xrightarrow{HCN} \underset{\text{MGN}}{CH_3CH(CN)CH_2CH_2CN} \quad (7.2.16)$$

$$\text{4PN} \xrightarrow{HCN} \underset{\text{MGN}}{CH_3CH(CN)CH_2CH_2CN} \quad (7.2.17)$$

第一段目のHCN付加反応（7.2.11式）は，$Ni[P(O-p\text{-}tolyl)_3]_4$（テトラキス（亜リン酸トリトリル）ニッケル錯体）などを触媒として，110～145℃，1.5 MPaの条件下で行われる[3]．この反応では3−ペンテンニトリル（3PN）と4−ペンテンニトリル（4PN）が主生成物であり，2−メチル−3−ブテンニトリル（2M3BN）が副生成物である．BDの転化率は100℃，1.5 MPaで90％である．(7.2.12)式の異性化反応は，$Ni[P(O-p\text{-}tolyl)_3]_4$などのNi系触媒を過剰の配位子（$P(O-p\text{-}tolyl)_3$）などとともに用い，100℃, 1 MPaで，2M3BNの転化率は60％である[4]．第二段目のHCNの付加反応（7.2.14）式は，上記と同様の0価Ni触媒と，トリフェニルボラン（TPB）などのルイス酸を用いて55℃, 1 MPaで行われる[4]．3PNは4PNに異性化してからHCNと反応してADNになる．この異性化反応（7.2.13）式は平衡反

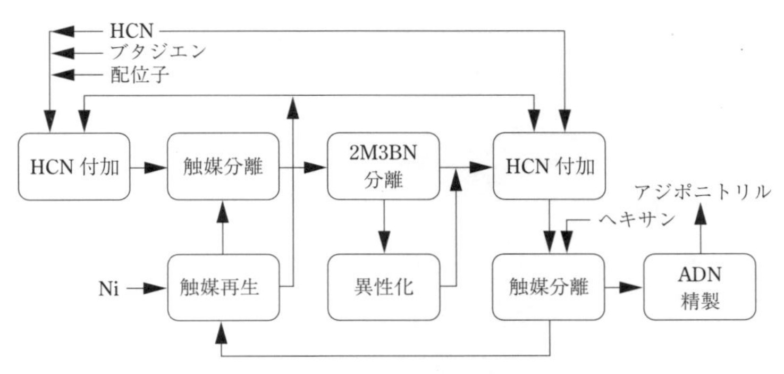

図 7.2.5　ブタジエン法ブロックフロー

応であり，4PN への HCN 付加反応の系内で同時に進行する．3PN/4PN 混合物の転化率は 80%[4]，ADN 選択率は 95% である[4]．おもな副生成物は反応 (7.2.15)～(7.2.17) 式によるエチルスクシノニトリル (ESN)，メチルグルタロニトリル (MGN) である．ADN の選択率を決定する反応 (7.2.14)～(7.2.17) 式の反応速度は，Ni 触媒とともに使用されるルイス酸の種類によって影響を受ける[5,6]．図 7.2.5 は推定の BD 法プロセスである[7]．多段の反応工程，異性化反応工程，触媒回収工程などからなり，比較的プロセスが複雑である．

b　アクリロニトリルの電解還元二量化法

電解還元二量化 (EHD) 法による ADN のプロセスは 1963 年に Monsanto 社 (現 Ascend 社) により溶液法で開発され[8]，1965 年に工業化された．一方，旭化成は 1971 年にエマルジョン法で EHD プロセスを工業化した[9~11]．EHD 法では，AN や生成した ADN が陽極で酸化を受けたりするなどの副反応の防止，陽極の異常消耗の防止などのために，以前は隔膜電解槽が用いられていた．その後 Monsanto 社 (現 Ascend 社) と旭化成は，支持電解質と陽極材質の組み合わせで前記の問題点を解決し，無隔膜電解槽を採用するに至った[10,11]．その結果，EHD プロセスは大幅なプロセスの簡略化，電力の削減などが可能となった．EHD では，AN は陰極表面で電子を受け取り AN アニオンラジカルが生成し，これが他の AN と反応し ADN アニオンラジカルとなる．そしてこの ADN アニオンラジカルが水素イオンと結合して ADN が生成するとされている[12]．電極反応を (7.2.18)，(7.2.19) 式に示す．

Anode 反応　$H_2O \longrightarrow 1/2\,O_2 + 2\,H^+ + 2\,e^-$　(7.2.18)

Cathode 反応

$$\mathrm{AN} \xrightarrow{e^-} \mathrm{AN}\cdot^- \xrightarrow{\mathrm{AN}} \mathrm{ADN}\cdot^- \xrightarrow{e^-\ 2\,H^+} \mathrm{ADN} \qquad (7.2.19)$$

陰極としては，水素発生を抑制するために水素過電圧の高い材料がよく，鉛，カドミウムなどが使用される．陽極としては，有機物の酸化防止，電解電圧低減の目的から酸素過電圧の低い材料がよく，ニッケル，鉄，鉛などが使用される．支持電解質としては，四級アンモニウム塩と無機酸のアルカリ塩が混合して用いられる．四級アンモニウム塩は，陰極の消耗抑制と ADN 選択率の向上に寄与している．無機酸のアルカリ塩は単に導電性を上げるためだけでなく，陽極防食にも効果がある[10]．鉛合金を陰極とし，支持塩としてリン酸カリウム，ホウ酸カリウム，エチルトリブチルアンモニウム塩を用いて，電流量 20 A dm^{-2}，55℃ で電解を行った場合，ADN 選択率は 89.1% である[13]．

図 7.2.6 は旭化成の EHD プロセスである．

無隔膜プロセスでは，未反応の AN と陽極から生成した酸素を含む電解液を AN 吸収塔 (AN/O_2 分離工程) に導き，AN を回収する工程を有する．この AN 吸収塔のガス相において爆発範囲となる領域が存在するので，爆発を避けて安全にプロセスを稼働させるための AN 吸収塔の設計が重要な点となる[10]．電解液の精製工程では，イオン交換樹脂を用いて，両電極から電解液中に溶出する Fe イオンと Pb イオンを除去している[14]．鉄イオンが電解液中に蓄積すると，陰極に付着して水素の異常発生を引き起こすためである．EHD プロセスでは，反応温度が常温に近いこと，機器類の数が BD 法に比べて少ないことの理由で比較的小型にでき，またプラン

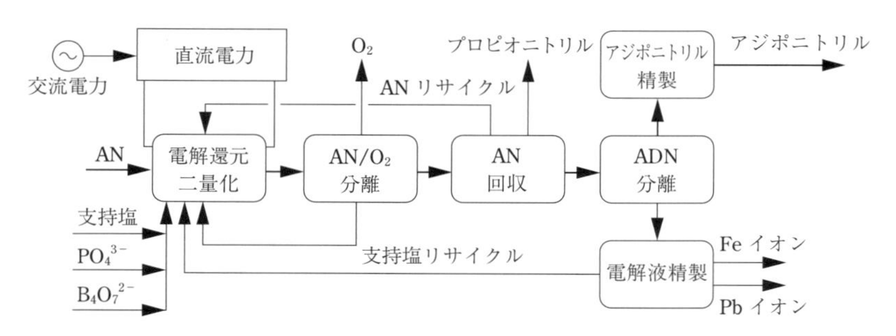

図 7.2.6　EHD プロセスのブロックフロー

トの運転や保守が容易である．このため，EHD 法は中小規模のプラントでも経済性が出ることが特徴である．

c　アジピン酸法

ADA の ADN への変換は，リン酸系触媒を用い 200～300℃の条件で二段階で行われる．第一段階はアンモニウムアジペートが生成する工程であり，第二段階はアンモニウムアジペートが脱水され ADN が生成する工程である．脱水反応の触媒は，$NaH_2PO_4 \cdot H_2O$ で処理したホウケイ酸ゼオライトや，カリウム塩で処理したリン酸ホウ素(BPO_4)などが用いられている[18,19]．ADN の収率は 86～95％である[18]．現在この方法による生産は行われていない．

$$N_4NOOC(CH_2)_4COONH_4 \xrightarrow[\text{Cat}]{-2\ H_2O}$$

$$H_2NOC(CH_2)4CONH_2 \xrightarrow[\text{Cat}]{-2\ H_2O} NC(CH_2)_4CN \tag{7.2.20}$$

C　今後の技術動向

AN 触媒二量化法は 1990 年代まで盛んに研究された．触媒種は，ルテニウム触媒[15)]，ホスフィン触媒[16)]，Ni 触媒，Pd 触媒，Co 触媒[17)] などが検討された．Ru 触媒に関しては，宇部興産[15e～n)]，旭化成[15o)]，住友化学[15p)]，昭和電工[15q)]，三井石油化学(現三井化学)[15r)] などの各社から出願されている．杉瀬，村井らの報告では，DMSO 溶媒中 150℃で $RuCl(DMSO)_4$ を触媒とし，チオフェン-2-カルボン酸を併用した場合に，AN 転化率 11.8％，直鎖二量体の選択率合計が 85.6％の反応成績が得られている[15a)]．リン触媒については，ICI 社[16a～g)]，三菱ケミカル[16h～j)]，Monsanto 社(現 Ascend 社)[16k～m)]，住友化学[16n)] などからの特許出願がみられた．また住友化学は，Ni，Pd，Co と三級ホスフィンからなる触媒系を報告している[17)]．この後，いずれについても報告例はみられない．Invista 社は継続して BD 法技術に磨きをかけており，収率やエネルギー改善の研究開発が続けられている[20,21)]．

文献

1) PCI Research World Nylon 6 and 66 Supply/Demand Report Yellow Book 2016, p. 111 (2016)
2) Chem. Eng. News, 49, 30 (1971)
3) US Patent, 4,714,773 (1987)
4) Anthony. P., Process Economics Program, 31C, IHS Chemical, (2014), table 6.8, 6.10, 6.11
5) C. A. Tolman et al., Organometallics, 3, 33 (1984)
6) R. J. McKinney, W. A. Nugent, Organometallics, 8, 2871 (1989)
7) SRI Consulting,Hexamethylene-diamine Report, No.31B, E-3 ～ E-4 (1997)
8) M. M. Baizer, J. Electrochem. Soc., 111, 215 (1964)
9) M. Seko, Chem. Econ. Eng. Rev., 7, 20 (1975)
10) 河野正志，山高一則，ソーダと塩素，93 (1978)
11) 佐藤文彦，ペトロテック，13 (5)，409 (1990)
12) K. Scott, B. Hayati, Chem. Eng. Proc., 32, 253 (1993)
13) 特開昭 63-111193 (1988)
14) 特開昭 59-59888 (1984)
15) a) K. Kashiwagi et al., Organometallics, 16, 2233 (1997); b) D. T. Tsou et al., J. Mol. Cat., 22, 29 (1983); c) 御園生晃ほか, 工化誌, 72, 1801 (1969); d) 渡辺芳久，武田真，日化誌，1972，2023；e) 特開平 8-73419 (1996); f) 特開平 6-92923 (1994); g) 特開平 6-279387 (1994); h) 特開平 6-157445

(1994); i) 特開平 5-286918 (1993); j) 特開平 6-9531 (1994); k) 特開平 6-145130 (1994); l) 特開平 6-92923 (1994); m) 特開平 2-290838 (1990); n) 柏木ら, Chemistry Letters, 36, (11), 1384 (2007); o) 特開平 8-245539 (1997); p) 特開平 9-286769 (1997); q) 特開平 11-35544 (1999); r) WO97/01531 (1997); s) A. Fukuoka et al., Bull. Chem. Soc. Jpn., 71 (6), 1409 (1998)
16) a) 特開昭 2-104569 (1927); b) 特開昭 2-151 (1927); c) 特開昭 53-65822 (1978); d) US Patent, 4,958,042 (1990); e) EP314,383 (1989); f) EP352,007 (1990); g) WO93/10082 (1993); h) 特開平 5-1009 (1993); i) 特開平 5-1008 (1993); j) 特開平 4-368362 (1992); k) US Patent, 4,952,541 (1990); l) US Patent, 4,481,087 (1984); m) EP187,132 (1986); n) 特開平 2-290838 (1990)
17) 特許 2727646 (1997)
18) US Patent, 4,743,702 (1988)
19) CA Patent, 1,103,229 (1981)
20) Invista News Releases, May, 17 (2012)
21) US Patent, 0,150,610(2013)

7.2.3 シアン化水素

A 概要

シアン化水素(HCN, 青酸)は, 反応性に富み, アセトンシアンヒドリン(ACH), シアン化ナトリウム, アジポニトリル, メチオニン, キレート剤などの出発原料として工業上有用な物質である. 世界的には約 200 万 $t\ y^{-1}$ の製造能力があり, そのうち, 約 8 割が利用されている. また製造能力の約 2/3 が合成 HCN であり, 約 1/3 がアクリロニトリル製造時の副生 HCN である. 日本では逆に, 副生 HCN の割合が多い. 代表的製造メーカーとしては, 海外では Ascend 社(米), 東西石油化学社(韓), Ineos 社(米, 英, 独)などが, また日本では住友化学, 旭化成, 三菱ケミカルなどの各社があげられる.

工業的製法の歴史として, 初めはシアン化ナトリウムと硫酸から HCN を得ていた. このシアン化ナトリウムは金属ナトリウムとコークスを電気炉で加熱し, これに NH_3 を通す Castner 法で製造された. 次いでメタクリル樹脂製造用に HCN が大量に必要となり, メタンとアンモニアと空気を原料とする Andrussow 法が工業化された. さらに, アクリル繊維原料であるアクリロニトリルの製法として, アセチレンと HCN による製造方法が工業化されたことにより, Andrussow 法による HCN 生産量は増大した. ところがその後, プロピレンのアンモ酸化による, 安価なアクリロニトリル製造法である Sohio 法が工業化され, 前出のアセチレンと HCN によるアクリロニトリル製造法にとって代わったため, Andrussow 法の役割は後退した. その後は, Sohio 法の副生 HCN と Andrussow 法による合成法が共存する形で現在に至っている. これら主要な製法以外には, NH_3 と一酸化炭素を原料とするホルムアミド法, メタンと NH_3 を触媒存在下で反応させる BMA 法, 低級炭化水素と NH_3 を高温のコークス粉体の流動床に通して反応させる Schwanigan 法が工業化されているが, 全体に占る割合はきわめて少ない.

B プロセス

a Andrussow 法

白金触媒の接触作用で NH_3 が酸化されてニトロシル(HNO)が生成される. これがメタンと反応して, メチレンイミン(HN・CH_2)が生成され, さらにこのメチレンイミンから脱水素または脱水して HCN が生産すると考えられている[1].

$$CH_4 + NH_3 + 1.5\ O_2 \xrightarrow[>1000^\circ C]{Pt} HCN + 3\ H_3O$$
$$\Delta H = -474\ kJ\ mol^{-1} \tag{7.2.21}$$

$$NH_3 + O_2 \longrightarrow NH_3 \cdot O_2 \longrightarrow HNO + H_2O$$
$$HNO + CH_4 \longrightarrow HNO \cdot CH_4 \longrightarrow HN \cdot CH_2 + H_2O$$
$$HN \cdot CH_2 \longrightarrow HCN + H_2$$
$$HN \cdot CH_2 \xrightarrow{O_2} HCN + H_2O \tag{7.2.22}$$

図 7.2.7 にプロセスフローを示す. メタン(天然ガス), NH_3, および空気を混合し, 網状の白金–ロジウム触媒を装てんした転化器に導入して反応させて HCN を得る. このガス中に含まれる未反応 NH_3 を除去したのち, HCN を分離・精製する. メタン源として天然ガスを使用するが, 炭素析出の原因となるエタン以上の重質成分や, 触媒毒となる硫黄化合物が多い場合は, 前処理を行う必要がある. メタン, NH_3, および空気の混合ガス中のダストはフィ

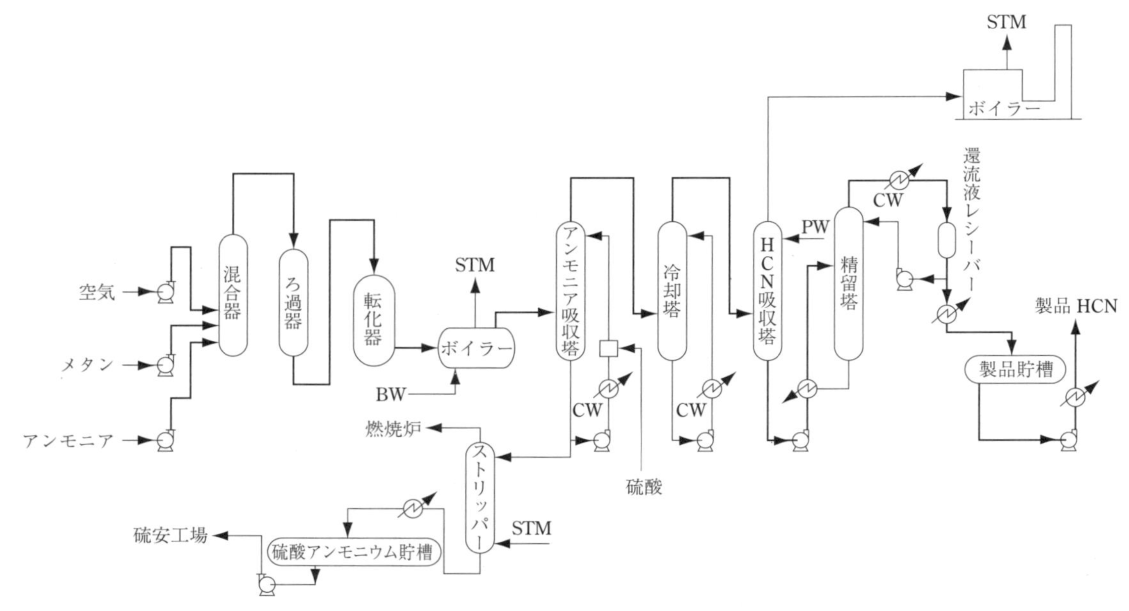

図 7.2.7　合成 HCN 製造系統図(Andrussow 法)

ルターにて除去する．原料ガスの最適組成比は，空気 /(CH_4+NH_3)=2.7〜3.2，CH_4 / NH_3=0.9〜1.2 程度であるが，触媒の網の枚数や単位面積あたりのガス流速などによって最適化する必要がある．最適な反応温度は，混合ガスが触媒層を通過した直後で 1,000〜1,100℃程度である．

またメタンの燃焼による COx の生成，あるいは NH_3 の燃焼や分解などの副反応を極力少なくするために，接触時間は 10^{-4} 秒程度で行われる．また，生成した HCN の分解を防止するために，生成ガスを廃熱ボイラーに通し，150〜200℃くらいに急冷すると同時に，ガスの顕熱をスチームとして回収する．次に冷却したガスを NH_3 吸収塔に導入し，未反応 NH_3 を硫酸アンモニウムとして回収する．この際，少量の HCN が溶解するため，これを追い出し，肥料用硫安の製造に用いる．NH_3 吸収塔から出たガスは冷却塔で冷却し，次いで HCN 吸収塔に導き，冷水で HCN を吸収する．塔底の HCN 水溶液は精留塔で精留し，99％を超える純度の HCN を得る．HCN 吸収塔の塔頂から出たガスは大部分が窒素であるが，少量の CO や水素，および微量の HCN も含むため，除害と熱回収を兼ねてボイラーで燃焼処理する．

運転操作上の留意点は，(1)原料混合ガス(メタン・NH_3・空気)の爆発防止，(2)HCN の重合防止，(3)HCN の漏洩防止，である．原料ガス(メタン・NH_3・空気)の最適混合比がこれら 3 成分の爆発範囲に近いため，原料ガスの混合比は自動制御され，異常があった場合には緊急停止する仕組みが講じられている．HCN の重合防止には，吸収系，蒸留系などすべての系内を酸性に保つこと，必要個所の冷却，配管，およびその他装置に滞留部を作らないことなどの対応が必要である．HCN の漏洩防止には，配管継手部や HCN 貯槽部などに二重管，散水設備，薬剤による除害設備などを設置する対応がとられている．

環境対策として，HCN の大気への排出および排水への流出を完全に防止することが重要であり，そのために排ガスは焼却処理し，廃水は HCN を回収後，薬剤処理などにより無害化している．またガス検知器やシアン分析計などにより常時監視を行っている．

b　ホルムアミド法

反応は三段階からなり，メタノールを媒体として行われるが，第一および第二工程は高圧を必要とする．第三工程は容易に進行し，高濃度の HCN が得られる[2)]．

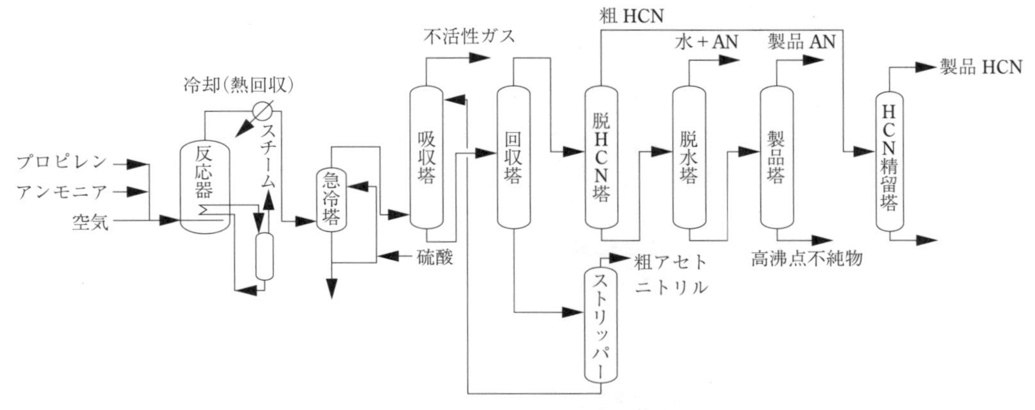

図 7.2.8　Sohio プロセスと HCN 精留塔

$$CH_3OH + CO \xrightarrow[100℃]{CH_3ONa} HCOOCH_3$$

$$HCOOCH_3 + NH_3 \xrightarrow[1.3\ MPa]{40℃} HCONH_2 + CH_3OH$$

$$HCONH_2 \xrightarrow[200〜600℃]{Al_2O_3} HCN + H_2O \qquad (7.2.23)$$

BASF 社が開発した方法で，NH_3 と CO を原料とし，メタノールを媒体として反応を行いホルムアミドを得る．このホルムアルデヒドをアルミナ触媒存在下，200〜600℃の温度域で脱水することで HCN を得る．高濃度の HCN が得られるものの，高圧な運転条件のため，設備費がかさむといわれている．

c　BMA 法

1,200〜1,300℃の高温，触媒存在下で，メタンと NH_3 を反応させて HCN を得る製造方法である[2,3]．Degussa 社が開発した．

$$CH_4 + NH_3 \xrightarrow[1,200〜1,300℃]{Pt} HCN + 3\ H_2$$
$$\Delta H = 253\ kJ\ mol^{-1} \qquad (7.2.24)$$

反応器には白金–ルテニウムでライニングした焼成アルミナチューブが取りつけられている．このプロセスは，反応温度が高い割には転化率が低く，チューブなどの設計が複雑であり，運転条件も限られるなど短所があるが，小規模生産には向いているといわれている．

d　Schwanigan 法

低級炭化水素(たとえば C_3H_8)と NH_3 を，無触媒で，交流通電により高温に加熱したコークス粉体の流動床に通し反応させることで HCN を得る製造方法である[2,3]．

$$C_3H_8 + 3\ NH_3 \xrightarrow[1,400〜1,600℃]{無触媒} 3\ HCN + 7\ H_2$$
$$\Delta H = 636\ kJ\ mol^{-1} \qquad (7.2.25)$$

Schwanigan 社(カナダ)が開発した方法であり，低級炭化水素(たとえば C_3H_8)と NH_3 を，無触媒で交流通電により 1,400〜1,600℃に加熱したコークス粉体の流動床に通し反応させて HCN を得る．炭素源として最も好ましいのは C_3H_8 であり，この場合の HCN の炭素ベースの収率は 90％程度と高く，未反応 NH_3 も 0.3％程度ときわめて少なく，運転や保守も容易である．しかし，電力原単位は HCN 1 kg あたり 6 kWh と大きく，電力が安い地域以外では成り立ちにくいといわれている．

e　副生 HCN

プロピレンのアンモ酸化によってアクリロニトリルを製造する際に副生する HCN を回収・精製することにより，99％を超える純度の HCN が得られる．図 7.2.8 に Sohio 法のプロセスフローと HCN 精留塔のフローを示す．

Sohio 法の脱青酸塔，脱水塔の塔頂ガス中には，アクリロニトリル，水分，SO_2 などの不純物が含まれるため，精留操作を行う．HCN の副生量は，触媒あるいはプロセスによって異なるが，アクリロニトリルに対して，重量比でおよそ 8〜15％である．触媒性能の向上に伴い，副生率も減る傾向がみられる．HCN の副生率低下やアクリロニトリル生産量とのずれを補う方法として，メタノールをプロピレンとともに反応器に供給し，HCNを増産する方法が一部で行われている．この方法では，比較的容易にHCNを増産することが可能である．

C　今後の展開

HCNは工業上有用な物質として重要な役割を担っているが，今後は，より付加価値の高い製品へのシフトが進むと思われる．製法としては，今後も，安い天然ガスを基盤とするAndrussow法と，運転コストの安価なSohio法の副生HCNが主軸をなすと考えられる．今後，さらなる技術革新が進めば，メタノールのアンモ酸化を含む他の製法登場の可能性もあると考えられる．

文献

1) L. Andrussow, Bull. Soc. Chim., 1951, 45
2) 岡田富男，大塚要造，シアノ化合物の化学と工業，幸書房(1976)
3) Ullmann's Encyclopedia of Industrial Chemistry, vol. A8, p. 163, VCH(1987)
4) US Patent, 3,370,919(1968)
5) 石油学会編，プロセスハンドブック，部分改訂1-7(1986)

7.3　イソシアネート

7.3.1　概要

イソシアネートは，NCOで表されるイソシアネート基をもつ化合物の総称である．古くは，1826年にイソシアン酸の異性体が発見されたことに始まり，1849年にWurtzにより脂肪族イソシアネートが，翌年の1850年にHoffmannにより芳香族イソシアネートが初めて合成された．次いで，1884年にHentschelがアミンもしくはアミン塩類にホスゲンを反応させることにより，イソシアネートが合成できることを明らかにした．現在でも，世界の大部分のイソシアネートは，このホスゲン法に基づいて製造されている．イソシアネートの産業上の価値を決定づけたのは，1937年にBayerらが，イソシアネート(1,6−ヘキサメチレンジイソシアネート)とグリコール(1,4−ブタンジオール)との重付加反応により，ポリウレタン(繊維)を合成したことによる[1]．

ポリウレタンは，工業的に「イソシアネートから誘導される高分子」と定義されている．そのため，ポリウレタンの製造方法，反応性，および物性は，イソシアネートの選択により大きく影響される．したがって，目的に合ったイソシアネートを選択することがきわめて重要になってくる．まず，本節では，工業化されているイソシアネートの反応性について紹介する．

イソシアネート基は非常に反応性が高い官能基であり，電子的に共鳴している．窒素または酸素原子がマイナスチャージに，炭素原子がプラスチャージに分極しており，4つの共鳴構造を形成している．

そのため，活性水素基が存在するとイソシアネート基の窒素原子と結合し，残基は炭素原子と結合してウレタン結合を形成する．また，イソシアネート基に隣接する置換基が電子吸引性であれば，分極の程度が大きくなるため，イソシアネート基の反応性が向上する．そのため，芳香環に直結したイソシアネートは，脂肪族イソシアネートよりも活性水素基に対する反応性が高い．図7.3.1に，無触媒，脱水トルエン中で，大過剰の*n*−ブチルアルコールと反応させた各種イソシアネートモノマーの反応性[2]を示す．

図7.3.1において，MDIとは後述する4,4'−ジフェニルメタンジイソシアネート，TDIとは2,4−および2,6−異性体が80：20の比率であるトリレンジイソシアネート，XDIとは*m*−キシレンジイソシアネート，そしてHDIとは1,6−ヘキサメチレンジイソシアネートの略号である．図7.3.1に示すように，MDI，TDIに次いでXDIのアルコールとの反応性が高く，脂肪族イソシアネートであるHDIに至っては，反応4時間においてMDIの約1/5程度の転化率となっている．XDIは，イソシアネート基が芳香環とメチレン鎖を介して存在しているが，その反応性には芳香環の電子吸引性の影響を強く受けていることが示唆されている．

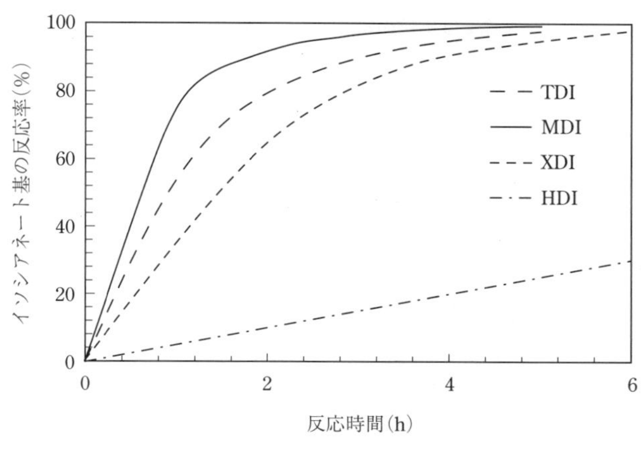

反応モル比；[NCO]/[OH]＝1/4
溶媒；脱水トルエン　反応温度；60℃

図 7.3.1　各種イソシアネートモノマーのアルコールとの反応性

イソシアネート基は水酸基との反応によるウレタン結合のほか，種々の活性水素化合物との反応が可能である．一般的に，イソシアネートの活性水素化合物に対する反応性は以下の序列となる．

脂肪族アミン＞芳香族アミン＞アルコール＞水≫カルボン酸＞ウレア＞ウレタン

文献

1) 岩田敬司編，ポリウレタン樹脂ハンドブック，p.2，日刊工業新聞社(1987)

2) 山崎聡，ポリウレタンの材料選定，構造制御と改質　事例集，p.20，技術情報協会(2015)

7.3.2　ジフェニルメタンジイソシアネート

A　概要

ジフェニルメタンジイソシアネート(MDI)はトリレンジイソシアネート(TDI)とともに，ポリウレタンの原料として，軟質・硬質フォーム，CASE(塗料：Coating，接着剤：Adhesive，封水材：Sealant，エラストマー：Elastomer の頭文字)分野，その他のフォームなどに用いられる．MDI は一般的にベンゼン環が 2 個の 2 核体(モノメリック MDI)，3 核体，4 核体，それ以上のポリ体からなる混合物(ポリメリック MDI)である．モノメリック MDI は 2 核体のみを分離精製したもので，常温で固体，一方ポリメリック MDI は常温で低粘度の液体である(表 7.3.1)．

官能基(イソシアネート基)は，TDI とモノメリック MDI がともに 2 官能で，ポリメリック MDI が 2 官能と 3 官能以上の混合物である．化学的には，ベンゼン環または官能基数が増えると硬くもろくなり，柔軟性と溶剤に対する溶解性が低下し，粘度が高くなるといわれている．このため，ベンゼン環の少ない TDI は柔軟性と溶解性が優れていると考えられるが，MDI にはベンゼン環の間にメチレン基があるために，TDI と比較するとむしろもろさが少なく弾力性があり，低温化における耐衝撃性が優れている．このような化学的性質と特徴に基づいて，軟質ポリウレタンフォームにはベンゼン環が少なく 2 官能の TDI が，硬質ポリウレタンフォームにはベンゼン環と官能基数の多いポリメリック MDI が多用されている．

CASE 分野では，モノメリック MDI は弾力性，耐衝撃性などの特徴を生かして，弾性繊維，人工皮革，エラストマーなどに用いられている．このようにそれぞれの用途の要求性能に応じて選択されるが，さらに MDI は TDI と比較すると分子量が大きく，蒸気圧が低いため，取り扱う場合安全衛生の面で優れている．

MDI は，アニリンとホルマリンの縮合によりジアミノジフェニルメタン(MDA)を主成分とする混合アミンを得て，これをホスゲン化して Crude MDI(モノメリック MDI とポリメリック MDI の分離前の MDI)を製造する．その化学構造式は下記の

表 7.3.1　MDI の代表的な物理的性質

項目	モノメリック MDI	ポリメリック MDI
外観(常温)	白色または淡黄色個体	暗褐色液体
におい	ほとんどなし	ほとんどなし
比重(d^{20})	1.22(43℃)	1.23(25℃)
蒸気比重(空気=1)	8.5	
沸点(℃)	317(常圧) 200(666 Pa) 171(133 Pa)	260℃付近で二酸化炭素を発生し分解
凝固点(℃)	37	<10
引火点(℃) (クリーブランド開放式)	>200	>200
蒸気圧	0.00001 hPa　(25℃)	<0.00001 hPa　(25℃)
比熱(kJ(K kg)$^{-1}$)	1.8	–
蒸発熱(kJ kg^{-1})	360	–
熱伝導率(W(m・K)$^{-1}$)	0.00097×10^{-5}	
粘度(mPa s)	5(43℃)	50〜800(25℃)
吸湿性	水と反応して炭酸ガスを発生する	
耐光性	紫外線によって黄変する	
溶解性	アセトン, ベンゼン, トルエン, クロロベンゼン, 四塩化炭素, 酢酸エチル, ジオキサンなどに可溶	

表 7.3.2　世界の MDI 生産量(万 t, 2016 年)

米国	142
欧州	202
日本	20
アジア	274
計	638

とおりである. モノメリック MDI は 2 個のベンゼン環がメチレン基で結合され, 両末端にイソシアネート基を有するものである. ポリメリック MDI は, n=0, 1, 2, および 3 以上の MDI 混合物である.

モノメリック MDI

OCN–C$_6$H$_4$–CH$_2$–C$_6$H$_4$–NCO

ポリメリック MDI

OCN–C$_6$H$_4$–[CH$_2$–C$_6$H$_3$(OCN)]$_n$–CH$_2$–C$_6$H$_4$–NCO

MDI の生産量と主要地域を表 7.3.2 に示す[1]. 主要メーカーは, 世界では, Wanhua chemical group, Covestro, BASF, Dow, Huntsman の各社, 日本では東ソー, 住化コベストロの各社があげられる.

B　プロセス

MDI の商業的製法は現在すべてホスゲン法であり, いずれもほぼ同様の設計である. アニリン, ホルマリンの縮合反応による MDA の製造, およびホスゲンを使用してこの MDA をイソシアネートに変える二段階のプロセスで製造される. その後精製工程で, モノメリック MDI とポリメリック MDI に分離精製される.

a　MDA 製造プロセス

MDA の製造方法は 2 方法ある. 1 つは, アニリンの塩酸塩とホルマリンの縮合で, MDA 塩酸塩を生成する方法である. もう 1 つは, アニリンとホルマリンを反応させ, Aminal と水を生成させ, 水を分離した後に, 塩酸を加えて MDA 塩酸塩を生成する方法である. その両方の生成反応を(7.3.1)式に示す.

縮合反応

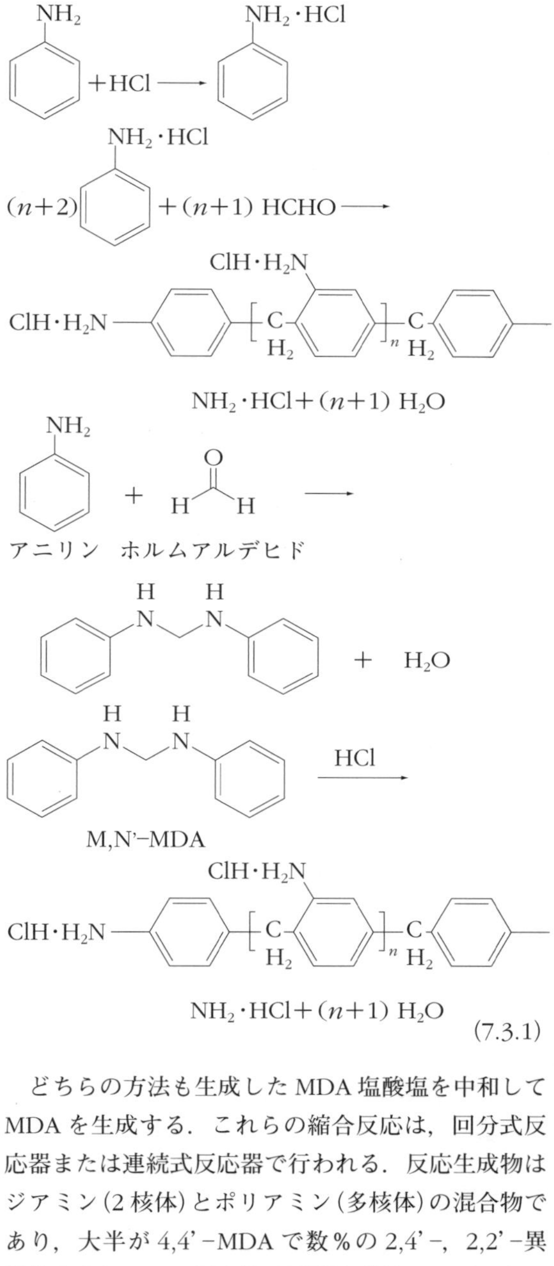

NH_2 ／ $NH_2\cdot HCl$

$+HCl \longrightarrow$

$NH_2\cdot HCl$

$(n+2)$ $+(n+1)$ $HCHO \longrightarrow$

$ClH\cdot H_2N$

$ClH\cdot H_2N$ — [C H_2] $_n$ C H_2 —

$NH_2\cdot HCl+(n+1)\ H_2O$

NH_2

$+$ H（C=O）H $\longrightarrow$

アニリン　ホルムアルデヒド

H　H
N　N

$+\quad H_2O$

H　H
N　N

HCl $\longrightarrow$

M,N'−MDA

$ClH\cdot H_2N$

$ClH\cdot H_2N$ — [C H_2] $_n$ C H_2 —

$NH_2\cdot HCl+(n+1)\ H_2O$ (7.3.1)

どちらの方法も生成したMDA塩酸塩を中和してMDAを生成する．これらの縮合反応は，回分式反応器または連続式反応器で行われる．反応生成物はジアミン（2核体）とポリアミン（多核体）の混合物であり，大半が4,4'−MDAで数%の2,4'−，2,2'−異性体を含む．この反応液は過剰な苛性ソーダによって中和された後，蒸留によって未反応アニリンと水分を除去されてMDAとなる．一方，回収された未反応アニリンは縮合反応工程に戻されて再使用される．回収された水は洗浄工程で洗浄水として使用される．反応により生成した水および洗浄水は処理後排水として系外に排出される．

アニリンからMDIを製造する一般的なフローを図7.3.2に示す．多くの場合には，上記プロセスで得られたMDAは全量次のホスゲン化工程へ送られてイソシアネートにされたのち，モノメリックMDIとポリメリックMDIに分離精製されるが，このポリアミンを蒸留して塔頂からジアミンを得，モノメリックとポリメリックを別々にホスゲン化することも可能である[1]．

b　ホスゲン化によるMDI製造プロセス

MDIは，モノクロルベンゼン（MCB）や*o*−ジクロロベンゼン（ODB）などの不活性な溶媒を用いて，MDAをホスゲンと二段階で反応させることにより製造される．（7.3.2），（7.3.3）式にこれらの反応をモノメリックMDIについて表す．

一段反応（低温反応）

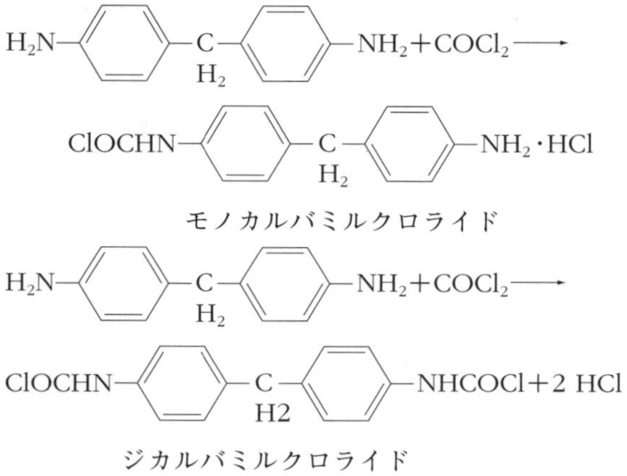

H_2N—⟨⟩—C(H_2)—⟨⟩—$NH_2+COCl_2 \longrightarrow$

$ClOCHN$—⟨⟩—C(H_2)—⟨⟩—$NH_2\cdot HCl$

モノカルバミルクロライド

H_2N—⟨⟩—C(H_2)—⟨⟩—$NH_2+COCl_2 \longrightarrow$

$ClOCHN$—⟨⟩—C(H2)—⟨⟩—$NHCOCl+2\ HCl$

ジカルバミルクロライド

(7.3.2)

二段反応（高温反応）

$ClOCHN$—⟨⟩—C(H_2)—⟨⟩—$NH_2\cdot HCl+COCl_2$

$\longrightarrow OCN$—⟨⟩—C(H_2)—⟨⟩—$NCO+4\ HCl$

MDI

$ClOCHN$—⟨⟩—C(H_2)—⟨⟩—$NHCOCl$

$\longrightarrow OCN$—⟨⟩—C(H_2)—⟨⟩—$NCO+2\ HCl$

MDI

(7.3.3)

最初の速い第一段反応（低温反応）は50～70℃でカルバミン酸クロライドを生成する．第二段反応（高温反応）でカルバミン酸クロライドの分解により塩化水素を発生しなくなるまで100℃以上に加熱される．

ホスゲンは触媒存在下で塩素と一酸化炭素を気相

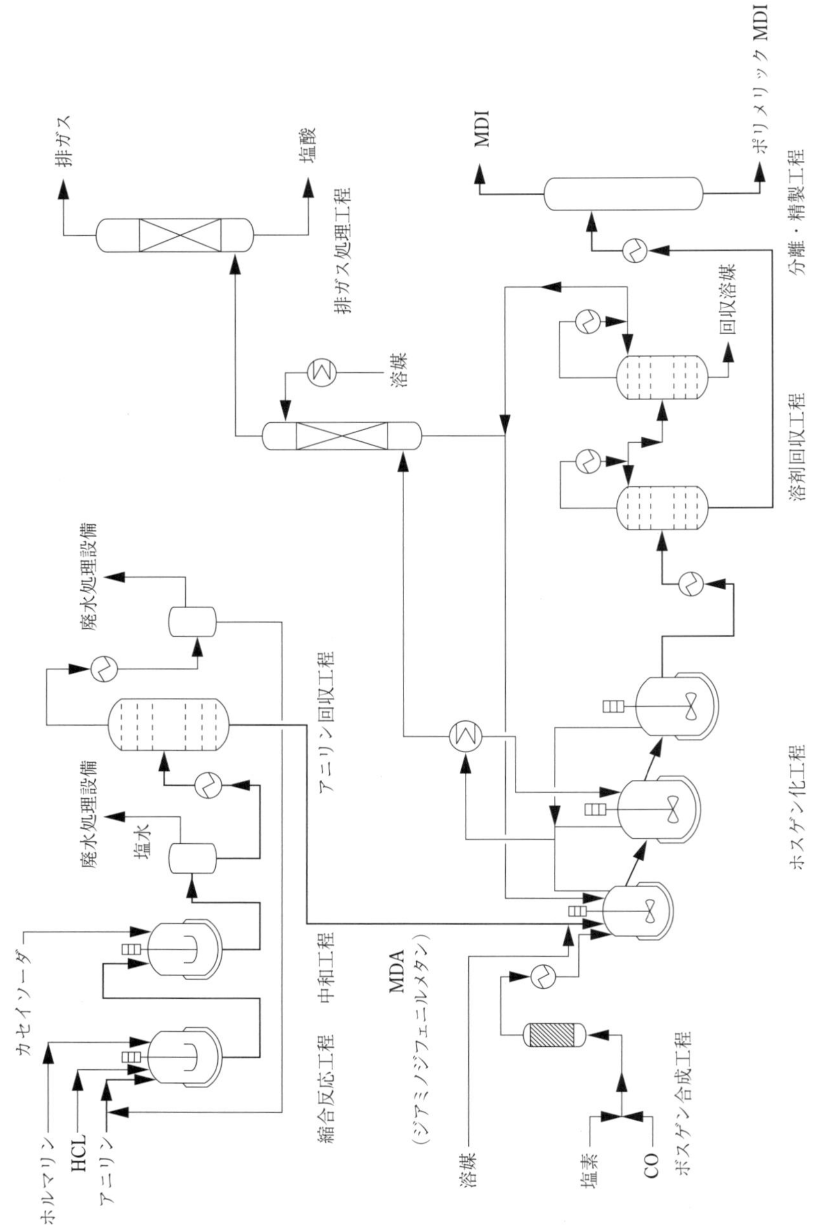

図 7.3.2　MDI 製造プロセス

反応させることにより生成する．MDAは，溶媒で希釈されて，ホスゲンとともに連続的に反応器に供給される．低温反応は，瞬間的に反応が行われる．その後高温反応器に流入して100℃以上に加熱される．発生したガスのうちホスゲン，溶媒の大半は反応器上部凝縮器で冷却回収され，反応器へ戻される．残った塩化水素ガスは最終的に酸回収工程に送られ，通常は35％水溶液として回収される．二塩化エチレン（EDC）プラントに近接している場合は，圧縮ガスの状態で，EDCプラントへ利用されるケースもある．また，塩化水素ガスを直接酸素で酸化して塩素として再利用するプラントへ送られるケースもある．反応液は蒸留精製工程で溶媒，ホスゲン，塩化水素をフラッシュ蒸留および多段蒸留で除去され，粗製品となる．回収された溶媒は，溶媒精製塔で蒸留精製後反応溶媒として循環使用される．粗製品中の約半量が2核体で，残り半量が3核体以上の混合物である．

c　MDI分離精製プロセス

溶媒回収後の粗製品（MDI）は，モノメリックMDIとポリメリックMDIを分離するために蒸発器などの蒸留プロセスへ供給され，塔頂からモノメリック，缶出からポリメリックが得られる．この塔頂からのモノメリックには数％の異性体（2,4'-，2,2'-体）が含まれており，通常の製品の異性体含有量（1～2％）に調整するために，さらに異性体分離プロセスで精製されて製品となる．この異性体分離プロセスには，高真空蒸留濃縮[3]あるいは晶析分離が用いられる．

C　技術的課題

ホスゲン法で製造したイソシアネートには，一般的に微量の塩素系不純物が含有される．これらの不純物は製品の物性に影響を与えることから，低減する方法[4]が種々検討されている．またホスゲン法は大量の塩化水素を副生し，この消費収支がとれない場合は中和して廃棄することになり経済的でない．また原料の塩素の入手も苛性ソーダとの収支がとれない場合があり，これらの対策として副生した塩化水素を分解して塩素に戻し循環使用することも実用化されている．さらにホスゲンは非常に毒性の強い物質であり，製造プラント周辺住民や製造従事者の健康と安全を守るために，厳格な監視や制御，管理が必要であり，安全対策や危機管理に多大な資源を必要とする．有害な化学物質に対する世界的な環境規制に伴って，イソシアネートの非ホスゲン法の検討，実用化が進められているが，脂肪族系イソシアネートについては，工業化プラントが稼働しているが，芳香族系イソシアネートについては未だ報告されていない．

D　今後の動向

MDIにおいても，脂肪族系イソシアネートの製造法として実績がある気相法による製造方法の検討[5]が進められているが，実際に工業化されたとの情報はない．

また，新規で建設されるプラント規模が大型化してきており，公称能力で40万 t y^{-1} という大型プラントが建設されてきている．

7.3.3　トリレンジイソシアネート

A　概要

トリレンジイソシアネート（TDI）はMDIに先がけ，1950年代から主として寝具やシートクッションなどの詰め物として用いられる軟質ウレタンフォーム原料として，ポリウレタン工業興隆に寄与したイソシアネートであるが，1984年に生産量の首位の座をMDIに譲っている．2015年における世界生産量は，TDIの約200万tに対しMDIは約600万tであり，約98％をこの2種のイソシアネートで占めている[3]．

TDIは，トルエンのニトロ化でジニトロトルエン（DNT）を製造し，これを還元してジアミノトルエン（TDA）としたうえで，ホスゲンを反応させ製造される．こちらの反応式を（7.3.4）～（7.3.7）式に示す．

$$C_6H_5CH_3 + HNO_3/H_2SO_4 \longrightarrow o\text{-}CH_3C_6H_4NO_2 + p\text{-}CH_3C_6H_4NO_2 \tag{7.3.4}$$

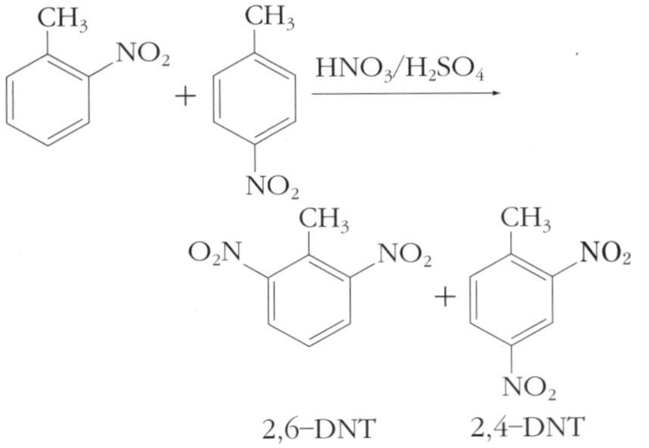

o-$CH_3C_6H_4NO_2$ + p-$CH_3C_6H_4NO_2$ $\xrightarrow{HNO_3/H_2SO_4}$

2,6−DNT + 2,4−DNT

(7.3.5)

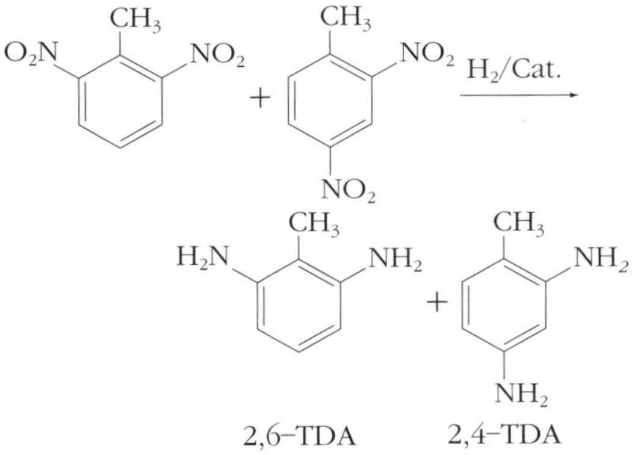

2,6−DNT + 2,4−DNT $\xrightarrow{H_2/Cat.}$

2,6−TDA + 2,4−TDA

(7.3.6)

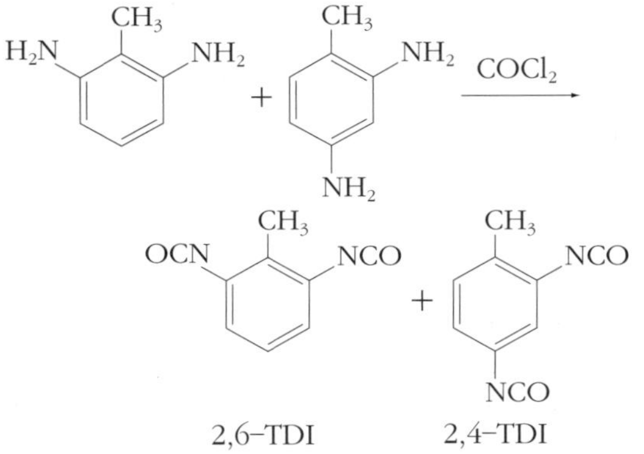

2,6−TDA + 2,4−TDA $\xrightarrow{COCl_2}$

2,6−TDI + 2,4−TDI

(7.3.7)

TDI メーカーにはトルエンから一貫生産するメーカーのほか，他社から DNT または TDA の供給を受け TDI を生産するメーカーもある．DNT を供給するメーカーとしては，韓国ヒューケムス社があるが，近年のプラントの大型化に伴いこの形態の製造は，少なくなっていくと考えられている．

TDI の主製品には，2,4−TDI と 2,6−TDI の異性体比の異なる 3 種がある．最も需要が多いのは，2,4−TDI 80%，2,6−TDI 20%からなる組成品(TDI-80)で，主として軟質ウレタンフォームの製造に用いられている．2,4−TDI 100%品(TDI-100)は，その反応特性からエラストマー用プレポリマーの原料に適している．また 2,4−TDI 65%，2,6−TDI 35%からなる組成品(TDI-65)は，塗料用硬化剤やある種の軟質ウレタンフォーム処方などに使用されている．これらの製品の異性体比は，次項 B で述べるトルエンのニトロ化反応におけるニトロ基の置換配向性に依存している．これら TDI 主製品の物性を表 7.3.3 に示す．

表 7.3.3　TDI 主製品の物性

物性	TDI-100	TDI-80	TDI-65
外観(20℃)	結晶個体	液体	液体
凝固点(℃)	21.4	約 12	約 4
沸点(℃)	251	251	251
引火点(℃)(クリーブランド開放式)	137	137	132

B　プロセス

a　ジニトロトルエン製造プロセス

63%から 98%の濃度の硝酸と 85%から 98%の濃度の硫酸からの混酸を用いてトルエンをモノニトロ化すると，o−体 60%，p−体 36%，m−体 4%の混合物が得られるが，これらを分離することなく，ジニトロ化すると 2,4−体 77%，2,6−体 19%，その他(2,3−体と 3,4−体)4%の混合物が得られる．モノニトロ化やジニトロ化の反応温度は 35〜70℃である．プロセスフローは，Biazzi 式の例では，モノニトロ化，ジニトロ化，酸回収洗浄，アルカリ洗浄，中和洗浄，酸化窒素ヒューム回収などから構成されている．最近のプラントでは経済性向上や環境対策のため，これに廃酸濃縮や排水処理装置を併設する場合が多い．モノニトロトルエン混合物を蒸留によって o−体と p−体とに分けジニトロ化すると，前者から DNT-65 が得られ，後者から 2,4−DNT が得られる．これらをそれぞれ TDI-65，TDI-100 の原料とすることもできる．

b　ジアミノトルエン

DNT の TDA への還元は，鉄粉を用いる Bechamp 還元も工業的に採用されていた例があるといわれているが，主流は，水素ガスによる液相接触還元である．メチル基の電子吸引性と立体障害の影響により o-位より p-位のニトロ基のアミノ化が先行するが，最終的に o-位もアミノ化され，DNT の異性体比は TDA に引き継がれる．パラジウム-炭素触媒の場合は，アルコール，水などの媒体存在下や無溶媒下に高速攪拌し，常圧～4 MPa，70～140℃で水添反応が行われる．ラネーニッケル触媒の場合は，さらに高圧下で水素添加が行われる．すなわち，DNT-メタノール循環反応液は，数％の触媒量の懸濁液として連続的に反応塔に供給され，水素圧 5～20 MPa，100～200℃で反応させられる．反応液の一部は循環されるが，触媒をろ過して除いた残りは蒸留され TDA が得られる．TDA 中の 2,3-および 3,4-異性体の存在は，ホスゲン化収率や TDI 品質に悪影響を与えるので，蒸留や化学的処理などによって除かれる．

c　ホスゲン化による TDI 製造プロセス

TDA をジクロロベンゼン，モノクロロベンゼン，トルエンなどの不活性溶媒に溶かし，この溶液をホスゲンの同溶媒溶液またはガス状ホスゲンと 70℃以下の温度で反応させる（コールド反応）．ここで生成したカルバミルクロライドやアミン塩酸塩などのスラリー状混合物を別の反応器に送り，ホスゲン存在下 100～180℃で反応させるとスラリーは溶解する（ホット反応）．この反応生成液から塩化水素，ホスゲンなどを除き（放散塔もしくは不活性ガスの吹き込み）これを蒸留して溶媒，TDI，残分に分離する．収率は TDA に対して一般に 90～95％である．TDA-80 より TDI-80 が得られるが，発汗法などの晶析により 2,4-TDI を分離し，TDI-100 製品とする．母液の採取方法を工夫することにより，TDI-65 を得ることができる．トルエンから TDI 製品を得るまでのプロセスフロー例を図 7.3.3 に示す．

C　技術的課題

プロセスの経済性や安全性を高めるため，いろいろな検討がなされている．ニトロ化の例では，反応がさらに進んでしまいトリニトロトルエン（TNT）を生成しないため，原料である硫酸および硝酸の濃度を下げてほとんどのエラーに対して，TNT を生成しない条件を維持できる製造方法となってきている．また，モノニトロトルエンを製造する工程の温度を下げ，m-体の含有量を低下させる運転方法が取られるようになっている．

ジアミノトルエン製造の例では，パラジウム－炭素触媒の場合は，より低温，低圧での反応が可能となるように，ラレーニッケル触媒の場合は反応熱の蒸気による回収効率向上の方向で技術開発が進められている．また，反応熱を利用した副生水の分離が行われている．

TDI 収率を高めるため，TDI 蒸留残渣を薄膜蒸留し乾固するまで TDI を絞り出す方法や，残渣を超臨界水やアルカノールアミンで分解し TDA とし，これを再使用する方法などが工業的に検討，採用されている．

また，TDI 製造開始直後から模索されてきた気相法による TDI の製造[3]についても近年反応条件および反応器の改良により高収率，溶媒使用量の大幅な削減を達成して工業化されている．

ホスゲンを使用しない製法は，毒性の強いホスゲンや塩素ガスの使用が回避できるため多くの企業により検討されてきた．これには，DNT と一酸化炭素を反応させ TDI を直接得る方法（7.3.8 式）

$$CH_3C_6H_3(NO_2)_2 + 6\,CO \longrightarrow CH_3C_6H_3(NCO)_2 + 4\,CO_2 \quad (7.3.8)$$

DNT を一酸化炭素とアルコールにより還元カルボニル化してアルキルカルバメートを得たのち，これを熱分解する方法（7.3.9 式）

$$CH_3C_6H_3(NO_2)_2 + 6\,CO + 2\,R'OH \longrightarrow CH_3C_6H_3(NHCOOR')_2 + 4\,CO_2 \quad (7.3.9)$$

TDA と二酸化炭素を非プロトン溶媒中で反応させアンモニウムカルバメートとし，これを脱水処理する方法（7.3.10 式）

$$CH_3C_6H_3(NH_2)_2 + 2\,CO_2 + 2\,NH_3 \longrightarrow CH_3C_6H_3(NHCOONH_4)_2$$
$$CH_3C_6H_3(NHCOONH_4)_2 \longrightarrow CH_3C_6H_3(NCO)_2 + 2\,NH_3 + H_2O \quad (7.3.10)$$

TDA を尿素とアルコールにより反応させアルキルカーバメートを得たのち，これを熱分解する方法（7.3.11 式）

$$CH_3C_6H_3(NH_2)_2 + 2CO(NH_2)_2 + 2R'OH \longrightarrow CH_3C_6H_3(NHCOOR')_2 + 4NH_3 \quad (7.3.11)$$

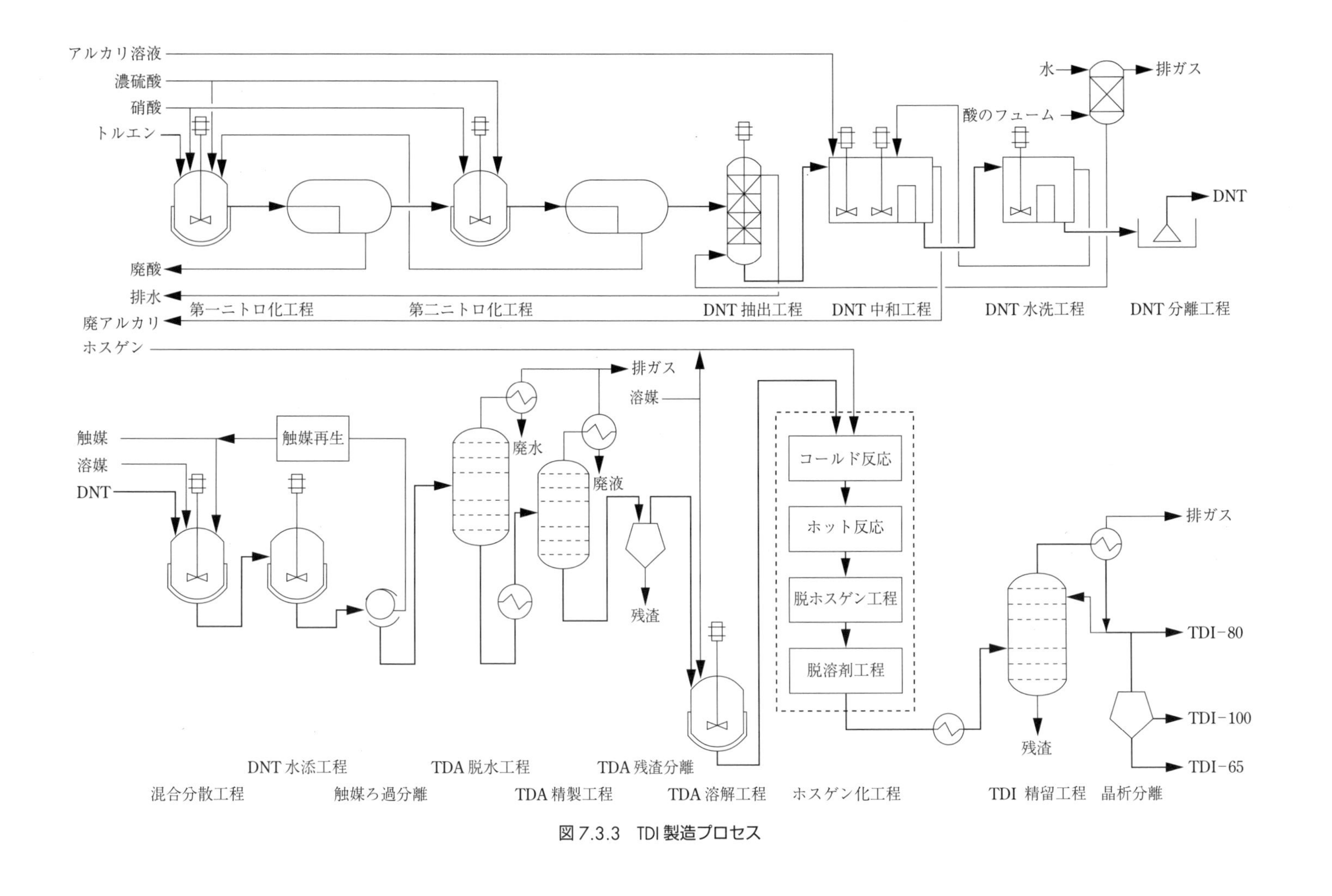

図 7.3.3 TDI 製造プロセス

などがある．いずれも工業化されたとの情報はないが，今後の技術開発が期待される．

文献

1) 三井化学，調査資料(2016)
2) 特公昭 52-148055(1977)；特公平 8-283215(1996)；特公平 8-291113(1996)
3) 特開平 5-163231(1993)
4) Eur. Patent, 0,538,500B1
5) 特表 2006-517513(2006)
6) 富士経済，2016 ポリウレタン原料・製品の世界市場調査資料(2016)
7) 特公平 8-25984(1996)，特開 2005-179361(2005)

7.3.4 ヘキサメチレンジイソシアネート

A 概要

ヘキサメチレンジイソシアネート(HDI)は，脂肪族イソシアネートの中では比較的反応性が高く，耐黄変性と耐候性に優れた性能を有しており(表7.3.4)，塗料，コーティング剤，インキ，接着剤向けを主力用途として，その需要が拡大している．2014年のMDIおよびTDIを除く特殊イソシアネートの生産量は約27万tで，そのうちHDIは19万t強であり，特殊イソシアネート全体の約70％を占めている．HDIの生産量と主要地域を表7.3.5に示す[1]．世界的には，Covestro社，BASF社，Vencorex社，Wanhua Chemical社，日本では南陽化成などがおもに供給している．

HDIは，主として66−ナイロンに使用されるヘキサメチレンジアミン(HDA)を原料とし，おもにホスゲンと反応させて製造されている．HDAの製造法としては，アジピン酸法，ブタジエン法，アクリルニトリル電解二量化法などで商業的に生産されている[2]．

B プロセス

HDIは，その原料であるHDAとホスゲンを直接反応させる一段法または冷熱二段法，あるいはHDAと塩化水素を溶媒中であらかじめ反応させてHDA塩酸塩を生成し，それをホスゲン化する塩酸塩法によって製造されている．その反応速度はTDA，MDAと比較して遅く，高温下で長時間の反応を要す．前者の直接反応させる方法は，反応時間が比較的短いという利点があるが，副生タール成分やクロルヘキシルイソシアネート(Cl−HI)の生成量が多いという欠点がある．このCl−HIは，製品HDIと沸点が近く蒸留分離に手間がかかるとともに，HDIの応用製品に対して，耐候性などに悪影響を及ぼす．これに対して塩酸塩法は，副生成物は抑制されるが，反応時間が長く，塩酸塩が溶媒に溶けずスラリー状となるため，原料HDA濃度が高い場合は増粘して輸送できないなどの欠点がある．現在では，一般にHDIの製造は塩酸塩法がおもに用いられているが，そのホスゲン化反応速度を向上させるために，塩酸塩の製造や反応プロセスへの工夫がなされている[3]．一方，近年，直接反応法の改良として，HDAとホスゲンを気化して，不活性ガス下，約300℃の高温で反応させる気相法の開発が進めら

表 7.3.4　HDIのおもな物性的性質

常温における外観	無色透明液体
におい	特有の刺激臭
比重(d^{20})	1.05
蒸気比重(空気＝1)	6
沸点	255℃
凝固点	−67℃
引火点(開放式)	138℃
発火点	454℃
蒸気圧(25℃)	1.64
比熱	$1.72\,J(g℃)^{-1}$
蒸発熱	$354\,J(g℃)^{-1}$
粘度(25℃)	2.5 mPa・s
屈折率	1.4516
溶解性	ベンゼン，トルエン，キシレン，酢酸エチルなど多くの溶剤に可溶

表 7.3.5　世界のHDI生産量($t\,y^{-1}$，2014年)[1]

地域	生産量
北米	11,000
欧州	83,000
日本	43,000
アジア	54,800
合計	191,800

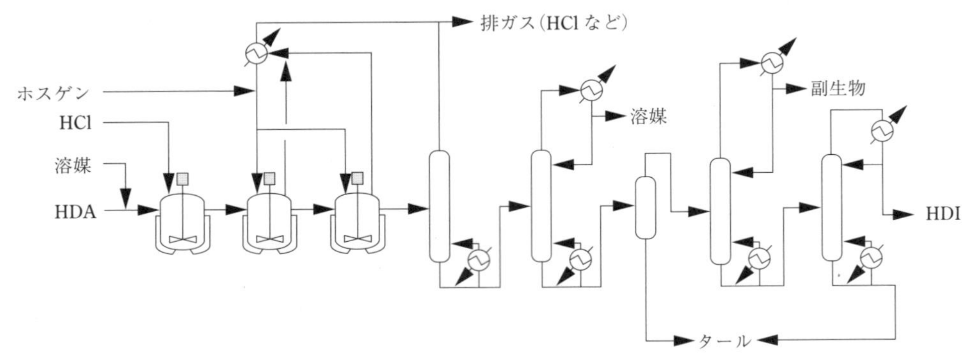

図 7.3.4　HDI 製造プロセス

れている．HDI を高収率で得ており，Covestro 社の商業プラントに採用されている[4]．

塩酸塩法は，HDA を *o*-ジクロロベンゼンまたはモノクロロベンゼンなどの不活性溶媒にアミン濃度 10〜20％程度で溶かし，この溶液を塩化水素ガスと反応させて塩酸塩のスラリー溶液を得る．スラリー溶液は，ガス状ホスゲンあるいは液状ホスゲンと反応させ，ヘキサメチレンカルバミン酸クロライドの中間体を経て，熱分解により塩化水素を脱離することにより HDI を得る．化学反応式は，塩酸塩化を(7.3.12)式，ホスゲン化の主反応を(7.3.13)，(7.3.14)式に示す．ホスゲン化は，反応速度を向上させるため 130〜170 ℃ の高温および 0.1〜0.5 MPaG 程度の加圧下で約 10〜15 時間反応させるが，反応温度が高いあるいは圧力が高いと，タールや Cl−HI などの副生物が増加する．おもな副反応式として，HDA 塩酸塩と生成した HDI が反応する尿素誘導体の生成を(7.3.15)式に示した．この尿素誘導体とさらにホスゲンや HDI が反応することにより，タールや Cl−HI が副生される．

$$H_2N-(CH_2)_6-NH_2+2\ HCl \longrightarrow ClH\cdot H_2N-(CH_2)_6-NH_2\cdot HCl \quad (7.3.12)$$

$$ClH\cdot H_2N-(CH_2)_6-NH_2\cdot HCl+COCl_2 \longrightarrow ClCONH-(CH_2)_6-NHCOCl+4HCl\uparrow \quad (7.3.13)$$

$$ClCONH-(CH_2)_6-NHCOCl \longrightarrow OCNH-(CH_2)_6-NCO+2HCl\uparrow \quad (7.3.14)$$

$$-NH_2\cdot HCl+-NCO \longrightarrow -NHCONH-+HCl\uparrow \quad (7.3.15)$$

この反応生成液に窒素ガスなどの不活性ガスを通気，あるいは加熱ストリッピングして，反応生成液に含まれる塩化水素やホスゲンを連続的に除去した後，脱溶媒塔で溶媒を分離(リサイクル)し，薄膜蒸発機などを用いて粗 HDI と残渣(タール)を分離する．粗 HDI は，充てん物を充てんした精留塔で低沸点の副生成物 Cl−HI を蒸留分離し，さらに HDI と高沸点物を蒸留分離して，HDI 製品を得る．収率は HDA に対して一般に 90〜95％(モル収率)である．このプロセスフローの一例を図 7.3.4 に示す．

C　技術的課題

現在，HDI は HDA にホスゲンを反応させることにより工業的製造されているが，ホスゲンの猛毒性，腐食性の塩化水素が大量に副生することが問題となっている．そこで，ホスゲンを使用しない安全性の高い，種々の合成法(ノンホスゲン法)の検討がなされている．現在，一部の脂環式ジイソシアネート，たとえばイソホロンジイソシアネート(IPDI)やジシクロヘキシルメタンジイソシアネート(H12MDI)が，ホスゲンの代わりに尿素を原料としたノンホスゲン法(尿素法)にて，Evonik 社の商業プラントで生産されている．HDI においても BASF 社が同様の方法にて，商業スケールでの生産を行っている[5]．

尿素法は，尿素，アルコール，および HDA を高温下で反応させる方法，あるいは尿素とアルコールを反応させカルバミン酸エステルを合成し，そのカルバミン酸エステルを HDA と 200〜250℃の高温下で反応させる方法で，副生するアンモニアを除去することにより，1,6–ヘキサメチレンジカルバミン酸エステルを合成する．さらにスズ化合物や亜鉛化合物などの触媒の存在下，1,6–ヘキサメチレンジカルバミン酸エステルを220～280℃の高温下で熱分解し蒸留精製することにより，HDI製品を得る．一方，熱分解されたアルコールは，カルバミン酸エステル合成原料として再利用される．主反応を(7.3.16)，(7.3.17)，(7.3.18)式に示す[6]．

$$NH_2CONH_2 + R-OH \longrightarrow NH_2COOR + NH_3 \uparrow \quad (7.3.16)$$

$$H_2N-(CH_2)_6-NH_2 + 2NH_2COOR \longrightarrow ROCONH-(CH_2)_6-NHCOOR + 2\,NH_3 \uparrow \quad (7.3.17)$$

$$ROCONH-(CH_2)_6-NHCOOR \longrightarrow OCNH-(CH_2)_6-NCO + 2R-OH \quad (R: C_1 \sim C_8 \text{のアルキル基}) \quad (7.3.18)$$

しかし尿素法においては，高温下の反応条件の過酷さ，重合ロスによる収率低下，また副生するアンモニアのリサイクルなどの問題があり，経済性の面からもホスゲン法に対して有利な工業的製造方法の開発が望まれている．この尿素法の副反応を抑制する方法として，HDA，尿素，および置換フェノールから1,6–ヘキサメチレンジカルバミン酸置換フェニルを合成し，無触媒で熱分解してHDIを得る方法も報告されている[7]．

1,6–ヘキサメチレンジカルバミン酸エステルを合成する方法としてアミンと炭酸ジメチルを反応させる方法（カーボネート法）も知られている(7.3.19式[8])．

$$H_2N-(CH_2)_6-NH_2 + 2\,CH_3OCOOCH_3 \longrightarrow CH_3OCONH-(CH_2)_6-NHCOOCH_3 + 2CH_3OH \quad (7.3.19)$$

カーボネート法では触媒としてアルカリ金属アルコラートを用いるが，熱分解での重合を引き起こすため，熱分解前に触媒を中和して除去することが必要である．そこで，重合を抑制しかつ高活性の触媒の改良も試みられているが，商業レベルの生産には至っていない[9]．

カーボネート法の改良として，炭酸ジメチルとフェノールを触媒下で反応させて生成するメチルフェニルカーボネートを利用し，無触媒のマイルドな条件下で1,6–ヘキサメチレンジカルバミン酸メチルを合成し，さらに熱分解して高収率でHDIを得ている(7.3.20，7.3.18式[10])．

$$CH_3OCOOCH_3 + C_6H_5OH \longrightarrow CH_3OCOOC_6H_5 + CH_3OH$$

$$H_2N-(CH_2)_6-NH_2 + 2\,CH_3OCOOC_6H_5 \longrightarrow CH_3OCONH-(CH_2)_6-NHCOOCH_3 + 2C_6H_5OH \quad (7.3.20)$$

また，炭酸ジエステルのアルキル基に含フッ素アルキル基を用いて1,6–ヘキサメチレンジカルバミン酸エステルを合成することで，全工程を無触媒で行う方法も報告されている[11]．

現在，ノンホスゲン法によるHDI製造の実用化を目指し，このような種々の新規合成法の検討が進められている．近い将来，経済性においてもホスゲン法に匹敵するノンホスゲン法の確立が期待される．

文献

1) 富士経済，2016ポリウレタン原料・製品の世界市場調査資料(2016)
2) 妹尾鹿造，有機合成化学，35(6)，497(1977)
3) 特開2011-132160，特公平6-8269，特開昭62-39557
4) Bayer社(現Covestro社)，ニュースリリース，21 August(2015)，特許5366393，特公平8-25984
5) IHS Economics Report, The Economic Benefits of Chlorine Chemistry in Polyurethanes in the United States and Canada, 12 June(2016)
6) 特公平5-74584，特開平6-25136
7) 篠畑雅亮，化学と工業，67(3)，226(2014)，特許5187922
8) 特開平6-172292，特公平7-80830
9) 馬場俊秀ほか，Applied Catalysis A, 225(1), 43(2002)，特許4107845，特許4107846，特許4299020
10) 吉田力，佐々木祐明ほか，Applied Catalysis A, 289(2), 174(2005)，特許4298995
11) WO2011-125429 A1

第8章
含ハロゲン化合物

8.1　塩素化合物

8.1.1　概要

オレフィンの塩素化による塩素化オレフィン類としては，塩化ビニル，塩化ビニリデン，塩化アリルが大量に生産されている．塩化ビニル，塩化ビニリデンは，ポリマー原料としての反応性が高く，五大樹脂の1つである塩化ビニル樹脂や，塩化ビニリデン樹脂の原料になる．塩化アリルはエポキシ樹脂原料のエピクロルヒドリン，ジアリルフタレート樹脂の原料として使われている．図8.1.1に塩素化オレフィン類の製造系統図を示した．

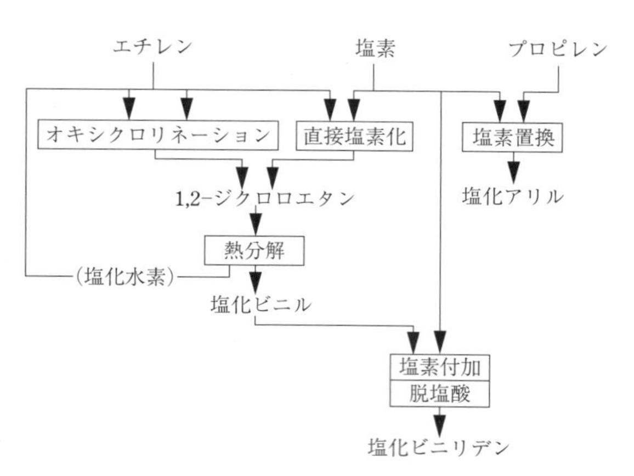

図8.1.1　塩素化オレフィン類製造系統図

8.1.2　塩化ビニル，1,2-ジクロロエタン

A　概要[1〜5]

塩化ビニル樹脂は，軟質用がフィルムや被膜材，硬質用がパイプや建材用などに大量に用いられている．国内の塩化ビニル樹脂の生産量は，1997年の261万t y^{-1} をピークとして，2016年には162万t y^{-1} と減少している．原料の塩化ビニルモノマー(VCM)も，2006年の323万t y^{-1} から2016年には259万t y^{-1} に減少している[1]．一方，世界の塩化ビニル樹脂の生産量は，成長率2%で増加しており，VCMの生産能力も2%の増加が見込まれる[2]．地域別・国別のVCM生産能力を表8.1.1[2]に示した．

生産量増大と並行し製造方法は，安価な原料，合理的なプロセスを求めて，さまざまなプロセスが開発されてきた[3]．1970年以降は安価でかつ大量に生産されるエチレンと塩素を原料に，空気または酸素を使用し，塩素化および脱塩化水素反応を巧みに組み合わせた副生塩酸を出さない画期的な方法であるオキシクロリネーション法が主流を占め，現在に至る．日本国内での当時の開発状況(東ソー，三井化学)については，関係者による記録[4,5]があるので参照されたい．近年は，酸素源として酸素を用いる酸素法が主流になってきている．酸素法では，反応器出口の未反応エチレンを反応器入り口にリサイクルすることにより，エチレン過剰下でオキシクロリネーション反応を行う．空気法に比べてエチレンおよび塩化水素の収率が高く，かつ，ベントガス排出量を抑えることができる利点を有している[3)]．

一方，中国においては，(8.1.1)式で示されるアセチレン法の比率がVCM生産能力の80％を占めているが，小規模プラントが乱立した結果，新規計画が制限されている[6)]．

$$CaC_2+2\,H_2O \longrightarrow C_2H_2+Ca(OH)_2$$
$$C_2H_2+HCl \xrightarrow[\text{触媒}]{100\sim250℃} C_2H_3Cl \qquad (8.1.1)$$

以下，世界的に主流であるオキシクロリネーション法の塩化ビニル製造方法について述べる(図8.1.2)．

B　反応の特徴[3,7)]

通常オキシクロリネーション法プロセスは，3つの反応工程から構成される．

表8.1.1　VCM生産能力(万 t y^{-1}，地域別，2014年)

地域(国)		VCM生産能力
北米	米国	865.4
中南米	ブラジル	103.0
	その他	91.0
アジア	日本	257.4
	韓国	157.0
	台湾	200.0
	中国	1,943.9
	タイ	90.0
	インドネシア	50.0
	インド	98.2
欧州	西欧	607.2
	その他	110.9
中東		166.0
アフリカ		84.5
CIS		100.2
能力総合計		4,924.7

a　直接塩素化工程

エチレンの直接塩素化により，1,2-ジクロロエタン(EDC)を製造する工程(8.1.2式)で，

$$C_2H_4+Cl_2 \xrightarrow[\text{触媒}]{60\sim120℃} C_2H_4Cl_2 \qquad (8.1.2)$$

反応は-200 kJ mol^{-1}の発熱反応である．反応は塩化第二鉄触媒下60～120℃，大気圧～0.4 MPaで行われ，EDC収率は99％以上である．反応熱を利用して生成したEDCを反応器から留出させる沸点蒸発法と，70℃程度までの低温で反応を行う液冷却法の2つの方式がある．後者は触媒の塩化第二鉄が生成液に含まれるため，水洗などにより生成液からの触媒除去が必要となる．一方，前者は生成したEDCをガスで回収するため，触媒分離工程が不要で排水が出ないことや，熱エネルギー的に後者に比べ有利であるばかりではなく，高純度なEDCをガスとして反応器より得られるため，直接分解炉にフィードすることもできる長所をもつ[3,7)]．

b　オキシクロリネーション工程

エチレンのオキシクロリネーションによるEDCの合成反応は，塩化第二銅を主触媒として，

$$\begin{aligned} &2\,CuCl_2+C_2H_4 \longrightarrow C_2H_4Cl_2+Cu_2Cl_2 \\ &Cu_2Cl_2+1/2\,O_2 \longrightarrow CuO\cdot CuCl_2 \\ &CuO\cdot CuCl_2+2\,HCl \longrightarrow 2\,CuCl_2+H_2O \end{aligned} \qquad (8.1.3)$$

のように進行すると考えられている．全体として，

$$C_2H_4+2\,HCl+1/2\,O_2 \xrightarrow{200\sim300℃} C_2H_4Cl_2+H_2O \qquad (8.1.4)$$

となり，エチレンと塩化水素と酸素からEDCと水が生成する．反応熱は全体で-264 kJ(mol-EDC)$^{-1}$と非常に大きな発熱である．なお，オキシクロリネーション法の製造プロセスには，酸素の供給方法により空気法と酸素法が，反応器の型式により固定床と

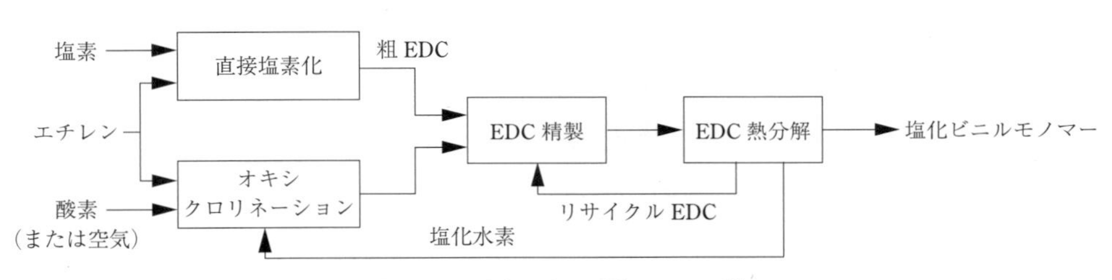

図8.1.2　オキシクロリネーション法

流動床があるため，4通りの組み合せが存在する．

固定床反応器の場合，反応温度が暴走しないように，反応器入り口に低活性な触媒を，出口側に高活性な触媒を充てんし，ホットスポットの生成を避けて，反応温度を制御する工夫がされている[3]．一方，流動床反応器の場合，反応条件により流動触媒の流動状態が悪化し，反応成績の低下や触媒飛散の増加につながる可能性があるので，運転管理には十分注意する必要がある．なお，オキシクロリネーションの反応収率は96〜98％であり，収率をいかにして上げるか，および反応熱をエネルギーとして回収する技術が重要である．表8.1.2[8]，表8.1.3[8]には，流動床において空気法から酸素法に転換した場合の反応成績と，標準化した原単位の比較例が示されている．酸素法は，空気法に対して酸素コストが増加するが，EDC収率および純度の向上や，ベントガス排出量が少ないという利点がある[3]．

c　EDC熱分解工程[3]

EDCの熱分解反応は

$$C_2H_4Cl_2 \xrightarrow{500\sim550℃} C_2H_3Cl+HCl \qquad (8.1.5)$$

で，80 kJ mol^{-1} の吸熱反応である．反応管壁への炭素質の析出を防ぐためには，滞留時間，ガス線速度，温度の関係が重要で，数十 m s^{-1} の流速で反応時間は数秒〜数十秒程度で行っている．反応圧力は，高圧法で1.5〜4 MPa，中圧法で0.7〜1.2 MPaであり，転化率は50〜60％である．分解炉の出口ガスは，急冷された後，蒸留で塩化水素ガスが分離され，オキシクロリネーション工程へリサイクルされる．次に，VCMと未反応EDCが分離される．未反応EDCは，分離精製されたのち再度分解炉に供給される．反応収率とともに，分解炉出口ガスからの熱回収[9,10]や，分解炉廃ガスからの熱回収をはじめとする熱エネルギーの回収が重要である．VCMは，さらにアルカリとの接触などにより精製され製品となる．

C　プロセスの特徴と将来展望

VCM製造プロセスの中で，オキシクロリネーション法は副生塩酸の出ない合理的な大量生産方式である．流動床酸素法プロセスの公表されている原料，ユーティリティー原単位を表8.1.4[11]に示す．

新たな製造法として，エタンと塩素から500℃以下で直接VCMを製造する技術が1990年代に開発された．従来のエチレンからEDCを製造し，EDCよりVCMとする二段階で製造するエチレン法と比べ，製造コストは数十％下げられるとされた[12]．現在まで本プロセスは，商業化されていない．エタン法に関連する特許は，他のVCM製造者からも出願されている[13]．

化学工場は，近年の環境保護運動の高まりにつれ，省資源・省エネルギーを目指すだけでなく，廃棄物が少なく，排ガス，排水に環境悪化物質を放出しない，よりクリーンなプロセスを目指すことが望まれ

表8.1.2　流動床における空気法と酸素法の比較

	空気法	酸素法
反応温度(℃)	230	226
圧力(MPa)	0.32	0.34
エチレン供給(t h^{-1})	3.30	3.31
塩化水素供給(t h^{-1})	8.40	8.43
酸素供給(t h^{-1})	0.00	2.13
塩化水素転化率(%)	99.5	99.5
エチレン→粗EDC(%)	95.5	98.3
エチレン→純EDC(%)	93.6	97.2
EDC純度(wt%)	98.0	98.9

表8.1.4　オキシクロリネーション法VCM製造の原料，ユーティリティー原単位(設備規模20万t y^{-1})

主原料	エチレン(kg)	470
	塩素ガス(kg)	590
	酸素(kg)	140
ユーティリティー	電気(kWh)	22
	蒸気(kg)	−1,500
	燃料(kJ)	4.2×10^9
	冷却水(t)	250

表8.1.3　流動床における酸素法の経済的特徴

項目	エチレン	塩化水素	酸素	空気圧縮	電気	蒸気	高EDC純度	その他	合計
特徴*	326	0	−665	958	−165	60	381	105	1,000

＊トータル金額を1000に無次元化，プラスは原単位の改善，マイナスは原単位の悪化

ている．VCM もよりクリーンで省資源・省エネルギーなプロセスを目指し，製造プロセスの改良を継続していく必要がある．

文献

1) 塩ビ工業・環境協会，統計集，http://www.vec.gr.jp/lib/lib2_2.html
2) 経済産業省製造産業局素材産業課，世界の石油化学製品の今後の需給動向，商品別集計データ表，(2016)
3) 近畿化学協会ビニル部会編，ポリ塩化ビニル―その基礎と応用，p.38，日刊工業新聞(1988)
4) 国立科学博物館技術の系統化調査報告，塩化ビニル技術史の概要と資料調査結果，p.91，国立科学博物館(2001 年 3 月第一集)
5) 国立科学博物館技術の系統化調査報告，塩化ビニル樹脂技術史資料集　技術開発者達の証言と関連資料，p.15，国立科学博物館(2002 年 12 月)
6) 化学経済，12 月増刊号，44-58(2016)
7) 佐藤良生，赤堀浩之，有合化，38(6)，602(1980)(旧三井東圧化学 流動床オキシ)
8) M. Garilli, P. Fatutto, F. Piga, RICHMAC Magazine, April, 333(1998)
9) 特許 2509637，2593905(Hoechst)
10) 特公平 6-92328 (2133158) (東ソー)
11) シーエムシー編，94 日米化学品の価格とコスト，p.194，ジスク(1994)
12) Chemical Engineering, 106 (11), 19 (1999)
13) 特許 5053493(Dow Chemical)

8.1.3　塩化ビニリデン

A　概要

塩化ビニリデンは，1838年にフランスの科学者V. Regnaultによって，沸点約 32℃の組成不明の液状化合物として発見されていた．その後 1920 年ごろに，B. T. Brooks がこれはハロゲン化エチレンであって重合する性質をもっていることを知り，ようやく科学者の関心をひくようになった．工業的には，1936 年に米国の DowChemical 社が，塩化ビニリデンと塩化ビニルとの共重合体の合成・紡糸に成功し，サランと名付けた(特許出願は 1938 年)．1940 年に工業生産が開始され，1943 年にサランモノフィラメントの紡糸に成功した．その実用試験を行っている間に第二次世界大戦を迎え，優れた物性からサランの全生産量は軍需に向けられ，塩化ビニリデン工業の基礎が固まった．日本では 1949 年呉羽化成(現クレハ)がポリ塩化ビニリデン系繊維の紡糸に成功し，1955 年にポリ塩化ビニリデン繊維クレハロンの生産を開始した．また，1952 年に旭ダウ(現旭化成)がポリ塩化ビニリデン繊維サランの生産を開始した[1]．その後，ソーセージの包装フィルムなどへ用途を広げ，1960 年には家庭用ラップが販売開始された．現在ではほとんどが食品包材，家庭用ラップなどのフィルム，紙，フィルムなどへのコーティング用(ラテックス)に利用されている．

経済産業省の化学工業統計によれば，2000 年代初めの日本の合成樹脂の生産量は，年間合計約 1,400 万t程度で推移し，2009年度はリーマンショックの影響で 1,200 万 t を下回った．この間，塩化ビニリデン樹脂の生産量は年間約 6～7 万 t で大きく減少することはなかった．2010 年度以降，統計の品目から塩化ビニリデン樹脂が外れたため，生産量は公表されていない．

B　塩化ビニリデンモノマーの性質

塩化ビニリデンモノマーは無色の液体で，特異臭を有し，燃焼性がある．蒸気は人体に有毒でありACGIH による許容濃度は 5 ppm とされている[2]．きわめて酸化されやすく，酸素と接触すると爆発性の過酸化物を作る．熱，光，ラジカル重合触媒により重合する．安定性も悪いので共重合体として用いられ，塩化ビニル，酢酸ビニル，アクリロニトリルなどと共重合させる[3]．

当初，塩化ビニリデンモノマーはパークロロエチレンの副生物から製造していたが，その後 1,1,2-トリクロロエタンを得るために塩化ビニルを塩素化する方法と，ジクロロエタンを塩素化する方法の 2 つの方法が採用された．現在は，塩化ビニルを塩素化して得られた 1,1,2-トリクロロエタンの脱塩化水素反応により合成される．脱塩化水素反応には，苛性ソーダまたは消石灰が用いられる．

C　反応

a　基本反応

塩化ビニリデンモノマーは，塩化ビニルを塩素化して 1,1,2-トリクロロエタンを中間に製造し，次

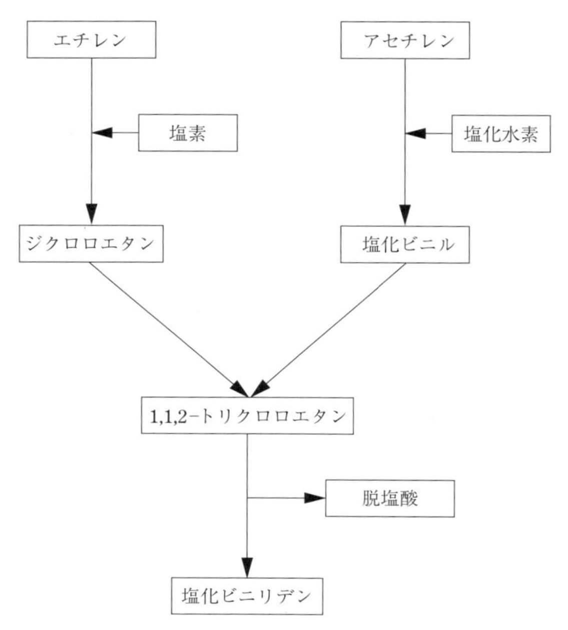

図 8.1.3　塩化ビニリデン製法のフロー

にこれを脱塩化水素して塩化ビニリデンモノマーを得る．

b　1,1,2-トリクロロエタン

エチレンおよびアセチレンから塩化ビニリデンモノマーまでの製造のフローを図 8.1.3 に示す．塩化ビニルモノマーはかつてはアセチレンへの塩化水素付加で作られていたが，現在はほとんどがエチレンの塩素化またはオキシ塩素化により 1,2-ジクロロエタンを合成し，この 1,2-ジクロロエタンを熱分解して合成している．

i)工業化初期の製造方法

(1) アセチレンから 1,1,2-トリクロロエタン：石油化学工業が発展する以前には，エチレンの入手が困難であったこと，エチレンからスタートする方法は副生物も多く経済的に有利ではないことから，カーバイドから生成したアセチレンからスタートする方法を採用した．アセチレンと塩化水素を触媒層(活性炭またはシリカゲルを担体とした水銀塩)を通して塩化ビニルを合成する．この塩化ビニルを塩素化して 1,1,2-トリクロロエタンを得る．

(2) エチレンから 1,1,2-トリクロロエタン：エチレンを塩素化してジクロロエタンを合成し，さらにこのジクロロエタンを塩素化して 1,1,2-トリクロロエタンを得る．ジクロロエタンの塩素化によって 1,1,2-トリクロロエタンを合成する方法は，副生物が多く反応収率が悪いため，経済的に不利である．

ii)現在の製造方法

塩化ビニルの塩素化により 1,1,2-トリクロロエタンを得る．1,1,2-トリクロロエタンを溶媒とし塩化鉄を触媒として，塩化ビニルと塩素ガスを等モル吹き込み撹拌すれば定量的に反応し，1,1,2-トリクロロエタンが得られる．この反応は，発熱反応であり反応温度を低く保つことが特に重要である．

c　塩化ビニリデンモノマーの合成

1,1,2-トリクロロエタンをアルカリにて脱塩化水素し，塩化ビニリデンモノマーを得る．脱塩化水素に使用するアルカリは，苛性ソーダを使用する方法と消石灰を使用する方法がある．いずれも，常圧下で 60～100℃の温度で反応する．

苛性ソーダおよび消石灰は，どちらも反応温度は低くてよい．反応温度は苛性ソーダのほうが大であるが，経済的には消石灰のほうが有利である．反応後は蒸留して不純物を除き，塩化ビニリデンモノマーの純度を上げる．

D　プロセス

製造プロセスについて図 8.1.4 にブロックフローを示す．

a　概要

塩化ビニルモノマーの塩素化により得た 1,1,2-トリクロロエタンを，脱塩化水素することにより塩化ビニリデンモノマーを得る．塩化ビニルモノマーに塩素を付加する付加反応工程，付加反応により得られた 1,1,2-トリクロロエタンの脱塩化水素を行う脱塩化水素工程，および脱塩化水素で得られた塩化ビニリデンモノマーから，不純物を除く蒸留工程の 3 工程から構成される．

b　各プロセス

i)付加反応工程

塩化ビニルモノマーに塩素を付加し 1,1,2-トリクロロエタンを合成する工程で，反応缶に 1,1,2-トリクロロエタンを溶媒として塩化ビニルおよび塩素をガス状で吹き込み，触媒に塩化鉄を用いて，反応熱を除熱しながら撹拌・反応させる．1,1,2-トリクロロエタン以外の溶媒を使用する場合，生成した 1,1,2-トリクロロエタンを分留する必要があるので不利である．

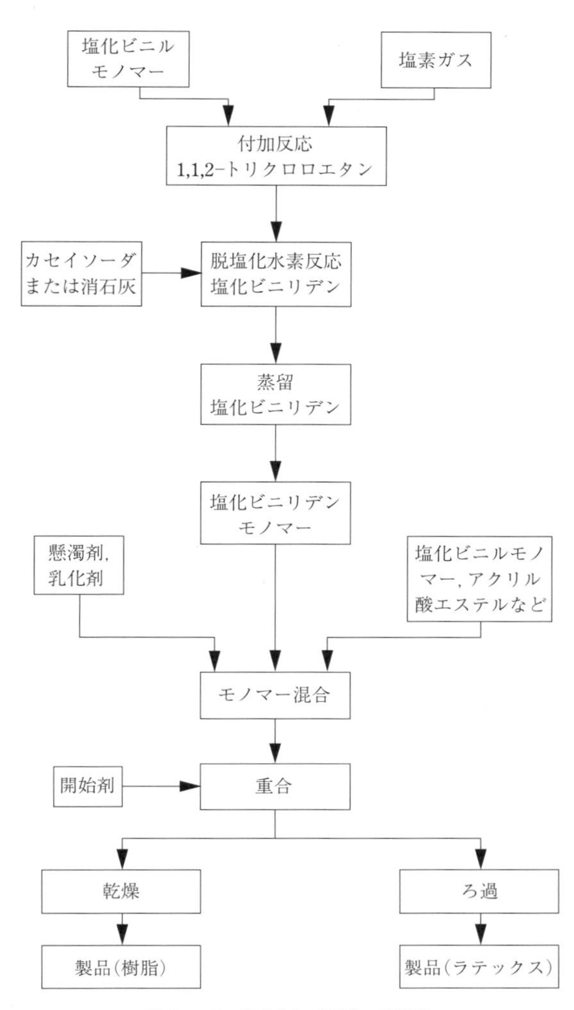

図 8.1.4　塩化ビニリデンの製法

ii)脱塩化水素工程

付加反応により得られた1,1,2-トリクロロエタンを脱塩化水素し，塩化ビニリデンモノマーを生成する．反応缶に1,1,2-トリクロロエタンを仕込み，温度を60～100℃の範囲に保ちながら，苛性ソーダまたは消石灰を連続的に添加する．反応終了後は水を分離し，粗塩化ビニリデンモノマーを得る．塩化ビニリデンモノマーは，種々の条件により容易に重合する性質がある．このため，脱塩化水素反応中にこの重合体の生成による配管やバルブの閉塞，漏洩などの防止策が必要である．これを避けるため，重合防止剤としてフェノール類，アミン類などを加える．ただし，これらの重合防止剤は，重合直前，洗浄または蒸留により除去できるものでなくてはならない．

iii)蒸留工程

粗塩化ビニリデンモノマー中には，トリクロロエチレンやパークロロエチレンやその他の不純物を含んでいる．これらを除くために蒸留する．得られた塩化ビニリデンモノマーは，空気中の酸素が接触すると容易に過酸化物を生じる．この過酸化物は，他の有機過酸化物と同様に塩化ビニリデンの重合を促進するばかりでなく，それ自体が激しい爆発性をもっているため，過酸化物を含む重合物は乾燥状態では，多少の衝撃や加熱によっても爆発を起こす危険がある．

iv)重合工程

塩化ビニリデンのみの重合体は溶融温度200℃と熱分解点220℃とが非常に接近しており，かつこれと混和性のよい可塑剤，安定剤が少ないため加工性が劣る．この欠点を補うため，他のモノマー，たとえば塩化ビニルモノマーなどと共重合させて加工性の改善を図る．塩化ビニルとの共重合の反応を(8.1.6)式に示す．

$$m\,(\mathrm{CH_2{=}CCl_2}) \quad + \quad n\,(\mathrm{CH_2{=}CHCl}) \longrightarrow$$

塩化ビニリデンモノマー　　塩化ビニルモノマー

$$-(\mathrm{CH_2{-}CCl_2})_m-(\mathrm{CH_2{-}CHCl})_n- \qquad (8.1.6)$$

塩化ビニリデン/塩化ビニル共重合体

重合はラジカル開始剤を用い，用途に応じて懸濁重合あるいは乳化重合で反応させる．コーティング用ラテックスとして使用する場合は乳化重合した後，ろ過で余分な成分を除いて製品とする．繊維・フィルム用途で使用する場合は懸濁重合した後，乾燥させて製品とする．

c　プロセスの課題

塩化ビニリデンモノマーは酸素との接触で過酸化物を生じ，爆発を起こす危険が常に存在する．したがって，プロセスへの酸素の持ち込みを防止することが，安全を確保する上で最大の課題である．

また，塩化ビニリデンモノマーは水質汚濁防止法の有害物質として指定されており，懸濁重合・乳化重合した後の排水管理も重要である．

文献

1) 園田豊久，塩化ビニリデン樹脂(プラスチック材料講座13)，p.1，日刊工業新聞社(1961)

2) 環境省HP，http://www.env.go.jp/chemi/prtr/

archive/target_chemi/12.html
3) 化学大辞典, p.323, 東京化学同人(1989)

8.1.4 エピクロルヒドリン

A 概要

エピクロルヒドリンは, おもにエポキシ樹脂の原料となるグリシジルエーテルの製造に用いられる. グリシジルエーテルの中で最も重要なものは, ビスフェノールAとのエーテルであり, 水酸化ナトリウムの存在下, ビスフェノールAとエピクロルヒドリンを100～150℃で反応させて合成される.

$$2\ \underset{\backslash O/}{CH_2-CH}-CH_2Cl+HO-C_6H_4-\underset{CH_3}{\overset{CH_3}{C}}-C_6H_4-OH \xrightarrow[-2\ HCl]{} \underset{\backslash O/}{CH_2-CH}CH_2-O-C_6H_4-\underset{CH_3}{\overset{CH_3}{C}}-C_6H_4-O-CH_2\underset{\backslash O/}{CH-CH_2} \quad (8.1.7)$$

こうして得られたビスグリシジルエーテルは, さらに過剰のビスフェノールAと反応することにより, 分子量のより大きいグリシジルエーテルとなる. このグリシジルエーテルをポリアミンあるいはポリオールと反応させることにより, エポキシ樹脂が得られる. 2016年のエピクロルヒドリンの生産量は, 中国が51万t y^{-1}, 米国が31万t y^{-1}, 西欧が26万t y^{-1}, 日本が11万t y^{-1}, その他が35万t y^{-1}であった. エピクロルヒドリンの代表的製法は, 塩化アリルを経由する方法である. この方法は1945年から工業化され, 長い間エピクロルヒドリンの唯一の製造法として世界各国で採用され, 現在でも工業的製法の大部分を占める. 一方, 昭和電工はアリルアルコールを経由する方法を開発し, 1985年に工業化を実施した. さらに2000年代に入るとバイオディーゼル燃料(BDF)の生産に伴って副生するグリセリンの用途としてエピクロルヒドリンが注目され, 中国・東南アジアでグリセリンを原料とするエピクロルヒドリンの大型プラントが稼働した. この3つの方法について以下説明する.

B 製造方法

製造プロセスについて図8.1.5にブロックフローを示す.

a 塩化アリルを経由するエピクロルヒドリン製造法[1)]

まず, 塩化アリルがプロピレンの塩素化で合成される. 一般にプロピレンと塩素との反応は, 低温では付加反応によるジクロロプロパン生成が優先する. しかし, 300℃以上の温度になると付加反応が減少し, それに代わってアリル位のラジカル置換反応によるメチル基の塩素化が起こる. 500～510℃

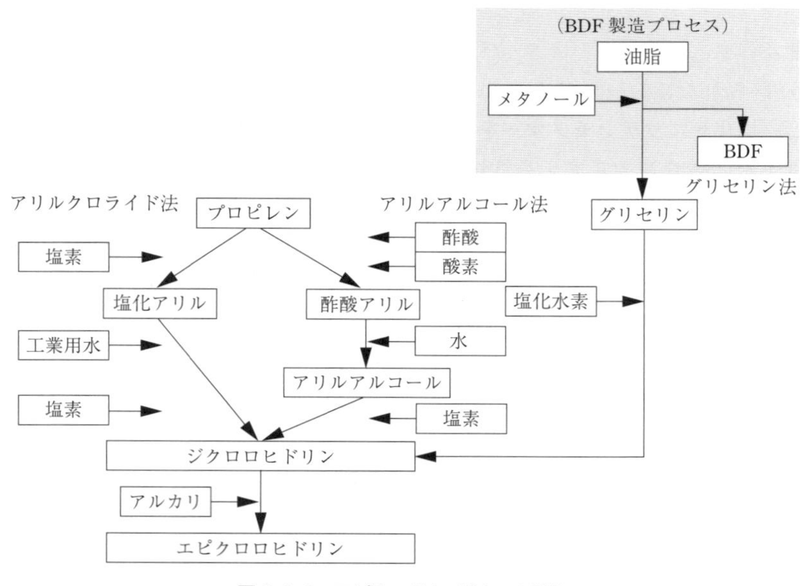

図8.1.5 エピクロルヒドリンの製法

では塩素転化率はほぼ定量的であり，塩化アリルの選択率は85％(Cl_2)になる．

$$H_2C=CHCH_3+Cl_2 \longrightarrow H_2C=CHCH_2Cl+HCl \quad (8.1.8)$$

Cl_2を完全に反応させるために，プロピレンが過剰に用いられる．高い選択性を得るためには，ガス混合ゾーンでの付加反応を最小限に抑えなければならない．このため，原料のプロピレンとCl_2ガスを急速に完全に混合し，速やかに反応ゾーンへ導入する必要がある．本反応は高温であるため，カーボン析出問題のほか多種の塩素化合物の副生がある．反応で生成するHClは水洗で除去する．また，塩化アリルはプロピレンのオキシ塩素化でも合成できる．この方法は，PdやTe触媒の存在下に，気相でプロピレンを$HCl-O_2$混合ガスと200〜250℃で反応させるものであるが，まだ工業的には実施されていない．塩化アリルはその90％以上がエピクロルヒドリンの製造に使用される．

エピクロルヒドリンはクロロヒドリン法のプロピレンオキサイド合成と同様であり，二段階で合成される．まず，水溶液中，25〜50℃で塩化アリルをHOClと反応させ，ジクロロヒドロキシプロパンの2種の異性体混合物を得る．

$$H_2C=CHCH_2Cl+HOCl \longrightarrow \underset{\mathrm{Cl}}{CH_2}-\underset{\mathrm{OH}}{CH}CH_2Cl+\underset{\mathrm{OH}}{CH_2}-\underset{\mathrm{Cl}}{CH}CH_2Cl \quad (8.1.9)$$

次いで，この粗生成物を50〜90℃で$Ca(OH)_2$と反応させてエピクロルヒドリンとし，最終的に蒸留精製する．

$$2\ \underset{\mathrm{Cl}}{CH_2}-\underset{\mathrm{OH}}{CH}CH_2Cl+Ca(OH)_2 \longrightarrow 2\ CH_2-CH-CH_2Cl\ (\text{epoxide, }CH_2\text{–}CH\text{ bridged by O})+CaCl_2+2\ H_2O \quad (8.1.10)$$

このクロロヒドリン法によるエピクロルヒドリン合成は，反応の選択性を維持するために低濃度で行われる．そのため，多量の排水と$CaCl_2$塩が発生する問題がある．これに対して，H_2O_2と塩化アリルを触媒，水および希釈剤を用いてエポキシ化する新しい方法[2]も開発されているが，まだ本格的な工業化には至っていない．

b　アリルアルコールを経由するエピクロルヒドリン製造法[3]

この方法は，まずプロピレンの酸化で酢酸アリルを合成し，それを加水分解してアリルアルコールとする．酢酸アリルは，酢酸ビニル合成と類似したアリル位の酸化反応により，Pd触媒を用い，プロピレン，酢酸，O_2から合成される．

$$H_2C=CHCH_3+CH_3COOH+1/2\ O_2 \longrightarrow H_2C=CHCH_2OCOCH_3+H_2O \quad (8.1.11)$$

工業的方法では，たとえば多管式反応管中に触媒を充てんし，気相下，0.2〜1 MPa，140〜200℃，原料ガス組成はプロピレン10〜40％，酢酸6〜10％，O_2 4〜7％の反応条件で行われる．酢酸アリルの選択率は94％以上になる．触媒としてはPd金属またはPd化合物，アルカリ金属酢酸塩，およびFeまたはB化合物のような助触媒をシリカなどに担持したものが使用される．得られた酢酸アリルは，酸触媒を用いる液相不均一系反応で加水分解されアリルアルコールになる[4]．

$$H_2C=CHCH_2OCOCH_3+H_2O \longrightarrow H_2C=CHCH_2OH+CH_3COOH \quad (8.1.12)$$

回収した酢酸は酢酸アリル合成工程へリサイクルされる．得られたアリルアルコールの二重結合に塩素を付加させて2,3-ジクロロ-1-ヒドロキシプロパンとし，次いでこれを$Ca(OH)_2$と反応させることによりエピクロルヒドリンが合成される．

$$H_2C=CHCH_2OH+Cl_2 \longrightarrow \underset{\mathrm{Cl}}{CH_2}-\underset{\mathrm{Cl}}{CH}-\underset{\mathrm{OH}}{CH_2}$$

$$\underset{\mathrm{Cl}}{CH_2}-\underset{\mathrm{Cl}}{CH}-\underset{\mathrm{OH}}{CH_2}+1/2\ Ca(OH)_2 \longrightarrow \underset{\mathrm{Cl}}{CH_2}-CH-CH_2\ (\text{epoxide, }CH\text{–}CH_2\text{ bridged by O})+1/2\ CaCl_2+H_2O \quad (8.1.13)$$

この方法によるエピクロルヒドリンの合成は，前述の塩化アリルを経由する方法に比べて反応工程が多いものの，Cl_2の使用量が1/2ですみ，またクロロヒドリン化以降の反応が高濃度で行える長所がある．

c　グリセリンを原料とするエピクロルヒドリン製造法

この方法はグリセリンを酢酸などのカルボン酸を

触媒とし，塩化水素と0.1〜1 MPa，100〜150℃の温度で塩素化反応させることにより1,3-ジクロロ-2-ヒドロキシプロパンとし，次いでこれを$Ca(OH)_2$と反応させることによりエピクロルヒドリンが合成される[5,6)].

$$CH_2OH-CHOH-CH_2OH+2HCl \longrightarrow \underset{Cl}{CH_2}-\underset{OH}{CH}-\underset{Cl}{CH_2}+H_2O$$

$$\underset{Cl}{CH_2}-\underset{OH}{CH}-\underset{Cl}{CH_2}+1/2\ Ca(OH)_2 \longrightarrow \underset{Cl}{CH_2}-\overset{\frown O \frown}{CH-CH_2}+1/2\ CaCl_2+H_2O \tag{8.1.14}$$

この方法は他の2つの製造工程と比較して，工程が短く設備投資が少ないこと，ジクロロヒドリンの閉環反応において反応性の高い1,3-ジクロロ-2-ヒドロキシプロパンのみが選択的に高収率・高濃度で合成される長所がある．しかしながら，おもにバイオディーゼル燃料製造の副生物であるグリセリンを原料とするため，バイオディーゼル燃料およびその原料である油脂の市況により決定されるグリセリン価格とプロピレンの価格の優劣がそのままこの方法の工業的な製法としての優劣を決定することになる．

2016年の実績において，エピクロルヒドリン全生産量の約2割がグリセリンを原料とする製造方法によるものである．

文献

1) K. Weissermel , H.-J. Arpe（向山光昭監訳），工業有機化学 第4版，p.331，化学同人（1996）
2) US 6288248 B1 Solvay
3) 工藤晃史，化学経済，4月号，70-76（1999）
4) 特開 2004010532，昭和電工
5) R. Tesser etc, E. Santacesaria, M. Di Nuzzi, V. Fiandra Inn. Eng. Chem. Res., 46, 6456-6465 (2007)
6) US 8088957 B2 Dow Global Technologies Inc.

8.2 フッ素化合物

8.2.1 テトラフルオロエチレン

A 概要

テトラフルオロエチレン（TFE）は，ポリテトラフルオロエチレン（PTFE）をはじめとするフッ素樹脂の基幹モノマーとして幅広く用いられている化合物である．表8.2.1に国内フッ素樹脂生産量の推移を示す[1)]．日本国内で生産されているフッ素樹脂需要の6割弱がPTEFであるが，近年建造物の屋根材や外壁などの建築用フィルムに使われ始めたエチレン－テトラフルオロエチレンコポリマー（ETFE）や，太陽電池のバックシートや水処理膜などに用いられるポリビニリデンフロライド（PVDF）の需要が拡大している．一方，世界のフッ素樹脂市場では，中国や東南アジアでPTFEを中心に年率10％近い成長が継続しており20万tを超える規模に拡大している．

表 8.2.1　年次別フッ素樹脂生産量と国内需要

年次	2012	2013	2014	2015
生産量(t)	27,233	25,234	29,201	27,610
出荷量(t)	25,463	26,240	28,102	26,552
出荷額(億円)	617	666	731	727
国内需要(t)	12,755	13,040	12,895	13,461

B 反応とプロセス

テトラフルオロエチレンの合成法は種々報告されているが，実験室レベルではPTFE樹脂の熱分解（600〜700℃）による解重合で比較的容易に得られる[2)]．工業的には（8.2.1）式に示すクロロジフルオロメタン（HCFC-22）の熱分解により製造するのが一般的であり，熱分解によりクロロジフルオロメタンが脱HClして一重項のジフルオロカルベンが発生し，カップリングによりテトラフルオロエチレンが

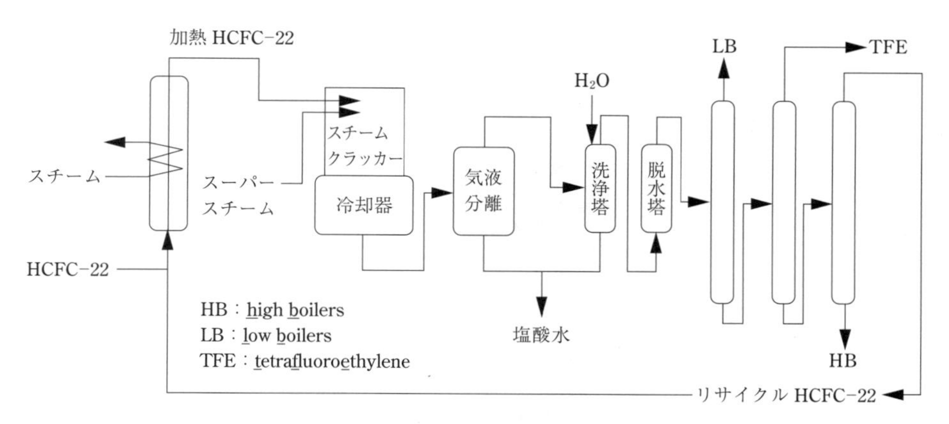

図 8.2.1　テトラフルオロエチレン製造プロセススキーム

生成する[3,4].

$$CHClF_2 \longrightarrow CF_2: + HCl$$
$$2\,CF_2: \longrightarrow CF_2{=}CF_2 \qquad (8.2.1)$$
$$2\,CHClF_2 \longrightarrow CF_2{=}CF_2 + 2\,HCl$$

熱分解反応は500℃以上で進行するが，熱源として用いるスーパーヒートしたスチームを反応器内でHCFC-22と直接接触させるプロセス(図8.2.1)を採用することで大量に副生するHCl由来の副生物や炭化などの分解反応を制御し，収率よくモノマーを製造することができる.

テトラフルオロエチレンは沸点－76.3℃の無色のガスであり，着火源(急激な断熱圧縮や局所的な重合熱が着火源となることもある)が存在すると(8.2.2)式に示す自己分解反応を容易に引き起こすことが知られている.

$$CF_2{=}CF_2 \longrightarrow CF_4 + C \qquad \Delta H_R = -257\ \mathrm{kJ\ mol^{-1}} \qquad (8.2.2)$$

この反応は大きな発熱を伴うため爆発的な反応となることもあり，大きなプラント事故を発生させる危険性がある[5]．このような爆発事故を避けるために高純度のモノマーは液化状態での保管や輸送を避け，テルペン系の安定剤を添加した低圧ガスとして保管され使用直前に安定剤を除去して反応に用いることが一般的である[6].

8.2.2　その他のフルオロカーボン

A　概要

フッ素原子を分子中に含む低分子量の炭化水素系化合物(フルオロカーボン)は，分子中のフッ素原子，塩素原子，および水素原子の有無により，クロロフルオロカーボン(CFC)，ヒドロクロロフルオロカーボン(HCFC)，ヒドロフルオロカーボン(HFC)，ペルフルオロカーボン(PFC)に大別される．この中で水素原子を含まないCFCやPFEは，そのまれな化学的安定性と，低毒性，不燃性，低表面張力などの優れた物性により，冷媒，発泡剤，電子機器などの洗浄剤，熱媒として幅広く産業で用いられてきた．これらのフルオロカーボンの中で塩素原子を含むCFC，HCFCは，地球大気の成層圏に存在するオゾン層(地表に到達する有害な紫外線を吸収する役割を果たしている)を破壊する物質として1995年よりモントリオール議定書に基づく規制が強化され，HFCやハイドロフルオロエーテル(HFE)などのオゾン層破壊に影響のない代替物質への転換が行われた．図8.2.2に世界における主要なフロンの生産量推移[7]をグラフ化して記載した.

特定フロンとして先進国における1996年1月以降の生産全廃が決定された主要CFCの生産は，段階的な生産規制が開始された1987年7月以降激減しており，代わって代替フロンとして開発されたHCFCやHFCの生産が増加していることがわかる.

冷媒用途に使用されていたCFC-12(CCl_2F_2)はHCFC-22($CHClF_2$)やHFC-32(CH_2F_2)，HFC-134a(CF_3CH_2F)，HFC-125(CF_3CHF_2)などへの転換が進んだ.

一方，発泡剤用途に使用されていたCFC-11(CCl_3F)はHCFC-141b(CH_3CCl_2F)やHFC-245fa($CF_3CH_2CHF_2$)へ，溶剤，洗浄剤用途に使用されていたCFC-113($CClF_2CCl_2F$)はHCFC-225

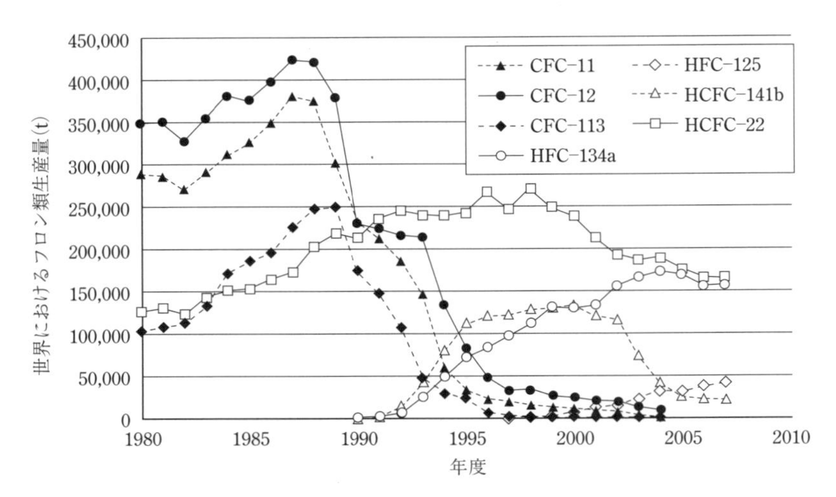

図 8.2.2　世界における主要フロンの生産量推移

表 8.2.2　CFC-113 代替フロン

フロン番号	構造	商品名	メーカー	沸点
HCFC-225ca	$CF_3CF_2CHCl_2$	AK-225	旭硝子（現 AGC）	51℃
HCFC-225cb	$CClF_2CF_2CHClF$			56℃
HFE-347pc-f	$CF_3CH_2OCF_2CHF_2$	AE-3000		56℃
HFC-43-10mee	$CF_3CF_2CHFCHFCF_3$	Vertrel-XF	DuPont	55℃
HFC-365mfc	$CF_3CH_2CF_2CH_3$	ソルカン 365mfc	Solvay	40℃
HFC-C447ef	FHC—CH₂ / F₂C, CF₂ / C F₂（環状構造）	ゼオローラ-H	日本ゼオン	83℃
HFE-449s-c	$C_4F_9OCH_3$	ノベック-7100	3M	61℃
HFE-569sf-c	$C_4F_9OCH_2CH_3$	ノベック-7200		76℃

($CF_3CF_2CHCl_2$/$CClF_2CF_2CHClF$ 混合物) や表 8.2.2 に示すような種々の HFC，HFE への転換が進行したが，同時にフッ素化合物を使わない(水や炭化水素系化合物の活用)技術開発も進行し，冷媒以外の用途での代替フロン生産量は特定フロンのピーク時に比較すると大きく減少している．

近年は，代替フロンとして使用されていた HCFC もモントリオール議定書に基づき 2020 年 1 月以降の先進国での生産廃止に向けて他の代替物質への転換が進んでいる．さらに，比較的大気寿命が長く地球温暖化への影響が懸念される HFC についても，より環境影響の小さい代替物質への転換が始まっている (8.2.3 項参照)．

B　反応とプロセス

CFC や HCFC は工業的には，(8.2.3) 式のように原料中の塩素原子をフッ化水素によりフッ素原子に変換する反応によって製造される[8]．

$$\begin{aligned} &CCl_4 + HF \longrightarrow CClF_3 + HCl \\ &CCl_4 + 2HF \longrightarrow CCl_2F_2 + 2HCl \qquad (8.2.3) \\ &CCl_2{=}CCl_2 + Cl_2 + 3HF \longrightarrow CCl_2FCClF_2 + 3HCl \\ &CHCl_3 + 2HF \longrightarrow CHClF_2 + 2HCl \end{aligned}$$

この反応は 5 価のアンチモン触媒を用いた液相フッ素化プロセスが採用される．プロセスのフローを図 8.2.3 に示す．反応器内に 5 価のハロゲン化アンチモン触媒を仕込み，100℃程度の温度に加熱された触媒系中に無水フッ化水素と原料を連続的に導

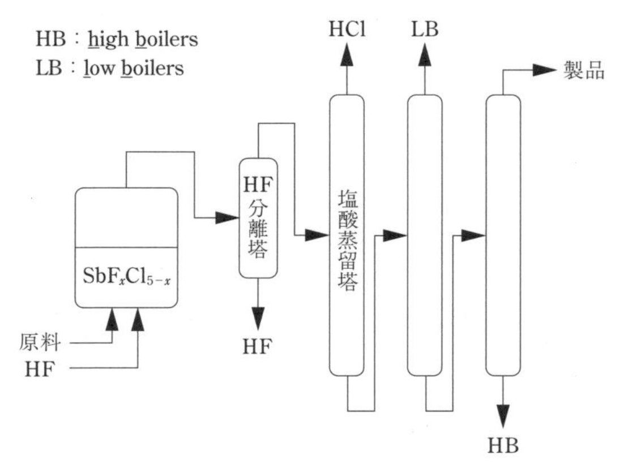

図 8.2.3　液相フッ素化法による製造プロセススキーム

入し触媒上で塩素をフッ素に置換することでフッ素化された生成物と HCl が発生する．フッ素化生成物と副生 HCl ガスは原料やフッ化水素に比較して沸点が低いため反応蒸留の形で抜き出すことで連続的に製造を行う．一部同伴されるフッ化水素は，生成物と液化状態では混合しないことが一般的で二層分離槽で分離され原料としてリサイクルされる．このプロセスの特徴は，触媒として用いる 5 価のハロゲン化アンチモン触媒の融点は触媒中の Cl/F 比によって異なるが，いずれの物質も 80℃以下であり反応温度下では液体状態のため，機械的な撹拌なしに均一反応を行うことができる点である．この特徴が HF や HCl などの腐食性の高いガスが共存する系での反応器設計を比較的容易にしている．

HFC も (8.2.4) 式のように無水フッ化水素を使ったハロゲン交換反応で工業的に製造されるが，水素原子の多い原料の液相フッ素化反応は金属腐食が高い系が多く，特殊な材質(特殊金属や樹脂ライニングなど)の反応器を用いるなどの改良が行われている．

$$\begin{aligned} &CH_2Cl_2 + 2HF \longrightarrow CH_2F_2 + 2HCl \\ &CHCl{=}CCl_2 + 4HF \longrightarrow CF_3CH_2F + 3HCl \\ &CCl_3CH_2CHCl_2 + 5HF \longrightarrow CF_3CH_2CHF_2 + 5HCl \end{aligned} \qquad (8.2.4)$$

またクロミア (Cr_2O_3) などの固体酸触媒を用いた気相反応プロセスを採用するケースもある．気相フッ素化プロセスも反応器以外は基本的に液相と同じプロセスで製造される．固体触媒を充てんした多管式の反応器に加熱ガス状態の原料とフッ化水素を連続的に供給する以外は図 8.2.3 に示した液相プロセスと同じ設備で製造されるが，反応温度は 200〜400℃とより高温で実施されることが多い．

洗浄剤，溶剤の代替はさまざまな沸点領域で多岐にわたる物質が商業化されており，特徴を生かした用途で使用されている．この沸点領域では炭素数 3 以上の物質がほとんどであり分子構造も他のフロンよりは複雑で，単純なフッ化水素によるフッ素化のみでは合成できず多段の反応で製造されることが多い．CFC-113 代替として最も早く商品化された物質は HCFC-225 であり前項記載の汎用原料であるテトラフルオロエチレンから一段の反応で製造される[9] (8.2.5 式)．

$$\begin{aligned} &CF_2{=}CF_2 + CHCl_2F \longrightarrow \\ &\quad CF_3CF_2CHCl_2 / CClF_2CF_2CHClF \end{aligned} \qquad (8.2.5)$$

HFC 溶剤の合成法としては，HFC-365mfc のように前駆体となる塩素化物を合成した後に，フッ化水素によるフッ素化でフッ素を導入する製造法[10] (8.2.6 式) と，HFC-43-10mee のようにテトラフルオロエチレンのような工業的に量産されているフッ素含有化合物を出発原料として合成する製造法がある[11] (8.2.7 式)．

$$\begin{aligned} &(H_3C)(Cl)C{=}CH_2 + CCl_4 \xrightarrow[100℃]{CuCl,\ i\text{-}BuNH_2} \\ &H_3C{-}CCl_2{-}CH_2{-}CCl_3 \xrightarrow[(Liq.\ phase)]{HF/SbCl_5} H_3C{-}CF_2{-}CH_2{-}CF_3 \end{aligned} \qquad (8.2.6)$$

$$\begin{aligned} &(F_3C)(F)C{=}CF_2 + F_2C{=}CF_2 \xrightarrow{AlCl_xF_y} \\ &F_3C{-}CF_2{-}CF{=}CF{-}CF_3 \xrightarrow{H_2/Pd\text{-}C} F_3C{-}CF_2{-}CHF{-}CHF{-}CF_3 \end{aligned} \qquad (8.2.7)$$

HFE 溶剤の合成としては，塩素化物をフッ化水素でフッ素化する反応は，エーテル結合がフッ化水素などの酸に弱いために，通常は用いられない．そのため，HFE-449s-c，HFE-569sf-c のように，フルオロアルキル基をもつカルボン酸フロリドを F アニオン存在下にアルキル化する方法[12] (8.2.8 式) や，HFE-347pc-f のように，含フッ素オレフィンとアルコールの付加反応により製造[13] (8.2.9 式) されている．

$$C_3H_7-\underset{\underset{O}{\|}}{C}-OH \xrightarrow[\text{ECF}]{F_2} C_3F_7-\underset{\underset{O}{\|}}{C}-F$$

(電解フッ素化)

$$\xrightarrow{\text{KF, (CH}_3)_2\text{SO}_4\text{, diglyme}} C_4F_9-O-CH_3 \quad (8.2.8)$$

$$F_3C-CH_2-OH + F_2C{=}CF_2 \xrightarrow{\text{NaOH, CH}_3\text{CN}} F_3C-CH_2-O-CF_2-CHF_2 \quad (8.2.9)$$

8.2.3 低 GWP 冷媒

A 概要

CFC の代替として開発された HFC などの代替フロンはオゾン破壊には寄与しないが，大気寿命が長く地球温暖化への影響の大きい物質が多い．特に冷媒用途に用いられる HFC は地球温暖化係数（GWP）の大きな物質が多く，また代替フロンとしての生産量も多いことから使用量削減に向けた規制が始まっている．日本では京都議定書の批准を背景に家電リサイクル法やフロン回収破壊法を発効し HFC, PFC, SF_6 の 3 ガスの回収，破壊による排出量削減を実施してきたが，実態として回収破壊されるフロン類と，生産量の間に大きなかい離があることや，大気中の HFC 濃度が明確に経年増加していることから HFC 規制の強化が検討された．フロンの製造から廃棄までのライフサイクル全体にわたる包括的なフロン排出抑制法が 2013 年に公布され 2015 年 4 月に施行されている．欧州では上記 3 ガスを F ガスとよび，世界をリードする形で 2006 年 7 月に F ガス規制を施行して，HFC の中でも特に GWP が高く使用量の多い分野からフェーズダウンに向けた動きが始まっている．このような規制強化を背景に環境影響のきわめて小さい低 GWP 冷媒の開発が加速している．

低 GWP 冷媒として開発が行われている物質として，大気寿命を短くするために分子中に不飽和結合をもつ化合物が提案されており，ハイドロフルオロオレフィン（HFO）として認知され始めている．GWP1300[14] の HFC-134a の代替として 2008 年 Honeywell 社，DuPont 社が共同開発を発表した HFO-1234yf（$CF_3CF{=}CH_2$）は地球大気に大量に存在する CO_2 と同等の地球温暖化係数（GWP＜1）[14] をもつ低 GWP 冷媒であり次世代冷媒の本命として商業化プラントが稼働を始めている．すでに実用段階にある HFO としては，この他に HFO-1234ze-E（E-$CF_3CH{=}CHF$：GWP＜1），HFO-1233zd-E（E-$CF_3CH{=}CHCl$：GWP＝1），HFO-1336mzz-Z（Z-$CF_3CH{=}CHCF_3$：GWP＝2）[14] などがある．

B 反応とプロセス

HFO-1234yf の製造法としてはテトラフルオロエチレンと同様にフッ素樹脂モノマーとして工業化されているヘキサフルオロプロペン（$CF_3CF{=}CF_2$）を出発原料として水素付加と脱フッ化水素を繰り返して合成する方法[15]（8.2.10 式）と，クロロプロパン類から塩素化，フッ化水素によるフッ素化，脱ハロゲン化水素反応を駆使して合成する方法[16]（8.2.11 式）が製法として採用されている．

$$CF_3CF{=}CF_2+H_2 \longrightarrow CF_3CFHCHF_2 \xrightarrow{-HF} CF_3CF{=}CHF+H_2 \longrightarrow CF_3CFHCH_2F \xrightarrow{-HF} CF_3CF{=}CH_2 \ (\text{HFO-1234yf}) \quad (8.2.10)$$

$$Cl_2C{=}CCl-CH_2Cl \xrightarrow[Cr_2O_3]{HF} CF_3CCl{=}CH_2 \ (\text{conv. } 89\%) \xrightarrow[SbCl_5]{HF} CF_3CClFCH_3 \xrightarrow{Cr_2O_3} CF_3CF{=}CH_2 \ (\text{HFO-1234yf}) \quad (8.2.11)$$

HFO-1234ze-E，HFO-1233zd-E は HFC-245fa を製造する反応と同じ原料から同様のプロセスで合成することができる．フッ化水素によるフッ素化を行う際のフッ素化触媒や反応条件などを変えることで HFO-1233zd，HFO-1234ze を主生成物として製造することができる[17]（8.2.12 式）．

$$CCl_3CH_2CHCl_2 \xrightarrow{3HF} CF_3CH{=}CHCl+4HCl \ (\text{HFO-1233zd}) \xrightarrow{HF} CF_3CH{=}CHF+HCl \ (\text{HFO-1233ze}) \quad (8.2.12)$$

文献

1) 日本弗素樹脂工業会，統計情報(http://www.jfia.gr.jp/jfiadata/jyukyu.htm)
2) E. E. Lewis, M. A. Naylor, J. Am. Chem. Soc., 69 (11), 1968 (1947)
3) US Patent, 3,459,818 (1969)；特開平 7-233104 (1995)
4) S. L. Rebecca et al., J. Phys. Chem. A, 103 (41), 8213 (1995)
5) A. Reza, E. Christiansen, Process Safety Progress, 26 (1), 77 (2007)
6) US Patent, 2,407,405 (1946)
7) 環境省，平成 28 年版環境統計集(http://www.env.go.jp/doc/toukei/contents)
8) 石川延男，小林義郎，フッ素の化合物，p.164，講談社(1979)
9) D.D.Coffmann, R.Cramer, G.W.Rigby, J.Am. Chem.Soc., 71, 979 (1949)；O.Paleta, A.Posta, K.Tesarik, Collection Czechoslov.Chem.Commun., 86, 1867 (1971)
10) R. Bertocchio, A. Lantz, L. Wendlinger, 特開平 9-208504；P. Pennetreau, F. Janssens, 特開平 8-99918.
11) C. G. Krespan, 特許 3162380；特許 3162379
12) D. R. Vitcak, R. M. Flynn, 特表 2000-508655
13) 東野誠司，中原昭彦，井関祐二，特開平 9-263559
14) Scientific Assessment of Ozone Depletion：2014, Appendix 5A, GWP (100-yr) 値, World Meteorological Organization Global Ozone Research and Monitoring Project-Report No. 55
15) US 20110021849A1, US 20100305370A1, US 20110015452A1, EP 2281792A1, US 20120022302A1, US 20110288347A1 など
16) US 20110130599A1, US 20110155942A1, WO 2011135395A1, WO 2012009114A2, US 20110207974A9 など
17) 特開平 9-268139，特許 3516324，特開平 9-194404，特開 2010-100613

第9章
汎用樹脂

9.1　低密度ポリエチレン

9.1.1　概要

A　変遷

低密度ポリエチレン（密度 0.91～0.93）は LDPE（low density polyethylene）とよばれ，1977 年に UCC 社が気相法の直鎖状低密度ポリエチレン L-LDPE（linear LDPE）を開発し世界中にライセンスし始める前は，高圧法（100～300 MPa）によるエチレン重合製品がほとんどであった．高圧法の製品は HP-LDPE（high pressure LDPE）とよび，L-LDPE と区別する．

HP-LDPE は 1942 年に工業化され，その後，槽状，管状の 2 つの反応器のプロセスで発展した．この HP-LDPE は，他のプロセスによる樹脂に一部を代替されながらも，今も根強い需要がある．これは，HP-LDPE が柔らかく，長鎖分岐をもち，成形加工性や透明性に優れているためである．一方，高密度ポリエチレン（HDPE）（密度 0.94～0.97）は，これらと違ったプロセスと触媒で 1950 年代に工業生産された．1～10 MPa の圧力で生産できるので中低圧法とよばれるが，反応形態や分岐のしかたが異なり，LDPE の用途とは少し異なっていた．

HDPE の触媒は Phillips 系（Cr 系）と Ziegler 系（Ti 系）がある．プロセスは，ポリマーが溶媒に懸濁しているスラリー法と，溶媒に溶けている溶液法に分けられる．これらの触媒の高活性化の発展はめざましく，触媒を除去する工程を省くなど，プロセスの簡略化が進み，HDPE の気相法も 1968 年 UCC 社で工業化された．これら HDPE のプロセスから製品の低密度化が進み，L-LDPE に進出し始めた．

Ziegler 系の触媒分野では，1959 年 DuPont Canada 社から溶液重合法で，1977 年 UCC 社の気相法，1979 年の Dow Chemical 社の溶液法など，HP-LDPE とは異なる分岐構造や性質をもった L-LDPE が登場した．Ziegler 系触媒による L-LDPE は，エチレンと α-オレフィンの共重合によってできる直鎖状の主鎖に短鎖分岐を有しており，HP-LDPE に比べ，機械的強度に優れている．

この特徴を生かすため，高圧法で Ziegler 系触媒を使用した L-LDPE も，80～120 MPa の圧力で生産され始めた．

L-LDPE の気相法は，未反応ガスの分離が簡単であること，圧力が 1.5～3 MPa で，電気エネルギーを多消費する HP-LDPE のプロセスに比べ，省エネルギーであるため，世界中で気相法建設ラッシュとなった．

さらに 1990 年代半ばに，今までの Ziegler 系触媒と違った単一の活性種をもった触媒（シングルサイト触媒）が商業化された．シングルサイト触媒で製造される樹脂は，共重合組成分布が制御されているため，従来品を上回る強度，透明性，熱融着性をもつといわれており，高性能分野へと展開されつつある．

B　国内出荷量動向と主要メーカー

国内のLDPEにおけるHP−LDPEとL−LDPEの比率を図9.1.1[1]に示す．2005年以降は，HP−LDPEとL−LDPEの比率はおよそ1：1となり，ともに出荷量はおよそ79万 $t\ y^{-1}$ となった．しかし，2008年以降は，その比率は変わらないものの出荷量はおよそ65万 $t\ y^{-1}$ まで減少した．

1990年代後半，世界と日本のポリオレフィン(PE，PP)メーカーでは，国際競争力の強化を目的として，合併・事業統合が始まった．国内LDPEの主要メーカーは表9.1.1[2]に示す9社であり，いずれも世界のPEメーカーの生産規模に比べると小さい．表9.1.2[3]に，世界の生産能力上位5社を示す．今後は中東や中国に加えてシェールガス由来のエチレン新増設に伴う米国を中心にプラントの増設が予定されている．

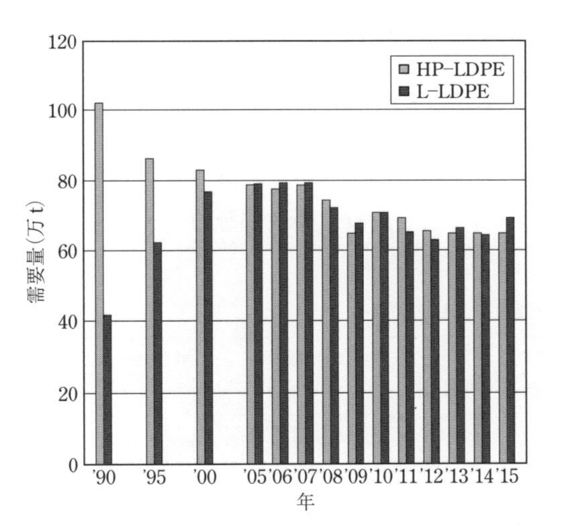

図9.1.1　HP−LDPEおよびL−LDPEの国内出荷量

C　用途

図9.1.2[1]に示すように，HP−LDPEでは，フィルム，加工紙が主力ではあるが，HDPE極薄フィルムおよびL−LDPEの出現により，フィルムの構成比はこの20年減少している．一方，加工紙(ラミネート)は，熱融着性，衛生性などの特徴から，食品包装分野で増えている．L−LDPEは強度を生かしたフィルム分野が主力で60％以上を占めている(図9.1.3[1])．

9.1.2　重合と触媒

表9.1.3に，LDPEの各種製造プロセスの特徴を示す．HP−LDPEはエチレンのラジカル重合により，L−LDPEはエチレンとα−オレフィンの配位アニオン重合により製造される．前者は，連鎖移動のしかたにより，短鎖分岐と長鎖分岐が生成する．後者では，α−オレフィンが共重合することにより短鎖分岐が生成する．

L−LDPE用のZiegler触媒は，各プロセスに適したMg-Ti系触媒が使用されており，ほぼ完成の域

表9.1.2　世界の企業別LDPE生産能力(2015年，万 $t\ y^{-1}$)

	HP−LDPE	L−LDPE	合計
Exxon Mobil	139.2	456.5	595.7
Dow Chemical	120.1	429.9	550.0
SABIC	140.8	232.0	372.8
Sinopec	131.5	261.3	392.8
LyondellBasell	146.5	67.2	213.7

表9.1.1　国内の企業別ポリエチレン生産能力(2015年，万 $t\ y^{-1}$)

	HP−LDPE	L−LDPE	合計
日本ポリエチレン	34.8	27.1	61.9
住友化学	17.2	13.3	30.5
日本エボリュー	0.0	30.0	30.0
日本ユニカー	18.0	7.2	25.2
東ソー	15.2	3.1	18.3
宇部丸善ポリエチレン	12.3	5.0	17.3
三井デュポンポリケミカル	17.0	0.0	17.0
旭化成ケミカルズ	12.0	0.0	12.0
プライムポリマー	0.0	9.6	9.6
合計	126.5	95.3	221.8

に達した感がある．

一方，1980年にW. Kaminsky, H. Sinnによって，メタロセン錯体にメチルアルミノキサンを組み合わせた触媒系が発見され，BASF社[4]とHoechst社[5]から基本特許が出願された．この触媒はシングルサイト触媒とよばれ，L-LDPEにおいては，分子量分布ならびに分岐分布が狭いポリマーが得られる．1983年にExxon社[6]が置換シクロペンタジエニル錯体の広範な特許を出願し，一方Dow Chemical社[7]は，幾何拘束型触媒(constrained geometry catalyst, CGC)という長鎖分岐をもったポリマーを与える触媒を有している．その他のシングルサイト触媒も加わり，すでにZiegler触媒のポリマーよりも物性的に優位な用途への実用化が進んでいる．近年，いわゆるポストメタロセン触媒の研究が盛んに行われている．活性金属種も，Ti, Zr, Hfなどの前周期遷移金属からCo, Fe, Ni, Pdなど後周期金属へと広がり，コモノマー種もα-オレフィンのみならず，極性モノマーとの共重合も可能になってきた[8]．最近ではブロックポリマー(Dow社)などポストメタロセン触媒の実用化も始まっている．今後，これら触媒シーズの多様性によるさらなる新規ポリマーの創出が期待される

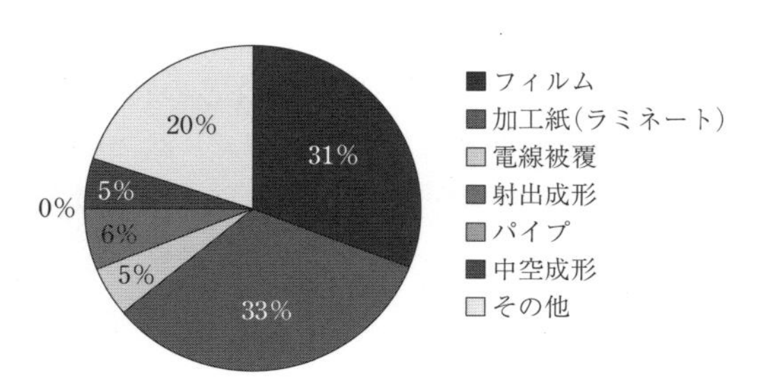

図9.1.2　HP-LDPEの用途(2015年)

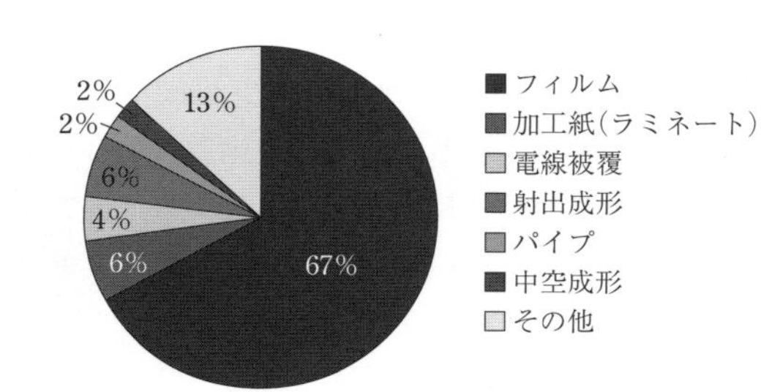

図9.1.3　L-LDPEの用途(2015年)

9.1.3　プロセス

A　高圧法管状および槽状プロセス

図9.1.4に管状プロセスのフローを示す[9]．エチ

表9.1.3　低密度ポリエチレン製造プロセスの特徴

種類	製造方法	温度(℃)	圧力(MPa)	触媒または重合開始剤	プロセスの特徴	ポリマーの構造
高圧法低密度ポリエチレン(HP-LDPE)	管状高圧重合法	150～330	100～300	過酸化物，酸素，空気	グレード切り替えが容易，エネルギー費が高い	
	槽状高圧重合法	150～300	100～200	過酸化物	グレード切り替えが容易，エネルギー費が高い	
直鎖状低密度ポリエチレン(L-LDPE)	気相重合法	60～100	1～3	Ziegler触媒 シングルサイト触媒	エネルギー費が低い，グレード切り替えに時間を要す	(シングルサイト触媒では長鎖分岐をもつものもある)
	スラリー重合法	60～100	1～3	Ziegler触媒 シングルサイト触媒	低密度が作りにくい	
	溶液重合法	160～250	2～10	Ziegler触媒 シングルサイト触媒	グレード切り替えが容易，高分子量が作りにくい	
	高圧イオン重合法	150～300	80～150	Ziegler触媒 シングルサイト触媒	グレード切り替えが容易，エネルギー費が高い	

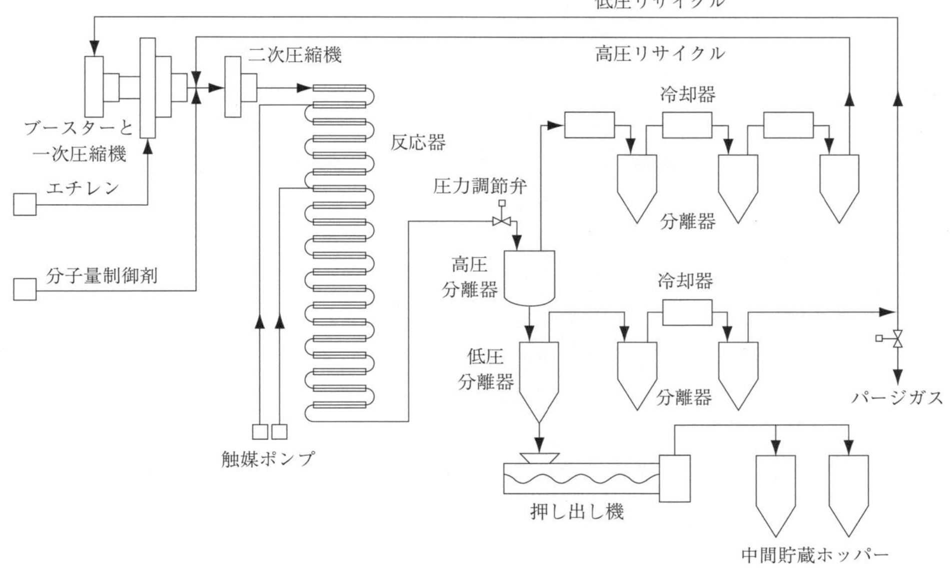

図 9.1.4　高圧管状プロセスフロー

レンを一次圧縮機で昇圧(20〜30 MPa)し，分子量調節剤を注入後，さらに二次圧縮機で昇圧(100〜300 MPa)する．予熱後，150〜330℃で重合が行われる．約 1 km 前後の管状の反応器に，数点の重合開始剤をポンプで注入する．重合開始剤は，有機過酸化物，酸素，およびその併用がある．反応熱の除去法には，温水冷却と中間から追加供給したエチレンによる冷却がある．ポリマーと未反応エチレンは圧力調節弁を通過後，高圧分離器で分離され，ガスは高圧リサイクルラインで冷却後，二次圧縮機の入り口に戻る．溶融ポリマーはさらに降圧(10〜70 kPa)され，低圧分離器で脱ガス後，押出機でペレット化される．

低圧分離器でのガスは昇圧後，一次圧縮機の入り口に戻る．管状の場合，反応器の管内におけるポリマー付着防止のため，弁で規則的に圧力降下を行わせる．温度制御，管内面仕上げ粗度の改良などで，この操作が省略されたプロセスもある．これは製品の品質，安全面に寄与する．モノマー転化率は 10〜30％といわれているが，気相重合では 70％を超えるものもある．1 系列の生産能力については，約 40 万 t y^{-1} の大型プラントも可能となっている．

槽状プロセスは管状の反応器の部分が違うだけで，ほぼ同じである．圧力は 100〜200 MPa，温度は 150〜300℃前後で，反応形態が管状に比べ圧力降下の少ない均一な反応となる．分子量分布は高分子量側に広く，長鎖分岐も多い．

B　気相法プロセス

図 9.1.5 にプロセスフローを示す[9]．顆粒状のポリエチレン粉末を，エチレン，コモノマー，水素(分子量調節剤)，窒素などの不活性ガスからなる混合ガスで流動させて流動床を形成し，触媒を投入，重合させる．重合熱は，初期のプロセスでは重合槽に入るガスの顕熱で除去していたが，プロセスの進歩とともに，リサイクルガス中のコモノマーを一部液化し，潜熱も利用する方式に変わってきている．

重合圧力は 1.5〜3.0 MPa，温度は 65〜100℃で，反応ガスは圧縮機でリサイクルされ，冷却器で冷却後，新規供給した混合ガスと合流し，重合槽に入る．原料ガスは，助触媒の使用量，槽内の重合挙動に関係し，不純物除去が他プロセスより徹底している．重合槽から抜き出された製品中に残存しているガスは，粉末から分離された後に再び昇圧され，回収される．基本的に溶媒を使用しないため，他プロセスのような溶媒回収設備がない．初期には，顆粒状であるため，ペレット化のための押出工程も省略できるという可能性も示唆されたが，添加剤，既存のペレットとの混合共存性から，特別な場合を除き，ペレット成形が通常となっている．省エネルギープロ

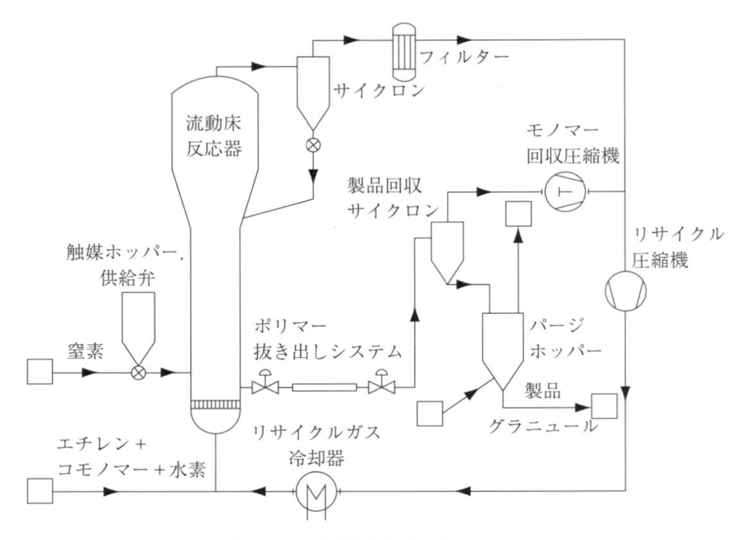

図 9.1.5 気相重合プロセスフロー

セスではあるが，滞留時間が長く，多品種銘柄の生産には向いていない．

9.1.4 各種プロセスと今後の展望

各最新プロセスのエチレン原単位（L-LDPE は，コモノマーも含めた値）は 1,007〜1,020 kg (t-PE)$^{-1}$ の中にあると思われる．エネルギー原単位は，HP-LDPE の管状プロセスで 800〜1,100 kWh (t-PE)$^{-1}$ であるのに対し，気相法では，ペレットベースで 300〜500 kWh (t-PE)$^{-1}$ 程度といわれている．ペレット化以降のエネルギーは，200 kWh (t-PE)$^{-1}$ 前後といわれ，完全な非ペレット化の省エネルギープロセスが望まれる．スチームは，HP-LDPE の管状プロセス（有機過酸化物ベース）で 1 t (t-PE)$^{-1}$ 前後，気相法で，その 10% 前後と推定される．溶媒コストがかかる溶液法も，品質の均一性，銘柄切り替えの速さで，気相法に十分対抗できると推定される．省エネルギー以外に，環境問題による国内の“容器包装リサイクル法”にみられる容器形式の変換，肉厚の薄化などのように，用途に適合する樹脂が，試行錯誤を繰り返しながら選別されている．樹脂メーカー，加工メーカー，容器包装ユーザーの全コスト削減に向けて，激しい競争が繰り返され，その中で，プロセスと生産規模が決まってくると予想される．特に最近では，省エネルギー，低コスト化の観点から，生産規模が大型化する傾向となっている．

文献

1) 石化協データ
2) 化学経済，8 月増刊号，57 (2016)
3) 化学経済，3 月増刊号，103 (2016)
4) US Patent, 4,404,344 (1983)
5) 特開昭 58-19309 (1983)
6) 特開昭 60-35007 (1985)
7) 特開平 3-163088 (1991)
8) M. Brookhart et al., J. Am. Chem. Soc., 117, 6414 (1995)
9) Met Con '96 Metallocenes : The Intensive Short Course, p.II-10, II-18, The Catalyst Group (1996)

9.2 高密度ポリエチレン

9.2.1 概要

高密度ポリエチレン(HDPE)は，Standard Oil Indiana 社の Standard 法，Phillips Petroleum 社の Phillips 法，Ziegler の低圧法により，1950 年代後半～1960 年代初頭に実用化された[1]．その後，新プロセスとして中圧気相重合法が UCC 社などにより開発された．1960 年代後半～1970 年代にかけて，プラント大型化によるコストダウンと触媒性能向上によるプロセス簡略化が進み，現在では，スラリー重合プロセス，気相重合プロセス，溶液重合プロセスの 3 プロセスが生き残り，HDPE 生産に用いられている．

HDPE は優れた加工性，ヒートシール性，低温特性，耐久性，耐衝撃性，耐薬品性を有し，現在五大汎用樹脂の 1 つとして，フィルム，中空成形，射出成形，パイプなどの分野で幅広く使用されている．2015 年の国内総生産量は約 752 万 t である．国内各社生産能力を表 9.2.1[2]に示す．

2015 年までの国内用途別需要を表 9.2.2[3]および図 9.2.1[4]に示す．国内生産は海外生産ペレットや加工製品の輸入の増加(図 9.2.2[5])による落ち込みがみられ，各社ともに汎用製品から高付加価値製品への分野シフトを図っている．特にこの 10 年でのフィルム分野の落ち込みは激しく，射出成型分野や中空分野の比率が上昇している．

最近の技術動向として，プラント 1 系列あたりの生産量が 1992 年ごろより急激に増加してきており，いずれのプロセスでも最大 30～50 万 t y^{-1} に達し，さらなる運転コストの低減が図られている．表 9.2.3 に世界の高密度ポリエチレンメーカー上位十社の設備能力を示す[6]．国内 HDPE プロセスの規模は小さく新規技術を導入して海外との差異化を図っている．新規技術として，メタロセンに代表されるシングルサイト触媒がすでに実用化され，多段重合，三元共重合体などとの技術の組み合わせにより高付加価値製品の開発が進められている．

9.2.2 プロセス

HDPE 製造プロセスは，スラリー重合，気相重合，および溶液重合プロセスに大別される．スラリー重合プロセスは，さらに中圧スラリー重合であるループスラリー重合プロセスと低圧スラリー重合であるタンクスラリー重合プロセスに大別される．

A 中圧スラリー重合プロセス

中圧スラリー重合プロセスの代表例として，図 9.2.3 に Chevron Phillips 社のプロセスフローを示す[7]．シリカに Cr を担持させた触媒，エチレン，水素，コモノマーおよび溶剤(イソブタン)は，ループ反応塔へ供給され，重合はスラリー状態で進行する．反応塔圧力は 4～5 MPa，温度は 70～110℃で

表 9.2.1 高密度ポリエチレンの各社別生産能力(2015 年)

会社名	工場	技術	生産能力(千 t y^{-1})
日本ポリエチレン	川崎・水島・大分	スラリー法	423
プライムポリマー	千葉	スラリー法	214
三井化学	岩国大竹	スラリー法	6
JNC	千葉	スラリー法	63
丸善石油化学	千葉	スラリー法	111
東ソー	四日市	スラリー法	125
NUC	川崎	気相法	120
旭化成ケミカルズ	千葉	スラリー法	163
合計			1,225

表 9.2.2　高密度ポリエチレンの国内出荷実績（下段は比率，$t\,y^{-1}$）

需要分野	2013 年	2014 年	2015 年
射出成形	94,364 (12.3)	97,855 (13.5)	101,456 (13.5)
中空成形	170,288 (22.3)	168,364 (23.2)	173,090 (23.0)
フィルム	195,506 (25.6)	174,404 (24.0)	191,284 (25.4)
フラットヤーン	21,238 (2.8)	20,557 (2.8)	22,670 (3.0)
繊維	36,640 (4.8)	36,097 (5.0)	41,099 (5.5)
パイプ	73,123 (9.6)	68,057 (9.4)	62,098 (8.3)
その他	173,550 (22.7)	160,005 (22.1)	160,726 (21.4)
国内需要計	764,709 (100.0)	725,339 (100.0)	752,423 (100.0)

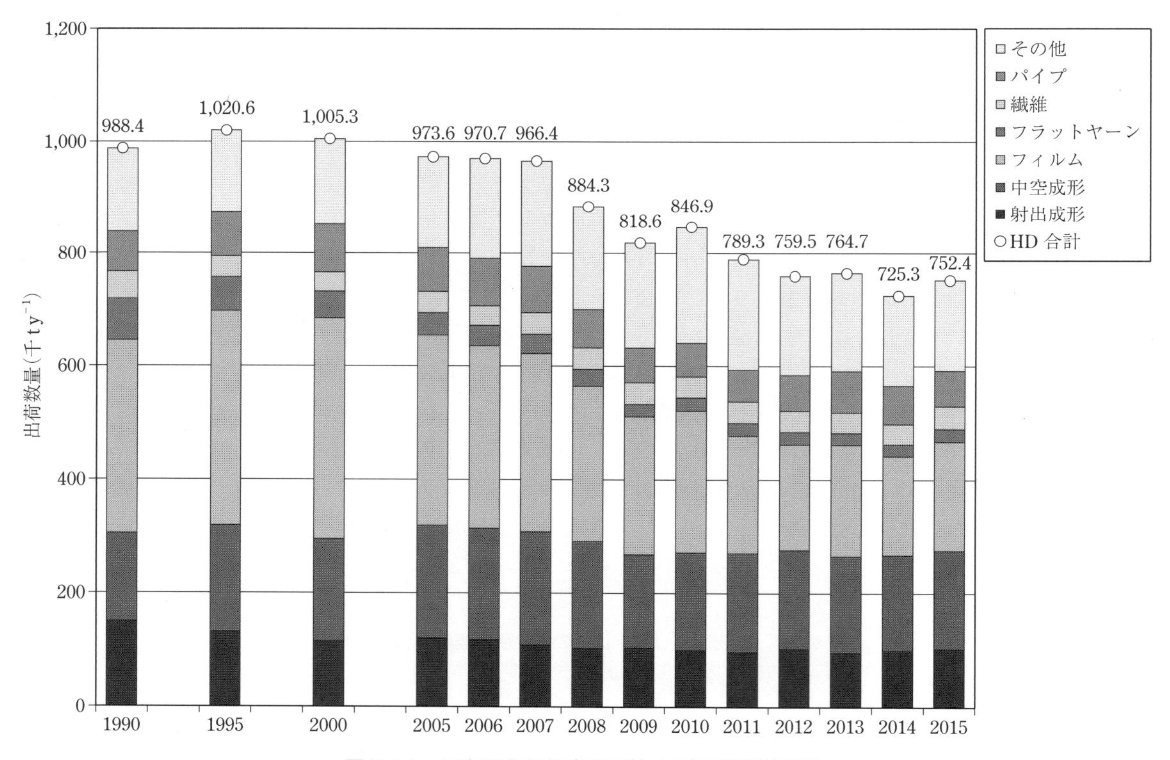

図 9.2.1　日本の高密度ポリエチレン用途別出荷実績

あり，スラリーを均質に保つのに十分な流速で運転されている．反応塔から排出されたスラリーは，フラッシュ槽にてガスとポリマーに分離される．ポリマーはパージカラム型乾燥機へ供給され，窒素にてパウダーに残留するガスを除去されたのち，ペレット成形機へ送られる．フラッシュ槽で分離されたガスは圧縮液化されたのち，軽質および重質分を蒸留分離され，反応塔にリサイクルされる．

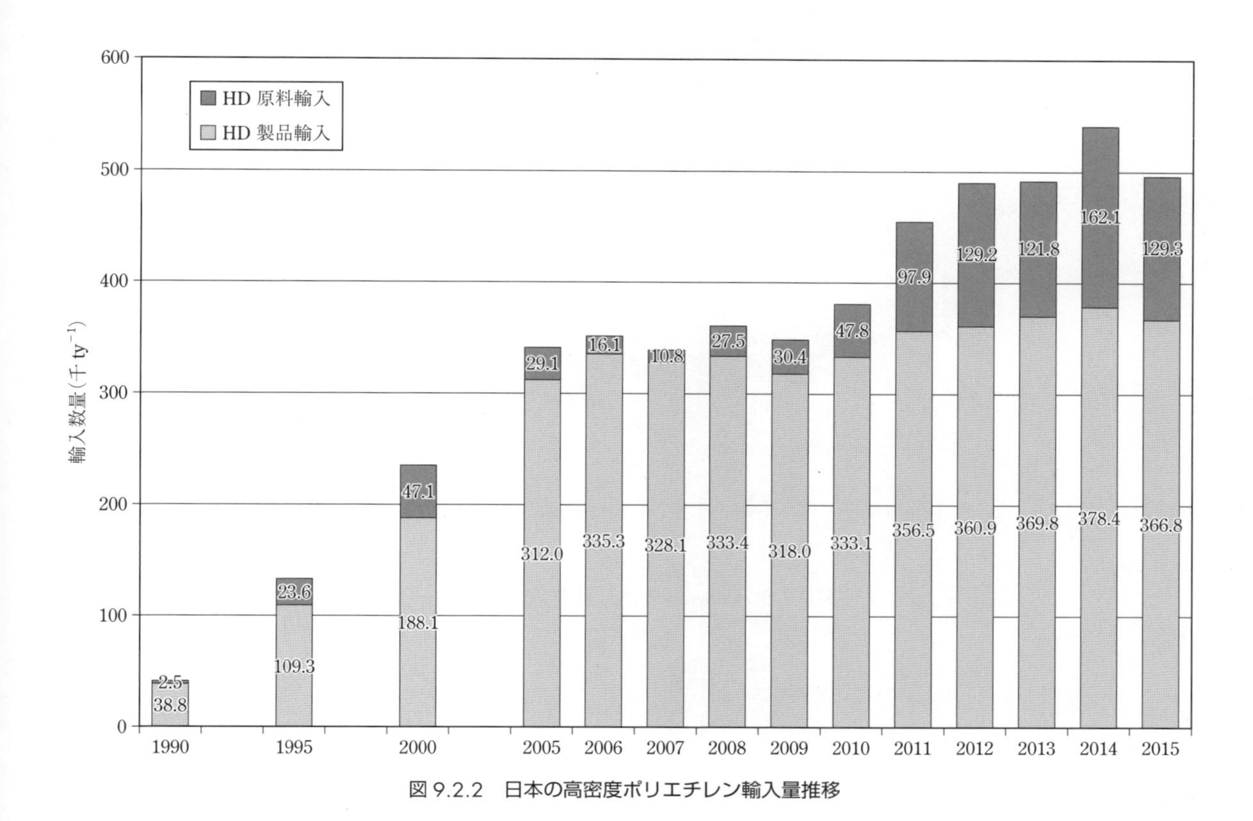

図 9.2.2　日本の高密度ポリエチレン輸入量推移

表 9.2.3　世界の高密度ポリエチレン生産能力(2014 年)

会社名	生産能力(千 $\mathrm{t\,y^{-1}}$)
LyondellBasell	3,016
SABIC	2,919
CPCHEM	2,672
PetroChina	2,431
ExxonMobil	2,328
Sinopec	2,286
Ineos	2,088
NPC Iran	2,075
Dow Chemical	1,548
Total PC	1,438

B　低圧スラリー重合プロセス

低圧スラリー重合プロセスでは，重合は圧力 2 MPa 以下，温度 70～100℃においてスラリー状態で行われる．溶剤としてヘキサン，ヘプタン，デカンなどの中沸点～高沸点の溶剤が用いられる．本プロセスは，運転の容易さ，安全性，広い運転範囲などの特徴を有する．

図 9.2.4 に LyondellBasell 社のプロセスフローを示す[7]．2 基の撹拌器型反応塔は，ヘキサンスラリーで運転され，生産する製品に応じて直列または並列に使い分けられる．重合工程を出たスラリーはデカンターでポリマーと液に分離され，ポリマーは，流動層乾燥機で乾燥されたのちペレット化され，液は溶剤として重合工程へリサイクルされる．

C　気相重合プロセス

中圧気相重合プロセスでは，流動床型反応塔内でポリマー粉末をモノマーにより流動化させながら重合させる．溶剤を使用しないので，溶剤回収，精製工程が不要であるため，スラリー重合プロセスに比べて運転コストは低い．図 9.2.5 に Univation 社の UNIPOL プロセスのプロセスフローを示す[8]．

触媒は従来の Ziegler 系，Cr 系触媒に加え，メタロセン触媒も使用されている．反応塔圧力は 2～3 MPa，温度は 85～100℃である．遠心圧縮機で循環されるガスにより流動床を形成するとともに，反応熱の除去を行っている．循環ガスの露点以下の温度で運転し，反応熱除去に蒸発潜熱を用いて生産性を向上させることも可能である．ポリマーは反応塔より間欠的に抜き出されたのち，残留ガスが窒素にて除去され，ペレット成形機へ送られる．排出シス

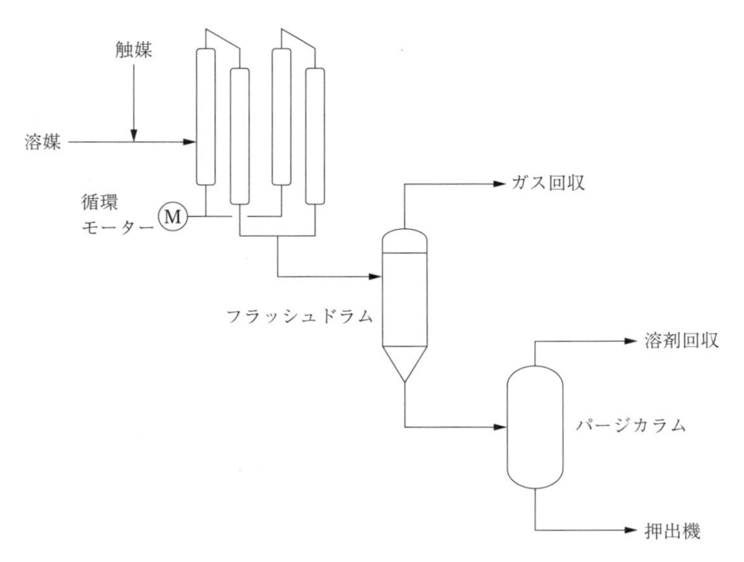

図 9.2.3　Chevron Phillips 社のプロセスフロー

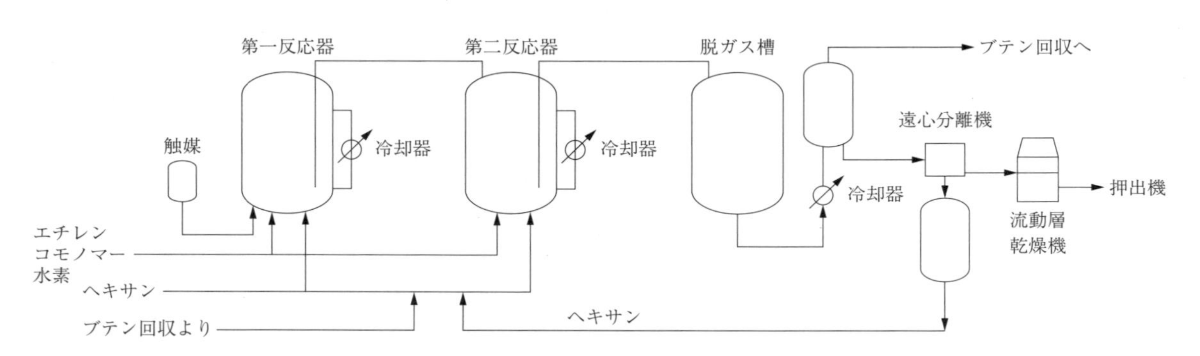

図 9.2.4　LyondellBasell 社のプロセスフロー

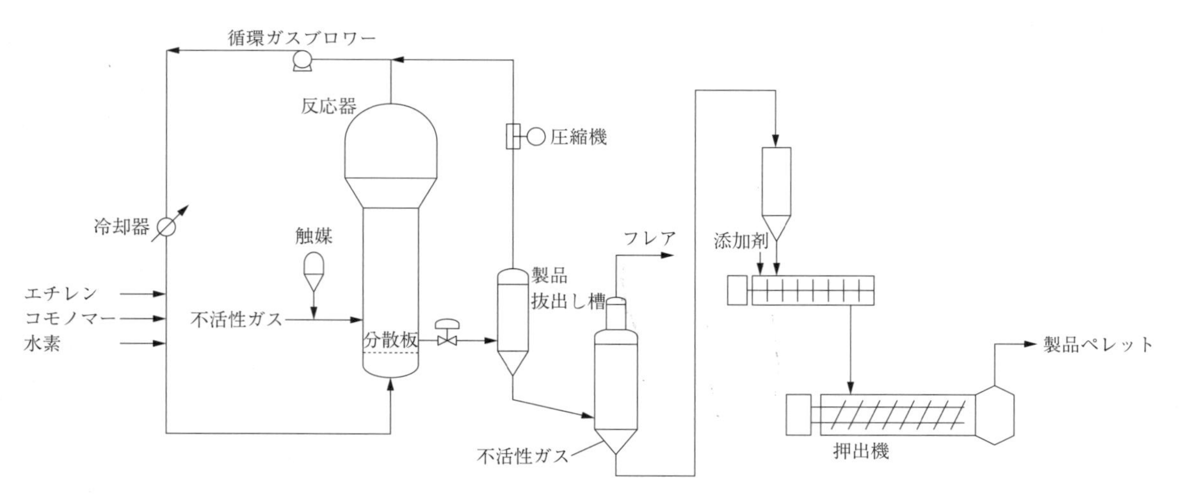

図 9.2.5　Univation 社の UNIPOL プロセスのプロセスフロー

テムにて分離された未反応ガスは反応塔に回収される．

他の中圧気相重合プロセスとして，図 9.2.6 に示す INEOS 社の Innovene G プロセスがある[7]．ガ

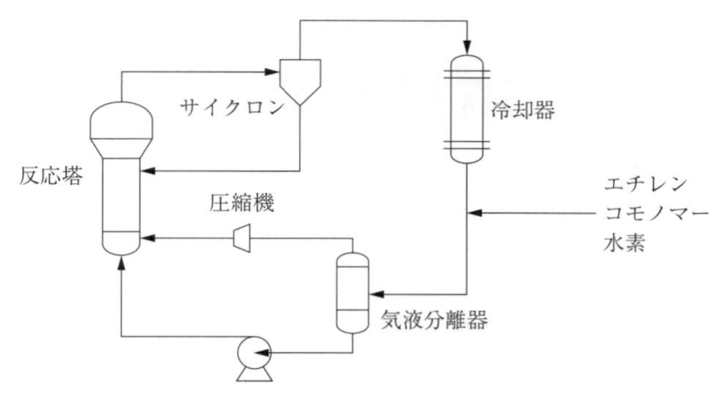

図 9.2.6　INEOS 社の Innovene G プロセス

ス循環ラインに設置されたサイクロンで，ガス中の微粉を反応塔に回収することにより圧縮機，冷却器などへの微粉の付着を防止している点，および循環ラインに気液分離器を有する点などが特徴である．

D　溶液重合プロセス

溶液重合プロセスでは，重合は圧力 15 MPa 以下，温度 150～300℃でポリマーが溶解した状態で重合が行われる．溶剤としてヘキサン，シクロヘキサン，メチルペンタン，イソパラフィンなどの中沸点～高沸点の溶剤が用いられる．本プロセスは，低密度～高密度まで幅広い密度領域のポリエチレンを生産できる特徴を有する．現在では溶液重合はおもに低密度ポリチレンの生産に用いられている．

9.2.3　今後の展望

プライムポリマーは 2013 年に姉ヶ崎の 13 万 t の系列を停止し，日本ポリエチレンは 2014 年に川崎の 5 万 t の系列を停止している．これにより国内の HDPE の受給バランスはタイトな状況になっているものの，北米シェールや中国 CTO の影響を考慮し，各社ともにフィルムを中心とした汎用分野から各種産業材用途や食品医療用途などへの分野シフトを進めている．旭化成，東ソー，プライムポリマー，日本ポリエチレンは，メタロセン触媒を自社のスラリー法プロセスに適用し，中空用途やパイプ用途での品質の差異化を図っている．また，京葉ポリチレンや日本ポリエチレンでは多段重合を駆使して新規用途開発や品質の向上を図っている．プロセス技術としては，新規プロセス開発といった大規模な動きはないが，既存プロセス技術の深化と触媒技術の組み合わせによる高品質化の追求が，今後も展開されると予想される[9]．

文献

1) 岡叡太郎，ポリエチレン樹脂，p.5，日刊工業新聞社(1978)
2) 経済産業省，我が国の主要石油化学製品生産能力調査(2016)
3) 化学経済，8 月増刊号，58，(2016)
4) 石油化学工業協会データ
5) 財務省，貿易統計データおよび推定値
6) 化学経済，3 月増刊号，103，(2016)
7) Hydrocarbon Processing, 78(3), March, 129 (1999)
8) 松浦一雄　三上尚孝，ポリエチレン技術読本，p.169，工業調査会(2001)
9) 2016 版ポリエチレン市場の徹底分析，p.29-53，矢野経済研究所(2016)

9.3 ポリプロピレン

9.3.1 概要

ポリプロピレン(PP)はその製品特性(低比重，機械物性，耐熱性，耐薬品特性など)とコスト競争力によって，自動車，家電製品などの射出成形分野，繊維，フィルム分野など広範囲な用途で用いられている(図9.3.1)[1]．

その結果，PPは主要な熱可塑性樹脂の中でも高い成長率を示してきており，現在では世界のPPの生産量は年間約6,000万tに達した(図9.3.2)[2]．特に，近年産油国である中東の化学産業への投資拡大や内陸部の豊富な石炭を活用してエチレン，プロピレンなどを製造するCTO(coal to olefins)や，購入メタノールからエチレン，プロピレンなどを製造するMTO(methanol to olefins)によるプラント新設が盛んな中国では原料供給の利を生かして急激なポリプロピレン生産量の増加がみられる(図9.3.3)[2]．

表9.3.1，表9.3.2に国内外主要PPメーカーの生産量を示す[3]．近年の化学業界での巨大化競争により，国内ならびに世界的な事業提携，合弁が進んでおり，1980年代には国内に14社あったPPメーカーも現在では4社にまで減少している．

また，価格競争力についても，プロセスの大型化，触媒の高性能化が推し進められ，1980年代では1系列での生産能力は年間10万t以下であったのに対し，現在では30万t以上の商業プラントの建設も珍しくない状況にある．

このように国内外のPPメーカーの集約化および高効率プロセスの導入に伴って，PP製造プロセスはスラリー法から気相重合法，あるいはバルク-ガス重合法に集約される傾向にある(図9.3.4)[2]．ここではPP製造プロセスの変遷と，第三世代とよばれる代表的なプロセスの特徴について述べる．

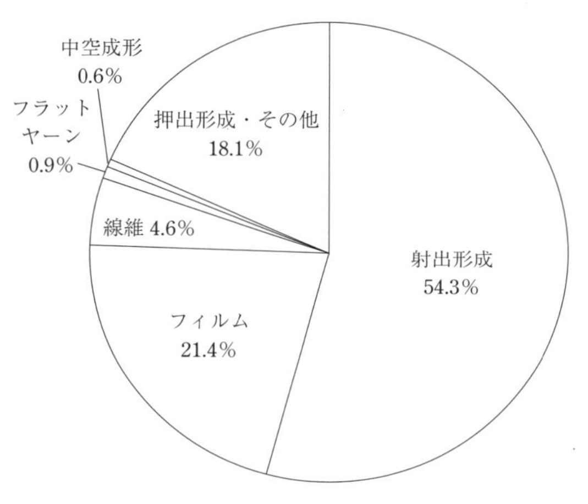

図9.3.1 ポリプロピレンの国内用途別需要(2014年)

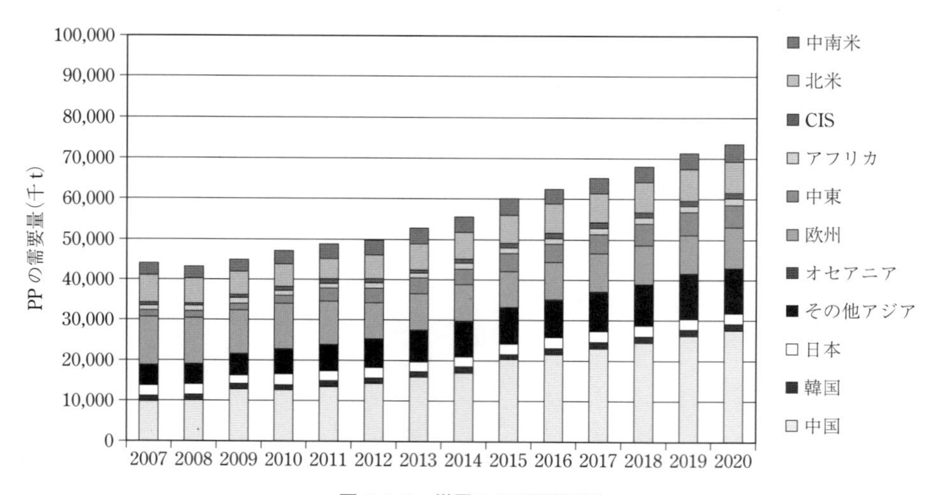

図9.3.2 世界のPP需要予測

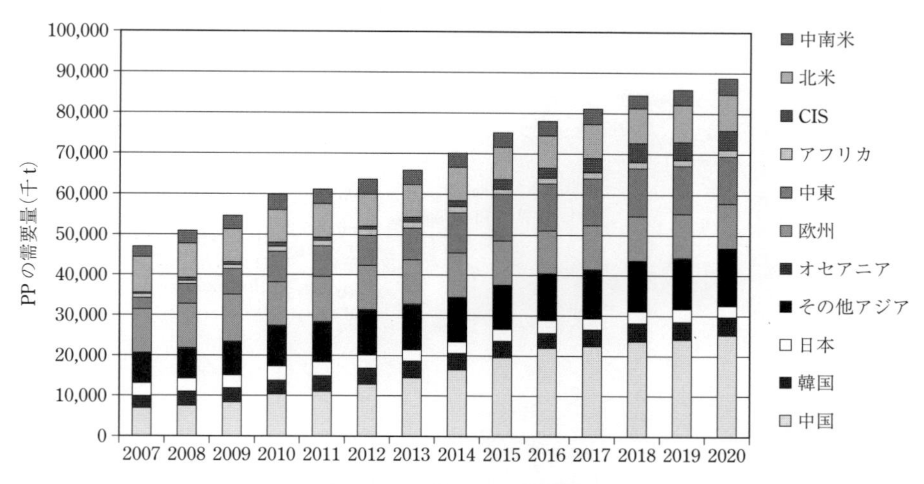

図 9.3.3　世界の PP 供給予測

表 9.3.1　世界の PP メーカー(出資者ベース)生産能力トップ 10(2015 年，千 t y^{-1})

順位	社名	能力
1	SINOPEC	5,741
2	LyondellBasell	5,629
3	CNPC	3,269
4	SABIC	2,804
5	Total	2,750
6	Reliance Industries	2,750
7	Exxon Mobil	2,528
8	Abu Dhabi Gov't	2,314
9	Formosa Group	2,229
10	Odebrecht Quimica	2,100

表 9.3.2　ポリプロピレンの設備能力(2016 年，千 t y^{-1})

社名	株主(比率：%)	立地	能力
日本ポリプロ	日本ポリケム 65，JNC35	鹿島	556
		水島	100
		川崎	0
		五井	250
		四日市	80
		計	986
住友化学		千葉	307
プライムポリマー	三井化学 65，出光興産 35	大阪	448
		千葉	126
		姉崎	400
徳山ポリプロ	プライムポリマー 50，トクヤマ 50	徳山	200
		計	1,174
サンアロマー	昭和電工 65，JX エネルギー 35	大分	303
		川崎	105
		計	408
合計			3,075

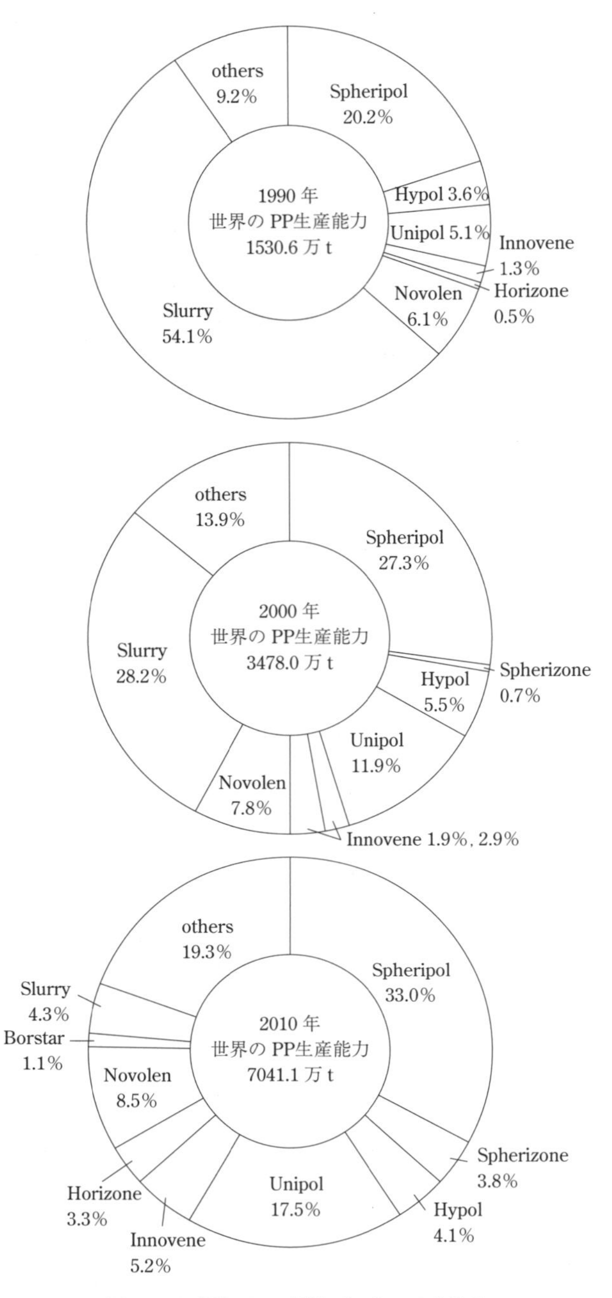

図 9.3.4　近年の PP 製造プロセスの集約化

9.3.2　プロセスの変遷

PP の工業化は，1957 年 G. Natta と共同研究を行っていた Montecatini 社，次いで Hoechst 社，Hercules 社が相次いで企業化し，日本では三井化学，三菱化学，住友化学が Montecatini 社から，チッソ社が Avisun 社（現 INEOS）からそれぞれ技術導入し工業化を開始した．開発当初の Ziegler−Natta 触媒は $TiCl_3$ をベースとするものであったが，活性が低く，副産物であるアタクティックポリプロピレン（APP）の生成も多く，脱灰・脱 APP 工程などの後処理工程を必要とする複雑なプロセスであった．その後，各社で触媒の改良が進み，特に 1970 年代の Solvay 社の $TiCl_3$ 系触媒による高活性化，あるいは Montedison 社（現 LyondellBasell）と三井石

(a) 第一世代
溶媒重合プロセス(脱灰・脱 APP)

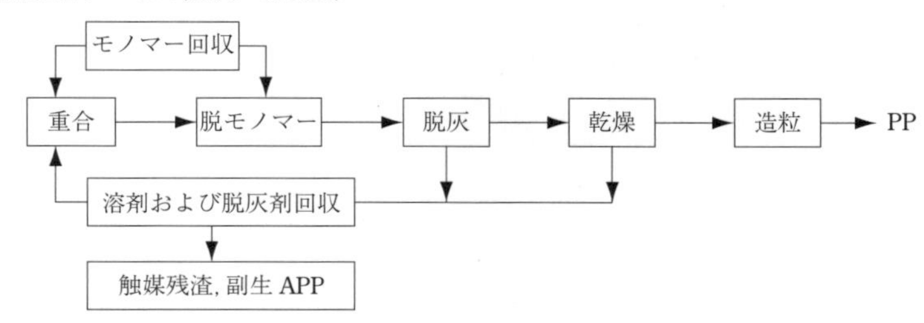

(b) 第二世代
①溶媒重合プロセス(無脱灰)

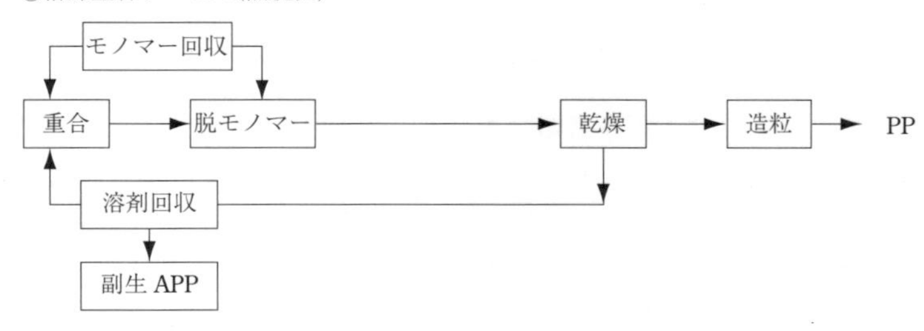

②バルク重合プロセス(脱灰・脱 APP)

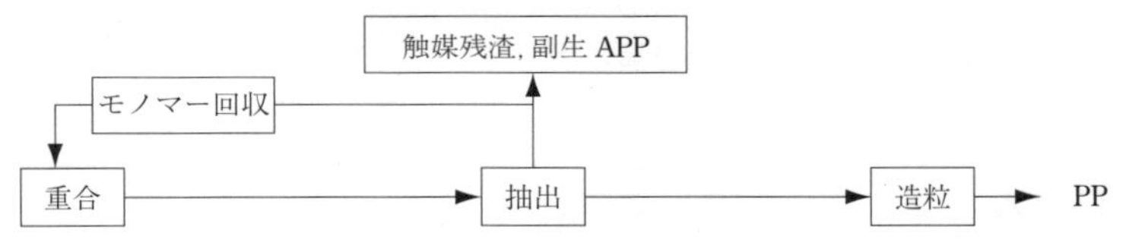

(c) 第三世代
気相重合プロセス(無脱灰・無脱 APP)

図 9.3.5　ポリプロピレン製造プロセスの推移

油化学(現三井化学)により開発された $MgCl_2$ 担持型 $TiCl_4$ 系触媒による高性能触媒の出現により，製造プロセスが簡略化された．その技術進歩により，製造プロセスは第一世代(脱灰・脱 APP)，第二世代(無脱灰・脱 APP)，第三世代(無脱灰・無脱 APP)の三世代に分類される(図 9.3.5)[4]．また重合様式によりスラリー，バルク，気相重合に分類される．以下この分類により，代表的なスラリー，バルク，そして現在主流を占める第三世代の気相重合プロセスついて述べる．

A　スラリー重合プロセス

スラリー重合は，通常 C_5～C_{11} 程度の不活性炭化水素溶媒を用い重合温度 60～80℃，圧力 0.5～1.5 MPa の条件下で行われる．初期の重合プロセスは重合工程，分離工程，触媒除去工程，乾燥工程，造粒工程，および APP 除去工程からなる複雑なプロセスである．また使用される溶媒の精製・回収工程が必要であり，特に触媒の失活および分解剤としてアルコールが大量に使用されるため，その回収に多大な費用を必要とした．その後，触媒性能が改良され後処理工程を省略したプロセスが実現し，現在でも主力プロセスとして稼働している．改良型スラリープロセスの代表例として Montedison－三井石油化学プロセスについて紹介する．

このプロセスは Montedison－三井石油化学によって開発された，高活性 $MgCl_2$ 担持型触媒[5]を使用したスラリープロセス(図 9.3.6)[6]である．通常，温度 60～80℃，圧力 0.5～1.5 MPa の条件下で製造される．使用される触媒は Ti 1 g あたり少なくと

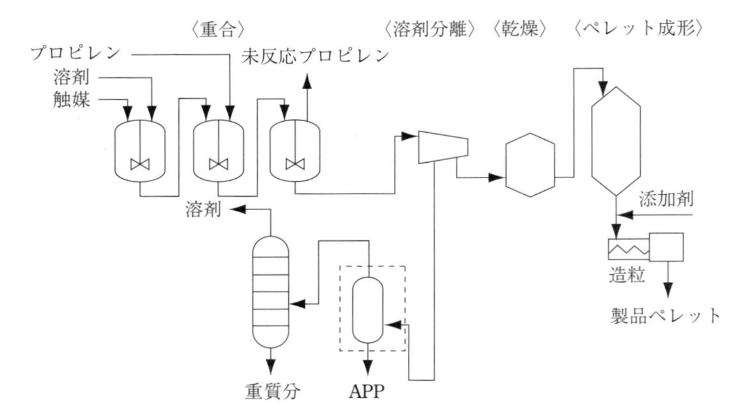

図 9.3.6　Montedison–三井石油化学法

も 300 kg の活性を示すが，脱 APP 工程を省略できるほどの立体規則性(93～95 %)を得ることができず，溶媒回収時にポリマーの品質に悪影響を及ぼす APP の除去が行われた．このプロセスは脱灰工程を省略した第二世代のプロセスとして扱われる．現在主流となっている触媒は，初期の性能に比べ活性および立体規則性が大幅に向上し(97～99 %)，APP 除去工程を不要としている．

B　バルク重合プロセス

バルク重合プロセスは，スラリー重合プロセスで使用される不活性炭化水素溶媒の代わりに，液化プロピレンを媒体に用いる重合法である．第一世代の代表例として Dart 法，Phillips 法が有名であり[7]，第二世代プロセスとしては Solvay，住友化学など多くのプロセスがある．この重合プロセスは未反応モノマーの回収を必要とするが，高圧下で回収することにより，スラリー重合プロセスにおける溶媒回収に比べエネルギー消費量を低減することができる．また，重合が液化プロピレン中で行われるため，ポリマー収量が大きく経費面で有利である．代表例として Dart 法について紹介する．Dart 法(図 9.3.7)[8]は重合温度 60～70℃，圧力 2.5～3.0 MPa で行われ，脱灰・脱 APP などの後処理工程にヘプタン–イソプロピルアルコール混合溶媒を使用するため混合溶媒法ともよばれている．このプロセスは，未反応のプロピレンおよびヘプタン–イソプロピルアルコールの回収工程が必要となりやや煩雑であるが，液化プロピレン中で重合を行うため触媒あたりのポリマー収量が高く，かつ分解工程における脱灰効率もよい．ブロックコポリマーを製造するときは図中の気相反応器が使用されている．このプロセスは脱灰・脱 APP 工程からなる第一世代プロセスに分類されるが，最近では Montedison–三井石油化学の開発した高活性担持型触媒を導入し，脱灰工程が省略された第二世代プロセスを完成させている．

C　気相重合プロセス

気相重合プロセスは，溶媒として使用されるヘキサン，ヘプタンなどの不活性溶媒あるいは液化プロピレンなどが重合器内に存在しない条件下，温度 60～100℃，2.0～3.0 MPa で重合が行われ，脱灰・乾燥工程などの後処理工程を省略した製造プロセスである．このため，従来法に比べて一般的に次のような利点が考えられる．

- プラントの建設費用が低く，電気，蒸気の消費量も少ない
- プロセス内の可燃性ガスが少なく安全性が高い
- モノマー，溶媒の排出量が少ない
- 生産可能なグレード(PP の分子量，コモノマーの含有量など)が広範囲である気相重合法を用いる

第三世代プロセスの各社の特徴はさまざまであるが，反応器形状，パウダーの撹拌，および重合反応熱の除去方式で分類できる(表 9.3.3)[9]．代表的な気相重合プロセスについてその特徴を紹介する．

a　BASF–Novolen プロセス

1969 年 BASF 社と Shell 社の合弁会社 ROW 社が，縦型撹拌重合器を用いた気相重合プロセスによる商業化を開始した．この技術は 1974 年に Norchem 社，1976 年には ICI 社にライセンスされており，最近では 1998 年にタイ・TPI 社に 1 系列 23 万 t y^{-1} のプラントをライセンスしている．図 9.3.8[10]

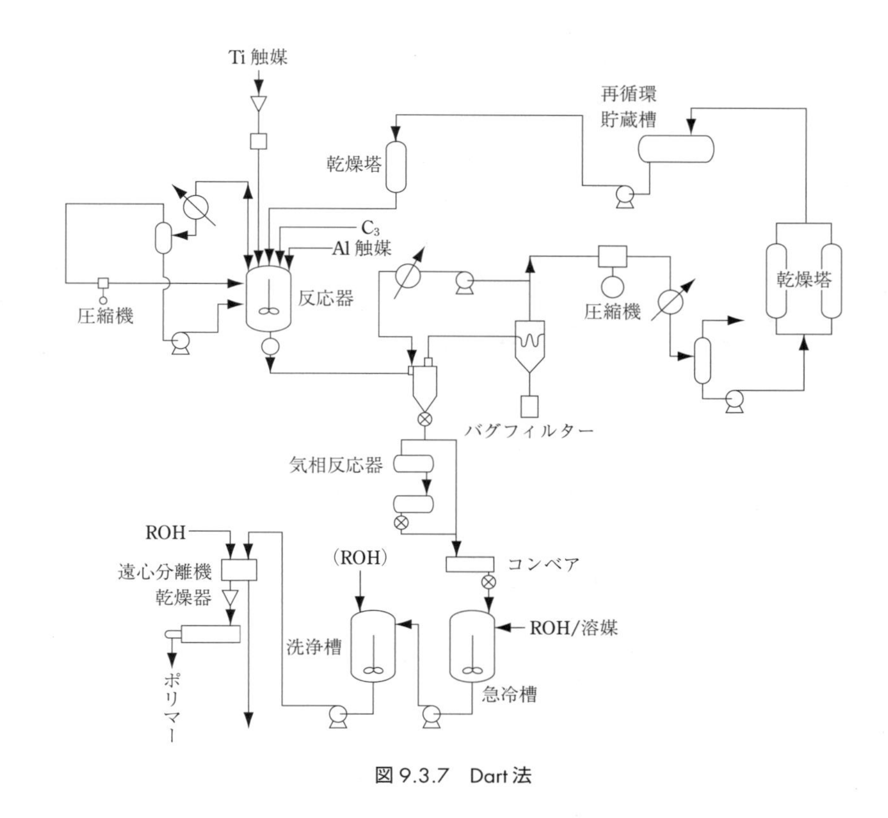

図 9.3.7　Dart 法

表 9.3.3　第三世代 PP 製造プロセスの比較

	BASF−Novolen プロセス	Amoco−チッソプロセス	UCC−Unipol プロセス	Himont−三井石化プロセス
重合様式	気相重合	気相重合	気相重合	バルク＋気相重合
重合器型式	縦型機械的撹拌槽	横型機械的撹拌槽	縦型流動床	パイプループ型 Himont (バルク重合)＋縦型流動床(気相重合)
除熱方式	液化プロピレンの蒸発潜熱利用	液化プロピレンの蒸発潜熱利用	プロピレンガスの顕熱利用	ジャケット水冷式(バルク重合)＋プロピレンガスの顕熱利用(気相重合)
フローパターン	完全混合槽型	ピストンフロー型	完全混合槽型/ピストンフロー型	完全混合槽型
重合器数	1 基(ホモポリマー，ランダムコポリマー用)，インパクトコポリマー用には 2 基直列	1 基(ホモポリマー，ランダムコポリマー用)，インパクトコポリマー用には 2 基直列	1 基(ホモポリマー，ランダムコポリマー用)，インパクトコポリマー用には 2 基直列	バルク重合器 2 基直列(ホモポリマー，ランダムコポリマー用)，インパクトコポリマー用には＋気相重合器

にプロセスの概要図を示す．縦型重合器の内部に特殊な撹拌翼を用いるこのプロセスは，重合器下部から吹き込まれるプロピレンのガス流速が粒子層を流動化させるほどではなく，比較的撹拌速度が高いといわれている．重合は温度 70〜75℃，圧力 2.5〜3.0 MPa の条件で行われ，その際発生する重合熱の除去は，重合器内に液化プロピレンを噴霧する際の気化熱を利用(潜熱冷却方式)して行われる．ブロックコポリマー製造用に後段に同様の重合器を有し，圧力は 1.5 MPa 程度といわれている．前段でホモポリマーを製造したのち後段に送られ，エチレン−プロピレンの共重合が行われる．

b　Amoco−チッソプロセス

Amoco 社(現 INEOS)は，1979 年に横型撹拌重

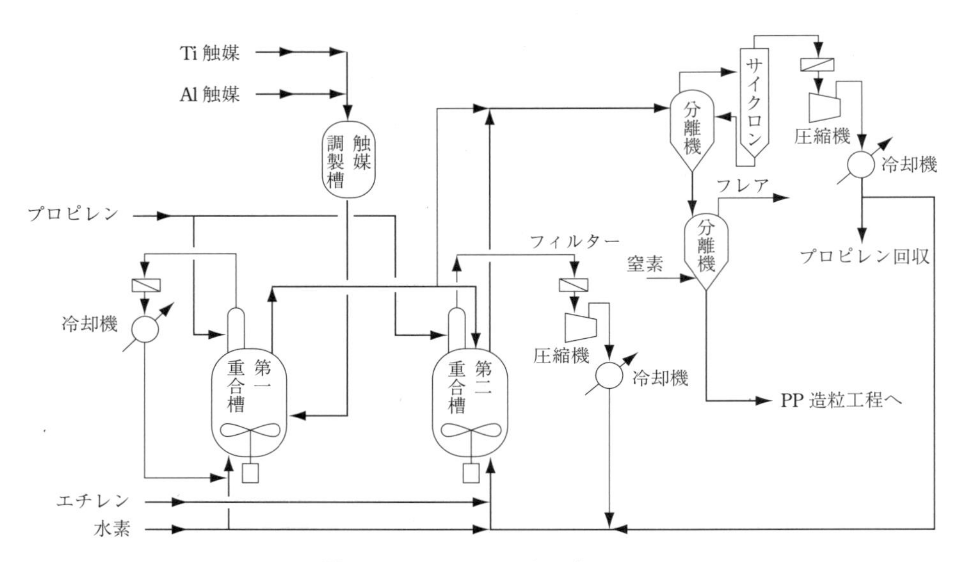

図 9.3.8　BASF-Novolen プロセス

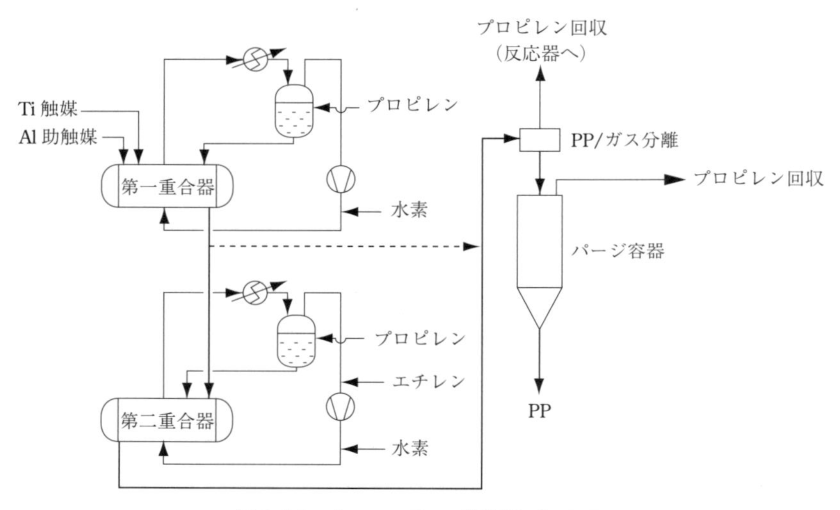

図 9.3.9　Amoco-チッソ気相法プロセス

合器を用いた気相重合プロセスの工業化に成功し，1987 年チッソとの共同開発により，ブロックコポリマーも製造できるプロセスを完成させた．図9.3.9 に Amoco-チッソプロセスの概要を示す．重合器は BASF の縦型に対し横型の撹拌器つき重合器を採用している．横型重合器の場合，重合器内のフローはピストン型であり，BASF のような完全混合型と比べると滞留時間分布が狭く，1 台の反応器で完全混合型を 3〜4 器直列につないだものに相当する滞留時間分布を有する．このため均質なポリマーを得やすく，特にブロックコポリマー製造に適しているといわれている．重合熱の除去は，BASF と同様に液化プロピレンによる潜熱冷却方式で行われ，粒子層の混合も機械的撹拌で行われるが，縦型撹拌層に比べて粒子層の比表面積が大きいため，撹拌速度は比較的小さい．ブロックコポリマー製造のために後段に同様な横型重合器をもち，両重合器とも 2.0〜2.5 MPa，60〜80℃の条件下で運転される．同プロセスのライセンスの歴史は比較的遅く，1990 年に四日市ポリプロに，1996 年には DSM 社に 15 万 t y^{-1} のプラントを共同ライセンスしている．

c　UCC-Unipol プロセス

UCC 社は Shell 社と合弁で 1985 年ポリエチレン用プラントを改造し，PP の製造を開始した．触媒

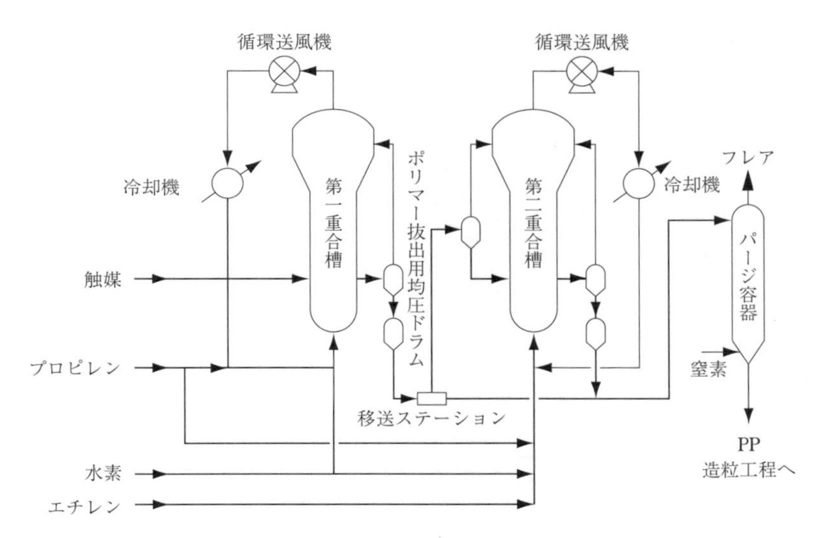

図 9.3.10　UCC-Unipol プロセス

はShellプロセスの担持型SHAC触媒を用いている．図9.3.10[10]に，共同で開発した気相プロセスの概要を示す．このプロセスは重合温度70℃前後，圧力2.0〜3.0 MPaで行われ，ブロックコポリマー製造時は，後段で約1.5 MPaの圧力下でエチレン-プロピレン共重合が行われる．重合器内に攪拌機がなく，流動床下部から導入されるモノマーガスによってポリマーの混合が行われる．重合熱の除去は，ガス顕熱を利用しているため大量の循環ガスが必要である．この流動床型重合器は，粒子個々の間にガスが介在流通するため機械的攪拌より除熱が容易であり，高品質を要求される製品を製造できる．その反面，ポリマー粒子の粒径差，密度差によって流動化させるために必要なガス量が大きく変化し，重合器内で相分離を起こしやすく，運転範囲はBASF，Amoco-チッソプロセスより狭いという欠点をもつと考えられる．最近では製造能力の大型化に伴い，コンデンスモードとよばれる改良が加えられ，流動床下部から導入されるモノマーガスに液化プロピレンを導入し，除熱を助けていると考えられる．このプロセスは数多くライセンスされており，現在世界17カ国22プラントが稼働している．1系列の最大能力としては，サウジアラビアのAl Jubail社にライセンスした20万 t y^{-1} がある．

d　Spheripol プロセスと Hypol プロセス

Himont社（現LyondellBasell）は，三井石油化学（現三井化学）と共同で開発した高活性，高立体規則性を示しかつ粒子形状も任意にコントロールされた高性能 $MgCl_2$ 担持型 Ti 触媒を用いて，ブロックコポリマー製造プロセスを完成させた．バルク重合器に気相重合器（流動床型）を接続したハイブリッド型プロセスとよばれる（図9.3.11）[10]．Spheripol プロセスは，ホモポリマー部にパイプループ型反応器を二段に用いたバルク重合器があり，後段にブロックコポリマー（エチレン-プロピレン共重合）用に攪拌機つきの流動床型の気相重合器を有する．一方Hypolプロセスでは，前段のバルク重合器が攪拌機つきのベッセル型の重合器で，バルク重合プロセスである．ホモポリマー部の重合は70℃程度，3.0 MPa強の液化モノマー中で行われ，重合熱の除去はジャケットの水冷で行われる．液化モノマー中で反応させることから，従来のスラリー重合または気相重合に比較して触媒活性を最大限に高められ，反応容積も小さくできるという利点がある．ブロックコポリマー製造時には，エチレン-プロピレンのゴム成分を製造する気相重合器へ送られる．一般的にバルク重合では，この液化モノマーとポリマー粒子の分離に要するスチーム消費量が他の純然たる気相法に比べ高いと予想される．後段の気相コポリマー重合器は70℃，1.0〜1.5 MPaで運転され，場合によっては複数の重合器をシリーズに用いることもある．両プロセスとも多くの企業にライセンスされている．Spheripol プロセスは1983年に商業化され，以後自社を含め70以上の系列が稼働している．一方，Hypol プロセスは1984年に日本で商業化され，以後約25の生産ラインが稼働している．

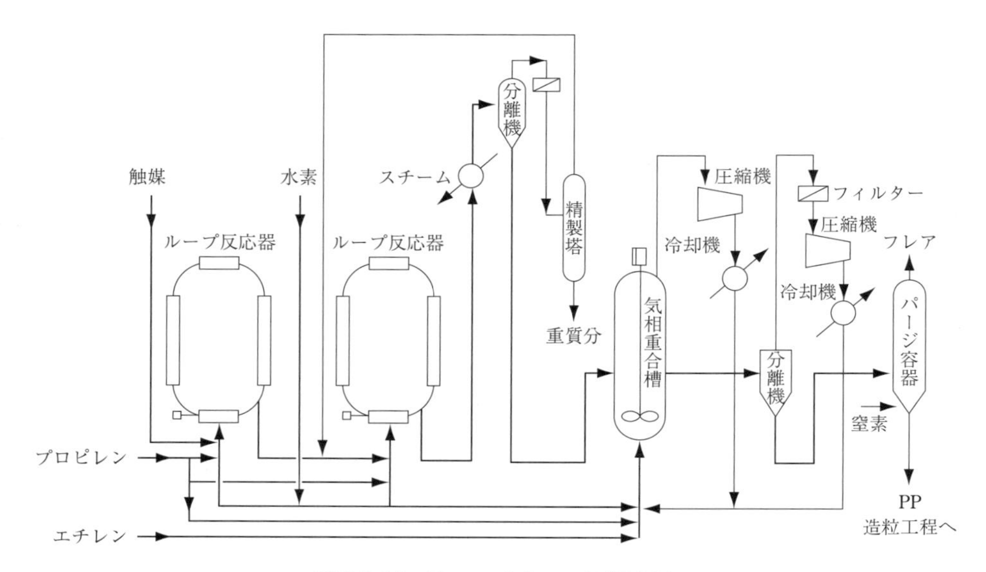

図 9.3.11　Himont−Spheripol プロセス

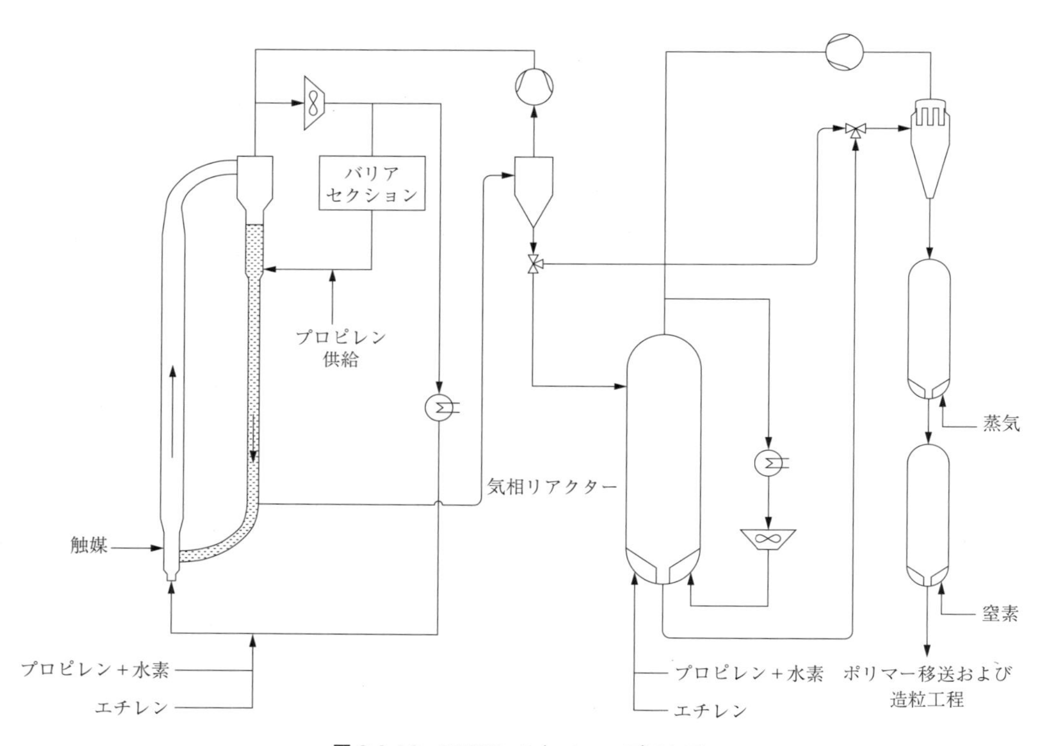

図 9.3.12　BASELL−Spherizone プロセス

1997 年には両社よりライセンスされた 25 万 t y^{-1} のプラントがテキサス州の Exxon 社で稼働している．

さらに，2003 年に Basell 社から Spherizone プロセスが発表された．このプロセスの中心は Multi-Zone Circulating Reactor（MZCR）とよばれるもので，一段のループ型重合器内に 2 つの別々の反応ゾーンで構成されている（図 9.3.12）[11]．それぞれの反応ゾーンでは，連鎖移動剤の水素やコモノマーが別々の組成で運転されバイモーダルなポリマー構造の生成を可能にする．この各反応ゾーンにおける滞留時間が全体の滞留時間よりも一桁小さいことから，バイモーダル運転で生成した種類の異なるポリマーを均質に混合することができ，最終製品の均一性が非常に高い．またこのポリマーをMZCRと直列に設置された気相流動床型重合器へ供給することも可能で，高インパクト共重合PPを得ることもできる．このSpherizoneプロセスによって生産されたPP製品は多様性に富み，すべての一般PPグレードやユニークで特別な製品を広範囲で生産できることが実証されている．

9.3.3 最近のプロセス開発状況

これまでのPP製造プロセスの開発は，触媒の生産性（活性）と選択性の向上に伴って付帯設備が大幅に簡略化され，プロセスの大型化も合わせてPPの価格競争力を高めてきた．その一方，PPの品質に対する要求は年々高まっており，さまざまなプロセス開発による試みが行われている．

一般に，ブロックコポリマーはプロピレンを主成分とする重合を行い，次いでプロピレンと他のα-オレフィンとを共重合させることから少なくとも2つ以上の重合槽を用いて生産されている．従来のPP製造プロセスでは，重合槽の数が多く容量も大きかったが触媒の高活性化および製造プロセスの改良によって単位時間・体積あたりのPP生産量が向上し，その結果設備の簡略化や小型化を達成してきた．その反面，ポリマー粒子間に滞留時間分布が生じ，特に所定の滞留時間を経ることなく第一重合槽から第二重合槽へ移送されるショートパス粒子の存在が溶融混練時の分散不良を起こしPP成形体の外観だけでなく品質低下を引き起こしていた．この課題に対して，より少ない数の重合槽であってポリマー粒子の滞留時間分布を狭化できる重合プロセスの開発が行われてきている．

たとえば，住友化学では重合槽に内装物を設置して槽内にガス空塔速度が異なる鼓型の領域を形成させ，その空塔速度差によって粒子を偏析させて未成長ポリマー粒子のショートパスを抑制できる方法を提案している（図9.3.13）[12]．この方法は，既設の従来型の流動床重合槽であっても簡便な改造で済むことも大きな利点である．

以上述べてきたように，PP製造用プロセスの歴史は触媒の改良とともに，より簡素化，簡略化された製造プロセスが開発改良され，究極のプロセスといわれる気相プロセスを企業化するに至った．さらにプロセスの大型化が進み，低コストで短時間に大量のPPを製造できるようになっている．さらに，近年のPPに対する品質要求の高まりに対しても高効率化されたプロセスの改良によって解決されつつある．

今後は，最近注目を浴びている話題のメタロセン触媒，ポストメタロセン触媒が，製造技術とあいまって新しい製造プロセスを生み出すことを期待したい．

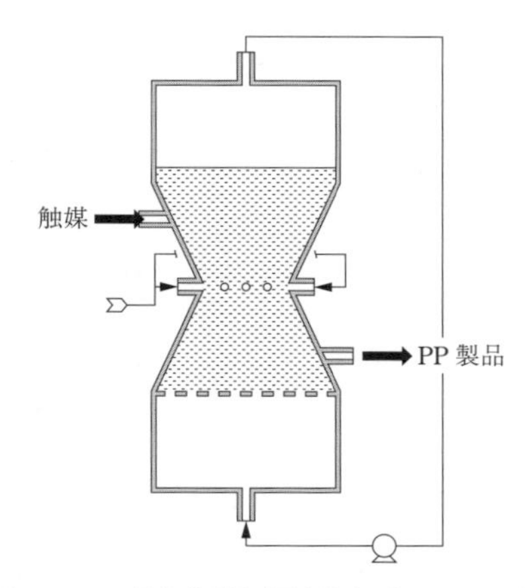

図9.3.13　住友化学気相流動床プロセスの改良

文献

1) 化学経済，3月臨時増刊号，109（2016）
2) 経済産業省，世界の石油化学製品の需給動向（2016）ほか
3) 化学経済，3月臨時増刊号，9；化学経済，8月臨時増刊号，60（2016）
4) 柏典夫，化学工業，49，365（1985）
5) 特開昭48-16986（1973）；50-126590（1975）
6) 佐伯康治，新ポリマー製造プロセス，p.189，工業調査会（1984）
7) 角五正弘，化学工学，45（12），781（1981）
8) 奥光夫，化学装置，45（12），45（1981）
9) 服部信尊，化学経済，6，43（1986）
10) 角五正弘，住友化学1986-II，p.4（1986）
11) Basell Technical Information on Spherizone process 2003
12) 住友化学，特許5179899号

9.4 ポリ塩化ビニル

9.4.1 概要

汎用プラスチックの１つであるポリ塩化ビニル(PVC)は，1931年にIG社(独)により工業化され，1939年にGoodrich社とMonsanto社(米)が本格的な工業生産を開始した．日本では1941年に日本窒素肥料(現JNC)が「ニポリット」の工業生産を実現した．

その後PVCの需要は増え続けており，現在世界では年間約4,000万tの需要がある．PVCは戦後まもなく本格的に普及し70年以上の歴史をもつプラスチックで，古くから日用雑貨を中心に紙やゴムの一部代替え用途として使われ，高度成長期にはインフラを支える生活基礎材料の１つとして需要を伸ばしてきた．現在もおもな用途は下水道用パイプ，電線・ケーブル，壁紙，床材などのインフラ，建材用途の需要が中心であるが，ラップフィルム，ブランドバッグ，血液バッグをはじめさまざまな用途にも使用されており，色々な場面で我々の生活を支えている．

国内需要は2000年前後には150万tを超えていたが，ダイオキシン・環境ホルモン問題による塩ビ忌避，国内加工メーカーの海外移転などがあり表9.4.1に示すように最近では100万t前後で推移している．今後も国内での大幅な需要拡大は望めないが，世界的にみると今後も中国，インド，および東南アジアでの需要が増え続け，2020年には4,700万tになると予測されている．表9.4.2に世界のPVC需要と成長率を示す．

主要PVCメーカーの生産規模は大幅に拡大し続け，日本の総生産能力(193万t)を超える企業もいくつかある．それに比べ日本のメーカーは小規模なプラントがほとんどで，１プラントで50万t以上の生産能力があるのは信越化学のみである．表9.4.3に2016年末現在の世界と日本のPVC生産能力を示す．

PVCの工業的製造プロセスには，懸濁，乳化，塊状，溶液の各重合法がある．工業化当初は乳化重合法が主流であったが，1950年代に懸濁重合法が本格的に工業化されたのちは品質および価格競争力のある懸濁重合法に取って代わった．表9.4.4にPVC製造法の比較を示す．

9.4.2 PVCの重合とPVC製品の成形

A 重合

PVCの重合反応は付加重合反応であり，(9.4.1)式で表される．

$$n\mathrm{CH_2CHCl} \xrightarrow{\text{反応熱}} (\mathrm{CH_2CHCl})_n \qquad (9.4.1)$$

工業的に採用されている重合方法はラジカル重合で，重合開始剤として有機過酸化物が一般的に使用される．PVCの平均重合度は市販製品で500～3,000，汎用タイプとしては800～1,400のものが一般的である．重合度はおもに重合温度を制御することで調整することができるが，2,000に超える製品になると重合に用いる脱イオン水の温度も制御す

表9.4.1　日本のPVC生産出荷実績推移(万t y^{-1})

年	出荷内訳						
	生産量	硬質用	軟質用	電線・その他用	国内計	輸出	出荷総計
1990	205.3	104.4	59.7	32.7	196.8	6.2	203.0
1995	226.0	98.3	54.9	32.7	185.8	38.3	224.2
2000	234.0	89.9	46.5	30.4	166.9	71.8	238.7
2005	210.8	78.5	36.3	24.1	139.0	72.4	211.4
2010	164.2	58.1	27.8	19.2	105.0	59.3	164.3
2015	159.7	54.8	24.2	22.0	101.0	57.3	158.3

表 9.4.2 世界の PVC 需要実績と予測

地域	需要実績（2014年，万 $t\,y^{-1}$）	需要予測（2020年，万 $t\,y^{-1}$）	年平均成長率（15〜20，% y^{-1}）
アジア	2,249	2,706	3.1
（内訳）			
日本	116	106	▲1.5
中国（香港含む）	1,571	1,942	3.6
インド	255	296	2.5
北米	485	569	2.7
中南米	286	314	1.6
欧州	480	539	1.9
中東（トルコ含む）	226	284	3.9
CIS	130	124	▲0.7
オセアニア	19	19	0.4
アフリカ	112	148	4.7
合計	3,987	4,702	2.8

表 9.4.3 世界と日本の PVC 製造能力

	メーカー名（生産拠点）	生産能力（万 $t\,y^{-1}$）
世界	信越化学グループ（米，欧，アジア）	415
	FPC グループ（米，アジア）	324
	Inovyn（欧）	234
	Oxy Vinyl（米）	168
	Westlake（米，欧，アジア）	141
	LG Group（アジア）	130
	Axial（米）	120
	世界計	5,951
日本	大洋塩ビ（四日市，大阪，千葉）	57
	信越化学（鹿島）	55
	カネカ（高砂，鹿島）	37
	新第一塩ビ（徳山，愛媛）	18
	東亜合成（川崎）	12
	徳山積水工業（南陽）	12
	東ソー（南陽）	3
	日本計	193

表 9.4.4 PVC 製造法による比較

重合方法	触媒	分散剤	粒子径（μm）	成形法
懸濁重合法	油溶性	高分子分散剤	100〜150	押出，射出，カレンダー
乳化重合法	水溶性	乳化剤	0.1〜2	ペースト加工，ラテックス加工
塊状重合法	油溶性	なし	100〜150	押出，射出，カレンダー
溶液重合法	油溶性	なし	溶液	コーティング加工

表 9.4.5　おもな PVC 製品の配合と成形法

分類	用途	主要安定剤	可塑剤	成形法
硬質	パイプ	Ca-Zn 系(上水)，鉛系(下水)	なし	押出
	継手	Ca-Zn 系(上水)，鉛系(下水)	なし	射出
	窓枠	Ca-Zn 系	なし	押出
	板	Sn 系	なし	カレンダー，押出
軟質	電線被覆	Ca-Zn 系	フタル酸系， トリメリット酸系(耐熱)	押出
	フィルム・シート	Ba-Zn 系，Sn 系(透明)	フタル酸系	カレンダー，押出
	ストレッチフィルム	Ca-Zn 系	アジピン酸系	押出，インフレーション
	農業用ビニル	Ba-Zn 系	リン酸系	カレンダー

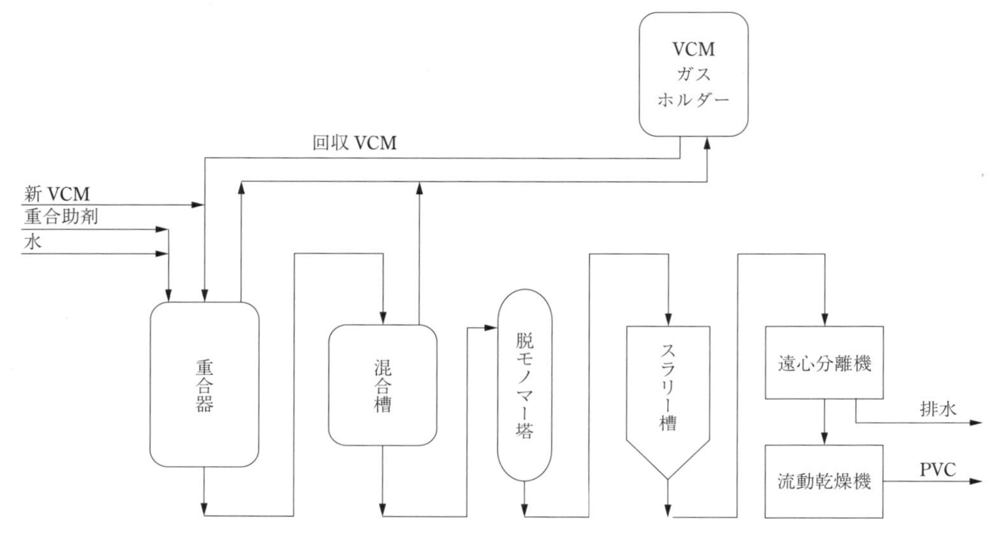

図 9.4.1　懸濁重合プロセスフローシート

る必要がある．市販されている PVC のほとんどはホモポリマーであるが，一部酢酸ビニル，エチレン，アクリル酸エステルなどとのコポリマー，EVA とのグラフトポリマー，架橋型コポリマーも生産されている．また，ホモポリマーの PVC を塩素化することで PVC の欠点である耐熱性を向上させた塩素化 PVC などもある．

工業的に採用されている重合プロセスはほとんどバッチ式であるが，乳化重合プロセスの一部で連続重合方式が採用されているとの報告もある．

B　PVC 製品の成形

PVC は熱可塑性プラスチックで，極性基をもち非結晶のため，さまざまな物質との混和性がよく，使用時の要求物性を，可塑剤やさまざまな添加剤，改良剤，着色剤との配合によって自由に調整することができる．PVC 製品のおもな成形方法には，押出成形，カレンダー成形，射出成型がある．代表的な PVC 製品の配合および成形方法を表 9.4.5 に示す．

9.4.3　プロセス

PVC の工業的製造プロセスには，懸濁，乳化，塊状，溶液の各重合法があるが，現在全世界で採用されているのは懸濁重合法で，80％を超えている．代表的な懸濁，乳化重合および塩素化 PVC の製造プロセスについて概要を述べる．

A　懸濁重合

図 9.4.1 に示すように，重合反応は，重合器に原材料である塩化ビニルモノマー(VCM)，脱イオン

表 9.4.6　標準的な重合反応条件

重合器	100 m^3，撹拌装置つき	
冷却	冷却水使用によるジャケットおよび還流コンデンサー冷却	
重合処方(重量比)	VCM 脱イオン水 開始剤(有機過酸化物) 分散剤(ポバール系) 充てん率	100 120 0.05 0.1 重合器容量の 90%
重合温度	55℃	
重合時間	5.0 時間	
回収開始圧力	0.5 MPa	

水，重合開始剤(触媒)，分散剤(懸濁剤)などを仕込み，所定の反応温度まで昇温して重合が開始される．反応は発熱反応のため，冷却水または冷凍水によりジャケットなどを経由して除熱し，所定の撹拌条件のもと，所定の重合温度を保つことにより反応が続行される．市販製品の場合，4～8 時間の重合反応，転化率は 80～90 % 程度で反応を終了させ，未反応 VCM を含む反応物はスラリー状でスラリータンクに移送される．表 9.4.6 に一般的な市販製品の標準的な重合反応条件を示す．

PVC スラリー中の未反応 VCM は脱モノマー塔で，スチームストリピング処理することで分離除去する．さらにスラリーを脱水処理，連続流動乾燥機で乾燥し製品となる．脱モノマー塔で回収された未反応 VCM はほぼ回収され，圧縮液化され新たな重合反応時にリユースされる．一連の操作は，DCS (distributed control system, 分散型制御システム)で自動制御される．

重合処方と撹拌条件を調整することで PVC の品質を制御することができ，各社ノウハウとなっている．特に重合処方では重合開始剤，分散剤の種類，量を変えることにより PVC の品質を左右する粒子形状を調整することができる．

懸濁重合法は，1980～1990 年代に比べ大幅な改善が進んだ．特に重合器のスケール付着の問題は効果的な付着防止剤が開発され，また，還流コンデンサーの採用などによる除熱能力向上に伴い重合器の大型化と生産性向上が可能となり，Train Size(重合から乾燥までの処理可能な系列あたりの能力)は 10 万 t y^{-1} 程度から 20～30 万 t y^{-1} クラスが一般的となった．50 m^3 前後が主流であった重合器は 100 m^3 前後が主流となり，200 m^3 を超えるものもある．また，設備大型化に伴い，VCM，電気，蒸気原単位が改善，さらに脱モノマー塔，乾燥機改良に伴って，VCM 放散量も大幅に改善された．表 9.4.7 に懸濁重合プロセスの技術進歩を示す．

表 .9.4.7　懸濁重合プロセスの技術進歩

	1980～1990	Latest
Train Size(t h^{-1})	～10	20～40
重合器 Size(m^3)	40～100	100～220
重合生産性(tm^3 y^{-1})	200～300	400～700
連続バッチ数*	0～50	<2000
VCM 原単位(kg(t−PVC)$^{-1}$)	～1015	～1001
電気原単位(kWh(t−PVC)$^{-1}$)	～300	<160
蒸気原単位(kg(t−PVC)$^{-1}$)	～1300	<700
VCM 放散量(kgVCM(t−PVC)$^{-1}$)	>2	<0.1

*スケール除去なしで連続仕込みができるバッチ数

B　乳化重合

重合方法としては，懸濁重合法に近いが，分散剤の代わりに乳化剤，重合開始剤は水溶性のものが使われる．比較的緩やかな撹拌下で VCM を含む界面活性剤ミセル内で VCM と水中からの開始剤ラジカルが拡散して重合が進む．一方，現在は開始剤に油溶性のものを使用するマイクロサスペンション法が主流になっている．重合では VCM，水，乳化剤，および油溶性の重合開始剤を高圧ポンプなどの機械的せん断力で 1 μm 程度の微粒子に分散した後，粒子が合一しない程度の撹拌下で昇温，重合する．反応物は懸濁重合法の反応物(スラリー状)とは異なりラテックス状である．このラテックスの乾燥にはスプレードライヤーが使われる．乾燥ののち粉砕されて製品となる．

C　塩素化 PVC の製造プロセス

槽にホモポリマーの PVC 粒子を水性媒体中に懸濁させ，その懸濁液に塩素を導入する．塩素が導入された懸濁液に紫外線を照射することで，塩素化 PVC が製造される．一般の PVC の塩素含有率が約 57％であるのに対して，約 63～70％程度まで塩素化率をアップさせることにより，通常の熱変形温度が 60～70℃のところを 90～100℃まで向上することができる．

9.4.4　今後の展望

PVC は長い歴史があり，プロセス的にはほぼ完成の域に達している．研究レベルではリビングラジカル重合，イオン重合，遷移金属触媒重合などによる PVC 合成研究が進められているが，いずれも工業化のレベルにはまだ達していない．一方，生産性向上，品質改良への取り組みは進んでおり，内部ジャケット式重合器の普及，還流コンデンサー負荷増により冷却能力アップ，さらには重合温度を監視しながら，開始剤を連続的に注入することにより，重合生産性を著しく改善することが可能な CID（continuous initiator dosing）技術が一部メーカーにて採用されている．また，重合器攪拌に採用している三枚後退翼やパドル翼の改良による重合器内分散液相の均一化，開始剤，分散剤改良による重合反応の安定化，良質な PVC 品質確保も取り組まれている．

PVC は今後も発展途上国を中心に需要拡大が期待される素材であり，上流の VCM，電解プロセスの環境問題および安全対策にも取り組みながら，PVC のさらなる品質向上，新規用途の開拓がプロセスイノベーションによって進むことが期待される．

文献

1）経済産業省，世界の石油化学製品の今後の需給動向（2016）
2）近畿化学協会ビニル部会編，ポリ塩化ビニル－その基礎と応用，日刊工業新聞社（1998）
3）新訂版　ラジカル重合ハンドブック，エヌ・ティー・エス（2010）
4）内田誠一，第 7 回塩ビ（PVC）フォーラム　講演資料

9.5　ポリスチレン

9.5.1　概要

ポリスチレンは 1830 年代には E. Simon（独）によって天然の樹脂から抽出された固形物として発見されているが，その後かなり経過した 1920 年代に H. Stauginger（独）らによって，スチレンモノマーが鎖状に結合した高分子物質として認識されることになる．実用的には，1930 年代にはすでにドイツおよび米国で工業化されている歴史と実績のある樹脂である．

日本においては，第二次世界大戦中，その製造や加工について研究されたものの実用には至らなかったが，1940 年代後半に輸入が開始され，1950 年代後半に海外からの技術導入により工業化に成功している．その後，海外からの技術導入や自社技術の開発により製造するメーカーが多くなり，汎用樹脂としての市場が確立されたが，1990 年代の後半から 2000 年代には業界の再編成が進み，一時は 10 社を超えた製造メーカーも，2009 年には 3 社となっている[1]．表 9.5.1 にその推移を示す．

ここに収載されている会社は，日本スチレン工業会加盟各社であるが，表 9.5.2 に加盟各社合計の用途分野別出荷量の推移を示す．

1990 年には最大用途であった，電気・工業用は日本の家電メーカーの海外シフトなどの影響で急激に減少し，代わって包装用が主用途となってきている．FS とは Foam Sheet のことで断熱発泡ボードなどを含むが，その 7 割以上は食品トレイなどに使用されるポリスチレンペーパー（PSP）であるから，今日の日本のポリスチレンの用途の 6 割程度が食品包装用途ということになる．

表 9.5.1　ポリスチレン(GP，HI)各社別生産能力(千 t y^{-1})

会社名	2005 年	2009 年	2010 年	2011 年	2013 年
DIC	131	131	131	171	173
東洋スチレン	278	278	330	330	330
日本ポリスチレン	162	—	—	—	—
PS ジャパン	445	445	445	360	315
合計	1016	854	906	861	818
前年からの差異		−162	52	−85	−43

表 9.5.2　ポリスチレンの国内用途別出荷量(千 t y^{-1})

	1990 年	1995 年	2000 年	2005 年	2010 年	2015 年
電気・工業用	407	290	255	179	144	89
包装用	272	308	357	336	315	291
雑貨他	201	202	170	166	73	82
FS 用	175	224	204	185	156	174
総計	1054	1024	985	865	688	636

表 9.5.3　ポリスチレンの国内用途別出荷量

調査年	出荷数量(t)	出荷金額(百万円)	産出事業所数
2010 年	1,109,973	249,252	40
2011 年	1,445,706	305,918	46
2012 年	1,049,709	251,157	40
2013 年	1,176,936	303,528	42
2014 年	1,206,092	322,901	44

＊ 2011 年の数値は，“平成 24 年経済センサス－活動調査製造業(品目編)”（総務省·経済産業省）からの転載のため多い数字となっている.

雑貨には家庭で使用される食器類などを含み，電気・工業用には電気冷蔵庫内部品などを含むので，製品の食品接触は前提となっている.

少なくなる生産設備で，用途の変化に対応するために，各社生産プロセスの改良に取り組んでいるものと考えるが，ポリスチレンに特有なのはスチレンモノマーなどの揮発性物質の低減であろう.

ポリスチレンには上記汎用樹脂として製造されているものの他に，エンジニアリングプラスチックとして製造されるシンジオタクチックポリスチレンや，発泡ガスを含浸した発泡ポリスチレンがあり，スチレン系共重合製品を含めるときわめて多種類のポリマーが製造されている.

表 9.5.3 には，経済産業省が 2016 年 3 月に公表した，“平成 26 年工業統計表「品目編」データ”よりポリスチレンの部分を抜粋・再編した.

この統計でのポリスチレンには，アクリル・スチレン樹脂(AS 樹脂)，アクリル・ブタジエン・スチレン樹脂(ABS 樹脂)を含んでいるほか，発泡PSビーズ用に懸濁重合で重合されたものなどを含むため，日本スチレン工業会 3 社の出荷額の倍近い量となっている.

次の反応の項ではこれらを含めた広義のポリスチレンの重合反応を概説し，プロセスの項では狭義のポリスチレンに絞って解説する.

9.5.2　反応

スチレンは代表的な付加重合性のモノマーである．炭素二重結合に共役する位置にベンゼン環があり，また活性水素や孤立電子対がないことにより，ラジカル，アニオン，カチオンのいずれも安定な成

イソタクチック	シンジオタクチック	アタクチック
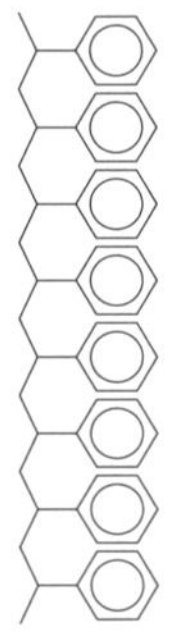	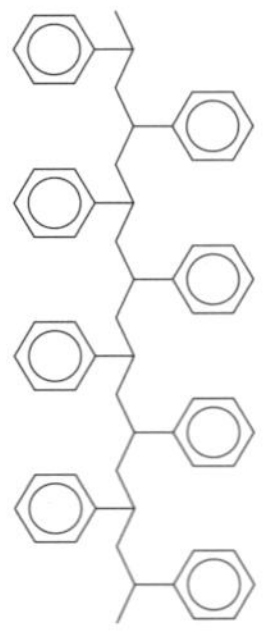	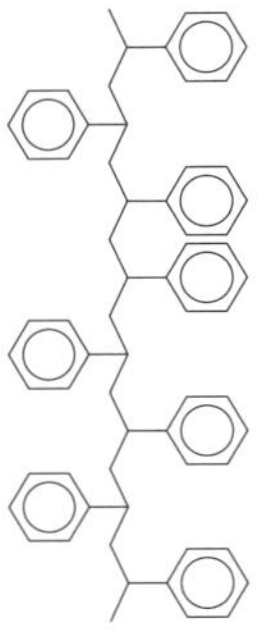
$T_g = 100$℃, $T_m = 240$℃	$T_g = 100$℃, $T_m = 270$℃	$T_g = 100$℃, T_m なし
結晶化が遅い	結晶化が速い	結晶化しない

図 9.5.1　各種ポリスチレンの一次構造

長末端として存在しうる．また，比較的低い温度と圧力で実現できることもあり，ラジカル重合については溶液・塊状重合の他に，懸濁重合も乳化重合も可能である。

この結果, 多彩な重合が工業的に実施されており，多くの他の付加重合モノマーとの共重合も行われているのが大きな特色である．

共重合がよく行われるコモノマーとしては，アクリロニトリル，無水マレイン酸，アクリル酸，およびメタクリル酸とそのエステル類，ブタジエンなどがある．

ポリスチレン中のベンゼン環の α 位の炭素は不斉炭素なのでポリスチレンの一次構造にはタクティシティーの異なるものが存在する．図 9.5.1 に，ポリスチレンの一次構造の略図を示す．

一般的なラジカル重合のポリスチレンは成長末端が比較的フリーなのでアタクチックとなる．1990年代より盛んに研究されてきた TEMPO などでラジカル成長末端を安定化させたリビングラジカル重合においても特異的なタクティシティーが発現したという報告は見あたらない。

ブチルリチウムなどを触媒としたアニオン重合のホモポリスチレンは GPC 標準用以外はほとんどみなくなったが，スチレン系エラストマーのポリスチレンブロックとしては大量に製造されている．

このポリスチレンブロックはラジカル重合のポリスチレンと完全に相溶し，単一のガラス転移温度をもつアタクチック構造である．

アニオン重合は低温でも重合が進行するので，重合温度を－30℃程度まで下げるとカウンターイオンによる構造制御がみられる場合があり，アイソタクティシティーを有するポリマーが得られるが，重合熱を取り除いて極低温を維持して工業的スケールで実施するのは困難である．

Ziegler 系触媒を用いる方法では，極低温でなくとも重合でき，かつ高度なアイソタクティシティーを発現するため，結晶性ポリスチレンとして期待されたが，結晶化速度が遅いなどの成形材料としての欠点もあり，大規模な工業化には至っていない．

アイソタクチックポリスチレンの製造方法の検討はなお続いており，リチウム，ベリリウムを除くアルカリ金属またはアルカリ土類金属アルコキシドを併用する方法[3]や，サリチルアルドイミン配位子を有する遷移金属化合物を触媒とする方法[4]などが提案されている．

メタロセン触媒をポリスチレンの重合に適用してシンジオタクチックポリスチレンの合成に成功したのは，1985 年の出光興産であった．シンジオタクチックポリスチレンは，アイソタクチックポリスチレンより高い 270℃の融点を有し，かつ結晶化速度がより速い材料としての魅力のあるポリマーであり，工業化の検討が進められた．

発見から 12 年後の 1997 年に世界初の工業化がなされ，XAREC の商標で販売されている．高い結晶化速度と融点のために粉状の固体でポリマーが生成・成長するプロセスであり，他のスチレン系ポリマーとはまったく異なる課題があったが，解決されている[5]．

スチレンのカチオン重合はあまり行われていない．スチレンの単独重合をカチオン重合で行う理由は見あたらないが，他のコモノマーとの共重合においては，カチオン重合ならではのポリマーも製造しうる．

2003年にリビングカチオン重合法によるイソブテン系ブロック共重合体（スチレン–イソブテン–スチレンブロック共重合体）がカネカにより世界で初めて企業化されたのが典型であろう[6]．

共重合のプロセス実現性において最も多様性のあるラジカル重合では多種の共重合ポリマーが製造されている．

リビングアニオン重合では，ブタジエンやイソプレンなどとの共重合がブロック構造，ランダム構造，分岐構造などを制御して行われている．

また，重合速度がきわめて遅いα–メチルスチレンはラジカル重合では高濃度かつ高分子量に共重合させることは不可能に近いが，リビングアニオン重合ではこれが実現でき，60重量％のα–メチルスチレンを共重合させたガラス転移温度が140℃で重量平均分子量が11万のポリマーが得られることが報告されている[7]．

スチレンの共重合ではこれらの付加重合の共重合反応の他に，ポリブタジエンなどのエラストマーに対するグラフト共重合が工業的に重要であり，この反応を同時に行うことで，耐衝撃性ポリスチレン（HIPS）が製造されている．

ホモのポリスチレンでは，その分子量分布や分岐構造の制御がポイントとなる．コポリマーでは共重合組成とその連鎖分布などの制御が課題となる．ゴムへのグラフト共重合では，ゴム粒子分散系となるために，その分散サイズとサイズの分布の制御がポイントとなる．

9.5.3 プロセス

A 工程

ここでは工業的に最も広く行われている溶液（塊状）連続式ラジカル重合での製造に絞って，製造工程を解説する．

ポリスチレンは，スチレンモノマーに溶解するため未反応のスチレンモノマーのみを溶媒とする溶液重合の場合を特に塊状重合とよぶが，スチレンモノマーに含まれるエチルベンゼンなどが未反応で系内に濃縮されて溶媒となるため溶液重合とよぶべき状態が多い．以降引用については引用元に従うが，両者は厳密に区別しない．

図9.5.2に，耐衝撃性ポリスチレン（HIPS）の連続塊状重合プロセスのフローを示す[8]．

ゴムを含まない汎用クリスタルポリスチレン（以下GPPSと略）の場合も，ゴムの溶解タンクがなく，リアクター構成が若干異なる場合があるだけで，基本的には同じフローである。

この図に示されたマスバランスでみると，脱揮工程前のポリマー濃度は83％にも達しており，スチレン転化率は88％である．

転化率0％の低粘度液体からこのような高粘度ポリマー溶液までを充分に除熱できるよう撹拌し続けることが，このプロセスで最も肝要なことであり，転化率に応じて撹拌装置と撹拌数を変えるために直列に複数の反応器を連結することが行われる（図9.5.2では3基）．

ゴム入りのHIPSの場合は，除熱のための撹拌がゴム分散粒子の状態に大きな影響を与えることとなり，図9.5.2のプロセスでは独立制御に限界がある．このため，ゴム粒子を生成させるための独立した反応槽を設けたり，予備グラフト槽を設けたりするプロセスが1990年代までにいくつも提案されたが，その後目立った提案はない．これらの中で特徴的なのは，機械的撹拌ではなく静的混合器に除熱機能をもたせたSMR（static mixing reactor）をループ式に配置することで静的混合によるせん断で粒子制御をする技術であった[9]．

B 開始剤

ポリスチレンの主用途は食品包装であり，各国のポジティブリストに登録されている開始剤が使用される．欧州PIMや米国FDAのリストが代表的である．日本では法制化されたリストはないが，ポリオレフィンなど衛生協議会のリストに収載されたものが，通常使用される．

C 製品収率

図9.5.2のマスバランスは各物質の重量比で示し

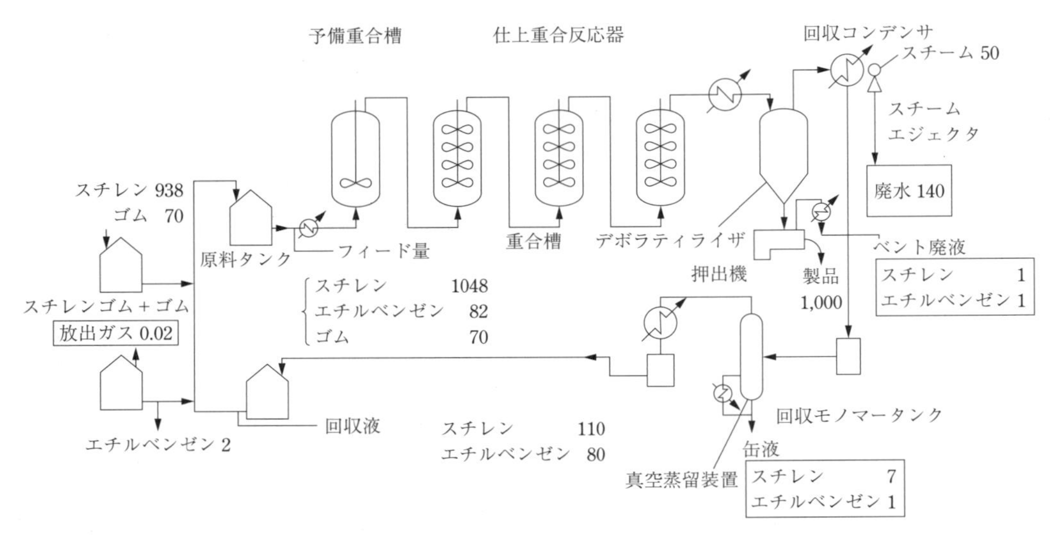

図 9.5.2　HIPS の連続塊状重合プロセスフロー

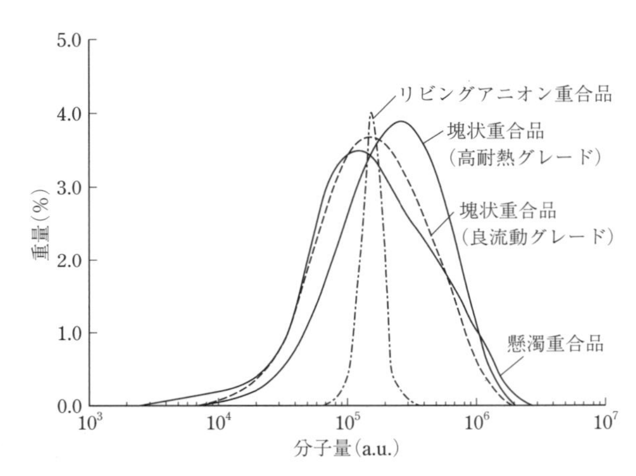

図 9.5.3　ポリスチレンの典型的な分子量分布

た．スチレン(1048)のうち，製品にならず再利用もされずに排出されるのは，8 のみであるので移行品を含めたプロセス収率は 99.2% となる．

D　ユーティリティー消費量

ポリスチレンの製造は，比較的シンプルなプロセスであること，操作温度・圧力が極端に高くないことなどに由来して，ユーティリティーの消費は小さいが，いっそうのコストダウンと環境負荷低減のため効率化の検討が続けられている．

9.5.4　今後の展望

概要で示したように，近年のポリスチレンの用途は食品包装関連に大きく偏ってきており，これに適応した技術の動向がみられる．

食品包装用途は，その多くがシート状の製品を真空・圧空成形などで容器の形にする．この変形は二軸伸長変形であるが，シートそのものも BOPS(二軸延伸ポリスチレンシート)，一軸延伸されたシュリンクフィルム，発泡という二軸伸長変形でセルが拡大する変形で製造される PSP などが多い．

この用途の変化に対応するために，伸長変形に適したポリマーを製造するべく技術開発が進められている．

図9.5.3には，各種重合法で製造されたポリスチレンの典型的な分子量分布を示す[10]．

懸濁重合品が高分子量側に大きく膨らんでいることがわかるが，これは懸濁ビーズの中では粘度と除熱の問題なく転化率が100％近くまで重合し，その後期に大きなゲル効果が発現するためである．上述の中でもとりわけPSP用途は懸濁重合品が好適に用いられてきた用途であり，このような伸長変形で偏肉や破れを抑える効果のある高分子量成分を増やす技術の開発が進められている．その1つは，懸濁重合と同じように溶液重合でも転化率を上げてゲル効果を発現させようとするものである．このためには，機械的撹拌に限界があるため後段の重合を伝熱面積の広いSMRで行おうというものである[11]．これには，ポリスチレンの生産プロセスの中でも比較的エネルギー使用の大きい，脱揮のエネルギーが削減できるという別の効果も期待できるが，蓄積してくるエチルベンゼンなどを除去してもなお，懸濁重合品ほどの大きい効果の発現は難しい．

一方で，反応技術で高分子量成分を増やし，さらには分岐構造ももたせて物性を発現しようとする動きもある．

1990年代には4官能開始剤を使用して部分的に分岐した高分子量成分をもたせる技術が出現したが，重合開始剤は得ようとするポリマーの数よりかなり少なくしか使えないため，それ以上の進展は困難であった．

2000年代以降になって，共重合型の分岐剤[12]やグラフト共重合型の分岐剤[13]を用いて極端に重合度を上げなくても大きな効果を示す技術がでてきた．

こうしたポリマーは脱揮装置内での発泡挙動にも変化をもたらし，さらなる残留揮発分の低減要求とともに，脱揮装置の構造にも改良を促すものであり，今後の進展が注視される．

文献

1) 日本スチレン工業会HP
2) Chem. Eng. Sci. J., 64(2), 304,(2009)ほか
3) 特開2002-308923
4) 特開2007-023111
5) 化学工学, 79(4), 288(2015)
6) 日本ゴム協会誌, 89(5), 129(2016)
7) 再公表2005-044864
8) 佐伯康治，尾見信三，新ポリマー製造プロセス，p.182，工業調査会(1994)
9) 日化協月報, 43(3), 14(1990)
10) Encyclopedia of Chemical Technology 3rd ed., vol.21, p.808(1983)
11) プラスチックス, 66(9), 54(2015)
12) DIC Technical Review, No.12, p.21(2006)
13) 特開2015-083673他

9.6 ABS樹脂

9.6.1 概要

現在のアクリロニトリル–ブタジエン–スチレン共重合(ABS)樹脂の基本製造プロセスは，1940～1950年代にかけてU. S. Rubber社，Borg Warner社などによって開発された乳化グラフト重合プロセスである．ポリブタジエンラテックスの存在化にアクリロニトリルとスチレンを共重合することにより，耐薬品性，高外観性を付与した耐衝撃性樹脂としてのABS樹脂が得られる．

日本では，米国での急速な需要拡大を反映して，1960年代に入って外国導入技術あるいは国産技術で各社が企業化に取り組み始めた．その後の高度成長時代の自動車，家電製品などのめざましい発展に支えられ，ABS樹脂の国内生産量は1980年代後半には年間50万tを超える汎用樹脂のレベルにまで達した．しかしその後バブル景気の崩壊，アジア経済危機などから需要は低迷し，各社とも厳しい経営環境にさらされている．こうした環境の中，現在国内ではABS樹脂重合設備をもつメーカーとしては5社が事業を継続している．表9.6.1に国内外の主要なABS製造メーカーと生産能力を国・地域別にまとめる[1]．

表 9.6.1　世界の代表的な ABS メーカーおよび国・地域別生産能力(2016 年)

国・地域	社名	生産能力(万 $\mathrm{t\,y^{-1}}$)
中国	Zhenjiang ChiMei	89
	LG Yongxing	76
	Jilin Chemical	59
	FCFC	45
	その他	124
	中国　計	393
台湾	Chi Mei	135
	FCFC	41
	その他	30
	台湾　計	206
韓国	LG Chem	75
	Lotte Chemical	33
	その他	77
	韓国　計	185
日本	テクノポリマー	25
	UMG ABS	15
	日本エイアンドエル	10
	東レ	7
	電気化学工業	4
	日本　計	61
北米	SABIC Plastics	22
	Styrolution	18
	その他	6
	北米　計	46
EU	Styrolution	43
	Trinseo	21
	その他	23
	EU　計	87
中南米		18
マレーシア	東レプラスチックマレーシア	35
タイ	Styrolution ほか	24
ロシア		8
インドネシア		4
インド		27
西アジア		28
総計		1,121

表 9.6.2　ABS 樹脂国内用途別需要

用途	2016 年		国内需要の構成比率(%)
	数量($\mathrm{t\,y^{-1}}$)	構成比率(%)	
車両	89,256	25%	39%
電気器具	26,996	8%	12%
一般機器	25,643	7%	11%
建材	23,560	7%	10%
雑貨	56,240	16%	24%
その他	8,070	2%	4%
国内計	229,765	64%	100%
輸出	127,867	36%	
総計	357,632	100%	

ABS 樹脂は加工性，耐薬品性，強靭性，低温特性をあわせもった優れた高光沢の耐衝撃性樹脂として，車両，家電・OA 機器，雑貨(住宅，レジャー用品，玩具ほか)など幅広い分野で使用されている．表 9.6.2 に国内の用途別需要を示す[2]．

ABS 樹脂製造法の主流は乳化グラフト重合法で，9.6.3 項で詳述する．しかし乳化重合法は工程が複雑でエネルギー原単位も大きく，かつ大量の排水・排ガスが出るなど環境対策も必要となり，1973 年ごろ東レで独自の連続塊状重合プロセスが，その後 HIPS と同じ方法による連続塊状重合法(9.5.3 項)が三井東圧(現三井化学)で開発された．

9.6.2　重合反応[3]

A　ゴムラテックス

ABS 樹脂で使用されるゴムは，ほとんど乳化重合プロセスで製造される．ここで乳化剤ミセル数，表面張力，ポリマー粒子数，そして重合速度など乳化重合の特性値は，一般にいわれている乳化重合機構と同様に進む．ABS 樹脂として用いるためには最適な粒子径，架橋構造をもっていなければならず，これらは開始剤，乳化剤，重合温度などの因子により制御される．

B　グラフト重合

ABS樹脂のようにゴムによって耐衝撃性の付与を図る場合，クレーズの発生・成長が十分に促進されるに足る界面接着強度を有することが重要である．また，ゴムの架橋構造，吸蔵への影響もあり，ABS樹脂を設計するうえでグラフト構造の最適化は重要である．ABS樹脂のグラフト重合は，ポリブタジエンの存在下にアクリロニトリル，スチレンを共重合するという方法で行われる．ゴムの残存二重結合への付加，および水素引き抜きにより生じたラジカルとモノマー・ポリマーラジカルとの反応によりグラフト鎖が生成され，このとき重要なのは，幹ポリマーラジカルの生成である．ポリブタジエンは，主鎖中に二重結合が存在しており水素の引き抜きが容易に起こるが，これがABS樹脂のグラフト重合を特徴づけている．また開始剤の種類によっても影響される．グラフト重合の場合，攻撃の対象が反応性の高いモノマーではなく，ポリマーからの水素引き抜きであるため，開始剤から生じる一次ラジカルの反応性がその分解速度とともに，グラフト重合を支配する重要な因子となる．ABS樹脂の乳化重合では，通常有機過酸化物とレドックス系助剤の組み合わせが触媒として用いられており，糖ピロリン酸鉄処方，スルホキシレート処方などが使われている．また，乳化重合のような不均一系では，開始剤の水(モノマー)への溶解性も重要な因子となる．

モノマーの一部を連続添加するセミバッチの重合の場合,モノマー添加速度が低いほどグラフト効率・グラフト率は上がる．これは重合場でのモノマー濃度が下がるのに伴い，成長反応に対して水素引き抜きの確率が高くなり，その結果グラフト効率が上がるためと考えられる．仕込みのモノマー/ポリマー比もグラフト率に影響する．多くのモノマーを供給すればグラフト率は上がるが，一部のモノマーはグラフトよりホモ・共重合へ供されるため，グラフト効率は下がる．乳化重合系では乳化剤濃度も影響を与える．乳化剤濃度が高くなり臨界ミセル濃度(CMC)以上になると新たなポリマー粒子が発生し，その結果フリーのポリマーが生成しグラフト効率が下がることになる．したがって，グラフト率を最適化しグラフト効率をより上げる工夫が種々なされている．

9.6.3　プロセス[4,5)]

A　乳化重合プロセス

現在も最も多く採用されている乳化重合プロセスについて述べる．このプロセスが今なお主流となっている理由には，幅広い性能の付与のための反応操作が容易であること，少量多品種生産に対応しやすいこと，他のプロセスの技術的難易度の高さなどがあげられる．現在では，ゴム量の多いグラフト体を乳化重合で製造し，アクリロニトリル-スチレン共重合(AS)樹脂とブレンドして最終ABS製品とするプロセスが多く採用されている．乳化重合プロセスは大きく分けて，(1)ゴムラテックス製造工程，(2)グラフト重合工程，(3)グラフト体後処理工程，(4)コンパウンド工程,の4つから構成される．図9.6.1にフローシートを示す．

(1)ゴムラテックス製造工程：ゴムの重合反応は，乳化重合でバッチ操作で行われる．ゴムラテックス製造工程の要点は重合熱の除去とゴム粒子径の制御である．ゴム粒子径はABS樹脂の物性を左右する重要な因子で，処方により制御されるが，一般に最適粒子径は0.2〜0.5 μm程度といわれている．しかしこの径は乳化重合としては大きく，重合時間が長く生産性が悪いという欠点がある．これを改良する技術として，0.07〜0.1 μm程度の小粒径のゴムを短時間で重合し，化学的または物理的凝集により粒径肥大させる技術も用いられている．ゴムラテックスは，反応終了後減圧下でスチームストリッピングして残留モノマーを回収し，グラフト重合工程へ送られる．

(2)グラフト重合工程：グラフト重合工程も，ゴムの重合と同様にバッチ操作で行われる．反応器内を窒素で置換したのち，主副原材料を仕込み昇温して反応を開始する．反応開始前にこれらを全量一括投入することはほとんどなく，一部を仕込んで反応を開始し所定の転化率になったところから，残りの主副原材料をバッチ的に，もしくは一定時間をかけて連続的に添加する方法が多く用いられている．

(3)グラフト体後処理工程：グラフト体ラテックスを凝固しポリマーを回収する工程である．ラテッ

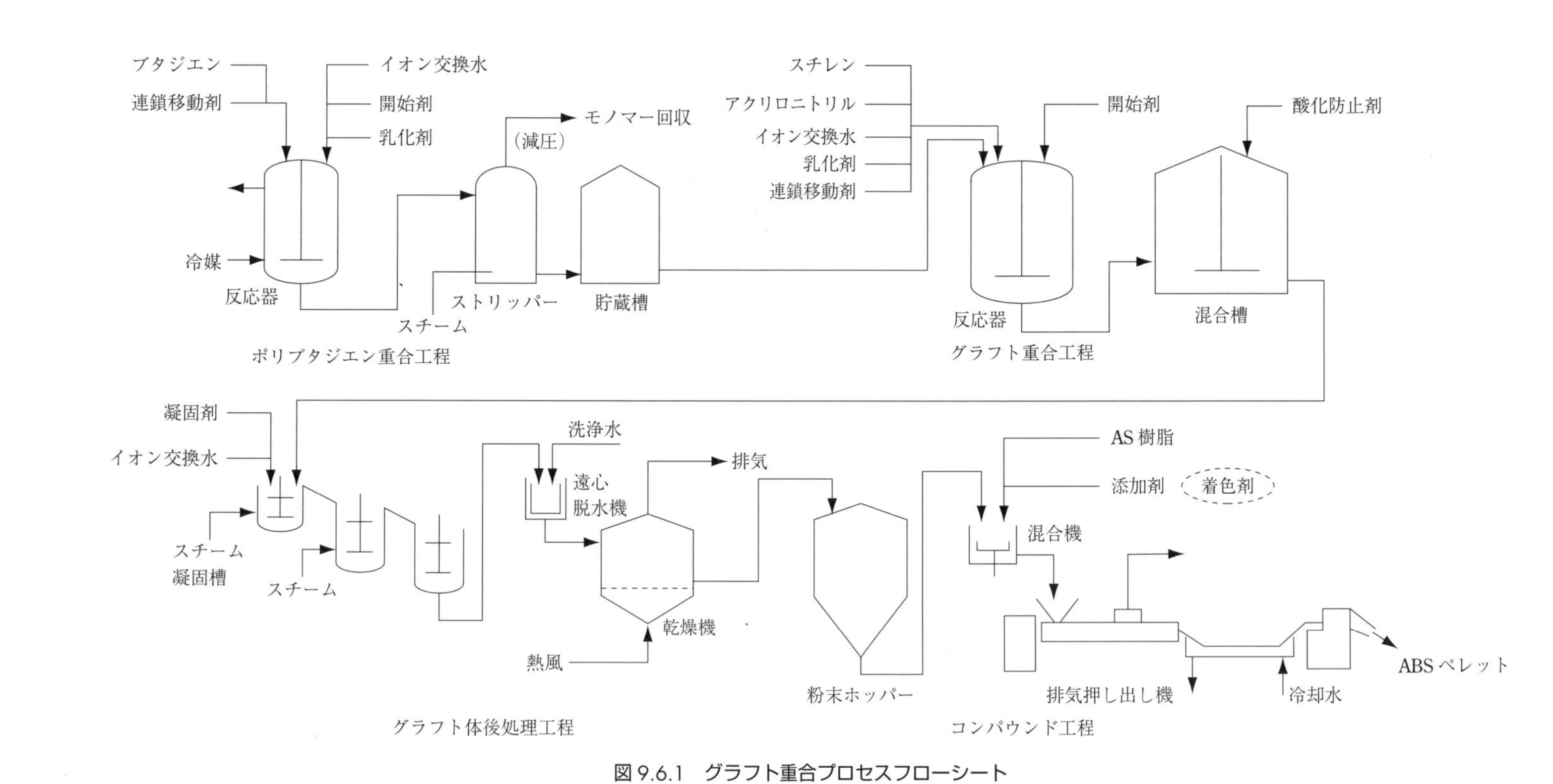

図 9.6.1　グラフト重合プロセスフローシート

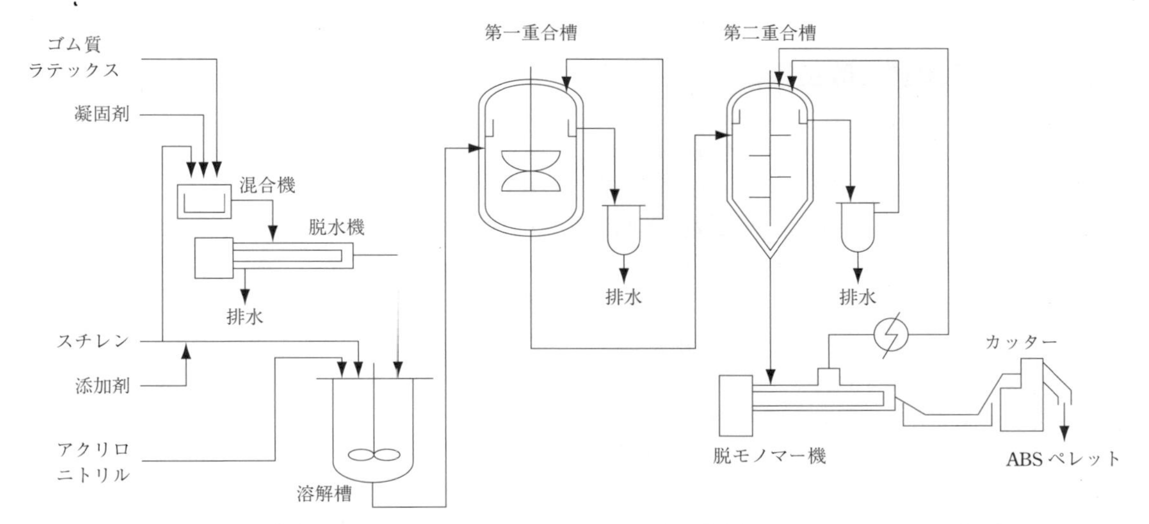

図 9.6.2　東レ法連続塊状重合プロセスフローシート(ゴムラテックス重合およびコンパウンド工程は含まず)

クスに酸または塩を加えて凝固し，脱水機で洗浄脱水して熱風乾燥機にかけて粉末とするプロセスが最も一般的である．しかし，このプロセスはエネルギー消費が大きく，また大量の排水と排ガスが出るため環境対策が必要である．これらの問題の改良技術として，近年脱水後の湿粉を直接ベント押出機に投入しペレット化するプロセスが開発されている．さらに最も簡略化したプロセスとして，ラテックスを直接押出機に供給し，凝固・洗浄からペレット化まですべてを押出機の中で完了させるプロセスも実現している．

(4) コンパウンド工程：グラフト重合体にAS樹脂，添加剤，難燃剤，着色剤などを加え，溶融混合しペレット化する工程である．ペレット化には，一般的に単軸や二軸押出機が使われている．製品の着色は実に複雑で，要求される色の種類もユーザーおよび用途ごとに異なり，かつ量的にはまとまらない少量多品種生産の典型であるが，着色工程まで樹脂製造メーカーのプロセスに取り込んでいる例もある．

B　連続塊状重合プロセス

東レによって開発された連続塊状重合プロセスのフローシートを，図 9.6.2 に示す[6]．このプロセスの特徴は，ゴム基材の重合は乳化重合で行い，ゴム粒子を最適粒径に作り込み，ゴムラテックスをモノマー中に取り込んだドープとよばれる重合原液を作って，ゴムの粒子径を変えることなく塊状重合させるところにある．その後三井東圧化学から，HIPSの重合プロセスを応用した連続塊状重合法も工業化された．このプロセスは固形ゴムを出発点としており，乳化剤を一切使わない低コストプロセスとして優れているが，東レ法に比べて幅広い性能への対応は難しいようである．

東レプロセスでは，ゴムラテックスにスチレンモノマーと凝固剤を加え，押出機型の脱水機で遊離の水を絞った後，溶解槽でスチレンモノマー，アクリロニトリル，および重合調節剤などの添加剤を加えて原料ドープを作る．原料ドープは，連続的に完全混合槽型の第一重合槽に定量供給され，40～70％のポリマー濃度となるまで重合され，第二重合槽に送られる．第二重合槽はピストンフロー型の重合槽で，反応液は重合率が進行するにつれて槽内を流下していく．両重合槽とも，反応熱によりモノマーと絞り切れなかった水が蒸発し，槽上部内面で凝縮される．凝縮液は堰で受けて槽外部に取り出され，水を分離して，モノマーは再び重合槽内部に還流される．第二重合槽の下部から脱モノマー機に送り，排気でモノマーを回収してペレット化し製品となる．この連続式塊状重合東レプロセスでは，乳化重合プロセスに比べて，副原料費 20％，ユーティリティー費 30％，廃水処理や環境対策費を含めた工場製造原価比較で約 73％の経費削減が可能であるとされている．

9.6.4 現状の課題と改良技術

ABS樹脂も企業化されて50年以上を経過し，米国，欧州，日本など先進国ではライフサイクルの成熟期後期に位置付けられ，今後は大幅な成長は期待できないであろう．地球環境の問題が大きく取り上げられている現在において，難燃ABS樹脂の非ハロゲン化の動きにみられるように，環境に配慮した原材料へのシフト，製造プロセスからの排ガス・排水環境対策，省エネルギー・省資源の徹底といった問題が，今後の課題と考えられる．また，各国の化学物質に関する法制化が進み，SVHCなど規制物質が強化される中で，これらに対応した化学物質の管理や製造プロセスの改良も課題と考えられる．さらに車両をはじめとする樹脂の軽量化やフィラーコンポジット材料が望まれており，それに対応した材料の開発が望まれるところである．

文献

1) IHS Markit
2) 日本ABS樹脂工業会
3) ラジカル重合ハンドブック，p. 523，エヌ・ティー・エス(1999)
4) 反応工学研究会レポート—11(ABS製造プロセスのアセスメント)，高分子学会(1990)
5) 佐伯康治，尾見信三，新ポリマー製造プロセス，p. 205，工業調査会(1994)
6) 井上正一ほか，化学工学，48(6)，415(1984)

9.7 ポリエチレンテレフタレート

9.7.1 概要

A 歴史，特性，および用途

英国のJohn Rex WhinfieldとJames Tennant Dicksonが発明したポリエチレンテレフタレート(PET)は，英国ICI社(1949年)，米国DuPont社(1953年)の両社によって工業化された[1]．当初は合成繊維として開発が進み，1950年代から需要が大きく伸び始めたPETであるが，その優れた寸法安定性や耐熱性(融点約255℃)，機械的強度などを生かして工業用途への展開が進んだ．フィルム用としては初期の電気絶縁用などを出発点として1990年代前後には磁気テープ用が伸びたが，その後この用途はなくなり光学用が主流となった．また飲料容器としてのいわゆるボトル用としても1970年代から開発が進み，現在一大分野を築いている．

繊維，フィルム，ボトル以外の用途としては，1966年，PETをガラス繊維(GF)で強化したGF強化PETが開発され[2]，エンジニアリングプラスチックとして，電子部品，自動車・電装部品などに使用されている．非晶性ポリエチレンテレフタレート(A–PET)は，非晶性を維持して透明性を付与したもので，成形加工性，耐油性，耐薬品性にも優れるので食品容器などとして，また結晶性ポリエチレンテレフタレート(C–PET)は，A–PETとは異なり結晶性を有し耐熱性が高く(220℃程度)，調理済み食品の電子レンジによる再加熱用容器などとして使用されている．

またPETはタイヤの形状を保持するためのタイヤコードとしても使用されている．この場合，一般に固有粘度0.9(dL g^{-1})以上のPET繊維が必要とされるので，原料として固有粘度1.0～1.5の高重合度PETが望まれる[3]．

B 需給

PETの世界消費量は，2014年には6,100万t近くに達したとみられる．その内訳は繊維用が最大で50%を占め，ボトル用や成形品用に用いられる固相重縮合用が31%，フィルム用が2%，その他17%である．そして，世界消費量は年平均成長率4.8%で伸び，2019年には7,700万t近くに達するとみられる．

また日本におけるPETの生産量推移は次のとおりである(表9.7.1)[4]．輸入品に押されるなど，特に繊維用，容器用は減少している．

PETの世界的なメーカーは，Indorama Ventures社(タイ)，Reliance Industries社(インド)，

Jiangsu Sanfangxiang Group 社(中国)などで，日本では東レ，帝人，東洋紡，三井化学，日本エステル，ユニチカ，クラレ，三菱ケミカルなどが参入している．

9.7.2　反応とプロセス

A　重合法の変遷と反応

PET の製造において，ジメチルテレフタレート(DMT)とエチレングリコール(EG)を原料とするルートを DMT 法，TPA(テレフタル酸)と EG を原料とするルートを TPA 法とよぶ．それぞれバッチ式と連続式がある．PET が工業化された初期のころは，酸成分はすべて DMT であった．それは DMT が精留，再結晶化などの手段で精製が比較的容易であったのに対し，TPA は不溶・不融で精製が難しく，高純度品が得にくかったためである．しかし，その後 TPA は不純物除去が可能となり，DMT 法は次第にコスト的に優位な TPA 法に置換されることとなった．2014 年時点では大部分の PET は TPA 法連続式で製造されており，DMT 法は 2〜3%に過ぎない．

DMT 法も TPA 法も溶融重縮合の範疇である．まず第一段階として，DMT または TPA と EG からビス(2–ヒドロキシエチル)テレフタレート(BHET)およびその低重合度体(オリゴマー)を得，次いでこれを重縮合する二段階法をとる．一般的な PET の重合度は 100 程度である．高重合度 PET を製造する場合は，比較的低重合度の PET プレポリマー(または PET)を得て，これに固相重縮合を施す．

これらを定性的な化学反応式で示すと図 9.7.1 のとおりである．図中の x, y, n および m は代表的な数値である．

表 9.7.1　PET の日本生産量推移(万 t)

用途	2012 年	2013 年	2014 年	2015 年	2016 年
繊維用	24.8	22.4	20.7	18.8	17.4
容器用	13.2	14.7	12.8	10.0	8.4
その他	34.0	38.0	33.5	33.1	33.5
合計	72.0	75.0	67.1	61.9	59.2

B　溶融重縮合

a　DMT 法

DMT 法はエステル交換反応法ともよばれ，エステル交換反応槽と重縮合反応槽からなるバッチ式で行われることが多い．その代表的なフローを次に示す(図 9.7.2)．

第一段階では DMT に対し EG および触媒を加えエステル交換反応を行う．この場合 DMT : EG＝1 : 2〜1 : 3(モル比)程度とすることが多い．触媒としては，数多くのものが知られているが，通常 Li, Mg, Ca, Mn, Zn などの脂肪酸塩，炭酸塩や Ti のアルコキシドなどが用いられる．これらは通常，EG に可溶化して用いられる．

エステル交換反応槽では，これら触媒の存在下，DMT と EG の混合物を大気圧下 150℃から徐々に 230℃まで昇温させ，エステル交換反応を行ってメタノールを留出させ，BHET およびオリゴマーを生成させる．反応時間は装置の規模や反応条件によって異なるが，2〜6 時間程度である．共重合成分やフィラーなどを配合したい場合は，エステル交換反

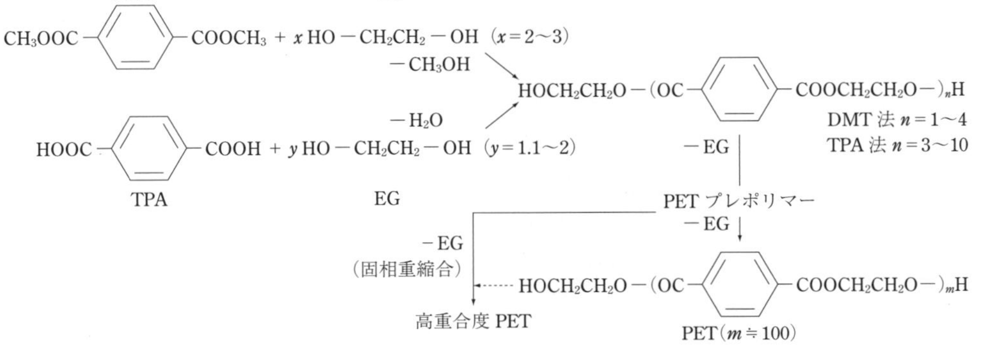

DMT　EG

$CH_3OOC-C_6H_4-COOCH_3 + x\,HO-CH_2CH_2-OH$ $(x=2\sim3)$

$-CH_3OH$

$HOOC-C_6H_4-COOH + y\,HO-CH_2CH_2-OH$ $(y=1.1\sim2)$

$-H_2O$

TPA　EG

→ $HOCH_2CH_2O-(OC-C_6H_4-COOCH_2CH_2O-)_nH$

DMT 法 $n=1\sim4$
TPA 法 $n=3\sim10$

$-EG$ ↓

PET プレポリマー

$-EG$ ↓

$HOCH_2CH_2O-(OC-C_6H_4-COOCH_2CH_2O-)_mH$

PET($m≒100$)

$-EG$
(固相重縮合)
→ 高重合度 PET

図 9.7.1　PET 製造の反応式

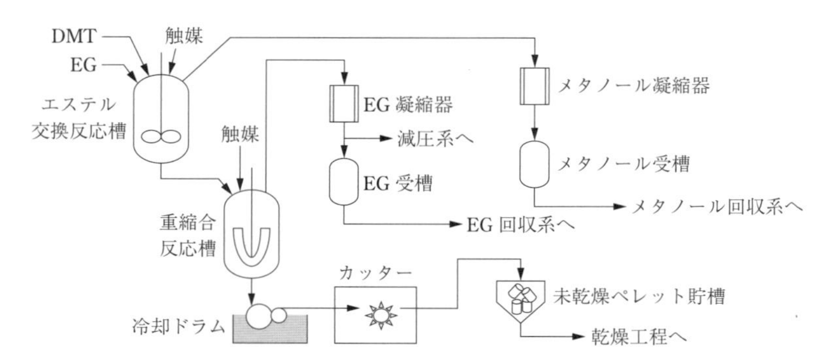

図 9.7.2　PET 製造プロセスフロー（DMT 法バッチ式）

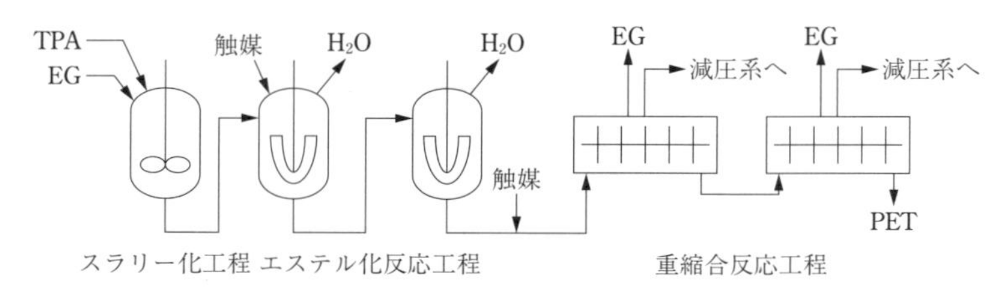

図 9.7.3　PET 製造プロセスフロー（TPA 法連続式）

応槽で添加し重縮合反応前に均一組成としておくのがよい．

エステル交換反応触媒は，ポリマー中に残存すると熱分解を引き起こすので，エステル交換反応終了後リン化合物(3価または5価の,酸またはエステル)を加えて失活させる．反応生成物は，第二段階の重縮合反応工程に供される．

重縮合反応槽では，エステル交換反応槽からの化合物を受け入れた後，重縮合反応触媒を加え徐々に昇温しながら減圧にして EG を留去させて重合度を高める．触媒としては，多くの金属含有物が知られているが，工業的には Ti，Ge，Sb の化合物が用いられることが多い．2000 年代初めには Al 系触媒が開発され，これに加わった[5]．反応温度は 230℃から 290℃まで昇温させ，同時に圧力は常圧から 0.1〜0.01 kPa 程度に減じる．

重縮合反応工程では，化学的な反応速度だけでなく生成した EG を効率よく留去することが，全体の反応速度を上げるために重要である．特に重縮合反応後期では系の粘度が非常に高くなり表面の更新が困難となるため，プロセスメーカー各社は撹拌翼の形状などに工夫を凝らした反応装置を開発している．反応時間は 2〜6 時間程度である．反応終了後は撹拌を止め，窒素圧で反応槽下部から生成 PET をストランドまたはシート状で押し出し，水冷した後，ペレット状(長さ 3〜10 mm 程度)に細断する．このペレットは乾燥して製品とするか，固相重縮合の工程に供される．

重縮合反応槽で重縮合反応を行っている間，エステル交換反応槽では次バッチのエステル交換反応を行う．したがって，通常それぞれの槽の反応時間がおおむね等しくなる条件を選択する．

DMT 法は，コスト面から主役の座を TPA 法に譲っているが，多品種・少量生産には向いているので特定銘柄の生産や試験生産などに，現在でも一部で採用されている．

b　TPA 法

TPA 法はエステル化反応法あるいは直接重合法ともよばれ，エステル化反応工程と重縮合反応工程からなり，ほとんどすべて連続式が採用される．そのフローの一例を次に示す(図 9.7.3)．

エステル化反応工程は 2〜3 の少なくとも初期には縦型の反応器，重縮合反応工程には 2〜3 の横型の反応器が用いられる場合が多い．途中に予備重縮合工程が入る場合もある．

エステル化反応槽でのモノマー仕込み比は，DMT 法の場合よりも EG 比率が小さく，TPA：EG＝1：1.1〜1：2(モル比)程度である．反応温度は

240～260℃程度，反応圧力は常圧または微加圧とすることが多い．TPA はオリゴマーに溶解しやすいのでオリゴマー存在下に反応を進めるのが効率的である．TPA のプロトンが酸触媒として働くため，DMT 法の場合に必要な金属化合物触媒を添加することなく反応が進行する．副反応として，EG 同士や末端ヒドロキシエチル基が関わる脱水縮合によるジエチレングリコール（またはその単位）の生成も酸触媒で進行するため，エステル化反応時の温度が高すぎることは好ましくない．なお，エステル化反応触媒として Mg，Ca，Mn などの化合物を用いる場合もある．また後述する重縮合触媒はエステル化反応の触媒ともなるので，しばしば少なくともその一部はエステル化反応初期に添加される．エステル化反応終了物は，必要に応じ予備重縮合工程で脱 EG 反応を行って重合度を高めた後，重縮合工程に供し徐々に重合を進行させる．

TPA 法による反応生成物（オリゴマー）はその重合度が高い点が DMT 法とは異なるが，重縮合反応は基本的に同じである．重縮合触媒として，通常 Al，Ti，Ge，および Sb などの塩や酸化物，アルコキシドなどの 1 種以上が用いられる．その添加時期はエステル化反応初期から重縮合反応開始までの任意の時期であり，また分割して添加される場合もある．反応温度は 260℃から 290℃まで昇温させ，同時に圧力は 0.1～0.01 kPa 程度に減じて EG を留去して重縮合反応を進める．反応は 2～10 時間程度である．残存触媒の活性が高すぎるとポリマーの熱安定性や色調が悪化するので，目的に応じた適切な触媒系を選択する必要がある．

TPA 法連続式の PET 製造プラントの 1 ラインの最大生産能力は，1995 年には 4 万 $t\,y^{-1}$ 程度であったが 2015 年には 20 万～50 万 $t\,y^{-1}$ に達している．

c　固相重縮合

PET の特定の用途（たとえばボトル用を含む成形用やタイヤコード用向け）においては，成形加工性や機械的特性を高めるため高重合度 PET が望まれるが，溶融重縮合法では反応物の粘度が高くなり過ぎて高重合度化や取り出しが困難となる．この難点を克服するために固相重縮合法が採用されている[6]．この方法は，溶融縮重合で得られた PET プレポリマーまたは PET（固有粘度 0.4～0.7 程度）をペレット化して不活性ガス雰囲気下または減圧下で熱処理する方法で，工業的に広く行われている．反応は溶融重縮合時と同じで，末端基同士が反応し EG が離脱することにより進行する．

固相縮重合は融点以下の温度で行われることから，熱分解による副反応（ジエチレングリコール結合や末端カルボキシル基の増加，色調悪化など）を抑えることができ，特にボトル用などで必要となる，アセトアルデヒドや環状三量体の低減を図ることができる利点もある．反応時間は，目標物性や反応条件，装置規模などにより異なるが，たとえば 5～40 時間程度である[7]．固相重縮合は，高重合度 PET を製造する場合のみならず，回収 PET から再生 PET を製造する場合などにも利用されている．

固相重縮合プロセスの代表的なフローを次に示す（図 9.7.4）．

固相重縮合に供される楕円柱状や直方体状のプレポリマーペレットは，まず融着防止のため結晶化槽（150～190℃）に導かれ，次いで予熱槽で固相重縮合温度近傍まで昇温されたのち，固相重縮合槽に送られる．結晶化槽，予熱槽は均一な温度付与が求められることから流動床（または機械的撹拌を行う槽）

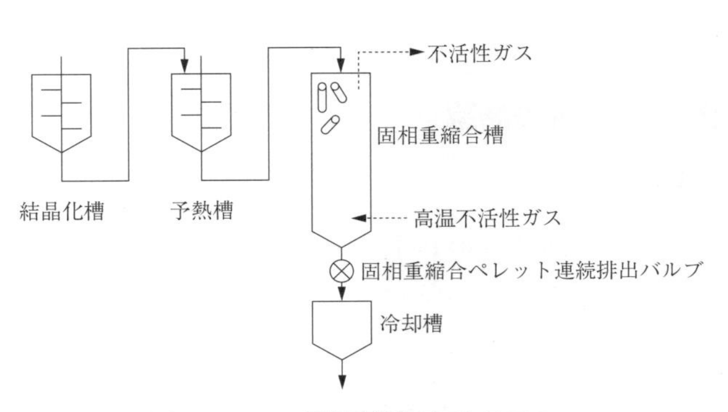

図 9.7.4　PET 固相重縮合プロセスフロー

であることが多い．固相重縮合槽は通常，移動床で下部にロータリーバルブなどのペレットを定量的かつ連続的に排出する機構を備え，PET ペレットは上方から下方に移動する[8)]．この固相重縮合槽には真空減圧式もあるが，熱風循環式縦型ホッパータイプ連続固相重縮合槽であるのが工業的に適している[9)]．この間，下方から上方に流れる 200～230℃程度の窒素などの不活性ガスにより固相重縮合が進み，たとえば固有粘度 0.7～1.2 程度の高重合度 PET を得ることができる．固相重縮合装置は独立して設けられることもあるが，経済的な観点から大型の場合は溶融重縮合装置の下流に設けられることが多い．現在，大規模な固相重縮合装置の 1 ラインの能力は 20 万 t y^{-1} 以上に達している．

d　新たな製造プロセス

典型的な TPA 法連続式は一応の完成をみたが，需要が多くプロセス的な改良による低コスト化が見込めるボトル用 PET に関し 1990 年代から多くの検討がなされてきた．その 1 つとして溶融重縮合と固相重縮合を組み合わせた，2000 年代初期の NG3 技術（DuPont 社/Fluor Daniel 社）がある．これは溶融重縮合によりプレポリマー（通常の固相重縮合用より低い，固有粘度 0.20～0.30）を製造した後，続けてペレット化して固相重縮合を行い高重合度 PET を低コストで得るもので[10)]，2004 年に商業化されている．このプロセスは 20 万 t y^{-1} 以上を想定している．

また，Uhde Inventa-Fischer 社は 2003 年，MTR（melt to resin）技術を導入した．エステル化反応とプレポリマー化を一挙に行う縦型の前段反応器[11)]と，連続高重合度化を行う特定構造の横型の後段反応器を用いることにより固相重縮合を経ずに溶融重縮合のみで高重合度 PET を得るものである．15 万～38 万 t y^{-1} のプラントが複数稼働している．

9.7.3　最近の技術動向と今後の展望

A　代表的な芳香族ポリエステル

芳香族ジカルボン酸成分とジオールからの PET を含む代表的な芳香族ポリエステルとしては次のようなものがある（表 9.7.2）．

PET に比べると他のポリエステルは，生産量は少ないがそれぞれの特性を生かして活用されている．その中のいくつかに関し，近年の技術動向および今後の展望について述べる．

B　リサイクルとバイオ PET の動向と展望

PET の製造プロセスは，TPA 法連続式の開発に至り，量的に著しい拡大を遂げた．この間の技術開発の 1 つに，使用済み PET を用いたケミカルリサイクル法がある．帝人グループは，使用済み PET ボトルから高純度 DMT を得て，高純度 TPA に変換し，次いで PET ボトル用樹脂を製造するケミカルリサイクル「Bottle to Bottle」システムによる 5 万 t y^{-1} の製造プラントを 2003 年 10 月稼働させた[12)]．その後，使用済み PET ボトルの入手が困難となったため，2008 年 10 月停止するに至った．ただ，PET ケミカルリサイクルの技術は確立されているので，経済性が満たされれば実施可能である．

TPA や EG の原料を石油に替えてバイオマスに求める動きは，2000 年代に入り加速してきた．たとえばサトウキビやトウモロコシを原料にバイオエタノールを経てバイオエチレンを得，次いで酸化，水和を行ってバイオ EG を得ることができる．バイオ EG を用いた 30％バイオ PET が繊維用（東レ），ボトル用（Coca-Cola 社）やフィルム用（東洋紡）に展開されている．また Gevo，Virent，Anellotech の各社はバイオマスからそれぞれ独自のプロセスで *p*-キシレンを得ている．これらを用いた 100％バイオ PET も実用化されようとしている．

慶応義塾大学と京都工芸繊維大学などは共同で

表 9.7.2　代表的な芳香族ポリエステル

	TPA	NDCA	FDCA
EG	PET	PEN	PEF
PDO	PTT	PTN	PTF
BDO	PBT	PBN	
CHDM	PCT		

NDCA：2,6-ナフタレンジカルボン酸，FDCA：2,5-フランジカルボン酸，PEN：ポリエチレンナフタレート，PEF：ポリエチレンフラノエート，PDO：1,3-プロパンジオール，PTT：ポリトリメチレンテレフタレート，PTN：ポリトリメチレンナフタレート，PTF：ポリトリメチレンフラノエート，BDO：1,4-ブタンジオール，PBT：ポリブチレンテレフタレート，PBN：ポリブチレンナフタレート，CHDM：1,4-シクロヘキサンジメタノール，PCT：ポリシクロヘキサンジメチレンテレフタレート

PETを分解する細菌を見いだし，その応用展開を図っている[13)]．PETは自然界では生物による分解が行われないと思われていたが，この細菌はPETを効率よくTPAとEGに分解する．微生物・酵素を用いたPET分解は化学処理と比べ，エネルギー消費が少なく，環境に優しい手法である．ケミカルリサイクルとは異なるバイオリサイクルに道を拓くと期待されている．

C　PET代替の動向と展望

PET成分にイソソルビドを共重合させたポリエチレンイソソルビドテレフタレート(PEIT)がある．PEITは透明性を維持したまま耐熱性が向上することが知られており，ボトル，高温充てん容器，フィルム，シート，繊維などとして有用である[14)]．この系に関する触媒改良[15)]や容器用の開発[16)]が進められている．

FDCAとEGから得られるPEFはガスバリア性に優れ，PET代替素材として注目されている．Avantium社はBASF社と共同して5万t y^{-1} のFDCAプラントをベルギーに建設する計画を進めている．東洋紡は2016年9月，Avantium社のFDCAのPEFへのポリマー化を行うと発表し，2017年からサンプルを供給する[17)]．またCoca-Cola社などはAvantium社と提携してPEFのボトル化を検討するなど，各社が積極的な展開を行っている[18)]．

DuPont社とArcher Daniels Midland社は2016年1月，PETやPEFに対抗する特にガスバリア性に優れた新規なポリエステルとしてFDCAのジメチルエステル(FOME)とPDOからのPTFを共同して開発することを発表した[19)]．2018年5月にはFOMEのパイロットプラントを建設した[20)]．

PBTは非生分解性であるが，アジピン酸成分を共重合させることにより生分解性となることが知られている．TPA，BDO，アジピン酸からなるポリブチレンアジペートテレフタレート(PBAT)はBASF社やEastman Chemical社が商業生産してきたが，2014年には中国山西省で金暉兆隆高新材料科技有限公司が2万t y^{-1} のプラントで生産を開始した[21)]．

Eastman Chemical社は，ジカルボン酸成分としてテレフタル酸，グリコール成分としてCHDMおよび2,2,4,4−テトラメチル−1,3−シクロブタンジオールを用いた共重合ポリエステル(商標名Tritan)を展開している．この共重合ポリエステルは透明性，耐薬品性，機械的強度などに優れ，特に射出成形でサイクル時間が短縮できるなどの特徴を有する．Tritanは2007年に上市され，3万t y^{-1} の生産能力を有していた．2018年5月には6万t y^{-1} の能力増強を行った[22)]．

文献

1) 湯木和男編，飽和ポリエステル樹脂ハンドブック，p.6，日刊工業新聞社(1989)
2) 湯木和男編，飽和ポリエステル樹脂ハンドブック，p.378，日刊工業新聞社(1989)
3) 特開2002-13024(東レ)
4) 経済産業省，生産動態統計年報 化学工業統計編(2016)
5) 特開2002-249559(東洋紡績)
6) 湯木和男編，飽和ポリエステル樹脂ハンドブック，p.145，日刊工業新聞社(1989)
7) 特開2006-249132(帝人ファイバー)
8) 特開2007-112995(三菱化学)
9) 特開2000-219728(大阪冷研)
10) US 6451966(DuPont)
11) 特表2005-519141(Inventa-Fischer)
12) 斎藤安彦，中島実，高分子，54(3)，129-131(2005)
13) Yoshida S. et al., Science, 351(6278), 1196-1199(2016)
14) 特表2005-530000(DuPont)
15) 特表2012-514065(SK Chemicals)
16) 特表2016-529171(Plastipak)
17) 東洋紡ニュースリリース，2016年9月6日
18) WO2015-093524(東洋紡)，特表2016-536172(Coca-Cola)，特表2017-508046(Furanix Technologies)
19) Chemical & Engineering News, 94(4), 6(2016)
20) DuPont Industrial Biosciencesニュースリリース，2018年4月30日
21) 化学工業日報，2014年4月23日，p.12
22) Eastman Chemicalニュースリリース，2018年5月9日

9.8　メタクリル樹脂

9.8.1　概要

メタクリル酸メチル(MMA)を中心とするメタクリル酸誘導体の重合体(PMMA)は，1930 年代から商業生産されている.早くから光学特性に注目され，航空機の窓材などで利用が進んだが，現在では成形材，キャスティング材(水族館水槽など)，塗料，接着剤など，多様な分野に応用されている．用途に適した機械的特性，耐熱性，成形性などを確保するため，ホモポリマーは少なく，コポリマーとしての利用が一般的である．また一般的なラジカル重合法が採用されるが，用途に即した種々の重合法が開発されている．

PMMA 製の板状有機ガラス重合物の主要メーカーと商品名を表9.8.1に示した.また表9.8.2には，PMMA 製造に使用されるコモノマーと用途例を示した．耐熱性向上などでは，さらにマレイン酸，イタコン酸，グルタル酸誘導体なども使用される．

9.8.2　プロセス

工業的に採用されている MMA の重合では，従来型のラジカル重合，アニオン重合が採用され，プロセスでは懸濁重合，乳化重合，溶液重合，バルク重合などが採用される．表 9.8.3 にまとめた．各種のリビング重合，触媒連鎖移動重合が開発され，新規用途開発をねらっている．また表 9.8.4 には，重合開始方法と特徴を整理した．通常のラジカル重合以外に，多様なリビングのアニオン，カチオン重合(LCP)，ラジカル重合(LRP)，金属触媒促進 LRP (ATRP など)，連鎖移動(CCTP)法などが MMA の重合に適用されており，澤本らが 2017 年の Macromolecules 誌で整理している．多くで分子量分布の制御された機能性ポリマーが得られるが，工業的な利用は遅れている．表 9.8.5 には，重合開始剤と特徴を整理した．

ラジカル重合(FRP)では，分子量制御のために，しばしば連鎖移動剤を併用する．メルカプタン系が多い．表 9.8.5 に使用される化合物を整理した．表 9.8.6 には乳化重合で用いられる乳化剤の例を示した．

ここでは懸濁重合プロセスの例を図 9.8.1 に示した[1]．また最近の高生産性重合プロセスの例を図 9.8.2 に示した[2]．完全混合型の第一重合槽で MMA 80～99.9%，アルキルアクリレート 0.1～20%のコポリマーシロップ(塊状重合，重合率 40～60%)を製造，重合開始剤を追加してスタティックミキサー型の第二，第三の反応器に導入する．各反応器の条件に合わせた重合開始剤を選択する．なお，成形材

表 9.8.1　PMMA 製板状有機ガラス重合体の主要商品名

主要メーカー	商品名(例)(登録商標含む)
三菱ケミカル	アクリライト(キャスト板)，アクリライト EX(押出板)
住友化学	スミペックス(キャスト板)，スミペックス E，スミエレック(押出板)
クラレ	パラグラス(キャスト板)，コモグラス(押出板)
旭化成	デモグラス A(押出板)，デラプリズム(型板模様押出)
Evonik	Acrylite
Lucite International	ELVACITE(Poly(MMA/EA/MAA))
Arkema	Plexiglas, Altuglas(BS series beads, 12 grades)
Rohm & Haas	Oroglas, Altuglas
LG	IN_Shock High Impact PMMA(18 grades)
Chi Mei Corp	ACRYREX(Optical PMMA resin)

表 9.8.2 PMMA の製造で MMA[CAS 80-62-6]とともに使用されるコモノマーの例および用途

コモノマー	化合物名	用途
MA	Methyl acrylate [CAS 96-33-3]	Plastics
EA, EMA	Ethyl(Meth)acrylate [CAS 140-88-5] [CAS 97-63-2]	Plastics
MAA, GMAA	Methacrylic acid [CAS 79-41-4]	Plastics, Coatings, Reactive resins
n−/*iso*−BMA	*n*−/*iso*−Butyl methacrylate [CAS 97-88-1] [CAS 97-86-9]	Plastics, Coatings, Reactive resins
HEMA	2-Hydroxyethyl methacrylate [CAS 868-77-9]	Coatings, Adhesives, Contact lenses
HPMA	Hydroxypropyl methacrylate [CAS 27813-02-1]	Coatings, Reactive resins, Adhesives
EHMA	2-Ethylhexyl methacrylate [CAS 688-84-6]	Coatings
IDMA	Isodecyl methacrylate [CAS 29964-84-9]	Coatings, Adhesives
c-HMA	Cyclohexyl methacrylate [CAS 101-43-9]	Coatings, Adhesives
IBOA	Isobornyl acrylate [CAS 5888-33-5]	Coating, Radiation curing
BNMA	Benzyl methacrylate [CAS 2495-37-6]	Coating, Reactive Resins
AMA	Allyl methacrylate [CAS 96-05-9]	Modifiers, processing aids
EGDMA	Ethyleneglycol dimethacrylate [CAS 97-90-5]	Reactive resins, rubber, dental resin
PEG200DMA	Polyethyleneglycol 200 dimethacrylate [CAS 25852-47-5]	Adhesives, Contact lenses
1,3−BDDMA	1,3−Butanediol dimethacrylate [CAS 1189-08-8]	Reactive resins, rubber
1,4−BDDMA	1,4−Butanediol dimethacrylate [CAS 2082-81-7]	Reactive resins, plastics
1,6−HDDMA	1,6−Hexanediol dimethacrylate [CAS 6606-59-3]	Reactive resins, elastomers
GDMA	Glycerol dimethacrylate [CAS 1830-78-0]	Adhesives
TMPTMA	Trimethylolpropane dimethacrylate [CAS 3290-92-4]	Rubber, reactive resins
HEMATMDI	Diurethane dimethacrylate [CAS 72869-86-4]	Dental resin, Radiation curing
MAAmide	Methacrylamide [CAS 79-39-0]	Textile coatings, plastics
N−MMAA	*N*−Methylol methacrylamide [CAS 923-02-4]	Textile
MADAME	2-Dimethylaminoethyl methacrylate [CAS 2867-47-2]	Paper, coatings, cosmetics
AAEM	Acetoacetoxyethyl methacrylate [CAS 021282-97-3]	Thermoset coating

製造で採用される塊状重合では重合率を 40〜70% に維持するのが一般的である[3]．水族館などで使用される数十 cm 厚さの重合体は 30〜40 mm 厚さのキャスト板を多数貼り合わせて製造するが，接着剤の屈折率を樹脂と合わせる必要がある．

文献

1) WO2016/182082(日本触媒，2015 年出願)
2) WO2013/099670(三菱ケミカル，2011 年出願)
3) WO2015/119233(クラレ，2014 年出願)

表 9.8.3　MMA のおもな重合方法と特徴

重合反応	特徴・欠点
一般的ラジカル重合 在来型重合反応：開始剤，連鎖移動剤	広い分子量分布，共重合，反応条件に自由度，汎用性 大規模生産可能
・懸濁重合：微粒子製造，コーティング剤	特開平 08-267529，特開 2010-59330，特開 2013-216764 など
・乳化重合：エマルジョン製造	特開 2009-256406，特開 2015-147843 など
・溶液重合：精密設計ポリマー合成	特開 2012-211279 など
・塊状重合：キャスト板，押出成形など	特開 2016-53103 など
リビングアニオン重合 重合：*n*−BuLi 触媒＋Diphenylethylene 開始剤，THF などの極性溶媒，溶液重合，Mw/Mn<1.05，共役ジエンとのブロック共重合など	分子量分布，分布が予測可能，低温，禁水，立体特異性重合の成功例
リビングカチオン重合 重合反応：スルホン酸基，ルイス酸	検討例は少ない，グラフト架橋用などの例がある
リビングラジカル(LRP)重合 ・ATRP(atom transfer radical polymerization)	CuBr 触媒＋アルキルハライド開始剤，K. Matyjaszewski(2006)，ARGET−AT，SET−，SARA−，SIP−，Reverse ATRP など，多数の発展系あり，汎用性
・GTP(group transfer polymerization)	O. W. Webster(DuPont)，Adv. Polym. Sci., 167, 1(2004)
・NMP(Nitroxide-mediated living radical polymerization)	Initiator＋TEMPO 開始剤，遷移金属が不要，汎用性は低い，特殊ブロックコポリマー製造など
・RAFT(reversible addition−fragmentation chain transfer radical polymerization)	遷移金属が不要，RAFT 剤(トリチオカーボネートなど硫黄化合物)使用，汎用性が高い，ブロック共重合可，WO2014/049363 など
・TERP(Organo-Te mediated RP)	アゾ系，マクロリビング開始剤＋有機 Te 化合物触媒
・IRP(organoiodine mediated RP)	ブロック共重合可
・CMRP(Co-mediated cordinative RP)	Co 連鎖移動剤＋開始剤，酢酸ビニルの重合に好適，アクリレート重合可
触媒利用連鎖移動重合(CCTP) Cobalt-chelates as CCT agent，Co−N_4 錯体	リビング重合の特徴のない CCT，PMMA でも適用例

注)リビング重合，リビングラジカル重合の定義は，Michael Szwarc(1956)の提唱以来，何度か見直されている．LRP は精密ラジカル重合(CRP)ともよばれ，基本形は ATRP，RAFT，NMP の 3 種類である．

RTCP：Reversible Chain Transfer Catalysed Living Radical Polymerization

ARGET−ATRP：Activators regenerated by electron transfer, K. Matyjaszewski, Macromolecules, 39, 39(2006), Cu(II)−Sn(ET)2 or Me6TREN- Reductant(ascrobic acid, glucose, hydrazine)

SARA-ATRP：JP2011-102898

ICAR：Initiators for Continuous Activator Regeneration.

表 9.8.4　重合開始剤の例(開始剤別特許リスト)

	具体例	出典
過硫酸塩・レドックス系	K 塩，NH_4 塩(水系レドックス懸濁重合，還元剤と併用) $(NH_4)_2S_2O_8-NH_4HSO_3-FeSO_4-H_2SO_4$(0.4 / 0.6 / 0.3 / 0.07 wt%)aq 重合停止にはシュウ酸 Na＋$NaHCO_3$ 水溶液などを用いる	・城内宏，渡辺正元，高分子化学，21，43(1964) ・特開 2010-59390，特表 2010-532809
有機過酸・過酸エステル	有機過酸化物(水系レドックス懸濁重合酸化剤，還元剤と併用) 過酸化ベンゾイル，メチルエチルケトンパーオキサイド *t*-Bu hydroperoxide(TBHP)，di *t*-Bu peroxide Cumene hydroperoxide，di(2-ethylhexyl)peroxydicarbonate	・特開 2013-43904(三菱レーヨン) 水溶性有機過酸化物＋ナトリウムホルムアルデヒドスルホキシレート(SFS)還元剤の組み合わせ
脂肪族有機過酸化物	*p*-Menthane-hydroperoxide *t*-Bu hydroperoxide(TBHP) Di-*tert*-butyl peroxide Lauroyl peroxide(LPO) Dicumyl peroxide *t*-Bu peroxyneodecanoate(PBND)(46℃) *t*-Bu peroxyneoheptanoate(PBNHP)(51℃) *t*-Bu peroxypivarate(PBPV)(55℃) *t*-Bu peroxy-2-ethykhexanoate(72℃) *t*-Bu peroxyisobutyrate(82℃) *t*-Bu peroxylaurate(98℃) *t*-Bu peroxyacetate，*t*-Bu peroxyisononanoate(102℃) *t*-Bu peroxybenzoate(104℃)	・城内宏，渡辺正元，高分子化学，22，557(1965) ・過酸化ベンゾイル(BPO)，2,4-Dichloro-BPO は重合を起こさない ・Dimthylaniline など，アミンが加速効果
アゾビス化合物	2,2′-Azobisisobutyronitrile(AIBN)(65℃) 2,2′-Azobis-2,4-valeronitrile(ADVN) 2,2′-Azobis (2,4′-dimethylvaleronitrile)(51℃) 1,1′-Azobis (cyclohexane-1-carbonitrile)(ABCN)(88℃) 2,2′-Azobis (4-Methoxy-2,4-dimethylvaleronitrile)(30℃)	・城内宏，渡辺正元，高分子化学，21，37(1964) ・特開 2014-237856 (ADVN と同じ) ・油溶性，水溶性(和光純薬工業 HP)
TEMPO	TEMPO(NMP リビングラジカル重合)	・特開 2004-269575(AN-SM 共重合)
マクロ開始剤	高分子(マクロモノマー)開始剤	・特開 2010-524042

注)(　)内の温度は，10 時間半減期となる温度を示す．以上のほか，ニトロトルエン，ベンゾキノンなどの酸化剤，アミン，グアニジンなどの還元剤を組み合わせたレドックス系も検討されている(特開 2008-202208)．ATRP など，リビングラジカル型重合では，開始剤はさらに多様化する．

表 9.8.5　連鎖移動剤の例（連鎖移動剤別特許リスト）

重合形式	連鎖移動剤	具体例	出典例　（代表例ではない）
FRP	メルカプタン類	オクチルメルカプタン	特開 2011-105810（旭化成） 特開 2012-188790（東レ）
		n-ドデシルメルカプタン	特開平 10-36450（丸善石化）
		モノチオグリコール	特開 2008-308775（東レ） WO2017/010323（三菱ケミカル）
		チオグリコール酸オクチル	
ATRP	メルカプタン類	オクチルメルカプタン （マクロマー合成段階）	特開 2014-141608（東レ）
ARGET-ATRP	メルカプタン類	オクチル/*n*-ドデシルメルカプタン	特開 2012-201788（東レ）
RAFT	ジチオエステル（RAFT 剤）	ジチオベンゾエート	特表 2016-516842 （コモンウエルス CSIRO）
	トリチオカルボネート（RAFT 剤）	トリチオカルボネート	特表 2016-516842 （コモンウエルス CSIRO）
CMRP	Co−N_4 Ligand chelate		US4680352（E I DuPont） 特表 2016-504469（Evonik）

表 9.8.6　乳化重合用乳化剤

イオン性	構造	特徴	適用モノマー例
アニオン	R−COONa	生分解性良好，中性～酸性領域で不溶化	MMA，SA，SBR
	R−Ph−SO_3Na	耐酸性，耐アルカリ性が良好	VA，MMA
	R−Ph−O−$(CH_2CH_2O)_n$−SO_3Na	塩析されにくい	VA，MMA
	RO−$(CH_2CH_2O)_n$−SO_3Na	生分解性良好，エマルジョンの化学的安定性	VA，MMA
	R−Ph(SO_3Na)−O−Ph−SO_3Na	耐酸性，耐アルカリ性良好，低気泡性，泡切れ	VA，MMA
	ROCOCH_2−CH(OCOR)−SO_3Na	表面張力低下能，浸透力が大きい	VA，MMA
非イオン	R−Ph−O$(CH_2CH_2O)_n$−H	塩析されにくい，生分解性良好	VA，MMA
	HO$(EO)_n$−$(PO)_m$−$(EO)_n$−H	低気泡性（EO：CH_2CH_2O−，PO：CH_2CHMeO−）	VA，MMA
カチオン	R−Ph−CH_2−$NMe_3^+Cl^-$	ポリマー粒子表面をカチオン性にする	
反応性	H_2C＝CHCH_2O−OCH(SO_3Na)(CH_2COOR)		MMA
	H_2C＝CMe−COO$(AO)_n$$SO_3$Na	機械的安定性に優れたエマルジョンを得る	MA，SM
	RO−$(BO)_m$−$(EO)_n$−SO_3NH_4	共重合性に優れる	MMA
	RO−$(BO)_m$−$(EO)_n$−OH	R：オレフィン末端，BO：Epoxybutane	MMA

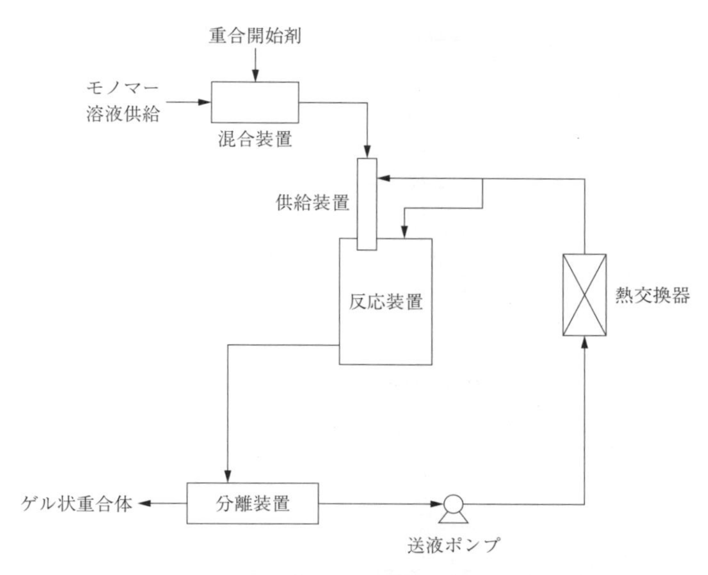

図 9.8.1　PMMA ゲル状重合体製造を目的とした懸濁重合プロセス例

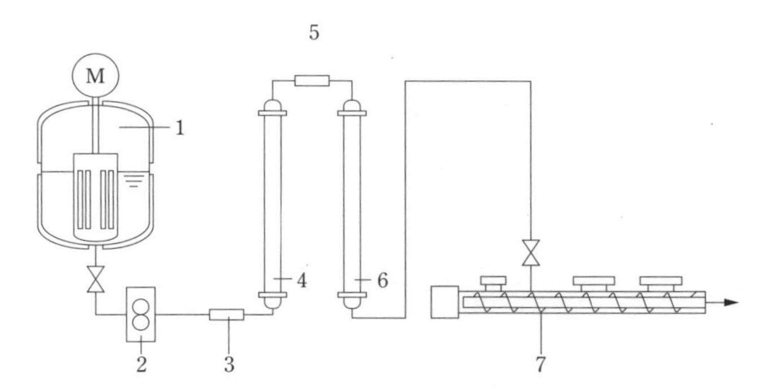

1　完全混合型重合槽（110−160℃），2　ギアポンプ，3　開始剤混合ミキサー，
4　第二重合槽（プラグフロー，170℃），5　開始剤混合ミキサー，
6　第三重合槽（プラグフロー，180℃），7　脱揮押出機（ベントエクストルーダー型）

図 9.8.2　高生産性重合プロセスの例

9.9　酢酸ビニル樹脂

9.9.1　概要

酢酸ビニルモノマー(VAM)のホモポリマー(ポリ酢酸ビニル，PVA)は，ラジカル重合で製造できるが，多くはエマルジョンとして接着剤などに使用され,成形用樹脂として使用されることはまれである．PVA の多くは加水分解などでけん化(脱酢酸)，ポリビニルアルコール(PVOH)として成形用樹脂となるが，ホルマリン，*n*−ブチルアルデヒドなどによるアセタール化で水溶性を制御，ビニロン繊維，自動車の合わせガラスの中間層への利用が進んでいる．またエチレンとのコポリマー(EVA，主用途は PV パネル封止剤)はしばしば HDPE との併産で製造される．VAM は PE の結晶性を低下させ透明性，柔軟性などの物性を付与する．低〜中 VAM 含有グレードは履物(18%)，ホットメルト接着剤や電線被覆材(28%)，太陽光発電用などのフィルム・成

表 9.9.1　VAM 誘導体の世界の生産量と変遷

	PVA	PVOH	EVA	EVOH	VAE	Others	Total
2005	2,049	1,735	257	0	175	16	4,232
2010	2,089	1,982	355	145	595	116	5,281
2015	2,032	2,167	439	160	692	175	5,665
2020(予想)	2,246	2,460	519	191	847	212	6,414

注)千 t y^{-1}，VAM 基準，ポリビニルアセタールは PVOH としてカウントしている

表 9.9.2　VAM 誘導体の世界の地域別生産量(2015 年)

	PVA	PVOH	EVA	EVOH	VAE	Others	Total
北米計	446	320	84	74	91	23	1,039
米国	358	320	69	74	71	23	916
カナダ	16	0	15	0	20	0	51
メキシコ	72	0	0	0	0	0	72
南米	90	0	29	0	0	0	119
西欧	565	184	57	52	143	28	1,028
中・東欧・CIS	46	1	0	0	0	1	48
中東	123	0	9	0	0	0	132
アフリカ	27	0	0	0	0	0	27
インド	58	0	1	0	0	89	149
東北アジア計	554	1,572	228	34	429	34	2,850
中国	423	1,020	43	0	304	0	1,790
日本	75	387	20	25	0	0	531
韓国	13	0	88	0	54	17	171
台湾	43	165	53	9	71	17	357
その他	0	0	0	0	0	0	0
東南アジア	122	90	31	0	30	1	274
合　計	2,032	2,167	415	160	692	175	5,665

注)千 t y^{-1}，VAM 基準，ポリビニルアセタールは PVOH としてカウントしている

形材料(28～33％)に，高 VAM コポリマー(VAE)はエマルジョンで接着剤シーラントに使用される．EVA のけん化物(EVOH)は，1966 年にクラレにより工業化された．現在では優れたガスバリア性を生かして食品･非食品分野の包装材や容器，配管材料，医療機器(通常多層フィルムの中間層)などに幅広く利用されるようになっている．VAM は他のビニルモノマーとのコモノマーとしても利用されるが，ここでは PVA/PVOH，EVA/EVOH の合成を中心に述べる．

表 9.9.1 に世界の VAM 誘導体の生産量(2015 年で 566.5 万 t y^{-1})と変遷を示した．また表 9.9.2 には世界の国・地域別の生産量を整理した．米国，西欧，中国・日本を含む東北アジアが世界の生産量の多くを占めることがわかる．

日本では，表 9.9.3 に示す 4 社が VAM モノマーと誘導体の生産を行っている．表 9.9.4 にみられるように接着剤から樹脂まで重合物の用途は広がるが，最近の特許に示された具体例を表 9.9.5 に示した．

表 9.9.3　世界の VAM 系重合体メーカー(千 $t\,y^{-1}$)

メーカー	世界の生産拠点	2013 年生産量
安徽皖維(Anhui Wanwei)	中国	250
クラレ	日本, 西欧, 米国, シンガポール	234
Sinopec	中国	233
積水化学工業	米国, 西欧	126
長春 Gr(Chang Chun)	台湾	120
内蒙古双欣(Shuangxin)	中国	110
湖南 Hunan Xiangwei	中国	100
DuPont	米国	79
日本合成化学	日本	70
日本 VAM & Poval	日本	70
Eastman Chemical	米国, 西欧	38
その他中国メーカー	中国, 10 社以上	238
合　計		1,833

注)2014 年, 電気化学が撤退, 日本 VAM は信越化学の子会社, クラレの世界の全生産能力は 361,000 $t\,y^{-1}$. 国内メーカーの現存 VAM プラントは Bayer 技術を採用

表 9.9.4　世界の VAM 重合体の用途(千 $t\,y^{-1}$)

	米国	西欧	日本	中国
PVB(polyvinyl butyral)	49.0	54.0	21.0	12.0
接着剤	29.3	23.0	18.0	75.0
繊維サイジング剤	23.0	11.0	3.0	142.0
重合助剤	14.4	34.0	—	259.0
製紙	10.0	28.0	14.0	55.0
ビニロン繊維	—	—	47.0	65.0
その他, 光学フィルムなど	9.3	9.0	23.0	76.0
合　計	135.0	159.0	126.0	684.0

9.9.2　反応およびプロセス

VAM は反応性が高いモノマーであり, MMA と同様にラジカル重合(懸濁重合, 乳化重合, 溶液重合など)からリビングラジカル重合, 立体規則性重合など, 多様な重合法が開発されている. またエチレンを含む多くのコモノマーとの共重合物が知られている. ポリマーの機能化では, ブロック共重合の提案もある. さらに VAM を含む重合物の特徴として, けん化(脱酢酸)してポリビニルアルコール化(PVOH, EVOH)や, 脂肪族アルデヒドによるアセタール化が盛んに行われている. ポリマーの機能化では, ブロック共重合や架橋の提案もある.

検討された重合開始剤とその特徴を表 9.9.6 に例示した. 塩化ビニルの重合と同様, 複数の重合開始剤を組み合わせて使用する方法も提案されている. 半減期は BZ または TL 溶媒中, 60℃での値である. また表 9.9.7 には, これまでに検討された VCM の共重合(変性)成分の例を示した. 樹脂物性の改良や機能化を目指して多くの検討が行われてきた.

重合法別, 工程別に最近の特許出願例を表 9.9.8 に紹介した. 懸濁重合, 溶液重合とも, 類似のプロセスを採用しているが, 分散助剤, 分散安定剤, 重合開始剤, スケール付着防止剤などに特徴がある. EVA は高圧法 LDPE と併産で, ラジカル重合法で製造される例が多いが, 広い ETY/VAM 範囲で合成される(図 9.9.1).

また図 9.9.2 にはポリビニルブチラール樹脂合成の概要, 図 9.9.3 には乳化重合法を例にとってプロセスフロー図を示した.

表 9.9.5　最近の特許出願にみられる VAM 系重合体の用途

用途	特許例	公開日	出願人
製紙用サイズ剤	特開平 8-3221	1996/01/09	日本合成化学工業
紙用塗工(コーティング)剤	特開 2017-043872	2017/03/02	クラレ
合わせガラス用中間膜	WO15/125690, WO16/076340	2015/08/27	クラレ
懸濁重合用分散安定剤	特開 2016-079308	2016/05/16	クラレ
高圧ガスホース	特開 2016-069481	2016/05/09	日本合成化学工業
水性エマルジョン	WO17/002349	2017/01/05	クラレ
増粘剤	WO11/040377	2013/02/28	クラレ
接着剤	WO12/070311	2014/05/19	昭和電工
粘着剤, 粘着シート	WO14/109223	2017/01/19	昭和電工
繊維加工糊剤	特開 2016-023386	2016/02/08	クラレ
乳化重合用分散剤	特開 2015-147843	2015/08/20	クラレ
フィルム, シート(ポリビニルアセタール)	WO15/019445	2015/02/12	クラレ
偏光フィルム	特開 2013-242341	2013/12/05	積水化学工業
成型用樹脂	特開 2016/027983	2016/02/25	クラレ
金属イオン吸着剤	特開 2014/114448	2014/06/26	クラレ
感熱記録材	特開 2013-237254	2013/11/28	クラレ
高分子ゲル電解質	WO11/087029	2013/05/20	クラレ

表 9.9.6　重合開始剤の例

重合開始剤	特徴
2,2′-アゾビス-(2,4-ジメチルバレロニトリル)	半減期　2.5 h(60℃, BZ or TL)
ジメチル-2,2′-アゾビスイソブチレイト	半減期　22 h
2,2′-アゾビスイソブチロニトリル	半減期　22 h
2,2′-アゾビス-(4-メトキシ-2,4-ジメチルバレロニトリル)	半減期　0.17 h
t-ブチルパーオキシネオデカノエート	半減期　1.7 h
t-ブチルパーオキシピバレート	半減期　4.8 h
t-ヘキシルパーオキシピバレート	半減期　3.7 h
ビス-(4-*t*-ブチルシクロヘキシル)パーオキシジカーボネート	半減期　0.66 h
ジ-2-エチルヘキシルパーオキシジカーボネート	半減期　0.81 h
ジ-イソプロピルシルパーオキシジカーボネート	半減期　0.60 h
ジ-*n*-プロピルパーオキシジカーボネート	半減期　0.70 h
ラウロイルパーオキサイド	半減期　12 h
アセチルパーオキサイド	半減期　32 h
ベンゾイルパーオキサイド	半減期　60 h
イソブチラルパーオキサイド	半減期　0.27 h
過酸化水素, 過硫酸塩＋酒石酸, エルソルビン酸, アスコルビン酸, レドックス重合	乳化重合, モノマー添加法
過酸化水素＋酒石酸, アスコルビン酸, レドックス重合	乳化重合, 熟成工程追加

9.9.3　今後の展望

酢酸ビニルの重合, 共重合では, すでに多くの用途, 誘導品開発が進んでいる. 需要は拡大しているが, 中国を中心にそれを上回る勢いで生産量が増大, 厳しい市場環境が続いてきたが, 2016 年以降, 改善の動きがみられる. 需要面では, 低 VOC 塗料, 接着剤のほか, 加水分解によるポリビニルアルコール類(PVOH, EVOH)が, ガスバリア性の高さから食品包装分野で大きく伸びている. さらに *n*-ブチルアルデヒドによるアセタール化で得られる樹脂は自動車向けに加えて, 意匠建築ガラスファサードでも需要を伸ばしている. いずれも他の高分子材料にはない特性を生かして, 着実に発展していくとみられる. 本編では省略したが, PVOH へのシアノエチル化(アクリルニトリルの付加)で得られる高誘電率樹脂, 電気音響変換フィルムなど, 機能性材料の開発が続いている.

表 9.9.7　検討された共重合成分(コモノマー)の例

共重合(変性)成分	特許例	公開日
ETY，PPY，イソブテン	特開 2001-11110	2001/01/16
1-オクテン，1-ドデセン，1-オクタデセン	特開 2001-11110	2001/01/16
アクリル酸，メタクリル酸，クロトン酸(エステル)	特開 2014-141659	2014/08/07
マレイン酸，イタコン酸(ジカルボン酸，モノ，ジエステル)	特開平 8-3221	1996/01/09
アクリロニトリル，メタクリロニトリル	特開 2001-11110	2001/01/16
アクリルアミド，メタクリルアミド	特開 2001-11110	2001/01/16
3,4-ジヒドロキシブテン-1，同ジエステル	特開 2008-307889	2008/12/25
2,3-ジアセトキシ-1-アリルオキシプロパン	特開 2008-063468	2008/03/21
エチレンスルホン酸，アリルスルホン酸，メタリルスルホン酸	特開 2001-11110	2001/01/16
アルキルビニルエーテル類，ポリオキシエチレンビニルエーテル類	特開 2001-11110	2001/01/16
N-ビニルアミン	特開 2002-145953	2002/05/22
N-ビニルピロリドン	特開 2001-11110	2001/01/16
塩化ビニル(VCM)，塩化ビニリデン	特開 2001-11110	2001/01/16
プロピオン酸ビニル，長鎖分岐脂肪酸ビニル	特開 2007-284552	2007/11/01
ポリオキシエチレン(メタ)クリルアミド	特開 2001-11110	2001/01/16
ポリオキシエチレン(メタ)アリルエーテル	特開 2001-11110	2001/01/16
ポリオキシエチレンビニルアミン，ポリオキシプロピレンビニルアミン	特開 2001-11110	2001/01/16

表 9.9.8　重合法別の技術的特徴と特許出願例

重合法	製法，用途，特徴	出願人	特許出願例
懸濁重合	懸濁重合用分散助剤(けん化度 45〜65%のビニルエステル，重合度 100 以上)，分散安定剤(けん化度 65〜95%，重合度 200〜3,000 の PVOH)．VCM 懸濁重合に使用	クラレ	特開平 3-134003 (1991/06/07)
	懸濁重合用分散安定剤(PVOH 共重合体，側鎖のアリル基，0.01-5%で，水溶性)	クラレ	特開 2016-079308 (2016/05/16)
乳化重合	分散剤にアセトアセチル基含有 PVOH 系樹脂を用いる乳化重合法	日本合成化学工業	特開 2015-003948 (2015/01/08)
	エマルジョン(乳化重合)，重合体粒子(懸濁重合)の製造で，水溶液内，3-メトキシ-3-メチル-1-ブチルアルコール(分散剤)を添加する	クラレ	特開 2015-108071 (2013/06/06)
溶液重合	VAM-ETY などの共重合で，缶内部のスケール付着を低減，重合度均一化．半減期の異なる二種類の重合触媒を使用，重合槽内部構造記載，溶媒：MeOH，重合安定化剤：ジメチルアセタール	日本合成化学工業	特開 2001-11110 (2001/01/16)
ブロック共重合	ビニルアルコール系重合体ブロック(Mn 10〜3,000)，ラジカル重合可能なモノマーのブロック共重合体	クラレ	特開 2012-067145 (2012/04/05)
グラフト共重合	ETY-ビニルアルコール系共重合体のグラフト共重合体，粒子状多孔体	クラレ	特開 2014-114448 (2014/06/26)
けん化	PVA，アルコールと塩基性化合物を処理，エステル交換，75-150℃	クラレ	特開 2005-089606 (2005/04/07)
アセタール化	PVA 樹脂，アルデヒドを酸触媒，100〜400℃，0.5〜100 MPa の高温高圧流体内で処理，均一なアセタール化，着色の防止	積水化学工業	特開 2014-198765 (2014/10/23)
	PVA 樹脂のアセタール化生成物からのアルデヒドの回収	日本合成化学工業	特開 2014-055289 (2014/03/27)

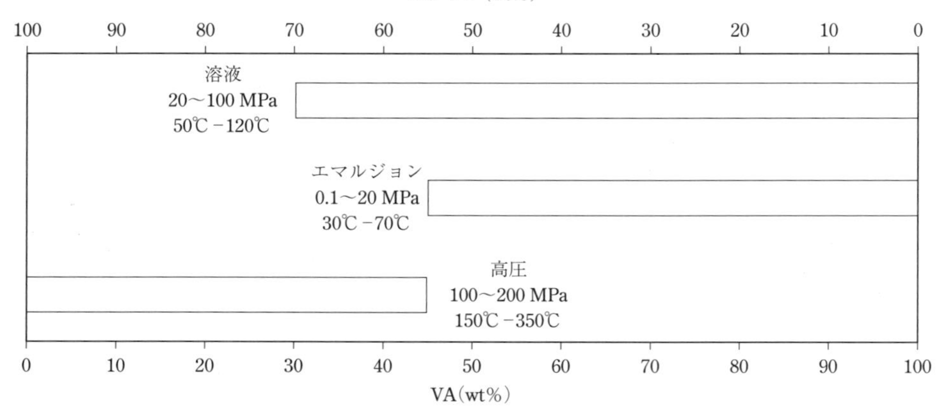

図 9.9.1　EVA の組成と重合条件の関係

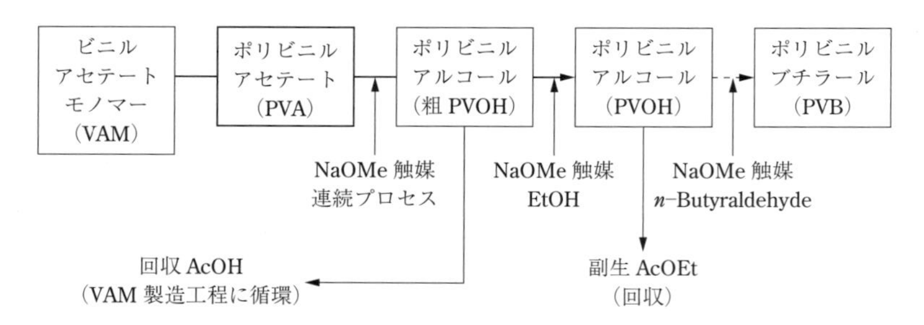

図 9.9.2　PVOH，PVB 樹脂製造工程の概要

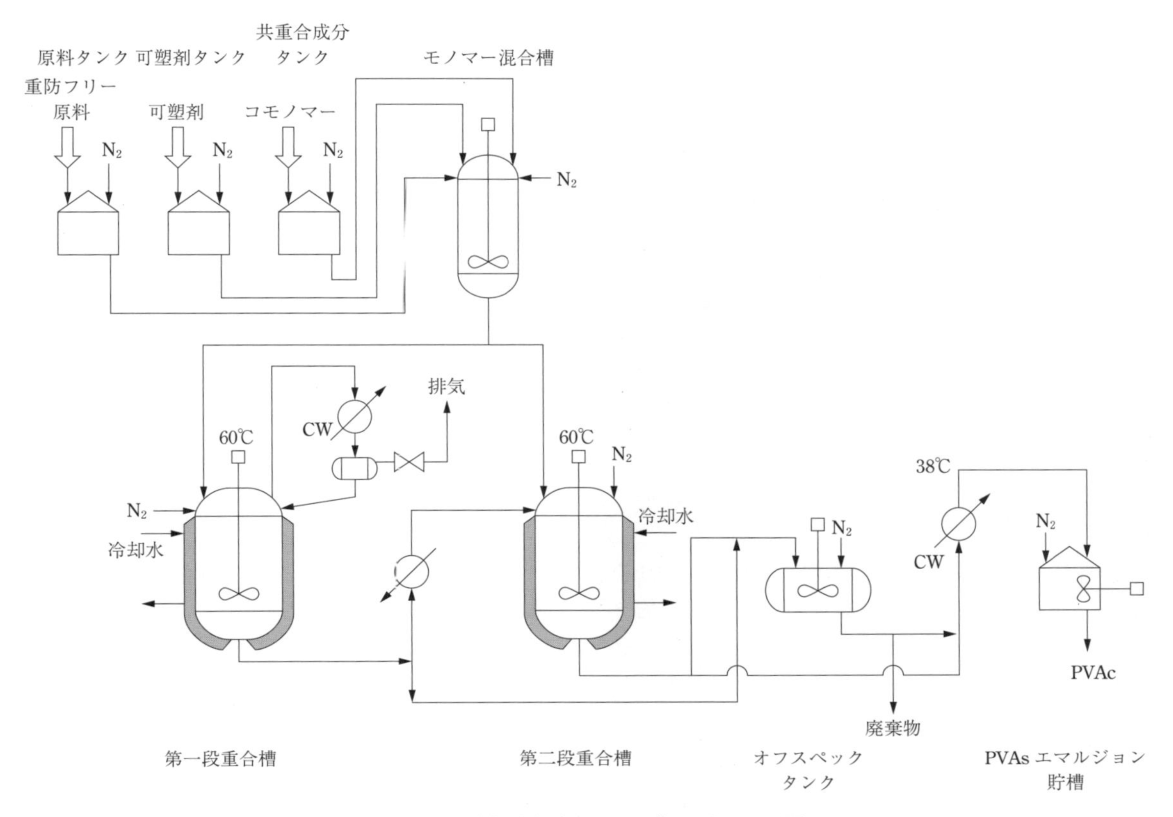

図 9.9.3 乳化重合プロセスのブロックフロー図

注）重合条件，液組成のほか，反応器除熱方式，撹拌翼形状，撹拌条件などで複数の特許出願がある

9.10 シクロオレフィンポリマー（COP）

9.10.1 概要

シクロオレフィンポリマー（COP）はプリンター・液晶テレビ・スマートフォン・デジタルカメラ・医療検査機器市場などの主要用途で用いられている透明な熱可塑性樹脂である．

開発の背景としては，光学部品の高性能化や高信頼性の要求に対して，光学用プラスチックには透明性の他に低複屈折，低吸湿性，耐熱性などが要求されるようになっていた．このような要求特性をバランスよく備えた材料として日本ゼオンでは非晶質のCOPを開発し，1991年に企業化し2016年時点での生産能力は年間3.7万tである．

このCOPはノルボルネン系モノマー（NB）を開環メタセシス重合した後，重合体の二重結合を完全に水素化して得られる飽和ポリマー（開環メタセシス重合体水素化ポリマー，HROP）である．

二重結合を多く含むNB系開環メタセシス重合体は耐酸化劣化性に劣るが，完全に水素化したHROPは熱安定性，耐酸化劣化性が高くなり，透明性の優れたプラスチック材料を与える．親水基をもたない嵩高い炭化水素置換基を導入したHROPは非晶質で，優れた透明性，複屈折性，高いガラス転移温度，および低吸湿性を有する．

9.10.2 合成方法と特徴

HROPは石油分解油のC_5留分中に豊富に含まれるジシクロペンタジエン（DCP）を原料とし，中間体のノルボルネン類(NB)を経由して合成する．

NBをメタセシス重合触媒の存在下で開環重合した後，開環重合体(ROP)の二重結合を水素化触媒を用いて完全に水素化してHROPを得る(図9.10.1)．

ROPは，主鎖に多くの二重結合を有し，成形加工などの熱処理時に酸化劣化を受けやすく容易に着色・不溶化するため記載した主要用途では使用できない．これに対し，二重結合を完全に水素化したHROPは熱安定性，耐酸化劣化性が高くなり透明性の優れたプラスチック成形材料を与える．HROPの熱分解温度はROPより約40℃も高くなり脂肪族ポリマーの中ではPET，PPよりも高く，最も高い部類に属する．

各種の炭化水素置換基：R^1，R^2を有するNBを合成し，HROPの基礎物性を評価した．代表的なHROP：Ⅰ～Ⅴの性状とガラス転移温度(T_g)を表9.10.1に示す．置換基をもたないHROP：Ⅰは結晶性で不透明となる．R^1，R^2に嵩高い置換基を導入してポリマーを配列し難くすることにより非晶質となる(HROP：Ⅱ～Ⅴ)．

R^1とR^2が繋がった剛直な縮合環構造を有するHROP：Ⅲ～ⅤはT_gが高く耐熱性にも優れる．2種以上のモノマーの共重合も任意であり共重合体組成によりT_gをコントロールすることも容易である．

9.10.3 プロセス

HROPはジシクロペンタジエン(DCP)を原料とし，中間体のノルボルネン類(NB)を合成するノルボルネン系モノマー合成工程と，そのモノマーをメタセシス重合触媒の存在下で開環重合した後，開環重合体(ROP)の二重結合を水素化触媒を用いて完全に水素化して得られる．

製造プロセスの概要を図9.10.2に示すとともに各プロセスについて詳細を述べる．

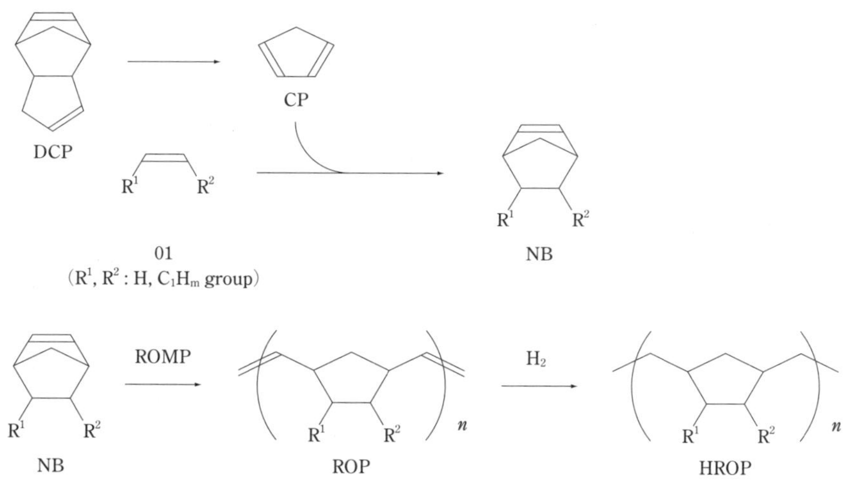

図9.10.1　HROPの合成ルート

表9.10.1　HROPの性質

HROP	Ⅰ	Ⅱ	Ⅲ	Ⅳ	Ⅴ
化学構造	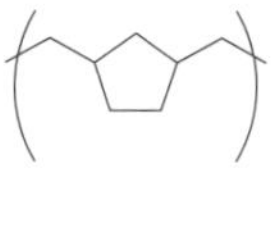				
結晶化度	結晶	非晶質	非晶質	非晶質	非晶質
透明度	不透明	透明	透明	透明	透明
T/℃	T_m：134	86	95	150	162

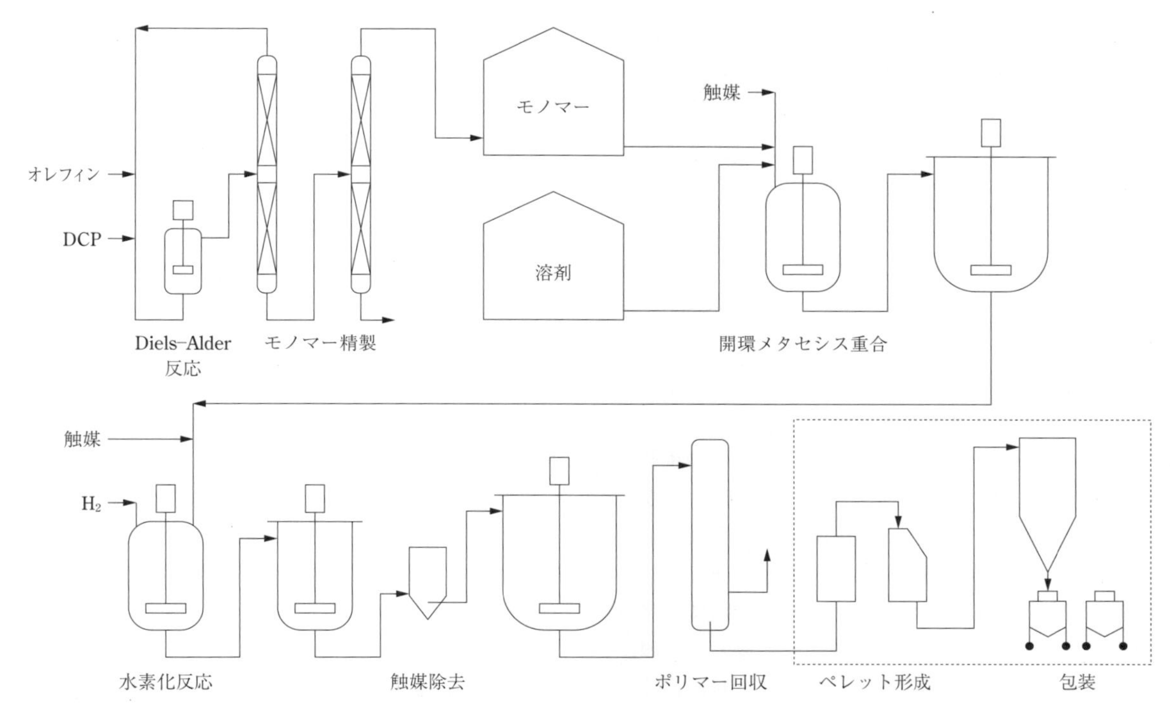

図 9.10.2　シクロオレフィンポリマーの製造プロセス

A　ノルボルネン系モノマーの合成

NB は，DCP の熱分解によって得られるジシクロペンタジエン(CP)とオレフィン(Ol)の Diels–Alder 反応によって合成する．NB の工業的な合成では反応系に DCP と Ol を連続的に供給し，170～220℃で反応を行わせる．DCP の分解反応と Ol の付加反応は同時に進行する．反応混合物は連続的に系外に抜き出され，生成した NB は蒸留により未反応原料と分離し，精製してポリマー製造用に使用する．

B　重合

重合反応は W，Mo などの遷移金属化合物とアルキルアルミニウム化合物などからなるメタセシス反応触媒を用いて行うことができる．メタセシス重合については詳細な研究が行われている．メタセシス重合では，溶媒として触媒や生成ポリマーの溶解性のよいトルエンなどの芳香族溶媒がよく使用される．しかし，後続に水素添加反応が必要な HROP の製造溶媒として芳香族の溶媒は適切でない．

メタセシス重合反応を阻害せず，引き続き水素化反応で影響されないシクロヘキサン，テトラヒドロフランなどの不活性な溶媒が選ばれる．

プリンター・スマートフォン・デジタルカメラなどの光学部品・医療検査機器部品には精密射出成形が要求される．そのためポリマーは溶融粘度が低く金型内での流動性がよいことが望まれる．通常分子量を小さくすることが行われるが，分子量が小さくなりすぎると機械的強度が損なわれる．HROP の光学グレードでは分子量を M_n：2 万(GPC によるポリイソプレン換算値, 溶媒：シクロヘキサン)とし，分子量分布を M_w/M_n＝約 2 近くまで狭めることにより溶融時の流動性と機械強度のバランスを取る技術を確立した．精密成形性を維持するために重合段階での緻密な分子量コントロールが要求される．大型反応器による量産化にあたっては，反応熱による温度変化を抑えた安定した反応制御技術，分子量調整剤を使用した正確な分子量コントロール技術，およびポリマー転化率を 95％以上に安定化させる技術，などを確立した．

重合反応後は水素化反応の前に重合触媒を中和剤などにより不活性化するか，処理剤を用いて反応系外に除去し，重合触媒残分による水素化触媒の被毒を抑えることが望ましい．

表 9.10.2　さまざまな触媒・条件下での ROP の水素化

触媒	金属/ポリマー	T/℃	P/MPa	t h^{-1}	水素化率
Pd/Alumina	0.0005	150	5.0	8	>99.9
Ni/D.E.*	0.010	200	5.0	8	>99.9
Ni(acac)$_2$/Et$_3$Al	0.0100	80	1.0	4	>99.9
Co(acac)$_3$/Et$_3$Al	0.0030	80	1.0	4	>99.9

* Ni/Diatomaceous earth.

C　水素化

ポリマーの水素化反応は Ni, Pd, Ru などの担持型不均一触媒，あるいは Ti, Co, Ni などの遷移金属化合物とアルキルアルミ化合物などからなる Ziegler 型触媒，Ru 錯体，Rh 錯体などの均一触媒を用いて行われる．各種ポリマーの水素化反応については総説があるが一般的にいえば活性に関しては均一系触媒のほうが不均一触媒よりも優れ，触媒除去に関しては不均一触媒のほうが均一系触媒に比べて容易である．

ROP は，シクロヘキサンなどの溶媒中で，一般的なポリマーの水素化触媒により水素化できる．水素化反応は，不均一触媒では温度・圧力ともに高く(120～250℃，2～10 MPa)，均一系触媒ではより低温・定圧(室温～140℃，常圧～5 MPa)で可能である(表 9.10.2)．光学用ポリマーには無色透明性が要求される．二重結合が残留すると酸化劣化により着色しやすくなるため，HROP では水素化率 99.9％以上にする完全水素化技術を確立した．

水素化後は，ポリマー回収工程の前に水素化触媒を系外に除去する必要がある．水素化率と同様に無色透明性を確保するため，残留金属量を 1 ppm 以下に低減する技術も確立した．

D　ポリマー回収

光学用プラスチックなどでは μm 程度のダストの混入が不良原因となるため，ダストの混入は極力低減しなければならない．このためポリマー回収工程ではポリマー溶液をフィルターでろ過して微細な異物を除去した後，新たなダストが混入することを防ぐため密閉系でポリマー溶液から溶媒を蒸発除去し，引き続き溶融状態のポリマーをミクロフィルターにてろ過し，クリーンルーム内でペレット状に成型し製品化する．

また，溶融状態のポリマーが酸素と接触すると，製品にポリマーの酸化劣化物が混入する可能性がある．微量の混入であっても光学用途では異物などの不良原因となるため，大型の加熱減圧設備では空気の漏れ込みをなくす工夫も必要である．

文献

1) 日本化学会誌，開環メタセシス重合体の水素化による光学材料の開発(1998)
2) Journal of molecular catalysis, Industrization and application development of cyclo-olefin polymer(2004)

9.11　シクロオレフィンコポリマー(COC)

9.11.1　概要

A　シクロオレフィン系ポリマー[1]

シクロオレフィン系ポリマーはノルボルネンまたはノルボルネン誘導体を主原料として製造される透明樹脂である．構造上の特徴としてポリマー主鎖にノルボルネン(誘導体)由来のシクロアルカン構造をもつ．主原料となるノルボルネンおよびその誘導体はナフサの熱分解によって副生するシクロペンタジエン(C_5 留分)の二量体であるジシクロペンタジエンを出発物質として製造されている(図 9.11.1)．現状ではナフサ分解の C_5 留分は余剰ポジションにあるため原料的に問題のないポリマーである．

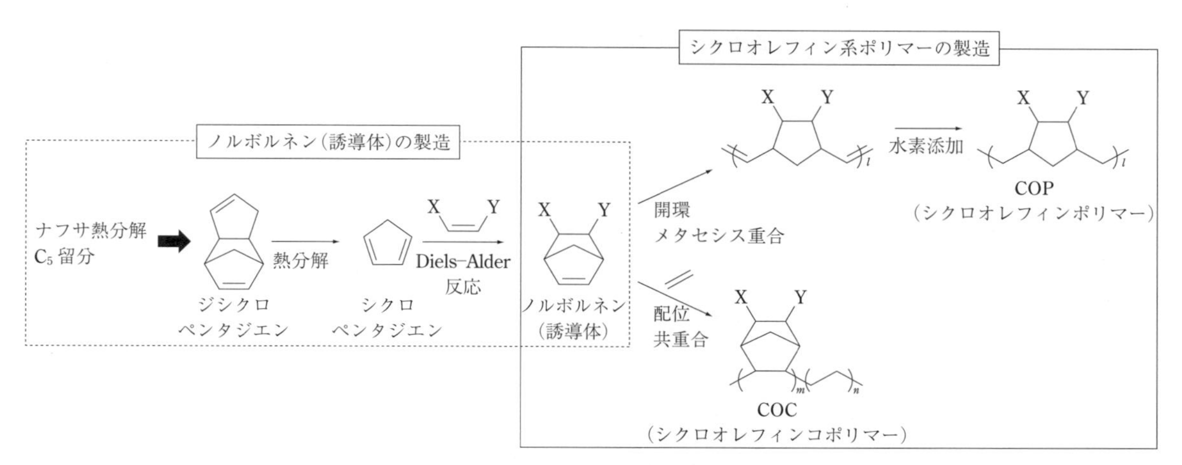

図 9.11.1　ノルボルネン(誘導体)およびシクロオレフィン系ポリマーの製造

シクロオレフィン系ポリマーは製造方法の違いにより，シクロオレフィンポリマー(cyclic olefin polymer, COP)［反応：1. ノルボルネン(誘導体)の開環メタセシス重合，2. ポリマー二重結合への水素添加］と，シクロオレフィンコポリマー(cyclic olefin copolymer, COC)［反応：エチレンとノルボルネン(誘導体)の配位共重合］に分類される．構造上の違いはCOPがポリマー主鎖にシクロペンタン構造(単環式構造)をもつのに対してCOCはノルボルナン構造(二環式構造)をもっていることである．この差は重合メカニズムの違いによって生じる．

COPとCOCはポリマー構造の違いに由来する物性差により，得意とする市場分野が異なる．COPは靭性に優れ，また位相差が出やすいという特徴があるため光学フィルム分野に強い．一方，COCは低複屈折かつ加工性に優れることから光学レンズの分野で強みを発揮する．本稿ではCOCに焦点をあてて紹介する(COPについては前節を参照されたい)．

B　COCの物性と用途[2～4)]

COCはエチレンとノルボルネン(誘導体)を均一系のZiegler触媒を用いて共重合した炭素と水素からなる非晶性の透明樹脂である．その合成は1960年代には報告されていたが，上市されたのは1990年代と比較的新しい樹脂である．現在，世界で三井化学(APEL)とポリプラスチックス(TOPAS)の2社から販売されており，その生産能力は合わせて3.6万 t y^{-1}(APEL：6,000 t y^{-1}，TOPAS：3万 t y^{-1})である．

COCはPEやPPなどポリオレフィンのもつ優れた特徴(防湿性，耐薬品性，安全・衛生性，軽量性)と非晶性樹脂の特性(透明性などの光学特性，耐熱性，寸法安定性，加工性)を兼ね備えたユニークな樹脂である．高透明性や高屈折率，低複屈折，高アッベ数などの光学特性や耐熱性(最高～200℃)はCOCが分子骨格に嵩高く，かつ堅牢なノルボルナン(誘導体)構造をもつため分子主鎖の熱運動が制限されることにより発現する．耐熱性(T_g，ガラス転移温度)はノルボルネン(誘導体)の含量によりコントロール可能であり，含量が多いほど耐熱性は高い．表9.11.1にCOCと代表的な透明樹脂であるポリカーボネート(PC)，ポリメタクリル酸メチル(PMMA)の基本物性および光学特性を比較してまとめた．

COCはPC，PMMAと同等の高透明性，高屈折率をもっている．また，この樹脂は低複屈折，高アッベ数である．さらに，寸法安定性に優れ(低吸水率)，軽量(比重小)である．

COCは上記の性能に加えて，低溶出性，低吸着性，易引裂性や収縮性をもち，またγ線滅菌やオートクレーブ滅菌が可能である．

これらの特徴により，この樹脂は光学，医療，包装の3分野を中心に展開されている．光学分野では高透明性，高屈折率，低複屈折や高寸法安定性を生かして，携帯電話やデジタルカメラなどのイメージセンサー用レンズ，光ディスク用ピックアップレンズやレーザービームプリンター用fθレンズなど

表 9.11.1　COC と PC，PMMA の比較

項目	試験条件	APEL*	PC	PMMA
比重	4℃	1.04	1.20	1.18
熱変形温度(℃)	1.82 MPa	125	125	75
光線透過率(%)	2 mmt	90	90	92
屈折率	25℃	1.54	1.58	1.49
アッベ数	25℃	56	30	58
複屈折(nm)		<20	<65	<20
吸水率(%)	23℃×24 h	<0.01	0.2	0.3

＊光学銘柄(APL5014CL)

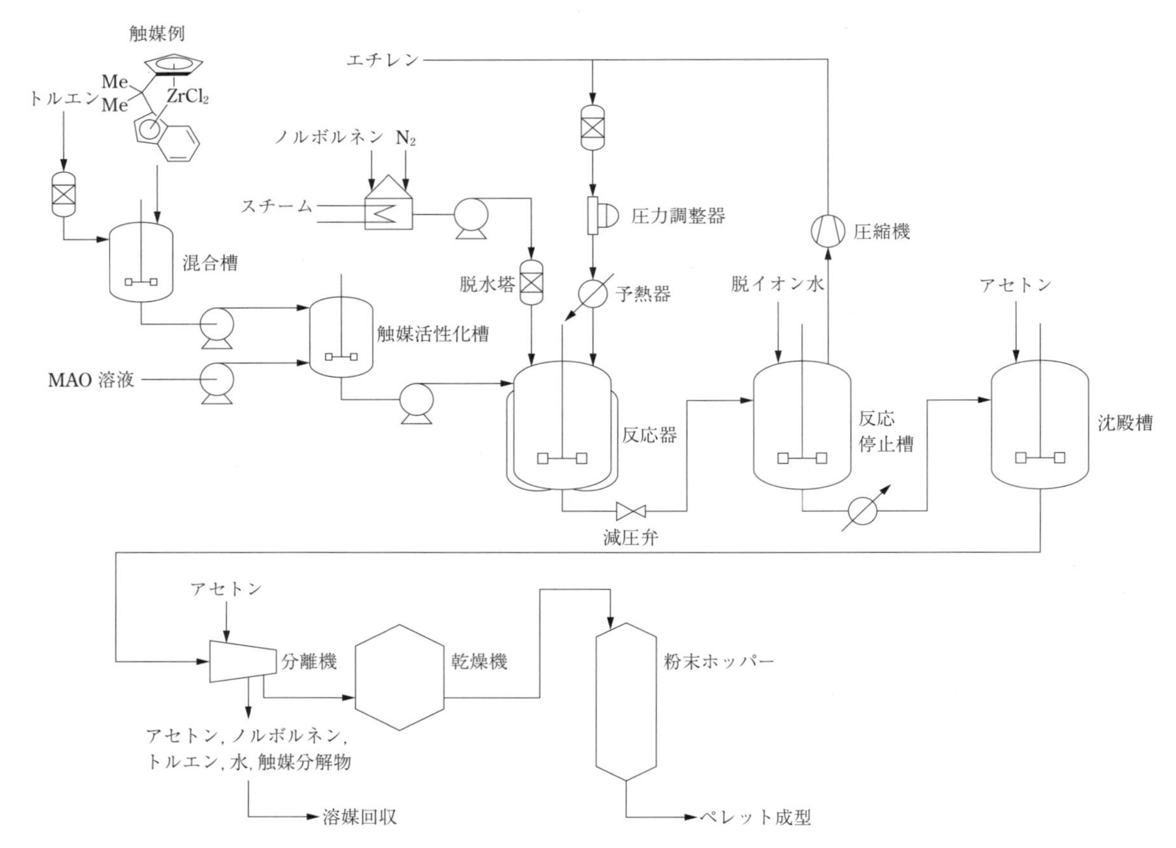

図 9.11.2　TOPAS の推定製造プロセスフロー

に用いられる．また，医療分野ではその優れた防湿性から医薬錠剤用包装用シートをはじめ，耐薬品性，低吸着性や滅菌対応性を生かしたプレフィルドシリンジ，検査用容器，分析用セルなどにも展開されている．一方，包装分野では高透明性や収縮性，易引裂性によりボトル用収縮フィルムや食品用易引裂フィルムに用いられている．

COC は上述の優れた特徴と多様な用途から市場拡大が続いており，今後も年率 8% 程度の成長が予想されている．

9.11.2　プロセス[5~7)]

COC は均一系の Ziegler 触媒を用いて溶液重合により製造されている．以下にその例として TOPAS の製造について説明する(図 9.11.2)．

製造プロセスは(1)触媒の活性化，(2)重合反応，(3)反応停止とポリマーのスラリー化，(4)ポリマー

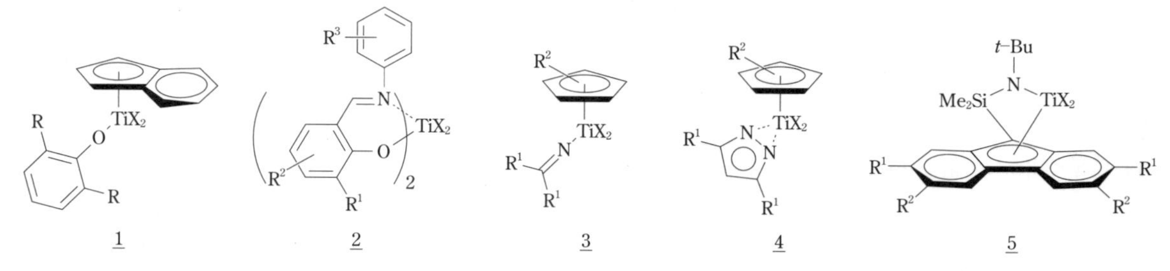

図 9.11.3　COC 用高性能触媒の例

回収と製品化，と大きく 4 つの工程に分けることができる．

重合反応には種々の架橋型メタロセン触媒が使用可能である．メタロセン触媒は一般に水に対して不安定であり，また重合反応が有機アルミニウム化合物である MAO（メチルアルミノキサン，トリメチルアルミニウムの部分加水分解物）存在下で行う禁水反応であるため，重合溶媒であるトルエンや重合原料となるノルボルネン，エチレンはモレキュラーシーブを充てんした脱水塔を通してあらかじめ乾燥させてから使用される．

(1) 触媒の活性化：メタロセン触媒は混合槽でトルエンに溶解され，得られた触媒溶液は触媒活性化槽に定量ポンプで送液される．一方，触媒の活性化剤である MAO も定量ポンプを用いて触媒活性化槽に供給される．触媒は MAO と接触することにより活性化され，重合活性種であるカチオン錯体が生成する．

(2) 重合反応：上記(1)で活性化された触媒は，反応器に定量ポンプで供給される．重合原料はノルボルネンおよびエチレンである．ノルボルネン（融点 44～46℃）はタンク内で加熱され溶融状態であらかじめトルエンを張った反応器に定量ポンプで送液される．また，エチレンガスは圧力調整器と予熱器を経由して反応圧力が一定になるように反応器に供給される．反応は 80℃，2 MPa，滞留時間 1.1 h で実施される．未反応のエチレンおよびノルボルネンはリサイクル使用され，有効利用率は両者とも約 99％であると推測される．

(3) 反応停止とポリマーのスラリー化：反応生成物は連続的に減圧弁を介して脱圧後に反応停止槽へ送られる．反応停止槽への少量の脱イオン水の添加により触媒は分解不活性化され，反応は停止する．反応停止槽の気相部から未反応のエチレンはガスとして回収される．回収エチレンは昇圧後，反応に再利用される．一方，液相成分は水冷された後に沈殿槽に送液され，COC の貧溶媒であるアセトンの添加により析出/スラリー化させる．

(4) ポリマー回収と製品化：得られたスラリーは分離機により固液分離され，さらにアセトン洗浄により微量の触媒分解物などが除去され，脱灰が完了する．アセトン，ノルボルネン，トルエンなどを含むろ液は回収工程に送液される．一方，ポリマーは乾燥後に造粒工程に送られ製品化される．

9.11.3　今後の展望

COC は樹脂としてのポテンシャルの高さと展開の可能性の大きさから，研究開発が活発に行われている．ねらいは既存 COC の低コスト化，高品質化による競争力の向上・強化および高耐熱化，高屈折率化などによる市場と用途の拡大である．

COC は共重合ポリマーであるため，その物性はエチレンと共重合するシクロオレフィンの種類，導入量や共重合第三成分の導入などにより制御可能である．高耐熱化にはシクロオレフィンの高含量化，また高屈折率化ではより高電子密度のシクロオレフィン誘導体の導入などが効果的であると考えられる．

したがって，触媒に要求される性能は「シクロオレフィン高共重合性」かつ「α-オレフィン高共重合性」や「特殊モノマーの共重合性」などである．高性能触媒としてこれまでに 1～5（図 9.11.3）などが報告されている[8～11]．

今後，上記の触媒の展開やさらなる高性能触媒の開発により高品質COCや高機能COCの創出が期待される．

文献

1) J. Y. Shin et al., Pure Appl. Chem., 77, 801 (2005)
2) 渋谷篤，プラスチックス，53，83 (2002)
3) 金井裕之，プラスチックス，1月号，52 (2014)
4) APEL，TOPASカタログ
5) 特表平11-514680 (1999)
6) 特開平6-271628 (1994)
7) Encyclopedia of Polymer Science and Technology Fourth Edition, 5, 584 (2014)
8) 野村琴広，触媒，56，300 (2014)
9) H. Makio et al., Chem. Rev., 111, 2363 (2011)
10) K. Nomura et al., Macromolecules, 44, 1986 (2011)
11) 田中亮，塩野毅，有機合成化学協会誌，72，118 (2014)

第10章
熱硬化性樹脂

10.1　ポリウレタン

10.1.1　概要

ポリウレタン(PU)の起源は，1849年にWurtzにより脂肪族イソシアネートが，翌年の1850年にHoffmannにより芳香族イソシアネートが初めて合成されたことにさかのぼる．その約90年後の1937年に，I. G. Farben社のBayerらによって，イソシアネートの反応性を高分子に応用し，それを実用化したことがPUの始まりといわれている[1)]．

PUの工業的規模での発展は，1950年代以降である．1952年ごろ，Bayer AG社が開発した軟質フォームは，TDI-65，ポリエステルポリオール，水，触媒他を用いる処方であり，それらから得られたフォームは，モルトプレンと命名された．これらの関連技術を米国に紹介し，1954年にはBayer社とMonsanto社の合弁会社であるMobay Chemical社を設立し，PUの原料の製造に進出した．一方，フォーム以外のコーティング材，接着剤，シーリング材，エラストマー(以下，CASEと略する)などについても1950年代には，すべて工業化され，今日に至っている[1)]．

PUは，化学的な意味で，ウレタン結合を有する高分子化合物と定義されているが，ウレタンのみならず，ウレアやアミドなどの分子凝集力が高い化学結合から構成されているため，それらの結合を形成する「イソシアネートから誘導される高分子」と定義されている．

そのため，PUの製造方法，生産性，および物性は，イソシアネートの選択により大きく影響される．それと同時に，化学構造的に多種多様なポリオールが使用されているため，PUの製造法，成形加工法，および用途も多岐にわたっている．表10.1.1に，日本国内におけるPUの分野別需要動向を示す[2,3)]．

ここ数年の動向を鑑みると，世界でアジアを中心にPUの成長が続いており，2015年における世界的な需要は約1,400万tともいわれている[4)]が，国内では，為替の影響他により需要が低調である．特に，PUフォームの需要の落ち込みが大きく，それを塗料，接着剤，シーリング，エラストマー分野で補っている産業構造である．また，ポリチオールとポリイソシアネートからなる高屈折率のポリチオウレタンによる視力矯正用のメガネレンズ用途の伸長も大きなトピックスである．

PUは，マスプロダクトの汎用性をもつ反面，多品種，少量の高機能性が求められるファインケミカルの側面がある．そのため，絶えず高機能化のための研究開発が行われている．

現在，世界のPUの主要メーカーは，ドイツのCovestro社，BASF社，米国のDow Chemical社，Huntsman社，中国の煙台ケミカル社，そして国内の三井化学，東ソーなどである．

表 10.1.1　日本国内における PU の分野別需要動向(t，2015 年)

分野	用途	
軟質フォーム	車両	79,100
	寝具	10,500
	家具・インテリア	6,300
	その他	17,100
	小計	113,000
硬質フォーム	船舶車両	2,600
	機器用	21,300
	土木・建築	27,400
	その他	10,000
	小計	61,300
エラストマー	注型	4,200
	TPU(フィルム，ホース，チューブ，スポーツ，自動車部品など)	19,000
	混練	600
	小計	23,800
コーティング		115,700
土木建築コーティング		82,100
接着剤(食品包装，建築)		45,600
シーリング材		31,000
人工・合成皮革，マイクロセルラー		18,700
繊維(スパンデックス)		19,100
合計		510,300

10.1.2　原料，反応，およびモノマーの構造

PU は，大別して，ポリイソシアネートおよび活性水素化合物(ポリオール，ポリアミン，ポリチオール類など)との重付加反応によって形成される．PU の物性は，ポリイソシアネートおよびポリオールの化学構造，その配合比，および重合プロセスに大きく影響される．まず，PU の合成を考えるうえで，イソシアネートおよびその反応を理解することが重要である．

図 10.1.1 に工業化されている汎用イソシアネートを，図 10.1.2 に工業化されているおもな特殊イソシアネートの構造を示す[5]．

イソシアネートモノマーの生産量のうち，約 68％が，ジフェニルメタンジイソシアネート(MDI)，次いで約 28％がトリレンジイソシアネート(TDI)，残り約 4％が特殊イソシアネートといわれる脂肪族，脂環式，および芳香脂肪族イソシアネート群である．工業的には，イソシアネートといえば，MDI および TDI に代表される芳香族イソシアネートとなる[5]．

芳香族イソシアネートは，MDI のように対称性が高い，あるいは TDI のように平面性が高い分子構造であるため，それらから誘導されるウレタンおよび/またはウレア基を含むハードセグメントの凝集性が向上しやすい．そのため，ポリオールから誘導される柔軟な分子セグメントであるソフトセグメント相とハードセグメント相とのミクロ相分離性が明確な高次構造を形成するため，脂肪族/脂環式イソシアネートから誘導されるポリウレタンと比較して，機械物性(特に，弾性)および熱的性質(特に，軟化温度)の面で優れた物性を発現する．しかし，芳香環にウレタン結合が直結しているため，紫外線などの照射により，キノン構造を形成しやすく，黄変しやすい課題を有している．一方，脂肪族/脂環式イソシアネートは，黄変しにくいポリウレタンを

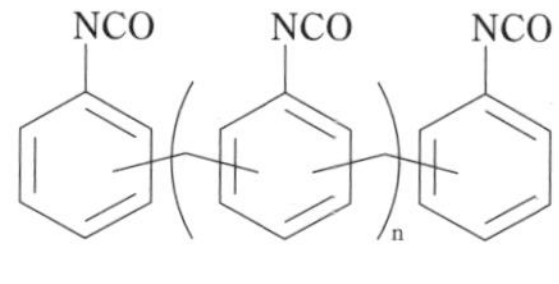

NCO NCO NCO
OCN H_2 C NCO
n

p-MDI
(ポリメリック-ジフェニルメタンジイソシアネート)

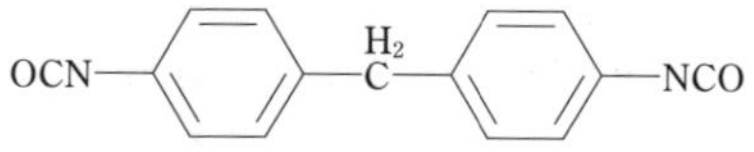

m-MDI
(4,4′-ジフェニルメタンジイソシアネート)

CH_3
NCO
OCN

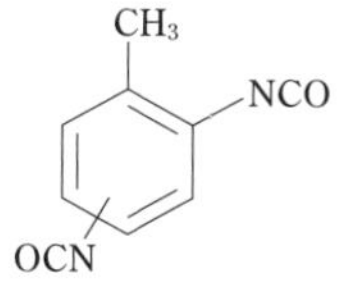

TDI
(トリレンジイソシアネート)

図 10.1.1　汎用イソシアネートモノマーの構造

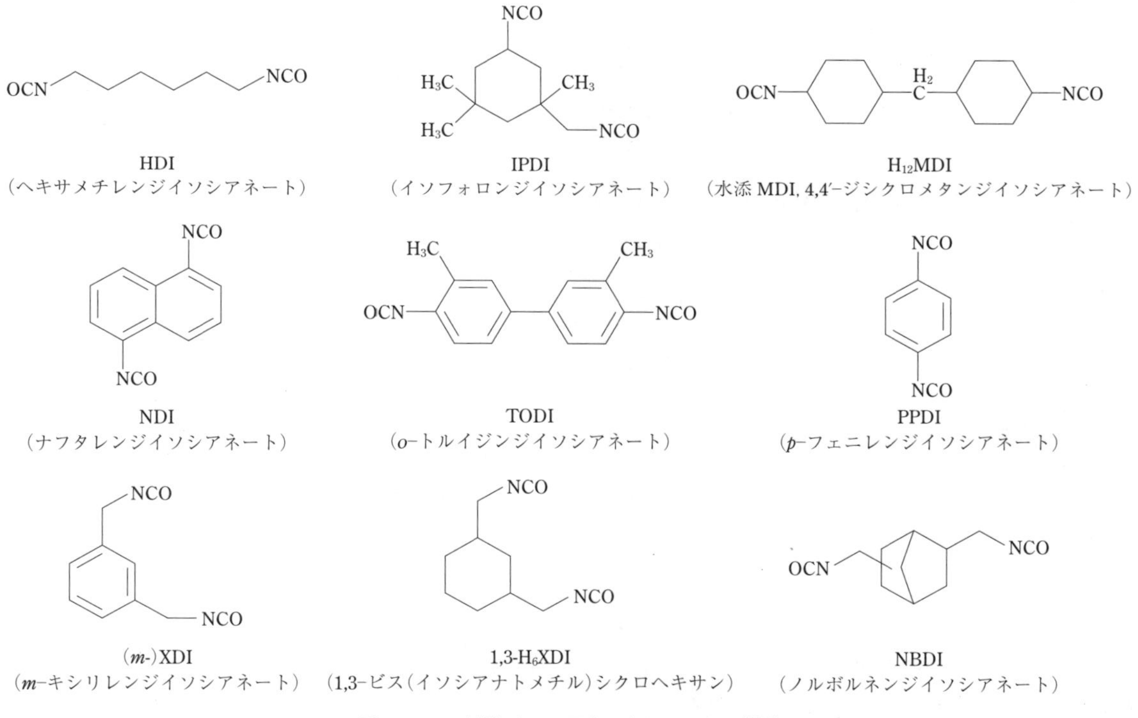

図 10.1.2　特殊イソシアネートモノマーの構造

製造することができるが，ポリオールとの反応性が遅いうえ，通常，芳香族イソシアネート系ポリウレタンよりも，機械物性や熱的性質の面で劣ることが多い．

図 10.1.3 に，イソシアネート基の主要な反応を示す[5]．

PU は，ポリオールの水酸基とポリイソシアネートのイソシアネート基との反応により形成されるウレタン結合を有する．それに加えて，フォームの分野では，化学発泡剤となる二酸化炭素を発生させるため，水とイソシアネート基の反応に基づくウレア結合が多く形成される．さらに，硬質フォームの分野では，断熱性に加えて耐熱性も要求されるため，イソシアヌレート結合，カルボジイミド結合なども導入される．一方，CASE 用途，特に，コーティング材，接着剤ではさまざまな結合が導入されている．

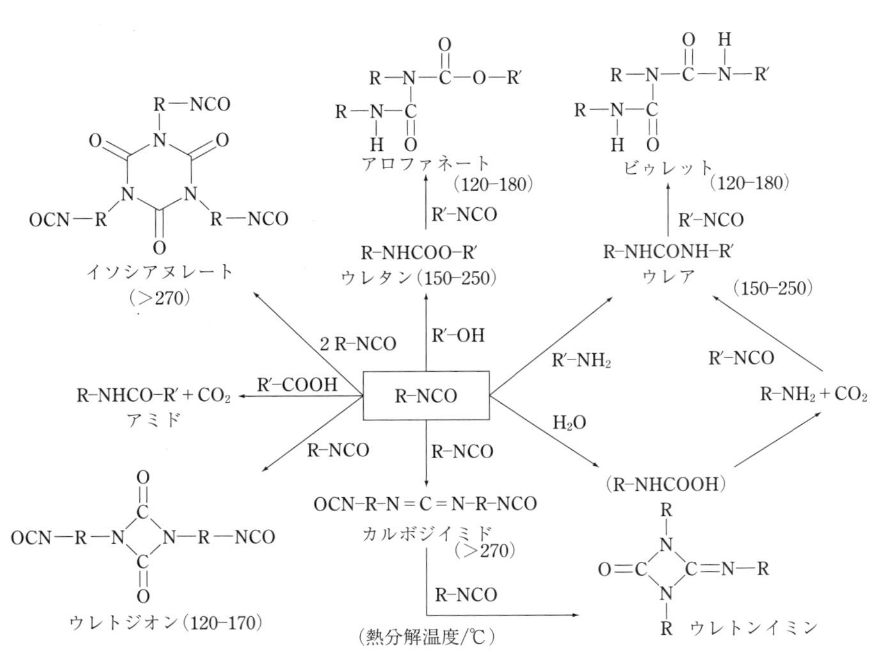

図 10.1.3　イソシアネート基の反応

表 10.1.2　各種ポリオールを用いた熱可塑性ポリウレタンエラストマーの特徴

	ポリエステルポリオール		ポリエーテルポリオール	ポリカーボネートポリオール
	アジペート系	ポリカプロラクトン系	ポリテトラメチレンエーテルグリコール	
用途	一般	耐熱性重視	耐水・菌耐性重視	耐久性重視
機械強度	◎	◎	○	◎
低温特性	○	○	◎	○
耐熱性	○	◎	△	◎
耐加水分解性	△	○	◎	◎
耐油性	◎	◎	◎	◎
耐菌性	△	△	○	○

ウレタン，ウレア結合の他に，たとえば，基材との接着性や密着性を向上させるためにアロファネート結合やビゥレット結合が，耐候性や耐熱性を向上させるためにイソシアヌレート結合などが導入されている．

次に，ポリオールについて説明する．ポリオールも多様な化学構造を呈している．一分子中に2つ以上の水酸基を有する化合物をポリオールと総称する．ポリオールは，おもにエーテル，エステル，カーボネートなどの繰返し構造から形成されており，一分子中の平均の水酸基の数(平均官能基数)は2から最大8程度，さらに数十から数万の分子量の範囲を網羅する化合物である．

ポリオールの中で，プロピレンオキサイドやエチレンオキサイドなどのアルキレンオキサイドを付加重合したポリプロピレングリコール(PPG)の生産量が最も多く，約70%を占めている．PPGは，比較的，粘度が低いため作業性に優れる．エーテル結合から構成されているので，耐水性や低温柔軟性に優れるうえ，平均官能基数のバリエーションが豊富である．そのため，PUの機械および熱物性を制御しやすい．PPGの大部分は，軟質フォームや硬質フォーム，シーラントに使用されている．表10.1.2に，PPG以外の各種ポリオールを用いた熱可塑性ポリウレタンエラストマー(TPU)の特徴を示す[6].

アジピン酸を用いたポリエステルポリオールは耐熱性や機械物性に優れているが，耐水性(耐加水分解性)に劣る傾向を示す．エステル系の中でも耐水性に優れ，さらに耐熱性を重視した用途には，ポリカプロラクトンポリオール(PCL)が用いられている．耐水性や耐菌性(防かび性)が重視される用途では，ポリテトラメチレンエーテルグリコール(PTMEG)が，耐久性が重視される用途ではポリカーボネートポリオール(PCD)が用いられる．PCDは，TPU，ひいてはPUの中で最も高い耐久性を示すため，長期にわたって繰り返し使用されるシート，フィルムやパッキンなどの用途に適している．

PUは，学術的に比較的分子量が大きいポリオールが主成分であるソフトセグメント，ポリイソシアネート，および鎖伸長剤(または硬化剤)から構成されるハードセグメントを一次構造とするマルチブロックコポリマーに分類される．特に，PUのハードセグメント中のウレタン基および/またはウレア基は，それらの水素結合に基づく分子間相互作用により，強固な物理架構造を形成する．そのため，PUは，ソフトセグメント相とハードセグメント相のミクロ相分離構造が発達した高次構造を形成する．表10.1.3に各種官能基の凝集エネルギーを示す[7]．ウレタンおよびウレア結合は，他の結合と比較して非常に高い凝集エネルギーを有している．

図10.1.4にPUの高次構造のモデル図を示す[8]．

このミクロ相分離構造の形成は，他のポリマーと大きく異なる特徴である．特に，ハードセグメント相の凝集性が高く，良好なミクロ相分離構造を形成したPUは，伸長あるいは圧縮しても元の形状に戻りやすい．すなわち，ゴム弾性に富んだポリマーとなる．PUの合成処方にもよるが，ハードセグメント相の大きさはナノオーダーであることがわかってきた[9]．一方，PUの用途によってその高次構造は異なる．図10.1.5にPUの用途と高次構造のモデル図を示す[10]．

表 10.1.3　各種官能基の凝集エネルギー

官能基	凝集エネルギー(kJ mol^{-1})
$-CH_2-$	4.94
$-O-$	3.35
$-COO-$	18.00
$-OCOO-$	17.58
$-NHCOO-$	26.37
$-NHCONH-$	50.23

10.1.3　プロセス

PUの製造プロセスの大部分は，ポリオール成分およびイソシアネート成分の二液を撹拌混合して，型に注入する，基材にコーティングするラミネート接着，あるいはスプレーして反応硬化する方法(2K)である．その他，イソシアネート基末端PUプレポ

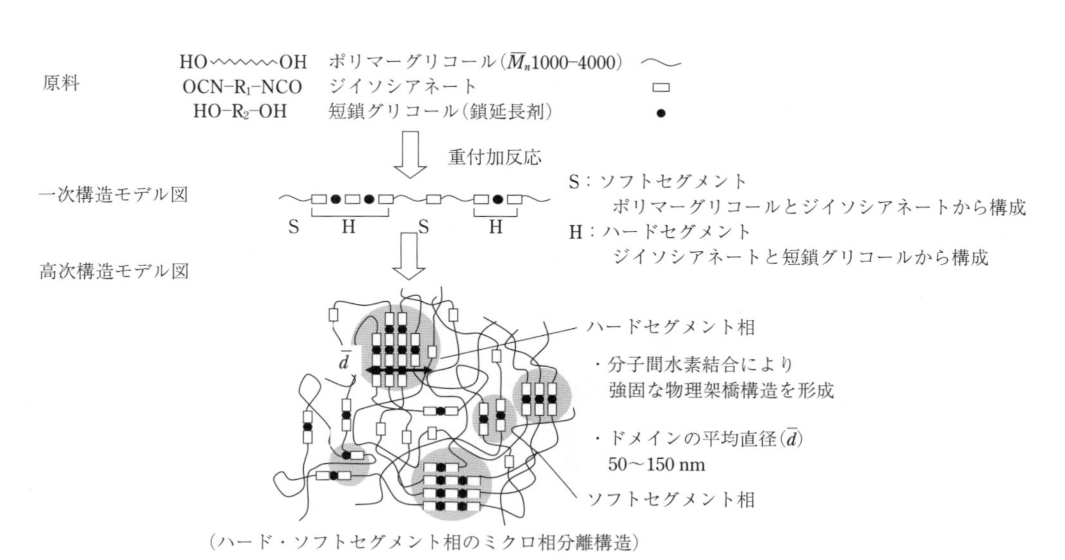

図 10.1.4　ポリウレタンの一次および高次構造のモデル図

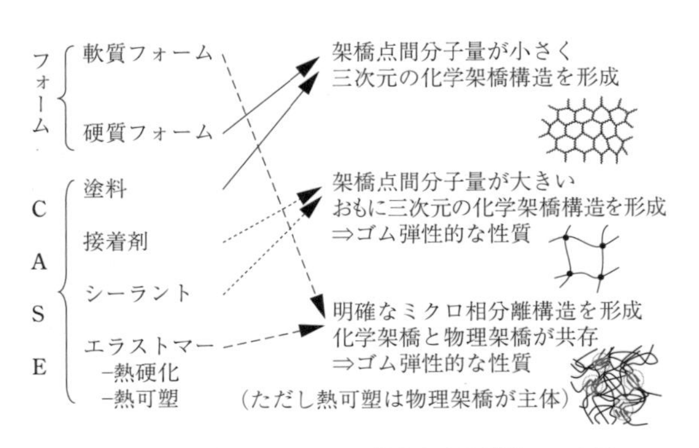

図 10.1.5　ポリウレタンの用途と高次構造のモデル

リマーを空気中の水分と反応させて，ゴム弾性体を形成させる．あるいはポリイソシアネート化合物のイソシアネート基を低分子量の活性水素化合物で保護(ブロックイソシアネート)し，それをポリオール成分に混合して一液で反応硬化させる方法(1K)があげられる．さらに，ポリエチレン，ポリプロピレンなどの熱可塑性ポリマーと同様，ペレットあるいはパウダー形状する方法があげられる．

次に，これらの製造プロセスをフォームとCASE用途に大別して説明する．

フォームの製造プロセスは2つに大別される．1つ目は，ポリオール，発泡剤の起源となる水，触媒，整泡剤などの活性水素化合物をあらかじめ混合して調製したレジンプレミックスとポリイソシアネートとを混合撹拌した反応混合液を連続的にベルトコンベアに注入して，反応硬化させるスラブストック法である．2つ目は，加熱した型(モールド)に反応混合液を注入して，モールドに合わせた形状を連続的に製造するモールド法である．スラブストック法はフォームの大量生産に向いている．ただし，フォームを成形後，切断，裁断加工などが必要である．モールド法はスラブストック法と比較して，フォームの生産性は劣るが，複雑な形状に沿ったフォームが容易に製造できるメリットがある．さらに，硬質フォームでは，おもに住宅，タンクの断熱材として，スプレーして製造する方法あるいは金属，他のプラスチックにラミネートする方法などに適用されている．前述したように，硬質フォームは断熱材として多用されている．そのため，過去から熱伝導率が低く，オゾン層を保護する物理発泡剤の適用に関する検討が盛んに行われている．

次に，CASE分野について説明する．コーティング，接着剤は2Kおよび1Kシステムが多い．接着剤の一部でホットメルト型TPUが適用されている用途もある．これらの用途では，地球温暖化に関わる二酸化炭素や有機溶剤の排出を削減するといった環境規制に対応するため，低温で反応硬化できるPU，あるいは水系や無溶剤化が広く検討されている．シーリングについても2Kおよび1Kシステムが多い．

エラストマーのうち，熱硬化性PUは，イソシアネート基末端PUプレポリマーと硬化剤とを反応させる2Kシステムだが，TPUは前述したプロセスとは異なる．以下，TPUの製造プロセスについて，説明する[6]．おもに塊状重合法と溶液法の2つの方法がある．図10.1.6に塊状重合法によるTPUの製造プロセスの概要を示す．

大部分のTPUは，ペレットの形状とするために，塊状重合法で製造されている．ポリオール，鎖伸長剤である短鎖グリコール，およびジイソシアネートを同時に重合させるワンショット法と，ポリオールとジイソシアネートとをあらかじめ反応させて，PUプレポリマーを合成後，短鎖グリコールを添加し，重合させるプレポリマー法に大別される．これらの方法を用いて，バッチ法，バンドキャスティング法，および反応押出法によって，TPUは工業的に製造されている．これらの製造方法のうち，バンドキャスティング法と反応押出法は連続プロセスであり，現在最も広く採用されている．バッチ法とは，所定温度に調整したポリオールと短鎖グリコールに，ジイソシアネートを添加し，通常数分間程度撹拌後，該反応混合液を約100〜120℃に調整されたトレイに移液する．その後，約120〜130℃にて24時間程度，重合反応させて樹脂塊を得る．その樹脂塊を切断し，粉砕後，押出機を用いてペレットを製造する．切断，粉砕工程時に吸湿した水分を除去するために，十分に乾燥した後，押出機を用いてペレットを製造する方法が一般的である．バッチ法だと，幅広い硬度あるいは溶融粘度のTPUの製造が可能であるが，ペレットを得るまでの工程が非常に長いことが欠点である．2つ目の方法であるバンドキャスティング法は，ポリオール，短鎖グリコール，およびジイソシアネートをミキシングヘッドに送液し，素早く撹拌後，その反応混合液を連続的に所定温度に調整されたスチール製もしくは樹脂製のコン

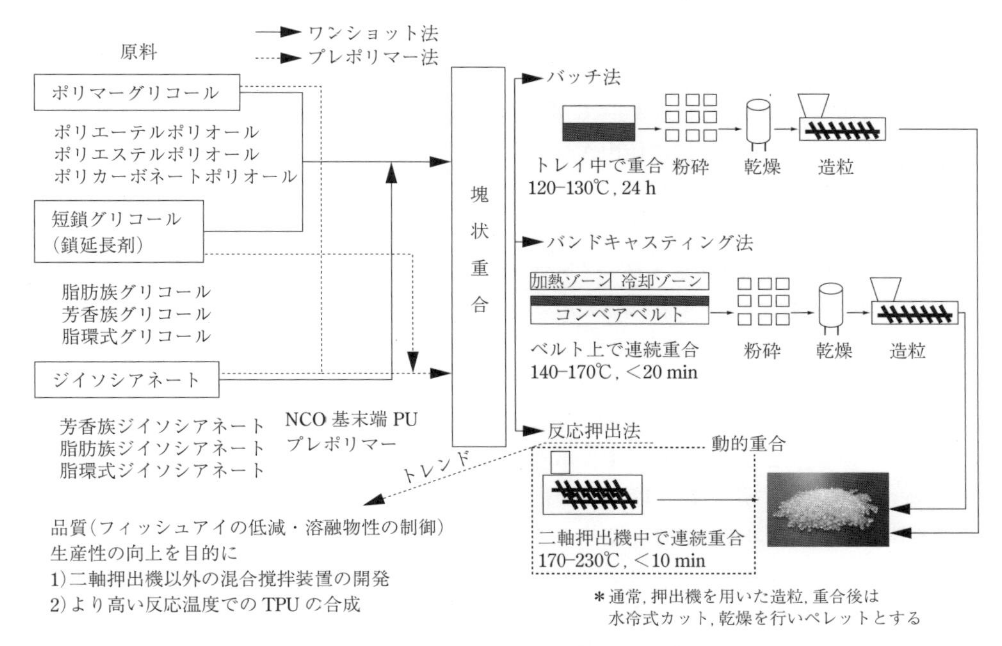

図 10.1.6　熱可塑性ポリウレタンエラストマーの製造プロセス

ベア上に供給し，TPU を重合する．得られる形態は板状であるため，それを細かく切断後，押出機を用いてペレットを製造する方法である．コンベアの速度によって TPU の重合時間が調整される．この方法だと連続的に TPU を重合することが可能であるが，通常重合工程とペレット化工程が分離しているために，連続的にペレットを製造することが困難であるうえ，溶融粘度が大きく異なる銘柄を製造する場合，ベルトのクリーニングが必要になる．また，原料を混合後，オープンな状態に解放されるため，蒸気圧が高い脂肪族イソシアネート，たとえばヘキサメチレンジイソシアネート(HDI)や 4,4'-ジシクロヘキシルメタンジイソシネート(H_{12}MDI)などを使用する場合，労働衛生上，過大な設備が必要となる．これらの課題を克服するために開発された製造方法が反応押出法である．通常，反応押出法には，二軸押出機に代表される高粘度のポリマーを混練できる装置が使用されている．重合温度を上昇させることにより，反応時間の短縮化を図るとともに，押出機の先端にストランドダイを装着することによって，重合反応からペレットまで連続的に製造できる利点を有する．近年，この反応押出法をもとに，さまざまな TPU の製造技術が開発されている．

次に，溶媒重合法について説明する．主として，微粒子(パウダー)状の TPU を製造するために溶媒法が適用されている．溶媒法では大きく，水中でポリウレタンを合成する「水中懸濁重合法」と，ポリウレタンに対する溶解性が低い有機溶媒中で合成する「非水分散重合法」の 2 つが工業的に実用化されている．両方法ともに，従来の方法では工業的に困難であった数百ミクロンオーダーの粒子径を有する TPU の合成およびその粒子径の制御が可能である．まず，水中懸濁重合法について概説する．この技術のポイントは，おもにケチミンを用いて，水中で素早く粒子状の TPU を合成することにある．ケチミンとは，脱水反応によりアミンをケトンと反応させた化合物(C=N-R-N=C)であり，ケトンがアミンのブロック剤の役割を果たしている．このケチミン化反応は可逆反応であるため，ケチミンに水が接触するとアミンとケトンに解離する．この原理を用いて，プレポリマーにジアミンから調製したケチミンを混合させた後，水と高速で撹拌，分散させることにより水中で鎖延長反応を素早く完結させる方法である．通常，この製造方法に用いるプレポリマーは，水に不溶であるため水中にプレポリマーを分散させたときには，表面張力によりプレポリマーが球状となる傾向を示す．表面張力の制御，すなわち得られる TPU の粒子径を精密に制御する場合には，界面活性剤を添加することもある．重合反応が終了した後，脱水，乾燥工程を経て，製品を得る．この方法により製造されたTPUは，おもにパウダースラッシュ成形用途やトナーバインダー用途に使用されており，150 μm程度の真球状の粒子である．

次に，非水分散重合法について概説する．非水分散重合は，おもにエチレン性不飽和基含有モノマーを用いた粒子分散型のエマルジョンの合成に利用されている．この方法によるパウダー状TPUの合成の技術ポイントは，有機溶剤中で粒子の会合や凝集を抑制するための分散安定化剤の使用である．分散安定化剤の構造について，たとえば，分子中に不飽和結合を有するポリオールに炭素数6以上の炭化水素基からなる側鎖を有するエチレン性不飽和モノマーを反応して得られる化合物であることが例示されている．この分散安定化剤をポリオールとイソシアネートとの合計量に対して，数重量部用いることにより，有機溶剤中で粒子径の揃ったTPUが得られる．有機溶剤としては，*n*-ヘキサン，シクロヘキサンなどの炭化水素系の溶媒が用いられている．重合反応が終了した後，水中懸濁重合法と同様，乾燥工程を経て製品となる．この方法により製造されたTPUもおもにパウダースラッシュ成形用途に使用されている．

フォームおよびCASE用途のPUの製造プロセスを概説した．これらPUを製造するうえで，触媒はキー材料である．通常，芳香族イソシアネートを用いる場合，四級アミン触媒が使用される．その塩基性が高ければ高いほど，イソシアネートとポリオールとの反応性は上昇する．ただし，アミン触媒は分子量が低いため，揮発性が高い．そのため，臭気あるいは自動車用モールドフォーム用途ではガラス面に揮発した触媒が残るフォギングの問題がある．これらの問題を解決するため，PUの分子構造に導入できる揮発しにくい反応性アミン触媒が工業化されている．一方，脂肪族/脂環式イソシアネートを用いる場合，アミン触媒よりも金属触媒，たとえばスズ触媒が適用される．特に，スズ触媒のうち，CとSnが直接結合しているジブチルシンジラウレート(DBTDL)は，ポリオールとの反応活性が高く水にも安定であるが，有機スズであるDBTDLを製造する過程で，ごくわずかに環境ホルモン物質に関連するトリブチルスズが副生する．環境規制の観点から，有機スズ代替触媒の研究開発が旺盛である．

10.1.4　技術動向・今後の展望

今後，益々伸長が期待されるPUには，環境規制への対応が求められている．環境規制への対応は，PUの機能の向上にほかならない．まず，ポリオールであるPPGの高機能化があげられる．二酸化炭素の排出を抑制するために，自動車のシートクッションに用いられる軟質フォームの軽量化のニーズが高い．それと同時に，乗り心地性の向上も求められている．軟質フォームに用いられるPPGは，プロピレンオキサイドのアニオン重合反応過程でモノオールが副生する．このモノオールはPUの化学架橋反応を抑制するため，軟質フォームの軽量化およびそれに伴う乗り心地性も損ねていた．このモノオールの副生を抑制するために，有機分子であるホスファゼンを触媒とした高純度PPGが開発され，実用化されている[11]．プロピレンオキサイドのアニオン重合反応においては，β-開裂が支配的であるため，得られるPPGの分子末端は二級水酸基の形態が多い．イソシアネートとの反応性を向上させるため，プロピレンオキサイドの重合後，エチレンオキサイドを共重合し，PPGの分子末端の一級水酸基化率を向上させている．この方法だと，エチレンオキサイドの使用量が増すため，得られるPUの湿潤下における物性が低下するなどの課題があった．この課題を解決するために，トリス(ペンタフルオロフェニル)ボランを触媒とした高反応性PPGが開発され，実用化され始めた[12]．

二酸化炭素の排出を削減する目的で，再生可能原料を活用したバイオポリオールが開発され，自動車のシートクッションに搭載されている[13]．

イソシアネートモノマーの工業化は，ポリオールと比較して非常にハードルが高いが，2種類の新規なイソシアネートモノマーが開発され実用化され始めた．前述したようにCASE用途では，紫外線などにより変色しないポリウレタンが望まれており，脂肪族あるいは脂環式の構造を有したジイソシアネートおよびその誘導体が用いられている．しかし，これらの脂肪族ジイソシアネートを用いたポリウレタンは，耐久性の指標である長期耐候(光)性に優れるが，イソシアネート化合物の生産量の大部分を占めるMDIやTDIなどの芳香族ジイソシアネートを用いたポリウレタンと比較して，力学物性および耐熱性（軟化温度）の面で大きく劣っている．それゆえ，脂肪族ジイソシアネートが使用できる部位は限定されており，たとえば，芳香族ジイソシアネート系ポリウレタンの表層に脂肪族ジイソシアネート系ポリウレタンの溶液をコーティングもしくは積層する成形方法が採用されている．一方，市場では，簡単な成形方法にて，有機溶剤などを使用せず，薄く，軽い，耐久性に優れたポリウレタンが求められている．このような市場ニーズに対応するためには，芳香族ジイソシアネートの特長である優れた力学物性および耐熱性の発現と同時に，耐候性に優れたポリウレタンを与えうる新規な脂肪族ジイソシアネートが開発された．そのイソシアネートが，トランス-1,4-ビス（イソシアナトメチル）シクロヘキサン（FORTIMO 1,4-H_6XDI）である．２つ目は，新規な脂肪族ジイソシアネートである[14,15]．脂肪族ジイソシアネートを変性し，多官能化したポリイソシアネートを硬化剤とするポリウレタンには，その耐溶剤性や，主剤であるポリオールとの硬化速度（生産性）を向上させたい市場ニーズがある．これらのニーズに対して，再生可能原料由来のイソシアネートである1,5-ペンタメチレンジイソシアネート（STABiO PDI）が工業化された[16]．

このように新しいポリオールやイソシアネートの他，ガスバリア性などの機能を有した水系ポリウレタン，耐久性に優れた接着剤，あるいは炭素繊維強化プラスチック（CFRP）やロボット材料に適用できるPUなどが開発され，実用化が進んでいる．

多様な原料，処方，そしてさまざまな加工技術を適用できるPUは，我々の生活になくてはならない高分子材料である．サステイナブルな社会の実現のためにも，環境に配慮した機能性PUの開発が今後も期待されている．

文献

1) 岩田敬治編，ポリウレタン樹脂ハンドブック，p.2，日刊工業新聞社（1987）
2) フォームタイムス，第2046号（2017）
3) 松永勝治監修，ポリウレタンの化学と最新応用技術，シーエムシー出版（2011）
4) Center for Polyurethanes Industry, Polyurethanes TECHNICAL CONFERENCE, Professional Development Program, American Chemistry Council (2015)
5) 山崎聡，ポリウレタンの材料選定，構造制御と改質　事例集，p.24，技術情報協会（2015）
6) 山崎聡，日本ゴム協会誌，89（2），29（2016）
7) 山本秀樹，SP値 基礎・応用と計算方法，情報機構，p.37（2011）
8) 山崎聡，熱可塑性エラストマーの材料設計と成形加工，p.116，技術情報協会（2007）
9) 小椎尾謙，日本接着学会誌，31（1），54（2011）
10) 山崎聡，日本接着学会誌，31（1），38（2011）
11) 山崎聡，松本信介，鵜坂和人，林貴臣，昇忠仁，ネットワークポリマー，36（3）（2015）
12) 賀久基直，櫻井洋子，第57回高分子学会年次大会，セッション1D（2008）
13) 山崎聡，バイオプラスチックの開発と市場，p.56，シーエムシー出版（2016）
14) S. Nozaki, S. Masuda, K. Kamitani, K. Kojio, A. Takahara, G. Kuwamura, K. Moorthi, K. Mita and S. Yamasaki, Macromolecules, 50, p.1018 (2017)
15) 山崎聡，プラスチックス，5，p.37（2016）
16) 山崎聡，マテリアルステージ，15（8）（2015）

10.2　ユリア樹脂，メラミン樹脂

10.2.1　概要

ユリア樹脂，メラミン樹脂は，ユリア（尿素）あるいはメラミンとホルムアルデヒドとの付加縮合反応によって得られる熱硬化性樹脂であり，いずれもアミノ基（$-NH_2-$）を含んでいることから総称してアミノ樹脂という．表10.2.1，10.2.2に用途別の国内生産実績を示す[1,2]．ユリア樹脂は，接着剤，成形材料，紙や繊維加工剤，塗料などとして利用されている．特に，硬化が速く，接着強度が大きいことから，合板を主とする木材用接着剤として多く用いら

表 10.2.1　ユリア樹脂用途別生産実績(t)

	2013年	2014年	2015年	2016年
接着剤用	57,374	51,723	50,296	49,512
その他	12,605	13,629	13,601	17,879
合計	69,979	65,352	63,897	67,391

表 10.2.2　メラミン樹脂用途別生産実績(t)

	2013年	2014年	2015年	2016年
化粧板用	2,255	2,194	2,199	2,234
塗料用	21,875	22,479	22,237	22,874
接着剤用	44,297	43,482	42,948	44,242
その他	12,339	12,434	12,112	12,204
合計	80,766	80,589	79,496	81,554

れてきたが，接着剤内の遊離ホルムアルデヒドがシックハウス症候群の主原因とされ，近年，接着剤用途は減少している．一方，メラミン樹脂は，接着剤，塗料，成形材料，化粧板，紙，および繊維加工剤などに用いられている．表面硬度が高く，耐水性，耐薬品性，および耐候性などが優れている．

10.2.2　プロセス

ユリア樹脂生成における初期反応は，図 10.2.1 に示すように進行する．

すなわち，ユリアとホルムアルデヒドの付加反応でモノメチロールユリアが得られ，続いてこのモノメチロールユリアが別のユリアと縮合反応すればメチレンジユリアが得られ，モノメチロールユリアが別のホルムアルデヒドと反応すればジメチロールユリアが得られる．このような付加縮合反応を繰返し，架橋高分子になる．ここで，中性またはアルカリ性条件下で反応を行うと付加反応が縮合反応よりも速く進行するため，モノメチロールユリアにホルムアルデヒドが付加してジメチロールユリアが得られる反応が優先する．酸性条件下で反応を行うと逆に縮合反応が速く進行するため，付加縮合反応を繰返し，やがてゲル化する．工業的には一般に水酸化ナトリウム水溶液，アンモニア水，炭酸アンモニウムなどのアルカリ性触媒存在下，80～95℃で付加反応を行い，次いで塩酸，硫酸，酢酸などの酸性触媒を加えて系内を酸性にして付加縮合反応を進行させ，目的の分子量の樹脂が得られたら系内を中性に調製

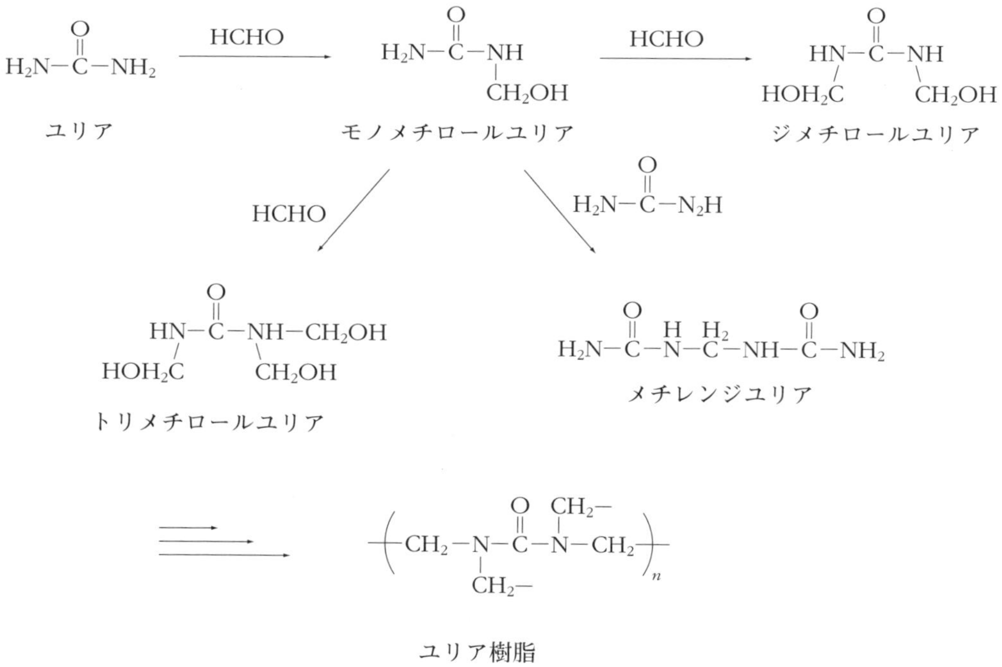

$H_2N-C(=O)-NH_2$ （ユリア） $\xrightarrow{HCHO}$ $H_2N-C(=O)-NH(CH_2OH)$ （モノメチロールユリア） $\xrightarrow{HCHO}$ $HOH_2C-HN-C(=O)-NH-CH_2OH$ （ジメチロールユリア）

モノメチロールユリア $\xrightarrow{HCHO}$ $HOH_2C-HN-C(=O)-N(CH_2OH)-CH_2OH$ （トリメチロールユリア）

モノメチロールユリア $\xrightarrow{H_2N-C(=O)-N_2H}$ $H_2N-C(=O)-NH-CH_2-NH-C(=O)-NH_2$ （メチレンジユリア）

$\rightarrow$ $\left(CH_2-N(CH_2-)-C(=O)-N(CH_2-)-CH_2 \right)_n$ （ユリア樹脂）

図 10.2.1　ユリア樹脂生成反応

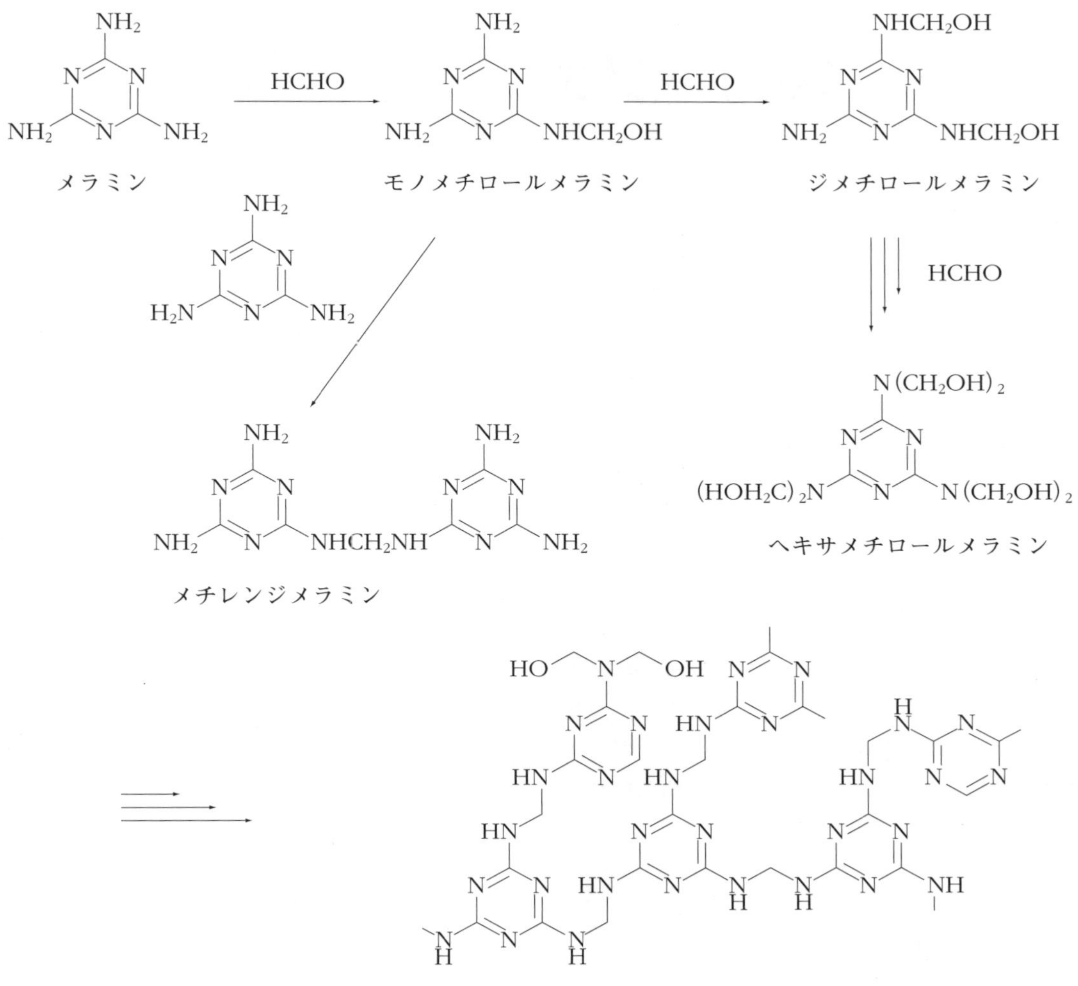

メラミン　モノメチロールメラミン　ジメチロールメラミン
HCHO　HCHO　HCHO
メチレンジメラミン　ヘキサメチロールメラミン
メラミン樹脂

図 10.2.2　メラミン樹脂生成反応

し，冷却後，製品(樹脂液)とする．

メラミン樹脂生成における初期反応も，ユリアとホルムアルデヒドとの反応と同様に，図 10.2.2 に示すような付加縮合反応により初期縮合物が得られる．

メラミンは 3 個のアミノ基を有するから，1 mol あたりホルムアルデヒドが 1〜6 mol 付加反応できるが，一般的には約 3 mol 用いる．中性あるいはアルカリ性条件下で反応させると，ホルムアルデヒドが 1 個付加したモノメチロールメラミンを経由し，ジメチロールメラミンへとメチロール基の結合量が増加し，最後にヘキサメチロールメラミンが生成する．反応生成物はこれらのメチロールメラミン類の混合物である．酸性条件下での反応では，ユリア樹脂と同様，メチロールメラミン類の生成と同時に縮合反応が起こり，ゲル化へと至る．pH 10 付近で，メチロール化反応は最も速く，メチレン化反応は逆に最も遅い．一般的には，pH 7〜9 の範囲で反応させる．反応の進行とともに生成物は疎水性を示し，ついにはゲル化するので樹脂液の使用目的に適した縮合度で反応を止める．

文献

1) 日本プラスチック工業連盟，統計資料，2017 年 6 月 7 日
2) 日本接着剤工業会，統計コーナー，2017 年 5 月 8 日

10.3 フェノール樹脂

10.3.1 概要

フェノール樹脂は100年以上と最古の歴史をもつ信頼性の高い工業用プラスチックとして，成形材料，積層品，木材用接着剤，シェルモールド，摩擦材などさまざまな分野で堅実な市場を有しており，鋳物用3Dプリンターなどさらなる市場展開もなされている．表10.3.1に国内の需要実績を示す[1]．

このフェノール樹脂は，フェノール類(主としてフェノールとクレゾール)とホルムアルデヒドとの反応によって生成する熱硬化性樹脂であり，その成形物は低分子量(平均分子量1,000以下)の粉末または粘い液体の初期反応物に必要に応じて木粉や無機粉末などのフィラー(充てん材)を加えて混合，混練した後，型の中で加熱硬化させることにより得られる．加熱硬化された樹脂は三次元の網目構造をとるため，再加熱しても熔融せず，寸法・形状安定性に優れた，耐熱性の高い成形物を与える．

10.3.2 反応

反応はフェノールへのホルマリンの付加反応によるメチロール化物生成とメチロール化物とフェノールの脱水縮合反応によるメチレン架橋での伸長である．このとき，フェノール(P)とホルムアルデヒド(F)反応系のpHとモル比(F/P)を調製することにより，ノボラックとレゾールの異なる生成物を作り分けられる．pH 4.5以下の酸性でF/P=0.6～0.95の条件下ではノボラックが生成され(10.3.1式)，pH 4.5以上の弱酸～アルカリ性でF/P=1.0～3.0条件下ではレゾールが生成される(10.3.2式)．この酸性側とアルカリ性側とで生成物が異なることが，フェノール樹脂の生成機構の特徴である．

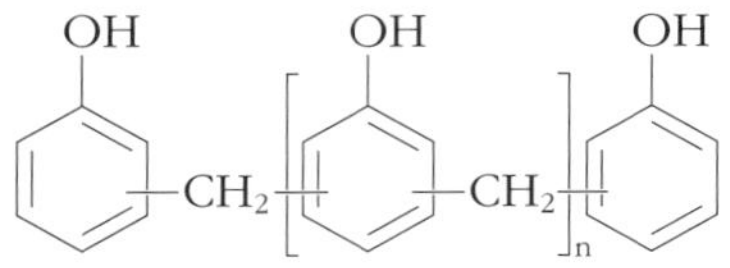

OH　OH　OH
$-CH_2-$ [ ]$_n$ $-CH_2-$

ノボラックの一般構造式　(10.3.1)

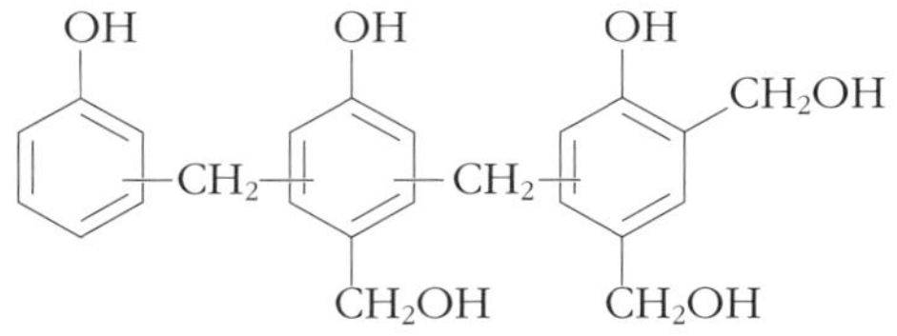

OH　OH　OH
$-CH_2-$　$-CH_2-$　CH_2OH
CH_2OH　CH_2OH

レゾールの一般構造式　(10.3.2)

一般的に酸性領域では付加反応が遅く，次の縮合反応が速いので，フェノール核が2個の2核体を生成する．次にゆっくりと付加反応が起こり，直ちにフェノールと縮合し，順次フェノール核体の大きいノボラックになっていく．逆にアルカリ性ではフェノールとホルムアルデヒドから素早くメチロールフェノールを生成するが，次の縮合反応が非常に起こりにくいので，引き続いてホルムアルデヒドの付加が起こり，ジメチロールフェノール，トリメチロールフェノールが生成する．

表10.3.1　フェノール樹脂用途別需要実績($t\,y^{-1}$)

用途	2008	2010	2012	2013	2014	2015
成形材料	33,875	31,449	28,140	28,559	28,668	26,903
積層品	16,120	14,392	13,851	12,951	12,570	12,366
木材加工接着剤用	96,152	112,894	115,436	126,184	125,394	124,856
その他	141,557	125,417	117,137	119,821	117,448	114,306
計	287,704	284,152	274,564	287,515	284,080	278,431

①ヒドロキシメチレンカルボニウムイオンの生成

$$HO-CH_2-OH \xrightleftharpoons{H^+} {}^+CH_2-OH + H_2O$$

②酸触媒下でのフェノールとホルムアルデヒドの反応

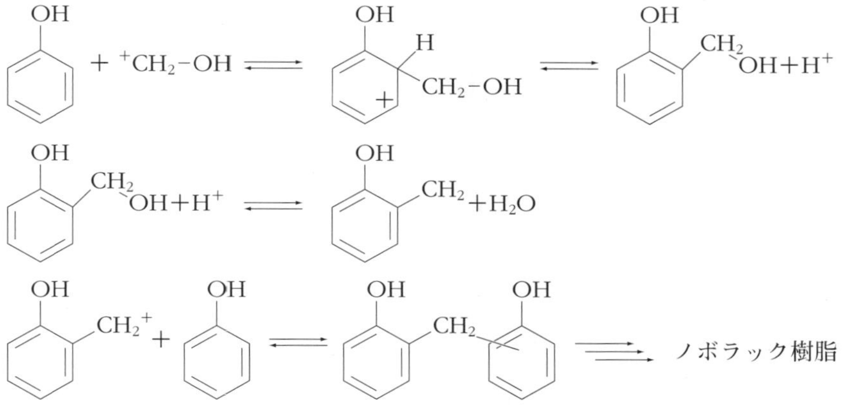

OH / + $^+CH_2-OH$ ⇌ OH / H / CH_2-OH / + ⇌ OH / CH_2 / $OH+H^+$

OH / CH_2 / $OH+H^+$ ⇌ OH / CH_2 / $+H_2O$

OH / CH_2^+ / + / OH ⇌ OH / CH_2 / OH → ノボラック樹脂

図 10.3.1　ノボラックの生成反応

10.3.3　プロセス

A　酸性でのフェノール樹脂(ノボラック)の製造

ノボラックは酸触媒下でホルムアルデヒドに対するフェノール類のモル比を過剰にして製造される．一般的なノボラック生成の反応式を図 10.3.1 に示す[1]．

生成したノボラックの中に触媒が残存すると，硬化物の性能が低下するので，加熱によって容易に分解・昇華するようなシュウ酸や塩酸が用いられる．

B　塩基性でのフェノール樹脂(レゾール)の製造

レゾールは水酸化ナトリウム，水酸化カリウム，水酸化リチウムなどのアルカリ金属触媒を使用してフェノール類に対するホルムアルデヒドのモル比を過剰にして作られる．一般的なレゾール生成の反応式を図 10.3.2 に示す[2]．

用いるアルカリ金属触媒種の種類よりレゾールの反応速度は大きく影響され，その速度の順は $Mg(OH)_2 > Ca(OH)_2 > Ba(OH)_2 \fallingdotseq LiOH > NaOH > KOH$ のようになる．同一条件でのホルムアルデヒド消費速度から計算で得られる反応速度定数と金属カチオンのイオン半径をプロットするとアルカリ金属，アルカリ土類金属各々で直線関係が得られ，(1)イオン半径が大きいカチオンを有する触媒が高活性，(2)1 価のアルカリ金属より 2 価のアルカリ土類金属が高活性との結論が得られている[3]．

C　ノボラックの硬化

ノボラックの硬化にはメチレンドナーなどの架橋剤を加えて熱硬化させる必要がある．最も広く使用されている硬化剤はアンモニアとホルムアルデヒドから誘導されるヘキサメチレンテトラミン(HMTA)である．一般的には，約 10 重量％の HMTA を加え加熱硬化させる．その他，使用用途に合わせ，エポキシ樹脂，ジビニルベンゼン化合物などでの硬化も行われている．

D　レゾールの硬化

レゾールの硬化は熱硬化が一般的で，130～200℃で硬化させる．レゾール樹脂の巨大分子化(ゲル化)は硬化系の pH によって大きく影響を受け，フェノール樹脂そのものが示す pH 3～4 の領域で最も遅くなる．それより酸性側ではノボラック形成時同様にメチレン鎖形成が加速されるためであるが，pH 9 以上でのアルカリ性側で加速されるのはフェノラートイオンの生成とそのオルソ位のメチロール基間でキレート錯体が形成され，錯体中の Na^+ の電子吸引効果でカルボアニオンの電子密度が

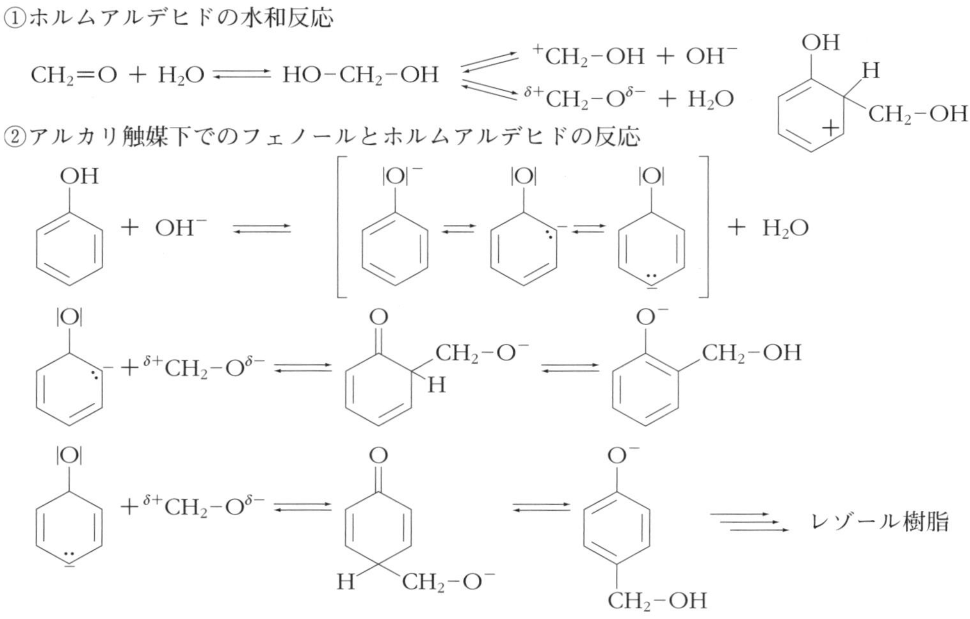

①ホルムアルデヒドの水和反応

$$CH_2{=}O + H_2O \rightleftharpoons HO{-}CH_2{-}OH \rightleftharpoons {}^{+}CH_2{-}OH + OH^- \;/\; {}^{\delta+}CH_2{-}O^{\delta-} + H_2O$$

OH
H
$CH_2{-}OH$
+

②アルカリ触媒下でのフェノールとホルムアルデヒドの反応

OH + OH^- ⇌ [|O|$^-$ ⇌ |O| ⇌ |O|] + H_2O

|O| + ${}^{\delta+}CH_2{-}O^{\delta-}$ ⇌ O, $CH_2{-}O^-$, H ⇌ O^-, $CH_2{-}OH$

|O| + ${}^{\delta+}CH_2{-}O^{\delta-}$ ⇌ O, H, $CH_2{-}O^-$ ⇌ O^-, $CH_2{-}OH$ ⟶ レゾール樹脂

図 10.3.2　レゾールの生成反応

減少するためと推定されている[4].

10.3.4　今後の展望

フェノール樹脂はフライパンの柄からロケットエンジンノズルコーン，半導体フォトレジスト材料のような最先端用途まで広く社会貢献している最古の工業用樹脂である．これほど生活に深く浸透した理由はフェノール樹脂がもつ高い信頼性(耐熱性，耐薬品性，耐疲労性，低発煙性など)が歴史的に認められているために他ならない．フェノール樹脂は現在でも変性などによる改良がメーカー各社で日々行われており，今後も高機能化が進むものと考えられる．

文献

1) 経済産業省，生産動態統計
2) 稲富茂樹，フェノール樹脂及び誘導体の合成・制御と用途展開，東京，情報機構(2011)
3) M. F. G. Loustalot, D. Grande, P. Grenier, I. Mondragon, Polymer, 39, 3147(1998)
4) A. Pizzi, A. Stephanou, J. Appl. Polym. Sci., 49, 2157(1993)

10.4　エポキシ樹脂

10.4.1　概要

エポキシ樹脂は，20 世紀半ばに欧州で初めて商業生産が開始され，当初は接着，塗料用を主体に用いられた．エポキシ樹脂は，おもに硬化剤と反応させ三次元構造を形成する硬化物として使用される．エポキシ樹脂および硬化剤の種類は多く，使用条件および目標性能をそれらの組み合わせで選択，調整することが可能である．このため接着性，耐水性，耐食性，電気特性など優れた硬化物特性と，新規樹脂，硬化剤，また配合技術の開発により用途が広範囲になってきた．

世界におけるエポキシの需要は年々増加しており，年間約 6,000 億円の需要があると推定されている．1990 年代までは Dow，Shell，Chiba の 3 社

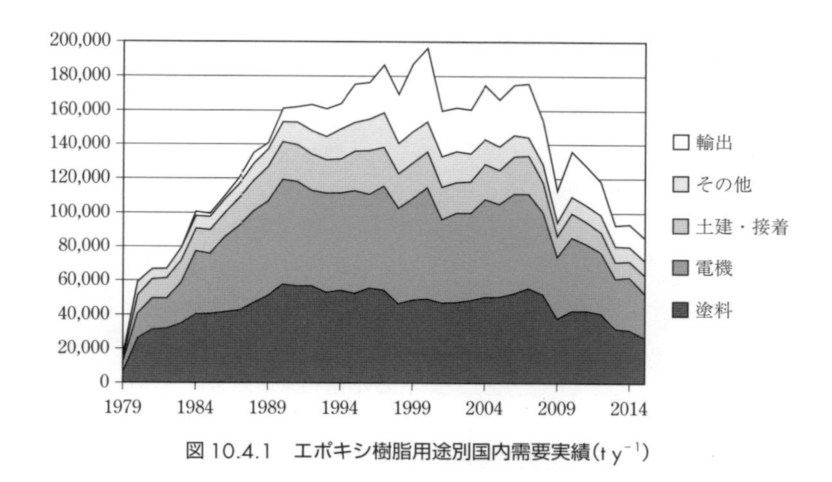

図 10.4.1　エポキシ樹脂用途別国内需要実績($t\,y^{-1}$)

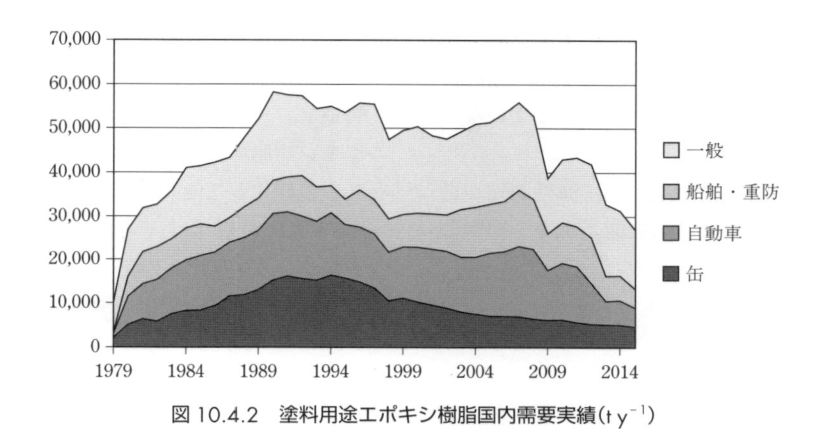

図 10.4.2　塗料用途エポキシ樹脂国内需要実績($t\,y^{-1}$)

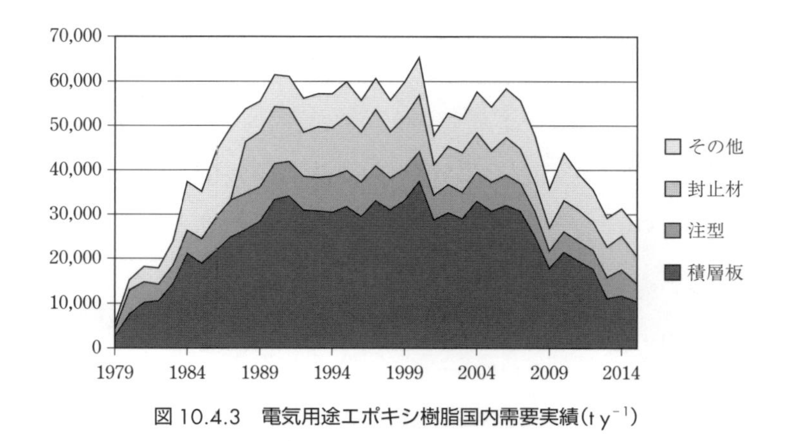

図 10.4.3　電気用途エポキシ樹脂国内需要実績($t\,y^{-1}$)

が世界的に事業展開してきたが，Chiba 社，Shell 社は 1999 年にエポキシ樹脂事業売却を発表し，2016 年現在，中国が世界需要の約半分を占めるとともに，世界最大の生産国になっている．

一方の国内においては，需要も 1997 年までは順調に推移してきたが，1999 年以降は需要の減少が続いている(図 10.4.1)．エポキシ樹脂メーカーの国内生産からの撤退が続いていることもあり，生産量，輸出量ともに減少の傾向がある．国内用途としては，電気用途と塗料用途が主用途となっている(図 10.4.2，図 10.4.3)．主要エポキシ樹脂メーカーの製造能力は約 19 万 t であるが，この能力は各社が

表 10.4.1 国内主要エポキシ樹脂メーカーの生産能力（千 ty^{-1}，2015 年推定）

製造会社	製造能力
ADEKA	7
旭化成 EX	37
DIC	26
NERM	22
日本化薬	11
新日鉄住金化学	46
三菱化学	40
合計	189

自家消費する原料エポキシ樹脂分も含まれている（表 10.4.1）（エポキシ樹脂の需要実績は，エポキシ樹脂工業会調べ．エポキシメーカーの工業会脱会や撤退などがあり，2012 年以降の工業会の集計は，エポキシ樹脂需要の実態を正確に反映できていないことを留意頂きたい）．

汎用タイプのエポキシ樹脂を中心に海外調達が進む状況にあり，メーカーには高機能エポキシ樹脂の開発が求められている．

10.4.2 プロセス

エポキシ樹脂の合成法としては，汎用タイプであるビスフェノール A 型エポキシ樹脂に代表されるエピクロルヒドリン（ECH）とフェノール性水酸基などの活性水素基を有する化合物との反応で合成する ECH 法（10.4.1 式）と，脂環式エポキシ樹脂を製造する場合に用いられる，過酢酸などの酸化剤による不飽和二重結合の直接酸化法（10.4.2 式）があげられる．

$$R-CH=CH_2 + \underset{\text{過酢酸}}{CH_3-\underset{\substack{\|\\O}}{C}OOH} \longrightarrow R-\underset{\diagdown\ \diagup \atop O}{CH-CH_2} + CH_3-COOH \qquad (10.4.2)$$

製造プロセスは基本的にはバッチ反応であるが，エポキシ樹脂の構造の多様化に伴い，合成法やプロセスも多様化してきている．

ECH 法においては，苛性ソーダの存在下，ECH のエポキシ基が BPA のフェノール性水酸基に付加する．続いて，苛性ソーダによる脱塩酸反応でエポキシ基が生成する．BPA に対する ECH 量により，目的とするエポキシ樹脂の平均分子量をコントロー

$$\underset{\text{ECH}}{H_2C\overset{O}{\diagdown\diagup}CHCH_2Cl} + \underset{\text{BPA}}{HO-C_6H_4-C(CH_3)_2-C_6H_4-OH} \xrightarrow{NaOH} H_2\underset{Cl}{C}-H\underset{HO}{C}-O-C_6H_4-C(CH_3)_2-C_6H_4-O-\underset{OH}{CH}-\underset{Cl}{CH_2} \xrightarrow{NaOH}$$

$$H_2C\overset{O}{\diagdown\diagup}CHCH_2\left(O-C_6H_4-C(CH_3)_2-C_6H_4-OCH_2\overset{OH}{C}HCH_2\right)_n O-C_6H_4-C(CH_3)_2-C_6H_4-OCH_2CH\overset{O}{\diagdown\diagup}CH_2 \qquad (10.4.1)$$

$$\underset{\text{液状または低分子量固形エポキシ樹脂}}{H_2C\overset{O}{\diagdown\diagup}CHCH_2\left(O-C_6H_4-C(CH_3)_2-C_6H_4-OCH_2\overset{OH}{C}HCH_2\right)_n O-C_6H_4-C(CH_3)_2-C_6H_4-OCH_2CH\overset{O}{\diagdown\diagup}CH_2} + \underset{\text{BPA}}{HO-C_6H_4-C(CH_3)_2-C_6H_4-OH} \xrightarrow{\text{触媒}}$$

$$\underset{\text{固形エポキシ樹脂}}{H_2C\overset{O}{\diagdown\diagup}CHCH_2\left(O-C_6H_4-C(CH_3)_2-C_6H_4-OCH_2\overset{OH}{C}HCH_2\right)_m O-C_6H_4-C(CH_3)_2-C_6H_4-OCH_2CH\overset{O}{\diagdown\diagup}CH_2} \qquad (10.4.3)$$

ルすることができる．すなわち，ECH量を多くするとエポキシ当量（エポキシ基1 molあたりの重量g）が小さい液状樹脂ができ，ECH量がBPAのモル数に近づくにつれてエポキシ当量が大きい固形樹脂の製造条件となる．生成する塩化ナトリウムは水洗により除去される．ビスフェノールA以外にフェノール性水酸基をもつ原料としてビスフェノールF，テトラブロモビスフェノールA，フェノールノボラック，クレゾールノボラックなどが用いられる．このようにECHから直接エポキシ樹脂を製造するプロセスは一段法とよばれている．一段法により製造されるBPA型液状エポキシ樹脂または比較的低分子量の固形エポキシ樹脂に，塩基性触媒存在下，さらにBPAを添加して分子量の高い固形エポキシ樹脂を製造するプロセスは，二段法またはアドバンス法とよばれている（10.4.3式）．

10.5　シリコーン

10.5.1　概要

シリコーン（silicone）は，ケイ素と酸素からなるシロキサン結合（Si–O–Si）を骨格とし，そのケイ素にメチル基やフェニル基などの有機基が結合したポリマーの総称であり，その分子骨格から無機と有機の特性をあわせもったポリマーである．形状としてはオイル，エマルジョン，レジン，ゴム，およびパウダーなどがありきわめて多様である．

シリコーンは，当初米国において耐熱性を必要とされる電気絶縁の分野に利用された．その後シリコーンのもつさまざまなユニークな特徴が認識され，航空機をはじめとした軍需用として発展した．Corning Glass Works社とDow Chemical社はこれらの発展を支えるため1943年Dow Corning社を設立，またGeneral Electric社は1947年シリコーン部を組織化した．そしてほぼ同時期にはドイツでもシリコーンの研究が開始された．

戦後は民需用として各種機器の性能向上，信頼性向上のためにシリコーンの利用が拡大し，その結果Union Carbide社，Stauffer Chemical社，Wacker Chemie社，Bayer社など多くの企業がシリコーン事業に参入した．

日本では，1953年に東京芝浦電気と信越化学工業がGeneral Electric社よりシリコーンのモノマー製造に関する特許のライセンスを取得し，シリコーンの製造を開始した．1966年Dow Corning社は東レと合弁会社（現在の東レ・ダウコーニング）を設立し，モノマーから一貫したシリコーンの製造を開始した．1971年東芝はGeneral Electric社と合弁会社東芝シリコーン（現在のモメンティブ・パフォーマンス・マテリアルズ・ジャパン）を設立し，シリコーン事業拡大を行った．1970年代から1990年代前半までは日本経済の成長期であり，その結果上記3社に加え日本ユニカー，バイエル・シリコーン，日本フランシール，ワッカー，チッソ（現在のJNC）など10社を超える会社がシリコーン事業に参入した．さらにワッカーはシリコーン事業推進のため旭化成と手を組み1999年旭化成ワッカー・シリコーンを設立した．しかし1990年代後半になると日本の経済が低迷，それまでGNP成長率の2倍の速度で成長してきたシリコーン産業もその影響を受けその成長が鈍化した．このようなシリコーン産業の環境変化に伴い2002年東レ・ダウコーニングはモノマーの生産を中止，その他のシリコーンメーカーも合併や譲渡を行いシリコーン事業から撤退した．現在では今もモノマーから一貫したシリコーンの製造を行っている信越化学とモメンティブ・パフォーマンス・マテリアルズ・ジャパンの2社に加え，東レ・ダウコーニング，旭化成ワッカーシリコーン，JNCの3社が日本でのシリコーン産業の中心を担っている．最近では中国や韓国のシリコーンメーカーによる輸出も増えつつあるが，総務省の通関統計によればその総額は100億円を若干超える程度であり，高機能かつ高品質のシリコーン製品を数多く市場に提供している国内シリコーンメーカーが依然として90％以上の国内市場占有率を維持していると推定される．

10.5.2 シリコーンの製造

シリコーンは金属ケイ素とメチルクロライドの反応に始まり非常に複雑な工程を経て最終の製品が作られるが，その工程を大別するとモノマーとよばれるメチルクロロシランの製造，合成されたメチルクロロシランを加水分解し重合させるメチルポリシロキサンの製造そしてメチルポリシロキサンに各種の充てん剤や添加剤を配合する加工工程に分けられる．

A メチルクロロシランの製造

1944 年 Dow Corning 社は，Kipping らにより 1904 年見いだされた Grignard 反応を用いてケイ素原子上に有機基を導入する方法でシラン合成を行い，シリコーンの工業化を行った．その合成例は次の(10.5.1)式で示される．

$$\begin{aligned} &Si + 2Cl_2 \longrightarrow SiCl_4 \\ &RCl + Mg \longrightarrow RMgCl \\ &n\mathrm{RMgCl} + SiCl_4 \longrightarrow R_nSiCl_{4-n} + n\mathrm{MgCl_2} \\ &\qquad R = \text{alkyl, aralkyl など} \end{aligned} \tag{10.5.1}$$

すなわち最初に金属ケイ素と塩素を反応させ四塩化ケイ素を合成，これとは別に有機塩化物をマグネシウムと反応させ Grignard 試薬を合成，得られた Grignard 試薬と四塩化ケイ素を反応させ有機シランを作る方法である．この Grignard 法は溶媒や多量に副生するマグネシウム塩などそれらの取扱いが煩雑であるが，ケイ素原子上に種々の有機基を導入することが可能であるため，特殊なシランを工業的に製造するために現在でも利用されている．

1941 年 General Electric 社の Rochow らは銅触媒下金属ケイ素とメチルクロライドを反応させメチルクロロシラン化合物を直接得る方法を見いだした．後に彼はこの反応を「直接法」と命名したが，1947 年 General Electric 社はこの直接法を用いシリコーンの製造を開始した．

本反応は単純には(10.5.2)式で示される．

$$2CH_3Cl + Si \xrightarrow[Cu]{} (CH_3)_2SiCl_2 \tag{10.5.2}$$

しかし，実際の反応はこのように理想的には進行せず，(10.5.3)式に示すような反応など非常に複雑な反応が起こり，ジメチルジクロロシランに加えてメチルクロロシラン，トリメチルクロロシラン，四塩化ケイ素や Si-H 結合をもつメチルジクロロシランや Si-Si 結合をもつメチルクロロジシランなどが生成する．

$$\begin{aligned} &3CH_3Cl + Si \longrightarrow CH_3SiCl_3 + 2CH_3 \\ &3CH_3Cl + Si \longrightarrow (CH_3)_3SiCl + Cl_2 \\ &2Cl_2 + Si \longrightarrow SiCl_4 \end{aligned} \tag{10.5.3}$$

反応そのものは発熱反応であるが，金属ケイ素と銅触媒が固体でメチルクロライドがガスであり，反応活性を高めるため 300℃程度の高温で行われる．そしてジメチルポリシロキサンの主原料となる最も需要の多いジメチルジクロロシランを収率よく製造する必要があり，反応を行うためのさまざまな工夫がなされている．

その 1 つが反応器である．当初は固定床や機械的な攪拌を行う反応器であったが，流動床の反応器が開発され，ジメチルジクロロシランを含めたメチルクロロシランを効率よく製造することが可能となった．

現在では流動床の反応器が主流であるが，その基本的な反応器構成は図 10.5.1 に示す．

反応を開始するにあたり加熱が必要であるが，いったん反応が進行すると発熱反応となり反応速度の変化に伴う温度変化を 300℃近辺で一定に保つ必要がある．そのためには効率のよい熱交換が不可欠である．反応の進行により金属ケイ素の粒子は小さくなり，触媒濃度は高くなり，同時に流動床の乱れが生じる．そして金属ケイ素に含まれている微量の不純物やメチルクロライドの熱分解に起因する炭化物などが金属ケイ素粉上に残り，その反応活性を低下させる．このような変化を最小にし，いかに高い反応活性を維持させることができるかが連続生産を長時間継続するための重要なポイントとなる．そのためシリコーンメーカー各社は反応器の設計，プロセスそしてオペレーションに関して高度なノウハウをもっている．

原料となるメチルクロライドと金属ケイ素の不純物の管理，銅触媒の選択も効率的に反応を行うのに重量な因子である．

一般的にはメタノールと塩酸の反応により得られるメチルクロライドが原料として使用され，塩酸はおもにジメチルジクロロシランの加水分解で副生さ

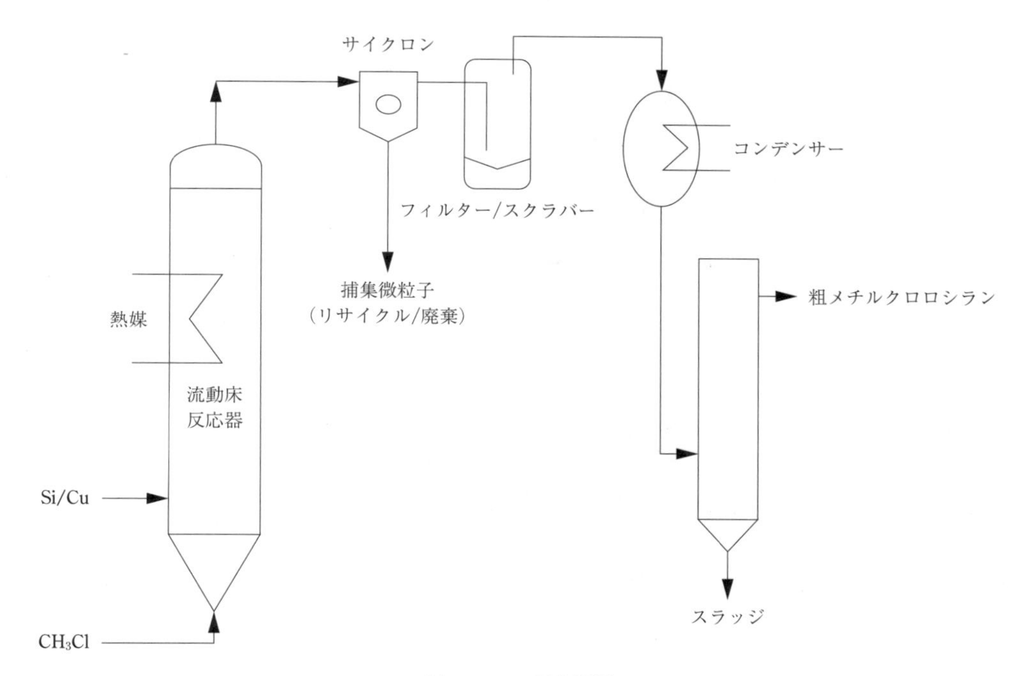

図 10.5.1　反応器例

れたものを回収し使用する．回収された塩酸中の不純物はメチルクロライドの品質に直接影響し，またメタノールとの反応で副生するジメチルエーテルなどの不純物を十分に管理し純度の良いメチルクロライドを金属ケイ素との反応に使用することが重要となる．

金属ケイ素は，1,700℃程度まで加熱できるアーク炉中，木炭や石炭などの炭素源および燃料となる木片とともに天然に採掘される硅石を還元することにより得られ，単純には(10.5.4)式に示す反応により製造される．

$$SiO_2 + C \longrightarrow Si + CO_2 \qquad (10.5.4)$$

メチルクロロシラン製造のための直接法には98～99％の純度をもつケミカルグレードとよばれる金属ケイ素が用いられるが，ケイ石中の不純物に由来するアルミニウム，鉄，カルシウムなどの不純物の純度を管理することも重要である．銅粉をはじめとした触媒・助触媒もメチルクロロシランを効率よく製造するのに重要な役割を果たす．このような目的からさまざまな形状の銅粉，多くの種類の銅合金そして銅化合物が検討されており，亜鉛やスズ化合物などの助触媒に関しても研究が行われている．

以上のようにして流動床の反応器内でメチルクロロシランが生成するが，その代表的な組成を表10.5.1に示す．

表 10.5.1　メチルクロロシランの組成例

メチルクロロシラン	重量%
$(CH_3)_4Si$	0.01-0.5
$(CH_3)_2SiHCl$	0.01-0.5
CH_3SiHCl_2	0.1-1
$(CH_3)_3SiCl$	1-5
CH_3SiCl_3 (T)	3-10
$(CH_3)_2SiCl_2$ (D)	83-93
$(CH_3)_nSi_2Cl_{6-n}$	～
D/T比	8-31

これらのメチルクロロシランは目的に応じ蒸留装置により単離されるが，同時に蒸留によって単離されたメチルクロロシランをさらに反応させ必要とするメチルクロロシランの収量を最適化する反応が行われる．その一例はテトラメチルシランやトリメチルクロロシランとメチルトリクロロシランを塩化アルミニウム触媒下で反応させる平衡化である．

$$(CH_3)_4Si \text{ and/or } (CH_3)_3SiCl + CH_3SiCl_3 \xrightarrow[AlCl_3]{} (CH_3)_2SiCl_2 \qquad (10.5.5)$$

もう1つの例は塩化水素を用い蒸留高沸点物に主成分として存在するメチルクロロジシランの開裂

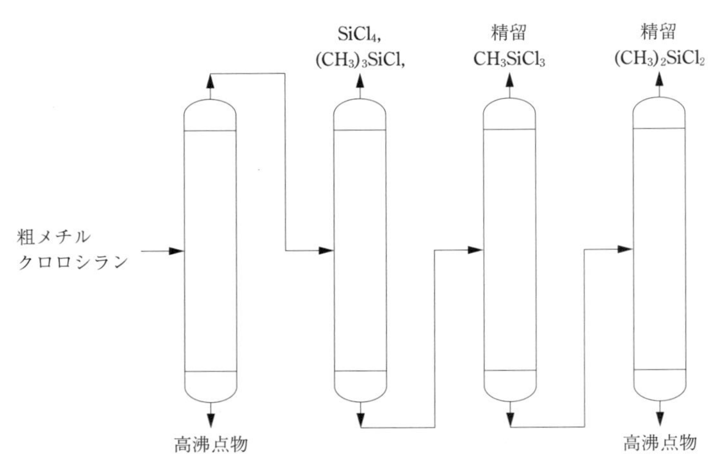

図 10.5.2　蒸留装置例

表 10.5.2　メチルクロロシラン化合物の沸点

メチルクロロシラン化合物	沸点℃
$(CH_3)_4Si$	26.5
$(CH_3)_3SiCl$	57.9
CH_3SiHCl	41
CH_3SiCl_3	66.4
$(CH_3)_2SiCl_2$	71.0

反応であり，この反応を利用することにより高沸点物量を減らすことができメチルクロロシランやメチルトリクロロシランの収量を上げることができ，これらの反応を行いメチルジクロロシランの収量を向上させたりD/T比の改善を行う．

$$(CH_3)_nSi_2Cl_{6-n} + HCl \xrightarrow[\text{アミン}]{} CH_3SiHCl + (CH_3)_2SiCl_2 + CH_3SiCl_3 \quad (10.5.6)$$
$n = 2, 3$

それぞれのメチルクロロシランは図 10.5.2 に示すような蒸留装置により単離される．主要なメチルクロロシランの沸点を表 10.5.2 に示すが，高分子量でかつ直鎖状のジメチルポリシロキサンを製造するためには高純度のジメチルジクロロシランが必要である．なかでもメチルトリクロロシランは4℃程度の沸点差しかなく，これの混入がジメチルジクロロシランを加水分解・重合して得られる直鎖状ジメチルポリシロキサンに分岐をもたらすため，200段を超えるような分離度の高い精留塔が必要となる．

B　廃棄物および副生物の利用

直接法によるメチルクロロシランの製造に伴い (1) 廃触体，(2) スラッジ，(3) CH_3Cl，$(CH_3)_4Si$，$(CH_3)_2SiHCl$，$HSiCl_3$，炭化水素化合物などの低沸点化合物，(4) メチルクロロジシラン，メチルクロロジシロキサンなどの高沸点化合物などの廃棄物や副生物が発生する．

(1) 廃触体はおもに反応器に付帯するサイクロンで捕集されたものであり，金属ケイ素がメチルクロライドとの反応で消費された結果，触媒である銅を5～12％程度含む粒子である．そのため，銅を回収し再利用するなどといった種々の検討が行われている．

低沸点化合物 (3) は $(CH_3)_4Si$，$(CH_3)_2SiHCl$，$HSiCl_3$ などを中心にメチルトリクロロシランなどと (10.5.5) 式に示す平衡化反応を用い必要とするメチルクロロシランに変えられ，高沸点化合物 (4) 中のメチルクロロジシラン化合物は (10.5.6) 式に示す開裂反応を利用しメチルジクロロシランなどに変えられ総メチルクロロシランの収量を改善している．

メチルクロロシランの製造過程で発生するベントガスは冷水を用いたスクラバーで捕集することや燃やすなどの処理が行われる．

以上のように各シリコーンメーカーではメチルクロロシラン製造時に発生する廃棄物や副生物を抑える対策を行っており，さらに環境付加を低減すべくさまざまな改善検討を行っている．

10.5.3 メチルポリシロキサンの製造

A メチルクロロシランの加水分解

一般にメチルポリシロキサンは相当するメチルクロロシランを加水分解することにより得られる．メチルクロロシランは水との反応でSi–OH結合をもつシラノールになり，次にシラノール間の縮合反応が起こりSi–O–Si結合をもつシロキサンを生成する．(10.5.7)式にジメチルジクロロシランの加水分解反応を示す．

$$(CH_3)_2SiCl_2 \xrightarrow[H_2O]{} HO\!\left[\begin{array}{c}CH_3\\ |\\ Si\!-\!O\\ |\\ CH_3\end{array}\right]_m\!H + \left[\begin{array}{c}CH_3\\ |\\ Si\!-\!O\\ |\\ CH_3\end{array}\right]_n \quad (10.5.7)$$

$m = 2, 3, 4, \cdots \quad n = 3, 4, 5, 6, \cdots$

この場合，中間体として生成するジメチルシランジオールが非常に不安定であるため，単離されることなくある程度高分子化した直鎖状のシロキサンジオールおよび環状のシロキサンまで反応が進行する．そして，これら直鎖状シロキサンジオールと環状シロキサンとの生成比は加水分解の条件で変わり，その後のプロセスすなわちポリジメチルシロキサンの製造に合わせ加水分解条件を最適化することが行われている．

ジメチルジクロロシラン中に存在する不純物はポリジメチルシロキサンの品質に大きく影響するため，蒸留による精製に加えてその加水分解物をアルカリとともに加熱し，生成する環状シロキサンを蒸留により分離することが行われる．このプロセスはクラッキングとよばれ，加水分解物中に存在してポリジメチルシロキサン製造時には分岐成分となるメチルシロキシユニット($CH_3SiO_{3/2}$)を除く化学的な精製プロセスである．

$$\text{加水分解物} \xrightarrow[\text{アルカリ}]{} \left[\begin{array}{c}CH_3\\ |\\ Si\!-\!O\\ |\\ CH_3\end{array}\right]_n \quad (10.5.8)$$

$n = 3, 4, 5, 6, \cdots$

クラッキングにより主生成物としてオクタメチルシクロテトラシロキサン(D_4)が生成，次にデカメチルシクロペンタシロキサン(D_5)，そして分子内歪みをもつヘキサメチルシクロトリシロキサン(D_3)などが生成するが，これらは蒸留により単離されて次のプロセスに利用される．

B ポリジメチルシロキサンの製造

高い分子量をもったポリジメチルシロキサンを製造する方法として直鎖状シロキサンジオールと環状シロキサンを原料として重合させる2通りが実施されている．

直鎖状シロキサンジオールでは酸触媒を用い(10.5.9)式に示す縮合反応により高分子ポリジメチルシロキサンを製造する．

$$HO\!\left[\begin{array}{c}CH_3\\ |\\ Si\!-\!O\\ |\\ CH_3\end{array}\right]_n\!H + HO\!\left[\begin{array}{c}CH_3\\ |\\ Si\!-\!O\\ |\\ CH_3\end{array}\right]_n\!H \xrightarrow[\text{酸}]{} HO\!\left[\begin{array}{c}CH_3\\ |\\ Si\!-\!O\\ |\\ CH_3\end{array}\right]_{2mn}\!H + mH_2O \quad (10.5.9)$$

後者の方法でポリジメチルシロキサンを製造する場合はD_4が一般的な原料となる．D_4は酸またはアルカリ触媒により開環重合してポリジメチルシロキサンへと変わる．この反応は平衡化反応であるが平衡定数がポリマー側に寄っているため，トリメチルシロキシ基を含む低分子シロキサンとともに反応を行うことによりポリジメチルシロキサンの重合度を再現性よくコントロールすることができ，工業的な規模でポリジメチルシロキサンを製造するのに便利な方法である．

$$nD_4 + CH_3\!-\!\begin{array}{c}CH_3\\ |\\ Si\\ |\\ CH_3\end{array}\!-\!O\!-\!\begin{array}{c}CH_3\\ |\\ Si\\ |\\ CH_3\end{array}\!-\!CH_3 \underset{\text{アルカリ または酸}}{\rightleftharpoons} CH_3\!-\!\begin{array}{c}CH_3\\ |\\ Si\\ |\\ CH_3\end{array}\!-\!O\!\left[\begin{array}{c}CH_3\\ |\\ Si\!-\!O\\ |\\ CH_3\end{array}\right]_n\!\begin{array}{c}CH_3\\ |\\ Si\\ |\\ CH_3\end{array}\!-\!CH_3 \quad (10.5.10)$$

重合反応終了後も系中に低分子ジメチルシロキサンが残るため，触媒の中和後減圧下でこれを除く操作を行い目的とするポリジメチルシロキサンを製造する．本反応系にビニル基やフェニル基をもつ低分子シロキサンを共存させることによりこれらの置換基を部分的にポリジメチルシロキサン分子中に導入することができる.

10.5.4 シリコーン製品の製造

メチル基やフェニル基などの有機基と無機的性質をもつシロキサン結合からなるシリコーンはそのユニークな特性を生かし，耐熱性，耐候性，電気絶縁性，耐放射線性，撥水性，消泡性，離型性，接着性，耐寒性，ガス透過性などに優れたさまざまなシリコーン製品を提供している．これらのシリコーン製品はポリジメチルシロキサンなどのシロキサンポリマーに充てん剤や添加剤を加えることにより，または他の有機基を反応させることにより製造されるが，次節にその代表的なシリコーンの製造概要を説明する.

A シリコーンゴム

ジメチルポリシロキサンのもつ分子的な性質のため，それのみで架橋して得られたエラストマーは実用に耐えられるような機械的強度をもたない．これを改善するのに最も有効な手段が充てん剤の添加である．なかでも $150\ m^2\ g^{-1}$ を超えるような大きな比表面積をもつ煙霧質シリカや沈殿シリカは補強性シリカとよばれ，シリコーンゴム製造にはなくてはならない材料である．これらをジメチルポリシロキサンに均一に分散させることにより引張強さ 10 MPa，引裂強さ $30\ kN\ m^{-1}$ を超えるような機械的強度をもつエラストマーが得られる．しかし補強性シリカは強い表面活性をもつためジメチルポリシロキサン中に均一に分散させるのは容易ではなく，シリコーンメーカーは配合装置の設計や補強性シリカの表面処理などの検討を行い，このような問題を解決している.

シリコーンゴムは原料として使用するジメチルポリシロキサンの重合度によってミラブル型シリコーンゴムと液状シリコーンゴムに大別される．ミラブル型シリコーンゴムには高重合度(5,000〜10,000シロキサン単位)の直鎖状ジメチルポリシロキサン(生ゴム)が用いられ，これに補強性シリカとさまざまな特性を付与するための各種添加剤を配合してシリコーンゴムコンパウンドを製造する．現在では図10.5.3に示すような種々のミラブル型シリコーンゴムが開発されているが，これらはシリコーンメーカーからシリコーンコンパウンドとしてゴム加工業者に提供されている．そしてゴム加工業者は型成形や押出し成形を行い，信頼性が必要とされる自動車部品，電気部品や電線，ヒト安全性が必要とされるカテーテルなどの医用品や調理器具などの食品関連品などを製造する.

液状シリコーンゴムには生ゴムより低い重合度をもつジメチルポリシロキサンが用いられ，これに補強性シリカと各種添加剤を配合することにより製造する．硬化前の液状シリコーンゴムはペースト状あるいは流動性をもつ液状からなり，その使用にあたり大掛りな加工装置を使うことなく使用可能である．硬化させる方法として縮合反応(10.5.11式)や付加反応(10.5.12式)そしてUV反応を利用しエラストマー化する方法が開発されている.

$$-\mathrm{Si{-}O} + \mathrm{X{-}Si{-}} \longrightarrow -\mathrm{Si{-}O{-}Si{-}} + \mathrm{HX}$$

X＝メトキシ，エトキシ，ケトキシム，アセトキシなど

(10.5.11)

$$-\mathrm{Si{-}CH{=}CH_2} + \mathrm{H{-}Si{-}} \xrightarrow[\mathrm{Pt}]{} -\mathrm{Si{-}CH_2{-}CH_2{-}Si{-}}$$

(10.5.12)

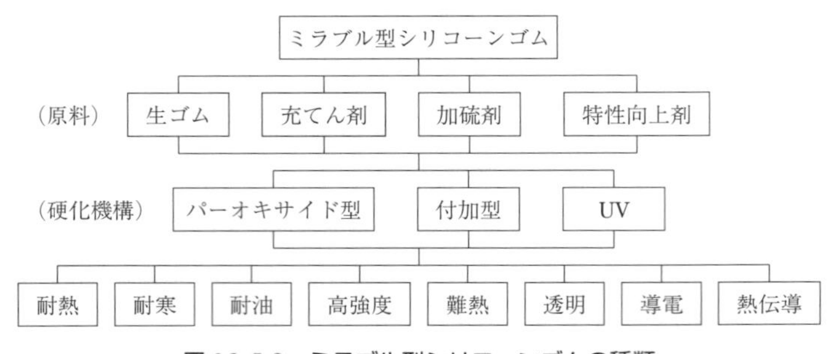

図 10.5.3 ミラブル型シリコーンゴムの種類

縮合反応を利用する液状シリコーンゴムは，3官能や4官能のメトキシシラン，エトキシシランあるいは3官能のメチルエチルケトキシムシランを架橋するために必要なシラノール源として使い，さらに有機スズ化合物，有機チタン化合物やアミン化合物などを触媒として加える系からなる．付加反応系では複数のSi–H結合をもつシロキサンを架橋剤として，塩化白金酸から誘導される錯体を硬化触媒して加える系からなる．

このようにして製造される液状シリコーンゴムはその使いやすさからさまざまな用途に使われ，建築・土木工業分野で使用されるシーリング材，自動車電装品のポッティング剤，自動車工業分野ではエンジンまわりに使用される液状ガスケット材，電気・電子工業分野ではLED部材やプリント基板のコーティング剤，一般工業分野では型取り材などとして幅広く使用されている．

B　シリコーンオイル

ジメチルポリシロキサンを基本骨格とするシリコーンオイルはシリコーン工業の基幹製品の1つである．シリコーンオイルの中で最も汎用性があり，その優れた性質を利用して広範囲の産業分野で使用されるほか，シリコーンエマルジョンやシリコーンコンパウンド・グリースを作るための原料としても使用される．このようなジメチルシリコーンオイルに加え，ジメチルポリシロキサン骨格の一部を化学的修飾した変性シリコーンオイルや反応性シリコーンオイルも数多く開発されている．

ジメチルシリコーンオイルは(10.5.7)式あるいは(10.5.8)式に示されるシロキサンを出発原料にしてトリメチルシロキシユニットを含むチェーンストッパーと平衡化反応を行うことにより製造される．チェーンストッパーの添加量によって製造するシリコーンオイルの重合度をコントロールし，反応完了後も7〜15％残存する低分子シロキサンを除くためストリッピングをして製品となる．

ジメチルシロキシユニットからなる出発原料の一部あるいはすべてをジフェニルシロキシユニットまたはフェニルメチルシロキシユニットからなるシロキサンに代え平衡化反応を行うことにメチルフェニルシリコーンオイルが製造される．

Si–H結合をもつメチルハイドロジェンシリコーンオイルは一般的にはメチルジクロロシランとトリメチルクロロシランとの共加水分解・重合によって製造されるが，特殊なメチルハイドロジェンシリコーンオイルを作るのにSi–H結合をもつシロキサンを原料に酸触媒下で平衡化することも行われている．

メチルハイドロジェンシリコーンオイルは化粧品に使われる粉体，一般工業分野で使用される粉体や繊維の撥水処理剤などとして利用されるが，変性シリコーンオイルの出発原料として有用な材料である．ポリエーテルで変性されたシリコーンオイルは

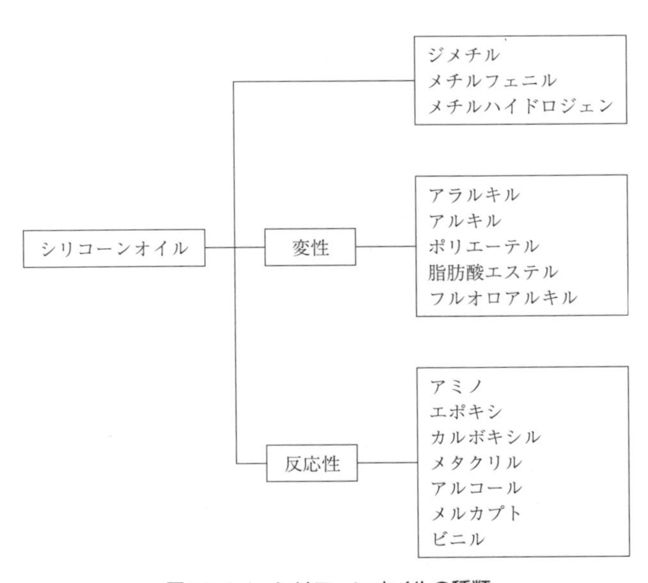

図10.5.4　シリコーンオイルの種類

最も一般的な変性オイルであり，その製造は白金触媒下シロキサン骨格上にある Si−H 結合にオレフィン結合をもつポリエーテルを付加させることにより完成する．ポリエーテル変性シリコーンオイルは，親水性ユニットと疎水性ユニットを同一分子内にもつ優れた界面活性剤であるため，ポリウレタンフォーム製造時に使用される整泡剤，工業用消泡剤，化粧品製造時の乳化剤などとして利用されている．

反応性シリコーンオイルはアミノ基などの反応性をもつ置換基をケイ素上にもつユニットをメチルシロキシユニットからなる出発原料に加えて平衡化反応を行うことにより製造され，アミノ基の反応性を利用して繊維への柔軟性付与や繊維の収束，ヘアケア製品に配合し毛髪の感触改善などの用途に使用されている．

以上代表的なシリコーンオイルの製造方法と用途について述べたが，シリコーンオイルにはまだまだ優れた特徴がある．なかでもジメチルシリコーンオイルは温度による粘度変化が少ない，圧縮率が大きい，電気絶縁性に優れる，表面張力が小さい，撥水性がある，離型を付与する，消泡性がある，熱酸化安定性に優れる，生理的にほとんど不活性であるなどの特徴があり，これらの特徴を生かした広範囲の用途で利用されている．

シリコーンオイルを二次加工しその優れた特徴を最大限に引き出すことが行われる．シリコーングリース・オイルコンパウンドがその一例であり，シリコーンオイルに充てん剤は増調剤などを配合して製造される．チクソ性をもったシリコーンオイルとなるため，グリースはプラスチックス部品や電子部品スイッチなどの潤滑として，オイルコンパウンドは電気絶縁などに使われている．

シリコーンオイルの水系への分散を効率的にするためのものとしてシリコーンエマルジョンがあり，シリコーンオイルの特徴を生かし消泡剤，離型剤，ヘアケア製品などの化粧品原料として利用されている．

C　シリコーンレジン

シリコーンゴムおよびシリコーンオイルは 2 官能ユニットからなるジメチルポリシロキサンを基本とするが，シリコーンレジンは 3 官能あるいは 4 官能のシロキシユニットを多く含む網目構造をもったシロキサンである．

そのためシリコーンレジンの製造は (10.5.13) 式に示すようにクロロシランあるいはアルコキシシランを直接加水分解そして縮合することを基本とする．

$$\begin{array}{lcl} RSiX_3 & \xrightarrow{\text{加水分解}} & RSi(OH)_3 \\ R_2SiX_3 & & R_2Si(OH)_2 \end{array}$$

$R = CH_3,\ C_6H_5$　　$X = Cl$, アルコキシ基

$$\xrightarrow{\text{縮合}} \begin{array}{ccccccccc} & & R & & R & & R & & \\ & & | & & | & & | & & \\ & - & Si & - O - & Si & - O - & Si & - & OH \\ & & | & & | & & / & & \\ & & R & & O & & R \quad R & & \\ & & & & | & & / & & \\ & & & -O- & Si & - O - & Si & - & OH \\ & & & & | & & | & & \\ & & & & R & & O & & \\ & & & & & & | & & \\ & & & & & R - & Si & - & OH \\ & & & & & & | & & \\ & & & & & & R & & \end{array} \tag{10.5.13}$$

得られたポリシロキサンはたくさんのシラノール基をもっており，有機スズ化合物，有機チタン化合物やアミン類などの触媒を添加し加熱することにより，シラノール間の縮合反応が起こり溶剤に不溶の硬化膜を形成する．

加水分解時 Si−H をもつシランやビニル基をもつシランあるいはアクリル性の官能基をもつシランを添加することにより，これらの官能基をもったシリコーンレジンが合成され，得られたシリコーンレジンはそれぞれ付加反応そして UV による硬化を利用して硬化膜を形成する．

上記のシリコーンレジンに加えてアルキッド樹脂，エポキシ樹脂やポリエステル樹脂などの樹脂で変性されたシリコーン変性レジンも数多く開発されている．

これらのシリコーンレジンは，その優れた電気絶縁性を利用し電気機器コイルの絶縁や積層板製造などに使用される．また優れた耐熱性を利用してマイカ積層板や耐熱塗料製造に使われる．さらには耐候性塗料の原料としても使用されている．

ポリカーボネート樹脂製成型品の表面コート剤として使われるシリコーンハードコートもシリコーンレジンの一種類であり，UV や加熱により硬化させ，成形品表面の擦傷防止，成形品そのものの耐候性を向上させる．

10.5.5 世界のシリコーン市場および経済波及効果

1940年代に開発されたシリコーンはその優れた性質を生かしてさまざまな用途に使われ，その結果生産量も拡大している．2016年Global Silicone Councilが行った調査報告書(Socio-economic evaluation of the global silicones industry)によれば2013年度における全世界での販売額は110億ドル(うち日本を含むアジアでは45億ドル，米国では31億ドルそしてヨーロッパでは33億ドルの販売額)で，出荷量として212.2万tであったと報告している．しかし調査の行われた2013年以降もLED，太陽光発電，ハイブリッド自動車や電気自動車などが普及するのに伴いシリコーンの市場は継続成長していると推定する．また急成長を続ける中国はシリコーン産業の発展に注力しており，多くのシリコーンメーカーが汎用品を中心としたシリコーンの生産を急速に増加させている，これらのことを考慮すると現在では130～140億ドル程度の世界市場と推定される．

2016年Global Silicone Council調査報告書によれば，2013年の日本のシリコーン市場規模は1,670億円(出荷量145,000 t)である．うち，自動車などの輸送機器用途が23,600 t，建築・土木用途27,700 t，電気・電子16,400 t，太陽光発電などのエネルギー2,100 t，医療関係1,300 t，工業プロセス44,500 t，パーソナルケア19,000 t，繊維処理などのスペシャル・システム10,900 tである．

これらの広範囲な分野に出荷されたシリコーンは，その優れた性質ゆえ，それら分野で作られる製品に高付加価値をもたらす．たとえば自動車のエンジンルーム内で使用されるシリコーンはその優れた耐熱性，電気絶縁性のため長寿命化をもたらす．またLED照明ではシリコーンのもつ優れた耐熱性，電気絶縁性，光透過性や耐候性を利用し高輝度で長寿命のLEDを製造可能にしている．そしてLEDの消費者は電力使用量削減の恩恵を受ける．

このようなバリューチェーンをモデル化して，そのバリューチェーンの中で順次生み出される付加価値を推計したのが経済波及効果である．また生み出される付加価値に伴い雇用が創出されるが，それを推計したのが雇用創出効果である．

シリコーン工業会は日本でのシリコーンについてこのようなスタディを行いその調査報告書を公表している．その報告書によれば，2009年日本国内に出荷された117,000 t(出荷額1,300億円)は最終顧客に至るまでのバリューチェーンで2兆4,500億円の経済波及効果そして33.3万人の雇用創出効果があったとしている．

シリコーンはグリーンハウスガス(GHG)の排出削減にも大きく寄与している．Global Silicone Councilが行った調査によれば，原料のケイ石からシリコーンを製造するのに1 tのCO_2が排出されたとしても，シリコーンを使用することにより9 tのCO_2排出削減ができると報告している．なかでも複層ガラス窓ユニットに使用されるシリコーンシーラント，自動車エンジン廻りに使われるシリコーンゴムや低燃費タイヤを製造するのに不可欠なシランは長寿命化と消費エネルギーの削減によるCO_2削減に大きく寄与している．

このように1950年代日本国内で製造が始まったシリコーンはその優れた性質を生かしさまざまな用途に使用され，作られた製品が付加価値を生み，大きな経済波及効果と雇用創出効果を生み出している．同時にGHG削減にも寄与し地球環境の改善に役立っており，今やシリコーンは我々の生活を支えるのになくてはならないものとなっている．

文献

1) Walter Noll, Chemistry and Technology of Silicones, Academic Press Inc. (1968)
2) K. M. Lewis, D. G. Rethwish, Catalyzed Direct Reactions of Silicon, Elsevier (1993)
3) 丸山英夫ら，新・シリコーンとその応用，東芝シリコーン(1994)
4) Global Silicone Council, Socio-Economic Evaluation of the Global Silicones Industry, Amec Foster Wheeler Environment & Infrastructure UK Ltd. (2016)
5) シリコーン工業会，日本におけるシリコーンの経済波及効果と雇用創出効果について(2010)
6) シリコーン工業会，シリコーンのカーボンバランス(2012)

第 11 章

エンジニアリング プラスチック

11.1　ナイロン樹脂

11.1.1　概要[1,2)]

ナイロン樹脂は分子構造内にアミド結合(−CONH−)を有するポリアミド樹脂の通称である．環状ラクタムや脂肪族/芳香族/脂環式モノマーにより，さまざまなタイプが上市されているが，ここでは代表的なナイロンで，最も生産量の多い6−ナイロンおよび66−ナイロンを中心に解説する．

表 11.1.1 に世界におけるナイロン樹脂の市場規模を示す．日本は 1 割程度であるが，中国を中心とした新興国の市場が大きくなっており，アジア全体で需要の 4 割程度の規模となっている．世界的に消費地での生産拠点立ち上げが進み，国内メーカーも海外進出を進めている．6−ナイロンでは，宇部興産がタイ，スペインに重合拠点を立ち上げ，また，台湾の Libolon 社などが成長するアジア市場での供給能力を伸ばしており，世界的には欧米の BASF 社，LANXESS 社，DSM 社なども主要メーカーとしてあげられる．また，66−ナイロンは旭化成，DuPont 社，BASF 社などが主要メーカーとしてあげられる．

日本国内の動向として，最初に表 11.1.2 に日本におけるナイロン樹脂の生産，出荷，輸出入量の推移を示す[4)]．内需(出荷＋輸入−輸出)に占める輸入

表 11.1.1　市場規模(2013 年，千 $t\,y^{-1}$)

	6−ナイロン		66−ナイロン	
日本	107	(9%)	81	(7%)
中国	245	(20%)	214	(19%)
アジア	134	(11%)	152	(13%)
北米	303	(25%)	388	(34%)
欧州	374	(31%)	295	(26%)
その他	41	(3%)	26	(2%)
計	1,204		1,156	

表 11.1.2　ポリアミド成形材料の生産，出荷推移(千 t)

年	2010	2011	2012	2013	2014	2015
生産	240.7	233.9	222.7	225.9	227.6	216.8
出荷	234.3	215.5	217.7	214.9	215.6	203.9
輸出	115.6	105.5	103.8	104.5	108.6	106.9
輸入	135.7	135.8	130.1	142.2	159.5	173.6
内需*	254.4	245.8	244.0	252.5	266.5	270.5

＊内需＝出荷＋輸入−輸出

表 11.1.3　ナイロンの国内主要メーカーの重合設備能力(2014 年, $t\,y^{-1}$)

社名		工場	能力
<6-ナイロン>			
宇部興産		宇部	53,000
東レ		名古屋	33,000
ユニチカ		宇治	12,000
東洋紡		敦賀	10,000
<66-ナイロン>			
旭化成		延岡	82,000
東レ		名古屋	24,000
<11, 12-ナイロン>			
宇部興産		宇部	10,000
<特殊ナイロン>			
三井化学	PA6T 系	大竹	6,000
三菱エンジニアリングプラスチックス	PAMXD6	新潟	15,000
クラレ	PA9T	鹿島	12,500

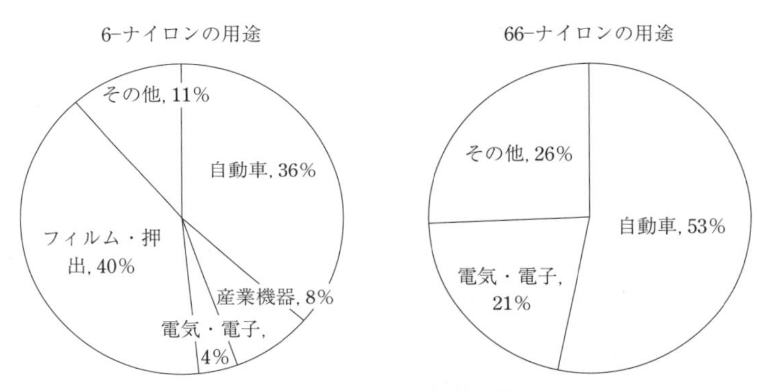

図 11.1.1　6-, 66-ナイロンの用途別需要動向(2013 年)

の割合が上昇している．グローバル化が進む中，海外メーカーによる輸入品および国内メーカーの海外拠点生産品の輸入が増加していると考えられる．

表 11.1.3 に国内主要メーカーの重合生産能力を示す[2)]．6-ナイロンは宇部興産，東レ，66-ナイロンは旭化成，東レが大きな生産能力を有し，主要メーカーのシェアが大きくなっている．

図 11.1.1 に 6-，66-ナイロンの用途別需要動向を示す．ナイロン樹脂は機械特性，耐熱性，耐薬品性，耐油性に優れるため，自動車用途，一般産業用や電気・電子部品などに幅広く使用されている．6-ナイロンは押出成形性がよく，透明性・光沢・バリア性・強度に優れるため，フィルムやモノフィラメントに成形され，食品包装や漁業資材などに使用されている．

ナイロン樹脂は吸水性があり，吸水により柔軟になり靱性が増すが，寸法変化も生じるため，部品設計に配慮が必要となる．ナイロン樹脂は表面処理されたフィラーとの親和性がよく，特にガラス繊維強化品は補強効果が高いため，高い機械強度・疲労耐性が要求される自動車部品に多用される．

市場動向においては，ハイブリッドや燃料電池などの自動車技術革新や進化する軽量化・低燃費技術開発が最近のトピックスである[5)]．水素透過防止性能と低温での耐衝撃性の改良された 6-ナイロンが開発され，新しい用途として燃料電池用の水素タンク向けに採用された．また，金属代替のため，高いガラス繊維配合技術や耐熱老化性向上技術が開発され，ナイロンの使用が増大している．スーパーエンプラと標準的なナイロンの間をねらい，ナイロンメーカー各社が自動車向けの技術開発競争を加速している．

また，部品メーカーの海外移転が進む中，各社とも成長の機会を求めグローバル生産拠点を立ち上げ，販売のための技術支援体制を構築し，グローバルに市場競争を繰り広げている．

11.1.2　反応

A　6-ナイロン

6-ナイロンの原料モノマーはε-カプロラクタム(CL)である．CLの合成は，ベンゼンまたはフェノールを原料として，オキシムを経てBeckmann転位反応により生成する方法(11.1.1式)が一般的であるが，その他にも，トルエンを原料とする方法(SNIA法)，シクロヘキサンから光ニトロソ化により合成する方法(東レ法)などがある．

$$\text{benzene} \xrightarrow{H_2} \text{cyclohexane} \xrightarrow{O_2} \text{cyclohexanone} \xrightarrow{NH_2OH} \text{cyclohexanone oxime} \longrightarrow \left[HN - (CH_2)_5 - CO \right] \quad (11.1.1)$$

CLから6-ナイロンへの重合は，(11.1.2)～(11.1.4)式の3つの素反応によって表される．

(1) CLの開環

$$\left[HN - (CH_2)_5 - CO \right] + H_2O \rightleftharpoons H_2N(CH_2)_5COOH \quad (11.1.2)$$

(2) 縮合

$$2\ H_2N(CH_2)_5COOH \rightleftharpoons H_2N(CH_2)_5CONH(CH_2)_5COOH + H_2O \quad (11.1.3)$$

(3) 重付加

$$\left[HN - (CH_2)_5 - CO \right] + H_2N(CH_2)_5COOH \rightleftharpoons H_2N(CH_2)_5CONH(CH_2)_5COOH \quad (11.1.4)$$

CLを少量の水の存在下で200℃以上の温度で加熱することによって，重合反応が進行する．CL中の水分量が多いほど，重合速度が速い．また，プロトンの存在によって加速される．

B　66-ナイロン

66-ナイロンの原料モノマーは，アジピン酸(ADA)とヘキサメチレンジアミン(HMDA)である．ADAはシクロヘキサンの酸化によって生成される．HMDAの合成法には，アジピン酸，ブタジエンまたはアクリロニトリルを出発原料とする方法があるが，いずれもアジポニトリルを経て水素添加によりHMDAが生成される．

$$\left.\begin{array}{l} HOOC(CH_2)_4COOH \\ CH_2{=}CH{-}CH{=}CH_2 \\ 2\ CH_2{=}CH{-}CN \end{array}\right\} \longrightarrow NC(CH_2)_4CN \xrightarrow{H_2} H_2N(CH_2)_6NH_2 \quad (11.1.5)$$

66-ナイロンはADAとHMDAの脱水縮合によって生成される．この反応は可逆反応であるが，平衡定数の値は250℃付近で約300とかなり大きく，ポリマー生成に対して有利である．なお，6-ナイロンの縮合反応の平衡定数は，66-ナイロンよりも約20～30%大きく，ポリマーの加水分解がより起こりにくいため，成形加工時の熱安定性が優れている．

$$HOOC(CH_2)_4COOH + H_2N(CH_2)_6NH_2 \rightleftharpoons HOOC(CH_2)_4CONH(CH_2)_6NH_2 + H_2O \quad (11.1.6)$$

11.1.3　プロセス

A　6-ナイロン

6-ナイロンの重合には，バッチ方式または連続重合方式が用いられる．バッチ重合はグレードの切替えが容易で多品種生産に適しており，一方連続重合は少数のグレードを大量に生産するのに適している．いずれの場合も，工程は重合・抽出・乾燥の3工程に大別される．図11.1.2に連続重合のプロセスフローを示す[6)]．

まずカプロラクタム(CL)をメルターで溶融し，調整槽で水，重合度調節剤などの添加剤を混合する．重合度調節剤は比較的低分子量の6-ナイロンを製造する場合に使用され，一般的に酢酸などのモノカルボン酸が用いられる．次に予熱管を経て常圧重合塔に送られ，約260℃で重合される．約10時間の

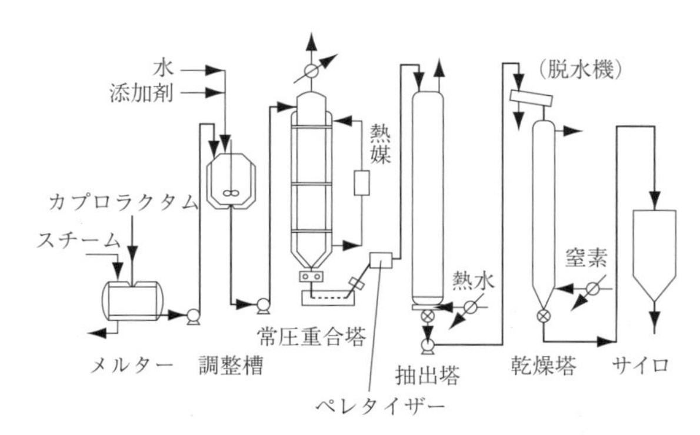

図 11.1.2　6-ナイロンの製造フロー

滞留後に重合平衡に達し，重合塔下部から抜き出され，ペレット化される．重合塔は常圧重合塔に加え，CLの開環を促進するためのプレ加圧重合塔，重合度を上げるための減圧重合塔が使われることがある．重合された6-ナイロンは，約10％のCLと2〜3％の環状オリゴマーを含有しており，これらは抽出塔で熱水により抽出される．次に乾燥塔において，水分含有量0.1％以下になるまで加熱乾燥される．ナイロンの水分含有量が高いと，成形加工時に発泡や加水分解などの不具合を生じる．ナイロンは酸化着色しやすいため，乾燥は窒素などの不活性ガスまたは真空雰囲気下で行われる．また，乾燥工程は，通常の乾燥温度よりも高温にすることで，固相重合を兼ねることができる．最後に，必要に応じて加工助剤などを添加したのちに包装される．ナイロンは吸湿性が高いため，通常は防湿袋に包装されて出荷される．用途に応じて，ガラスファイバー，無機フィラーや難燃剤など添加剤を多量に配合する場合は，コンパウンド機を用いて，これらを再度溶融したのち混練し，ペレット化され製品となる．

B　66-ナイロン

66-ナイロンは，ADAとHMDAの2種類のモノマーから重合されるので，高い重合度を得るには両者が等モル量であることが必要なため，通常，両社の等モル塩(AH塩)を原料として重合される．重合方法は，6-ナイロンと同様，バッチ方式または連続重合方式が用いられるが，ここではバッチ方式について述べる．

まず，AH塩の水溶液に重合度調節剤などの添加剤を混合し，加熱濃縮したのち，重合槽内で内圧を1.5〜2 MPaに制御しながら，約250℃に加熱してプレポリマーを得る．内圧が低いとジアミン成分が系外へ揮散し，モルバランスが崩れるため，高重合度の66-ナイロンが得られなくなるので注意が必要である．続いて，内圧を常圧または減圧まで徐々に下げながら，温度を270〜280℃まで上げ，66-ナイロンを得る．ポリマーを抜き出しペレット化したのち，6-ナイロンと同様に乾燥し包装される．66-ナイロンの場合，重合時にモノマー，オリゴマーがほとんど残らないため，抽出工程は不要である．

11.1.4　プロセス開発動向

6-ナイロンの基本的な重合プロセスについては，ここ数十年大きな変化はないが，近年のトレンドとしてプラントの大型化がある．これまでは，30〜75 t d^{-1}の生産能力のプラントが主流であったものが，近年では特に中国などを中心に，100〜300 t d^{-1}のプラントがいくつも建設されるようになった．これに伴い，プロセスとしては，加圧重合，高温(加圧)水洗，流動層乾燥などの高効率化によるプラントコストの低減のためのプロセス技術開発や，大量処理が可能なアンダーウォーターペレタイザー(UWG)などの機器の技術開発が進んでいる．また，抽出工程で発生するモノマー回収水の濃縮には，多重効用蒸発缶や蒸気圧縮式蒸発缶の技術を採用することで，省エネルギー化が図られるようになった．

文献

1) 福本修，ポリアミド樹脂ハンドブック，日刊工業新聞社(1988)
2) M. I. Kohan, Nylon Plastics Handbook, Hanser/Gardner(1995)
3) 化学経済，8月増刊号(2014)
4) プラスチックス，1月号，39(2017)
5) プラスチックス，6月号，60(2016)
6) 村木俊夫，高分子，27(3)，201(1978)

11.2 ポリカーボネート樹脂

11.2.1 概要

ポリカーボネート樹脂(PC)はビスフェノールA(BPA)と塩化カルボニルなどのカーボネート結合前駆体からなるエンジニアリング樹脂で，1950年の初めにドイツBayer社のH. Schnellらのグループにより工業的な研究が開始された．

商業生産は1959年にBayer社，1960年に米国でGeneral Electric社とMobey社，1985年にDow Chemical社により開始され，日本では1960年に帝人化成(現帝人)と出光石油化学(現出光興産)，1961年に江戸川化学(現三菱ガス化学)，1975年に三菱化成工業(現三菱ケミカル)がそれぞれ生産を始めており，1988年には住友化学とDow Chemical社の合弁である住友ダウ(現住化ポリカーボネート)が生産を開始した．

PCは，五大汎用エンプラ(ポリアミド，ポリエステル，ポリアセタール，ポリカーボネート，変性ポリフェニレンエーテル)の中で唯一の透明プラスチックスであり，耐熱性，寸法安定性，耐衝撃性などに優れるバランスのとれた性質から広範囲な用途に使用され，需要が拡大してきた．

2001年以降の国内の生産・出荷推移を表11.2.1に示す[1)]．国内の市場規模は2007年の30万t強をピークとし，2016年は23万t程度と推定される．市場縮小のおもな要因は光ディスクなどの有力市場が減衰したことに加えて円高や2008年以降のリーマンショック，中国の金融引き締めによる輸出不振，2011年の東日本大震災などの影響を受けて，市場に近く安価な労働力が得られる中国や東南アジアに消費地がシフトしたためと考えられる．

世界全体の分野別，地域別の需要量推移を表11.2.2に示す[2)]．2005年に約280万tとみられていた世界全体の需要量は2015年に367万tと90万t程度拡大している．この10年間における欧米と日本を合わせた需要は，先に述べた要因による一時的な市場縮小もあり10％程度の伸び率にとどまった．これに対し，日本を除くアジアの需要は60％の伸び率となり，中国や東南アジアが市場を牽引してきたことがわかる．

2016年の世界の生産能力を表11.2.3に示す．公称生産能力は各社合計で463万t，確認できている新増設計画を考慮すると2018年ごろには500万tを超えてくるとみられる．近年の増設はすべて中国で計画されており，SABIC社，Covestro社，三菱グループといった先行メーカーの他に現地資本による新規参入が現れている．技術的には環境面で立地上の制約の少ない溶融法による新増設が主流であるが，市場全体の拡大によって高機能品市場が底上げ

表11.2.1 国内のポリカーボネート樹脂の生産・出荷推移(t)

項目	2001年	2003年	2005年	2007年	2009年	2011年	2013年	2015年
生産量 (前年比%)	370,248 105%	408,838 106%	430,626 105%	418,135 101%	280,334 81%	300,653 81%	309,208 98%	294,449 97%
出荷量 (前年比%)	347,516 98%	410,068 102%	407,941 96%	410,749 99%	288,586 84%	303,963 87%	307,186 95%	283,400 95%
輸入 (前年比%)	62,800 90%	61,331 96%	95,505 144%	106,291 111%	86,373 75%	86,249 83%	70,447 93%	90,483 100%
輸出 (前年比%)	198,766 102%	224,074 95%	209,075 95%	211,532 97%	156,968 88%	160,970 90%	159,730 88%	154,766 101%
内需* (前年比%)	211,551 93%	247,325 107%	294,372 108%	305,507 103%	217,990 77%	229,242 84%	217,903 99%	219,117 94%

＊内需＝出荷量＋輸入量－輸出量

表 11.2.2　分野別地域別需要量

	北米			欧州			他欧米		
	2005 年	2011 年	2015 年	2005 年	2011 年	2015 年	2005 年	2011 年	2015 年
電気・電子・OA	69,000	62,750	70,000	92,000	78,400	158,000	8,000	8,700	45,000
シート・フィルム	192,000	147,800	150,000	148,000	119,000	222,000	5,000	6,250	78,000
自動車部品	128,000	193,200	91,000	64,000	118,550	127,000	—	—	67,000
光メディア	67,000	51,200	—	60,000	33,250	—	—	—	—
医療・保安	65,000	51,350	31,000	34,000	26,900	49,000	—	—	—
その他	142,000	133,700	76,000	103,000	118,750	180,000	6,000	7,450	76,000
合計	663,000	640,000	418,000	501,000	494,850	736,000	19,000	22,400	266,000

	中国			日本			他アジア		
	2005 年	2011 年	2015 年	2005 年	2011 年	2015 年	2005 年	2011 年	2015 年
電気・電子・OA	281,000	384,000	560,000	95,000	44,000	42,000	109,000	195,000	125,000
シート・フィルム	91,000	117,800	320,000	68,000	51,000	59,500	48,000	89,600	78,000
自動車部品	8,000	61,940	152,000	57,000	67,970	58,000	16,000	73,270	89,000
光メディア	374,000	445,000	100,000	28,000	10,000	11,000	97,000	140,000	162,000
医療・保安	2,000	7,500	50,000	12,000	8,600	10,500	1,000	3,500	24,000
その他	222,000	263,760	300,000	68,000	38,430	50,000	20,000	41,380	66,000
合計	978,000	1,280,000	1,482,000	328,000	220,000	231,000	291,000	542,750	544,000

	合計		
	2005 年	2011 年	2015 年
電気・電子・OA	654,000	772,850	1,000,000
シート・フィルム	552,000	531,450	907,500
自動車部品	273,000	514,930	584,000
光メディア	626,000	679,450	273,000
医療・保安	114,000	97,850	164,500
その他	561,000	603,470	748,000
合計	2,780,000	3,200,000	3,677,000

され，コンパウンドに使用するフレークの需要が高まっていることから，界面重合法も見直されている．

次に各分野における需要動向について述べる．電気・電子・OA 分野では，従来から筐体などに難燃 PC，難燃 PC−ABS が使われてきたが，環境配慮の観点でオープンリサイクル材料のニーズが高まっている．スマートフォンやタブレット端末の普及に伴い，ノートブック PC やデジタルカメラの生産台数が減少する一方で液晶ディスプレイ向けの導光板グレードの採用が拡大し，需要構成の変化がみられた．導光板材料で求められる機能は良色相と高流動性であるが，薄型化の限界に伴い，強度とのバランスも求められている．

光学用途は，CD，CD−R，DVD，BD などの光学ディスク市場でインターネットやフラッシュメモリなどの普及により縮小が続いている．LED 照明関連は省エネ意識の高まりで急速に市場を形成し，薄肉透明難燃，光拡散難燃などのグレードが開発された．最近は放熱用のアルミ部品代替で高熱伝導性材料も求められている．

押出し用途においては，建材や産業資材としての PC シートの需要が中国や東南アジアにおけるインフラ整備などで伸びたことに加え，液晶ディスプレイ用の導光フィルムや光拡散フィルム，表面硬度を上げたタッチパネル用フィルムや加飾フィルムなどが市場を形成している．

自動車分野では，内装用やドアハンドル用アロイなどの従来材に加え，コストや環境面から内装パネ

表 11.2.3　ポリカーボネート樹脂の公称生産能力(千 t y^{-1}, %)

グループ/社名	立地	製法	2014 年	2015 年	2016 年	2017 年以降
三菱ガス化学	日本	界面	120	120	120	120
三菱瓦斯化学工程塑料(上海)	中国	界面	80	80	80	100
三菱ケミカル	日本	溶融	80	80	80	80
中石化三菱化学ポリカーボネート	中国	溶融	60	60	60	60
Thai Polycarbonate	タイ	界面	170	170	170	170
三養化成	韓国	界面	110	110	110	110
三菱グループ計			620	620	620	640
帝人	日本	界面	120	120	120	120
Teijin Polycarbonate	シンガポール	界面	115	115	−	−
Teijin Polycarbonate	中国	界面	150	150	150	150
帝人グループ計			385	385	270	270
出光興産	日本	界面	47	47	−	−
PC de Brazil	ブラジル	溶融	20	20	20	20
台化出光	台湾	界面	195	195	195	195
出光興産グループ計			262	262	215	215
SABIC Innovative Plastics	米国	界面	550	550	550	550
SABIC Innovative Plastics	オランダ	界面	200	200	200	200
SABIC Innovative Plastics	スペイン	溶融	270	270	270	270
Saudi Kayan Petrochemical	サウジアラビア	溶融	260	260	260	260
SABIC Innovative Plastics	中国	溶融	−	−	−	260
SABIC グループ計			1,280	1,280	1,280	1,540
Covestro	ドイツ	界面/溶融	330	330	330	330
Covestro	ベルギー	界面	240	240	240	240
Covestro	米国	溶融	260	260	260	260
Covestro	タイ	界面	270	270	270	270
Covestro	中国	溶融	200	200	200	400
Covestro グループ計			1,300	1,300	1,300	1,500
住化スタイロン	日本	界面	80	80	80	80
Trinseo	米国	界面	75	−	−	−
Trinseo	ドイツ	界面	134	134	134	134
Trinseo グループ計			289	214	214	214
旭美化成	台湾	溶融	150	150	150	150
LG Chemical	韓国	界面	170	170	170	170
第一毛織	韓国	溶融	160	160	160	160
KOS	ロシア	溶融	65	65	65	65
Lotte Chemical	韓国	溶融	65	65	65	65
PCCI	イラン	溶融	25	25	25	25
浙鉄大風	中国	溶融	100	100	100	100
中国メーカー各社	中国	溶融	−	−	−	500
日本			447(9)	447(9)	400(9)	400(7)
アジア(日本を除く)			2,345(48)	2,345(49)	2,230(48)	3,210(57)
米国・南米			905(19)	830(17)	830(18)	830(15)
欧州			1,174(24)	1,174(24)	1,174(25)	1,174(21)
世界合計			4,871(100)	4,796(100)	4,634(100)	5,614(100)

注)能力は年末で集計(カッコ内は構成比). 新聞, 雑誌などをもとにした三菱エンジニアリングプラスチックス社推定値

ルの塗装レス化のために高表面硬度や高意匠性をもつ材料の採用が進んでいる．外装用には耐薬品性を改良したPC−ポリエステルアロイなどが使用されている．ヘッドランプ関連ではDRL(daytime running light)用の導光グレードが新しい用途である．さらに新しい動きとして高度安全・自動運転化，ミラーレス化などがあり，各種センサーやカメラ，ヘッドアップディスプレイの開発とあわせて，そこで使用される部材の選定が進められている．

機械分野ではガラス強化グレードが従来よりカメラ鏡筒などに使用されてきたが，スマートフォン用のカメラモジュールといった成形部品の小型化・薄型化に対応するため，剛性や衝撃強度を維持したまま流動性の改良が行われている．この分野においても環境面への配慮から各種製品にリサイクル材料を使用するニーズが増している．

医療用途はダイアライザーや人工肺，三方活栓といったアプリケーションに大きな変化はないが，先進国の人口構成や新興国の生活レベル向上により需要が拡大していくとみられる．

これら市場ニーズへの対応に加え，高意匠性，高熱伝導性，高誘電率，電磁波シールド，高硬度，LDS(laser direct structuring，3Dアンテナ用)といった材料のもつ機能から市場を見つけていくという動きも活発である．

これまで欧米を中心としてきた市場と生産がアジアにシフトし，地域的な需給バランスや用途面における市場の多極化が進むと考えられる．

文献

1) 経済産業省化学工業統計，財務省通関統計
2) 富士経済，エンプラ市場の展望とグローバル戦略

11.2.2 重合プロセス

界面重合プロセス[1,2]は，(11.2.1)式に従い，BPAのナトリウム塩と塩化カルボニル(CDC)との間の脱塩反応として重合を進行させる．反応は，メチレンクロライドとBPAの水酸化ナトリウム水溶液との間の2相間で進行する．BPA−Na塩と反応した塩化カルボニルは，最初クロルフォルメート基を生成し，そのクロルフォルメート基がBPA−Na塩と反応することで重合度が上がっていく．重合度は*p*−*tert*−ブチルフェノールなどの単官能性フェノールを末端停止剤として添加して調整する．生成オリゴマー，ポリマーはメチレンクロライド相に存在する．

$$\mathrm{HO{-}C_6H_4{-}C(CH_3)_2{-}C_6H_4{-}OH} \xrightarrow{\mathrm{NaOH}}$$
$$\mathrm{NaO{-}C_6H_4{-}C(CH_3)_2{-}C_6H_4{-}ONa} \xrightarrow{\mathrm{COCl_2}}$$
$$\mathrm{NaO{-}C_6H_4{-}C(CH_3)_2{-}C_6H_4{-}OC(=O)Cl} \xrightarrow[\text{重合}]{\text{触媒}}$$
$$\mathrm{\left[{-}O{-}C_6H_4{-}C(CH_3)_2{-}C_6H_4{-}OC(=O){-}\right]_{\mathit{n}}} \tag{11.2.1}$$

図11.2.1の撹拌槽を用いる反応器系では，BPAの水酸化ナトリウム水溶液，メチレンクロライド溶液を冷却し，撹拌型循環反応器に供給する．BPAの水酸化ナトリウム水溶液は，酸化による着色を防止するために，ハイドロサルファイトなどの酸化防止剤を含む．循環反応器の温度は10〜30℃，数分間でオリゴマーを製造し，次の反応器で触媒を添加，さらに重合度を高めていく．触媒には一般的には三級アミンが用いられる．触媒の作用機構は(11.2.2)式のように考えられている[1)]．

重合終了後，重合エマルジョンは過剰アルカリ成分を中和し，副生した塩化ナトリウム，(重)炭酸ナトリウムを除去・精製し，PCのメチレンクロライド溶液を分離，最終的にこの溶液から温水造粒プロセスまたは貧溶媒を利用するゲル化固形化プロセスを経てPC粉末を得る．重合熱は670 kJ(kg−ポリマー)$^{-1}$程度である[2)]．

溶融重合プロセスは(11.2.3)式に示すように，BPAとジフェニルカーボネート(DPC)のエステル交換反応によりポリカーボネートを生成させ，副生するフェノールを回収することで重合反応を行う[1,2)]．

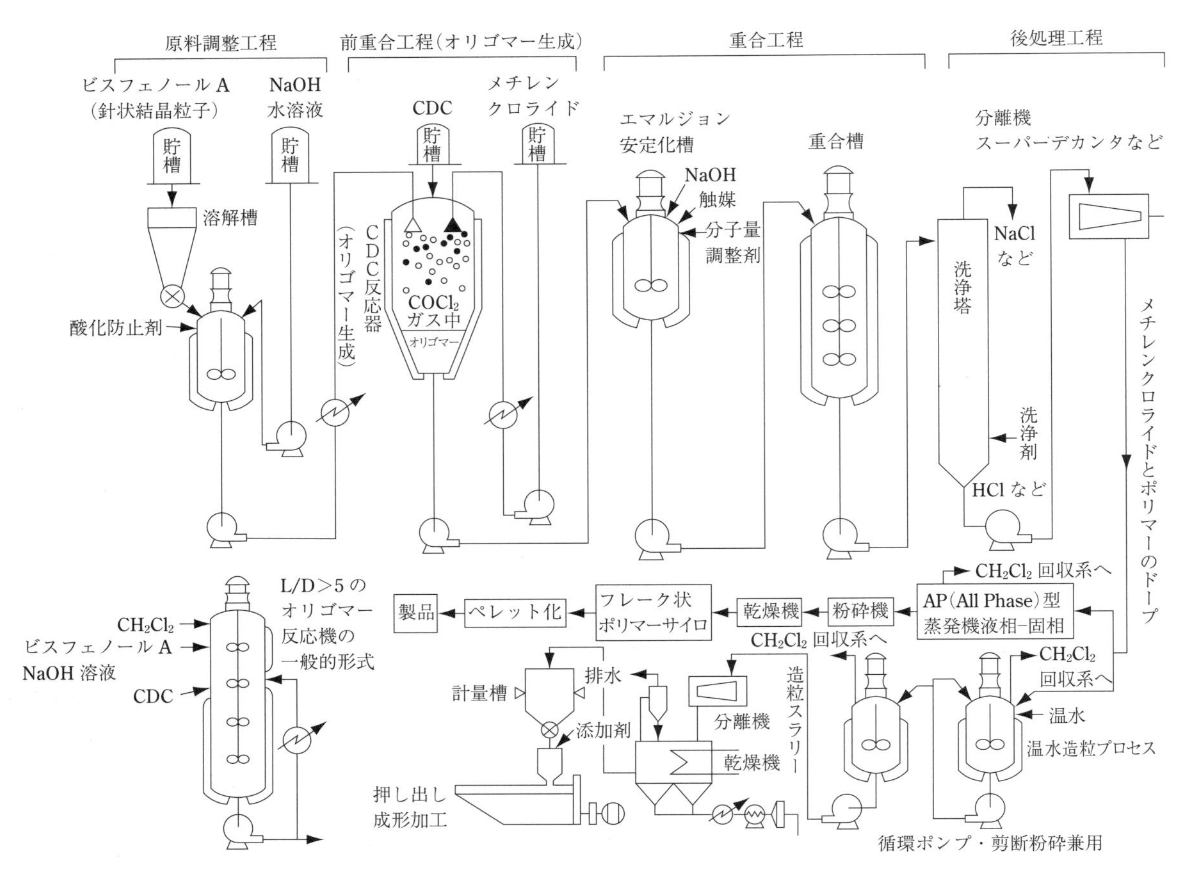

図 11.2.1　塩化カルボニル法界面縮重合法ポリカーボネート製造プロセス

$$\text{—O—}\langle\bigcirc\rangle\text{—C(CH_3)_2—}\langle\bigcirc\rangle\text{—OC(=O)Cl}+\text{NR}_3 \longrightarrow \text{—O—}\langle\bigcirc\rangle\text{—C(CH_3)_2—}\langle\bigcirc\rangle\text{—OC(=O)—}\overset{+}{\text{N}}\text{R}_3\ \text{Cl}^-$$

$$\text{—O—}\langle\bigcirc\rangle\text{—C(CH_3)_2—}\langle\bigcirc\rangle\text{—OC(=O)—}\overset{+}{\text{N}}\text{R}_3\ \text{Cl}^- + \text{NaO—}\langle\bigcirc\rangle\text{—C(CH_3)_2—}\langle\bigcirc\rangle\text{—O—} \xrightarrow[\text{H}_2\text{O}]{\text{NaOH}} \qquad (11.2.2)$$

$$\text{—O—}\langle\bigcirc\rangle\text{—C(CH_3)_2—}\langle\bigcirc\rangle\text{—O—C(=O)—O—}\langle\bigcirc\rangle\text{—C(CH_3)_2—}\langle\bigcirc\rangle\text{—O—} + \text{NR}_3 + \text{NaCl}$$

$$n\,\text{HO—}\langle\bigcirc\rangle\text{—C(CH_3)_2—}\langle\bigcirc\rangle\text{—OH} + \text{O=C(O—}\langle\bigcirc\rangle)_2 \longrightarrow$$

$$\text{H}\!\left(\text{O—}\langle\bigcirc\rangle\text{—C(CH_3)_2—}\langle\bigcirc\rangle\text{—O—C(=O)}\right)_n\!\text{O—}\langle\bigcirc\rangle + 2n\,\langle\bigcirc\rangle\text{—OH} \qquad (11.2.3)$$

フローシートを図 11.2.2 に示す．BPA と DPC は 140〜150℃の融解槽で融解した後，エステル交換触媒(アルカリ塩，アミン類)を添加し，140〜250℃，1〜30 kPa の減圧下で，2〜4 時間エステル交換反応を行い，プレポリマーを得る[2]．次に重合度を上昇させるために複数の撹拌型反応器を通し，最終的に表面更新効果が高くプラグフロー性に優れた一軸，または二軸の横型反応器などで重合反応を完結させる[3]．最近では，横型反応器の代わりに撹

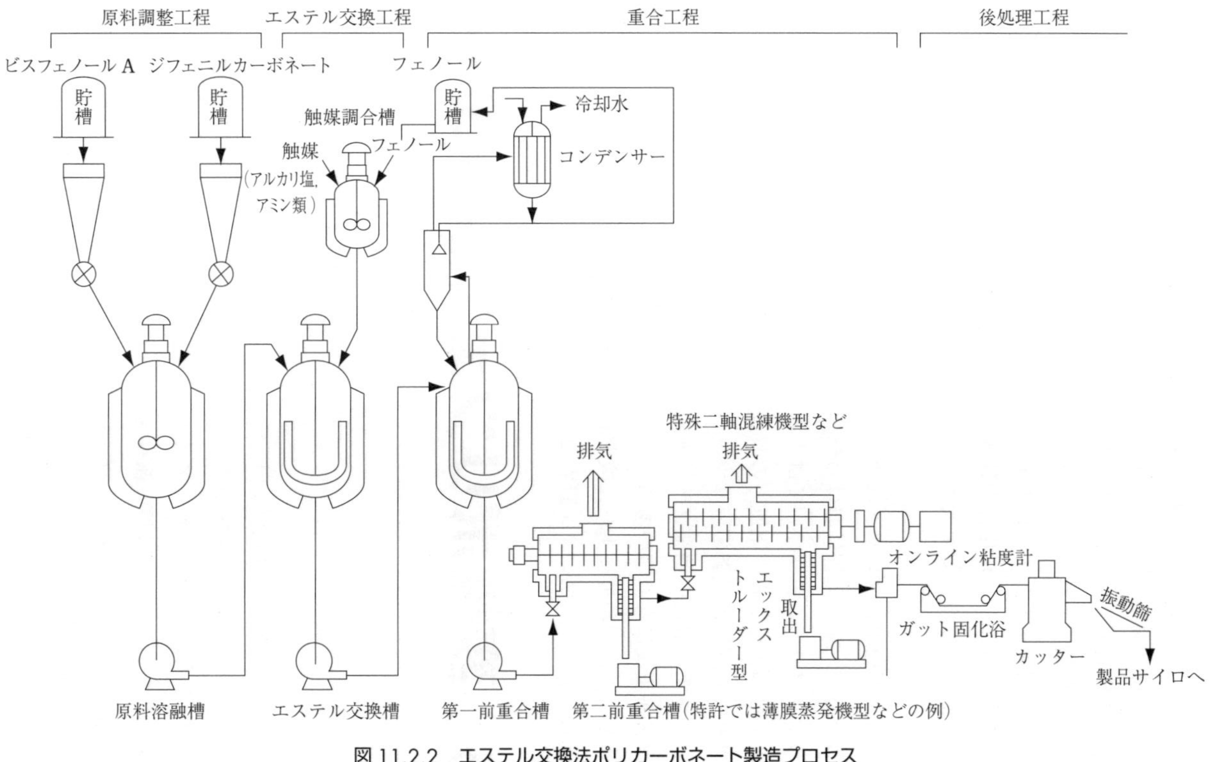

図 11.2.2　エステル交換法ポリカーボネート製造プロセス

拌機を有しない重力流下法も提案され，工業化されている[4]．最終重合工程の滞留時間は0.5～2時間程度,圧力は2 kPa以下,温度は260～300℃である．最終重合工程の後に押出機を備え，触媒の失活剤や熱安定剤などを添加することも行われている[3]．エステル交換反応による重合プロセスとして，固相重合も提案されているが[5,6]，工業化された例はない．

界面重合プロセスは，重合温度が低いことからポリマー中に異種結合が生成し難く，重合工程における着色が抑制される点が有利である．一方，メチレンクロライドを多量に使用すること，塩化ナトリウムなどの塩が多量に副生すること，粉化後の乾燥工程の負荷が大きいことなど，環境負荷が大きい点が不利である．

溶融重合プロセスは，界面重合プロセスに比べ環境負荷は軽減される一方で，重合工程における熱履歴が大きいことからポリマーの着色については不利であったが，プロセス最適化や熱安定剤処方の改良により，界面法プロセスと同等の色調のポリマーが得られるようになってきた．最近の商業プラント建設は溶融重合プロセスが主流になりつつある．

脂肪族ポリカーボネートは耐熱性に劣り，成型材料としては使用できないため[1]，ウレタン原料として用いられるポリカーボネートジオール以外では工業化された例はなかった．しかし近年，植物由来のイソソルバイドを原料とした脂肪族ポリカーボネートが，エンジリアリングプラスチックとして使用できる耐熱性を発現することが見いだされ，工業化されている[7,8]．従来の芳香族ポリカーボネートに比べ，耐候性，光学的特性，表面硬度などに優れることが特徴である．脂肪族ポリカーボネートは界面重合プロセスでは製造できないため，溶融重合プロセスで製造されている．

文献

1) 本間精一編，ポリカーボネート樹脂ハンドブック，日刊工業新聞社(1992)
2) 佐伯康治，尾見信三編，新ポリマー製造プロセス，工業調査会(1994)
3) 特表2004-523647，特許3550374，特許3200338，特許5332100，など
4) 東條正弘，化学工学，79(4)，21(2015)
5) 杉山順一，高分子，52(4)，270(2003)
6) 井出文雄，工業材料，52(6)，84(2004)
7) 高分子，61(4)，203(2012)
8) JACI NEWS LETTER，56，8(2015)

11.3 変性ポリフェニレンエーテル

11.3.1 概要

変性ポリフェニレンエーテル(modified-PPE，m-PPE)とは，ポリフェニレンエーテル(PPE)を構成成分とし，PPEとポリスチレン(PS)，ポリアミド(PA)などの他樹脂をアロイ化させた樹脂の総称を指す．PPEそのものは古くから知られていたが，製法の問題から低分子量,低収率にとどまっていた．1959年に，当時GE社のA. S. Hayらにより，2,6-ジ置換フェノールを銅アミンの触媒存在下，酸素で重合する(oxidative coupling，酸化カップリング重合)方法が見いだされ[1]，高分子量のPPEを高収率に得ることに成功したことから実用化への道をたどることとなった．

モノマーとなるフェノール類の置換基の種類，置換基位置により多様なポリマー構造が報告されている．たとえば2,6位に置換基をもたないPPEは結晶性(T_g=82℃，T_m=298℃)である．しかし現在工業的には2,6-ジメチルフェノールをモノマーとし，酸化カップリング法による製法で得られる，非晶性のポリ(2,6-ジメチル-1,4-フェニレンエーテル)(T_g=210℃)が大部分を占める．一部に2,6-ジメチルフェノールと2,3,6-トリメチルフェノールとの共重合体や，ポリ(2,6-ジフェニル-1,4-フェニレンエーテル)が存在する．

1965年，GE社はPPE(GE社の商標はPPO，poly-phenylene-oxide)を工業化することに成功した．PPE自体は耐熱性，低比重，電気特性などに優れるポリマーである．しかし高い溶融粘度をもつために，加工温度を分解温度近傍に設定する必要があり，押出成形加工が困難であった．しかし，PS

と任意の比率で相溶する現象が見いだされた[2]ことにより，耐熱性は少々犠牲になるもののスチレン系樹脂によって変性・改質する手法が開発され，1967年にGE社は変性PPO樹脂として上市した．PS系樹脂との相溶化現象は，加工性を改良し，PSの混合割合によりさまざまな耐熱性を有するm-PPEを創出できることを意味しており，図11.3.1[3]に示すとおり，現在でもPPE＋PS系のアロイがm-PPEの大半を占めている．

一方PPEとPS系のアロイのみならず，結晶性樹脂とのアロイも開発されている．相互の樹脂の欠点補完とそれぞれの樹脂だけではなしえなかった特性を発現するアロイへの展開が図られている．アロイ化には一般にPS系を除きPPEと相溶性がないため，相溶化剤を用いる必要がある．表11.3.1にPPE単独の特性に加え，PS系，PA系アロイの場合の一般的特性を示す．この他，ポリプロピレン(PP)とのアロイ，ポリフェニレンスルフィド(PPS)とのアロイなど，優れた特性バランスを有するm-PPEが創出されている．

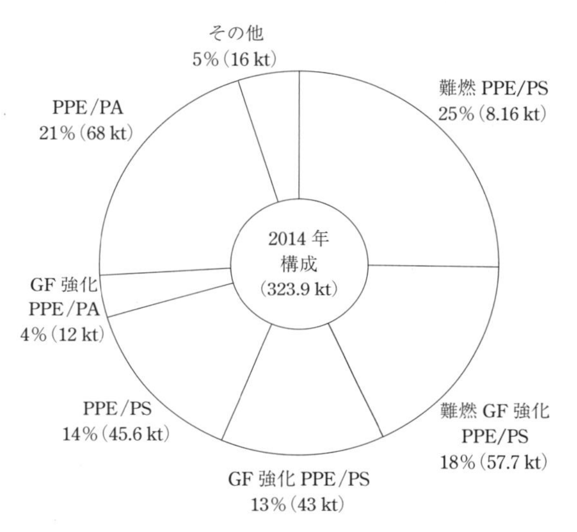

図11.3.1　アロイ別市場構成(2014年)

表11.3.2[3]に需要分野用途別の数量と構成比の推移を記載した．自動車，電気電子，家電OAが三大用途分野である．自動車分野は生産台数が増加するとともに需要は拡大し，フェンダーなどの軽量外装材，電装関係部材などにPA系のアロイが，ハイブリッド車，電気自動車などの普及によるバッテリー部品の需要がPS系，PP系のアロイで拡大している．電気電子分野はPPE自体の高い難燃性と電気特性を生かした高電圧部品，アダプター，コネクター，ICトレー，太陽電池のジャンクションボックスなどに，OA分野では高度な難燃性と寸法安定性，耐衝撃性，精密成型性などの特徴を生かし，複写機，FAX，プリンターなどの事務機内部構造部品としてさまざまなm-PPEが広範に使用されている．これ以外では，耐熱水性，低吸湿などの特性を生かした水回り(ポンプ，タンクなど)の部材が欧米

表11.3.1　PPE系材料の特性(○：長所，△：短所)

材料系	熱的特性	機械的特性	電気的特性	化学的特性	その他
PPE単独	○ 高い耐熱性 ○ T_g＝210℃ DTUL(*)＝190℃ 難燃性(酸素指数＝29) 難燃剤添加でさらに向上	○ 幅広い温度域で安定した機械特性が得られる	○ 誘電率(2.6：1 MHz) 誘電正接(0.0009：1 MHz) →エンプラ中最も小 周波数依存も小さく高周波特性に優れる ○ 高い絶縁破壊強度 湿度影響も小	○ 耐水/耐熱水/耐酸 ○ 耐アルカリ性に優れる ○ 低吸水率 △ 耐油性/耐有機溶剤に劣る	○ エンプラ中最も低密度 (1.06 g mL^{-1}) △ 加工性 △ 耐候性
PPE/PS系	○ さまざまな耐熱性製品 DTUL(*)＝80-170℃ ○ 非ハロ難燃可能 リン系難燃剤を併用し 5V，V-0，V-1，V-2	○ 同上 ○ GFなどのフィラー利用で高度な寸法精度	○ 同上	○ 水/酸/アルカリ：同上 △ 耐油性：同上	○ 同上 ○ 加工性の大幅改良 ○ 加工安定性 △ 耐候性
PPE/PA系	○ PAの耐熱向上 ○ 難燃剤利用でPAの難燃化	○ 同上		○ 耐油性/耐有機溶剤性の大幅向上 PAの吸水性改良	○ 加工性の大幅改良 △ 耐候性

＊ DTUL ASTM-D638(1.82 MPa荷重)の値

表 11.3.2　m-PPE の需要分野の推移

分野・用途	上段：数量(t) 下段：構成比(%)			
	2011 年	2012 年	2013 年	2014 年
自動車	110,100 37.4	115,700 37.9	109,100 34.7	127,500 39.4
電気電子部品	70,700 24.0	72,500 23.8	76,100 24.2	76,000 23.5
家電 OA 部品	58,800 20.0	60,100 19.7	65,500 20.9	62,000 19.1
その他	55,100 18.7	56,700 18.6	63,350 20.2	58,400 18.0
合計	294,700	305,000	314,050	323,900

や新興国で需要が拡大している．PPE の優れた誘電特性を生かし，二官能フェノールとの共重合によりテレケリックな PPE とすることで電子基板材料への応用も進んでいる[4]．

表 11.3.3[3] に PPE の生産能力および m-PPE のコンパウンド拠点について示す．各社のコンパウンド工場はマルチパーパス化しているため m-PPE 自体のコンパウンド能力について推定することは困難である．表 11.3.2 より m-PPE 市場実績は 2013 年(314 kt)から 2014 年(324 kt)に 3.2%の伸びを示している一方，2015 年時点で PPE の生産能力は 149 kt(2014 年ベースで計算上 m-PPE 中の PPE 比率は 46%)であることから，PPE の供給能力の増強が必要になってくるものと考えられる．

11.3.2　反応

A　重合反応

重合法としては，酸化カップリング重合法の他に，*p*-ハロゲンフェノールを用いたラジカル重合法，ウルマン縮合によるエーテル合成の重合法[5] があるが，ここでは工業的に広く利用されている酸化カップリング重合法について述べる．

a　重合反応機構

図 11.3.2 に 2,6-ジ置換フェノールを用いた場合の重合反応式を示す．

モノマーは触媒によって酸化され，C-O カップリングで PPE が，C-C カップリングで副生成物(DPQ)が生成する．還元された触媒は酸素によって再酸化され元に戻る．酸素は還元され水が発生する．酸化カップリングによる PPE 合成は一般に，2,6-位に小さな電子供与型の置換基(たとえばメチル基)をもつモノマーを用いた場合，直鎖状 PPE が高収率で得られる．立体的に大きな置換基をもつモノマーではおもに C-C カップリングが発生し，2 または 6 位に置換基がないモノマー(たとえば *o*-クレゾールやフェノール)は，触媒の工夫で直鎖状のポリマー収率を上げることができるものの，*o*-位での反応を起こすため一般に分岐したポリマーが生成しやすく，電子吸引性の置換基をもつモノマーは反応性に欠ける，といった特徴がある[6]．

(1) モノマーと触媒の反応

C-O/C-C の選択性は重要な因子であり，環境(モノマー種，触媒種，pH，温度など)により大きく変化することが知られているが，正確な反応機構はいまだに解明されていない．多くの成書はフリーラジカル機構の記載がなされているが，近年，イオンカップリング機構[7]，制御ラジカル機構が提唱されている(図 11.3.3)[8]．いずれにしても触媒に配位した後の電子移動反応であり，反応速度は Michaelis-Menten 型の動力学で整理可能な場合が多い．

(2) 触媒と酸化剤

一般に可逆的酸化還元能をもつ金属イオンとその配位子(主としてアミン)の組み合わせからなる酸化還元錯体型触媒が用いられる．おもに使用される金属イオンは，銅，コバルト，マンガン，鉄などである．金属種と配位子の組み合わせにより，またモノマー種によっても最適な触媒の組み合わせがあるこ

表 11.3.3　ポリフェニレンエーテル(PPE)の生産拠点と能力および各社コンパウンド拠点と能力(2015 年)

メーカー	生産地		能力
	国・地域	拠点	$t\,y^{-1}$
PPE ポリマー			
SABIC Innovative Plastics	米国	セルカーク	100,000*1
Polyxylenol Singapore	シンガポール	ジュロン島	39,000*2
Blue Star (藍星)	中国	Ruicheng	10,000*3
計			149,000

＊1　SABIC はオランダ工場を閉止．Selkirk 工場を能力増強する計画．
＊2　Polyxylenol Singapore は旭化成 70%，三菱ガス化学 30%の合弁会社である．出資比率に応じ，PPE を引き取っている．
＊3　独立系コンパウンダーへ PPE を販売．南通星辰(藍星の子会社)の 3 万 $t\,y^{-1}$ PPE プラント建設に関する環境影響報告(南通経済技術開発区管理委員会)第一回公示(2015/6 月)がなされた．

変性 PPE(マルチパーパスのコンパウンド拠点であり，他樹脂の生産を含む能力である)			
SABIC Innovative Plastics	日本	真岡	40,000
	中国	上海・南沙	100,000
	欧米	米国・オランダ他	能力不明
	他	韓国・タイ・インド	10,000
旭化成	日本	栃木	24,000
	中国	蘇州	28,000
	アジア	タイ	27,000
	米国	ミシガン	105,000
三菱エンジニアリングプラスチックス	日本	四日市	30,000
WOTE ADVANCED MATERIALS 他独立系コンパウンダーが多数存在する	中国	蘇州，恵州	200,000

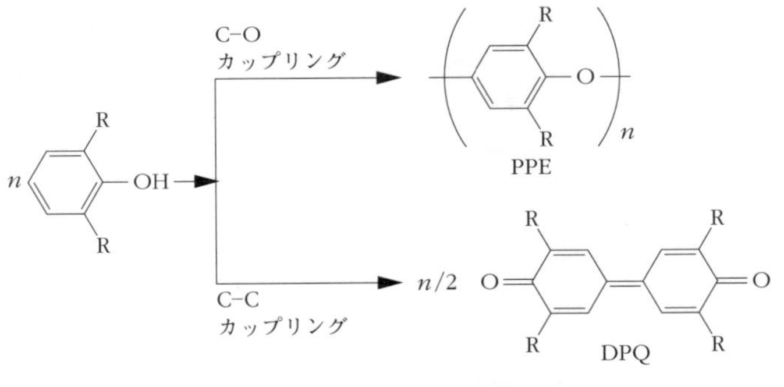

図 11.3.2　重合反応機構

とから，膨大なバリエーションがある．触媒は重合媒体に溶解した形態で使用されることが主流であるが，配位可能な高分子に金属イオンを担持させた高分子錯体，シリカのような固体に金属錯体を担持させた担持触媒[9]も報告されている．触媒はモノマーを酸化し，酸化剤を還元することで元に戻る．酸化剤は一般に酸素である．一方酸素を利用しない場合は，反応でサイクルする触媒を酸化できるに足る量

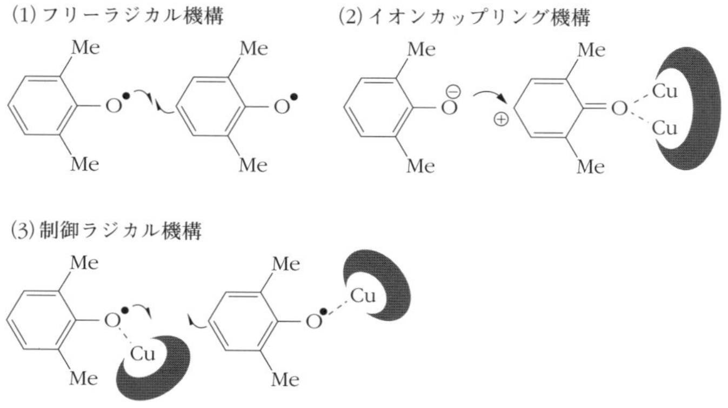

(1) フリーラジカル機構

(2) イオンカップリング機構

(3) 制御ラジカル機構

図 11.3.3　モノマーと触媒の反応

の酸化剤（たとえば過酸化物など不可逆な酸化剤）を用いることも可能である．

(3) 成長反応

モノマーがC−O カップリングしたオリゴマーの成長機構については，再分配機構と再配列機構が提唱されているが，ダイマーを原料に用いて反応追跡すると，トリマーやモノマーの生成がみられることから再分配機構が支配的であると推定されている[10]．

b　重合媒体

一般的な非晶性のポリ(2,6−ジメチル−1,4−フェニレンエーテル)は芳香族溶媒によく溶けるため，トルエンやキシレンなどの良溶媒中で重合させることが主流である．一方，メタノールなどの極性溶媒はPPEが溶解しない貧溶媒であるため，これらの混合溶媒を用いると，重合途中でPPE粒子が析出する析出重合（スラリー重合ともよぶ）になる．無溶媒法の報告もあるものの，オリゴマーの生成にとどまっている．近年，水を重合媒体とした重合方法[11]，超臨界炭酸ガス中での重合方法[12]などが報告されている．

B　プロセス

ここでは工業的に重要なPPEであるポリ(2,6−ジメチル−1,4−フェニレンエーテル)の一般的な酸化カップリング法による製造プロセスについて簡単に解説する．図11.3.4にPPE製造プロセスフローを示す．モノマー（2,6−ジメチルフェノール）は一般にメタノールとフェノールの *o*−アルキル化反応により合成され，精製後重合に供される．重合反応器に有機溶媒と触媒を加えモノマーを導入し，酸素含有ガスを吹き込み気液接触させることで酸化カップリングを行う．有機溶媒中であること，かつ酸素を用いるため重合反応器の爆発防止安全対策は非常に重要である．重合温度は30℃から50℃という温和な条件で行われる．溶媒の選択により溶液重合形態もしくは析出重合形態をとる．重合が充分に進行し目的の分子量に到達後，酸素含有ガスの供給を停止し，触媒失活剤（塩酸などの酸やキレート剤（EDTA−Naなど））を添加し重合を完全に停止させる．溶液重合形態の場合にはメタノールなどの貧溶媒を添加することでPPEを析出させる．その後洗浄固液分離を行い，得られた湿潤ポリマーを乾燥させることで粉末状のPPEが得られる．失活剤，触媒，溶媒は必要に応じてそれぞれの回収工程で回収され，リサイクル使用される．得られたPPEはスチレン系樹脂，ポリアミドなどの樹脂成分，および性能に応じ任意で相溶化剤，フィラーや各種添加剤とともに，押出機で溶融混練され，一般にはペレット状にカットされm−PPEとなる．m−PPEの成分構成や比率を変えることでさまざまな特性をもつm−PPEを生産することが可能である．

C　今後の展望

工業的なプロセス上の課題は，生産効率のよいPPEポリマー合成とm−PPEへの加工性の改良である．現在，m−PPEとしての特性の多様化は，PPEと他の樹脂や添加剤とのアロイ化によってもたらされているといってよい．たとえばPPEは有機系の溶剤に耐性がないが耐油性の樹脂と組み合わせることで双方の利点を生かしたアロイを創出できる．この観点からさまざまな樹脂やフィラーとの組

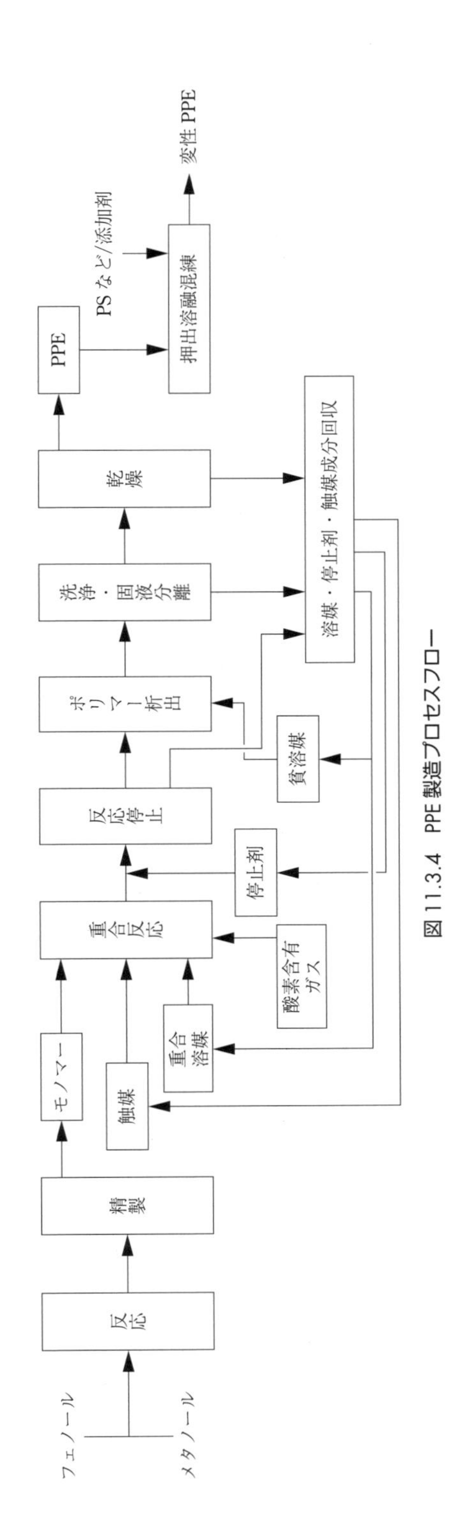

図 11.3.4　PPE製造プロセスフロー

み合わせ(アロイ化)の技術は，ますます深耕していくものと考えられる．一方，PPEポリマー自体は，モノマー種を変えることで結晶性にも誘導できるため，融点が300℃を超えるスーパーエンプラにもなりうる可能性があり，実用上も非常に興味深いが，一部のわずかな例以外には実験室の域をでていない．安価な他種モノマー合成技術とともに多様なモノマーに対応できる触媒およびプロセスの開発も望まれる．

文献

1) A. S. Hay et al., Journal of the American Chemical Society, 6335(1959)
2) H. E. Bair, Polymer Engineering and Science, 10, 247(1970)
3) 富士経済，a) 2012年エンプラ市場の展望とグローバル戦略，b) 2015年エンプラ市場の展望とグローバル戦略，c) 2014年コンパウンド市場の展望と世界戦略，d) 2016年コンパウンド市場の展望と世界戦略
4) 三菱ガス化学，化学工業日報，2006年9月7日
5) 三田達，高分子大辞典，p.1067，丸善(1994)
6) A. S. Hay, Journal of Polymer Science：Part A., Polymer Chemistry, 36, 505(1998)
7) F. J. Viersen et al., Polymer, 31, 1368(1990)
8) 東村秀之他，住友化学技術誌 2008-Ⅱ，p.23
9) Y. Shibasaki et al., Macromolecules, 37, 9657(2004)
10) G. D. Cooper et al., Journal of the American Chemical Society, 3996(1965)
11) K. Saito et al., Polymer, 47, 6581(2006)
12) K. K. Kapellen et al., Macromolecules, 29, 495(1996)

11.4　ポリアセタール

11.4.1　概要

ポリアセタール(POM)は，ホルムアルデヒドまたはホルムアルデヒドの三量体であるトリオキサンを主原料とする熱可塑性樹脂である．ホルムアルデヒドの重合体の発見は古く，1920年代のH. Staudingerの研究までさかのぼるが，そのポリマーは熱的に不安定で，実用に適さないと結論づけられた．DuPont社はその困難に敢えて挑戦し，熱的に安定な重合体の工業的製法を見いだし，1959年にPOMホモポリマー“デルリン”が世に登場した[1,2]．一方，Celanese社は独自研究により，POMコポリマーの生産技術を確立し，1962年から“セルコン”の販売を開始した[3]．

日本では，豊富かつ低廉なメタノールおよびホルムアルデヒドを供給する世界的高水準の技術を有することから，POMの国産化が早くから注目され，Celanese社とダイセルが合弁会社ポリプラスチックスを設立し，1968年にはPOMコポリマー“ジュラコン”の生産を開始した．さらに旭化成は自社技術により，1972年からPOMホモポリマー“テナック”の生産を開始した．同社は1984年に，原料のホルマリンを従来のメタノール酸化法55％ホルマリンからメチラール法70％ホルマリンに変更し，この技術[4]を用いて，POMコポリマー“テナック-C”を事業化した．三菱ガス化学も自社技術により，1981年にPOMコポリマー“ユピタール”の生産を開始した．その後，旭化成によるブロックコポリマーの製造[5]が企業化された．

POMは，その優れた機械的特性，熱的特性，加工特性などにより，金属代替材料として，機械部品，自動車部品，電気電子部品などの広範囲な用途に採用され，代表的なエンジニアリング樹脂の地位を築いている．POMの国内需要は1997年に約10万tに達したが，表11.4.1に示すように[6]，ユーザーの海外シフトに伴って徐々に縮小し，現在は9万t前後で推移している．また，過去に中国・ASEAN向けを中心に増加していた出荷量は，現地生産化が進んだことで減少に転じ，国内市場は飽和状態に加え，海外から安価な製品の輸入が徐々に増加している．

一方，世界的にみれば，表11.4.2に示すように需要量は年々増加しており[7]，その増加分の大半は日本を除くアジア地区である．

前述のとおり，1990年代以降，POMの需要の中心であるアジア地区において，日系メーカーによる現地生産化，増設が相次いで進められた．これに続き，中国においても多くのPOMメーカーが誕生した．それらの公称能力は中国需要をまかなうだけ

表11.4.1　日本のPOM生産・出荷・輸出入量($t\,y^{-1}$)

	2012年	2013年	2014年	2015年
生産	124,082	122,958	115,658	100,108
出荷	126,603	123,703	118,164	107,310
輸出	56,829	57,453	50,836	47,377
輸入	17,807	17,658	27,399	28,267
内需*	87,580	83,908	94,726	88,200

*内需＝出荷－輸出＋輸入

表11.4.2　POMの地域別需要量(万$t\,y^{-1}$)

	2012年	2013年	2014年	2015年
日本	8.8	8.4	9.2	8.4
中国	32.0	34.5	36.7	38.8
その他アジア・パシフィック	17.4	18.6	19.0	19.9
北米	9.6	10.0	10.1	10.5
欧州	18.0	18.2	18.4	18.7
その他(南米・中東ほか)	6.8	7.1	7.4	7.8
合計	92.6	96.8	100.9	104.0

の能力を有するが，品質などの面で未だ課題があると考えられ，現時点の稼働率はおよそ半分となっている．最近では，サウジアラビアにおけるSABIC社とCelanese社の合弁会社(IBN SINA，年産5万t)，韓国におけるBASF社とKOLON PLASTICS社の合弁会社(Kolon BASF innoPOM, Inc.，年産7万t)など新たな枠組みの構築が図られており，各社とも生き残りをかけ，販売競争が激化している．販売価格も供給過剰，需要家のコストダウン要求により，徐々に低下していく傾向にある．このような状況において，新規用途の開発，新規分野への展開を図るため，価格や用途に合わせた材料開発，加工技術の開発などには引き続き努力が傾注されるものと思われる．

11.4.2　プロセス

POMの製造法は，ホモポリマーでは高純度ホルムアルデヒドをモノマーとし，コポリマーではトリオキサンをモノマーとする方法が一般的である．ホモポリマーは，分子鎖の末端をアセチル化，エーテル化，ウレタン化などの化学的処理によって安定化する方法が提案されている．これらのうち，工業的には無水酢酸によるアセチル化が行われていると考えられる．一方，コポリマーでは，トリオキサンと1,3-ジオキソランなどの環状ホルマールを共重合させて，オキシメチレンを主体とするポリマー鎖中にオキシアルキレン構造を導入し，ポリマー鎖の分解を防止している．

A　ホモポリマーの製造

図11.4.1にホモポリマーの代表的製造プロセスフローを示す．ホルムアルデヒドを重合して高分子量のポリマーを効率よく得るためには，純度99.9％以上の高純度ホルムアルデヒドを必要とする．このためには，パラホルムアルデヒド(純度95％以上)を熱分解する方法も知られるが，工業的には，濃度50～60％のホルムアルデヒドと，沸点が150℃以上のアルコール，たとえばシクロヘキサノールを反応させてヘミホルマールを形成し，次に薄膜蒸発器などで水分を分離した後，ヘミホルマールを熱分解し，発生したホルムアルデヒドガスを分縮法，吸着法，吸収法などでさらに精製し，高純度

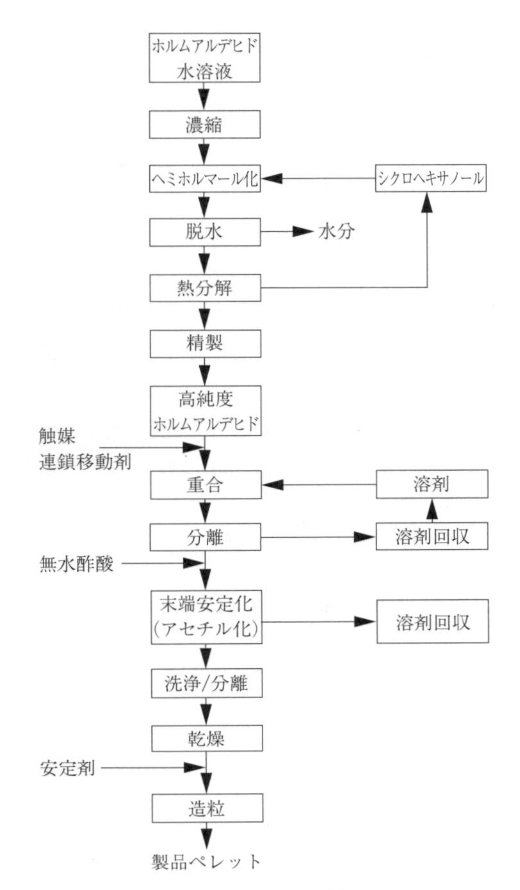

図11.4.1　POMホモポリマーの製造プロセスフロー

ホルムアルデヒドを得る方法が有利である．この場合にシクロヘキサノールは循環して使用される．

高純度ホルムアルデヒドの重合は，気相，液相，および溶剤表面気相重合法など数多くの方法が知られているが，n-ヘキサンのような不活性な炭化水素溶剤中にホルムアルデヒドガスを吹き込む溶液重合法[8]が一般的である．ホルムアルデヒドの重合熱は約700 kJ mol^{-1}と非常に大きく，この重合熱の除去が問題となるが，この場合は溶媒の蒸発によって行われる．重合触媒としては，トリエチルアミンのような三級アミン類，ジブチルスズジラウレートを代表とする4価の有機スズ化合物，ビス(アセチルアセトン)銅のような遷移金属キレート化合物が使用され，触媒によって重合体の収率，平均分子量，分子量分布が異なる．反応器としては，撹拌機および還流冷却器をもったバッチ式反応器や，多段連続式反応器，ループ型反応器などが用いられるが，いずれも反応器壁へのスケール付着防止および未反応

モノマーの回収が要点となる．重合速度はきわめて速く，溶液重合では，得られたポリマーは粉体となって析出しスラリーとなって取り出されるが，これに無水酢酸とアセチル化の触媒である酢酸ナトリウムを添加し，150～170℃でアセチル化して安定化させる．この後，ポリマーはアセトンやメタノールなどの溶剤および水によって十分に洗浄され，分離，乾燥され，押出機にて熱安定剤，酸化防止剤などを添加し，さらに必要に応じて滑剤，紫外線吸収剤などと溶融混練し，製品ペレットとされる．通常，重合度の調整はメタノールのような連鎖移動剤や触媒量によって行われるが，旭化成の製造法では無水酢酸を連鎖移動剤として用い，後のアセチル化による安定化処理が省略されている[9]．

B　コポリマーの製造

図 11.4.2 に，コポリマーの代表的製造プロセスフローを示す．

ホルムアルデヒドの水溶液であるホルマリンの工業的な合成法としては，一般的に銀触媒を用いるメタノール過剰法と，鉄ーモリブデン酸化物触媒を用いる空気過剰法が知られる[2]．旭化成は独自の触媒技術を用い，メタノールをいったんホルマリンと反応させてメチラールとした後，これを酸化して高濃度のホルマリンを効率よく製造している[9]．

ホルムアルデヒドは 50～70％の濃度に濃縮され，酸触媒の存在下，反応蒸留によってトリオキサンを合成する．触媒としては硫酸が一般的だが，装置の腐食，触媒分離の問題から，陽イオン交換樹脂，シリカアルミナなどの固体酸触媒を使用する方法も提案されている．この反応は平衡反応であるため，生成したトリオキサンを系外に分離しなければ反応が進行しない．常圧においてトリオキサン/水/ホルムアルデヒド系は共沸組成を形成するため，55％以上にトリオキサンを濃縮することは困難であり，留出するトリオキサンは，ベンゼンあるいはハロゲン化炭化水素のような不活性溶剤で抽出し，次に溶剤を留去して純トリオキサンを得る．重合に使用されるトリオキサンは，ホモポリマーの場合のホルムアルデヒドと同様，高純度に精製されていなければならない．これに対して，BASF 社はトリオキサンの濃縮・精製に関し，抽出工程を介さず，操作圧力の異なる複数の蒸留塔を用いて高純度なトリオキサンを得る新しい技術を開示しており[10]，エネルギー原単位の改善が期待される．

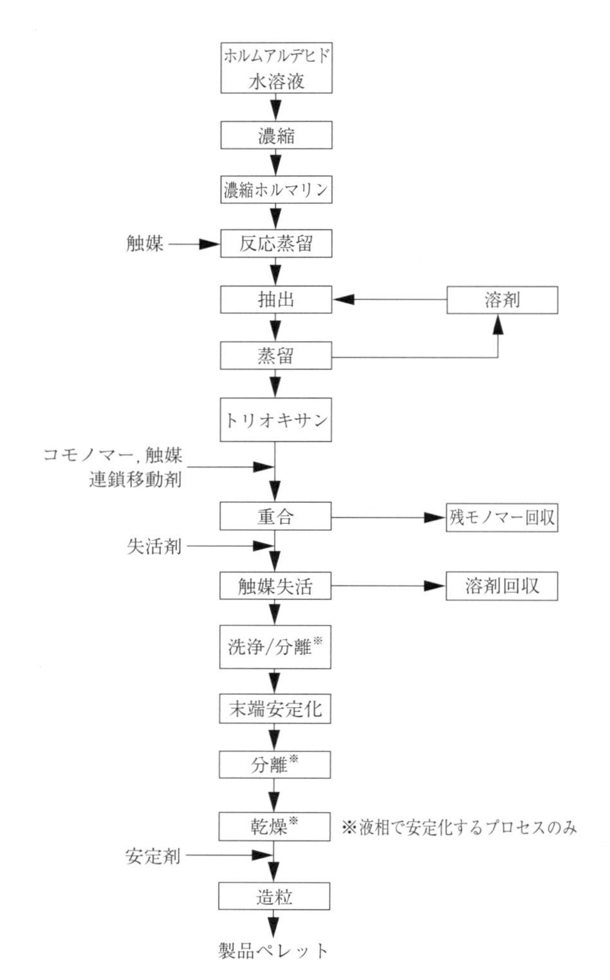

図 11.4.2　POM コポリマーの製造プロセスフロー

トリオキサンは，陽イオン触媒の存在下で環状エーテル，環状ホルマールなどと共重合させる．重合触媒としては，重合活性，副反応性，後処理の容易さなどから，おもに BF_3 系の錯体が使用される．最近になって，高活性なヘテロポリ酸類，パーフルオロアルキルスルホン酸類が提案されており[11]，前者は活性，装置腐食の面で優れている．

重合方法は液相法，固相法などが知られており，液相法は重合度の調整が容易であり，固相法は塊状重合法による連続重合が可能などの特徴がある．トリオキサンの重合熱は，ホルムアルデヒドの重合熱に比べて約 300 kJ mol^{-1} と小さいことから，重合熱の除去が比較的容易であり，通常は重合装置として連続型の二軸押出機などを使用した塊状重合が行われている．重合後のポリマーは不安定末端部分を加熱により分解除去し安定化する必要がある．分解除去する方法として，液相で行う方法，ポリマーの溶融状態で行う方法などが提案されている．液相で安定化する場合には，湿式安定化槽内でアミン水溶液などの塩基性化合物で処理して触媒を失活/除去するとともに，約150℃で不安定末端部分を分解除去する．ポリマーの溶融状態で安定化する場合には，塩基性化合物を添加し，ポリマーの融点から230℃の温度範囲に加熱して不安定末端部分を分解除去する．このときの安定化装置としてはベント付き押出機，表面更新型混合機などで連続安定化が可能となり，ポリマーのろ過，洗浄，乾燥工程が省略できる．この工程もしくはこの後で，ポリマーはホモポリマーの場合と同様に，熱安定剤，酸化防止剤などを添加し，さらに必要に応じて滑剤，紫外線吸収剤などと溶融混練し製品ペレットとされる．また重合装置の終端にリン系[12]あるいはアミン系化合物を添加することにより，触媒を失活させる方法も開示されている．過去には上記のように煩雑，かつ長い製造プロセスを必要としたが，これらを簡略化した合理的な製造プロセスの提案が行われている[13]．さらに，重合熱の主要な部分が晶析熱であるため，塊状重合において相変化を伴わない加圧・高温下における溶融重合法も提案されている[14]．最近では，コポリマーメーカーである韓国エンジニアリングプラスチックスがホモポリマーを開発，上市しており[15]，その市場での評価が注目される．

文献

1) 松島哲也，ポリアセタール樹脂(プラスチック材料講座13)，日刊工業新聞社(1970)
2) 高野菊雄編，ポリアセタール樹脂ハンドブック，日刊工業新聞社(1992)
3) US Patent, 2,951,059(1958)；3,027,352(1953)
4) 祝迫敏之ほか，日化協月報，43(9)，8(1990)
5) 特開昭56-76425(1981)；特開昭56-98219(1981)
6) 経済産業省，化学工業統計年報，UN Comtrade Database(http://comtrade.un.org/)
7) 富士経済，2015年エンプラ市場の展望とグローバル戦略(2014)；2017年エンプラ市場の展望とグローバル戦略(2016)
8) US Patent, 3,172,736(1960)
9) Junzo Masamoto, Prog.Polym.Sci., 18, 1(1993)
10) Thomas Grutzner, SYMPOSIUM SERIES No.152 (2006)；特表2007-515277(2007)
11) 特公平7-37504(1995)；特公平6-92475(1994)
12) 特公昭55-42085(1980)
13) WO2014/175043(2014)
14) 特許3359748(2002)；特許5502280(2014)
15) http://www.kepital.com/(updated on 18 th. Oct., 2016)

11.5 ポリブチレンテレフタレート

11.5.1 概要

ポリブチレンテレフタレート(PBT)をエンジニアリング樹脂として最初に企業化したのは米国のCelanese社(現在Ticona社)であり，1970年にガラス繊維(GF)強化グレードなど各種グレードが上市されるとともに，世界中の多くの企業がPBT樹脂を上市するようになった．これはPBTが，同じポリエステルであるポリエチレンテレフタレート(PET)の製造プラントがあれば若干の改良により製造することが可能となるからである．

PBT樹脂は，成形性が良好であるとともにバランスのとれた優れた特性を有することから，着実に需要を拡大している．2015年の国内需要量は約16万tであり[1,2]，現在汎用エンジニアリング樹脂として確固たる地位を築いている．世界的なメーカーとしては，長春石油化学，SABIC社，BASF社，DuBay社(DuPont/Bayer)，Ticona社などである．国内でPBTを製造しているおもなメーカーは，ウィンテックポリマー，東レ，三菱エンジニアリングプラスチックスなどである．全世界の総需要量は約100万t y^{-1}であり，地域別には中国での需要は世界需要の約40%，日本，その他アジア，欧州，北米での需要は13～18%程度である[3,4]．

用途については当初，電気・電子分野がほとんど

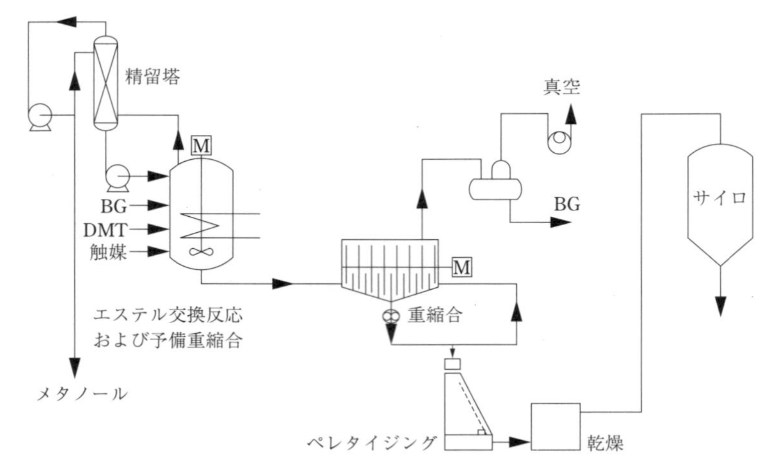

図 11.5.1　PBT の重合プロセス例(DMT 法バッチ式)

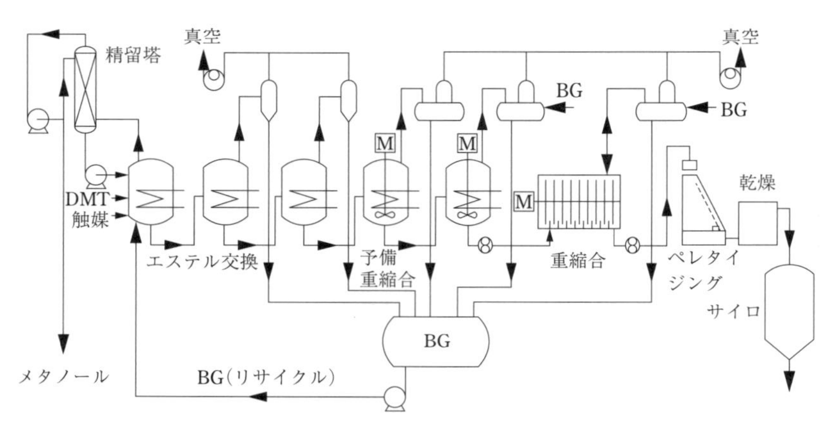

図 11.5.2　PBT の重合プロセス例(DMT 法連続式)

であったが，その後その特徴が認められ，自動車用途など他分野への適用も大きく広がった．非強化グレード，GF 強化グレード，難燃グレードなどの PBT 単体をベースとした樹脂のほか，PET やポリカーボネートなどとのポリマーアロイもラインナップされている．

11.5.2　プロセス

PBT の工業的なプロセス[5,6]には，原料の違いから，エステル交換法(原料がジメチルテレフタレート，DMT)と直接エステル化法(原料がテレフタル酸，TPA)がある．またそれぞれ，バッチ式に行うことも連続式に行うことも可能である．代表的な例として，DMT 法バッチ式製造法のプロセスフロー[5]を図 11.5.1 に，DMT 法連続式製造法のプロセスフロー[5]を図 11.5.2 に示す．かつてはバッチ式プロセスで製造されていたが，最近では需要の伸びとともに連続式プロセスでの製造が主流となっている．また，アジア地区を中心に TPA 法連続式製造法が採用されるようになった．

おもなプロセスメーカーとしては，Technip Zimmer 社，Uhde Inventa-Fischer 社，日立製作所などである．

バッチ式プロセスでは，主反応(エステル交換またはエステル化反応，溶融重縮合反応)に合わせて 2 つの反応槽からなっている．一方，連続式プロセスでは，エステル交換またはエステル化工程で 1〜3，重縮合工程で 2〜3 の多段式の構成となるのが一般的である．

エステル交換法の場合では，DMT の融点が 140〜141℃であるので，通常 DMT は溶融槽を通して融解したのちエステル交換槽に供される．触媒の存在下に160～230℃でエステル交換反応させ，メタノールを留去させながら，低分子量のエステル化物（オリゴマー）を生成する．一方，直接エステル化法では，TPAと1,4-ブタンジオール（BG）はスラリー状態として，触媒の存在下でエステル化反応を進行させ，オリゴマーを生成する．BGが分子内で脱水・環化してテトラヒドロフラン（THF）を生成する副反応も無視できない．系内のモノマー供給比は，エステル交換法ではDMT：BG＝1：1.2～1.6程度である．一方，直接エステル化法ではTPA：BG＝1：2.5～3.5程度である[7,8]．

触媒は，テトライソプロピルチタネート，テトラブチルチタネートなどのチタンアルコラートが一般的である．直接エステル化法の場合では，エステル化工程でチタン触媒の一部が失活・凝集するため，凝集物の除去およびチタン触媒の失活を抑制するプロセスも提案されている[9,10]．

重縮合工程では，エステル交換またはエステル化反応で得られたオリゴマーを高温（230～265℃），減圧下（最終減圧度0.1 kPa程度）でBGを留去しながら反応を進行させる．化学的な反応速度だけでなく，生成したBGを効率よく留去することが全体の反応速度を上げるために重要である．特に重縮合後期では，系の粘度が非常に高くなり表面の更新が困難となるため，プロセスメーカー各社は工夫を凝らした反応装置を開発している．たとえば，Technip Zimmer社のDDR（double drive disc ring reactor），Uhde Inventa-Fischer社のDISCAGE reactor，日立製作所のハイブリッド翼式およびメガネ翼式重合器[11,12]などがあげられる．

用途によって要求される分子量（重合度）は変わるが，射出成形分野では，分子量の目安とされる溶液粘度（η）で0.7～0.9の範囲のものが一般的に用いられる．またフィルム・押出成形分野ではηで1.0～1.3の高重合度品が要求される．

高重合度PBTを製造する際には，溶融重縮合反応では反応物の粘度が高くなりすぎて十分な表面更新が不可能となり，高重合度することが難しいことがある．また高温で溶融重縮合を行うと熱分解反応が著しくなるために，副生物である低分子量不純物の増加などポリマー品質の面で問題となる場合がある．このような場合には，通常，低温（融点以下の200℃程度）で真空ないし不活性ガスを流しながら固相重縮合反応を行うことによって，高重合度のPBTを製造することができる．反応式としては溶融重合での重縮合反応と同一であるが，低温反応であることから，副反応（平衡反応）で生成するオリゴマー量を低減したり，熱分解反応で生成するポリマー末端カルボキシル基量（PBTの耐加水分解特性へ影響）およびTHFなどの揮発性の副生成物が低減するなどの効果もある．固相重合反応では，水，BGなどの固相中での拡散が律速となるので，温度，BG分圧（真空下での固相重合では真空度）が重要な因子となる．

おもなプロセスメーカーとしては，Buhler社（現在POLYMETRIX），Bepex社などである．

以上，PBTの代表的なプロセスについて述べた．基本的なプロセスとしては成熟した感のあるPBT製造プロセスであるが，よりスケールメリットを求めた大型プラントや，建設費の低減を可能とする新しい概念のプロセス（反応器数の削減）が提案されている．たとえば，Technip Zimmer社のエステル化/予備重縮合のCombi reactorとDDRとの構成，Uhde Inventa-Fischer社のESPREE（tower reactor）とDISCAGE reactorとの構成などがあげられ[13～15]，いずれも反応器数が2つのTPA法連続式製造プロセスである．今後の展開が大いに期待される．

文献

1) 経済産業省，化学工業統計（2015）
2) 化学経済，8月増刊号，74（2016）
3) 富士経済，2015年エンプラ市場の展望とグローバル戦略，85（2014）
4) 内外化学品資料，B08，シーエムシー出版（2016）
5) 湯木和男編，飽和ポリエステル樹脂ハンドブック，p.282，日刊工業新聞社（1989）
6) 佐伯康治，新ポリマー製造プロセス，p.268，工業調査会（1994）
7) US Patent, 4,499,261（1985）
8) US Patent, 4,680,376（1987）
9) 特許3911114（2007）
10) 特許4591187（2010）
11) 加治屋隆司ほか，日立評論，74（4），307（1992）
12) 岡憲一郎ほか，化学工学会第42回秋季大会，S215

(2010)
13) E. van Endert et al., CHEMICAL FIBERS INTERNATIONAL, 51, 5 (2001)
14) E. van Endert, CHEMICAL FIBERS INTERNATIONAL, 54, 3 (2004)
15) Polyester 2008, Session3, Maack Business Service (2008)

11.6 スーパーエンジニアリングプラスチック

11.6.1 概要

エンジニアリングプラスチック(エンプラ)は，耐熱性，機械的強度などの各種性能が優れた高性能プラスチックである．おもなエンプラの分類を図11.6.1に示す[1)]．

エンプラは，耐熱性を基準に二分され，耐熱性100℃以上，強度50 MPa以上，曲げ弾性率2.4 GPa以上のプラスチックを汎用エンプラという．特に，耐熱性が150℃以上のプラスチックを特殊エンプラまたはスーパーエンジニアリングプラスチック(スーパーエンプラ)という．

1930年代後半，DuPont社がナイロン−66(PA66)を生産開始したことから，エンプラ材料が始まった．本格的には，同社がポリアセタールホモポリマー(POM)を金属代替材料として上市したときである．その後，ポリアミド(PA)，ポリアセタールコポリマー，ポリカーボネート(PC)，変性ポリフェニレンエーテル(m−PPE)，ポリブチレンテレフタレート(PBT)が開発され，1970年には，現在の汎用エンプラが出揃った．スーパーエンプラは，1947年にDuPont社がポリテトラフルオロエチレン(PTFE)を上市したことが始まりで，その後，さまざまなスーパーエンプラが開発された．

エンプラが上市してから，60年以上たった現在，エンプラの用途は，エンジニアリング用途(工業部品)から日用品まで拡大をしてきた．自動車用途では，金属代替として，軽量化，高強度化，電子機器用途では，薄肉小型化などのニーズに対応する技術開発が求められている．一方では，環境配慮した低ハロゲン材料も求められている．これらのニーズに対応するために，スーパーエンプラの開発が進められている．本節では，各スーパーエンプラを解説する．

文献
1) 機能材料, 30, 69 (2010)

11.6.2 ポリフェニレンスルフィド

A 概要

ポリフェニレンスルフィド(PPS)は，ベンゼン環と硫黄が交互に繰り返し結合した構造をもつ熱可塑性の結晶性ポリマーである．耐熱性がきわめて高く，力学特性，難燃性，耐薬品性，電気特性などが優れ

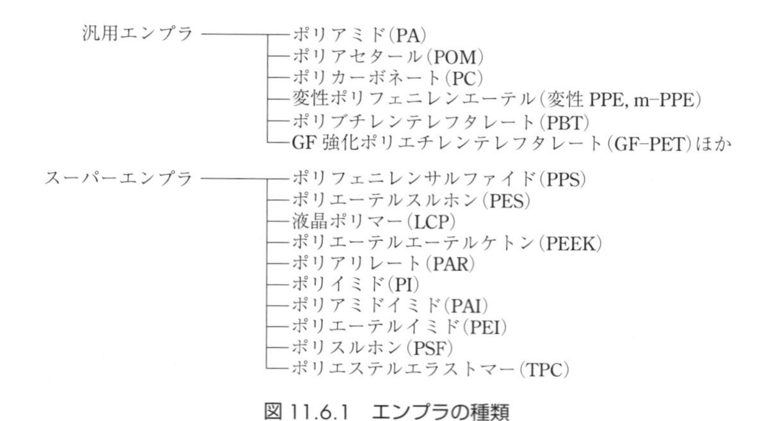

図11.6.1 エンプラの種類

ていることが特徴である．

PPSは19世紀末には知られており，1897年にフランスのGreenvesseがFriedel–Crafts型反応で合成している．その後，1948年にA. D. Macallumがジクロロベンゼン，硫黄および炭酸ナトリウムから重合する方法，1959年にDow Chemical社のR. W. Lenzらが*p*–ブロムチオフェニレン金属塩の自己縮合による重合法を開発している[1]．現在，工業化されているおもな重合法は，1967年にPhillips Petroleum社のH. W. HillとJ. T. Edmondsらが開発した，パラジクロロベンゼン(PDCB)と硫化ナトリウムを極性溶媒中で反応させPPSを得る方法である[2]．

PPSは，構造によって架橋型，半架橋型，直鎖型(リニア型)の3種類がある．当初のPPSは分子量が低かったため，コーティング用途に使用されていたが，低分子量のポリマーを空気存在下で融点以下の温度で熱処理を行い，酸化架橋させることで見かけの分子量を増大させ，架橋型PPSに改良された．架橋型PPSは，高温剛性に優れ，バリが比較的少ない特徴を有しており，射出成形材料として，用途が拡大した．架橋型は電気・電子用途を中心に採用されている．半架橋型は架橋型と同様のプロセスで重合されるが，熱処理前のポリマーの重合度を高めた後に熱架橋したものである．直鎖型は酸化架橋せずに，直鎖状で高分子量化されており，架橋型に比べて，高い靱性を有する．直鎖型は自動車部品を中心に採用されている．

2000年代には，環境問題を背景に低ハロゲン化の市場ニーズが高まり，電子部品材料に含有する部品の世界規格が決まった[3]．PPSは難燃剤を用いなくても電子部品材料に使用可能な樹脂であり，ポリマー主鎖にもハロゲンは含まれていない．しかし，各社とも重合時にパラジクロロベンゼンを使用するため，ポリマーの末端に塩素が残留する．そこで，各社は，「塩素，臭素の含有率が900 ppm未満」の規格を満たす，低ハロゲン化すなわち低塩素化PPSの開発を進めた．2013年には，帝人と韓国のSK Chemical社の合弁会社INITZ社がパラジクロロベンゼンを使用ないプロセスによって，世界で初めての塩素フリーPPSを実現した[4]．INITZ社の製造プロセスについては後で説明する．

表11.6.1，表11.6.2にPPSの需要予測，ポリマーメーカーの各製造能力を示す[5]．

PPSの需要の40％以上が，自動車用途に用いられており，特にハイブリット自動車(HEV)や電気自動車(BEV)において，1台あたりPPSの使用量が増加傾向であることから，環境問題を背景に，PPSの需要は今後も年率約5％で堅調に伸びることが期待されている．このような需要予測から各PPSメーカーは生産能力の増強を相次いで実施し，供給過多の市場となっており，価格競争が激化し始めている．

B 重合

a Phillips法

現在工業化されているPhillips法のPPSの重合反応は(11.6.1)式で示される．

$$\mathrm{Cl{-}C_6H_4{-}Cl + Na_2S \xrightarrow{\text{極性溶媒}} Cl{-}\!\left(C_6H_4{-}S\right)_n\!{-}Cl + 2\,NaCl} \tag{11.6.1}$$

表11.6.1　PPSの需要量推移

		2014年(実績)	2015年(実績)	2016年(見込)	2017年(予測)	2018年(予測)	2019年(予測)	2020年(予測)
国内	数量(t y^{-1})	30,750	32,050	33,570	34,990	36,510	38,030	39,650
	前年比(%)	—	104	105	104	104	104	104
日本以外	数量(t y^{-1})	73,020	77,150	81,580	86,110	90,640	95,170	99,850
	前年比(%)	—	106	106	106	105	105	105
合計	数量(t y^{-1})	103,770	109,200	115,150	121,100	127,150	133,200	139,500
	前年比(%)	—	105	105	105	105	105	105

表 11.6.2　PPS の製造能力

	国・地域	製造能力($t\,y^{-1}$)	生産計画		備考
			能力($t\,y^{-1}$)	稼働(予定)	
DIC	日本	19,000	4,000	2017 年	① 2017 年に 4,000($t\,y^{-1}$)増強予定 ② 2018〜2019 年に増設を検討
東レ	日本	19,000	—	—	—
	韓国	8,600	8,600	2018 年以降	① 2016 年新設 ② 2018 年以降，韓国で増強を検討
クレハ	日本	10,700	未定	2018 年以降	2018〜2019 年に日本での次期増強投資を検討
東ソー	日本	2,500	—	—	—
INITZ	韓国	12,000	—	—	① SK Chemicals/帝人合弁 ②新製法 PPS．2015 年新設
Solvay	米国	20,000	未定	未定	増設を検討
Fortron Industries	米国	17,000	—	—	① 2016 年に 2,000($t\,y^{-1}$)増設 ② 2019 年以降，新工場建設を検討
新和成(NHU)	中国	5,000	—	—	—
重慶聚獅新材料	中国	0	数千〜30,000	未定	PPS 繊維に新規参入

原料は PDCB と，硫黄原料である NaSH および NaOH あるいは Na_2S である．アミド系極性溶媒中で高温，高圧下で反応が進行し，塩(NaCl)を副生しながらポリマーを生成する．PDCB を用いることにより，ポリマーの末端構造には塩素が含まれる．

前述したとおり，低ハロゲン PPS のニーズにより，各ポリマーメーカーは，低塩素化 PPS の重合方法を開発した[6〜8]．その反応は(11.6.2)式に示すように，モノハロ有機化合物やジハロジスルフィド化合物を低塩素化剤として添加することで，ポリマーの末端構造を塩素以外の化学種とする手法である．

$$\mathrm{Cl{-}C_6H_4{-}X}\ \text{etc.}$$

$$\mathrm{Cl{-}C_6H_4{-}Cl + Na_2S \xrightarrow{\text{極性溶媒}} X{-}\!\left(C_6H_4{-}S\right)_{n}\!{-}X + 2\,NaCl} \quad (11.6.2)$$

Phillips 法は，重合反応の成長種が塩素基であることから，低塩素化剤の使用は，分子鎖伸長反応を阻害することになる．直鎖型 PPS の高分子量化と低塩素化を両立させるために，各社は，低塩素化剤の添加時期やその使用量を独自に工夫している．

b　Eastman–Kodak 法

Phillips 法の以前，1948 年に A. D. Macllum により，パラジクロロベンゼンと硫黄を無溶媒で反応させ PPS を得る方法が開発されていた[9]．極性溶媒を使用しない点が工業的に有利であるが，当初は，ポリマー中の残留塩が多いことに加えて，生成物が単純な PPS ではなく，分岐や架橋構造を有しており，工業化が容易ではなかった．しかし，米国 Eastman Kodak 社の R. Mark らにより，原料をパラジヨードベンゼン(PDIB)とする方法が開発された[10]．その反応を(11.6.3)式に示す．

$$\mathrm{I{-}C_6H_4{-}I + S_x \xrightarrow[\text{無溶媒}]{\text{触媒}} \left(C_6H_4{-}S\right)_{n} + I_2\uparrow} \quad (11.6.3)$$

硫黄が加熱によりラジカル開裂を引き起こし，ラジカル反応によって，重合が進行すると推測される．反応が進行すると，塩ではなく，ヨウ素(I_2)を副生しながらポリマーを生成するが，反応途中で加熱などによってヨウ素を昇華させ回収し，ベンゼンと反応させてPDIBを生成することができるため，理論的にはヨウ素が無駄なく循環する特徴を有する．また，この反応は，塩素を使用しないプロセスにより，塩素フリーPPSが得られる．しかし，ヨウ素の残留が多く，腐食性が課題とされてきた．2010年以降に，SK Chemical社のLeeらにより，重合停止剤を用いた残留ヨウ素の低減方法が開発された[11]．重合停止剤にはジフェニルジスルフィド(DPDS)が選定されている[12]．DPDSの反応を(11.6.4)式に示す．

$$\mathrm{I{-}C_6H_4{-}I} + \mathrm{S}_x \xrightarrow[\text{無溶媒}]{\text{DPDS, 触媒}} \mathrm{H}\left(\mathrm{C_6H_4{-}S}\right)_n\mathrm{C_6H_5} + \mathrm{I_2}\uparrow \tag{11.6.4}$$

DPDSはジスルフィド結合がラジカル開裂し，成長末端であるヨウ素と置換反応し，重合停止およびヨウ素の回収率向上に寄与すると考えられる．

C　プロセス

PPSの架橋型および直鎖型の代表的な製造プロセスフローを，図11.6.2，図11.6.3に示す．

まず，溶媒と硫黄原料の仕込み後に原料に含まれる水分および反応により生成した水分を，重合反応に適する量まで脱水する．その工程終了後PDCBを仕込み，重合反応を進行させるが，PDCBと硫黄原料のモル比，反応温度，時間の調節により目的の分子量のポリマーを生成させる．また，低塩素化する際は，重合途中で低塩素化剤を添加する．前述したように，このプロセスでは，ポリマーとほぼ同量の塩が生成するため，ポリマーの分離，回収，洗浄も重要な工程である．また，溶媒が高価であり，その回収率を高めることがポリマー製造単価の低減に寄与するため，各社独自の技術を採用している．架橋型PPSのプロセスは重合終了後フラッシュ操作によりポリマー，溶媒を回収する．直鎖型PPSは重合終了後，徐冷してポリマーを回収し，必要に応じ有機溶媒による洗浄，熱水による洗浄を繰り返す．架橋型PPSは，洗浄後のポリマーを酸素存在

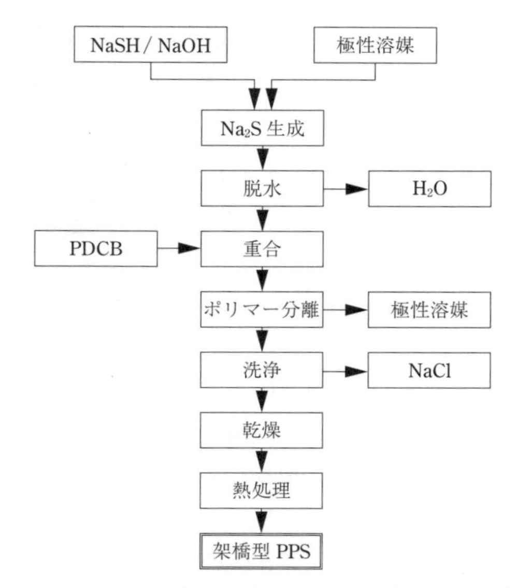

図11.6.2　架橋型PPS製造プロセスフロー

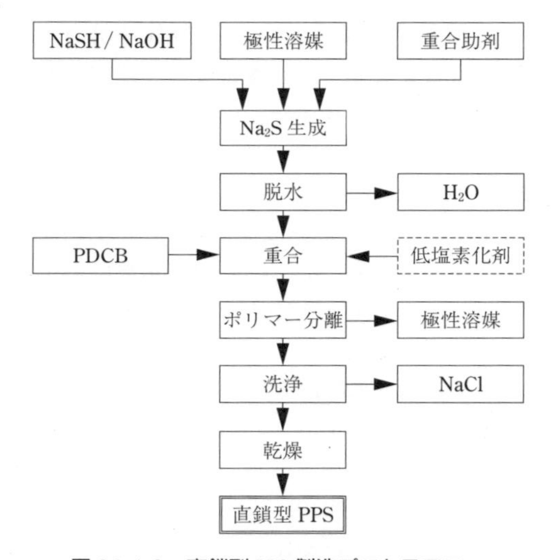

図11.6.3　直鎖型PPS製造プロセスフロー

下高温で処理するが，処理する温度と時間により目標とする分子量に調整される．架橋型PPSのプロセスは洗浄，乾燥の後，熱処理する工程を有することが特徴である．

(11.6.4)式に示したMacallum法から推測される製造プロセスフローを図11.6.4に示す[13]．無溶媒かつペレット状でPPSが得られることが本プロセスの特徴である．

本プロセスでは，まず硫黄，PDIB，触媒，重合停止剤を溶融混練し，その後高温低圧下で溶融重合を進行させるが，硫黄とPDIBのモル比，重合停止剤の量，反応温度，時間の調節により目的の分子量

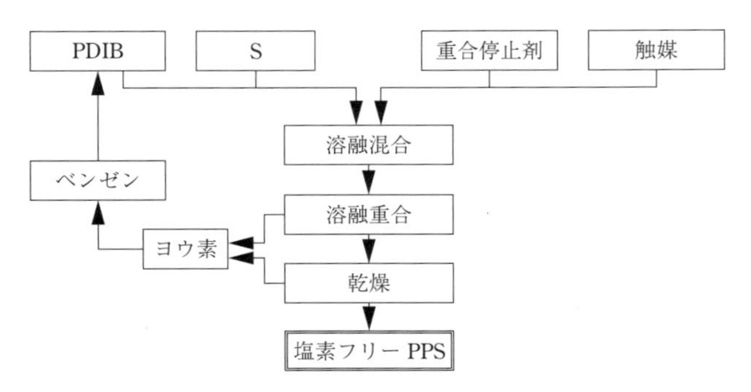

図 11.6.4 塩素フリー PPS 製造プロセスフロー

のポリマーを生成する．無溶媒の重合反応であることから，重合終了後の乾燥により，PPS 中のヨウ素(I_2)を昇華させて取り除き，ポリマーが精製される．このプロセスでは，ヨウ素が高価であるため，昇華したヨウ素の回収およびそのヨウ素を用いた PDIB の生産も重要な工程である．回収したヨウ素とベンゼンで，酸素雰囲気下ゼオライト触媒を用いて，酸化ヨウ素化反応で粗 PDIB を合成し，蒸留，再結晶で精製 PDIB を製造する[14]．

文献

1) 井上俊英，エンジニアリングプラスチック(高分子新材料 One Point 8)，p.63，共立出版(2004)
2) US Patent, 3,354,129 (1967)
3) IEC61249-2-21 (2003)
4) 栗原茂実，化学経済，8 月増刊号，76，(2016)
5) 富士経済，2017 年エンプラ市場の展望とグローバル戦略，204 (2016)
6) 特開 2010-5335 (2010)
7) 特開 2010-126621 (2010)
8) WO2010/010760 (2010)
9) US Patent, 2,513,188 (1950)
10) 特表平 03-502463 (1991)
11) 特表 2010-501661 (2010)
12) 特表 2012-513492 (2012)
13) 特表 2013-522386 (2013)
14) 特開 2015-155419 (2015)

11.6.3 ポリエーテルスルホン

A 概要

ポリエーテルスルホン(PES)は，フェニレン基の間にエーテル基とスルホン基が交互に結合した構造をもつ熱可塑性の非晶性ポリマーである．主鎖に剛直な芳香環を有するので，高耐熱性に優れる樹脂である．スルホン系スーパーエンプラとして他に実用化されているものとしては，主鎖にイソプロピリデン基($-C(CH_3)_2-$)が存在するポリスルホン(PSU)，またビフェニル基が存在するポリフェニルスルホン(PPSF)があり，いずれも非晶性であり高いガラス転移温度(T_g)を有する．これらの中で PES は，芳香環にスルホン基とエーテル基だけを有する最もシンプルな構造であり，その結果，T_g が 225℃を示し，PSU(190℃)や PPSF(220℃)より高いのが特徴である[1]．

PES は，1972 年に ICI 社が工業化に成功した．ICI 社は，英国に逐次増強も含め 2,000 t y^{-1} の商業プラントを稼動させ，1980 年代は全世界的にほぼ独占的に供給していた．日本では住友化学と三井東圧化学が当時輸入販売を行っていたが，ICI 社が PES 事業から全面撤退した後，住友化学がそのライセンスを受け，1994 年から生産を開始した．現在は，住友化学，BASF 社，Amoco 社より譲渡された Solvay 社の 3 社が PES を生産している．

表 11.6.3，表 11.6.4 に PES の需要予測，ポリマーメーカーの各製造能力を示す[2]．

PES の需要量は，世界で 1 万 t y^{-1} を超えている．耐加水分解性に優れるため，医療・食品関連用途での需要の拡大が期待されている．また，炭素繊維/エポキシ複合材料の靱性向上剤として，航空機部品に採用されていることから，年率約 4% の成長が見込まれている[2]．

住友化学は PES 専用プラントを有しており，その生産能力は 3,000 t y^{-1} である．同社は，航空機部品向けを独占し，その増長が期待され，同じ能力を有する第二プラントの新設を計画し，2018 年に量産を開始予定である[3]．他のメーカーのプラント

表 11.6.3　PES の需要量推移

		2012年（実績）	2013年（実績）	2014年（見込）	2015年（予測）	2016年（予測）	2017年（予測）	2018年（予測）
国内	数量($t\,y^{-1}$)	1,220	1,240	1,270	1,300	1,330	1,360	1,390
	前年比(%)	—	102	102	102	102	102	102
日本以外	数量($t\,y^{-1}$)	8,960	9,340	9,780	10,230	10,680	11,130	11,570
	前年比(%)	—	104	105	105	104	104	104
合計	数量($t\,y^{-1}$)	10,180	10,580	11,050	11,530	12,010	12,490	12,960
	前年比(%)	—	104	104	104	104	104	104

$$\mathrm{Cl{-}C_6H_4{-}SO_2{-}C_6H_4{-}Cl + HO{-}C_6H_4{-}SO_2{-}C_6H_4{-}OH + K_2CO_3} \longrightarrow \mathrm{{-}\!\left(C_6H_4{-}SO_2{-}C_6H_4{-}O\right)_n\!{-} + 2KCl + H_2O + CO_2} \tag{11.6.5}$$

表 11.6.4　PES の製造能力

	国・地域	製造能力($t\,y^{-1}$)
住友化学	日本	3,000
BASF	その他アジア	6,000
	欧州	12,000
Solvay	その他アジア	1,000
	北米	21,000

は他のスルホン系スーパーエンプラの生産も兼ねるマルチプラントと推測されるため，正確な生産能力は不明である．

B　重合

PES は，工業的には，ジクロルジフェニルスルホン（DCDPS）を主原料にして，ジメチルスルホキシド（DMSO）やジフェニルスルホン（DPS）などの極性溶媒中で，芳香族求核置換反応によって製造される．

PES の工業的な製造方法を（11.6.5）式に示す[4]．

DCDPS，ビスフェノール S（BIS−S），および炭酸カリウムを高沸点溶媒中において脱塩重縮合反応で製造される．

電子部品材料に関する低ハロゲン化ニーズに対応するため，低ハロゲン PES も開発されている．炭酸カリウムとともに，重合温度で水を発生する化合物（水酸化アルミニウムなど）を添加することで，高温での加水分解が可能となり，ハロゲン含有量が低減されると推測される[5]．

C　プロセス

反応式（11.6.5）に示した PES の製造プロセスフローを図 11.6.5 に示す[4]．

DCDPS，BIS−S，および炭酸カリウムを高沸点溶媒中で反応させて製造する．後工程としては，塩化カリウム，高沸点溶媒の除去が重要である．

PES のリサイクルプロセスフローを図 11.6.6 に示す[6]．

使用済 PES 樹脂を水酸化ナトリウムなどの塩基性化合物を含む亜臨界水で分解することで，PES 原料を得るリサイクルプロセスの特許が出願されている[6]．

文献

1）本間精一，プラスチック材料大全，p.97，日刊工業新聞社（2015）
2）富士経済，2015 年エンプラ市場の展望とグローバル戦略，212（2015）
3）住友化学，ニュースリリース，2016 年 7 月 21 日
4）浅井邦明，実用プラスチック辞典，p.455，産業調査会（1993）
5）特開 2012-211290

6) 特開 2013-249324

11.6.4 液晶ポリマー

A 概要

液晶ポリマー(LCP, liquid crystal polymer)は溶融状態で一部分子配列に規則性を示し，かつ流動性の優れたポリマーである．一般にプラスチックの名称は分子構造に由来して名付けられるが，LCPは溶融状態で液晶性(ネマチック液晶)を示すという物理的性質に由来して名付けられている．したがって，溶融状態で液晶性を示すプラスチックの総称であり，さまざまな分子構造のものがある．分子設計の際，液晶性を発現するのに必要な剛直性，分子間力が保持されていることが重要となる．

上述のとおり，LCPはさまざまな分子構造を有しているため，分類が必要となる．LCPは基板実装におもに用いられていることから，はんだ耐熱レベルで区分されている．耐熱レベルの高い順からⅠ型，Ⅱ型，Ⅲ型の3つの基本構造に分類される．さらに，Ⅱ型の中でも，鉛フリーはんだ耐熱性を有する1.5型(ⅠとⅡの中間)も存在する．

p–ヒドロキシ安息香酸と4,4′–ジヒドロキシビフェニル，テルフタル酸からなるⅠ型LCPの構造式を(11.6.6)式に示す．

このLCPは，ガラス繊維強化品の荷重(1.80 MPa)たわみ温度が300℃以上であり，耐熱性の高いのが特徴である．1972年にカーボランダム社が開発を行った．1979年に住友化学が国産化を行っている．耐熱性は高いが，高温で成形加工する必要があるため，さらに融点を下げる方法として，イソフタル酸などを共重合したグレードも開発されている．

p–ヒドロキシ安息香酸と2–ヒドロキシ–6–ナフトエ酸からなるⅡ型LCPの構造式を(11.6.7)式に示す．

1984年にCelanese社が開発し，ポリプラスチックス社が国産化している．荷重たわみ温度が240～350℃で一連のLCPの中で中間に位置し，また比較

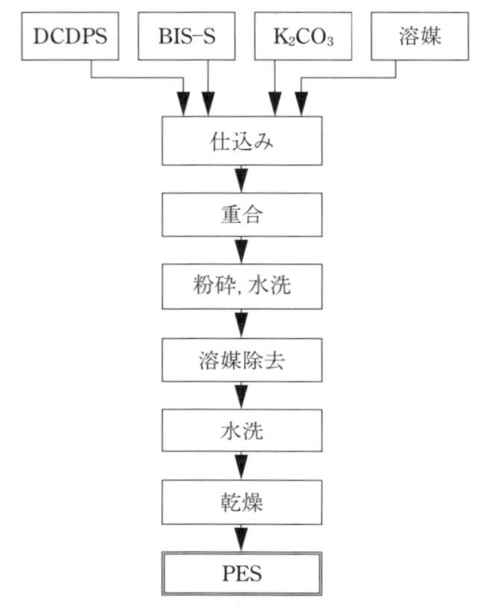

図 11.6.5 PES製造プロセスフロー

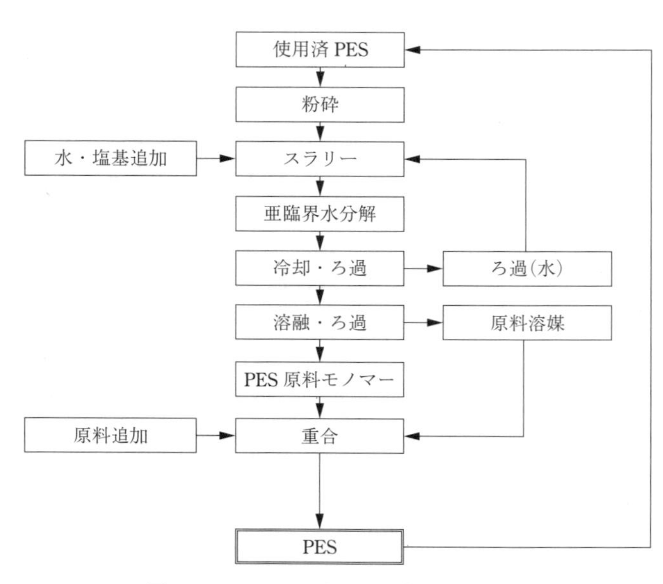

図 11.6.6 PESリサイクルプロセスフロー

$$\left(-O-C_6H_4-\overset{O}{\overset{\|}{C}}-\right)_x\left(-O-C_6H_4-C_6H_4-O-\right)_y\left(-\overset{O}{\overset{\|}{C}}-C_6H_4-\overset{O}{\overset{\|}{C}}-\right)_z \qquad (11.6.6)$$

$$\left(-O-C_6H_4-\overset{O}{\overset{\|}{C}}-\right)_x\left(-O-C_{10}H_6-O-\right)_y \qquad (11.6.7)$$

$$\left(-O-C_6H_4-\overset{O}{\overset{\|}{C}}-\right)_x\left(-O-CH_2CH_2O-\right)_y\left(-\overset{O}{\overset{\|}{C}}-C_6H_4-\overset{O}{\overset{\|}{C}}-\right)_z \qquad (11.6.8)$$

表 11.6.5　LCP の需要量推移

		2012 年（実績）	2013 年（実績）	2014 年（見込）	2015 年（予測）	2016 年（予測）	2017 年（予測）	2018 年（予測）
国内	数量（$t\,y^{-1}$）	6,700	6,700	6,700	6,700	6,700	6,700	6,700
	前年比（%）	—	100	100	100	100	100	100
日本以外	数量（$t\,y^{-1}$）	30,200	30,605	31,155	31,910	32,650	33,395	34,135
	前年比（%）	—	101	102	102	102	102	102
合計	数量（$t\,y^{-1}$）	36,900	37,305	37,855	38,610	39,350	40,095	40,835
	前年比（%）	—	101	101	102	102	102	102

的高強度であるために機械機構部品にも多く使用されている．耐熱性を上げるために共重合比率を変えて，テレフタル酸や 4,4′-ジヒドロキシビフェニルを共重合したグレードも開発されている．

p-ヒドロキ安息香酸と PET からなるⅢ型 LCP の構造を（11.6.8）式に示す．

この LCP は，ガラス繊維強化品の荷重たわみ温度が 240℃ 未満であり，成形加工性には優れるものの，はんだ耐熱性および難燃性が不十分である[1]．

表 11.6.5，表 11.6.6 にそれぞれ PES の需要予測，ポリマーメーカーの各製造能力を示す[2]．

スマートフォンやタブレット端末の生産拡大に伴い，表面実装技術（SMT）コネクタの生産個数は今後も増加が見込まれるが，軽薄短小化の動きも続いており，LCP の販売は微増にとどまる見込みである[2]．

B　重合

一般的に，LCP の製造法は溶融重合法である．住友化学は，モノマー中（芳香族ヒドロキシカルボン酸と芳香族ジカルボン酸，芳香族ジオールなど）のフェノール性ヒドロキシ基を無水酢酸と反応させてアセテートとした後，重合反応はアセテートとカルボン酸とのエステル交換反応を 200～250℃ で行う溶融重縮合法で LCP を合成している[3]．このように製造したものをそのまま成形材料として用いる場合もあるが，溶融重合法により低重合度の LCP を製造し，それを固相重合法により高重合度化した後，成形材料として用いる場合もある．

文献

1）井上俊英，エンジニアリングプラスチック（高分子新材料 One Point 8），p.63，共立出版（2004）
2）富士経済，2015 年エンプラ市場の展望とグローバル戦略，212（2015）
3）井上和人ほか，基礎からわかる高分子材料，p.77，森北出版（2015）

表 11.6.6　LCP の製造能力

メーカー名	生産国(t y^{-1})		備考
	日本	北米	
ポリプラスチックス	15,000		Ⅰ型，1.5 型，Ⅱ型を展開
住友化学	9,600		Ⅰ型に注力
上野製薬	2,500		パラヒドロキシ安息香酸から一貫生産
東レ	2,000		Ⅰ型に注力
JXTG エネルギー	500		Ⅰ型に注力
三菱エンジニアリングプラスチックス	500		—
ユニチカ	300		—
Celanese		10,500	Ⅰ型，1.5 型，Ⅱ型を展開
Solvay		3,500	Ⅰ型に注力

表 11.6.7　PEEK の分類

構造	名称
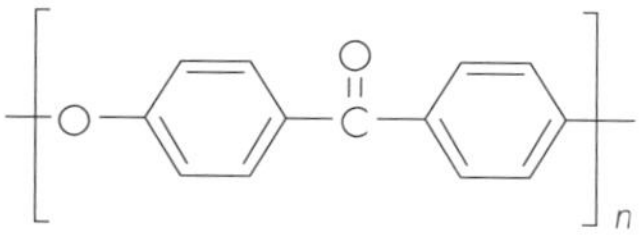	ポリエーテルケトン(PEK)
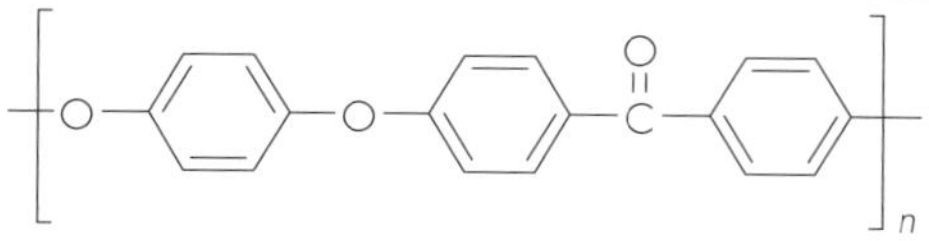	ポリエーテルエーテルケトン(PEEK)
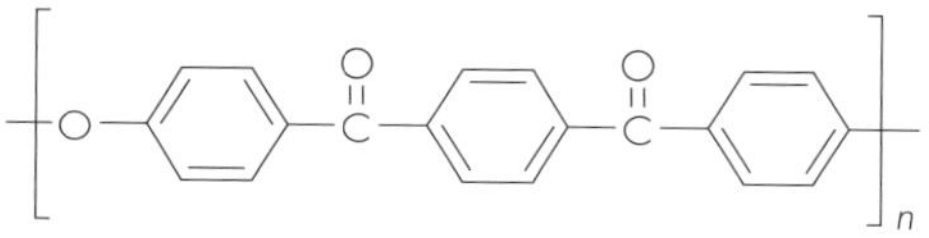	ポリエーテルケトンケトン(PEKK)
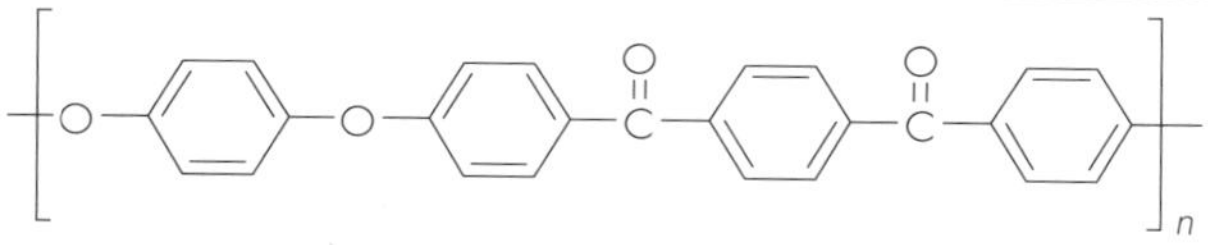	ポリエーテルエーテルケトンケトン(PEEKK)

11.6.5　ポリエーテルエーテルケトン

A　概要

ポリエーテルエーテルケトン(PEEK)は芳香族ポリエーテルケトン(PAEK)の 1 つで，連続使用温度が 260℃で，耐熱性，耐薬品性，耐熱水性，力学特性，電気特性に優れた熱可塑性樹脂としては最高の性能を有する．ポリマー主鎖中にエーテル結合(E)とケトン結合(K)を有する多くの PAEK が開発され，その一次構造に従い，表 11.6.7 のように分類されている[1]．いずれも結晶性のポリマーであり，高い結晶融点(T_m)とガラス転移温度(T_g)が特徴である．工業的には PEEK が最も有名である．

以下に，PAEK の構造による特性を記載する[2]．

ケトン結合は極性が強く結晶状態での分子間の相互作用が強い．一方，エーテル結合は回転可能でフレキシブルである．このことから PAEK のケトン結合が多いほど T_m と T_g が高くなる．反面エーテル結合が多いほど樹脂は強靭になる．ケトン結合の比率が高い PEKK の T_m は 400℃以上になり，ポリマーの分解温度に近くなるため溶融成形が難しくなる．

PAEK は熱的安定性と化学的安定性に優れる．その理由はベンゼン結合，ケトン結合，エーテル結合が π 結合して，エーテル結合の分解が起こりにくいためといわれている．ただし，エーテル結合は隣接するベンゼン環パラ位のケトン結合により電子吸

表 11.6.8　PEEK の需要量推移

		2012 年（実績）	2013 年（実績）	2014 年（見込）	2015 年（予測）	2016 年（予測）	2017 年（予測）	2018 年（予測）
国内	数量($t\ y^{-1}$)	500	550	600	660	730	800	870
	前年比(%)	—	110	109	110	111	110	109
日本以外	数量($t\ y^{-1}$)	3,210	3,550	4,090	4,630	5,180	5,740	6,300
	前年比(%)	—	111	115	113	112	111	110
合計	数量($t\ y^{-1}$)	3,710	4,100	4,690	5,290	5,910	6,540	7,170
	前年比(%)	—	111	114	113	112	111	110

表 11.6.9　PEEK の製造能力

	国・地域	製造能力($t\ y^{-1}$)	備考
Victrex	欧州	7,150	2015 年初頭から稼働開始で，生産能力を約 70%増強
Jida Evonik	中国	1,000	
Solvay	その他アジア	850	インドに重合拠点を有する

$$\mathrm{HO{-}C_6H_4{-}OH} + \mathrm{F{-}C_6H_4{-}C({=}O){-}C_6H_4{-}F} \xrightarrow[(Ph)_2SO_2]{K_2CO_3} \left[\mathrm{O{-}C_6H_4{-}O{-}C_6H_4{-}C({=}O){-}C_6H_4} \right]_n \tag{11.6.9}$$

引されて活性化され，熱水や化学薬品により，エーテル結合が開裂しやすい傾向になる．逆にケトン結合が少ないほど化学的に安定な構造といえる．つまり，PEEK はケトン結合が少ないので，安定な構造といえる．

PEEK は，英国の ICI 社が 1978 年に開発，1981 年に工業化した．1993 年に ICI 社の PEEK 事業は独立して Victrex 社となった．1999 年に PEEK 物質特許が失効し，インドの Gharda 社と吉林大学と Degussa 社（現 Evonik 社）の合弁会社の JIDA Degussa 社が新規参入した．2006 年に Solvay 社が Gharda 社の PEEK の事業を買収し，現在は，Victrex 社，Evonik 社，Solvay 社の 3 社が PEEK の製造メーカーである．表 11.6.8 と表 11.6.9 に PEEK の需要予測，各メーカーの製造能力を示す[3]．

主要用途である自動車部品用途への採用が進んでおり，需要は拡大傾向であるため，年率約 10％で市場は拡大すると予測されている[3]．

B　重合

PEEK の重合方法は，おもに求核置換反応と求電子置換反応である．

a　求核置換反応

1978 年に ICI 社が発明した PEEK の製造方法を（11.6.9）式に示す[4]．

4,4′-ジフルオロベンゾフェノン（4,4′-DFBP），ハイドロキノン（HQ）を高沸点極性溶媒であるジフェニルスルホン（DPS）中で，炭酸カリウムを加えて，HQ をフェノラート化した後に重合を行う．DPS は熱的に安定で，高温で PEEK を溶解することが可能である．

Victrex 社は，高価なモノマーの 4,4′-DFBP を自社生産している．

b　求電子置換反応（Friedel-Crafts 反応）

DuPont 社の W.H.Bonner が開発した PEKK の反応を（11.6.10）式，Raychem 社の K. J. Dahl が開発した PEK の反応を（11.6.11）式に示す[5,6]．

$$\mathrm{Cl{-}\overset{O}{\overset{\|}{C}}{-}C_6H_4{-}\overset{O}{\overset{\|}{C}}{-}Cl + C_6H_5{-}O{-}C_6H_5 \xrightarrow{AlCl_3} \left({-}O{-}C_6H_4{-}\overset{O}{\overset{\|}{C}}{-}C_6H_4{-}\overset{O}{\overset{\|}{C}}{-}C_6H_4{-} \right)_n} \qquad (11.6.10)$$

$$\mathrm{C_6H_5{-}O{-}C_6H_4{-}\overset{O}{\overset{\|}{C}}{-}Cl \xrightarrow{HF/BF_3} \left({-}O{-}C_6H_4{-}\overset{O}{\overset{\|}{C}}{-}C_6H_4{-} \right)_n} \qquad (11.6.11)$$

$$\mathrm{C_6H_5{-}O{-}C_6H_4{-}O{-}C_6H_4{-}\overset{O}{\overset{\|}{C}}{-}OH \xrightarrow[r.t.]{CF_3SO_3H} \left({-}O{-}C_6H_4{-}O{-}C_6H_4{-}\overset{O}{\overset{\|}{C}}{-}C_6H_4{-} \right)_n} \qquad (11.6.12)$$

DuPont社の方法は塩化アルミニウムを触媒に使用しているが，パラ選択性が高くないため，生成ポリマー中に，オルソフェニレン構造やメタフェニレン構造が生成するなど，異種結合や分岐構造が生成することがある．また，重合時に生成ポリマーが結晶性のため溶媒に不溶となり高分子量体が得られにくかった．

Raychem社は，HF/BF_3を触媒に使用することで生成ポリマーが触媒と錯形成し，溶解性を向上させ，高分子量のPEKの合成に成功した．

1982年に，ICI社は新規の触媒としてトリフルオロメタンスルホン酸を開発して，PEEKを合成する方法を発明している[7]．その反応を(11.6.12)式に示す．

しかし，高価な強酸触媒や合成が難しいモノマーを使うことになるため，この方法で工業化していない．

以上から，求電子置換反応は，塩化アルミニウム，有毒で危険な化合物や高価な強酸使用など，工業化には課題があるため，PEEKの重合方法は，求核置換反応が主流となっている．

C　プロセス

反応式(11.6.9)に示したPEEK合成法に従った製造プロセスフローを図11.6.7に示す[8]．

4,4′-DFBP，HQ，および高沸点極性溶媒であるDPSを窒素中で180℃まで昇温，ついで炭酸カリウムを加え，HQのフェノラート化後，320℃まで昇温して，重合を進行させる．重合後に，重合溶液を冷却固化した後，粉砕して紛体を得る．紛体をアセトンで洗浄してDPSを除き，水で洗浄して副生成物のフッ化カリウムを除き，高純度のポリマーを得ている[9]．

文献

1) 井上俊英，エンジニアリングプラスチック(高分子新材料 One Point 8)，p. 93，共立出版(2004)
2) 府川ほか，先端用途で成長するスーパーエンプラ・PEEK(上)，p.5，化学工業日報社(2016)
3) 富士経済，2015年エンプラ市場の展望とグローバル戦略，242(2015)
4) US Patent, 4,320,224(1982)
5) US Patent, 3,065,205(1962)

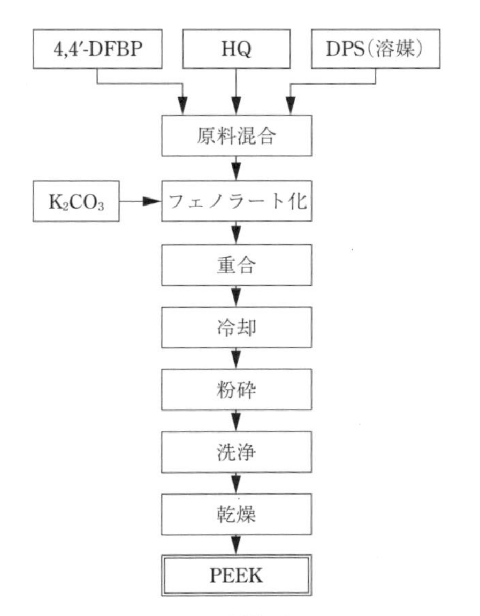

図 11.6.7　PEEK 製造プロセスフロー

6) US Patent, 3,953,400 (1976)
7) Eur. Patenet, 0,049,070 (1982)，特開昭 58-208320 (1983)
8) 浅井邦明，実用プラスチック辞典，p.461，産業調査会 (1993)
9) 特願昭 53-110175

11.6.6　ポリアリレート

A　概要

ポリアリレート (PAR) は，2 価フェノールと芳香族ジカルボン酸との重縮合物と定義されており，全芳香族ポリエステルである．全芳香族ポリエステルという定義に従えば，パラオキシ安息香酸や 2,6-オキシナフトエ酸構造を有するポリエステルも含まれるが，これらは液晶ポリマー (LCP) として扱われることが多い．

PAR は非晶であるため，全光線透過率は 89% とポリカーボネート (PC) と同等である．一方で，PAR のガラス転移温度 (T_g) は 193℃を示し，PC のそれ (145℃) と比較して約 50℃高く，荷重たわみ温度は 175℃と非強化のスーパーエンプラ中最高レベルの耐熱性を示す[1]．

1959 年に Eareckson らは，ビスフェノール A とテレフタル酸とイソフタル酸を混合して用いることで，高靱性の PAR が得られることを発見した[2]．その後，1975 年にユニチカがビスフェノール A とテレフタル酸，イソフタル酸の混合フタル酸からなる PAR を工業化した．現在，PAR を量産しているメーカーはユニチカのみであり，生産能力は 3,000 t y^{-1} である．今後の需要予測を表 11.6.10 に示す[3]．

自動車用レンズキャップは光源の LED 化により耐熱性が必要なくなり，需要は減退方向である．一方，モバイル端末用カメラ鏡筒や工業用光電などの需要が拡大する見込みのため，PAR は一定の需要が維持されると予想されている．

B　重合

PAR は，おもに界面重合法，溶融重合法，溶液重合法で合成できる．

a　界面重合法

反応式を (11.6.13) 式に示す．

界面重合法は，芳香族ジカルボン酸クロリドとビスフェノール A をそれぞれ有機溶媒とアルカリ溶液 (水相) に溶解させ，この 2 液を混合して，触媒の存在下に常温で重合反応を進行させる方法である．界面重合法は芳香族ジカルボン酸クロリドと水層との接触が少ないために，その加水分解を最小に抑えることができ，高分子量化が可能である．また，着色も少ない．触媒は，水相中の 2 価フェノールを有機相側へ輸送する目的で，四級アンモニウム塩などが用いられる．

b　溶融重合法（アセテート法，フェニルエステル法）

アセテート法を (11.6.14) 式に，フェニルエステル法を (11.6.15) 式に示す．

アセテート法では，ビスフェノール A のアセチルエステルとテレ/イソ混合フタル酸とを高温で反応させ，酢酸を脱離しつつ重合を行い，PAR を得る．一方，フェニルエステル法では，ビスフェノール A とテレ/イソ混合フタル酸のフェニルエステルとを高温で反応させ，フェノールを脱離しつつ，重合を行い，PAR を得る．しかし，これらの溶融重合法では副生されるフェノールや酢酸による材質腐食やポリマーが長時間高温にさらされるため，得られるポリマーの着色が著しいという問題があり，現実的には工業化されていない[4]．

c　溶液重合法

2 価フェノールと 2 価カルボン酸ハライドを有機溶剤に混合し，酸結合剤の存在下，重縮合反応を行

表 11.6.10　PAR の需要量推移

		2012年（実績）	2013年（実績）	2014年（見込）	2015年（予測）	2016年（予測）	2017年（予測）	2018年（予測）
国内	数量($t\,y^{-1}$)	1,100	1,100	1,100	1,100	1,080	1,060	1,040
	前年比(%)	—	100	100	100	98	98	98
日本以外	数量($t\,y^{-1}$)	1,060	1,085	1,110	1,135	1,155	1,175	1,195
	前年比(%)	—	102	102	102	102	102	102
合計	数量($t\,y^{-1}$)	2,160	2,185	2,210	2,235	2,235	2,235	2,235
	前年比(%)	—	101	101	101	100	100	100

$$n\ \mathrm{NaO{-}C_6H_4{-}C(CH_3)_2{-}C_6H_4{-}ONa}\ (\text{水相}) + n\ \mathrm{Cl{-}\overset{O}{\overset{\|}{C}}{-}C_6H_4{-}\overset{O}{\overset{\|}{C}}{-}Cl}\ (\text{有機相}) \longrightarrow \left[\mathrm{O{-}C_6H_4{-}C(CH_3)_2{-}C_6H_4{-}O{-}\overset{O}{\overset{\|}{C}}{-}C_6H_4{-}\overset{O}{\overset{\|}{C}}}\right]_n (\text{有機相}) + 2n\ \mathrm{NaCl}\ (\text{水相}) \quad (11.6.13)$$

$$n\ \mathrm{H_3C{-}\overset{O}{\overset{\|}{C}}{-}O{-}C_6H_4{-}C(CH_3)_2{-}C_6H_4{-}O{-}\overset{O}{\overset{\|}{C}}{-}CH_3} + n\ \mathrm{HO{-}\overset{O}{\overset{\|}{C}}{-}C_6H_4{-}\overset{O}{\overset{\|}{C}}{-}OH} \longrightarrow \left[\mathrm{O{-}C_6H_4{-}C(CH_3)_2{-}C_6H_4{-}O{-}\overset{O}{\overset{\|}{C}}{-}C_6H_4{-}\overset{O}{\overset{\|}{C}}}\right]_n + 2n\ \mathrm{CH_3COOH} \quad (11.6.14)$$

$$n\ \mathrm{HO{-}C_6H_4{-}C(CH_3)_2{-}C_6H_4{-}OH} + n\ \mathrm{C_6H_5{-}O{-}\overset{O}{\overset{\|}{C}}{-}C_6H_4{-}\overset{O}{\overset{\|}{C}}{-}O{-}C_6H_5} \longrightarrow \left[\mathrm{O{-}C_6H_4{-}C(CH_3)_2{-}C_6H_4{-}O{-}\overset{O}{\overset{\|}{C}}{-}C_6H_4{-}\overset{O}{\overset{\|}{C}}}\right]_n + 2n\ \mathrm{C_6H_5{-}OH} \quad (11.6.15)$$

う方法である．反応は(11.6.13)式と同様であるが，加水分解が起こらずに重合が進行するため，高分子量体が得られやすいが，溶剤からポリマーを回収する必要がある．溶液重合法は，界面重合法や溶融重合法とは異なり，用いる原料が強アルカリや高温の影響を受けない利点がある．リン酸エステル基を有した2価フェノールを用いた溶液重合法の技術情報が開示されている[5]．

C　プロセス

界面重合法のプロセスフローを図 11.6.8 に示す[6]．

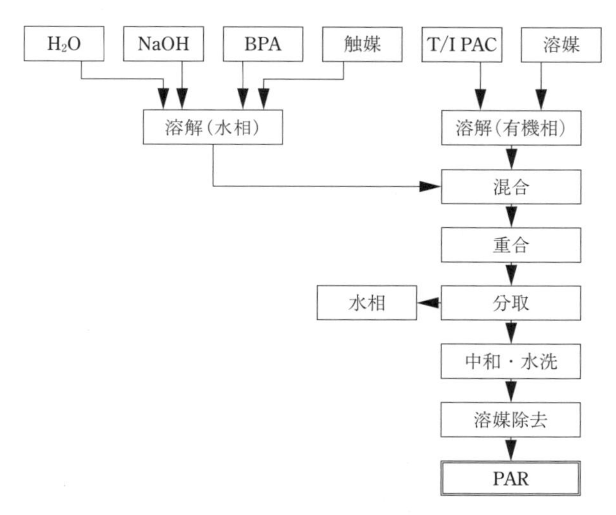

図 11.6.8　PAR 製造プロセスフロー

この方法は，テレ/イソ混合フタル酸クロリド（T/I PAC）を溶媒に溶解し，イオン交換水に NaOH，ビスフェノール A（BPA）を溶解した後，混合撹拌して，界面重合を進行させる．有機相を分取して，中和し，イオン交換水で洗浄する．有機相を加熱留去して，PAR の固体を得る．

文献

1）井上俊英，エンジニアリングプラスチック（高分子新材料 One Point 8），p. 82，共立出版（2004）
2）W. M. Eareckson, J. Poly. Sci., XL399（1959）
3）富士経済，2015 年エンプラ市場の展望とグローバル戦略，198（2015）
4）浅井邦明，実用プラスチック辞典，p.442，産業調査会（1993）
5）特開 2008-19310
6）特開昭 56-88424

11.6.7　ポリイミド

A　概要

ポリイミド（PI）とは，イミド結合の繰返し単位を主鎖にもつポリマーである．分子構造および成形加工性から，非熱可塑性としてポリイミド（PI），熱可塑性として熱可塑性ポリイミド（TPI），ポリアミドイミド（PAI），ポリエーテルイミド（PEI）に大別される．各構造の特徴を以下に示す．

a　非熱可塑性

ポリイミド（PI）は 1965 年，DuPont 社が初めて工業化したポリマーである．PI の構造を（11.6.16）式に示す．

（11.6.16）

この PI は剛直な主鎖構造ゆえに，ガラス転移温度を 417℃にもつ不溶不融のポリマーである[1]．通常の溶融成形法は適用できない．PI は線状高分子であるが，分子間力がきわめて高いことから，一般に融解せずに溶媒にも解けない．PI のままでは成形ができないため，反応を二段階に分けて行う（二段階法）．最初にモノマーにピロメリット酸二無水物（PMDA）と 4,4′-オキシジアニリン（ODA）を等モル量用いて DMAc などのアミド系溶媒中，室温以下の温度で重合を行うと開環重付加反応が選択的に起こり，溶媒によく解けるポリアミド酸が得られる．この重合液をガラス板上に流涎して加熱すると，溶媒が蒸発してフィルムに成形されると同時に分子内脱水反応が起こり，前駆体のポリアミド酸は PI へと変換される．熱閉環は 100℃前後の温度から起こるが，最終的には 250～300℃に加熱することにより完結する[2]．

このため，フィルムやコーティング剤の場合には，ポリアミド酸の溶液から薄膜を作り，そのあと脱水

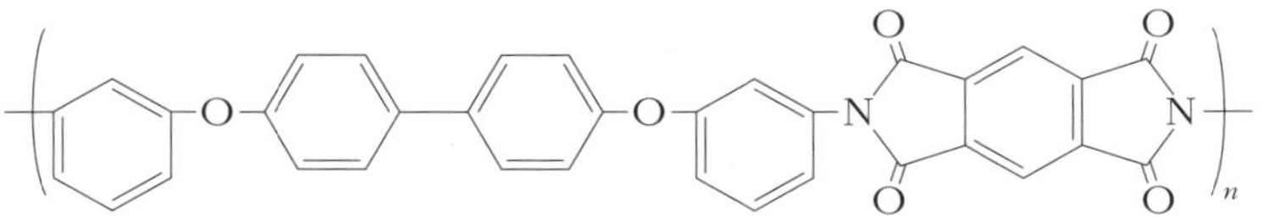

(11.6.17)

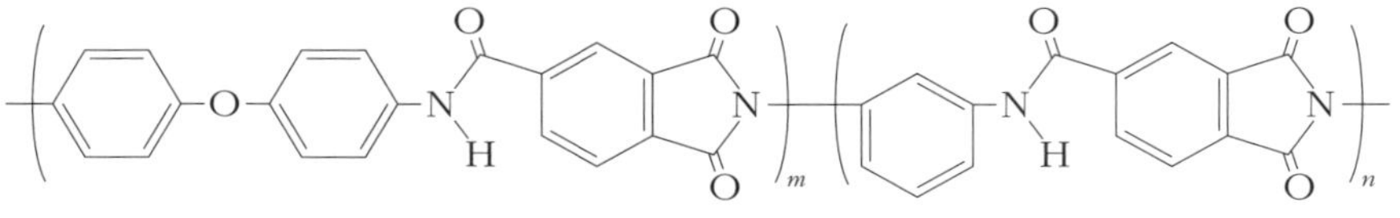

(11.6.18)

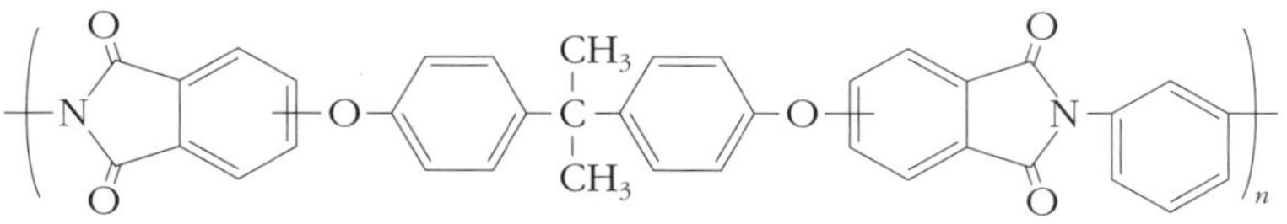

(11.6.19)

閉環させてPIとする方法が取られている．一方，成形品では金属やセラミックと類似の焼結成形法で素材やパーツ類が製造されている[3)]．

その後，ポリイミド本来の耐熱性をあまり低下させずに，成形加工性を向上させる研究が盛んに行われている．基本的な考え方には，

・主鎖構造中に回転しやすい結合基を導入する
・かさ高い側鎖を導入することやパラ結合をメタ結合に変更することにより，分子構造の対称性を低下させる
・共重合により構造の規則性を乱す

などがある．

b　熱可塑性

(1)熱可塑性ポリイミド(TPI)

加熱溶融成形可能な熱可塑性ポリイミド(TPI)は1980年代に三井東圧化学(現三井化学)によって開発された．TPIはビフェニル構造を含有し，メタ位にアミノ基を含有するエーテル系ジアミンとPMDAから構成される．(11.6.17)式に構造式を示す．

三井化学はTPIを先駆けて開発したメーカーで，市場をほぼ独占している．市場は100 t y^{-1} 以上で，自動車や工業分野での需要が拡大すると見込まれ，年率約4%で市場が拡大すると予測されている[4)]．

(2)ポリアミドイミド(PAI)

1972年にAmoco社により開発されたポリアミドイミド(PAI)は，トリカルボン酸無水物とジアミンから溶液重合により製造される．現在はSolvay社が製造している．PAIは射出成形した後，さらに160℃～260℃まで段階的に熱処理することにより高分子量化が進み，物性が向上するという特徴がある[3)]．構造式を(11.6.18)式に示す．

その他のメーカーには，東洋プラスチック精工，三菱ガス化学(PAIとPPSのポリマーアロイ)がある．市場は約200 t y^{-1} の規模であるが，高度な成形技術が必要で高価な樹脂であるため，今後，新規用途で需要が急拡大する可能性は低い[4)]．

(3)ポリエーテルイミド(PEI)

1982年にGE社により工業化された熱可塑性のポリエーテルイミド(PEI)は，テトラカルボン酸二無水物とジアミンを押出機中で溶融混練することにより重合させることができ，製造コストが大幅に低減された[2)]．PEIの構造式を(11.6.19)式に示す．

現在，GE社に買収されたSABIC社が唯一の量産メーカーである．PEIの耐熱性はTPIやPAIに及ばないが，ガラス転移温度が217℃，熱変形温度が非強化で200℃あり，力学特性と寸法安定性も兼ね備えていることから，市場は1.5万 t y^{-1} を超えている．今後も年率5%以上の成長が見込まれている[4)]．

C　プロセス

PAIの製造フローを図11.6.9に示す[5)]．

無水トリメリット酸モノクロライド(TMAC)とジアミンを常温以下(0～30℃)で反応させ，ポリアミド酸とした後，脱水閉環してPAIにする．無水酢

酸/トリエチルアミンなどの脱水剤を用いても閉環可能だが，いったんポリアミド酸を水中で沈殿させた後，熱処理でイミド化している．

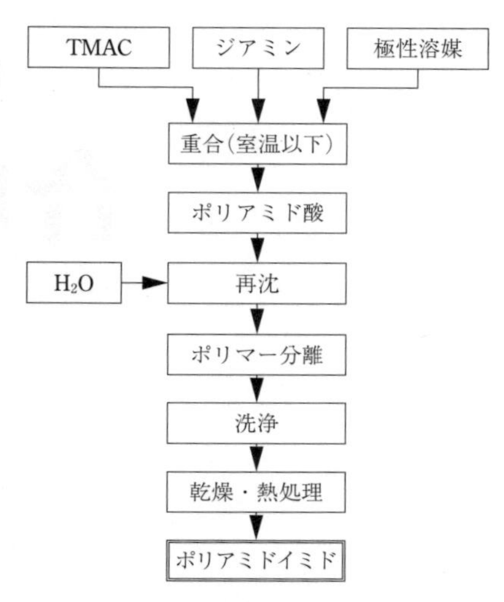

図 11.6.9　PAI 製造プロセスフロー[5)]

文献

1) 井上俊英，エンジニアリングプラスチック(高分子新材料 One Point 8)，p. 101，共立出版(2004)
2) 井上和人ほか，基礎からわかる高分子材料，p.79，森北出版(2015)
3) 長谷川正木，エンプラの化学と応用，p.56，大日本図書(1996)
4) 富士経済，2015 年エンプラ市場の展望とグローバル戦略，220(2015)
5) 浅井邦明，実用プラスチック辞典，p.487，産業調査会(1993)

第12章

合成繊維

12.1 ポリエステル繊維

12.1.1 概要

ナイロン，アクリルとともに三大合繊の1つであるポリエステル繊維は，最も汎用性の高い合繊素材であり，衣料分野だけでなく，インテリア用途，産業資材用途など幅広い分野に利用されている．2016年の世界のポリエステル繊維生産量は約5,200万tであり，このうち日本は約0.4%を占めている(表12.1.1)[1]．環境配慮型素材としては，従前からのペットボトルなどのリサイクルポリエステル繊維に加えて，最近では植物由来原料を利用したバイオベースポリエステル繊維も生産されるようになってきている．

12.1.2 製造方法

ポリエステル(おもにポリエチレンテレフタレート，PET)は，ポリマーの熱分解温度よりも低温で溶融して紡糸に適正な粘度となるため，ポリエステル繊維は基本的に溶融紡糸によって製造される．衣料用途では分子量2万程度のポリマーを使用するが，産業資材用途では固相重合により高分子量化したポリマーを使用している．高分子量化の手段として固相重合を用いるのは，溶融重縮合では重縮合と分解反応が競争的に起こり，重合度が頭打ちになるためである[2]．また，PETは水分を含んだまま溶融すると解重合するため[3]，あらかじめ乾燥が必要である．乾燥後の好ましい水分率は0.05 wt%以下とされている．乾燥は通常130～160℃で行われる．乾燥により結晶化も進行して，溶融押し出し機のスクリュー入り口部での融着トラブルの防止にもつながる．

PET繊維の製造方法は，大別すると，いったん未延伸糸を巻き取った後に次工程で延伸する二段階方式と，高速度で直接に所望の糸を巻き取る一段階方式とがある．高速紡糸は巻き取り速度により，POY(partially oriented yarn)[4]とFOY(fully oriented yarn)の二種に分類される(図12.1.1)．

A 紡糸-延伸二段階法

溶融ポリマーを細化，固化して，いったん1,000～2,000 m min^{-1} 程度の速度で巻き取り，その未延伸糸を一定の温湿度条件下でコンディショニングし

表12.1.1 ポリエステルの生産量推移(万t)

年	1960	1970	1980	1990	2000	2005	2010	2012	2014	2016
日本計	2.2	30.8	62.5	71.7	66.9	49.6	34.7	31.9	28.2	23.5
世界計	12.3	165	513	868	1,915	2,641	3,719	4,447	4,851	5,204

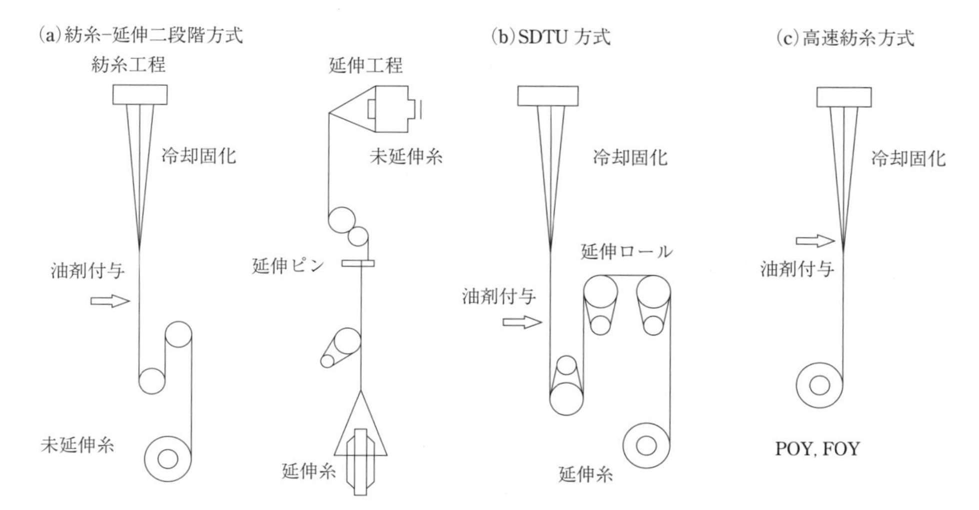

図 12.1.1　溶融紡糸方式

た後に，延伸機を用いて機械的に熱延伸して延伸糸を巻き取る方法である．

PET のガラス転移点は非晶部で 69℃であるため[5]，均一な延伸糸とするには延伸前に加熱する必要がある．通常は繊維の長手方向の均一性が重要視されるが，積極的に斑を付与することで特殊効果をねらった繊維もある．たとえば，未延伸糸の自然延伸倍率以下で延伸して未延伸部を残すことにより特殊な太細糸が生産されている[6]．また，紡糸工程では次の延伸工程に必要な糸の集束性，平滑性，制電性などを付与するために油剤付与(オイリング)を行うが，リン酸エステルなどの界面活性剤や，それらの混合物の水溶液を用いるのが一般的である[7]．

B　SDTU(spin draw take up)方式

上記の二工程を連続して行う方法であり，未延伸糸を巻き取らずに熱ロール間で約 1.5～3.0 倍に延伸して 4,500 m min^{-1} 程度の速度で巻き上げる方式である．

C　高速紡糸法

a　POY

4,500 m min^{-1} 程度で紡糸するものであり，衣料用の細繊度糸では巻き取り前のゴデットロールを用いない方式も採用されている．この POY は破断伸度が 100％前後あるため，そのままで使用されることはなく，延伸仮撚機で仮撚糸にして使用される[8]．

b　FOY

7,000 m min^{-1} 以上の速度で紡糸されるものであり，得られる糸は染色性に優れ，収縮率が低いという特性を有している[9]．FOY の紡糸技術は 6,000 m min^{-1} の巻き取りが可能な高速ワインダーが出現した 1970 年代後半から大きく進展した．1980 年代以降は単なるコストダウン手段としてではなく，新規繊維を生み出すプロセスとして実用化が加速した．

高速紡糸の最大の課題は糸切れの問題である．高速紡糸においては，吐出糸条の紡糸線に沿った糸速変化率および空気抵抗による紡糸張力の増大のために，いわゆるネッキング現象が生じる．このため糸切れの確率が飛躍的に増大するが，溶融ポリマーの熱分解を抑制するポリマー配管などの設計，ろ過を強化する溶融押し出し機の設計，均一冷却のための乱流を抑制した冷却空気の紡糸筒内への供給など，糸切れ要因すべてにわたる配慮がなされ，実用化されている．

12.1.3　異形断面繊維および中空繊維の製造方法

通常，糸の断面は円形であるが，風合い，光沢，張り・こしなどの特性を付与するために，口金孔形状を適宜変えることで，各種の異形断面繊維が生産されている[10]．国内では，東レが絹に似た繊維として三角断面糸“シルック”を開発したのが最初であるが，溶融紡糸法であるため，口金孔形状と得られる糸の断面形状には隔たりがあり，口金孔形状設計とともに溶融粘度や冷却条件が重要である．また，分割吐出されたポリマーを冷却固化前に融着させることで中空繊維も製造できる[11]．

12.1.4　極細繊維の製造方法

極細繊維は，その糸の細さのために柔軟で比表面積が大きいなどの特徴を有し，人工皮革，新合繊，超高密度透湿防水布帛，高性能ワイピングクロスなどに利用されている．

極細繊維の製造方法[12]として最初に検討されたのは，メルトブローやフラッシュ紡糸などのランダムタイプの極細繊維である．これらの手法では，一工程にて極細繊維からなる不織布が得られるという特徴を生かし，近年では，シート状の繊維素材の製造方法として確固たる地位を築いている．一方，フィラメントタイプについては，1960年代のDuPont社による鋭いエッジをもつ繊維[13]を基点としたおもに複合紡糸技術として独自に検討され，今日の極細繊維技術（おもには，海島型複合や分割型複合）の基礎が構築されていった．

極細繊維の製造方法は，口金技術だけでなく，ポリマーブレンド法[14]といった新しい繊維技術の開発が進められるに伴い，その繊維径がミクロンオーダーからサブミクロンオーダー（超極細繊維）に縮小され，さらにエレクトロスピニング法[15]やポリマーブレンド法[16]などの技術革新により，繊維径がナノサイズであるナノファイバーも製造可能となった．

ナノオーダーの繊維径を有したナノファイバーは圧倒的な比表面積と，ナノファイバー間に形成される空隙がナノオーダーになることなどから，従来の極細繊維（マイクロファイバー）では得られない新しい特性（ナノサイズ効果）が発現するとされ，幅広い用途分野で高機能新素材としての展開が進められている．

12.1.5　産業資材用ポリエステル繊維の製造方法

この分野の要求特性は，強度，耐疲労性，低収縮，ゴムとの接着性などであるが，産業用PET繊維の原糸高強度化の基本技術（特にタイヤコード用）は，DuPont社の特許にみられる方法である．基本思想は，高分子量PETを溶融紡糸して低配向未延伸糸を得た後に，高倍率延伸，高温熱セットにより，高強度繊維にすることにある[17]．しかし，1978年にPOYの延伸による方法で，強度は約10％低下するものの耐疲労性，低収縮性が得られることが示されて以降，現在ではタイヤコード向けにかなりの量が生産されている[18]．この方法で得られる糸は加工工程での強力保持率に優れているため，タイヤ走行後の強度が高いと評価されている．また，PETは高温雰囲気中で水やアミン化合物によりエステル結合が切断されるため，強度低下を引き起こしやすい．その切断は末端カルボキシル基によって触媒的に促進されることが知られており，エポキシ化合物やカルボジイミド化合物などの末端封鎖剤が実用化されている．

12.1.6　ポリエステルの環境対応素材

ポリエステル繊維は溶融紡糸法で製造されるため，湿式紡糸法の繊維のように有害な有機溶媒を用いる必要はなく，また繊維を製造するにあたってのエネルギー負荷，CO_2負荷ともに比較的低い部類に属する繊維である．しかし，昨今の環境意識の高まりとともに，ポリエステル繊維に関しても環境対応素材の研究・開発が進められている．

PETの原料はエチレングリコールとテレフタル酸であり，加水分解などによってモノマーに戻すことができるので，いわゆるケミカルリサイクルの取り組みが行われている．企業のユニフォームやスポーツアパレルなどへの採用例がみられる．

一方，ポリエステル繊維の原料はすべて石油由来であるため，これを再生産が可能なバイオマスに置き換えようとする試みも行われてきている．バイオ法で製造したプロピレングリコールをジオール成分として用いたポリプロピレンテレフタレート（3GT，ポリトリメチレンテレフタレートとも）は，PETとは特性が違ったものとなり，そのストレッチ性能を生かして衣料用に多く用いられている．

また，PETにおいてもバイオ法で得られたエチレングリコールを用いる“部分バイオPET”が実用化されてきている．バイオ化率は30％程度ではあるが一部を置き換えた意義があり，各社から製品が出されている．さらにはエチレングリコールだけではなく，テレフタル酸についてもバイオ法で得られたものを用いる“100％バイオPET”についても技術はできており，繊維化も成功している．

衣料用ポリエステル繊維の高次加工の分野でも環境対応はますます重要であり，環境負荷が高い染料が廃番となったり，非ハロゲン系・非フッ素系の薬剤への置き換え，酵素を用いた化学加工，よりマイルドな加工方法を追求する動きなどがみられる．

文献

1) 繊維ハンドブック，日本化学繊維協会(2017)
2) K. Tomita, Polymer, 14, 50(1973)
3) US Patent, 2,503,251(1950)
4) 特開昭48-27050(1973)；特開昭48-35112(1973)
5) H. J. Kolb, E. F. Iard, J. Appl. Phys., 20, 564 (1949)
6) US Patent, 4,059,950(1977)
7) 特公昭41-294(1966)；特公昭41-6614(1966)
8) 奈良寛久，安家勝三，フィラメント加工技術マニュアル，日本繊維機械学会(1976)
9) 特公昭64-8086(1989)
10) 特公昭36-20770(1961)
11) 古下昭雄，繊維工学，18，553(1965)
12) 繊維学会編，最新の紡糸技術，p.205-226，高分子刊行会(1992)
13) 特公昭39-933(1964)
14) 特開昭63-243314(1988)
15) 川部，繊維学会誌，64(2)，64(2008)
16) 特開2004-162244(2004)
17) US Patent, 2,556,295(1951)
18) 特公昭40-9533(1965)

12.2 ポリアミド繊維(ナイロン)

12.2.1 概要

DuPont社のCarothersらによる研究からポリアミド系ポリマーとして初めての合成繊維が1936年に生みだされた．そしてDuPont社によって1938年に66-ナイロン(ポリヘキサメチレンアジパミド)繊維が工業化された．

また，6-ナイロンはFarben Industrie社(独)のSchlagが1939年にε-カプロラクタムの溶融重合法を見いだし，日本では東レの星野らがε-カプロラクタムの合成および重合法を研究し，1942年に6-ナイロンモノフィラメントの生産が開始された．ナイロンはDuPont社が開発したポリアミドの製品名である．工業化から80年たった現在，ポリアミドのことをナイロンと総称するのが一般的になっている．ナイロンの生産量推移を表12.2.1に示す[1]．

ポリアミド系繊維としては，他に46-ナイロン繊維，11-ナイロン繊維や全芳香族系ポリアミド繊維としてパラ系アラミド繊維やメタ系アラミド繊維などがあるが，ここでは6-ナイロン繊維と66-ナイロン繊維に重点をおいて述べる．

ナイロン繊維は比較対象となることが多いポリエステル繊維に比べると，強度が高い．磨耗摩擦に強く，耐薬品性(耐アルカリ)に優れている．繰り返しの変形に強い．吸水性，吸湿性が高い．柔らかい，軽い，発色性がよい，繰り返しの変形に強いなどの性質をもつ．一方，水を吸った際に性能が変化する(強度が低くなる)．黄変しやすいなどの欠点がある．

上記特性を生かした用途として，現在ではおもに以下の用途に使われている．

(1) ストッキング，インナー…高強度，吸水性，吸湿性，柔らかさ

(2) スポーツウェア…高強度，吸水性，吸湿性，耐

表12.2.1　ナイロンの生産量推移(万t)

年	1960	1970	1980	1990	2000	2005	2010	2012	2014	2016
日本計	3.3	28.7	30.0	27.4	17.6	11.8	9.3	9.8	9.8	8.9
世界計	35.9	168.2	259.5	301.0	360.4	349.7	363.9	390.1	435.9	453.0

磨耗性
(3) カーペット…耐磨耗性，耐疲労性
(4) ラジアルタイヤのキャッププライコード，トラック，バスなどの大型バイアスタイヤ，航空機タイヤ…高強度，ゴム接着性，耐疲労性
(5) 自動車用エアバッグ…高強度，耐溶融性，柔らかさ

12.2.2 製造方法

A ポリマー製造法[2)]

a 6-ナイロン

6-ナイロン原料であるε-カプロラクタムは，シクロヘキサンの空気酸化などにより得られるシクロヘキサノンと硝酸イオンの還元などにより得られるヒドロキシルアミンとのオキシム化反応によりシクロヘキサノンオキシムを得，Beckmann 転位を行う直接酸化法，およびシクロヘキサンと塩化ニトロシルとから光反応により一段でシクロヘキサノンオキシムを得，Beckmann 転位を行う光ニトロソ化法がある．これらの方法では，Beckmann 転位の反応助剤に発煙硫酸が使われ，硫酸塩として得られるカプロラクタムを遊離するために，アンモニアで中和する必要があり，結果，硫安が副生される．住友化学は，硫安が副生しない環境に優しい製造法として，ゼオライト触媒を使った気相 Beckmann 転位法を採用している．

6-ナイロンはε-カプロラクタム結晶に開環触媒として水を添加して，加熱することにより製造される．

ε-カプロラクタムは約 260℃に加熱された常圧重合塔内を約 10 時間かけて落下する間に重合平衡に達し，ポリマーとなる．ポリマーは塔下部からストランド状に水槽中に吐出され，冷却固化された後，カッターで裁断されチップ化される．得られたポリマーチップには約 10％のモノマーおよびオリゴマーが含まれており，これら低分子量物を除去するため，抽出塔で熱水により抽出する．その後，乾燥機で乾燥され調湿された後，紡糸に使われる．

b 66-ナイロン

66-ナイロンはアジピン酸とヘキサメチレンジアミンとの重縮合反応により製造される．

アジピン酸はシクロヘキサンの空気酸化などによって得られるシクロヘキサノン-シクロヘキサノール混合物を触媒の存在下で硝酸酸化する方法がおもな製法である．

ヘキサメチレンジアミンはおもな製造法だけでも 3 通りの方法がある．

(1) アジピン酸とアンモニアを反応させ脱水触媒で脱水してアジポニトリルを製造し，金属触媒，アンモニアの存在下，水素化することによりヘキサメチレンジアミンを得る方法．
(2) プロピレンに金属酸化物触媒の存在下，アンモニアと酸素を作用させて得られるアクリロニトリルを電解二量化することによりアジポニトリルを製造し，前記手法でヘキサメチレンジアミンを得る方法．
(3) ブタジエンに金属触媒下，直接青酸を付与しペンテンニトリルを経て，アジポニトリルを製造し，前記手法でヘキサメチレンジアミンを得る方法．

(1) はアジピン酸とヘキサメチレンジアミンの製造プロセスを共用できスケールメリットが得られる点，(2) は天然ガスからも製造できるプロピレンを出発原料にできる点，(3) はコスト競争力に最も優れる点が利点である．

66-ナイロンは以下の手順で製造される．ナイロンソルト（ヘキサメチレンジアミンとアジピン酸の等モル塩）水溶液に各種添加剤を加えて調整した後，重合缶に仕込んで 250℃に加熱し，重合缶内を 15～20 気圧に制御する．プレポリマーが生成した段階で，270～280℃に昇温しながら放圧し，さらに常圧で重合を進め 66-ナイロンポリマーを得る．6-ナイロン同様，ポリマーは重合塔下部から吐出され，冷却固化された後，チップ化される．66-ナイロンには，6-ナイロンのように多量の低分子量物を含まないので，抽出工程は不要である．

c 固相重合[3)]

産業資材用に用いる場合，固相でさらに重合を行う．このプロセスの特徴は，ポリマーの結晶化熱を有効に利用しているので，結晶化温度に昇温させるための予熱は必要であるが，固相重合を進めるための積極的な熱供給は不要なことである．

6-ナイロンあるいは 66-ナイロンチップを結晶化槽に仕込み，ポリマーチップの表面を結晶化させて融着しないように加熱処理した後，固相重合塔に

入れる．重合塔の上部に加熱窒素を吹き込んでポリマーチップを予熱するが，長時間固相重合を進めるための積極的な加熱はしていない．固相重合塔の下部から吹き込む窒素は低温(60℃以下)であり，ここでは固相重合の進んだポリマーを冷やしている．この吹き込まれた窒素は，結晶化熱で高温になったポリマーチップと熱交換をしながら上昇し，固相重合によって生成した水やモノマー，オリゴマーなどを塔外に排出し，冷却した後，吸着筒で除去する．再生された窒素は，再び固相重合塔下部から供給され循環される．

固相重合時間は，通常 24 時間程度に設計されている．固相重合されたポリマーチップは，いったんサイロに貯蔵し，紡糸工場へ送られる．

B 紡糸方法

a マルチフィラメント

6–ナイロン，66–ナイロンともに工業的には，溶融紡糸・熱延伸法で製造されている．ポリマーの溶融，移送，計量，ろ過，吐出紡糸，冷却固化，給油，引取からなる紡糸工程，延伸・熱処理工程，および巻取工程からなる．

過去，紡糸工程と延伸工程を分割した二段階方式も行われていたが，現在では紡糸工程と延伸工程を連結した直接紡糸延伸法(スピンドロー方式)がほとんどである(図 12.1.1(b))．

6–ナイロンと 66–ナイロンではその融点の違いから溶融温度，延伸・熱処理温度などの温度条件に差異がある．

b モノフィラメント

モノフィラメントは産業資材用繊維と同様に，高強度・高耐久性が要求されるため，固相重合された高分子量ポリマーが原料ポリマーとして用いられる．

紡出されたモノフィラメントは，冷水中に浸漬して冷却すること，熱延伸用の加熱体としてスチームなどの熱媒を用いること，製糸速度は数百 m min^{-1} 以下の低速であること，などが特徴である．マルチフィラメントが冷風で冷却され，加熱ロールを用いて熱延伸し，高速製糸されるのと異なる．

文献

1) 繊維ハンドブック，日本化学繊維協会(2017)
2) 永安，繊維学会誌，56，198(2000)
3) C. Papaspyrides, SOLID STATE POLYMERIZATION, p.123-158(2009)

12.3 アクリル繊維

12.3.1 概要

アクリル繊維の世界生産量(表 12.3.1[1])は 2015 年実績が約 180 万 t で，2004 年の約 280 万 t 強をピークに 100 万 t 程度減っている．世界最大の生産国は中国で 70.3 万 t，次いでトルコの 27.6 万 t，ドイツの 15.0 万 t と続き，日本は世界第 4 位の 14.7 万 t である．この 14.7 万 t にはモダクリル繊維が含まれているため，アクリル繊維はさらに少ない量である．

アクリル繊維は 1970 年代には三大合繊の 1 つとして活況を呈したが，2004 年をピークに下降している．まずはポリエステルの極細化・高機能化などにより，従来アクリル繊維の得意分野であった毛布，ぬいぐるみ，フリースなどの用途がポリエステルに置き換えられた．そして原料アクリロニトリルの高騰によりポリエステルと比較して原綿価格が 100 円 kg^{-1} 近く高くなった時期もあり，アクリル繊維は 2005 年以降急速に減産基調となった．このころから，汎用繊維分野での価格競争を避けて，高付加価値化にシフト，すなわち機能性繊維の実用化・拡大を進めている．

表 12.3.1 アクリル繊維の生産量推移(万 t)

年	1960	1970	1980	1990	2000	2005	2010	2012	2014	2015	2016
日本計	2.2	26.3	35.3	36.3	38.1	26.1	14.2	14.5	14.6	14.7	12.7
世界計	10.9	99.9	206.7	231.6	262.9	269.3	195.8	193.7	178.1	180.4	169.1

表 12.3.2　世界のアクリル繊維製造方式別生産能力(千 t y^{-1})

溶剤		DMAc	DMF	DMSO	NaSCN	HNO_3	$ZnCl_2$	小計
湿式紡糸	水系懸濁重合	810	0	0	622	0	0	1,432
	溶液重合	0	86	20	0	0	0	106
乾式紡糸	水系懸濁重合	0	435	0	0	0	0	435
小計		810	521	20	622	0	0	1,973
比率(%)		41.1	26.4	1.0	31.5	0.0	0.0	100

DMAc：ジメチルアセトアミド，DMF：ジメチルホルムアミド，DMSO：ジメチルスルホキシド

12.3.2　製造方法

A　概要

アクリル繊維はアクリロニトリルを主成分とするが，紡績加工性に適した強伸度バランスを付与するために第2成分モノマーを，また染色性を付与するために通常は第3成分モノマーを共重合させている．

日本工業規格 繊維用語(原料部門)第2部：化学繊維 JIS L0204-2(2001)には「アクリロニトリル基の繰返し単位が質量比で85%以上含む直鎖状合成高分子からなる繊維」をアクリル繊維，「アクリロニトリル基の繰返し単位が質量比で35%以上，85%未満含む直鎖状合成高分子からなる繊維」をアクリル系繊維(モダクリル繊維)とよぶことに決めている．

三大合繊のうちポリエステルやナイロンは溶融紡糸によって製造されるのに対し，アクリル繊維は溶融しないため溶液紡糸法を用いなければならない．その際の溶剤として何を用いるかによって，アクリル繊維の特性も微妙に異なる．また重合法には水系懸濁重合，溶液重合があり，まさにアクリル繊維の製造方法は多種多様である．表 12.3.2 に紡糸方式(湿式，乾式)，重合方式，使用溶剤で分類した世界のアクリル繊維製造方式と 2015 年における各方式別生産能力を示す[2]．

水系懸濁重合で溶剤は DMAc または NaSCN を使用した湿式紡糸方式が多いことがわかる．また乾式紡糸も根強く残っている．HNO_3 を使用したプロセスは撤収された．また $ZnCl_2$ プロセスはほとんどが炭素繊維プレカーサーの生産機に転用されている．

B　湿式紡糸法

湿式紡糸は，高分子溶液をその溶液に対して凝固性を有する液体中に吐出することによって固化を行う紡糸法であるが，アクリル繊維の場合，高分子溶液をポリマーの非溶媒中に吐出することによって，高分子濃厚相と高分子希薄相の2つの相に分離する方法である[3]．凝固段階における相分離により高分子濃厚相が粒子状となり，それが凝集することによって繊維構造を形成し，ネットワーク構造をとっていると考えられる．

延伸は，このネットワーク構造を引きすぼめて内部の空隙をつぶして，構造を緻密にする作用を有している．延伸倍率は繊維性能のバランスを適正化するのに重要な条件であるが，延伸のタイミングも重要な要素である．粒子間の結合力は時間の経過とともに溶剤およびポリマーの拡散によって，その結合力が増していくと考えられており，そのため結合力の弱い凝固初期の段階で延伸を行うと，高分子粒子間の結合が破壊されて繊維構造の破壊を引き起こす．この構造破壊は繊維の失透原因となるため，溶剤を緩慢な条件で洗浄除去した後，延伸することが好ましい．アクリル繊維の湿式紡糸の場合，水平方向に紡糸する方法が主流である(図 12.3.1(a))．

C　乾式紡糸法

アクリル繊維の乾式紡糸では，溶剤としてジメチルホルムアミド(DMF)が用いられ，ポリマー濃度の比較的高い紡糸原液を 5～10 m 長さの紡糸筒内に吐出し，筒内に高温の加熱不活性ガスを供給することによって，溶剤を蒸発させて糸条形成を行わせる．紡糸筒を出るところでの紡糸速度は 200～300 m min^{-1} 程度である．

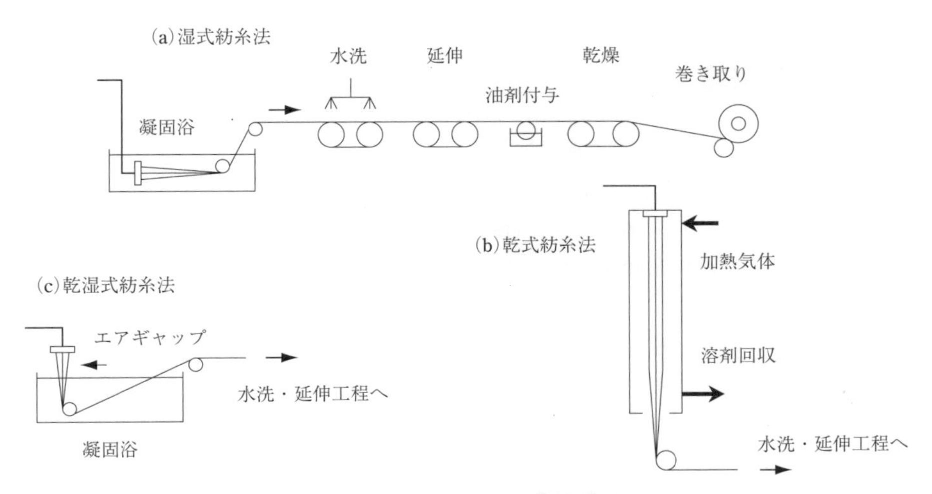

図 12.3.1　アクリルの紡糸方法

この段階でのアクリル繊維は溶剤の DMF が抜け切っておらず，物性的にも低いため，水洗・延伸工程を紡糸と切り離して行うプロセスが一般的である．この延伸後の最終速度は 100 m min^{-1} 程度であり，必ずしも湿式紡糸に比べて優位にあるとはいえないが，緻密で平滑な繊維表面が得られる点に特徴がある．

なお，欧州では乾式紡糸後，ダイレクトに水洗・延伸工程に導き，最終速度 1,000 m min^{-1} 程度の高生産プロセスに成功したところもある．（図 12.3.1 (b)）

D　乾湿式紡糸法

この方法は Monsanto 社が最初に検討した方法であり[4]，紡糸口金より吐出した糸条を短い距離の気体雰囲気層(エアギャップ)を介して凝固槽に導入するものである．これはフィラメント数に制約のあるアクリル長繊維の生産性向上のために紡糸速度を上げることが本来の目的であった．紡糸口金より吐出した糸条を，5〜10 mm 程度の短い気体雰囲気層を介して凝固槽に導入するというものである．紡糸口金と凝固浴の液面までの距離が乾式部であり，この部分で糸条の変形を吸収し，凝固浴内での延伸に伴う構造破壊を回避できるため，均質な糸条が得られやすく，高速化にも適するという長所がある．乾式部の距離が短いのは，乾式部での単糸間の密接着を防ぐためであり，乾式紡糸に比べると口金の孔数(孔密度)は上げられる．

この方法を用いて製造すると，繊維表面は凹凸がなく平滑な表面となるため，シルクのような光沢に優れたアクリル繊維が得られる(図 12.3.1 (c))．

12.3.3　アクリル系繊維(モダクリル繊維)

アクリロニトリルのホモポリマーであるポリアクリロニトリル(PAN)は溶解し難く，紡績工程でも折損しやすく，また染まり難い．これを改良するため，一部の産業資材用途を除き，アクリル酸エスエル，酢酸ビニルなどを共重合させている．これらは共重合量が 10％未満のものが多く，アクリル繊維とよばれるが，塩化ビニル，塩化ビニリデンなどを多量に共重合したものはモダクリル繊維とよばれる．最初のモダクリル繊維は，1948 年に Union Carbide 社が生産開始し，塩化ビニル 60％，アクリロニトリル 40％の共重合組成のものであったが，現在では塩化ビニリデンなども共重合成分として使用されている．モダクリル繊維の基本的な性質はポリマー組成によって変化するが，紡糸後の延伸熱処理条件も繊維の性質を決める重要な要素であり，これらを組み合わせて必要な特性を付与して各種の用途に使用されている．おもな用途は難燃性能を生かした用途(カーペット，カーテンなど)や毛足の伸びやすさを生かした用途(フェイクファー，ヘアウイッグなど)である．

12.3.4 アクリル長繊維

ポリエステルやナイロンに比較すれば強度は低いが，絹に非常に似た光沢を有し，耐光性の面でも優れている．このため日本では2社(三菱レイヨン(現三菱ケミカル)，旭化成)で一時期年間5,000 t程度が生産されていた．製造方法としては使用溶剤にもよるが，湿式紡糸や乾湿式紡糸が採用されている．しかし品質の安定化，特に染色の均一化が非常に難しく，紡糸にはきわめて高度な技術が要求され，製造コストは高くなる．こうしたことやポリエステルの高機能化により市場での需要が減少したことなどにより，2010年までにすべての生産を停止した．

文献

1) 繊維ハンドブック，日本化学繊維協会(2017)
2) 筒井延宏，繊維の形成と構造の発現(Ⅱ)，化学同人(1970)
3) K. Kamide, Thermodynamics of Polymer Solution, p.584, Elsevier(1990)
4) 特公昭40-26212(1965)

12.4 ポリプロピレン繊維

12.4.1 概要

1958年にポリプロピレン(PP)繊維の工業化が開始され，当初は軽量で強度があり，保温性と弾力性に富んだ“夢の繊維”として合繊各社は積極的に展開してきた．しかし一方で，耐熱性や耐候性がなく染色性が悪いなどの欠点のために用途に制約があった．特に1967年ごろからドライクリーニングの乾燥工程で火災事故が発生するという致命的な品質問題が発生した．これはPPとコットンやレーヨンなどセルロース系繊維との混紡製品が加熱条件下におかれると酸化発熱するというもので，1970年代初頭，PP繊維事業から撤退する合繊メーカーが相次ぎ，衣料用途にはほとんど使用されない時期があった．

これ以降，国内の需要の中心は，不織布や紡績糸などを用いた産業資材，カーペット，ロープ，袋物であった．またポリエチレンとの融点差を利用した複合繊維は，繊維の表面のみが融着する特性を生かして，衛生材料，生活資材，フィルターなどの不織布に使用されてきた．なお，これら不織布用途についての詳細は12.4.5項で述べる．その後PP繊維の製造技術は，1980年代の2つの技術開発によって飛躍的に進歩し，PPとセルロース系繊維とを混紡した衣料製品用途への展開も可能になった．この2つの技術開発については，後述するが，表12.4.1に生産量の推移を示す[1)]．

12.4.2 製造方法

PP繊維は，ポリエステルやナイロンと同様に溶融紡糸法によって製造されるが，当初のポリマーは高分子量で分子量分布が広く，溶融粘度が10^4～10^5 poiseと高いものであり，紡糸は難しかった．

A 溶融・押し出し

PPは溶融粘度が高いため，溶融紡糸に適正な10^3 poiseの溶融粘度レベルにする目的で，高温紡糸や長さ/直径(L/D)の大きなスクリューの採用などが必要である[2)]．またPPは染着座席をもたないため，実用的な着色手段として原着糸の生産が行われている．いったん各種の顔料を分散剤とともに，高濃度でPPに配合したマスターペレットを作製し，それを紡糸段階でブレンドする方式が一般的である．

表12.4.1 ポリプロピレン繊維の生産量推移(万t)

年	1965	1970	1980	1990	2000	2005	2010	2012	2014	2016
日本計	0.84	4.4	3.7	6.0	11.1	12.5	11.4	12.1	12.9	13.4

B　紡糸口金（紡糸ノズル）

PP はギヤポンプでの計量，砂などのろ材でろ過を行ったのち，紡糸ノズルから吐出するが，高粘性のためにメルトフラクチャーを起こしやすい．メルトフラクチャーとは細いノズルを通して溶融ポリマーを吐出する際，過大な吐出応力がかかったときに糸の表面が不規則な形状を呈する（シャークスともよばれる）現象である[3)]．これを抑制するために，ノズルの径，入り口角度などのノズル設計面や，吐出量，紡糸温度条件などで吐出応力を低下させる配慮が重要である．

C　冷却・固化・巻取

フィラメントの場合，糸条は冷却，固化したのち，オイリングを施して未延伸糸として巻き取られるが，ステープルの場合は未延伸糸を引き揃えてケンスに振り込まれる．次の延伸工程のためには，未延伸糸の結晶化および配向を抑制することが望ましいが，PP の場合は結晶化速度が速いため，特に冷却条件は重要である．

D　延伸

ナイロンやポリエステルのように結晶化の進行していない未延伸糸が得られる場合は，延伸時の温度は二次転移点が目安となるが，PP の場合は結晶化が進行しているため，結晶の可塑変形が円滑に行われる 120℃程度の温度が必要である[4)]．

12.4.3　PP 製造技術の進歩

PP の製造技術は，1980 年代の 2 つの技術開発によって飛躍的に進歩した[5)]．

すなわち，(1) 熱安定剤として高融点のヒンダードフェノール，耐候安定剤としての高分子量のヒンダードアミンの開発がなされた，(2) 分子鎖切断用パーオキサイドを用いて化学的に分子量を下げ，分子量分布を狭くすることによって溶融粘性を低下させる技術が開発された，ことである．これによって高速紡糸が可能となり，紡糸–延伸の 1 工程化が採用されるとともに低温紡糸も可能になり，耐熱性の低い顔料や機能剤の練り込みも可能になり，PP 繊維の用途が拡大した．衣料用途で画期的であったのは耐候安定剤としての高分子量のヒンダードアミンの開発により PP とセルロース系繊維との混紡製品が加熱条件下におかれても酸化発熱しなくなったことである．

昨今，PP 繊維が数量的には伸びているのは不織布用スパンボンド（特に衛生材料用途）で著しく，ポリエステル不織布をもしのぎ，現在，不織布用途では PP が最大の生産量となっている．これについては不織布用スパンポンドの項に譲る．

12.4.4　衣料用途としての PP 繊維の特徴

PP 繊維は (1) 疎水性なのでサラサラ感がある，(2) 熱伝導性が低く保温性に優れ，暖かい，(3) 水に浮かぶほど軽く，快適な着心地を維持する，といった特徴がありコットンやレーヨンなどのセルロース系繊維と混紡・交撚した快適衣料素材として伸びることが期待されている．

12.4.5　PP スパンボンド

スパンボンド不織布は合成樹脂（ポリマー）を，エクストルーダーで加熱，溶融し，細い孔を有する紡糸ノズルから押し出し，延伸して連続した長繊維（フィラメント）を得，次いでフィラメントを均一に分散させたウェブを熱圧着などにより，フィラメント同士をボンディング（接合）して得られる．

図 12.4.1 にスパンボンドの製法の一例を示すが，紡糸部分は高速紡糸の部類に入り，PET などと同様である．スパンボンドは，通常大略して次のような工程（図 12.4.2）を経てシート化される．

(1) シート化するために，長尺の紡糸ノズルが採用されており，生産性の向上に伴い，紡口口金孔の数は増加の傾向にある．

(2) 通常は引き取りロールなどは用いず，ドロージェットとよばれる吸引ジェットを用いて延伸される．

(3) 紡糸延伸されたフィラメント群は静電気が付与されて，それぞれのフィラメントを電気的な反発力によって開繊させる．フィラメントに帯電させる方法としては，コロナ帯電装置や衝突帯電などが利用されている．Reifenhauser 社のラ

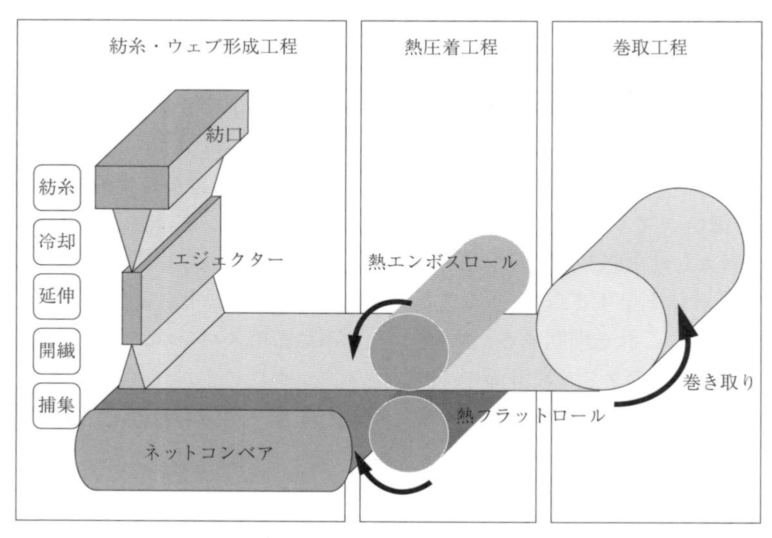

図 12.4.1　スパンボンドの製造プロセス

図 12.4.2　スパンボンドのシート化プロセス

イコフィルシステムにみられるような方式(絞り板式)で延伸し，ディフューザーで開繊させる方法もある．

(4) すだれ状になったフィラメント群は搬送ベルト上に捕集される．各々のフィラメントはランダムなループ状で均一に配置されることが望ましい．

(5) 得られたウェブは，フィラメントの交点を接合することによってシート化される．接合方法としては，熱と圧力を利用する方法や結合剤を使用する方法などがある．

PP スパンボンドは，特におむつ用不織布用途での需要の伸びが著しく，ポリエステル不織布をもしのぎ，現在は不織布では最大の生産量となっている．当初は SMS タイプとよばれるスパンボンドとメルトブロウンの複合不織布がサイドギャザーとよばれる部分に使用されるのが主流であったが，各社の技術革新によりバックシート，トップシートなどにも使用されるようになった．

文献

1) 繊維ハンドブック，日本化学繊維協会(2017)
2) Brit. Patent, 818,100(1974)
3) Y. Oyanagi, Appl. Polymer Symp., 20, 123 (1973)
4) 特公昭 37-15484(1962)
5) F. K. Meyer et al., Ciba Geigy AG Current Trends in the Stabilization of PP Fibers

12.5　ビニロン繊維，ポリウレタン繊維

12.5.1　ビニロン繊維

A　概要

ビニロン[1]は，ポリビニルアルコールからなる合成繊維の一般名称であり，1950 年に世界で初めて日本で工業化された．ビニロンは衣料用繊維として伸び悩み 1970 年ごろをピークに生産量が低迷したが，1980 年後半より石綿代替としてのビニロン需要が欧州で高まって生産量が増加に転じ，2008 年にはビニロンステープルの国内生産量は 3.7 万 t 弱に達している[2]．ビニロン繊維は非水溶性タイプと

水溶性タイプに大別され，非水溶性タイプは高強度，低伸度，高弾性，さらに低クリープや耐薬品性に優れるという特徴を生かしてゴム補強材，アルカリマンガン電池のセパレーター，アスベスト（石綿）に代わるセメントやコンクリートの補強材などに幅広く使用され，水溶性タイプは刺繍基布や細糸・弱糸の補強など，まったく異なる用途で使用されている．

ビニロン繊維は，一般的にポリビニルアルコール（PVA）紡糸原液の湿式法あるいは乾式法によって紡糸されている（図 12.5.1，図 12.5.2）．

B　湿式紡糸法

湿式紡糸の際の凝固浴には濃厚ボウ硝溶液が用いられ，紡糸後の繊維には延伸，熱処理が施されて結晶化が促進される．その後，ホルムアルデヒド，ボウ硝，硫酸などを含む 50〜70℃の浴中に通してホルマール化処理を行うことにより，PVA の水酸基が封鎖されて熱水に耐える繊維となる．

C　アルカリゲル紡糸法

単純な湿式紡糸法では，凝固浴中での急速な脱水のためスキン層が形成されて高度延伸の障害となる．高強度の発現を達成するためには，緩慢な脱水によって延伸しやすい未延伸糸構造を得る必要があり，アルカリ紡糸が行われるようになった[3]．PVA 水溶液を 350 g L^{-1} 程度の濃厚苛性ソーダ水溶液からなる凝固浴中に湿式紡糸し，繊維形成後に硫酸による中和，熱処理，水洗，乾燥，延伸熱処理する方法である（図 12.5.3）．苛性ソーダが吐出液内部まで浸透して均質にゲル化し，凝固浴中での脱水が緩慢であるためスキン層がない均質構造が形成される．そのため高倍率（15〜20 倍）の延伸が可能である[4]．現在は，薬品のコストや紡糸の長期安定性の問題から，ホウ酸–アルカリ紡糸が主流となっている．この方法は PVA とホウ酸との架橋反応を利用したもので，低濃度のアルカリの使用で脱水が緩慢に起こるため高倍率延伸が可能である．また，本紡糸方法では耐熱水性が向上するため，ホルマール化は必須ではない．

D　乾式紡糸法

押し出し機を用いて高温・高圧で PVA を水に溶解させて高濃度水溶液を調整し，ノズルから空気中に吐出させて水分を蒸発させることで繊維形成を行う．この紡糸法では高濃度 PVA 水溶液を扱うため，分子鎖のもつれや微結晶などの物理的・化学的接合部が多く，高延伸が難しいため高強力繊維の生産には向かない．一方で，凝固浴を使わないため，水溶性繊維や太繊度糸などの生産ができるなどのメリットがある．

E　湿式冷却ゲル紡糸法

PVA の溶媒として水の代わりに DMSO などの有機溶剤を使用し，吐出液を冷却によりゲル化させる紡糸法で，均質なゲル化，緩慢な脱溶剤により均質構造の糸が得られる．水系では使用が難しい高重合

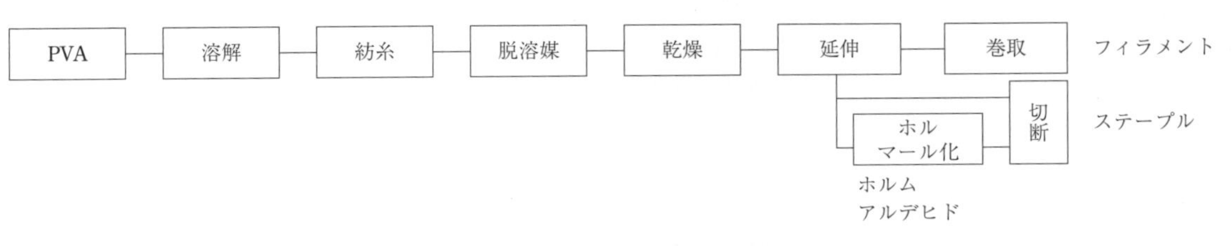

図 12.5.1　ビニロン繊維の製造工程（湿式紡糸）

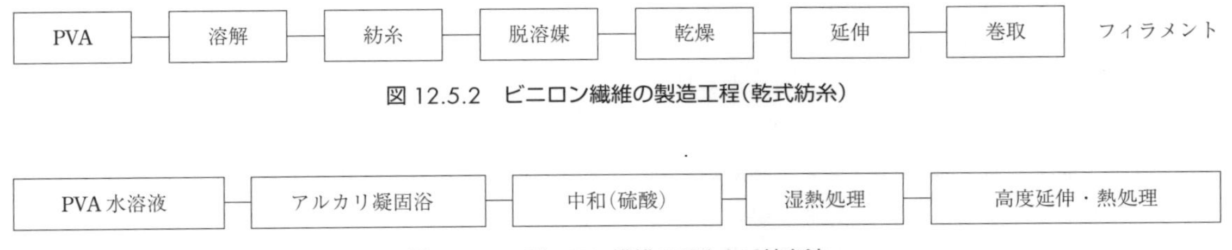

図 12.5.2　ビニロン繊維の製造工程（乾式紡糸）

図 12.5.3　ビニロン繊維のアルカリ紡糸法

度PVAや水溶性PVAでも紡糸ができるメリットもあり，強度20 cN $dtex^{-1}$以上のビニロンが得られたという報告もある[5]．

文献

1) I. Sakurada, Polyvinyl Alcohol Fibers, Marcel Dekker(1985)
2) 繊維ハンドブック，日本化学繊維協会(2016)
3) 特公昭47-8186(1972)
4) 特公昭46-11457(1971)
5) 閑田ほか，コンクリート工学年次論文報告集，20(2)，229(1998)

12.5.2 ポリウレタン繊維

A 概要

ポリウレタン繊維は，「ポリウレタンセグメントを質量比で85％以上含み，張力をかけないときの長さの3倍に伸張したとき，張力を除くとすぐに元の長さに戻る長鎖状高分子からなる繊維(JIS L0204-2(2010))」と定義されている．

ポリウレタン繊維は，単独で使用されることはほとんどなく，衣料用途においては，エステル，ナイロン，綿といった他の合成繊維，天然繊維と組み合わせて使われ，衣服にストレッチ性を付与する．また，ゴム糸の代替として，使い捨てオムツ，サポーター，資材など，非衣料分野にも用途が拡大している．

ポリウレタン繊維を形成するセグメント化ポリウレタンは，高分子長鎖ジオール，ジイソシアネート，および鎖延長剤となる低分子二官能性活性水素化合物からなる．主原料である高分子長鎖ジオールの種類により，原料面からはポリエーテル系とポリエステル系に大別されるが，現在生産されているものはポリエーテル系が大半を占める．

このセグメント化ポリウレタンは，高分子長鎖ジオールとジイソシアネートからなるソフトセグメントと，ジイソシアネートと鎖延長剤からなるハードセグメントが，交互に結合したブロック共重合体の構造を有する．低融点で柔軟なソフトセグメントは，ポリウレタン繊維に高い伸縮性を与え，高融点で剛直なハードセグメントは，ポリウレタン繊維に強度を与え，伸張される際の塑性流動を抑えて繊維の形態を維持する役割をもつ．

ポリウレタン繊維の紡糸方法には，乾式紡糸法，溶融紡糸法，湿式紡糸法などがあるが，現在生産が行われているのは乾式紡糸法，溶融紡糸法であり，主流となっているのは乾式紡糸法である．

B 乾式紡糸法

鎖延長反応に低分子ジアミンを用いる場合，ウレア基を有する高融点のポリウレタンポリマーとなるため，乾式紡糸法で生産される．また，得られるポリウレタン繊維は，ハードセグメントに凝集力の強いウレア基を有するため，弾性回復性や耐熱性に優れる．このことから，乾式紡糸法は，溶融紡糸法に比べて製造工程は複雑となるが，世界の大手メーカーのほとんどで採用され，世界のポリウレタン繊維の大半が乾式紡糸法で生産されている．

ポリウレタン繊維の乾式紡糸では，溶媒として*N,N*-ジメチルアセトアミド(DMAc)が用いられる．ポリウレタンポリマーをDMAcに溶解させた紡糸原液を，複数の細孔から加熱気体が導入されている紡糸筒内に押し出し，溶媒を蒸発させて繊維状とする．単糸は粘着性を有する段階で仮撚りされ，単糸間が軽く融着した状態のマルチフィラメントの糸となる．

C 溶融紡糸法

溶融紡糸法は，ポリウレタンポリマーを加熱溶融状態にして，細孔より押し出し，冷却後に巻き取る方法である．溶融温度は，ウレタン結合の分解温度(約230℃)以下に設定する必要があるため，低分子ジアミンにより鎖延長したウレア基を有する高融点ポリウレタンには適用できず，鎖延長反応で低分子ジオールを使用したウレア基を含有しないポリウレタンポリマーが用いられる．ハードセグメントがウレア基よりも凝集力の弱いウレタン結合のみとなるため，耐熱性や弾性回復性に劣るが，逆に高い熱セット性やソフトパワーといった特徴のあるポリウレタン繊維が得られる．

D 湿式紡糸法

湿式紡糸法は，紡糸原液を細孔から凝固浴とよばれる溶液中に押し出して，溶剤を除去するとともに凝固させて繊維状にする方法である．また湿式紡糸法の一種である反応紡糸法は，イソシアネート基が残留しているプレポリマー溶液を，ジアミンなどの鎖延長剤を含む反応浴中に押し出し，鎖延長反応，凝固，溶媒除去を同時に行う方法である．現在，これら湿式紡糸法を採用しているメーカーは非常に少ない．

12.6　アラミド繊維

12.6.1　概要

A　製造の変遷

アラミド繊維の歴史は，DuPont 社の S. L. Kwolek らが芳香族アミドポリマーの研究を開始し，1958 年に高分子量の芳香族ポリアミドの製造方法および物質特許を出願したことに始まる[1]．その後 DuPont 社を含む各社で研究が重ねられ，その分子構造中における芳香環上のアミド結合基の位置の違いに由来した，メタ型アラミド繊維とパラ型アラミド繊維がそれぞれ開発，上市され，その特徴に応じた用途に広く利用されている．

a　メタ型アラミド繊維

メタ型アラミド繊維はその屈曲した分子構造から有機溶媒に溶解する性質をもち，重合および繊維化プロセス（紡糸工程）に有機溶媒を用いることができる．繊維化の歴史も早く，1964 年に DuPont 社が Nomex として商業生産と販売を開始した．その後，帝人が同じ化学構造を有するメタ型アラミド繊維を，DuPont 社とは異なる製造プロセスを用いて製造し，Teijinconex として 1971 年から販売を開始した．

b　パラ型アラミド繊維

それまでは剛直な分子構造から不溶不融とされていたパラ型芳香族アミドポリマーを，DuPont 社が濃硫酸に溶解させ紡糸する方法を発見し，パラ型アラミド繊維の開発に成功して 1972 年から Kevler という商標で販売を開始した．

その一方で Enka 社（後に Akzo-Nobel 社を経て，当該事業は 2000 年に帝人に買収された）も，同様に硫酸紡糸によるアラミド繊維について技術開発に成功し 1986 年より Twaron としてアラミド繊維の商業生産と製造販売を開始した．

他方，メタ型アラミド繊維の商業生産に乗り出した帝人は，有機溶媒に可溶な共重合型パラ型アラミド繊維の開発にも成功し，1987 年にから“Technora”として商業生産と販売を開始した．共重合タイプを含むパラ型アラミド繊維は価格と繊維性能のバランスの良さから，産業資材用途に広く利用されている．

B　製品の用途

メタ型アラミド繊維は優れた耐熱性と難燃性を有し，メタ型アラミドは明確な融点をもたないので，バグフィルターなどの産業用耐熱性材料，また消防防火服や耐熱手袋に代表される防炎衣服などに広く使用されている．

パラ型アラミド繊維は高強力と高剛性を生かし，重量物の吊り上げに使用するスリングロープや大型船舶を係留するモーリングケーブルなどのロープ類を中心とした産業資材，タイヤや伝動ベルトなどのゴム補強，光ファイバーや送電線などのケーブル被覆，その他の樹脂やコンクリート補強，また防弾用素材など防衛産業にも利用されている[2]．

C　生産量および製造者

メタ型アラミド繊維の年間生産能力は，2017 年に日本で 2,700 t，世界では約 3.4 万 t である．企業生産量別にみると第一位は DuPont（米），第二位は煙台泰和新材料（中）で，この 2 社で全生産量の約 8 割近くを占め，残りを他メーカーが供給している[3]．

一方で，パラ型アラミド繊維の生産能力はメタ型アラミド繊維よりも多く，2017 年に世界で約 7.3 万 t といわれている．Kevler を生産する DuPont 社と Twaron を生産する帝人で生産量のほぼ 9 割を占めており，残りは帝人が生産する Technora，Kolon 社が生産する Heracon およびその他である[3]．

メタ型アラミド繊維は有機溶媒を用いた重合および紡糸が可能で，技術的事業参入障壁が低く，かつ DuPont 社の特許期間が満了したことで生産と販売が事実上自由化したことから，製造供給する企業数は少なくない．しかしながら PPTA に代表される

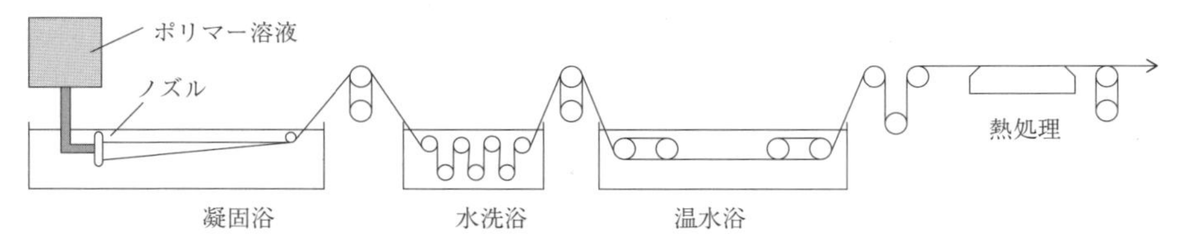

図 12.6.1　メタ型アラミド繊維の湿式紡糸(イメージ)

パラ型アラミド繊維は，金属を腐食する硫酸を紡糸溶媒に用いなければならないなど，一般的に大規模生産に至るまでの技術的障壁は高く，また繊維強力を繊維の長さ方向に沿って連続的に安定して保つのが難しいなどの理由から，現実には商業生産に成功している企業は限られている．

12.6.2　反応と製造

A　メタ型アラミドの重合と製糸

メタ型アラミド(ポリ-m-フェニレンイソフタルアミド，PMIA)は，一般的にメタフェニレンジアミン(MPDA)とイソフタル酸クロライド(IPC)を原料として作られる．DuPont 社の Nomex では重合原料をアミド系溶媒中で重合し，発生する塩化水素を中和して得たポリマーをそのまま乾式紡糸している．一方で，帝人の Teijinconex は独自の界面重合によって得たポリマーをアミド系溶媒に溶かし湿式紡糸を行っている．両繊維とも紡糸後，水洗，延伸と熱処理工程を経て製品化される．代表的な PMIA の湿式紡糸のイメージを図 12.6.1 に示す[4,5]．

一般に，乾式紡糸は湿式紡糸に比べ紡糸速度を大きくすることができ生産性を高められ，長繊維の生産には有利であるが，溶媒を乾燥するプロセスが必要になるので生産装置が大型しやすい傾向にある．一方で短繊維の生産においては，単糸本数が数万本以上の超マルチヤーンを必要とするので，紡糸速度は遅くなるものの装置を大型化せずに一度にトウ取り可能な湿式紡糸のほうが有利であるとされている．

溶液重合法で得たポリマー溶液中には中和反応で副生成する金属塩が残留している．これをそのまま湿式紡糸すると，ポリマー溶液中の金属塩によりポリマー側への水の浸透が起こってポリマーは急激に膨潤してしまう．過剰な膨潤は繊維化後に粗大な空孔として残ってしまい，後工程で単糸が切れるなど生産性上好ましくない問題を引き起こす．そのため，湿式紡糸用にメタ型アラミドポリマーを単離する際には，水洗により脱塩し，無塩ポリマーを得ている．

他方，乾式紡糸では凝固液がポリマー中に浸透するという問題は起こらないので，重合工程での脱塩は不要であり有塩のまま紡糸されている．そのため，乾式紡糸によって生産されたメタ型アラミド繊維は，一般的に湿式紡糸のそれよりも金属塩の含有量が多い．

B　パラ型アラミドの重合と製糸

パラ型アラミドのうちホモポリマーのものには Twaron や Kevler があり，これらはポリパラフェニレンテレフタルアミド(PPTA)とよばれている．PPTA は有機溶媒中でパラフェニレンジアミン(PPD)とテレフタル酸クロライド(TPC)で溶液重合を行った後ポリマーを単離し，得られたポリマーを硫酸で溶解し半乾半湿式紡糸した後，硫酸の抽出，洗浄と中和処理を行ってから製品として巻き取られている．

一方，ジアミンとして PPD と 3,4-ジアミノフェニルエーテルを共重合させたコポリマーが帝人の Technora である．Technora は有機溶媒中で共重合され，ポリマーを単離することなくポリマー溶液から直接，半乾半湿式紡糸され水洗後，延伸と熱処理が行われる．PPTA の半乾半湿式紡糸のイメージを図 12.6.2 に示す[5~7]．

PPTA の融点は 500℃以上と高く溶融紡糸は困難であり，一般的に溶液紡糸が行われている．PPTA の硫酸溶液は一定の条件下で液晶性を示し異方性を示すことが知られている[8]．PPTA 繊維はポリマー溶液をノズルと凝固液面にエアーギャップを介した半乾半湿式紡糸，あるいはノズルが凝固液に浸漬している湿式紡糸が可能である．パラ型アラミドの用途に短繊維利用もあるがその使用量は多くはなく，おもに長繊維として利用されており，生産方式も長繊維に適した高速生産が可能な半乾半湿式紡糸が主

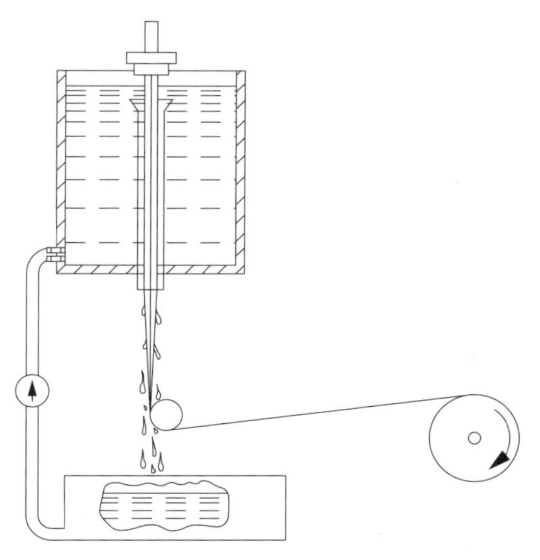

図 12.6.2 パラ型アラミド繊維の乾湿式紡糸

流である．エアーギャップ法では，紡糸速度とノズルの吐出線速度の比（ドラフト比という）を大きくすることができ，またノズルと凝固液が空気層で隔てられていることから，各々別の温度を選択することができ高濃度のポリマー溶液を安定して吐出し，また比較的低温に設定した凝固液を用いることで凝固糸に空孔を形成せずに安定した凝固を連続的に行うことが可能になる．高濃度のポリマー溶液を用いることは，吐出量あたりの繊維収量を向上させることに直結し，生産性能向上に役立っている．

Technora も Twaron や Kevler と同様に，エアーギャップによる半乾半湿式紡糸を採用している[9,10]．Technora ではポリマー溶液はノズルからエアーギャップを介して凝固液であるアミド系有機溶媒の水溶液中に吐出され凝固糸を得る．凝固糸状は水洗された後，高温下で 5 から 20 倍に延伸させて高配向化させ強度を発現させている．

Technora が PPTA ホモポリマーと異なる点は，紡糸溶媒に硫酸を用いずに有機溶媒を用いているので中和工程を必要とせず，かつ硫酸によるポリマーの分解が起こらない点である．

12.6.3 プロセス

A 工程

メタ型アラミド繊維の代表的な製造工程フローを図 12.6.3 に示す[11]．メタ型アラミドは原料となる MPD と IPC を有機溶媒中で溶液重合を行った後に直接乾式紡糸をする（DuPont 社の Nomex が相当）か，いったんポリマーを単離，水洗してから，紡糸溶媒に溶解させ湿式紡糸する（帝人の Teijinconex が相当）かして生産される．凝固糸はその後，水洗，延伸，水洗，乾燥と延伸を経て最終的な繊維となる．

パラ型アラミド繊維，PPTA の代表的な製造工程フローを図 12.6.4 に示す[11]．パラ型アラミドは原料となる PPD と TPC を有機溶媒中で溶液重合を行った後，中和してポリマーを単離する．このポリマーを紡糸溶媒である硫酸に溶解しポリマー溶液をノズルから押し出し，エアーギャップを介した半乾半湿式紡糸によって凝固糸を得る．その後，凝固糸を水洗，中和し製品を巻き取る．

B 触媒

メタ型アラミドおよびパラ型アラミドともに，重合反応はジアミンと酸クロライドの縮合反応であるので特に重合触媒は用いないが，縮合反応により発生する塩酸を中和する必要があり，通常水酸化カルシウムなどの塩基が用いられている．またこの中和により塩が生成するので工程や用途によっては脱塩操作が必要になる．

C 製品収率とユーティリティー消費

繊維特有の選別基準に満たない製品の降格を除き，ポリマーとしてみた場合の製品収率は高く，高収率で製品を得ることができる．その一方で，アラミド繊維は溶液紡糸を行うので，凝固液中に放出された紡糸溶媒を蒸留や抽出を行って回収して再利用する必要があり，この回収工程にはおもに蒸気や電気などのユーティリティーが必要になる．これらユーティリティーコストは製造コストの中で一定の割合を占めることから，省エネルギー型の回収プロセスを選択することは，製品コスト設計の観点からも重要である．またこれら回収工程の能力は生産設備の能力そのものに直結しており，製造設備の設計するうえで，重合や製糸工程の能力とうまくバランスさせておく必要がある．

D プロセス所有会社

アラミド繊維の製造プロセス所有企業は，日本国内では，メタ型アラミドと共重合タイプのパラ型ア

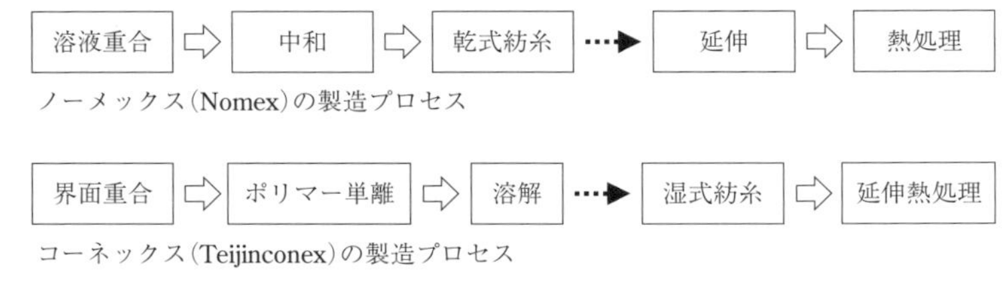

図 12.6.3　メタ型アラミド繊維(PMIA)の工程フロー

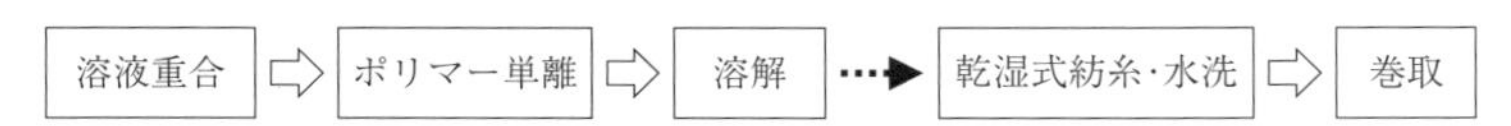

図 12.6.4　パラ型アラミド繊維(PPTA)の工程フロー

ラミドを生産する帝人と，PPTA の製造を行う東レ・DuPont 社の 2 社だけである．

12.6.4　今後の展望と最新の技術動向

メタ型およびパラ型アラミド繊維の特徴と，それぞれの主要な製造技術について紹介してきた．過去，高耐熱性を特徴とするメタ型アラミド繊維，また高強力を特徴とするパラ型アラミド繊維として開発され，産業用途を中心に広く提供されてきた．現在ではいろいろな種類のスーパー繊維が開発されて上市されているが，アラミド繊維はコストと性能のバランスに優れており，未だ多くの分野で利用され続けている．

その一方で，文明社会の高度化により，いっそう高性能・高機能で，かつ地球環境にも配慮した新しい技術とこれを補う繊維が求められている．製品の長寿命化，高耐久化にアラミド繊維の貢献が期待されており，優れた繊維を提供し続ける必要がある．

前述のとおり，メタ型アラミド繊維は，防火衣服などの用途に利用されており，これに利用される生地には特徴的な色合いが求められている．通常，メタ型アラミド繊維は分子構造に由来する優れた熱安定性をもつ一方で，繊維中に染料を含浸させ定着させるのは難しく，濃色に染まりにくいという特徴がある．そのため，通常メタアラミド繊維の染色ではキャリア剤を用いた染色が行われているが，排水処理における環境負荷低減の点から使用量を削減することが好ましい．

帝人はキャリア剤を使用せずに染色可能なメタ型アラミド繊維を開発し，2015 年から商業生産を開始し Teijinconexneo として販売している．これは繊維構造を特徴的な構造にすることで染料の吸塵を可能にしながら，今までと同等の耐熱性，耐炎火性を保っていることを特徴としている．

パラ型アラミド繊維においても，操業当初は高強力と高剛性を特徴としていたが，より高性能なスーパー繊維が提供されている今日では，機械特性だけでは性能優位性があるとはいい難く，耐熱性や耐薬品性などといった他の性能と，厳しい使用環境下における安定した機械特性を両立することで，他素材では両立が難しい特徴と利用しやすい価格を生かした分野での利用が広がっている．耐熱性だけ，高強力だけなど 1 つの性能を追求するだけでなく，複数の優れた機能を両立させることが今後，アラミド繊維に求められる．

文献

1) Kwolek et al, US Patent, 3,063,966 (1962)
2) 高田忠彦，繊維学会誌，54 (1)，3 (1998)
3) 繊維ハンドブック，日本化学繊維協会 (2017)
4) 香西恵冶，甲斐理，田部豊，藤江廣，松田吉郎，繊維学会誌，48，66 (1992)
5) 中山修，繊維機械学会誌，3 月号，41 (2003)
6) H. Blades, US Patent, 3,767,756 (1973)
7) H. Blades, US Patent, 3,869,429 (1975)
8) 小出直之, 坂本国輔, 液晶ポリマー, 共立出版 (1988)
9) 最新の紡糸技術，p.155，高分子刊行会 (1992)
10) Society of Fiber Science Technology, Japan (ed), High-Performance and Speciality Fibers, p.149, Springer Japan (2016)
11) 野間隆，繊維学会誌，56 (8)，241 (2000)

12.7　炭素繊維

12.7.1　概要

1961年にPAN系炭素繊維が開発されて以来，55年余りが経過しているが，その間のさまざまな用途の拡大に伴い，その需要は，着実に増大を続けている．リーマンショックに端を発した世界的経済危機やその後の欧州危機などの影響で需要の増減はみられるが，2010～2011年以降各市場での需要が回復し，2014～2015年には，年6万tに近い規模となりつつある．中長期的には，今後も産業用途，航空機用途を中心に，15％強の成長が見込まれる．現在，おもに日本3社，欧米4社，台湾1社，トルコ1社が生産販売を行っているが，さらに中国，韓国をはじめ，各地での新規参入が進むとともに，既存各社の能力増強も計画・実施されていくものと予想される[1)]．

一方，地球温暖化への対応としてCO_2排出量の抑制が必須なものとなっている．特に欧州においては2012年から世界で初めて車のCO_2排出規制が導入されることとなり，欧州域内で販売されるすべての新車については，走行距離1 kmあたりのCO_2平均排出量を130 g以下に抑えることが取り決められ，特に2015年には100％達成しなければならないこと，かつ2020年までには平均排出量を95 g km^{-1}以下に抑えるものとなった．なお本規制は，自動車メーカーが排出目標値を超過した場合，超過の度合いに応じ課徴金が課せられるなど，大変厳しいものである[2)]．

これら規制に伴い，自動車を中心とした炭素繊維複合材料採用による軽量化の推進がなされており，この軽量化を通して，CO_2排出抑制による地球温暖化防止など，環境面での貢献，さらに持続可能性な社会の構築に貢献できるものと考えられる．

12.7.2　製造と生産

A　PAN系炭素繊維の製造技術

PAN系炭素繊維はポリアクリロニトリル(PAN)繊維(以下，プレカーサ)を焼成して作られるもので，アクリロニトリル(AN)モノマーからプレカーサを製造する工程に大別される．前者は，ANの重合工程とPANの紡糸工程からなり，重合工程で使用される溶剤が製法により異なること，紡糸方式に湿式と乾式があることなどから，採用される技術によりプレカーサの物性に違いが生じる．後者は，耐炎化工程，炭素化工程，表面処理工程，サイジング工程からなり，高弾性タイプの炭素繊維は炭素化工程中でさらに高温(2,000～2,800℃)の炉で焼成して得られる．高品質のプレカーサを確保することが，高品質の炭素繊維を製造するための必須条件である(図12.7.1)．

B　ピッチ系炭素繊維の製造技術

ピッチ系炭素繊維はコールタールピッチや石油ピッチを精製，改質，熱処理して得られた紡糸ピッチを紡糸し，不融化後，炭化，黒鉛化することにより製造される．この際に紡糸ピッチの性質の違いによって，ピッチ系炭素繊維はさらにメソフェーズピッチ系と等方性ピッチ系に分類される．ピッチ構成分子が液晶状態となって配向していて光学的に異方性を示すメソフェーズピッチから得られる炭素繊維は，強度，弾性率といった力学的特性に優れる高性能炭素繊維となる．一方で構成分子がランダムに存在し光学的に等方性である等方性ピッチから得られる炭素繊維は，力学的特性を主目的としない汎用炭素繊維となる．

C　PAN系炭素繊維の生産能力

工業化以来，日米欧の炭素繊維メーカーは，激しい需給バランスの変動と生存競争にさらされ，市場からの退出とM&Aによる淘汰を余儀なくされてきた．現在おもに生産を行っているのは9社程度であるが，中国(中複神鷹など)，韓国(暁星・泰光産業)の新興国からの市場参入が相次いでいる．

このような環境の中，さまざまな変動要因により各社の生産能力の把握は困難になっているが，各社公表および新聞・業界誌発表記事をベースに2014

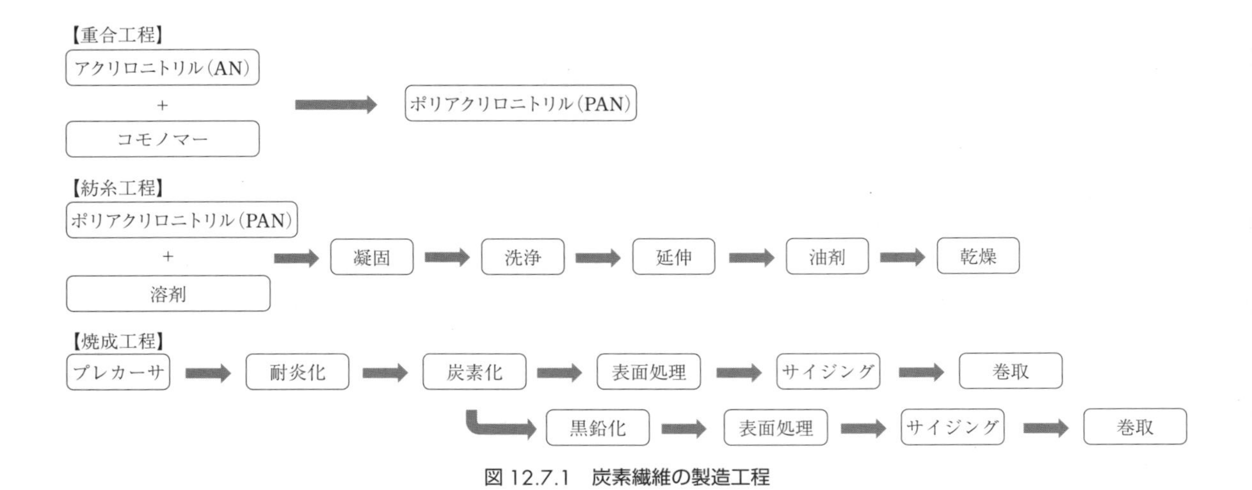

図 12.7.1　炭素繊維の製造工程

年度末での生産能力と，それ以降の増設が予定通り開始される前提に立ち生産能力を推定した(表 12.7.1)[3]．

D　ピッチ系炭素繊維の生産能力

1970 年に呉羽化学工業(現クレハ)で世界初の汎用ピッチ系炭素繊維の工業化が，1975 年に米国 Union Carbide 社(現在は Cytec Engineered Materials Inc.)によって高性能ピッチ系炭素繊維の工業化がなされた．1980 年代に入り国内で高性能ピッチ系炭素繊維の開発ブームがあり，一時期は 20 数社が参入したものの工業化までのハードルが高く，その多くが企業化を断念した．このため現在は表 12.7.2 に示すメーカーがピッチ系炭素繊維を供給している(表 12.7.2)[4]．

12.7.3　用途展開

A　概要

炭素繊維の需要としては，(1) 航空機用途，(2) スポーツ・レジャー用途，(3) 産業用途に大別される(図 12.7.2)[3]．

このうち(1)については B787 や A350XWB に代表される機体重量の 50％以上に炭素繊維複合材料を適用した新型機の導入により，その需要は拡大する方向にある．さらに三菱航空機が 2020 年に就航を予定している MRJ などの小型機においてもその活用は広がってきている．これら機体に使用される炭素繊維の需要に加え，取り替え需要が発生する内装材や座席への複合材料の利用拡大の見通しであり，かつ航空機エンジンについてもファンブレードに複合材料を活用するなど，その需要拡大は進んでいる．

次に(2)については 2011 年度在庫調整などにより低迷したが，その後，上向きつつある．既存用途であるゴルフ・釣竿・ラケットに加え，自転車・ホッケーステック・野球やソフトボールもバットなどでも需要が堅調に伸びると見込まれる．

上述の分野にも増して，(3)の領域での伸びが大きいものと考えられる．特に洋上風力発電，圧力容器，自動車での拡大が大きく期待されている(図 12.7.3)[3]．

B　洋上風力発電

2012 年時点で最も普及している再生可能エネルギーは風力発電である．良好な風資源である環境下では高いグリッドパリティを達成しており，経済的合理性も兼ね備える．2012 年末時点，世界全体で累計設備容量 28 万 MW の風力発電機が導入されており，このうち洋上風力発電の導入量は 5,000 MW であり，欧州に集中している．EU は一次エネルギーの割合を 2020 年に 20％に高めることを目標としており，その切り札として，各国で大規模洋上風力発電所(オフショアウィンドファーム)の建設計画が進行中である．

発電効率の向上には風車直径の大きさが密接に関係するが，羽根の大型化傾向に伴い，炭素繊維を羽根の桁材(スパー)や外皮(シェル)に利用する設計が

表 12.7.1　PAN 系炭素繊維生産能力（三菱ケミカル推定，$t\,y^{-1}$）

公称能力	地域	2012	2013	2014	2015	2016	2017
三菱ケミカル	日	8,100	8,100	8,100	8,100	8,100	9,300
	米	2,000	2,000	2,000	2,000	4,000	5,000
合計		10,100	10,100	10,100	10,100	12,100	14,300
東レ	日	7,300	8,300	8,300	9,300	8,300	9,300
	米	5,400	5,400	7,900	7,900	7,900	7,900
	欧	5,200	5,200	5,200	5,200	5,200	5,200
	韓		2,200	4,700	4,700	4,700	4,700
＊1	欧・墨	10,500	10,500	10,500	13,000	15,500	15,500
合計		28,400	31,600	36,600	40,100	41,600	42,600
東邦テナックス	日	6,400	6,400	6,400	6,400	6,400	6,400
	米	2,400	2,400	2,400	2,400	2,400	2,400
	欧	5,100	5,100	5,100	5,100	5,100	5,100
合計		13,900	13,900	13,900	13,900	13,900	13,900
台湾プラスチック	台湾	7,450	8,750	8,750	8,750	8,750	8,750
Hexcel	米欧	5,700	7,200	7,200	7,200	7,200	7,200
Cytec	米	2,400	2,400	2,400	3,400	2,400	3,400
SGL	欧米	6,000	6,000	6,000	6,000	6,000	6,000
SGL-ACF	米	1,500	3,000	6,000	7,500	7,500	7,500
Dow-AKSA	トルコ	3,300	3,300	3,300	3,300	3,300	3,300
泰光産業	韓	1,500	1,500	1,500	1,500	1,500	1,500
暁星	韓	500	2,000	2,000	2,000	2,000	2,000
その他	中・印	10,000	10,000	10,000	10,000	10,000	10,000
合計		90,750	99,750	107,750	113,750	116,250	118,250

＊1 Zoltek

表 12.7.2　ピッチ系炭素繊維生産能力（$t\,y^{-1}$）

メーカー	公称生産能力	原料系	繊維形態
三菱ケミカル	1,000	メソフェーズピッチ	連続繊維
日本グラファイトファイバー	180	メソフェーズ/等方性ピッチ	連続繊維
Cytec Engineered Materials	230	メソフェーズピッチ	連続繊維
クレハ	1,450	等方性ピッチ	短繊維
大阪ガスケミカル	600	等方性ピッチ	短繊維

増加することは確実と考えられる．炭素繊維は風車翼の剛性設計に貢献するが，複合材料としての圧縮性能の向上，また，性能を十分に発現し，かつ経済的な中間材・成形法が求められており，プリプレグ積層法や積層した一方向性織物への樹脂注入法などの既存方法に加え，引抜成形法やダイレクト成形法など，より生産効率を高められる成形方法の開発・採用が進むものと考える．

C　圧力容器

北米では天然ガス価格の下落に伴い，圧縮天然ガス（CNG）を燃料とする公営バス，廃棄物回収車，民間会社の配送トラックなどの大型車両の市場が急成長している．天然ガス車のもう 1 つのメリットは環境負荷が低いことにある．ガソリンに比べ CO_2 排出量を 10～20％減らせるのに加え，ディー

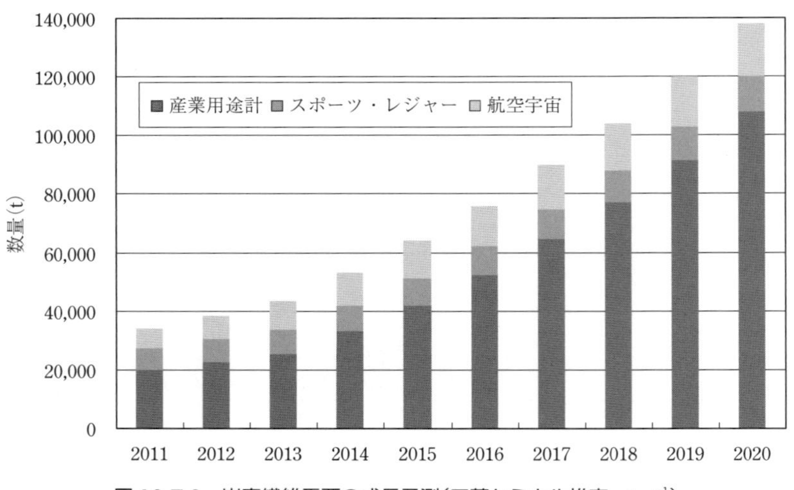

図 12.7.2　炭素繊維需要の成長予測(三菱ケミカル推定，$t\,y^{-1}$)

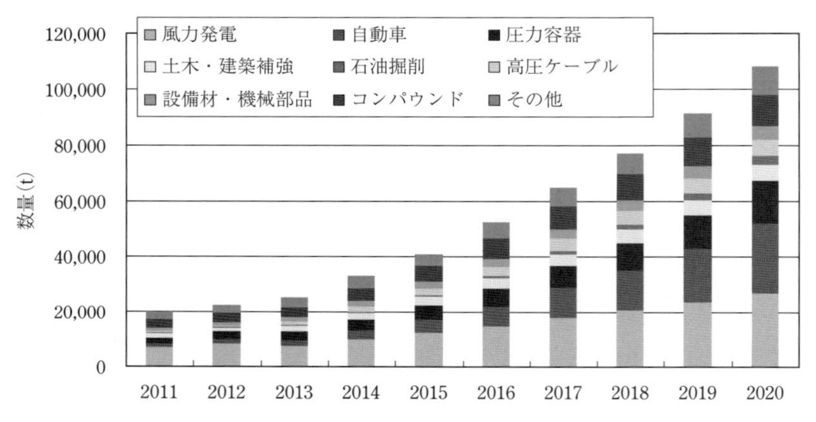

図 12.7.3　用途別産業用途需要の成長予測(三菱ケミカル推定，$t\,y^{-1}$)

ゼルトラックではNOx，SOxの大幅な削減のみならず，粒子状物質(PM)もほとんど排出しない．

さらに天然ガスの利用増加に伴い，パイプラインや液化設備の投資には適さない中小ガス田からの近中距離陸上運搬用のコンポジットタンク需要も東南アジア市場などを中心に拡大しており，海運用タンクと合わせて，超大型圧力容器への炭素繊維の需要が見込まれる．

一方，国内においては「“水素社会”の実現に向けたロードマップの策定」がなされたが，そのフェーズ1に定義される燃料電池自動車の期待が高まっているが，同車両における移動体用の圧力容器の開発が急務とされる．また前述の自動車においては水素という新たな燃料を供給する水素ステーションを適切に配置することが必要である．同水素ステーションにおいては定置型の水素蓄圧容器の需要も拡大すると考えられるが，従来は金属製のTYPE Ⅰのみが用いられてきた．しかしながら，大型化による重量の増大から水素ステーションの設置コスト上昇が見込まれ，より軽量化が可能な炭素繊維補強によるTYPE Ⅱ，TYPE ⅢならびにTYPE Ⅳの圧力容器導入が期待されるものである．

この用途においては，材料としてより安定的に性能が発現できる，性能・信頼性の高い炭素繊維が必要とされており，日系メーカーが高いシェアを保持している．

D　自動車

自動車は大量の「温暖化ガス」を排出している分野として，世界各国で厳しい排ガス・燃費規制が課せられている．とりわけ欧州では，冒頭述べたとおりである．またガソリン乗用車ならびにディーゼル乗用車の排出ガス規制(テールパイプ・エミッション)についても次々と強化されており，特にNOx規制値については前者で0.05 g km^{-1}程度，また後者においては0.08 g km^{-1}以下の値を目標に制定される見込みである．この厳しい規制に対応するため，メーカー各社は環境対応車の開発を加速しており，燃費改善に有効な車体の軽量化に取り組んでいる．

このような状況の下，BMW社は炭素繊維を車体骨格部に大量採用した小型電気自動車i3/i8の販売を開始，炭素繊維業界のみならず自動車業界をも驚かせた．同社は炭素繊維製造にも出資，自社工場でCFRP部品成型加工を実施することで材料ロス低減・サプライチェーン短縮化を図った．またCF多軸織物をRTM成形することにより，従来法と比較してコスト競争力と量産性を高めている．なお本プロジェクト以外にも多数の自動車メーカーが炭素繊維の活用による軽量化を進めており，今後さらなる拡大が期待される．

12.7.4　環境対策・安全問題への対応

現状CFRP成形工程では大量の工程屑が排出され，数年後には現需要を上回る廃材料となるとの予測もある．さらに退役屑(end of life)も時間差で排出されてくるため，熱硬化，熱可塑系にかかわらずリサイクルCF(RCF)取り出し再利用は不可欠との認識が形成されつつある．CFリサイクル事業化実現には廃材収集，RCF回収，用途開発の同時解決が必要となる．RCFは低コスト材料として期待されており，用途開発には他方面からのアイデア創出が望まれる．

航空機業界ではB787やA350XWBなど新型航空機のCFRP工程屑の再利用の取り組みが進む．自動車業界ではコストだけではなくリサイクル率90％以上，リサイクル時の環境・エネルギー負荷低減，リサイクル事業化も含めて車体へのCFRP部品の適用要件の1つとなっている．BMW社はボーイング社との間で，炭素繊維のリサイクルに関する共同研究に乗り出している．

炭素繊維協会は2006年から経済産業省の支援で福岡県大牟田市に熱分解法によるリサイクルパイロットプラントを建設しミルドCFリサイクルを実証した．2009年からは福岡県の支援を受けミルドだけではなくチョップドRCF用途展開を検討した．2012年度からはPAN系CFメーカー3社が当該プラントを用いて事業化に向けた検討を行っている．

12.7.5　今後の展望

PAN系炭素繊維が先端材料として誕生して以来，経済環境などの影響を受けながらも，その優れた特性が認知され，需要の拡大が続いている．

今後も原油などのエネルギー供給リスクの低減，環境負荷軽減を実現するための重要素材として，成長が見込まれているが，この成長を持続させ，さらに加速するためには，成形加工も含むトータルのコスト削減とリユース・リサイクル技術・システムの確立などによるライフサイクル全体のマネジメントシステムの構築が必要となってくる．

文献

1）乾秀桂，炭素繊維協会複合材料セミナー資料(2015)
2）西野浩介，世界で強化される自動車燃費規制とその影響，三井物産戦略研究所リポート(2015)
3）小野貴弘，炭素繊維協会複合材料セミナー資料(2013)
4）荒井豊，炭素繊維協会複合材料セミナー資料(2013)

第13章

合成ゴム

13.1 ポリブタジエン

13.1.1 概要[1)]

1956〜1960 年に Phillips, Montecatini, Goodrich-Gulf, Shell, ブリヂストンの各社は Ziegler−Natta 型の立体規則性触媒による高シスポリブタジエン(BR)を，また Firestone 社は有機リチウムを開始剤とする低シス BR を工業化した．そして 1980 年代には Nd 系触媒の高シス BR が Bayer 社で生産開始された．2016 年の BR 生産能力は約 470 万 t，日本では約 32 万 t となっている．

世界の BR の主要メーカーと日本のメーカーを表 13.1.1 に示す[2)]．合成ゴム業界においても国際的な吸収・合併で，グローバル化が進み，しだいに主力会社の生産能力は拡大している．

高シス BR は天然ゴム(NR)と異なり，室温では高度に伸張しても結晶化しにくく，カーボンブラック配合の加硫物性で引張強度は NR やスチレン・ブタジエンゴム(SBR)には劣る．しかしながら，反発弾性，耐摩耗性，耐屈曲性に優れている．そのため，NR とのブレンドで使用されることが多い．このことが逆に BR 単独での性能差を出しにくくしており，各種触媒系で BR が生産されている要因の 1 つとなっている．また，日本でのおもな BR の用途別の出荷量を表 13.1.2 に示す[3)]．国内で 70％が消費され，国内消費の約 75％が自動タイヤやチューブに使用されている．

13.1.2 重合，加工[1,4)]

BR の製造は，遷移金属化合物と有機アルミニウムを主体とする触媒を用い，1,3−ブタジエンを重合して高シス BR を，有機リチウムを開始剤として低シス BR を製造している．重合温度は触媒系に依存し，Ti<Co<Ni<Nd<Li 系の順で高くなる．

1,4−シス含量は一般的に Ti<Co<Ni 系 BR の順に高くなり，さらに Nd 系 BR が高くなる．U 系 BR の 1,4−シス含量は 99％以上であるが，放射性などの問題があり，工業生産にまでは至らなかった．

表 13.1.1 世界および日本の主要 BR メーカーと生産能力

メーカー	生産能力(t y^{-1})
Arlanxeo	415,000
Synthos	80,000
Trinseo	80,000
SINOPEC(中国)	477,000
PetroChina	431,000
NKNH	200,000
Goodyear Tire & Rubber	260,000
American Synthetic Rubber	7,000
Firestone Polymers LLC	160,000
Kumho Petrochemical	381,000
宇部興産	136,000
JSR	72,000
旭化成	51,000
日本ゼオン	65,000

最も新しいNd系BRも各社で生産され，Co，Ni系BRに比較して1,4−シス含量が高いばかりか，分岐が少なくロール加工性が良好，物性では耐摩耗性，発熱性，疲労特性などが優れるという特徴がある．

低シスBRの特徴はリビング重合で成長反応が進むため，分子量分布が狭く，ビニル含量も約10％から90％の広い範囲で変えることができる．

1,2−シンジオタクチックBRの結晶化度は50％以上になると結晶化温度が高く，必然的に加工温度が高くなり，加工中に劣化する．しかし，宇部興産はCo系触媒で高1,4−シスBRを重合後に，1,2−シンジオタクチックBR(syn−BR)用触媒を追加し，syn−BRを10％前後添加したBRを生産している．高1,4−シスBRに樹脂性を付与したBRは高グリーン強度，良加工性，耐カット性，耐屈曲性などの特徴がある．BRは，NRと同様にロールやバンバリーなどのゴム業界で使用される混練り機でカーボンブラックなどを配合して加工する．

BRはNRやSBRに比較すると高温ロール上でバギングやクランブリングを起こし，押し出し時には表面が粗になり，エッジ切れを起こしやすい傾向がある．これはシス構造の本質的なものであるが，分子量分布，分岐構造の割合にも依存する．またNRやSBRとブレンドすることによって，加工性は著しく改善される．

表13.1.2　日本でのBRの出荷量

	出荷量(t)	比率
国内向け出荷量		
自動車タイヤ・チューブ	173,979	75
履物	3,918	2
工業用途	6,292	3
その他	14,563	6
ゴム工業向け計	198,752	
プラスチック用	33,040	14
接着剤	28	0.01
国内向け出荷合計	231,820	67
輸出向け出荷	112,534	33
計	344,354	

13.1.3　プロセス[5)]

BRは，触媒の取り扱いやすさや反応熱除去などの観点から，溶液重合プロセスが用いられている．

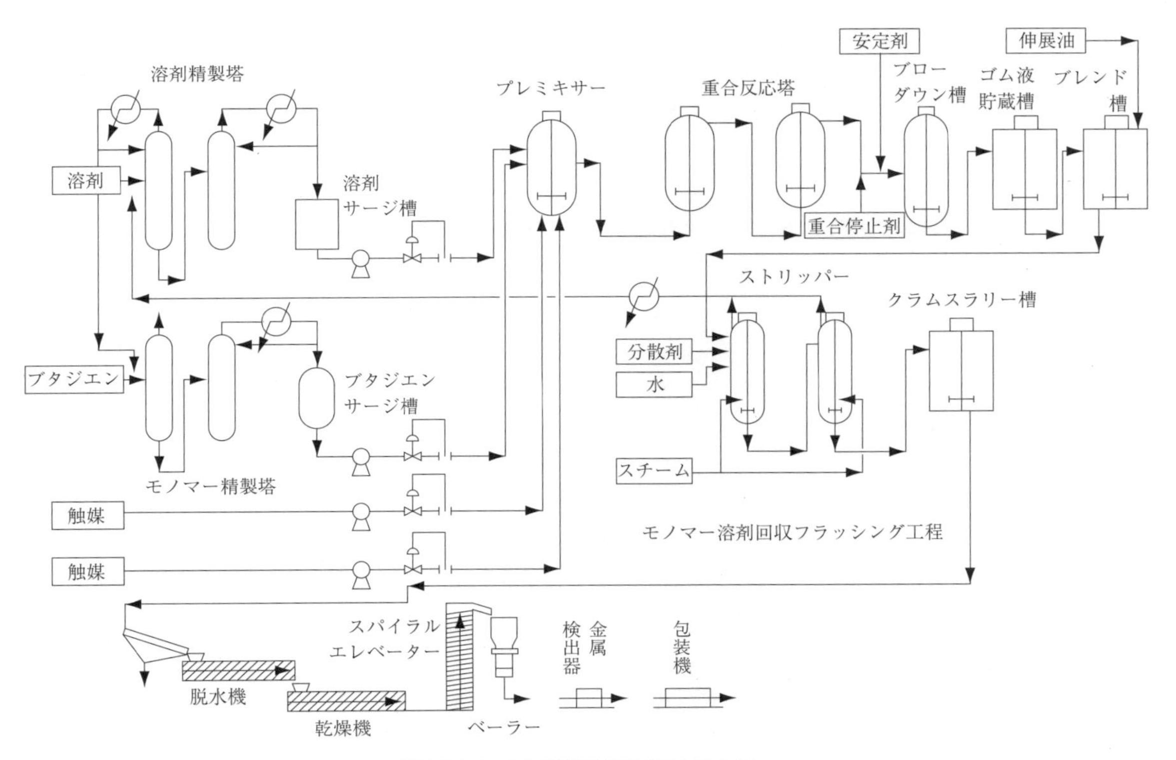

図13.1.1　BRの連続重合プロセスフロー

重合方法はほとんどが連続重合であり，プロセスの一例を図 13.1.1 に示す[1]．BR 触媒には数種類があり，重合温度，溶剤に若干の違いはあるが，他の工程は同じである．精製，脱水されたモノマーと溶剤は触媒と混合されて反応器に供給される．反応器は遷移金属触媒系で槽型，リチウム系開始剤で槽型もしくは塔型であり，冷却はジャケットもしくはリフラックスコンデンサーで行われる．反応器数は 1～5 基で，滞留時間は数十分から 3 時間程度である．所定の重合率, ムーニー粘度に達したら重合停止剤, 老化防止剤が添加され，ブレンド槽へ送られる．重合溶液はストリッパーでスチームにより未反応モノマーと溶剤を除去する．乾燥工程では 50％程度の水を含んだクラムを圧搾器などで 10％程度に脱水し，エクスパンション乾燥機で含水率が 1％以下になるように乾燥する．その後計量，成形して，ベール状で出荷される．気相法による BR の重合も検討されているが，まだ工業化には至っていない．

文献

1）川田隆（日本ゴム協会編），ゴム工業便覧　第 4 版，p.220，日本ゴム協会（1994）
2）Worldwide Rubber Statistics 2016, IISRP（2016）
3）日本ゴム工業会，調査表
4）服部岩和（安田源編著），均一系遷移金属触媒によるリビング重合，p.231，アイピーシー（1999）
5）佐伯康治, 尾見信三編著, 新ポリマー製造プロセス，p.335，工業調査会（1994）

13.2　スチレン・ブタジエンゴム

13.2.1　概要[1]

2016 年の世界のスチレン・ブタジエンゴム（SBR）の生産能力は約 690 万 t であり，全合成ゴムの 34％に相当し，合成ゴムの中では第一位になる．表 13.2.1 に世界および日本の主要 SBR メーカーとその生産能力を示す[1]．

SBR はその重合方法から，乳化重合スチレン・ブタジエンゴム（E−SBR），溶液重合スチレン・ブタジエンゴム（S−SBR）の 2 種に大別される．ESBR と S−SBR の生産能力の比率はおおよそ 70：30 であり，圧倒的に E−SBR が多い．しかし近年，分子設計の自由度が高く，末端変性による高性能化が期待できる S−SBR の比率が増加してきている．特にこの傾向は先進国地域で強くみられ，西欧，北米では E−SBR と S−SBR の比率は約 54：46，日本では 59：41 となっている．

表 13.2.1　世界および日本の主要 SBR メーカーと生産能力

メーカー	生産能力（t y^{-1}）	
	E−SBR	S−SBR
Arlanxeo	306,000	135,000
Goodyear Tire & Rubber	250,000	125,000
Firestone Polymers LLC		159,000
Lion Elastomers	180,000	
Synthos	245,000	245,000
Trinseo	130,000	130,000
SYNOPEC	230,000	63,000
PetroChina	490,000	60,000
Kumho Petrochemical	481,000	69,000
JSR	150,000	160,000
日本ゼオン	80,000	125,000
旭化成		189,000
三菱化学	65,000	
住友化学		40,000

13.2.2　重合，加工[2,3]

E−SBR は，水を媒体として，セッケンでスチレンとブタジエンを乳化してミセル中で共重合させる乳化重合法によって製造される．最初は 50℃で重合を行うホット重合法であったが，過酸化物に還元剤を添加すると重合速度が速くなることが知られ，5℃でも重合可能なコールド重合法が開発された．現在では E−SBR の 80％以上がコールド重合法で製造されている．これら E−SBR は，重合温度，結合スチレン含量, 乳化剤, 老化防止剤, 凝固剤, ムーニー粘度などを変え，さらにオイルおよびカーボンブラックなどとマスターバッチ化することにより多種類の製品が上市されている[4]．

E−SBR の加工，成形作業は天然ゴムと同じ設備，方法で行われている．固形ゴム E-SBR は，自動車タイヤ，履物，ゴム引き布，接着剤，工業用品などさまざまな用途で用いられている．

一方 S-SBR は，炭化水素溶媒中で有機リチウムなどを開始剤として，スチレンとブタジエンを共重合させる方法で製造される．S-SBR は E-SBR に比べて分子設計の自由度が高く，分子量・分子量分布，ブタジエン部のミクロ構造，スチレン・ビニルなどの結合連鎖，直鎖構造・分岐構造が自由にコントロールできる．さらにリビングアニオン重合の特徴を生かして，ポリマー活性末端をケトン，ハロゲン化金属化合物と反応させることにより分子量を増大させたり，分岐構造を導入できる他官能基を導入することができる．プロセスオイルや充てん剤，老化防止剤，粘着剤，加硫活性剤，発泡剤，および発泡助剤などの選択基準は基本的に E-SBR と同様である．ただし，ビニル含量の高い S-SBR では加硫速度が遅いものもみられるため，適切な加硫促進剤の選択が必要である．また，加工工程において可塑的性質が強い傾向にあり，この点の考慮が必要である．

13.2.3　プロセス[5〜7]

E-SBR，S-SBR のいずれの製造プロセスとも，原料薬品調製工程，重合工程，回収工程，仕上げ工程から成り立っている．

A　乳化重合プロセス

現在では E-SBR のほとんどが連続重合によって製造されている．代表的なコールドラバーのプロセスを図 13.2.1 に示す[6]．

(1) 原料薬品調製工程：高純度モノマーから安定剤を除去し精製する工程で，乳化剤，重合開始剤，活性化剤，分子量調節剤，重合停止剤，および油展ゴム製造用の油の調製が含まれる．

(2) 重合工程：精製，調製された薬品類が混合，乳化され，ミセルの中で重合が進行する．一般に 8〜12 基の重合反応器を直列に連結し，滞留時間 8〜12 時間，5℃前後で重合される．ゲル生成防止や組成制御の必要性から，重合転化率は 60％付近で停止される．

(3) 回収工程：重合停止後のラテックスをフラッシュタンクに送り，未反応ブタジエンモノマーを蒸発させ，圧縮冷却して液化させて回収し再循環する．引き続きラテックスはスチームストリッパー（水蒸気蒸留塔）に入り，おもに未反応スチレンモノマーが蒸発，冷却して液化され，デカンターで水と分離回収され，再循環する．

(4) 仕上げ，後処理工程：モノマー回収工程を経たラテックスは，老化防止剤，必要に応じて油が添加されたのち，凝固槽で凝固され小粒径のクラムが水に分散したスラリーとなる．引き続き水洗，脱水し，エプロン型の乾燥機で熱風乾燥，秤量され，ベール状に圧縮成形され，包装される．

B　溶液重合プロセス

S-SBR は溶液重合 BR とほぼ同じプロセスで製造されるので（13.1 節），以下に各工程での特徴を述べるにとどめる．

(1) 料薬品調製工程：モノマー，溶剤など各種薬液中の不純物（特に水分）の管理が大切である．

(2) 重合工程：有機リチウム開始剤による共重合においては，ブタジエンがスチレンの約 10 倍の反応性を有するため，ランダム SBR を製造するためには，エーテル，アミンなどのランダム化剤を添加する[8]，スチレンの反応性比にあわせてブタジエンの一部を後添加する[9,10]，などの方法がとられる．また，重合反応の進行に伴い溶液粘度が上昇するため，除熱やヒートスポットによるゲル化を防止する目的で，重合槽，撹拌機，輸送ポンプなどに工夫がなされている．

(3) 回収工程：乳化重合と異なりモノマー転化率が高いので，回収される留分はほとんど溶剤である．

(4) 仕上げ工程：スチームストリッピング方式で溶剤を除去することでゴムが分離される．引き続き乾燥，秤量され，ベール状に成形され，包装される．

文献

1) Worldwide Rubber Statistics 2016, IISRP (2016)
2) 服部岩和（日本ゴム協会編），ゴム工業便覧　第 4 版，p.208，日本ゴム協会（1994）
3) 榊原満彦（日本ゴム協会編），ゴム工業便覧　第 4 版，p.213，日本ゴム協会（1994）
4) The Synthetic Rubber Mannual, 13th Edition, IISRP (1995)
5) 尾見信三，磯守，化学工学，47 (9)，582 (1983)

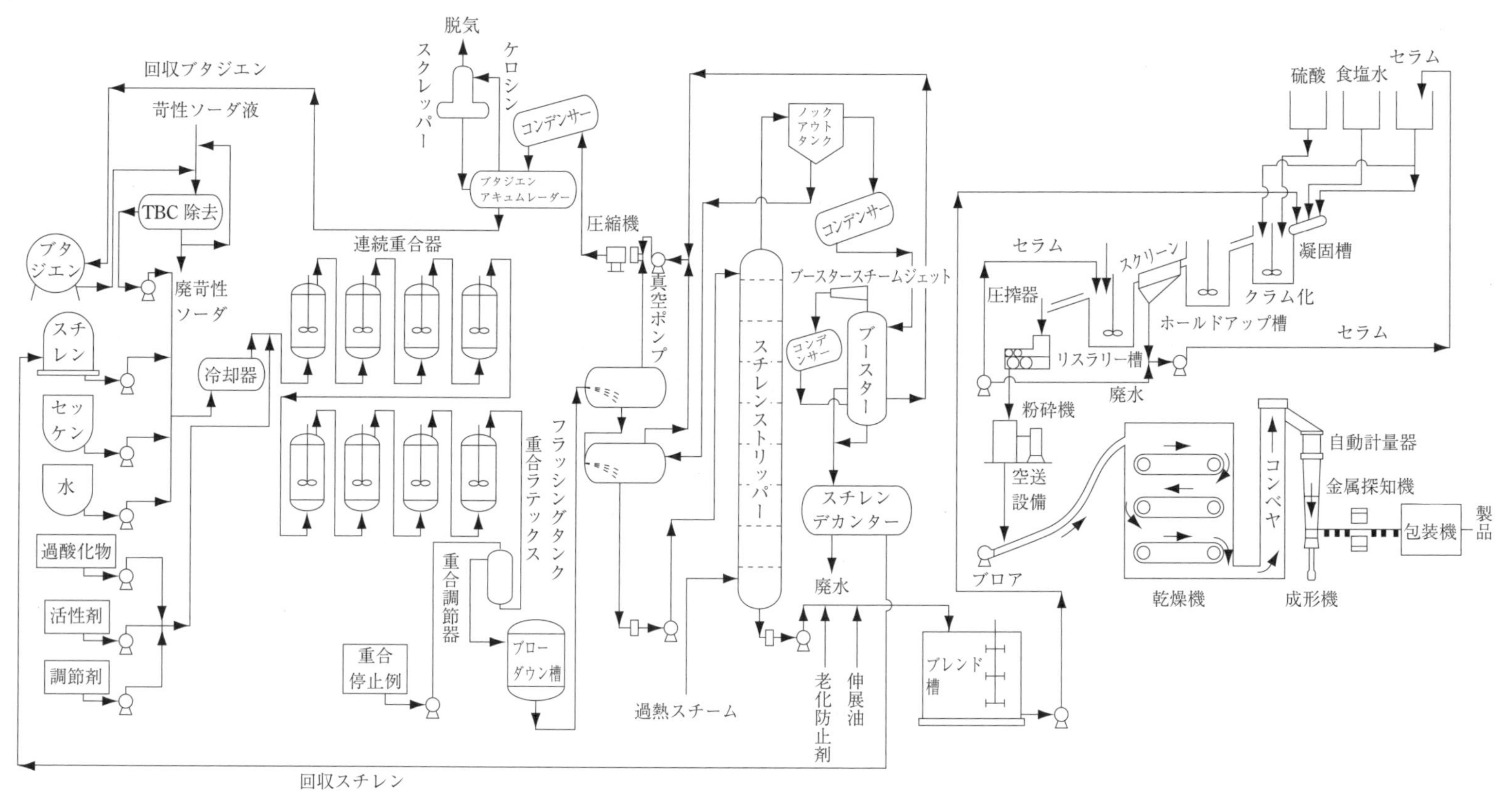

図 13.2.1　BR の連続重合プロセスフロー

6) 佐伯康治，尾見信三，新ポリマー製造プロセス，p.297，工業調査会(1973)
7) 織田勝，横山至泰，高分子，26(12)，866(1977)
8) I. Kuntz, J. PolymerSci., 54, 569(1961)
9) Brit. Patent, 888, 624(1962)
10) Brit. Patent, 994, 726(1965)

13.3 アクリロニトリル・ブタジエンゴム

13.3.1 概要

アクリロニトリル・ブタジエンゴム(NBR)は，アクリロニトリルとブタジエンとの共重合系合成ゴムで，ニトリルゴムともよばれる耐油ゴムである．このNBRの二重結合部分のみを選択的に水素化したゴムを水素化ニトリルゴムと呼称し，HNBRと略される．

NBRは，独IG社でアルカリ金属触媒をもとにして，ブタジエンと他モノマーの共重合体の研究の中から生まれた．その後の乳化重合技術の進歩により，1930年アクリロニトリルとブタジエンからできた合成ゴムが，耐油性，耐燃料油性の優れた性能を示すことを見つけ，当初BunaNともよばれた．NBRは，日本では1959年より製造されている．HNBRは，NBRの耐熱性，耐候性改良を目的に開発され，1977年に独Bayer社の製法特許から始まり，1984年より日本ゼオンが本格的な商業生産を開始した[1]．

2016年のNBRの生産能力は，全世界で76.5万tであり，日本国内では9.9万tとなっている．IISRP(International Institute of Synthetic Rubber Producers, Inc.)に登録されているおもな製造メーカーおよび生産量を表13.3.1に示す[2]．NBR，HNBRの主たる用途は，燃料ホース，耐油ホース，オイルシール，パッキング，ガスケット，ダイヤフラム，印刷ロール，ブランケット，ブレーキシュー，接着剤，ベルト，安全靴など多種多様である．

表13.3.1　世界および日本の主要NBRメーカーと生産能力

メーカー	生産能力(t)	備考
日本ゼオン	84,000	H-NBR：4,000
Arlanxeo	114,200	H-NBR：4,200
JSR	35,000	
Kumho Petrochemical	80,000	
PetroChina	80,000	
Eliokem	50,000	
Sibur Holding	42,500	
LG Chem	55,000	
Versalis S.p.A	33,000	

13.3.2 重合

NBRはE-SBRと同様，乳化重合法により製造される．NBRの重合温度は，5～50℃であり，25～50℃で重合されたポリマーをホットラバーと称し，高強度・高凝集力が得られるが，ポリマーの分岐や架橋が増加し，加工性が劣るものになる．重合温度が25℃以下のものはコールドラバーとよばれ，一般には10℃以下で重合される．コールドラバーは，ホットラバーに比べ機械的強度・凝集力がやや低下するが，混練り加工性，押し出し成形性，カレンダー成形性に優れるため，現在80％以上のNBRが低温重合法にて生産されている．

重合反応は，要求されるポリマーの性能と経済性のバランスによって所定の転化率にて停止される．一般に重合転化率を上げると，未反応モノマーの回収負担が少なくなり生産性が上がる．しかし，ポリマー構造からみた場合，結合アクリロニトリルの組成分布が広くなったり，重合の末期にポリマー分子の分岐や架橋が起こり，押し出し時のダイスウェル(口金膨張)が大きくなるなど，加工時のばらつきが大きくなる傾向にある．これらを総合的に判断して，工業的にはNBRの転化率は60～90％が採用されている．モノマー転化率の低いポリマーの分子量分布は，高転化率の場合より狭い傾向にある．ポリマー中の結合アクリロニトリル量は，ブタジエンとアクリロニトリルの仕込み比率，および重合転化率によって左右される．

図13.3.1は，アクリロニトリル仕込み量の異なる8種のNBRの反応進行過程で，各転化率において新たに生成するポリマー中のニトリル量の変化を

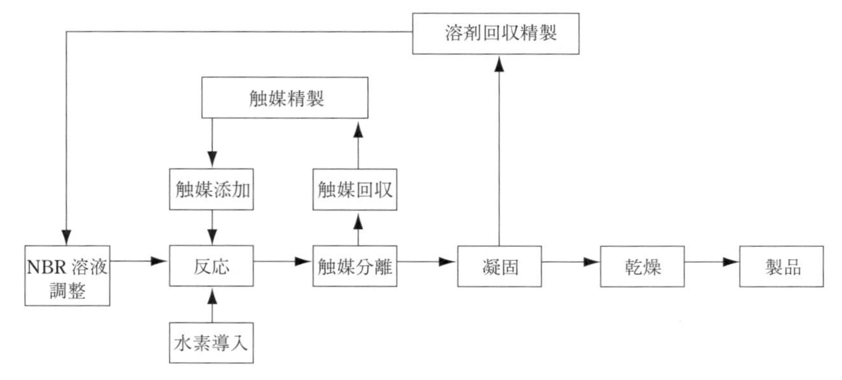

図 13.3.2　HNBR 製造プロセス

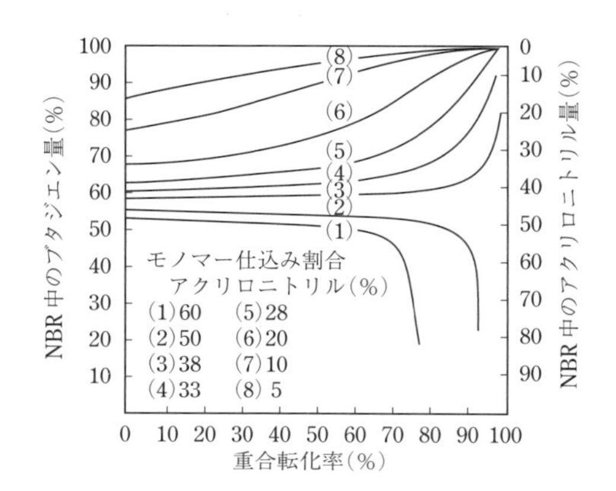

図 13.3.1　重合中の各瞬間に生成するポリマーの組成(重合温度 5℃)

示す[1]．ニトリル量 37％の組成のポリマーが重合過程で一定の結合ニトリル量となる．

NBR のアクリロニトリル，ブタジエンの組み合わせに，第三のモノマーを加えた多元共重合体も広く知られている．代表的なものは，メタクリル酸，アクリル酸を三元共重合し，側鎖にカルボン酸を導入したカルボキシル化ニトリルゴムで，XNBR と略称される．NBR の耐熱性を改良する目的で，ポリマー内に老化防止機能をもつアミノ基やフェニル基を含有したポリマー[3]や，NBR の二重結合部分を低減させ耐熱性を向上させるためにブタジエンの一部をアクリル酸エステルで代替した多元共重合体[4~6]もある．

さらに第三のモノマーとして，ジビニルベンゼンやエチレングリコールジメタクリレートなどの多官能モノマーを用い，NBR の分子内で自己架橋している NBR も市販されている．

13.3.3　プロセス

NBR の製造プロセスフローに関しては，13.2.3 A 項の E−SBR を参照されたい．HNBR は，前項の乳化重合法(原料薬品調製−重合−回収−仕上げ)により得られた NBR を極性溶媒に溶解し，水素および水素化触媒を添加し，水素化反応を行うことにより製造される．HNBR の製造プロセスを図 13.3.2 に示す[7]．

HNBR の重要な水素化技術は，ブタジエン部の C=C 結合のみを選択的に水素化し，耐油性を低下させないために CN 基を水素化しないことである．現在 HNBR の水素化触媒として，シリカに担持されたパラジウム触媒が用いられている[8]．

文献

1) 橋本欣郎(日本ゴム協会編)，ゴム工業便覧 第 4 版，p.236，日本ゴム協会(1994)
2) Worldwide Rubber Statistics 2016, IISRP(2016)
3) JSR，T4521，T4531，T4541 技術資料(1984)
4) 小谷悌三, 寺本俊夫, 日本ゴム協会誌, 53, 350(1980)
5) 森洋二，西端修司，日本ゴム協会誌，58，158(1985)
6) 浅井治海，日本ゴム協会誌，58，133(1985)
7) 羽田信英，化学経済，38(6)，55(1991)
8) 久保洋一郎，石油誌，33(4)，189(1990)

13.4 ポリイソプレン

13.4.1 概要[1,2)]

ポリイソプレン(IR)は，一般的にはイソプレンを重合することによって，天然ゴム(NR)と同じ構造の1,4-シス構造をもっているポリイソプレンを指す．しかし，IRの立体規則性には1,4-シス結合の他に1,4-トランス結合，1,2結合，3,4結合の3種類があり，高1,4-シスIRと高1,4-トランスIRが工業化されている．1954年LiやRLi開始剤によってFirestone社が，AlR_3-$TiCl_4$触媒によってB. F. Goodrich社が高1,4-シスIRの合成を報告している．

世界のIRの生産能力は2016年で約100万tであり，日本では9.4万tである．IISRPの統計には高1,4-トランスIRメーカーは含まれないので，世界のIRメーカーは表13.4.1のようになる[2)]．IRの生産能力は，ロシアに50%超が集中している．一方，2015年の日本のIR出荷量は約8万tで，おおよそ55%が国内で消費され，45%が輸出である．国内消費の82%が自動車用タイヤやチューブに使用されている[3)]．

13.4.2 重合，加工[4)]

高1,4-シスIRは，工業的にはRLi開始剤やTi系触媒を用いてイソプレンを溶液重合することによって製造されている．このIRはNRと同じ構造をもつが，1,4-シス構造がわずかに低いこと，タンパク質などの非ゴム成分を含まないことなど，若干の差がある．加工法は基本的にはNRと同じである．加硫ゴムの強度，生ゴムのグリーン強度などはNRが優れている．しかし，品質が均一で，ゲル分が少なくゴミなどの異物や非ゴム分がなく，流動特性がよい．

高1,4-トランスIRはクラレなどによってV系触媒で製造されており，融点が67℃で結晶化度が約40%，未加硫物の強度は30 MPaに達する．熱可塑性エラストマーに分類され，ゴルフボールの外皮，ギプスなどの医療用材などに用いられている．また，このIRは結晶化速度が少し遅く，結晶化の間に人が熱さを感じることなく成形加工ができることから，“かつら”の型どりなどに使用できる．

表13.4.1　世界および日本の主要IRメーカーと生産能力

メーカー	生産能力($t\,y^{-1}$)
NKNH	280,000
SiburHolding	100,000
Goodyear Tire & Rubber	90,000
SINOPEC	30,000
日本ゼオン	40,000
JSR	41,000
クラレ	13,000
計	

13.4.3 プロセス[1)]

高1,4-シスIRの製造は溶液重合で連続重合プロセスである．プロセスの一例を図13.4.1に示す[1)]．BRプロセスと基本は同じであるが，違いは触媒除去工程がストリッピング工程の前にあることである．触媒調製槽，反応器は窒素で置換しておく．次に反応器内でイソプレンをヘキサン中に溶解させ，塩化チタンとトリアルキルアルミニウムを触媒として，温度20～60℃で重合させる．その後，触媒除去工程を経て，未反応のイソプレン，溶剤を分離回収し，乾燥，成形して製品を出荷する．

文献

1) 秋田修一(日本ゴム協会編)，ゴム工業便覧 第4版，p.228，日本ゴム協会(1994)
2) Worldwide Rubber Statistics 2016, IISRP (2016)
3) ゴムデータブック2016，p.101，ゴムタイムス社(2016)
4) 服部岩和(安田源編著)，均一系遷移金属触媒によるリビング重合，p.231，アイピーシー(1999)

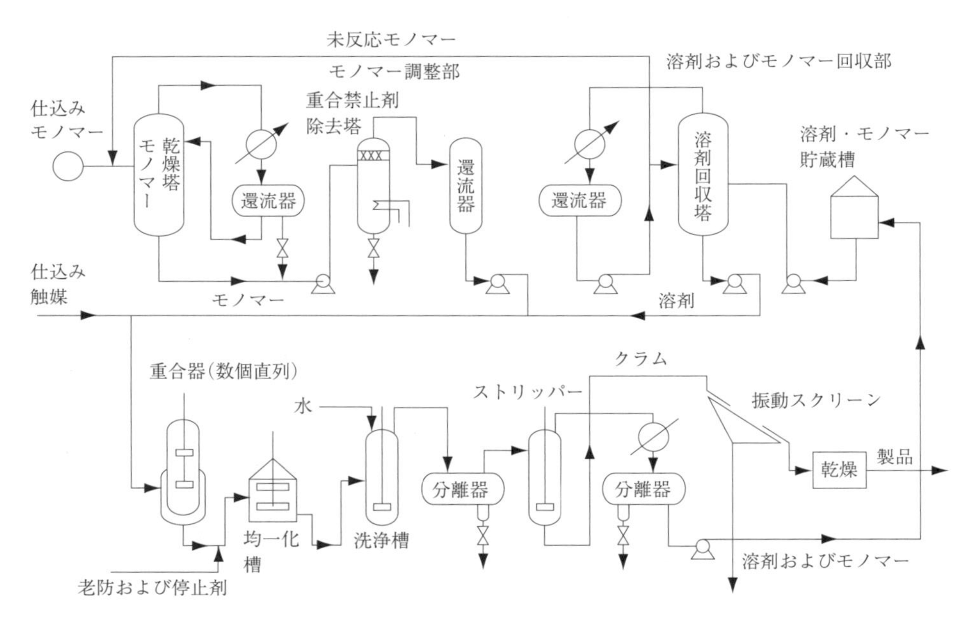

図 13.4.1　IR の連続重合プロセスフロー

13.5　エチレン・プロピレンゴム

13.5.1　概要

1953 年に K. Ziegler が遷移金属と有機アルミニウム化合物の組み合わせにより低圧でエチレンが重合することを見いだして以来，多くの研究が活発に行われた．その中で，エチレン・プロピレンゴムは 1955 年にイタリアの G. Natta らにより初めて合成された．その後，第三成分として非共役ジエンを共重合する方法が発見されて[1]，硫黄での加硫可能になり，エチレン・プロピレンゴムの用途は急速な広がりをみせた．2016 年では世界で 177 万 t の生産能力があり，日本でも JSR，三井化学，住友化学の各社が計 17 万 t の生産能力を保有している[2]．

エチレン・プロピレンゴムは，ポリエチレンの結晶性をプロピレンの共重合により阻害してエラストマー状にしたことにより機能を発現する[3]．一方，架橋点モノマーとして用いられる非共役ジエンには，5–エチリデン–2–ノルボルネン (ENB)，ジシクロペンタジエン (DCPD)，1,4–ヘキサジエン (HD) などがあり，なかでも共重合性，加硫速度の点で ENB が最も頻繁に使用されている．エチレン・プロピレンゴムは，ポリマー主鎖内に二重結合を有しないので，SBR，BR などのジエン系ゴムに比べて，耐熱性，耐候性，耐オゾン性に優れ，また非極性であるので電気特性にも優れる．このような特徴を生かして，ホース，ウエザーストリップなどの自動車部品，ルーフィングシートなどの建築用ゴム製品，電線の被覆材などに用いられ，さらに，近年では PP などオレフィン系樹脂の耐衝撃性改質材や TPV (thermo plastic vulcanizates，動的架橋形エラストマー) 用途としても使用されている．

13.5.2　重合

エチレン・プロピレンゴムは通常，$VOCl_3$ などのバナジウム化合物と $Et_3Al_2Cl_3$ などの有機アルミニウム化合物との組み合わせからなる可溶性触媒により重合される．この触媒系は，バナジウム化合物が有機アルミニウム化合物により還元されることによって重合能を発現する．現在工業的に使用されている触媒はこのバナジウム系がほとんどであるが，

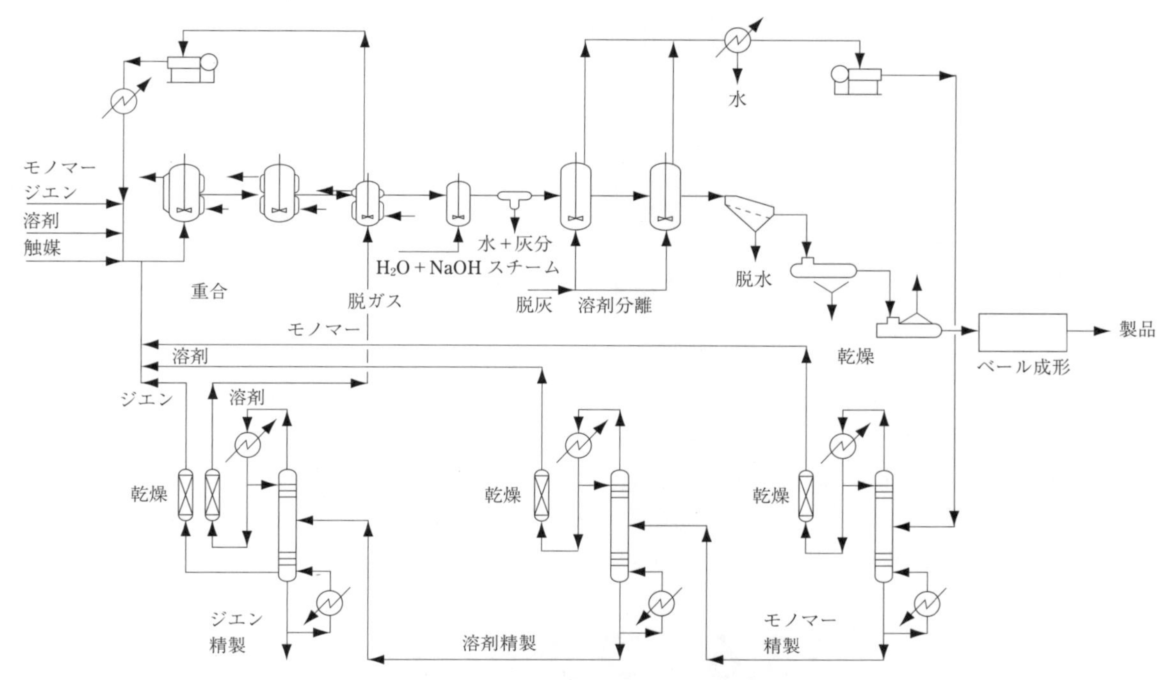

図 13.5.1　溶液重合プロセスフロー

1980 年代に W. Kaminsky によって発見されたメタロセン系触媒は，最近エチレン・プロピレンゴム重合触媒としても注目され始めている．開発当初はプロピレンなどの α-オレフィンの共重合性に問題があったが，配位子の構造などを工夫することにより共重合性が改良され，DowDuPont 社により工業化されている[4]．

13.5.3　プロセス

工業的プロセスとして，溶液重合プロセス，スラリー重合プロセス[5]などが知られているが，最も代表的な方法が可溶性バナジウム触媒系を用いた溶液重合プロセスである(図 13.5.1)[6]．このプロセスは，モノマー–溶媒精製，重合，脱灰，脱溶，乾燥，成形の工程からなり，溶媒としては通常脂肪族炭化水素が用いられる．触媒が水分などの不純物により容易に失活してしまうことから，精製工程は重要である．重合反応の除熱方法としては，重合槽に導入される溶液をあらかじめ冷却しておく顕熱除熱方式や，モノマーの気化潜熱を利用した気相循環除熱方式が用いられている．単位触媒あたりの重合活性があまり高くないこの触媒系では，脱灰(脱触媒)工程は必須である．水蒸気蒸留法などにより脱溶されたポリマーは乾燥，成形を経て出荷される．

また新しいプロセスとして，気相重合プロセスが UCC 社により開発された(図 13.5.2)[7]．ポリオレフィンの製造法としては一般的なこの方法は，溶媒を必要としないため，脱溶，溶媒精製などの工程を省くことが可能であり，省資源，省エネルギーの点で溶液重合法に対して優位にある．しかしながら，エラストマー特有の問題点としてポリマーどうしの粘着があり，これを避けるために少量のカーボンブラックなどの添加が必須となる．

文献

1) 特公昭 35-13844(1960)
2) Worldwide Rubber Statistics 2016, IISRP(2016)
3) J. J. Maurer, Rubber Chem. Technol., 38, 979 (1965)
4) M. S. Edmondson et al., Ethylene-Propylene-Diene Elastomersvia Constrained Geometry Catalyst Technology, A. C. S. Rubber Div., No.36, May(1996)
5) G. Crespi, G. DiDrusco, Hydrocarbon Processing, 48(2), 103(1969)

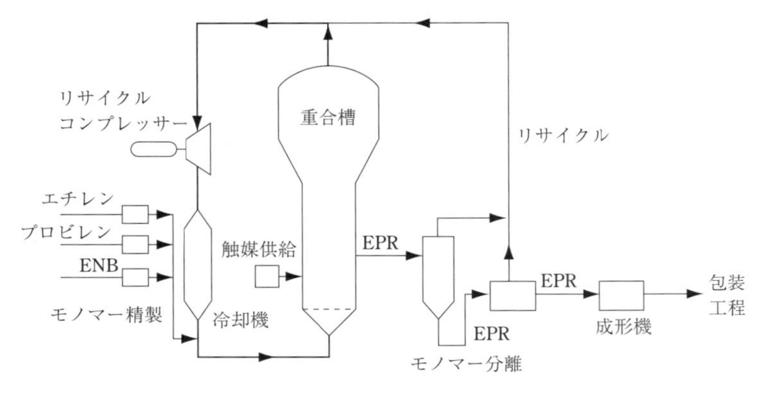

図 13.5.2　気相重合プロセスフロー

6) P. Galli, F. Milani, F. Scaglioti, 26th Annual Meeting of IISRP, May (1985)
7) F. G. Stakem, A. U. Paeglis, J. D. Collins, Union Carbide Gas-Phase EPM and EPDM Rubber, A. C. S. Rubber Div., No.95, Nov. (1992)

13.6　ブチルゴム

13.6.1　概要

ブチルゴム(IIR)は，イソブテンと少量のイソプレンをカチオン重合することにより製造される．1930年代，軽油の接触分解時に副生するブテン類の有効利用としてポリイソブテンが研究されたが，分子鎖末端にしか二重結合がないため硫黄加硫ができない問題があった．1937年には，イソブテンと架橋点としてイソプレンとの共重合に成功し，IIRの製造が可能になった．2015年に日本では9.9万tが出荷されている[1)]．世界のブチルゴムメーカーの生産能力は表13.6.1[2)]に示すように年間約90万tである．

IIRは，主成分であるポリイソブテンのメチル基の立体障害から空気透過率が小さいことや，反発弾性が小さいなどの特徴がある[3)]．IIRは加硫速度が遅いが，IIRに塩素もしくは臭素を付加したハロゲン化IIRは加硫速度が速く，ジエンとの共加硫が可能である．一方，1998年には日本の出荷量の76%が自動車用タイヤのチューブ，インナーライナーであり，他に薬栓，コンデンサーパッキング，防振材，特殊ホース類などに用いられる．近年，先進国を中心としたタイヤのチューブレス化に伴い，ハロゲン化ブチルゴムの需要が増加している．

表 13.6.1　世界および日本の主要 IIR メーカーと生産能力

メーカー	生産能力($t\,y^{-1}$)
ExxonMobil Chemical	385,000
Arlanxeo	400,000
NKNH	200,000
日本ブチル	178,000
SINOPEC	135,000
計	

13.6.2　重合，加工[4,5)]

IIRは，メチルクロライド中で$AlCl_3$などのルイス酸と助触媒として微量の水とで調製したカチオン触媒を用いて，約－100℃の低温溶液重合で製造される．ハロゲン化IIRは，溶媒に溶解したIIRのイソプレン基にハロゲンを添加して製造する．IIRは素練りによる可塑化がほとんどなく，素練りは必要ない．加硫は，他のポリマーよりも不飽和度が低いので強力な加硫促進剤と高温が必要であり，硫黄加硫，キノイド加硫，レジン加硫などが行われる．

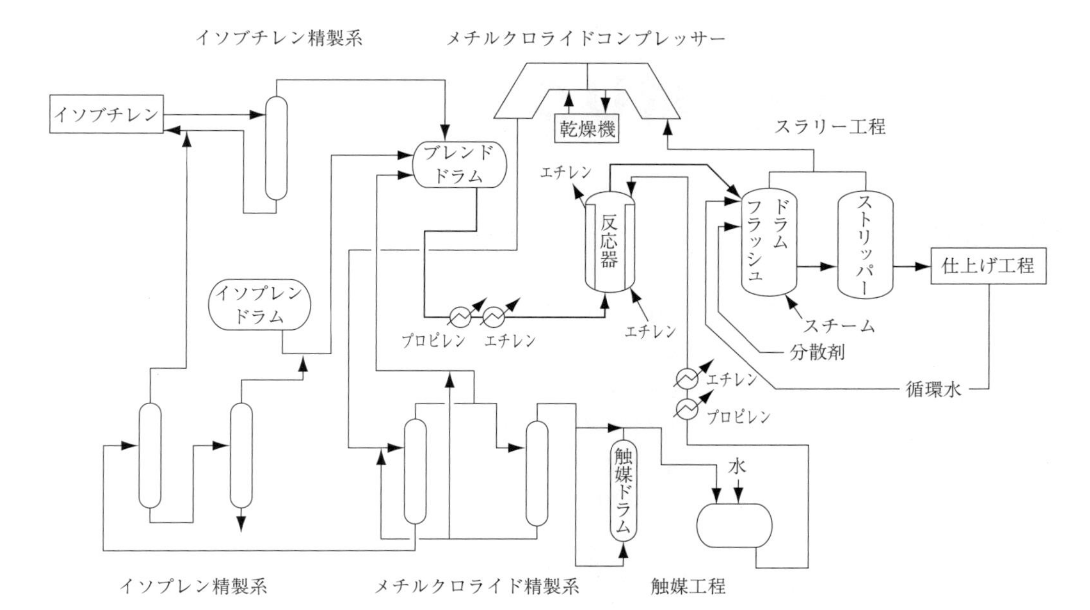

図 13.6.1　ブチルゴムのプロセスフロー

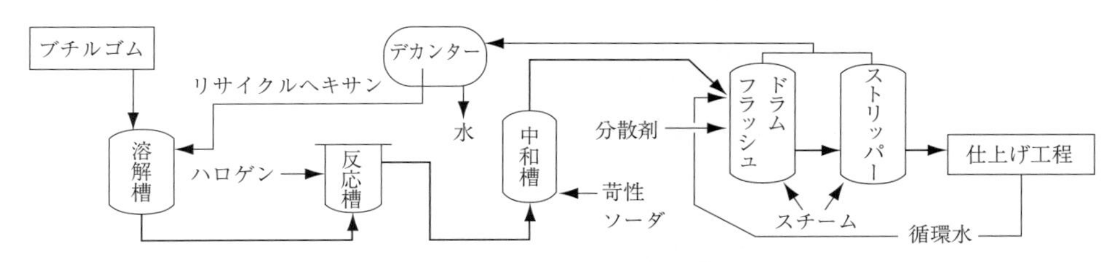

図 13.6.2　ハロゲン化ブチルゴムのプロセスフロー

13.6.3　プロセス

図 13.6.1 に IIR，図 13.6.2 にハロゲン化 IIR のプロセスフローを示す．IIR は重合温度が低いほど分子量が高くなり，物性を満足する分子量を得るためには約－100℃の低温重合が必要となる．そのため，冷却設備がプラントの核となっている．

メチルクロライド溶剤中でイソブテンに対するイソプレン濃度が 1.5～4.5％で重合される．プロピレン，エチレンなどを冷媒とした熱交換器でモノマーを－100℃程度に冷却し，反応器に供給する．重合反応熱はジャケットによる液化エチレンの気化潜熱により除去される．ポリマー溶液は，スチーム加熱により未反応分モノマーと溶剤の回収後，ゴムスラリーとし，乾燥，成形後，出荷する．一方，ハロゲン化 IIR は，IIR を溶媒に再溶解し，ハロゲンと反応後，IIR と同様な仕上げ工程を経て出荷する．

文献

1) ゴムデータブック 2016，p.103，ゴムタイムス社 (2016)
2) Worldwide Rubber Statistics 2016, IISRP (2016)
3) 長野早男，ブチルゴム，p.10，大成社 (1983)
4) 日本ゴム協会誌，44 (11)，911 (1971)
5) 牧野健哉 (日本ゴム協会編)，ゴム工業便覧　第 4 版，p.254，日本ゴム協会 (1994)

13.7 ポリクロロプレン

13.7.1 概要

ポリクロロプレン(CR)は，現在使用されている合成ゴムの中で最も早く工業化された合成ゴムである．87〜90％がトランス-1,4-結合より構成されているため，天然ゴムと同様に結晶性があり高強度な加硫ゴムが得られる．また，主鎖に二重結合をもつが，Clを含有しているため電子吸引性や立体障害性が大きく，天然ゴムに比べて耐オゾン性，耐候性，耐熱性，耐油性，耐薬品性，難燃性など耐環境劣化性に優れる．さまざまな品種があるが，高強度，高弾性加硫物が得られる硫黄変性タイプ，加硫系の幅が広く加工性，耐熱性，耐圧縮永久ひずみ性に優れたメルカプタン変性タイプ，および両者の中間的な特性を有するキサントゲン変性タイプに大別される．

CRは全般的にバランスのとれた性質をもつことから，苛酷な使用条件を要求される工業用品などに幅広く使用されている．おもな用途は，各種自動車部品(ブーツ，ホース，ベルト，空気バネ，防振ゴム，ワイパー)，電線被覆，産業用部品(ベルト，ホースなど)，ゴムロール，ライニング，レジャー用品(ウェットスーツ他)，溶剤系接着剤などである．また，そのラテックスは，水系接着剤，浸漬製品(ゴム手袋，含浸紙，カーペットバッキング)，防水塗膜剤などにも利用される．

CRは，1931年にDuPont社により上市された[1)]．構成モノマーである2-クロロ-1,3-ブタジエンの製造原料の違いにより，アセチレン法とブタジエン法に大別される．なお，両製造方法の違いはモノマー品質には影響しない．モノマーは単一重合あるいは共重合されるが，重合方法としては工業的には乳化重合法が採用されている．

世界のCRメーカーを表13.7.1に示した[2)]．総生産能力は38.1万tである．日本での2016年の出荷量は，日本ゴム工業会の統計では12.7万tである[3)]が，2012年以降は用途別出荷量を公開していないため，2011年の用途別出荷量を表13.7.2に示した．総出荷量は12.8万tで約80％が輸出されている．

13.7.2 プロセス[4)]

A 概要

CRの製法は，アセチレンあるいはブタジエンを原料として2-クロロ-1,3-ブタジエン(クロロプレンモノマー)を合成する工程(工程①)，クロロプレンモノマーを重合してクロロプレンポリマーを製造する工程(工程②)，得られたクロロプレンポリマーの乳液を凝固させ，固形のクロロプレンポリマーに仕上げる工程(工程③)からなる．工程②で得られたクロロプレンポリマーの乳液を製品化したものがラ

表13.7.1　世界のCRメーカー(2016年)

メーカー	プラント所在地(国)	生産能力($t\ y^{-1}$)	プロセス	備考
デンカ	糸魚川(日本)	100,000	アセチレン法	
昭和電工	川崎(日本)	20,000	ブタジエン法	
東ソー	周南(日本)	34,000	ブタジエン法	
長寿化工	Changzhi(中国)	40,000	アセチレン法	
山納合成	Datong(中国)	30,000	アセチレン法	山西合成とNairitのJV
Arlanxeo	Dormagen(ドイツ)	57,000	ブタジエン法	LanxessとSaudi AramcoのJV
Nairit	Yerevan(アルメニア)	(8,000)		休止中
Denka Performance Elastomer	Pontchartrain(米国)	100,000	ブタジエン法	2015年デンカ/三井物産のJVがDuPontより買収
合計		381,000		

テックス製品である．

B　クロロプレンモノマーの合成(工程①)

クロロプレンモノマーの合成工程では，アセチレンを原料とする方法(アセチレン法)と，ブタジエンを原料とする方法(ブタジエン法)が工業化されている．図 13.7.1 に各々の反応式を示す．

表 13.7.2　日本の CR 出荷量(2011 年)

		出荷量(t)	構成比(%)
ソリッド	工業用品	17,605	14.5
	その他	4,479	3.7
	電線・ケーブル	1,042	0.9
	接着剤	2,251	1.9
	国内小計	25,377	21.0
	輸出小計	95,670	79.0
	合計	121,047	100.0
ラテックス	工業用品	10	0.1
	その他	5	0.1
	接着剤	327	4.6
	繊維処理	28	0.4
	建築資材	18	0.3
	顔料		0.0
	その他	17	0.2
	国内小計	405	5.7
	輸出小計	6,759	94.3
	合計	7,164	100.0
合計	国内計	25,782	20.1
	輸出計	102,429	79.9
総合計		128,211	100.0

C　クロロプレンモノマーの重合(工程②)

クロロプレンモノマーを重合する工程では，一般的には乳化重合が採用される．バッチ重合，連続重合方式ともに可能であるが，通常はバッチ重合方式で製造される．乳化剤はロジン酸石鹸が一般に使用され，過硫酸塩を触媒として重合する．重合処方や重合条件により構造的な特徴を付与できるため，多くの品種がメーカー各社により販売されているが，基本的な性質は重合温度と分子量調整剤により決まる．通常，重合温度は 10～50℃，分子量調整剤は連鎖移動能を有する化合物から選択され，一般的にはメルカプタンを使用するもの，キサントゲンを使用するもの，硫黄とテトラアルキルチウラムジスルフィドを使用するものに大別される．

D　クロロプレンポリマーの仕上(工程③)

クロロプレンポリマーの仕上工程では，凍結凝固法式が広く用いられるが，押出し機による仕上げ方式も開発されている[5]．

工程②のクロロプレンモノマーの重合は，通常アルカリ性雰囲気で行われるため，凍結凝固法式では重合後の乳液から未反応のモノマーを除去した後に中和し，凍結ロール上で－10～－15℃で凝固させてシートを得る．得られた凍結凝固シートを水洗・脱水・乾燥後，ローピング機を経てチップ状に切断し，タルクなどの防着剤を散布後，計量され製品として出荷される．図 13.7.2 に CR の重合・仕上プロセスを示す．

①アセチレン法によるクロロプレンモノマーの合成

アセチレン $2\,CH\equiv CH$ —Cat.／二量化→ モノビニルアセチレン $CH\equiv C-CH=CH_2$ —+HCl／塩酸付加→ クロロプレンモノマー $CH_2=C(Cl)-CH=CH_2$

ブタジエン法によるクロロプレンモノマーの合成

ブタジエン $CH_2=CH-CH=CH_2$ —$+Cl_2$→ 1,4-ジクロロ-2-ブテン $CH_2Cl-CH=CH-CH_2Cl$ —異性化反応→ $CH_2=CH-CHCl-CH_2Cl$ 3,4-ジクロロ-1-ブテン —+NaOH→ クロロプレンモノマー $CH_2=C(Cl)-CH=CH_2$

（ブタジエンから $+Cl_2$ で直接 3,4-ジクロロ-1-ブテンへも矢印）

②クロロプレンモノマーの重合

クロロプレンモノマー $CH_2=C(Cl)-CH=CH_2$ → クロロプレンポリマー $(-CH_2=C(Cl)-CH_2-CH_2-)_n$

図 13.7.1　CR の製造プロセス(反応式)

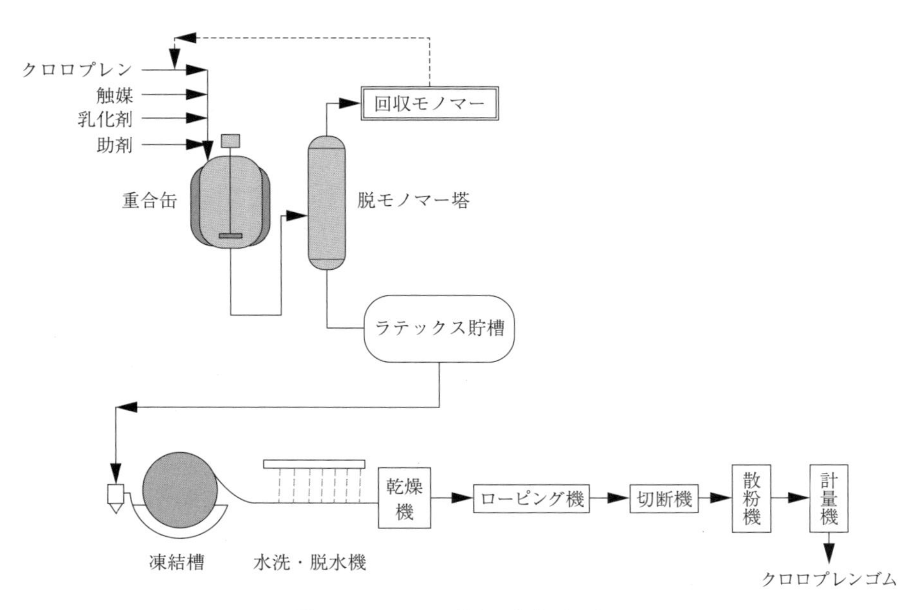

図 13.7.1　CR の重合・仕上プロセス

13.7.3　今後の展望

CR は上市以来 86 年を経過し，素材転換により失った市場も多く，他種ゴム，特に天然ゴム，EPDM，エピクロルヒドリンゴム，NBR，NBR/PVC ブレンドや熱可塑性エラストマーとの競合も厳しい．一方で，優れた物性バランスにより切り開いた新市場も多い．時代と顧客のニーズを速やかに吸い上げ，新たなシーズを組み合わせることで，今後とも新用途・新市場が開拓・形成されるものと考える．

文献

1）W. J. Carothers et al., J. Am. Chem. Soc., 53, 4203 (1931)
2）Worldwide Rubber Statistics 2017, p.50, IISRP (2017)
3）日本ゴム工業会 HP
4）M. Lynch, Chemico-Biological Interactions, 135-136, 155 (2001)
5）T. O. Neuner, H.Stange, R. Josten, R. Feller, M. Fidan, WO 2012-143459 (2012)

第14章
機能性高分子

14.1　電気・電子用高分子

14.1.1　概要

高分子は電気抵抗率の大小で分類すると，導電体，半導体，絶縁体に分類される．導電性高分子は白川英樹氏のポリアセチレンフィルム合成を契機に多数の研究が行われ，現在では，ポリアセチレン，ポリアニリン，ポリチオフェンなどが実用化されている．また，半導体高分子は上記の導電性高分子へのドーピング量を変更し，導電率を調整することで得られ，有機ELや有機半導体への応用研究が進んでいる．

一方，多くの高分子は絶縁性体であり，古くから電気絶縁材料として利用されている．たとえば，軟質ポリ塩化ビニル樹脂は，その難燃性，柔軟性を利用して電気機器のケーブル被覆に用いられている．耐熱性と絶縁信頼性が必要なモーター巻線には，ポリイミド，ポリアミドイミドなどの耐熱高分子が使われており，最新の電子機器に搭載されている半導体や配線板にも，封止保護や接着を目的として多くの高分子が利用されている．

電気抵抗率以外の特性でみると，圧電性，焦電性などの性質をもつ高分子[1]がセンサー用途で実用化されているほか，最近では熱電変換性能[2]，磁性などもつ高分子[3]なども報告されている．

さらに，絶縁性高分子にさまざまな金属，無機物質を混合したコンポジット型の高分子材料がある．たとえばエポキシ樹脂に銀などの金属粒子を分散した導電ペーストなどが実用化されている．なかでも，導電粒子を絶縁フィルム中に分散することにより，膜厚方向には導電性を有し，フィルムの平面方向には絶縁性を示す異方導電性フィルムが液晶パネルと半導体素子の接続用途などで幅広く使用されている[4]．これらは，高分子材料自体が導電性などの機能をもつものではないが，高分子材料の特徴である柔軟性，接着性，成形性と金属，無機物質のもつ導電性などの機能を組み合わせ，付加価値をつけた製品であり，最新の電子機器には欠かせないものになっている．

このように，最先端の電子機器を支える材料の多くは絶縁高分子である．半導体パッケージなどの電子部品を組み立てる技術を実装技術と称し，そこに使われている材料は実装材料とよばれている．実装材料は，日本の材料メーカーが強い分野であり[5]，高機能かつ高付加価値製品が多い．

本節では，スマートフォンなどの最先端の電子機器に使用される高分子材料（実装用高分子材料）にフォーカスして，使用される素材とその特徴について述べたい．

14.1.2　実装用高分子材料の概要

スマートフォンやタブレット端末，クラウドを支えるサーバーなど，最先端の電子機器は常に進化しており，それに伴って，その心臓部である半導体素

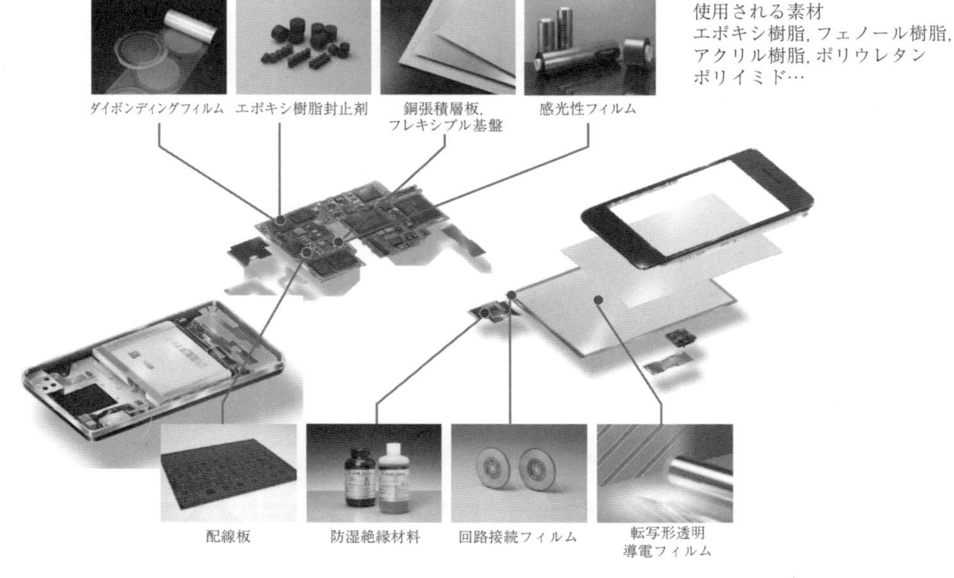

図 14.1.1　スマートフォンに使用される代表的な高分子材料

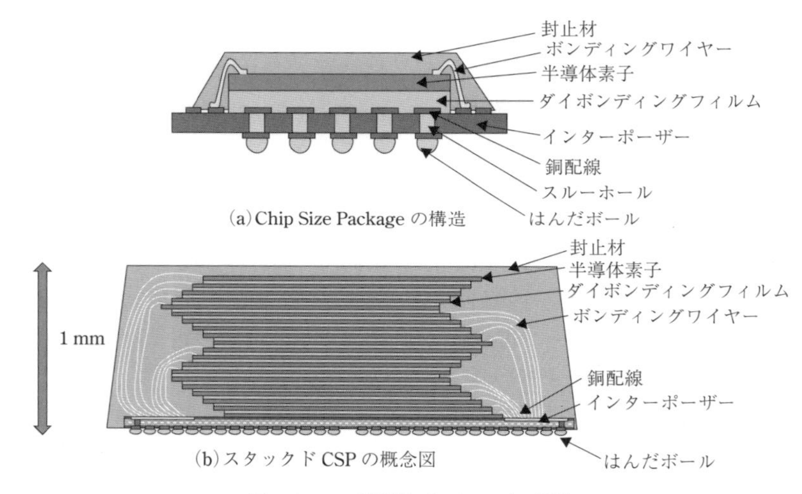

図 14.1.2　半導体パッケージの構造

子，半導体パッケージも進化し続けている[5]．図 14.1.1 にスマートフォンの分解図とそこに使用される代表的な実装材料を示す．ディスプレイの下には配線基板（マザーボード）があり，半導体パッケージ，カメラモジュール，各種電子部品などで表面が埋め尽くされていることがわかる．コンデンサー，インダクター，抵抗などのサイズの小さい部品が多数みられる一方，大きめの四角い部品も複数搭載されている．これは半導体素子を封止材で保護した半導体パッケージであり，メモリーやコントローラーとして機能している．これらには絶縁材料を中心に多数の高分子材料が使用されている．図 14.1.2 (a) に代表的な半導体パッケージである CSP (chip size package) の断面図を示す．半導体素子や回路接続用のボンディングワイヤーに加えて，絶縁板上に配線が形成されたインターポーザー，ダイボンディングフィルム，封止材が主要な構成要素となっている．

半導体メモリーの記憶容量は動画や写真を多量に保存したいとの消費者のニーズを受けて，年々拡大している．そのため，大量の記憶容量を実現するために，半導体素子を多段に積層するスタックド CSP が主流になっている．最近では図 14.1.2 (b) に示す

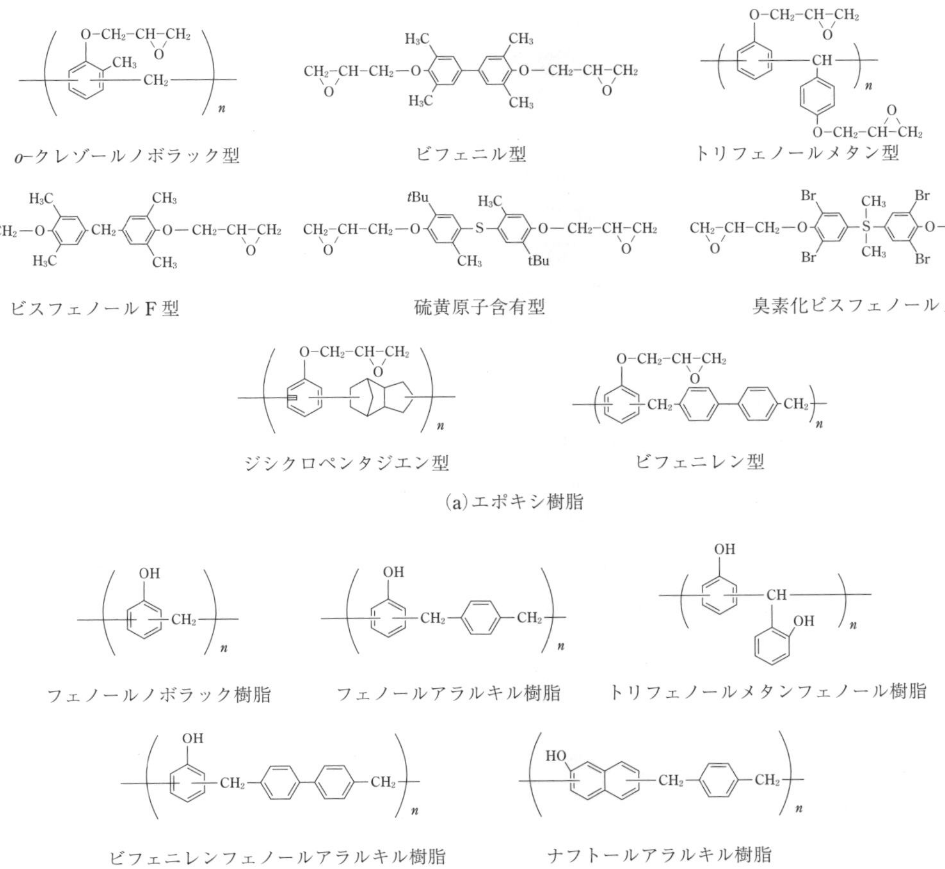

o-クレゾールノボラック型　ビフェニル型　トリフェニルメタン型

ビスフェノールF型　硫黄原子含有型　臭素化ビスフェノールA型

ジシクロペンタジエン型　ビフェニレン型

(a)エポキシ樹脂

フェノールノボラック樹脂　フェノールアラルキル樹脂　トリフェノールメタンフェノール樹脂

ビフェニレンフェノールアラルキル樹脂　ナフトールアラルキル樹脂

(b)硬化剤

図 14.1.3　封止材に使用される素材の一例

ような半導体素子が10段以上積層されている例も見受けられる．段数が増加した場合でも半導体パッケージの厚さは他の部品に合わせ約1 mm程度に統一する必要がある．そのため，最薄25 μm程度と非常に薄い半導体素子を積層するために高機能な高分子材料が必要になっている．

以下に図14.1.1に示す材料の中から，半導体素子を保護するためのエポキシ樹脂封止材，半導体素子を固定するためのダイボンディングフィルムについて紹介する．

14.1.3　エポキシ樹脂封止材

封止材は半導体素子やボンディングワイヤーを外部からの機械的，化学的ストレスから保護する役割を果たしている．また，半導体素子との熱膨張係数に差があると熱応力による反りや剥離などの不具合が発生するため，封止材料は低熱膨張係数である必要がある．一般的に，トランスファー成形により半導体パッケージを形成するため，成形時には優れた流動性をもつことが必須であり，その後の加熱工程によって反応，硬化した後は高い耐熱性，耐湿性を示す必要がある．

封止材に使用されているエポキシ樹脂および硬化剤の構造を図14.1.3に例示する[6,7]．主成分はエポキシ樹脂であり，硬化剤にはフェノール性水酸基を有する各種樹脂が使用されている．いずれも多官能のエポキシ樹脂や硬化剤が選ばれている．これは，多官能材料同士の反応により，高いガラス転移温度(T_g)や低熱膨張係数を有する架橋密度の高い硬化物が得られるためである．従来は多官能のクレゾールノボラック型エポキシ樹脂とフェノールノボラック硬化剤の組合せが主流であった．しかし，近年，環境対応の点から，電子部品を配線板に搭載後，溶融はんだで接続する工程で，融点が高い鉛フリーはんだが使用されるようになった．そのため，耐熱性(耐リフロー性)向上が必要となり，低吸湿性で溶融粘度の低いビフェニル型エポキシ樹脂などの新規樹脂が用いられるようになってきた．これらの樹脂，硬化剤に加えて，硬化促進剤，充てん剤，離型剤，低応力化剤，イオン捕捉剤などの他添加剤を配合したものが封止材となる．封止材には，優れた電気絶縁性が必要であることから，イオン性不純物を極力除去した素材が使用されている．

エポキシ樹脂封止材のメーカーとしては住友ベークライト，日立化成，パナソニックなどがある．表14.1.1に一般的な封止材の特性例を示す[8]．硬化前は流動性の指標であるスパイラルフローの値が大きく，硬化後は高 T_g，低熱膨張係数を示す．また，成形時の収縮率が0.1％と小さいため，残留応力も少ないことがわかる．

表 14.1.1　有機基板用エポキシ樹脂封止材の特性の一例

項目			日立化成製 CEL-9750 HF10	日立化成製 GE-100
難燃剤系		−	難燃剤レス	金属系
スパイラルフロー		cm	145	190
ガラス転移温度		℃	140	145
熱膨張係数	α_1	ppm ℃$^{-1}$	7	9
	α_2	ppm ℃$^{-1}$	29	38
曲げ弾性率		GPa	27	23
成型収縮率		%	0.1	0.1

14.1.4　ダイボンディングフィルム

半導体パッケージの例としてスタックドCSPの製造プロセスを図14.1.4に示す[9]．ダイボンディングフィルムは半導体素子を多段に積層するための接着剤として使用される．このプロセスでは，約80℃に加熱したヒートブロックの上に半導体素子のもととなるウエハを，その配線形成面を下に向けて配置し，続いてウエハの上にダイボンディングフィルムを貼り合わせる．この工程ではフィルムが80℃で粘着性を有することが必要である．次のウエハから個片の半導体素子を取り出すための切断(ダイシング)の際には，個片をとどめておくためのダイシングテープが必要であった．しかし，現在ではダイシングテープとダイボンディングフィルムを一体化させたフィルム材料が実用化され，半導体パッケージの製造工程を簡略化することが可能になっている[10]．ダイボンディングフィルムが貼られた状態でウエハから個片に分割された半導体素子は，ピックアップ装置で取り出されて実装基板上に仮固定される．ここでは，フィルムが適度なもろさを有し，切断の際，ばり発生がないことが必要になる．この半導体素子と実装基板の電極部とは金線に

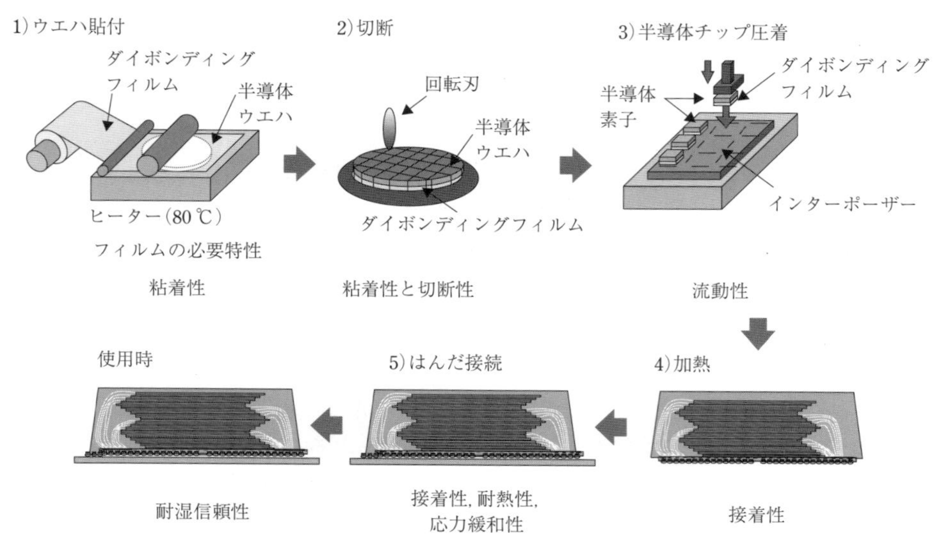

図 14.1.4　半導体パッケージの製造プロセスとダイボンディングフィルムの必要特性

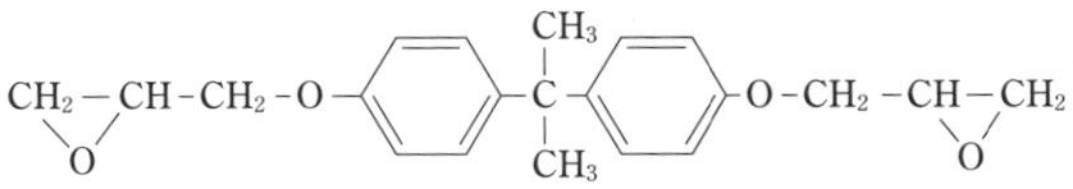

$CH_2-CH-CH_2-O-C_6H_4-C(CH_3)_2-C_6H_4-O-CH_2-CH-CH_2$ (両末端エポキシ基: O)

BisA 型エポキシ樹脂

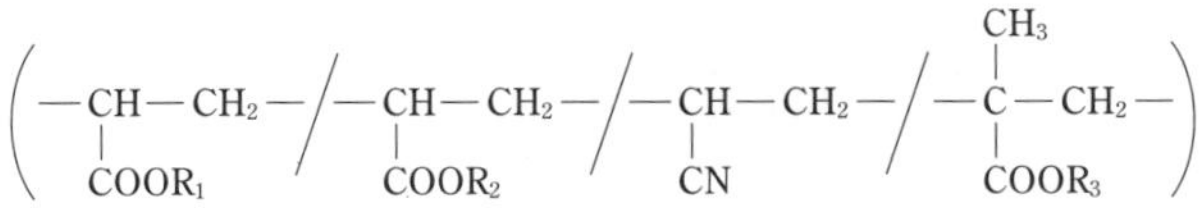

$(-CH(COOR_1)-CH_2-/-CH(COOR_2)-CH_2-/-CH(CN)-CH_2-/-C(CH_3)(COOR_3)-CH_2-)$

アクリル樹脂

図 14.1.5　ダイボンディングフィルムの使用される樹脂の一例

より電気的に接続（ワイヤーボンディング）され，さらに実装基板上の半導体素子の上に半導体素子を積層する工程を必要回数繰り返して多段化される．最後に封止材で半導体素子と各種接続部分を封止することによりスタックド CSP が製造されている．最終製品においては，ダイボンディングフィルムは，半導体素子と実装基板間の熱膨張係数の差を吸収し，応力緩和できること，半導体パッケージを配線基板に接続するためのはんだ溶融工程（260℃程度）で流動や剥離が生じないことが求められる[9]．

端的にいうと，柔らかくて強い接着剤が求められている．また，「80℃で流動可能でありがら，260℃では流動せず剥離も生じない」というのは，一見無理に見えるが，その間に加熱工程が入るので，その温度で硬化反応を起こさせることができれば，両立は可能である．

ダイボンディングフィルムには，上述のエポキシ樹脂封止材で使用される材料や，図 14.1.5 に示すような材料が使用される．適度な粘着性，流動性を付与するために低分子エポキシ樹脂が，フィルムとしての強度を付与するために，アクリル樹脂などが配合されている．図 14.1.6 に示すように，硬化前ではエポキシ樹脂とアクリル樹脂は相溶から半相溶の状態にあり，粘着性や流動性に優れている．それが，硬化後には相分離することで，強度や靭性が向上する．このような反応誘起相分離の考え方[11]を利用することで，トレードオフの関係にある多数の特性を満足することができる．

ダイシングダイボンディング一体型フィルムのメーカーとしては，日立化成，日東電工，リンテックなどがある．表 14.1.2 にダイシングダイボンディング一体型フィルムの特性例を示す[12]．フィルム厚みは半導体素子の厚さなどに応じて，10〜40 μm

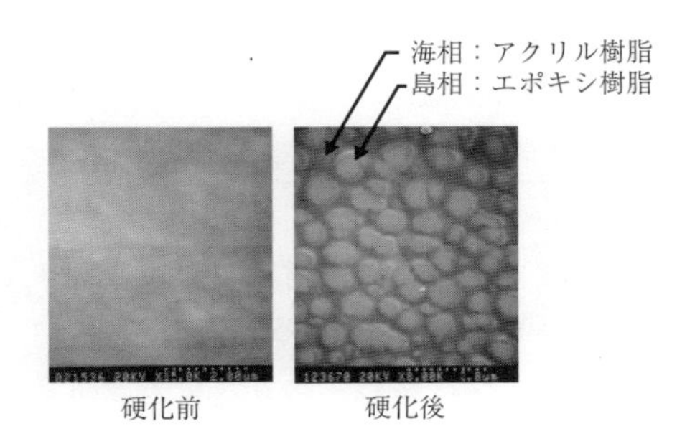

図 14.1.6　反応誘起型ポリマーアロイ材料のフィルム表面の SEM 写真
試料：アクリル樹脂 37%/エポキシ樹脂および硬化剤 63%

の中から選択でき，硬化前のフィルムは 60〜90℃程度の低温でウエハ貼付けが可能でありながら，硬化後は，260℃の高温でも高いダイシェア強度を示しており，半導体製造プロセスでの生産性と組立後の絶縁性，接着性などを両立している．

このように実装用高分子材料には絶縁性だけでなく，半導体パッケージなどの組立工程に必要な多数の特性をすべて満足することが求められる．最先端の電子機器は，このような高分子材料なしでは成り立たないといってよく，今後その重要性が増してくることは間違いない．

14.1.5　今後の展望

半導体産業はドッグイヤーともいわれる速さで技術革新を続けており，高分子材料は，ますます拡大する電子デバイス産業を支え続けると考えられる．急速な市場ニーズの変化や技術革新は，材料やプロセスの変化も加速すると考えられ，今後，そのスピードに対応できる開発体制が求められている．それには，半導体メーカー，機器組立メーカーが求める特性をいかに短期間に実現するかが鍵になる．単に材

表 14.1.2　ダイシングダイボンディング一体型フィルムの特性の一例

項目				日立化成製 FH-900	試験条件
フィルム厚み			μm	10, 20, 25, 40	—
DC テープ特性	推奨 UV 照射条件		mJ cm^{-2}	150〜400	—
	DC/DB 間剥離力	UV 前	N/25 mm	1.4	—
		UV 後	N/25 mm	<0.1	—
ウエハ貼付け温度			℃	60〜90	—
ダイボンディング条件	温度		℃	100〜160	—
	圧力		MPa	0.05〜2.0	—
引張り弾性率(@ 35℃)			MPa	200	DMA
ガラス転移温度			℃	180	TMA
ダイシェア強度(@ 260℃)			N/chip	>100	5 × 5 mm 素子

料を提供するというより，材料を含めたソリューション提案が重要になっている．

その1つとして，材料メーカーが実装組立，評価装置を有し，ユーザーとともに材料を作り上げる取り組みがある[13]．また，組み合わせ線型計画法などの新たな数学的最適化手法を用いた材料探索手法の開発[14,15]，人工知能を用いた材料設計のプロジェクトも進みつつある．今後は，材料開発だけでなく，さまざまな手法を用いてソリューションを提案する形にビジネスの形態が変わっていくと思われる．しかしながら，多様な素材，合成技術，量産プロセスが重要であることには変わりはなく，その強みを他の技術を組み合わせていかに活用するかが差別化ポイントになるであろう．

文献

1) シーエムシー編集部編，エレクトロニクス用高分子の市場，p.1，100，203，シーエムシー出版(1997)
2) 向田雅一他，工業材料，63(4)，34-38(2015)
3) 西出宏之，宮坂誠，高分子，51(6)，453-457(2002)
4) 渡辺伊津夫，成形材料，13(3)，152-156(2001)
5) 経済産業省，機能性化学産業の競争力強に向けた研究会報告書(2013)
6) 高橋昭雄監修，高機能デバイス封止技術と最先端材料＜普及版＞，シーエムシー出版(2015)
7) 山本和徳，日本ゴム協会誌，79，35-41(2006)
8) http://www.hitachi-chem.co.jp/japanese/products/srm/012.html
9) 稲田禎一，松崎隆行，エポキシ樹脂技術協会編，総説エポキシ樹脂　最近の進歩Ⅰ，322-329(2009)
10) 松崎隆行，稲田禎一，畠山恵一，日立化成テクニカルレポート，46，39-42(2006-1)
11) T. Inoue, Progress in Polymer Science, 20, 119-153(1995)
12) http://www.hitachi-chem.co.jp/japanese/products/srm/009.html
13) 野中敏央，宮崎忠一，日立化成テクニカルレポート，59，6-9(2016)
14) T. Inada, Polymer Journal, 46, 745-750(2014)
15) 稲田禎一，松尾徳朗，シンセシオロジー，7(1)，36-42(2014)
16) http://www.nedo.go.jp/koubo/EF2_100106.html

14.2　吸水性高分子

14.2.1　概要

ここでは吸水性高分子(superabsobent polymer, SAP)とよばれるものについて概説する．これらは通常乾燥状態で(キセロゲルとして)販売され，使用時に吸水という機能を発現して含水ゲル状となるものであり，一般的には(高)吸水性樹脂とよばれてい

表 14.2.1　世界の SAP メーカーの生産能力（千 t y^{-1}）

日本		アジア（日本除く）		欧州		米国		ブラジル		
日本触媒	320	FPC（台湾）	110	Evonik	186	Evonik	240	BASF	60	
SDP グローバル	130	FPC（中国）	90	BASF	235	BASF	215			
住友精化	210	BASF（タイ）	20	NSE（ベルギー）＊3	60	NAII＊3	60			
花王	未公開	BYC・中国＊1	60	住友精化＊5	47					
		ソンウォン	5							
		LG	360							
		住友精化（シンガポール）	70							
		住友精化（韓国）＊2	—							
		NSC（中国）＊3	30							
		NSI（インドネシア）＊3	90							
		三大雅精細化学品（中国）＊4	230							
		丹森科技（中国）	260							
		浙江衛生（中国）	30							
		済南昊月（中国）	20							
		泉州邦麗達科技（中国）	80							
		山東諾尓（中国）	70							
		上海華誼（中国）	20							
		盛虹集団（中国）	80							
		万華化学（中国）	30							
		Evonik（サウジアラビア）	80							
										全合計
合計	660		1735		528		515		60	3498
地域別シェア（%）	19%		49%		15%		15%		2%	

＊1　BASF と SINOPEC の JV，＊2　2016 年春に 5.9 万 t 稼働予定，＊3　日本触媒の海外法人，＊4　SAP グローバルの海外法人，＊5　仏アルケマに生産委託，＊6　化学工業日報　2016.3.29

る．明確な定義はないが，JIS K7223 の“高吸水性樹脂の吸水量試験方法”と JIS K7224 の“高吸水性樹脂の吸水速度試験方法”によれば，“水を高度に吸水して，膨潤する樹脂”とある．説明として“架橋構造の親水性物質で，水と接触することによって吸水し，一度吸水すると圧力をかけても離水しにくい特徴をもっている”とある．

吸水性高分子は，1970 年代初めに米国で生まれ，1970 年代後半に日本で初めて実用化され世界に広がったものであり，近年特に紙おむつなどの衛生材料用に吸水材として用いられるようになり，その需要は現在も年々増加し続けている．紙おむつ用の吸水性材料としては，当初は綿状パルプなどの毛細管現象を利用したセルロース系材料が使用されていたが，いったん吸水したものを多少の圧力下でも離さない吸水性樹脂の登場により，次第に吸水性樹脂の使用率が上昇し，現在ではパルプを使用しない紙おむつも販売されているほどである．吸水性樹脂は，それ自身のもつ浸透圧により材料内部に水分を保持し，多少の圧力下でも離さないという性質を有しており，圧力下では離水してしまうパルプなどの毛細管現象による吸水に対して圧倒的に優位であり，それを使用した製品の性能向上に大きなインパクトを与えた結果，巨大な需要に結びついたといえる．

現在の世界での需要量は年間 230 万 t といわれ，表 14.2.1 に示すように，2015 年の主要各社の生産能力は合計 350 万 t に達したと推定される[1]．その中で日本の生産能力は世界の 1/5 弱の年間 66 万 t あまりを占めている．1970 年代末に日本で初めて工業化された吸水性高分子工業は，1980 年代以降，急速に拡大発展し，また，2010 年代に入ってからも依然とその需要量を増している．紙おむつの普及率が低いインドをはじめとする東南アジアなど今後の有望市場と目される新興国も多く残っており 2020 年の吸水性樹脂需要は 300 万 t に成長すると予測されている[1]．ここ数年の日本の年次別出荷実績と生産能力の推移を表 14.2.2 に示すが[2]，2015 年の日本の生産量 57 万 t のうち，国内向けは約 23 万 t，輸出は約 34 万 t となっている[1]．このように，大きく伸びてきた日本の高吸水性樹脂工業も，表

表 14.2.2　日本の吸水性高分子の生産量と生産能力の推移(万 t y^{-1})

		1995年	2000年	2005年	2010年	2015年
生産量	国内向け	5.9	9.4	12.4	15.3	22.9
	輸出用	8.2	13.3	21.2	33.2	34.4
	出荷計	14.1	22.7	33.6	48.5	57.3
生産能力(各年末)		18.4	29.9	35.9	56.7	66.0

表 14.2.3　親水性幹ポリマー別吸水性ポリマーの例

天然物由来のもの

ノニオン系：ヒドロキシエチルセルロース(HEC)，デンプン

アニオン系：カルボキシメチルセルロース(CMC)，アルギン酸，ヒアルロン酸，ポリグルタミン酸，ポリアスパラギン酸などの塩

カチオン系：キトサン，ポリリジン

化学合成によるもの

①親水性基を鎖側に有するもの

ノニオン系：リビニルアルコール，ポリビニルピロリドン，ポリアクリルアミド，ポリ *N*-アルキルアクリルアミド，ポリヒドロキシエチルアクリレート，ポリビニルメチルエーテル，ポリ *N*-ビニルアセトアミド

アニオン系：ポリアクリル酸，ポリ(イソブテン-マレイン酸)，ポリ(2-アクリルアミド-2-メチルプロパン-スルホン酸)，ポリ(メタアクリロイロキシプロパンスルホン酸)，ポリビニルホスホン酸などの塩

カチオン系：ポリ(メタクリロイロキシエチル四級化アンモニウムクロリド)，ポリアリルアミン塩酸塩

ベタイン系：*N,N*-ジメチル-*N*-(3-アクリルアミドプロピル)-*N*-(カルボキシルメチル)アンモニウム内部塩

②主鎖自体が親水性のもの

ノニオン系：ポリエチレングリコール，ポリジオキソラン

カチオン系：ポリエチレンイミン

14.2.1 にみるとおり現在は世界的な大競争の渦中にある．

日本企業での事業合併や撤退，欧米企業での1990年後半から2000年半ばにかけての事業買収による再編[3,4]などにより以前より生産メーカー数は減少し，現在，日本では日本触媒，SDP グローバル，住友精化の3社，欧米では Evonik と BASF の2社に集約されてきた．アジアにおいては，2008年に韓国・LG 化学によるコーロンの SAP 事業買収による新規参入，2010年には中国・丹森科技の新規参入[5]，その他にも多くの中国ローカル企業の新規参入[1]もあり，大きな変動の波が押し寄せている．

吸水性高分子は，親水性の幹ポリマーをわずかに架橋したものすべてを含み，種類としては表 14.2.3 に示すような各種の幹ポリマーからなる吸水性高分子がある．この中には，耐塩性(被吸収液のイオン強度の影響を受けにくい)もの，生分解性を示すもの，感温性を示すものなど多様なものがあり，実用化ないし研究開発されている．また，物理的形態で考えると粉末状から繊維状，フィルム(シート)状などさまざまな形状のものがあり各種検討が行われている．

しかし，これらの中で現在世界で大量に生産されているのは，圧倒的にポリアクリル酸塩系の粉体状吸水性高分子である．その代表的製造法としては，(1) アクリル酸またはその塩の水溶液に開始剤を添加して重合させ，乾燥，粉砕を経て製品とする水溶液重合法と，(2) 同モノマーをシクロヘキサンなどの有機溶媒中に分散させたのち重合，脱水，溶媒分離，乾燥を行い製品とする逆相懸濁重合法，の2つがある．世界的には，主流は水溶液重合法である．

このような架橋ポリマーの膨潤度(吸水量)は，すでに1950年代に P. J. Flory によって膨潤の理論として発表されている[6]．これによると，平衡吸水量(膨潤度)に寄与する因子は，被吸収液とポリマー鎖

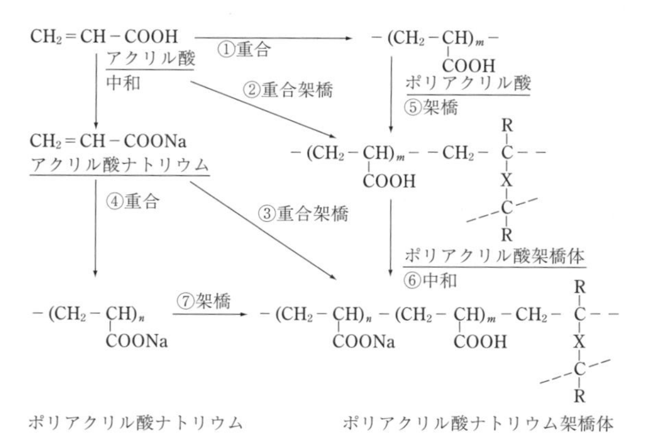

図 14.2.1　アクリル酸を原料とした高吸水性ポリマーの合成経路

とのイオン密度の比，ポリマー鎖の被吸収液との親和性と架橋密度である．このうち最も大きな吸水力の源は，イオン密度の比つまり浸透圧差である．つまり被吸収液のイオン強度が上がれば上がるほど平衡吸水量は低下するわけで，純水と生理食塩水では大きな差となって現れることがわかる．また，架橋密度を上げれば平衡吸水量は低下し，架橋密度を下げれば平衡吸水量は大きくなる．しかし，架橋密度を下げすぎると，平衡吸水量は大きくなるものの膨潤ゲル強度は大きく低下してしまい，架橋構造が明確でなくなり半溶解状態となり，おのずと実用上の限界がある．

架橋の方法としては，多官能性モノマーとの共重合，反応性架橋剤を用いる方法，活性エネルギー線照射，ミクロ相分離による微結晶による架橋，自己架橋などがある．

14.2.2　重合，加工

アクリル酸からポリアクリル酸(塩)架橋体までの合成経路を，図 14.2.1 に示す．このように各種のルートがあるが，まず，(1) アクリル酸のみで重合しその後架橋と中和を行う方法，(2) アクリル酸に架橋性モノマーを存在させて重合架橋させたのち中和する方法，(3) アクリル酸をまず目標値まで中和しておき架橋性モノマーの存在下に重合架橋させる方法, がある．合成条件で考慮すべき因子としては，モノマーの純度，開始剤の種類，重合濃度，重合温度，架橋剤の選択などがある．

アクリル酸の重合熱は 77.4 kJ mol^{-1}，中和熱は 58.2 kJ mol^{-1} であり[7]，商業スケールの大規模生産では，これらの除熱をいかに行うかがキーポイントである．水溶液重合ではモノマーは十分冷却されて重合に供されるが，重合初期に全体がゲル状となるため通常の撹拌が困難で，溶液重合のような撹拌による均一な温度制御は不可能である．そこで静置断熱重合とすると，生成した含水ポリマーゲルが異常に高温にならないような注意を要し，十分な顕熱をとれるよう，モノマー濃度は 20％程度に低く抑え，初期のモノマー水溶液液温も低くする必要がある[8]．

それに対し除熱手段を工夫した方法としては，特殊な偏平容器にモノマーを流し込んで冷水浴中で除熱しながら重合する注型重合[9]や，ベルト上で厚さ数 cm にモノマー溶液を薄く広げて重合する方法[10]（ベルト下面の伝熱ないしゲル表面からの水分の蒸発による除熱が期待できる），また強くせん断できるニーダーなどで重合中に生成したゲルを数 cm 以下に解砕しながら重合する方法[11]，がある．この方法では，ニーダージャケット面からの除熱および表面積の増大したゲル表面からの水分の蒸発による除熱も寄与している．このような除熱対策を講じた方法において，モノマー濃度は 30〜40％に上げることができる．

逆相懸濁重合法では，モノマー水溶液は微小液滴として非水性分散媒中に微分散され，分散媒の沸点以上には昇温しないため除熱はそう大きな問題ではないが，いずれの除熱も分散媒を介して行われる．

次に，重合によって得られるものは，いずれの方法においても通常含水ゲルである．水溶液重合法の場合は, 通常サイズの大きな含水ゲルとして得られ, その含水ゲルを次工程に合う大きさまでサイズダウンを行ったのち通気式熱風乾燥機などで乾燥し，さらに適当な大きさに粉砕して粉末状の製品とする．逆相懸濁重合法の場合には，微細な球状あるいは球が集合したブドウの房状の含水ゲルが疎水性溶媒中に分散した状態で得られ，これを共沸脱水やろ過操作により脱水脱溶媒し，粉末状の製品とする．

これらの粉末状の製品は，一部の用途ではこのまま製品として使用されているが，特に衛生材料用途では，吸水性の向上のためにさらに加工される．それは吸水性高分子の粒子表面をさらに架橋処理するものである．この表面架橋処理により吸水性高分子粒子は，内部と表面近傍の架橋密度の異なるものとなり，単純に表現すれば，図 14.2.2 に模式的に示すように，粒子内部は比較的に低架橋で高吸水量，表面近傍は相対的に高架橋で低吸水量の吸水性高分子で構成されることになる．実際には，粒子の外から内に向かって架橋勾配をもったものになっていると考えられる．この処理によってさらに高機能の吸水性高分子となり，吸水性の向上(フィッシュアイ形成の防止)，加圧下での吸水量の増大や通液性(尿拡散性)の向上に役だっている．この表面処理では，均一に元から粒子全体を高架橋化してもある程度このような機能は発現するが，そのためには全体としての吸水量が大幅に小さくなる．これに対し，表面近傍のみを高架橋化することによって，全体としての吸水量の低下を最小限にとどめながら上記吸水特性の向上を図っているものと考えられる．

表面処理工程として水溶液重合法では，いったん粉末を得たのち粉体表面に架橋剤を均一にコーティングし加熱処理する方法がとられる[12,13]．逆相懸濁重合法では，多くの場合，重合完了後分散媒の存在する間に表面用架橋剤が添加され架橋処理される[14]ようである．

14.2.3 プロセス

A 水溶液重合法

プロセスを図 14.2.3 に示す．アクリル酸(塩)モノマーは，通常共重合性架橋剤の存在下に重合され，乾燥，粉砕後適当な粒子径に分級される．このとき発生した不要な微粉は，モノマー系や重合中のゲルや乾燥前のゲルに回収リサイクルされる[15,16]．分級品は，表面架橋処理を施され，さらに必要により消臭剤などが添加され製品となる．このときに造粒[17]がなされる場合もある．

B 逆相懸濁重合法

プロセスフローについては，ほぼ次のようなものである．

モノマー中和→懸濁重合→造粒→共沸脱水→表面架橋→ろ過→乾燥→添加物→製品[18]

この方法では，親水性モノマーをシクロヘキサンや n-ヘプタンなどの疎水性有機溶媒中に懸濁分散させるために，分散剤としてソルビタンモノステアレート，ショ糖脂肪酸エステルなどの疎水性の界面活性剤やエチルセルロースなどの高分子保護コロイドを使用し，分散媒中に分散質を撹拌などにより分散させ微小液滴を形成してから重合する．このため，塊状重合法や水溶液重合法に比べて，重合熱はまわりの分散媒によって除去されるので温度制御が比較的容易であり，重合温度が溶媒の沸点以上には上昇しない長所がある．あまり大きな粒子径のものは作りにくい．有機溶媒を取り扱うという安全性の問題や，その回収再利用の煩雑さ，製品に疎水性分散剤が残存するなどの点が水溶液重合法と比べて不利な点であろう．この点では，気相中にアクリル酸(塩)モノマーを滴下して重合させる気相液滴重合法の技術開発に BASF 社は注力しているようである[19)~21)]．

製品形状は，水溶液重合法では不定形の粉末，逆相懸濁重合法では真球状の微粉末となるが，後者では造粒[22]ないし二段重合[23]がなされるようになったためと思われるが，一見不定形のものと変わらない粉末となっている．このように現在の使用形態の主

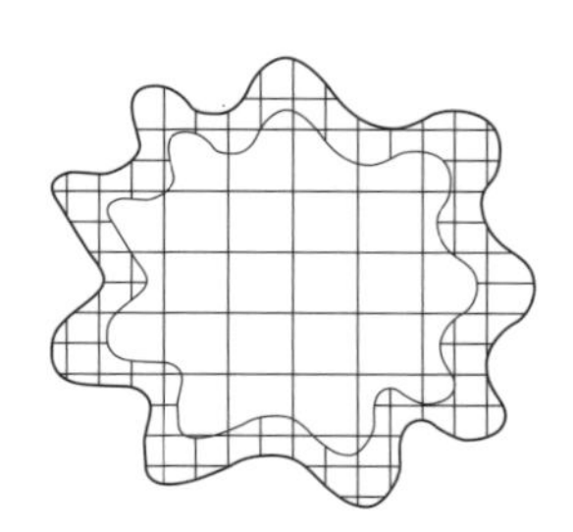

図 14.2.2　表面架橋処理された吸水性ポリマー粒子の模式図

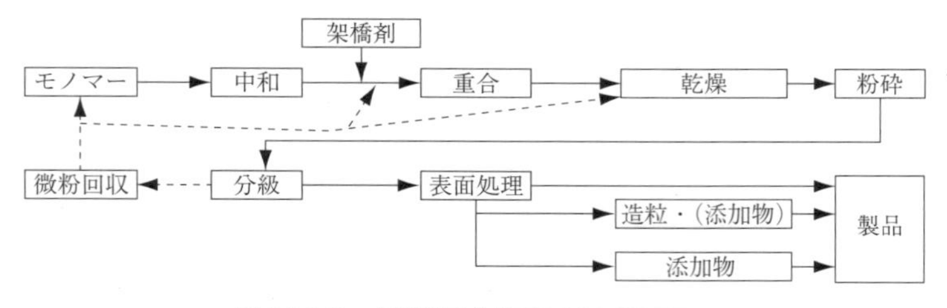

図 14.2.3　水溶液重合法のプロセスフロー

表 14.2.4　吸水性ポリマーの分野別用途例

用途分野	具体的用途
衛生用品	紙おむつ，失禁パッド，生理処理用品，母乳パッド，携帯用簡易トイレ
ペット用品	ペットシート，猫砂
医療関係	医療廃液固化剤，創傷保護用ドレッシング材，湿布薬，導電性粘着剤，手術用シート，医薬
食品関連	食品用脱水シート，ドリップ吸収シート，鮮度保持材，保冷材
家庭用品	使い捨てカイロ，芳香剤ゲル，除湿剤用ゲル化剤，水性ボールペンインキ
農園芸	土壌用保水剤，種子シート，種子コート，流体播種，人工水苔，育苗シート，育苗培土，肥料の徐放剤
土　木	水膨潤ゴム，遮水シート，シールド工法潤滑剤，逸泥防止剤，トンネル裏込め剤，H形鋼引き抜き用シート，ゲル水のう
建　築	コンクリート養生シート，結露防止シート·塗料，モルタルコンクリート改質剤（セメント混和剤），耐火シート，耐火コーティング剤，空隙形成剤
電機・電子	通信ケーブル用止水テープ，アルカリ電池
輸　送	コンテナ用結露防止材，液漏れ防汚材，汚泥固化剤
塗料・印刷	水濡れ塗料，水性膨潤性塗料，水膨潤性印刷インキ，記録紙用コート剤
その他	人工雪，油中水分除去剤，消火剤

流は粉末状のものであるが，より扱いやすいものとして繊維状[24]やシート状[25]の吸水性高分子も検討されてきている．しかし，一部用途を除き，コストや性能面から紙おむつ用には本格採用には至っていない．また，後処理の観点から生分解性吸水性高分子[26,27]などの開発もみられる．

14.2.4　その他の用途展開

紙おむつ（衛生用品）以外の用途としては，表 14.2.4 に示すような多様なものがある．また，耐塩性吸水性高分子の用途としては，土木建築分野や通信ケーブルなどがあげられる．

文献

1）化学工業日報，2016 年 3 月 29 日
2）化学工業日報，2001 年 2 月 5 日；2006 年 1 月 19 日；2011 年 2 月 2 日
3）化学工業日報，1999 年 11 月 29 日
4）化学工業日報，2006 年 2 月 14 日
5）Nonwovens Markets, 7 Oct.（2010）
6）P. J. Flory，高分子化学，p. 529，丸善（1956）
7）大森英三，アクリル酸とそのポリマー（I），p.27，昭晃堂（1973）
8）特開平 1-103606（1984）
9）特開昭 55-133413（1980）
10）US Patent, 4,857,610（1987）
11）特開昭 57-34101（1982）
12）特開昭 58-180233（1983）
13）Eur. Patent, 0,536,128（1991）
14）特開昭 56-131608（1981）
15）特開平 4-227705（1992）
16）US Patent, 4,950,692（1988）
17）特開昭 61-97333（1986）
18）WO2014/141764
19）WO2011/026876,
20）WO2015/197359,
21）化学工業日報，2014 年 11 月 28 日
22）特開昭 62-132936（1987）
23）特開平 9-143210（1997）
24）特開昭 62-218434（1987）
25）特開平 2-242975（1990）
26）特開平 11-181082（1999）
27）化学工業日報，1999 年 8 月 19 日

14.3　生分解性高分子

14.3.1　概要

生分解性の基本的な仕組みは分子間結合の加水分解であり，微生物が介在して加水分解酵素(hydrolase)による分解を経て水や二酸化炭素のレベルにまで高分子を完全に分解するまで進むため，「生」分解と定義される．分解するという性質は，長期的視野に立った環境負荷の低減に貢献する特性だが，高分子製品の利点である耐久性とは相反する．よって，制御された生分解性は，使用中は高分子製品がもつ優れた機能を発揮し，役目を終えた後は高分子状態が消滅するという，現代とこれからの社会が求める性質といえる．また近年では分解性を広範な産業に応用した事例が増えつつあり，新たな可能性を示している(表 14.3.1)．本節では合成系の生分解性高分子を中心に，市場の動きと代表的な製品について概説する．

14.3.2　生分解性高分子と市場

1990 年代以降多く企業が生分解性の製品を市場に提案してきた．2017 年時点でコマーシャル・ベースの生産販売が行われている熱可塑性生分解性高分子を便宜的に 2 種に分類し，表 14.3.2 に示す．

市場規模は 2000 年の統計で含み約 3 万 t から，2016 年の 28 万 t と伸びを見せている[1]．特に，環境意識の醸成により 2010 年以降は欧州，米国，中国から相次いでコンポスト化(堆肥化)できない使い捨て用途の高分子製品を禁止するなどの法制化が顕在するに至り[2]，生分解性製品は安定成長期に入った．

表 14.3.1　生分解性高分子製品の主な用途

分野	用途	
自然環境中で利用前提	農林水産用	農地被覆材(マルチフィルム)，果樹など誘引テープ，育苗ポット・セル，つる作物用栽培ネット，防風・防塵ネット，肥料・農薬加工用資材，幼木保護シート，釣り糸・漁具，漁網・養殖網・養殖用資材
	土木，建設用	のり面保護シート，植生ネット・シート・マット，土のう袋，保水シート，暗渠・排水用材，断熱材，コンクリート型枠
	野外レジャー用	ゴルフ・釣り・キャンプ・登山・マリンスポーツなどの用品類
コンポスト化前提	食品など包装	包装フィルム・トレー，紙製品のコーティング，インスタント食品・ファストフードの容器
	日用雑貨	ごみ袋，使い捨てコップ・リッド・皿・カトラリー類，文房具・玩具，粘着テープ
	衛生用品	ひげ剃り，歯ブラシ，生理用品，紙おむつ
繊維分野	繊維用途	合成繊維製品，不織布製品の原料
他機能との組み合わせ	造形用	3D プリンター用フィラメント，造形パテ
	医療，ヘルスケア用	縫合材，人工組織(皮膚・骨格など)，医療用フィルム・包帯，ドラッグデリバリー
	保水・吸水機能利用	土壌保湿・保水材，植生補助促進材
	ガスバリア性利用	食品包装，飲料抽出用カセット
	低融点・高耐熱性利用	製袋，包装などの接着・シール層
	分解性制御	シェールガス採掘用資材，自動車・電気製品部品，緩効性肥料・農薬用被覆成形材

表 14.3.2　実用化されている生分解性高分子(2017 年)

分類	成分	商品名	製造企業	生産規模(千 t)
化学合成系	ポリ乳酸	インジオ	ネイチャーワークス	150
		レヴォダ	浙江海正生物材料	150
		ルミニィ PLA	トタルコービオン PLA	75
	ポリブチレンスクシネート　ならびに アジピン酸変性ポリブチレンスクシネート	BioPBS	PTTMCC Biochem	計 20
	アジピン酸変性ポリブチレンテレフタレート　ならびに　ポリ乳酸複合品	エコフレックス エコバイオ	BASF	74
	コハク酸など変性ポリエチレンテレフタレート	アペクサ	DuPont	100
	ポリグリコール酸	クレダックス	クレハ	4
	ポリカプロラクトン	プラクセル	ダイセル	10
		Capa	Perstorp	30
		(社内利用)	BASF	2
	ポリビニルアルコール	クラレポバール　ほか	クラレ	320
		ゴーセノール　ほか	日本合成化学	70
		J-ポバール	日本酢ビ・ポバール	70
生物合成系	複合ポリヒドロキシアルカン酸	アオニレックス	カネカ	1
		Nodax	Danimer Scientific, MHG	30
		Mirel	Metabolix, CJ CheilJedan	10
	熱可塑性デンプンおよび合成系高分子複合品	マタービー	Novamont	150
		BIOPLAST	BIOTEC	25

本節で取り上げる生分解性高分子では，ポリ乳酸(polylactic acid，PLA)が市場を牽引し，これに各種脂肪族ポリエステルが続く．長く課題とされてきた製造コスト，生分解性の制御，高分子素材としての物性，および成形加工性は，行政の施策や企業の社会的責任重視の後押しも得て，原料の製造から重合，共重合，複合，成形加工に至る幅広い業界の努力の積み重ねにより，着実に改善の方向にある[3]．

14.3.3　合成系生分解性高分子

A　概要

生分解で，かつ分解開始前は素材として優れた性質を示す機能性高分子の多くは脂肪族ポリエステルである．自然界では生物が躯体支持構造，防御機構，貯蔵器官としてポリエステル型の高分子を合成し，何らかの目的でエネルギーを取り出す必要がある場合や生命活動が止まった後に，分解を妨げる機能が停止し，生物内部や周辺の微生物の酵素の働きで低分子にまで分解している[4]．合成系生分解性高分子にみる物理化学的な加水分解と酵素が介在する加水分解の組み合わせによる生分解の挙動は，自然のあり姿を模倣したものともいえ，人はこれを 60 年余かけて生活に役立つ技術，素材としてきた．

以下に，表 14.3.2 に示した化学合成系生高分子の概要を，脂肪族ポリエステルを中心に記す．製造の基本プロセスについては，第 9 章を参照されたい．

B　ポリ乳酸

生体吸収素材として乳酸やグリコール酸など α-オキシ酸を高度重合する技術が，1950 年代から医療用途向けの製品を製造するために開発されてきた．現在主流の PLA 製造の基本プロセスは，乳酸を脱水縮合して直鎖状の乳酸オリゴマーを得，これを加熱分解・環化して乳酸二量体ラクチドを合成する第一段階と，ラクチドをオクチル酸スズ($Sn(Oct)_2$)触媒などを用いた開環重合反応によって高分子化する第二段階からなる[5]．ラクチドを介さず乳酸の直接重縮合によってPLAを製造するプロセスも検討されており，経済的な乳酸の純度向上などの条件が揃えば二段階法と並ぶ製造法となろう．

ポリ乳酸(PLA)の生分解性や加工特性などの物性は，乳酸の光学異性体の割合やラクチド構造の均一性，PLA内の残存ラクチドに影響を受けるため，ラクチドの精製と重合条件の改良が進められた．発酵法によってL体の乳酸を選択的かつ安価に製造する微生物の育種と製造プロセス開発の進展に伴って，PLAは1990年代末には生分解だけでなく植物原料由来の高分子製品として注目され始めた．この時期，Dow Chemical社(米国)と穀物商社大手のCargill社(米国)がPLAの製造販売のために設立した合弁Cargill Dow社は，高純度のラクチド生産を実現する新たな反応蒸留法と独自の開環重合法を組み込んだ，原料の糖からPLAまでの一貫生産プロセスを構築し，2002年には年産7.5万tの設備を立ち上げた．Cargill社はその後Dow Chemical社との合弁解消を機にNature Works社(米国)を2005年に設立，帝人との合弁とその解消を経て，年産14万tの最大級の生分解性・生物由来高分子メーカーに成長している．なお，2011年からNature Works社の株式の50%はPTT Global Chemical社(タイ)が保持しており，2020～2021年を目処にアジアあるいは米国にて次の増産計画をもつ．この他のポリ乳酸製造大手企業としては，浙江海正生物材料(中国，2015年に年産1.5万tへ能力増強)，Symbra社(オランダ，年産5,000 t)が知られている．また乳酸の製造販売最大手Corbion社(オランダ)も，乳酸およびラクチドの製造販売に続き，Total社(フランス)との合弁Total Corbion PLA社を設立し，2018年中にタイで年産7.5万tのPLAの生産を開始する．

代表的なポリ-L-乳酸(PLLA)は融点170℃，結晶化温度100℃，ガラス転移点60℃であり，加熱溶融加工時に固化が遅いことを配慮すれば加工温度は200℃付近と比較的成形加工しやすい熱的特性範囲にあり，透明性が高いという特性も生かした用途開発が進められてきた．特に延伸操作を伴うフィルム化や紡糸加工では，分子鎖の配向結晶によって剛性など高い機械的強度を実現できる．一方，PLAの分子鎖は乳酸の炭素鎖主鎖が短いために運動性に乏しく，これが結晶化速度を低くしており，配向が進まない射出成形では耐熱性(熱変形温度)，耐衝撃性がポリエチレンテレフタレート(PET)，ポリプロピレン，ポリスチレンと比較して低い．この課題に対し，分子構造の改良もゴムなど他の材料との複合化と並行して進んでいる[6]．たとえばSymbra社や日本の高純度乳酸製造大手武蔵野化学研究所，および帝人は，L体乳酸を原料とするPLLAとD体乳酸を用いたポリ-D-乳酸(PDLA)の分子構造の違いを利用して耐熱性の高い両者のブロック共重合体やステレオコンプレックス体PLAの実用化を進めている[7]．D体乳酸の量産も課題であったが，Corbion社と武蔵野化学研究所が供給体制を整えた．

PLAの生分解性は非酵素的な加水分解が支配的要因であり，側鎖にメチル基をもつため疎水性が強く，同じポリ-α-オキシ酸であるポリグリコール酸(polyglycolic acid, PGA)やジオール-ジカルボン酸型ポリエステルより分解速度は遅い．一方，廃棄物としてコンポスト化設備で処理する場合は，高い湿度と温度の効果で比較的速い生分解性を示す．

C　ポリブチレンスクシネートおよび変性ポリブチレンスクシネート

ジオールとジカルボン酸の重縮合によって得られる最も古典的な脂肪族ポリエステルのうち，熱安定性や成形加工性を総合的に評価した場合，1,4-ブタンジオールとコハク酸からなるポリブチレンスクシネート(polybutylene succinate, PBS)，および，そのアジピン酸共重合コポリマーである変性ポリブチレンスクシネート(polybutylene succinate adipate, PBSA)は最良の選択肢の1つである．しかし，1990年代に入るまで高重合度のジオール-ジカルボン酸型ポリエステルを得るのは長年の課題であった．脱水重縮合触媒と鎖長延長の技術開発が進み，昭和高分子が初めてPBSおよびPBSAを市場に投入したのが1993年である[8]．その後，三菱化学(現三菱ケミカル)，IRe Chemical社(韓国)などが独自の製造方法を開発し，三菱化学は2000年代に入ってPBSおよびPBSAを上市，2016年にはPTT Public Company社(タイ)と合弁PTTMCC Biochem 社(タイ)を設立しタイで年産2万tの製造設備を竣工した.

PBS, PBSA の熱的特性は融点およそ110℃, 結晶化温度70℃, ガラス転移点－30℃であり, 成形温度域を200℃以下に設定すればポリエチレンに近い成形加工性をもち, ポリエチレン用の設備の利用が可能という利点をもつ. 機械的特性では柔軟性(低剛性)が顕著であり, これを生かす用途の拡がりが期待できる. PBS と PBSA の比較では, 後者がより柔軟性と生分解性が高い. また生分解性高分子としては耐熱性が比較的高く, 樹脂や天然繊維など他の高分子材料との相溶性が良好なため, たとえば紙へのコーティング, 多層フィルム化, および熱シールが容易となり, コーティング紙の成形やフィルムの製袋といった優れた二次加工性を提供できる. 一方汎用高分子製品と比較すると性質が極端なため, PLA など他の生分解性製品との複合化によってポリエチレンからポリプロピレンの物性をカバーするバランスのよい生分解性高分子製品を実現できる[9]. なお, PTTMCC Biochem 社は植物原料由来のコハク酸を用いて PBS, PBSA を製造しており, 生物由来製品にも位置付けられている[10].

PBS, PBSA の生分解は分解初期に非酵素的な加水分解が分子の"ほぐれ"を作り, その後は微生物による酵素的な加水分解が支配的要因となる. 分解は, PLA や変性ポリブチレンテレフタレート(PBAT)と異なり, 水と微生物の環境が十分であれば常温で進行する[11].

D 脂肪族–芳香族コポリエステル

PBS, ポリカプロラクトン(Polycaprolactone, PCL)など脂肪族ポリエステルの開発, 商品化が進む一方, これらは製造コストや種々物性の面で汎用の高分子と差異があり, 応用分野の拡大に時間を要している. また, PET やポリブチレンテレフタレート(PBT)など芳香族ポリエステルは, 高分子製品として優れた熱的, 機械的特性を示す. 生分解性を保ちつつ特性を汎用高分子製品に近付け, また製造コスト低減を図るため, 脂肪族ユニットに芳香族ユニットを導入した芳香族–脂肪族コポリエステルが考案されてきた[12~14]. いずれの製品も PBS, PGA, および PCL と比較して生分解速度は低いが, 高い湿度, 温度, かつ微生物活性が高いコンポスト化設備などで処理した場合, 日本バイオプラスチック協会(JPBA)ほか認証団体が認める生分解性を示す.

a 変性ポリブチレンテレフタレート

1990年代初頭, ドイツ政府から生分解性の包装用材料の開発依頼を受けた BASF 社は, 汎用高分子製品の製造技術を活用しつつ, 幅広い物性要求に応えることが可能な変性ポリブチレンテレフタレート(polybutylene adipate terephtalate, PBAT)の製造法を開発した[13]. 同社の生産能力は1998年の年産8,000tから2010年には7.4万tへ拡充されている. また複数の中国企業が合計で年産数万tの能力を有している. BASF 社の PBAT は, 1,4–ブタンジオール, アジピン酸, およびテレフタル酸の溶融重縮合によって製造され, テレフタル酸の割合が60 mol%まではコンポスト化設備の条件で生分解性を発揮する.

BASF 社の PBAT 主グレードは融点約115℃, ガラス転移点 －30℃の半結晶性, 成形温度上限が230℃と, ブロー成形を含み低密度ポリエチレンとほぼ同様の設備で成形加工が可能である. それだけでなく, 広い温度域で延展性がきわめて高く低密度ポリエチレンより強靭なため, 生分解性の軟質フィルムを製造するための要素材料の1つとなっている. 高い酸素および水蒸気透過性も特徴的である.

b 変性ポリエチレンテレフタレート

DuPont 社は PET の技術を応用し, テレフタル酸とエチレングリコールに加えて脂肪族ジカルボン酸を共重合した高耐久のエンジニアリングプラスチックを製品化し, 年産約5,000tを生産している[14,15]. コハク酸を脂肪族原料とした変性ポリエチレンテレフタレート(polyethylene terephtalate succinate, PBTS)は, 生分解性を保持しつつ PET に近い透明性, 機械物性, 成形加工性, 相溶性, ならびに耐久性を備えている. そのため繊維, フィルムを中心に用途開発が進んでおり, 前者ではアイロンがけ可能な耐熱性と柔軟性や染色性に優れる点, 後者は透明性, 水とガスのバリア性, 印刷特性が評価されている.

さらに PET と同様にリサイクルも可能とされているので, リサイクルを重ねた末に生分解性を生かして減容化するといった循環利用が実現する[16].

c 変性ポリテトラメチレンテレフタレート

Eastman Chemical 社(米国)が開発したポリテト

ラメチレンアジペート–テレフタル酸共重合高分子(変性ポリテトラメチレンテレフタレート，Poly-tetramethylene adipate terephthalate，PTMAT)の技術は2004年にNovamont社(イタリア)に受け継がれ，同社が2014年に買収したMater-Biopolymer社(フランス，イタリア)にて植物脂肪酸を用いた新たな生分解性高分子製品を産み出す基盤となった[17]．本製品の生産規模は年産5,000 tであり，ノバモントの主力製品であるデンプン–ポリエステル複合品の発展形の位置付けでおもにコンポスト化可能なフィルムの市場に展開が図られる．

E　ポリグリコール酸

側鎖をもたない最も単純な構造の脂肪族ポリエステルであるポリグリコール酸(polyglycolic acid, PGA)は，合成繊維の開祖W. H. Carothersが1930年代初頭にすでに記録に残しており[18]，高密度，高融点，高結晶性などの特性から，1950年代には強靭な繊維の原料となる可能性が知られていた．また，ガスバリア性がエチレン–ビニルアルコール共重合物(EVOH)の10倍，PETの100倍と卓越しており，高い機械的強度と併せ注目されてきた．しかし本質的に加水分解速度がきわめて速く不安定なため，工業生産は1990年代中葉まで医療用の生体吸収材料としての年産数百t程度にとどまっていた．

クレハもこのようなPGAメーカーの1つであったが，1995年にグリコール酸をオリゴマー化し，これを高収率の溶液法で熱解重合して得る高純度環状ジエステルのグルコリドを中間体とした生産技術の開発に成功し，PGAの安定量産化を実現した[19]．グリコリドの開環重合による高分子のPGA生産は，触媒としてスズ系，チタン系，アルミニウム系などの化合物を用い，重合開始剤を加えた溶液–固相連続重合法による．この他，グリコール酸の縮合重合，ハロゲノ酢酸を用いた固相開環重合，一酸化炭素とホルムアルデヒド利用の酸触媒反応などのPGA製造法が知られている．

PGAは融点220℃，結晶化温度70℃，ガラス転移点40℃の熱的特性をもち，240～280℃の加熱溶融成形が可能である．これを急冷すると非晶状態のまま固化し，透明な製品が得られる．またガラス転移点と結晶化温度の間で再加熱すると非晶状態での延伸成形が可能で，多層成形が可能となる．

PGAの生分解性は非酵素的な加水分解が支配的要因であり，好気条件，嫌気条件ともにPLA，ジオール–ジカルボン酸型ポリエステルより分解速度が速い．PGAは際立った特性により高度医療用材料，PETのガスバリア性増強材料などの用途の開発が進んでいる．特に近年では北米圏を中心としたシェールガス/オイル採掘法である水圧破砕法(hydraulic fracturing)の重要な部材として認知されつつあり，クレハは需要の増加に備えて2007年にDuPont社のグリコール酸工場敷地内に年産4,000 tのPGA生産プラントの建設を決定，2012年から生産を開始した．

F　ポリカプロラクトン

ε–カプロラクトンのような環状モノマーの開環重合法による高重合度ポリ–ω–ヒドロキシアルカン酸(poly-ω-hydroxyalkanoic acid)の合成法は，1960年代の初めに見いだされている．ポリカプロラクトン(polycaprolactone，PCL)はクチンやスベリンといった植物が産生するポリエステルに似た構造をもつため，微生物が高分子物質を分解する機構の解明に役立ってきた．熱可塑性高分子としてのPCLはポリプロピレンと似た半硬質の結晶性高分子であり，成形加工性と機械的特性に富むが，融点が約60℃と低いことが広範な分野への応用の妨げになっていた．結晶化温度は22℃，ガラス転移点は－60℃である．

ダイセルは1990年代以前からPCLの活用に取り組み，ウンデシレン酸亜鉛など脂肪酸亜鉛塩を触媒とし，水酸基をもつ多価アルコール開始剤を用いた開環重合法で，分子量1万程度の耐熱グレード(融点100℃)を工業化した．これによりPCLは，バランスの取れた生分解性高分子製品となった[20]．高分子量PCLは，成形温度域を170℃以下として熱安定性に配慮すれば，押し出し，射出，インフレーションなどの各種成形加工を汎用高分子とほぼ同様に行える．比較的高い引っ張り強度，伸度，他の素材との相溶性といった特性を利用して，生分解性脂肪族ポリエステルをはじめとした各種高分子製品の改質剤や複合化のための相溶化剤として用いられる．低分子量PCLの用途はウレタン，エラストマー，ポリエステル，塗料，接着剤の原料などである[14,21]．市場規模はおよそ年間2万tと推定され，Perstorp社(旧Solvay，英国)が年産3万t，ダイセルが年産約1万t，BASF社が年産約2,000tの生産能力をもつ．

PCLの分解性は非酵素的な加水分解が支配的要因であり，PGAと同様にPLA，ジオール–ジカルボン酸型ポリエステルより分解速度が速い．また嫌気条件でも比較的分解性が高い．

G　境界領域の生分解性高分子

これまで本節では微生物による生分解性を分解要因に含む高分子のうち，化学プロセスで得られる製品を取り上げてきた．この定義から一部外れるが，生分解性をもった熱可塑性製品として重要な位置にある高分子について簡単に述べる．

a　ポリ–β–ヒドロキシアルカン酸

微生物がエネルギー貯蔵器官としてポリ–β–ヒドロキシアルカン酸(poly–β-hydroxyalkanoic acid, PHA)の一種ポリヒドロキシ酪酸(polyhydroxy-butyric acid, PHB)を体内で合成，蓄積することを細菌研究者が発見したのは1925年であった[22]．その後PHAに高い生分解性があること，熱可塑性高分子として利用できる可能性があることが見いだされ，糖や脂肪酸から生分解性高分子を一段階で生産できることで注目されてきた．ところが，微生物体内に蓄積された高分子物質を抽出，精製するという特異な生産プロセスは，特に精製工程に難しさがあった．またPHBは結晶性が高く，硬く脆い機械的物性となるうえに成形加工条件も厳しく，市場展開が限られていた．

これらの課題を解決すべくPHA産生微生物の育種と製造プロセス改良の取り組みが続けられ，またPHBの高重合度化や3–ヒドロキシ酪酸(3-hydroxy-butyric acid, 3HB)と3–ヒドロキシ吉草酸(3-hydroxyvaleric acid, 3HV)との共重合になどよって成形加工性および製品の物性の改良がなされてきた．現在，Meredian Holdings Group(米国)が年産3万tの生産能力をもち，Metabolix社(米国)から技術と設備を引き継いだCJ CheilJedan社(韓国)は年産1万tへの増産を計画している．

カネカは1990年代に体内で3HBと3–ヒドロキシヘキサン酸(3-hydroxyhexanoic acid, 3HHx)を合成し，さらにこれらを共重合してポリ–ヒドロキシ酪酸–ヒロドキシヘキサン酸(PHBH)を産生する微生物を見いだした．この微生物のPHBH合成に関わる遺伝子群を，植物の脂肪酸を原料にして効率的に物質を生産できるタイプの微生物に導入したPHBH高生産性微生物を得て，工業生産の目処を立てた．2011年から年産1,000tの設備でPHBHを生産し，改善された成形加工性，水蒸気バリア性，速い生分解性などの特性を生かした材料開発と用途開発を進めている[23]．

PHBHの熱的特性は3HBと3HHxのモル比によって決まり，その範囲はおよそ融点100〜150℃，結晶化温度50〜60℃，ガラス転移点－10〜0℃である．加熱溶融成形は溶融温度を160℃以下に抑え，遅い結晶化に配慮しつつ行う[24]．

PHBHの生分解は酵素的な加水分解が支配的であり，好気条件，嫌気条件ともPLA，ジオール–ジカルボン酸型ポリエステルより分解速度が速い．

b　ポリビニルアルコール

ポリビニルアルコール(polyvinyl alcohol, PVA)は合成系高分子の中でも特に親水性が強く，高い水溶性を生かした用途展開がなされている．固形，水溶物のいずれも微生物による分解を受けることが知られており[25]，デンプンとの複合品などが生分解性高分子として上記の製品群と同様に用いられてきた．

c　熱可塑性デンプン

植物が生産するデンプンは，ブドウ糖が脱水縮合によって重合し多次構造をなす高分子である．年間約4,000万tの生産量のうち10％程度が工業用に使用される(農畜産業振興機構の統計から)．水やグリセロールを可塑剤として用い可塑化のうえで合成系高分子などと複合化することにより，製品に生分解性やフィルムなどへの加工成形性を付与できる．Novamont社が年産15万t，BIOTEC社(ドイツ)が年産2.5万tの熱可塑性デンプン製造設備を有し，年間約10万tを生産している．

14.3.4　生物関連高分子の貢献

本書で一貫して著されているように，石油化学プロセスとその関連技術は，限りある資源から価値ある製品を高い効率で製造するために発展し，今後も低環境負荷，省資源を鑑みつつ開発が続けられる．本節で取り上げた生分解性高分子は，高分子製品としての高い機能と環境対応を同時に実現した，石油化学プロセス開発の1つの成果である．

一方，世界経済の発展に伴って環境変動は予測を上回る速度で進行しており，地球温暖化対策など環境保全に向けた取り組みは待ったなしの状況である．第21回気候変動枠組条約締約国会議(conference of the parties，COP，2015年)では気温上昇抑制の具体的な目標を示すとともに，約束草案(intended nationally determined contributions，INDC)に示された温室効果ガス削減の目標値を各国が実現していくこと，政府が目標達成のために必要なイノベーションへのサポートを行うことなどが合意され，パリ協定の形で採択された．温室効果ガスとして排出量削減対象の二酸化炭素は，この二酸化炭素を炭素源として生産される植物由来物質を原料に用いることで，廃棄物の焼却に伴う排出を抑制することができる[26]．さらに植物を利用して生産される資源は再生可能資源としても位置付けられる．よって，たとえばトウモロコシ(*Zea mays*)，イネ(*Oryza sativa*)，コムギ(*Triticum aestivum* など)，バレイショ(*Solanum tuberosum*)，キャッサバ(*Manihot esculenta*)，アブラヤシ(*Elaeis guineensis*)，ダイズ(*Glycine max*)，ナタネ(*Brassica napus* など)，サトウキビ(*Saccharum officinarum*)，テンサイ(*Beta vulgaris*)といった多様な作物から得られる炭水化物を活用するために，石油化学プロセスの技術を応用していくことの意味は大きい．すでに，上記のPLA，PBS，PHAなどの生分解性高分子は植物原料由来となっており，汎用高分子のポリエチレン(エチレンの植物原料化)，PET(エチレングリコールの植物原料化)，各種ポリアミドなどでも植物原料への置き換えが始まっている．

また発酵法で糖原料から製造した1,3-プロパンジオール(PDO)を用いるポリエステル，ブドウ糖由来のイソソルバイドを用いるポリカーボネートやポリオール，種々の糖原料から誘導されるフランジカルボン酸(2,5-Furandicarboxylic acid，FDCA)を用いるポリエステル，発酵法で製造するクモの糸の構成タンパク質フィブロインを紡糸した繊維など，生物特有の分子構造が導き出す高い機能を活用する高分子製品が市場に認められつつある．

一方，生物触媒を用いるアクリルアマイドの製造プロセス，発酵，工業用酵素利用のプロセスなど酵素利用プロセスは，ほぼ常温常圧で物質変換反応を進めることが可能である．

石油化学プロセスとこれら生物原料や生物触媒機能を高度化しつつ組み合わせていくことは，環境負荷の低減や資源の有効利用，資源セキュリティの面で意義ある取り組みである．さらにケミカル・リファイナリーとバイオ・リファイナリーを一体のものとし，今後も発展を続ける情報技術も融合していくことが，産業を新たなステージへ革新する原動力になると期待する．

14.3.5 廃プラスチックによる海洋汚染と防止対策[27,28]

国連環境計画(UNEP)によると，世界で年間に約1,300万tのプラスチックが海に流出している．海に流出したレジ袋や衣類の糸くずなどが微粒子(マイクロプラスチック，5 mm以下)になり，それが海底に堆積して，海洋汚染をもたらしている．人体への影響については，科学的な検証が不十分であるが，海洋汚染と健康被害を予防する動きが世界的に加速している．2018年6月，G7シャルルボア・サミットにおいて，海洋プラスチックと海洋ごみが及ぼす生態系への脅威の緊急性などの認識やより資源効率的で持続可能なプラスチックの管理に関する共同声明が取りまとめられた．国内外の外食産業などでは，プラスチック製のストローを段階的に廃止する動きが強まっている．

中国や東南アジア市場は，石化製品の消費を牽引する一方で，プラスチックごみの投棄や海洋流出が多い地域となっている．2018年8月，クアラルンプールで開催されたアジア石油化学工業会議(APIC)ではこのような海洋汚染に危機感をもって，成長と環境の両立が喫緊の課題として取り上げられた．我が国では環境省が紙製や生分解性のバイオプラスチックを製造する企業に補助金を出して，使い捨てプラスチック製のストローやレジ袋を自然界で分解できる製品に切り替えるように後押しをする．また，使い捨てプラスチックの削減に向けて数値目標を盛り込んだ対応策をまとめる方針である．

廃プラスチックを海洋に排出させないことが対策の基本であるが，環境への影響が少ない生分解性プラスチックの開発を進めることも対策の1つと考えられている．従来の生分解性プラスチックは土やコンポストなどの環境中の微生物によって分解が進むが，酸素の少ない海中では分解されにくく，海底でも分解を促す技術が求められている．

技術としては，酸素が少ない嫌気性の条件で切れるつなぎ目をプラスチックの中に入れて，深海で分解が進むポリエチレンなどのプラスチックの製造技術や植物の油などをエサに微生物が合成する生分解性バイオプラスチックなどがある．日本はこのような生分解性バイオプラスチックのみならず廃プラスチックのリサイクル技術を確立しており，アジアの持続的な経済成長と環境対応の両立に貢献できると期待されている．

文献

1) European Bioplastics, http://www.european-bioplastics.org/market/ (2017)
2) Relatif à la distribution des sacs d'emplette, Règlement Numèro REG351, Note Explicative. Province de Quebec (2016)
3) バイオマス繊維・樹脂の高機能化と市場，p.77-121，大阪ケミカル・マーケティング・センター (2016)
4) Alberts ほか，細胞の分子生物学，p.45-124，ニュートンプレス (2010)
5) 木村，高分子，p.278-282 (2015)
6) 猪股ほか，ポリ乳酸における基礎・開発動向と改質剤・加工技術を用いた高機能化，AndTech (2015)
7) 特許情報，WO 2008120807 A1 (2008)
8) Ichikawa, Synthetic Biodegradable Polymers, p.285-314, Springer (2012)
9) 佐野，工業材料，64，75-77 (2016)
10) 特許情報，WO 2006115226 A1 (2006)
11) 加藤，バイオベースマテリアルの新展開，p.76-79，シーエムシー出版 (2007)
12) 前田ほか，グリーンプラスチックス技術，p.257-270，シーエムシー出版 (2007)
13) Siegenthaler, Synthetic Biodegradable Polymers, p.91-137, Springer (2012)
14) Platt, Biodegradable Polymers - Market Report, p.87-101, Smithers Rapra Press (2006)
15) 賀来，プラスチックスエージ，47，130-132 (2001)
16) 神波，JETI，55，140-143 (2007)
17) Madbouly et al., Bio-Based Plant Oil Polymers and Composites, p.19-33, p.73-95, Elsevier (2016)
18) Carothers, J. Amer. Chem. Soc., 45, 1734-1738 (1932)
19) 佐藤ほか，プラスチックス , 66, 125-129 (2015)
20) 特許情報，WO 2015060192 A1 (2015)
21) Babb, Synthetic Biodegradable Polymers, 315-360, Springer (2012)
22) Lemoigne, Bull. Soc. Chim. Biol., 8, 770-782 (1926)
23) 藤木，Microbiol. Cult. Coll., 29, 25-29 (2013)
24) 加部ほか，プラスチックスエージ, 58, 78-83 (2012)
25) Amann et al., Synthetic Biodegradable Polymers, p.137-172, Springer (2012)
26) 環境省，地球温暖化対策計画，47 および別表 2-2 (2016)
27) 日本経済新聞，2018 年 8 月 20 日，8 月 22 日，8 月 24 日
28) 環境省，海洋プラスチック問題について，2018 年 7 月

第15章

将来の石油化学原料とプロセス

15.1 概要

日本の広範な産業分野に素材を提供してきた石油・石油化学産業は，今後の人口減少による国内需要の伸びの鈍化，中東や米国からの安価な石油化学製品のアジア市場への流入などが懸念される中でも，比較的順調に推移してきた．特に自動車，航空機，電気通信分野などで多くの基幹素材を提供しており，技術革新による産業基盤の維持が求められる．

世界的には，石油化学製品需要の増加が続いており，中国，インド，東南アジアなど，人口が多く，高い経済成長率と大きな市場が控えている国のほか，中東，北米・中南米など，資源に恵まれた国・地域での石油・石油化学への投資が盛んに行われている．2015年時点で少なくともアジアと中東地区が，世界のエチレンの需要（14,618万 $t\,y^{-1}$）および生産能力（17,588万 $t\,y^{-1}$）の39%，18%と，欧州，北米先進国を上回っており，世界の石油化学のセンターとなっている．市場環境の大きな変動が顕在化してきた中で，2018年問題ともいわれる北米でのシェールガス原料法の石油化学プラントの稼働と，その製品のアジア市場への流入が懸念され，日本でも老朽化，規模などで競争力の低い設備の統廃合に加えて，これまでの日本の技術蓄積を生かした革新的素材や新技術の開発が求められる．

15.1.1 各種の石油化学原料と資源の変遷

世界の石油化学は，2015年ごろから，中国の石炭化学の本格化，中東諸国の原油依存体質からの脱却と石化産業への積極投資，米国のシェールガス由来の化学品製造開始と，さし迫った大きな変動要因を抱えており，2020年ごろには大きな転換が進むとみられる．

表15.1.1には，中国の石油化学（ナフサ原料）法とナフサ以外の原料法のエチレン生産量を整理した[1]．メタノール原料法（CTO/MTO）は，表15.1.2に示したように，その割合が増加しつつあり，重要な原料となってきている[1]．

表15.1.3には中東地区のエチレン生産量推移と，各社の石化プラントの稼働状況と計画を示す．サウジアラビア，イラン，エジプトで誘導品を含めた活発な投資が進んでおり，産油国は脱原油輸出依存経済への転換を急いでいるほか，中国，東南アジア諸国への進出にも積極的である．

表15.1.4には米国のシェールガス原料を用いたエチレンの新増設計画の状況を示す[2]．米国の石化製品はアジア市場をターゲットにしており，150万 $t\,y^{-1}$ プラントでの生産が本格化する2018年以降は，日本への製品輸出の影響も懸念されている．

表 15.1.1　中国の石油系および非石油系エチレン生産能力(千 t y^{-1})

社名	能力	工場
中国石油	6,200	甘粛省蘭州，遼寧省遼陽，撫順，吉林省吉林，黒竜江省大慶，ウイグル独山子，四川省彭州
中国石化	7,440	北京，上海，山東省斉魯，南京，河南省濮陽，天津，広東省広州，茂名，浙江省寧波，江蘇省南京，湖北省武漢
盤錦エチレン	180	遼寧省盤錦
揚子石化	750	江蘇省南京
上海賽科	1,200	上海
中海油	1,000	広東省恵州
福建聯合	960	福建省泉州
遼通化工	450	遼寧省盤錦
瀋陽化学	500	遼寧省瀋陽
中沙(天津)石化	1,000	天津
石油系合計	19,680	30 工場
非石油系	2,475	
合計生産能力	22,155	

表 15.1.2　中国の CTO/MTO 事業および計画(千 t y^{-1})

	社　名	能力	立地
CTO			
	包頭神華石炭化学	300	内蒙古
	寧夏宝豊能源集団	300	寧夏回族自治区
	青海塩湖工業集団	300	青海省
	陝西延長石油集団	160	陝西
	中国大唐集団	117	内蒙古
	蒲城清潔能源化工	300	陝西省
MTO			
	陝西延長石油集団	200	陝西省
	陝西神木化学工業	135	陝西省
	寿光市申达化学工業	300	山東省
	合　計	2,112	
CTO	2016-17 年稼働予定	4,190	内蒙古，陝西省など，6 件
MTO	同　上	3,230	江蘇省，山東省など，6 件
MTP	同　上	200	甘粛省
CTP	同　上	300	陝西省

15.1.2　相次ぐ超大型石化プラントの新設と基幹原料

100 万 t y^{-1} 超の大型エチレンプラントの生産能力の増強を支える原料は，従来はエタンが中心であるが，天然ガス，シェールガスの生産増加に伴い，随伴するコンデンセート，LPG，天然ガス液(NGL)などの軽質炭化水素の副生量も増加し石化原料としての重要性はいっそう高まっている．表 15.1.5 に示すように，これらの原料の生産量が多いのは米国，カナダとサウジアラビアなど中東諸国，ロシアなどであり，原料調達やコスト面で有利となっている[2)]．

プロピレン製造では，ナフサクラッキングとともに，種々のプロセスが開発されてきたが，米国や中国ではプロパン脱水素(PDH)が注目され，大型 PDH 新設計画が相次いでいる．表 15.1.6 に中国のプロピレン源の内訳を示した．中国の場合，プロパンやメタノール原料は米国，中東地区からの輸入に依存することになると推定される．脱水素法では

表 15.1.3　中東地区のエチレン生産能力および計画(千 t y^{-1}，2016 年)

国名	2005	2015	2019 見通し	社名(稼働開始年，予定などを含む)
サウジアラビア	6,950	15,200	17,100	SADAF(1985), Petrokemya(1985/93/00), Yanpet(1985/00), Kemya(2000/06), JUPC(2004/06), JCP(2008), SHARQ(2009), SEPC(2009), YanSab(2009), Petro Rabigh(2009/16), Saudi Polymers (2012), Sadara (2016), SABIC(2022)
カタール	1,025	2,600	2,600	QAPCO(1980/96/08/14), Q-Chem(2003), RLOC (2010), Al-Karaana(Shell/QP) (2015, 中止), Al-Sajeel (QAPCO/QP) (2014, 保留)
クウェート	800	1,650	1,650	EQUATE(1997), TKOC(2009), Olefin 3(2020)
オマーン				Orpic (2019)
イラン	1,300	6,320	8,780	Abadan(1972), Arak (1993), BIPC(No 4)(1993/05), Tabriz (1997), Amir Kabir(No 6)(2005), Marun(No 7)(2006), Gachsaran(No 8) (2019), Arya Sasol Polymer (2008), JAM (No 10)(2008), Morvarid(No 5) (2010), Kavian(No 11)(2012/16), Kian(No 12)(2020), Ilam (2017)
イラク	150	150	150	PC-1(1989), Nibras Petrochemicals(2022)
イスラエル	185	240	240	Carmel Olefins(1980/2007)
トルコ	520	588	588	Petkim Petrokimya(1985/2015)
エジプト	300	300	760	Sidpec(2000), ETHYDCO(2016), Tahrir Petrochemicals (2020)
リビア	330	330	330	Rasco(2008，中止)
アルジェリア	120	144	144	ENIP(1978/2010)
中東合計	12,280	31,072	36,792	
世界シェア(%)	10.5	18.2	18.8	

表 15.1.4　米国のエチレン新増設計画(千 t y^{-1})

社名	生産能力	立　地	完成予定
Braskem-Idesa	1,000	Coatzacoalcos, Mexico	2016 初
LyondellBasell	330	Clear Lake, TX	2016
Dow Chemical	220	Plaquemine, LA	2016
Westlake	110	Calvert City, KY	2016
Chevron Phillips	1,500	Cedar Bayou, TX	2017 央
Dow Chemical	1,500	Freeport, TX	2017 央
ExxonMobil Chemical	1,500	Baytown, TX	2017 央
LyondellBasell	590	Bayport, Pasadena, TX	2017
OxyChem/Mexichem	550	Ingleside, TX	2017 末
Nova Chemicals	168	Sarnia, ON	2017
Formosa Plastics	1,200	Point Comfort, TX	2018 初
Indorama Ventures	363	Lake Charles, LA	2018 初
信越化学工業	500	Plaquemine, LA	2018 央
Sasol	1,550	Lake Charles, LA	2019
Axiall/Lotte Chemical	1,000	Lake Charles, LA	2020

表 15.1.5　エチレンの地域別生産能力と軽質原料供給能力（万 t y^{-1}，1,000 bpd）

	エチレン能力	コンデンセート	LPG	エタン	天然ガス液
北米	3,340	932	2,225	1,466	4,623
中東	3,340	3,546	3,886	634	8,066
アジア太平洋	6,860	933	1,888	82	2,903
欧州	2,460	918	1,201	582	2,701
アフリカ		695	490	13	1,056
南米		350	438	88	876
上位 3 カ国	米国 中国 サウジアラビア	サウジアラビア カタール 米国	米国 サウジアラビア 中国	米国 ロシア カナダ	米国 サウジアラビア ロシア

表 15.1.6　中国におけるプロピレン源の内訳（千 t-PPY y^{-1}）

	2014	2015	2016	2019
ナフサスチーム分解	9,885	10,000	10,000	10,550
FCC	8,184	8,274	8,274	8,524
プロパン脱水素	960	2,930	4,620	5,930
メタセシス，OCT	450	450	450	450
MTO/MTP				
調達 MeOH	885	2,185	2,987	4,440
石炭系 MeOH	1,615	2,545	2,745	4,885
合　計	21,979	26,384	29,076	34,779

Oleflex 法や Catofin 法と HGM 技術を組み合わせた Houdry-Lummus-CB&I の技術が採用されている．規模は 60～70 万 t y^{-1} 能力のプラントが珍しくなくなった．

天然ガス，シェールガスの主成分であるメタンを原料として，米国では大型の LNG 輸出基地の建設やメタノールの生産計画も活発である．メタノールの大型プラント建設計画には，中国企業が参加するプロジェクトが含まれる．

15.1.3　原料と製品のロジスティックス

原油のアジアへの輸送でしばしば問題となったホルムズ海峡封鎖の不安定さは残っているが，その危険度は緩和されている．一方，米国からアジアへのエタン，LNG，LPG などの原料や，石化製品の輸出，中東地区から欧州への原料（原油，LNG など）輸出では，パナマ運河，スエズ運河の拡幅工事が終了し，今後大型船舶を用いた大幅な輸送量拡大が期待されている．またロシアなど産ガス国と消費地を結ぶ大規模な天然ガスパイプラインの建設が続いている．

15.1.4　地球環境問題への対応

2016 年にパリ協定が批准され，各国が地球温暖化の防止を目指して CO_2 排出量の削減，GWH 値の低いフッ素系冷媒の使用などが進められる．また輸送，発電，製鉄など，CO_2 排出量の多い産業分野への優れた素材や高効率技術の開発を通して，いっそうの貢献が求められる．たとえばヒートポンプ，ランキンサイクル，ゼーベック（熱電変換）素子などを用いた中低温排熱回収技術が普及段階にあるほか，今後 AI を用いた IoT 導入などで，より大規模化し，その有効性，重要性が高まるとみられる．また石油化学プロセスの環境負荷を緩和するため，経済性とともに，従来以上に温和な条件で，副生廃棄物の少ない高効率化学反応，触媒，およびプロセスの開発が進められよう．

石油化学規模での導入には時間がかかるが，バイオマス，廃棄物などの再生可能資源を用いた化学品の商業生産が開始されている．近い将来バイオベースポリマーが，石油化学製品の一部を占める可能性はあるが，これについては 15.2 節に述べる．

文献

1) 化学経済，3 月増刊号，2016 年版アジア化学工業白書(2016)

2) Oil & Gas J., 2016/06/06, 26

15.2　原料の多様化

15.2.1　概要

石油化学，特に低級オレフィンの原料多様化では，15.1 節で触れたように，天然ガス，石炭から合成ガスを経由して得られるメタノール，シェールガスに含有されるプロパンなどの採用が本格化している．そして，本書前版(2001 年版)では予想しなかったペースで石炭化学が進展してきた反面，オイルサンド，メタンハイドレートの開発は遅れている．

本節では，石炭の液化，ガス化，スチームリフォーミング，オートサーマルリフォーマー，CO_2 ドライリフォーミング，水電解，CO_2 の分離回収・精製についても解説する

15.2.2　石炭化学の進展と間接液化

中国では，神華集団有限公司(Shenhua，1995 年設立の中央政府直轄する中央企業の 1 つ，炭坑，電力，鉄道，港湾，航空運輸，水路，石炭製油，石炭化学工業などを推進)の神華寧夏煤業が，2016 年 12 月に大型の間接液化(Fischer-Tropsch 反応)プラントの稼働を開始，それまでに稼働していたメタノール，MTP，POM などを加えて，大規模石炭化学コンプレックスを完成させた．

石炭原料の間接液化(CTL，coal to liquids)では南ア Sasol 社が長い年月をかけて開発してきた技術が現在も世界最大(15 万 BPD)であり，図 15.2.1 に示すように，その後，天然ガス原料法(GTL，gas to liquids)が世界の主流となった．神華集団の 8 万 BPD(400 万 t y^{-1})はこれに続く，久々の CTL となる．

FT 工程では，Fe 触媒を用いた低温 FT を採用し，生成物は軽質油 270 万 t y^{-1}，ナフサ 100 万 t y^{-1}，LPG，その他が 30 万 t y^{-1} である．LPG とナフサはクラッカー原料として使用する．

またメタノール合成では，世界レベルでは 2015 年時点で石炭由来の生産量が約 3 割となる 2,200 万 t y^{-1} まで増加している．中国で稼働中のメタノールプラントは大部分が石炭を原料としている．メタノールの一部は MTO/MTP 反応を利用したオレフィン製造(CTO/CTP)の原料に使用される．世界の原料別生産能力を表 15.2.1 に示す[1]．石炭原料法の大部分が中国である．

天然ガス産出の少ない中国(世界で 6 位)では，石炭からの家庭用，工業用燃料として合成天然ガス(SNG)の生産も活発に進められたが，2010 年以降，天然ガス導入量の急増で，生産量の伸びが滞っている(表 15.2.2)．それでも，2013 年には Haldor Topsøe 社の TREMP 法を採用した大型 SNG プラント(14 億 Nm^3 y^{-1})が新疆ウイグル自治区(慶華石炭化学有限公司)で稼働開始したほか，合計 10 プロジェクト(671 億 Nm^3 y^{-1})が認可済みで，54 プロジェクト(1,638 億 Nm^3 y^{-1})が計画段階にある[2]．

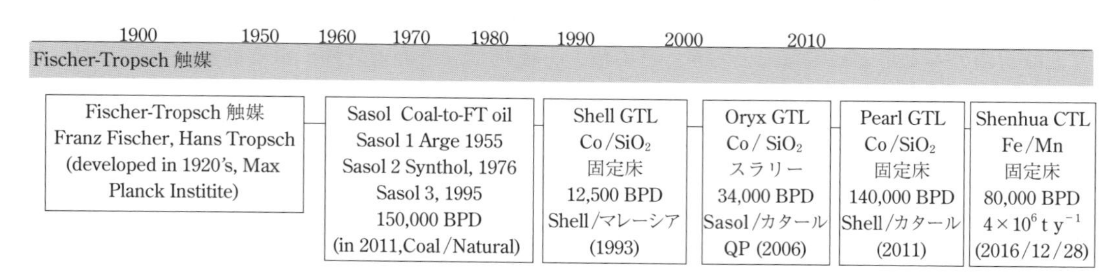

図 15.2.1　Fischer-Tropsch 反応技術の歴史

表 15.2.1　世界の原料別メタノール生産能力の推移(千 t y^{-1})

	2013	2014	2015	2016
天然ガス	54,263	55,999	58,594	61,530
石炭	42,823	49,438	57,223	61,448
液体原料	9,365	10,530	10,735	11,035
その他	1,960	1,960	1,960	1,960
合計	108,411	117,927	128,512	135,973

表 15.2.2　中国のガス燃料生産量の推移(Mtce，石炭換算 t)

	2000	2005	2010
石炭ガス SNG	9.03	15.17	16.60
天然ガス	10.09	25.86	59.90
LPG	18.06	20.96	21.74
合計	37.19	61.98	98.24

しかし石炭の SNG 化は CO_2 排出量が大きいこと，水の消費量が多いことなどから，地球環境への懸念が高まっている．

文献

1) 化学経済，12 月増刊号，2016 年版アジア化学工業白書(2016)

15.2.3　ガス化(石炭，バイオマス，天然ガス)

A　概要

合成ガスの主成分は水素と一酸化炭素であるが，ほとんどが水素利用を目的として製造プロセスが発展してきた．図 15.2.2 に現在大規模に製造されている合成ガス製造システムを示す．その製造法は，使用される原料とガス化/改質法，精製・分離の組み合わせからなっている．ガス化と部分酸化は同じ不完全燃焼反応であり，石炭のような固体または石油精製の重質油が原料のものをガス化(gasification)，液体・気体が原料のものを部分酸化(partial oxidation)とよぶのが一般的であるが，ここではガス化として説明する．

図 15.2.3 に合成ガスから製造される代表的な化学品を示す．世界的に生産される年間約 6,800 億 Nm^3 (0℃，0.1 MPa の容積) − 6,100 万 t の水素のうち 51％はアンモニア合成に利用され，製油所での利用 29％，メタノール合成 13％となっている(IHS CHEMICAL, Process Economics Program Review, 2015-10)．

a　石炭ガス化

石炭ガス化の歴史は古く，1792 年に石炭から可燃性ガスを取り出すことに成功したのが最初とされている[1]．その後，19 世紀，20 世紀と石炭ガス化技術が開発され，特にドイツで大いに発展した(Winkler 法は 1920 年代，Lurgi 法は 1930 年代に考案された)．このころ，アンモニア合成の原料は水の電気分解，コークスを原料とする水性ガス法(水性炉法)と Winkler 法を主とした石炭ガス化であった．1960 年代に入り，安くて豊富な天然ガスと石油が利用されるようになると石炭ガス化に対する関心は急速に低下したが，南アフリカのように石油の輸入が禁止されていた国，石油や天然ガスに恵まれないヨーロッパやインドでは，石炭ガス化は小規模ながら続けられていた．

1973 年の石油危機により石炭が再び見直され，同時に石炭からのガス化技術も新たな視点から注目された．ガス化によって得られた合成ガスからガスタービン(GT)で発電するとともに廃熱からスチームを発生させ，スチームタービンでさらに発電するというガス化複合発電 IGCC (integrated gasification combined cycle)である[2]．IGCC は発電プラント効率が従来火力発電より高く，地球温暖化対策面で有利である．また微粉炭ボイラーの灰よりかさ比重が大きく，灰の性状が埋め立てや再利用に有利である．さらに燃焼前(加圧下)でガス精製できるので装置がコンパクトになり，経済性もよくなるという考えがある．以上の優位点から 1990 年ごろから全世界において IGCC は石炭火力の次世代型を担う技術との認識の下，研究開発が促進され実用規模の建設が進められた[2,3]．近年では 1,500℃級の GT を備えた IGCC の発電効率が 48％でこれは最新鋭石

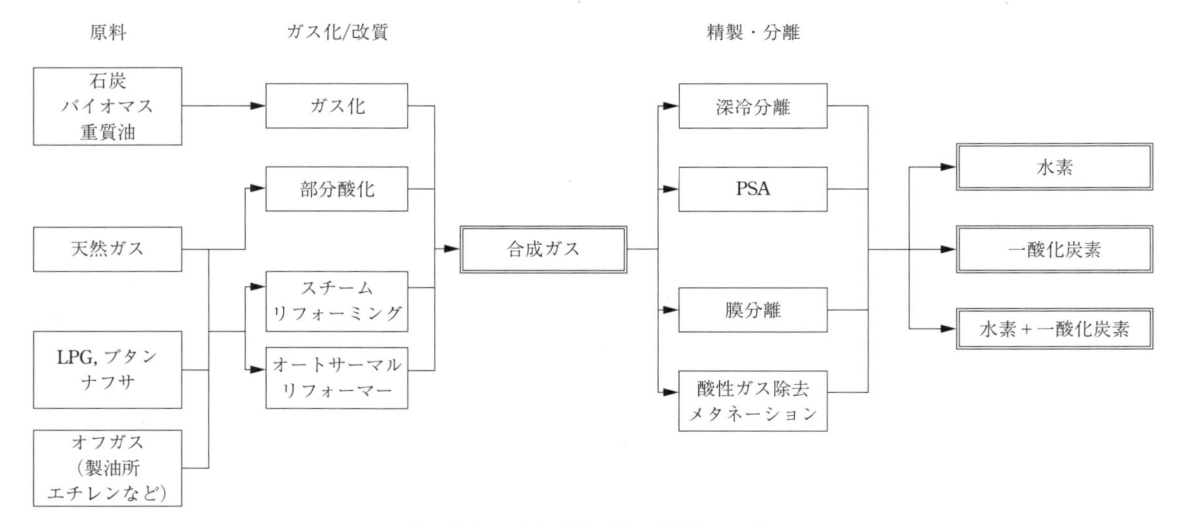

図 15.2.2　大規模合成ガス製造システム

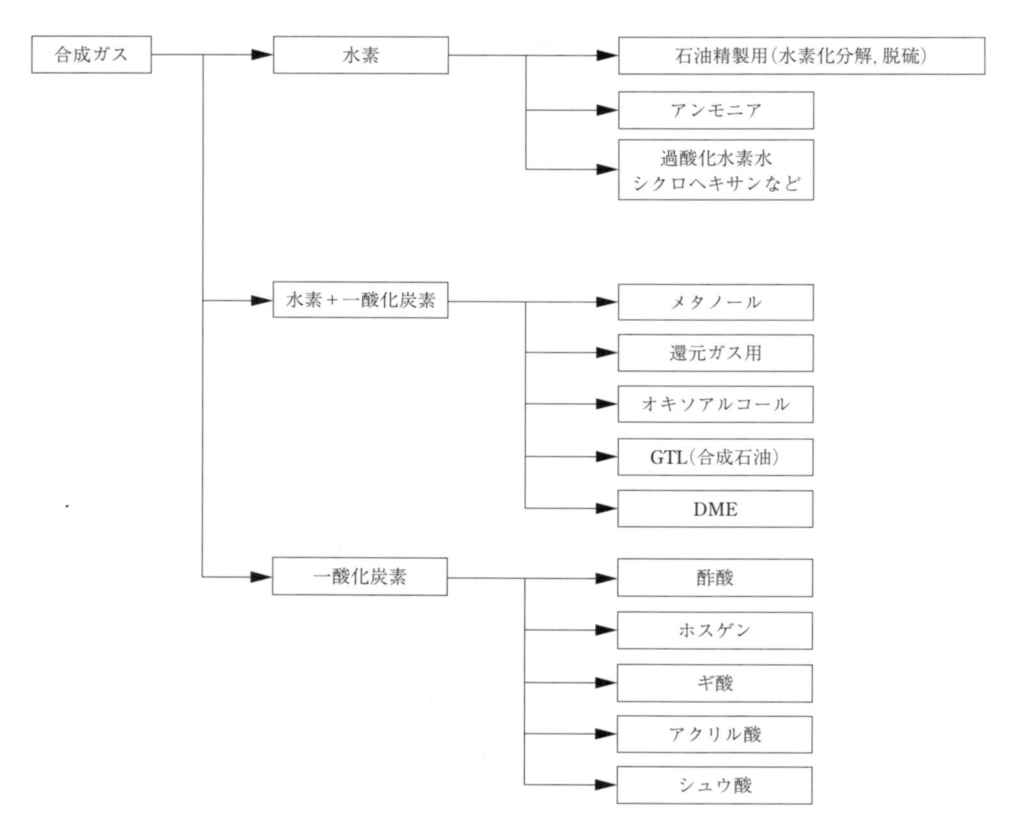

図 15.2.3　代表的な合成ガスからの石油化学製品

炭火力の発電効率 42％を上回っているが，同じ 1,500℃級 GT を備えた天然ガス焚き複合サイクルによる発電効率 58％よりは低い．次世代高効率ガス化発電として低温ガス化あるいは燃料電池と組み合わせた IGFC(integrated gasification fuel cell combined cycle) を実現化する研究が進められ，IGFC の実用化が期待される 2020 年以降には IGFC の発電効率は約 55％と期待される[4,5]．

石炭ガス化による合成ガスからの化学品製造に関しても特に石炭が一次エネルギーの大半を占め，経済が急速に発展している中国の石油代替，石炭を原料とする化学品製造が注目され建設実績を伸ばしている[3]．石炭ガス化炉の中国以外の世界での設置数は十数基で，中国内での石炭ガス化炉の設置数は約50基であり，全世界では中国が大半を占めている．初期にはガス化炉は肥料用のアンモニア原料を得るために導入され，2000年代以降はメタノール需要量の拡大に伴いメタノール目的のガス化炉導入が増加した[6]．

b　バイオマスガス化

地球温暖化や化石燃料（石炭，石油，天然ガス）の大量使用による可採量の減少などを踏まえて再生可能エネルギーの利用は急務となっている．再生可能エネルギーの1つとしてバイオマス利用の研究が活発である．ガス化はエネルギー変換効率が高いためバイオマスエネルギー利用技術の中でも有望視されている[7]．実用段階のバイオマスガス化技術としては空気をガス化剤として用い，固定床ダウンドラフト炉（バイオマスとガス化剤が並向流として上から下に流れる）を用いた小規模分散型のガス化発電システムが東南アジアをはじめとした途上国で利用されている[8]．日本ではNEDO（新エネルギー・産業技術総合開発機構）の『バイオマスエネルギー導入ガイドブック（第4版）』[9]（2015）に，バイオマスは「再生可能」「カーボンニュートラル」の特徴と，二酸化炭素排出抑制に係る地球温暖化防止，循環型社会の構築に寄与するとともに，「地域資源」であることから，地域エネルギーとして地域産業活性化や雇用創出などにも貢献するため，バイオマスの利用を広げていく必要があると謳われており，直接燃焼やメタン発酵は普及しつつある．しかしながら，ガス化に関してはガス化発電技術として，試験導入などによりいくつかの導入事例があるが，採算性や安定稼動といった面で課題が多く，商業利用に向けての開発が現在も進められている技術といえる．化学品製造に関しては木質バイオマスのみから商業生産している事例はこれまでのところ国内にはなく，商業利用に向けてはさらなる技術開発が必要な状況である．

c　天然ガス部分酸化

ガス化炉を利用し，天然ガスを原料として合成ガスを得るプロセスも実用化されている．GE（旧Texaco）プロセスでは1960年代から2000年代に約20件の建設実績があり合成ガスはおもにオキソ合成やメタノール，アンモニア合成の原料となっている．Shell Gasification Process（SGP）では液フィードを含めて20数件の実績があり，液フィードの中には天然ガスフィードに変更したものがある．当初から天然ガスフィードではオキソ合成用合成ガス製造が1970年代に1件，その後GTL向けに2件の実績があり，1993年稼働のSMDS（Shell middle distillate synthesis）では部分酸化（POX, partial oxidation）の反応器は6基であったが，2010年に反応器を1基追加して生産量をアップした．2011年に稼働開始したプラントでは反応器は18基（各Phase 9基×2Phase）となっており得られた合成ガスから公称7万bbl d^{-1} ×2の中間留分（middle distillate）を合成している[10]．

B　反応

石炭はおもに炭素と水素でできているから十分に空気を供給しながら燃やせば完全燃焼して空気中の酸素（O_2）と結合して炭素は二酸化炭素（CO_2）になり，水素は水蒸気（H_2O）になってその間に熱が発生する．必要な酸素量の3分の1ないし5分の1ぐらいしか供給しないようにして不完全燃焼させれば，主として一酸化炭素（CO）と水素（H_2）に変わり，場合によってメタン（CH_4）が含まれる．これが部分燃焼式とよばれる石炭ガス化法の原理である[1]．

化学反応のおもなものを並べると以下のとおりである[1,5]．

熱分解　　　　：石炭 ⟶ CH_4 などガス成分＋タールなど重質油成分＋C（チャー）（吸熱）

燃焼反応　　　：C（チャー）＋O_2 ⟶ CO_2（発熱）

部分燃焼反応　：C（チャー）＋1/2 O_2 ⟶ CO（発熱）

水性ガス化反応：C（チャー）＋H_2O ⟶ CO＋H_2（吸熱）

発生炉ガス反応：C（チャー）＋CO_2 ⟶ 2CO（吸熱）

水素化反応　　：C（チャー）＋2 H_2 ⟶ CH_4（吸熱）

シフト反応　　：CO＋H_2O ⟶ CO_2＋H_2（発熱）

メタン化反応　：CO＋3 H_2 ⟶ CH_4＋H_2O（発熱）

石炭中に含まれる硫黄分や窒素分については，硫黄分は大部分が硫化水素（H_2S）になるが，一部は硫化カルボニル（COS）になる．窒素分に関してはアンモニア（NH_3）やシアン化水素（HCN）に変わる場合があり，HCNは毒性が強いので処理には注意が必要である．

石炭には水分が含まれ，またタールやフェノール，油などの揮発成分も含まれる．これらは石炭が燃焼し始めると順に放出され揮発成分が飛び出した後の石炭（チャー）中の炭素は固定炭素とよばれる．石炭の種類はこれら水分が多く固定炭素が少ない泥炭とよばれるものから水分量が小さくなり固定炭素が多くなる順に褐炭，亜瀝青炭，瀝青炭とよばれ，水分がほとんどなく揮発分も少ない（固定炭素が大部分の）無煙炭までの5種類に分けられる．このうち泥炭は石炭ガス化で利用されることはあまりない．

石炭にはさらに一般に灰分（ash）が含まれ，その含有率は数％から20％以上に及ぶこともある．その成分はおもにケイ素（Si），アルミ（Al），および鉄（Fe）の酸化物であるが，その他にカルシウム（Ca）やマグネシウム（Mg）やナトリウム（Na）やカリウム（K）などの酸化物も含まれ，この灰分の扱いが1つの焦点である[1]．

部分酸化の場合，液体でもガスでも反応は同じである．反応させる炭化水素を（CH）として表すと，次の反応式で表される．

部分酸化反応　：$(CH) + 1/2\ O_2 \longrightarrow CO + 1/2\ H_2$

熱分解反応　　：$(CH) \longrightarrow C + 1/2\ H_2$

燃焼反応　　　：$(CH) + 5/4\ O_2 \longrightarrow CO_2 + 1/2\ H_2O$

シフト反応　　：$CO + H_2O \longrightarrow CO_2 + H_2$

C　プロセス

石炭ガス化炉ならびにガス化炉を利用した合成ガス製造プロセスは多種のプロセスが研究されている．その中で商業機として多く実用化されているものにShell coal gasification process（SCGP）とGE（旧Texaco）プロセスがある．それぞれフィード形式が固体フィード（dry feed）と水スラリーフィード（water slurry feed）と異なるフィード形式となっている．同様に代表的な石炭ガス化プロセスの各ライセンサーの要素技術の比較を表15.2.3にまとめた．

商業機として実績がそれほど多くないが実用化されているものとしてUhde Prenfloプロセス（従来のKoppers-Totzekプロセス．現在はThyssen-Krupp社がライセンスを保有），Conoco Phillips（COP）プロセス（現在はChicago Bridge & Iron-CB&I社が保有），GTI（Gas Technology Institute）U-Gasプロセス，SFG（Siemens fuel gasification）プロセス[11]があり，また，1930年代に開発され実績を積んでいるLurgi FBDB（fixed bed dry bottom）プロセス（現在はAir Liquide社が保有）がある[12]．

開発がデモプラント段階のものとしてLurgi MPG（multi-purpose gasifier），SC（Southern Company）& KBR AllianceのTRIG（transport reactor integrated）プロセス[13]，HTW（high temperature winkler－現在はThyssenKrupp社が所有）[14]，MHI（三菱重工）の二段二室噴流床石炭ガス化炉[15]，J-Power（電源開発）の一室二段旋回流型EAGLEガス化炉がある[16]．

（生成ガスの燃焼熱）/（石炭の燃焼熱）×100（％）で表される冷ガス効率（cold gas efficiency）は，Dry Feedのほうが，シフト反応が起こるためにその分発熱量が落ちるWater Slurry Feedよりも効率がよい．また，Dry Feedのほうが水分の蒸発に必要な燃焼がない分酸素必要量が少なくてすみ，同じ生成ガス量における必要原料石炭量も少なくてすむ．しかしながらDry Feedは石炭のガス化炉への導入がLock Hopperで行われるためにガス化炉運転圧力はLock Hopperの機械的制約から最大で4.0 MPaG程度となり，Water Slurry Feedのほうは高圧運転ができるので下流でのAcid Gas吸収にとって有利となる．初期投資コストは石炭の乾燥のための機器・Lock Hopper・石炭受け入れ/粉砕/供給のための架構が必要となるDry Feedのほうが高い．Water Slurry Feedでは石炭のガス化炉への導入が液のため石油のように扱える，流量調節が容易，粉じん爆発の危険性がないなどのメリットがある．

一段・二段ガス化形式については後述のように開発中のプロセスで二段ガス化炉を採用しているケースが多い．

冷却方式において，SGC（syn gas cooler）形式では熱交換器によりBoiler Feed Water/Steam発生で熱を回収する廃熱ボイラー（waste heat boiler, WHB）形式であり，COを多く含んだ合成ガス（H_2/COが約0.5）が生成するのでエネルギー効率がよいが，機器コストは高めになる．また熱交換器のfoulingの問題も指摘されている．Water Quench

表 15.2.3　代表的な石炭ガス化プロセスのライセンサーの要素技術比較

要素技術 ＼ ライセンサー		Shell	GE (＊1)	Uhde Prenflo (＊1)	Conoco Phillips (＊1)	GTI U-Gas (＊1)	Siemens	Lurgi (＊1)		SC & KBR (＊1)	HTW (＊1)	MHI	J-Power EAGLE	NSE ECOPRO	PWR (＊1)	IHI TIGAR
								Fixed Bed DryBottom)	MPG (＊2)							
開発段階	・C(商業機) ・D(デモプラント) ・P(パイロットプラント)	C	C	C	C	C	C	C	D	D	D	D	D	P	P	P
	商業機実績	多	多	少	少	少	少	中								
Feed 形式	Dry Feed	○		○		○	○	○		○	○	○	○	○	○	○
	Water Slurry		○		○				○							
一段・二段炉形式	Single-stage	○	○	○		○	○	○	○	○					○	
	Two-stage				○						○	○	○	○		○(＊5)
壁面形式	Cooled Membrane Wall	○		○			○(＊3)	(water jacket)				○(both stages)	○(both stages)	○(lower stage)		
	Refractory Lined		○		○(both stages)	○	○(＊3)		○	○	○(both stages)			○(upper stage)	○	○
酸化剤	Oxygen-Blown(酸素吹き)	○	○	○	○	○	○	○	○	○	○	○	○	○	○	
	Air-Blown(空気吹き)					○				○	○	○(＊4)				○(＊5)
Burner 形式	Multi-Burners	○		○	○					○		○	○	○	○	
	Single Burner		○				○	○	○							○
冷却方式	WHB(syngas cooler)	○	○	○	○	○	○	○	○	○	○	○	○	○		○
	Water Quench	○	○	○			○		○					○	○	○
床形式	Entrained Bed(噴流床)	○	○	○	○		○		○			○	○	○	○	
	Fluidized Bed(流動床)					○				○	○					○
	Fixed Bed(固定床)							○								

＊1　GE：オリジナルは Texaco プロセス，Uhde：現在は ThyssenKrupp が保有．Prenflo のオリジナルは Koppers-Totzek プロセス，Conoco Phillips(COP)：現在は Chicago Bridge & Iron(CB&I)が保有，GTI：(Gas Technology Institute)，Lurgi：現在は Air Liquide が保有，SC：(Southern Company)，HTW：(high temperature winkler)．RWE AG から ThyssenKrupp に保有が移行，PWR:(Pratt & Whitney Rocketdyne)

＊2　Multi Purpose Gasifier：for gaseous, liquid and slurried solid feed stocks

＊3　灰分の含有量によって選択される

＊4　Air-blown は発電の効率見合いで選択される

＊5　TIGAR(twin IHI gasifier)炉は二塔式でガス化は水蒸気改質方式．熱源に空気吹きの熱媒再生方式

(WQ)では生成ガスと溶融スラグはガス化炉底部の水で満たされた槽に直接吹き込まれて急冷される．シフト反応が進行し，生成合成ガス中の H_2 の割合が多くなる(H_2/CO が約 1.0)．WQ の機器コストは SGC に比べて安価となる．

D 最近の技術動向

SGC を採用していた Shell 社の SCGP において，Bottom Water Quench を採用したプロセスがデモプラントで稼働開始した．これは信頼性のある Multi-Burner，寿命の長い Membrane Wall の利点をそのままに Bottom Water Quench により熱交換器の Fouling のリスクを低減し，かつ設備費の低減を実現するものである[17]．

開発がパイロットプラント段階にある技術は新日鉄住金エンジニアリング(NSE)の ECOPRO (efficient co-production with coal flash partial hydro-pyrolysis technology)プロセス[18]，Pratt & Whitney Rocketdyne(PWR)社の Compact Gasifier[19]，IHI の TIGAR(twin IHI gasifier)[20] がある．ECOPRO では上下二室二段式で，下段が部分酸化部，上段が熱分解部として構成され石炭熱分解反応を組み込むことにより高い冷ガス効率(約 85%)を実現するとしている[18]．TIGAR は二塔式で水蒸気改質を行うガス化とガス化しきれなかったチャーを空気で燃焼する燃焼炉の二塔に分かれており，その間を循環する砂が熱を運ぶ役目をし，比較的低温，かつほぼ大気圧で運転する．したがって二塔式ガス化炉は高温・高圧ガス化炉と比較すると，入手性に優れた機器を使用できることからコスト低減が可能となるとしている．また，原料は褐炭やバイオマスなどが使え，ガス化には水蒸気を使うため高価な酸素を必要とせず(タール改質には若干の酸素を使う)，燃焼用空気は燃焼炉だけに入りガス化炉には燃焼排ガスが混じらないので化学用原料に適した発熱量の高いガス化ガスが得られる[21]．

15.2.4 スチームリフォーミング

A 概要

合成ガスの製造は，1950 年代後半にアンモニア，メタノールの生産量増加，都市ガスの需要増加，さらに石油精製，石油化学工業の発展に伴う水素利用プロセスの開発により，水素の大量生産が要望されてきた．このような事情を背景に，最初に原油の部分酸化(ガス化)プロセスが導入され，次いでナフサのスチームリフォーミングプロセスの導入によって水素製造の大型化が進展した．ナフサのチスームリフォーミングプロセスは，ICI 社(現 Johnson Matthey Catalyst，JMC)により 1960 年代初めに商業化プラントが開発され，日本にも導入されてきた．

スチームリフォーミングプロセスの特徴は，部分酸化(ガス化)プロセスに比べて酸素を必要としないので，酸素製造プラントがなくその分設備費が比較的安い，かつエネルギー消費が少ない，などがあげられる．1990 年代には，バーナーによる外熱式の箱型の改質炉に加え，高温プロセスガスによって加熱される熱交換器型リフォーマーが開発され[22,23]，商業運転されている．最近では水素製造装置の能力増強や，20 万 $Nm^3\ h^{-1}$ 規模の水素製造装置に使用されるようになった[24,25]．

表 15.2.4 に次項のオートサーマルリフォーマーも含めた主要な改質技術とライセンサーを示す．

スチームリフォーミングは原料の炭化水素とスチームを，800～850℃の反応温度にてニッケル触媒上で吸熱反応を行うプロセスである．ニッケル触媒は炭化水素のリフォーミングに対して高い活性をもっているが，硫黄により被毒されるため原料の脱硫が必要である．標準的には，炭化水素中の硫黄を 0.1 vol ppm まで脱硫して触媒層に送られる．また，副反応として炭素析出が起こりやすく，特にナフサなどの炭素数が多い炭化水素の原料に対しては炭素の析出防止が重要である．

JMC 社はニッケルにカリウムを添加したナフサ用スチームリフォーミング触媒を脱硫技術とともに 1963 年に開発し，また，Haldor Topsøe 社もナフサ原料対応のカリウム添加なしの触媒を開発し，1960 年代から 1970 年代にかけて日本の製油所のナフサ原料の水素製造装置への導入が進んだ．

反応では，炭素析出防止と改質反応の平衡の観点から化学量論値より過剰にスチームを導入する必要があるが，エネルギー消費低減のためにはスチーム量の低減が望ましく，スチームの量は原料炭化水素のカーボンのモル/原子比(S/C)で表され重要な運転因子である．炭素析出は，反応の温度，圧力，炭化水素の種類や組成，触媒の被毒の程度により異な

表 15.2.4　主要な改質技術・ライセンサー

プロセス名	プロセス所有者（または機器のライセンサー）	改質プロセス
スチームリフォーミング 1)従来プロセスのリフォーマー ダウンファイアリング	Johnson Matthey Catalyst(JMC)/ Davy Process Technology(DPT) KBR UHDE Jacobs Tecnimont-KT TEC，Linde，Lurgi ほか	ニッケル系触媒を使用した水蒸気改質プロセスでバーナーによる外熱式の箱型改質炉. 天然ガス，オフガスからナフサまで使用可能. バーナーの位置と焚く方向により改質炉のタイプが分けられる. ダウンファイアリング：改質炉上部(天井)に配置された長炎バーナーで下方向に焚かれる.
サイドファイアリング	Haldor Topsøe	サイドファイアリング：改質炉の側壁に五～七段に配置された輻射バーナーが側壁側に向って火炎を出す.
テラスウォール	Foster Wheeler	テラスウォール：改質炉の側壁に二～三段に配置されたバーナーで壁に対して斜上方に焚かれる.
2)熱交換器型リフォーマー[22,23] （商業運転実績を有するものに限定）	JMC(AGHR) GIAP(tandem reformer) KBR(KRES)ほか Haldor Topsøe(HTER)	高温のプロセスガスによって加熱される熱交換器型のリフォーマーで，チューブにニッケル系触媒を充てんした水蒸気改質法. 天然ガス，オフガスからナフサまで使用可能.
3)コンベクションリフォーマー[26]	Haldor Topsøe(HTCR)	バーナーの燃焼排ガスと触媒管との対流伝熱によって加熱するリフォーマー.
オートサーマルリフォーマー[23,27,28]	Haldor Topsøe，Lurgi，KBR，Uhde，etc.	水蒸気改質反応と部分酸化反応を組み合わせたもので固定床式反応器に充てんされた Ni 系触媒での改質反応に利用するもの．一部の原料を酸素で部分酸化し，その燃焼熱を使って固定床に充てんされた触媒で水蒸気改質反応が行われる.

る．エタン以上の炭化水素が多い原料で高圧においてはS/Cが3以下では触媒層上部での炭素析出が，またリフォーマー出口以降では一酸化炭素による鋼の浸炭損傷（メタルダスティング）の危険性があるため，高いS/C比で運転されている．メタルダスティングは450～850℃の一酸化炭素を多く含むガスに金属がさらされると，表面に金属炭化物が生じ，表面から金属剥離・減肉する現象である．種々の対策は検討されているが，明確なメカニズムは解明されておらず，また，完全な耐メタルダスティング性能を有する材料もまだ開発中といえる[29,38]．

日本におけるスチームリフォーマーの原料は，初期のナフサ原料からブタン原料へ変換したり，製油所や高炉のオフガスを使用したりしていたが，最近では液化天然ガス（LNG）を原料に変換する事例などもみられる．もともとナフサなどの炭化水素原料用に設計されたリフォーマーでは重質炭化水素の熱分解による炭素析出を避けるために入り口温度を530℃程度に抑えるよう設計されており，原料を軽質化してリフォーマー入り口温度が高くできる原料に変換しても，入り口配管/予熱コイルの設計温度の関係で入り口温度を元の設計温度以上に高くできないなどの制約が生じる例もある．

海外では，もともと原料が天然ガスであることが多く，リフォーマーの入り口温度はナフサ原料の場合よりある程度高くできるが，リフォーマーの上流に断熱式予備改質器（pre-reformer）を設置してリフォーマー入り口でメタンだけに改質した場合にはリフォーマー入り口温度はさらに高温の625～650℃で設計される[30]．断熱式予備改質器を設置した場合のS/C比は1.8～2.5と低くでき，リフォーマーの熱負荷が小さくなり，リフォーマーのコストを低減できる．

B 反応

スチームリフォーミングの反応は炭化水素から水素や一酸化炭素を生成する反応でありメタンを例にとると次の反応式で表される.

水蒸気改質反応：$CH_4+H_2O \longrightarrow CO+3\ H_2$(吸熱)

シフト反応　　：$CO+H_2O \longrightarrow CO_2+H_2$(発熱)

天然ガス中の重質炭化水素や液化石油ガス(LPG)，または液状炭化水素も同様な反応で進行する.

$$C_nH_m+n\ H_2O \longrightarrow n\ CO+(n+\ m/2)H_2\text{(吸熱)}$$

工業的なスチームリフォーミング反応器は10〜13 m ほどの長さの触媒管とよばれる管の中に触媒を充てんし，外部から加熱することで吸熱反応に必要な熱を与える．触媒を製造販売しているおもな会社はJMC社，Haldor Topsøe社のほか，Clariant社(旧Süd-Chemie)である．Haldor Topsøe社は触媒を自社で開発・製造するとともにライセンサーとしてプロセス基本設計を提供しているが，他2社は触媒供給と各種サービスに特化しており，プラント基本設計はTechnology Supplierとよばれる各社，たとえばTecnimont KT社(2010年にTechnip-KTI社を買収)，Linde社，Uhde社(現ThyssenKrupp)，Lurgi社(現Air Liquide)，Foster Wheeler社などがライセンサーとなっている.

C プロセス

スチームリフォーミングプロセスの概略は，水素製造プロセスを例にとると下記5工程に分類できる.

(1) 水素化脱硫工程
(2) 改質工程
(3) 廃熱回収工程
(4) CO転化工程
(5) ガス精製工程

図15.2.4はHaldor Topsøe法水素製造プロセスのプロセスフローである.

a 水素化脱硫工程

原料炭化水素は，その組成としてオレフィン1%以下，芳香族 20%以下であるのが水素化脱硫触媒の特性による高温防止と炭素析出防止の観点から好ましい．原料炭化水素はその硫黄含有量により，必要に応じてアミン溶液による吸収のような一次脱硫装置にて処理される．さらに，循環水素と混合されて300〜400℃程度に予熱された後，Co–MoまたはNi–Mo水素化触媒とZnO硫黄吸着剤により硫黄含有量0.1 vol ppm以下に水素化脱硫される.

b 改質工程

脱硫された原料炭化水素はスチームと混合後，改

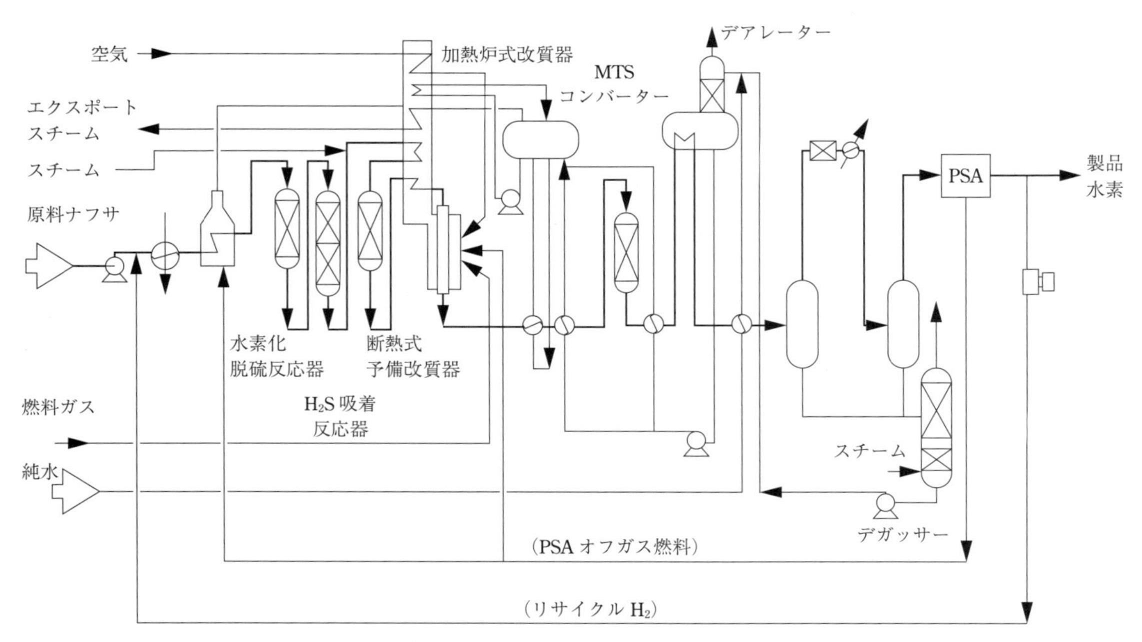

図15.2.4　水素製造装置のプロセスフロー(Topsøeプロセス)

質炉の対流部で 450～520℃に昇温され，改質触媒を充てんした反応器管に導入され，外部から供給される熱によって改質される．

改質触媒は通常ニッケル系触媒を活性物質とし，アルミナ，シリカ，マグネシアなどからなる酸化物系セラミック物質を担体として作られている．触媒として反応活性が高いことは必須であるが，同時に水蒸気改質反応が行われる高温，高圧という過酷な運転条件下での長期運転にも耐えられるような活性の持続性と機械的強度も要求される．

水蒸気改質触媒は，粒径と形状で圧力損失を最小にしながら，最大の活性と最大の熱移動を得るように最適化しなければならない．この観点から水蒸気改質触媒は長年ラシヒリング状の形態を使用してきたが，その後，触媒メーカー各社はラシヒリング形状に代え，四穴，あるいは七穴をもつものや，車輪状のものなど，各々独自の形状をした触媒を開発，実用化している．

炉の本体は必要に応じて，耐火・断熱レンガ，セラミック・ファイバー，および断熱セメントで内張り施工が施された箱型の構築物であり，輻射部と対流部（排熱回収部）からなる．反応管（触媒管）は輻射部の燃焼室に垂直に配列されるが，配列の仕方は炉の形式により異なり，また，採用しているバーナーの形式および配置によっても異なる．反応管の加熱方式としては，ラジアントウォール（radiant wall），テラスウォール（terrace wall），上部加熱（down firing）があり，また，エクソン炉あるいは小型改質炉では下部加熱（up firing）型が商業運転されている．

反応管の操作条件は製品水素からの要求により異なるが，一般的に圧力 1～2.8 MPaG，温度 800～850℃（プロセス側）が選択される．S/C 比は原料組成および改質炉に続く CO 転化工程とガス精製工程を考慮して決定されるが，一般的にはガス精製工程が溶液吸収法の場合は 4.0～5.5 の S/C 比が，また吸着法ガス精製（pressure swing adsorption, PSA）の場合は 3.0～4.0 の S/C 比が採用される．

既設プラントの能力増強の場合においては，断熱式予備改質器を改質炉上流に設置することにより，原料ナフサ，ブタンがメタンに改質されるため，改質炉入り口での炭素析出の問題が解決され，改質炉入り口温度を天然ガスなみに 550～650℃まで予熱することが可能となり，また S/C 比を下げることが可能となる．したがって，既設改質炉は最小限の改造にとどめて，かつ触媒の種類の交換および予備改質器と予備改質器への予熱器の新規設置でプラントの能力増強が図れる．

c　廃熱回収工程

改質炉を出た改質ガスは H_2，CO，CO_2，CH_4，および過剰スチームからなる平衡ガスであり，高温の改質ガスは，廃熱ボイラーでスチーム発生，およびボイラー供給水の予熱などで熱回収された後，CO 転化工程に送られる．

d　CO 転化工程

CO 転化器では，ガス中の CO が CO 転化触媒下で水蒸気と反応して CO_2 と H_2 に変換される．CO 転化触媒の種類としては高温用，中温用，および低温用がある．CO 転化反応は発熱反応のため低温側が平衡上有利であるが，触媒の反応速度や耐熱性および原料消費量，また下流のプロセスからの要求と経済性を考慮して，高温のみ，あるいは中温のみ，または高温＋低温の組み合わせから選択される．また中温・低温触媒を採用する際には，触媒還元が必要になるため還元用配管，循環器などの付帯設備が必要となる．Topsøe プロセスにおける触媒組成ならびに運転温度を以下に示す．

	触媒組成	運転温度
高温用	鉄-クロム系	320～500℃
中温用	銅-亜鉛系	190～330℃
低温用	銅-亜鉛系	185～275℃

e　ガス精製工程

CO 転化工程下流のガス精製工程は，アンモニアプラントでは溶液吸収法の脱炭酸装置およびメタネーター（メタン化反応器）から構成されるが，水素プラントでは設備費，機器構成のシンプルさ，および信頼性の向上から吸着法ガス精製工程（pressure swing adsorption, PSA）が主流となっている．製品純度の観点からは，改質炉からの残存メタン，および CO 転化工程からの残存する少量の CO と脱炭酸装置からの少量の残 CO_2 がメタネーターにより変換され生成したメタンが製品水素中に不純物として混入してくる．溶液吸収法の脱炭酸装置とメタネーターから構成される場合の製品水素純度が 95～98 mol％程度にとどまるのに対して，PSA による場合は高純度水素（99.9 mol％以上）の製品が得られる．

溶液吸収法ガス精製工程の場合，脱炭酸装置により CO_2 を0.1〜0.5 mol%にまで精製される．脱炭酸装置にはベンフィールドプロセス，カタカーブプロセス，MDEAプロセスなどが使用される．CO_2 を除去されたガスはメタネーターに送られ，残存する少量の CO_2 およびCOがメタンに変換された後，冷却されて95〜98 mol%の製品水素となる．

PSA装置の場合，CO転化工程からのガスを冷却後，PSA装置に導入し，ガス中の不純物を吸着剤で吸着除去し，99.9%以上の高純度の製品水素が得られる．メタン，CO，CO_2 からなる吸着された不純物は，PSAの降圧過程により吸着剤から脱着後，燃料系にパージされ，改質炉燃料の一部となる．

D　最近の技術動向

スチームリフォーミングプロセスにおいて，コストの大きな比率を占めるのは改質炉である．水蒸気改質炉，あるいは空気・酸素吹き込み二次改質炉出口の高温プロセスガスならびにバーナーで発生した高温燃焼排ガスを熱源とする熱交換器型の改質器が考案，商業化されている．すでに公表されているものを表15.2.5に示す．

熱交換器型改質器は，従来のバーナー燃焼ガスの輻射伝熱を利用した炉ではなく，高温ガスによる対流伝熱を利用した多管式熱交換器型改質器である．また，改質器の小型化，省エネルギーに加え，CO_2 排出量削減を目的として考案・開発された各社それぞれの改質器が，水素，アンモニア，メタノールプラントなどで商業運転されている．

商業水素製造装置の実績としては，Haldor Topsøe社　のHTER(Haldor Topsøe exchanger reformer)[25,31,38]，HTCR(Haldor Topsøe convection reformer)[26,32]，Johnson Matthey Catalyst社のAGHR(advanced gas heated reformer)[33]，KBR社　のKRES(Kellogg reforming exchanger system)[34]，GIAP社のTANDEM reformer[35]，Air Products and Chemical社　のEHTR(enhanced heat transfer reformer)[36]プロセスなどが知られている．他には，Uhde社(現ThyssenKrupp)のCAR(combined autothermal reforming)[27,37]，東洋エンジニアリングのTAF-X(tubular axial flow and exchange) reformerなどがある．

表15.2.5　各種交換器型改質器

技術名	開発社/ライセンサー	適用例
(A)高温プロセス・ガス(水蒸気改質炉，あるいは空気・酸素吹き込み二次改質炉出口ガス)を熱源とするもの		
(A-1)商業装置の実績を有する技術		
(a)AGHR(advanced gas heated reformer)	Johnson Matthey Catalysts	アンモニア，およびメタノール・プラント
(b)TANDEM Refromer	GIAP(Russia)	アンモニア・プラント
(c)KRES(Kellog reforming exchanger system)	KBR	アンモニア・プラント
(d)HTER(Haldor Topsøe exchanger reformer)	Haldor Topsøe	水素プラント
(e)EHTR(enhanced heat transformer)	Air Products and Chemicals, Inc.	水素プラント
(A-2)パイロット・プラント，および概念設計段階の技術		
(a)CAR(combined autothermal reforming)	Uhde	水素プラントでデモ運転
(b)TAF-X Reformer	東洋エンジニアリング	概念設計段階
(B)バーナーで発生した高温燃焼排熱ガスを熱源とするもの		
技術名	開発社/ライセンサー	適用例
(B-1)商業装置の実績を有する技術		
HTCR(Haldor Topsøe convection reformer)	Haldor Topsøe	水素プラント
(B-2)パイロット・プラント，および概念設計段階の技術		
Compact Reformer	BP & Davy Process Technology	GTL用合成ガス製造デモ装置の運転

15.2.5 オートサーマルリフォーマー・直接接触部分酸化(DCPOX)

A 概要

スチームリフォーミングプロセスと部分酸化プロセスを組み合わせて1つの反応器で行うオートサーマルリフォーマーはLurgi社(現Air Liquide)[39]とHaldor Topsøe社[40]のATR(autothermal reformer)があり，またThyssenKrupp社(Uhde)もATRを開発している[41]．Haldor Topsøe社のATRは2000年代前半から特に大量のH_2とCOを必要とするGTLやメタノールプラントで実用化され商業機が稼動している．リフォーマーの外熱式では窒素酸化物を含む燃焼ガスが大気に排出されるが，内熱式では排出されず環境に優しい．

オートサーマルリフォーマーでは酸素を吹き込むことで大きな発熱反応である完全酸化反応を起こし(酸素がすべてなくなる)，この発熱を利用して吸熱反応のリフォーミング反応を進行させる．酸素製造装置は高価となるためオートサーマルリフォーマーはスケールメリットを生かせる大規模プラントに好適である．一方，合成ガス反応器を小型化できる可能性のある直接接触部分酸化法(DCPOX，direct catalytic partial oxidation)が近年開発されている[42]．これまでの合成ガス製造反応がすべて平衡反応であったのに対して，DCPOXは炭化水素と酸素の直接反応による部分酸化反応で平衡の制約を受けない不可逆反応であり,若干の発熱反応であるため,低温でも高い転化率が得られる．非常に短い接触時間で反応が達成するので，少量の触媒層に大量の原料を供給することができる．今後の開発の方向としては，触媒層での圧力損失を小さくすることと原料と酸化剤を均一に混合して触媒層に供給する反応器設計技術の開発である．

B 反応

オートサーマルリフォーミング(自己熱改質法，Autothermal Reforming法)は，改質剤に酸素または空気を使用する部分酸化反応と改質剤に水蒸気を用いる水蒸気改質反応の組み合わせからなり，水蒸気改質反応が必要とする反応熱を与える手段として部分酸化反応での発熱反応を利用する合成ガス製造法である．自己熱改質法では水蒸気改質法のように外部からの加熱を必要とせず，内部で発生する自己熱だけで必要な反応熱をまかなうことができるため，自己熱改質法という名前が付けられている．以下ATR法とよび，化学反応式を示す．

部分酸化反応　：$CH_4+3/2\ O_2 \longrightarrow CO+2\ H_2O$(発熱)

水蒸気改質反応：$CH_4+H_2O \longrightarrow CO+3\ H_2$(吸熱)

シフト反応　　：$CO+H_2O \longrightarrow CO_2+H_2$(発熱)

ATR法では部分酸化反応で生じる高温の火炎から容器本体を守るために容器内側に耐火・断熱レンガ，または耐火・断熱セメントを施工した特殊な圧力容器(反応器)が用いられる．断熱レンガ，あるいは断熱セメントの代わりに圧力容器の外側に水冷ジャケットを設けているものもある．

DCPOX(direct catalytic partial oxidation)法では，反応式は次で表される．

直接部分酸化　：$CH_4+1/2\ O_2 \longrightarrow CO+2\ H_2$(発熱)

この反応は不可逆反応であり，また，若干の発熱反応であるため，低温でも高い転化率が得られる．

特定の触媒を用いて短い接触時間で上記の反応を生じさせることができる．少量の触媒に大量の原料を供給することが可能となり，その結果，反応器が非常に小型になる．また，完全燃焼のような大きな発熱を伴わないため，接触部分酸化で問題となるホットスポットの発生がなくなり，反応器材質の制約が小さくなる[42]．

C プロセス

ATR反応器を用いたメタノールプロセスを例として図15.2.5に示す[43]．原料の天然ガスをまず脱硫した後に，断熱式予備改質器でメタンに改質し，ATR単独で合成ガスを製造している．

ATR反応器は反応器形式としては固定床式に属するが,反応器の上部に原料炭化水素の一部を酸素,または空気を使用して部分酸化させるためのバーナーが設けられている．このバーナーを高温雰囲気から保護する必要があること，および潜在的に炭化水素の部分酸化によるカーボン析出のリスクがあることからこれを回避するためにCFD(computational fluid dynamic)解析を使った特殊な設計がなされている．通常，バーナーは1基であるが，複数設置している例もある[23]．

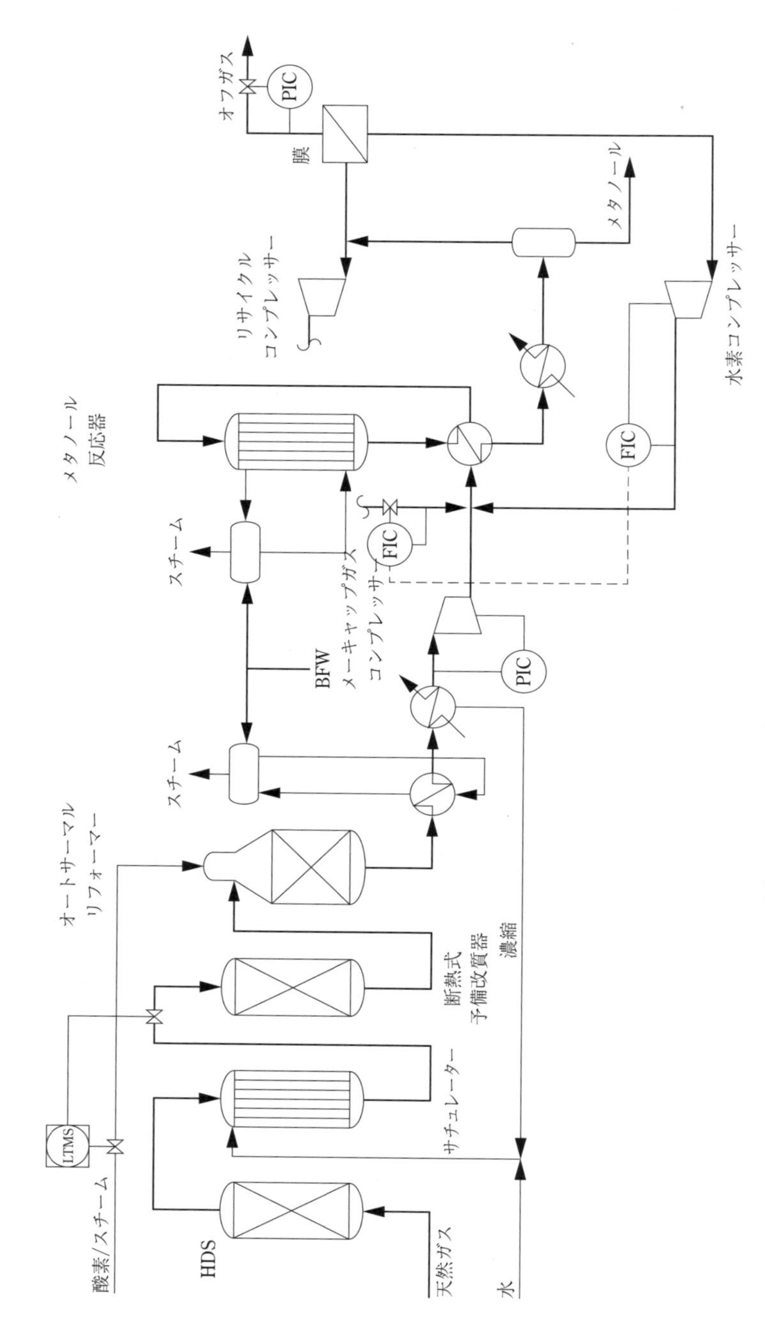

図 15.2.5　Topsøe 社 ATR 法メタノール製造プロセス

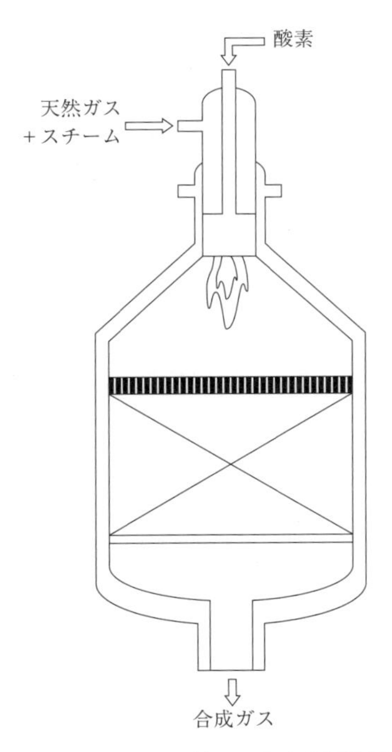

図 15.2.6　Topsøe 社 ATR 反応器概念図

反応器の下部には水蒸気改質反応を進行させるための触媒が充てんされており，水蒸気改質反応およびシフト反応が進行する．ATR 法で使用する水蒸気改質触媒は(加熱炉型水蒸気改質法で使用する触媒と同様)ニッケル触媒であるが，運転温度が高いため(一般的には 1,000℃～1,100℃)，より耐熱性をもたせた触媒が使用される．図 15.2.6 に ATR 反応器の概念図を示す[43]．

ATR 法は以下のような特徴を有す．

(1) 反応器が固定床式で構造がシンプルなので，大型化に向いている．原理的には工場での機器製作能力限界，あるいは輸送限界まで大型化が可能である．

(2) 低 S/C での運転から H_2/CO モル比 2 の合成ガスが生成可能である．メタノール合成，DME 合成，FT 合成などの原料用合成ガス組成として最適なものが得られる．

(3) 加熱炉型水蒸気改質炉の反応管のように，設計圧力に制限を受ける特殊な高温耐熱材を必要としないので，下流の各種合成プロセスが必要とする高圧での運転が可能である．原理的には 10 MPaG を超えるような高圧でも可能であるが，実際的には改質反応の平衡関係と経済性から 5 MPaG 未満で設計されている．

(4) ATR 法では改質剤として酸素を使用するため，高価な酸素プラントを建設する(または外部から酸素を購入・供給する)必要がある．したがって，ATR 法による合成ガス製造法の経済性を検討する際には，ATR 反応器のコストだけではなく，酸素プラントのコストを合算して評価する必要がある．

DCPOX 法については，ConocoPhillips 社(現 Chicago Bridge & Iron，CB&I)では，COPox プロセスを開発し，1999 年以降多くの DCPOX 触媒，合成ガスの製造方法の特許が出願されている．2003 年には COPox を使った 400 BPD の GTL 合成油を生産するデモプラントを運転との報告がある[44]．千代田化工建設は開発した直接接触部分酸化触媒の性能試験を行い，DCPOX 反応の進行と触媒活性の安定性を確認した．実用化を目指してプロセス開発中である[42]．

D　最近の技術動向

メタノールプラントの建設に際し，5,000 t d^{-1} 製造のプラントでは ATR 反応器が利用され，2010 年代に入って複数のプラントが建設されている[45]．

近年，ATR と熱交換器型リフォーマーを組み合わせることで廃熱回収による余剰なスチーム発生を減らし，再生可能エネルギーから作った電気を有効に利用することで CO_2 を削減する試みが報告されている[46]．

また，ATR に必要な酸素プラントが高価であることから，これを解決するために空気使用にして酸素プラントを不要とし，アンモニアとメタノールを併産するアイデアが提案され[47,48]，実際に建設されている[49]．メタノールを主製品とする併産ケースでは，CO_2 がメタノールの原料となることからシフト反応装置も脱炭酸装置(CO_2 removal)も不要でメタネーションのみとなるとしている．

15.2.6　CO_2 ドライリフォーミング

A　概要

地球温暖化の対策の 1 つとして排出 CO_2 の有効利用が検討されている．従来，CO_2 を改質剤として改質反応を行うプロセスは実用化されており，おもに H_2/CO 比が 1.0 を必要とするオキソ合成や，CO のみを必要とする酢酸の製造のために，CO_2 をリサイクルして CO リッチな合成ガスを製造する方

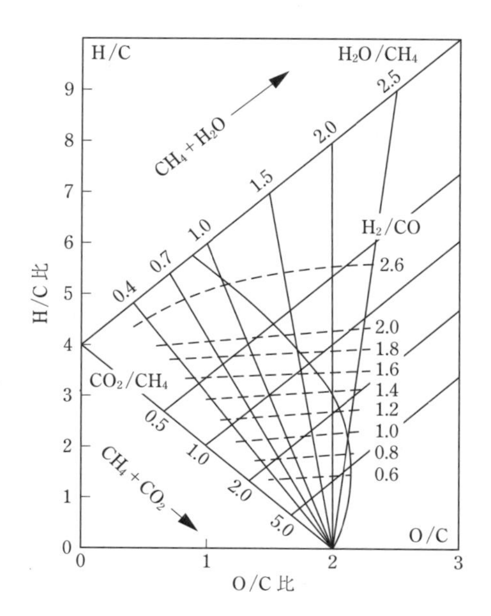

図 15.2.7 カーボン析出線図
0.6 MPa(5.9 atm), 900℃, 点線は出口ガスにおける H_2/CO 比

法がとられてきた．この方法ではカーボン生成に関してより厳しい条件になるためカーボン析出を避けるためにスチームを過剰に供給しなければならない．リフォーマー出口ガス中の H_2/CO 比は，図 15.2.7 に示されるように，一定圧力に対する平衡線図として表される．図 15.2.7 上の曲線は熱力学計算から得られ，Catalytic Cracking(接触分解)で生成する触媒上にみられるいわゆるウィスカーカーボン(理想的なグラファイト構造からのずれを考慮した)の熱力学的な析出限界を示す．曲線の左側の領域の O/C 比および H/C 比では，熱力学的にカーボン生成の可能性がある[50]．

たとえば図 15.2.7 上で，H_2/CO 比が 1.0 の合成ガスを製造する場合で O/C が約 2.1(原料の CO_2/CH_4 比は約 2.9)で，H_2O/CH_4 比はカーボン析出を避けるため 2.5 以上でなければならない．

千代田化工建設では 1997 年から CO_2 を原料としてカーボン析出を避けエネルギー効率よく合成ガスを製造するリフォーミング触媒を開発し，実用化するに至っている[51,52]．図 15.2.7 上で上記と同じ H_2/CO 比が 1.0 であっても H_2O/CH_4 比が約 0.7 で運転可能としている[52]．

B 反応

CO_2/H_2O リフォーミングの反応は次の反応式で表される．

炭酸ガス改質反応：$CH_4+CO_2 \longrightarrow 2\,CO+2\,H_2$
(CO_2 ドライリフォーミング)
(吸熱)

水蒸気改質反応　：$CH_4+H_2O \longrightarrow CO+3\,H_2$(吸熱)

シフト反応　　　：$CO+H_2O \longrightarrow CO_2+H_2$(発熱)

生成ガス中の H_2/CO 比は上記反応の平衡組成となり，CH_4 に対し供給する H_2O および CO_2 の割合(H_2O/C モル比，CO_2/C モル比)を変化させることで任意の H_2/CO 比の合成ガスを製造することができる[53]．

また，副反応としてカーボン析出反応が進行する．

Dent 反応　　　　：$CH_4 \longrightarrow C+2\,H_2$

Boudouard 反応　：$2\,CO \longrightarrow C+CO_2$

CO と水素の反応：$CO+H_2 \longrightarrow C+H_2O$

CO_2 ドライリフォーミングでは生成する CO の分圧が高くなり Boudouard 反応によるカーボンの析出が顕著となる．

C プロセス

図 15.2.8 に CO_2/H_2O リフォーミングプロセスを示す[53]．リフォーマー 2 には天然ガスと CO_2，H_2O が供給され，リフォーミング反応によって合成ガスが製造される．合成ガス中に含まれる未反応の CO_2 は CO_2 除去装置 5 で分離・回収・リサイクルされてリフォーミング反応の原料として再利用される．

既存プロセスに比べてより低 H_2O/CH_4 比，低 CO_2/CH_4 比での運転では，原料供給量が少なくリフォーマーがコンパクト設計となり，かつ改質のために供給されるスチーム量も少なくなるため，プラントコストと運転コストが低減される．

D 最近の技術動向

近年では，貴金属触媒を用いてカーボン析出範囲内でもカーボン析出を伴うことなく改質反応を起こさせるリフォーミングプロセスの研究がされている[54]．その中でも千代田化工建設が開発した CT-CO_2AR とよばれる触媒はデモプラントで 1 年以上(約 12,000 時間)の長期運転に成功し，省エネ型の

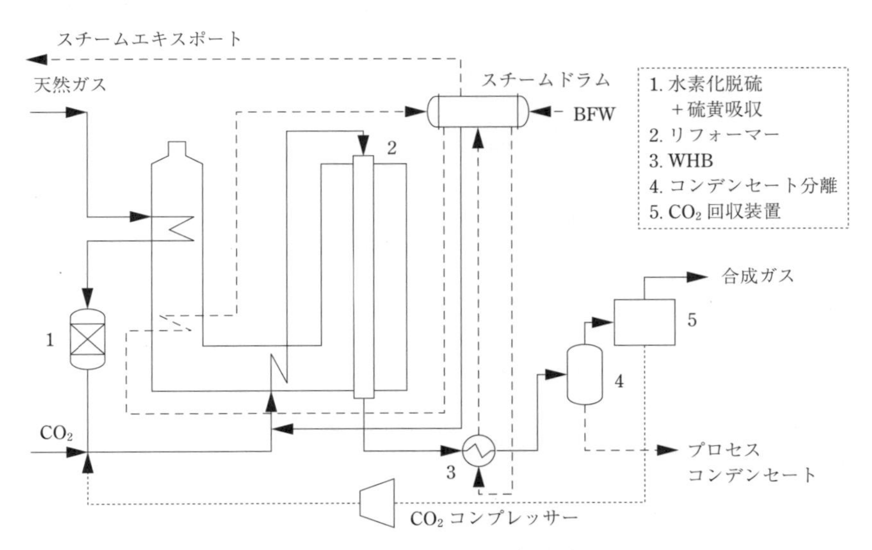

図 15.2.8　CO_2／H_2O リフォーミングのプロセスフロー

リフォーミングプロセスの商業化に向けての開発を終えている[52]．

文献

1) 新エネルギーの展望─石炭ガス化編─，エネルギー総合工学研究所(1988)
2) 新エネルギーの展望 石炭ガス化複合発電技術，エネルギー総合工学研究所(1999)
3) 林石英，ペトロテック，31(3)，177(2008)
4) 林潤一郎，ペトロテック，35(12)，899(2012)
5) 林潤一郎，石炭基礎講座─石炭ガス化─，石炭エネルギーセンター(2012)
6) 坪井繁樹，季報エネルギー工学，35(2)，55(2012)
7) 梅木健太郎ほか，ペトロテック，33(7)，73(2010)
8) 法貴誠ほか，日本エネルギー学会誌，87(9)，749(2008)
9) NEDO，http://www.nedo.go.jp/library/pamphlets/ZZ_pamphlets_15_4shinene_biomass_guide.html
10) GE 社，Shell 社 Reference List による
11) Gasification & Syngas Technology Council (GTSC) website, http://www.gasification-syngas.org/uploads/eventLibrary/2014_2.1_Siemens_Harry_Morehead.pdf
12) Air Liquide 社，https://www.engineering-airliquide.com/syngas
13) Qianlin Zhuang, Gasification Technologies Conference, 26-29 Oct., Washington DC(2014)
14) Karsten Radtke, Gasification Technologies Conference, 9-12 Oct., San Francisco(2011)
15) 橋本貴雄ほか，三菱重工技報 47(4)，39(2010)
16) 笹津浩司，第 5 回革新的 CO_2 膜分離技術シンポジウム，基調講演(2015)，http://www.rite.or.jp/news/events/pdf/3_Sasatsu_h27maku.pdf
17) Rob van den Berg, Gasification Technologies Conference, 26-29 Oct., Washington DC(2014)
18) 武田卓ほか，新日鉄住金エンジニアリング技報，55(2015)
19) GTSC website, http://www.gasification-syngas.org/uploads/eventLibrary/57HART.pdf
20) Hidehisa Tani, Gasification Technologies Conference, 11-14 Oct., Washington DC(2015)
21) 中澤亮，化学工学，78(1)，42(2014)
22) B. J. Grotz et al., Ammonia Plant Safety, 34, 74(1994)
23) Pan Orphanides, Ammonia Plant Safety, 34, 292(1994)
24) Avinash Malhotra et al., NPRA Annual Meeting, AM-04-62(2004)
25) Jack Carstensen, NPRA Annual Meeting, AM-10-141(2010)
26) Haldor Topsøe brochure, “Topsøe HTCR Compact hydrogen units”
27) H. D. Marsch et al., Ammonia Plant Safety, 33, 108(1993)
28) T. S. Christensen et al., Ammonia Plant Safety,

35, 205 (1995)
29) H. Stahl et al., Ammonia Plant Safety, 36, 180 (1996)
30) Niels Ulrik Andersen et al., Hydrocarbon Engineering, July 2011, 49-51 (2011)
31) References list for Topsøe Heat Exchanger Reformers (2012)
32) Haldor Topsøe 社, http://www.topsoe.com/products/convection-reformer-htcr
33) Ian Barton et al., Ammonia Plant Safety, 35, 276 (1995)
34) Avinash Malhotra et al., NPRA Annual Meeting, AM-04-062 (2004)
35) Linde 社, http://www.linde-engineering.com/en/process_plants/hydrogen_and_synthesis_gas_plants/gas_generation/tandem_reforming/index.html
36) US Patent, 4,919,844 A
37) 増子芳範ほか，ペトロテック，16(11)，1042(1993)
38) N. U. Andersen et al., Nitrogen & Syngas Conference, Germany (2013)
39) G. Shaw, F. Hofmann et al., Ammonia Plant Safety, 35, 315 (1994)
40) W. S. Ernst, P. S. Christensen et al., Hydrocarbon Processing, March 2000, 1 (2000)
41) K. Noelker, Ammonia Plant Safety, 57, 68 (2012)
42) 今川健一ほか，ペトロテック，31(4)，291(2008)
43) 宇野和則，ペトロテック，28(6)，390(2005)
44) Am. Chem. Soc., Div. Fuel Chem. 2003, 48(2), 791 (2003)
45) Reference List of Topsøe Methanol Plant (2012)
46) Nitrogen + Syngas 339, January-February 2016, 20 (2016)
47) E. Cialkowski et al., Ammonia Plant Safety, 33, 53 (1992)
48) S. O. Abu Bakar, K. Niwa, P. K. Bakkerud, Ammonia Plant Safety, 40, 293 (1999)
49) Pat Han, Nitrogen & Syngas Conference, Athens (2012)
50) 富永博夫, 玉置正和, 化学反応と反応器設計, p.242, 丸善(1996)
51) 八木冬樹，触媒，51(5)，331(2009)
52) 八木冬樹，J. Jpn. Inst. Energy, 91(4)，274-278 (2012)
53) 八木冬樹，ペトロテック，34(6)，378(2011)
54) P.Mclgaard et al., Applied Catalysis, A: General 495, 141-151 (2015)

15.2.7 水電解(アルカリ水電解，PEM，SOEC)

A 概要

2016年11月4日に発効したパリ協定によって，世界は，環境・エネルギー領域のみならず，世界経済全体に大きな影響を及ぼす変換点を迎えた．本協定は，世界の平均気温の上昇を，産業革命以前に比べて2℃より十分低く保つとともに，1.5℃に抑える努力を追求することを目標に掲げた．今世紀後半の温室効果ガスの人的な排出を自然界の吸収能力以下に抑えるため，すべての国に各国が決定する温室効果ガスの削減目標の作成・維持・国内対策を義務付け，5年ごとに削減目標の更新を求めている[1,2]．

国際エネルギー機関の見積もりでは，2℃達成のためのシナリオにおける2050年までの累積的な温室効果ガス削減に最も大きく寄与するのは，エネルギー効率の向上(寄与度38%)および再生可能エネルギー(寄与度32%)であり，次に，炭素回収貯留(寄与度12%)，原子力(寄与度7%)となっている[3]．

再生可能エネルギーは，太陽光発電，風力発電を中心に，各国が積極的に導入を進め，今後は，さらに大幅な導入が計画されている．特に2022年に原発全廃を決定しているドイツでは，総エネルギー消費に対する再エネ比率を2030年に30%，2050年に60%とする非常に高い野心的な計画を掲げ(日本は2030年に13～14%)，達成に向けた政策議論が積極的に行われている．これを達成するためには電力(総エネルギー消費の約1/5)の再エネ化はもちろんのこと熱利用(同1/2)や輸送用燃料(同1/4)の再エネ化が必須であり，再生可能エネルギーを熱エネルギーや輸送用燃料に変換する手段として，水の電気分解(水電解)による水素製造が着目されている．水素を二次エネルギーとして利用することで，化石エネルギーから再生可能エネルギー(電気)への転換における制約となっているエネルギーの貯蔵性や輸送性についても，大きな緩和が期待できる．

水電解による水素製造法は，20世紀前半にはアルカリ型の水電解システムが工業的に確立され，価格競争力で化石燃料の改質法に主役の座を譲った

1960年代までは，アンモニア製造などのための大規模水素製造システムとして活躍した歴史がある．近年においては，固体高分子水電解(PEM型水電解)が開発され，高純度の水素が必要な食品工場やシリコンなどの金属工場などで水素ボンベに代わるオンサイト型水電解装置として利用されている．さらに，現在，高効率の水電解装置として，高温水蒸気電解(あるいは固体酸化物水電解，SOEC)の研究開発が活発に行われている．

本項では，3つの水電解システムを俯瞰した上で，再生可能エネルギーからの二次エネルギーとしての水素を製造する用途に絞って解説する．

B　水電解装置の分類

a　アルカリ水電解装置

アルカリ水電解はその名のとおり，アルカリ水溶液(水酸化カリウム，水酸化ナトリウムなど)を電解液とする水電解であり，陰極で水分子は水素と水酸化物イオンに分解し，陽極に移動した水酸化物イオンから酸素が生成する．歴史的には，電解液の入ったタンクに陽極と陰極を交互に浸漬した単極タンク型電解槽も使用されていたが，高電流密度化が可能で効率の高い複極型電解槽が主流となっている[4]．複極型電解槽は，陽極側と陰極側の両半セルを背中合わせに接合した半セル対を，隔膜を挟んで，複数(たとえば100対)積層することで各セル構造が形成され，全体として電解槽となる．各セルは電気的には直列に接続される．陽極はランタンドープ酸化コバルトやニッケルコバルト酸化物などが用いられ，陰極はラネーニッケルなどが用いられる．隔膜は従来，アスベスト布が用いられることが多かったが安全性の問題で使用されなくなり，チタン酸カリウム含浸ポリテトラフルオロエチレンやポリスルホンなどの多孔膜が使用されている[5]．

アルカリ水電解には，両電極が隔膜と接触しているゼロギャップ型電解セルと電極と隔膜との間に隙間のあるナローギャップ型電解セルがある．ゼロギャップ型電解セルはPEM型水電解と同様に隔膜の厚さが電極間距離に相当し，低抵抗な電解セルの形成が可能である．一方で隔膜が金属と接触していることから破れなどの不具合を防ぐ必要があり，複雑な構造となっている．なお，ゼロギャップ型電解セルに用いられる電極は，発生したガスが対電極の反対側に抜けるように金網状の構造となっている．

各セルで発生した水素と酸素はそれぞれ別々に，電解液と一緒にセルの上部から取り出され，後段の気液分離タンクで電解液から分離され，次工程に送られる．一方,電解液は消費した量の水を追加して，循環ラインから各電解セルへ再び供給される．

アルカリ水電解は，大型で大量の水素を製造するのに適したシステムであり，装置の信頼性が高く，低コストの水素を製造するのに適した水電解法である．しかし，その立地場所は，2010年ごろまでは，水力発電所からの安価な電力が得られる場所にほぼ限られており，2016年時点で日本にはアルカリ水電解を商用販売するメーカーはない．一方，ソーダー工業で用いられる食塩電解システムは，日本がリードする事業領域であり，技術蓄積が進んでいる．アルカリ水電解と食塩電解とは類似のシステムであり，食塩電解で蓄積した技術を生かした高性能アルカリ水電解の開発・実証が行われている[6]．

b　PEM型水電解装置

PEM型水電解は，スルホン酸基含有パーフルオロエチレン系カチオン交換膜などのイオン交換膜を電解質とし，その両側に陰極と陽極を配置した膜・電極接合体(MEA)とその両側に給電とガス(および水)の流路を兼ねた多孔質給電体を積層した構造が単セルの基本構造となっている．その単セルが複極板を挟んで複数積層した構造によって電解槽構造(スタック構造)が形成されている．陰極としては白金担持カーボンや白金被覆チタンなどが用いられ，陽極としては酸化イリジウム被覆チタンやイリジウムルテニウムニッケル酸化物などが用いられる．PEM型水電解では，陽極側に供給された水(純水)が酸素とプロトンに分解し，プロトンがイオン交換膜を通過,陰極に至り電子を受け取って水素となる．

イオン交換膜はMEA化による補強効果によって，数10 μmの薄膜化が可能で，電極間の低抵抗化に寄与し，PEM型水電解は高電流密度での運転に向く．一方，イオン交換膜は膜厚が厚ければガスの相互混合を低く抑えることができ，水素ガス純度を高く保つことが可能である．低抵抗化とガス純度のバランスを取りながら，イオン交換膜厚，電流密度の最適点などが決められる．

図15.2.9に示すようにPEM型水電解装置の基本的なシステム構成は，アルカリ型のシステム構成と

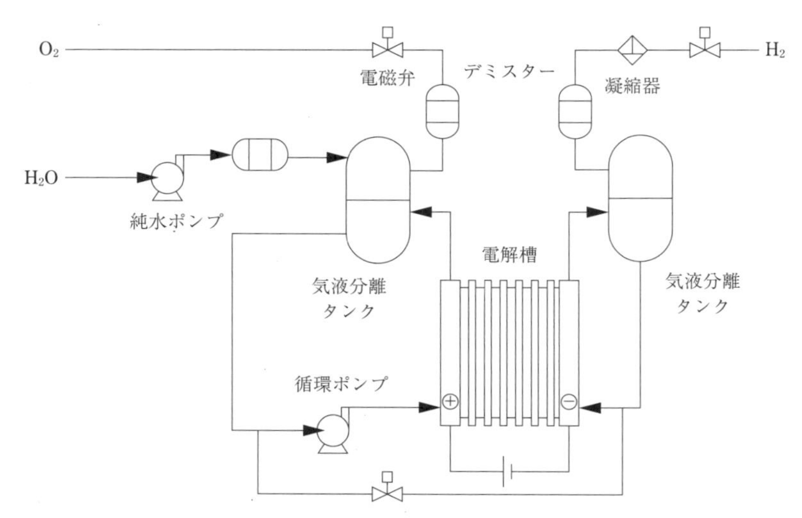

図 15.2.9　PEM 型水電解のシステム構成

大差はないが，循環水が中性であることからコンパクトな構成が可能であり，設置面積の制約が大きな用途に適したシステムである．

c　SOEC 水電解装置

SOEC 水電解は一般に，イットリウムなどで修飾された酸化ジルコニウムなどの固体酸化物を電解質とし，600℃～1,000℃の温度で，陰極上で水蒸気を水素と酸化物イオンに分解する．生成した酸化物イオンは電解質を通過して，陽極上で酸素に変換される．固体酸化物燃料電池(SOFC)の逆反応として，その技術を活用した研究開発が現在進められている．

水電解のエネルギー収支の理論値は，室温では約 284 kJ mol^{-1} のエネルギー投入が必要であるが，水の沸点以上では約 250 kJ mol^{-1} となり，ほぼ水の潜熱分のエネルギー量が不要となる．さらに，温度を上げると，合計エネルギー量は変わらないが，その中身は，熱エネルギーとして投入されるエントロピーが増大し，電気エネルギーとして投入が必要な自由エネルギー量は減少する．よって，1 Nm^3 の水素の生産に必要な電力量である電力原単位は高温ほど低下し，1,000℃における水電解の必要電気エネルギー量は室温時に比べて理論的には 25％低下する．

従来は，原子炉(高温ガス炉)の排熱の利用を想定して 900℃での運転を目指した検討が実施されていたが，より汎用的な排熱を利用するために，600℃程度までの低温化の可能性が検討されている[8]．

現在 SOEC は，数 Nm^3 h^{-1} 規模の検討が行われているが，将来の大型化に向けて円筒平板型のセルスタックの検討が行われている．円筒平板型セルスタックは，水蒸気の供給と水素ガスの回収を複数のセルに対してまとめて行えるメリットがある[9]．

最近の検討では，電流効率がほぼ 100％で，約 0.85 A cm^{-2} の電流密度，750℃の運転条件において，単セル電圧 1.3 V を達成しており，水電解反応による吸熱と電気抵抗による発熱がバランスした熱中立点での運転が行われている．さらに，SOFC と組み合せたエネルギー貯蔵システムの研究開発が進められている[9]．

C　再生可能エネルギーからの水素製造

風力発電や太陽電池などの再エネ電力を使って水電解で水素を製造する技術(Power-to-Gas，P2G)が注目されている[10]．特に，ドイツでは MW クラスの実証検討が数多く実施され，アルカリ水電解装置と PEM 型水電解装置のそれぞれについて，1,000 Nm^3 h^{-1} 以上の水素製造量の実証検討が行われている．ただし，ドイツの実証検討に用いられているアルカリ水電解装置は，従来の技術が用いられ，待機状態から最大電流の受け入れに 5 分程度かかる，定格の 40％以下での運転ができない，0.5 A cm^{-2} 以上の大電流密度での運転ができないなどの制約があり，P2G 向け水電解装置としては，物足りないものとなっている．

一方，国内における P2G の実証検討においては，数 10 $Nm^3\ h^{-1}$ の水電解装置が最大で，100 kW を超える実証検討は5ヵ所程度で行われており，いずれもアルカリ水電解装置が用いられている．

その中で，横浜市(子安)で実証検討されているアルカリ型の水電解装置は，約 3 m^2 の電極面積を有し，電解槽への最大印加電流は 15,000 A を超え，世界最大級の P2G 用水電解装置である[6,11]．セルの積層数(スタック数)が数セルしかないために，水素発生量は最大 25 $Nm^3\ h^{-1}$ であるが，セルの積層数を 100～200 セルに増やすことに技術的なハードルはほとんどない．本装置での実証で問題がなければ，1ユニットあたり 1,000～2,000 $Nm^3\ h^{-1}$ の世界最大の水電解装置が出現し得る．電解性能に関しては，0.6 A cm^{-2} の電流密度時のセル電圧が 1.8 V 以下であり，電力設備を増強すれば，1 A cm^{-2} までの高電流密度運転も可能な電解槽仕様である．欧州の P2G 実証に用いられている PEM 型水電解装置と比較した場合，定格運転時のシステムのエネルギー効率は 5～10 ポイント高く，世界最高レベルの効率である．電極面積が小さい PEM 型水電解の場合，定格電流密度を大きくすることで設備容量を確保しているために，セル電圧が上がり，エネルギー効率が低くなっている．

変動電源との協調性についても検討が行われている．待機状態から瞬時に定格まで電流値を上げたときに，セル電圧と水素発生量が瞬時に追随することが確認されている．さらに，2 MW 風車1機の 0.1 秒間隔の出力データを使い，電流密度を0から定格値の幅に調整した模擬電源でのテストを行い，入力電流とほぼ同じ波形パターンでセル電圧の波形が得られ，非常に高い応答性を示すことが確認された．また，太陽電池からの入力電力を想定し，ON/OFF の繰返し評価も行われている．

なお，P2G の1つの目的として，電力会社の負荷平準用途(デマンドレスポンス)が想定されているが[10]，アルカリ水電解が本目的で使用された実績は 1960 年代にさかのぼる．定格 20,000 $Nm^3\ h^{-1}$ の設備容量で，電力需要が低下する昼休みと夜間のみ水電解で水素を製造する運転が川崎市で実施されていた[4]．

P2G 用水電解装置の課題の1つとして，設備コストの低減が求められている．水電解装置の現状コストと将来予想コストについて，欧州連合の調査レポートが出ている[12]．現状はアルカリ水電解が 1,100 ユーロ kW^{-1}，PEM 型水電解が 2,090 ユーロ kW^{-1} であり，2030 年の予想値はアルカリ水電解の装置コストが 580 ユーロ kW^{-1}，PEM 型水電解が 760 ユーロ kW^{-1} となっている．kW 単位の数字は，性能の低い(電力原単位の高い)水電解装置ほど安く表示されるため，注意が必要であるが，少なくとも当面はアルカリ水電解がコスト面では優位性を維持する．

装置価格が 20 万円 kW^{-1}，電力原単位が 5 kWh Nm^{-3}，装置寿命が 20 年の水電解装置を設備利用率 100％で運転した場合，水素コストに占める水電解装置価格分は約6円 Nm^{-3} であり，2020 年代後半の水素引渡しコスト目標の 30 円 Nm^{-3} [13]の 20％に相当し，大きなインパクトではない．ただし，風力発電や太陽電池と同程度の設備利用率(10％～30％)となると，そのコストは 20～60 円 Nm^{-3} となり，目標値に対して許容できない比率となる．すなわち，水電解装置のコスト低減とともに，その設備利用率をいかに高めるかが重要であり，再生可能エネルギーと水電解との容量比の最適化や太陽光と風力発電の組合せによる出力の平準化，あるいは，系統連系や蓄電池の利用など幅広い可能性を検討していく必要がある．

また，水素コスト目標の 30 円 Nm^{-3} を達成するには，安い電気が必須であるとともに，水素貯蔵や輸送のコストを含め，全体としてコストを低減していく必要がある．P2G のすべてのバリューチェーン企業が総力を結集し，再生可能エネルギー由来水素が本格導入されて，パリ協定が目指す社会が実現されることを願う．

文献

1) http://unfccc.int/resource/docs/2015/cop21/eng/l09r01.pdf
2) http://www.env.go.jp/policy/hakusyo/h28/pdf/1_p1_1.pdf
3) IEA，エネルギー技術展望(2016)
4) 阿部勲夫，水素エネルギーシステム，33(1) (2008)
5) 光島重徳，松澤幸一，水素エネルギーシステム，36(1) (2011)
6) 臼井健敏，水素エネルギーシステム，41(1) (2016)
7) http://research.ncl.ac.uk/sushgen/docs/sum-

merschool_2012/PEM_water_electrolysis-Fundamentals_Prof._Tsiplakides.pdf
8) 東芝レビュー，61(4)(2006)
9) 東芝レビュー，71(5)(2016)
10) http://www.meti.go.jp/committee/kenkyukai/energy/suiso_nenryodenchi/co2free/001_haifu.html
11) 平成28年度NEDO新エネルギー成果報告会発表資料，H214 アルカリ水電解水素製造システムの研究開発
12) Development of Water Electrolysis in the European Union Final Report (FCHJU 2014)
13) 経済産業省，水素・燃料電池戦略ロードマップ

15.2.8 光触媒

A 概要

1972年の本多–藤嶋らによる二酸化チタンを用いた水の光分解の報告[1]を契機として，光電極または光触媒を用いた水分解はクリーンな水素製造技術として注目を集めてきた．その後，$SrTiO_3$をはじめとした種々の光触媒材料を用いての水分解が達成されてきたが，その多くは紫外光にしか応答しない酸化物であり，また，太陽光には紫外光は数%しか含まれないため,太陽光エネルギー利用の観点からは，可視光応答型の水分解用光触媒の開発が望まれてきた．2000年代に入ったころから，可視光応答型水分解用光触媒の開発が急速に進展したこともあり[2]，表15.2.6に示すように光触媒を用いた水分解に関連した大型の研究プロジェクトが日本だけではなく，米国・欧州など世界中でも進行中である[3~7]．また中国・韓国などでも盛んに研究が実施されている．これらのプロジェクトでは，おおむね太陽光水素エネルギー変換効率は5～10%程度，水素の価格として30～40円 Nm^{-3} 程度が最終的な目標として想定されている．

B 光触媒を用いた水分解系の型式

光触媒を用いた水分解系は，微粒子光触媒粉末を用いたものと，光電極を用いた光電気化学的水分解とに大別することができる．さらに，各々，水の酸化反応と還元反応との2種の反応を単一の光触媒材料で行う一段階励起系と，2種の光触媒材料を用いて酸化反応と還元反応とを別々の光触媒で行う二段階励起系とに大別することができる．

微粒子光触媒粉末系では生成した水素と酸素との混合気体が得られるため，分離膜などを用いて水素と酸素とを分離するシステムを要する．また爆鳴気であるため，安全面への配慮も必要となる．一方，光電気化学的水分解系では，水素と酸素とを分離して生成することが可能である反面，反応の進行に伴うpH勾配などの物質移動の問題が懸念される．

一段階励起系では，光触媒材料の伝導帯下端は水の還元電位よりも負側に，かつ価電子帯上端は水の酸化電位よりも正側に位置していることが熱力学的に要請されるため，系自体は比較的単純に構築可能であるものの，光触媒材料に要請される条件は厳しい．一方，二段階励起系では，水の還元用光触媒であれば伝導帯下端が水の還元電位よりも負側に位置している(水の酸化用光触媒であれば価電子帯上端が水の酸化電位よりも正側に位置している)だけで熱力学的要請を満たすため，一段階励起系と比較して材料選択の幅は大きく広がる．ただし，還元用光触媒中に生成した正孔や酸化用光触媒中に生成した電子といった余剰の光励起キャリアを輸送するためにレドックス対などを加える必要がある．そのために系が複雑になる点や，両方の光触媒を光励起する

表15.2.6 光触媒を用いた水分解に関連した研究プロジェクト

国名	プロジェクト名	期間	資金元	研究費(総額)	文献
日本	二酸化炭素原料化基幹化学品製造プロセス技術開発	2012-2021	経産省・NEDO	約140億円	3)
米国	Joint Center for Artificial Photosynthesis (JCAP)	2010-2015 2015-2019	DOE	約120億円 約75億円	4)
欧州	Photoelectrochemical Demonstrator Device (PECDEMO)	2014-2017	FCH JU	約34億円	5)
	photocatH2ode	2012-2017	ERC	約1.5億円	6)
	COFLeaf	2015-2020	ERC	約1.5億円	7)

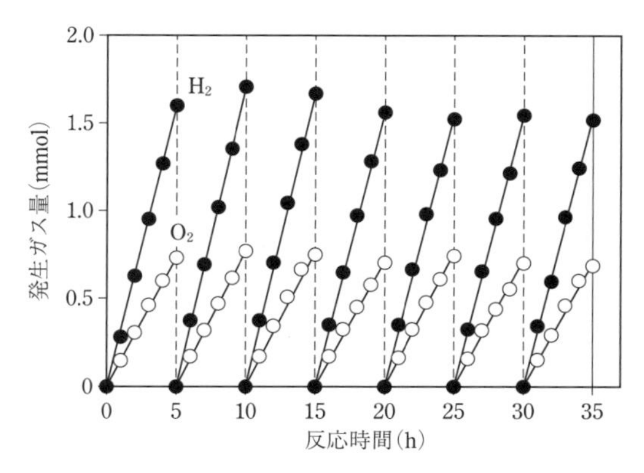

図 15.2.10　GaN：ZnO を用いた可視光照射下での水分解反応の経時変化

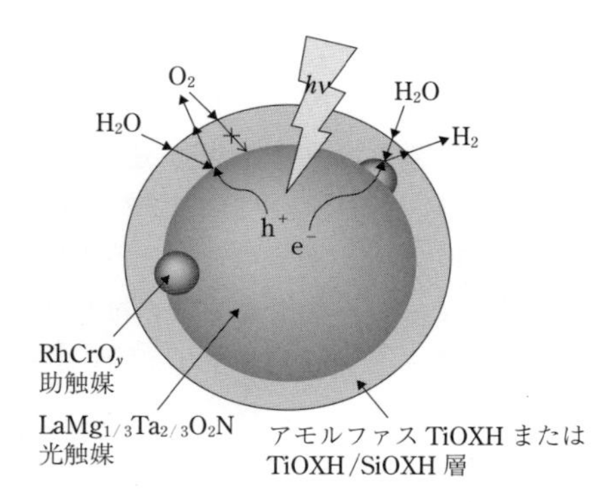

図 15.2.11　$LaMg_{1/3}Ta_{2/3}O_2N$ を用いた水分解反応の模式図

必要があるため一段階励起系よりも光の利用効率が劣る点などは不利となる．

上記のように各型式とも一長一短があり，材料系や型式も含めて精力的に検討が進められている状況である．エネルギー変換効率，大規模展開性，経済性などの観点のすべてを満たした実用化に至る最終的な材料系や型式を定める段階には至っていない．

C　微粒子光触媒粉末を用いた一段階励起水分解系

単一の光触媒微粒子を用いて可視光照射下で水を分解可能であることが最初に報告されたのは 2005 年で，窒化ガリウム(GaN)と酸化亜鉛(ZnO)の固溶体(GaN：ZnO)を用いたものである[8~11]．GaN と ZnO は各々単体では紫外光しか吸収しないが，GaN：ZnO 固溶体は波長約 500 nm までの光を吸収可能である．この材料は，水素生成用助触媒としてロジウムとクロム酸化物からなるコア/シェル型の助触媒，または，ロジウムとクロムからなる複合酸化物($Rh_{2-y}Cr_yO_3$)助触媒で修飾した際に，高い水分解光触媒活性を示し，図 15.2.10 に示すように波長 400 nm 以上の可視光照射下において水素と酸素が 2：1 で定常的に生成することが確認された．波長 410 nm の可視光照射下において 5.1％の量子収率で水分解が進行することが，この系においてこれまでに報告されている最高活性であり，この場合の太陽光水素エネルギー変換効率は約 0.2％に相当する．

上記の GaN：ZnO は可視光照射下で水分解が進行する最初の報告例ではあるが，その利用可能な光の波長は約 500 nm と比較的短波長領域の可視光利用にとどまっている．これは，利用可能な波長の光をすべて量子収率 100％で水素生成に利用できたと仮定しても，太陽光水素エネルギー変換効率は約 8％が上限となることを意味している．太陽エネルギー利用の観点からは，より長波長の可視光の応答可能な水分解用光触媒系の構築が望まれる．

波長 600 nm までの可視光を利用可能な一段階励起系が 2015 年に報告された[12]．$LaMg_{1/3}Ta_{2/3}O_2N$ を用いたもので，この材料はペロブスカイト型の結晶構造を有し，$LaMg_{2/3}Ta_{1/3}O_3$ と $LaTaON_2$ の固溶体と考えることができ，波長約 600 nm までの光を吸収可能である．この材料に図 15.2.11 に示すように適切な表面修飾を行うことによって自己分解反応や逆反応が抑制され，可視光照射下で定常的に水の全分解反応が進行し，また，波長 600 nm までの光を水分解反応に利用できていることが確認されている．ただし，波長 440 nm での量子収率は約 0.03％と低く，今後の活性向上が望まれる．

D　微粒子光触媒粉末を用いた二段階励起水分解系

2 種の光触媒微粒子を用いた二段階励起系による可視光照射下での水分解は 2001 年に報告された[13]．Cr および Ta を添加した $SrTiO_3$ を水素生成用光触媒，WO_3 を酸素生成用光触媒として用い，ヨウ素レドックス(I^-/IO_3^-)対を介して余剰の光励起キャリアを輸送する系である．この系では，波長 440 nm までの光を利用でき，波長 420.7 nm での量子収率は約 0.1％であった．

その後，さまざまな系が構築され，水素生成用光触媒として TaON，$CaTaO_2N$，$BaTaO_2N$，Rh 添

加 $SrTiO_3$，$Sm_2Ti_2S_2O_5$ などを，酸素生成用光触媒として TaON，WO_3，$BiVO_4$，Ta_3N_5 などを用いた系で二段階励起型可視光水分解が達成されている[2]．また，レドックス対としてはヨウ素系（I^-/IO^{3-} や I^-/I^{3-}）の他に，鉄系（Fe^{3+}/Fe^{2+}）などが用いられている．さらに，光触媒微粒子同士の固体間での接触の際にキャリア移動が生じる，レドックス対を必要としない系も報告されている[14]．TaON を水素生成用光触媒，WO_3 を酸素生成用光触媒に用いた系での波長 420.5 nm での量子収率 6.3％がこれまでに報告されている中で最も活性が高く，太陽光水素エネルギー変換効率は約 0.1％に相当する[15]．

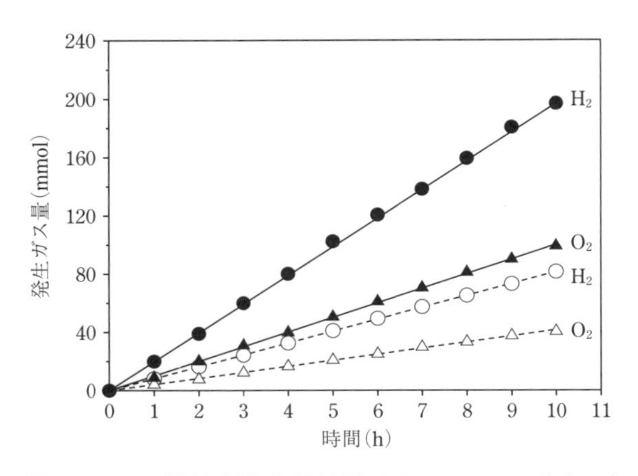

図 15.2.12　擬似太陽光照射下での $SrTiO_3$：La,Rh / Au / $BiVO_4$：Mo 光触媒シートを用いた水分解反応の経時変化．
○△は反応温度 288 K，●▲は反応温度 331 K

E　微粒子光触媒を用いた新規な二段階水分解系（光触媒シート）

微粒子光触媒を用いた水分解系の構築・評価には，従来，微粒子光触媒粉末を水中に懸濁・撹拌した状態で活性評価が行われてきた．しかし，大規模実用化の観点からは撹拌を伴う系は現実的ではなく，反応器設計や触媒交換などの運用上の観点からも，光触媒微粒子を何らかの基板などに固定化した系の開発が望まれる．

Mo 添加 $BiVO_4$ を酸素生成用光触媒，La および Rh を添加した $SrTiO_3$ を水素生成用光触媒として用い，両光触媒微粒子粉末を Au 層に固定化した平板状の光触媒シートを作成することで，波長 419 nm での量子収率 30％超，太陽光水素エネルギー変換効率 1％超と，高い水分解活性が報告されている（図 15.2.12）[16]．この 2 種の光触媒を組み合わせた系は，粉末懸濁系の二段階励起によって水分解がすでに達成されていたものの[17]，水分解活性はさほど高くはなかった．Au 層を介して 2 種の光触媒粉末を電気的に接合させることによって，光触媒間での電荷移動が促進され，水分解活性が向上したものと考えられる．また，導電層として Au ではなく安価な炭素を用いた系でも，同等（以上）の活性が報告されている[18]．

この光触媒シートの特徴の 1 つとして，中性の純水中でも効率的に水分解反応が進行することがあげられる．上述の懸濁系二段階励起系や，後述の光電極を用いた系では，pH や電解質濃度といった反応溶液の条件に水分解活性が強く依存し，水分解に適した条件が非常に制限される傾向が強い．一方，水分解シートでの水分解活性は pH にほとんど依存せず，中性の純水中でも高い活性を維持している．純水中で効率的に水分解反応が進行するという特徴は，反応器設計や，水分解システム運用の観点から大きな利点の 1 つと考えられる．

さらに，この水分解シートはスクリーン印刷法を用いても作製可能なことが確認されている．真空プロセスが不要で，光触媒微粒子を原料に用いることができるため，経済性の観点からも大規模展開の可能性を充分に有していると期待される．

F　光電気化学的水分解系

光電気化学的水分解系も一段階励起系と二段階励起系に大別できる．一段階励起系では，酸素生成用光電極である光アノードもしくは水素生成用光電極である光カソードと，対極の白金などの金属とを電気的に接続した系である．二酸化チタン光アノードと白金とを用いた本多–藤嶋らの最初の報告は一段階励起系の光電気化学的水分解系にあたる．ただし，この系では水分解反応を進行させるためには外部電圧を印加する必要があった．二段階励起型の光電気化学的水分解では，2 種類の光電極を電気的に接続し，光アノード表面で酸素生成，光カソード表面で水素生成反応を行うものである．

酸素生成用の光アノード材料としては $BiVO_4$[19]，TaON[20]，Ta_3N_5[21]，$BaTaO_2N$[22]，Fe_2O_3[23] などの可視光応答型の酸化物や（酸）窒化物などが，水素生成用の光カソード材料としては，p–Si[24] や Cu

(In,Ga)(S,Se)[25]などの太陽電池材料をベースとしたものや，$La_5Ti_2CuS_5O_7$[26]などの酸硫化物材料などが，精力的に研究開発されている．

また，光電気化学的水分解系の多くの場合は外部バイアス印加が必要であるため，電気化学セルの外部で太陽電池と組み合わせた系や，GaAs/InGaPタンデム型構造といった太陽電池構造自体を光電極に用いた検討も行われている[27]．さらに，光を有効に利用するために，光電極同士や光電極と太陽電池とをタンデム配置にする透明光電極の開発なども行われている．微粒子粉末光触媒系と比較して，個別要素ごとの検討を行いやすいこともあり，比較的高い太陽光水素エネルギー変換効率が光電気化学系では報告されている．Ta_3N_5光アノードでは適切な表面修飾を行うことで，吸収端波長から予想される太陽光照射下での最大光電流値に迫る12.1 mA cm^{-2}と高いアノード電流値が得られたことが報告されている[28]．また，GaAs/InGaPタンデム型光アノードとNiMo系カソードを用いた系では，1 M KOH水溶液中で，太陽光水素エネルギー変換効率10%，数十時間の連続運転が確認されている[27]．ただし，デバイス構造が複雑であり，製造コストや大面積展開性が課題となると考えられる．

$La_5Ti_2Cu_{0.9}Ag_{0.1}S_5O_7$を光カソード，$BaTaO_2N$を光アノードとして組み合わせた二段階励起系では，外部バイアスを印加することなく水分解反応が進行することが確認されている(図15.2.13)[26]．現時点での太陽光水素エネルギー変換効率は1%未満と低いものの，アノード材料およびカソード材料の双方が波長660 nmまでの光を吸収可能であり，また，光触媒微粒子粉末を原料として作製された光電極を用いているため，大規模実用化に向けて，有望な系の1つと考えられる．

G 今後の展望

太陽光照射下での光電極または光触媒を用いた水分解による水素製造は，人工光合成型のクリーンな水素製造技術として期待が高まっており，世界中で研究開発が加速している状況である．光電極を用いた電気化学的水分解では，比較的高い太陽光水素エネルギー変換効率が得られており，10%を超える報告もある一方で，製造コストや大規模展開性が課題といえる．微粒子光触媒粉末を用いた系では，光

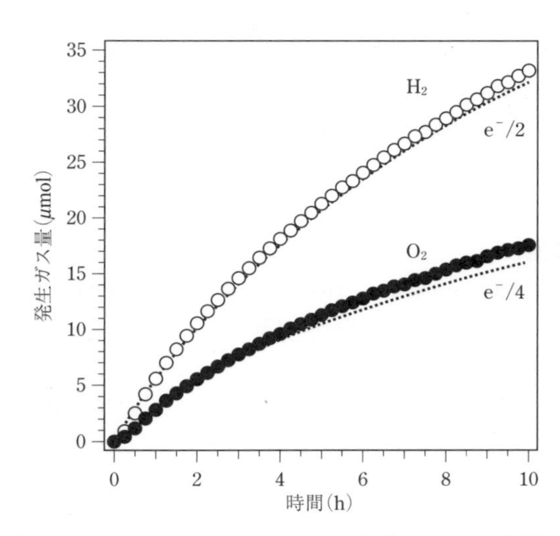

図15.2.13 $La_5Ti_2Cu_{0.9}Ag_{0.1}S_5O_7$および$BaTaO_2N$を用いた二段階励起型光電気化学的水分解の経時変化
光源は300 W Xeランプ(λ>420 nm)

触媒シートを作製することで，太陽光水素エネルギー変換効率1%超まで達成されている．光触媒シートでは純水中でも水分解が進行することや，製造法が大規模展開には適しているものの，水分解活性の向上が最大の課題といえる．

また，本項ではおもに光触媒材料について述べてきたが，反応器設計や運用面においても課題は考えられる．たとえば，反応器として1 m角の水分解光触媒(光電極)パネルを想定すると，反応物である水層の厚みを1 cmと仮定した場合，水の重量だけでも10 kgにおよぶ．また，粉末光触媒の場合，水素/酸素の混合気体が生成するため，安全に生成ガスを分離する機構も導入する必要がある．光電極の場合は，水素と酸素との分離生成が可能となる可能性は高いものの，反応進行に伴うpH勾配や物質移動が問題となりうる．送液ポンプを用いて水を循環させることなども提案はされているが，システム全体としてのエネルギー収支やコストも考慮する必要がある．

光電極でも微粒子光触媒においても，有望な材料の開発が着実に進展しており，光触媒材料自体の高品質化と並行して，種々の表面修飾・助触媒導入などによる活性向上，表面保護層導入などによる安定性向上などが精力的に検討されている．実用化に向けて克服すべき課題は多く，最終的な型式の決定には至っていないが，特に近年，活性およびエネルギー変換効率は著しく向上している．エネルギー変換効

率，大規模展開性，経済性などの観点のすべてを満たした系が構築され，エネルギー問題および環境問題の根本的解決につながる水素製造技術になりうると期待される．

文献

1）Fujishima, A, K. Honda, Nature, 238, 37(1972)
2）Kudo, A., Y. Miseki, Chem. Soc. Rev., 38, 253 (2009)
3）http://www.nedo.go.jp/activities/EV_00296.html
4）http://solarfuelshub.org/
5）http://pecdemo.epfl.ch/
6）http://cordis.europa.eu/project/rcn/104489_en.html
7）http://cordis.europa.eu/project/rcn/193638_en.html
8）Maeda, K., T. Takata, M. Hara, N. Saito, Y. Inoue, H. Kobayashi, K. Domen, J. Am. Chem. Soc., 127, 8286(2005)
9）Maeda, K., K. Teramura, D. Lu, T. Takata, N. Saito, Y. Inoue, K. Domen, Nature, 440, 295 (2006)
10）Maeda, K., K. Teramura, D. Lu, N. Saito, Y. Inoue, K. Domen, Angew. Chem. Int. Ed., 45, 7806(2006)
11）Maeda, K., K. Teramura, K. Domen, J. Catal., 254, 198(2008)
12）Pan, C., T. Takata, M. Nakabayashi, T. Matsumoto, N. Shibata, Y. Ikuhara, K. Domen, Angew. Chem. Int. Ed., 54, 2955(2015)
13）K. Sayama, K. Mukasa, R. Abe, Y. Abe, H. Arakawa, Chem. Commun., 2416,(2001)
14）Y. Sasaki, H. Nemoto, K. Saito, A. Kudo, J. Phys. Chem. C, 113, 17536(2009)
15）K. Maeda, M. Higashi, D. Lu, R. Abe, K. Domen, J. Am. Chem. Soc., 132, 5858(2010)
16）Q. Wang, T. Hisatomi, Q. Jia, H. Tokudome, M. Zhong, C. Wang, Z. Pan, T. Takata, M. Nakabayashi, N. Shibata, Y. Li, I. D. Sharp, A. Kudo, Y. Yamada, K. Domen, Nature Mater., 15, 611 (2016)
17）Q. Wang, Y. Li, T. Hisatomi, M. Nakabayashi, N. Shibata, J. Kubota, K. Domen, J. Catal., 328, 308 (2015)
18）Q. Wang, T. Hisatomi, Y. Suzuki, Z. Pan, J. Seo, M. Katayama, T. Minegishi, H. Nishiyama, T. Takata, K. Seki, A. Kudo, T. Yamada, K. Domen, J. Am. Chem. Soc., 139, 1675(2017)
19）T. W. Kim, K.-S. Choi, Science, 343, 990(2014)
20）M. Higashi, K. Domen, R. Abe, J. Am. Chem. Soc., 134, 6968(2012)
21）M. Zhong, T. Hisatomi, Y. Sasaki, S. Suzuki, K. Teshima, M. Nakabayashi, N. Shibata, H. Nishiyama, M. Katayama, T. Yamada, K. Domen, Angew. Chem. Int. Ed., 56, 4739(2017)
22）K. Ueda, T. Minegishi, J. Clune, M. Nakabayashi, T. Hisatomi, H. Nishiyama, M. Katayama, N. Shibata, J. Kubota, T. Yamada, K. Domen, J. Am. Chem. Soc., 137, 2227(2015)
23）S. C. Warren, K. Voïtchovsky, H. Dotan, C. M. Leroy, M. Cornuz, F. Stellacci, C. Hébert, A. Rothschild, M. Grätzel, Nature Mater., 12, 842 (2013)
24）L. Ji, M. D. McDaniel, S. Wang, A. B. Posadas, X. Li, H. Huang, J. C. Lee, A. A. Demkov, A. J. Bard, J. G. Ekerdt, E. T. Yu, Nature Nanotech., 10, 84(2015)
25）H. Kaneko, T. Minegishi, M. Nakabayashi, N. Shibata, K. Domen, Angew. Chem. Int. Ed., 55, 15329(2016)
26）T. Hisatomi, S. Okamura, J. Liu, Y. Shinohara, K. Ueda, T. Higashi, M. Katayama, T. Minegishi, K. Domen, Energy Environ. Sci., 8, 3354(2015)
27）E. Verlage, S. Hu, R. Liu, R. J. R. Jones, K. Sun, C. Xiang, N. S. Lewis, H. A. Atwater, Energy Environ. Sci., 8, 3166(2015)
28）G. Liu, S. Ye, P. Yan, F. Xiong, P. Fu, Z. Wang, Z. Chen, J. Shi, C. Li, Energy Environ. Sci., 9, 1327(2016)

15.2.9 CO_2 の分離回収・精製

A 概要

a 変遷

石油ガス・化学分野における CO_2 分離回収は，従来天然ガス精製や合成ガス製造の過程で，製品スペックを満たすために行われてきた．回収した CO_2 はごく一部が液炭・ドライアイスを経て，化学品の原料，工業分野での不活性剤などとして使われるほか，大部分は大気に放出されていた[1]．一方，近年では，温暖化ガス削減の必要性から，発電所や工場(製油所，セメント，製紙・パルプなど)の排ガスからCO_2を分離回収し，地中貯留(carbon dioxide capture and storage，CCS)もしくは有効利用しようとする動きが盛んである．国内では日本CCS調査が苫小牧地点におけるCCS大規模実証試験[2]を行い，国外ではJX石油開発が米国テキサス州において，石炭火力発電所から回収されたCO_2を用いて油田の生産性を高める原油増産回収(enhanced oil recovery，EOR)プロジェクトを開始[3]した．表15.2.7に大規模CCSプロジェクトの分離回収プロセス[4]を示す．

回収したCO_2を有効に利用する場合には，CO_2の精製すなわち不純物の除去が必要となる．従来技術の適用が可能と考えられるが，CO_2の回収源および用途に応じた精製プロセスの選定が必要である．SABIC社は，世界最大のCO_2精製プラントを稼働した[5]．

b　用途

CO_2固定化・有効利用は，COP21を受けた内閣府の「エネルギー・環境イノベーション戦略」[6]においても有望分野と特定され，今後さらなる開発が期待されている．回収CO_2の原料などへの有効利用では，建材(コンクリート，骨材)，化学品中間体(メタノール，ギ酸，合成ガス)，燃料(液体燃料，SNG)やポリマー(ポリカーボネート)，などがあげられる[7]．温暖化対策の観点では，いかに少ないエネルギー(または再生可能エネルギー)で，大量に，長期間CO_2を固定化できるかが課題となる．表15.2.8にCO_2の産業用途と使用量[8]を示す．

大規模かつ経済的にCO_2を固定する方法として，近年CO_2-EORが注目されている．米国では2014年時点で年間6,500万tのCO_2がEORに使用されており，2020年には1.2億tに増えると予想されている[9]．油田操業者にとって従来では少ないCO_2で多くの原油を増産することが重要であったが，温暖化対策の観点からCO_2-EORの実施とともにCO_2貯留も目指す「EOR＋」というコンセプトがIEA(International Energy Agency)により提唱された[10]．これまで化石燃料を生み出すCO_2-EORは温暖化ガスの削減手法とはみなされなかったが，今後事業者の利益とCCS促進を目指す仕組みは，幅広く受け入れられていくであろう．

B　プロセス

a　分離回収工程

これまで商業化されているCO_2の分離回収技術は，(1)吸収法(化学吸収，物理吸収)，(2)吸着分離法，(3)膜分離法，(4)深冷分離法，の4種類に分けられる．表15.2.9に，各々の分離技術の特徴[11]を示す．大規模なCO_2分離回収プラントでは，吸収法の実績が圧倒的に多い．図15.2.14に化学吸収法の一般的なプロセスフローを示す．化学吸収法は，アミンなどの吸収液にCO_2を化学反応で吸収させ，その吸収液を加熱・減圧することによりCO_2を放散させる．BASF社，Shell社，Dow/UOP社がおもなライセンサーである．

日揮とBASF社は，CCSなどCO_2の高圧利用を対象に，放散塔の運転圧力を従来法より高くすることによって後段圧縮設備における圧縮比を下げ，分離回収・圧縮コストを25～35％削減できるHiPACTプロセスを共同開発し商業化した[12]．また三菱重工業と関西電力は，燃焼排ガスからのCO_2回収(post-combustion)を対象にKM-CDR processを開発し，前述のCO_2-EORプロジェクトに採用されている[3,13,14]．新日鉄住金エンジニアリングは，製鉄所の高炉ガス向けにESCAPを開発し，熱風炉燃焼排ガスから回収したCO_2を液化炭酸工場へ供給している[15]．Post combustionでは燃焼排ガスに含まれる酸素をはじめとする不純物への溶剤耐性や溶剤の揮発，放散塔のリボイラー熱量の低減が課題であり，東芝，IHI，BASF社，Shell Cansolv社，Dow/UOP社など，多くの重電メーカー，化学会社，研究機関が溶液とプロセスの開発を行っている．リボイラー熱量は実証試験によっておおむね2.1～2.8 GJ$(t\text{-}CO_2)^{-1}$が確認されている[16]．

b　精製工程

CO_2の回収源(天然ガス精製，合成ガス製造，発電所排ガス，産業プラントなど)や燃料の種類(天然ガス，石炭，廃棄物など)により，回収されたCO_2に含まれる不純物の種類や濃度が異なる．特にPost-Combustionでは不純物が比較的多く，石炭火力発電所排ガスにはSOx，NOxやダスト，セメントキルン排ガスには燃料(廃棄物，廃タイヤ，廃棄物固形燃料(RDF)など)由来の重金属やダイオキ

表 15.2.7　大規模 CCS プロジェクトの分離回収プロセス

<table>
<tr><th>CCS プロジェクト名</th><th>回収 CO_2 量 y^{-1}</th><th>運転開始</th><th>排出源（CO_2 回収対象ガス）</th><th>CO_2 分圧</th><th>ガス性状</th><th>ガス中硫黄分</th><th>分離方法</th><th>分離素材</th><th>分離回収プロセス</th></tr>
<tr><td>Sleipner CO_2 Injection, Norway</td><td>100 万 t</td><td>1996</td><td>天然ガス精製</td><td rowspan="19">高い（0.1 MPa 以上）</td><td>中性</td><td rowspan="9">硫黄分は微量</td><td rowspan="9">化学吸収法</td><td rowspan="7">アミン</td><td>MDEA</td></tr>
<tr><td>In Salah CO_2 Strage*2, Algeria</td><td>100 万 t</td><td>2004</td><td>天然ガス精製</td><td>中性</td><td>OASE</td></tr>
<tr><td>Snohvit CO_2 Injection, Norway</td><td>70 万 t</td><td>2008</td><td>LNG 製造</td><td>中性</td><td>OASE</td></tr>
<tr><td>Gorgon CO_2 Injection Project, Australia</td><td>340～410 万 t</td><td>2016</td><td>LNG 製造</td><td>中性</td><td>OASE</td></tr>
<tr><td>Uthmaniyah CO_2－EOR Demonstration Project, Saudi Arabia</td><td>80 万 t</td><td>2015</td><td>天然ガス精製</td><td>中性</td><td>Amine</td></tr>
<tr><td>Quest CCS Project, Canada</td><td>108 万 t</td><td>2015</td><td>水素製造（NG−SR 合成ガス）*1</td><td>還元性</td><td>Adip-X</td></tr>
<tr><td>Abu Dahbi CCS Project, Abu Dahbi, UAE</td><td>80 万 t</td><td>2016</td><td>直接還元鉄（NG−SR 合成ガス）*1</td><td>還元性</td><td>Amine</td></tr>
<tr><td>Enid Fertilizer CO_2－EOR Project, America</td><td>68 万 t</td><td>2008</td><td>アンモニア・肥料製造（NG−SR 合成ガス）*1</td><td>還元性</td><td rowspan="2">炭酸カリウム</td><td>Benfield</td></tr>
<tr><td>"ACTL"*3 with Agrium CO_2 Stream, Canada</td><td>最大 59 万 t（当初 29 万 t）</td><td>2015</td><td>アンモニア・肥料製造（NG−SR 合成ガス）*1</td><td>還元性</td><td>Benfield</td></tr>
<tr><td>Val Verde Natural Gas Plants, America</td><td>130 万 t</td><td>1972</td><td>天然ガス精製</td><td>中性</td><td>H_2S</td><td rowspan="8">物理吸収法</td><td rowspan="6">DEPG*4</td><td>Selexol</td></tr>
<tr><td>Shute Creek Gas Processing Facility, America</td><td>700 万 t</td><td>1986</td><td>天然ガス精製</td><td>中性</td><td>H_2S</td><td>Selexol</td></tr>
<tr><td>Century Plant, America</td><td>840 万 t</td><td>2010</td><td>天然ガス精製</td><td>中性</td><td>H_2S</td><td>Selexol</td></tr>
<tr><td>Lost Cabin Gas Plant, America</td><td>100 万 t</td><td>2013</td><td>天然ガス精製</td><td>中性</td><td>H_2S</td><td>Selexol</td></tr>
<tr><td>Coffeyville Gasification Plant, America</td><td>100 万 t</td><td>2013</td><td>アンモニア・肥料製造（石油−POX 合成ガス）*1</td><td>還元性</td><td>H_2S</td><td>Selexol</td></tr>
<tr><td>Kemper County Energy Facility, America</td><td>300 万 t</td><td>2016</td><td>石炭ガス化複合発電（石油−POX 合成ガス）*1</td><td>還元性</td><td>H_2S</td><td>Selexol</td></tr>
<tr><td>Great Plains Synfuel Plant and Weyburn-Midale Project, America</td><td>300 万 t</td><td>2000</td><td>代替天然ガス製造（石油−POX 合成ガス）*1</td><td>還元性</td><td>H_2S</td><td rowspan="2">メタノール</td><td>Rectisol</td></tr>
<tr><td>"ACTL" with North West Strugeon Refinery CO_2 Stream, Canada</td><td>120 万 t</td><td>2017</td><td>水素製造（石油−POX 合成ガス）*1</td><td>還元性</td><td>H_2S</td><td>Rectisol</td></tr>
<tr><td>Air Products Stream Methane Reformer EOR PRoject, America</td><td>100 万 t</td><td>2013</td><td>水素製造（NG−SR 合成ガス）*1</td><td>還元性</td><td rowspan="3">硫黄分は微量</td><td rowspan="3">その他分離法</td><td>吸着剤</td><td>VAcuum Swing Adsorp</td></tr>
<tr><td>Petrobras Lula Oil Field CCS Project, Brazil</td><td>70 万 t</td><td>2013</td><td>天然ガス製造</td><td>中性</td><td>高分子膜</td><td>Separex</td></tr>
<tr><td>Illinois Industrial Carbon Capture and Storage Project, America</td><td>100 万 t</td><td>2015</td><td>エタノール製造（穀物発酵ガス）</td><td>不明</td><td>不明</td><td>不明</td><td>Corn Fermentation</td></tr>
<tr><td>Boundary Dam Integrated CCS Demonstration Project, Canada</td><td>100 万 t</td><td>2014</td><td>石炭焚きボイラー発電</td><td rowspan="2">低い</td><td>酸化性</td><td>SO_2</td><td rowspan="2">化学吸収法</td><td rowspan="2">アミン</td><td>Cansolv</td></tr>
<tr><td>Petra Nova Carbon Capture Project, WA Parish Power Station, America</td><td>140 万 t</td><td>2016</td><td>石炭焚きボイラー発電</td><td>酸化性</td><td>SO_2</td><td>KM−CDR</td></tr>
</table>

＊1　NG−SR ガスは天然ガス（natural gas）の水蒸気改質（steam reforming）を示す．POX は部分酸化（partial oxidation）によるガス化を示す

＊2　2011 年 6 月に CO_2 圧入のみを停止

＊3　ACTL：Alberta Carbon Trunk Line

＊4　DEPG：Dimethyl Etheres of Polyethylene Glycol

シンなどが極微量に含まれる[17]．不純物の大部分は，CO_2 分離回収設備の前処理設備で除去，吸収液中に熱安定性塩として残存，また吸収されず製品ガス（CO_2 が分離された後のガス，排ガス）に同伴，などにより回収 CO_2 側への同伴は微量と考えられるが，少なくとも物理溶解分は回収 CO_2 側へ同伴する．

一方 CO_2 の用途や輸送手段により，CO_2 純度や不純物の最大濃度の要求がある．これを満たさない不純物は，吸着法や深冷法により，除去する必要が

表 15.2.8　CO_2 の産業用途と使用量（100 万 t y^{-1} 規模の製品または用途のみ）

化学製品の分類または用途	市場規模（Mt y^{-1}）	製品 Mt ごとに使用される CO_2 の量（Mt-CO_2）	寿命
尿素	90	65	半年程度
メタノール（CO への添加剤）	24	<8	半年程度
無機炭酸塩	8	3	数十年～数世紀
有機炭酸塩	2.6	0.2	数十年～数世紀
ポリウレタン	10	<10	数十年～数世紀
技術分野	10	10	数日～数年
食品	8	8	数ヶ月～数年

表 15.2.9　CO_2 分離回収技術の分類と特徴

分離回収方法		材料・原理など	特徴・課題など
吸収法	化学吸収法	アミン類，炭酸塩などとの化学反応	大規模化が容易 商業化実績多数 再生のための熱エネルギーが大きい
	物理吸収法	メタノール，ポリエチレングリコールジメチルエーテル溶液などにより高圧の CO_2 溶解度の差により吸収	CO_2 分圧大また低温ほど吸収量が大きく，そのためエネルギー・コストが必要 CO_2 吸収選択性が低い
吸着法	PSA，TSA，PTSA	ゼオライト，MS-Carbon などの細孔内への吸着	脱着のためのエネルギーが大 大規模回収は困難
膜分離法	高分子膜	ポリイミド，酢酸セルロース ポリスルホンなど	設備が簡単で操作が容易 CO_2 の粗取りに好適
	無機膜	多孔質ガラス，シリカ，アルミナ，ゼオライトなど	大膜面積化モジュールの開発が困難
	膜-吸収液 ハイブリッド	膜＋吸収液の組み合わせ	設備のコンパクト化が可能 エネルギーの最適化が可能
深冷分離法		液化蒸留，部分凝縮	低濃度排ガスには適さない

ある．図 15.2.15 に液化炭酸ガス製造工程[18]を示す．洗浄塔，活性炭塔，脱湿器，および精製塔などが精製設備にあたり，99.95～99.99％以上の CO_2 純度となる．99.999％以上の半導体・医療・標準サンプルガス用の超高純度化液化炭酸では，さらに精留塔にて純度向上を図る．

C　今後の展望

COP21 で採択されたパリ協定の締結により，CO_2 分離回収や有効利用はますます活発化すると期待される．石油・ガス・化学分野における CO_2 分離回収技術は，今後とも従来技術の化学吸収法と物理吸収法が主流になるであろう．Post combustion やガス化複合発電（IGCC）において燃焼前に CO_2 を回収する Pre combustion では，前述の化学吸収法に加え，膜分離法，吸着法も開発が行われている．日本では，地球環境産業技術研究機構（RITE）がアミンのデンドリマーを用いた CO_2 分子ゲート膜を開発し，RITE/川崎重工業はアミンを担持した CO_2 固体吸収剤を用いベンチ試験を行っている[19]．開発目標としては，2020 年までに分離回収コストを 2,000 円台（t-CO_2）$^{-1}$（化学吸収法）および 1,500 円台（t-CO_2）$^{-1}$（膜分離法）に，分離・回収エネルギーを 2.5 GJ（t-CO_2）$^{-1}$ にすること，さらに 2030 年までに各々 1,000 円台（t-CO_2）$^{-1}$ および 1.5 GJ（t-CO_2）$^{-1}$ まで低減することが掲げられている[20]．

文献

1）IPCC, Special Report on Carbon Dioxide Capture and Storage, Table 2.3（2005）

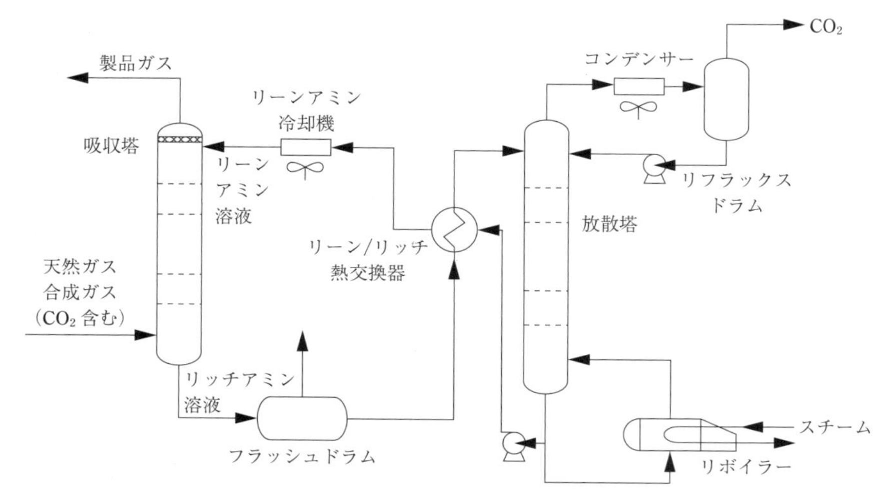

図 15.2.14　化学吸収法のプロセスフロー

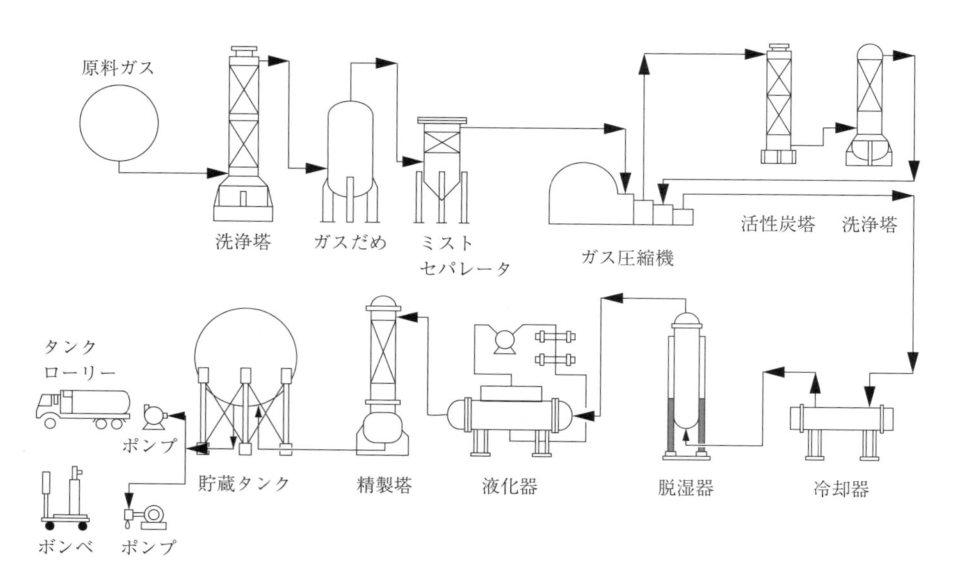

図 15.2.15　液化炭酸ガス製造工程[18)]

2) Yutaka T., Technical Paper for GHGT-13 (2015)
3) JX 開発，ニュースリリース，2017 年 1 月 10 日
4) 佐々木孝，化学工学，79 (11) (2015)
5) SABIC, Sustainability Report 2015
6) 内閣府，エネルギー・環境イノベーション戦略 (2016)
7) ICEF, Carbon Dioxide Utilization (CO_2U) — ICEF Roadmap 1.0, Nov. (2016)
8) IPCC, Special Report on Carbon Dioxide Capture and Storage, Table 7.2 (2005)
9) Oil & Gas Journal, 66-76. Apr.7 (2014)
10) IEA, Storing CO_2 through Enhanced Oil Recovery (2015)
11) 二酸化炭素の有効利用技術 , p.23 (2010)
12) 堀川愛子，田中浩二, 二酸化炭素の直接利用最新技術 (2013)
13) 飯嶋正樹，中谷晋介，化学工学，77 (5)，300 (2013)
14) Osam M., Technical paper for GHGT-13 (2016)
15) 新日鉄住金エンジニアリング，ニュースリリース，2013 年 10 月 3 日
16) 堀川愛子，ペトロテック，38 (3)，194 (2015)
17) IEA-GHG, CO_2 Capture in the Cement Industry, p.50 (2008)
18) 高純度化技術大系　第 3 巻　高純度物質製造プロ

セス，p.64(1997)
19) 中尾真一，RITE 革新的環境技術シンポジウム 2016 資料，2016 年 12 月
20) 内閣府，環境エネルギー技術革新計画における技術ロードマップ(CCS)，2013 年 9 月

15.2.10 天然ガス，シェールガス，オイルサンド，メタンハイドレート

2015 年時点で，これまでの原油，随伴ガス，天然ガス，石炭などの在来型資源に加えて石油化学資源としての重要性を増してきたのがシェールガス，シェールオイルである．オイルサンドやメタンハイドレートの本格的な資源化はアップグレーディングや採掘コストが高いため，既存の原油，天然ガスの生産量が減少に転じるまで遅れることになる．

表 15.2.10 に各国のシェールガス，タイトオイルの資源量を示す．また図 15.2.16 に世界の天然ガス＋シェールガスの上位産出国と合計生産量のマップを示す[1,2]．

天然ガスは，燃料ガスとして北米，欧州などを中心に充実したパイプライン網を通して供給され，また産ガス国では輸出用 LNG 基地が建設され，輸出されている．LNG と同時に生産される NGL(天然ガス液：C_5＋，エタン，LPG)は，天然ガスベースの化学原料として使用され，エタンは米国から欧州への輸出が 2016 年から開始された．欧州の石油化学は低価格エタンへの原料転換で生き残りを目指している．ナフサ原料主体のアジアの石油化学各社でも，今後エタン原料化が検討される．

15.2.11 再生可能資源・エネルギーと水素資源

地球が地表面で太陽から受けるエネルギー量は年間 3,850,000 exaJ(1 exaJ＝10^{18} J)，有効利用可能なのは 1,575～49,837 exaJ と膨大である．大規模な直接的利用の構想，提案は少なくないが，エネルギー密度の低さから膨大な投資が必要となり，実現に至った件数は限られている．再生可能な炭素資源として期待されているのが非可食性のバイオマスを中心とした光合成の産物であり，技術的蓄積もあっ

表 15.2.10 世界のシェールガス，タイトオイルの埋蔵資源量分布

順位	地域		シェールガス 兆 feet^3	タイトオイル 10 億 bbl
5	北米	カナダ	572.9	8.8
6		メキシコ	545.2	13.1
4		米国	622.5	78.2
2	南米	アルゼンチン	801.5	27.0
10		ブラジル	244.9	5.3
		ベネズエラ	167.3	13.4
7	豪	オーストラリア	429.3	15.6
	東欧	ポーランド	145.8	1.8
9		ロシア	284.5	74.6
		ウクライナ	127.8	1.1
	西欧	フランス	136.7	4.7
3	北アフリカ	アルジェリア	706.9	5.7
		エジプト	100.0	4.6
		リビア	121.6	26.1
8	アフリカ	南アフリカ	389.7	0.0
1	アジア	中国	1,115.2	32.2
		インド	96.4	3.8
		パキスタン	105.2	9.1
	中東	UAE	205.3	22.6
	合計		7,576.6	418.9

図 15.2.16　世界の天然ガス＋シェールガスの地域別生産量(2015 年)

て，化学工業原料，エネルギー源としての利用が進んできた．すでに石油化学系のオレフィン，含酸素化合物の多くが，微生物，酵素，触媒などの利用で技術的にはバイオマス原料でも製造可能となっている．ただ，現在の石油化学の体系を全面的に置き換えるだけの原料を確保するのは容易ではなく，適用は限定的である．

再生可能エネルギー，特に電力については太陽光発電，太陽熱発電，風力発電，水力発電，地熱発電，海洋エネルギー発電などが実用化され，石油，石炭，天然ガス燃料の火力発電の一部を代替できるようになってきた．再生可能電力を用いた水の電解，人工光合成による水の光触媒分解などで，水素を製造し，水素を消費地に輸送し，消費地で燃料電池により発電する地球規模の構想が 1980 年代から多くの関心を集めてきた．要素技術については進展しており，近い将来，実現する可能性がある．この場合は，淡水資源確保の問題があるが，従来の逆浸透(RO)膜法に加えて正浸透(FO)膜が開発されて海水淡水化の高効率化が進むほか，海水の電解で陽極での塩素発生なしに水素，酸素を製造する技術の報告もあるので今後の技術進展が期待される[3]．

日本では人工光合成技術を開発する新エネルギー・産業技術総合開発機構(NEDO)担当の国家プロジェクト(2012〜2021 年)が開始されており，その進展に期待が高まっている．大手化学メーカーなどが参画する人工光合成化学プロセス技術研究組合(ARPChem)で，東京大学，東京理科大学，東京工業大学などが参加して，ロードマップに沿って研究開発が続けられている(図 15.2.17)．プロジェクトでは，水からの水素を CO_2 の還元に使用し，メタノール，CO に転換して低級オレフィン(MTO)，液体炭化水素(Fischer-Tropsch 反応)の合成と化学原料化を目指している．

2016 年の成果では，助触媒の自己再生機能を有する光触媒シートを開発，人工光合成の社会実装に向け重要な酸素発生機能の寿命を従来の 20 時間程度から，1,100 時間以上へ大幅に向上させることに成功するなど，進展している．

文献

1) BP Energy Outlook (2015)
2) EIA Energy Atlas (2014)
3) M. Suguyama ed., Lecture Notes in Energy, p.32, Springer (2016)

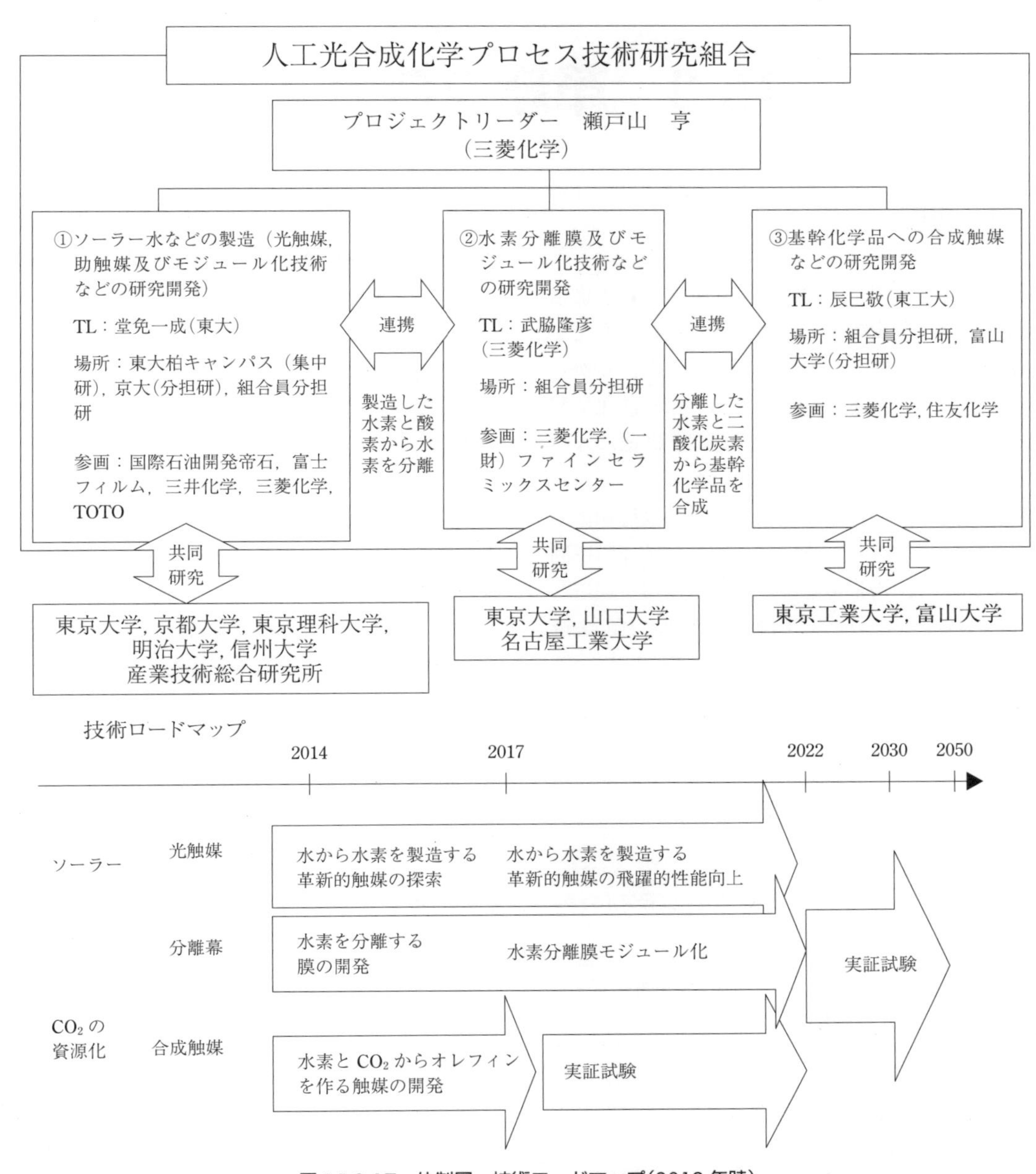

図 15.2.17　体制図・技術ロードマップ(2012 年時)

15.3　革新プロセス

15.3.1　概要

石油化学工業の基礎技術は1950年代から本格化した石油化学の歴史の中で技術革新とその体系化を繰り返しながら，進歩し，蓄積されてきた．しかし開発途上国での生活水準向上に合わせた石油化学製品需要の飛躍的拡大が続いており，21世紀に入って，製造設備のいっそうの大型化とともに，原料の多様化，プロセス高効率化技術，製品の高付加価値化などが改めて求められている．同時に地球環境問題への対応から，再生可能資源・エネルギー利用とともに，クリーンプロセスや過去に挑戦され，未解決の難関テーマへの期待が高まっている．

15.3.2　低級アルカンおよびメタンの直接原料化，オレフィン製造 Siluriaプロセス

低級アルカンを主体とする天然ガス，シェールガスの化学原料化は，これまでも多くの研究が行われてきた．表15.3.1の中では，メタン，エタンに加えて，プロパンのエチレン，プロピレンやアクリロニトリルへの転換，*n*-ブタンの無水マレイン酸，イソブテンなどへの転換が工業化され，進展している．

メタンの石油化学原料化では，部分酸化によるアセチレン製造，合成ガスを経由したメタノールおよびGTL，水素，アンモニアなどの原料に用いる方法が普及するとともに，MTO/MTPなどの反応による低級オレフィン製造が広く採用されるようになった．これらの転換技術では，資源的に豊富で，

表15.3.1　低級アルカンの直接転換による化学原料化状況

低級アルカン	基礎工程	化学工業原料化の例	現状
メタン	改質，シンガス化	水素製造，MeOH，GTL	工業実績
	部分酸化	エチレン製造(OCM)	開発段階(Siluria)
		メタノール製造	研究段階
		アセチレン製造	工業実績
	脱水素カップリング	芳香族炭化水素製造	研究段階
	硫化	二硫化炭素	工業実績
エタン	脱水素，クラッキング	エチレン	工業実績
	触媒転換	プロピレン，ベンゼン製造	開発段階(旭化成　E-FLEX)
	気相酸化	酢酸	工業実績(SABIC)
	脱水素芳香族化	芳香族炭化水素	開発段階
プロパン	脱水素，酸化脱水素	プロピレン	工業実績(Catofin，Oleflex)
	アンモ酸化	アクリロニトリル	工業実績(旭化成)
	気相酸化	アクリル酸	研究段階
	脱水素環化	芳香族炭化水素	工業実績(Cycler)
	クラッキング	エチレン	工業実績
n-ブタン	気相酸化	無水マレイン酸	工業実績(三菱化学，Davy)
	クラッキング	エチレン，プロピレン	工業実績
	液相酸化	酢酸	工業実績
イソブタン	脱水素	イソブテン(MTBE，MMA，イソプレン)	工業実績
	アルキレーション	高オクタン価ガソリン基材	工業実績

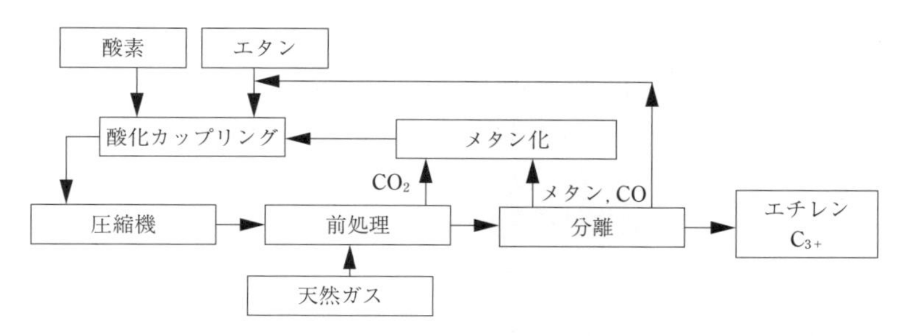

図 15.3.1　Siluria Technologies 社が開発中のメタンの液体炭化水素への転換プロセス

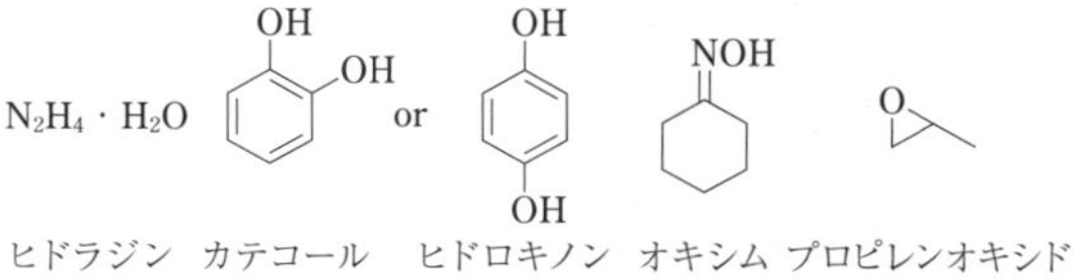

$N_2H_4 \cdot H_2O$　OH OH or OH OH　NOH　O

ヒドラジン　カテコール　ヒドロキノン　オキシム　プロピレンオキシド

図 15.3.2　工業的に利用される過酸化水素酸化生成物

低廉な石炭を原料とする方法とのコスト競争力が課題となる．

工業化には至っていないが，メタンの C_2 以上の炭化水素への転換として酸化カップリング(OCM)や芳香族炭化水素に転換する反応などが盛んに検討された時期がある．2016 年時点で，米 Siluria Technologies Inc(2008 年設立のベンチャー)が有力企業の支援を受けて，OCM 反応の工業化に向けた技術開発を実施している[1,2]．公開されている特許[3]によると，触媒は $MnWO_4$，Nd_2O_3，La_2O_3 などの酸化物のナノワイヤーを SiC，コージライトなどに担持した触媒としているが，反応成績は特許に記載されていない．OCM で生成するエチレンをゼオライト触媒で液体炭化水素に転換(ETL)する構想で，サウジアラビア Saudi Aramco 社，National Petrochemical Industrial 社，イタリア Meire Technimont 社などの有力企業が出資している．図 15.3.1 に工程を示す．

文献

1) Hydrocarbon Process / GasProcessing News, Sept-Oct, p.22(2015)
2) ICIS Chemical Week, 2016/05/30-06/06, p.5
3) 特表 2015-522407

15.3.3　過酸化水素酸化

A　概要

オレフィンのエポキシ化反応，フェノール酸化，アンモニア酸化反応など，いくつかの酸化反応で，有機，無機の過酸化物による酸化に代わり，過酸化水素酸化(HPPO)法が開発された．反応効率，選択率が高く，また反応後に水しか副生しないので，グリーンケミストリーの成功例となっている．また過酸化水素は製造(特に濃縮)に要するエネルギー負荷が大きいので，水素と酸素の併用，再生可能な有機過酸化物の利用プロセスなども開発されている．この酸化反応では，水溶性タングステン酸化合物が有効な触媒となることが知られていたが，Ti−Si−O 酸化物，特にチタノシリケートゼオライトの水溶液中での触媒活性が見いだされたことが契機となって開発が進み，工業化された．図 15.3.2 に示す化合物の工業的合成例がある．詳細については産業技術総合研究所の佐藤による解説[1]がある．以下には工業化された反応例を紹介する．ヒドラジンの製造では Atofina-PCUK(ketazine)プロセスが長年採用されている．

B　プロピレンオキサイド(PO)の合成

プロピレンからの PO の製造では，プロピレンクロルヒドリン法から，有機過酸化物のエチルベンゼンハイドロパーオキサイドや *tert*−ブチルハイドロパーオキサイドを酸化剤とするEBPO，TBPOプロセスへの転換が進んだ．いずれも副生物が多い(PO 1tあたり，$CaCl_2$ 1.9t，スチレン(SM)1.8t，*tert*–BuOH 1.3t)という課題を抱えている．特にEBPOプロセスで副生するSMは，需要に限界があり，市場価格変動が大きいため，POの生産量や収益性が不安定となる．

過酸化水素酸化法はこのような状況で開発された．この酸化法では副生物は水(100％ H_2O_2 では H_2O 副生量は0.3t(t–PO)$^{-1}$，ただし通常は安全のため，60％程度の H_2O_2 水溶液を使用する)であり，廃棄物の問題は生じないが，PO 1tあたり，0.6t(100％基準)と大量の過酸化水素が必要となる．HPPO法を採用する場合は，大量の H_2O_2 を製造する設備の併設が必要となるが，技術を有するSolvay社，Evonik社など，限られたメーカーに H_2O_2 の生産を委託し，供給契約のもとに購入する例が多い．たとえばDow Chemical/BASF社が合弁でアントワープに新設したPO 30万t y^{-1} プラントでは，Solvay/BASF社の合弁会社が23万t y^{-1}(100％基準)の H_2O_2 を供給する．この技術は2010年に米国GCCA表彰を受賞している．

エチレンオキシド(EO)の合成でも，HPPO法が発表された．$MeReO_3$ 触媒を用いた水溶液反応で，EO収率は定量的であり，CO_2 副生がない[2]．

C　シクロヘキサノンオキシム(カプロラクタム)合成

カプロラクタムはPA–6のモノマーであり，シクロヘキサノンオキシムのBeckmann転位で合成される．原料のオキシムはシクロヘキサノン，硫酸ヒドロキシルアミンの反応で定量的に合成できるが，オキシム化工程と，次段階のBeckmann転位工程で大量の硫酸アンモニウムが副生するため，根本的な製法転換が求められてきた．この反応は次式で示され，イタリアENI社が開発したアンモキシメーション法ではTS–1ゼオライト触媒を撹拌槽(懸濁床)で使用し，NH_3，H_2O_2 を用いて一段で酸化する．

従来法

$NH_3 + 5/2\ O_2 \longrightarrow NO + 3/2\ H_2O$

$NO + 2\ H_2 + H_2SO_4 \longrightarrow NH_3OH^+\ HSO_4^-$

$\text{Cyclohexanone} + NH_3OH^+\ HSO_4^- \longrightarrow$

Cyclohexanone oxime sulfate

$\text{Cyclohexanone oxime sulfate} + 2\ NH_3 \longrightarrow$

$\text{Cyclohexanone oxime} + (NH_4)_2SO_4$

アンモキシメーション法

$\text{Cyclohexanone} + NH_3 + H_2O_2 \longrightarrow$

$\text{Cyclohexanone oxime} + 2\ H_2O$

住友化学の特許実施例によると，シクロヘキサノン，60％ H_2O_2 水溶液，NH_3，15％含水 *tert*–BuOH溶媒を，モル比1.0/1.1/1.8/4.0で撹拌槽反応器に供給し，85℃，0.15 MPaで，反応時間1.2 hで反応した．生成物中のオキシム濃度は20.89％，シクロヘキサン濃度は0.09％であった[3]．同社はクメンハイドロパーオキサイドを用いた実験でもほぼ定量的な成績を報告している．

アンモキシメーション反応では，NH_3 のヒドロキシラミンへの酸化が進行し，これがケトン基と反応している．従来技術ではヒドロキシラミンは NH_3 のNOへの酸化，NOの選択水素化の二段階反応で製造され，オキシム化反応では硫酸塩として安定化された状態で使用する．過酸化水素酸化でこれを一段階で達成し，安定化が不要のために硫酸アンモニウムの副生がない．

気相Beckmann転位法を開発して，硫酸アンモニムの副生を大幅に低減することに成功していた住友化学は，アンモキシメーション法によるオキシム化工程を採用し，硫酸アンモニウム副生の完全フリー化を達成している．新プロセスは2003年に8.5万t y^{-1} 規模で稼働を開始している．

O　TS–1　NOH
NH_3, H_2O_2 →

O
MFI → HN
Beckmann転位

D　その他の過酸化水素検討例

過酸化水素を酸化剤に用いる有機合成では，フェノールの酸化によるカテコールやハイドロキノンの合成がよく検討されている．TS–1ゼオライト触媒を用いた溶媒の液相懸濁床反応法を採用している．生成物は両者がほぼ50/50の比で生成し，逐次酸化生成物の 1,4−ベンゾキノンの副生は少ない[4]．

工業化で成功した例では，産業技術総合研究所と昭和電工によるシクロヘキセン環のエポキシ化があり，エポキシ樹脂製のハロゲンフリープリント基板原料に採用されている[1]．

HClO
NaOH
従来法
NaCl
H_2O_2　H_2O
新規法

また，シクロヘキセンの酸化[1]では，TS−1 ゼオライト触媒を用いた液相懸濁床反応で，アジピン酸が効率よく合成できることが報告されている．

文献

1) 佐藤一彦，Synthesiology，8(1)，15-26(2015)
2) Qiang Xu, Ind. Eng. Chem. Res., 57, 5351(2018)
3) 特開 2013-119523(住友化学)など
4) K. Mae et al., Catal. Today, 125(1-2), 56(2007); Applied Catalysis A: General, 99, 71-84(1993)

15.3.4　バイオマス転換プロセス

A　概要

再生可能資源であるバイオマスの利用では，エタノール，バイオディーゼル，バイオチップなどの燃料用途分野とともに，化学原料化に向けた転換プロセスの開発努力が続けられている．すでに多くの石油化学系中間体，製品がバイオマス原料から製造可能なレベルに達しているが，バイオ原料法のほうが石油化学法よりも低コストであるエタノール，特定の含酸素化合物，油脂化学製品や，再生可能資源由来であることに付加価値が期待できる分野(包装材，農業用フィルムなど)で実用化は先行している．今後は地球環境への負荷を低減するバイオ系誘導品の開発，実用化が拡大普及していくと考えられる．特にナフサから天然ガスやシェールガスへの原料転換が進んでいる現状から，こうした原料では製造しにくい C_5 以上のオレフィンや芳香族系誘導体では，バイオマス原料法への転換が期待される．

バイオマス原料法では，非可食性植物資源，特にリグノセルロース原料の利用が望まれるが，大量のバイオマスを扱う海外製紙企業でグルコース(Plantrose など)の生産を開始した．発酵，微生物転換で障害となる成分の懸念なしに，非可食性グルコースを工業原料として利用できることから，今後のバイオマスへの原料転換を加速するものと期待されている．また，経済産業省は産学官コンソーシアム「ナノセルロースフォーラム」(事務局，産業技術総合研究所)を設けて，2030 年までに 1 兆円規模の新市場創成を目指している．

表 15.3.1 には，開発が進む糖質バイオマス原料法の化学製品化例を整理した．(　)内には，石油化学法を含めて商業生産されている製品中に占めるバイオ法のシェアを示している．C_2 から始まって多くの化合物が対象であり，早くから商業生産が開始されている乳酸，ポリ 3−ヒドロキシアルカン酸などに加えて，複数の化合物の商業生産が可能になっている．石油化学法では製造困難な一部の製品を除くと，多くのバイオマス原料法製品の割合は 1％に届かないものが多いが，今後この割合は増加していくと期待される．油脂系バイオマスでは，ひまし油原料のリシノレイン酸やバイオ法アジピン酸を中心に化学原料化が進んでいる．以上のほか，バイオマスの合成ガスへの転換を経由する方法も工業化が始まっている．

2016 年時点で多くの関心を集めている，炭酸飲料用 PET ボトルのバイオ樹脂化について進捗状況を簡単に紹介する．この転換は，比較的容易なエチレングリコール(EG)のバイオ化から開始された．EG はエタノールの脱水で製造されるエチレンの気相酸化，水和で製造できる．PET の完全バイオ化では，バイオ法テレフタル酸製造のハードルが高いと思われていたが現在図 15.3.3 に示したように複数の製造ルートが提案されている．

B　バイオ法 *p*- キシレン製造

この製造ルートには，図 15.3.3 に示すように[7]，(1) グルコースの発酵で生産されたイソブチルアルコールを脱水してイソブテンとし，石油化学で開発済みの二量化，環化脱水素で *p*−キシレンに転換する方法，(2) リグノセルロースの接触熱分解により *p*−キシレンを製造する方法[1]，(3) グルコースの超臨界加水分解で生成した糖水溶液を ZSM-5 触媒で

表 15.3.2　糖質系バイオマスの転換で開発された化合物例

	モノマー	ポリマー誘導体	特記事項
C_2	Ethylene (0.3%)	Polyethylene (Braskem)	Bio-ethanol dehydration, HDPE, LDPE, LLDPE
		Ethylene glycol (1%), PET, PEF (JBF Industries)	
		EPDM (ethylene propylene diene monomer)	
		Vinyl chloride, PVC	
	Acetic acid		Sugar fermentation, EtOH bioconversion
C_3	Epichlorohydrin (14%)	ECH rubber	Dow-Solvay GTE process, (Glycerol-to-ECH via dichloro-1 or-2-propanol) 上海，タイに建設
	Propylene glycol (8%)		Glycerol catalytic hydrogenolysis
	1,3-Propanediol (93%)	Trimethylene Polyesters (PTT, adipate, DuPont) (Furanoate (PTF, DuPont) TPU Elastomer, Polyether glycol (Cerenol™)	Glucose fermentation, Glycerol bioconversion or catalytic hydrogenolysis
	Lactic acid (98%)	Polylactic acid (PLA), Corbion, Succinity, NatureWorks (PTTGC-Cargill)	Glucose fermentation
	Acrylic acid (0%)	SAP	Glucose fermentation (3-Hydroxypropanoate)
	Acetone (0.2%)		Glucose fermentation
C_4	*n*-Butanol (0.8%)	Green Biologics (UK), GranBio−Solvay−Cobalt Tech	Glucose fermentation
	Isobutanol (0.6%)	Isobutylene	Glucose fermentation
	Succinic acid (46%)	1,4-Butanediol, Polybutylene succinate (PBS)	Glucose fermentation
	Furan, THF	PTMEG, PU	Xylose dehydration＋ Chemical conversion
	1,4-Butanediol (0%)	Genomatica−Novamont, Genomatica−BASF, Cargill	Succinate hydrogenation
	Butadiene (0%)	Genomatica−Braskem, Genomatica−Versalis	Glucose fermentation
C_5	Isoprene (0%)	IR (Polyisoprene)	Glucose fermentation, WO2010/031068 (Danisco-Goodyear Tire)
	Furfural (100%)		Xylose dehydration
	GVL (100%)		Levlinic acid conversion
	Levlinic acid (γ−ketovaleric acid)	Fructose acidolysis	
C_6	Glucaric acid (100%)		Glucose fermentation
	Isosorbide (100%)	Polyester, Polycarbonate	Sorbitol catalytic dehydration
	5-Hydroxymethyl furfural (5-HMF)		Fructose chemical conversion
	2,5-Furandicarboxylic acid (100%)	Polyethylene furanoate (PEF), PTF (DuPont)	Via 5-HMF by Glucose dehydration
	Adipic acid (0%)	PA-66, 610, polyesters	Glucose fermentation (Verdezyne), Rennovia, BioAmber, Celexion, Gemomatica
	Caprolactam	PA-6	Lysine conversion, bio-Butadiene conversion
	Hexamethylenediamine	PA-66, HDI	Adipic acid chemical conversion
C_8	*p*-Xylene (from lignine)	TPA, Polyesters, Polyamides	Biomass thermochemical conversion
	p-Xylene (from bio-isobutylene)	Bio-isobutanol catalytic conversion	
	p-Xylene (from dimethylfuran + ETY Diels-Alder Rction)	Biomass multi-step chemical conversion	
C_{15}	Farnesene	Liquid rubber, elastomer	Sugar/yeast fermentation (Amyris)
	Squalene		Sugar fermentation, Deep sea shark
Polymers	3-Hydroxyalcanoic Acid	Polyhydroxyalkanoate (P-3HA)	Glycerol, Glucose bioconversion
	Polyhydroxyalkanobutyrate (PHB)	Bioconversion of palm oil (Kaneka)	

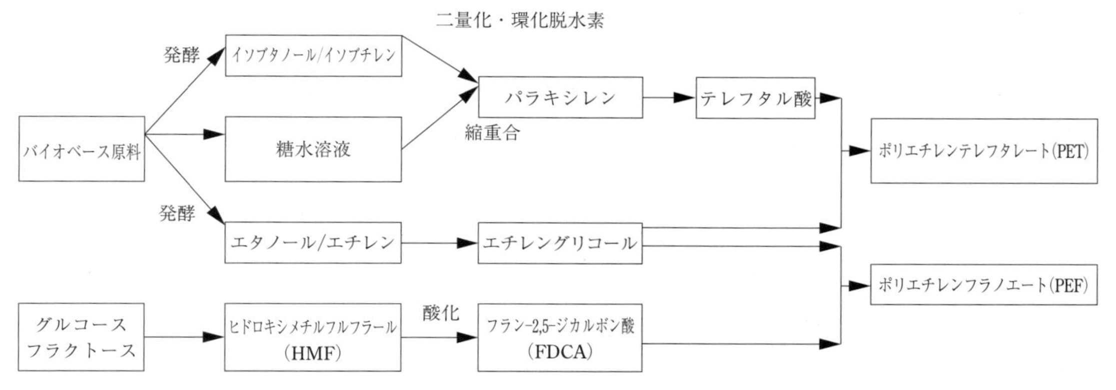

図 15.3.3　バイオ法 *p*-キシレン，テレフタル酸，PET の製造法

p-キシレンに転換する方法がある．

東レは 2012 年に(1)の発酵法を保有する Gevo, Bioforming とよぶ(3)の技術を保有する Virent Energy System 社と提携し，バイオ *p*-キシレン原料の確保を進めている．完全バイオ PET に関して世界で初となるパイロットスケールでの実証が可能となり，完全バイオ PET 繊維を 2016 年に同社の先端材料展で発表した．また，Virent 社は 2015 年に Coca Cola 社と提携し[2]，PET ボトルを開発するとともに，本田技研工業，Shell 社などとも戦略的パートナーとなっている．Gevo 社は発酵法，Virent 社はバイオフォーミングとよぶ EtOH 転換法を採用する．

サントリー HD は，(2)の接触熱分解(Bio-T)法を有する Anellotech 社との共同研究の成果として，米国の Silsbee で 100％バイオベースの PET ボトルを 2016 年内に生産開始すると発表した[3),4)]．

C　フラン-2,5-ジカルボン酸(FDCA)の製造

グルコース(フラクトース)を固体酸触媒上で脱水して 5-ヒドロキシメチルフルフラール(HMF)に転換し，これを液相酸化して FDCA とし，PET と同様に PEF 原料とする．PEF は PET よりも強度，酸素ガスのバリア性に優れることから，食品包装用のフィルムやボトルに適している．HMF はフラン環に結合した 2 種類の官能基をさらに変換することによってポリエステルやポリアミドなどの汎用高分子の代替原料となるため，HMF およびその誘導体の製造技術の開発が国内外で進められている[4)]

BASF 社は，FDCA の製造技術を保有する Avantium 社と合弁で FDCA の製造および PEF のマーケティングを行う新会社を設立する合意書を締結し，年産 5 万 t の FDCA プラントを建設する計画である．

そうした中，2014 年にカルフォルニア工科大学の Mark E. Davis[5)]，2017 年にはミネソタ大学の Michael Tsapatsis[6)] が HMF とエチレンの Diels Alder 反応と脱水で *p*-キシレン，TPA 前駆体を高収率で得られることを見いだした．最終的にどの製造ルートでどのモノマー，ポリエステルに結着するのか，あるいは併存するのか現時点で判断することは難しい．

グルコースの発酵によるイソブチルアルコールの生産が開始された結果，脱水してイソブテンとし，石油化学で開発済みの二量化，環化脱水素で *p*-キシレンが製造できる．またリグノセルロースの接触熱分解でもキシレンを製造する方法が提案された．最終的にどのモノマー，ポリエステルに結着するか，予断を許さない状況になっている．

文献

1) Orgin Materials, in Chem & Eng News, 2017/07/03, p.12
2) 石油化学新聞，2016 年 10 月 3 日，p.6；特開 2014-1257; US2015/0183694
3) Chem. Eng., 2016(Mar)，7
4) A. Mukherjee and Daniel C. W. Tsang, Ind. Eng. Chem. Res., 55, 8941(2016); Basudeb Saha and Mahdi M. Abu-Omar, Gree(石油化学新聞，2016 年 10 月 3 日，p.6；特開 2014-1257; US2015/0183694); 特開 2014-036589
5) J. J. Pacheco and Mark E. Davis, PNAS, 111(23), 8363(2014)

6) Michael Tsapatsis et al., ChemCatChem, 9(39), 398(2017)

15.3.5 CO_2の化学原料化

経済産業省，NEDOは，地球温暖化対策として，エネルギー高効率利用などのCO_2発生量の低減技術，捕捉・分離回収と貯留(CCS)技術の両面から，ロードマップを作成し，検討してきた．人類が放出する温暖化ガスの量は膨大であり，再生可能エネルギーの導入，大気中に拡散する手前での捕捉，地下貯留などが有効とみられるが，さらにCO_2を有効利用する技術開発も進められてきた．荒廃地への植林・植栽化，微細藻類などによるバイオ転換があり，また人工光合成と触媒化学の進展でCO_2を化学原料化する動きも活発である．

CO_2の化学原料化は，炭酸ソーダなど，金属炭酸塩，尿素などの合成が中心であったが，合成ガス，COの製造原料，COとの併用，あるいはCOに替わる有機合成原料化などが急速に進んでいる．特に有機カーボネート，イソシアネート合成では多様な技術が開発され，ホスゲンを代替する工業原料として注目されるようになった．再生可能エネルギー技術が進展し，また2012年から10年計画で進められている経済産業省，NEDOの未来開拓プログラム，人工光合成研究では，CO_2の水素化を中心とした技術開発が進められており，今後の発展が期待される．CO_2の水素化は，風力や太陽エネルギーなどの再生可能エネルギーを用いた水電解や光触媒により生成した水素とCO_2を反応してメタノールあるいはメタン(Sabatier反応)を製造するものである．メタンの製造では，日立造船が東北大学と共同開発したNi系触媒を用いて，200℃の低温でCO_2をメタンに転換する技術を開発し，タイの資源開発会社PTTEPと共同で天然ガス採掘の際に発生するCO_2を水素と反応させてメタンに約99％転換できることを実証した[1]．独E.On社，Linde社は風力発電を利用，Etogas社が開発したPower-to-gasプロセスへの適用を進めている[2]．一方，CO_2のエタノール，エチレンへの還元が報告されている[3]．

文献

1) K. Hashimoto et al, Appl. Surf. Sci., 388[B], 608(2016)；泉屋宏一，ペトロテック，39(7)，525(2016)
2) 触媒学会編，触媒技術の動向と展望，p.153(2015)など
3) Feng, Shou Xiao et al., Angew. Chem. Int. Ed., 57, 6274(2018)；E. H. Sargent, Science, 6390, 360(2018)；C. Song et al., Ind. Eng. Chem. Res., 57, 4535(2018)

15.4 エネルギーキャリア

15.4.1 水素エネルギー

水素は利用時に水のみを生成するクリーンな燃料であると同時に，水素製造を通じて再生可能エネルギーを含むすべての一次エネルギーを水素燃料に転換できることから，エネルギーキャリアとして優れた機能を有している．これより，再生可能エネルギーのエネルギーキャリアとして水素燃料を用いて「貯める」「運ぶ」を行うエネルギーシステムは，将来の究極的なエネルギーシステムといわれている．

我が国では，2014年に策定された震災後初めてのエネルギー基本計画[1]において，水素は将来に熱や電気とならぶ重要な二次エネルギーと位置付けられている．これを受けて，経済産業省は国策として水素エネルギーの実用化と普及を進めるための水素・燃料電池戦略ロードマップを同年に発行している[2]．一方，地球温暖化防止のためのCO_2排出削減は人類の喫緊の課題として認識されるようになり，2015年にパリ協定が世界196カ国によって合意された[3]．ここでは，世界共通の長期目標として，産業革命以前の水準と比べて世界全体の平均気温の上昇を2℃より十分低く保つことに加えて，可能な限り1.5℃までに抑制することが目標に掲げられている．我が国も2030年までに2013年比で30％の削減を目指すとととともに，2050年までには80％の削減を目指すとしている．ここで，2030年の世界全体のCO_2排出量は約570億tと見込まれており，2℃

目標の達成には2050年までに排出量を240億t程度に戻す必要があることから，約300億t以上の削減が必要といわれている．このような背景からCO_2削減の有力な手段として，水素エネルギーの実用化と普及が期待されている．

近年，燃料電池技術は急速に実用化されている．我が国では，2015年に電気自動車(EV, electric vehicle)である燃料電池自動車(FCV, fuel cell vehicle)の一般販売が開始され，2017年には燃料電池バスが実用化されている．政府は前述のロードマップに基づいて，2020年までにFCVの4万台の普及と2025年までに320ヵ所の水素ステーションを整備する計画を進めている．FCVは燃料に水素を搭載する長距離航続型の電気自動車であり，今後，バッテリーによる電気自動車(battery electric vehicle)とともに普及が期待されている．一方，家庭用の高効率な熱電併給システムとして，2009年より販売されているエネファームの出荷台数は，2017年度までに累計20万台以上に達しており[4]，2030年までに予想世帯数の約1割に相当する530万台の普及が目指されている．

これらの水素エネルギー利用の普及をいっそうに促進するためには，水素を安全にかつ安価に「貯める」「運ぶ」技術が不可欠である．このため，長年にわたって各種の水素貯蔵輸送方法の研究開発が取り組まれてきた．圧縮水素をボンベで貯蔵輸送する方法や，水素を－253℃に冷却液化して貯蔵輸送する方法は，FCVや水素ステーションなどですでに実用化されているほか，水素吸蔵合金や無機錯体系水素貯蔵材料などの研究も精力的に進められている[5]．しかしながら，水素を石油や天然ガスのように大規模に貯蔵輸送する技術は実用化されていない．このため，近年は大規模貯蔵輸送を前提としたさまざまなエネルギーキャリアの研究開発が精力的に進められるようになった．

15.4.2 エネルギーキャリア

水素は1970年代からクリーンなエネルギーキャリアとして注目され，その大規模貯蔵輸送技術の開発の歴史は古く，1980年代に実施されたユーロケベック計画にさかのぼる．この計画はカナダのケベック州に豊富に存在する余剰の水力電力を利用して，水の電気分解によって水素製造を行い，大西洋を水素輸送して欧州で利用するケベック州政府と欧州12カ国による国際研究開発プロジェクトであった．この計画では，第一候補として液体水素法，第二候補として液体アンモニア法，第三候補として水素を化学反応でトルエンに固定したメチルシクロヘキサン(MCH)に変換して液体輸送する有機ケミカルハイドライド法が選定されて遂行されたが，実用化に至らずに計画は終了している[6,7]．

我が国では，1974年～1992年のサンシャイン計画，1978～1992年のムーンライト計画，1993年～2001年のニューサンシャイン計画にて水素製造技術や燃料電池の研究開発が進められたとともに，1992年～2002年にはWE-NET計画にて水素の大規模貯蔵輸送技術や水素タービンの開発が進められた[8]．水素をCO_2削減に利用するには，最も排出量が多い電力部門での利用が不可欠である．前述のロードマップでは，2025年ごろまでに火力発電燃料への利用を実用化するとともに，2030年ごろまでに本格的な利用を進め，2040年ごろには海外の再生可能エネルギーを水素に変換して我が国に本格導入するために，有機ケミカルハイドライド法と液化水素法の実用化が目指されている．

このような背景から，エネルギーキャリアの研究開発が促進されるようになり，近年では液体アンモニア法も見直されているほか[9]，ギ酸などのさまざまなエネルギーキャリアに関する基礎研究も精力的に行われるに至っている[10]．

15.4.3 グローバル水素システム

再生可能エネルギーから製造する水素は，化石資源から製造する水素に比べて，現状では一般的に高価である．再生可能エネルギーを用いて発電された電力は，海外のほうが日本に比べて安価な場合が多い．そこで，海外の大規模な未利用の再生可能エネルギーで製造した水素をグローバルに貯蔵輸送することが望まれる．たとえば，アルゼンチンのパタゴニア地方の風力は日本の総発電量の10倍のポテンシャルがあるが利用されていない．

再生可能エネルギー由来の水素が安価になるまでは，化石資源から水素を製造してCO_2として発生する化石資源中の炭素原子をCCS(carbon dioxide

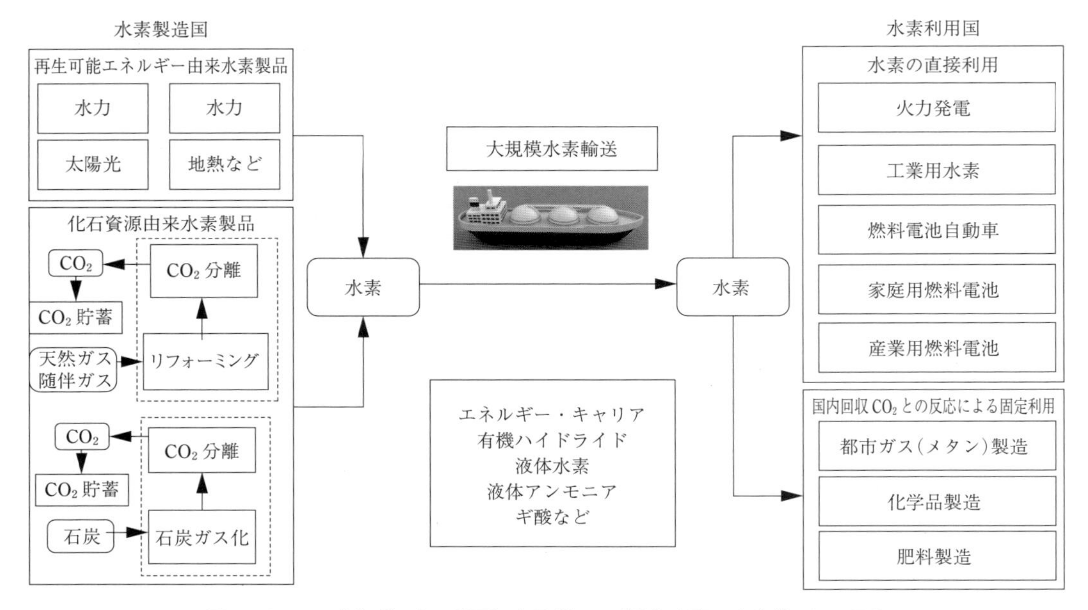

図 15.4.1　エネルギーキャリアによるグローバルな水素エネルギーシステム

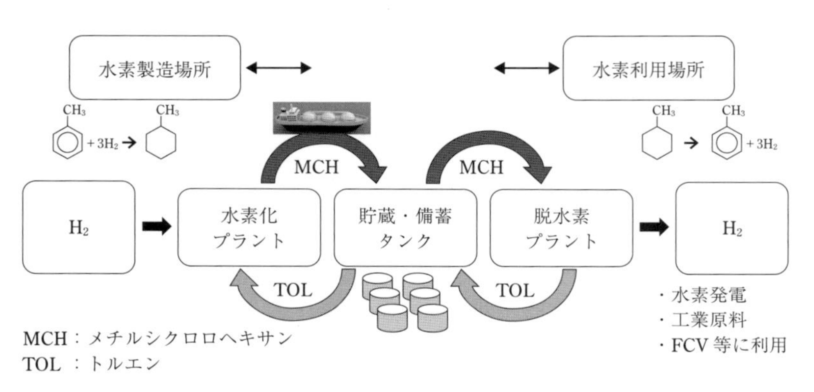

図 15.4.2　有機ケミカルハイドライド法の全体工程

capture and storage）などで地下に貯留した水素の利用が考えられる．また，国内で回収した CO_2 を物理的に貯留するだけでなく，化学品の原料などに利用して，CO_2 を製品に化学的に固定する CCUS (carbon dioxide utilization and storage)も重要とされるようになっている[11,12]．図 15.4.1 にエネルギーキャリアによるグローバルな水素システムを示す[13]．水素・燃料電池戦略ロードマップでは，2030 年までに海外からの大規模輸送を実現し，2040 年までに海外の未利用再生可能エネルギーから製造した水素の利用を本格化させることを目標としている．

15.4.4　有機ケミカルハイドライド法

図 15.4.2 に本法の工程を示す．有機ケミカルハイドライド法(OCH 法，organic chemical hydride method)は，水素をトルエン(TOL)などの芳香族と水素化反応させて化学的に固定して，メチルシクロヘキサン(MCH)などの飽和環状化合物に転換することで，常温・常圧の液体状態で「貯める」「運ぶ」を行い，消費地で必要量の水素を脱水素反応で取り出して利用する方法である．水素を取り出した後に生成する TOL は水素の入れ物(キャリア)として回収，繰り返し利用する[14~16]．(15.4.1)，(15.4.2)式

に反応式を示す．

$$\text{トルエン}(C_6H_5CH_3) + 3\,H_2 \xrightarrow[\text{(水素貯蔵)}]{\text{水素化反応}} \text{メチルシクロヘキサン (MCH)} \quad (15.4.1)$$

$$\text{メチルシクロヘキサン (MCH)} \xrightarrow[\text{(水素発生)}]{\text{脱水素反応}} \text{トルエン}(C_6H_5CH_3) + 3\,H_2 \quad (15.4.2)$$

水素は爆発性の気体であり，そのまま大規模に貯蔵輸送する場合，潜在的なリスクの高い物質であるが，本法では，ガソリンや軽油の成分を利用して常温・常圧の液体状態で水素を大規模に貯蔵輸送できることから，原理的に安全性が高い方法である[17]．この方法では，1 L の MCH の液体に，約 530 L の水素ガスを貯蔵することができる．水素ガスの体積を物理的に 1/500 以下に減容するには 500 気圧以上に圧縮するか，－253℃以下に冷却して 1/800 の体積の液体水素にする必要があるが，本法では，化学反応を利用することで常温・常圧下で 1/500 の減容が可能である．水素を常温・常圧に液体石油化学製品の状態として貯蔵輸送できるので，水素を大規模に貯蔵輸送する際の潜在的なリスクを従来のガソリンや石油化学製品の貯蔵輸送の安全性のレベルにまで原理的に低減できるほか，TOL，MCH は既存の大型タンクによる貯蔵やケミカルタンカー，ケミカルローリーでの貯蔵輸送が実用化されているため，これらの既存インフラの転用が可能である．

15.4.5　SPERA 水素システム

有機ケミカルハイドライド法は，ユーロケベック計画においてすでに提案されていた方法であるが，水素発生反応となる脱水素反応に有効な触媒がなかったことから技術が確立されていなかった方法である．千代田化工建設は，連続 1 年以上にわたり安定的に水素発生が可能な脱水素触媒を開発し，2014 年までにパイロットプラントによる延べ約 1 万時間のデモンストレーション運転を行って，SPERA 水素システムとして全体システムの技術を確立している[18]．開発された脱水素触媒は白金を約 1 nm のアンダー・ナノサイズの粒子サイズとして，アルミナ担体の表面全体にわたって高分散させた新規な触媒である[19]．図 15.4.3 にパイロットプラントの写真を示す．

(a) 反応セクション

(b) 貯蔵セクション

図 15.4.3　技術実証デモンストレーションプラント

また，千代田化工建設，三菱商事，三井物産，日本郵船の 4 社は，2020 年に SPERA 水素システムによって東南アジアのブルネイ・ダルサラーム国から川崎市に水素を海上輸送，製油所内の火力発電設備の燃料ガスに混合利用する世界に先駆けた国際間水素サプライチェーン実証を NEDO のプロジェクトとして遂行している[20]．水素輸送量は最大で，FCV4 万台分のフル充てん量に相当する年間 210 t が予定されており，実証後の速やかな実用化が期待されている．

千代田化工建設は，SPERA 水素システムを変動する風力発電および水電解を組み合わせた Power to Gas システムや，水素ステーションの開発などを NEDO のプロジェクトとして実施している[21,22]．

15.4.6　液体水素法

水素は－253℃まで冷却すると約 1/800 の体積

の液体に変化する．このように水素を圧縮冷却して液体化して貯蔵輸送する方法が液体水素法である．液化水素の密度は 0.072 kg L^{-1} と非常に小さく，水素 1 万 t の体積は約 14 万 m^3 となる．水素分子は 2 つの陽子を有しており，それぞれの陽子は回転している．2 つの陽子の回転の方向が同じ水素をオルト水素，異なる方向に回転している水素分子をパラ水素という．オルト水素はパラ水素分子に比べてエネルギー順位が高い．室温の水素ガスのオルト水素とパラ水素の比率は 75：25 でノルマル水素とよばれる．低温ではエネルギー順位の低いパラ水素の割合が多くなる．液化水素では 99.8％をパラ水素が占める．オルト水素からパラ水素に変換する際に 1.406 kJ mol^{-1} の発熱が伴うため水素の液化には，温度を下げる熱量以外にオルソ/パラ変換の熱量が必要となる[23]．

岩谷産業は，油脂メーカーの余剰水素を販売する事業をはじめとして 1930 年代から水素関連事業を実施している．同社は，2006 年に関西電力，堺 LNG とともに LNG の冷熱を利用して液化水素，液化窒素，液化酸素などを製造販売するハイドロエッジを設立して営業しており，－163℃に冷却液化されて輸入されている LNG の冷熱を利用して各種のガスを効率的に液化するプロセスによって，従来の液化水素製造に比べて高率化を図っている[24]．製造された液化水素はトレーラーで陸上輸送され，工業ガスとして販売されているほか，液化水素法水素ステーションの実用化に伴って，水素ステーションへも供給されるようになり，岩谷産業グループは，移動式水素ステーションを含めて国内に 20 ヵ所の液化水素法水素ステーションの営業を開始しているほか[25]，ハイドロエッジの従来の 6,000 L h^{-1} の生産能力を 1.5 倍に拡張することを発表している[26]．

また，東芝，東北電力，岩谷産業の 3 社は福島県浪江町を実証エリアとして 1 万 kW 級の水素製造装置を備えた水素エネルギーシステムを構築して 2020 年に実証試験を行う，NEDO（新エネルギー・産業技術総合開発機構）による「再生可能エネルギーを利用した大規模エネルギーシステムの開発」として実施することを発表している[27]．

一方，海外からの大規模水素貯蔵輸送技術における液化水素製造法は，川崎重工が前述の WE-NET 計画から継続して開発を実施している．川崎重工では，既存の水素液化技術では液化時のエネルギーロスが大きいため，独自の新しい液化機の開発を進めており，2014 年に 5 t d^{-1} 規模の液化実証プラントを建設している[28]．また，同社は豪州の褐炭を原料とした石炭ガス化プロセスで製造した水素を液化水素にして，日本に輸送する構想を目指しており，商用開始時期を 2025～2030 年としている[29]．また，水素貯蔵タンク，液化水素タンカー，発電用水素タービンなどの幅の広い関連技術の開発を並行して進めている[30]．

15.4.7　液化アンモニア法

アンモニアは世界で年間に約 2 億 t が生産されており，その 8 割は CO_2 と反応させた尿素として肥料などに利用されている．常温，1 MPa で液化するため，液体アンモニアとして多目的 LPG 船で海上輸送されている．アンモニア（NH_3）は，分子中に 3 原子の水素を含んでおり，1 分子中の水素の重量を示す重量密度が 17.8％と高く，燃焼すると窒素と水に変化するので，CO_2 を排出しないエネルギーキャリアとして魅力的な物質である[31]．

アンモニアは，1906 年に Harber と Bosch により炭化水素から製造した水素と空気中の窒素から合成する方法が発明され，1913 年に BASF 社によって近代肥料工業の基礎として商業化されて以来[32]，現在も Harber−Bosch 法で生産されている．

アンモニアが燃料として研究された歴史は古く，1943 年に戦時下のディーゼル燃料代替として検討され，6 台のバスが走行した記録がある[33]．また，1960 年代に米国の超音速機の実験機として開発された X−15 は液体アンモニアと液体酸素を燃料としたロケットエンジンを搭載していた[34]．また，1990 年代の前述のユーロケベック計画においても液体アンモニアは候補にあがっていた．しかしながら，これらの 20 世紀の取り組みではアンモニア燃料の実用化は実現されなかった．

近年，冒頭に述べた背景からエネルギーキャリアの重要性が再認識されるようになり，アンモニアも再び注目されるようになった．内閣府では，2013 年に政府による科学技術イノベーション総合戦略と日本再興戦略に基づいた戦略的イノベーションプログラム（SIP）を策定しており，エネルギーキャリアを重要テーマの１つに掲げている．ここでは，アンモニアを中心とした開発プログラムが科学技術振興機構(JST)を通じて実施されている[35]．また，JSTは戦略的創造研究推進事業としてエネルギーキャリアの基礎研究も開始しており，CREST，さきがけのエネルギーキャリア研究領域では，アンモニアに関する研究も進められている[36]．

これらの研究開発では，アンモニアを分解して水素を取り出して燃料電池などに利用する方法と，火力発電の燃料などとして直接に燃焼して利用する方法の２つのアプローチで進められている．現在のアンモニア製造原料は主として天然ガスである．このとき，アンモニア２分子を１分子の CO_2 に付加した構造の尿素として肥料に利用する場合には，天然ガス由来の炭素原子は尿素に取り込まれ，さらに野菜などの植物に固定されるので，天然ガス由来の CO_2 排出はほとんど問題ないが，エネルギーキャリアとして利用するためには，再生可能エネルギーからアンモニアを製造する必要がある．このためには，再生可能エネルギーから製造した水素と空気中の窒素からHarber−Bosch法で製造する方法と，窒素や水から直接にアンモニアを合成する方法が考えられる．したがって，上記のプログラムでは，Harber−Bosch法に代替する触媒プロセスの開発や電気化学的手法などによって，直接にアンモニアを合成する方法の基礎研究が行われている．

一方，アンモニアは世界的には窒素肥料の原料であり，今後の世界的な人口増加による食糧問題の解決には，再生可能エネルギーからの肥料製造技術の確立は必須の課題と考えられる．エネルギーばかりでなく，食糧も輸入に頼っている我が国が，永続的に利用できる再生可能エネルギーを利用した肥料製造技術を確立することは大きな意義があると考えられる．また，再生可能エネルギーから製造したアンモニアと国内で回収した CO_2 を原料として製造した尿素を肥料に利用するスキームなどが考えられる[37]．

アンモニアはエネルギーキャリアとして優れた特性を有する化合物であるが，同時に反応性が高く，腐食性と毒性が高い化合物でもある．化学工場以外で民生用として大規模に利用するためには十分な安全確保の技術が必須であり，重要な技術課題と考えられる．

文献

1) 資源エネルギー庁HP，http://www.enecho.meti.go.jp/category/others/basic plan/
2) 経済産業省HP，http://www.meti.go.jp/press/2015/03/20160322009/20160322009.html
3) 外務省HP，http://www.mofa.go.jp/mofaj/ila/et/page24_000810.html
4) 日本ガス協会HP，http://www.gas.or.jp/newsrelease/2017ef20.pdf
5) 岡田佳巳，よくわかる水素技術，p.80，日本工業出版(2008)
6) Gretz. J. et al, International Journal of Hydrogen Energy, 15, 419(1990)
7) Gretz. J. et al, International Journal of Hydrogen Energy, 19, 169(1994)
8) 福田健三，エネルギー・資源，21，26(2000)
9) 内閣府HP，http://www8.cao.go.jp/cstp/gaiyo/sip/sympo1412/about/index.html
10) 科学技術振興機構HP，https://www.jst.go. jp/kisoken/crest/research_area/ongoing/bunyah25-1.html
11) 岡田佳巳，日本エネルギー学会誌，91(6)，473(2012)
12) 経済産業省HP，http://www.meti.go.jp/press/2016/06/20160630003/20160630003.html
13) 岡田佳巳，防錆管理，in press.
14) 岡田佳巳，今川健一，三栗谷智之，河合裕教，安井誠，日本エネルギー学会誌，93，15(2014)
15) 岡田佳巳，安井誠，化学と工業，69(1)，18(2016)
16) 岡田佳巳，安井誠，化学と教育，64(2)，60(2016)
17) 岡田佳巳，細野恭生，安全工学，53(6)，386(2014)
18) 岡田佳巳，安井誠，日本機械学会誌，119(4)，1169(2015)
19) 岡田佳巳，今川健一，三栗谷智之，安井誠，触媒，57(1)，8(2015)
20) エンジニアリングビジネス，8月号，p.6(2017)
21) 化学工業日報，2017年8月21日
22) 化学工業日報，2017年8月23日
23) 神谷祥二，電気設備学会誌，36(4)，227(2016)
24) 上羽尚登，水素エネルギーシステム，31(2) (2006)
25) 岩谷瓦斯HP，http://www.iwatanigas.co.jp/ gas/station.html
26) 岩谷産業HP，http://www.iwatani.co.jp/jpn/newsrelease/detail.php?idx=1287
27) 東芝HP，https://www.toshiba.co.jp/about/

press/2016_09/pr_j2901.htm
28) 西村元彦，東工大グローバル水素コンソーシアム第6回シンポジウム講演資料(2017)
29) 西村元彦, 吉野泰, 吉村健二, 原田英一, エネルギー・資源，35(1)，43(2014)
30) 老松和俊，燃料電池，14(1)，32(2014)
31) 小島由継, 水素貯蔵材料の開発と応用，p.209，シーエムシー出版(2016)
32) 石油学会編, 石油化学プロセス, p.63, 講談社(2001)
33) Worth a try, Research and Development in Norsk Hydro through 90 years, Norsk Hydro, Oslo, p.125(1997)
34) NASA HP, https://www.nasa.gov/pdf/89235main_TF-2004-16-DFRC.pdf
35) 塩沢文朗, 水素エネルギーシステム, 42(1), 3(2017)
36) 亀山秀雄, 水素エネルギーシステム, 42(1), 9(2017)
37) 岡田佳巳，安井誠，計測技術，5月号，p.20(2017)

第16章

環境保全と省エネルギー

16.1 環境保全

16.1.1 概要

公害が世の中で騒がれ始め，公害対策基本法が制定されたのが1967年である．それ以降，世界で最も厳しい大気汚染防止法や水質汚濁防止法による規制が制定され，それらの規制を満足するために石油化学会社ではNOx，SOx排出削減技術や排水処理技術を開発，導入してきた結果，大気や水質などの環境問題は大幅に改善された．

1990年代から，化学物質排出削減，産業廃棄物対策，リサイクル対策，土壌汚染対策，地球温暖化対策，大気汚染防止法の改正(揮発性有機化合物の追加)，化学品・製品安全(安全性評価，情報提供)，水銀条約，生物多様性条約などのさらなる規制強化，および地球規模での環境問題に対して，石油化学会社は原料の転換，製造工程の見直し，新たな環境対策技術の開発，および自主的な管理・取り組みの強化などで対応してきた．

地球環境に優しい石油化学原料とプロセスについては15.2節，省エネルギーについては16.4節で解説する．

16.1.2 大気汚染防止

大気汚染物質であるSOx，NOx，ばいじんの排出量は1980年代に排煙脱硫装置や脱硝装置の普及によって大幅に削減され，その後も自治体との協定やさらに厳しい自主基準を設定して排出量の削減に継続的に取り組んできた．石油化学工業における2015年度のSOx，NOx，ばいじんの排出量は2008年度比でそれぞれ75%，86%，71%に削減されている[1)]．

A 排煙脱硫

a 概要

排煙脱硫は，排ガス中のSO_2を水酸化マグネシウムのようなアルカリ水溶液や石灰石スラリーで吸収し，硫酸塩として排出する湿式脱硫法，消石灰や活性炭によりSO_2を吸収あるいは吸着し，硫酸塩あるいは硫酸として排出する乾式脱硫法，消石灰スラリーを反応塔に噴霧してSO_2を亜硫酸塩などに転化する半乾式脱硫法に分類できる．

水酸化マグネシウム法は，設備費，吸収剤とも安価であることから1980年代ごろから普及し，おもに小規模プラントに適している．石灰–石膏法は，装置のコンパクト化，消費電力の低減，スケーリング対策を中心に，国内では千代田化工建設，三菱重工，IHI，川崎重工業，バブコック日立などによって開発，改良されてきており，中規模から大規模に適している．

乾式脱硫法は，水を使わない，排水処理の必要性がない，排ガス温度が下がらないなどの特徴があり，三井鉱山，住友重機械工業，電源開発は活性炭吸着法，北海道電力は石炭灰を利用した消石灰吸着法を開発し，工業化した．活性炭吸着法は，SOx，NOxが1つの装置で除去できるため乾式同時脱硫脱硝法とよばれている．半乾式脱硫法は，設備費が最も安価であるが，バッグフィルターで脱硫剤を捕集し，間欠的に払い落とすために脱硫剤の利用率や脱硫率には上限があり，欧米では普及しているものの，国内での実績は少ない．

b　工程

i)石灰–石膏プロセス[2~4]

アルカリ成分である石灰石($CaCO_3$)をスラリー状にして吸収塔内でSO_2と反応させ，SO_2を吸収するとともに，副生成物として石膏を回収する方式である．反応は，以下のように表される．

$$\text{吸収反応：} SO_2 + CaCO_3 + 1/2H_2O \longrightarrow CaSO_3 \cdot 0.5H_2O + CO_2 \quad (16.1.1)$$

$$\text{酸化反応：} CaSO_3 \cdot 0.5H_2O + 3/2H_2O \longrightarrow CaSO_4 \cdot 2H_2O \quad (16.1.2)$$

プロセスとしては，排ガスに吸収液を噴霧(スプレー)してSO_2と反応させるスプレー方式，グリッド状の充てん物の表面に吸収液を流すグリッド方式，吸収液に排ガスを吹き込むジェットバブリング方式，および吸収塔内で吸収液を噴水状に流す水柱方式などが採用されている．

図16.1.1にSO_2の吸収，酸化，中和，および晶析をジェットバブリングリアクター(JBR)で行う石灰–石膏プロセスのフローを示す[3]．スパージャーから噴出した排ガスは，ジェットバブリング層を形成し，SO_2を吸収する．吸収液中に排ガスを噴霧することでガスと吸収液の接触面積を増やし，より効率的に脱硫できる．反応槽には，空気と$CaCO_3$スラリーを供給し，吸収されたSO_2を酸化，中和し，生成した石膏を晶析する．石膏は，石膏脱水機で固液分離され，石膏ボードやセメント混和剤として有効利用される．吸収，酸化，中和，および晶析は吸収液循環ポンプを必要としない1つの反応塔で行うことより，コンパクト化と消費電力の低減を図っている．脱硫率は95～98%を達成できる．

ii)水酸化マグネシウムプロセス[5]

安価な石灰石を用いて，副産物として石膏が回収できる石灰–石膏プロセスは大規模の装置に多くの実績があるものの，石膏回収工程や排水処理工程が複雑になるため小型装置に向かない．小型装置には，脱硫後の副生成物は水溶性の硫酸マグネシウムとして放流できるため，石灰–石膏法のような回収工程は不用になり，設備が簡素化できる水マグ法が経済面から主流になっている．

図16.1.2に水マグプロセスのフローを示す．排ガスは冷却塔において50～60℃に冷却されるとともに，排ガス中のばいじんの一部は除去される．排ガスは吸収塔の充てん層で水酸化マグネシウムスラリーと向流接触し，次式に従って脱硫される．

$$\text{吸収反応：} SO_2 + Mg(OH)_2 \longrightarrow MgSO_3 + H_2O \quad (16.1.3)$$

$$\text{吸収反応：} SO_2 + MgSO_3 + H_2O \longrightarrow Mg(HSO_3)_2 \quad (16.1.4)$$

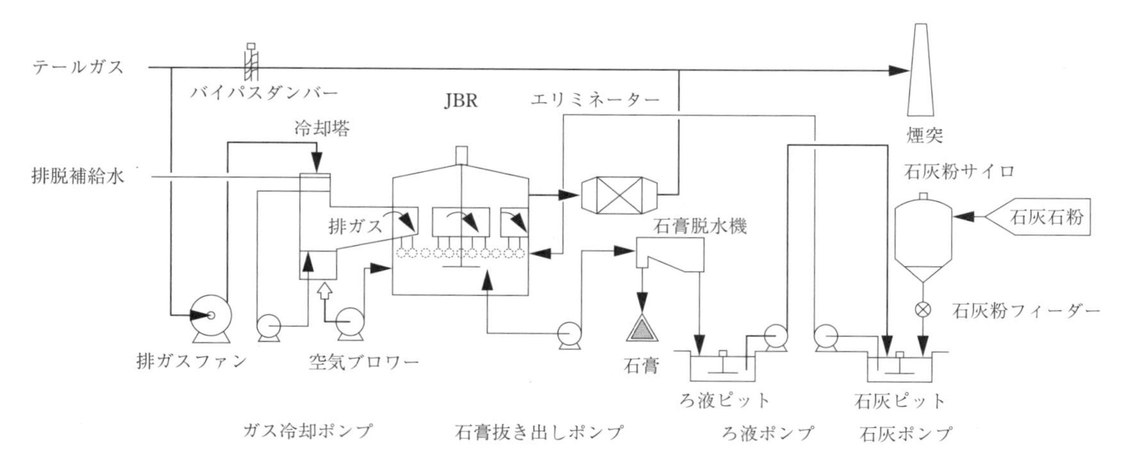

図16.1.1　石灰–石膏法プロセスのフロー

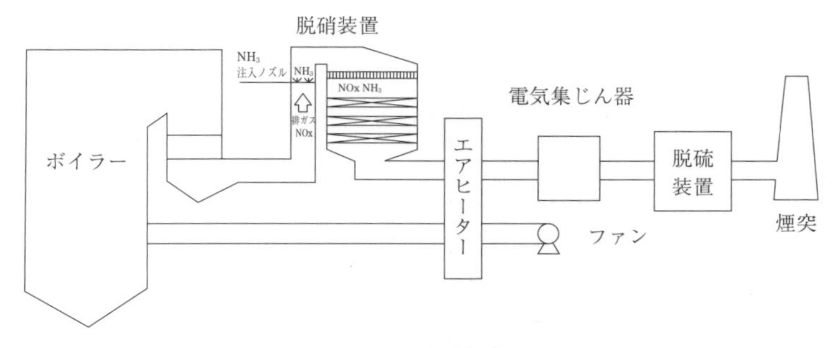

図 16.1.3　排煙脱硝・脱硫プロセスのフロー

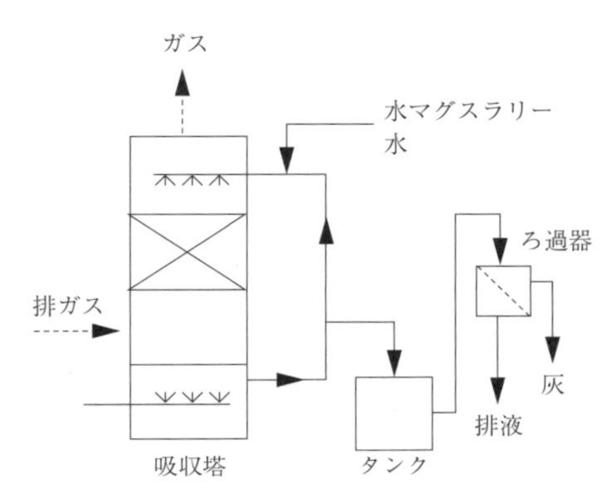

図 16.1.2　水マグプロセスのフロー

酸化反応：$MgSO_3+1/2O_2 \longrightarrow MgSO_4$　(16.1.5)

吸収液として苛性ソーダあるいは海水を使用し，SO_2を吸収し，それぞれNa_2SO_4，可溶性の硫酸塩として排水する方法を苛性ソーダ法，海水脱硫法とよび，吸収液が海水と同じ成分であるため海域に放流することができる．いずれの方法も95〜98％の脱硫率が得られる．

B　排煙脱硝[6,7]

a　概要

還元剤にアンモニアを用いる選択的接触還元法には，SO_2による担体の硫酸塩化やSO_2酸化反応を抑制したチタニア担持V_2O_5，MoO_3，WO_3系触媒が開発され，実用触媒では低圧損でダストによる目詰まりを防ぐハニカム状，板状が採用されている．国内では日揮触媒化成，日本触媒，堺化学，三井造船，バブコック日立，日立造船などが触媒を開発し，改良してきた．ダストに対して高い耐摩耗性を有する触媒，$CaSO_4$やヒ素化合物などの毒物に対して耐久性の高い触媒，200℃以下の低温で高活性な触媒，水銀を塩化水銀に酸化する触媒など，さまざまな排ガスや温度に対して高活性で耐久性に優れた触媒が開発されている．

b　工程

ボイラー排ガスの処理システムのフローを図16.1.3に示す．エコノマイザー出口で300〜400℃の排ガスはNH_3とともに脱硝反応塔に送られ，次式に従ってN_2とH_2Oに還元される．

$$4NO+4NH_3+O_2 \longrightarrow 4N_2+6H_2O \qquad (16.1.6)$$

還元剤にはNH_3ガス，アンモニア水，尿素が用いられる．脱硝率は，NH_3のリークを抑えるためにNH_3/NO比1付近あるいはそれ以下に制御された条件で80〜95％を達成できる．触媒層はアンモニアのリークを抑制し，触媒の交換時期を延ばすために，3層あるいは予備層など設けるなど多層が採用される場合が多い．

文献

1) 化学工業協会，日化協アニュアルレポート(2016)
2) 野島繁，高品徹，化学工学，66(9)，526(2002)
3) 東海林要吉，化学工学，72(8)，423(2008)；千代田サラブレッド121排煙脱硫装置リーフレット
4) 杉谷照雄，ペトロテック，17(8)，617(1994)
5) 安藤淳平，世界の排煙浄化技術，啓仁社(1990)
6) 三菱重工技報，52(2)，101(2015)；澤田明宏，水流靖彦，田浦晶純，野島繁，村上勇一郎，三菱重工技報，38(5)，254(2001)
7) 幸村明憲，鎌田博之，足立健太郎，内田浩司，火力原子力発電，66(7)，443(2015)；足立健太郎，内田浩司，幸村明憲，鎌田博之，中島昭，春山哲也，日本エネルギー学会誌，94(12)，1371(2015)

16.1.3 水質汚濁防止

A 概要

水質汚濁防止法などにより，放流する排水にはpH，COD，および浮遊物質など，閉鎖系水域に放流する場合には全窒素，全リンなどの排出基準が定められている．石油化学工業では，石油精製で製造されるナフサや芳香族炭化水素を原料に合成樹脂，合成ゴム，合成繊維など多種類の製品を製造するため，排水は多種類でその処理工程は複雑である．排水はCODの高濃度，中濃度，および低濃度排水に分類でき，その中の汚染物質に応じて，湿式酸化法，沈降分離法，油水分離法，生物処理法，および活性炭法を単独あるいは組み合わせて排水を処理している[1)]．窒素やリンなどの栄養塩類を高度に処理する技術としては，アナモックス反応を利用した窒素除去技術，脱窒性リン蓄積菌を利用した同時除去技術，排水からリンを回収し再利用する技術などが開発されている[2〜4)]．

2015年度の排水中のCOD，全窒素，全リンの排出量は，それぞれ15.13千t y^{-1}，22.59千t y^{-1}，0.63千t y^{-1}となっており，2008年度に比べると5〜10％減少している[5)]．本項では，代表的な排水とそれらの一般的処理法および石油化学工業として代表的なエチレンプラントからの排水の処理法を解説する．

B 排水の種類

石油化学プラントからの排水は以下の種類に分類される．

・プロセス(含油)排水
・潜在含油排水
・非含油排水
・ケミカル排水
・生活(衛生)排水

a プロセス(含油)排水

プロセスプラントを発生源とする排水で，石油精製プラントからの含油排水と比較して石油化学プラント特有の原料，半製品，製品に由来する排水である．代表的なプロセス排水を濃度別に分類して以下に示す．

(1) 高濃度排水
　・アクリロニトリル
　・無水フタル酸
　・エチレンオキサイド
　・エチレングリコール
　・アセトアルデヒド
(2) 中濃度排水
　・エチレン
　・テレフタル酸
　・ABS樹脂
　・中低圧ポリエチレン
(3) 低濃度排水
　・スチレンモノマー
　・メタノール
　・高圧ポリエチレン
　・ポリスチレン

b 潜在含油排水

通常は油分を含まないが降雨時や漏洩などで油分混入のおそれがある排水で，プロセスエリア油水，タンク防油堤内部に溜まった油水や油分の混入した冷却水などが対象となる．

c 非含油排水

ユーティリティー設備からの排水，建屋や道路からの雨水など，油分混入のおそれのない排水である．ボイラーブロー水はpHが高く清缶剤としてアミン化合物やリン化合物などを含む．冷却塔ブロー水は，pHは7〜8であるが防食剤としてリン化合物，亜鉛などを含む場合がある．その他，イオン交換法純水装置からの再生排水は，酸，アルカリを含む．

d ケミカル排水

薬剤タンクや薬剤ポンプ設備からの排水や試験室からの排水が対象となる．

e 生活(衛生)排水

事務所，厨房などからの生活排水でトイレ，洗面所，キッチンなどが排水源となる．食料油や固形物を含む．

C プロセス排水処理法

石油化学工業における一般的な排水処理工程を図16.1.4に示す．プロセス排水の中で，生物処理が困難な物質または可能であっても高濃度のためにそのままでは処理不可能で，かつ他の排水による希釈が不可能な場合には全体排水処理系統に送る前に一次

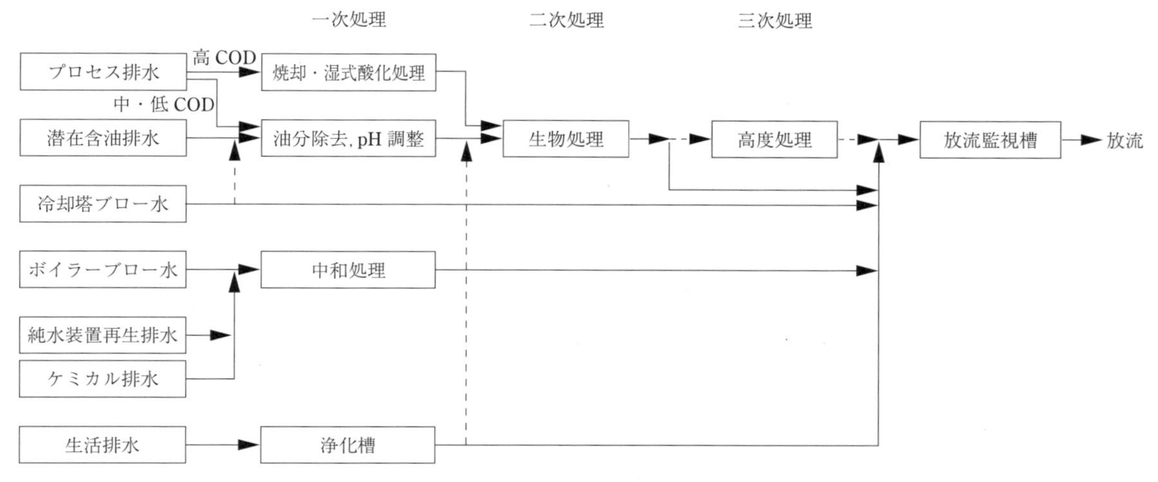

図 16.1.4　石油化学工業における一般的な排水処理工程

処理として焼却(液中燃焼)処理や酸化処理を行う.

中濃度プロセス排水は，一次処理として遊離油分を除去した後，二次処理として生物処理にて溶存有機物質を分解する．油分分離は，遊離油分濃度が高い場合には CPI セパレーターなどの粗処理を行い，その下流で浮上分離などの処理を行う．ここでは凝集剤，凝集助剤，および pH 調整用薬剤を添加する.

低濃度プロセス排水は，遊離油分濃度や溶存 COD が低い場合には，一次処理および二次処理を経ずに活性炭処理などの三次処理に直接送る場合もある.

なお，生物処理で分解しきれず，放流水基準を満たせない場合には三次処理装置を設置する．三次処理装置としては砂ろ過，活性炭吸着，過酸化水素，UV, オゾンやこれらを併用した高度酸化処理を行う.

具体例として石油化学で代表的なエチレンプラント排水の処理フローを図 16.1.5 に示し，その排水の種類および特徴を以下に述べる．分解炉からの粗エチレンガスは苛性ソーダにより洗浄処理されるが，その際に廃ソーダが排出される．廃ソーダには高濃度の苛性ソーダや Na_2S などの硫化物が含まれるため，そのままでは放流できない．まず，硫化物を空気酸化して Na_2SO_4 などの硫化塩として無害化する必要がある．空気酸化法としては WAO (wet air oxidation) 法とよばれ，無触媒または触媒の存在下で排水と空気を高温高圧(1〜20 MPa，150〜300℃)の条件で加熱混合する．湿式酸化処理水は苛性ソーダ，硫化塩，溶存有機物質や遊離油分を含む高 pH 排水であるため後段の生物処理に送る前に中和処理および油分分離処理を行う．また，エチレン分解炉では管内の分解ガスに希釈用蒸気を混合するが，その希釈蒸気発生器からのブロー水には遊離油分や溶存有機物質が含まれている.

これらを除去するために中和処理および油分分離した後，さらに溶存有機物質を除去するために生物処理に送られ，滅菌処理後に放流される.

分解炉からの粗エチレンガスは冷却装置に送られるが，本冷却装置からは間歇ではあるが SS や遊離油分を主体とする排水が発生するので放流前にこれらを分離除去する．分解炉では高圧蒸気を発生する蒸気ドラムからのブロー水が発生する．また，ユーティリティーエリアにボイラーがある場合には同様にブロー水が発生する．これらは，油分は含まれないが pH が高いために放流前に中和処理する．プロセスエリアやタンクエリアからの雨水排水は油分を含有する可能性があるので, 雨水槽にいったん溜め，放流前に油分を分離除去する．ユーティリティーエリアからの冷却塔ブロー水や純水装置からの中和再生排水は，放流基準内であればそのまま放流する.

文献

1) 季征国，ペトロテック，38(7)，485(2015)
2) 古川憲治，化学工学，70(11)，604(2006)
3) 近藤貴志，常田聡，化学工学，70(11)，616(2006)
4) 徳富孝明，化学工学，70(11)，612(2006)
5) 化学工業協会，日化協アニュアルレポート(2016)

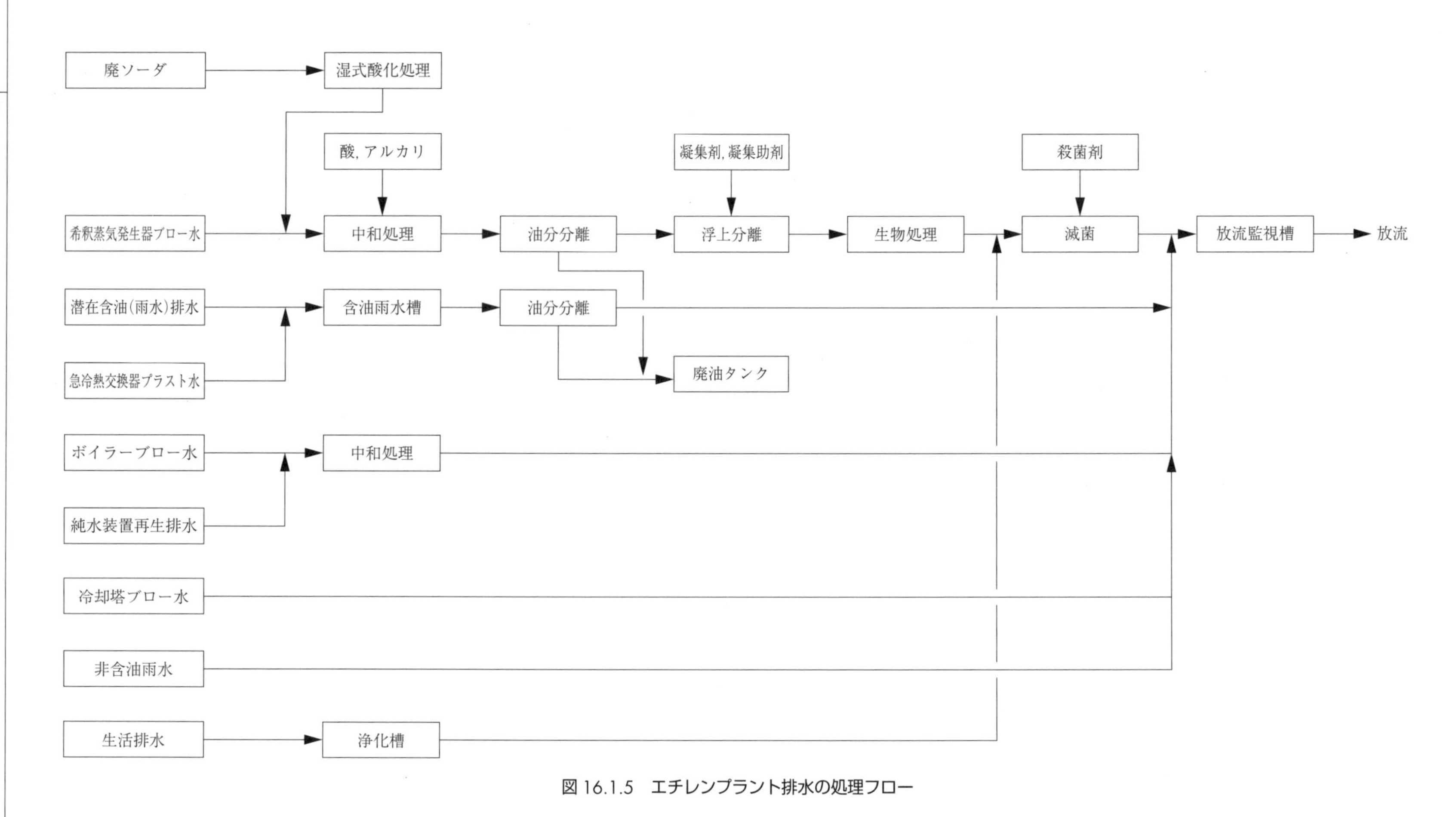

図 16.1.5　エチレンプラント排水の処理フロー

16.1.4　土壌汚染浄化

A　概要

土壌汚染の状況を把握し，人への健康被害に対する防止・対策・措置を実施することを目的とした土壌汚染対策法は2002年に制定され，2003年に施行された．この法律によって，有害物質を取り扱っている工場（有害物質使用特定施設）を廃止する場合や3,000 m^2以上の土地を掘削，盛り土などの土地の形質を変更する場合，工場跡地などで土壌汚染のおそれが高く，人への健康被害を及ぼすおそれのある場合には，土地の所有者が土地汚染の状況を調査することが義務付けられているが，60％以上が自主的に行われている．

2015年度に41社が103ヵ所で調査し，19ヵ所で基準値を超える汚染が新たに見つかり，汚染対策を行っている．その汚染対策は，原位置（掘削せず*In-Situ*処理）抽出51％，掘削除去28％，封じ込み20％，分解・分離処理16％，原位置分解8％となっている[1]．

B　浄化技術

おもな処理対策は，高温焼却，バイオレメディエーション，化学分解，溶媒抽出，熱脱着があり，それらを比較して表16.1.1に示す[2]．

石油精製，石油化学工場の場合，揮発性が高く，拡散しやすいガソリンやナフサ，規制の対象になっているベンゼン，拡散しにくく難分解性の燃料油や潤滑油など石油系炭化水素による汚染土壌の対策措置方法には，掘削除去，土壌ガス吸引，不溶化，洗浄，バイオレメディエーション，熱処理がある[3]．なかでも石油系炭化水素による土壌汚染対策としては，短期で確実な浄化ができる熱処理，低環境負荷かつ低コストで浄化できるバイオレメディエーションが適しており，実施例も増えてきている．

熱処理工法は，汚染された土壌を乾燥炉内で高温に加熱することにより，油分を気化・除去する．750℃まで温度を上げることにより重質油の除去が可能となり，油種および油濃度にかかわらず500 mg kg^{-1}以下まで浄化される．乾燥炉で気化された油分は脱臭炉で完全に燃焼処理される．

バイオレメディエーション工法は油分濃度が1％以上と高い場合には前処理として水洗浄し，数千mg kg^{-1}程度まで下げた後にバイオ処理する．4〜5％の重質油に汚染された土壌に等量の水を添加し，ミキサーで混合して浮上する油分を分離回収する．6,000〜7,000 mg kg^{-1}の油分濃度になった土壌を天日乾燥し，盛土して，肥料を混合して3ヶ月間加水調整および耕運することによって微生物を活性化し，油分濃度を3,000 mg kg^{-1}まで浄化することができる[3]．

表16.1.1　汚染土壌の浄化技術の特徴

	分解			分離（後処理が必要）	
	高温焼却	バイオレメディエーション	化学分解	溶剤抽出	熱脱着
メリット	・処理の確実性が高い．	・処理コストが低い．	・アルカリ，触媒などの添加により中低温で分解が可能（PCBなどの有害化学物質汚染土壌処理が対象）．	・閉鎖系での処理が可能で，排ガスなどの二次汚染の心配がない． ・処理コストが低い．	・500℃前後で加熱処理するため，高温焼却法に比べて処理コストが低い．
デメリット	・処理コストが高い． ・高温焼却により土壌が変質する（廃棄処分が必要）．	・処理期間が長い． ・微生物を添加する場合には環境影響評価が不可欠．	・分解にアルカリ，触媒などが必要で，処理コストが高い．	・浄化のため，溶剤抽出の繰り返し操作が必要．	・脱着ガスの完全処理が不可欠．
概略のコスト比	＞10	1	＞5	1	2〜4

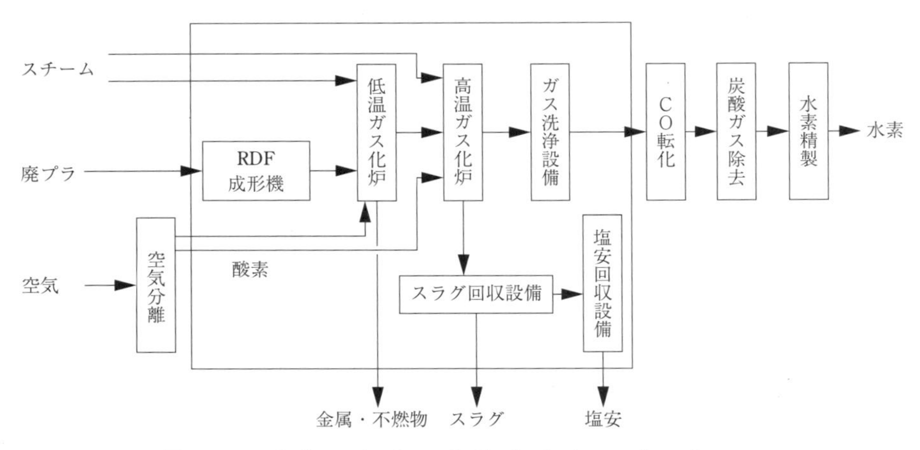

図 16.1.6　廃プラスチックの二段ガス化プロセスのブロックフロー

文献

1) 化学工業協会，日化協アニュアルレポート(2016)
2) 鈴木英夫，ペトロテック，24(10)，861(2001)
3) 三橋秀一，ペトロテック，26(1)，71(2003)

16.1.5　産業廃棄物対策とリサイクル対策

A　産業廃棄物対策

化学工業から排出される産業廃棄物は多岐にわたるので，それぞれの廃棄物に応じて削減方法がとられてきた．おもな削減方法としては，(1)製造工程の改良(触媒，溶剤回収など)や運転管理の見直しによる廃棄物発生量の削減，(2)プラスチックの銘柄削減による製造銘柄切換などに発生する廃棄物の削減，(3)廃油，廃プラスチックの熱源として利用など，廃棄物の減量化と再資源化が進められてきた．日本経済団体連合会が調査した産業廃棄物の発生量は 2015 年度に 408 万 t y^{-1} で，2000 年度比 43％削減され，最終処分量は2015年度に17.7万t y^{-1}で，2000 年度比 72％削減された[1]．廃棄物発生量に対する資源有効利用量(資源有効利用率)は 2000 年度の 42％に対して 2015 年度は 67％まで向上している[1]．

B　プラスチックリサイクル対策

a　概要

プラスチック生産量は 1997 年に年間 1,521 万 t と急成長をし，廃プラスチックは廃棄物問題を引き起こす主原因物質としてその廃棄量の抑制とリサイクルを促進させる取り組みが進んだ[2]．生産量は 1997 年をピークにして年々減少し，2014 年度は 1,061 万 t となり，廃プラスチックの排出量は 926 万 t となった．廃プラスチックの内訳は一般系廃棄物 442 万 t，産業廃棄物 483 万 t で，そのうち有効利用廃プラスチック量は 768 万 t となり，利用率は 83％に達している．ペットボトルや包装用フィルムなどのマテリアルリサイクル量は 199 万 t，コークス炉原料，ガス化，および油化などのケミカルリサイクル量は 34 万 t，固形燃料，セメント原料・燃料，および発電・熱利用焼却などのサーマルリサイクルは 538 万 t となっている．

ケミカルリサイクルには廃プラスチックを熱や溶媒を使って分解し，油やモノマー原料などの化学原料を製造する方法と廃プラスチックを直接化学原料として利用する方法がある．前者はフィードストックリサイクルとよばれ，油化，ガス化，および溶媒抽出がある．後者には高炉還元剤とコークス炉原料化があり，ケミカルリサイクルの 8 割以上を占めている．

b　リサイクル技術

宇部興産と荏原製作所は廃プラスチックを低温ガス化炉と高温ガス化炉からなる二段ガス化炉でガス化し，水素を製造する加圧二段ガス化プロセスを共同開発し，商業化した．図 16.1.6 にブロックフローを示す．低温ガス化炉は内部循環型流動床炉を採用し，底部から不純物および金属を抜き出す．シリー

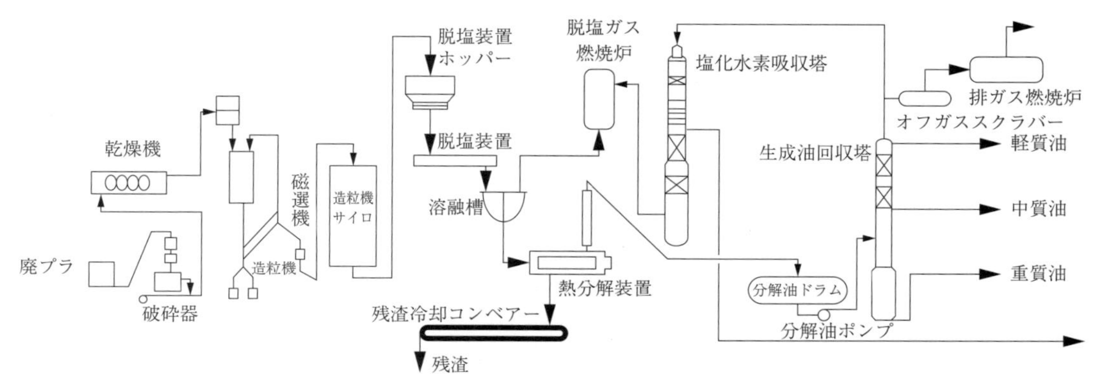

図 16.1.7　廃プラスチックの油化プロセスの処理フロー

ズに直結する高温ガス化炉は上部に反応室，下部に急冷室を備えた旋回溶融型反応炉を採用し，600℃前後，加圧下で底部から酸素，蒸気を流動化ガスとして供給し，熱分解および部分酸化を行うことにより廃プラスチックを H_2，CO，CO_2，炭化水素からなる生成ガスに熱分解する．原料に含まれる不純物は流動媒体であるケイ砂とともに系外に排出される．本プロセスの特徴は PVC，熱硬化性樹脂などを含む各種廃プラスチック類を分別することなくガス化原料に使用できること，原料中の塩素に起因するダイオキシン類は 1,300℃以上の高温で完全に分解した後，200℃以下に急冷することにより極限までダイオキシンを抑制できることである[3]．

ガス化に対して油化プロセスは，廃プラスチックを熱分解することにより油を回収し，そのままでは燃料にしかならないが，石油化学原料のナフサまでアップグレードできれば繰り返して同質のプラスチックを供給し続けることが可能となる．材料として利用できる廃プラスチックはマテリアルリサイクルし，再利用できない廃プラスチックは分解して石油精製あるいは石油化学の原料にケミカルリサイクルし，最後は燃やしてエネルギーを回収するサーマルリサイクルが究極の姿である．

廃プラスチックの油化は，前処理工程で廃プラスチックを 300℃で塩素を熱分解除去した後に，400℃に上げて完全に熱分解し，炭化水素油を得る[4]．札幌プラスチックリサイクルの処理フローを図 16.1.7 に示す[5]．脱塩素装置によってポリ塩化ビニルやポリ塩化ビニリデン由来の塩素を除去した後，熱分解によって多種類の混合プラスチックを油として回収している．これらの廃プラスチックから得られる軽質油（廃プラ軽質油）には窒素分，塩素分，およびオレフィンを多く含んでおり，製油所の既存装置で処理する際には触媒毒，製品劣化，材料腐食，汚れ・詰まりなどの問題を起こす可能性が高く，これらの物質を製品ナフサレベルまで低減する必要がある．

製油所の中で廃プラ軽質油を処理する場合には，原油と混合し，常圧蒸留塔で各留分に分留した後に水素化精製する方法や減圧軽油と混合し，流動接触分解する方法が検討されている[6]．原油や減圧軽油で廃プラ軽質油を 100 倍以上に希釈し，水素化精製や流動接触分解処理することによって不純物濃度は大幅に低減し，上記のような問題は軽減されるが，材料腐食や汚れなどは長期的な影響を調べる必要がある．たとえば，NiMo 触媒を用いて，LHSV 8.0 h^{-1}，300℃以上，水素分圧 2.5 MPa 以上の条件で水素化処理すると硫黄分，窒素分，塩素分はいずれも 1 wtppm 以下に除去することができる．

製品ナフサやオレフィン以外に芳香族炭化水素など特定の石油化学原料に転換する方法も検討されている[7]．ポリエチレンやポリプロピレンなどのポリオレフィンを 450〜510℃で熱分解し，その分解油をガリウム含有 MFI 触媒を用いて 500〜580℃で接触分解することによって BTX，エチルベンゼンなどの芳香族化合物を約 68％の収率で得ることができる[7]．

文献

1）化学工業協会，日化協アニュアルレポート（2016）
2）プラスチックス循環利用協会，プラスチックリサイクルの基礎知識（2016）

3) 福田俊男，ペトロテック，27(1)，27(2004)
4) 梶光雄，ペトロテック，27(1)，10(2004)
5) 札幌プラスチックリサイクル，"プラスチック油化・再商品化事業"事業案内
6) 河西崇智，白鳥伸之，ペトロテック，32(2)，89(2009)
7) 西野順也，上道芳夫，永石博志，松本佳久，ペトロテック，27(12)，902(2004)

16.1.6 脱水銀

A 概要

水銀は非常に毒性が強い物質であり，近年国際的にますます規制が強化されている．また，水銀は石油や天然ガスプラントにおいて使用されているアルミニウムや貴金属などとアマルガムを生成し溶解する性質があるため，水銀除去は重要なプロセスとなっている．2013年の水俣国際会議で採択された「水銀に関する水俣条約（水俣条約）」に合わせて，我が国では「水銀による環境汚染の防止に関する法律」が閣議決定され，条約批准が進められている[1~3]．

石油化学原料となる原油，コンデンセート，および天然ガスは生産地によっては微量の水銀が含まれている．このような原料を用いるナフサ熱分解装置やヘビーナフサ接触改質装置などは触媒毒・材料腐食を防止する観点から，水銀除去プロセスが採用されている．脱水銀プロセスにおいては，除去の対象となる原料中の水銀濃度はppb～ppmのレベルであるが，処理後の水銀濃度はppb未満まで要求されるため，最終的な除去法としては吸着法が適している[4]．本技術は，国内では太陽石油，日揮などによって開発，改良されてきた．

B 工程

水銀の形態には表16.1.2に示されるように単体水銀，イオン状水銀，および有機水銀に分類される化合物水銀があり，水銀の形態によって吸着剤との反応性は異なる．単体水銀は(16.1.7)式により速やかにppb未満まで吸着除去できる．

$$Hg + MS_x \longrightarrow HgS + MS_{x-1} \quad (16.1.7)$$

ここで，金属MにはCuやMoなどが使われ，多孔質担体に担持された金属の活性種としては硫化金属(MSx)が優れている．イオン状水銀や有機水銀

表 16.1.2　水銀の形態と性状

形態		化学式	沸点(℃)
単体水銀		Hg	356
化合物	イオン状水銀	CH_3HgCl	100(Volatile)
		$(C_2H_5S)_2Hg$	76(m.p.)
		$HgCl_2$	360
	有機水銀	$(CH_3)_2Hg$	96
		$(C_2H_5)_2Hg$	159
		$(C_3H_7)_2Hg$	190
		$(C_4H_9)_2Hg$	206
		$(C_6H_{13})_2Hg$	240(10.5 mmHg)

などの化合物水銀は吸着が難しいため，前処理として化合物水銀を分解して単体水銀に転換してから，吸着法で処理する方法が実際的である．化合物水銀は(16.1.8)，(16.1.9)式のように単体水銀に転換される．

$$R\text{-}Hg\text{-}R' \longrightarrow Hg + R\text{-}R' \quad (16.1.8)$$

$$RS\text{-}Hg\text{-}SR' \longrightarrow Hg + RS\text{-}SR' \quad (16.1.9)$$

ここで，RはCH_3，C_2H_5のようなアルキル基を，RSはC_2H_5Sのようなチオール基を示す．化合物水銀は熱分解や接触分解により単体水銀に転換できるが，ジエチル水銀のような難分解性有機水銀が含まれるコンデンセートや化合物水銀が高濃度の場合には接触分解が用いられる[4]．

吸着に適した細孔を多く有する活性炭は，水銀吸着剤の担体として優れている．硫化アルカリ金属，硫化アルカリ土類金属，および塩化物などが含まれている高機能活性炭は単体水銀の吸着に有効である[5]．

このように原料中に含まれる水銀の形態や濃度，用いられる吸着剤の特性によって，多くは図16.1.8(a)の吸着プロセスまたは図16.1.8(b)の分解＋吸着プロセスで処理できる．水銀化合物は，250℃以上で単体水銀に熱分解するため，常圧蒸留装置の加熱炉で加熱処理されたLPGやナフサが原料の場合には(a)に示すような簡単な吸着プロセスで除去できる．

一方，化合物水銀を高濃度で含む原油や難分解性の有機水銀を含むコンデンセートを原料とする場合には，(b)に示すような接触分解塔を用いて水銀化

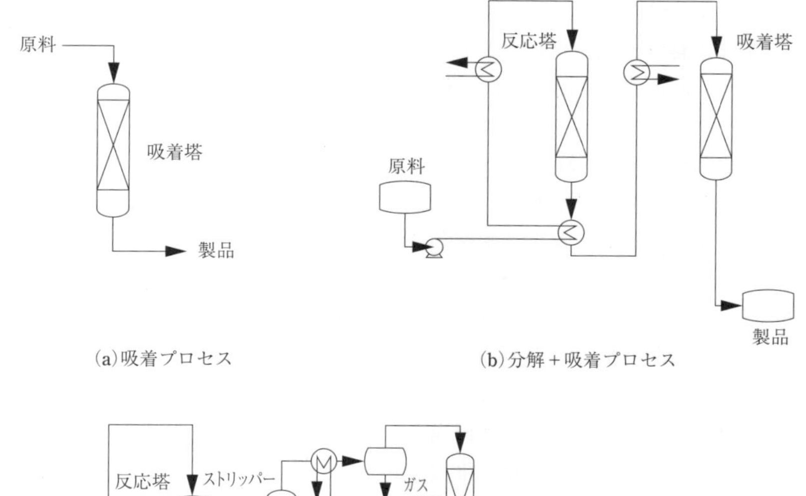

(a)吸着プロセス　(b)分解＋吸着プロセス

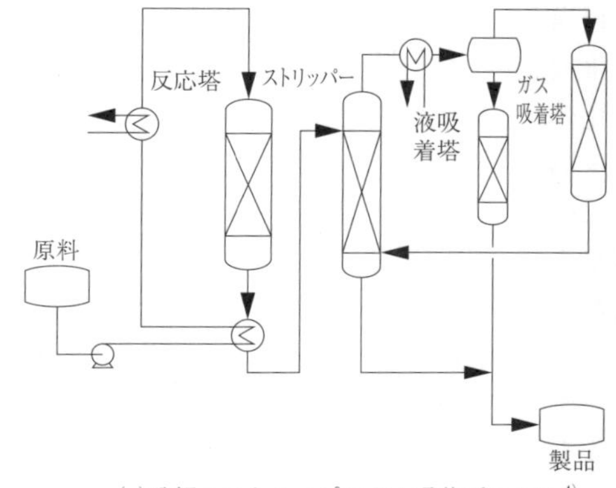

(c)分解＋ストリッピング＋吸着プロセス[4)]

図 16.1.8　脱水銀プロセス

合物を単体水銀に転換した後，吸着塔に通して 1 wtppb 以下まで除去される[4)]．

さらに化合物水銀と水銀吸着を阻害する成分が共存する場合には，図 16.1.8(c)の分解＋ストリッピング＋吸着プロセスが適用される．原料油中の化合物水銀は反応塔で分解されて単体水銀に転換された後，単体水銀はストリッパーで気相に分離され，揮発しにくい水銀吸着阻害成分は液相中に分離される．ストリッパー塔頂からのガスは冷却され，凝縮した液体と未凝縮のガスはそれぞれ別々の吸着塔に送られ，水銀は 1 wtppb 以下に除去される．

水銀を吸着した使用済み吸着剤は焙焼という処理方法を用いて水銀として回収する．現在，国内では北見市の野村興産イトムカ鉱業所で使用済み乾電池や蛍光灯など年間約 2.7 万 t の水銀含有廃棄物を受け入れて，50 t 以上の水銀を回収している[2)]．回収された水銀は国内外で資源リサイクルされているが，水銀条約により水銀需要が減少する傾向にあることから金属水銀を硫化処理し，飛散しないように固形化処分することも検討されている．

文献

1) 貴田晶子，ペトロテック，35(12)，869(2012)
2) 藤原悌，ペトロテック，39(1)，52(2016)
3) 環境省，中央環境審議会環境保健部会，水銀に関する水俣条約対応検討小委員会 合同会合 報告書(2015)
4) 小谷野耕二，渋谷博光，ペトロテック，39(12)，877(2016)
5) 山浦弘之，八尋秀典，幾島賢治，ペトロテック，39(1)，47(2016)

16.1.7　生物多様性

2010 年に名古屋で開催された「生物多様性条約第 10 回条約国会議(COP10)」に対応して，日本経済団体連合会などは生物多様性の保全および持続可能な利用など，条約の実施に関する民間企業の参画を推進するプログラム「生物多様性民間参画イニシアティブ」を設立し，「生物多様性民間参画パートナーシップ」を発足させた[1]．企業は，生物多様性の保全に向けてこのパートナーシップのガイドラインや環境省の「生物多様性民間参画ガイドライン」[2]などの各種ガイドラインに基づいて独自の活動指針を作成し，持続可能な利用や生物多様性の保全に配慮した事業活動を進めている．

日本経済団体連合会の行動指針には，(1)自然の恵みに感謝し,自然循環と事業活動との調和を志す，(2)生物多様性の危機に対してグローバルな視点をもち行動する，(3)生物多様性に資する行動に自発的かつ着実に取り組む，(4)資源循環型経営を推進する，(5)生物多様性に学ぶ産業・暮らし・文化の創造を目指す，(6)国内外の関係組織との連携・協力に努める，(7)生物多様性を育む社会づくりに向け率先して行動する，と宣言されており，世界最大の自然資源の輸入国である我が国の産業界の行動はグローバルな生物多様性の保全にきわめて重要である．

生物多様性民間参画パートナーシップの会員企業の2015年度の生物多様性の取り組み状況はすでに実施しているが47%，計画中または検討中が13%となっている．すでに実施している企業の約半数が原材料調達における生物多様性への配慮を行っている．それ以外の取り組みとして，植林などの森林資源の保全，河川・海洋資源の保全，生態系の損失分を近接や別の場所で復元，工場の緑地帯を利用したビオトープの設置，水資源の保全，絶滅危惧種の保護など取り組みや国内の外部機関と連携した取り組みも積極的に推進している[3]．

文献

1) 経団連自然保護協会，経団連生物多様性宣言(2013)
2) 環境省自然環境局，生物多様性民間参画ガイドライン(2009)
3) 日本化学工業協会，日化協アニュアルレポート(2016)

16.1.8　化学物質排出削減

A　概要

有害性のある多種多様な化学物質がどのような発生源から，どのくらい環境中に排出されたか，あるいは廃棄物に含まれて事業所外に出されたかというデータを把握し，公表する仕組みであるPRTR (pollutant release and transfer register)の対象となる化学物質は，本法上「第一種指定廃棄物」として定義されている．具体的には，人や生態系への有害性(オゾン層破壊性含む)があり，環境中に広く存在する(暴露可能性がある)と認められる化学物質として，計462物質が指定されている．その中でも，発がん性，生殖細胞変異原性，および生殖発生毒性が認められる「特定第一種指定廃棄物」として15物質が指定されている．第一種指定廃棄物な物質名として

揮発性炭化水素：ベンゼン，トルエン，キシレンなど

有機塩素化合物：ダイオキシン類，トリクロロエチレンなど

農薬：臭化メチル，フェニトロチオン，クロルピリホスなど

金属化合物：鉛およびその化合物，有機スズ化合物など

オゾン層破壊物質：CFC，HCFCなど

その他：石綿など

2015年度のPRTR法指定物質の排出量は，11.1千tであり，2000年度比で76%削減し，その排出量の内訳は大気への排出93%，水域への排出7%になっている[1]．2006年に大気汚染防止法の改正に伴って揮発性有機化合物VOC(volatile organic compound)の排出規制がスタートした．VOCは，浮遊粒子状物質や光化学オキシダントの生成の原因となる沸点が150℃以下の前駆物質の1つであるが，自動車排ガス中に含まれる炭化水素は排出規制が数次にわたって強化され，削減されてきたため，国全体のVOC排出量の9割は工場・事業所などの固定発生源からのものとなった[2]．固定発生源のうち主要な発生源は，塗装，印刷インキ，接着剤などの溶剤使用に起因したもので，そのVOC排出量は排出量全体の7割を占めていた．VOC排出抑制設備の設置やプロセスの改善などによって2015年度のVOC排出量は27.5万tで，2000年度比で31%と大幅に削減した[1]．

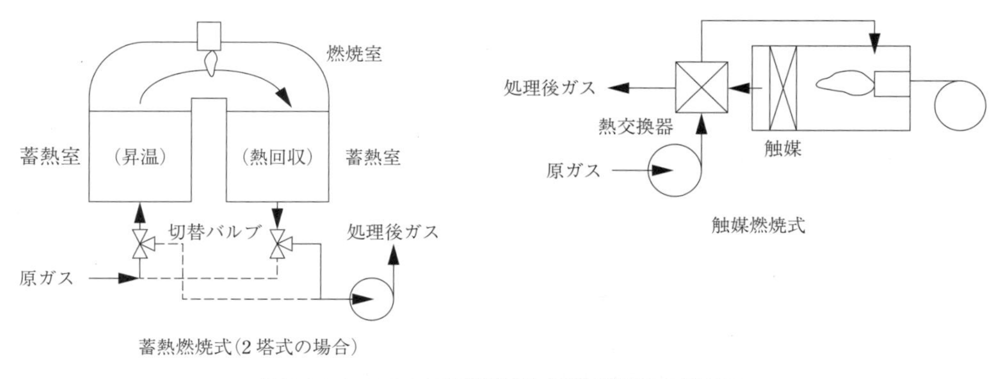

図 16.1.9 VOC の触媒燃焼法と蓄熱燃焼法の概念図

B 処理技術

VOC 含有排ガスの処理方法としては直接燃焼法，触媒燃焼法，蓄熱燃焼法からなる燃焼法とシリカゲル，活性炭，ゼオライトを吸着剤に用いる吸着法がある[3~6]．

触媒燃焼法と蓄熱燃焼法の概念図を図 16.1.9 に示す[3]．触媒燃焼法では VOC 含有排ガスは処理後ガスとの熱交換により昇温された後，助燃バーナーなどにより酸化（燃焼）温度まで加熱して，Pt など貴金属を担持した触媒層を通して VOC を酸化分解する．助燃バーナーなどにより昇温して 650～900℃程度の高温で処理する直接燃焼法に対して，触媒燃焼法は 200～400℃の低温で燃焼可能であり，NOx 発生量が少なく，VOC 燃焼に要するエネルギーは少なくなる．排ガス中に触媒毒が多く含まれる場合にはその濃度に制約がある触媒燃焼法に対して，広範囲の VOC が処理できる直接燃焼法は設備費も安いメリットがある反面，燃料費がかかる．

蓄熱燃焼法は，セラミック蓄熱体からなる複数の蓄熱塔を設け，VOC 含有排ガスと処理後ガスの流れを切り替えることによって，処理後の熱を 90％以上回収できる．補助燃料が少なくなる分，補助燃料費が直接燃焼法，触媒燃焼法に比べて安価になるが，設備費が高くなる．安定して自燃するだけの VOC 発生量が常時ある場合は触媒燃焼法が最も有利になる．処理方法は，排ガスの風量や VOC 濃度などに応じて，設備費，運転費，および設置面積などを考慮して選定される．排ガス処理の最近の動向として，地球温暖化ガスであるメタンや亜酸化窒素の触媒による燃焼除去の要求も高まってきている[6]．

排ガスから VOC を回収することにより経済メリットが得られる場合や難燃性物質あるいは燃焼によって有害物質が発生する場合には，吸着法が選択される．また，VOC の発生量が少量である場合や VOC の発生が不安定な場合には，吸収法が経済的になる．吸収法には活性炭を吸収剤に用いる TSA 法（thermal swing adsorption）とシリカゲルやゼオライトを吸収剤に用いる PSA 法（pressure swing adsorption）がある．大風量，低濃度の場合は TSA（活性炭など）が，小風量・高濃度は PSA（シリカゲルなど）が有利となる．

ベンゼン貯蔵タンクやプラントからの排ガス中に含まれるベンゼンを吸着分離する IDESORB-B プロセスのフローを図 16.1.10 に示す[4]．シリカゲルを充てんした吸着塔は 2 塔切り替え式で，ベンゼンを含むガスは一方の吸着塔に導かれ，吸着剤がベンゼンで飽和すると自動弁で吸着塔が切り替えられ，真空ポンプで吸引することによりベンゼンが吸着塔から脱着されると同時にもう一方の吸着塔で吸着が行われる．ベンゼンタンクのベントガス中に 20 vol％程度の高濃度で含まれるベンゼンは，PSA 装置単独で 10 volppm 以下まで回収でき，回収率は 99.99％以上に達する．

文献

1） 日本化学工業協会，日化協アニュアルレポート（2016）
2） 青木一哉，化学工学，70（5），235（2006）
3） 大重英樹，ペトロテック，24（2），145（2001）
4） 深澤正志，化学工学，70（5），244（2006）

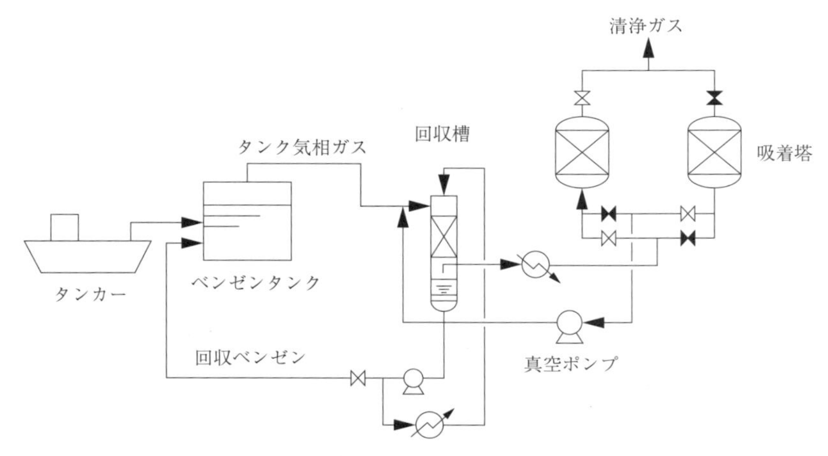

図 16.1.10　ベンゼン吸着 IDESORB-B プロセスのフロー

5) 佐々木雅宏，化学工学，70(5)，247(2006)
6) 梨子田敏也，ペトロテック，27(12)，922(2014)

16.1.9　地球環境対策

A　温暖化対策

化学業界では，1997 年度から「経団連環境自主行動計画」に参画し，省エネルギーを推進してきた結果, エネルギー原単位指数(製造に要したエネルギー使用量を生産数量で割ったもの)の 2008～2012 年度の実績の平均は 85％であり，1990 年度に対し 15％改善された.

2013 年度からは，日本経済団体連合会の「低炭素社会実行計画」に参画し，(1) 国内事業活動からの CO_2 排出抑制，(2) 低炭素製品・技術の普及によるサプライチェーン全体での CO_2 排出抑制を進める主体間連携の強化，(3) 日本の化学製品・プロセスの海外展開による国際貢献，(4) 2020 年以降の実用化を視野にいれた中長期的な技術開発である革新的技術の開発の 4 本柱で地球温暖化対策を進めている[1].

製造プロセスの地球温暖化対策としては，化学工業のエネルギー消費の 1/3 を占めているといわれている蒸留・分離プロセスの省エネルギー化，バイオマスや CO_2 などへの原料転換，製造工程のシンプル化，および触媒改良による転化率・選択率の向上などさまざまな開発が進められてきた. 原料調達，生産から製品廃棄までの CO_2 排出量をカーボンライフサイクルアナリシス(cLCA)で算定し，断熱材や照明，太陽光や風力発電などの再生可能エネルギーの使用などにより，さらなる CO_2 削減が達成される可能性が示された. 原料の転換, 省エネルギー技術，および cLCA については，それぞれ 15.2 節，16.4 節，16.5 節を参照されたい.

B　オゾン層保護

a　概要

モントリオール議定書で削減対象となった特定フロン(CFC，HCF)は，冷蔵庫・冷凍庫の冷媒や断熱材の発泡剤として用いられてきたが，安定な物質であることから成層圏まで上昇し，オゾン層を破壊するとして，代替フロンなど 3 ガス(HFC，PFC，SF6)の利用が進められてきた．塩素原子を水素原子で置換した代替フロンは成層圏に達する前に分解され，オゾン層の破壊は引き起こさないものの，CO_2 に比べて強い温室効果を示すことから京都議定書対象物質として排出削減が進められてきた.

化学業界では 2012 年まで PFC，SF_6 の排出削減に取り組み，2014 年度の排出原単位(排出量/生産量)はそれぞれ 1995 年度比で 95％，98％削減している．2013 年以降も気候変動枠組条約における追加ガスである NF_3 を加えた代替フロン 4 ガスの製造時の排出削減活動を継続し，京都議定書の枠内で新たに 2020 年，2025 年，2030 年における排出削減目標を設定している.

フロンのオゾン層破壊と地球温暖化の課題を解決する対策としては，(1) より温室効果が低い代替物質による代替技術，(2) 現在使われているフロンの回収・分解技術である．

b　代替物質

家庭用冷蔵庫では，断熱材の発泡剤にシクロペンタンを用い，冷媒にはCFC-12をHFC-134aに代替えする製品が市販されている．冷媒に非フッ素系であるイソブタン，アンモニア，CO_2を用いた冷蔵庫・冷凍機が開発・実用化されている[1]．

c　フロンの回収・分解

廃フロンの回収としては，廃液から気化した低圧ガスを圧縮機で圧縮し液体として回収する圧縮方式と冷却して液化する冷却方式がある．回収されたフロンの分解処理技術としては，液体燃焼法，リアクタークラッキング法，ガス/ヒューム酸化法，ロータリーキルン法，都市ごみ焼却法，セメントキルン法などの燃焼技術，アルゴン・プラズマ法，高周波プラズマ法，マイクロ波プラズマ法などのプラズマ技術，過熱水蒸気法，気相触媒法の非接触燃焼技術がある．

フロンと水蒸気あるいはフロンと水蒸気と酸素をフロンの種類に応じた適正な比率で反応塔に供給し，熱やプラズマを用いて分解する．

$$CHClF_2 + H_2O + 1/2O_2 \longrightarrow CO_2 + 2HF + HCl \quad (16.1.10)$$

$$CCl_3F + 2H_2O \longrightarrow CO_2 + 3HCl + HF \quad (16.1.11)$$

HFやHClは中和槽で$Ca(OH)_2$と反応し，$CaCl_2$，CaF_2として回収される．過熱蒸気反応法は850～1,000℃，燃焼法は1,000℃以上，気相触媒法は400℃前後で，99.99％の分解効率が達成できる．

文献

1）水野光一，化学工学，66(9)，512(2002)

16.2　廃プラスチックのアンモニア原料化

16.2.1　概要

人間が社会生活を営む過程において，ゴミの発生は不可避であり，生活レベルが向上するに伴いその排出量も増加してきている．また，我が国においては高度経済成長期を経て現在に至るまで「大量生産・大量消費」型社会の形成により，国民の生活が豊かになる一方で，発生する大量のゴミの処分方法については，大きな社会問題となってきている．廃棄物を埋め立てる最終処分場が不足する中，容積比で60％を占める容器包装廃棄物の減量化と再資源化を促進するために，1995年に容器包装リサイクル法が制定された．この法律において，消費者，市区町村，事業者それぞれの役割分担が明示され，三者が連携することで，3R(リデュース，リユース，リサイクル)がよりいっそう進められてきた．

我が国の2014年の廃プラスチックの総排出量は926万tであり，そのうち家庭から排出される一般廃棄物は442万tであった[1]．容器包装リサイクル法で規定され，市町村から引き取られたプラスチック製容器包装は2015年度で約67万t[2]であり，マテリアルリサイクル，ケミカルリサイクルといった手法により再生処理が行われている．廃プラスチックのアンモニア原料化は，容器包装リサイクル法の下ではケミカルリサイクルのガス化手法に位置付けられている．

廃プラスチックのアンモニア原料化は，2003年に，昭和電工が川崎で開始した．このプロセスは従来のナフサや都市ガスといった化石燃料を水蒸気改質して得られる水素の代替として，廃プラスチックから水素を得て，アンモニアの原料とする．水素原料として，廃プラスチックの比率が上がれば上がるほど化石燃料の使用比率を低減することになる．環境に調和した低炭素社会に貢献できるアンモニア，水素の製造方法といえる．この技術は荏原製作所と宇部興産の技術をベースとしたものである．原料となる廃プラスチックは，容器包装リサイクル法に則り，再生処理事業者として毎年入札に参加し，落札した数量分を市区町村の保管施設から引き取り，使用している．当設備では，あらゆる種類のプラスチックの処理が可能であるため，処理できるプラスチックのみを事前に選別する必要がない．塩ビ系樹脂や複合素材なども除去することなく処理することが可能である．本設備の廃プラスチック処理能力は，年間6.4万tとなっている．

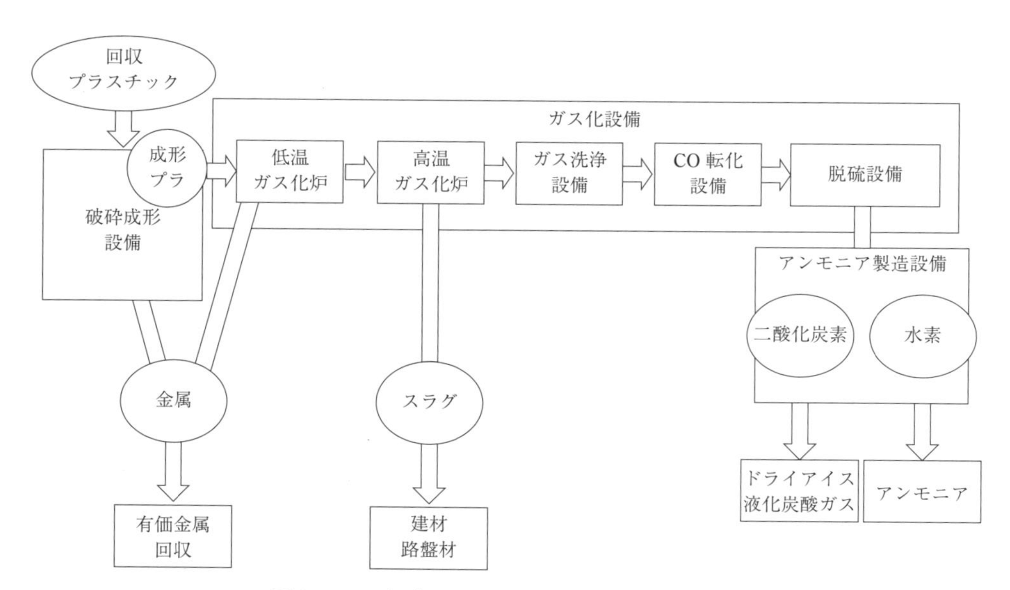

図 16.2.1　廃プラスチックのアンモニア化のフロー

16.2.2　製造プロセスの概要

廃プラスチックのアンモニア原料化設備は破砕・成形設備とガス化設備に分かれる．プロセス概要を以下に示す(図 16.2.1)．

A　破砕成形工程

市町村からのベール状に圧縮・梱包された容器包装プラスチック(一般廃棄物)を手選別などすることなく破砕機に投入し，プラスチックを 20～30 mm 角の大きさに破砕する．破砕機は，固定歯と回転歯(1 軸)で構成されておりベールを回転歯にプッシャーで押し付ける．破砕機では手選別を行うことなくベールを直接投入するため，火災のもととなるようなライター，電池，スプレー缶といった着火源となりうる物や破砕機の歯にダメージを与える金属や固い物を含むベールは好ましくない．分別が悪いベールに対しては，分別改善依頼を行っている．火災のもとになるような物が含まれる可能性があるので蒸気を導入することにより酸素濃度を低減し火災対策を講じている．その後，磁力選別機により容器包装プラスチックに混入された金属分を除去する．プラスチックのみとなった材料を成形機に投じ，直径 25 mm，長さ 100 mm の成形プラを製造する．成形機ではダイスの温度制御を行うことで効率よく適切な成形プラサイズとしている．成形プラのサイズが大きすぎたり，密度が高すぎたりすると，後段のガス化炉でガス化しにくく不燃物が残りやすくなる．サイズが小さすぎるとガス化が容易に推進され，ガス化炉温度を安定させることが難しくなる．サイズが細長くなるとコンベアで閉塞しやすくトラブルの原因となる．後段のガス化工程のトラブルを防ぐために成形プラの成形サイズを適切に管理する必要がある．

成形プラの製造在庫管理の課題として，破砕成形設備は短期間のメンテナンス期間以外は毎日稼働することで生産計画を組んでいる．後段のガス化設備は高圧ガス設備であり 1 ヶ月から 2 ヶ月の定期修理，保安検査を受検する必要がある．そのため，成形プラのガス化処理量に 1～2 ヶ月分の成形プラを保管する置場(倉庫など)を有する必要がある(図 16.2.2)．

B　ガス化工程

破砕・成形設備で製造された成形プラはガス化設備に運び込まれる．ガス化炉は，低温ガス化炉と高温ガス化をもつ加圧二段式ガス化炉である．

ガス化炉での改質反応：

$$C_mH_n + H_2O \longrightarrow C_mO + (n/2+1)H_2$$

まず，成形プラを低温ガス化炉に投入し，圧力 1 MPa，温度 600～800℃の条件下において，酸素，空気，蒸気をガス化剤として加えることにより炭化

図 16.2.2　成形プラ製造フロー

水素，水素，一酸化炭素，タール，チャーに熱分解する．酸素はガス化炉の温度を一定に保つよう制御され，空気は後段でアンモニア原料の窒素源となるため適正量に制御され，蒸気は成形プラと砂を流動状態となるように適正量制御される．固体の成形プラをロックホッパーシステムといった加圧システムで加圧して高圧のガス化炉に供給している．ロックホッパーシステムは，2 基の容器を有し，大気圧のホッパーに投入した後にこのホッパーを加圧し次の加圧ホッパーに移す．空になった加圧したホッパーは脱圧して次の大気圧の成形プラを受け入れる．成形プラの投入速度は，投入コンベアの回転数制御により行っている．ガス化炉の温度を一定にするためにガス化剤の量を微調整している．適切な温度に一定管理しないと偏流してカーボン分や金属成分が炉内に堆積して連続運転に支障をきたす．低温ガス化炉は 600℃～800℃に熱した砂を循環する「流動床炉」であり，成形プラはこの砂に触れることで瞬時に熱移動が起こりガス化され，破砕・成形設備の磁力選別機で除去し切れなかった金属類は，未酸化状態のまま炉底から回収される．

低温ガス化炉で生成されたガスは，隣接した高温ガス化炉に送られ，1,400～1,600℃の条件下で少量の酸素と蒸気により熱分解され，水素と一酸化炭素を主体とする合成ガスに改質される．高温ガス化炉は「旋回式ガス化改質炉」となっており，生成された合成ガスは炉壁を旋回しながら徐々に熱分解された後，炉底部の冷却水により 200℃以下で瞬間冷却され，溶融された灰は「水砕スラグ」となり炉底から回収される．高温ガス化炉温度は，酸素供給量で決まる．酸素が多すぎると炉内は高温となり水素収率を悪化させる．水素収率を向上させるには適正な範囲で酸素を極力低減したほうがよい．適正な範囲を超えて酸素量を下げるとメタン量が増加し未改質の不純ガスが増加したり，炉壁に付着するスラグ類が固着して閉塞トラブルの原因となる．また高温ガス化炉は内部炉壁のキャスターを張り，炉全体をジャケットで覆い水冷している．キャスターにとって過酷な条件であるため，運転時間とともに確実に減耗される．外部ジャケットから発生する蒸気量でキャスターの減耗を推定して鉄皮からの漏れといったトラブルにならないように設備管理を行っている．

高温ガス化炉を出た後，ガス洗浄塔に導かれる．合成ガスの中には，塩ビなどに由来する塩化水素が含まれるが，これをアルカリ水で中和することにより「塩」に変換させる．

塩化水素を取り除いた後の合成ガスを CO 転化設備へ送り込み，水蒸気と反応させることにより，一酸化炭素を二酸化炭素に変換するとともに，水素の増量を行う．

$$CO + H_2O \longrightarrow CO_2 + H_2$$

その後，脱硫設備にてゴム類などに由来する硫化物を硫黄として回収し，水素，窒素と二酸化炭素を主成分とする合成ガスをアンモニアプラントへ送給する．

16.2.3　アンモニア製造プロセス概要

次に，アンモニア製造プロセス概要を示す（図 16.2.3）．

アンモニアプラントに送られた合成ガスは，脱炭酸塔で二酸化炭素を取り出し，隣接する炭酸メーカーへパイプラインを通じて送り込む．水素と窒素（水素：窒素＝3：1 合成比となっている）のみとなった合成ガスをアンモニア合成塔に送り，30 MPa，約 500℃の高温・高圧下で空気中の窒素と反応させてアンモニアを合成する．廃プラスチックを分子レベルにまで分解するため，得られた水素は化石燃料から製造した従来品と同等の品質であり，それを使用したアンモニアも従来品と品質は同等である．

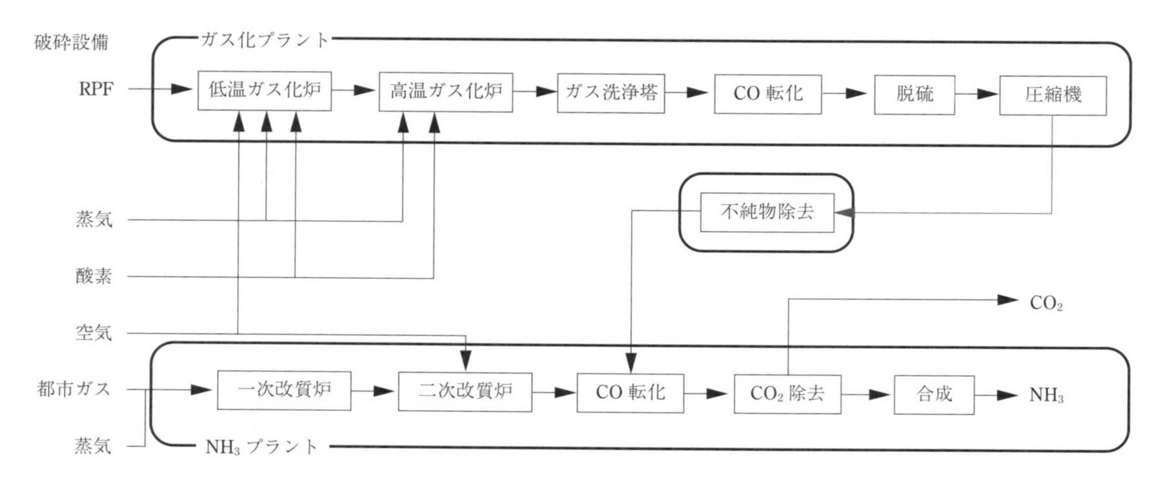

図 16.2.3 アンモニア製造フロー

文献

1) プラスチック循環利用協会，プラスチック製品の生産・廃棄・再資源化・処理処分の状況(2014)

2) 日本容器包装リサイクル協会 HP

16.3 分離技術

16.3.1 内部熱交換型蒸留塔(HIDiC)およびSUPERHIDIC

A 概要

蒸留は多段化が容易なことや，スケールメリットを得やすいことなどから，石油精製・石油化学分野で最も広く用いられる分離単位操作である．一方で，蒸留は熱エネルギー多消費操作であり，常に省エネルギー化が叫ばれる操作でもある．また，リボイラーにて燃料油やスチームを大量に消費することから，GHGs 排出量削減の観点からも，蒸留の省エネルギー化への期待は高い．

このため，古くから多くの省エネルギー蒸留技術が開発されてきた．その中で，究極の省エネルギーを与える可逆蒸留操作の概念を実現させることを目的とし，内部熱交換型蒸留塔(heat integrated distillation column, HIDiC)の概念が発表されて以来[1)]，世界中で HIDiC を実用化しようとする研究開発が行われてきた[2~4)]．

多くの研究開発が行われてきたが，下述するいくつかの問題のため商業化を果たせずにいた．そのような中，HIDiC の問題を解決したうえで，HIDiC よりも内部熱交換を行う組成，熱負荷，熱交換位置の組合せを最適化した SUPERHIDIC が開発され[5,6)]，すでに商業目的の初号機が稼働開始し，優れた省エネルギー性能が証明された．

B 原理とプロセスフローの概略

HIDiC，SUPERHIDIC ともに，可逆蒸留操作を実現しようとするアプローチに変わりはない．可逆蒸留操作は，図 16.3.1 に示すように濃縮部・回収部ともに無限段を仮定し，さらにすべての段に熱負荷が無限小となるサイドコンデンサー・サイドリボイラーの設置を仮定することで，各段での物質移動と熱移動を可逆的に行い，各段におけるエクセルギー損失を最小化しつつリボイラー負荷をゼロとする操作である．可逆蒸留操作と類似した塔内挙動を得るべく，ヒートポンプの原理を適用することで装置化を図ろうとしたものが HIDiC である(図 16.3.2)．すなわち，可逆蒸留操作における塔を濃縮部と回収部で分割し，その間に圧縮機を設置，濃縮部を回収部よりも高い圧力で稼働させることで，濃縮部のサイドコンデンサーから除去される熱を，回収部のサイドリボイラーの熱源として利用するものである．これにより，圧縮機にわずかな仕事を投

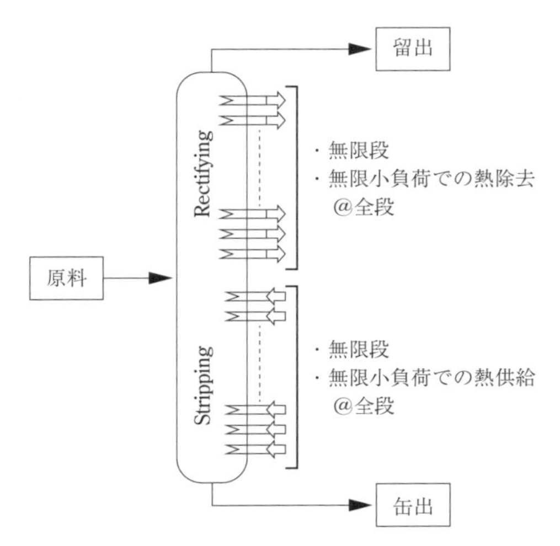

図 16.3.1　可逆蒸留操作

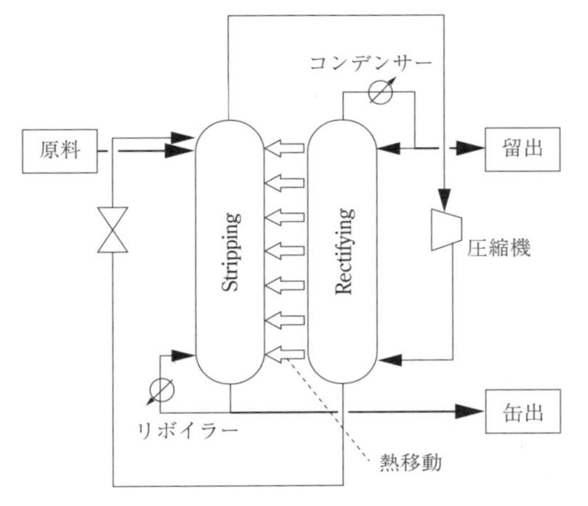

図 16.3.2　HIDiC 概略プロセスフロー

入することで，リボイラーで消費する熱負荷を大幅に削減しようするものである．

しかし，可逆蒸留操作と異なり HIDiC では段数が有限となるため，各段の熱負荷は無限小とならず必ず有限となる．熱力学的解析を行った結果，図 16.3.3 に模式的に示すように，次の 3 点が明らかになった[5]．

(1) 組成によってエンタルピー変化（熱負荷）が必要な組成と不要な組成がある．

(2) その熱負荷には大きなばらつきがある．

(3) 濃縮部で除去すべき熱負荷と回収部で供給すべき熱負荷が，両部位を平行に設置した際に合致することはきわめてまれである．

上記 3 点に留意した内部熱交換を行えば，HIDiC よりも省エネルギー性能に優れる蒸留システムが得

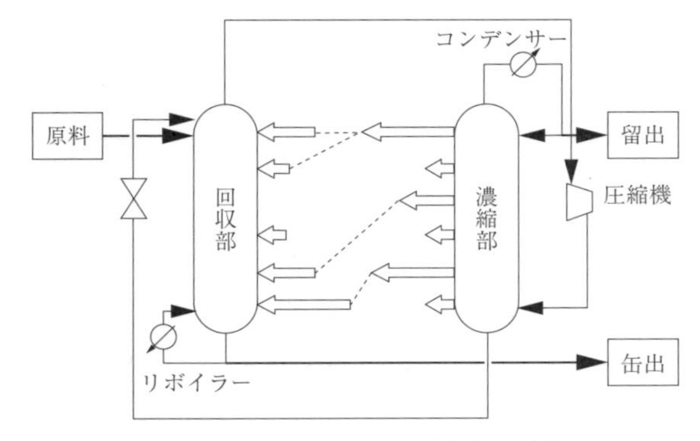

図 16.3.3　理想的な内部熱交換の形態

られる．すなわち，下記 3 点の実現が求められる．

(i) 熱の授受が必要な組成だけに，離散的に熱負荷を与える．

(ii) (i) で回収部に与える熱負荷と濃縮部から除去する熱負荷が，一致する段間で熱交換する．

(iii) 上述の熱交換において，授受すべき熱負荷はそれぞれ異なる．また熱交換する段間の温度差に依存しない．

さらに，図 16.3.2 に示す HIDiC を実現すべく開発されてきた装置はいずれも同心円型やそれに類似するものであり[3, 4]，濃縮部あるいは回収部の中間段からの製品抜き出しや，複数の原料を受け入れるような蒸留塔には適用できない．また，根本的にメンテナンスができないという問題点が残されていた．

これらの問題点をすべて解決し，特に上述した内部熱交換のあり方を根本的に見直した高性能 HIDiC が提案され，SUPERHIDIC として商業化されている（図 16.3.4）．このシステムでは，濃縮部と回収部をそれぞれ熱力学的に解析し，可逆蒸留操作と類似する塔内熱分布が得られるよう，熱の授受が必要な組成を有する段に熱交換器を設置する．熱交換器には，一般的な多管式熱交換器の管束を塔に挿入する形態のスタブドイン型熱交換器を用いたり，多管式熱交換器を塔外部に設置したりする．熱交換器の伝熱面積を変えることで，単に温度差に依存せず所望の熱負荷を与えることが可能となる．また，熱交換器を濃縮部か回収部のいずれかに設置し，設置しない部位と熱交換器の管側を外部配管で接続することで，所望の段間で熱交換を行うことができる．

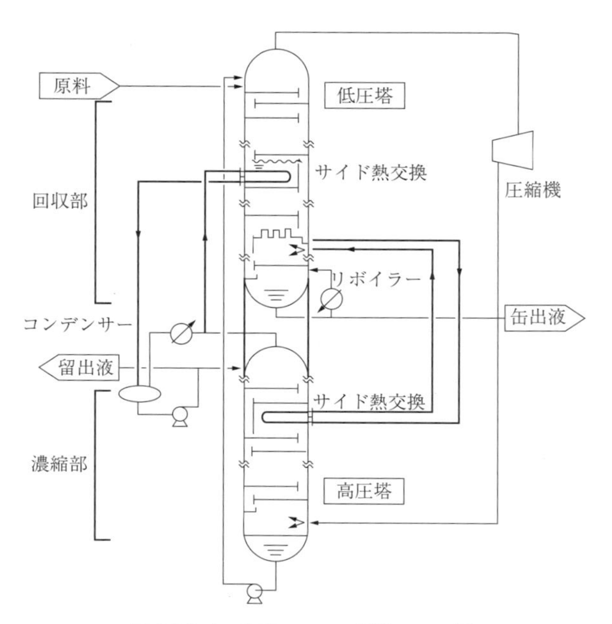

図 16.3.4　SUPERHIDIC 概略フロー図

C　プロセス

a　省エネルギー性能

HIDiC, SUPERHIDIC はいずれもメカニカルヒートポンプの一種であるため，熱量(熱エネルギー)と動力(仕事)を適切に評価し，省エネルギー性能を評価する必要がある．動力を得るために必要となる一次エネルギーを発電効率(ここでは 36.6％とする)にて変換して，熱エネルギーベースで評価することが一般的である．ただし，それぞれの用役コストが明確な場合は，経済性評価を行えばよい．

b　プロセス所有会社

SUPERHIDIC は東洋エンジニアリングが，関連特許を複数所有し(うち１つは産業総合技術研究所と共同出願)独占的にビジネスを行っている．HIDiC は，国内では木村化工機や関西化学機械が関連特許を複数有しているが，商業化の実績はない．

c　建設実績

東洋エンジニアリングは丸善石油化学から 2014 年に SUPERHIDIC を受注，2016 年に同装置は稼働開始し商業運転を行っている．世界に先駆けて HIDiC 系技術の商業化に成功した．同装置はメチルエチルケトン製造装置内の精留塔に適用されたもので，従来型蒸留塔と比較して消費エネルギーを 55％以上削減した．

D　今後の展望

長年にわたり実用化できなかった HIDiC 技術を進化させ，SUPERHIDIC が開発され，優れた省エネルギー性能が安定商業運転を通して実証された．今後は SUPERHIDIC が主流になると考えられ，国内外での飛躍的な適用拡大が期待されるところである．

同技術は芳香族プロセス，異性化プロセス，プロピレン回収プロセス，多くの C_4 プロセスなどで，50％を超える高い省エネルギー性能が得られる見込みであり，今後これらのプロセスを中心に多くの適用拡大が見込まれる．我が国の GHGs 排出量削減への寄与も大いに期待されるところである．

文献

1) R. S. H. Mah, J. J. Nocholas Jr., R. B. Wodnik, AIChE J., 23, 651-658 (1977)
2) M. Nakaiwa et al., Chem. Eng. Res. Des., 81, 162- 177 (2003)
3) K. Horiuchi, M. Nakaiwa, K. Iwakabe, K. Matsuda, M. Toda, Kagaku Kogaku Ronbunshu, 34, 70-75 (2008)
4) O. S. L. Bruinsma, T. Krikken, J. Cot, M. Saric, S. A. Tromp, Z. Olujic, A. I. Standiewicz, Chem. Eng. Res. Des., 90, 458-470 (2012)

5) T. Wakabayashi, S. Hasebe, Computers and Chemical Engineering, 56, 174-183 (2013)
6) 若林敏祐，松田圭悟，ペトロテック，39(1)，34-39 (2016)

16.3.2 新型トレイ・充てん塔

A 概要

蒸留分離操作においては，省エネルギーを目的としたシステムの開発が盛んだが，省エネルギーをもたらす圧力損失の低減や，処理量アップを目的としてデバイスの開発も依然として行われている．トレイ・充てん物ともに，我が国での開発はほとんど行われていない状況だが，欧米では継続的に開発が行われている．ここでは，トレイと充てん物に分けて，最近10年間ほどの開発動向を述べる．

B トレイの開発動向

トレイの開発はおもに処理量アップを目的として行われてきており，3つのアプローチに分類できよう．

1つ目は，気液接触を行うユニット自体の改良である．一般に，気液接触を行うシーブ穴やバルブユニットは同じ開口面積でも，小型のほうが処理量が上昇する．また，従来型トレイのデッキ上の液流れが均一でなく，壁面近くでは液が滞留しており，この領域ではガス流速も遅く，塔断面積を有効に利用できていない．このため，壁面近くに液が流れるようにガスを特定方向に噴出させる小型固定バルブを用いることで，処理量がアップできる．

2つ目のアプローチは，従来型トレイのダウンカマー下の気液接触しない部位を有効利用するもので(図16.3.5)，Koch-Glitsch社のSUPERFRAC TrayやSulzer Chemtech社のVG-Plus Trayなどがその代表例である．

3つ目のアプローチは，2つ目のアプローチに加えダウンカマーを多数設置し，出口堰が単位長さあたり処理する液量(weir loading)を低減させることで，処理量を上昇させるものである．図16.3.6で模式的に示すように，weir loadingが大きいほど，トレイのjet floodとなるガス処理量は低下する．Weir loadingを低減させることで，ガス処理量を上昇させることができる．ただし，ダウンカマーを多数設置することで，上のトレイから供給された液が，そのトレイのダウンカマーに入るまでに液がガスと接触する長さ(flow path length)が短くなるため，従来型トレイや1つ目，2つ目のアプローチを採用した高性能トレイよりも分離効率が低下する懸念があり，寸法とトレイ効率の関係から，適切な理論段数を設定する必要がある．代表的なトレイにShell Global Solutions社のHiFi TrayやUOP社のMD Trayがある(図16.3.7)．

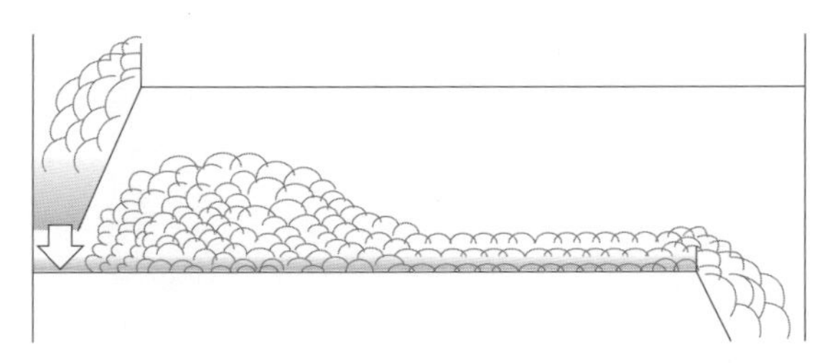
図16.3.5 ダウンカマー下面積の有効利用による処理量増加

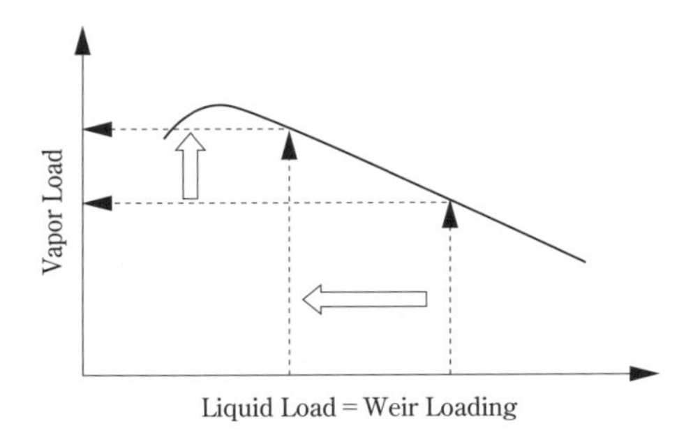

図16.3.6 Wier loadingとjet floodingの関係

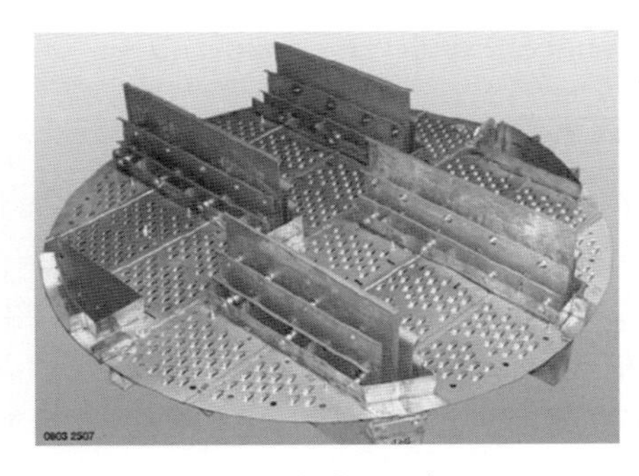
図16.3.7 Shell HiFi Plus Tray

さらにKoch-Glitsch社のULTRA-FRAC Trayや，Shell Global Solutions社のConSep Trayのように，新たな概念に基づく次世代トレイが実用化されてきた(図16.3.8)．従来のトレイはトレイデッキ上で気液接触し物質移動させた気液を分離させるため，トレイデッキ上ではjet floodが起きないようおおむね気液を分離させ，分離しきれない泡(froth)

図 16.3.8　Shell ConSep Tray

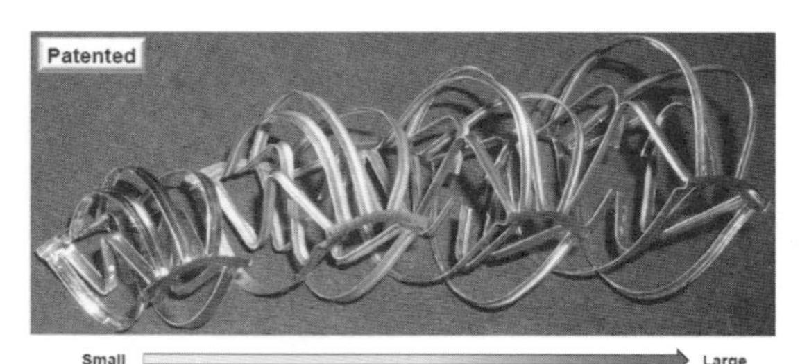

図 16.3.9　Koch-Glitsch INTALOX ULTRA Packing

をダウンカマーで分離していた．そこでは気液分離に重力を利用するが，次世代トレイでは jet flood を許容し，液を伴ったガスを静翼がついたユニットに導入し，遠心力を発生させて液を分離する．これにより，従来の高性能トレイと比較しても大幅な処理量増加を見込むことができる．ただし，この気液接触の形態が点効率の概念に近くなるため，これまでのトレイより分離効率が低下する懸念があり，理論段数の設定を適切に行う必要がある．

C　充てん物の開発動向

規則充てん物では高性能規則充てん物が開発され，すでに広く普及している．従来までの規則充てん物では，レイヤーが変わる部位でガスが急激に流れの方向を変えるため圧力損失が上昇し，高処理運転の際に flooding の起点となると考えられてきた．このためレイヤーの変わり目で，ガスがスムースに流れるようレイヤーの上下(あるいは一方のみ)の流路形状を改良した．これにより，従来型規則充てん物と比較して，5～25％程度の処理量増加を得られる．

近年，不規則充てん物の開発で成果があがっている．Raschig 社が，Intalox Metal Tower Packing (IMTP)に代表される第三世代から性能改善された第四世代不規則充てん物として，Raschig Super-Ring を市場投入した後，Koch-Glitsch 社が INTALOX ULTRA Packing を，Sulzer 社　が NeX Ring を市場投入した．いずれの充てん物も第三世代と同等の分離効率を，より高い処理量で得られる性能を有する(図 16.3.9)．

D　トレイの開発動向

トレイや充てん物の製品開発とは別に，メカニカ

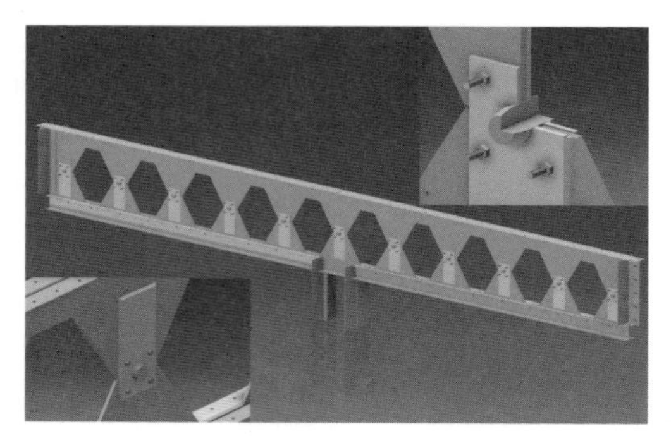

図 16.3.10　Sectionalized Beam

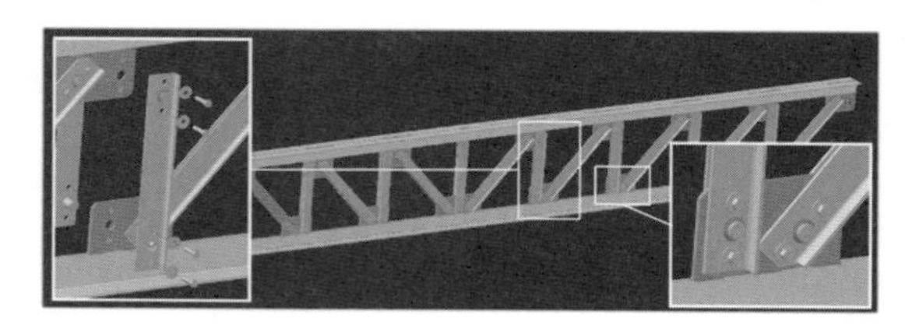

図 16.3.11　Pinned Truss

ル設計面で，Koch-Glitsch 社から近年注目すべき改良技術が開発された．Sectionalized Beams (図 16.3.10) と Pinned Truss (図 16.3.11) とよばれる，大型塔のトレイ，充てん層，インターナルスのサポートに用いられる構造物で，全コンポーネントを現地溶接を行わずに塔内で組み込める．近年，海外で建設されるプラントは大型化されており，このような面からの開発も工事施工面から有意義な開発である．

E　今後の動向

特にトレイについては，重力に制約されない作動原理に基づく次世代トレイの普及が期待されるが，分離効率が従来のトレイよりも低いことが課題であ

る．この点を改善する開発が期待される．

16.3.3 WINTRAY

A 概要

液液抽出は石油化学，石炭化学，石油精製をはじめとするプロセス工業で使用される重要な分離技術の1つである．液液抽出装置は横置きのミキサーセトラーと縦置きの抽出塔に大別されるが，前者は使用液体の蒸気リーク防止設備が必要であり，石油化学工業などではあまり使用されない．後者は充てん塔，多孔板塔，WINTRAY などの機械的な駆動部を有しない抽出塔，RDC（回転円板抽出塔），Sheibel 塔，ARDC（偏心式回転円板抽出塔）などの撹拌型抽出塔，パルス発生器を有する脈動塔，トレイを上下に振動させる振動板塔に分類できる．WINTRAY 以外の抽出塔は 20 世紀に工業化され，共存共栄の状態で発展してきた．しかし，WINTRAY が 21 世紀初頭に工業化されると，既往の抽出塔よりも塔単位断面積あたりの処理量が大きい，抽出効率が高い，設備費が安いなどにより，石油化学工業などで多数，建設された．

B 建設実績

抽出塔は反応器あるいは蒸留塔などから供給される溶液（原料）と相互不溶解な抽剤を液液接触させ，原料中の反応生成物あるいは未反応物などの特定成分（抽質）を抽剤側に効果的に移動させる装置である．WINTRAY の商業実績は 19 基で，おもな抽質はアルコール，酸，芳香族などであり，これらに対する代表的な抽剤は水，アルカリ水溶液，有機溶剤などが選定されている．

C 装置構造，流動様式，性能

WINTRAY は塔内に異なる形状を有するトレイを交互に配置したものである．図 16.3.12 は重液が分散相，軽液が連続相として供給されるときの流動パターンを示す．各トレイに到達した重液液滴は合一し，再分散され，液滴は塔内壁から塔中心へあるいは塔中心から塔内壁へ水平移動しながら再合一する．再合一した分散相はトレイ開口部から波板状に噴出し，伸縮運動を繰り返しながら，従来の抽出塔よりも幾分大きな液滴を生成する．大きな液滴は処理量を増加させ，伸縮運動は抽出速度や抽出効率を上昇させる．

従来の抽出塔では，処理量の増加とともに，抽出効率が最大となるが，さらに処理量が増加すると抽出効率が低下し，フラッディング点（運転可能な最大流量）に達する．WINTRAY は処理量の増加とともに抽出効率が増加し，抽出効率が低下することなく，フラッディング点に至る（図 16.3.13）．塔単位断面積あたりの処理量は従来の抽出塔の 2 倍以上で，抽出効率も高い．

D BTX 抽出への適用事例[1]

熱分解ガソリンあるいはこれと石炭粗軽油の混合油からベンゼン，トルエン，キシレン（BTX）を抽剤スルホランで抽出する工程に WINTRAY が導入

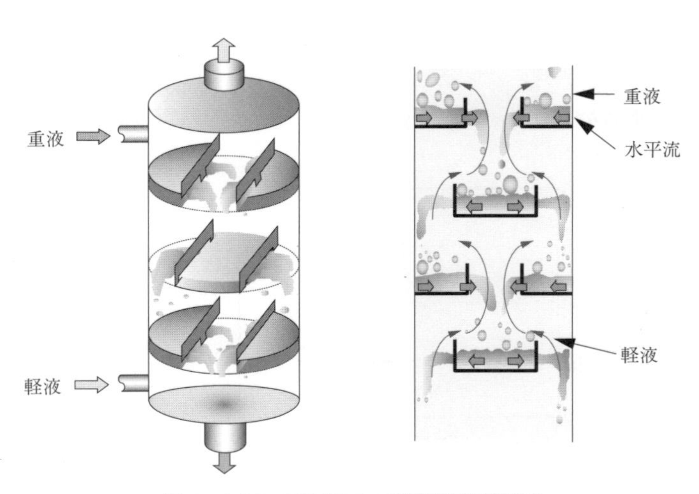

図 16.3.12 WINTRAY の構造と流動様式

された事例を紹介する．

a　既設塔の能力増強ケース（多孔板からWINTRAYへ）

既設プラントの処理能力を30万t y^{-1} から35万t y^{-1} に増強するため，ボトルネックであった多孔板抽出塔から多孔板を撤去し，WINTRAYに置き換えた．能力増強の可能性を実証するため，塔内径208 mmのWINTRAY抽出塔に，実液を供給し，フラッディグ試験，抽出試験を行った．WINTRAYのフラッディング流速は多孔板塔実機の実績値の2～3倍であり（図16.3.14），総括段効率も多孔板塔よりも高かった．実機の改造工事では既設塔から多孔板が撤去され，塔径，段間隔，段数を同じにしてWINTRAYが設置された．改造前後の運転結果を図16.3.15に示す．原料処理量は17%増加し，抽剤比は10%減少したにもかかわらず，BTXロス（抽残液中のBTX濃度）は約42 wt%も減った．これはWINTRAYの総括段効率が多孔板より約50%高かったためである．

b　WINTRAY新設ケース（RDCとWINTRAYの並列運転）

既設RDCは抽残液中のBTX濃度が約6 wt%であったが，後続プロセスの原料仕様変更に伴い，3 wt%以下が求められた．RDCでは3 wt%以下にできないため，原料である熱分解ガソリンの一部が新設されたWINTRAYに供給され，RDCとの並列運転が行われた．抽残液中のBTX濃度は合流前が1.5 wt%以下，合流後が3 wt%以下となり，目標が達成された．単独運転時のRDCとWINTRAYの運転結果を図16.3.16に示す．WINTRAYの塔単位断面積あたり処理量がRDCの2倍，抽剤比がRDCの20%減で運転されたとき，BTXロスがRDCより70%も低減した．なお，WINTRAYの抽出部高さはRDCよりも15%低い．

E　最近の技術開発動向

石炭化学プロセスにおいて多環芳香族中のタール酸を苛性ソーダ水溶液で反応抽出する工程がある．既設の処理量を上げるため，WINTRAYが導入され，順調に稼働中である．WINTRAYは抽出のみならず反応抽出にも適用可能である[2]．藻類からバイオ燃料あるいは有用成分を得るプロセスにおいて，藻類水溶液の脱水は低エネルギー消費が待望されている．WINTRAYパイロット試験装置に藻類水溶液，抽剤，窒素を供給し，気液液固接触により藻類混成

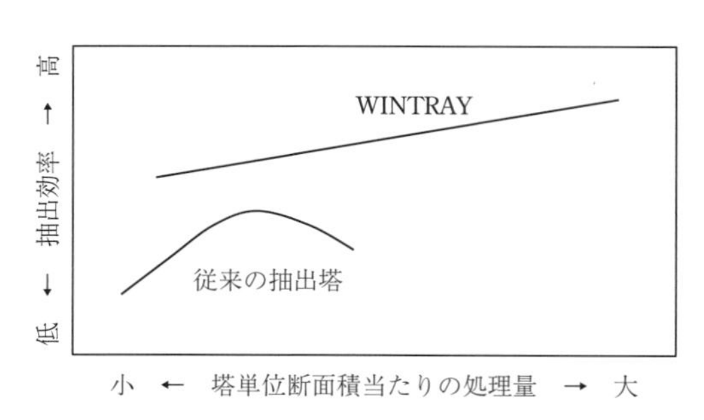

図16.3.13　WINTRAYの性能

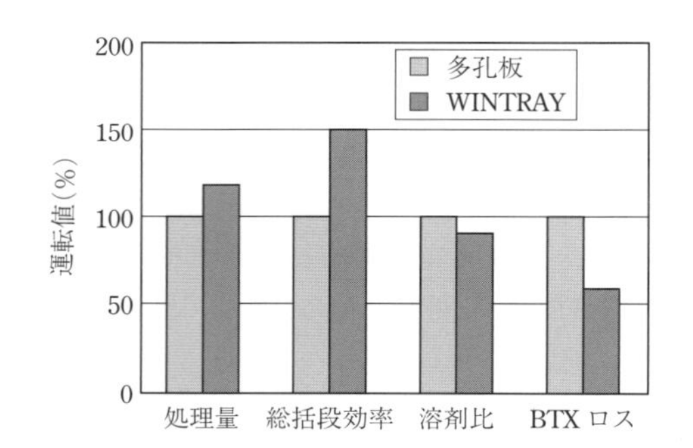

図16.3.15　WINTRAYと多孔板塔の運転結果（両塔の塔径，段間隔，段数は同一）

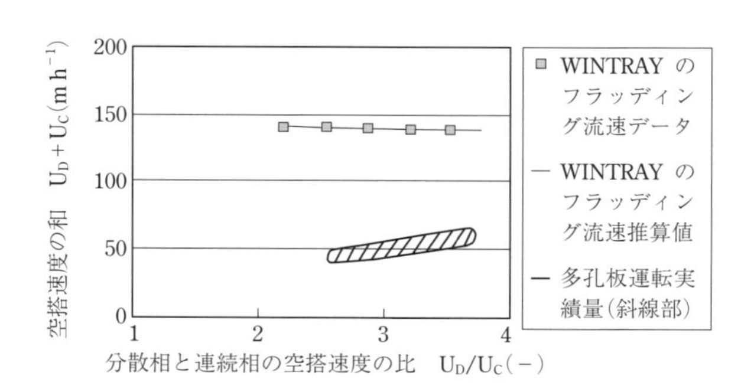

図16.3.14　WINTRAYのフラッティング流速と多孔板塔の運転実験値

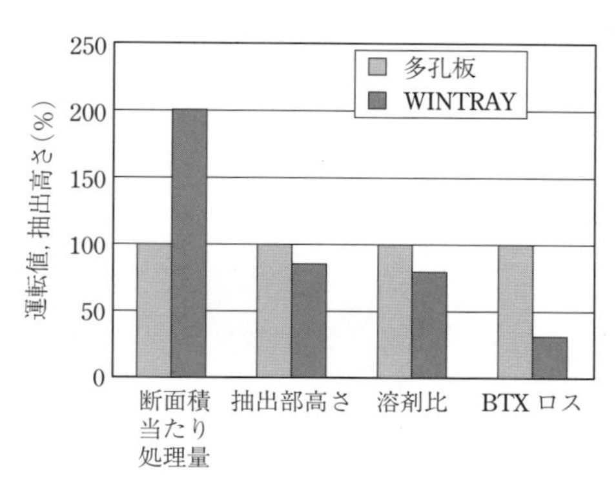

図 16.3.16　WINTRAY と RDC の運転結果(塔径は異なる)

体(藻類，抽剤，水，気泡，藻類代謝物からなる混合物)を生成させ，抜出後脱泡により藻類を低エネルギー消費で分離，脱水できた[3]．

文献

1) 中山喬，ペトロテック，32(5)，353(2009)
2) 溝上真嗣，増田喬，三瓶秀和，中山喬，第 50 回日本芳香族工業大会，42(2016)
3) 中山喬，今井清太，西田恵一，化学工学会第 49 回秋季大会，講演要旨集，BG203(2017)

16.4　省エネルギー

16.4.1　ピンチテクノロジー

A　概要

ピンチテクノロジー(ピンチ解析とも称す)は熱回収系の解析および設計手法として，英国マンチェスター理工科大学(現マンチェスター大学)を中心に 1970 年代後半に提唱された．この手法は熱回収系を考えるとき，装置を構成する多数の流体を個別に扱うのではなく，装置全体をあたかも 1 つの熱交換器として扱うことで，装置の加熱・冷却需要について温度と熱量のチャートとして表現することにより，理論的かつ包括的に検討を実施できる点で画期的な手法として着目された．特に，熱回収系を構築する前に装置の理論エネルギー最小要求量の理解，ならびに経済性を考慮した熱回収の目標設定を可能とする点に特徴がある．1990 年代に入り省エネ機運の高まりに加え，ピンチテクノロジー解析ソフトウエアが市販されたこともきっかけに，先進諸国の石油・化学企業を中心に普及するとともに適用範囲が広がった．

B　特徴

ピンチテクノロジーは，これまでの検討手法に完全に置き換わるものではなく，従来法の課題や短所を補完するものである．

図 16.4.1(a)に従来方法による，熱回収系構築の検討ステップを示す．従来方法では，設計に入る前に使用すべき用役選定(スチーム加熱，加熱炉，空冷，水冷など)も含め，最適条件をケース・スタディによって見いだしていた．この手法ではエンジニアの経験によるところが非常に多く，また試行錯誤によるケース選定が必要となる．また，選定されたケースの条件も含め，検討結果が真の最適条件であるかの判断が困難であった．

図 16.4.1(b)に，ピンチテクノロジーを適用した検討ステップを示す．従来法のケース・スタディのステップが，ピンチテクノロジー解析に置き換わった．ピンチテクノロジーは，事前に理論エネルギー最小要求量の理解，ならびに熱回収目標設定が可能となることから，時間を無駄に費やすことなく，効率的かつ理論的に目標条件を導くことができる．

C　コンポジット・カーブ

ピンチテクノロジーの特徴は，解析結果を視覚的に表現できるところにある．その 1 つがコンポジット・カーブ(composite curves，CC，図 16.4.2)であり，装置の熱特性を理解する上で有効なチャートである[1]．このチャートには，装置内の個々の流体を与熱側と受熱側について統合された熱複合線(コンポジット・カーブ)がプロットされている．これら 2 つのカーブが重なり合っている領域が熱回収を表す．また両者が最も接近している場所をピンチポイントとよび，そこにおける温度差(最小接近温度差(ΔT_{min}))は熱回収状況を示す指針となる．装置により指針とされる ΔT_{min} は異なるが，石油精製で

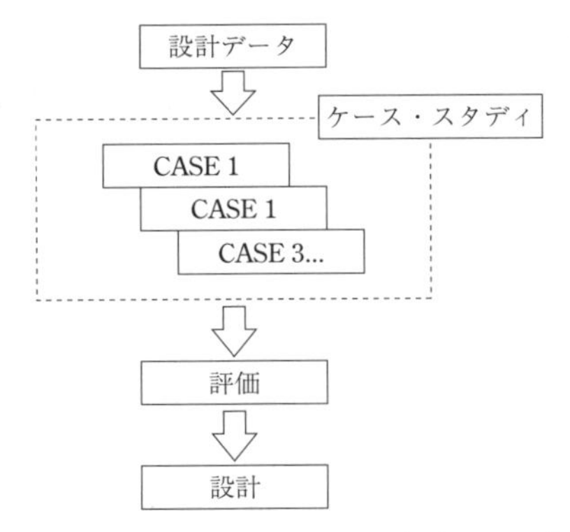

図 16.4.1(a) 従来法による検討ステップ

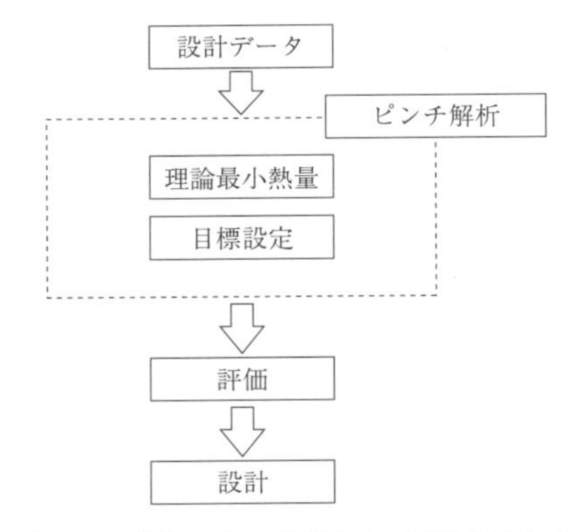

図 16.4.1(b) ピンチ解析による検討ステップ

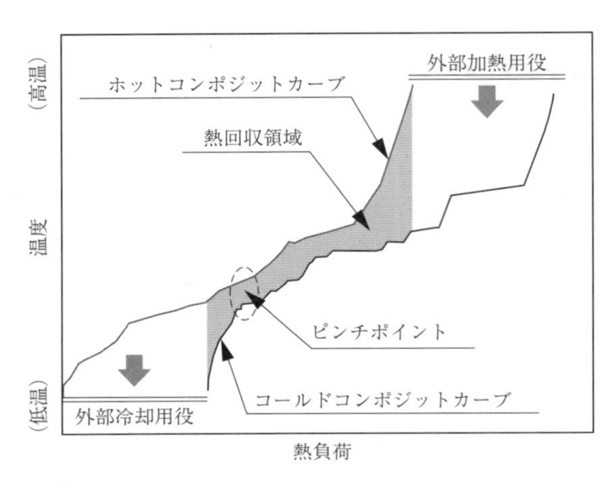

図 16.4.2 コンポジット・カーブ

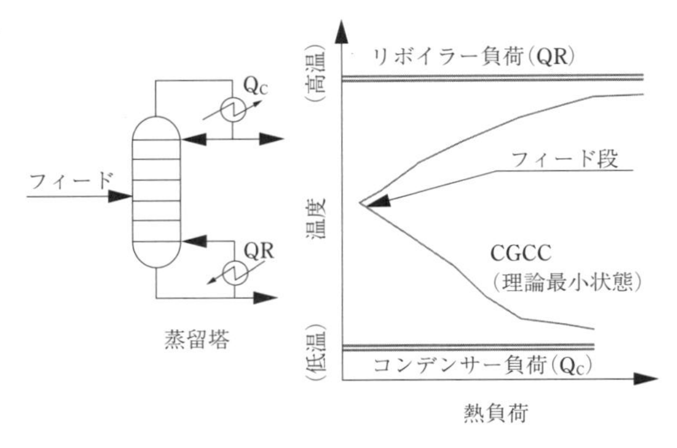

図 16.4.3 カラム・グランド・コンポジット・カーブ

は 25℃,石油化学,化学装置では 10〜20℃が目安となる.また CC を用いることにより,必要とされる伝熱面積を概算できることから,熱回収系構築前に熱回収量に対する必要伝熱面積との関係から,目標値の設定を行うことができることも大きな特徴である.

D 蒸留塔熱解析

蒸留は石油・化学工場における分離プロセスの 90〜95%を占める重要な単位操作であり,工場内におけるエネルギー消費量の多くの部分は蒸留操作によるものである.すなわち,蒸留塔運転条件の最適化も省エネルギー化を進める上で非常に重要な項目となる.その検討手段として,ピンチテクノロジーの1つである蒸留塔熱解析手法が有効である.本解析にはカラム・グランド・コンポジット・カーブ(column grand composite curve, CGCC, 図 16.4.3)が用いられる.本手法は理想的な蒸留操作(無限段数を有し,各段にリボイラー,コンデンサーが設置された状態)を仮定した場合の,蒸留塔内部の蒸気および液熱量(熱力学的理論最小状態)を表現したグラフである.CGCC は,蒸留塔内で必要とされる熱操作条件を示しているため,その形状を解析することにより,下記項目の改善方針を検討することが可能である.

(1) フィード段位置
(2) 還流比
(3) フィード温度
(4) 中間ヒーター,クーラーの熱量配分(あるいは,新規設置)

CGCC 解析によって,さまざまな蒸留塔の運転に関する改善検討を行うことができる.一方,本手法は理想状態を仮定,表現しているため,必ず改善案に対して再度蒸留シミュレーションを行い,製品性状,収量などの目標の達成可否について確認する必要がある.

E　蒸留塔熱・インターナル性能解析

蒸留塔熱解析と蒸留塔インターナル性能解析の同時展開により，効率的に蒸留塔の運転改善を検討することができる．CGCC は，理想状態における蒸留塔内の蒸気および液熱量を表現しているため，これを質量流量，あるいは体積流量にて表示することにより，インターナル性能との比較が可能となる．その一例を図 16.4.4 に示す．横軸が段数，縦軸が蒸気流量を表す．

図中には以下の (1) ～ (4) がプロットされている．

(1) 蒸留計算によって得られた塔内蒸気流量

(2) インターナル性能解析にて得られたインターナル性能上限

(3) インターナル性能解析にて得られたインターナル性能下限

(4) CGCC にて得られた蒸気理論最小流量

蒸留塔塔頂および中間段付近で (1) は (2) を超えているため (図中 (A) と (B))，現状条件での運転は困難である．一方，CGCC 手法にて導出された (4) は (1) に対して十分に低い．すなわち，蒸留塔の運転条件改善により，塔内蒸気流量を低減し，インターナル性能範囲内にできる可能性があることを示している．熱，インターナルを同時に解析することにより，改善の方向性および改善可能量を事前に見いだすことができる．例では蒸気流量を扱っているが，本手法は液流量に対しても適用可能である．

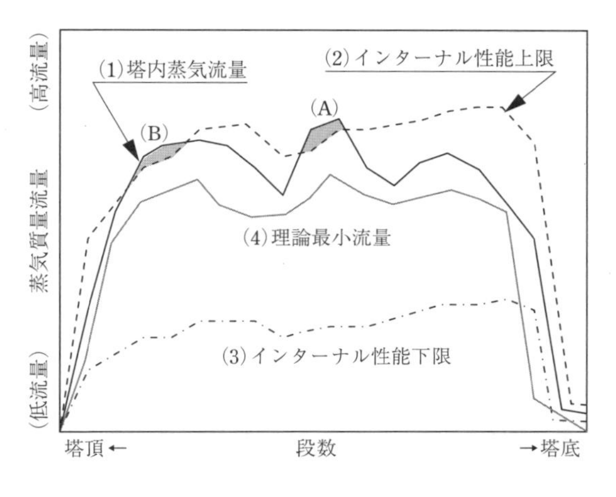

図 16.4.4　蒸留塔熱/インターナル性能解析

F　適用事例

a　蒸留スキーム最適化

i) 初期設計

CC 手法を適用した石油精製プロセスの蒸留分離スキームの最適化事例を紹介する．当初設計では，予備フラッシュ塔と主蒸留塔から構成されていた (図 16.4.5)．本スキームにおける CC を図 16.4.6 に示す．原料中には低沸点のナフサ＋LPG 成分が多いため，加熱炉で高温まで予熱された熱の大部分は，低温の蒸留塔塔頂凝縮熱に変換され，熱回収に利用することができない．またピンチポイントにおける温度差が小さく，さらなる熱回収向上は困難であり，経済的な熱回収率は約 50％と判断された．

ii) 改善検討

予備フラッシュ塔を予備蒸留塔へ変更し，かつ，操作圧力の上昇を図った (図 16.4.7)．本条件における CC を図 16.4.8 に示す．ピンチポイントより低温側のカーブが高温側に膨らみ，熱回収に有効な熱量が増加していることがわかる．

高圧化により相対揮発度が低下するため，製品要求性状を守るための加熱および冷却量は増加するが，外部冷却用役に捨てていた熱を原料予熱に利用

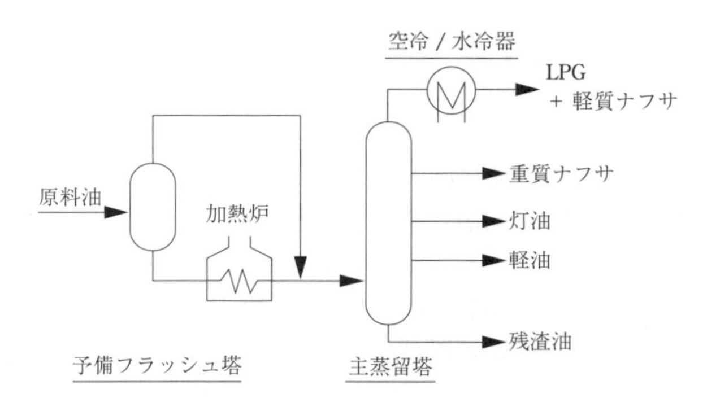

図 16.4.5　初期設計案

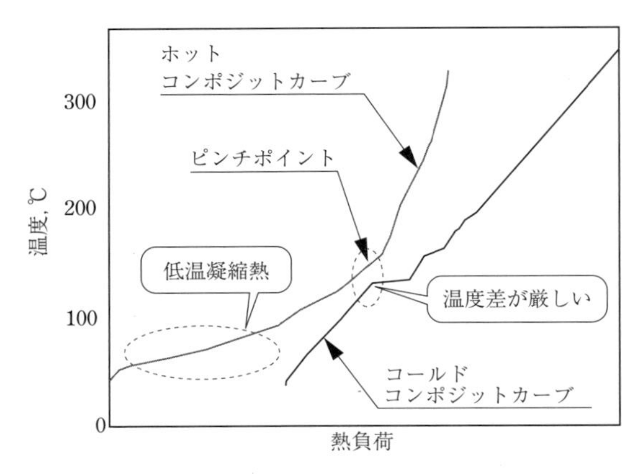

図 16.4.6　初期設計条件の CC

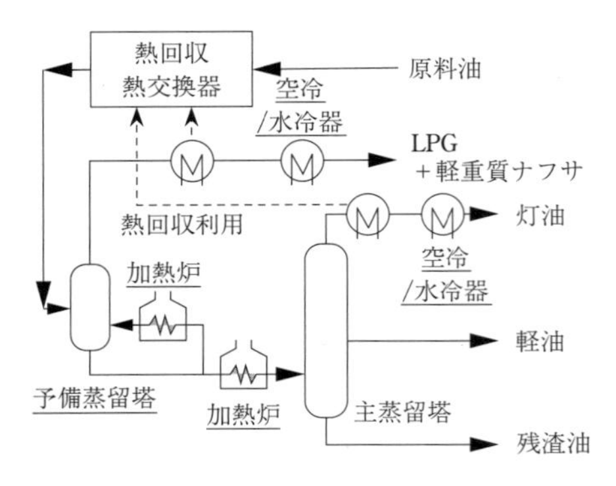

図 16.4.7　改善案フロースキーム

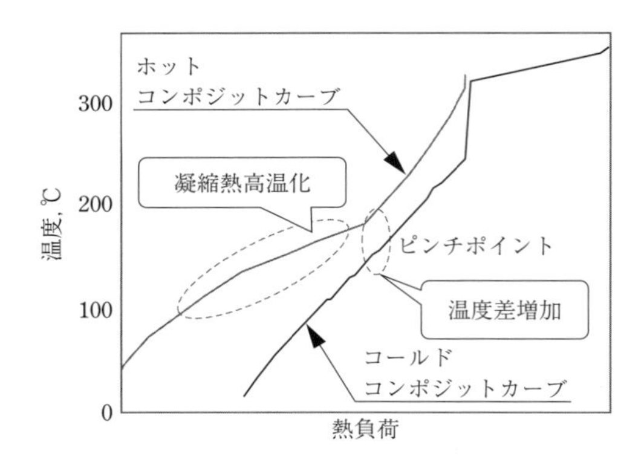

図 16.4.8　改善案フロースキームの CC

することが可能となり，熱回収率は 62％まで向上した．結果として外部加熱用役使用量は当初設計条件よりも削減可能となった．

本ケースの場合，熱回収熱交換器基数の増加が伴うが，相対的に加熱炉コストならびに空冷冷却器の設置コストのほうが高く（表 16.4.1），加熱炉および空冷冷却器の小型化が達成されたことにより，結果

表 16.4.1　機器コスト相対比較

項目	相対比*
シェル・チューブ熱交換器	1.0
空冷式熱交換器	1.9
加熱炉	2.4

*建設当時の単位熱量あたりのコストの相対比

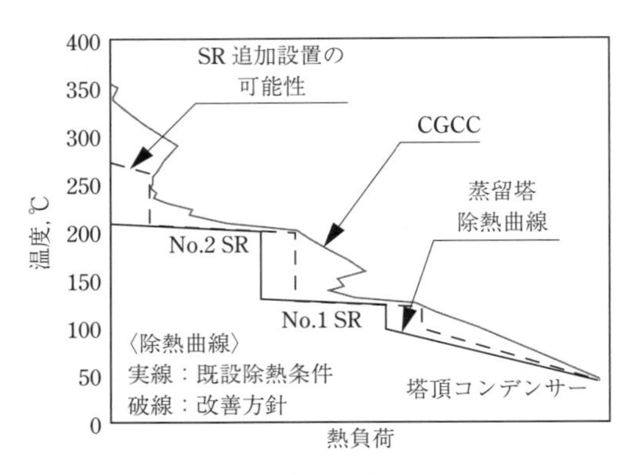

図 16.4.9　計画条件の CGCC

として総建設コストも当初設計案よりも低減し，経済的なフロースキームを提供することができた．

b　常圧蒸留装置能力増強

原油常圧蒸留装置（crude distillation unit, CDU）の能力増強事例を紹介する．CDU の主蒸留塔には，塔頂コンデンサー以外に，中間クーラーとして複数のサイドリフラックス（side reflux, SR）が設置されており，その熱は原油の予熱や，他の蒸留塔リボイラーの熱源などに利用されている．回収熱量増加のためには，各 SR の除熱量配分を最適化することが重要となる．

i)蒸留塔熱解析

計画条件における主蒸留塔の CGCC を図 16.4.9 に示した．主蒸留塔には塔頂コンデンサーに加え，2 つの SR が設置されており，その状態が除熱曲線として表現されている（図中実線）．高温側で CGCC と温度軸との間隔が離れている．これは，理論上可能な除熱量を表している．すなわち，SR の追加設置が示唆されている（図中破線）．SR 追加設置により，塔頂コンデンサー負荷を減じ，熱回収に有効な高温の熱源の増加が可能となる．

ii)蒸留塔熱・インターナル解析

計画条件における蒸留塔熱解析・蒸留塔インター

ナル性能解析結果を図 16.4.10 に示した．インターナル性能に着目すると，主蒸留塔中間段付近にて塔内蒸気流量がインターナル性能上限を超えている(ボトルネック)．一方，熱解析結果に着目すると，計画条件蒸気流量と理論最小流量との間隔に余裕が生じている．これは，高温側への SR 追加設置により製品性状の変化を最小限にしながら，塔内内部還流量を削減できることと一致している．

iii)検討結果

以上の検討結果をもとに，要求製品性状を守ることができる SR 追加設置における除熱量を蒸留計算により設定した．また，ピンチ解析手法により，追加設置 SR の利用先(熱交換器)を確定した．

改善案概略フローを図 16.4.11 に示す．この結果，以下項目が達成された．

(1)処理量 20％向上
(2)原油予熱量向上による加熱炉負荷 6％削減
(3)蒸留塔インターナル改造範囲の最小化
(4)既設熱交換器転用による，熱交換器新設回避

16.4.2 コプロダクションピンチ

ピンチテクノロジーは，温度および熱量の関係で装置の特性をチャートとして表現していることから，「温度→品質(濃度や純度など)」，「熱量→流量」に置き換えることで，熱解析以外への応用も可能となる．これらのコンセプトをもとに，排水再利用および水素有効利用を目的とした解析手法として，水および水素ピンチテクノロジーに手法に展開されている．これらを物質ピンチと称する．

「コジェネレーション(コプロ)」が熱と電力の併給であるのに対し，「コプロダクション(コプロ)」は電力や燃料といった，エネルギーとともに物質(化学品)を併産するシステムと定義する(図 16.4.12)．

各工場で余剰あるいは廃棄されている低品位のエネルギー(おもに排熱，低圧蒸気)や物質(副生物)を，他の工場と融通・利用する企業間連携は，すでに多数取り組まれている．コプロのコンセプトは，単な

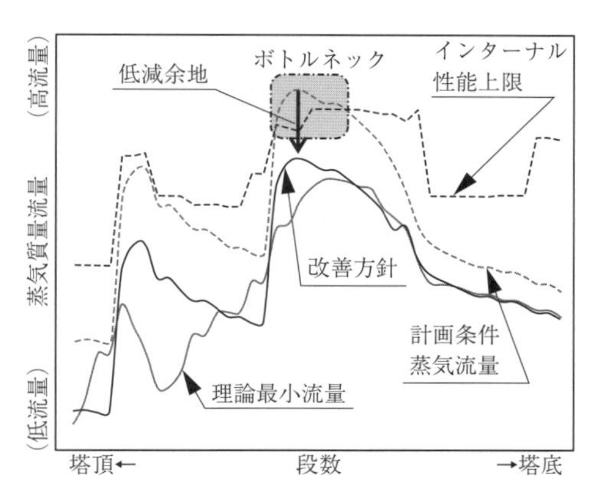

図 16.4.10　蒸留塔熱/インターナル性能解析

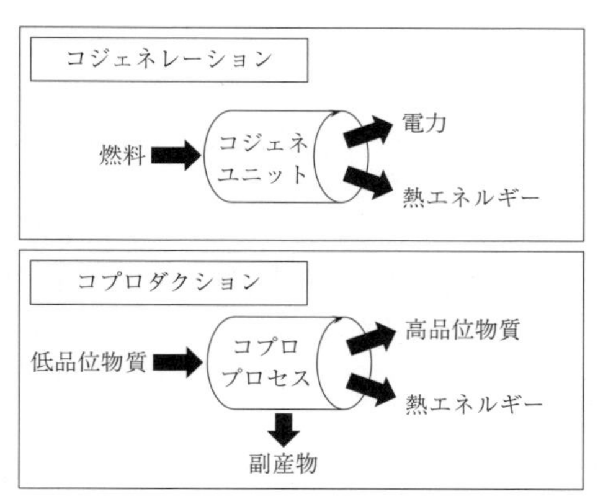

図 16.4.12　コジェネレーションとコプロダクション

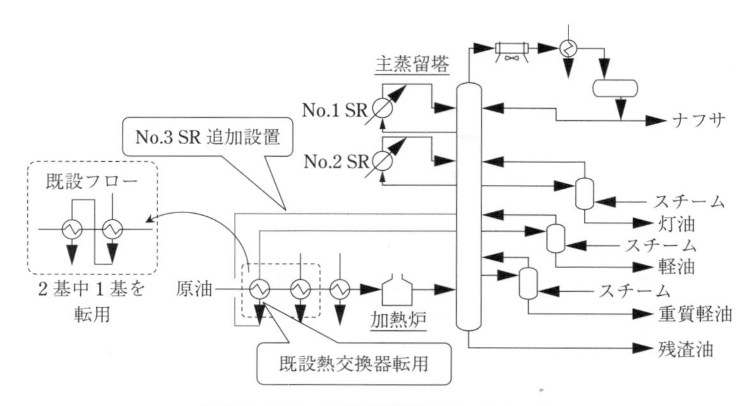

図 16.4.11　改善案概略フロースキーム

るエネルギーや物質の融通にとどまらず，コプロダクションプロセス（コプロプロセス）を導入することで，低品位排熱や物質を，高品位エネルギー（電力）や物質（合成ガス，水素など）に変換し，有効利用を図ることにある．コプロプロセス導入により，各工場の物質および熱収支に大きな影響を与える．そこで，エネルギー系と物質系の解析を同時に行い，最適な物質・熱利用法を検討する手法として，コプロダクションピンチ（コプロピンチ）が提唱されている．

コプロピンチ解析手法の概念図を図16.4.13に示す．図中には「エネルギーピンチ（熱解析）」と「物質ピンチ」が示されているが，それらは装置あるいは工場内のエネルギーや物質の再利用を独立した解析にとどまる．ここにコプロプロセスの導入による高度な装置あるいは工場間の連携を行い，従来の限界を超えた効率化を図る統合システムとして解析を行うものである．エネルギーピンチや物質ピンチの場合，再利用や再生方法，ならびにそれらに使用される機器の仕様・形式がおおよそ決まっているので，比較的モデル化（線型問題）しやすい．一方，コプロプロセスのケースでは変換プロセス導入が伴い，再利用される排熱や物質の品位および生産規模によって仕様に大きな影響を与えるため，線型問題として扱うことが難しい面がある．このため，最適化を行うにあたっては線型および非線形問題を同時に扱い安定に最適解を得るためのアルゴリズムが開発されている．その詳細については，参考文献を参照されたい．

エネルギーピンチや物質ピンチは設計前に目標値を設定することが可能であるが，コプロピンチの場合，どのようなプロセスをどのように連携させるか（利用する副産物の再利用方法など），事前に評価したい案件を選定する必要がある．連携アイディアの検討は技術者の知見・経験によるところが残されているが，創出されたアイディアに対する最適検討を統合化して行うことができる点で，有効な解析手法である．実際の適用事例について，次項にて紹介する．

16.4.3　石油化学コンビナートの省エネルギー事業

コプロダクションピンチテクノロジーの適用事例として，大分石油化学コンビナートにおいてNSスチレンモノマーと昭和電工が連携して実施した省エネルギー事業[1〜3]を紹介する．

A　省エネルギー事業概要

NSスチレンモノマーでは，第二スチレンモノマープラントでの脱水素反応設備の最新鋭化による大幅な省エネルギー案を検討していたが，NSスチレンモノマー単独では，余剰エネルギー（燃料および低圧蒸気）の自己完結利用ができず，実行困難であった．

そこで，コンビナート全体で余剰エネルギーを吸収すべく，図16.4.14に示すNSスチレンモノマーと昭和電工の4プラントの複合的な連携事業を構築した．

a　第二スチレンモノマープラントの省エネルギー

第二スチレンモノマープラントの脱水素反応工程のリニューアルを行うとともに，熱回収を高効率化した．このことにより，第二スチレンモノマープラントでは，エネルギー消費量を25％削減し，大型

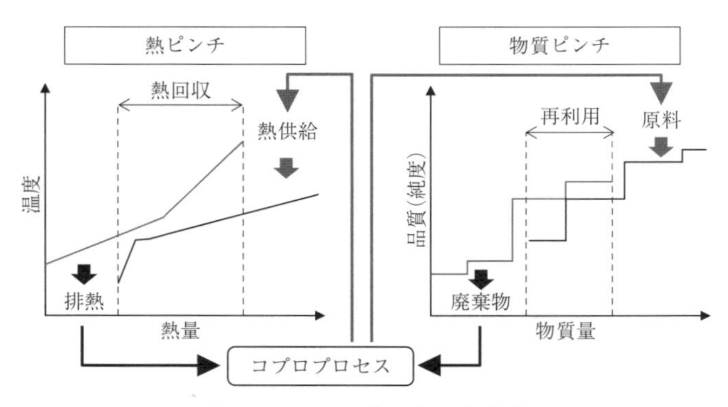

図16.4.13　コプロピンチ概念図

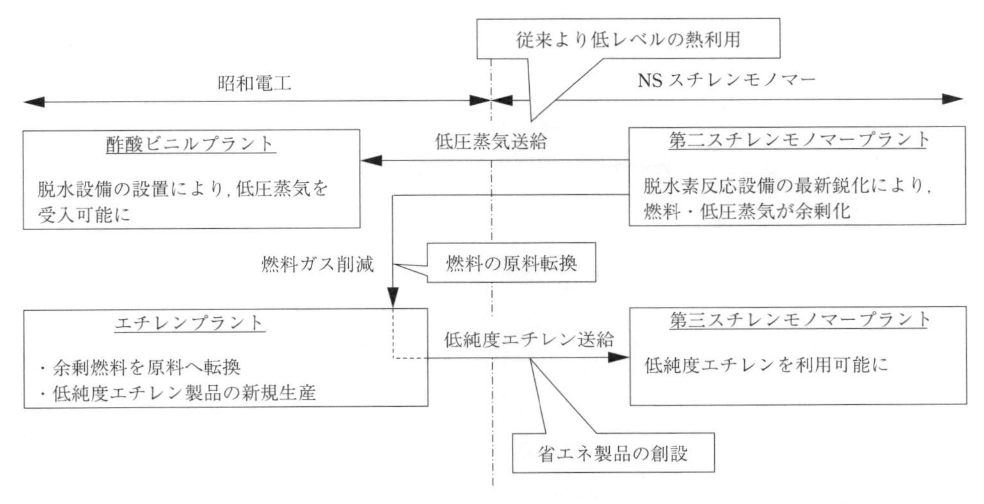

図 16.4.14　連携事業の概要

最新鋭プラントに匹敵するエネルギー効率を実現した．一方，NS スチレンモノマー単独では燃料と低圧蒸気が余剰となる結果となった．

b　酢酸ビニルプラントでの従来より低レベルの熱利用

第二スチレンモノマープラントでの余剰低圧蒸気は，共通用役センターに送給するには圧力が低い．そこで，酢酸ビニルプラントの反応工程に脱水設備を導入することによって，当該プラントへの受入蒸気圧力を下げて余剰低圧蒸気を受入可能とした．また，新設する脱水設備において反応工程の廃熱利用を行い，酢酸ビニルプラントのエネルギー消費量を20％削減した．

c　エチレンプラントからの低純度エチレン送給

第二スチレンモノマープラントでの燃料削減の結果，エチレンプラントではエタンの燃料使用量を減らし，分解原料化を行う．このとき，エチレン蒸留設備では，フィードのエタン濃度上昇によって設備能力不足に陥るので，その回避のため，軽微な改造で原料変更に対応可能な第三スチレンモノマープラント向けの高純度エチレン製品を低純度品に代替した．これにより，エチレン蒸留設備の設備能力維持と省エネルギーを両立させた．

B　コプロダクションピンチテクノロジーの活用

燃料や低圧蒸気バランスの問題を解決するためには，物質とエネルギーを同時に扱う必要があるが，計画の複雑さが障害となり，事業の妥当性検証が課題であった．

そこで，物質とエネルギーを同時に扱うことができる省エネルギー手法であるコプロダクションピンチテクノロジー[4〜6]を活用した．

a　解析手順

本解析では，省エネルギー効果から連携方法を評価するため，各プラントの改造内容をステップに分けて，改造ステップごとの省エネルギー効果を比較した．そして，最終的に最も省エネルギー効果の高い連携方法を選択した．解析手順を以下に示す．

まず初めに，解析モデル(図 16.4.15)を構築した．コプロプロセスモデルとして，蒸気モデル，エチレン，第二＋第三スチレンモノマー，酢酸ビニルのプロセスモデルを構築し，改造前後でのエネルギーと物質のバランス計算を行った．レイヤーは，エチレン，エタン，燃料ガスについてそれぞれ作成し，エチレンについては低純度と高純度を切り替えられるように，燃料ガス・エタンについては原料と燃料を切り替えられるようにモデルを作成した．また，蒸気ユーザーとして工場全体の熱交換器データのプロファイル(site source and sink profile, SSSP)を構築し，用役バランスの解析に使用した．

解析モデルの構築後，以下のように改造ステップごとの解析を行った．

改造前のエネルギー解析を行い，省エネルギー効果検討のベースケースとした．

(1) ステップ 1 として，「第二スチレンモノマープ

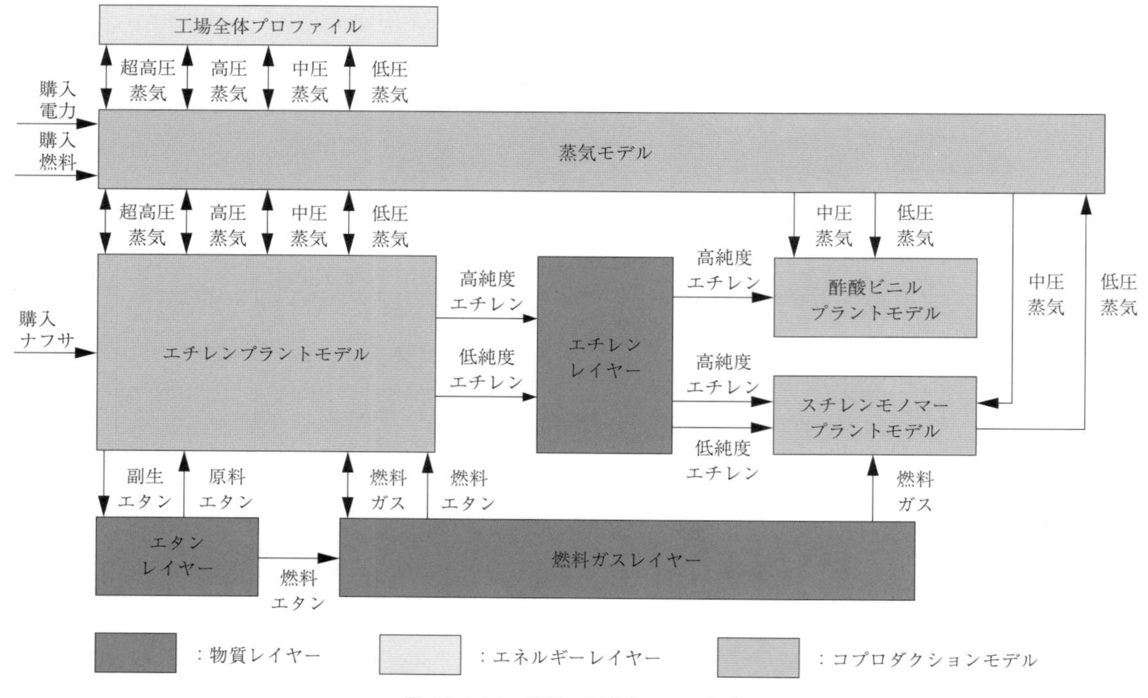

図 16.4.15　解析モデル(イメージ図)

ラント改造」の効果を解析し，解決すべき課題として燃料と低圧蒸気の余剰化を確認した．

(2) ステップ2として，ステップ1に加えて「酢酸ビニルプラント改造」による余剰蒸気融通の効果を解析した．また，余剰蒸気のユーザー候補を比較・選定し，酢酸ビニルプラント改造案が最も有望なことを確認している．

(3) ステップ3として，ステップ2に加えて「低純度エチレン送給・受入」の効果，すなわち，4プラント連携案の効果を解析した．また，低純度エチレン製品のユーザー候補を比較・選定し，第三スチレンモノマープラントでの受入が最も有望なことを確認している．

b　解析結果

図 16.4.16(a)にベースケースの昭和電工の SSSP 解析結果を示す．SSSP 解析とは，いわゆる熱ピンチ解析のことで，プロセスと用役(蒸気・水)との間で最適な熱回収，熱利用を解析する手法である．図 16.4.16(a)の左側はプロセスの冷却(source)，右側はプロセスの加熱(sink)を表している．実線がプロセス流体の温度と熱量のプロファイル，点線が用役の温度と熱量のプロファイルを表している．これより，改造前のプロファイルはターゲットと非常に近く，用役配分の改善ポテンシャルが非常に小さいので，さらなる省エネルギーを図るには，本格的な設備改造が必要であることを示している．

図 16.4.16(b)は4プラント連携後の昭和電工の SSSP 解析結果(ステップ3)を示したものである．酢酸ビニルプラント改造によって，140℃レベルのプロセス流体の必要熱量が図 16.4.16(a)と比べて左方に縮んでおり，150℃レベルの用役が削減されている(矢印部分)．また，150℃レベルの用役を示す線が図 16.4.16(a)よりやや下がった位置にあり，第二スチレンモノマープラントからの低圧蒸気の取り込みを表している(丸囲み部分)．

最後に，図 16.4.17 に各ステップでの省エネルギー効果を示す．この結果から，ステップ3の4プラント連携案が，最も省エネルギー効果のある連携方法であることを示した．

以上のように，コプロダクションピンチテクノロジーの活用を通じて，事業主体の異なるプラント間のプロセスモデルを組み合わせ，連携案の妥当性および省エネルギー効果を定量的に評価した．そして，両社にとって最適案であることを明示することによって，連携事業の成案を得た．

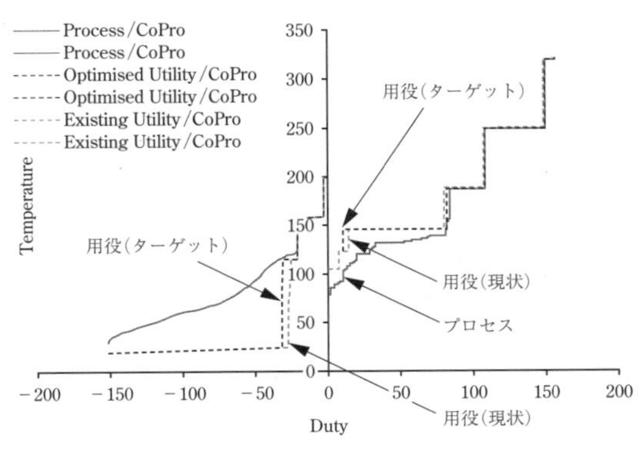

(a)改造前(ベースケース)

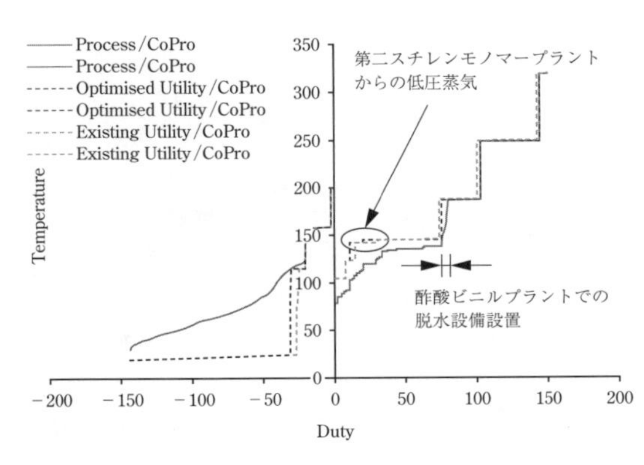

(b)4 プラント連携後(ステップ 3)

図 16.4.16　SSSP 解析結果

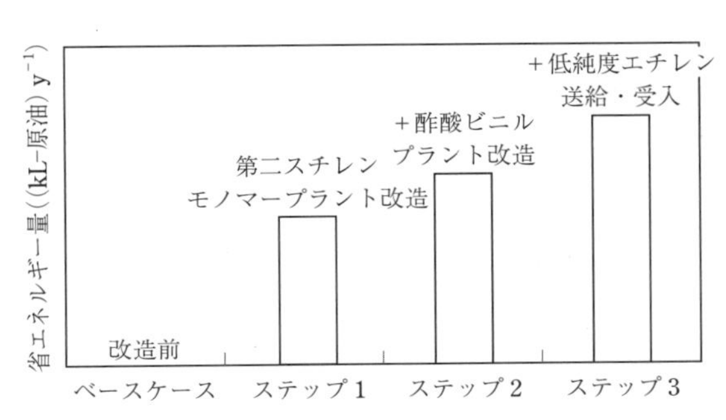

図 16.4.17　各ステップでの省エネルギー量

文献

1) 馬越和幸，ボイラ研究，376，12(2012)
2) 馬場研一，化学経済，62(2)，34(2015)
3) 馬越和幸ほか，化学工学，79(3)，197(2015)
4) NEDO，平成 19 年度—平成 21 年度成果報告書「エネルギー使用合理化技術戦略的開発/エネルギー使用合理化技術実用化開発/コプロダクション設計手法開発と設計支援ツールの研究開発」(2010)
5) 巽浩之，JETI，60(6)，26(2012)
6) 中岩勝，巽浩之，日本エネルギー学会誌，91(7)，584(2012)

16.5　ライフサイクル評価

16.5.1　LCA の歴史

ライフサイクルアセスメント(life cycle assessment, LCA)という概念は，環境，社会，経済に対する製品の影響をその製品のライフサイクル全体から考えようというものである．つまり，原材料の採取から材料の加工，製造，流通，使用，メンテナンスを経て，最終的に廃棄またはリサイクルするまで，製品のライフサイクルを通じてその影響を評価するものである(図 16.5.1)．

この概念が最初に提唱されたのは，1960 年代後半から 1970 年代の初め，ちょうど 1973 年の第一次石油ショックのさなかであった．エネルギー効率に優れた製品を望む顧客に応えるため，どの企業も光熱費を押さえるための方法を模索しており，同時に自社製品を改良するため，LCA を使い始める企業が登場した．

この LCA の概念は 1993 年から国際標準化の作業が開始され，1997 年に ISO 14040「環境マネジメント—ライフサイクルアセスメント—原則および枠組み」として発行された．同時に JIS Q 14040 として国内に取り込まれた．また，ISO 14044「環境マネジメント—ライフサイクルアセスメント—要求事項および指針」も発行された．グローバルにその取り組みが標準化され，社会の中に敷衍されてきたのである．

日本では 1995 年に産官学の協力により LCA 日

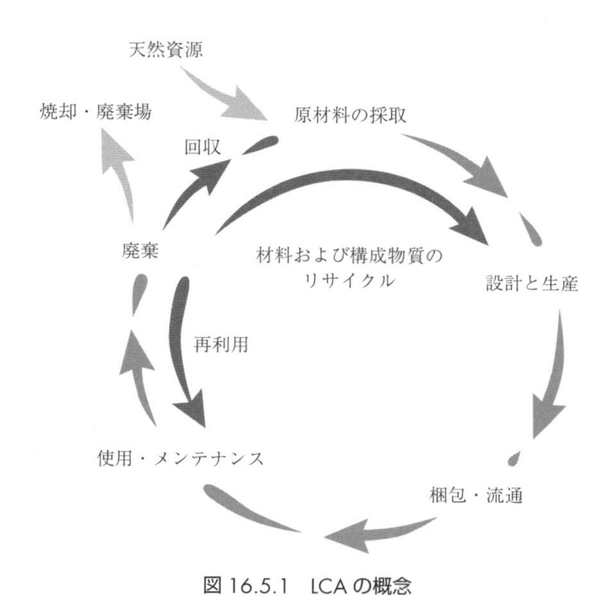

図 16.5.1　LCA の概念

本フォーラムが設立され，データベースの必要性などがポリシーステートメントとしてまとめられた．1998 年度から 2002 年度に第一期 LCA プロジェクト，2003 年度から 2005 年度まで第二期 LCA プロジェクトが実施され，これら一連の LCA プロジェクトを通じてデータベースの拡充，日本版被害算定型環境影響評価手法（LIME，Life-cycle Impact assessment Method based on Endpoint modeling），地域における LCA の応用などがなされた．各種インベントリーデータは LCA データベースとしてまとめられて LCA フォーラム[1]において公開され，会員になればだれでも使用可能な形となっている．

さらに，2004 年には日本 LCA 学会が設立され，「LCA およびその礎になっているライフサイクル的思考を持続型社会の構築のための基本コンセプトであると認識し，その科学の発展および知見の蓄積，交換とともに，その結果を用いた意思決定，あるいは成果の社会への普及方法などを含め，関連する新たな知識体系を，さまざまな分野の専門家の協働によって創生することを目的[2]」として LCA フォーラムなどと連携しながら活動している．

日本化学工業協会（以下，日化協）でも国際化学工業協会協議会（International Council of Chemical Associations，以下 ICCA）が発行した AN EXECUTIVE GUIDE “How to Know If and When it's Time to Commission a Life Cycle Assessment”の

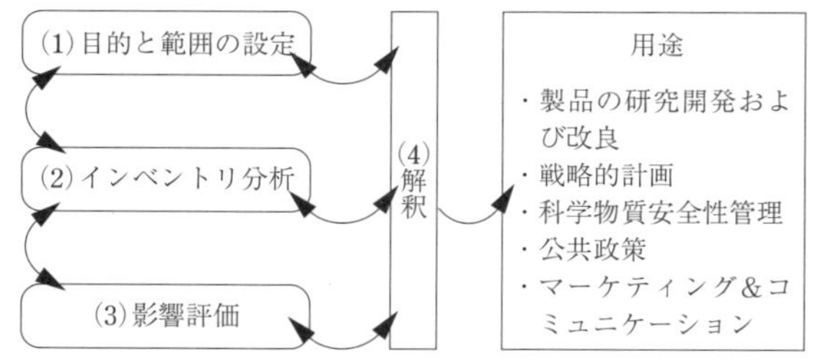

図 16.5.2　LCA の取り組み方法

日本語訳「ライフサイクルアセスメント（LCA）—なぜやるの　いつやるか」を発行（2013 年 8 月）して公開[3]している．この中には LCA 実施に向けた基本的な事項を記載している．

16.5.2　LCA の取り組み方

具体的にどのように LCA に取り組めばいいかの詳細については，各種の成書も発行されていることから，以下に簡単に説明する．

ISO 14040 シリーズでは，「ライフサイクルアセスメント」が簡潔に定義されている．具体的な方法は次のとおりとなる．

・製品システムに関して，インプット（投入される資源やエネルギー）とアウトプット（生産される製品や排出物）のデータをすべて収集する．
・収集したインプットとアウトプットに基づいて，環境への潜在的な影響を評価する．
・調査の目的に応じて，インベントリ分析と影響評価の結果を解釈する．

基本的には次の図のように，(1) 目的と範囲の設定，(2) インベントリ分析，(3) 影響評価，(4) 解釈，といった 4 つの段階を経て進める（図 16.5.2）．

(1)「目的と範囲の設定」では次の作業を実施する．
・調査の実施理由を明らかにし，製品の機能を特定する．
・調査結果を誰に情報提供するか，どのように利用するかを明らかにする．
・システム境界を設定する（「ゆりかごからゲート」，「ゆりかごから墓場」，「ゲートからゲート」）．
・データ要件を定める．
・調査の制約を確認する．
・時間基準と地理的基準を定める．

(2) 資源の使用と排出物の「インベントリ分析」では

次の作業を実施する．

・ライフサイクルの各ステージにおける材料使用量，エネルギー消費量，環境負荷物質排出量，および廃棄物に関するインプットデータとアウトプットデータを収集，検証，集計する．

(3)「影響評価」では次の作業を実施する．

・得られた数値をもとに，影響領域，領域指標，特性評価モデル，投下係数，重み付け値を使用して，インベントリ分析のデータを換算し人の健康や環境に対する潜在的影響を明らかにする．

(4)「結果の解釈」では次の作業を実施する．

・これ以前の3つのステージについて繰り返し実行される重要なステージで，プロジェクトの目的に照らして結果を評価する．比較評価のために調査結果を外部で使用する場合(「製品Xは製品Yに比べて環境負荷が小さい/大きい」と結論付ける場合など)は，その分野の専門家からなる第三者レビュー委員会が結果の正当性を検証する必要がある．調査結果には重大な影響を明示し原材料の使用量と環境負荷を軽減するための方法を提案する．

16.5.3 cLCA (carbon life cycle analysis)とは

地球温暖化がグローバルな重要課題として認識されるようになり，いろいろな環境影響の中でも，温室効果ガスの排出源としてエネルギー多消費産業の責任が問われるようになった．

2015年のCOP21においてパリ協定が採択された．これによって温室効果ガスの主要排出国を含むすべての国が参加する公平かつ実効的な枠組みが成立した．各国がパリ協定長期目標(2℃目標)を定め，5年ごとに条約事務局に提出･更新していく，プレッジ&レビューという仕組みである．

日本のパリ協定長期目標は，2030年において2013年比で約26%(3.7億t)の温室効果ガス排出量を削減するというものである．日本政府はこの長期目標を達成するために2016年5月に地球温暖化対策計画を閣議決定し，2030年の削減目標に向けて具体的な活動を進めていくと同時に国民の意識改革などを含めて活動の一般化も図っている．

化学産業は，ナフサ分解プロセスなどをはじめとしてエネルギー多消費型の産業であり，生産プロセスにおける省エネルギーの取り組みも重要であるが，それと同時に化学産業から生み出される各種製品がそのライフサイクルを通して特に使用段階において温室効果ガス排出削減に貢献しているケースも多くあることを認識し，訴えていきたいと考えている．日本の長期目標の中では分野別に温室効果ガス削減量を定めているが，家庭部門，業務その他部門においては4割程度の削減を計画している．家庭において単なる使用エネルギー削減ではQOL(quality of life)が著しく低下することになる．現在の生活の質を維持しながらエネルギー使用量を減らしていくためには省エネ家電や家の断熱材をはじめとした革新的な商品・製品の開発が必要となり，そのためには化学産業からの革新的部材の提供が必須となる．

ICCAは，2009年に「温室効果ガス削減に向けた新たな視点/化学産業が可能にする低炭素化対策の定量的ライフサイクル評価」と題する報告書[4]を作成・公表した．その中で，選ばれた化学製品の全ライフサイクルにわたるCO_2排出量と非化学製品の排出量とを対比して定量化し，両者の性能差に起因する使用段階での排出量の差を評価する手法である「cLCA(炭素ライフサイクル分析)」という論理的で実証的な評価法を紹介し，グローバルなCO_2削減に化学産業が大きく貢献していることを明らかにしている．

先に述べたように，温室効果ガス排出削減に資する環境性能の高い製品は，それらを製造する過程では温室効果ガスが排出されるが，一方で，これらの製品の多くは使用することにより世界の排出量の大幅な削減を可能とする．その効果を最もよく示す事例として次項で紹介するLED電球がある．白熱電球と比較して製造時1個あたりのCO_2排出量はLED電球のほうが多い．しかし，使用段階においてはLED電球のほうが消費電力が少ないことに加え寿命が圧倒的に長いため，何度も交換しなければならない白熱電球と比較して必要とされるエネルギー消費は大幅に減少し，そのことによってエネルギー消費量と温室効果ガス排出量は減少する．

このような，cLCAの考えに基づいた評価方法のガイドラインとして日化協では「CO_2排出削減貢献量算定のガイドライン」(2012年2月)[5]を刊行し，CO_2排出削減貢献量の算定のための基準と手順を

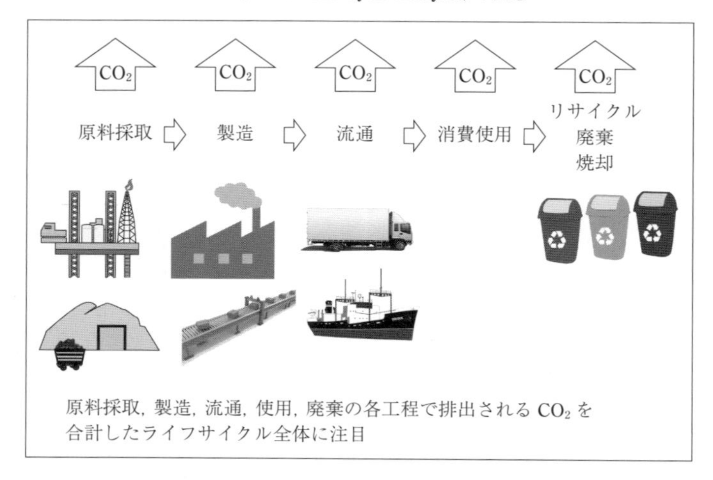

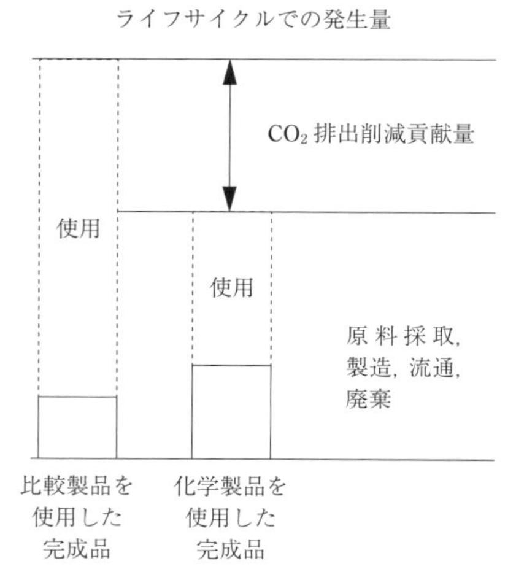

図 16.5.3　cLCA の評価方法

明確にし，その一般化を進めている(図 16.5.3)．また，このガイドラインをもとに，ICCA と WBCSD(持続的可能な開発のための世界経済人会議)の化学セクターが共同で編集し，発行したものの日本語版として「GHG 排出削減貢献に対する意欲的な取り組み」[6]を発行した．ICCA による cLCA 評価方法の普及活動と化学の貢献を示す活動は継続して行われており，2017 年 12 月には世界の cLCA 事例を集め公表している[7]．また，同時に cLCA の概念を分かりやすく表現したビデオを作成し公開している[8]．

一方，こうした cLCA という評価法の概念に関するグローバルな普及活動とともに，日化協は，2010 年より，日本国内における具体的な最終製品の使用による CO_2 排出削減量の定量化に取り組んできた．その結果を 2011 年 7 月に化学産業界による CO_2 削減への貢献を報告書[9]としてまとめて公表した．具体的には再生可能エネルギー，軽量化・低燃費化，省エネルギー分野において，太陽電池，炭素繊維複合材料，LED 照明，住宅用断熱材など 9 つの事例の cLCA 評価を実施し，結果を公表した．さらに事例を追加しながら 2012 年 12 月には国内貢献 10 事例と世界の貢献 4 事例を掲載した第 2 版，2014 年 3 月には国内貢献 15 事例と世界の貢献 4 事例を掲載した第 3 版と版を重ねてきている[7]．国内貢献 15 事例では，2020 年 1 年間に製造が見込まれる製品を従来品と交換しライフエンドまで使用したときの CO_2 排出削減貢献量は計 1.2 億 t と試算されている[10]．2016 年度の温室効果ガスの総排出量は CO_2 換算で 13 億 700 万 t であることから，1.2 億 t は 10％弱の削減貢献となり，パリ協定長期目標が 26％削減であることから省エネ製品の貢献度は非常に大きいといえる．

16.5.4　cLCA の評価実例

前項で紹介した「温室効果ガス削減に向けた新たな視点(第 3 版)」[10]の中から日化協の実例を紹介する．

A　LED 関連材料と省エネルギー

温室効果ガス削減効果が実感できる身近なものとして LED(light emitting diode，発光ダイオード)照明がある．LED に関しては 2014 年のノーベル物理学賞を赤崎勇・名城大学終身教授，天野浩・名古屋大学教授，中村修二・米カリフォルニア大学教授の三人が受賞されたことで世界の賞賛を受けた．受賞理由は「明るくエネルギー消費の少ない白色光源を可能にした高効率な青色 LED の発明」とされ，「20 世紀は白熱灯が照らし，21 世紀は LED が照らす」とまでいわれた．

LED 照明は長寿命かつ消費電力が小さいことが温室効果ガスの削減につながる．LED 照明において使用される化学製品としては，主幹部品である LED 基板に加え，封止材料，樹脂パッケージ，蛍

表 16.5.1 LED 電球を白熱電球の CO_2 排出量

区分		評価対象 LED 電球	比較対象 白熱電球
原料調達〜製造・組立			
消費電力	(kWh 個$^{-1}$)	9.9	0.612
製造個数	(個)	1	25
電力の CO_2 排出量	($kg-CO_2(kWh)^{-1}$)	0.33	0.33
小計	($kg-CO_2$)	3.27	5.05
使用時			
25,000 時間使用時の消費電力	(kWh)	200	1,000
電力の CO_2 排出量	($kg-CO_2$)	0.33	0.33
小計	($kg-CO_2$)	66	330
埋立て			
埋立て個数	(個)	1	25
埋立てに係る CO_2 排出量	($kg-CO_2$ 個$^{-1}$)	0.002	0.009
小計	($kg-CO_2$)	0.002	0.225
ライフサイクル全体の CO_2 排出量	($kg-CO_2$)①+②+③	69.272	335.275
CO_2 排出削減貢献量	($kg-CO_2$(25,000 時間)$^{-1}$)	▲ 266	—

光体，高反射フィルムなど，多岐にわたる．

報告書においては，LED 電球を白熱電球と比較しながらバリューチェーン全般(原料調達–部品製造–製品製造–使用–廃棄：ただしプロセス間の輸送は除外)を対象としてそれぞれのステージにおける CO_2 排出量を算出している．また，製品の寿命について LED 電球は 25,000 時間，白熱電球は 1,000 時間を採用し，同じ点灯時間を達成するためには LED 電球 1 個に対して白熱電球が 25 個必要となるとの前提で，比較を行っている．なお，特定非営利活動法人 LED 照明推進協議会[11]のデータによると「約 40,000 時間で器具と光源の寿命が一致する」とされており，この数字を採用すると温室効果ガス削減効果はもっと大きくなる．

計算に使用した各種データは 2009 年の実績データを使用しており，需要予測に基づく 2020 年 1 年間に製造された製品がそのライフエンドまで使用した際の CO_2 排出削減貢献量を計算している．

計算に基づく結果を簡単に表にまとめると表 16.5.1 のようになる．

上記の削減貢献量(LED 電球 1 個あたりの貢献量)に，2020 年の販売予想量である 2,800 万個を掛け合わせると，7,448 kt–CO_2 となる．2020 年 1 年間に生産された LED 電球がそのライフエンドまでに貢献した CO_2 排出削減量ということになるわけである．

この計算を記載した報告書の発行は 2014 年 3 月であるが，すでに世界各国で白熱電球を廃止する動きが広がっており，日本でも経済産業省が 2012 年までに白熱電球の製造・販売を中止し，原則として電球型蛍光ランプなどへの切り替えの実現を目指す方針を打ち出した．この政府の方針を受けて白熱電球を製造していた企業からは一般白熱電球の生産終了または終了予定が発表され，2012 年までに多くの企業において生産が終了となった．

2018 年現在では蛍光灯ソケットに付け替え可能な LED 照明器具も販売されており，比較対象を蛍光灯に代えても絶対量は変わるだろうが LED 照明器具の CO_2 排出削減貢献は数字の上で明確になってくるものと考える．

B 低燃費タイヤ用材料と省エネルギー

もう 1 つの実例として低燃費タイヤ用材料を紹介する．低燃費タイヤはタイヤの転がり抵抗を小さくすることで自動車の燃料消費を抑え，運輸部門のCO_2排出削減に寄与するものである．燃費の向上には，地面と直接接触するトレッド部が大きく貢献する一方でトレッド部にはグリップ性能（ブレーキ性能）が求められる．燃費の向上とグリップ性能の維持という背反する性能を満たすために化学製品が大きな役割を果たしているわけである．トレッド部には，天然ゴム，合成ゴム（スチレン–ブタジエンゴム（SBR）など），フィラー（カーボンブラック，シリカなど），シランカップリング剤などを含んだゴムコンパウンドが使用されている．SBRはポリマーの一次構造を制御することで物性を変化させ，タイヤの摩擦による自動車走行時のエネルギーロスを減少させる機能を有しており，この機能が燃費向上に寄与する．また，シリカの添加は転がり抵抗とグリップ性の維持を両立させるための重要なポイントとなっている．

報告書においては，性能の異なるタイヤを装着した自動車のライフサイクルにおけるCO_2排出量を評価している．すなわち，評価対象製品は低燃費タイヤを装着した自動車，比較製品は汎用タイヤを装着した自動車である．

評価対象製品と比較製品について，自動車の原料調達から組立段階，使用段階，廃棄・リサイクル段階におけるCO_2排出量ならびにCO_2排出削減貢献量を算定しているが，同じ車体に性能の異なるタイヤを装着するためタイヤ以外の車体のライフサイクルにおけるCO_2排出量は同じとしている．したがって，タイヤの性能のみがCO_2排出削減の貢献度を決定するものとなる．貢献については，タイヤの原料調達から製造，使用，廃棄段階を比較するが，特に使用段階において両製品が同じ距離を走行する際の燃料消費量を比較する．ここでは，タイヤの走行寿命として，乗用車では3万km，トラック・バスでは12万kmとしている．

燃費に関するデータはさまざまな数値があるが，ここでは，日本自動車タイヤ協会の作成したガイドライン[12]に掲載されている燃費データを用いており，CO_2排出量の算定に用いたデータは2010年のデータを使用している．また，最終的には需要予測に基づく2020年1年間に製造された製品がそのライフエンドまで使用した際のCO_2排出削減貢献量を計算している．

乗用車用低燃費タイヤ（PCR）とトラック・バス用低燃費タイヤ（TBR）を評価対象製品として，比較製品としては汎用タイヤを装着した自動車を取り上げ，燃費データを中心に比較評価した結果，2020年1年間に生産された低燃費タイヤがそのライフエンドまでに貢献したCO_2排出削減量は636万tにのぼる．詳細は引用の報告書などを参照されたい．

C　その他の実例

その他には，太陽光発電材料（公共電力との比較で898万t−CO_2），自動車・航空機用材料（軽量化効果で129.5万t−CO_2，住宅用断熱材（冷暖房商品電力削減で7,580万t−CO_2）といった実例を示している．これらを含めた計15事例により，2020年1年間に製造が見込まれる製品をライフエンドまで使用したときのCO_2排出削減貢献量は計1.2億tと試算されている[10]．

16.5.5　結び

経済産業省は，2030年以降の長期の温室効果ガス削減に向けて，2017年4月に「長期地球温暖化対策プラットフォーム報告書」をとりまとめ，「国際貢献」，「グローバル・バリューチェーン」，「イノベーション」で我が国全体の排出量を超える地球全体の排出削減に貢献していくことを提言した．なかでも，グローバル・バリューチェーンを通じ温室効果ガス削減に資する環境性能の優れた製品・サービスなどを国内外に普及することにより排出削減に貢献していくことを提唱し，2018年3月には産官学の協力の下に，産業界の温室効果ガス削減貢献の見える化に向けた考え方を整理した「温室効果ガス削減貢献定量化ガイドライン」[13]を策定した．国の温暖化対応の施策としてcLCAの評価法が採り入れられたことは好ましいことである．このガイドラインを活用することで，産業界は製品・サービスなどの普及による貢献の定量的評価を実施し，貢献を「見える化」し，広く社会にアピールすることでグローバルに普及を図り，世界全体で温室効果ガス削減に貢献することが期待される．

最後に，地球温暖化は一国あるいは一企業の問題ではなく，同じ地球という環境に生きていく人類共通の課題であるといわれる．化学産業は，今後とも生産プロセスにおける温室効果ガス排出削減に努力すると同時に使用時に温室効果ガス排出削減に寄与できる製品の提供により，Solution Provider としての社会的責任を果たしていきたいと考えている．

文献

1) http://lca-forum.org/
2) http://www.ilcaj.org/index.php
3) https://www.nikkakyo.org/sites/default/files/ICCA_LCA_Executive_Guid.pdf
4) https://www.nikkakyo.org/sites/default/files/iccaLCA_report2009.pdf
5) https://www.nikkakyo.org/sites/default/files/3255_4801_price_0.pdf
6) https://www.nikkakyo.org/sites/default/files/GHGglobal20131024japanese.pdf
7) https://www.nikkakyo.org/global_warming/public
8) https://www.youtube.com/watch?v=VXQuQLzmNN4
9) http://www.nikkakyo.org/upload/3110_4537_price.pdf
10) https://www.nikkakyo.org/sites/default/files/cLCA_3_summary2014-3-08_0.pdf
11) http://www.led.or.jp/
12) http://www.jatma.or.jp/
13) http://www.meti.go.jp/press/2017/03/20180330002/20180330002.html

16.6 膜分離

16.6.1 概要

2030 年を目標とする国連 SDGs において，9 項目目「産業と技術革新の基盤をつくろう」では「資源利用効率の向上とクリーン技術および環境に配慮した技術・産業プロセスの導入拡大を通じたインフラ改良や産業改善により，持続可能性を向上させる」こと，また，12 項目では「持続可能な消費と生産のパターンを確保する」こと，13 項目目では「気候変動とその影響に立ち向かうため，緊急対策を取る」ことが謳われている．また，我が国では，2030 年までに温室効果ガス（主として CO_2）の排出量を 26％削減（2013 年度比）すること，パリ協定（2050 年目標）においては CO_2 排出量を 80％削減することが目標に掲げられている．化学産業は，鉄鋼に次いで産業部門における CO_2 排出量の約 20％を占めるエネルギー多消費型産業であることから，上記のマイルストーン達成に対しては責任とともに貢献も大きい．

現在の化学産業においては，全体の実に約 40％のエネルギーが分離工程で消費されていると報告されている[1]．一方で，これまで既往の単位操作の組み合わせによって石油化学プロセスの省エネルギー化が十分に行われてきているので，蒸留を中心とする分離に消費されているエネルギーを大幅に削減する革新的技術を現行プロセスの改良の延長線上に見いだすことは困難である．石油化学プロセスにおける膜分離技術の実装は世界的にもほとんど例がないが，蒸留や吸着といった既往の分離プロセスと比べて大幅な省エネルギー化が達成できる革新的技術として期待されている．また，将来の炭素循環型化学産業の実現においても，省エネルギー化技術が資するところがきわめて大きく，その波及効果も大きい．膜分離技術は，分離に要するエネルギーの大規模な削減を可能にする有力なキーテクノロジーの一つである．

16.6.2 膜分離技術の省エネルギーと分離対象

膜分離を導入することによって省エネルギー化が特に期待できる分離対象には以下の混合物があげられる．

(1) 水を分離対象とする系（脱水）
(2) 比揮発度が 1 に近く，大きな還流比を必要とする系
(3) 常温でガスの系

以下では，これら分離対象の例についていくつか述べる．

A　脱水プロセス

水は大きな蒸発潜熱をもつため，蒸留操作による有機化合物の脱水には大きなエネルギーを要することが多い．たとえば，イソプロピルアルコール(IPA)製造プロセスにおいては，プロセス全体の消費エネルギーのうち，およそ70％をIPAの脱水に使っている．この平衡制約が厳しい水和反応は水大過剰条件で反応させるため，脱水に大きなエネルギーを消費している．そのうえ，IPAは水13 wt％で共沸混合物を作るため，炭化水素を第3成分とする共沸蒸留を行うが，この共沸蒸留塔でも約30％のエネルギーを消費している．したがって，共沸蒸留塔を膜分離で置き換えることができるだけで，30％程度の大きな省エネルギーが期待できる．蒸留塔と膜の各種ハイブリッドプロセスの消費エネルギーを現行プロセス(ベースケース)と比較した結果を表16.6.1に示す．たとえば，前段の蒸留塔をストリッパーとして用い，共沸まで濃縮せずにIPA65％とした後，膜を用いて分離すると，消費エネルギーはベースケースと比較して相対的熱需要で0.35にまで減少する．さらに，蒸留塔塔頂蒸気をコンプレッサーによって熱回収する(コプロダクション)ケースでは，消費エネルギーは0.21にまで減少する[2]．

また，共沸混合物を形成しないまでも，非揮発度が1に近い酢酸/水系などは脱水に要する消費エネルギーが大きい．このような場合にも，分離膜のプロセス導入によって，大きな省エネルギーが期待できる．石油化学には，水和あるいは部分酸化といった水を含む生成物が得られるケースが多く，膜導入による省エネルギーは大変有望である．

B　常温で気体の混合物の分離

基礎化学品である低級オレフィンの製造は，エチレンセンターからの沸点の低い低級炭化水素の混合ガスをいったん冷却して液化し，沸点順に分離する工程をたどる．これら炭化水素のうち，各種オレフィンを分離精製するためには，沸点が近いので多段の蒸留塔が必要となる．ガスを液化することと，多段の蒸留塔が必要となることから，エネルギー多消費型のプロセスとなっている．もしも，ガスを液化せずに，そのまま膜分離によって分離精製することができれば格段に省エネルギーとなる．

最近の研究によれば，エチレンセンターにおけるプロパン/プロピレン混合ガスからのプロピレンの精製において，蒸留塔を膜で置き換えると，70％もの省エネルギーが可能となることが明らかになった．

16.6.3　膜の種類と用途

現在，海水淡水化などに実用されている有機高分子材料は，耐有機溶剤性，耐酸性，耐圧性，耐熱性などに制約があるので，石油化学製品である有機溶剤の分離・精製，高温や高圧条件下での分離の用途には，無機材料を素材とする無機膜が望ましい．1980年代には，水素透過型メンブレンリアクター構築のため，500℃以上の耐熱温度をもち水素のみを透過する金属Pd膜の研究が活発になった．また，酸素分離あるいは酸素透過用の膜として，ペロブスカイトなど酸素イオン導伝性セラミックスよりなるち密膜の開発も行われている．

表16.6.1　IPA脱水プロセスに対する膜導入による省エネルギー効果の試算例

	ベースケース	加圧蒸留塔	ストリッパー	コプロダクション
塔頂IPA濃度		85 wt%	65 wt%	85 wt%
リボイラー (10^6 kJ h^{-1})	58.70	42.05	18.07	7.11
コンプレッサー (10^6 kJ h^{-1})	—	—	2.59	4.98
合計 (10^6 kJ h^{-1})	58.70	42.05	20.67	12.09
相対的熱需要	1.00	0.72	0.35	0.21

表 16.6.2　無機分離膜の種類と分離の原理

	膜の種類	分離の原理
緻密膜	Pd，Pd 合金膜など金属膜 ペロブスカイトなど複合酸化物膜	水素の溶解拡散 酸素または水素の溶解拡散
多孔質膜	ゼオライト膜 MOF 膜 シリカ膜（含，有機高分子/シリカ複合膜） 炭素膜	分子ふるいまたは吸着性

その他の分離の用途には，ミクロ多孔性の分離膜に対して関心が寄せられている．表 16.6.2 に各種無機膜とその分離の原理を示す．ゼオライト膜については，アイデアは古く，欧米の石油メジャーを中心に 1980 年代にはすでに活発に研究が行われたようであるが，当時はおそらくゼオライトを製膜する支持体の性能が悪く，工業化には至らなかった．2000 年代に入ってからは，新しい規則性ミクロ多孔材料系である MOF（metal-organic framework）を素材とする分離膜の研究も盛んに行われるようになった．

ゼオライト膜は，1998 年に溶剤の脱水用に A 型ゼオライト膜が実用化され，その実績は国内でも数十機にのぼっている．2000 年代に入ってからはバイオエタノールの脱水精製用途に実用化が進められている．工業用管状ゼオライト膜の写真を図 16.6.1 に示す．ゼオライト膜はその親水性を利用した脱水膜，分子ふるい性を利用した分子ふるい膜として期待できる．同様に，アモルファスシリカ膜，炭素膜も分子ふるい膜，脱水膜としての機能が期待されて，開発が進められている．

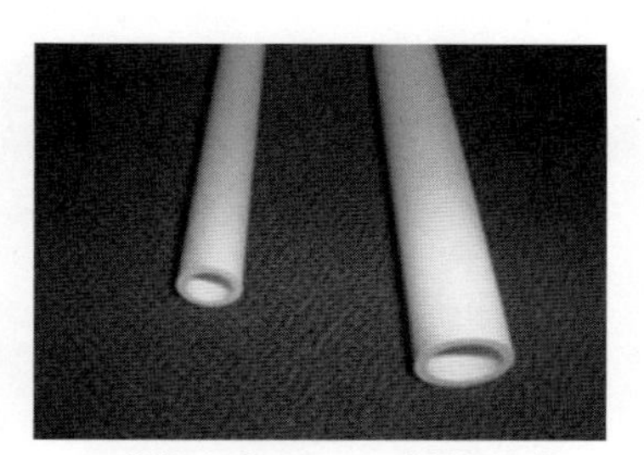

図 16.6.1　工業用管状ゼオライト膜（三菱ケミカル提供）

16.6.4　今後の展望

無機分離膜は，有機高分子膜と比較して膜コストが高く，また有機高分子材料のようにコンパクトなモジュール構造とすることも難しいため，実用化に対して疑問符のつけられることが多かった．しかし，近年では，省エネルギー性の高い技術に対して注目が集まるとともに，有機高分子膜の適用が難しい化学プロセス用途に対して，無機分離膜に対する期待が高まってきたこと，有機高分子膜と競合する用途においても無機分離膜のほうが圧倒的に大きな透過流束と，高い選択性を発揮することから，無機分離膜に対する注目が集まりつつある．

石油化学製品では炭化水素および含酸素化合物といった有機溶剤を扱うことから，多くの場合耐熱性，耐酸・アルカリ性，耐有機溶剤性などの耐性をもつ無機膜が有望であり，この分野での発展と社会実装が期待される．

文献

1) D.S. Sholl, R.P. Lively, Nature, 532, 435（2016）
2) NEDO 平成 21 年度―平成 25 年度成果報告書　グリーン・サステイナブルケミカルプロセス基盤技術開発 研究開発項目 3-2 規則性ナノ多孔体精密分離膜部材基盤技術の開発

反応ルートのフローチャート

・石油，天然ガス，石炭，再生可能資源，二酸化炭素を原料として，現在商業規模で稼働中あるいはライセンス可能なプロセス，商業実績はあるものの現在中止しているプロセス，現在開発中あるいは過去に開発されたプロセスを掲載した．

・C_1，再生可能資源，二酸化炭素については基礎研究段階の未来技術も含めた．また，技術的あるいは経済的に競争力のなくなったプロセスについても，今後原料の多様化などで参考になる可能性もあるので掲載した．

・水素化 / 脱水素, 酸化, 水和/脱水などの反応で反応物や生成物が明らかなものは記載を省略した．反応ルートが別途記載されている中間製品はその中間製品を出発原料とした．

実線 ［実線の枠］：現在稼働中あるいはライセンス可能な技術

二重線 ［二重線の枠］：過去に商業実績のあった技術

点線 ［点線の枠］：現在開発中あるいは過去に開発された技術

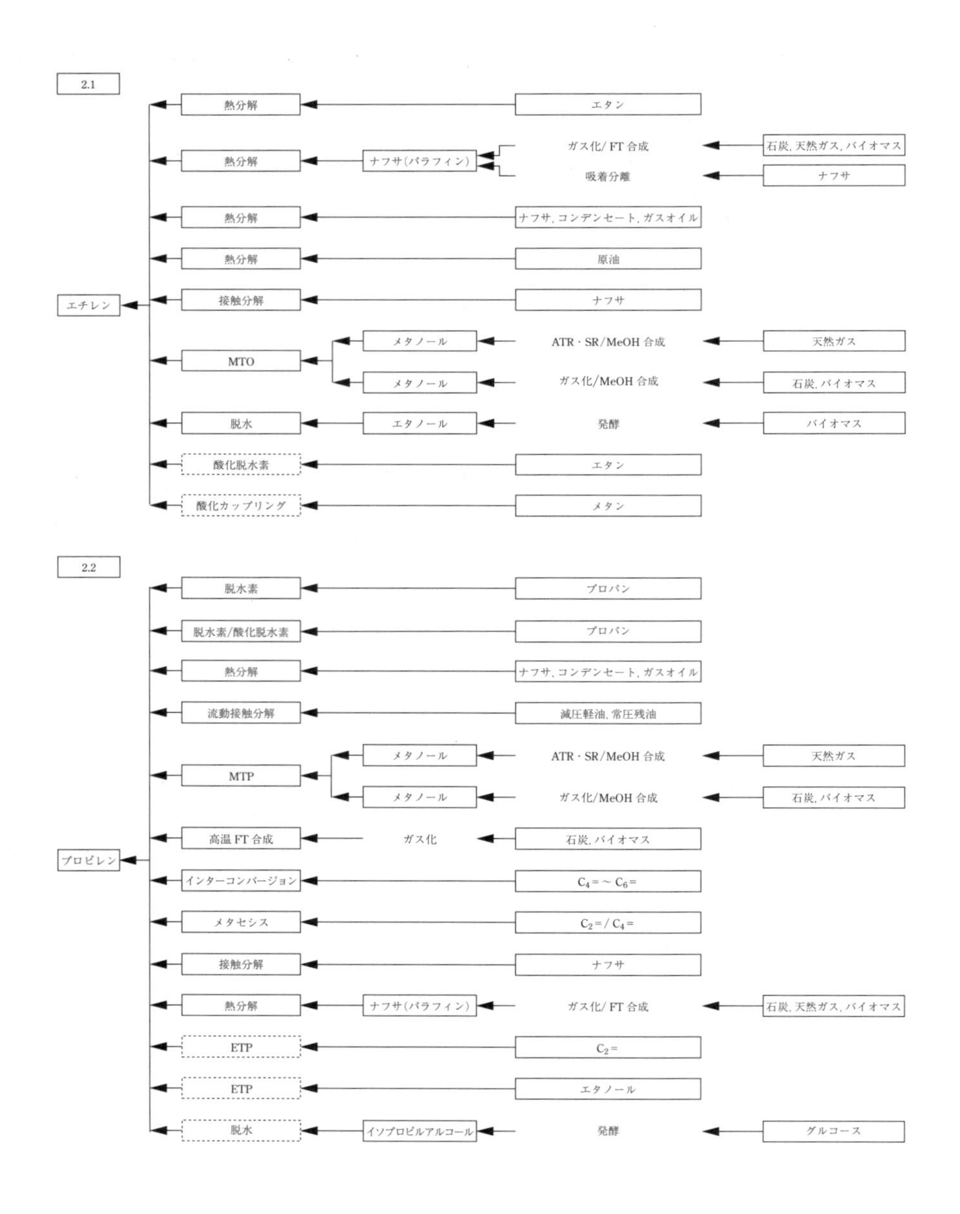

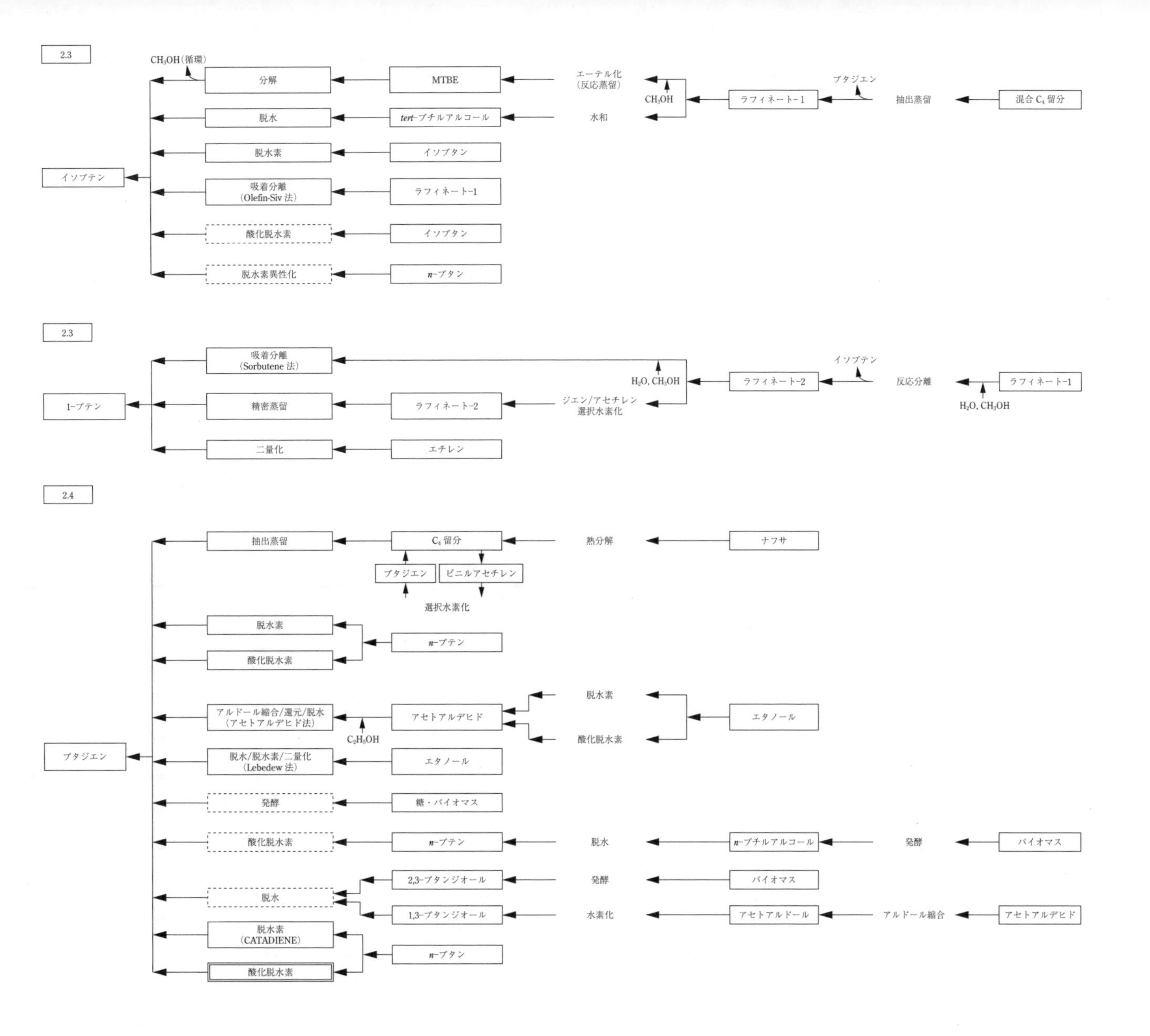
2.3
イソブテン
分解
CH$_3$OH (循環)
MTBE
エーテル化
(反応蒸留)
CH$_3$OH
ラフィネート-1
ブタジエン
抽出蒸留
混合 C$_4$ 留分
脱水
tert-ブチルアルコール
水和
脱水素
イソブタン
吸着分離
(Olefin-Siv 法)
ラフィネート-1
酸化脱水素
イソブタン
脱水素異性化
n-ブタン
2.3
1-ブテン
吸着分離
(Sorbutene 法)
H$_2$O, CH$_3$OH
ラフィネート-2
イソブテン
反応分離
ラフィネート-1
H$_2$O, CH$_3$OH
精密蒸留
ラフィネート-2
ジエン/アセチレン
選択水素化
二量化
エチレン
2.4
ブタジエン
抽出蒸留
C$_4$ 留分
熱分解
ナフサ
ブタジエン
ビニルアセチレン
選択水素化
脱水素
酸化脱水素
n-ブテン
アルドール縮合/還元/脱水
(アセトアルデヒド法)
C$_2$H$_5$OH
アセトアルデヒド
脱水素
酸化脱水素
エタノール
脱水/脱水素/二量化
(Lebedew 法)
エタノール
発酵
糖・バイオマス
酸化脱水素
n-ブテン
脱水
n-ブチルアルコール
発酵
バイオマス
脱水
2,3-ブタンジオール
発酵
バイオマス
1,3-ブタンジオール
水素化
アセトアルドール
アルドール縮合
アセトアルデヒド
脱水素
(CATADIENE)
酸化脱水素
n-ブタン

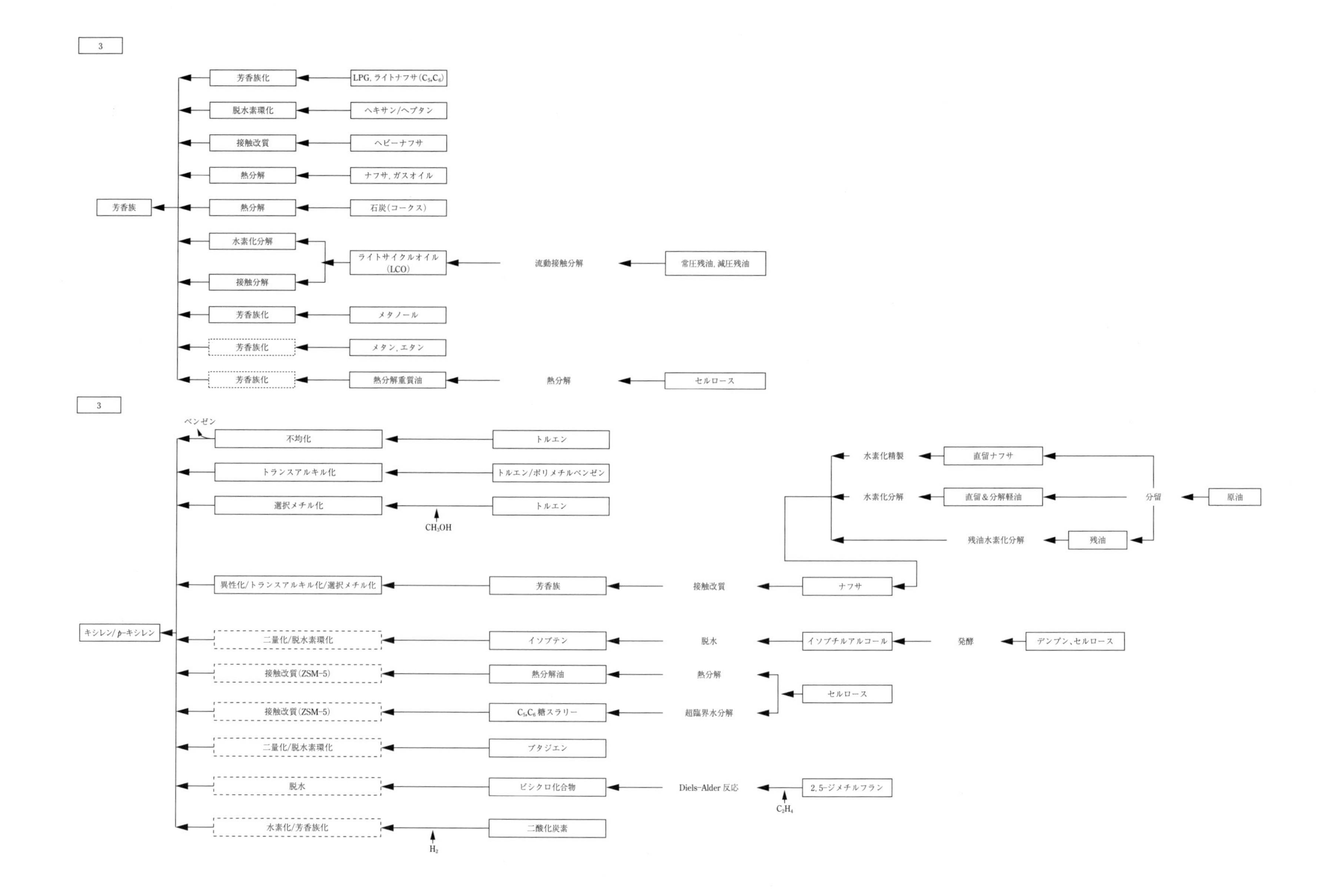
3
芳香族
芳香族化
LPG, ライトナフサ(C_5,C_6)
脱水素環化
ヘキサン/ヘプタン
接触改質
ヘビーナフサ
熱分解
ナフサ, ガスオイル
熱分解
石炭(コークス)
水素化分解
接触分解
ライトサイクルオイル(LCO)
流動接触分解
常圧残油, 減圧残油
芳香族化
メタノール
芳香族化
メタン, エタン
芳香族化
熱分解重質油
熱分解
セルロース
3
キシレン/p-キシレン
ベンゼン
不均化
トルエン
トランスアルキル化
トルエン/ポリメチルベンゼン
選択メチル化
トルエン
CH_3OH
異性化/トランスアルキル化/選択メチル化
芳香族
接触改質
ナフサ
水素化精製
直留ナフサ
水素化分解
直留＆分解軽油
分留
原油
残油水素化分解
残油
二量化/脱水素環化
イソブテン
脱水
イソブチルアルコール
発酵
デンプン、セルロース
接触改質(ZSM-5)
熱分解油
熱分解
セルロース
接触改質(ZSM-5)
C_5,C_6 糖スラリー
超臨界水分解
二量化/脱水素環化
ブタジエン
脱水
ビシクロ化合物
Diels-Alder 反応
2,5-ジメチルフラン
C_2H_4
水素化/芳香族化
二酸化炭素
H_2

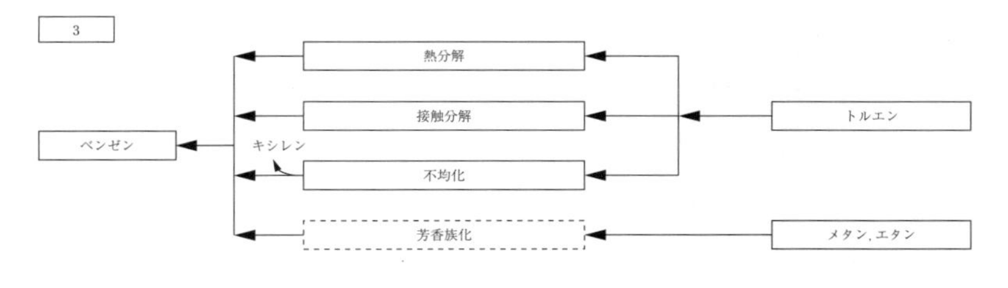
3
ベンゼン
熱分解
接触分解
キシレン
不均化
芳香族化
トルエン
メタン, エタン

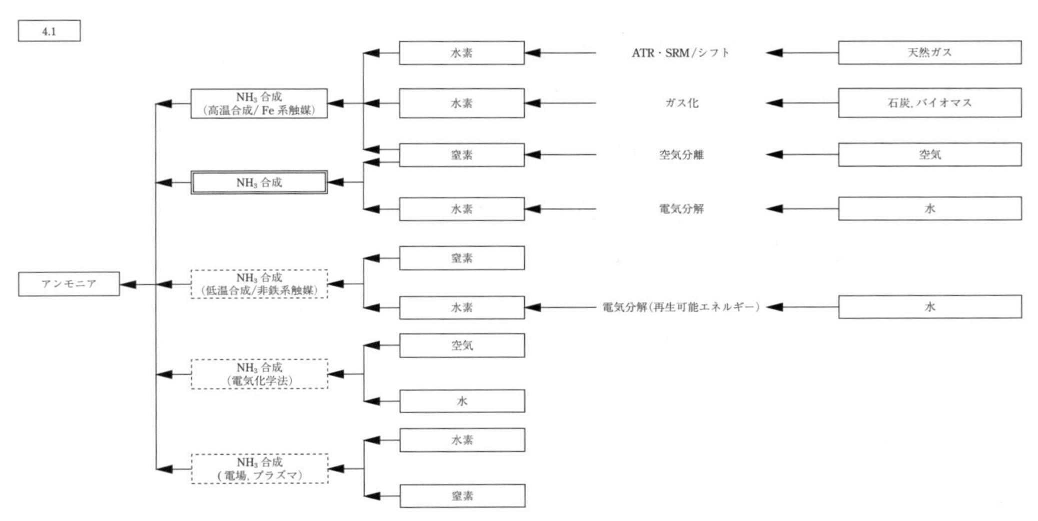
4.1
アンモニア
NH3 合成
(高温合成/Fe系触媒)
NH3 合成
NH3 合成
(低温合成/非鉄系触媒)
NH3 合成
(電気化学法)
NH3 合成
(電場, プラズマ)
水素
水素
窒素
水素
窒素
水素
空気
水
水素
窒素
ATR・SRM/シフト
ガス化
空気分離
電気分解
電気分解(再生可能エネルギー)
天然ガス
石炭, バイオマス
空気
水
水

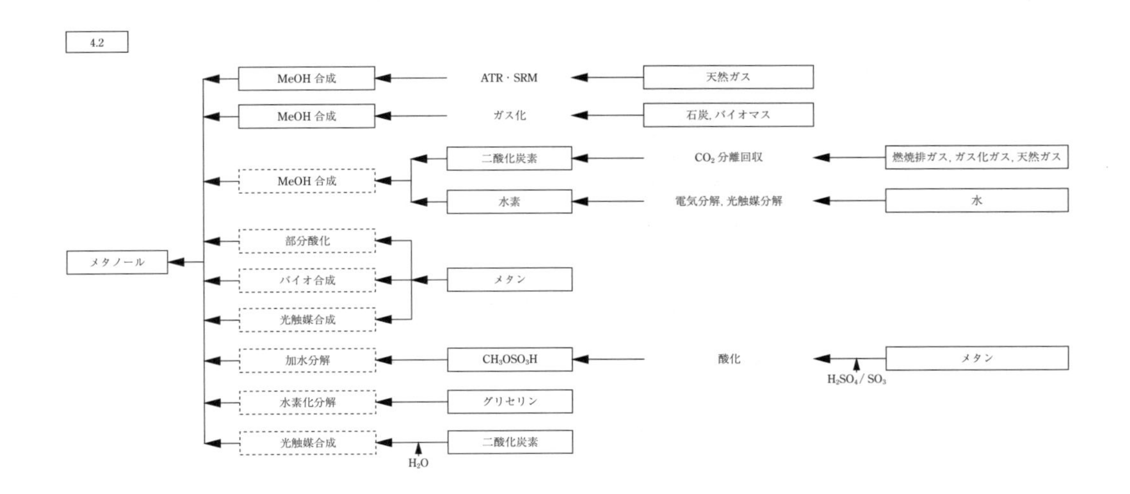
4.2
メタノール
MeOH 合成
MeOH 合成
MeOH 合成
部分酸化
バイオ合成
光触媒合成
加水分解
水素化分解
光触媒合成
ATR・SRM
ガス化
二酸化炭素
水素
メタン
CH3OSO3H
グリセリン
二酸化炭素
H2O
CO2 分離回収
電気分解, 光触媒分解
酸化
天然ガス
石炭, バイオマス
燃焼排ガス, ガス化ガス, 天然ガス
水
メタン
H2SO4/SO3

4.3

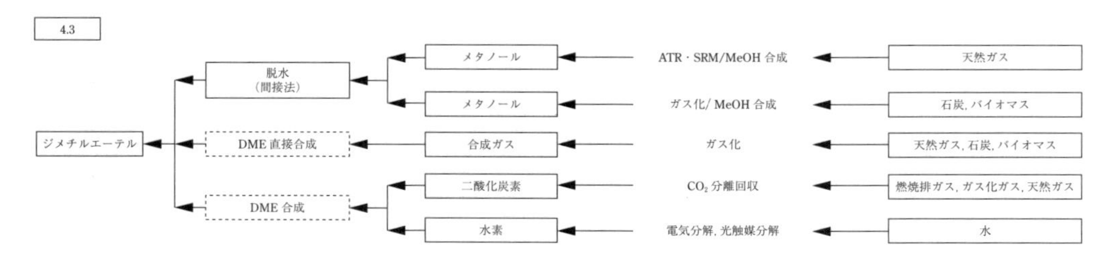

ジメチルエーテル
脱水
(間接法)
DME 直接合成
DME 合成
メタノール
メタノール
合成ガス
二酸化炭素
水素
ATR・SRM/MeOH 合成
ガス化/MeOH 合成
ガス化
CO_2 分離回収
電気分解, 光触媒分解
天然ガス
石炭, バイオマス
天然ガス, 石炭, バイオマス
燃焼排ガス, ガス化ガス, 天然ガス
水

4.6

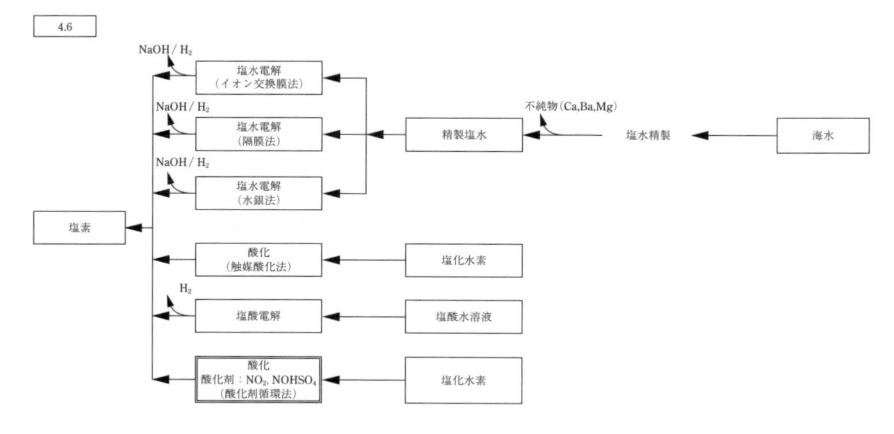

塩素
NaOH / H_2
塩水電解
(イオン交換膜法)
NaOH / H_2
塩水電解
(隔膜法)
NaOH / H_2
塩水電解
(水銀法)
精製塩水
不純物(Ca,Ba,Mg)
塩水精製
海水
酸化
(触媒酸化法)
塩化水素
H_2
塩酸電解
塩酸水溶液
酸化
酸化剤：NO_2, $NOHSO_4$
(酸化剤循環法)
塩化水素

5.1.1

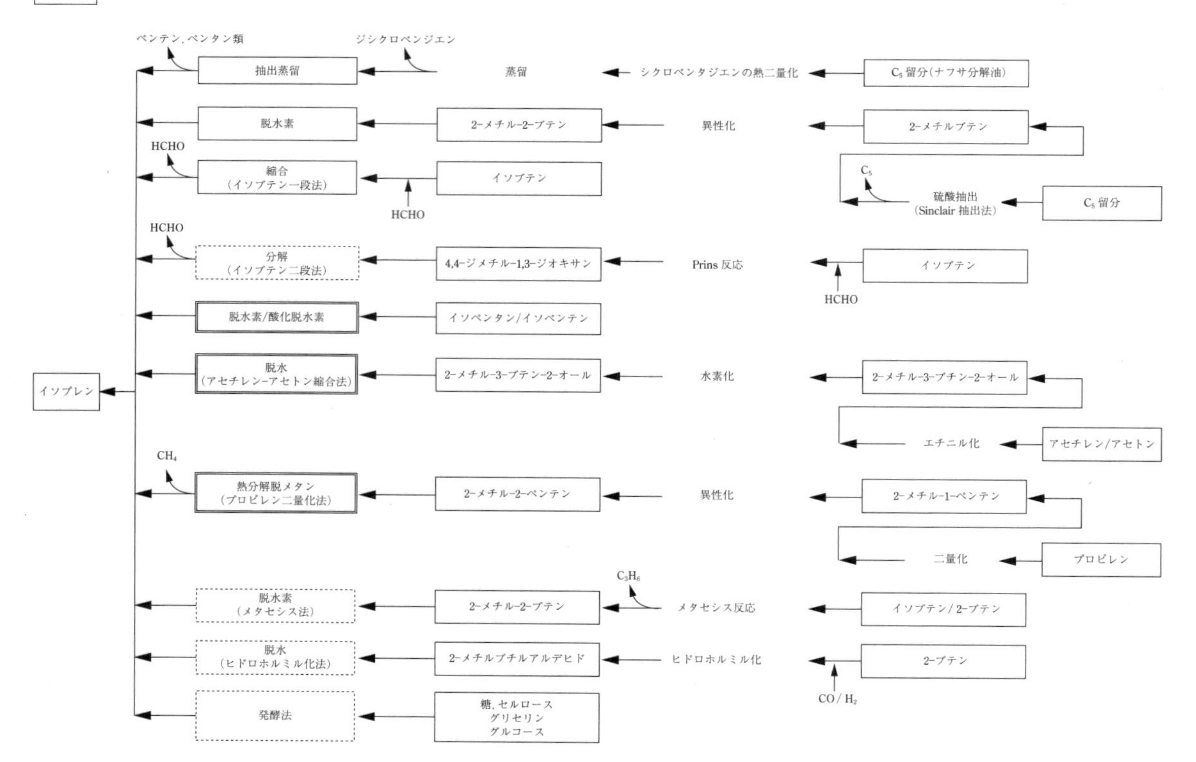

イソプレン
ペンテン, ペンタン類
抽出蒸留
ジシクロペンジエン
蒸留
シクロペンタジエンの熱二量化
C_5 留分(ナフサ分解油)
脱水素
2-メチル-2-ブテン
異性化
2-メチルブテン
HCHO
縮合
(イソブテン一段法)
イソブテン
HCHO
C_5
硫酸抽出
(Sinclair 抽出法)
C_5 留分
HCHO
分解
(イソブテン二段法)
4,4-ジメチル-1,3-ジオキサン
Prins 反応
イソブテン
HCHO
脱水素/酸化脱水素
イソペンタン/イソペンテン
脱水
(アセチレン-アセトン縮合法)
2-メチル-3-ブテン-2-オール
水素化
2-メチル-3-ブチン-2-オール
エチニル化
アセチレン/アセトン
CH_4
熱分解脱メタン
(プロピレン二量化法)
2-メチル-2-ペンテン
異性化
2-メチル-1-ペンテン
二量化
プロピレン
脱水素
(メタセシス法)
2-メチル-2-ブテン
C_3H_6
メタセシス反応
イソブテン/2-ブテン
脱水
(ヒドロホルミル化法)
2-メチルブチルアルデヒド
ヒドロホルミル化
2-ブテン
CO / H_2
発酵法
糖, セルロース
グリセリン
グルコース

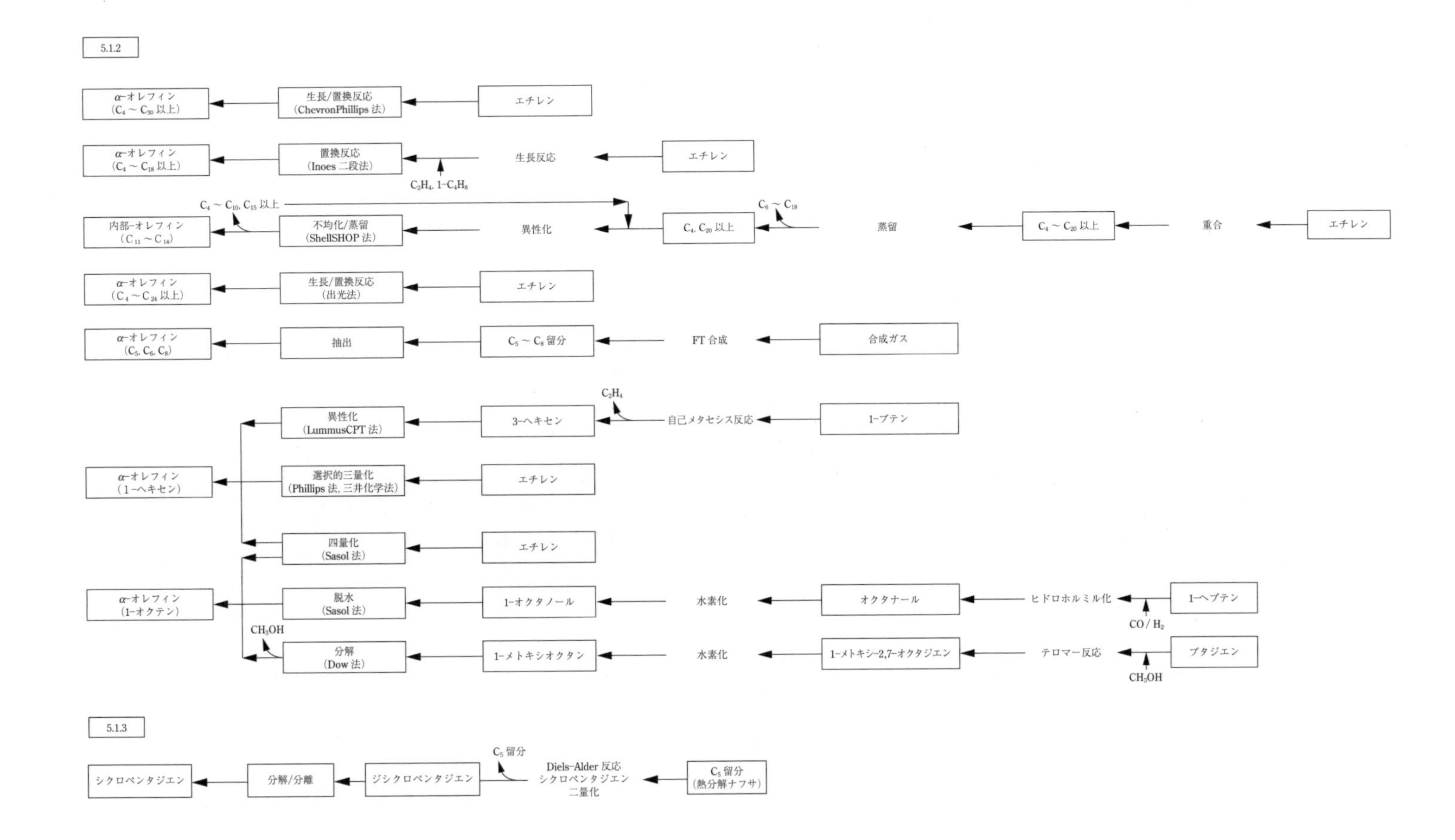
5.1.2
α-オレフィン（C_4～C_{30} 以上）
生長/置換反応（ChevronPhillips 法）
エチレン
α-オレフィン（C_4～C_{18} 以上）
置換反応（Inoes 二段法）
C_2H_4, 1-C_4H_8
生長反応
エチレン
C_4～C_{10}, C_{15} 以上
内部-オレフィン（C_{11}～C_{14}）
不均化/蒸留（ShellSHOP 法）
異性化
C_4, C_{20} 以上
C_6～C_{18}
蒸留
C_4～C_{20} 以上
重合
エチレン
α-オレフィン（C_4～C_{24} 以上）
生長/置換反応（出光法）
エチレン
α-オレフィン（C_5, C_6, C_8）
抽出
C_5～C_8 留分
FT 合成
合成ガス
C_2H_4
異性化（LummusCPT 法）
3-ヘキセン
自己メタセシス反応
1-ブテン
α-オレフィン（1-ヘキセン）
選択的三量化（Phillips 法, 三井化学法）
エチレン
四量化（Sasol 法）
エチレン
α-オレフィン（1-オクテン）
脱水（Sasol 法）
1-オクタノール
水素化
オクタナール
ヒドロホルミル化
1-ヘプテン
CO/H_2
CH_3OH
分解（Dow 法）
1-メトキシオクタン
水素化
1-メトキシ-2,7-オクタジエン
テロマー反応
ブタジエン
CH_3OH
5.1.3
シクロペンタジエン
分解/分離
ジシクロペンタジエン
C_5 留分
Diels-Alder 反応
シクロペンタジエン
二量化
C_5 留分（熱分解ナフサ）

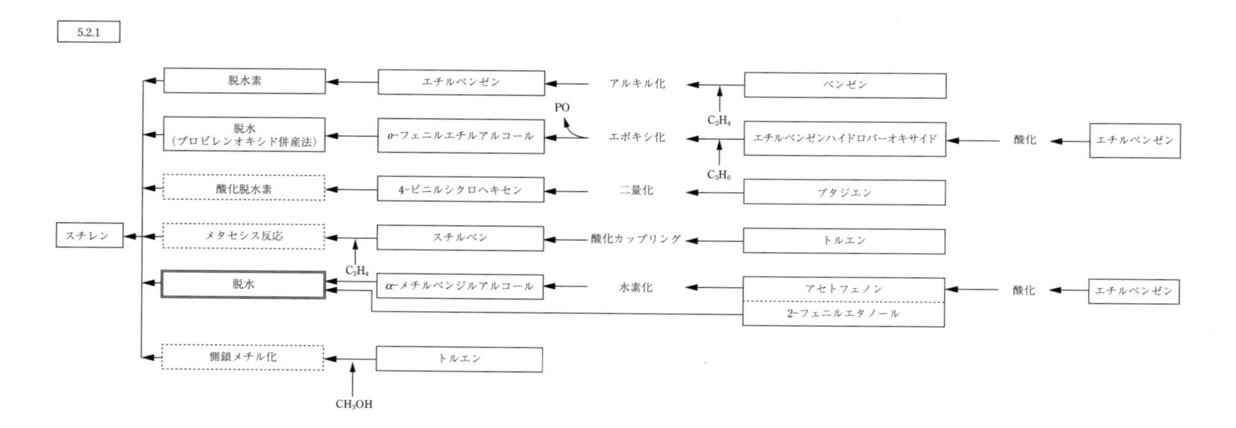
5.2.1
スチレン
脱水素
脱水
（プロピレンオキシド併産法）
酸化脱水素
メタセシス反応
脱水
側鎖メチル化
エチルベンゼン
o-フェニルエチルアルコール
4-ビニルシクロヘキセン
スチルベン
α-メチルベンジルアルコール
トルエン
PO
C_2H_4
CH_3OH
アルキル化
エポキシ化
二量化
酸化カップリング
水素化
C_2H_4
C_3H_6
ベンゼン
エチルベンゼンハイドロパーオキサイド
ブタジエン
トルエン
アセトフェノン
2-フェニルエタノール
酸化
酸化
エチルベンゼン
エチルベンゼン

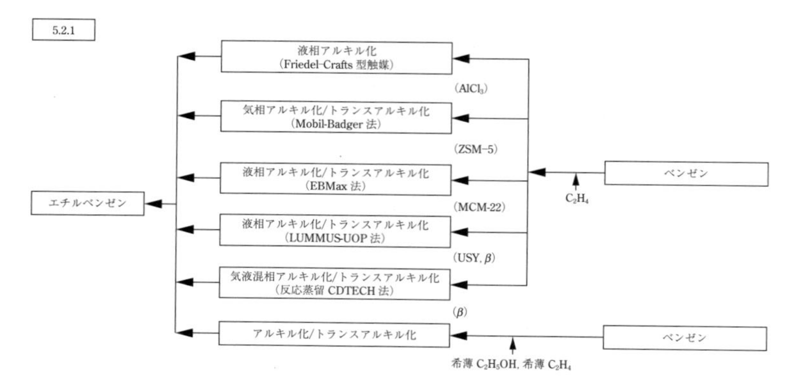
5.2.1
エチルベンゼン
液相アルキル化
（Friedel-Crafts 型触媒）
（$AlCl_3$）
気相アルキル化/トランスアルキル化
（Mobil-Badger 法）
（ZSM-5）
液相アルキル化/トランスアルキル化
（EBMax 法）
（MCM-22）
液相アルキル化/トランスアルキル化
（LUMMUS-UOP 法）
（USY, β）
気液混相アルキル化/トランスアルキル化
（反応蒸留 CDTECH 法）
（β）
アルキル化/トランスアルキル化
ベンゼン
C_2H_4
ベンゼン
希薄 C_2H_5OH, 希薄 C_2H_4

5.2.2

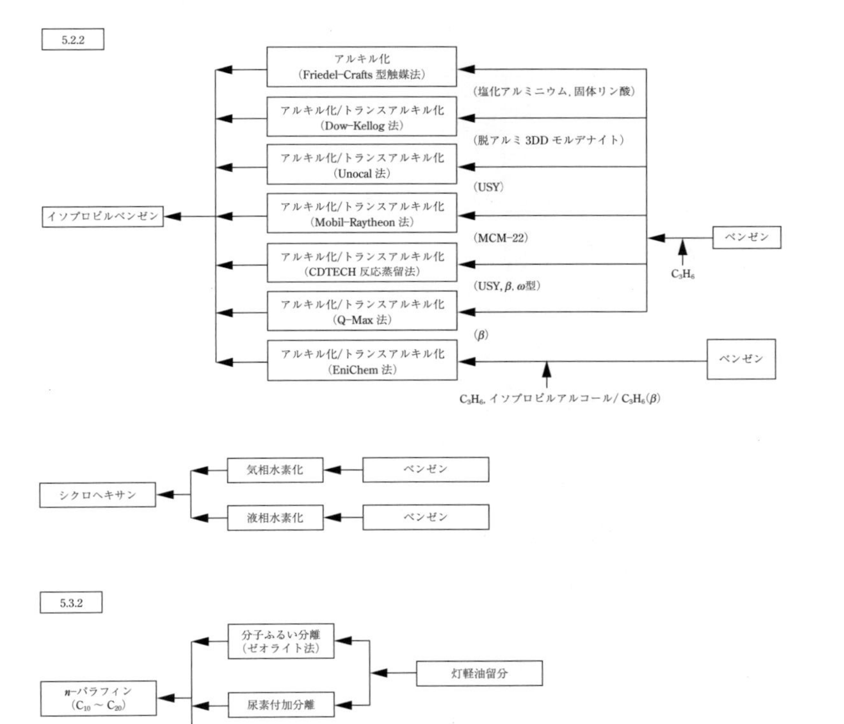
アルキル化
(Friedel–Crafts 型触媒法)
(塩化アルミニウム, 固体リン酸)
アルキル化/トランスアルキル化
(Dow–Kellog 法)
(脱アルミ 3DD モルデナイト)
アルキル化/トランスアルキル化
(Unocal 法)
(USY)
イソプロピルベンゼン
アルキル化/トランスアルキル化
(Mobil–Raytheon 法)
(MCM–22)
ベンゼン
C_3H_6
アルキル化/トランスアルキル化
(CDTECH 反応蒸留法)
(USY, β, ω型)
アルキル化/トランスアルキル化
(Q–Max 法)
(β)
アルキル化/トランスアルキル化
(EniChem 法)
ベンゼン
C_3H_6, イソプロピルアルコール/ C_3H_6(β)
シクロヘキサン
気相水素化
ベンゼン
液相水素化
ベンゼン

5.3.2

n–パラフィン
(C_{10} ～ C_{20})
分子ふるい分離
(ゼオライト法)
尿素付加分離
灯軽油留分
水素化分解/蒸留
灯軽油/ワックス留分
FT 合成
合成ガス

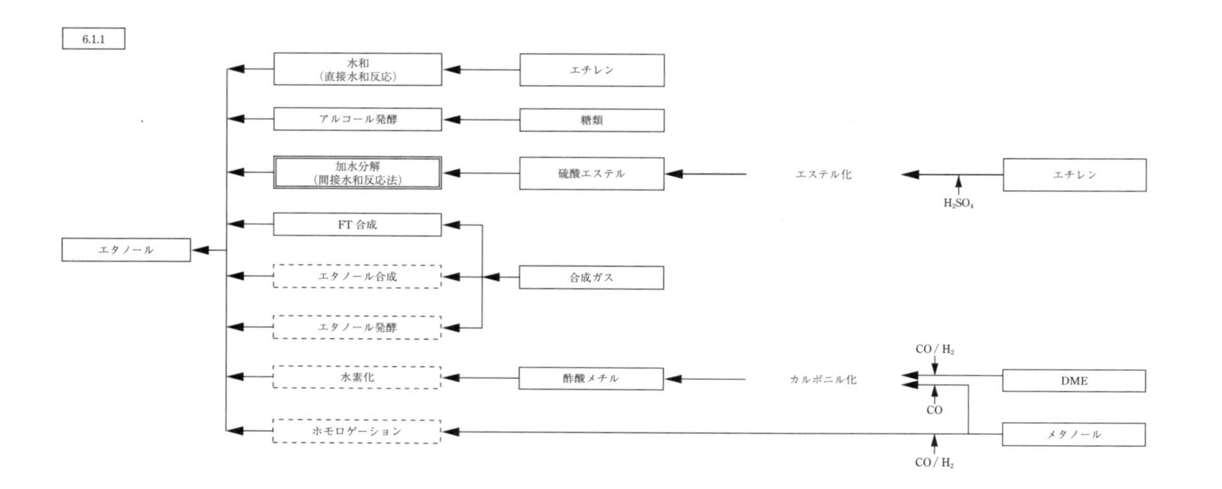
6.1.1
エタノール
水和
(直接水和反応)
エチレン
アルコール発酵
糖類
加水分解
(間接水和反応法)
硫酸エステル
エステル化
エチレン
H_2SO_4
FT 合成
エタノール合成
合成ガス
エタノール発酵
水素化
酢酸メチル
カルボニル化
CO / H_2
DME
CO
ホモロゲーション
メタノール
CO / H_2

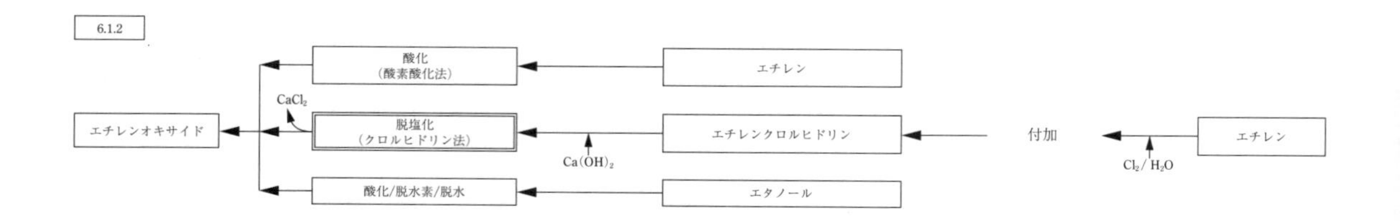
6.1.2
エチレンオキサイド
酸化
(酸素酸化法)
エチレン
$CaCl_2$
脱塩化
(クロルヒドリン法)
$Ca(OH)_2$
エチレンクロルヒドリン
付加
エチレン
Cl_2 / H_2O
酸化/脱水素/脱水
エタノール

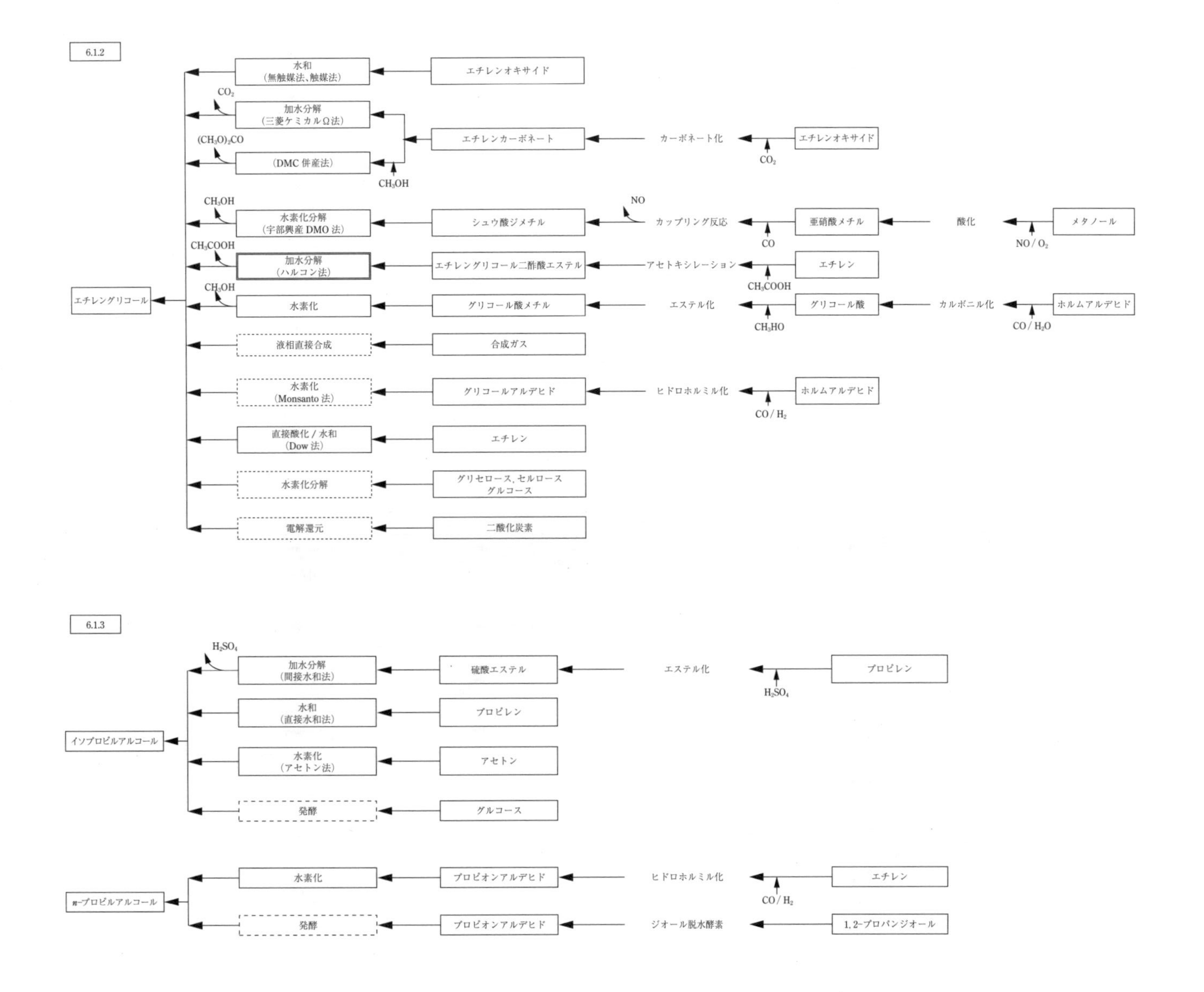
6.1.2
エチレングリコール
水和
（無触媒法，触媒法）
CO₂
加水分解
（三菱ケミカルΩ法）
(CH₃O)₂CO
（DMC 併産法）
CH₃OH
CH₃OH
水素化分解
（宇部興産 DMO 法）
CH₃COOH
加水分解
（ハルコン法）
CH₃OH
水素化
液相直接合成
水素化
（Monsanto 法）
直接酸化 / 水和
（Dow 法）
水素化分解
電解還元
エチレンオキサイド
エチレンカーボネート
シュウ酸ジメチル
エチレングリコール二酢酸エステル
グリコール酸メチル
合成ガス
グリコールアルデヒド
エチレン
グリセロース，セルロース
グルコース
二酸化炭素
カーボネート化
NO
カップリング反応
アセトキシレーション
エステル化
ヒドロホルミル化
エチレンオキサイド
CO₂
亜硝酸メチル
CO
エチレン
CH₃COOH
グリコール酸
CH₃HO
ホルムアルデヒド
CO / H₂
酸化
カルボニル化
メタノール
NO / O₂
ホルムアルデヒド
CO / H₂O
6.1.3
イソプロピルアルコール
H₂SO₄
加水分解
（間接水和法）
水和
（直接水和法）
水素化
（アセトン法）
発酵
硫酸エステル
プロピレン
アセトン
グルコース
エステル化
プロピレン
H₂SO₄
n-プロピルアルコール
水素化
発酵
プロピオンアルデヒド
プロピオンアルデヒド
ヒドロホルミル化
ジオール脱水酵素
エチレン
CO / H₂
1, 2-プロパンジオール

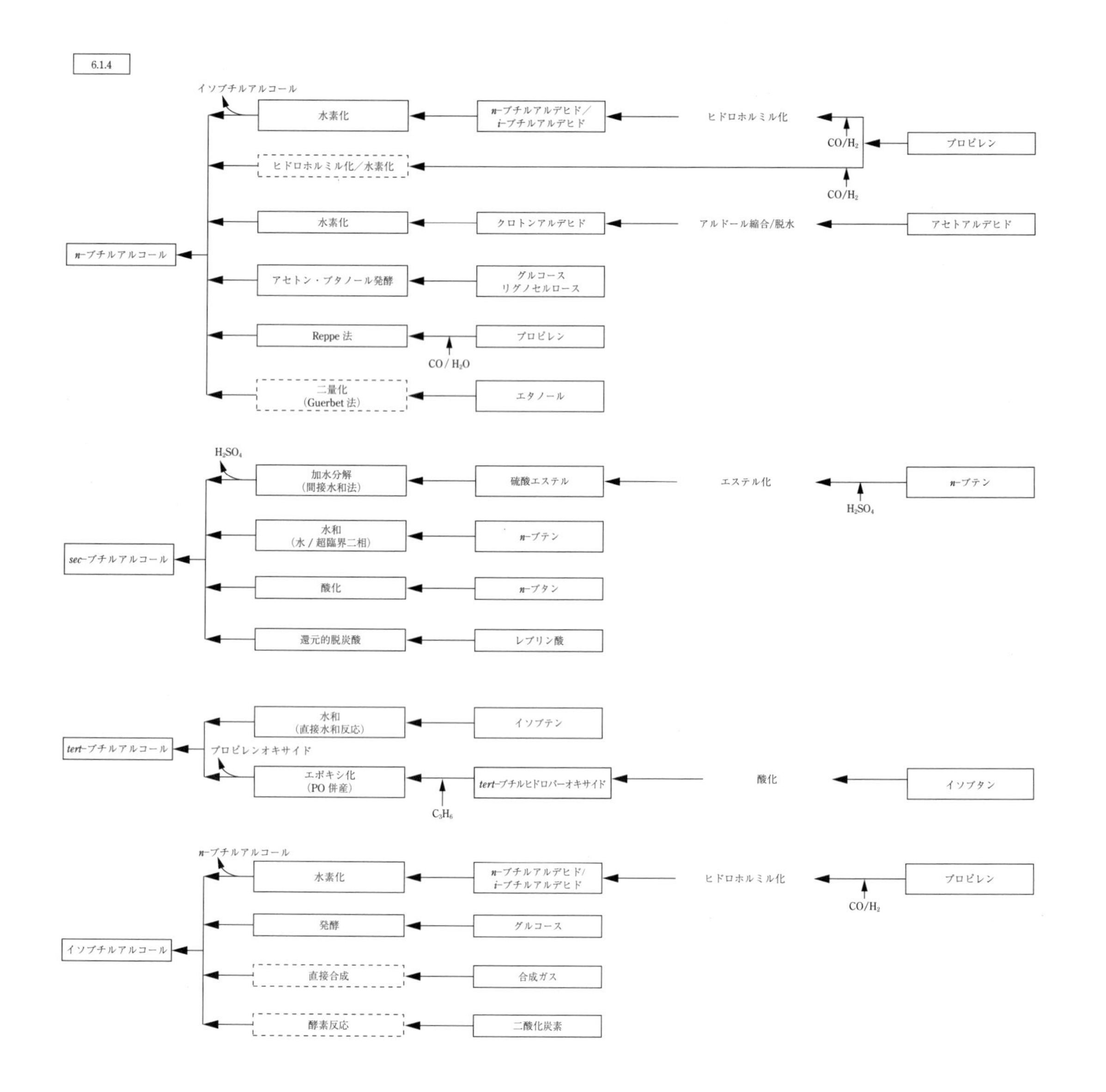
6.1.4
イソブチルアルコール
水素化
n-ブチルアルデヒド／
i-ブチルアルデヒド
ヒドロホルミル化
CO/H2
プロピレン
ヒドロホルミル化／水素化
CO/H2
水素化
クロトンアルデヒド
アルドール縮合/脱水
アセトアルデヒド
n-ブチルアルコール
アセトン・ブタノール発酵
グルコース
リグノセルロース
Reppe 法
プロピレン
CO / H2O
二量化
（Guerbet 法）
エタノール
H2SO4
加水分解
（間接水和法）
硫酸エステル
エステル化
n-ブテン
H2SO4
水和
（水 / 超臨界二相）
n-ブテン
sec-ブチルアルコール
酸化
n-ブタン
還元的脱炭酸
レブリン酸
水和
（直接水和反応）
イソブテン
tert-ブチルアルコール
プロピレンオキサイド
エポキシ化
（PO 併産）
tert-ブチルヒドロパーオキサイド
C3H6
酸化
イソブタン
n-ブチルアルコール
水素化
n-ブチルアルデヒド/
i-ブチルアルデヒド
ヒドロホルミル化
CO/H2
プロピレン
発酵
グルコース
イソブチルアルコール
直接合成
合成ガス
酵素反応
二酸化炭素

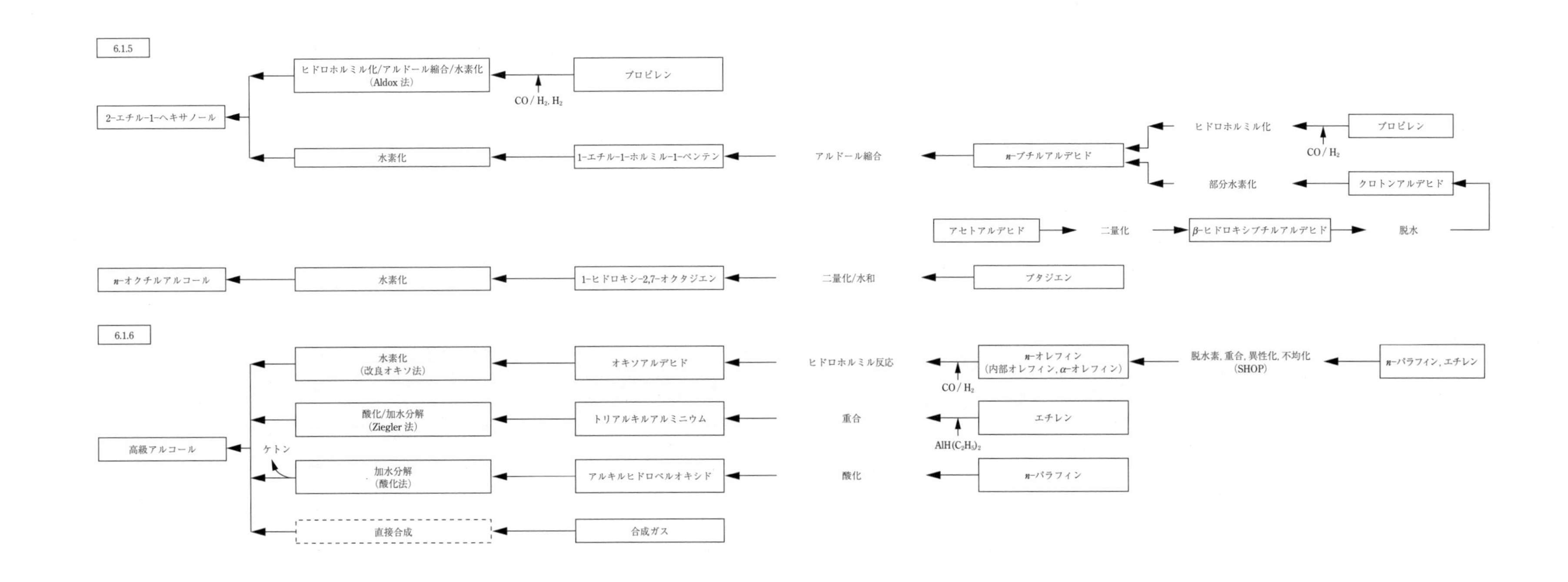

6.1.5
2-エチル-1-ヘキサノール
ヒドロホルミル化/アルドール縮合/水素化
(Aldox 法)
CO / H2, H2
プロピレン
水素化
1-エチル-1-ホルミル-1-ペンテン
アルドール縮合
n-ブチルアルデヒド
ヒドロホルミル化
プロピレン
CO / H2
部分水素化
クロトンアルデヒド
アセトアルデヒド
二量化
β-ヒドロキシブチルアルデヒド
脱水
n-オクチルアルコール
水素化
1-ヒドロキシ-2,7-オクタジエン
二量化/水和
ブタジエン
6.1.6
高級アルコール
水素化
(改良オキソ法)
オキソアルデヒド
ヒドロホルミル反応
n-オレフィン
(内部オレフィン, α-オレフィン)
CO / H2
脱水素, 重合, 異性化, 不均化
(SHOP)
n-パラフィン, エチレン
酸化/加水分解
(Ziegler 法)
トリアルキルアルミニウム
重合
エチレン
AlH(C2H5)2
ケトン
加水分解
(酸化法)
アルキルヒドロペルオキシド
酸化
n-パラフィン
直接合成
合成ガス

6.1.7

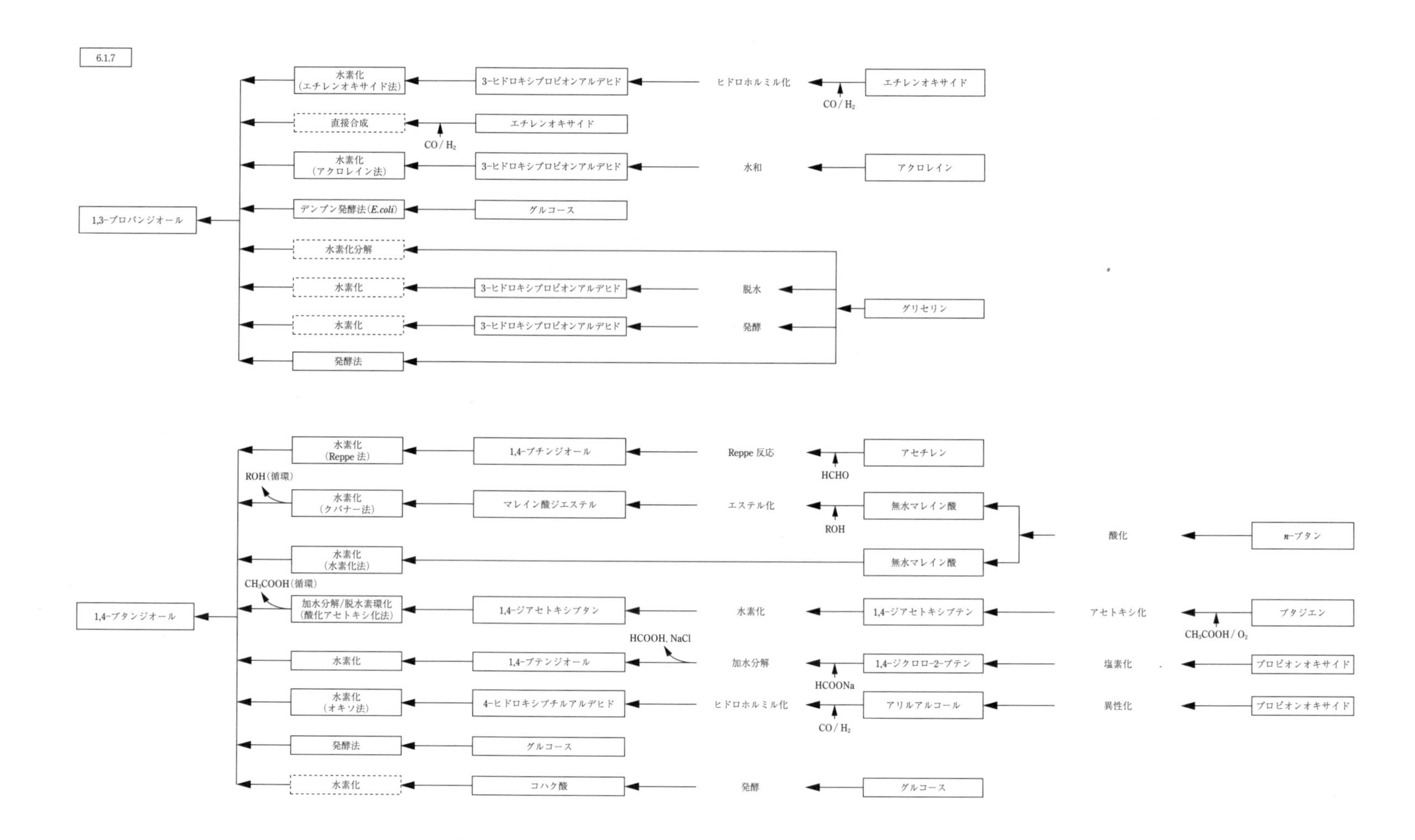

1,3-プロパンジオール
水素化
(エチレンオキサイド法)
3-ヒドロキシプロピオンアルデヒド
ヒドロホルミル化
CO / H_2
エチレンオキサイド
直接合成
CO / H_2
エチレンオキサイド
水素化
(アクロレイン法)
3-ヒドロキシプロピオンアルデヒド
水和
アクロレイン
デンプン発酵法(E.coli)
グルコース
水素化分解
水素化
3-ヒドロキシプロピオンアルデヒド
脱水
水素化
3-ヒドロキシプロピオンアルデヒド
発酵
発酵法
グリセリン
1,4-ブタンジオール
水素化
(Reppe 法)
1,4-ブチンジオール
Reppe 反応
HCHO
アセチレン
ROH(循環)
水素化
(クバナー法)
マレイン酸ジエステル
エステル化
ROH
無水マレイン酸
酸化
n-ブタン
水素化
(水素化法)
無水マレイン酸
CH_3COOH(循環)
加水分解/脱水素環化
(酸化アセトキシ化法)
1,4-ジアセトキシブタン
水素化
1,4-ジアセトキシブテン
アセトキシ化
CH_3COOH / O_2
ブタジエン
水素化
1,4-ブテンジオール
HCOOH, NaCl
加水分解
HCOONa
1,4-ジクロロ-2-ブテン
塩素化
プロピオンオキサイド
水素化
(オキソ法)
4-ヒドロキシブチルアルデヒド
ヒドロホルミル化
CO / H_2
アリルアルコール
異性化
プロピオンオキサイド
発酵法
グルコース
水素化
コハク酸
発酵
グルコース

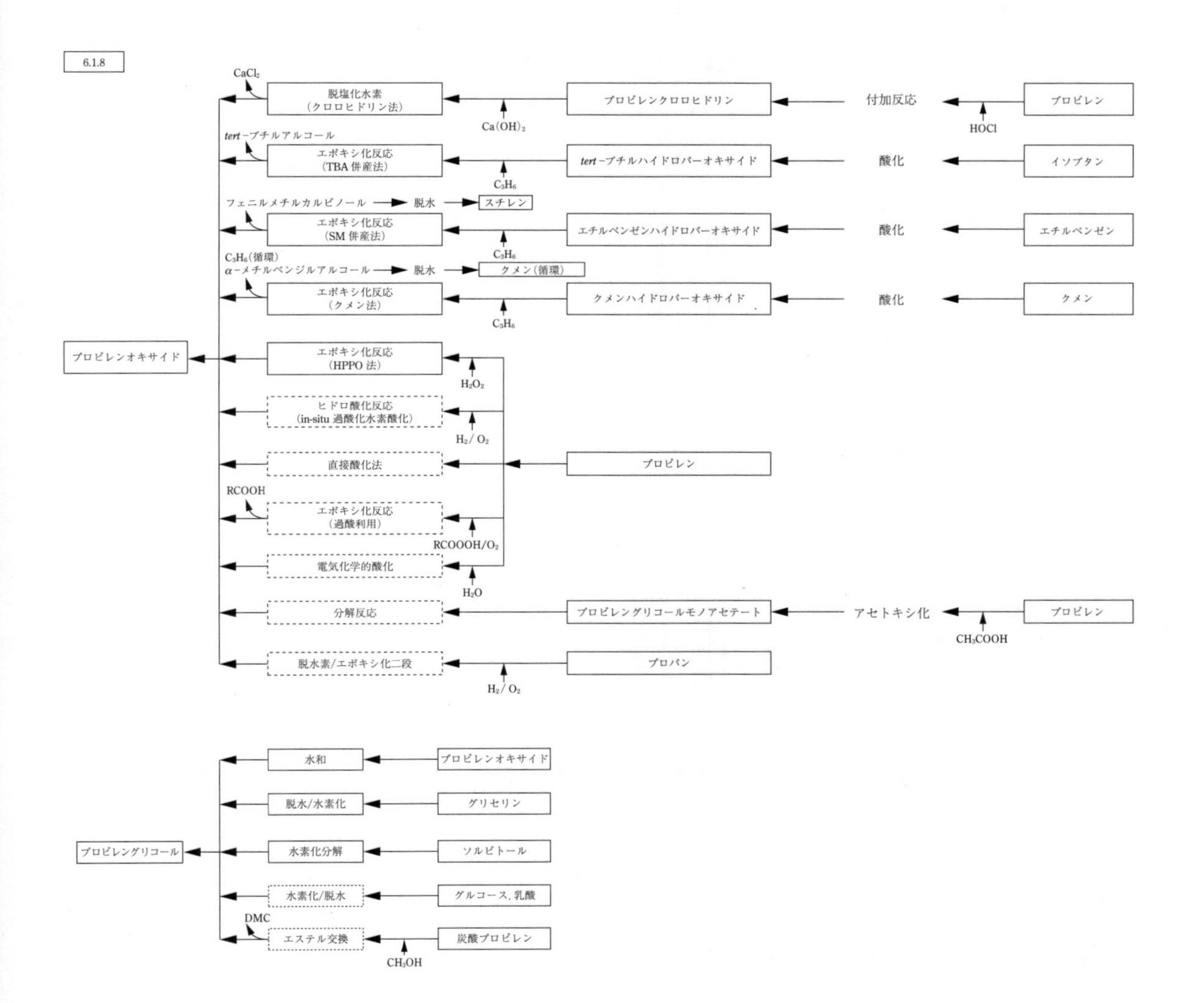
6.1.8
プロピレンオキサイド
CaCl$_2$
脱塩化水素
（クロロヒドリン法）
Ca(OH)$_2$
プロピレンクロロヒドリン
付加反応
HOCl
プロピレン
tert-ブチルアルコール
エポキシ化反応
（TBA 併産法）
C_3H_6
tert-ブチルハイドロパーオキサイド
酸化
イソブタン
フェニルメチルカルビノール
脱水
スチレン
エポキシ化反応
（SM 併産法）
C_3H_6
エチルベンゼンハイドロパーオキサイド
酸化
エチルベンゼン
C_3H_6（循環）
α-メチルベンジルアルコール
脱水
クメン（循環）
エポキシ化反応
（クメン法）
C_3H_6
クメンハイドロパーオキサイド
酸化
クメン
エポキシ化反応
（HPPO 法）
H_2O_2
ヒドロ酸化反応
in-situ 過酸化水素酸化
H_2 / O_2
直接酸化法
プロピレン
RCOOH
エポキシ化反応
（過酸利用）
RCOOOH/O_2
電気化学的酸化
H_2O
分解反応
プロピレングリコールモノアセテート
アセトキシ化
CH_3COOH
プロピレン
脱水素/エポキシ化二段
プロパン
H_2 / O_2
プロピレングリコール
水和
プロピレンオキサイド
脱水/水素化
グリセリン
水素化分解
ソルビトール
水素化/脱水
グルコース，乳酸
DMC
エステル交換
CH_3OH
炭酸プロピレン

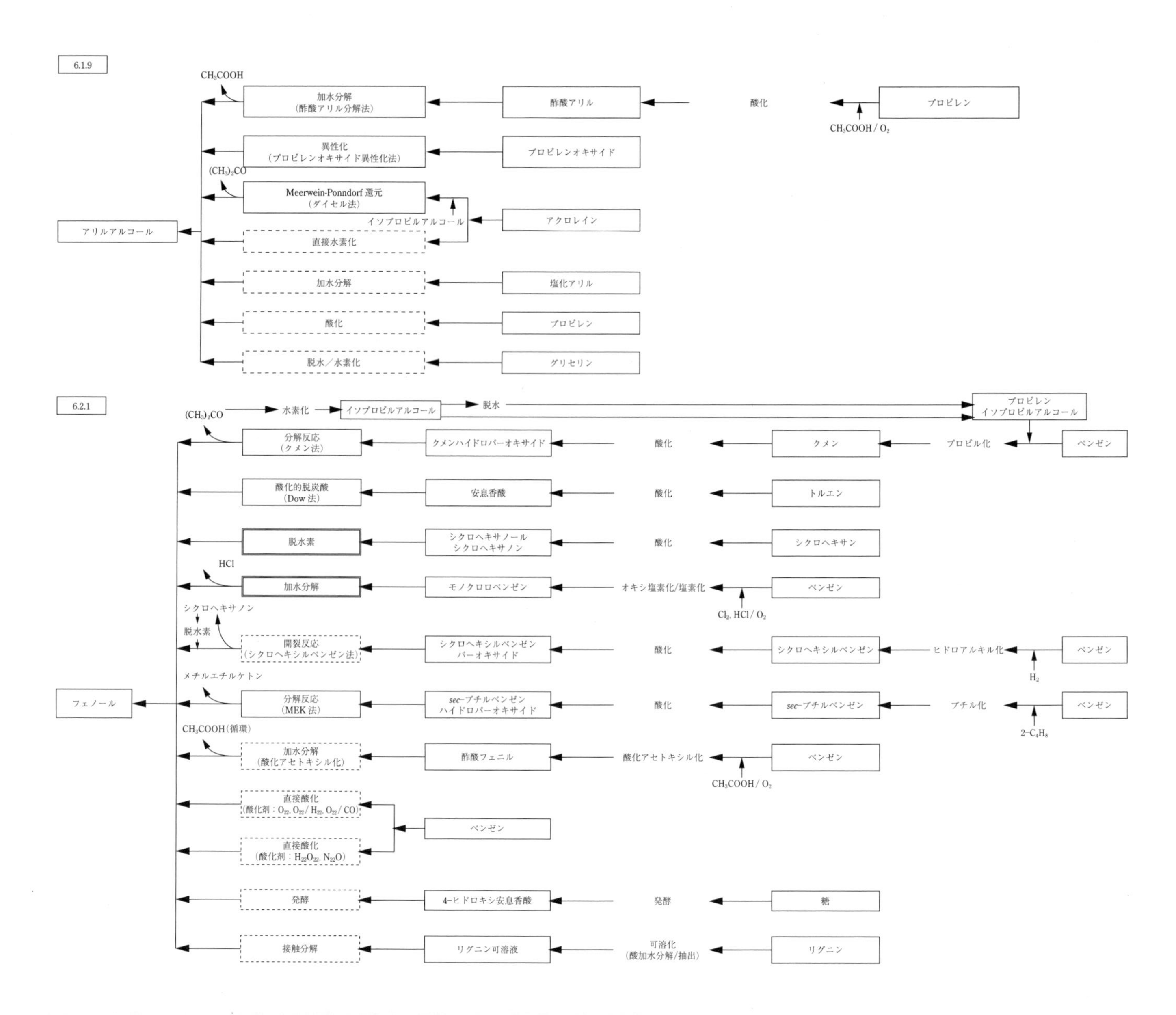

6.1.9
プロピレン
CH_3COOH/O_2
酸化
酢酸アリル
加水分解（酢酸アリル分解法）
CH_3COOH
プロピレンオキサイド
異性化（プロピレンオキサイド異性化法）
アクロレイン
イソプロピルアルコール
Meerwein-Ponndorf 還元（ダイセル法）
$(CH_3)_2CO$
直接水素化
塩化アリル
加水分解
プロピレン
酸化
グリセリン
脱水／水素化
アリルアルコール
6.2.1
ベンゼン
プロピル化
プロピレン イソプロピルアルコール
クメン
酸化
クメンハイドロパーオキサイド
分解反応（クメン法）
$(CH_3)_2CO$
水素化
イソプロピルアルコール
脱水
トルエン
酸化
安息香酸
酸化的脱炭酸（Dow 法）
シクロヘキサン
酸化
シクロヘキサノール シクロヘキサノン
脱水素
ベンゼン
Cl_2, HCl/O_2
オキシ塩素化/塩素化
モノクロロベンゼン
加水分解
HCl
ベンゼン
H_2
ヒドロアルキル化
シクロヘキシルベンゼン
酸化
シクロヘキシルベンゼン パーオキサイド
開裂反応（シクロヘキシルベンゼン法）
シクロヘキサノン
脱水素
ベンゼン
$2\text{-}C_4H_8$
ブチル化
sec-ブチルベンゼン
酸化
sec-ブチルベンゼン ハイドロパーオキサイド
分解反応（MEK 法）
メチルエチルケトン
ベンゼン
CH_3COOH/O_2
酸化アセトキシル化
酢酸フェニル
加水分解（酸化アセトキシル化）
CH_3COOH（循環）
ベンゼン
直接酸化（酸化剤：O_2, O_2/H_2, O_2/CO）
直接酸化（酸化剤：H_2O_2, N_2O）
糖
発酵
4-ヒドロキシ安息香酸
発酵
リグニン
可溶化（酸加水分解/抽出）
リグニン可溶液
接触分解
フェノール

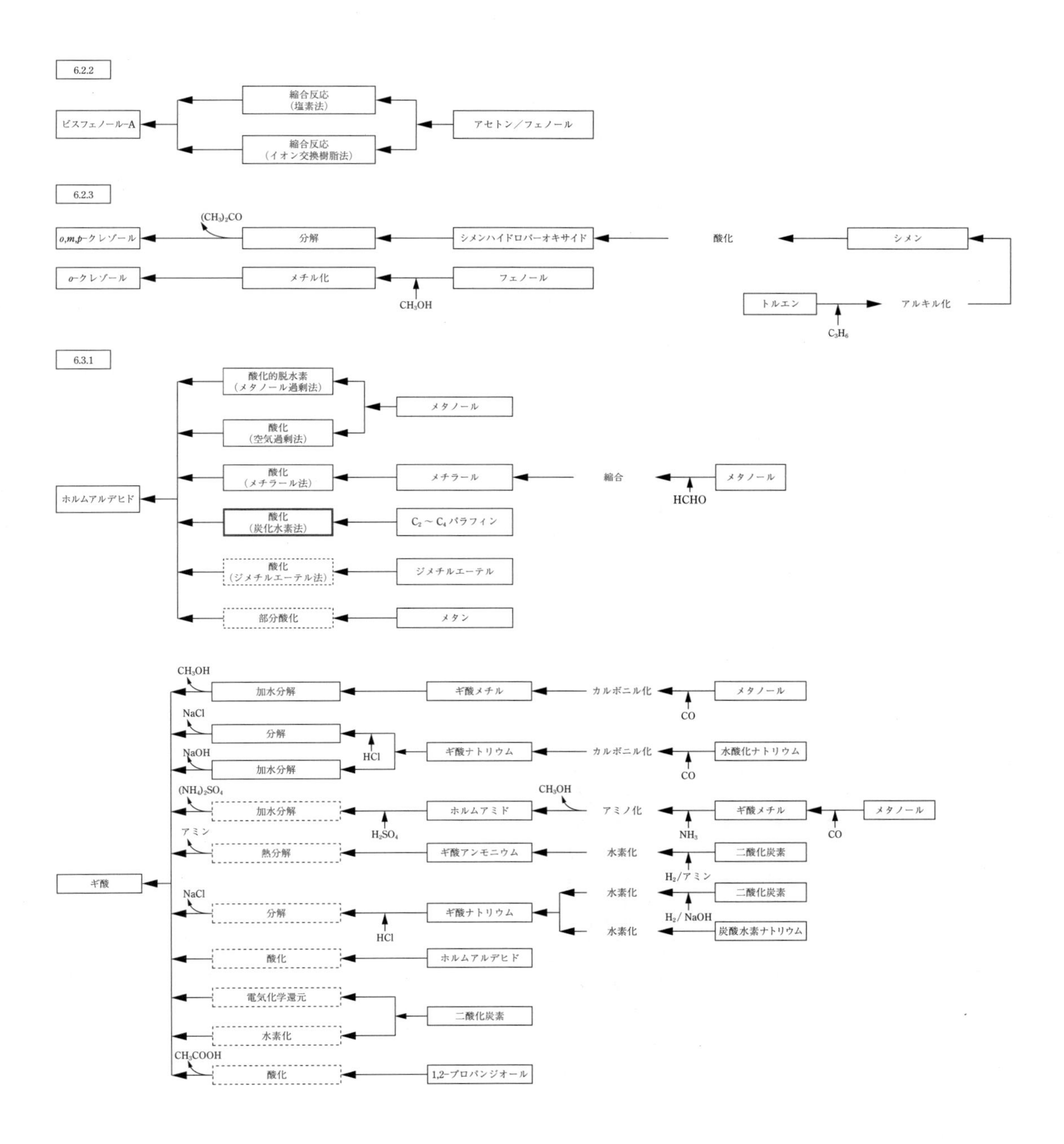

6.2.2
ビスフェノール-A
縮合反応
（塩素法）
縮合反応
（イオン交換樹脂法）
アセトン／フェノール
6.2.3
o,m,p-クレゾール
$(CH_3)_2CO$
分解
シメンハイドロパーオキサイド
酸化
シメン
o-クレゾール
メチル化
フェノール
CH_3OH
トルエン
アルキル化
C_3H_6
6.3.1
ホルムアルデヒド
酸化的脱水素
（メタノール過剰法）
酸化
（空気過剰法）
メタノール
酸化
（メチラール法）
メチラール
縮合
HCHO
メタノール
酸化
（炭化水素法）
C_2～C_4パラフィン
酸化
（ジメチルエーテル法）
ジメチルエーテル
部分酸化
メタン
ギ酸
CH_3OH
加水分解
ギ酸メチル
カルボニル化
CO
メタノール
NaCl
分解
HCl
NaOH
加水分解
ギ酸ナトリウム
カルボニル化
CO
水酸化ナトリウム
$(NH_4)_2SO_4$
加水分解
H_2SO_4
ホルムアミド
CH_3OH
アミノ化
NH_3
ギ酸メチル
CO
メタノール
アミン
熱分解
ギ酸アンモニウム
水素化
二酸化炭素
H_2/アミン
NaCl
分解
HCl
ギ酸ナトリウム
水素化
二酸化炭素
H_2/ NaOH
水素化
炭酸水素ナトリウム
酸化
ホルムアルデヒド
電気化学還元
水素化
二酸化炭素
CH_3COOH
酸化
1,2-プロパンジオール

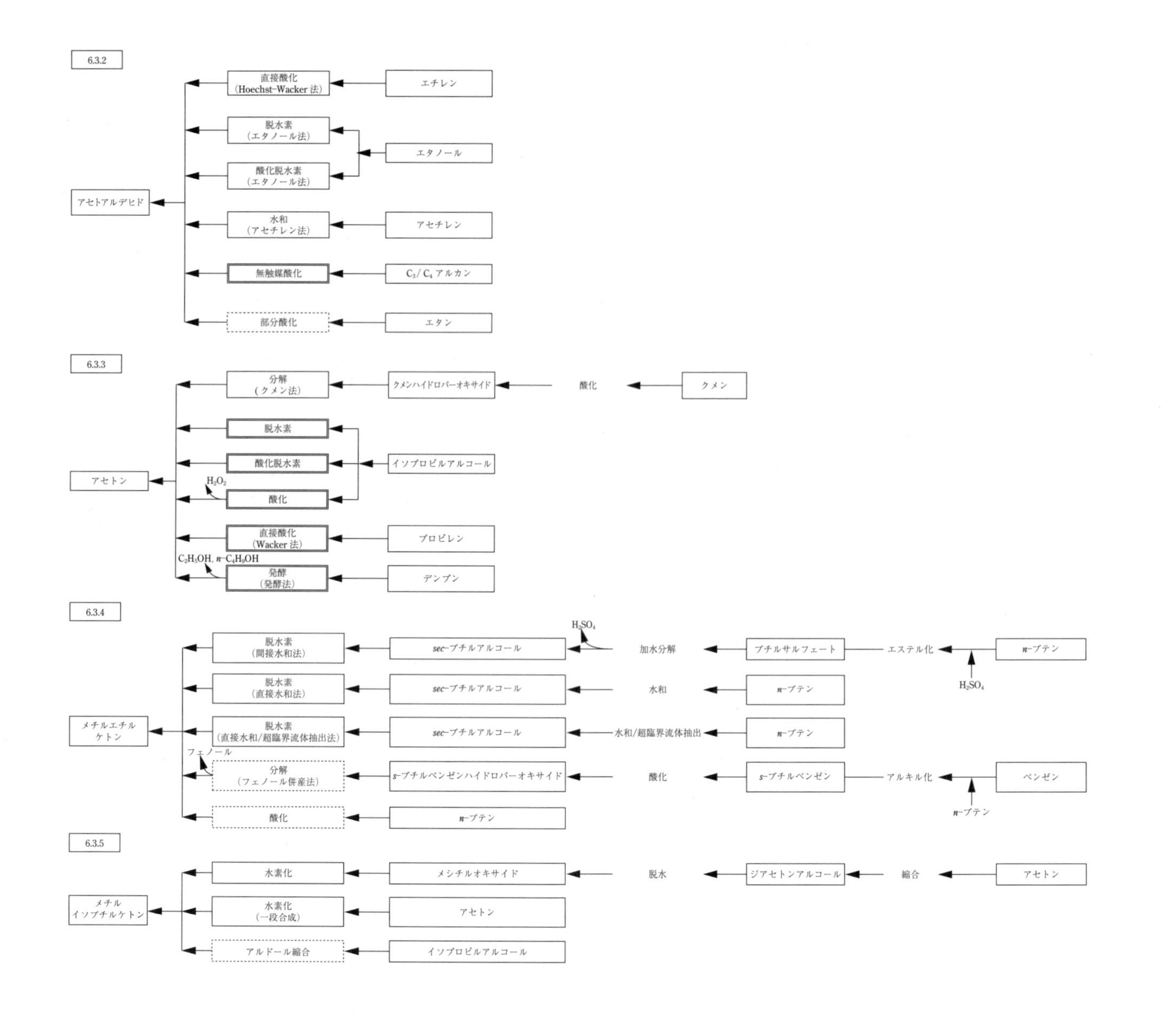

6.3.2
アセトアルデヒド
直接酸化
(Hoechst-Wacker 法)
エチレン
脱水素
(エタノール法)
酸化脱水素
(エタノール法)
エタノール
水和
(アセチレン法)
アセチレン
無触媒酸化
C_3/ C_4 アルカン
部分酸化
エタン
6.3.3
アセトン
分解
(クメン法)
クメンハイドロパーオキサイド
酸化
クメン
脱水素
酸化脱水素
酸化
H_2O_2
イソプロピルアルコール
直接酸化
(Wacker 法)
プロピレン
C_2H_5OH, n-C_4H_9OH
発酵
(発酵法)
デンプン
6.3.4
メチルエチル
ケトン
脱水素
(間接水和法)
sec-ブチルアルコール
H_2SO_4
加水分解
ブチルサルフェート
エステル化
H_2SO_4
n-ブテン
脱水素
(直接水和法)
sec-ブチルアルコール
水和
n-ブテン
脱水素
(直接水和/超臨界流体抽出法)
sec-ブチルアルコール
水和/超臨界流体抽出
n-ブテン
フェノール
分解
(フェノール併産法)
s-ブチルベンゼンハイドロパーオキサイド
酸化
s-ブチルベンゼン
アルキル化
n-ブテン
ベンゼン
酸化
n-ブテン
6.3.5
メチル
イソブチルケトン
水素化
メシチルオキサイド
脱水
ジアセトンアルコール
縮合
アセトン
水素化
(一段合成)
アセトン
アルドール縮合
イソプロピルアルコール

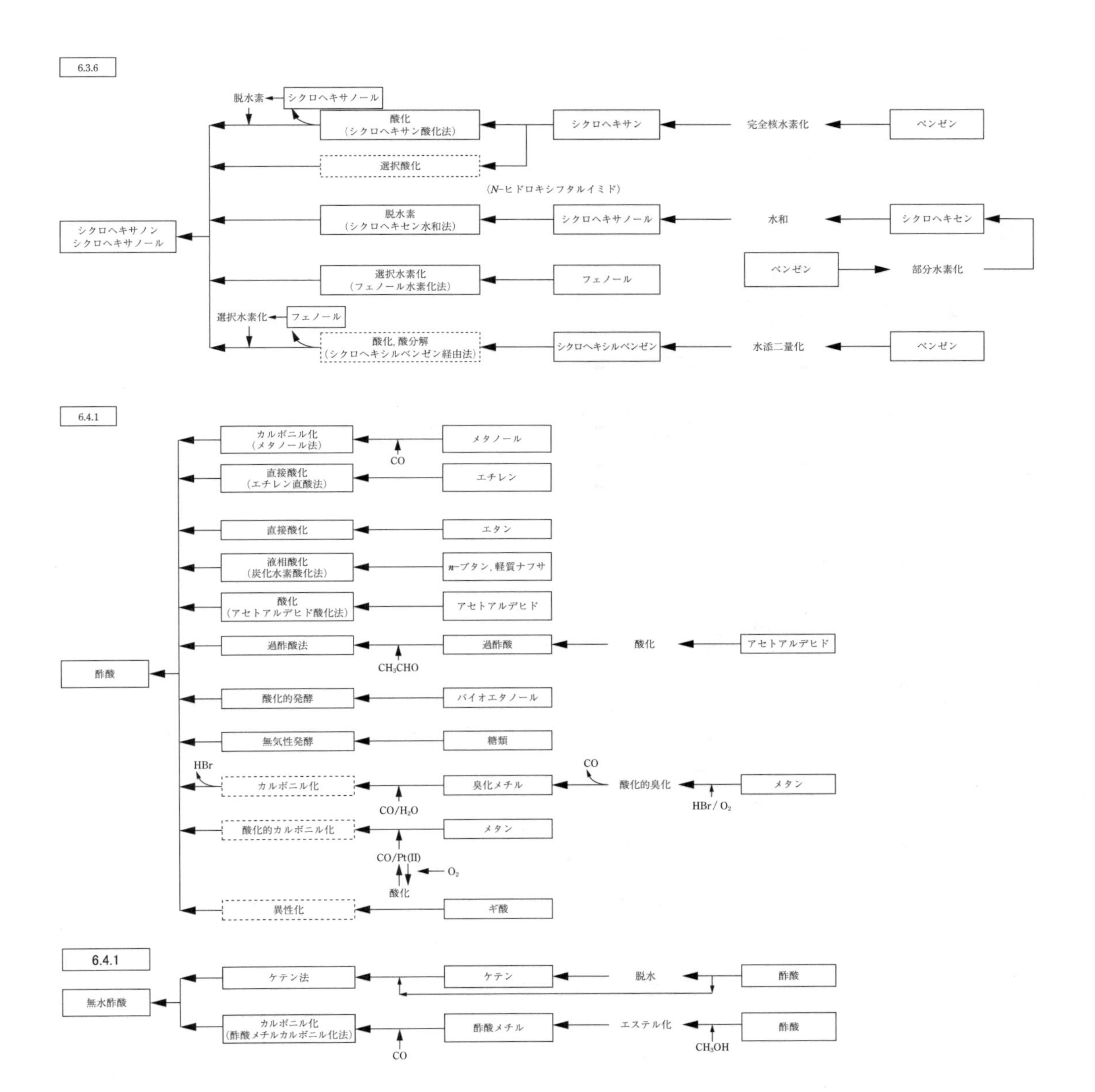
6.3.6
脱水素
シクロヘキサノール
酸化
（シクロヘキサン酸化法）
シクロヘキサン
完全核水素化
ベンゼン
選択酸化
（N-ヒドロキシフタルイミド）
シクロヘキサノン
シクロヘキサノール
脱水素
（シクロヘキセン水和法）
シクロヘキサノール
水和
シクロヘキセン
ベンゼン
部分水素化
選択水素化
（フェノール水素化法）
フェノール
選択水素化
フェノール
酸化，酸分解
（シクロヘキシルベンゼン経由法）
シクロヘキシルベンゼン
水添二量化
ベンゼン
6.4.1
カルボニル化
（メタノール法）
メタノール
CO
直接酸化
（エチレン直酸法）
エチレン
直接酸化
エタン
液相酸化
（炭化水素酸化法）
n-ブタン，軽質ナフサ
酸化
（アセトアルデヒド酸化法）
アセトアルデヒド
過酢酸法
過酢酸
酸化
アセトアルデヒド
CH_3CHO
酢酸
酸化的発酵
バイオエタノール
無気性発酵
糖類
HBr
カルボニル化
臭化メチル
CO
酸化的臭化
メタン
CO/H_2O
HBr/O_2
酸化的カルボニル化
メタン
CO/Pt(II)
O_2
酸化
異性化
ギ酸
6.4.1
ケテン法
ケテン
脱水
酢酸
無水酢酸
カルボニル化
（酢酸メチルカルボニル化法）
酢酸メチル
エステル化
酢酸
CO
CH_3OH

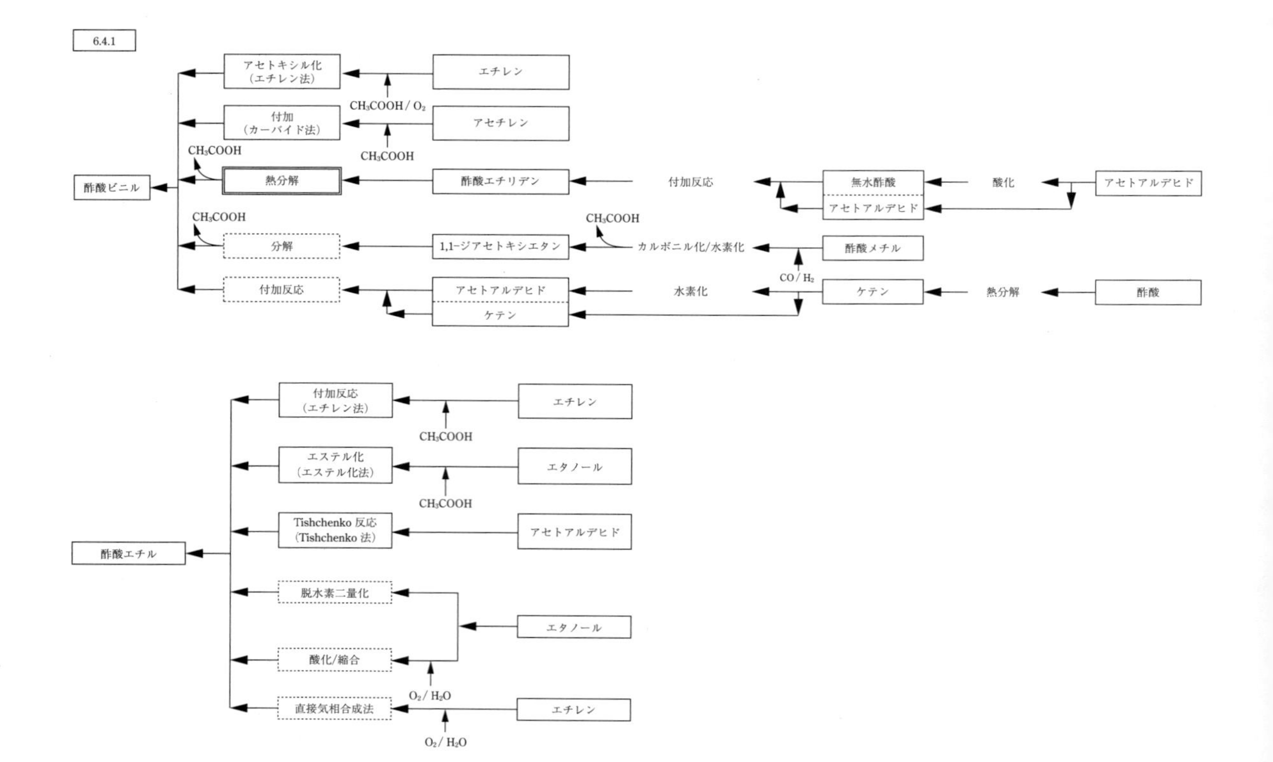
6.4.1
酢酸ビニル
アセトキシル化
（エチレン法）
エチレン
CH_3COOH / O_2
付加
（カーバイド法）
アセチレン
CH_3COOH
CH_3COOH
熱分解
酢酸エチリデン
付加反応
無水酢酸
アセトアルデヒド
酸化
アセトアルデヒド
CH_3COOH
分解
1,1-ジアセトキシエタン
CH_3COOH
カルボニル化/水素化
酢酸メチル
CO / H_2
付加反応
アセトアルデヒド
ケテン
水素化
ケテン
熱分解
酢酸
酢酸エチル
付加反応
（エチレン法）
エチレン
CH_3COOH
エステル化
（エステル化法）
エタノール
CH_3COOH
Tishchenko 反応
（Tishchenko 法）
アセトアルデヒド
脱水素二量化
エタノール
酸化/縮合
O_2 / H_2O
直接気相合成法
エチレン
O_2 / H_2O

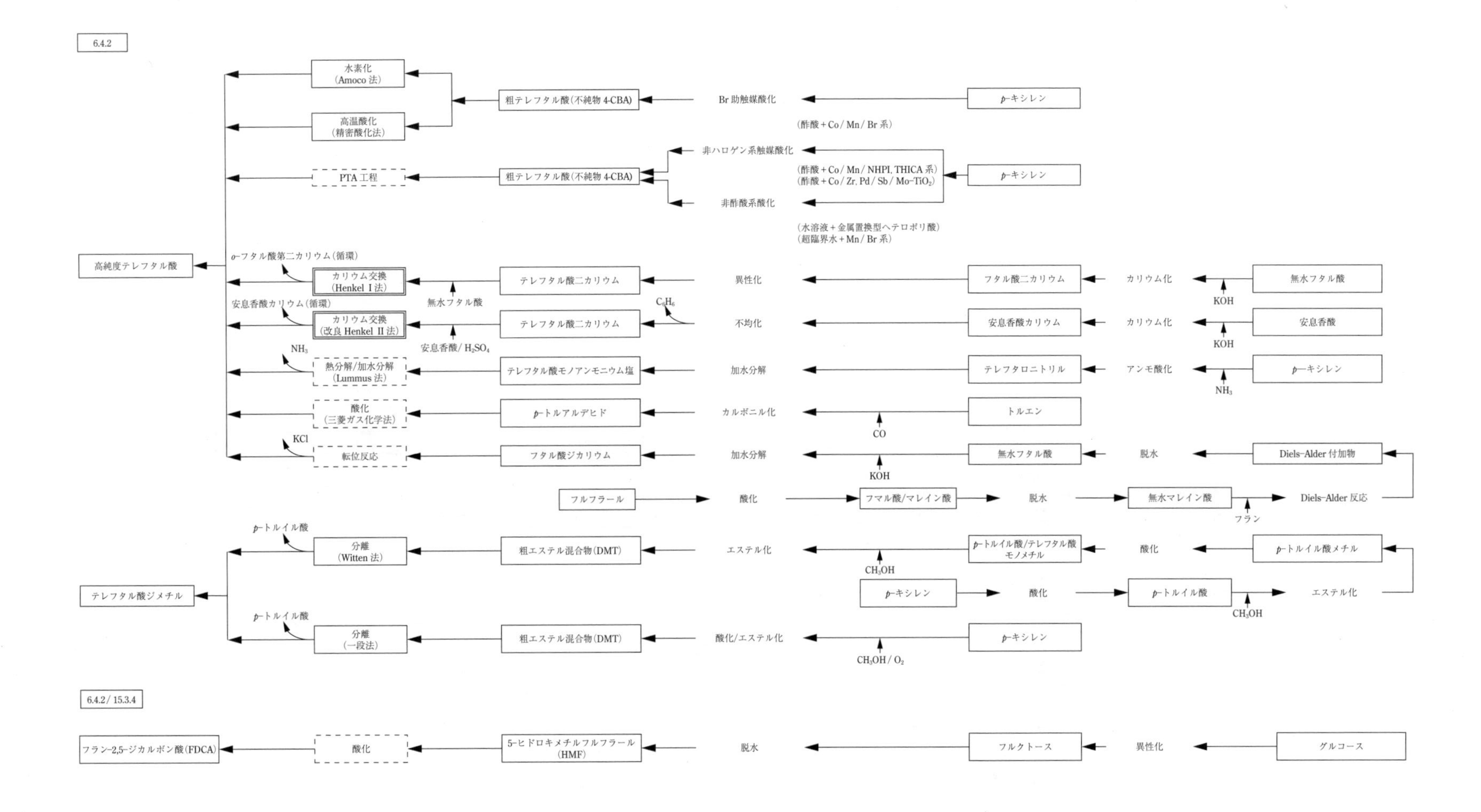
6.4.2
水素化
(Amoco 法)
高温酸化
(精密酸化法)
粗テレフタル酸(不純物 4-CBA)
Br 助触媒酸化
p-キシレン
(酢酸 + Co / Mn / Br 系)
非ハロゲン系触媒酸化
(酢酸 + Co / Mn / NHPI, THICA 系)
(酢酸 + Co / Zr, Pd / Sb / Mo-TiO₂)
PTA 工程
粗テレフタル酸(不純物 4-CBA)
p-キシレン
非酢酸系酸化
(水溶液 + 金属置換型ヘテロポリ酸)
(超臨界水 + Mn / Br 系)
高純度テレフタル酸
o-フタル酸第二カリウム(循環)
カリウム交換
(Henkel I 法)
テレフタル酸二カリウム
異性化
フタル酸二カリウム
カリウム化
無水フタル酸
KOH
無水フタル酸
安息香酸カリウム(循環)
カリウム交換
(改良 Henkel II 法)
テレフタル酸二カリウム
C_6H_6
不均化
安息香酸カリウム
カリウム化
安息香酸
KOH
安息香酸 / H_2SO_4
NH_3
熱分解/加水分解
(Lummus 法)
テレフタル酸モノアンモニウム塩
加水分解
テレフタロニトリル
アンモ酸化
p-キシレン
NH_3
酸化
(三菱ガス化学法)
p-トルアルデヒド
カルボニル化
トルエン
CO
KCl
転位反応
フタル酸ジカリウム
加水分解
無水フタル酸
脱水
Diels-Alder 付加物
KOH
フルフラール
酸化
フマル酸/マレイン酸
脱水
無水マレイン酸
Diels-Alder 反応
フラン
p-トルイル酸
分離
(Witten 法)
粗エステル混合物(DMT)
エステル化
p-トルイル酸/テレフタル酸モノメチル
酸化
p-トルイル酸メチル
CH_3OH
テレフタル酸ジメチル
p-キシレン
酸化
p-トルイル酸
エステル化
CH_3OH
p-トルイル酸
分離
(一段法)
粗エステル混合物(DMT)
酸化/エステル化
p-キシレン
CH_3OH / O_2
6.4.2 / 15.3.4
フラン-2,5-ジカルボン酸(FDCA)
酸化
5-ヒドロキメチルフルフラール
(HMF)
脱水
フルクトース
異性化
グルコース

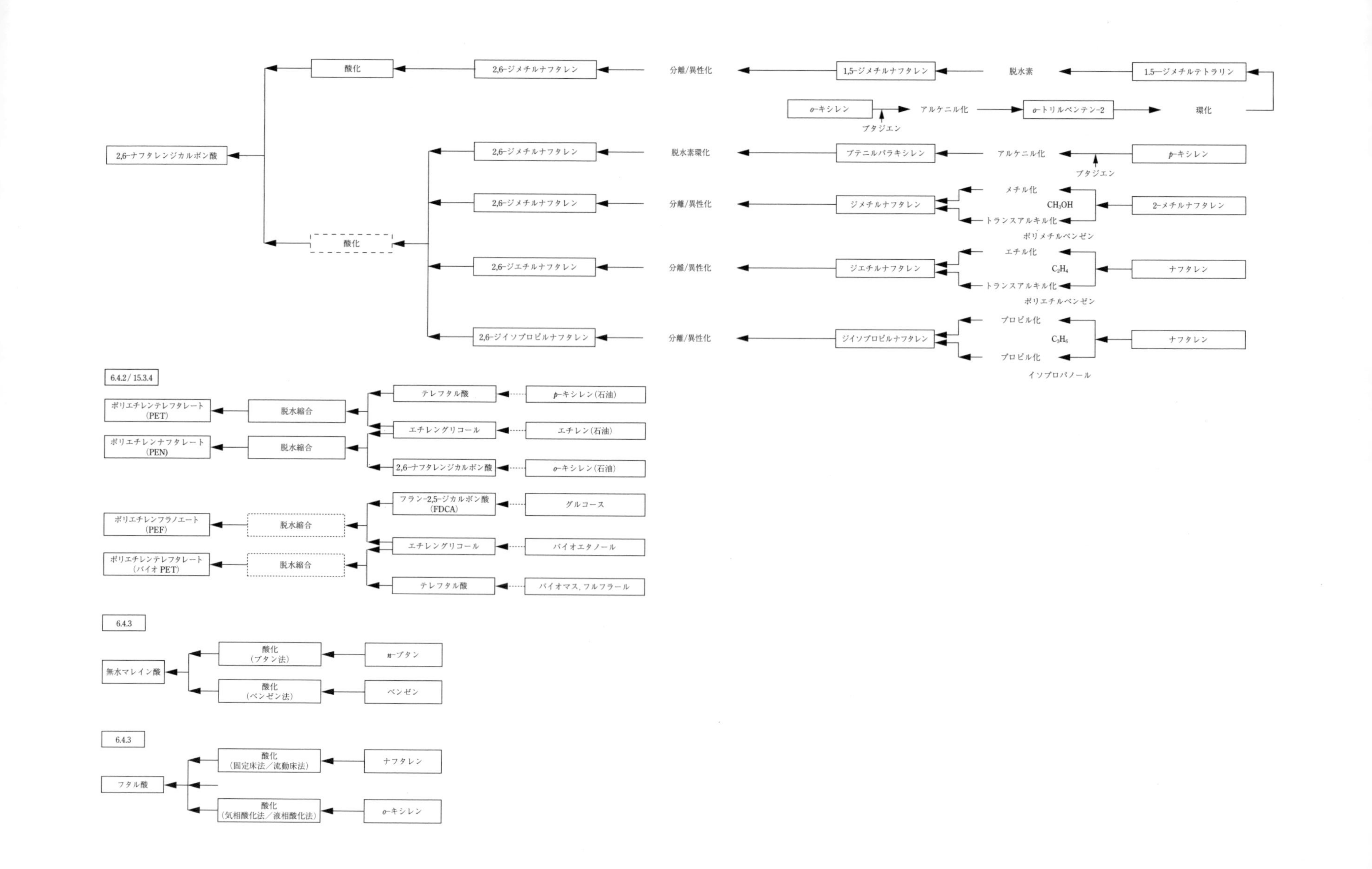

1,5−ジメチルテトラリン
脱水素
1,5−ジメチルナフタレン
分離/異性化
2,6−ジメチルナフタレン
酸化
o−キシレン
ブタジエン
アルケニル化
o−トリルペンテン−2
環化
p−キシレン
アルケニル化
ブテニルパラキシレン
脱水素環化
2,6−ジメチルナフタレン
2−メチルナフタレン
CH_3OH
メチル化
トランスアルキル化
ポリメチルベンゼン
ジメチルナフタレン
分離/異性化
2,6−ジメチルナフタレン
ナフタレン
C_2H_4
エチル化
トランスアルキル化
ポリエチルベンゼン
ジエチルナフタレン
分離/異性化
2,6−ジエチルナフタレン
ナフタレン
C_3H_6
プロピル化
プロピル化
イソプロパノール
ジイソプロピルナフタレン
分離/異性化
2,6−ジイソプロピルナフタレン
酸化
2,6−ナフタレンジカルボン酸
6.4.2／15.3.4
p−キシレン(石油)
テレフタル酸
エチレン(石油)
エチレングリコール
o−キシレン(石油)
2,6−ナフタレンジカルボン酸
脱水縮合
ポリエチレンテレフタレート(PET)
脱水縮合
ポリエチレンナフタレート(PEN)
グルコース
フラン−2,5−ジカルボン酸(FDCA)
バイオエタノール
エチレングリコール
バイオマス，フルフラール
テレフタル酸
脱水縮合
ポリエチレンフラノエート(PEF)
脱水縮合
ポリエチレンテレフタレート(バイオ PET)
6.4.3
n−ブタン
酸化(ブタン法)
ベンゼン
酸化(ベンゼン法)
無水マレイン酸
6.4.3
ナフタレン
酸化(固定床法／流動床法)
o−キシレン
酸化(気相酸化法／液相酸化法)
フタル酸

6.4.5

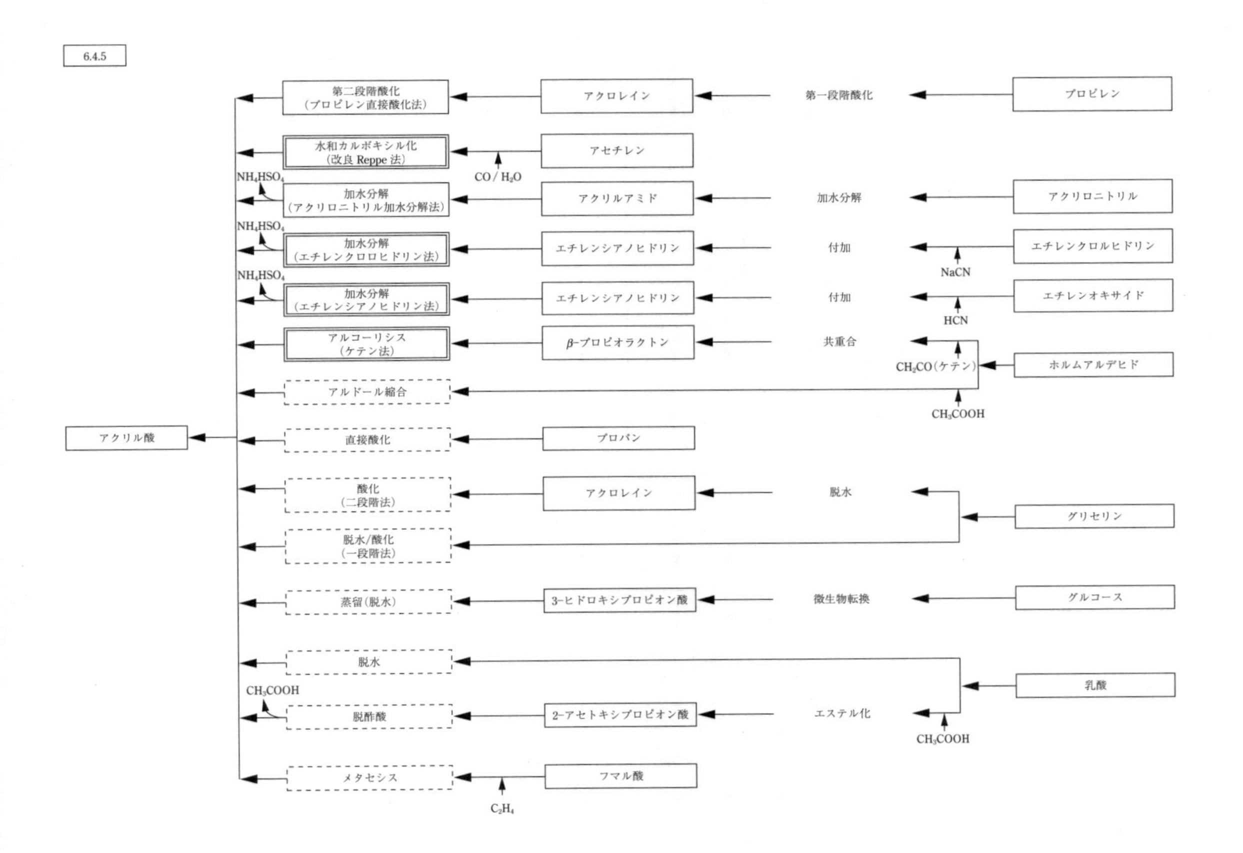

第二段階酸化
(プロピレン直接酸化法)
アクロレイン
第一段階酸化
プロピレン
水和カルボキシル化
(改良 Reppe 法)
アセチレン
CO / H2O
NH4HSO4
加水分解
(アクリロニトリル加水分解法)
アクリルアミド
加水分解
アクリロニトリル
NH4HSO4
加水分解
(エチレンクロロヒドリン法)
エチレンシアノヒドリン
付加
エチレンクロルヒドリン
NaCN
NH4HSO4
加水分解
(エチレンシアノヒドリン法)
エチレンシアノヒドリン
付加
エチレンオキサイド
HCN
アルコーリシス
(ケテン法)
β-プロピオラクトン
共重合
CH2CO(ケテン)
ホルムアルデヒド
アルドール縮合
CH3COOH
アクリル酸
直接酸化
プロパン
酸化
(二段階法)
アクロレイン
脱水
グリセリン
脱水/酸化
(一段階法)
蒸留(脱水)
3-ヒドロキシプロピオン酸
微生物転換
グルコース
脱水
乳酸
CH3COOH
脱酢酸
2-アセトキシプロピオン酸
エステル化
CH3COOH
メタセシス
フマル酸
C2H4

6.4.6

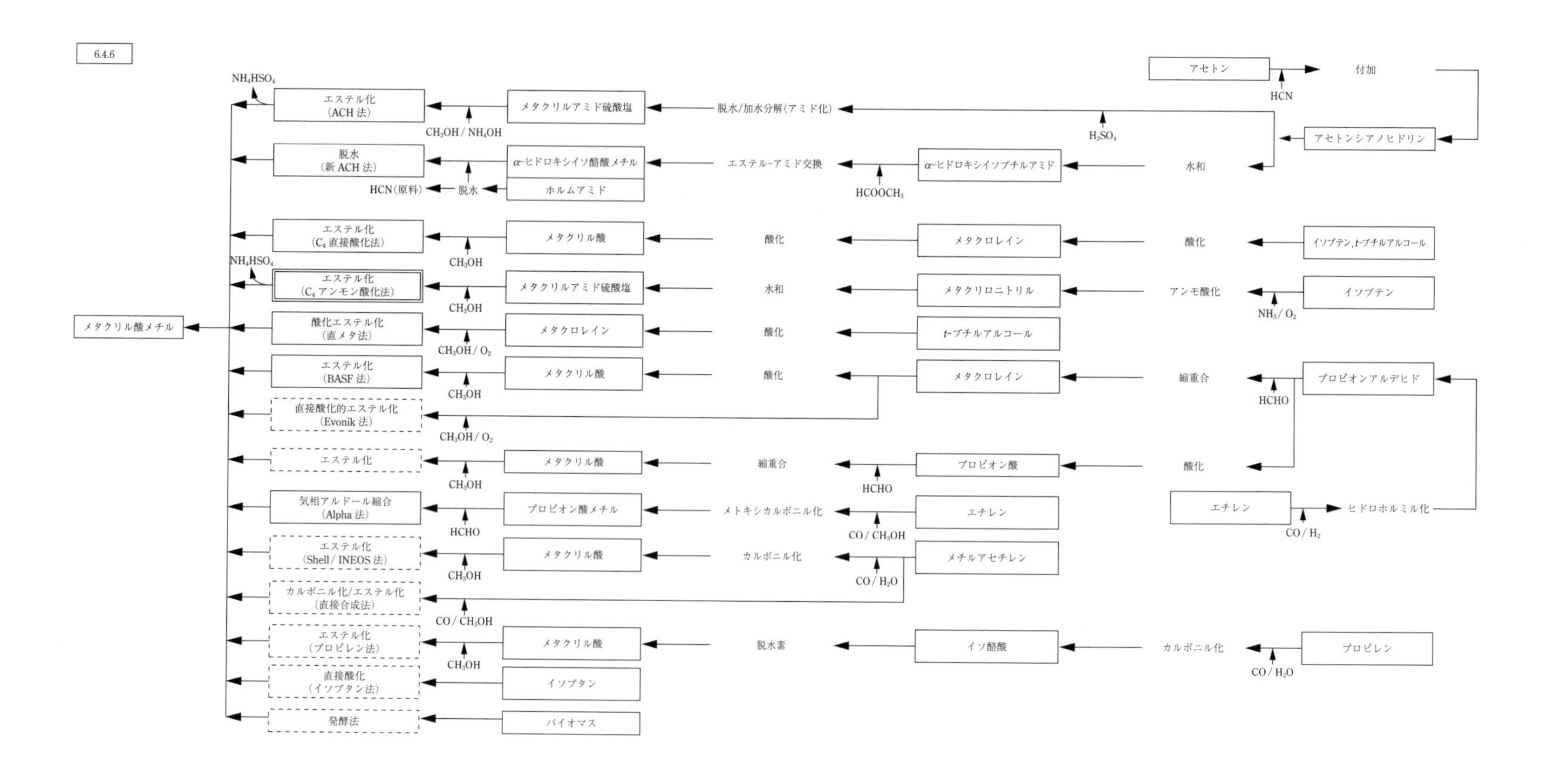

メタクリル酸メチル
NH_4HSO_4
エステル化（ACH 法）
メタクリルアミド硫酸塩
CH_3OH / NH_4OH
脱水/加水分解（アミド化）
H_2SO_4
脱水（新 ACH 法）
α-ヒドロキシイソ酪酸メチル
ホルムアミド
HCN（原料）
脱水
エステル-アミド交換
$HCOOCH_3$
α-ヒドロキシイソブチルアミド
水和
アセトンシアノヒドリン
アセトン
HCN
付加
エステル化（C_4 直接酸化法）
メタクリル酸
CH_3OH
酸化
メタクロレイン
酸化
イソブテン，t-ブチルアルコール
エステル化（C_4 アンモン酸化法）
メタクリルアミド硫酸塩
水和
メタクリロニトリル
アンモ酸化
NH_3 / O_2
イソブテン
酸化エステル化（直メタ法）
メタクロレイン
CH_3OH / O_2
酸化
t-ブチルアルコール
エステル化（BASF 法）
メタクリル酸
酸化
メタクロレイン
縮重合
HCHO
プロピオンアルデヒド
直接酸化的エステル化（Evonik 法）
CH_3OH / O_2
エステル化
メタクリル酸
縮重合
HCHO
プロピオン酸
酸化
気相アルドール縮合（Alpha 法）
プロピオン酸メチル
HCHO
メトキシカルボニル化
CO / CH_3OH
エチレン
エチレン
ヒドロホルミル化
CO / H_2
エステル化（Shell / INEOS 法）
メタクリル酸
カルボニル化
CO / H_2O
メチルアセチレン
カルボニル化/エステル化（直接合成法）
CO / CH_3OH
エステル化（プロピレン法）
メタクリル酸
脱水素
イソ酪酸
カルボニル化
CO / H_2O
プロピレン
直接酸化（イソブタン法）
イソブタン
発酵法
バイオマス

6.4.7

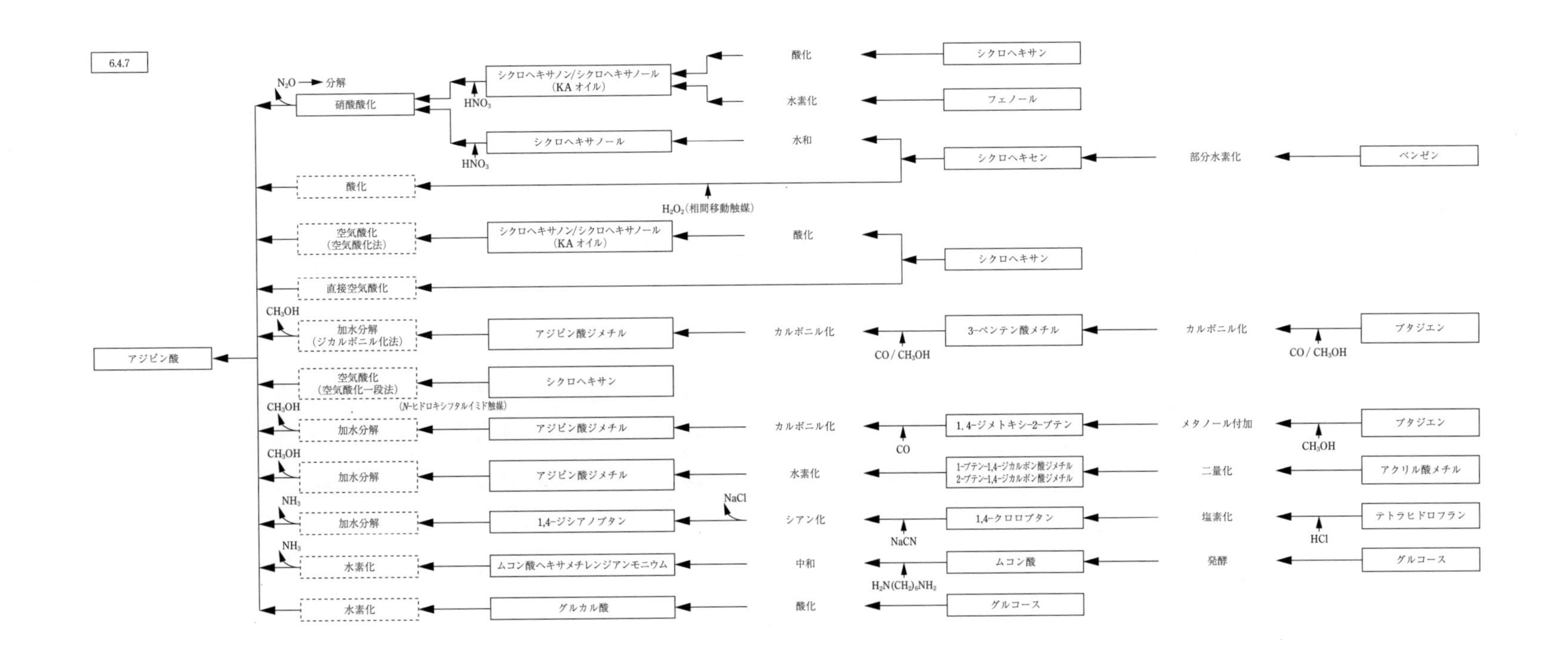

シクロヘキサン
酸化
フェノール
水素化
シクロヘキサノン/シクロヘキサノール
(KA オイル)
HNO_3
硝酸酸化
N_2O → 分解
ベンゼン
部分水素化
シクロヘキセン
水和
シクロヘキサノール
HNO_3
H_2O_2(相間移動触媒)
酸化
シクロヘキサン
酸化
シクロヘキサノン/シクロヘキサノール
(KA オイル)
空気酸化
(空気酸化法)
直接空気酸化
ブタジエン
カルボニル化
CO/CH_3OH
3-ペンテン酸メチル
カルボニル化
CO/CH_3OH
アジピン酸ジメチル
CH_3OH
加水分解
(ジカルボニル化法)
アジピン酸
シクロヘキサン
空気酸化
(空気酸化一段法)
(N-ヒドロキシフタルイミド触媒)
ブタジエン
メタノール付加
CH_3OH
1, 4-ジメトキシ-2-ブテン
カルボニル化
CO
アジピン酸ジメチル
CH_3OH
加水分解
アクリル酸メチル
二量化
1-ブテン-1,4-ジカルボン酸ジメチル
2-ブテン-1,4-ジカルボン酸ジメチル
水素化
アジピン酸ジメチル
CH_3OH
加水分解
テトラヒドロフラン
塩素化
HCl
1,4-クロロブタン
シアン化
NaCN
NaCl
1,4-ジシアノブタン
NH_3
加水分解
グルコース
発酵
ムコン酸
中和
$H_2N(CH_2)_6NH_2$
ムコン酸ヘキサメチレンジアンモニウム
NH_3
水素化
グルコース
酸化
グルカル酸
水素化

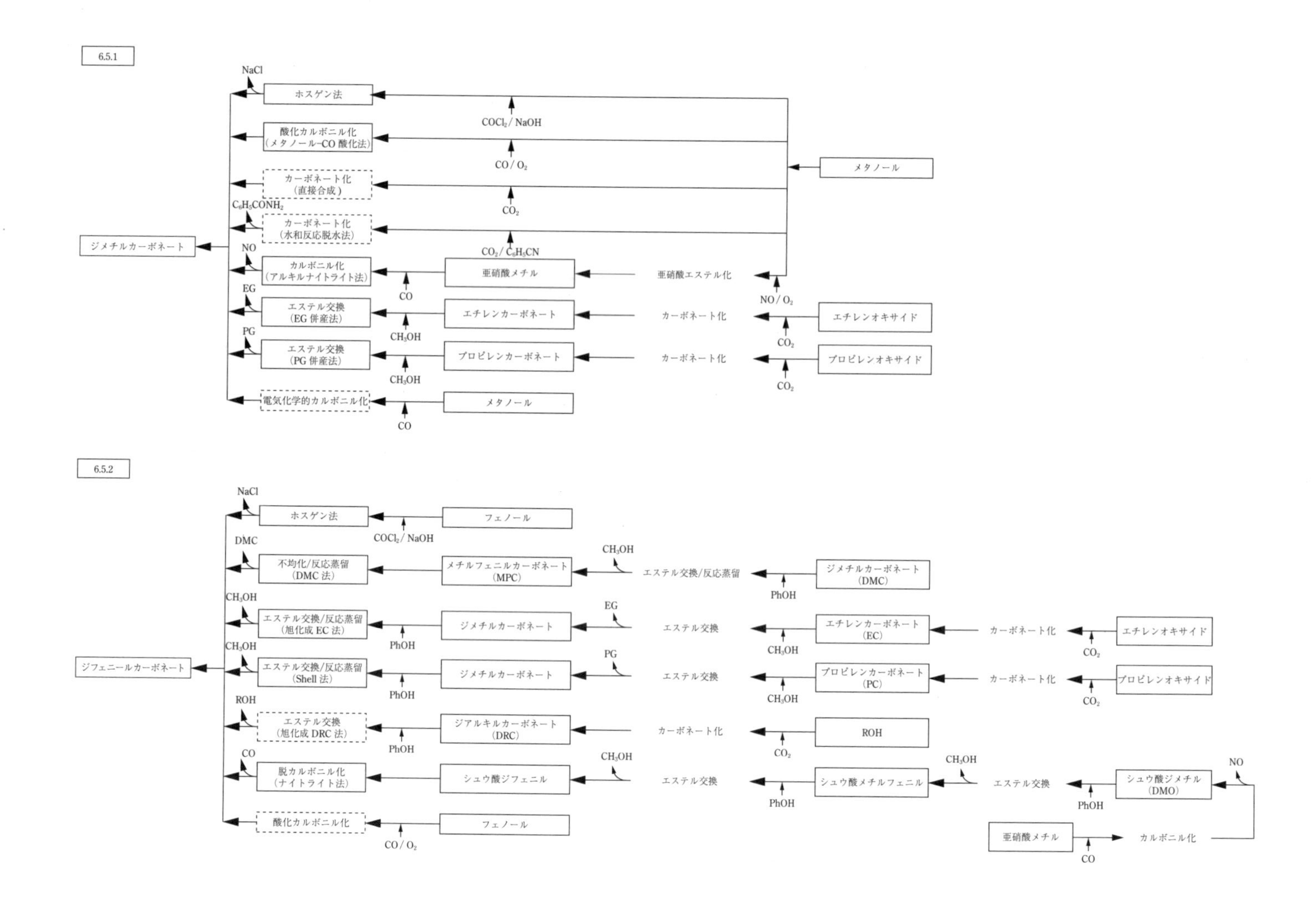
6.5.1
ジメチルカーボネート
NaCl
ホスゲン法
$COCl_2$ / NaOH
酸化カルボニル化
(メタノール-CO 酸化法)
CO / O_2
メタノール
カーボネート化
(直接合成)
CO_2
$C_6H_5CONH_2$
カーボネート化
(水和反応脱水法)
CO_2 / C_6H_5CN
NO
カルボニル化
(アルキルナイトライト法)
CO
亜硝酸メチル
亜硝酸エステル化
NO / O_2
EG
エステル交換
(EG 併産法)
CH_3OH
エチレンカーボネート
カーボネート化
エチレンオキサイド
CO_2
PG
エステル交換
(PG 併産法)
CH_3OH
プロピレンカーボネート
カーボネート化
プロピレンオキサイド
CO_2
電気化学的カルボニル化
CO
メタノール
6.5.2
ジフェニールカーボネート
NaCl
ホスゲン法
$COCl_2$ / NaOH
フェノール
DMC
不均化/反応蒸留
(DMC 法)
メチルフェニルカーボネート
(MPC)
CH_3OH
エステル交換/反応蒸留
PhOH
ジメチルカーボネート
(DMC)
CH_3OH
エステル交換/反応蒸留
(旭化成 EC 法)
PhOH
ジメチルカーボネート
EG
エステル交換
CH_3OH
エチレンカーボネート
(EC)
カーボネート化
CO_2
エチレンオキサイド
CH_3OH
エステル交換/反応蒸留
(Shell 法)
PhOH
ジメチルカーボネート
PG
エステル交換
CH_3OH
プロピレンカーボネート
(PC)
カーボネート化
CO_2
プロピレンオキサイド
ROH
エステル交換
(旭化成 DRC 法)
PhOH
ジアルキルカーボネート
(DRC)
カーボネート化
CO_2
ROH
CO
脱カルボニル化
(ナイトライト法)
シュウ酸ジフェニル
CH_3OH
エステル交換
PhOH
シュウ酸メチルフェニル
CH_3OH
エステル交換
PhOH
シュウ酸ジメチル
(DMO)
NO
亜硝酸メチル
CO
カルボニル化
酸化カルボニル化
CO / O_2
フェノール

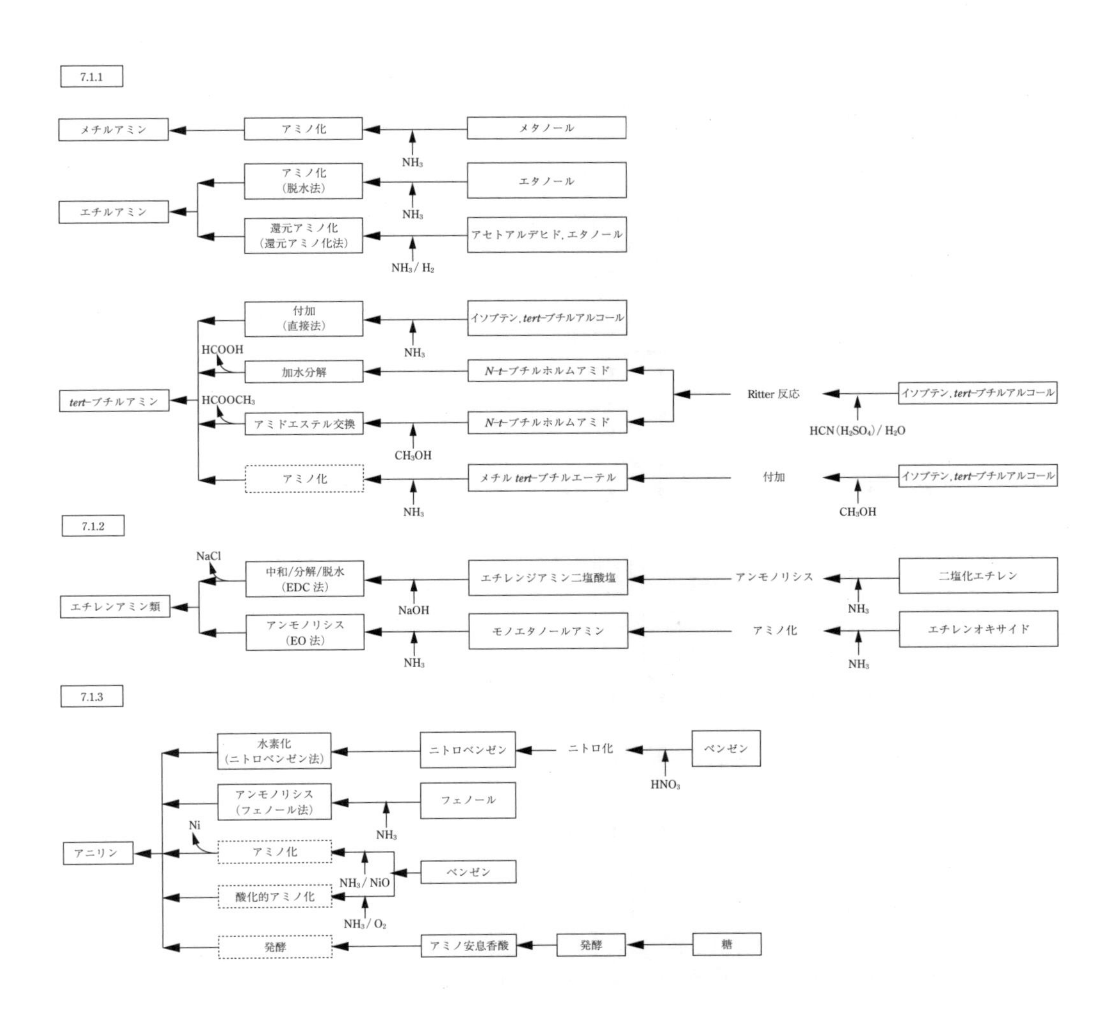

7.1.1
メチルアミン
アミノ化
メタノール
NH$_3$
エチルアミン
アミノ化
（脱水法）
エタノール
NH$_3$
還元アミノ化
（還元アミノ化法）
アセトアルデヒド，エタノール
NH$_3$ / H$_2$
tert-ブチルアミン
付加
（直接法）
イソブテン，tert-ブチルアルコール
NH$_3$
HCOOH
加水分解
N-t-ブチルホルムアミド
Ritter 反応
イソブテン，tert-ブチルアルコール
HCN (H$_2$SO$_4$) / H$_2$O
HCOOCH$_3$
アミドエステル交換
N-t-ブチルホルムアミド
CH$_3$OH
アミノ化
メチル tert-ブチルエーテル
NH$_3$
付加
イソブテン，tert-ブチルアルコール
CH$_3$OH
7.1.2
エチレンアミン類
NaCl
中和/分解/脱水
（EDC 法）
エチレンジアミン二塩酸塩
NaOH
アンモノリシス
二塩化エチレン
NH$_3$
アンモノリシス
（EO 法）
モノエタノールアミン
NH$_3$
アミノ化
エチレンオキサイド
NH$_3$
7.1.3
アニリン
水素化
（ニトロベンゼン法）
ニトロベンゼン
ニトロ化
ベンゼン
HNO$_3$
アンモノリシス
（フェノール法）
フェノール
NH$_3$
Ni
アミノ化
NH$_3$ / NiO
ベンゼン
酸化的アミノ化
NH$_3$ / O$_2$
発酵
アミノ安息香酸
発酵
糖

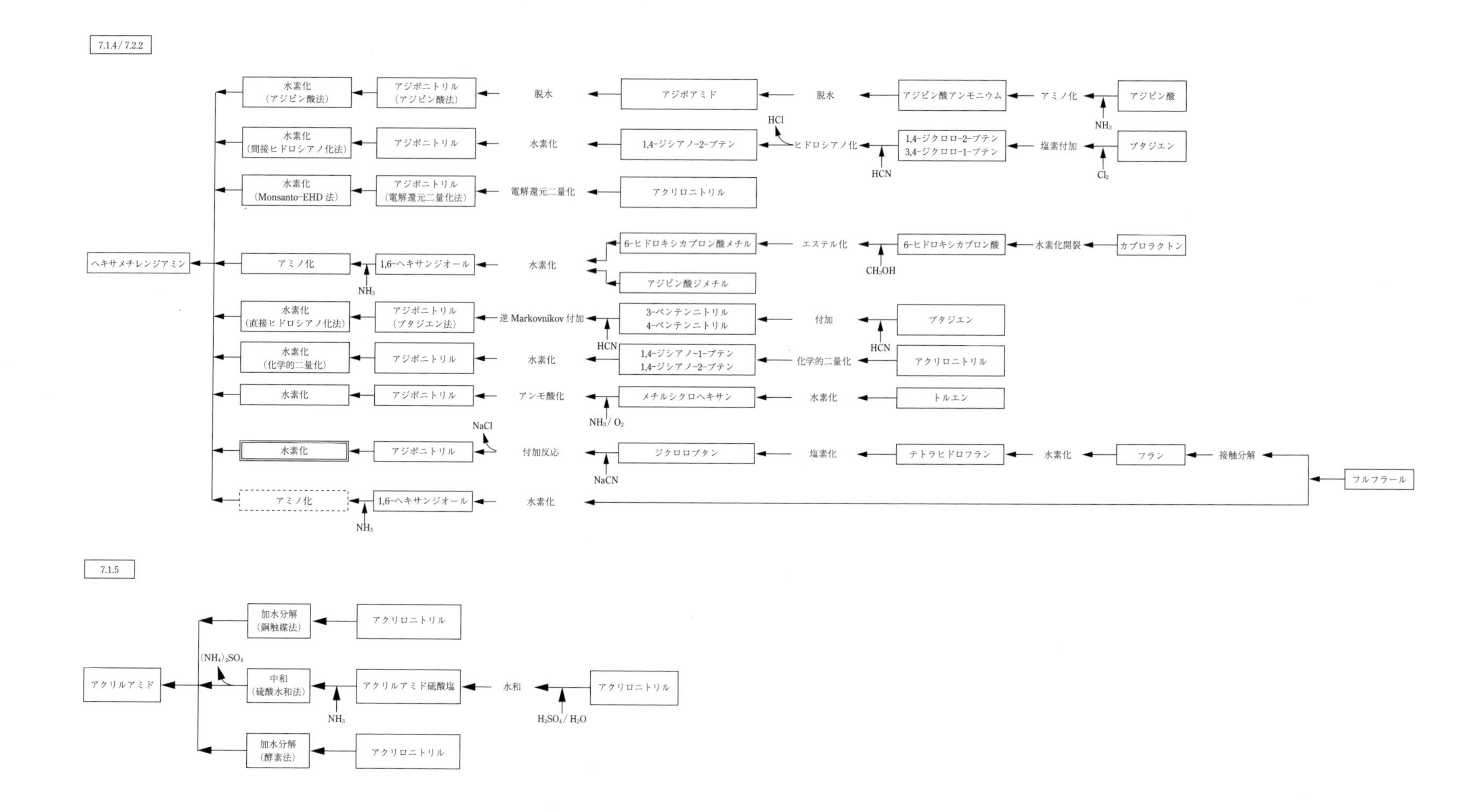
7.1.4/7.2.2
アジピン酸
NH3
アミノ化
アジピン酸アンモニウム
脱水
アジポアミド
脱水
アジポニトリル（アジピン酸法）
水素化（アジピン酸法）
ブタジエン
Cl2
塩素付加
1,4-ジクロロ-2-ブテン
3,4-ジクロロ-1-ブテン
HCN
HCl
ヒドロシアノ化
1,4-ジシアノ-2-ブテン
水素化
アジポニトリル
水素化（間接ヒドロシアノ化法）
アクリロニトリル
電解還元二量化
アジポニトリル（電解還元二量化法）
水素化（Monsanto-EHD法）
カプロラクトン
水素化開裂
6-ヒドロキシカプロン酸
CH3OH
エステル化
6-ヒドロキシカプロン酸メチル
アジピン酸ジメチル
水素化
1,6-ヘキサンジオール
NH3
アミノ化
ヘキサメチレンジアミン
ブタジエン
付加
3-ペンテンニトリル
4-ペンテンニトリル
逆Markovnikov付加
アジポニトリル（ブタジエン法）
水素化（直接ヒドロシアノ化法）
アクリロニトリル
化学的二量化
1,4-ジシアノ-1-ブテン
1,4-ジシアノ-2-ブテン
水素化
アジポニトリル
水素化（化学的二量化）
トルエン
水素化
メチルシクロヘキサン
NH3/O2
アンモ酸化
アジポニトリル
水素化
フルフラール
接触分解
フラン
水素化
テトラヒドロフラン
塩素化
ジクロロブタン
NaCN
付加反応
NaCl
アジポニトリル
水素化
水素化
1,6-ヘキサンジオール
NH3
アミノ化
7.1.5
アクリロニトリル
加水分解（銅触媒法）
アクリロニトリル
H2SO4/H2O
水和
アクリルアミド硫酸塩
NH3
中和（硫酸水和法）
(NH4)2SO4
アクリロニトリル
加水分解（酵素法）
アクリルアミド

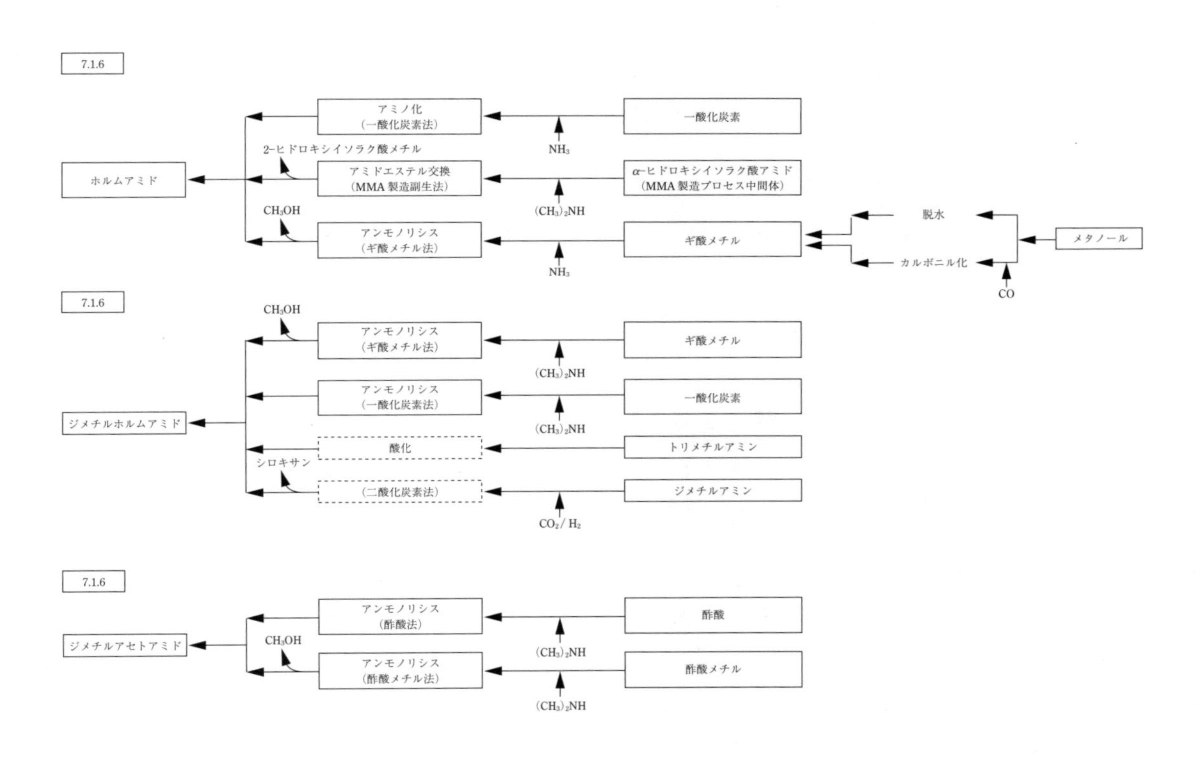
7.1.6
アミノ化
(一酸化炭素法)
一酸化炭素
NH_3
2-ヒドロキシイソラク酸メチル
ホルムアミド
アミドエステル交換
(MMA 製造副生法)
α-ヒドロキシイソラク酸アミド
(MMA 製造プロセス中間体)
$(CH_3)_2NH$
CH_3OH
アンモノリシス
(ギ酸メチル法)
ギ酸メチル
脱水
カルボニル化
メタノール
NH_3
CO
7.1.6
CH_3OH
アンモノリシス
(ギ酸メチル法)
ギ酸メチル
$(CH_3)_2NH$
アンモノリシス
(一酸化炭素法)
一酸化炭素
ジメチルホルムアミド
$(CH_3)_2NH$
酸化
トリメチルアミン
シロキサン
(二酸化炭素法)
ジメチルアミン
CO_2/ H_2
7.1.6
アンモノリシス
(酢酸法)
酢酸
ジメチルアセトアミド
CH_3OH
$(CH_3)_2NH$
アンモノリシス
(酢酸メチル法)
酢酸メチル
$(CH_3)_2NH$

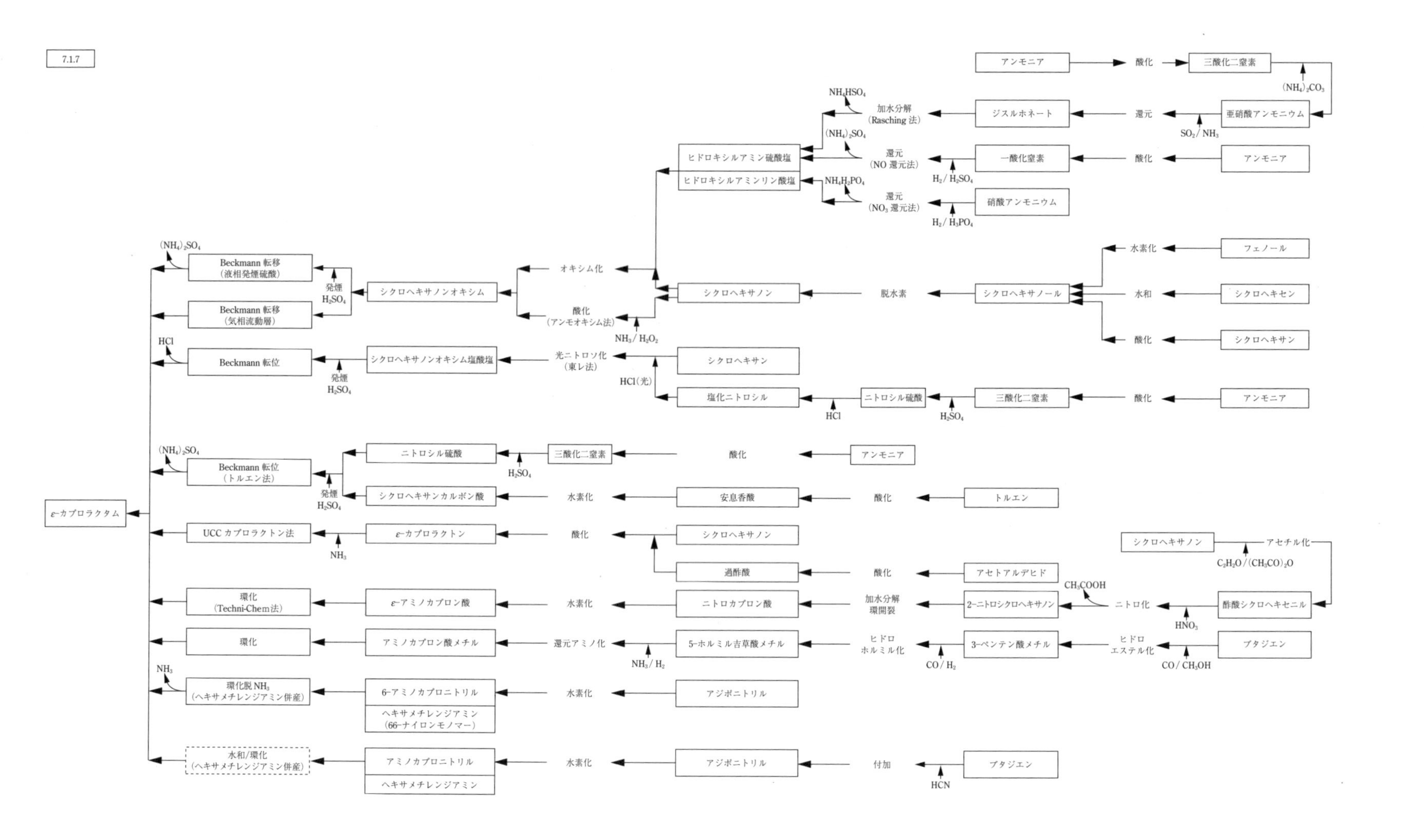
7.1.7
アンモニア
酸化
三酸化二窒素
(NH4)2CO3
亜硝酸アンモニウム
SO2/NH3
還元
ジスルホネート
加水分解
(Rasching 法)
NH4HSO4
アンモニア
酸化
一酸化窒素
H2/H2SO4
還元
(NO 還元法)
(NH4)2SO4
硝酸アンモニウム
H2/H3PO4
還元
(NO3 還元法)
NH4H2PO4
ヒドロキシルアミン硫酸塩
ヒドロキシルアミンリン酸塩
フェノール
水素化
シクロヘキセン
水和
シクロヘキサン
酸化
シクロヘキサノール
脱水素
シクロヘキサノン
オキシム化
酸化
(アンモオキシム法)
NH3/H2O2
シクロヘキサノンオキシム
発煙
H2SO4
Beckmann 転移
(液相発煙硫酸)
Beckmann 転移
(気相流動層)
(NH4)2SO4
シクロヘキサン
アンモニア
酸化
三酸化二窒素
H2SO4
ニトロシル硫酸
HCl
塩化ニトロシル
HCl(光)
光ニトロソ化
(東レ法)
シクロヘキサノンオキシム塩酸塩
発煙
H2SO4
Beckmann 転位
HCl
アンモニア
酸化
三酸化二窒素
H2SO4
ニトロシル硫酸
トルエン
酸化
安息香酸
水素化
シクロヘキサンカルボン酸
発煙
H2SO4
Beckmann 転位
(トルエン法)
(NH4)2SO4
アセトアルデヒド
酸化
過酢酸
シクロヘキサノン
酸化
ε-カプロラクトン
NH3
UCC カプロラクトン法
シクロヘキサノン
アセチル化
C2H2O/(CH3CO)2O
酢酸シクロヘキセニル
HNO3
ニトロ化
CH3COOH
2-ニトロシクロヘキサノン
加水分解
環開裂
ニトロカプロン酸
水素化
ε-アミノカプロン酸
環化
(Techni-Chem法)
ブタジエン
CO/CH3OH
ヒドロ
エステル化
3-ペンテン酸メチル
CO/H2
ヒドロ
ホルミル化
5-ホルミル吉草酸メチル
NH3/H2
還元アミノ化
アミノカプロン酸メチル
環化
アジポニトリル
水素化
6-アミノカプロニトリル
ヘキサメチレンジアミン
(66-ナイロンモノマー)
環化脱 NH3
(ヘキサメチレンジアミン併産)
NH3
ブタジエン
HCN
付加
アジポニトリル
水素化
アミノカプロニトリル
ヘキサメチレンジアミン
水和/環化
(ヘキサメチレンジアミン併産)
ε-カプロラクタム

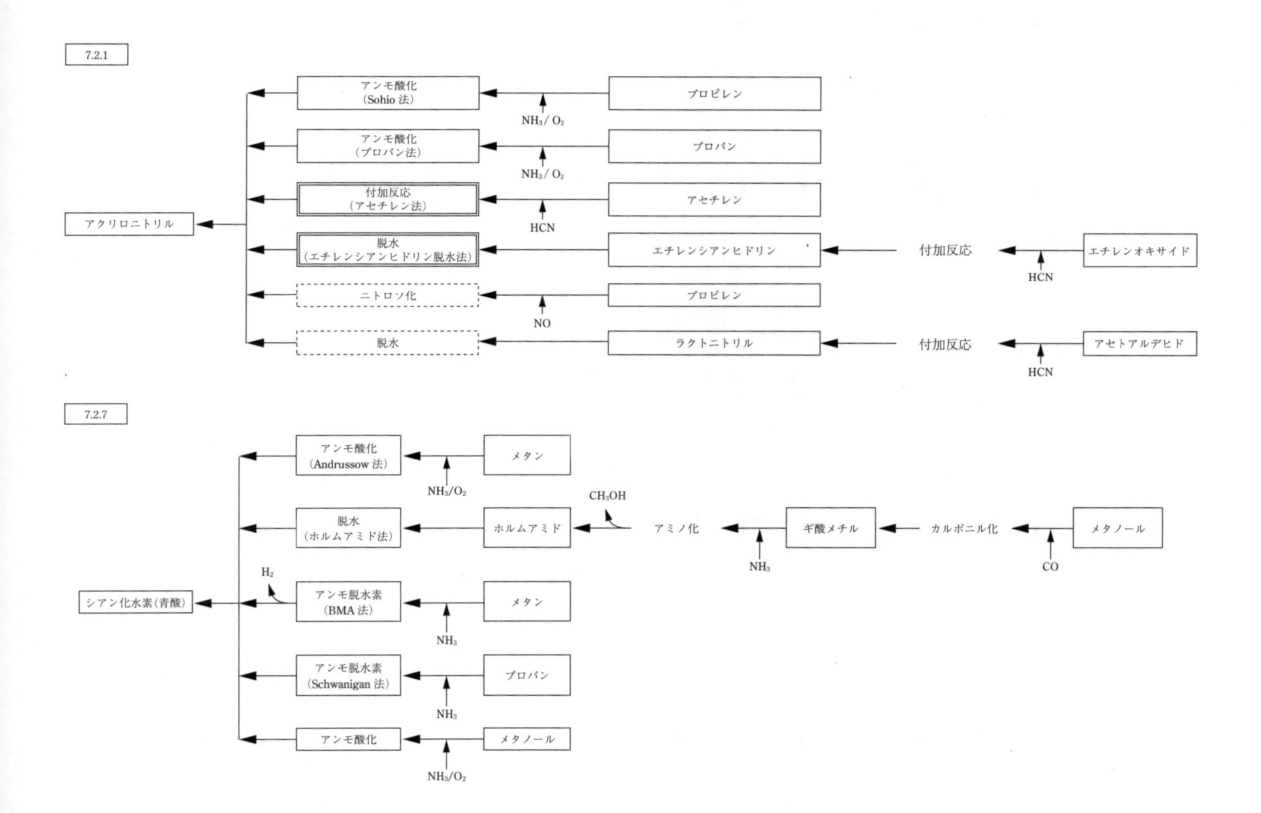

7.2.1
アクリロニトリル
アンモ酸化
(Sohio 法)
プロピレン
NH_3/ O_2
アンモ酸化
(プロパン法)
プロパン
NH_3/ O_2
付加反応
(アセチレン法)
アセチレン
HCN
脱水
(エチレンシアンヒドリン脱水法)
エチレンシアンヒドリン
付加反応
エチレンオキサイド
HCN
ニトロソ化
プロピレン
NO
脱水
ラクトニトリル
付加反応
アセトアルデヒド
HCN
7.2.7
シアン化水素(青酸)
アンモ酸化
(Andrussow 法)
メタン
NH_3/O_2
脱水
(ホルムアミド法)
ホルムアミド
CH_3OH
アミノ化
ギ酸メチル
NH_3
カルボニル化
メタノール
CO
H_2
アンモ脱水素
(BMA 法)
メタン
NH_3
アンモ脱水素
(Schwanigan 法)
プロパン
NH_3
アンモ酸化
メタノール
NH_3/O_2

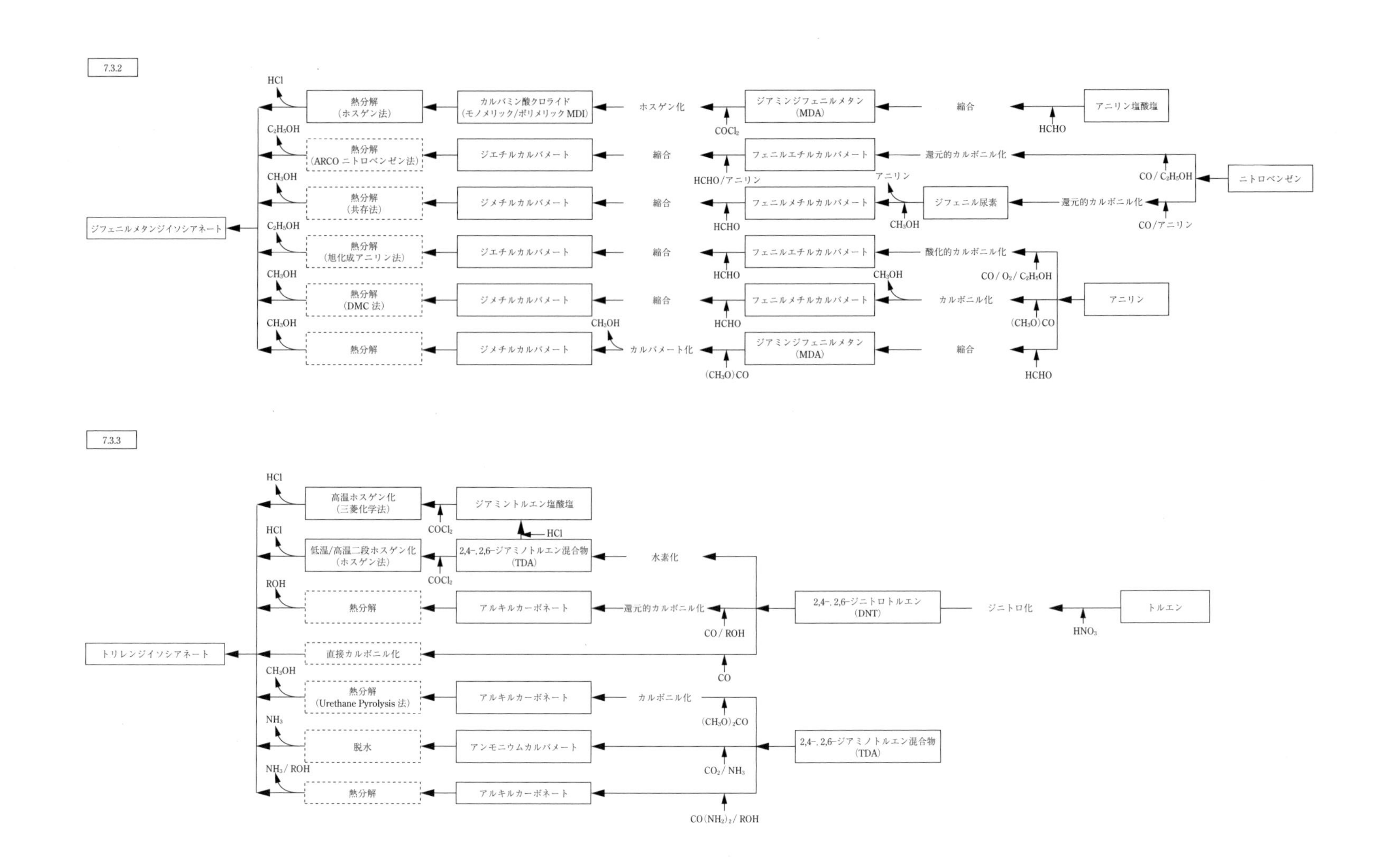

7.3.2
アニリン塩酸塩
HCHO
縮合
ジアミンジフェニルメタン (MDA)
COCl₂
ホスゲン化
カルバミン酸クロライド (モノメリック/ポリメリック MDI)
熱分解 (ホスゲン法)
HCl
ニトロベンゼン
CO / C₂H₅OH
還元的カルボニル化
フェニルエチルカルバメート
HCHO/アニリン
縮合
ジエチルカルバメート
熱分解 (ARCO ニトロベンゼン法)
C₂H₅OH
CO/アニリン
還元的カルボニル化
ジフェニル尿素
アニリン
CH₃OH
フェニルメチルカルバメート
HCHO
縮合
ジメチルカルバメート
熱分解 (共存法)
CH₃OH
アニリン
CO / O₂ / C₂H₅OH
酸化的カルボニル化
フェニルエチルカルバメート
HCHO
縮合
ジエチルカルバメート
熱分解 (旭化成アニリン法)
C₂H₅OH
(CH₃O)CO
カルボニル化
CH₃OH
フェニルメチルカルバメート
HCHO
縮合
ジメチルカルバメート
熱分解 (DMC 法)
CH₃OH
HCHO
縮合
ジアミンジフェニルメタン (MDA)
(CH₃O)CO
カルバメート化
CH₃OH
ジメチルカルバメート
熱分解
CH₃OH
ジフェニルメタンジイソシアネート
7.3.3
トルエン
HNO₃
ジニトロ化
2,4-, 2,6-ジニトロトルエン (DNT)
水素化
2,4-, 2,6-ジアミノトルエン混合物 (TDA)
HCl
ジアミントルエン塩酸塩
COCl₂
高温ホスゲン化 (三菱化学法)
HCl
COCl₂
低温/高温二段ホスゲン化 (ホスゲン法)
HCl
CO / ROH
還元的カルボニル化
アルキルカーボネート
熱分解
ROH
CO
直接カルボニル化
2,4-, 2,6-ジアミノトルエン混合物 (TDA)
(CH₃O)₂CO
カルボニル化
アルキルカーボネート
熱分解 (Urethane Pyrolysis 法)
CH₃OH
CO₂ / NH₃
アンモニウムカルバメート
脱水
NH₃
CO(NH₂)₂ / ROH
アルキルカーボネート
熱分解
NH₃ / ROH
トリレンジイソシアネート

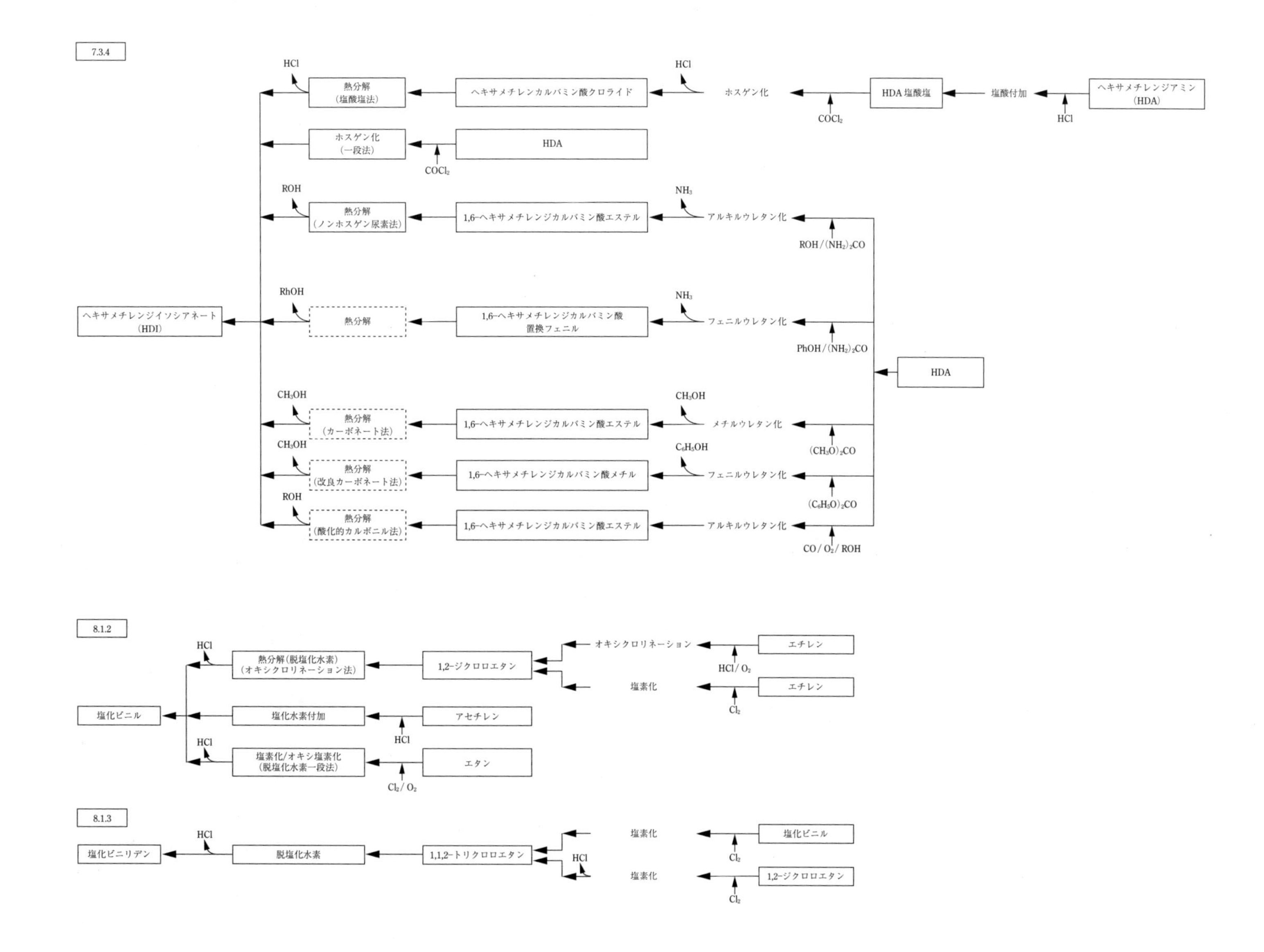

7.3.4
ヘキサメチレンジアミン（HDA）
HCl
塩酸付加
HDA 塩酸塩
$COCl_2$
ホスゲン化
HCl
ヘキサメチレンカルバミン酸クロライド
熱分解（塩酸塩法）
HCl
HDA
$COCl_2$
ホスゲン化（一段法）
HDA
$ROH/(NH_2)_2CO$
アルキルウレタン化
NH_3
1,6-ヘキサメチレンジカルバミン酸エステル
熱分解（ノンホスゲン尿素法）
ROH
$PhOH/(NH_2)_2CO$
フェニルウレタン化
NH_3
1,6-ヘキサメチレンジカルバミン酸置換フェニル
熱分解
RhOH
$(CH_3O)_2CO$
メチルウレタン化
CH_3OH
1,6-ヘキサメチレンジカルバミン酸エステル
熱分解（カーボネート法）
CH_3OH
$(C_6H_5O)_2CO$
フェニルウレタン化
C_6H_5OH
1,6-ヘキサメチレンジカルバミン酸メチル
熱分解（改良カーボネート法）
CH_3OH
$CO/O_2/ROH$
アルキルウレタン化
1,6-ヘキサメチレンジカルバミン酸エステル
熱分解（酸化的カルボニル法）
ROH
ヘキサメチレンジイソシアネート（HDI）
8.1.2
エチレン
HCl/O_2
オキシクロリネーション
エチレン
Cl_2
塩素化
1,2-ジクロロエタン
熱分解（脱塩化水素）（オキシクロリネーション法）
HCl
アセチレン
HCl
塩化水素付加
エタン
Cl_2/O_2
塩素化/オキシ塩素化（脱塩化水素一段法）
HCl
塩化ビニル
8.1.3
塩化ビニル
Cl_2
塩素化
1,2-ジクロロエタン
Cl_2
塩素化
HCl
1,1,2-トリクロロエタン
脱塩化水素
HCl
塩化ビニリデン

8.1.4

- プロピレン →（Cl_2）塩素化 → 塩化アリル →（HOOl）クロロヒドリン化 → 1,3-ジクロロ-2-ヒドロキシプロパン／2,3-ジクロロ-1-ヒドロキシプロパン →（Ca(OH)$_2$）脱塩素化（Shell 法）→（$CaCl_2$）→ エピクロルヒドリン
- アリルアルコール →（Cl_2）塩素化 → 2,3-ジクロロ-1-ヒドロキシプロパン →（Ca(OH)$_2$）脱塩素化（昭和電工法）→（$CaCl_2$）→ エピクロルヒドリン
- アクロレイン →（Cl_2）塩素化 → 2,3-ジクロロプロパナール → 水素化 → 2,3-ジクロロ-1-ヒドロキシプロパン →（Ca(OH)$_2$）脱塩素化 →（$CaCl_2$）→ エピクロルヒドリン
- グリセリン →（HCl）塩素化 → 1,3-ジクロロ-2-ヒドロキシプロパン／2,3-ジクロロ-1-ヒドロキシプロパン →（Ca(OH)$_2$）脱塩素化（Solvay Epicerol 法）→（$CaCl_2$）→ エピクロルヒドリン

8.2

- クロロホルム →（HF）フッ素化 → クロロジフルオロメタン（HCFC-22）→ 熱分解 →（HCl）→ テトラフルオロエチレン（TFE）
- テトラフルオロエチレン（C_2F_4）→（CF_3CH_2OH）付加反応 → ハイドロフルオロエーテル（HFE）
- ヘキサフルオロプロペン（$CF_3CF=CF_2$）→ 水素化 → ヘキサフルオロプロパン（$CF_3CFHCHF_2$）→ 脱フッ化水素（HF）→ ペンタフルオロプロペン（$CF_3CFC=HF$）→ 水素化 → ペンタフルオロプロパン（CF_3CFHCH_2F）→ 脱フッ化水素 →（HF）→ ハイドロフルオロオレフィン（HFO）
- ペンタクロロプロパン（$Cl_3CCH_2CHCl_2$）→（HF / O_2）フッ素化/脱塩化水素化 →（HCl）→ ハイドロフルオロオレフィン（HFO）
- テトラクロロプロペン（$CH_2ClCCl=CCl_2$）→（HF）フッ素化（HCl）→ クロロトリフルオロプロペン（$CF_3CCl=CH_2$）→（HF）フッ素化/脱塩化水素化 →（HCl）→ ハイドロフルオロオレフィン（HFO）
- ペンタクロロプロパン（$Cl_3CCH_2CHCl_2$）→（HF）フッ素化/脱塩化水素化 →（HCl）→ ヒドロクロロフルオロオレフィン（HCFO）
- ヘキサクロロシクロペンタジエン →（Cl_2）塩素化 → ジクロロヘキサフルオロシクロペンテン →（HF）フッ素化（HCl）→ クロロヘプタフルオロシクロペンテン → 水素化 →（HCl）→ ヘプタフルオロシクロペンタン（HFCPA）
- クロロヘプタフルオロシクロペンテン →（KF）フッ素化/脱ハロゲン化 →（KCl）→ オクタフルオロシクロペンテン（OFCPE）

15.2.3～15.2.8

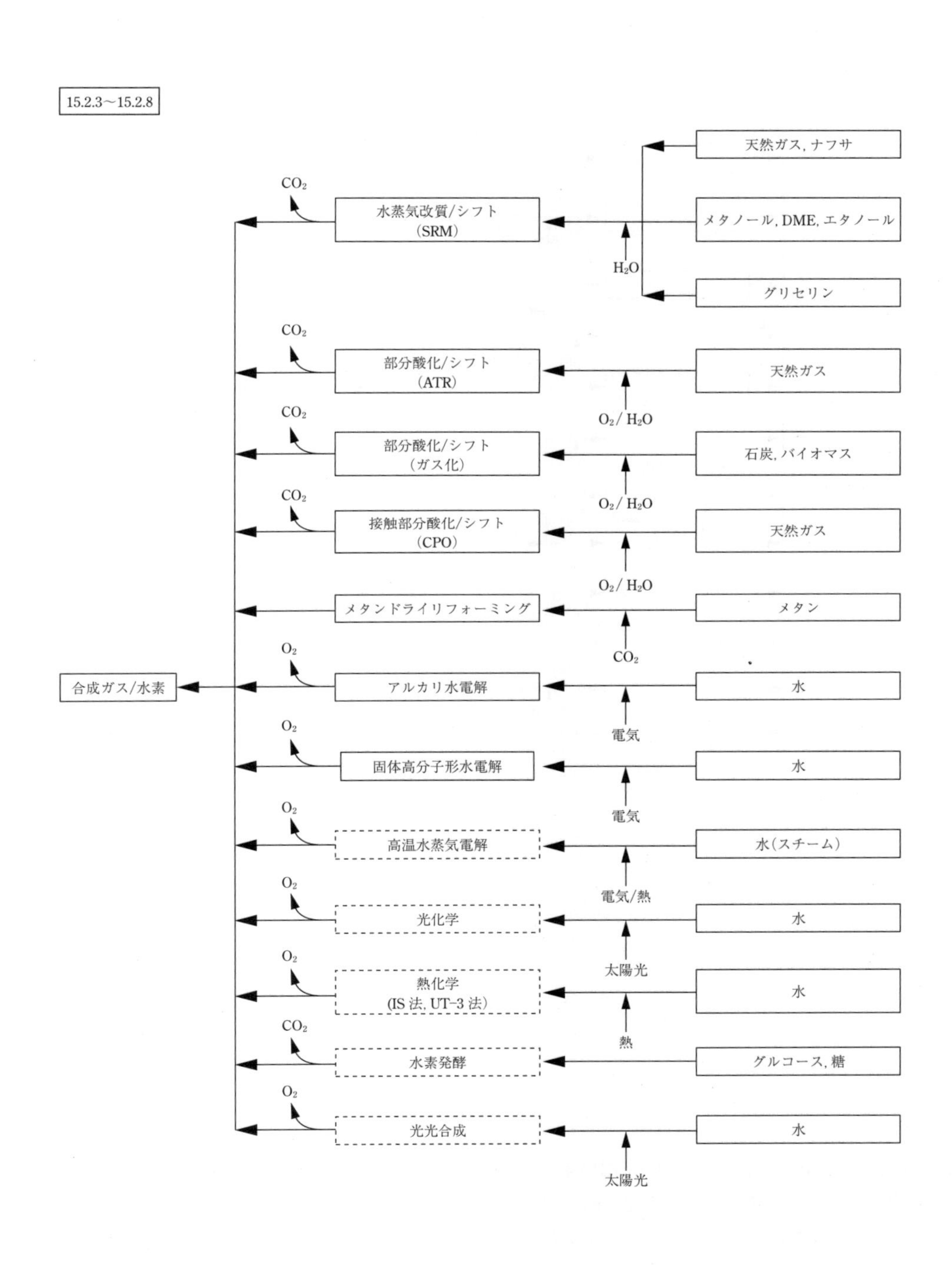

天然ガス, ナフサ
メタノール, DME, エタノール
グリセリン
H_2O
CO_2
水蒸気改質/シフト
(SRM)
CO_2
部分酸化/シフト
(ATR)
天然ガス
O_2 / H_2O
CO_2
部分酸化/シフト
(ガス化)
石炭, バイオマス
O_2 / H_2O
CO_2
接触部分酸化/シフト
(CPO)
天然ガス
O_2 / H_2O
メタンドライリフォーミング
メタン
CO_2
合成ガス/水素
O_2
アルカリ水電解
水
電気
O_2
固体高分子形水電解
水
電気
O_2
高温水蒸気電解
水(スチーム)
電気/熱
O_2
光化学
水
太陽光
O_2
熱化学
(IS 法, UT-3 法)
水
熱
CO_2
水素発酵
グルコース, 糖
O_2
光光合成
水
太陽光

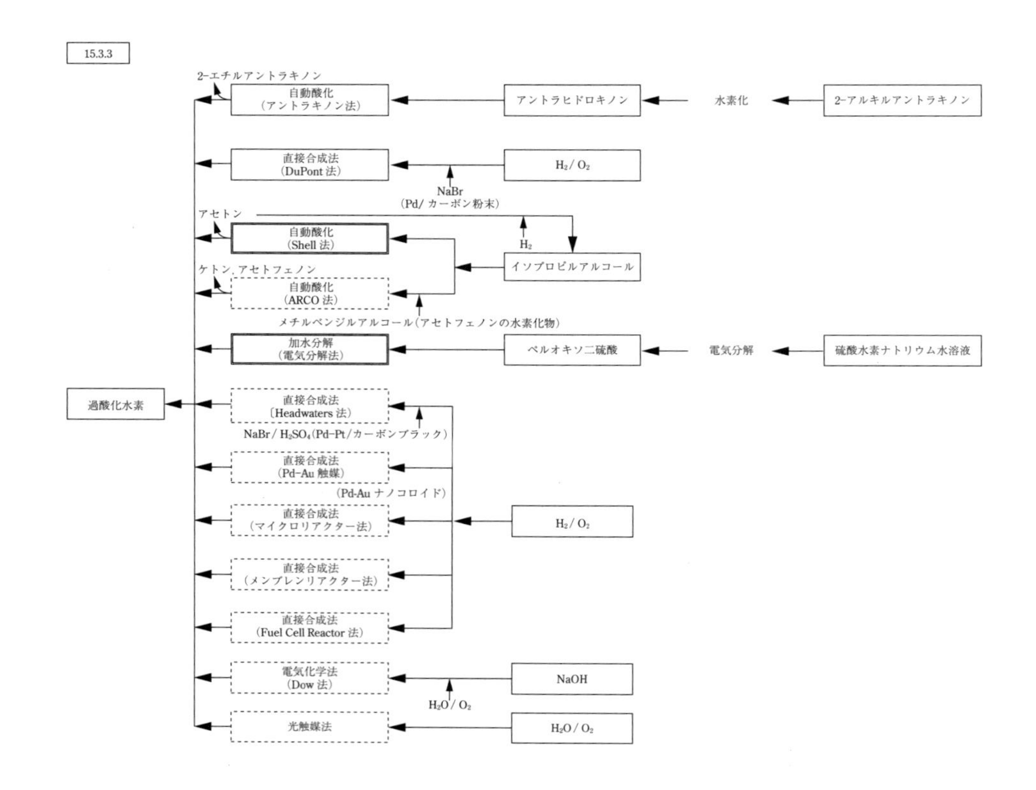

文献

1）H.A.Wittcoff, B.G.Reuben, J.S.Plotkin, 田島慶三，府川伊三郎訳，工業有機化学―原料多様化とプロセス・プロダクトの革新―　上下　第 1 版，東京化学同人（2015/2016）

2）K.Weissermel, H.J.Arpe，向山光昭監訳，工業有機化学―主原料と中間体―第 5 版，東京化学同人（2004）

3）室井高城，工業触媒の最新動向―シェールガス・バイオマス・環境エネルギー，シーエムシー出版（2013）

4）瀬戸山亨，穴澤秀治，グリーンバイオケミストリーの最前線，シーエムシー出版（2010）

5）杉本裕監修，二酸化炭素の有効利用技術，サイエンス＆テクノロジー（2010）

和文索引

あ

アイソタクチックポリスチレン　356
アクリルアミド　278
アクリル酸　245
　——エステル　245
アクリル系繊維　458, 459
アクリロニトリル(AN)　293, 299
　——加水分解法　246
　——・ブタジエンゴム　479
亜酸化窒素　199, 256
アジピン酸　215, 255, 416
　——法　300
アジポニトリル　276, 297, 456
アセトアルデヒド　209
　——酸化法(酢酸)　219
　——一段法(酸素酸化法)　210
　——二段法(空気酸化法)　210
アセトン　201, 211
　——法　174
アセトンシアンヒドリン　250, 252, 294
アタクティックポリプロピレン　342
アニリン　271
アニオン重合　356
アミド　265
　——化　267
アミノ
　——化法　267
　——樹脂　397
tert-アミルメチルエーテル　49
アミン　265
アリルアルコール　196, 323
アルカリゲル紡糸法　463
アルキル化
　ベンゼンの——(エチルベンゼン)　155
　ベンゼンの——(クメン)　156
アルキルナイトライト法(ジメチルカーボネート)
　260
アルキルベンゼン　154
アルデヒド　206
アルドール縮合　183, 250
αプロセス　81
アンモキシメーション法　546
アンモ酸化　293
　プロパンの——　297
　プロピレンの——　293, 303
アンモニア　113, 554, 573

い

イオン交換膜法　137
イソシアネート　304, 390
イソブチルアルコール　175
イソブテン　47
　——法(イソプレン)　142
イソプレン　142
イソプロピルアルコール　172
イソプロピルベンゼン　156
一酸化炭素法　284

う

宇部プロセス
　——(シクロヘキサン)　159
　——(ジメチルカーボネート)　260

え

液液抽出法　89
液化アンモニア法　554
液化天然ガス　14
液晶ポリマー　442
液相酸化
　シクロヘキサンの——　215
　p-キシレンの——　226
液体水素法　553
エステル化法　254
エステル交換法
　——(ジフェニルカーボネート)　262
　——(ジメチルカーボネート)　260
　——(ポリエチレンテレフタレート)　365
　——(ポリカーボネート)　422
　——(ポリブチレンテレフタレート)　434
　——(メタクリル酸エステル)　254
エタノール　164
エタン　3, 544
エチルアミン類　265
エチルベンゼン　151, 154
エチレン　4, 13, 29, 511
　——アミン　268
　——オキサイド　167
　——グリコール　134, 167
　——クロルヒドリン法(アクリル酸)　246
　——シアンヒドリン　246
　——シアンヒドリン法(アクリル酸)　246
　——シアンヒドリン脱水法(アクリロニトリル)
　293
　——直酸法(酢酸)　220
　——低重合法　147
　——の三量化　148
　——ビニルアルコール共重合体　223
　——プラント排水　561
　——・プロピレンゴム　482
　——法(酢酸ビニル)　224
エネルギーキャリア　116, 550
エピクロルヒドリン　322
エポキシ化反応　195
エポキシ樹脂　402, 491
塩化アリル　322
塩化ビニリデン　319
塩化ビニル　316
エンジニアリングプラスチック　414, 436
塩水電解法　136
塩素　136
塩素化　320
　オレフィンの——　320
塩素化合物　316

お

オキシクロリネーション　317
オキシム　288
オキソ反応(法)
——(高級アルコール)　186
——(1,4-ブタンジオール)　190
プロピレンの——　177
オクチルアルコール　182
オゾン層保護　570
オートサーマルリフォーマー　113, 130, 523
オレフィン　29
——インターコンバージョン　46
——製造プロセス　32, 37, 40, 45
——不均化　44
オロン　214
温暖化対策　537, 550, 570

か

開環付加反応(メタクリル酸エステル)　255
塊状重合　357, 363
界面重合　421, 447
改良オキソ法(高級アルコール)　186
化学物質排出削減　568
隔膜法　140
過酸化水素酸化　193, 290, 545
ガス化複合発電　513
カプロラクタム　287, 546
カーボネート類　258
カルボン酸　218
還元アミノ化法　267
含酸素化合物　164
管式熱分解オレフィン製造プロセス　32
乾式紡糸法　458, 463, 464
乾湿式紡糸法　459
間接水和
——(イソプロピルアルコール)　173
——(エタノール)　165
——(*sec*-ブチルアルコール/MEK)　211
含窒素化合物　265
含ハロゲン化合物　316
官能性メタクリル酸エステル　254

き

幾何拘束型触媒　332
ギ酸メチル法　284
擬似移動床吸着分離プロセス　95
キシレン　60, 62
o-キシレン
——異性化プロセス　100
——の気相酸化　242
気相重合プロセス　344, 483
気相 Beckmann 転位　290
機能性高分子　489
揮発性有機化合物　568
逆相懸濁重合　498
吸水性高分子　494
業界再編　24

く

空気過剰法(ホルマリン)　207
クバナー法　190
クメン　156
——ハイドロパーオキサイド　199
——酸化法(フェノール，アセトン)　199, 211
グラフト重合　361
グリシジルエーテル　322
グルコース　144, 192, 258, 278, 549
クレゾール類　204
クロロヒドリン法(プロピレンオキサイド)　192
クロロフルオロカーボン　325
クロロプレン　486

け

結晶化分離プロセス　96
ケテン　222, 226
——法(無水酢酸)　222
ケトン　206
懸濁重合　352, 370
原油　7
——処理能力　10
——熱分解　37
——の分類と組成　9
——埋蔵量　7

こ

高級アルコール　186
高シスポリブタジエン　474
合成ガス　7, 45, 115, 118, 128, 513
——製造プロセス　130, 573
合成ゴム　474
高速紡糸法　453
酵素　235, 279, 500
——反応　280
——触媒　281
——法　280
高密度ポリエチレン　335
固相重合　456
固相重縮合　367
ゴムラテックス　360
混合溶媒法　344

さ

再生可能エネルギー　528, 530, 542, 551
酢酸　218
——ビニル　222, 375
サンオイル法(イソプレン)　145
酸化
——カップリング法　428
——アセトキシ化法(1,4-ブタンジオール)　190, 191
——法(高級アルコール)　186
o-キシレン——　244
ナフタレン——　244
n-ブタンの接触——　237
プロパンの直接部分——　249
プロピレンの直接——　245
ベンゼンの接触——　237
メタノールの——　206
イソブテン直接——　252
産業廃棄物対策　564
サンオイル法(イソプレン)　145

し

ジアセトンアルコール　214
シアノ化合物　293
ジアリルフタレート樹脂　316
シアン化水素　301
シェールガス　6, 29, 117, 508, 541
ジオール　188
シクロヘキサノール　214, 256
　――の硝酸酸化　256
シクロヘキサノン　214, 287
　――オキシム　546
シクロヘキサン　157
　――カルボン酸　292
　――酸化プロセス(シクロヘキサノール)　215
　――酸化法(カプロラクタム)　287
シクロヘキセン　216, 287
　――水和プロセス(シクロヘキサノール)　216
シクロペンタジエン　150
1,2-ジクロロエタン　316
自己熱改質法　523
ジシクロペンタジエン　150
湿式紡糸法　458, 463, 464
ジフェニルカーボネート　261
ジフェニルメタンジイソシアネート　305
ジメチルアセトアミド　284, 286
ジメチルアミン　266
ジメチルカーボネート　258
ジメチルホルムアミド　284
シメン　204
　――ハイドロパーオキサイド　204
　――法(クレゾール)　205
重合
　――防止剤　248
　――架橋　497
シリコーン　405
　――オイル　411
　――ゴム　410
　――レジン　412
新 ACH 法　252
新エチレン法(Alpha 法)　250
シングルサイト触媒　330, 332
人工光合成　542

す

水銀
　――法　140
　脱――　566
水素
　――エネルギー　550
　――製造　520
　水電解による――製造　528
　再生可能エネルギーによる――製造　529
　光触媒による――製造　532
水素化
　――ニトリルゴム　479
　――分解　69
　――法(1,4-ブタンジオール)　190
　アセチレンの選択――　35
水中懸濁重合法　395
水溶液重合　498
水和
　エチレンの――　165
　エチレンオキサイドの――　169
　ブテンの――　212
　プロピレンの――　172
　シクロヘキセンの――　216
スチームリフォーミング　518
スチレン　153, 194
　――・ブタジエンゴム　476
　――モノマー　151
スーパーエンジニアリングプラスチック　436
スパンデックス　189
スパンボンド　461
スラブストック法　394
スラリー重合プロセス
　――(高級ポリエチレン)　335
　――(ポリプロピレン)　343

せ

青酸→シアン化水素
生物多様性　567
生分解性高分子　500
ゼオライト法
　――(エチルベンゼン)　155
　――(クメン)　156
　――(*n*-パラフィン)　161
　――(メチルアミン)　267
　――(ラクタム)　290
石炭
　――化学　6, 37, 512
　――ガス化　6, 128, 135, 513, 517
石油化学コンビナート　20
　――の省エネルギー事業　586
セグメント化ポリウレタン　464
石灰-石膏プロセス　558
接触改質
　――反応　68
　――プロセス　67
接触分解　45
　流動――　4, 40, 84
　ナフサ――　38

た

大気汚染防止　557
耐衝撃性
　――樹脂　359
　――ポリスチレン　357
代替フロン　326
タイトオイル　541
ダイボンディングフィルム　492
太陽光発電　528, 542
多官能性モノマー　254
脱アルキル
　アルキルベンゼンの――　107
脱塩反応法(メタクリル酸エステル)　255
脱水銀　566
脱水素
　エチルベンゼンの――　152
　ブタンの――　56
　ブテンの――　56
　プロパンの――　42
　SBA の――　213
炭化水素類　142

——酸化法(酢酸)　220
炭酸エステル　259
炭素繊維　469
炭素ライフサイクル分析　591

ち

チタノシリケート触媒　195, 290, 545
地球温暖化対策　570
地中貯留　537
中国の石油化学　508
抽出
——蒸留法　90
——溶剤　87
超臨界水和反応(*sec*-ブチルアルコール)　181
直鎖状低密度ポリエチレン　330
直接エステル化法(TPA 法)　435
直接水和
プロピレンの——(イソプロピルアルコール)　173
エチレンの——(エタノール)　165
ブテンの——(*sec*-ブチルアルコール)　212

て

低級アルカンの原料化　544
低級アルキルアミン　265
低 GWP 冷媒　328
低シス BR　474
低密度ポリエチレン　330
テトラヒドロフラン　188, 236, 548
テトラフルオロエチレン　325
テレフタル酸　226
電解還元二量化法　299
アクリロニトリルの——　299
天然ガス　7, 12
——液(NGL)　12
——埋蔵量　8
——部分酸化　515
液化——　14
天然ガソリン　12

と

銅触媒法(アクリルアミド)　280
トクヤマ法(イソプロピルアルコール)　173
1,1,2-トリクロロエタン　319
トリレンジイソシアネート　309
トルエン　60
——の脱アルキル　108
——法(ラクタム)　292
——の不均化　103
——の選択的不均化　107
トレイ　577

な

内部熱供給型プロセス　154
内部熱交換型蒸留塔　574
ナイロン　455
——樹脂　414
6-——　215, 278, 414, 416, 456
66-——　215, 414, 416, 456
ナフサ　11
——クラッカー　142
——酸化法　221
——接触分解　38
——分解油　64
——の価格　18
——の需給　16
ナフタレンの酸化　244

に

二酸化炭素
——(イソシアネート)　550
——化学原料化　537, 550
——ドライリフォーミング　525
——分離回収　536
——(メタノール)　537, 542
ニトリルゴム　479
ニトリルヒドラターゼ　280
ニトロベンゼン　272
——法(アニリン)　272
乳化重合　353, 361, 377, 477
——(ポリ塩化ビニル)　353
——(ABS 樹脂)　361
——(酢酸ビニル樹脂)　377
——(スチレン・ブタジエンゴム)　477
乳酸　501, 547
尿素法(ヘキサメチレンジイソシアネート)　314

ね

熱可塑性プラスチック　352
熱可塑性デンプン　505
熱硬化性樹脂　389

の

ノボラック　401
ノンホスゲン法　311, 314

は

バイオ(バイオマス)　6, 211, 368, 540, 547
——イソプレン　144
——エタノール　3, 172, 368
——エチレン　164, 172
——ガス化　515
——転換プロセス　547
——乳酸　235
——ブタジエン　58
——ベース TPA　235
——法(PET, PEF)　549
——法(アジピン酸)　258, 547
——法(アクリル酸)　249
——法(エチレングリコール)　547
——法(*p*-キシレン)　547
——ポリ 3-ヒドロキシアルカン酸　547
ハイドロパーオキサイド法　193
発酵　7, 58, 164, 258, 501, 506, 547
——(イソブチルアルコール)　549
——(ブタジエン)　58
——(*n*-ブチルアルコール)　547
——プロセス(1,4-ブタンジオール)　192
——法(アジピン酸)　248
——法(エタノール)　164
——法(クモの糸)　506
——法(1,3-プロパンジオール)　506
パラ型アラミド繊維　465
パラキシレン　60
——製造プロセス　94

——結晶化分離プロセス　99
——分離プロセス　97
n-パラフィン　160
バルク重合プロセス　344
反応蒸留法
——(エチルベンゼン)　91
——(DPC)　261
——(MPC)　262
——(ETBE)　49
汎用樹脂　330

ひ

光触媒　532
非官能性メタクリル酸メチル　253
非修飾CO触媒プロセス　179
非水分散重合法(ポリウレタン)　396
非接触脱アルキルプロセス　107
光ニトロソ化法　290
ビスフェノールA　202, 322, 447
ピッチ系炭素繊維　469
ヒドロキシルアミン　287
ビニロン繊維　462
ピンチテクノロジー　581

ふ

風力発電　470, 528, 531
フェノール　156, 199
——樹脂　400
——水素化プロセス(シクロヘキサノール)　216
——付加反応法(メタクリル酸メチル)　255
——法(アニリン)　272
不均化
オレフィン——反応　44
トルエン——反応　103
複合改質法(合成ガス)　119
ブタジエン　53, 56
——の二量化水和　184
——の抽出蒸留　53
——法(アジポニトリル)　298
——を原料とする製法(ラクタム)　292
ブチルアルコール　175
n-——　175
sec-——　175, 211
tert-——　47, 175, 193
フタル酸　241
ブタン
——の脱水素　53
——法プロセス(無水マイレン酸)　237
1,4-ブタンジオール　188, 236
tert-ブチルアミン　267
ブチルゴム　484
ブチレン　47
γ-ブチロラクトン　188
フッ素化合物　324
フッ素樹脂　324
ブテン　47, 211
——の供給源と製法　48
1-——　47
cis-2-——　47
trans-2-——　48
部分酸化
天然ガス——(合成ガス)　118, 131, 515
無触媒——法(合成ガス)　131
直接的酸化——法(合成ガス)　131, 523
フラン-2,5-ジカルボン酸　549
フルオロカーボン　325
ブロックコポリマー　347
プロパン　14
——のアンモ酸化　297
——脱水素　42
プロピオン酸メチル　250
プロピレン　4, 39
——アンモ酸化　293
——オキサイド　192, 545
——グリコール　192
——増産型FCC　41
——直接酸化法(アクリル酸)　246
——の需給バランス　39
フロン　570
分子ふるい(*n*-パラフィン)　161

へ

ヘキサメチレンジアミン　276, 416, 456
ヘキサメチレンジイソシアナート　313, 391
変性ポリエチレンテレフタレート　503
変性ポリフェニレンエーテル　424
変性ポリブチレンテレフタレート　503
ベンゼン　60, 62
——法プロセス(無水マイレン酸)　237
——の水素化　157

ほ

芳香族炭化水素　60
——の製造プロセス　78
——転換プロセス　103
——ポリエーテルケトン　444
——溶媒抽出プロセス　87
紡糸　452, 458, 462
——口金　461
飽和炭化水素　157
ホスゲン法　259
——(ジメチルカーボネート)　259
——(ジフェニルカーボネート)　262
——(イソシアネート)　304
——(ジフェニルメタンジイソシアネート)　305
——(トリレンジイソシアネート)　309
ポバール　222
ホモポリマー　431
ポリアクリロニトリル　469
ポリアセタール　430
——樹脂　206
ポリアミド繊維　455
ポリアミン　269
ポリイソプレン　145, 481
ポリイミド　449
ポリウレタン　389
——繊維　464
——エラストマー　392
ポリエーテルエーテルケトン　444
ポリエステル　168
——繊維　452
ポリエチレンテレフタレート　364, 452
ポリエーテルスルホン　440
ポリ塩化ビニル　350

ポリオール　392
ポリカプロラクトン　504
ポリカーボネート樹脂　418
ポリグリコール酸　504
ポリクロロプレン　486
ポリ酢酸ビニル　375
ポリスチレン　354
ポリ乳酸　501
ポリビニルアルコール　505
ポリフェニレンエーテル　424
ポリフェニレンスルフィド　436
ポリブタジエン　474
ポリブチレンスクシネート　502
ポリブチレンテレフタレート　433
ポリプロピレン　340
　——繊維　460
ポリメリック MDI　305
ホルマリン　206
ホルムアミド　284
　——法(シアン化水素)　302
ホルムアルデヒド　206

ま

マイクロプラスチック　506
マルチフィラメント　457
マレイン酸　236

み

水
　——光分解(光触媒)　532
　——電気分解　528
　——光電気化学分解　534

む

無水酢酸　222
無水フタル酸　241
無水マイレン酸　236

め

メシチルオキサイド　214
メタクリル酸　249
　——エステル　249
　——メチル　249, 370
メタキシレン　96
メタセシス反応　44
メタセシス重合　383
メタノール　117, 512
　——製造プロセス　118
　——脱水法　207
　——法(酢酸)　218
　——過剰法(ホルムアルデヒド)　206
　—— -CO 液相酸化法(ジメチルカーボネート)　259
　——のカルボニル化(Monsanto 法)　218
　——の生産量と消費量　117
メタロセン
　——錯体　332
　——触媒　337, 339, 387
　ポスト——触媒　332, 349
メタン　544
　——の部分酸化(メタノール)　544
　——の酸化カップリング　38, 545
　——脱水素カップリング(芳香族)　544
メチラール　206, 207
メチルアミン類　265
メチルイソブチルケトン　213
メチルエチルケトン　211
メチルクロロシラン　407
メチルナイトライト　260
メチルポリシロキサン　409
2-メチル-1,3-ブタジエン　142
メチル *tert*-ブチルエーテル　47, 194
メチロールメラミン類　399
メラミン樹脂　397

も

モダクリル繊維　459
モノフィラメント　457
モノメリック MDI　305
モールド法　394

ゆ

有機ケミカルハイドライド法　552
油水二相系プロセス　180
ユリア樹脂　397

よ

溶液重合
　——(HDPE)　339
　——(L-LDPE)　332
　——(酢酸ビニル樹脂)　379
　——(スチレン・ブタジエンゴム)　477
　——(ポリアリレート)　448
　——(ポリイソプレン)　481
　——(メタクリル酸樹脂)　372
溶融重合(ポリアリレート)　448
溶融重縮合(ポリエチレンテレフタレート)　365
溶融紡糸法　464

ら

ライフサイクルアセスメント　589
ラクタム→カプロラクタム　287
ラジカル連鎖
　——機構　220, 231
　——反応　200
ラフィネート-2　49

り

リサイクル技術　507, 564, 571
立体規則性(触媒)　474, 481
リフォーメート　64
硫酸水和法　279
流動床酢酸ビニル製造プロセス　225

れ

レゾール　401
連鎖成長確率　130
連続塊状重合プロセス　363
連続触媒再生式プロセス　70

英文索引

数字

1-ブテン　48
2EH　182
2M3BN　298
2-ブテン　48
2,5-フランジカルボキシレート　235, 548
4-CBA　231
4PN　298
5-HMF　548
6-ナイロン　414, 416, 456
14BDO　188, 548
1,3-プロパンジオール　548
1,4-ブタンジオール　188
66-ナイロン　414, 416, 456

アルファベット

A

AATG　131
ABS 樹脂　359
ACH　301
ACN　276
ADA　255, 416
ADN　276, 297
AE　186
AEP　269
AES　186
AGC　21
Aldox プロセス　185
AlphaButol プロセス　51
Alpha 法　250
AMCPA　277
Amoco-チッソプロセス　345
Amoco 法　227
AN　293, 469
Anderson-Shultz-Flory　130
Andrussow 法　301
A-PET　364
API 比重　9
ARG プロセス　129
Aromax プロセス　99
AROMAX プロセス　78
Aromizing プロセス　74
ARS　34
AS　186
ATR　115, 119, 130, 523
ATRP　370

B

BASF-Novolen プロセス　344
BASF プロセス　53
Bayer 法　224
BB　211
BDO　236
Beckmann 転位　290, 416
Bio-ethanol　548
BioDME　127
Bio-1,4-BDO　192
Bioreforming　549
BPA　202, 418
BP PTA+ プロセス　235
BR　474
BTX　60

C

C_4 酸化エステル化法　252
C_4 直接酸化法　252
CASE　305, 394
CATADIENE プロセス　56
CATOFIN　51
CCR　67, 70
CCR Platforming プロセス　71
CCS　537
CCTP　370
CDC　421
CFC　325
CHP　199
CL　416
cLCA　591
Cl-HI　313
CMHP　194
CO_2 ドライリフォーミング　525
CO_2 の化学原料化　550, 537
CO_2 分離回収　536
CO_2 リフォーミング　128
COC　384
COP　381, 506
CO カップリングプロセス　135
Co 触媒　179, 187
CPD　150
C-PET　364
CR　486
CSTR　257
CTL　128, 512
CTO プロセス　29, 31, 37, 41
CTO/MTO プロセス　31, 37, 45
CTP/MTP プロセス　45
Cyclar プロセス　80

D

DAA　214
Dart 法　344
DBP　175
DCC プロセス　41
DCP　381
DCPD　150
D-CPOX　131
DCS　353
DEG　167
DETA　269
DIBP　175
Diels-Alder 反応　150, 383
Dimer プロセス　52
DMAc　284, 286
DMC　258
DME　122
DMF　284
DMO プロセス　135
DMO-MEG　135
DMT　365, 434
DMTO プロセス　46
DNT　309
DOA　182
DOP　182
DOTP　182
DPC　261
DWC　92

E

Eastman-Kodak 法　438
EB　151, 154
ECH　404
EC 法 DMC 製造　260
EDA　269
EDC　269, 309, 317
ED Sulfolane プロセス　91
EG　167, 365
EHD プロセス　299
Eluxyl プロセス　97
Eluxyl1.15 プロセス　98
EMTAM プロセス　110
Enichem プロセス　259
Ensorb プロセス　162
EO　167
EO/EG プロセス　70
EO 法　270
E-SBR　476
ESN　299
ETBE　47, 49
ETFE　324
Ethyl プロセス　148
EVA　223
EVOH　223

F

FA　284
FCA プロセス　85
FCC　40, 41
FDCA　368
FlexEne　46
FMTP　46
FMTA　86
FORMAX プロセス　135
FOY　452

G

GBL　188, 190
GPB プロセス　55
Greener Spray Process　235
GT-Aromatization プロセス　82
GT-BTX プロセス　92
GT-BTX Plus プロセス　93
GTL　128
GTL 製品の性状　133
GT-TolAlk プロセス　109
Gulf プロセス　148

H

HA　186
HCFC　325
HCFC-22　324
HCHO 一段法，二段法　144
HDA プロセス　109
HDI　313
HDPE　335
HFC　325
HFE　325
HIDiC　574
HIPS　357
HMDA　276, 416
HMDI　298
HNBR　479
Hoechst-Wacker 法　209
Houdry プロセス　56
Hougen-Watson 型　157
HP-LDPE　330
HPO　289
HPPO　545
HPPO 法　193
HROP　381
HS-FCC プロセス　42
HTER-p　115
HTFT　132
Huels 法　173
HYDRO MTO　46
Hypol プロセス　347
HYTORAY プロセス　159

I

IBA　175, 176
IBAL　176
IFP プロセス　159
IGCC　513
IIR　484
IMC　120
Innovene G プロセス　338
IPA　172
IR　145, 481
Isolene-I, II　101
Isomar プロセス　101

J

JAPAN-GTL プロセス　130
JSR プロセス　55

K

KAAP　115
KA オイル　214, 256
KLP プロセス　55
KRES　115

L

Langmuir-Hinshelwood機構　80
LCA　589
LCO-X プロセス　84
LCP　370, 442
LD Parex　97
LDPE　330
Leap プロセス　225
LED　592
L-LDPE　330
LNG　14
LPG　11
LRP　370
LTFT　132
Lummus-UOP 法　155
Lummus プロセス　34, 35

M

MAN　236
MaxEne プロセス　76
MCB　307
MDI　305, 390
MEA　269
MEG　134, 167
MEG プロセス　135
MEK　48, 175, 211
MeP　250
Meta-4 プロセス　45
MGN　299
MHAI/MHTI　101
MHC プロセス　108
MIBK　213
MMA　47, 175, 249, 370
MN　260
Mobil-Badger 法　155
Molex　161
Monsanto 法　219
Montedison-三井プロセス　343
Morphylane プロセス　91
m-PPE　424
MRF-Z 反応器　121
MSO　214
MSTDP プロセス　107
MTA プロセス　86
MTBE　47, 49
MTDP-3　104
MTO　6, 31, 37, 41, 45
MTP　6, 31, 45
MZCR　348

N

NB　274, 381
NBA　175
NBAL　176, 183
NBR　479
NDCA　368
NGL　12, 541
NMP　188
NO 還元法　289
NP　186
NR　474
NSC プロセス　159
n-オレフィン　186
n-パラフィン　160

O

Octanizing プロセス　74
OCT プロセス　44
ODB　307
OLEFLEX　42
Oparis プロセス　102
OXO-D プロセス　57

P

PA　269
PAEK　444
PAI　449
PAN　241, 469
PAN 系炭素繊維　469
PAR　447
Parex プロセス　97
Parex-Isomer プロセス　102
PBAT　369, 503
PBS　188, 502
PBSA　502
PBT　227, 433
PC　418
PCD　258
PCL　503
PEEK　444
PEHA　269
PEI　449
PEIT　369
PES　440
PET　226, 364, 452
PFC　325
PHBH　505
Phillips プロセス　149, 437
PI　449
PIP　269
PLA　501
PLLA　502
PMIA　466
PMMA　249
PNC　290
POM　430
PO/SM 法　152, 154, 193
PO/TBA 法　193
POX　130
POY　452
PO 単産法　194
PP　340, 460
PPE　424
PPG　392

PPS　436
PPSF　440
PPTA　466
PEM 型水電解　529
PRTR　568
PSU　440
PTA　60
PTFE　324
PTMAT　504
PTMG　188, 190
PTT　227
PU　389
Purifier プロセス　115
PVA　375
PVC　350
PVDF　324
PVOH　375
PxMax プロセス　104, 107
PX-Plus プロセス　104, 107
PX-Plus XP プロセス　107
PX 液相空気酸化法　227

Q

Q Max　156

R

Raschig 法　288
Reppe 法　189
Rh 触媒　177
Rideal−Eley 機構　280
ROP　382
R/P　7
R-SRC　120

S

Sasol プロセス　149
SBA　175, 211
SBR　476
Schulz−Flory 分布　138, 148
Schwanigan 法　303
SDTU　453
Shell プロセス
　——(α−オレフィン)　148
　——(エチレン直接水和法)　165
SHOP 法　186
SM　151
SMART 法　154
SMDS プロセス　128
SMR　357
S-MTO プロセス　46
SOEC 水電解　530
Sohio プロセス　294
Sorbutene　49
SOX プロセス　235
SPC　121
SPERA 水素システム　553
Spheripol プロセス　347
Spherizone プロセス　348
S−SBR　476
SSPD プロセス　128
Sulfolane プロセス　89
SUPERFLEX　45
SUPERHIDIC　574
SVHC リスト　284
S&W 法　174
Synthol CFD プロセス　129
Synthol SAS プロセス　129

T

TAC9　104
TAME　49
Tatoray プロセス　105
TBA　47, 175
TDA　309
TDI　309, 390
TEG　167
TEPA　269
tert−ブチルアミン　267
TETA　269
Texaco 法　174
TFE　324
THDA プロセス　109
THF　188, 190
TNT　311
TPA　226
TPA 法　366
TPC/UOP OXO-D プロセス　57
TPI　449
TPP　177
TPPTS　180
TPU　393
TPV　482
TransPlus プロセス　106
TS-1　195

U

UCC−Unipol プロセス　346
UOP プロセス　159

V

VAM　375
VCM　316
VOC　568

W

Wacker 法　209
WGR 法　207
WINTRAY　87, 579

X

XyMax プロセス　102

Z

ZDDP　175
Z-Forming プロセス　83
Ziegler 触媒　331
Ziegler 法(alchohol)　186

NDC 575　655 p　27cm

新版　石油化学プロセス

2018年 9 月 27 日　第 1 刷発行

編　者　公益社団法人 石油学会

発行者　渡瀬昌彦

発行所　株式会社　講談社

〒 112-8001　東京都文京区音羽 2-12-21

販　売　(03)5395-4415

業　務　(03)5395-3615

編　集　株式会社　講談社サイエンティフィク

代表　矢吹俊吉

〒 162-0825　東京都新宿区神楽坂 2-14　ノービィビル

編　集　(03)3235-3701

印刷所　株式会社双文社印刷

製本所　大口製本印刷株式会社

落丁本・乱丁本は，購入書店名を明記のうえ，講談社業務宛にお送りください．送料小社負担にてお取り替えします．なお，この本の内容についてのお問い合わせは講談社サイエンティフィク宛にお願いいたします．

定価はカバーに表示してあります．

Printed in Japan

ISBN978-4-06-513008-7